新 馬の医学書

Equine Veterinary Medicine

日本中央競馬会競走馬総合研究所 編著

オールカラー完全版

緑書房

【免責事項】
　本書に記載された事実および考え方は，現時点での学術情報や研究報告に基づき執筆者および編集者が慎重に考えた上で，適当と判断したものを記述している。しかし，生き物である馬の状態は個体ごとに異なり，疾病の現れ方やその治療方法もそれぞれ違うことから，本書の記載は獣医師あるいは装蹄師の代わりとなるものではない。記載された内容はあくまで一般的あるいは代表的なものであり，個別の診断や治療あるいは装蹄の方針とは一致しないことがある。
　本書の内容から起こりうるすべての損失，被害，または障害に対して，執筆者，編集者ならびに出版社はその責を負いかねる。

はじめに

　平成8年に出版された『馬の医学書』は，馬について学ぼうとする若者たちの教科書として，馬を守り育む関係者の座右の書として，そして馬を愛するすべての人々の"友人"として，長く親しまれ，使われてきました。しかし，この間にも科学は進み，技術は発達して，馬の獣医学にもさまざまな変化がありました。科学技術の進展は，それまでわからなかった病気の正体を解明し，それまではできなかった治療を可能にしました。その結果，本書の内容にも古くなったところが散見されるようになり，初版から14年を経て全面的な改訂を行うこととしました。

　今回の大改訂の最大の目的は，時を経て古くなった記述を新しいものに書き改めることに加え，この間に登場した新たな技術や知見をできるだけたくさん書き足すことにあります。さらに，初版では大半がモノクロであった写真をカラー化することとし，最終的には図表や文章も含めてオールカラーを実現しました。もちろん，執筆を担当したのは今回も競走馬総合研究所を中心とした日本中央競馬会（JRA）の現役の研究者・獣医職員であり，現時点での最新の科学情報が盛り込まれています。

　近年，情報を発信し，またそれを入手する手段は大きく変わりました。IT技術の発展により，膨大な量の情報も1つの端末機器から簡単に入手できる時代となり，調べる目的での本の役割に疑問を呈する声も聞こえないわけではありません。しかし，真新しい紙の上に美しく印刷された「本」に，電子機器の画面に代えがたい価値を見いだすのは，私たち古い世代の人間だけではないと信じます。

　私たちはこの新しい『新 馬の医学書』を，馬にかかわるすべての人の役に立ち，馬が好きなすべての人にとって面白く，そして手にとって読んだ誰もが馬に興味の湧く本にしたつもりです。どうぞ末永くご愛読ください。

平成24年11月

日本中央競馬会競走馬総合研究所
所長　安斉　了

編集委員・執筆者一覧

間　　弘子	日本中央競馬会競走馬総合研究所　運動科学研究室長		(第4章Ⅱ-1・20)
朝井　　洋	日本中央競馬会　馬事部長(前競走馬総合研究所所長)		(第3章Ⅰ・Ⅱ・Ⅳ・Ⅴ)
蘆原　永敏	日本中央競馬会競走馬総合研究所　企画調整室調査役		(第3章Ⅵ，第4章Ⅲ)
*安斉　　了	日本中央競馬会競走馬総合研究所　所長		
*石田　信繁	日本中央競馬会競走馬総合研究所　企画調整室上席調査役		(第2章ⅩⅣ-1～4)
石丸　睦樹	日本中央競馬会日高育成牧場　業務課長		(第5章Ⅱ-6)
大村　　一	日本中央競馬会競走馬総合研究所　運動科学研究室研究役		(第2章Ⅴ・Ⅵ，第4章Ⅱ-5)
奥　河寿臣	日本中央競馬会　馬事部防疫課長(前競走馬総合研究所栃木支所微生物研究室長)		(第3章Ⅷ)
笠嶋　快周	日本中央競馬会競走馬総合研究所　臨床医学研究室主任研究役		(第4章Ⅱ-3，第5章Ⅱ-1)
片山　芳也	日本中央競馬会競走馬総合研究所栃木支所　微生物研究室主任研究役		(第2章Ⅶ・Ⅹ，第4章Ⅱ-10・14)
*兼丸　卓美	競走馬理化学研究所　理事(元競走馬総合研究所所長)		
*鎌田　正信	元日本中央競馬会　参与(元競走馬総合研究所栃木支所長)		
*楠瀬　　良	日本装蹄師会　常務理事(元競走馬総合研究所次長)		(第1章Ⅰ～Ⅳ)
桑野　睦敏	日本中央競馬会競走馬総合研究所　臨床医学研究室長		(第2章Ⅳ，第4章Ⅱ-4，第5章Ⅰ-2)
近藤　高志	日本中央競馬会競走馬総合研究所栃木支所　分子生物研究室長		(第2章Ⅻ，第5章Ⅰ-3②・Ⅱ-4)
佐藤　文夫	日本中央競馬会日高育成牧場　生産育成研究室研究役		(第5章Ⅰ-1)
*杉浦　健夫	日本中央競馬会競走馬総合研究所栃木支所　嘱託(元競走馬総合研究所次長)		(第4章Ⅱ-12・15・18)
髙橋　敏之	日本中央競馬会競走馬総合研究所　運動科学研究室主任研究役		(第2章Ⅱ・Ⅲ，第5章Ⅲ-2)
滝澤　康正	日本中央競馬会　馬事部獣医課課長補佐		(第5章Ⅱ-2)
冨田　篤志	日本中央競馬会　馬事部生産育成対策室専門役 (前競走馬総合研究所企画調整室専門役)		(第2章Ⅰ，第4章Ⅱ-2)
南保　泰雄	日本中央競馬会日高育成牧場　生産育成研究室長		(第2章Ⅷ・ⅩⅢ・ⅩⅣ-5・6，第4章Ⅱ-8・13)
丹羽　秀和	日本中央競馬会競走馬総合研究所栃木支所　微生物研究室主査		(第4章Ⅱ-16・17，第5章Ⅰ-3①・Ⅱ-5)
額田　紀雄	日本中央競馬会栗東トレーニング・センター　競走馬診療所診療課長 (前競走馬総合研究所常磐支所長)		(第4章Ⅱ-7)
長谷川晃久	元日本中央競馬会競走馬総合研究所　生命科学研究室長		(第2章ⅩⅠ，第4章Ⅱ-11・19，第5章Ⅱ-3)
平賀　　敦	日本中央競馬会日高育成牧場　副場長(前競走馬総合研究所運動科学研究室長)		(第5章Ⅲ-1)
*藤井　良和	軽種馬育成調教センター　調査役(元競走馬総合研究所所長)		
帆保　誠二	鹿児島大学　農学部教授(元競走馬総合研究所栃木支所微生物研究室研究役)		(第4章Ⅱ-6)
松井　　朗	日本中央競馬会競走馬総合研究所　運動科学研究室研究役		(第3章Ⅲ)
*松村　富夫	日本中央競馬会競走馬総合研究所栃木支所　管理調整室長		
森　　　芸	日本中央競馬会　施設部部長補佐(前競走馬総合研究所施設研究室長)		(第3章Ⅶ)
和田　信也	日本中央競馬会　馬事部上席調査役(前競走馬総合研究所臨床研究室長)		(第2章Ⅸ，第4章Ⅰ・Ⅱ-9)
*和田　隆一	競走馬育成協会　副会長理事(元競走馬総合研究所所長)		(第5章Ⅳ)

*編集委員　　　　　　　　　　　　　　　　　　　　　　　　　　　　　　　(五十音順，所属は2012年11月現在)

EQUINE VETERINARY MEDICINE
CONTENTS

はじめに ……………………………………… 3
編集委員・執筆者一覧 ……………………… 4

第1章　馬を知ろう ……………… 11

Ⅰ．歴史と分類 ………………………… 12
1．分類と進化 …………………………… 12
2．歴史 …………………………………… 16
3．品種と用途 …………………………… 19

Ⅱ．感覚機能および学習能力 ………… 40
1．感覚機能 ……………………………… 40
2．学習能力 ……………………………… 41

Ⅲ．行動 ………………………………… 43
1．社会構造 ……………………………… 43
2．各種の行動 …………………………… 44
3．コミュニケーション ………………… 47
4．異常行動とストレス ………………… 49
Column 1…クレバー・ハンス ………… 50

Ⅳ．馬体の名称と個体鑑別 …………… 51
1．馬体各部の名称 ……………………… 51
2．個体の鑑別 …………………………… 51
3．毛色 …………………………………… 51
4．特徴 …………………………………… 53
Column 2…馬はあなたをわかっている？ … 59

第2章　馬体の構造と機能 ……… 61

Ⅰ．骨 …………………………………… 62
1．骨の種類と役割 ……………………… 62
2．骨の構造 ……………………………… 64
3．骨の成分と代謝 ……………………… 65
4．骨の成長 ……………………………… 66
5．競走馬の骨格形成 …………………… 67

Ⅱ．関節 ………………………………… 70
1．働き …………………………………… 70
2．仕組み ………………………………… 70
3．種類 …………………………………… 70
4．主な四肢関節の働きと関節角度 …… 71
5．歩法（サラブレッド） ………………… 73

Ⅲ．筋肉と腱 …………………………… 75
1．筋肉（骨格筋）の働き ………………… 75
2．体幹の主な筋肉の役割 ……………… 79
3．競走馬の筋肉の構造変化 …………… 82
4．腱の仕組みと働き …………………… 84

Ⅳ．蹄 …………………………………… 86
1．蹄の定義 ……………………………… 86
2．ツメの仕組みとタイプ ……………… 86
3．蹄壁の外景 …………………………… 87
4．蹄の内部の仕組み …………………… 91
5．蹄機 …………………………………… 92
Column 3…蹄壁生長の不思議 ………… 92

Ⅴ．血液・循環器系 …………………… 93
1．血液の成分と働き …………………… 93
2．競走馬の血液の特徴 ………………… 95
3．心臓循環系の働き …………………… 97

Ⅵ．呼吸器系 …………………………… 101
1．上気道の仕組みと働き ……………… 101
2．下気道の仕組みと働き ……………… 102

Ⅶ．消化器系 … 105
1．口唇 … 105
2．口腔 … 105
3．歯の構成と形態 … 106
4．舌 … 107
5．唾液腺 … 107
6．咽頭 … 108
7．食道 … 108
8．胃 … 108
9．小腸 … 108
10．大腸 … 108
11．肝臓の仕組みと働き … 110
12．膵臓の仕組みと働き … 113

Ⅷ．泌尿器系 … 114
1．腎臓の仕組みと働き … 114
2．尿路の仕組みと働き … 115
Column4…お喋りな尿 … 116

Ⅸ．感覚器系 … 117
1．眼球と副眼器 … 117
2．耳（聴覚平衡器） … 118
3．鼻（嗅覚器） … 118
4．味覚 … 118
5．皮膚感覚 … 118

Ⅹ．神経系 … 119
1．中枢神経系の仕組みと働き … 119
2．末梢神経系の仕組みと働き … 122
3．神経の構造と機能 … 126

Ⅺ．内分泌系 … 128
1．内分泌腺の種類と働き … 128

Ⅻ．免疫系 … 133
1．免疫にかかわる器官 … 133
2．免疫にかかわる細胞 … 134
3．免疫の仕組み … 135
Column5…輸送熱とその予防 … 137

ⅩⅢ．生殖器系 … 138
1．繁殖雌馬の生殖器の仕組みと働き … 138
2．種雄馬の生殖器の仕組みと働き … 144

ⅩⅣ．遺伝と発生 … 149
1．細胞の仕組み … 149
2．遺伝とDNA … 151
3．生殖細胞と受精 … 154
4．発生の機構 … 157
5．胎子と胎盤 … 160
6．分娩と産褥 … 162

第3章　飼養管理 … 167

Ⅰ．概論 … 168

Ⅱ．消化 … 169
1．消化管 … 169
2．栄養素の消化 … 170
3．消化に影響を与える要因 … 170
4．消化障害 … 170

Ⅲ．必要な栄養素 … 172
1．炭水化物 … 172
2．脂肪 … 173
3．エネルギー要求量 … 173
4．タンパク質 … 180

5．ミネラル ……………………………… 182
　　6．ビタミン ……………………………… 189

Ⅳ．飼料 ……………………………………… 192
　　1．粗飼料 ………………………………… 192
　　2．濃厚飼料 ……………………………… 195
　　3．その他の飼料 ………………………… 195

Ⅴ．飼料給与方法 …………………………… 196
　　1．給与日量 ……………………………… 196
　　2．飼料の給与回数および給与時間 …… 196
　　3．飼料給与における注意点 …………… 196

Ⅵ．日常管理 ………………………………… 200
　　1．日常管理の基本 ……………………… 200
　　2．種雄馬の管理 ………………………… 204
　　3．繁殖雌馬の管理 ……………………… 206
　　4．子馬の管理 …………………………… 209
　　5．競走馬の管理 ………………………… 212

Ⅶ．厩舎と環境 ……………………………… 213
　　1．厩舎 …………………………………… 213
　　2．馬房 …………………………………… 217

Ⅷ．衛生対策 ………………………………… 222
　　1．検疫 …………………………………… 222
　　2．予防接種 ……………………………… 224
　　3．消毒 …………………………………… 228
　　4．害虫の防除 …………………………… 232
　　5．ネズミの駆除 ………………………… 233
　　6．家畜伝染病予防法 …………………… 235
　　7．主要馬伝染病の鑑別要点 …………… 236

第4章　病気 ……………………………… 243

Ⅰ．概論 ……………………………………… 244
　　1．病気とは ……………………………… 244
　　2．病気の診断 …………………………… 244
　　3．診断の要領 …………………………… 244

Ⅱ．病気の各論 ……………………………… 248
　　1．多くの臓器や器官を
　　　同時に侵す全身の病気 ……………… 248
　　　敗血症(248)／ショック(248)／播種性血管内
　　　凝固症候群(DIC)(249)
　　2．骨格系の病気 ………………………… 250
　　　骨の病気(250)／関節の病気(259)
　　3．筋肉系の病気 ………………………… 260
　　　筋肉の病気(260)／腱や靱帯の病気(261)
　　4．蹄の病気 ……………………………… 264
　　　踏創(264)／釘傷(264)／蹄冠蹶傷(264)／挫跖
　　　(264)／裂蹄(264)／蹄球炎(265)／白帯病(白
　　　線裂)(265)／蟻洞(265)／蹄叉腐爛(266)／蹄
　　　皮炎(266)／蹄葉炎(266)／蹄癌(269)／角壁腫
　　　(270)／蹄軟骨化骨症(270)
　　5．血液・循環器系の病気 ……………… 270
　　　血液の病気(270)／心臓の病気(271)／血管の病
　　　気(273)
　　6．呼吸器系の病気 ……………………… 275
　　　上気道疾患(275)／下気道疾患(279)
　　7．消化器系の病気 ……………………… 282
　　　歯の異常(282)／下顎骨骨折(283)／咽頭炎
　　　(283)／咽頭麻痺(283)／口内炎(283)／舌炎
　　　(283)／舌麻痺(284)／食道梗塞(284)／食道炎
　　　(284)／胃炎(285)／胃拡張(285)／胃破裂(285)
　　　／胃潰瘍(285)／腸炎(腸カタール)(286)／疝
　　　痛(286)／X-大腸炎(287)／腸重積(287)／腸

EQUINE VETERINARY MEDICINE
CONTENTS

捻転(287)／ヘルニア(288)／腹膜炎(288)／腸(結)石(288)／黄疸(289)／肝臓癌(289)

8．泌尿器系の病気 ──────── 290
　腎炎(290)／膀胱炎(291)／膀胱麻痺(291)／膀胱破裂(291)／タンパク尿症(292)／血尿症(292)／麻痺性筋色素尿症(292)／血色素尿症(292)／臍の疾患(292)

Column 6…伝染病の発生によりアフリカ大陸で
　　　　　遭難した探検家 ──────── 293

9．感覚器系の病気 ──────── 294
　眼の病気(294)／皮膚の病気(297)

10．神経系の病気 ──────── 299
　神経系疾患でみられる主な症状(299)／神経系疾患の検査(299)／神経系疾患の治療(300)／脳脊髄の疾患(300)／髄膜の疾患(303)／末梢神経の疾患(303)

11．内分泌系の病気 ──────── 304
　クッシング症候群(304)／アジソン病(304)／副甲状腺機能亢進症(305)／インスリン抵抗性(305)

12．免疫系の病気 ──────── 305
　免疫不全症(305)／白血病(308)／新生子黄疸(308)／馬伝染性貧血(309)

13．生殖器系の病気 ──────── 309
　早期胚死滅(310)／流産(311)／顆粒膜細胞腫(316)／交配誘導性子宮内膜炎(316)／加齢による低出生体重子(317)／種雄馬の繁殖障害(318)／生殖器感染症(320)

Column 7…3D超音波検査 ──────── 321

14．寄生虫による病気 ──────── 322
　円虫症(322)／小形腸円虫症(324)／回虫症(325)／糸状虫症(326)／脳脊髄糸状虫症(セタリア症)(328)／混睛虫症(329)／蟯虫症(329)／

胃虫症(330)／条虫症(331)／ハエ幼虫症(332)／その他の寄生虫症(332)／寄生虫検査と診断(333)／馬の寄生虫駆除(335)

15．ウイルスによる病気 ──────── 337
　馬インフルエンザ(337)／馬鼻肺炎(341)／馬伝染性貧血(344)／馬の日本脳炎(347)／ウエストナイルウイルス感染症(350)／馬の脳脊髄炎(352)／ゲタウイルス感染症(354)／馬ロタウイルス感染症(355)／馬ウイルス性動脈炎(356)／アフリカ馬疫(358)／馬の水胞性口炎(360)／馬モルビリウイルス肺炎およびニパウイルス感染症(362)／馬コロナウイルス感染症(362)

16．細菌による病気 ──────── 363
　馬伝染性子宮炎(363)／ロドコッカス・エクイ感染症(365)／サルモネラ感染症(366)／腺疫(368)／*Streptococcus zooepidemicus*感染症(369)／破傷風(370)／*Clostridium difficile*感染症(371)／鼻疽(372)／類鼻疽(374)／レプトスピラ症(374)／馬のポトマック熱(375)／馬増殖性腸症(377)

17．真菌による病気 ──────── 377
　皮膚糸状菌症(377)／喉嚢真菌症(378)／仮性皮疽(379)

18．原虫による病気 ──────── 380
　馬ピロプラズマ病(380)／馬のトリパノソーマ病(382)／馬原虫性脊髄脳炎(383)

19．中毒による病気 ──────── 385
　中毒における救急処置の基本(385)／ヒ素中毒(386)／鉛中毒(386)／ヘビ毒(386)／フェノチアジン中毒(387)／四塩化炭素中毒(387)／硫酸ナトリウム中毒(芒硝中毒)(387)／硝酸塩中毒(387)／有毒植物による中毒(387)／雌馬の

胎子喪失症候群（MRLS）(388)
　20．熱，寒さ，電気による病気 ―― 388
　　　熱射病(388)／低体温症(389)／電撃傷(389)

Ⅲ．症状で知る体の異常の見分け方 ―― 390
　1．健康状態把握の基本 ―― 390
　　　体温(390)／脈拍(390)／呼吸(390)／可視粘膜(390)／皮膚の被毛(390)／尿(390)／姿勢(391)／糞便(391)／腸蠕動音(391)／目および耳(391)
　2．代表的な異常症状 ―― 391
　　　発熱(391)／腹痛(393)／腹部の膨満(393)／流産(394)／麻痺，神経症状(394)／突然死(394)／黄疸(395)／むくみ(395)／鼻漏，鼻出血(396)／下痢(396)／貧血(397)／削痩(397)／被毛や皮膚の異常(397)／採食に時間がかかる，食べこぼす，嚥下困難(399)／咳をする(399)／喉が鳴る（喘鳴，狭窄音）(399)

第5章　最近の話題 ―― 401

Ⅰ．話題の病気 ―― 402
　1．発育期整形外科的疾患（DOD）―― 402
　　　発育期整形外科的疾患とは(402)／離断性骨軟骨炎(402)／骨嚢胞(402)／骨端炎(403)／肢軸異常，突球，クラブフット(403)／ウォブラー症候群（腰麻痺，腰痿）(404)
　2．運動器に疾患をもたらす代謝障害 ―― 405
　　　代謝とは(405)／疲労性症候群(405)／馬メタボリック症候群(406)
　3．新興感染症 ―― 407
　　　馬増殖性腸症(407)／馬コロナウイルス感染症(408)

Ⅱ．新しい獣医療 ―― 409
　1．再生医療とその応用 ―― 409
　2．核医学 ―― 412
　3．馬ゲノム解析とその応用 ―― 415
　4．遺伝子工学技術を用いたワクチンの開発 ―― 417
　5．シークエンサーの進歩と感染症診断技術の向上 ―― 418
　6．レポジトリー ―― 421

Ⅲ．スポーツ科学の進展 ―― 424
　1．運動負荷試験システムの確立と応用 ―― 424
　2．運動解析技術の進展と競走馬への応用 ―― 427

Ⅳ．馬の福祉 ―― 429
　1．競走馬のための福祉の指針 ―― 430
　2．国際馬術連盟（FEI）馬スポーツ憲章 ―― 431
　3．マニアルウェルフェアの考え方に対応した馬の飼養管理指針（抜粋）―― 432

Column 8…アニマルセラピー ―― 437

索引・略語 ―― 438
資料-1（初版／はじめに）―― 445
資料-2（初版／発刊にあたって）―― 446
資料-3（初版／編集委員・執筆者一覧）―― 447

■表紙の彫刻／西村 修一氏

【用字・用語】

1）本文について，各章の下にⅠ．Ⅱ．Ⅲ．，1．2．3．，1）2）3），(1)(2)(3)，a) b) c)，(a)(b)(c)の順に区分を設けているが，区分ごとの内容は必ずしも横並びに等しくはなっていない。また，各区分のなかで箇条書きが必要な場合は，①②③の数字を用いている。

2）獣医学的な専門用語は，「獣医解剖・組織・発生学用語／改訂3版（日本獣医解剖学会編），学窓社」および「疾患名用語集（公益社団法人日本獣医学会HP）」に準拠している。

3）馬の年齢の数え方は初版と異なり，生まれた年の12月31日までが0歳（当歳）で，翌1月1日から1歳，以降1月1日に1つずつ数字を加える現在の方法に変更してある。

第 1 章　馬を知ろう

Ⅰ　歴史と分類

Ⅱ　感覚機能および学習能力

Ⅲ　行動

Ⅳ　馬体の名称と個体鑑別

第1章 馬を知ろう

I 歴史と分類

1. 分類と進化

❶ウマの分類

　馬は学名を*Equus caballus*といい，奇蹄目（ウマ目ともいう；Perissodactyla）ウマ科（Equidae）に属する動物である。蹄のある草食獣は有蹄類と総称されるが，有蹄類には奇蹄目の他に偶蹄目（ウシ目ともいう；イノシシ科，ウシ科，ラクダ科，シカ科など）が存在する。

　奇蹄目は肢軸が第三指をとおる（中指にもっとも負重がかかる）方向に進化し，肢先に蹄を有するようになった動物で，ウマ科，サイ科，バク科の3科が属している。これらの動物では進化の過程で，第三指以外の指が大なり小なり退化している。このうちサイは前後肢ともに3本の指を有し，バクは前肢4本，後肢3本の指を有している。

　ウマ科には1属7種が現存している。すなわち，馬（*Equus caballus*）の他，モウコノウマ（*E. przewalskii*），アフリカノロバ（*E. africanus*），アジアノロバ（*E. hemionus*），グレビーシマウマ（*E. grevyi*），ヤマシマウマ（*E. zebra*），サバンナシマウマ（*E. burchelli*）である。なお，家畜のロバはアフリカノロバが家畜化されたものである。ウマ科の動物たちの四肢の指は，第三指以外すべて退化している。ちなみに，染色体数は馬は64本，モウコノウマ66本，アフリカノロバ62本，アジアノロバ54〜56本，グレビーシマウマ46本，ヤマシマウマ32本，サバンナシマウマ44本である。

❷地理的分布と社会構造

　これら現存するウマ科動物は，ユーラシア大陸からアフリカ大陸にかけて広く分布している。

　アジアノロバはシリア，イラン，北インド，チベットなど，主にアジア中央部の高地および低地の砂漠地帯に生息している。これに対して，アフリカノロバはスーダン，ソマリア，エチオピアなどの水や草類の乏しい岩石砂漠地帯に棲み，またグレビーシマウマはエチオピア，ソマリア，北ケニアの半砂漠のステップ地帯，ヤマシマウマは南西アフリカの山地草原，サバンナシマウマは東アフリカの草原とサバンナにそれぞれ生息している。

　一方，家畜化される前の馬は，ユーラシア大陸のステップ地帯に広く分布していたものと考えられるが，それらの野生種は19世紀末には絶滅している。現在，世界各地に生存している野生馬とよばれる集団，たとえば北アメリカ大陸ロッキー山脈で生活するムスタング，オーストラリアのブランビーなどは，かつてヒトによって家畜として飼われていた馬が，逃亡したり放棄されたりして再野生化したものであり，馬の野生種ではない。

　また，野生のモウコノウマはすでに絶滅しているが，モウコノウマがロシアの探検家によって発見されたのは，アルタイ山脈近くのモンゴルの草原だった。さらに，1966年に野生の最後の個体が目にされたのも同じくモンゴルだった。野生のモウコノウマが絶滅する前に捕獲された個体は，世界各地で繁殖が行われており，現在はモンゴル高原で再野生化の試みが実施されている（図1-1）。

　ウマ科動物は2つの型の社会構造をもつことが知られ

（モンゴル・タヒーン タル国立公園；實方 剛氏提供）
図1-1　再野生化されたモウコノウマ

ている。馬，モウコノウマ，アジアノロバ，ヤマシマウマ，サバンナシマウマは，ほぼ周年にわたって家族単位であるハレムを構成し，テリトリーを定めずに生活している。ハレムに属さない若い個体や成雄は，若雄群とよばれる群れをつくって生活している。

一方，他の2種，アフリカノロバとグレビーシマウマは個体がテリトリーを形成し，それを守るという習性をもっている。これらの種では繁殖期以外は雌雄別々に暮らしている。また，これらの種の共通点として，きびしい自然環境下で生息しているということがあげられる。水も食物も乏しい悪条件に適応した結果，自己のテリトリーを防衛するという習性を獲得したものと考えられている。

❸ウマ類の進化

奇蹄目に含まれる動物は，前述のように現在では3科しか存在しない。同じ草食動物でも，10科211種の動物を擁する偶蹄目に比べ，はるかに小さなグループである。しかし，地質時代をとおして奇蹄目はおおいに繁栄しており，かつては偶蹄目をはるかにしのぐ存在であった。その目（もく）に含まれる動物種の数は，その目の成功度を物語っているとされるが，この点で奇蹄目は進化の流れのなかでは，滅びつつある動物グループともいえる。奇蹄目の衰退は他の草食動物との競合で敗れたのではなく，地球の気候の変化が主要な原因と考えられている。

さて現在，ウマ類の進化の過程ほど明確に判明している動物種はいない（図1-2）。そのもっとも大きな理由として，化石資料が豊富にそろっているということがあげ

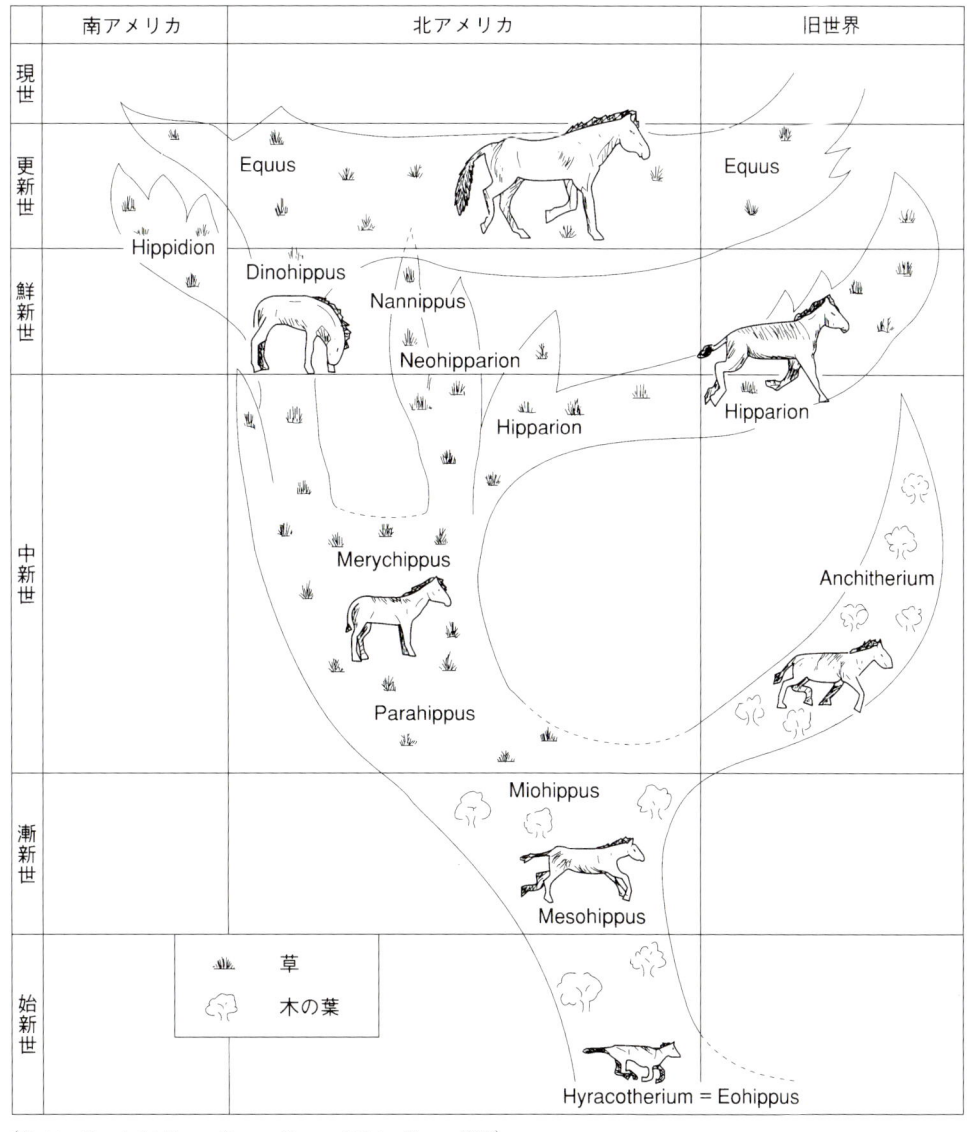

(Clutton-Brock J：Horse Power, Harvard Univ. Press. 1992)

図1-2　ウマ類の進化

❹ヒラコテリウムの出現

現在，ウマ類の直接の祖先種とされるもっとも古い化石は，6,500万年前，始新世の地層から出土したヒラコテリウム（エオヒプス；和名－あけぼのうま）と命名されている動物のものである。ヒラコテリウムは，北アメリカ大陸とヨーロッパの森林地帯に広く分布していた。体高は約30cmで，前肢には4本の指，後肢には3本の指を有し，各指の先端には小さな蹄が備わっていた。椎骨の棘突起がかなりよく発達していたが，おそらくここには強大な筋肉が付着していたものと考えられる。この点から，ヒラコテリウムは小型の動物だが高い走能力を有していたことが想定される。また，ノミ状に近い小さい切歯，小さい犬歯，三角の咬合面をもつ小臼歯と四角形の大臼歯を備えていた。こうした歯の特徴から，若芽や草の実など比較的軟らかい植物を主な摂食対象としていたものと思われる。

生息場所，食物分布からヒラコテリウムは，テリトリー性の単独生活の習性をもつ動物であった可能性が強い。

ヒラコテリウムはウマ類のもっとも古くかつ原始的な祖先種ではあるが，この動物の特徴が初期の奇蹄類と共通であることから，奇蹄目全体の原型と位置づけることができる。始新世のある時期に，ヨーロッパのヒラコテリウムは姿を消し，それ以降，ウマ類の進化は主に北アメリカ大陸を舞台にして進んでいった。

❺進化に伴う体型の変化

ヒラコテリウムの出現以来6,500万年の間に，ウマ類は進化に伴い，おおむね以下のような変化をとげた。

①体が大型化した。
②第三指以外の指が退化し，第三指の指骨が長大化した。
③脊椎の弯曲の度合いが減少し柔軟性がなくなった。
④切歯の幅が広がった。
⑤小臼歯が大臼歯化した。
⑥歯冠が高くなった。
⑦下顎骨が大型化した。
⑧脳が大型化し複雑化した。

これら体各部の進化に伴う変化は，常に捕食の機会をうかがっている肉食獣，ならびに主要な摂食対象であるイネ科植物との相互作用の産物とすることができよう。たとえば，いち速く捕食獣の接近を察知するためには，感覚機能が鋭敏なほうが有利であったと考えられる。そのためには脳の大型化が伴う。また，四肢や脊椎にみられる進化に伴う変化は，捕食獣から逃避するためのスピードと持久力をもたらしたものと思われる。さらに，他の草本と比較して細胞膜が堅牢化しているイネ科植物を，十分に咀しゃくするためには，歯の形態変化は合理的であったことがうかがえる。ただし，これら進化に伴う体の各部位の変化は，直進的な単純なものではなかった。

❻北アメリカ大陸での進化

北アメリカ大陸においてウマ類は，始新世前期のヒラコテリウムから始まってしばらくの間は，1本の幹のように進化していった。ヒラコテリウムは始新世中期にはオロヒプスへと，さらにエピヒプス（始新世後期），メソヒプス（漸新世前期），ミオヒプス（漸新世中後期）へと進化した。

ヒラコテリウムからミオヒプスへと進化する間に体の大きさは，中型犬から羊程度になった。ミオヒプスは四肢にそれぞれ3本ずつの指を有し，とくに第三指は大型化していたが，第二，第四指はまだ機能をはたしていたものと考えられる（図1-3）。また，口腔の奥の3つの臼歯は大臼歯に形態的に似てきていた。漸新世以降，地球の気候は冷涼となり乾燥化が進んだ結果，ひらけた草原が多く出現した。

中新世に入るとウマ類は，いくつかの発展系統に分岐した。その要因は，生活環境の多様化によるものと考えられる。分岐したいくつかの幹のうち，現在のウマ科の動物につながるいわば進化の主流は，メリキプスのグループであった。メリキプスではまだ四肢それぞれに3本指が認められるが，第二，第四指はかなり退化しており，体重は第三指で支える構造になっていた（図1-3）。また，歯は歯冠が高く，摩耗すると咬合面がやすり状となる現在のウマ科動物と同様の機能を有するようになった。こうした機能は，イネ科植物の硬い繊維や種子をすりつぶす，ひき臼としての効果を発揮する。

鮮新世になるとメリキプスを祖先として2つの系統が生じた。すなわち，ヒッパリオンとディノヒプスである。このうち，ディノヒプスが現世のウマ科動物に直接つながる動物と考えられている。ディノヒプスの第二，第四

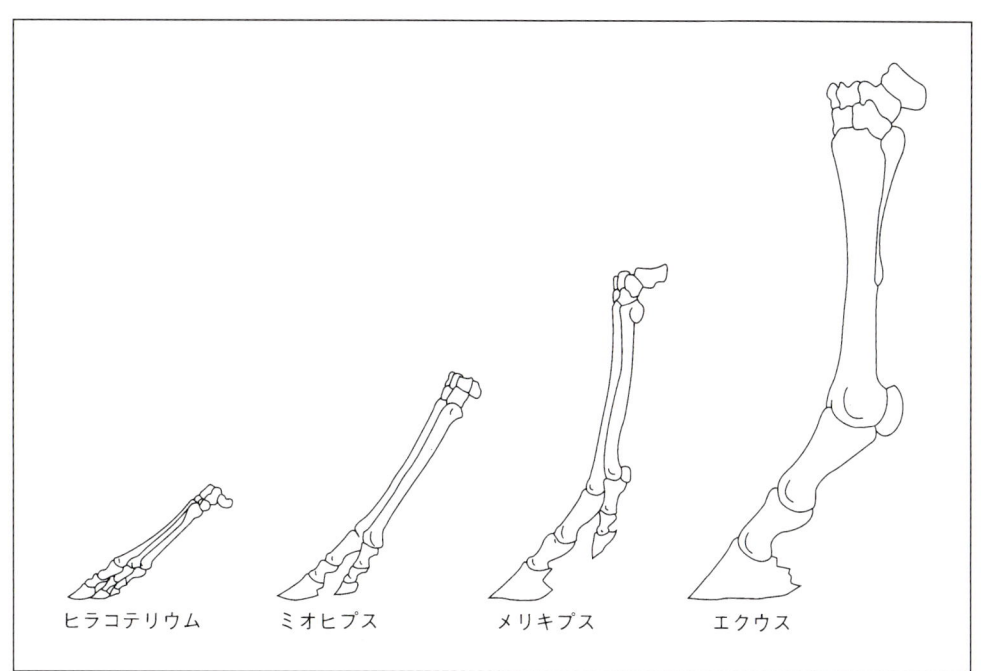

(Waring GH：Horse Behavior, Noyes Publ., 1983)
図1-3　ウマ類の四肢の進化，前肢を横からみた状態

指はきわめて退化しており，四肢上部の皮膚のなかに隠れている。

更新世になるとエクウスが出現した。まさに，現世のウマ科動物の系統である。エクウスは北アメリカ大陸とユーラシア大陸との間に出現したベーリング地橋をわたって，ユーラシア大陸さらにはアフリカ大陸に分散していった。

❼北アメリカ大陸での絶滅

およそ1万年前に，北アメリカ大陸のエクウスは突如絶滅した。以来，この大陸が新大陸として西欧人により再発見され，ヨーロッパから馬がもち込まれるまで北アメリカ大陸にはウマ科動物は存在しなかった。一方，ユーラシア大陸のウマ科動物は，北アメリカ大陸での絶滅の時期に前後して数が減少したが，絶滅はまぬがれた。

北アメリカ大陸におけるエクウスの絶滅の原因として，いくつかの説が出されている。気候の変化が原因とする説，何らかの感染症が原因とする説，先史人による乱獲が原因とする説などが代表的なものである。絶滅した時期はベーリング海峡が陸続きとなり，初めて人類がこの大陸に到達した時期と一致している。こうした状況証拠なども含め，ヒトによる乱獲が原因で絶滅した可能性が高いと最近は考えられている。

図1-4　ターパン（JRA原図）

❽近世になっての絶滅

ウマ科動物で近世になって絶滅した種も知られている。馬の祖先種とされるターパン（*E. ferus*）は体高130cm程度の小型の馬で，ウクライナの草原地帯を中心に主に東ヨーロッパに分布していた（図1-4）。トルコとロシアとの間で戦われた露土戦争以来，ターパンの生息地にヒトが入り込むようになり，次第にその数が減少していった。

ターパンは1880年代にポーランドで確認されたのが最後の個体とされているが，1930年代には家畜の馬をもとに，この動物を再現しようという試みがポーランドとドイツで始まった。種々の記録を参考にしながら，育

第1章 馬を知ろう

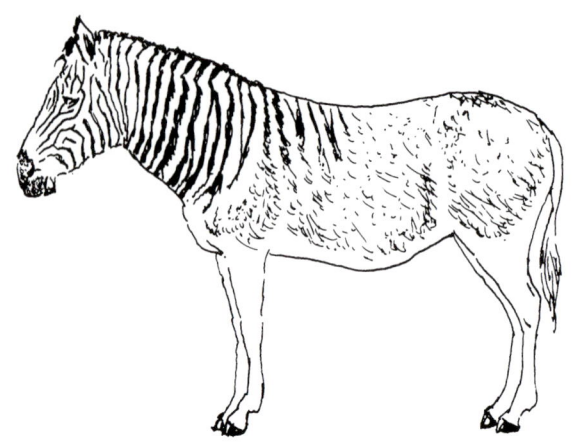

図1-5　クアッガ（JRA原図）

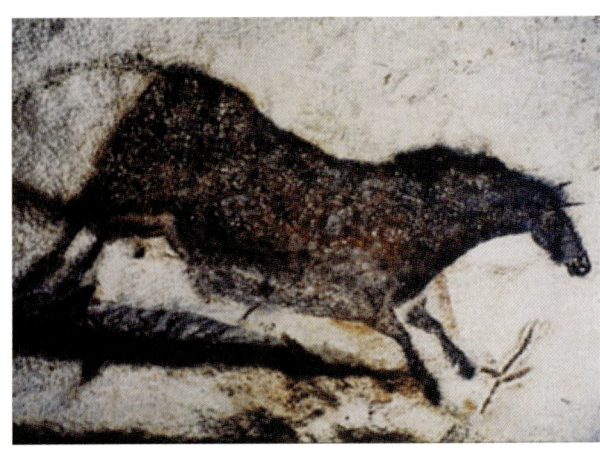

図1-6　ラスコーの壁画

種技術を使ってターパンに見かけがよく似た馬をつくり出そうとするもので，今日ではそのようにして再元された馬の姿を欧米の動物園で目にすることができる。

モウコノウマは，1879年にロシアの探検家プルツェワルスキー大佐によりモンゴルの高原で発見され，西欧社会に紹介された。その後，多くの個体が捕獲され，世界各地の動物園や飼育施設に送られた。しかし，野生のモウコノウマが最後に確認されたのは1960年代で，それ以降，野生の個体は絶滅したものと考えられている。現在，ヒトによる管理下で1,000頭以上の個体が約120にのぼる世界各地の施設で飼育されているが，それらの個体の先祖をたどると，わずか13頭の捕獲個体に行き着く。なお，現在モンゴルでモウコノウマを再野生化するプロジェクトが進行中である（図1-1）。

クアッガ（E. quagga）は，アフリカ大陸南部の平原とサバンナに生息していた，進化学的にはサバンナシマウマに近いウマ科動物で，頭部から体幹の前部にかけて特有の縞模様があった（図1-5）。1878年に最後の野生の個体が死に，1887年にはアムステルダムで飼われていた個体も死んでこの種は絶滅した。現在18体の標本が各地の博物館に保管されている。

2. 歴史

❶先史時代

狩猟生活を送っていた先史時代の人類は，種々の動物を狩りの対象としていた。そうした動物のなかには，もちろん馬も含まれていたし，多くの場合，馬の肉が先史時代の食料の中心となっていた可能性すらある。ヒトと馬との交流を示すもっとも古く，そして明らかな証拠は，

今からおよそ1万5,000年前の旧石器時代の人類が，フランスとスペインに残した洞窟壁画である（図1-6）。そこに描かれた図像から，人々が馬を狩猟の対象としていたことがよみとれる。また，同時期の地層からおびただしい数の馬の骨が出土している。人為的に割られたとみられる頭蓋骨や肢骨も散見され，先史人が脳や骨髄も食料の一部としていた様子がうかがえる。さらに，馬は当時の増加しつつあった人類に，食料ばかりでなく衣服・住居の素材を提供していたものと考えられる。

しかし，1万年ほど前から西ヨーロッパ，北アメリカ大陸の馬は姿を消していった。前述したように，北アメリカにいた馬はすべて絶滅してしまった。一方，ユーラシア大陸の馬は絶滅こそまぬがれたが，分布域は狭まっていった。

❷馬の家畜化

一般に，動物が野生から切り離されて家畜化されると，その初期に急速な形態的変化が生じる。たとえば，牛では，祖先種であるオーロックスからの家畜化の過程で，劇的に体型が小型化したことが認められている。このような形態的変化が，発掘された獣骨が野生種か家畜種かを見分ける1つの鍵となるが，馬では家畜化に伴う形態的変化があまり生じなかった。

馬の家畜化を示す最古の証拠は，南ウクライナのドニエプル川右岸の新石器時代の遺跡から出土しており，その年代は紀元前3500年頃と推定されている。その証拠とされているものは，鹿の角でつくられた複数のハミの断片と摩滅した小臼歯をもった馬の頭蓋骨の存在である。この小臼歯の摩滅は長期間にわたって，ハミが使用されたことによって生じたものとされている。当時，ド

ニエプル川周辺のステップ地帯には，多くの野生馬が生息しており，それらの馬を狩猟の対象としていた人々によって家畜化が開始されたものと思われる。

❸役用家畜としての利用

　馬は当初，おそらくその肉や乳を利用するために家畜化されたものと推測される。しかし，ほどなくして，荷物を背に載せたり，ソリや荷車を牽引させたりする家畜として用いられるようになった。馬の家畜化に先立ち，人類は山羊，羊，牛，豚などをすでに野生から切り離し，家畜化していた。役用家畜としては，古代メソポタミアでオナガー（アジアノロバの亜種）が用いられていた。しかし，この動物は扱いにくく，馬が使えるようになった後は家畜としては放棄された。また，馬のもつ力とスピードも，それまでの牽引用の動物にとってかわっていった理由といえる。ひとたび馬が用役に使われるようになると，ヒトの生活は大きく変化していった。その最大の要因は馬の有するスピードであり，ヒトの行動範囲を飛躍的に拡大させたのである。

　青銅器時代，さらには鉄器時代に入り，馬の利用は，堅牢な車軸や車輪をもつ馬車の普及とともに本格化した。また同時に，戦争における有力な生物兵器として，馬は世界史における主要な役割を担うようになった。

❹生物兵器としての馬

　それ以降の馬の歴史は，まさに帝国の興亡の歴史とオーバーラップしてゆくといっても過言ではない。紀元前1670年，アジアの騎馬民族ヒクソス人が戦車部隊の力で，古代エジプト王朝を征服した。しばらく異民族の支配を受けていたエジプトが，その力をはねのけたのも馬の力であった。エジプト王トゥトメスⅢ世（紀元前1504〜1450年）は，広大な種馬牧場と戦車（チャリオット）工場を建設し，その強大な権力をゆるぎないものとした。また，古代ギリシャ，ローマでも馬が引く戦車は有力な兵器であり，平時におけるその競走は市民を熱狂させる娯楽にまでなっていた。

　騎乗して馬を利用するのが一般化したのは，かなり後になってからと考えられる。おそらく家畜化の初期から騎乗の試みは行われていたとはいえる。ただし，馬に安定して騎乗し，騎乗者の意思どおりに制御するためにはハミ，手綱，鞍はもちろん，鐙（あぶみ）も必要である。これらの馬具が考案され一般化するに従って，騎馬の技術は完成に近づき，やがて戦法としての有効性が馬の引く戦車をりょう駕するに至ったのである。

　ハミの起源はきわめて古いが，ほぼ現在のものと同型のものを使うようになったのは，紀元前300年頃のケルト民族であったとされている。一方，鐙は紀元前300年頃，アジアの騎馬民族の間で最初に使われたとされているが，この馬具が広くヨーロッパにまで普及していったのは8世紀になってからであった。

　古代における馬術の心得について記されたものが，いくつか残されている。なかでも，古代ギリシャの軍人であり哲学者でもあった，クセノフォン（紀元前430〜354年）が書いたヒッパルキロス（馬術便覧）が有名である。この書には馬の管理，調教，馬装，戦闘術までさまざまなことが記されている。騎馬軍団を率いて500万km^2の広大な地域を制覇したマケドニアのアレキサンダー大王も，クセノフォンのこの書を参考にしたとされている。

　馬はその時々の戦闘の形態に合うように改良が加えられた。ヨーロッパの中世の時代には，重い甲冑をつけた騎士が馬上でぶつかり合うという戦法がとられたが，馬もこの戦法に合うように大型で力強い，いわゆるグレート・ホースがつくられていった。また，火器が発明されると，より身軽な馬が求められるようになっていった。

　情報の迅速な伝達手段として，馬がはたした役割も見逃せない。モンゴルのチンギス・ハン（1167〜1227年）は勇猛な騎馬軍団をひきいて，東は朝鮮半島から西はカスピ海に至る地域を制覇し，広大な帝国を築きあげた。そして，その帝国にいわば郵便網を整備したのである。この郵便網は，何千という中継地点と何万もの馬で構成されており，伝達路のもっとも長いものは5,000kmにも及んだとされている。彼は馬の力でつくりあげた帝国を，馬のスピードで維持したといえる。

　馬はわずか100年前までは，ヒトの歴史においてもっとも重要でかつ生活に密着した家畜であり続けた。しかし，近代に入り各種の動力機関が発明され，馬は徐々にその役割を機械にゆずりわたしていった。さらに，20世紀に起こった2度の世界大戦は，馬が戦場でも不要になったことを証明する戦いでもあった。軍馬としての華々しい役割を終えた馬は，現在は乗馬や競馬など，レジャーやスポーツに用いる動物として生産され飼われている。

❺日本における馬飼養の歴史

　地質時代に日本の国土一帯にウマ科動物が生息していたのは，第三紀中新世から更新世にかけての地層から，馬の化石が複数出土していることからもわかる。しかしその後，馬たちは絶滅ないし移住していったものと思わ

れ，長期間にわたって空白の時代が続いた。

　馬に関連した遺物は，5世紀から6世紀初頭にかけての遺跡から急に多く出土するようになる。おそらく，この時代に馬および馬文化が，飼養技術とともに中国大陸から朝鮮半島を経由して渡来したものと考えられる。これ以後，絶大な権力をうかがわせる各地の古墳から，騎馬技術の普及を裏づける資料が数多く出土するようになる。

　大化の改新(645年)以降，軍馬，運輸通信用の駅馬，農耕用の牛馬の管理は厳密に規定されるようになり，それらの生産育成の場である牧の制度化が進んだ。律令国家のいわば直営牧場である官牧(勅旨牧)は32にも達し，そこで馬は国家により直接生産された。その後，律令国家の解体とともに官牧は衰退したが，それに代わり私牧が各地に設置されていった。

　中世武家社会でも騎馬が非常に有効な戦力だったのは論を待たない。各地で馬産が盛んに行われたが，そのうちで一貫して生産地であり続けたのは，現在の青森県東部から岩手県にまたがる南部地方である。この地には鎌倉，室町時代にかけて，ときおり中国大陸から大規模な繁殖用馬の移入が行われ，より優秀な馬の生産が促された。

　近世に移り西欧社会との交流が始まると，西方から直接，馬がもたらされるようになった。西方の馬の輸入にとりわけ熱心だったのは徳川幕府八代将軍吉宗で，彼は幕府直轄の牧を整備し，同時に多くの馬を西方から輸入し，在来馬の改良に努めた。馬は軍事用だけでなく，平時の生活のなかでも重要な存在であった。江戸時代，水運の発達していなかった東国において，荷物を馬に載せて運搬する輸送法が盛んに用いられた。宿場で交替する伝馬(てんま)と，目的地まで行く中馬(ちゅうま)とがあり，とくに中馬は岡船ともよばれ，交通の要となっていた。

　幕末の頃に国内で飼養されていた馬は，数十万頭と推定されている。明治37年(1904年)から38年にかけて勃発した日露戦争は，勝利には終わったものの，日本軍の擁する軍馬の資質が馬格，力強さの点で，近代戦には向かないものであることを白日のもとにさらした戦争でもあった。そこで，政府は当時日本に飼われていた馬すべてを，西欧系の品種との交配によって改良する馬政計画を発足させた。第1次を30ヵ年とし，それが終了した後，引き続き昭和11年(1936年)に第2次30ヵ年計画を発足させた。

　昭和20年(1945年)，第2次世界大戦の終了とともにこの計画も雲散したが，それまでのおよそ40年間で行われた国内の馬の改良は，きわめて広範にわたるものであった。その結果，国内には純粋な在来馬はほとんどいなくなっていた。さらに，戦後の食料難ならびにモータリゼーションの進展の結果，戦前は一時150万頭を数えた馬の頭数は激減し，2012年現在では8万頭程度になっている。

❻競馬の歴史

　馬を走らせてそのスピードを競うということは，馬が牽引用の家畜として利用され，家畜化の当初から行われていたものと推測される。古代オリンピックでは戦車競走が正式種目としてとりあげられていた。また，古代ローマでは人口100万人と推定される都市国家に，25万人収容可能な戦車競走場が建設されており，市民から熱狂的な支持を受けていたとされている。

　近代競馬発祥の地であるイギリスでも競馬は古い歴史をもつ。その起源は3世紀，ローマ人の支配下にあった時代にさかのぼる。その後も王侯貴族などの間で競馬はとぎれることなく続いた。ただし，競馬が競走馬の改良を目指して本格化するのは17世紀，スチュアート王朝復古以降である。

　1660年に即位したチャールズ2世(1630～1685年)は，競馬の規模拡大と競走馬の改良に情熱を注いだ。彼は優美な体型と軽快な運動性を有したアラブに注目した。これ以後の100年間に，イギリスにはおよそ200頭の中近東産の駿馬が輸入された。そして，競馬は優秀な馬の選抜淘汰の場という機能を明確にもつようになっていった。1773年には競走成績を正確に記録した「レーシング・カレンダー」が，また1793年には，競走馬の繁殖記録である「ジェネラル・スタッドブック」が刊行された。また，1776年から1814年にかけて，いわゆるクラシックレース(2,000ギニー，1,000ギニー，ダービー，オークス，セントレジャー)が制定された。イギリスに生まれた近代競馬は，大英帝国の拡張に伴い世界各地に広まっていった。現在では90ヵ国以上で競馬が行われており，競馬産業は国際的ビジネスとして確立している。

　一方，日本においても馬を走らせて競い合うということは，古くから行われている。続日本紀にある「走馬(はしりうま)」という記述が最古のものとされるが，これは朝廷の宗教的行事の色彩の濃いものであった。平安中期になると，京都上賀茂神社をはじめ，多くの神社で競馬(くらべうま)が行われるようになった。清少納言は「胸つぶるるもの」として「くらべ馬みる」をあげている。この競馬は2頭で50m程度の距離を走り優劣を競う

（馬の博物館所蔵）
図1-7　賀茂競馬図屏風

ものであったが，祭事的意味合いが強く，公には賭の対象とはなっていなかった（図1-7）。

開催番組が残る日本で初めてのいわゆる近代競馬は，1862年横浜において行われた。1866年には横浜の根岸に競馬場が建設され，翌年春から，毎年春と秋に居留外国人を中心に競馬が開催されるようになった。

一方，外国との数次の戦争を通して，日本の在来馬が軍馬として不向きであることを知った政府は，軍馬の改良の方針を決定したが，その方策として競馬を利用した。以後政府の監督下で，1906年から競馬が行われるようになった。その後運営の主体に変遷はあったが，第2次世界大戦後1948年に競馬法が，1954年に日本中央競馬会法が公布され，いわゆる中央競馬と地方競馬の開催体を異にする施行体制が確立し，現在に至っている。

3．品種と用途

❶品種の分類

歴史の項でも記したとおり，馬はさまざまな用途に用いられてきており，その用途にあったタイプの馬が選択され，人為的に品種改良が行われてきた（図1-8）。そうした馬たちは，用途はもちろん体型や体格によりいくつかの呼称で分類されている。

日本でもっとも一般的なものは，軽種，中間種，重種，在来種の4種類の呼称方法である。軽種はlight horseの訳語で，日本ではサラブレッド，アラブおよびそれらの交雑種であるアングロアラブに限定して用いられる。重種（heavy horse）は大型の馬，ペルシュロンやブルトンなどを指す。また中間種は，軽種と重種を交雑したものを指す。これらの呼称は昭和12年（1937年），軍馬の管理監督をもっぱら行う行政機関であった馬政局が出した，「馬の種類呼称」という規則に端を発している。第2次世界大戦が終わった時点で，この規則も失効したが，その後もそのまま通用してきているものである。ただし現在，行政上ではその使用目的別に軽種馬，農用馬，乗用馬，小格馬，在来馬，肥育馬に区分され，生産統計などがとられている。

馬の運動性の違いから分類する方法として，温血種（hot-blood horse）と冷血種（cold-blood horse）に区分する方法がある。この分類方法はドイツで用いられ始めたものであるが，ほぼ温血種は軽種に，冷血種は重種に対応している。ただし，イギリスでは温血種をサラブレッドとアラブに限定し，これらの品種で改良された馬を半血種とよぶ場合もある。

馬の分類を数値的基準に基づいて行おうという試みもなされた。1889年，イギリスの王立農業協会は，体高が148cm以下の馬をポニーと称するように提唱した。この提唱に基づいて，イギリスの多くの在来馬においてポニーという品種呼称が定着した。ただし，この基準は現在では目安としての意味しかもたない。なお，アメリカ

第1章 馬を知ろう

(左:2011年JRA総研・馬に親しむ日)
図1-8 もっとも小型のポニー（アメリカン・ミニチュア・ホース，左）と重種のペルシュロン（右）（JRA原図）

合衆国などでは多用途に用いられる乗用馬をポニー（たとえばカウ・ポニー，リード・ポニーなど）とよぶ習慣が認められる。

また，歩法に基づき駈歩馬（galloper, runner），速歩馬（trotter），常歩馬（walking horse, walker）とよぶ場合もある。これらの呼称でよばれる品種は，それぞれの歩法時でのスピードや優雅さを，主な育種の目標として改良されたものが多い。駈歩馬としてはサラブレッド，アラブ，クォーター・ホース，速歩馬としてはスタンダードブレッド，フレンチ・トロッター，常歩馬としてはテネシー・ウォーカーなどがあげられる。速歩馬は，その得意とする歩法からトロッター（斜対速歩馬）とペイサー（側対速歩馬）に分けられる。さらに用途別に，乗用馬（riding horse），輓用馬（draft horse），駄馬（pack horse）と，分けてよばれることもある。

❷世界の代表的な品種

現在，世界で飼育されている馬の品種は150とも200ともいわれているが，その正確な数は不明である。品種としての基準がきびしく定められているものがある一方，その基準がきわめてゆるいもの，同一の品種で国によってよび名が変わるもの，利用目的を品種名のようにつけているものまでさまざまである。本項では代表的な品種についてアルファベット順に解説する。

アハルテケ（Akhal-Teke）

体高142～160cm。乗用。原産地は中央アジア・トルクメニスタン。アーカルテッケ，アーハルテケとも表記する。毛色は単色で栗毛，青毛，鹿毛などだが，メタリックな光沢をもつ河原毛も存在する。特異な毛色と馬格で名高い。

きわめて忍耐強く持久力に富み，砂漠での長距離の移動では他の追随を許さない。漢の武帝が欲してやまなかった「血の汗を流しながら1日千里を走り抜く」汗血馬は，この馬だったともいわれている。

アルテ・レアル（Alter Real）

体高151～161cm。乗用。とくに古典馬術。原産地はポルトガル。毛色は鹿毛，青鹿毛，芦毛など。18世紀からポルトガルで，王族のための乗馬として育種されてきた。300頭のアンダルシアン雌馬を基礎として作出されたため，外貌もアンダルシアンときわめてよく似ている。品種名は本品種のための国立（王立）牧場のある地名アルテに由来する。

アメリカン・ミニチュア・ホース
（American Miniature Horse，図1-8左）

体高85cm以下。愛玩用。原産地はアメリカ合衆国。毛色はさまざま。この品種のもっとも重要な点は小型ということにある。しかも，各部位のバランスは通常の馬とほとんど変わらない。

この品種は鉱山での採鉱のために，1950年代までに輸入されたオランダやイギリス産のマイン・ホース（鉱山での使役馬）に由来している。本品種作出の過程で影響を与えた品種としては，シェトランド，ファラベラなどがあげられる。1978年にアメリカン・ミニチュア・ホース協会が設立され登録業務が行われている。登録基準は成馬で34インチ（85cm）以下とされている。

（岩手県遠野市；高草 操氏提供）
図1-9 アメリカン・ペイント・ホース

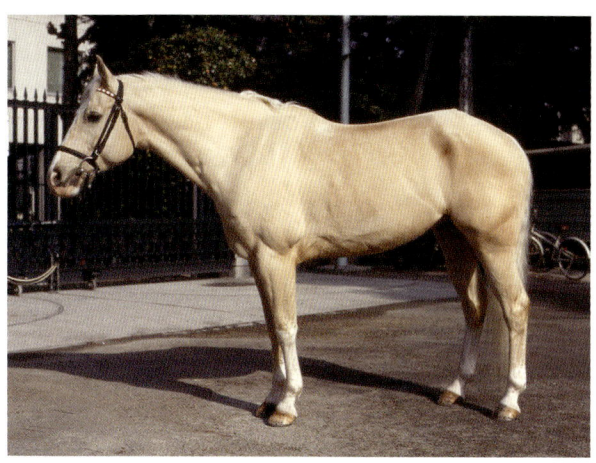
図1-10 アメリカン・クォーター・ホース（JRA原図）

アメリカン・ペイント・ホース
（American Paint Horse，図1-9）

体高150〜160cm。乗用。原産地はアメリカ合衆国。ペイント・ホース，ピント，キャリコともよばれる。馬体に大きな斑紋がある。スペインなどから北アメリカ大陸にもち込まれた馬の子孫で，平原に暮らすアメリカ先住民が古くから乗用に用いてきた。選択淘汰は主にその特徴的な斑紋だけを基準に行われている。大きな白と黒の斑紋のあるものをオバーロ，黒以外の色（茶色など）と白の斑紋のあるものはトビアーノとよぶ。

登録はアメリカン・ペイント・ホース協会（1957年設立）で，血統書は1963年に創刊された。登録の条件は，両親の少なくとも一方が本品種の血統書に記載されており，もう一方が血統登録されたサラブレッドかクォーター・ホースでなければならない。

ほぼ同一の品種としてピント（pinto）があげられる。ピントの登録は1947年に設立されたアメリカ・ピント・ホース協会が行い，やはり毛色が登録の基準となる。しかし，ピントは親の片方がアラブ，モルガン，サドルブレッドなどであっても登録できる。

アメリカン・クォーター・ホース
（American Quarter Horse，図1-10）

体高152〜161cm。乗用，競走用。原産地はアメリカ合衆国バージニア州，両カロライナ州。クォーター・ホース，コーター・ホースとも表記する。毛色は単色で栗毛が多く，その他鹿毛，青毛，黒鹿毛，芦毛など。17世紀に，スペイン，イギリスから北アメリカ大陸にもち込まれた馬にアラブ，バルブ，トルコマンを交配して作出され，クォーター（4分の1）マイルすなわち約400mの距離の競馬に用いるために改良された。

現在でも，短距離のレースで競走馬として利用される他，カウ・ポニーとして牧場やウェスタンスタイルの馬術競技会にはなくてはならない存在でもある。また，ポロ競技馬や狩猟用馬としても利用されている。一品種としては世界でもっとも数が多く，原産国アメリカ合衆国でもっとも人気がある。

アメリカン・サドルブレッド（American Saddlebred）

体高150〜160cm。原産地はアメリカ合衆国ケンタッキー州。サドルブレッド，あるいはアメリカン・サドル・ホース（Saddle Horse）ともよばれる。毛色は青毛，青鹿毛，鹿毛，栗毛，芦毛などの単色で粕毛，パロミノなども認められ，ふつう白徴がある。北アメリカ原産の特殊歩法馬三品種のうちの1つ。

1800年代にケンタッキー州の大農場主の手により，サラブレッド，モルガン，ナラガンセット・ペイサーを交配して作出された馬で，当初はケンタッキーあるいはケンタッキー・サドラーとよばれていた。品種作出の当初の目的は，牧場の巡視用の乗馬にあった。実際，本品種の運歩は円滑で，活発な気質を有している。種々の農作業において，乗用ならびに輓用で用いられていた。頭部が小さく自然に高く保持する。尾も高く保持させるために筋肉を切断し，尻がいを通して引き上げる習慣がある。この品種に特徴的な5種の歩法（常歩，速歩，駈歩，スロー・ゲート，ラック）を示す。動作を強調するために蹄は極端に伸ばされる。

アンダルシアン（Andalusian，図1-11）

体高150〜160cm。乗用。とくに高等馬術および闘牛

第1章 馬を知ろう

クールベット；後肢で立ち上がる技（JRA馬事公苑ホースアトラクション）
図1-11　アンダルシアン（JRA原図）

図1-12　アパルーサ（JRA原図）

士の乗馬。原産地はスペイン。スパニッシュ・ホース，アンダルシアとも表記する。毛色は大部分が芦毛だが鹿毛や青毛も認められる。

　700年代にイベリア半島の在来馬に，北ヨーロッパ原産の大型の馬，北アフリカ原産のバルブが交配されて成立した。15世紀にはカルトゥジオ修道会の修道士が保護し，純粋な系統の繁殖に力を入れた結果，現代スペインにその姿が伝えられたという歴史をもつ。アラブ，バルブについで世界の馬の品種改良に貢献した。

アングロ・アラブ（Anglo-Arab）

　体高160cm前後。乗用，競走用，馬場馬術，障害飛越，狩猟用。原産地はイギリス。毛色は単色で鹿毛，栗毛，芦毛など。さまざまな名称（ロシア：テルスキー，スペイン：イスパノなど）でよばれる。サラブレッドとアラブを交配して作られる半血種。オールラウンドな乗馬を得るためにヨーロッパを中心に世界各国で生産されている。登録にはアラブ血量が25％以上であるという条件があるが，とくに体型上のスタンダードは既定されていない。スピードはサラブレッドには及ばないが，堅牢で持久力がある。

アパルーサ（Appaloosa，図1-12）

　体高142〜152cm。乗用，カウ・ポニー，ポロ競技，障害飛越競技用，サーカスの曲馬など。原産地はアメリカ合衆国北西部。特有の小斑を有する。

　アメリカ先住民のネズパース族が，ヨーロッパ大陸からもち込まれ野生していたムスタングを再家畜化した馬を，1870年代以降サラブレッドを用いて改良した。この先住民がパルース川周辺に居住していたためこの名がつ

いた。体の斑点が特徴的だが，その位置や色合いからレオパード（腰と尻が白く，そこに濃い卵形の斑紋），マーブル（全身がまだら），フロスト（濃い色の地に白い小斑）などに分類される。たてがみと尾の毛は少なく，よくネズミの尻尾，あるいは指のような尻尾などと形容される。

アラブ（Arab，Arabian，図1-13）

　体高142〜151cm。乗用，エンデュランス競技など。原産地はアラビア半島。毛色は鹿毛，栗毛，芦毛，青毛などで河原毛はない。

　世界各国でみられる馬種のなかで，他の品種作出に際してもっとも多くの影響を与えてきた品種といえる。その代表例がサラブレッドである。砂漠の民族ベドウィンが，ペルシャやイエメンの馬をもとに2000年かけて作出してきた。7世紀，イスラム教徒の遠征に伴って，イベリア半島を通ってヨーロッパの国々に浸透していった。さらに，1500年代以降ヨーロッパに多くもち込まれ，サラブレッド，アングロ・アラブをはじめとするきわめて多くの馬の品種改良に貢献してきている。1600年以降は改良の中心はポーランドに移り，1800年代にはエジプト，1880年頃からはイギリス，1900年代にはアメリカが改良の中心となった。現在，再びアラブ諸国で，多くの馬たちが飼養されるようになってきている。

　持久力に富み，エンデュランス競技で優秀性を発揮する。その歴史と上品な外貌からきわめて人気が高く，世界各地で飼われている。

アルデンヌ（Ardennes，Ardennais）

　体高約153cm。輓用。原産地はフランスとベルギーにまたがるアルデンヌ地方。毛色は鹿毛，粕毛，栗毛など

図1-13 アラブ（JRA原図）
（JRA馬事公苑ホースアトラクション）

で粗毛。古い時代のヨーロッパのグレート・ホースの典型とされる。19世紀始めにアラブ，サラブレッド，ペルシュロン，ブーロンネなどが交配された。後駆が雄大で四肢は短い。近年まで農用に用いられていた。

オーストラリアン（Australian）

体高120～140cm。乗用。原産地はオーストラリア。毛色はさまざま。ウェルシュ・マウンテンとアラブを基礎に，チモール，シェトランド，エクスムア，サラブレッドなどを交配して作出された。

バレアリック（Balearic）

体高約140cm。鞦用。原産地はスペイン，バレアレス諸島。毛色は鹿毛，青鹿毛。頚は短く，ローマンノーズが多いことが特徴。二輪馬車を引かせる馬で，両耳が出た日除け帽をかぶせることが多い。

バルブ（Barb）

体高142～152cm。乗用。原産地は北アフリカ。毛色は鹿毛，黒鹿毛，青鹿毛，青毛，栗毛，芦毛などの単色。アラブとともに世界の馬の品種の基礎となった馬で，古くから北アフリカで飼われており，紀元700年以降スペインにもち込まれた。バルブがスペイン産馬と交配して成立したのがアンダルシアンと考えられている。モロッコの騎兵による利用の歴史が長く，北アフリカの祭りで銃を手にしたモロッコ兵が騎乗するのがこの品種である。兎頭の馬が多い。

バシキール（Bashkir）

体高約140cm。駄載用，鞦用，乗用，乳肉用。原産地はロシア，ウラル地方。バシキルスキー（Bashkirsky）ともよばれる。毛色は鹿毛，栗毛，粕毛など。ウラルのバシュキリアに住む人々によって，多目的な用途で飼われてきた品種。乳量が多いばかりでなく，被毛で衣服を紡ぐこともできる。巻き毛が全身を覆っているのが特徴で，冬毛は10cm以上にもなる。かつては軍馬としても利用され，ナポレオンのモスクワ遠征を，ドン（後述）とともに阻止したことで名を馳せた。鰻線，四肢の横縞がみられることもある。

バスト（Basuto）

体高約142cm。駄載用，鞦用，乗用。原産地は南アフリカのソレト。毛色は鹿毛，青鹿毛，栗毛，芦毛，青毛。19世紀半ばからソレトで飼われてきている。ボーア戦争で大いに利用された。

ベルジアン（Belgian）

体高約160～170cm。鞦用。原産地はベルギーのブラバント地方。ブラバント（Brabant）ともよばれる。毛色は栗毛，粕毛。芦毛は少ない。在来馬に由来し，他品種の影響はほとんどない。アメリカ合衆国に多く移出された。個体のバリエーションは少ない。

ボスニアン（Bosnian）

体高123～143cm。駄載用，鞦用，乗用。原産地はボスニア・ヘルツェゴビナ。毛色は河原毛，青鹿毛，栗毛，芦毛，青毛。在来馬にアラブの血が入っている。バルカン半島ではもっとも広く分布しているポニー。

ブーロンネ（Boulonnais）

体高約160cm。鞦用。原産地はフランスのノルマンディー地方。毛色はふつう芦毛で，栗毛，鹿毛もみられる。被毛は絹のように繊細。アラブとアンダルシアンの影響を中世に受けた，北ヨーロッパの古いグレート・ホースに由来する。頭部はアラブの影響を受けて顔だちがはっきりしている。近年は農耕用で用いられてきた。

ブルトン（Breton，図1-14）

体高，ポスティエ・ブルトンで約150cm，トレ・ブルトンで約160cm。鞦用，肉用。原産地はフランス，ブルターニュ地方。毛色は粕鹿毛，ブルーローン（黒の被毛に赤褐色の毛が混じる），栗毛，鹿毛で青毛はまれ。ブルターニュ地方の在来馬にペルシュロン，アルデネ，ブーロンネが交配された。北海道のばんえい競馬の鞦馬

第1章　馬を知ろう

図1-14　ブルトン（JRA原図）

図1-15　クリーブランド・ベイ（JRA原図）

の改良に，ペルシュロンとともに多く用いられている。ポスティエ・ブルトン（Postier Breton）とトレ・ブルトン（Trait Breton）に分けられる。

ブジョンヌイ（Budenny）

体高は平均160cm。乗用。原産地は旧ソ連。毛色は栗毛がもっとも多く鹿毛，芦毛，青毛もいる。騎兵用の持久力のある馬を作る目的で，旧ソ連において1920年代から育種が開始された。基本的には，ドンならびにチェルノモール（ドンよりやや軽量）の雌馬に，サラブレッドの雄馬を交配することで改良が進められた。品種名は品種改良を指揮した騎兵出身のS.M.ブジョンヌイ将軍の名前に由来する。登録では短距離ならびに長距離での能力検定が課せられる。白徴は認められ，長距離の野外競走で抜群の成績を残している。現在では各種馬術の競技用馬として国際的にも評価が高い。

カマルグ（Camargue）

体高135〜145cm。乗用。原産地はフランス・カマルグ地方。毛色は芦毛で鹿毛も存在する。カマルグの湿地帯に生きる「海の白い馬」として有名な品種。中近東原産のアラブかバルブを起源にもつと考えられている。カマルグ地方では一般的にきわめて粗放な飼い方がされている。現在もローヌ川のデルタ地帯で飼われており，重要な観光資源にもなっている。調教を受けた個体はカマルグのカウボーイ（ガバルディン）が牧場で使用する。また，闘牛の際にリードポニーとしても用いられる。

カスピアン（Caspian）

体高100〜120cm。輓用。原産地はイラン。毛色は芦毛，青鹿毛，鹿毛，栗毛。

近年になって，その存在が初めて欧米メディアに紹介され，センセーションを引き起こしたポニー。古代メソポタミアで飼われていた馬の直接の子孫と考えられている。この馬は1,000年前に消滅したと考えられていたが，1965年イランに住むアメリカ人女性により存在が確認・報告された。現在はカスピ海に近いエルブルズ山脈周辺で飼養されている。全体的にアラブに似ているがかなり小型である。敏捷で跳躍力に富む。よく二輪馬車を引かせるために使われる。

クリーブランド・ベイ（Cleveland Bay，図1-15）

体高152〜161cm。輓用。原産地はイギリス。毛色は鹿毛で四肢の先端は黒い。鹿毛一色が大きな特徴の代表的な軽輓馬。中世から飼養されてきた運送用の馬，チャップマン（商人）・ホースがこの品種のもとになっている。

生産はイングランド北部，とくにヨークシャー州で長く行われてきており，品種名は同州のクリーブランドの地名に由来する。その後スペイン馬の血が導入され，1800年代から1900年代にかけてサラブレッドの影響を受けた。ときとして小星，小白が認められるが，他の白徴は嫌われる。馬車競技に用いられる他，とくに客馬車タイプは儀装用馬車を引く馬として世界的に需要がある。日本でも宮内庁が繁殖，繋養しており，種々の行事で用いられている。

(JRA馬事公苑ホースアトラクション)
図1-16　クライズデール(JRA原図)

図1-17　クリオージョ(JRA原図)

クライズデール(Clydesdale，図1-16)
　体高は平均162cm。輓用。原産地はスコットランドのラナーク州。毛色は鹿毛，青鹿毛がほとんどで，青毛，粕毛もみられる。1800年代の中頃，この地方の在来馬の雌馬にフランダースの雄馬を交配して作出された。距毛が豊か。乗合馬車用や荷車を引くために用いられてきている。

コネマラ(Connemara)
　体高130〜140cm。乗用，輓用。原産地はアイルランド・コナハト地方。毛色は本来，河原毛だったが，現在は芦毛が一般的で青毛，青鹿毛，鹿毛，粕毛，河原毛もいる。16〜17世紀にバルブとスペイン馬との配合で，アイルランドで生まれたアイリッシュ・ホビーをもとに作られた。品種名は原産地の地名に由来する。19世紀にはウェルシュ・コブ，ロードスター，ハクニーなどとの交配が行われた。農耕用，泥炭の運搬用で用いられてきた。鼻端，四肢の下部は黒く，鰻線がある。

クリオージョ(Criollo，図1-17)
　体高133〜159cm。乗用。原産地は南アメリカ大陸。クリオロ，クリオーリョとも表記するがクリオージョが原産国での発音にもっとも近い。代表的な毛色は河原毛で，たてがみと尾は黒い。他の毛色の馬もいる。
　南アメリカ大陸に，スペインからもち込まれ再野生化して生息していた馬を捕獲して作出された。国によってタイプ，呼び名が異なりクリオージョの名はアルゼンチン産の馬に対して用いられる。主にアンダルシアン，アラブ，バルブの影響を受けている。背には鰻線があり四肢にはわずかに縞が認められる。南アメリカのカウボーイであるガウチョの乗る馬として知られる。

デールズ(Dales)
　体高142cm以下。乗用，輓用，駄載用。原産地はイギリス中部ペナイン山脈東部。毛色は青毛，鹿毛，青鹿毛など。力強い使役用ポニーとして長らくイギリスで利用されてきた。
　ケルト・ポニーを基礎とし，クライズデール，ノーフォーク・ロードスター，ウェルシュ・コブ，フリージアンなどの影響も受けている。狭い丘の農地での作業など，大型の農耕馬が不得意な場所で大いに活用された。その他，鉛鉱山で広く利用され，二輪馬車を引くためや，乗用などにも用いられた。たてがみと尾の毛は豊かで，距毛が生える。現在はトレッキング用に利用されることが多い。

ダートムア(Dartmoor)
　体高122cm以下。乗用，輓用。原産地はイギリス，デボン州。毛色は鹿毛，青毛，青鹿毛など。デボン州のダームア国立公園に棲む。かつてはマインホースとして炭鉱で使われた。現在は子供の乗馬用。

ドン(Don)
　体高151〜163cm。乗用，輓用。原産地は中央アジア。毛色は単色で，栗毛，鹿毛，芦毛など。ドン川流域のコサック騎兵の馬として利用されてきた。トルコマン，カラバクその他の中近東原産の馬と在来馬が交雑したもので，19世紀にはオルロフ・トロッター，サラブレッドに

第1章 馬を知ろう

図1-18　オランダ温血種(JRA原図)

(ドイツ・デュルメン市；高草 操氏提供)
図1-19　デュルメン

よって改良された。きわめて頑健で，粗放な飼養にも耐え，持久力もある。キルギス，カザフ地方で使役馬として用いられている。

オランダ輓馬(Dutch Draft)

体高163cm以下。輓用。オランダ原産。毛色は栗毛，鹿毛，芦毛で，ときに青毛もみられる。1900年代初期にジーランド(ベルジアンに類似)とアルデンネを交配して作出された。

オランダ温血種(Dutch Warmblood, 図1-18)

体高は平均162cm。乗用，輓用，とくに競技馬として用いられる。原産地はオランダ。オランダ語の品種名の頭文字をとって，KWPNと表記することもある。毛色は単色で鹿毛，黒鹿毛が一般的。障害飛越競技用，ならびに馬場馬術競技用馬として高い評価を得ている乗用馬。19世紀にオランダ原産のヘルデルラントとフローニンゲンを基礎に，フランスとドイツ原産の半血種を交配して作出された。その後サラブレッドの血が導入された。動きが軽快で性質は温順である。生産される馬の8割は乗用タイプだが，輓用タイプも2割生産される。

デュルメン(Dulmen, 図1-19)

体高約123cm。乗馬，軽乗用のポニー。原産地はドイツ・ヴェストファーレン地方。毛色は青毛，青鹿毛，河原毛が多い。

原産地の湿地帯で600年にわたって半野生状態で生息してきた在来ポニーで，現在もヴェストファーレン地方一帯で粗放な条件下で飼養されている。長期にわたって他品種の遺伝的影響を受けなかった唯一のドイツ在来ポニー。デュルメン地方の領主により14世紀から保護が始められた。現在は約350haの土地に，およそ300頭が残されている。降雪のとくに深いとき以外，給餌は行われず，毎年1回春に雄子馬の間引きが実施される。捕獲された馬は調教を受け，子供の乗馬用として利用される。

エクスムア(Exmoor)

体高約120cm。乗用，輓用。原産地はイギリス・エクスムア地方。毛色は鹿毛，黒鹿毛，四肢が黒ずんだ粕毛など。

イギリス最古の在来馬で，ケルト人が戦車を引かせるために用いたケルト・ポニーの子孫とされる。第二次大戦後，数を減らしたが，エクスムア・ポニー協会によって保護が行われている。1年に1回検査が実施され，基準に合わない個体は去勢するなどして，純系を保つ努力もなされている。現在は子供用の乗馬や小型馬車用の輓馬としても用いられている。

ファラベラ(Falabella, 図1-20)

体高は70cm以下。愛玩用。原産地はアルゼンチン。毛色はさまざまで，斑紋のある馬もいる。きわめて小型のポニーとして世界的に有名な品種。19世紀半ばにアルゼンチン，ブエノスアイレス近郊の農場でファラベラ一家により作出された。品種名はその家名に由来する。先住民が所有していた小型の馬をもとに，小格のサラブレッドやシェトランド，クリオージョなどが交配された。もっぱら愛玩用の馬として需要が高い。乗用には不適当である。

図1-20　ファラベラ(JRA原図)

(ドイツ・ニーダーザクセン州；高草 操氏提供)
図1-21　フィヨルド

フェル(Fell)

　体高130〜140cm。乗用，鞍用，駄載用。原産地はイギリス中部ペナイン山脈。毛色は青毛，鹿毛，青鹿毛。ローマ人によってもち込まれたフリージアンとスコティッシュ・ギャロウェイ(現在は消滅)に由来するポニー。ハクニー・ポニーの基礎となった。かつて鉛鉱山で使役馬として用いられた歴史もある。鼻端が淡色。白徴がある場合もあるがあまり好まれない。たてがみは豊か。小さな頭部，小さくて尖った耳が特徴で，肩はよく発達し，傾斜している。背，腰，後躯はたくましく，斜尻。距毛が生えている。歩様はきびきびとして正確である。現在はトレッキングで利用される。また馬車競技でも優れた能力を発揮する。

フィヨルド(Fjord，図1-21)

　体高130〜142cm。乗用，鞍用，駄載用。原産地はノルウェー。毛色は河原毛。バイキングの時代から，他の遺伝的影響を受けずに飼養されてきた。背に鰻線があり，たてがみは立っており，半月状に刈り込む習慣がある。

ガリセニョ(Galiceno)

　体高122〜141cm。乗用，鞍用，駄載用。原産地はメキシコ。毛色は鹿毛，青毛，栗毛，芦毛，河原毛。メキシコで古くから飼われているポニー。スペインからの侵略者がガリシア地方にもち込んだ馬を起源としている。メキシコでは牧畜，農耕，運搬などあらゆる用途で用いられてきた。この品種を導入したアメリカ合衆国では子供用の乗用ポニー，子供の競技会での障害飛越馬としても利用されている。

ガラノ(Garrano)

　体高100〜120cm。乗用，鞍用，駄載用。原産地はポルトガル北部，ミーニョ地方。ミーニョ(Minho)ともよぶ。毛色はふつう栃栗毛。きゃしゃだが，たてがみと尾は豊か。アンダルシアンの基礎となったものの1つとされる。

ヘルデルラント(Gelderland)

　体高152〜162cm。鞍用。原産地はオランダ・ヘルデルラント地方。毛色は単色でふつう栗毛と芦毛。鹿毛，青毛もおり，まれに斑毛も存在する。

　オランダの代表的な軽輓馬。1800年代にすでに原産地で飼養されていたアンダルシアン，ノルマン，ノーフォーク・ロードスターなどに，外国から輸入したハクニー，オルデンブルク，フリージアン，アングロ・ノルマンなどを交配して作出された。改良の目標は機動性に富み，乗用に向くと同時に軽い牽引作業もこなせる馬を作ることにあった。後に作出されたオランダ温血種の基礎ともなった。主に客馬車の牽引や農作業に用いられていた。現在は馬車競技の他，障害飛越競技などにも用いられている。

ゴトランド(Gotland)

　体高120〜122cm。乗用。原産地はスウェーデン，ゴトランド島。スコグルス(Skogruss)ともよぶ。毛色は河原毛。青毛，青鹿毛，青鹿毛，芦毛，パロミノ。馬の最後の野生種ターパンの直接の末裔とされるが，アラブの遺伝的影響がわずかにある。障害競技馬として優れている。

第1章　馬を知ろう

図1-22　ハフリンガー（JRA原図）

（岩手県遠野市；高草 操氏提供）
図1-23　ハノーバー

ハクニー・ホース（Hackney Horse）

体高143〜153cm（イギリス），142〜160cm（アメリカ合衆国）。輓用。原産地はイギリス。毛色は青毛，黒鹿毛，鹿毛，栗毛。馬車を優雅に牽引することで特筆される代表的な軽輓馬。

1800年代にノーフォーク・ロードスターを基礎にアラブとサラブレッドを交配して作出され，登録協会が1883年に設立された。頑健なことから，19世紀には軍馬および輓馬としての需要がきわめて高かった。常歩で肘と膝を高く挙上するように調教するのが特長。現代では馬車競技にもっぱら用いられる。

ハクニー・ポニー（Hackney Pony）

体高122〜142cm。乗用，輓用。原産地はイギリス。毛色は青鹿毛，青毛，鹿毛，栗毛，芦毛，粕毛などで白徴は許される。体型の美しさと見事な歩様で特筆される輓用ポニー。

ハクニー・ホースにウェルシュ・ポニーとフェル・ポニーを交配して作出された。1872年に品種として成立。20世紀始めまでは，さまざまな物資の運搬などに用いられていた。前膝を高くもち上げ，後肢も腹に届くくらいに高く踏み出す，特有の流麗な高揚運歩をみせるように調教することで有名である。現在は馬車を引かせる他，乗用，障害飛越競技用にも用いられ，欧米の各地で繁養されている。

ハフリンガー（Haflinger，図1-22）

体高約140cm。乗用，輓用，駄載用。原産地はオーストリアとドイツにまたがるバイエルン地方。毛色は栗毛でたてがみと尾は淡い。山歩きに適した歩様を示す。毛色の美しさで乗馬としての人気が高い。

ハノーバー（Hanoverian，図1-23）

体高153〜170cm。乗用，輓用。原産地はドイツ・ザクセン地方。ハノーベリアンとも表記。毛色は単色で鹿毛をはじめさまざま。

1600年代に重輓馬として作出された馬だが，その後サラブレッドとトラケーネンの影響を受けて，より軽快な輓馬となり，乗用にも用いられるようになった。この品種は1700年代から1930年代まで，ハノーバー（ドイツ北部）にあったイギリス王室牧場が中心となって生産され，主に王室の馬車用輓馬として利用されていた。比較的大柄で力強い。ドイツでは，現在乗馬としての人気が非常に高く，障害飛越ならびに馬場馬術の競技用馬として，世界的にも高い評価を得ている。選抜に際しては従順な気質もその対象とされてきた。

ハイランド（Highland）

体高122〜142cm。原産地はイギリス・スコットランド地方の西方諸島。毛色は単色で河原毛，芦毛などあらゆる種類のものが認められる。いくらかアラブの血が入っているポニーで，ペルシュロン・タイプの馬も改良に用いられている。背に鰻線が認められることもある。体型はコンパクト。

ハイランドポニー協会は1923年に設立された。イギリス王室所有の牧場でも繁養されている。鹿狩りで伝統的に用いられてきたが，小型馬車を引くためや農耕用のポニーとしても用いられてきた。現在ではトレッキングに広く利用されている。

ホルスタイン（Holstein）

体高160〜170cm。乗用。原産地はドイツ北西部のシュレスウィヒ・ホルシュタイン地方。ホルスタイナー

とも表記。毛色は単色で，青毛，鹿毛，青鹿毛が一般的である。

13世紀からホルシュタイン地方で飼われてきた古い品種で，軍馬として用いられていたマルシェ馬をもとに，16世紀に中近東原産の馬が多く交配され，18世紀からはサラブレッドが改良のために用いられた。また，ヨークシャー・コーチ・ホース，クリーブランド・ベイ，トラケーネンも品種成立に貢献している。軍馬として広く利用され，他のヨーロッパ諸国にも輸出されていた。第二次世界大戦後，多くのサラブレッドが種雄馬として導入された結果，洗練された馬術競技用馬ができあがった。パワー，スピード，跳躍力，柔軟性に富むため，とくに障害飛越競技用馬として優れている。他の馬術競技でも優秀な成績をおさめている。

アイスランド(Iceland)

体高123～132cm。乗用，駄載用，肉用。原産地はアイスランド。毛色は芦毛と河原毛が一般的だが青鹿毛，栗毛，青毛，駁毛（ぶちげ）もあり15通りの組み合わせが認められている。

アイスランドで1,000年以上にわたって飼育されてきた。9世紀にノルウェー，スコットランドなどからアイスランドにもち込まれたポニーが，相互に交雑して成立した。以後，他品種の影響をほとんど受けてこなかったとされる。かつては騎士の馬上試合に用いられていた。また，馬同士を戦わせることで選択育種が行われたこともある。19世紀後半から歩法の質や毛色を基準にした育種改良が開始された。

この品種では歩法は5種に分類される。これらの歩法のうち4ビートの走法であるトルトがもっとも有名である。また，背に負荷がかかると側対歩をみせる。この馬を用いた競馬が4月から6月にかけてアイスランド各地で開催される他，クロスカントリー，馬場馬術などにも用いられる。

イタリア重輓馬(Italian Heavy Draft)

体高150～160cm。輓用，肉用。原産地はイタリア北中部。毛色は栃栗毛で，たてがみと尾は栗毛または暗赤色。栗毛，芦毛も認められる。ブルトンに由来する品種。ヴェニス周辺で多く飼養され農耕に利用されていたが，現在は肉用として生産されている。

アイルランド輓馬(Irish Draft)

体高150～170cm。乗用，輓用。原産地はアイルランド。毛色は鹿毛，青鹿毛，栗毛，芦毛など。農用，乗用で用いられる。サラブレッドと交配して優れた狩猟用，障害飛越競技用の馬が得られる。

ユトランド(Jutland)

体高153～160cm。輓用。原産地はデンマーク。毛色はふつう栗毛か粕毛で鹿毛，青毛もいる。中世のデンマーク軍馬にサフォーク・パンチを交配して作られた。現在では観光用の馬車を引いたり，馬車競技などに用いられる。

カチアワリ(Kathiawari)

体高約143cm。乗用，駄載用，輓用。原産地はインド。毛色は青毛を除いて種々の毛色が存在する。

インド在来のポニーとアラブとの交配でできた馬と考えられている。品種名は飼育されていた地域の名称に由来する。耳の形状がきわめて特徴的で，両耳の先端が互いに触れ合うほど弯曲している。個体によっては両耳が大きく重なることもある。かつて，インドで軍馬として用いられており，第一次大戦終了時まで陸軍には多くの同品種の馬が所属していた。また，ポロ競技にも用いられていた。

クラドルーバー(Kladruber)

体高170～190cm。輓用。原産地はチェコスロバキア。毛色は芦毛でまれに青毛。ヨーロッパを代表する活力に富む堂々とした輓用馬。

16世紀にオーストリア・ハンガリー帝国の皇帝によって開設されたクラドルービーの王立牧場で，16世紀から17世紀にかけてアンダルシアンをもとに作出された。品種名はその地名に由来する。宮廷の馬車用の輓馬として利用されていた。典型的なローマンノーズでリピッツァナーに似ているが，より大型である。第二次大戦で飼養頭数は激減した。しかし，今でも輓用馬としての能力は健在で，国際的な馬車競技大会でしばしば優秀な成績をおさめる。

ナーブストラップ(Knabstrup)

体高150～160cm。乗用，サーカスの曲馬。原産地はデンマーク。特有の斑紋を有する。

1808年，スペイン産の雌馬で斑毛のフラーベホッペン号に，デンマークのフレデリクスボーで飼養されていた雄馬を交配して，生産された子馬たちをもとに作出された。近年，同じ毛色の他の品種の馬とも交雑された。軍

馬，郵便馬車，ミルクワゴンの牽引などで利用された他，乗用にも用いられていた。毛色はアパルーサのような斑紋が粕毛の地に散在するという特徴がある。長毛は量が少なく薄い。

ランデ（Landais）

体高151〜162cm。半野生馬，乗用，輓用。原産地はフランス。毛色は鹿毛，栗毛，青毛，芦毛など。フランス南西部，ランド地方の森林に半野生で棲む。調教して子供用の乗馬として利用される。

リピッツァナー（Lipizzaner，図1-24）

体高約120cm。乗用，とくに古典馬術，輓用。原産地はオーストリア。リピッツァ（Liptsa）とも表記する。毛色は芦毛が大部分だが，鹿毛，栗毛，粕毛もある。

オーストリア・ハンガリー帝国の皇帝マキシミリアン2世が，1562年にクラドルービーにスペイン原産の馬を導入し，生産を始めたのがこの品種の起源とされる。マキシミリアン2世についで，弟のカルル大公は1580年，イタリア北東部のリピッツァ（現スロベニア）に王室牧場を創立し，宮廷用に馬の生産を始めた。リピッツァナーの品種名は，その牧場のあった土地の名前に由来する。本品種は北ヨーロッパの在来馬とアンダルシアンに，アラブ，バルブなどをかけ合わせて作出されたものだが，もっとも影響が強いのはアンダルシアンである。第一次大戦後，リピッツァがユーゴスラビア領になってからはオーストリア，グラーツ近郊のピーバーに牧場が移され今日に至る。

現在，この品種の存在はウィーンにあるスペイン乗馬学校と切っても切り離せない。この学校は世界でもっとも古い馬術の学校であり，本品種のみによる宮廷馬術の供覧により，ウィーン観光の拠点ともなっている。オーストリアにあるにもかかわらず，スペイン乗馬学校という名称なのは，本校が16世紀後期に創立されたときに，もっぱらスペイン馬が用いられたことによる。また，オーストリア以外でもハンガリー，ルーマニア，チェコなどでも生産が続けられている。

ルシターノ（Lusitano）

体高150〜160cm。乗用。原産地はポルトガル。毛色は単色で芦毛が多い。ポルトガルにおいて闘牛士が騎乗する馬。本品種はアンダルシアンのポルトガル版ともいえる馬だが，アラブの影響から外貌は若干異なっている。ルシターノとは，ラテン語でポルトガルを意味する。か

（オーストリア国立スペイン乗馬学校日本公演，1991年，馬事公苑）
図1-24　リピッツァナー（JRA原図）

つてはポルトガルの騎兵隊の馬として広く用いられていた。ポルトガルの闘牛士は，最後まで馬にまたがって牛と闘うが，そのパートナーをつとめる他，馬場馬術競技などにも用いられる。

マンガルラ（Mangalarga）

体高142〜150cm。乗用。原産地はブラジル。毛色は鹿毛，栗毛，芦毛，粕毛。ブラジルでもっともポピュラーな品種。1800年代中期にクリオージョの雌馬にアンダルシアン，アルテ・レアルを交配して作出された。マンガルラという品種名は，品種作出に貢献した農場の名前に由来する。マンガルラ・マルカドール（Marchador）とマンガルラ・パウリスタ（Paulista）の2種がある。後者は前者をもとにサラブレッド，アングロ・アラブを加えて発展させたものである。畜牧作業，トレッキング，クロスカントリーなどで広く用いられている。

マニプル（Maipur）

体高110〜130cm。乗用。原産地はインドのマニプル地方，アッサム地方。インドの在来馬にアラブが交配されている。1850年代にヨーロッパ人によりポロ・ポニーとして使われて以来，ポロ競技でよく利用されてきた。

ミズーリ・フォックス・トロッター（Missouri Fox Trotter）

体高140〜160cm。乗用。原産地はアメリカ合衆国ミズーリ州，アーカンソー州。駁毛（ぶちげ）を含めすべての毛色が認められる。

北アメリカ原産の特殊歩法馬三品種のうちの1つ。持

久力があって乗り心地のよい馬を作るために，19世紀にモルガン，サラブレッド，アラブ，スパニッシュ・バルブを交配して作出した。騎乗が楽なため，ミズーリ，アーカンソー州などの山地で乗用馬として盛んに利用されてきた。常歩では後肢の踏み込みの深い独特な歩き方をみせる一方，滑るような独特の速歩はフォックス・トロットとよばれる。アメリカ合衆国，カナダで多くの愛好者に飼われている他，森林レンジャーにも利用されている。血統書は1948年から発行され，1982年から閉鎖登録に移行した。

モウコウマ（蒙古馬，Mongolian，図1-25）

体高122〜140cm。乗用，輓用。原産地はモンゴル，チベット，中国。毛色はふつう青毛，鹿毛，河原毛。モンゴル古来の品種で，モンゴル，チベット，中国に多くの系統がある。古来より騎馬民族として各地の馬を導入し，近年ではロシアの種雄馬の影響が認められる系統も存在する。現在は遊牧民により群れで多頭数飼育され，乳は発酵酒（馬乳酒）に加工される。放牧家畜の管理，移動，通信など多用途で用いられる。

ムスタング（Mustang）

体高140〜150cm。再野生化馬，乗用。原産地は北アメリカ。あらゆる毛色を示す。

コロンブスのアメリカ大陸の発見以来，ヨーロッパ大陸から北アメリカ大陸に，使役用の馬としてもち込まれたスペイン馬が，逃げたり放棄されたりして多くの馬が再野生化した。その一部はインディアンやカウボーイによってとらえられ，再び家畜として飼われてきたりもした。ムスタングの名称はこれらの馬の総称であり，馬の群れを意味するスペイン語メステーナに由来する。20世紀初頭には100万頭生息していたと推定されるが，その後は減少している。ただし，現在でも多くのムスタングが北アメリカ西部の自然保護区域内で生息しており，一部地域では自然破壊が問題となっている。捕獲して調教し，牛群の管理やロデオに用いられる。

トルコ在来馬（Native Turkish）

体高140〜142cm。乗用，輓用，駄載用。原産地はトルコ中央部シワス地方。毛色は鹿毛，青鹿毛，芦毛。トルコに古くから飼養されてきた馬。骨太で頑健。

ニュー・フォレスト（New Forest Pony）

体高はAタイプ120〜132cm，Bタイプ132〜142cm。

（モンゴル・テレルジ国立公園のミニナーダム；實方 剛氏提供）
図1-25　モウコウマ（蒙古馬）

乗用，輓用。原産地はイギリス・ハンプシャー，ニューフォレスト地方。鹿毛，黒鹿毛が優勢だが，種々の毛色が存在する。ただし駁毛は認められない。イギリスで人気の高い乗用ならびに輓用ポニー。エクスムアと同じ祖先（ケルト・ポニー）をもつと考えられているが，ウェルシュ，サラブレッド，アラブ，バルブの他，さまざまな馬の影響も受けている。現在はオールラウンドの乗用ポニーとして広く用いられてる他，馬車競技にも使われる。登録はニューフォレスト・ポニー＆キャトル協会。登録はA，Bの2タイプに分けられている。

ノリーカー（Noriker）

体高約160cm。輓用。南ドイツ冷血種（South German Coldblood）ともいう。原産地はオーストリア，ピンツガウアー地方。毛色はさまざまで，斑紋があり，たてがみ，尾が亜麻色のものが多い。原産地の在来馬に，1400〜1500年代アンダルシアンとネアポリタンが交配された。もっぱら種々の使役に用いられてきたが，とくに急な傾斜地に適していた。

オルデンブルグ（Oldenburg）

体高162〜172cm。乗用，輓用。原産地はドイツ・オルデンブルグおよび東フリースラント地方。毛色は単色で青毛，青鹿毛，鹿毛が多い。ドイツ原産の温血種のな

第1章 馬を知ろう

(岩手県遠野市；高草 操氏提供)
図1-26 パロミノ

かでもっとも重い品種。

17世紀，フリージアンにアンダルシアン，ナポリタン，バルブをかけあわせ，その後サラブレッド，ハノーバー，クリーブランド・ベイ，アングロ・ノルマンなども用いて改良された。この品種の作出に貢献した人物として，オルデンブルグのアントン・グンター伯爵(1603～1667年)の名が知られている。ドイツの代表的な輓馬であり，種々の式典用馬車や乗り合い馬車を引く馬として広く用いられていた。第二次世界大戦後は東ドイツでは，イースト・フリージアン(East Frriesian)の名で維持されてきた。現代のオルデンブルグは，第二次大戦後，ドイツ産乗用馬を目標に育種改良が行われてきているが，かつて馬車を引いていただけあって膝は力強い。アングロ・ノルマン，サラブレッドをかけあわせることで，優秀な乗馬，障害飛越競技用馬が生産され，また馬車競技にも用いられる。

オルロフ・トロッター(Orlov Trotter)

体高約160cm。輓用，とくに繫駕競走用。原産地はロシア。毛色は単色で，芦毛，青毛，鹿毛が一般的。ロシアでもっとも一般的な品種の1つで，繫駕競走用馬として現在でも数多く飼養されている。

18世紀の終わり頃に芦毛のアラブの種雄馬スメタンカと，スペイン産馬と近縁のデンマーク産の雌馬との間に生まれた馬を根幹種雄馬とし，フリージアン，サラブレッドなどが交雑されて成立した。

品種名は，本品種作出の基地となったクレノフ種馬牧場を創設し，品種改良の礎となったアレキセイ・オルロフ伯爵の名前に由来する。1834年からモスクワで定期的に開催されるようになった繫駕競走が，この品種の改良に貢献をしてきた。血統登録が開始されたのは1865年で，当初は能力検定で血統書への登録ができたが，現在では純粋種しか登録はできない。現在でもロシア各地でこの品種による競馬が行われている他，3頭の馬を横一線に並べてつないで馬車を引かせる，トロイカに用いることで有名である。

パロミノ(Palomino，図1-26)

体高141～160cm。乗用，輓用。原産地はアメリカ合衆国。毛色は特有の黄金色で，たてがみと尾の毛が輝くような白(アイボリー，シルバー，ブロンド)という外見に特徴がある。本品種は特有な毛色であることが必要条件だが，その毛色は遺伝的に固定されたものではない。この意味でパロミノは品種の範疇からは外れる。名称の由来はいくつかの説がある。パロミノはスペインではごく一般的な姓であり，飼っていた人名からきているという説，スペイン語でハトを意味するパロマからきているという説，スペイン特産の金色のブドウの名前に由来する説などである。

キリスト教世界で初めてアメリカ海域に到達した，コロンブスのスポンサー的立場にあったスペインのイザベル女王がこの馬の生産を奨励した。また，アステカ王国を滅ぼしたコルテスが，パロミノを所有していたという記録が残されている。

パロミノの生産は一般にパロミノと栗毛の馬，またはパロミノ同士の交配で行われる。尾花栗毛の雌馬とパロミノの種雄馬との交配では，80％の確率でパロミノが生まれる。パロミノ同士にかけあわせでは50％の確率でしかパロミノは生まれない。眼の色は黒色または薄茶色で，ブルーおよび灰白色は認められない。外貌はアラブまたはバルブタイプを呈するが馬格はやや大きい場合が多い。

登録はパロミノ・ホース協会で，パロミノの望ましい特性として体高を141～160cmと規定している。また両親の少なくとも一方がパロミノとして登録されており，もう一方がアメリカン・クォーターホース，アラブ，サラブレッドでなくては登録できない。現在ではもっぱら

アメリカで珍重され生産されている。乗用や輓用に用いられる他，ロデオ競技などにもよく出場する。

ペルシュロン(Percheron, 図1-8右)

体高158〜172cm。輓用，乗用，馬車競技用，肉用。原産地はフランス・ノルマンディのペルシュ地方。毛色はさまざまだが，芦毛，青毛の馬が多い。

世界的にもっともよく知られた重輓馬。ペルシュロンの品種名が生まれたのは1822年であり，比較的近年に成立した品種とされる。ブーロンネおよびブルトンを基礎に，アラブを交配して作られたものと考えられる。筋肉質で頸が太く，頭部には気品がある。1883年に最初の血統書が発刊された。19世紀にはアメリカ合衆国，イギリス，アルゼンチンなどに数多く輸出された。また，日本にも第二次世界大戦前は軍事の改良のため，戦後はばんえい競走馬の生産のために輸入されてきた。現在では，原産国フランスよりもアメリカでの生産頭数のほうが多い。

ペルビアン・パソ(Peruvian Paso)

体高140〜150cm。乗用。原産地はペルー。ペルビアン・ステッパー(Peruvian Stepper)ともよばれる。毛色は鹿毛，栗毛が多いが，駁毛もみられるなど多様性に富む。ペルーの代表的な品種で，特有な歩法で知られる。パソはスペイン語で歩み(step)を意味する。

1600年代から飼育されてきており，バルブとアンダルシアンをもとに育種改良が行われ，ハクニーやサラブレッドも影響を与えていると推測される。背にヒトを乗せて長時間，相当のスピード(時速18km)で移動する能力をもっている。また，扶助に対する反応性に富む。この品種がみせる肘と膝を高くもち上げる特有の歩法は，パソ・コルト，パソ・フィノ，パソ・ラルゴなどに分けられる。

ポアトバン(Poitevin)

体高160〜170cm。輓用。原産地はフランス中西部のポアトゥー地方。毛色はふつう河原毛で，鹿毛，青鹿毛もいる。オランダから移入した輓馬をもとにして作出された。頸は短く，直頸。肩はたくましくてやや立ち気味。距毛に富む。かつて，ポアトゥー地方の湿地の排水作業に用いられた。ポアトゥー種のロバのオスと交配してラバ生産にも利用される。

ポニー・オブ・アメリカ(Pony of Americas)

体高112〜130cm。乗用。原産地はアメリカ合衆国アイオワ州。毛色はアパルーサと同じく，特有の小斑を有している。アパルーサとシェトランドとの交配によって作出された。子供用乗馬として理想的なポニーといえる。

ポトク(Pottok)

体高約100cm。半野生馬。原産地はフランス。毛色は多様で駁毛もある。フランス南部バスク地方に野生している。

ラインラント重輓馬(Rhineland Heavy Draft)

体高112〜130cm。乗用。原産地はドイツ。毛色は栗毛，粕毛で，長毛がブロンドのものと，粕毛で鼻端，長毛，下肢が黒いものがある。1800年代後半に発展し，ドイツ全土で広く飼われていた。農耕用，馬車引きで用いられていた。

ロシア重輓馬(Russian Heavy Draft)

体高平均142cm。輓用。原産地はロシア，ウクライナ地方。毛色は単色で，ほとんどが栗毛，粕毛，鹿毛。20世紀になってウクライナの在来の輓用馬に，アルデンネ，ペルシュロン，オルロフ・トロッターを交配して作出された。主な用途は集団農場における輓曳作業だった。

シュレスウィヒ重輓馬(Schleswig Heavy Draft)

体高152〜160cm。輓用。原産地はドイツのシュレスウィヒ・ホルシュタイン地方。毛色はほとんどが栗毛で，長毛は亜麻色。芦毛，鹿毛もみられる。1800年代にユトランドとサフォーク・パンチと交配し，ブルトン，ブーロンネ，サラブレッド，ヨークシャー・コーチ・ホースの影響も受けている。農業，鉱工業における重作業に使われていた。

セル・フランセ(Selle francais, 図1-27)

体高152〜170cm。乗用。原産地はフランス。フレンチ・サドルともよばれる。毛色はさまざまだが，ふつうは栗毛，鹿毛。フランスを代表する乗用馬。

1958年からこの品種名が用いられるようになった。フランス各地では狩猟などに使える優れた乗用馬を得るために，サラブレッド，アラブ，アングロ・アラブ，ノーフォーク・ロードスターなどを配合することで，さまざまな半血種が作られていた。その代表的な半血種として，ノルマンにサラブレッドを交配して作出されるアン

図1-27 セル・フランセ（JRA原図）

図1-28 シェトランド（JRA原図）

グロ・ノルマンがあげられる．アングロ・ノルマンにはスピードのある乗用タイプと輓用タイプが存在したが，前者をスポーツや競技に向いた馬として，さらに発展させたのがセル・フランセである．

現在のセル・フランセは，さまざまな品種の種雄馬を用いて生産されている．その比率はサラブレッド33％，アングロ・アラブ20％，セル・フランセ45％，トロッター2％とされる．とくに第二次大戦後，セル・フランセに大きな影響を与えた種雄馬として，サラブレッドのフリオゾーの名があげられる．持久力があり，総合馬術用馬としてとくに優れているが，馬場馬術，障害飛越競技にも広く用いられている他，競馬にも用いられる．

シャギア・アラブ（Shagya Arab）

体高約150cm．乗用，輓用．原産地はハンガリー．毛色は単色で芦毛が多い．東欧で育種されてきたきわめて純血アラブに近いアングロ・アラブ．

ハンガリーは1526年から1686年までの間，オスマン・トルコ帝国に支配されており，この間アラブその他中近東原産の馬がもち込まれた．その後，オーストリア・ハンガリー帝国により1789年に設立されたバボルナ牧場で，アラブとスペインやハンガリー系統の馬，サラブレッドを交配して作出された．品種の名称は，1830年生まれで1836年にシリアから輸入されたアラブの種雄馬シャギアに由来する．シャギアは多くの子孫を残し，この品種の基礎となった．かつては「アラブ」の品種名が用いられていたが，1982年以後，正式にシャギア・アラブと定められ国際的にも認知されている．

シェトランド（Shetland，図1-28）

体高イギリス102cm以下，アメリカ合衆国62〜112cm．乗用，輓用．原産地はイギリス・シェトランド諸島．毛色は青毛が多いが，鹿毛，栗毛，芦毛，駁毛などもみられる．エクスムア，ダートムアと同じくケルト・ポニーを祖先にもつと考えられる．このタイプのポニーのなかではもっとも力が強く，体重の2倍の荷物を牽引することができる．その力強さからスコットランドの小巨人（Scotlands' Little Giant）とよばれる．

シェトランド諸島では農耕用，乗用，海草や泥炭の輸送用で飼われていた．1847年にイギリスにおいて子供を炭坑で働かせることが法律で禁じられると，このポニーの需要が急速に高まり，毎年500頭単位でイギリス各地の鉱山にもち込まれ，マイン・ホースとして用いられていった．それに伴い生産が増大し，品種改良が行われた．最初の血統書は1891年に刊行されたが，そこには457頭のポニーが記載されている．登録では小斑以外はすべての毛色が許される．現在はもっぱら子供が乗るためのポニーとして世界各地で繋養されている．

スキロス（Skyros）

体高91〜103cm．鞍用，農用，乗用．原産地はギリシャ・スキロス島．毛色は鹿毛，河原毛，青毛，芦毛など．ギリシャ原産の馬のなかではもっとも小さい．この馬はエーゲ海の西に位置するスキロス島の山地で，何世紀もの間飼われてきており，起源はあまりはっきりしない．原産地では夏季には農作業に利用し，冬季は山に戻して粗放に放牧飼養するということが繰り返されていた．スキロス島の岩がごろごろしている土地に適応してきたため，蹄はきわめて丈夫である．気質は従順で穏和

である。

スタンダードブレッド（Standardbred）

体高約152cm。乗用，繋駕競走用。原産地はアメリカ合衆国大西洋岸。アメリカン・トロッターともよばれる。毛色は単色で，鹿毛，青鹿毛，黒鹿毛，栗毛などがある。

1806年，アメリカ合衆国において近代繋駕競走が開始されたが，本品種は1800年代中期に繋駕競走サラブレッドを基礎として，トロッター，ハクニー，アラブ，バルブ，モルガン，ナラガンセットを交配して作出された。品種作出初期の種雄馬であるサラブレッドのメッセンジャー号（イギリス産）は，速歩に非常に適した子孫を多く残した結果，同馬が本品種のいわば始祖とされる。1871年，血統登録を開始した際，標準（スタンダード）記録を上回ることを条件にしたためこの名称がついた。この標準記録は，1マイル（1,600m）を速歩（trot）なら2分30秒，側対歩（pace）なら2分25秒と定められていた。その後，育種改良，走路の改良，ハーネスの軽量化などで速度は速くなってきており，現在は1マイルおよそ1分55秒で走破する。

繋駕競走はヨーロッパ，ロシア，オセアニア諸国でも人気が高く，イタリア，ドイツ，スウェーデン，ロシアなどのトロッターの改良にも貢献している。胴はサラブレッドより長く，胸郭は広く，四肢は短い。持久力に富み，心肺機能が優れている。前肢を前方に十分伸ばすことができ，その能力が速歩でのスピードにつながっている。速歩馬（斜対歩：トロッター）と側対歩馬（ペイサー）とがあり，側対歩馬のほうがスピードが出せる。

サフオーク・パンチ（Suffolk Punch）

体高約160cm。鞍用。原産地はイギリスのイースト・アングリア地方。毛色は栗毛のみで，白徴はない。1768年に生まれたホース・オブ・オフォード号という雄馬が，唯一の根幹種雄馬とされる。ノーフオーク・トロッターおよびノーフォーク・コブ，サラブレッドの血が入っている。農用馬として20世紀後半まで使われてきた。

スウェーデン温血種（Swedish Warmbrood）

体高162～170cm。乗用。原産地はスウェーデン。スウェーデン半血種，スウェーデン・サドルホースともよばれる。毛色は単色で，栗毛，鹿毛，青鹿毛，芦毛がふつうみられる。

1600年代からスウェーデンの在来馬に，中近東原産の馬，アンダルシアン，フリージアンの種雄馬を交配しはじめ，その後サラブレッド，アラブ，ハノーバー，ホルスタイン，トラケーネンなどを交配した。1874年，スウェーデン政府により登録が開始され，正式に品種として確立し，軍馬として重用された。繁殖登録に際して，雌馬は乗用馬としての資質について簡単な審査を受ける。一方，種雄馬は各歩法および飛越能力を厳格に審査される。馬場馬術，障害飛越に優れている。

テネシー・ウォーキング・ホース（Tennessee Walking horse）

体高150～160cm。乗用。原産地はアメリカ合衆国テネシー州。テネシー・ウォーカー（Tennessee Walker）ともよばれる。毛色は単色で青毛，鹿毛，栗毛が一般的である。

北アメリカ大陸原産の特殊歩法馬三品種のうちの1つ。農園，とくに綿花栽培農園の耕地を園主が見回るときに，何時間も快適に乗っていられる実用的な馬として作られたもので，1800年代後期に飼われていたブラック・アラン号を唯一の祖先種雄馬とする。ブラック・アラン号はモルガンとハンブレトニアンの血を引いていたが，この品種の成立にはスタンダードレッド，サラブレッド，アメリカン・サドルブレッドも貢献している。

尾の毛は豊かで高く挙上するように整形する場合が多い。ランニングウォークなど3種の特殊な歩法で移動する。ランニングウォークとは後肢が前肢の離地点よりも前に着地するもので，リズミカルで地面の上を滑るといわれるほど乗り心地は快適である。その他はフラット・ウォークとロッキングチェアー・キャニャーである。

サラブレッド（Thoroughbred，図1-29）

体高142～173cm。乗用，競走用。原産地はイギリス。毛色は単色で，青毛，青鹿毛，黒鹿毛，鹿毛，栗毛，栃栗毛，芦毛，白毛。

人間による動物育種のさきがけともされ，「純血な」という形容詞がそのまま品種名となった馬。1マイルから2マイルの距離を走破するスピードを主要な改良目標として，過去300年にわたって育種が行われてきた。世界でもっとも高価で取り引きされ，周辺に巨大な産業が成立している。競走用に改良されてきたイギリス在来の主に狩猟用の雌馬に，中近東を中心に輸入された雄馬を交配することで改良が開始された。競馬成績書の第一巻が1773年に，血統書の第一巻第一版が1793年にJ.ウェザビーによって刊行された。もっぱら同品種内で交配を繰り返し，競馬で競わせることで品種改良を行ってきた。

第1章 馬を知ろう

(2006年ジャパンカップ競走優勝馬ディープインパクト号)
図1-29 サラブレッド(JRA原図)

現代のサラブレッドは，すべて雄系をたどると血統書第一巻に記載のある雄馬のうちの3頭(三大根幹種雄馬：ゴドルフィン・アラビアン，ダーレー・アラビアン，バイヤリー・ターク)にいきつく。世界各地の馬の品種改良に多用されてきている。

1850年以降，主な競走が2マイル以下とされたことにより，改良は速度の向上に重点が移った。日本には1877年，下総御料牧場に初めて本品種の馬が招来された。また1907年，小岩井農場にサラブレッド雌馬20頭が輸入され，本格的な生産が開始された。以後，軍馬の改良を目的にかかげ，在来馬の改良にも多く用いられた。現在の日本では，毎年7,000頭前後が生産され競馬に供されている。日本では唯一産業として成り立っている品種といえる。

サラブレッドを用いた競馬が，全世界的な巨大産業であることは言を待たない。現在でも世界中で改良が進行中であり，競走馬としてばかりではなく，乗用，狩猟用にも生産されている。登録はそれぞれの生産国の登録協会が行い，イギリスに本拠のある国際血統書委員会がそれらを統括している。

チモール(Timor)

体高110〜120cm。乗用，輓用。原産地はインドネシア，チモール島。毛色は黒ずんでおり，アパルーサのような斑紋があるものもいる。暑さに強く，農耕用，運搬用，乗用に用いられてきた。オセアニアに輸出され，子供用の乗馬として人気がある。

トラケーネン(Trakehner)

体高160〜162cm。乗用，輓用。原産地はポーランド。毛色は単色。東プロシアで作出された乗用，輓用馬で，軍馬として大きな足跡を残すとともに，初期の近代オリンピックで，本品種の多くが優秀な成績をおさめたことで特筆される。

1732年，プロシアのフレデリック・ウィリアムズ1世の創設したトラケーネン牧場(現ポーランド)で，軍馬として用いるために作出された。品種名は牧場名に由来する。ホルスタインにアラブ，サラブレッドを交配して作出された。供用された種雄馬のうちパーシモン産駒のパーフェクショニストが，強大な影響を及ぼしている。

本品種は4歳以降で徹底した調教を受けた後，能力検定を経て最優秀なグループのみ，トラケーネン牧場で繁殖に供されるという形で品種改良が行われていった。1940年代には2万5,000頭ほど登録されていたが，第二次世界大戦で消耗された。そのうちのドイツ西部に徴用されて生き残った馬が，現在のトラケーネンの基礎となっている。一方，ドイツ東部で生き残った馬はイースト・プルシアン(East Prussian)の名で存続している。

トルコマン(Turkoman)

体高150〜160cm。乗用。原産地はトルクメニスタン，イラン。ターク(Turk)，トルコメニアン(Turkmenian)ともよばれる。毛色は鹿毛が一般的だが，青毛，黒鹿毛，栗毛，芦毛もみられる。古代ペルシャにその起源が求められ，本品種の祖先であるペルシャ産馬は，サラブレッドの成立に影響を与えている。しかし，現在のトルコマンは，かつてペルシャで飼われていた馬の体型をよくとどめているとはいいがたい。戦いの他，長距離の移動，競馬などでも利用されてきた。トルクメニスタン原産のアハルテケと近縁。1960年代以降，サラブレッドがスピードの向上のために導入された。

ビアトカ(Viatka)

体高130〜140cm。乗用，輓用。原産地はロシア，バルト海地方。毛色は河原毛，粕毛，芦毛。農作業や3頭立ての馬ソリ(トロイカ)を引くために用いられる。

ウェルシュ(Welsh，図1-30)

体高はイギリス120〜132cm，アメリカ合衆国123〜140cm。乗用，輓用。原産地はイギリス，ウェールズ地方。毛色は駁毛を除くすべてが存在する。子供用の乗馬として人気の高い品種。ウェールズ地方で飼われていた在来馬がもとになっているが，ハクニーとの混血が認められ，また19世紀末には小格のサラブレッド種雄馬マー

(フリーダムホースショー，JRA馬事公苑ホースアトラクション)
図1-30 ウェルシュ（JRA原図）

リンの影響を受けているため，しばしば"マーリンズ"ともよばれる。かつては羊の管理や狩猟の際の乗馬として用いられていた。

現在，イギリスではより小格のウェルシュ・マウンテン・ポニーを卒業した子供用の乗馬としてよく用いられる他，障害飛越も上手にこなす。また，軽いハーネスを引かせることもあり，滑らかできびきびした運歩をみせる。品種はウェルシュ・ポニー・スタッドブック（ウェルシュ・コブの項参照）のBの部に登録され，太めで四肢の短い鞍用馬タイプのコブ型はCの部（体高134cm以下）に登録される。

ウェルシュ・コブ（Welsh Cob）

体高140〜151cm。乗用，鞍用。原産地はイギリス・ウェールズ地方。毛色はさまざまだが，鹿毛，青毛，青鹿毛，栗毛，粕毛，河原毛などで駁毛は認められない。ウェルシュ・マウンテン・ポニーに，さまざまな馬を何世紀もの間交配して作りあげた大型で力強い品種。品種の成立には，古くはローマからもち込まれた馬およびバルブ，近世に入ってノーフォーク・ロードスター，ヨークシャー・コーチ・ホースなどが関係している。コブタイプの馬は大型の鞍馬よりもスピードがあり小回りもきき，長年にわたってウェールズ地方で農作業用および乗用として用いられてきた。

サラブレッドとの交配により優れた狩猟用の乗馬が生産でき，同時に障害飛越競技や総合馬術競技にも優れた能力を発揮する。ウェルシュ・ポニー・コブ協会発行のウェルシュ・ポニー・スタッドブックは4セクションに分かれているが，本品種はDの部に登録される。ちなみにAの部はウェルシュ・マウンテン・ポニー（体高122cm以下），Bの部はウェルシュ・ポニー（体高122〜132cm），Cの部はウェルシュ・ポニー・コブタイプ（体高132cm以下），Dの部は平均体高140〜151cmの本品種にあてられている。

ウェルシュ・マウンテン（Welsh Mountain）

体高イギリス120cm以下，アメリカ合衆国122cm以下。乗用。原産地はイギリス・ウェールズ地方の山地。毛色はさまざまだが，鹿毛，青毛，青鹿毛，栗毛，粕毛，河原毛などで駁毛は認められない。ウェルシュ，ウェルシュ・コブ生産用の基礎品種で，イギリス原産のすべてのポニーの品種成立に貢献している。

ウェストファーレン（Westphalian）

体高152〜162cm。乗用。原産地はドイツ・ヴェストファーレン地方。毛色は単色で鹿毛をはじめさまざま。

ドイツ・ヴェストファーレン地方で生産された乗用の半血種を指す。ちなみにドイツでは，半血種には生産された地名が冠されるのが習わしとなっている。この地域は馬術施設が多く存在し，重要な馬産地でもある。そのため本品種の数はとても多い。かつてはより大型で，軍馬または農耕用馬として用いられていた。しかし，サラブレッドやハノーバーの影響で，現在ではスポーツタイプが主流となった。本品種は競技用馬としてはとても優れた資質を有しているが，その背景には繁殖に供する馬の選択基準の厳密性があげられる。その選択は，体型，血統，性格，運動性に基づいて行われている。本品種の外見はハノーバーに大変よく似ているが，ハノーバーよりはやや大型である。

図1-31　北海道和種馬
（丹羽 康詞氏提供）

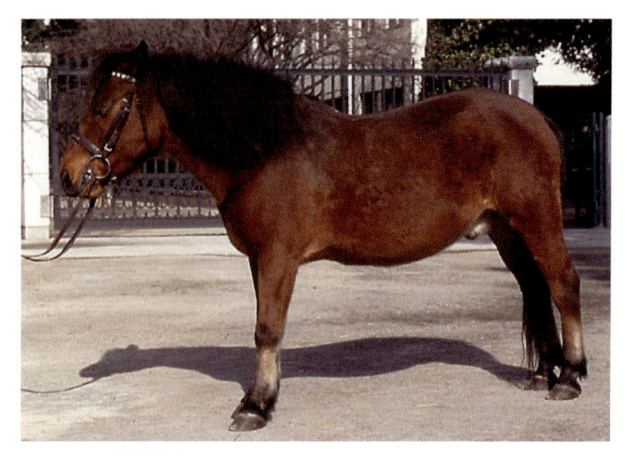

図1-32　木曽馬（JRA原図）

❸日本在来馬

　日本列島における馬飼養の歴史は，5世紀末から6世紀初頭にかけて，大陸から朝鮮半島を経て，馬たちが馬具や騎馬にまつわる種々の技術とともにもち込まれたときに始まったと考えられている。以来，馬は日本各地で軍馬，運輸通信用の駅馬，農耕用馬として，広く繁殖供用されてきた。

　江戸時代末期，国内で飼養されていた馬は数十万頭と推定されている。維新後，清国，ロシアと戦火を交えた明治政府は，主要な兵器でもある日本軍馬が，馬格，力強さの点で列強の軍馬に比べて劣っていることを思い知らされた。そこで，政府は日本の在来の馬を広範に改良する馬政計画を立て実施に移した。昭和20年（1945年），第二次世界大戦の終了とともにこの計画も中止されたが，その時点で，多くの在来馬の純血性が失われており，国内で繫養されている馬で純粋の在来馬はほとんどいなくなっていた。しかし一方で，荒波をくぐりぬけ，明治の開国以前からの古い血を色濃く残しながらかろうじて生き延びてきた馬がわずかながら存在した。それが，現在「日本在来馬」と位置づけられる馬たちである。これら日本在来馬の間には，隔絶した離島や山間部の僻地で飼われていたという共通点が存在する。

　現在，「北海道和種馬」，「木曽馬」，「対州馬」，「トカラ馬」，「御崎馬」，「与那国馬」，「宮古馬」，「野間馬」の計8種の馬が日本在来馬とされ，日本馬事協会が主体となって登録事業と保護のための施策が行われている。しかし，「北海道和種馬」を除いて頭数は少なく，現在でも多くの馬種で消滅が危ぶまれている。

北海道和種馬（図1-31）

　体高130〜132cm。原産地は北海道。北海道で古くから生活してきたアイヌの人々の間では，馬が飼育されることはなかった。鎌倉時代，本州から大和民族（和人）が渡り，南部馬をもち込み使役に利用したのが始まりとされる。江戸時代に入ると北海道の漁場の開発が進み，漁獲物の運搬などのために盛んに馬がもち込まれるようになった。ただし，漁は主に夏季に行われ，冬には使役に使った馬はそのまま残し，翌年冬を越すことのできた馬を再び捕獲して漁に使うということを繰り返した。また，幕末には北海道内の伝馬制度が設けられ，北海道各地に幕府直営の牧が設けられて馬生産も行われた。こうした環境のなかで，特有の資質を有した馬となったものと考えられる。北海道和種馬は日本在来馬のなかではもっとも数が多く，現在はトレッキング，ホースセラピー，流鏑馬などさまざまな用途に活用されている。

木曽馬（図1-32）

　体高平均132cm。原産地は長野県。信州木曽谷は，耕地が狭いうえ日照も少なく，農業の生産力の低い土地といえる。

　この地方では古くから馬産が行われてきた。平安時代末期には，木曽義仲（1154〜1184年）が木曽馬を用いて合戦に参加したとされている。江戸時代中期以降，この地での馬産は隆盛となり，諸国に大量に販売されるようになった。また，木曽における馬産は，子馬の販売という面からばかりでなく，厩堆肥の生産という点でも経済的価値があったとされている。木曽馬も明治になって始まった馬政計画の対象であった。ただし，洋種の種雄馬による木曽馬の品種改良に対して，木曽の馬農家の反応

（丹羽 康詞氏提供）
図1-33　御崎馬

（丹羽 康詞氏提供）
図1-34　野間馬

は冷ややかだった。洋種との交配により大型化した馬は，農作業に使いにくく販売価格も安くなってしまったからである。しかし，第二次世界大戦中の昭和18年（1943年），軍部の圧力に抗しきれなくなり，木曽馬の断種が実施された。戦後はわずかに残っていた純血に近い木曽馬の雌と神馬として飼われていて断種をまぬがれた雄により，熱心な関係者の努力のもとで木曽馬の復活がはかられ，現在に至っている。

御崎馬（図1-33）

体高平均132cm。原産地は宮崎県。野生馬として知られる御崎馬だが，もちろん厳密な意味では野生馬とはいえない。粗放に飼われている家畜馬という言い方が御崎馬を正しく表現しているといえる。

現在，御崎馬が生活している土地は，元禄10年（1697年）高鍋藩主，秋月種信が創設した藩営の牧だった。高鍋藩は全部で7ヵ所の牧を経営し馬の増殖をはかった。しかし，日本在来馬として現在まで伝わるのは御崎馬のみである。明治7年（1874年），廃藩置県により官有となっていた牧場は，馬とともに御崎牧組合に払い下げられた。馬政計画による品種改良の波は御崎馬にも及び，大正2年（1913年）に栗毛のトロッター雑種が種雄馬として牧場に放たれた。種雄馬としての供用は1年間だけだったが，その遺伝的影響は強く，かつては存在しなかった白徴のある馬が今でもときどき生まれる。本来の御崎馬の外貌に近づけるため，そうした馬は集団から除外されている。現在は，御崎馬は宮崎県の貴重な観光資源として，保護が加えられている。

野間馬（図1-34）

体高約110cm。原産地は愛媛県。野間馬は，昭和63年（1988年）に日本馬事協会によって日本在来馬として認定を受けた。8種の日本在来馬のうちでもっとも新しく認定された馬であり，もっとも小型の馬という特長をもっている。

野間馬の起源は，寛永年間に松山藩主が領内の野間郷一帯の農民に，馬の増殖を委託したことが始まりとされる。藩は4尺（121cm）以上のよい馬が生まれると飼料費と報奨金を与えて買い上げ，小さい馬は農民に無償で払い下げた。小型の馬は島嶼地帯の急傾斜地や細道での駄載運搬能力に優れ，農作業には有用だった。その結果，小型の馬同士の交配が繰り返され，現在の野間馬ができあがったとされている。

明治以降の馬政計画では，小型の馬の生産は禁止されたが，農作業，とくに傾斜地におけるミカンの収穫では不可欠な存在であったため，ひそかに繁殖が続けられた。その後，第二次世界大戦後の農業の機械化で数が激減し，一時は消滅が危ぶまれるほどになったが，動物園や個人，農協などの関係者の努力により，現在では80頭を超えるまでに増やすことができた。愛媛県今治市により専用施設が建設され，子供の情操教育など動物とのふれあい活動に活用されている。

II 感覚機能および学習能力

🐎 1. 感覚機能

❶視覚

　馬は進化の過程で種々の感覚機能を，その生息環境にもっとも適応した形で発達させた。そうした感覚機能のなかでもとくに重要なものは，視覚であると考えられる。馬はひらけた草原を生息場所として進化してきた。彼らの主要な栄養源は草類であり，彼らを補食する天敵は地上性の肉食獣であった。この点で水平方向に広い視野を馬が有していることは合理的なことといえる。

　馬の眼球は，直径が44〜48mmのゆがんだ球形をしており(偏平網膜)，陸上動物では最大の部類に入る。瞳孔は横長に開いており，かつ頭部の側面に眼球が位置していることにより，水平方向に広い視野(330°〜350°)を有しているが，両眼視の範囲は狭い(60°〜70°；図1-35)。また，鼻部の一部と頭部の後方が死角となっている。視野は品種間で若干の相違がある。

　水晶体がもっとも薄くなっているときに，平行光線が網膜上に焦点を結ぶ場合を正視というが，多くの馬は正視であることが観察されている(ちなみに平行光線が網膜の前で像を結ぶのを近視，後方で像を結ぶのを遠視とよぶ)。

　動物は通常，毛様体筋の収縮と弛緩により水晶体の厚みを変えることで，遠近の調節をしている。この調整能力は動物種によって異なるが，一般的に捕食性の哺乳動物は優れているのに対し，草食動物は劣っている。馬では，眼球の大きさに比して水晶体の厚さを変動させる毛様筋はあまり発達していない。おそらく焦点調節は，眼球のゆがみを利用して行っていると考えられる。馬が素早い焦点調節が不得手な理由はこのためである。また，脈絡膜にはタペタム(輝板)が存在し，ある程度の暗視が可能である。

　網膜視細胞に錐体が認められることから，色覚の存在は裏づけられる。ただし色覚域は狭く，一般に黄，緑，青は知覚できるが，赤色は若干劣る。また網膜の残像時間は短い。

❷聴覚

　馬の耳は外耳介，外耳道，鼓室，耳管，耳管憩室(喉嚢)からなっている。馬では外耳介の動きを支配する筋が発達しており，頭部を動かさずに，左右独立に耳を音源に向けることができる。このことから，後方の音源の距離の判別もある程度可能であると考えられる。耳管憩室は家畜のなかでは馬に特徴的な器官であるが，その役割は明確にはわかっていない。

　馬の聴覚域はヒトよりやや高音域にかたよっており，上限はほぼ30 kHz程度である(図1-36)。馬は他の馬のいななきからある程度は個体鑑別ができる。また，同種個体のいななき以外でも，ヒトの声や環境音を鑑別できることが経験的に知られている。

❸嗅覚

　馬は臭いを主嗅覚器系，副嗅覚器系の独立した2つの

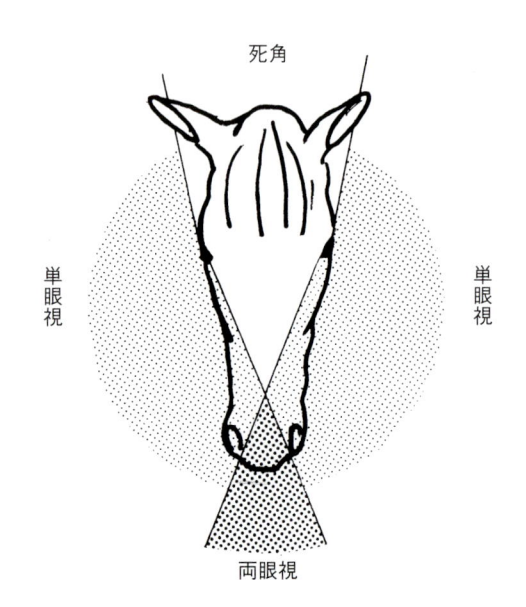

図1-35　馬の視野(JRA原図)

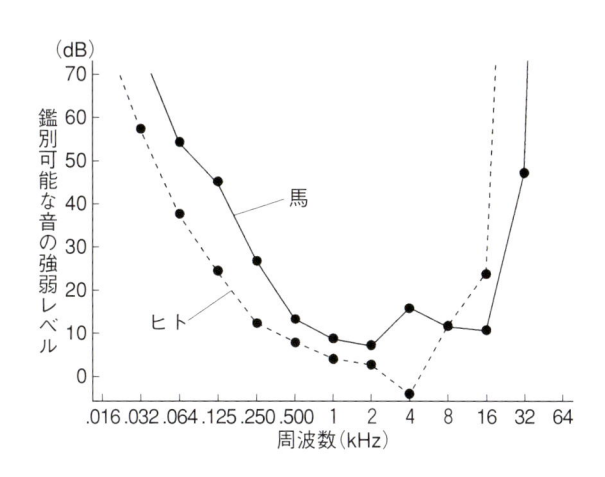

図1-36　馬とヒトの聴覚域
(Heffner HE, Heffner RS : Equine Practice, 5, 27, 1983)

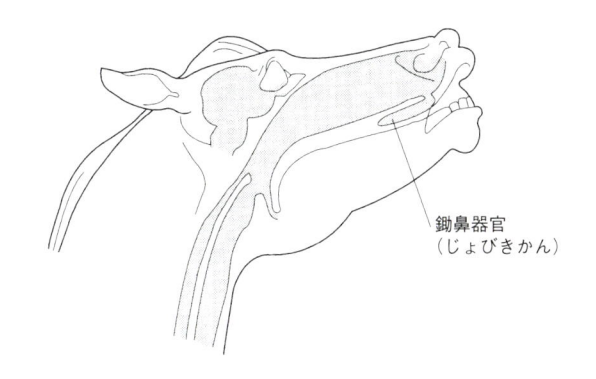

図1-37　鋤鼻器官の位置を示す模式図
(Waring GH : Horse Behavior, Noyes Publ., 1983)

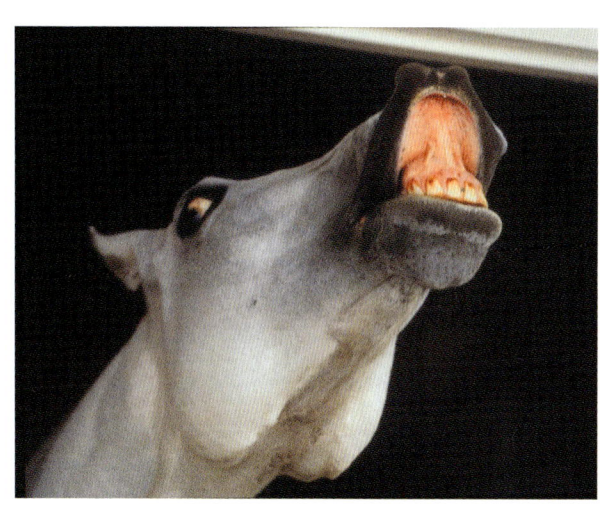

図1-38　フレーメン（JRA原図）

システムで受容する。また，舌に分布する味蕾でも臭いを感じることができる。馬の嗅覚は鋭敏で，種々の情報伝達に嗅覚が用いられているが，詳しくは第1章Ⅲ「行動」のコミュニケーションの項(47頁)で述べる。

　主嗅覚器は鼻腔内の背尾側に嗅覚受容器を有している。この受容器は鼻粘膜の嗅上皮に広く存在しており，刺激は嗅神経を介して脳の嗅球に至っている。

　一方，副嗅覚器系の受容器は，鼻中隔の前下部にある一対の鋤鼻器官（じょびきかん，ヤコブソン器官）に存在している（図1-37）。これは中空性の器官で，前端は鼻腔に開き，後端は盲孔に終わっている。齧歯類，有蹄類など多くの哺乳動物で鋤鼻器官が認められるが，その形状や開口部の位置は種ごとに異なっている。受容器はこの器官の内表面にあり，刺激は神経を介して副嗅球に至っている。副嗅球は主嗅覚器の入力部位である嗅球とは解剖学的には異なる位置にある。鋤鼻器官は主嗅覚器の受容器に到達しにくいような非揮発性の大きな分子の受容に関係がある。

　馬は鋤鼻器官で臭いを感じるときには，フレーメンとよばれる上唇をめくりあげる特有の表情を示す。フレーメンは馬ばかりでなく他の有蹄類や齧歯類にもみられる，臭い刺激に対する反射的な行動であるが，このとき，鋤鼻器官内に吸気中の分子が流れ込む。また，このフレーメンは雌雄関係なく示されるが，とくに雌の発情期に雌の尿などを嗅いだ雄に頻繁にみられる（図1-38）。

❹その他の感覚機能

　馬は味覚も発達しており，食物のわずかな違いも判別できる。一般に甘味を好み，苦味を嫌う。ナトリウム・バランスを保つため，これが不足した場合には食塩を選択的に摂取する。しかし，その他の不足物質を選択的に摂取するという証拠はない。

　触覚，温覚，冷覚などの感覚は馬体のどの部位でも感じるが，頭部の周辺がとくに鋭敏である。これは触覚刺激に鋭敏な毛包を有した長毛が，口唇，鼻腔，瞼の周辺に多く生えていることによる。

2. 学習能力

　動物は経験によって行動を環境に合うように変化させ，獲得された行動形式を比較的長期間にわたって保持し続ける能力をもっている。これは学習とよばれるが，とりわけ馬においては，この能力が家畜としての価値と強い関連があるという点で重要である。馬はトレーニングを受けて，初めて家畜としての価値が生じる。ヒトの

種々の扶助に対する馬の反応は、条件づけの積み重ねにより成立する。すなわち、馬の馴致・調教とは、無条件刺激を条件刺激に置き換えて、望まれる反応を誘起する作業と言い換えることもできる。また、管理上好ましくない悪癖も、学習により固定されたと考えられるものが少なくなく、それらの矯正にも条件づけが有効であることが多い。これらの点で馬の学習能力を理解することは、馬を家畜として取り扱ううえで不可欠なことである。

これに対して、馬の学習能力を現代の動物心理学的な手法で明らかにしようとした研究は、あまり多いとはいえない。この原因としては、馬が大型の動物であるため、実験上、取り扱いが容易でないこともあげられるが、むしろ馬を家畜として飼ってきた過去の長い歴史のなかで、ヒトは馬の学習能力について経験的に理解しており、あらためてそれらの事項について知る必要性があまりなかったことがあげられる。

馬の学習能力を測定する手段として、図形、光、音の弁別、迷路、レバー押し、電激刺激の回避など種々の方法が用いられてきているが、総じて馬はこれらの課題に対して良好な学習能力を示す。これらの手段を用いて計測された成績から、学習能力は4歳未満の馬のほうがそれ以上の年齢の馬よりも、また雄およびせん馬のほうが雌よりも上回るとされている。さらに、品種間での差も認められている。

ディクソン（Dixon）は馬に対して、20組の図形の弁別学習をニンジンを報酬として行った（図1-39）。1日15〜20分、連続して87日間実験を続けた結果、馬は92.5％の正答率を示した。その後、1ヵ月、3ヵ月、6ヵ月の間隔をおき、記憶の失われる経過を調べたところ、1ヵ月後では正答率80％、3ヵ月後78％、6ヵ月後では77.5％であった。

この実験のなかで、馬は学習が進むにつれて、より速く新しい図形の組合せの弁別ができるようになっていった。このことから、馬はここで出された課題の一般則を学習する能力をもっていると考えられる。

馬が示す学習能力の個体差が、その馬の調教の難易度とある程度の相関があることも認められている。また、馬の気質も学習能力と関連があると考えられる。迷路を

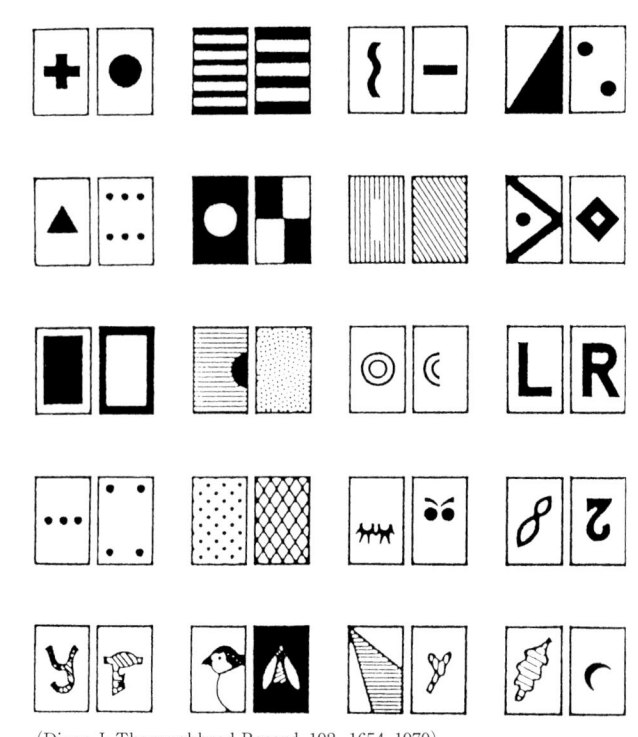

(Dixon J: Thoroughbred Record, 192., 1654, 1970)

図1-39 馬の学習実験に用いられた図形の組み合せ

用いた実験の成績から、個々の馬の学習能力をクラス分けし、その値と調教者が実際にその馬たちを調教した場合の難易度を比較したところ、迷路での学習成績のよい馬ほど調教も容易であることが認められた。また、複数の観察者が迷路学習中の個々の馬につけた気質に対する得点と学習成績との比較から、興奮しやすい馬ほど学習成績が劣る傾向が認められた。

学習の結果と考えられる馬の行動変容は、ヒトによる馴致以外にも馬の日常の行動のさまざまな場面で認めることができる。たとえば、母馬の子馬に対する1回あたりの授乳の平均時間は、産次が進んでもあまり変わらないが、そのばらつきは産次が浅いほど大きくなる傾向が認められる。この行動の変容もおそらく母馬の学習によるものと考えられる。また、競走馬で実施されているスクーリングという操作は、新奇環境にさらすことでその場に馴らし、競走当日のストレスを減らし、能力を十分発揮させようとするもので、馬の学習能力を利用する例といえる。

III 行動

1. 社会構造

❶野生下での社会構造

　馬は大型の草食動物として，ひらけた平原を舞台に進化してきた。馬はそうした生息環境に適応した社会構造，習性を身につけている。しかし前述したとおり，馬の野生種はすでに絶滅している。ただし，かつてヒトにより家畜化されていたが，逃げたり放棄されたりして再野生化した馬の集団が世界各地に生息している。ヒトによる管理下で生活し，繁殖はもとより種々の点でヒトによる制御を受けている馬の日常の行動からは，本来の馬の社会構造の詳細は知ることができない。その点で，再野生化した馬の集団から得られた情報は貴重である。

　野生環境下では，1頭で生活する馬も観察されているが，通常は2種類のタイプの社会集団を形成することが知られている。第1のタイプは，繁殖単位であるハレムで，原則的には1頭の性成熟に達した雄馬および複数の成雌馬と3歳未満の子馬たちで構成される。第2は若雄群で，数頭の若い雌雄の馬や性成熟に達した雄馬で構成される。この他に複数の成雄を含んだハレムの存在も報告されている。このような群れでは，構成個体の数が大きくなる傾向が認められるが，その場合でも交尾行動は社会的に優位な雄によって行われる。

　一般的に馬の群れはテリトリーを形成せず，水飲み場と広い採食地を含んだホームレンジ内で生活している。ホームレンジは複数の群れがオーバーラップしていることが多い。ハレムのサイズは2〜21頭である。各集団が生息している地域の資源の多寡，生息密度などによってハレムのサイズの平均は異なり，観察された集団ごとの平均構成頭数は，3.4〜12.3頭の範囲にばらつき，季節により変動する場合もある（図1-40）。

　種雄馬のハレムへの帰属期間は平均2〜3年であるとされるが，10年以上にわたる場合もある。成雌馬は一生にわたって同じハレムに居続けることが多い。一般にハレムで生まれた子馬は，2〜3年で自分のハレムを出て行く。多くの雌子馬は，2歳以前に自発的にハレムを出て行くか，他の成雌馬に追われる形で群れを離れ，最終的には他のハレムに加わる。

　一方，雄子馬も1〜2歳で，1頭あるいは2頭程度で連れ立って群れを離れる。これも，自発的に群れを出る場合と，ハレムの種雄馬によって追われて出て行く場合がある。ハレムで生まれた子馬たちが性成熟前に群れを離れることで，集団内での近親交配は結果的には回避されるものと考えられる。

　若雄群は最大16頭の群れが報告されているが，通常は4頭以下で，メンバーはハレムに比べ流動的である（図1-41）。性成熟に達した雄馬は他のハレムから成雌馬を引き離したり，群れから離れ出た雌馬と一緒になったり，種雄馬が死んだハレムに入り込んだり，あるいは種雄馬をハレムから追い出して，自ら種雄馬としてハレムに帰属したりするようになる。

　群れ内の社会的順位としては，大部分のハレムにおいては，種雄馬がもっとも優位である。また成雌馬のなかでは，年齢の高い馬が優位な傾向にあり，群れを先導するときも，年齢が高くハレムの帰属期間の長い雌馬の場合が多い。また，子をもった雌馬は順位が上がることも

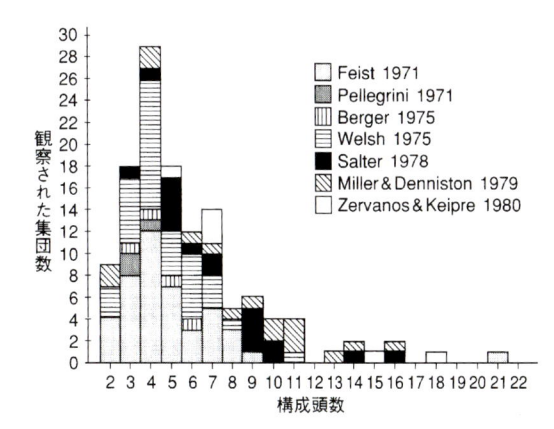

データは北アメリカに生息する野生馬の夏季のもの。
(Waring GH : Horse Behavior, Noyes Publ., 1983)

図1-40　自然環境における馬の社会集団の構成頭数

第1章　馬を知ろう

（モンゴル・フスタイ国立公園；實方 剛氏提供）
図1-41　モウコノウマの若雄群

図1-42　威嚇行動（JRA原図）

観察されている。採食中や休息中，種雄馬は群れの周辺部におり，移動の際は列の最後尾につくことが多い。若雄群においては，群れのメンバーのなかでもっとも優位な馬が，最初にハレムに帰属する機会が多いようである。

❷管理下における馬の社会構造

馬を放牧飼養する場合，通常性成熟の可能性の出てくる1歳時には，雌雄を別に飼養するのが一般的である。また，種雄馬は単独で隔離して飼育する。こうしたことから，家畜の馬においては上記のような群れの形成はうかがうべくもない。ただし，それぞれの群れは固有の社会構造を形づくる。

いかなる群れの構成であっても，群内の個体間には社会的順位が認められる。馬の社会的順位は，威嚇および回避行動を観察することで比較的容易に判定することができる（図1-42）。

放牧飼養されている馬の社会的順位は，群れのサイズが小さいときには比較的単純で直線的な関係を示すが，群れのサイズが大きくなるに従って複雑となる。また，一度確定された社会的順位は，1年半以上にわたって安定していることが観察されている。しかし，社会的順位の成立の要因はあまり明らかにはなっていない。繋養場所での先住期間の長短と社会的順位との間に強い相関は認められない。

また，体重などの馬体の測定値と社会的順位が明らかな相関を示すこともまれである。雌馬の場合，攻撃行動を活発に示すものほど優位になる傾向があり，母馬の社会的順位の高い子馬が同年齢群のなかで優位になる傾向も認められる。

1歳から2歳にかけての雌雄の群れを比較すると雌の群れが雄の群れに比べて，社会的順位が明確であること，

威嚇行動が頻繁に観察されること，近接し合うことの多い特定の個体同士の組合せができやすいこと，などの性差がみられる。

2. 各種の行動

❶採食行動

馬が採食に費やす時間は，管理状態，食餌の質，季節，天候などによってかなり変動する。自然環境下で馬は1日の10～12時間を採食にあてる。ただし，植生が悪い場合は19～20時間にも及ぶこともある。1回の採食は30～240分継続する。また，採食は一般的に早朝と夕刻に2峰性のピークが認められる。

人為的環境下でも，放牧飼養の場合，採食パターンは自然環境下のパターンと類似している。濃厚飼料の給与により，栄養量を落とさずに採食時間を大幅に減らすことは可能である。ただしこの場合，定型的な異常行動である，さく癖や馬房の壁や柱を咬むといった悪癖を誘発することがある。これらの悪癖は採食時間が短いことや，ものを噛む衝動が満足されないことに起因すると考えられている。

馬は丈の短い草を選択的に採食する傾向がある。口唇で草をより分け，歯ではさみ，頭部を動かすことによって食いちぎるといった食草行動の形式は，短い草の採食に適応的である。馬の放牧地では，採食されずに草の繁茂した不食過繁地ができやすいが，これは短い草を選択採食する食性と排泄物を忌避する習性に起因すると考えられる。

馬の嗜好はかなり習慣的であるが，一般に甘味を好み，酸味や苦味をきらう。29の草種に対する馬の嗜好性を調べた報告があり，とくにチモシー，ホワイトクローバー，

ペレニアルライグラスに対する高い嗜好性を見いだしている。一方，栄養価と嗜好性との間の相関関係は認められていない。異嗜はミネラルバランスの崩れている子馬に起こりやすく，とくに銅と亜鉛の不足によって生じることが報告されている。

食糞は1～8週齢の子馬に通常みられる現象で，成長とともに減少する。子馬が食糞をする理由は必ずしも明確ではないが，腸内細菌を経口的に取り入れるためであると考える研究者もいる。成馬では繊維，タンパク質の不足，飢餓，飼料の急激な変化などの原因で食糞を示すことがある。

飲水の頻度や量も採食と同様，環境によって大きく変動する。一般に，1日15回程度飲水するとされているが，乾燥地帯で生活している馬は，1～2日に1度しか水場に行かないことがあることも観察されている。自由に飲水をさせた場合，採食に同期して飲水間隔は短くなる。また，温度が上昇したときには飲水頻度は増加するし，授乳中の雌馬はより頻繁に飲水をする。

❷休息行動

馬には1日のうちで何回かの休息期（まどろみ）がある。成馬ではこのトータルの平均時間は2時間程度である。

馬は立位，腹臥位，横臥位の3型の姿勢で眠る。睡眠は一般にノンレム(non-REM)睡眠とレム(REM)睡眠に分けられる。ノンレム睡眠はゆるやかな振動の脳波が現れる睡眠で，レム睡眠は急速な眼球運動を伴う睡眠で頻脈となり呼吸数も増加する。馬の場合，ノンレム睡眠は立位および腹臥位でみられ，レム睡眠は横臥位とまれに腹臥位でみられる。

馬の睡眠は平均6.4分のノンレム睡眠期，ノンレム睡眠からレム睡眠への移行期，平均4.2分のレム睡眠期からなる1サイクルが数回繰り返され，30～40分継続する。この1セットの眠りが主に夜間，6～7回みられる。馬は睡眠中も環境の変化に対して反応しやすいが，とくにノンレム睡眠からレム睡眠への移行期は刺激に対して敏感となる。馬の腹臥ならびに横臥位での睡眠の合計時間は，標準的にはおよそ3時間程度である（図1-43）。しかし，生後3ヵ月齢までは，1日の約半分は休息ならびに睡眠にあてられている。

また，粗飼料のみを給与されていた馬が，エンバクなどの濃厚飼料を与えられるようになると，横臥時間が延長することが認められている。ただし，これは一時的なもので3～4日でもとにもどる。さらに，絶食は睡眠時

(JRA日高育成牧場)
図1-43　昼寝をする当歳馬（JRA原図）

間を延長させることや，知覚機能を低下させるとノンレム睡眠が増え，レム睡眠が減ることが報告されている。

❸排泄行動

排糞量，排糞頻度は環境，年齢，性によって変化に富むが，一般的には成馬の1日の排糞量は14～23 kgの範囲にある。また排糞頻度は，成雄馬は1日平均12.8回，成雌馬は6.5回程度とされている。

野生下ではハレムの種雄馬が，ホームレンジ内にしばしば糞の堆積物をつくるが，これはオーバーラップするホームレンジをもつ他の群との距離を時間的，空間的にずらす役割をはたしていると考えられる。また，若雄群ではもっとも優位な個体が，最後に排糞する傾向があることが認められている。

排尿量や頻度も環境，性などで変化する。一般に1日に体重1 kgあたり3～18 mL排尿するといわれている。また，摂取した水分のおよそ22％が尿となり，排尿頻度は，雌馬で1日7.4回，雄馬で12.8回程度である。発情中の雌馬は少量の尿(500 mL以下)を頻繁に排泄する。

❹雄馬の性行動

現在，わが国の馬生産の主体である軽種馬は，繁殖が厳密にコントロールされているため，雌雄馬ともにきわめて自由度の少ない性行動しか許されていない。ここでは本来の馬の性行動を知るために，繁殖を管理されていない馬の性行動を中心に記述する。

子馬のペニスの勃起は2～3ヵ月齢で認められることもあるが，実際に交尾が可能になるのは15ヵ月齢以降である。成雄馬は年間を通じて性行動を示しうるが，精

子の数や活性は，春にピークが認められる。

雌が発情徴候を示すと，雄は雌の特有な姿勢に反応し接近する。雄は雌の頸，体幹，外陰部の臭いをかいだ後，フレーメンをすることもある。雌がじっとしていれば，雄は引き続き雌のたてがみ，後肢，頸，前肢をかんだりなめたりする。雄のペニスの勃起は雌に接近したときから始まり，雌との接触の間に交尾可能な状態に達する。

雄馬のペニスには陰茎骨がなく，またS字状の形状もしていないため，性交を完全に行うには十分な性的興奮とペニスの勃起が必要とされる。このため，雌への接近からマウント(乗臥)までの時間が他種の家畜に比べ長い。

雄馬は雌との接触の後マウントに移るが，最初のマウントがペニスの膣への挿入に至るのは55%程度であることが観察されている。挿入に失敗しても雌がじっとしていればマウントを繰り返す(図1-44)。ペニスが膣に挿入された場合，平均7回程度の骨盤のスラスト運動の後，射精に至る。射精はペニスの挿入を開始して9〜16秒程度で起こるが，一般に射精の直前，スラスト運動は止まり，尾を上下させる。射精には6〜9回の断続が認められる。

❺雌馬の性行動

馬の繁殖期は春から夏にかけてであるが，まれに秋に発情のくる個体も存在する。性周期はほぼ21日で繰り返されるが，1回の性周期の間に5〜7日間発情状態を示す。

他の多くの有蹄類の場合，発情状態の持続は1〜2日程度であることから，馬は比較的長く発情状態が続く種といえる。有蹄類でハレムを形成して生活する習性をもつ種は数種にしかすぎないが，雄馬によるハレムの維持と雌馬の比較的長い発情期との間には関連があることも考えられる。

雌馬は発情状態になると，際立った行動の変容が認められるようになる。これら行動の変容は，以下の3つに大別できる。

①雄の性行動を誘起する姿勢，動作
②雄に対する積極的な勧誘
③雄の性行動の受け入れ

発情状態の雌は頭をわずかに下げて震わせ，背をこころもち丸める。また，耳の緊張は消え，口元の筋肉などが弛緩した特有の表情を示す。排尿が頻繁にみられ，同時にリズミカルに外陰部を開閉(ウインキング；winking，ライトニングともいう)する。頻繁な排尿姿勢は，視覚的に雄の性的な探索行動を引き起こさせる。ま

(モンゴル・フスタイ国立公園；實方 剛氏提供)
図1-44 マウントする雄(モウコノウマ)

た，他の雌から離れ，雄馬のそばにいることが多くなる。1歳の雌馬でも発情の徴候をみせるが，年齢の高い雌馬の発情のときほど雄馬の性行動を刺激しない。雄馬の接触行動の後，雌は雄のマウントを受け入れ，交尾に至る。

人為的な管理下で，雌馬の周りに雄馬のいない状況では，雌馬の発情状態を示す行動上のサインは軽微で，発情を確定しにくい。そこで，一般には試情馬(あて馬)が用いられるが，発情状態にある雌馬は試情馬の性的な探索行動に対して，おとなしく立ち，尾を上げ，排尿，ウインキングなどを示す。

❻母子行動

雌馬は妊娠末期になると，不活発かつ環境の変化に対して警戒的になる。馬の妊娠期間はおおむね327〜357日の範囲にあり，平均は340日程度である。平均在胎日数は雄の胎子のほうが雌よりも1〜2日長い。

出産は3期に分けることができる。第1期は前期で，期間は個体によるばらつきが大きいが，一般に4時間程度継続する。雌馬は落ち着きがなくなり，ときおり腹部をふりむき，尾を会陰部に打ちつけたり，立ったり座ったりする。また，転移行動的な採食がみられることもある。しばしば発汗，排尿が認められ，さらに乳頭から乳汁が漏出し，破水が始まる。

出産の第2期は，胎子を娩出する時期で，約15分(10〜70分)で終了するが，初産馬は経産馬よりやや長い。

胎子は羊膜，前肢，頭部の順で娩出されてくるが，分娩が完了するまでの間で60〜100回の陣痛が認められ

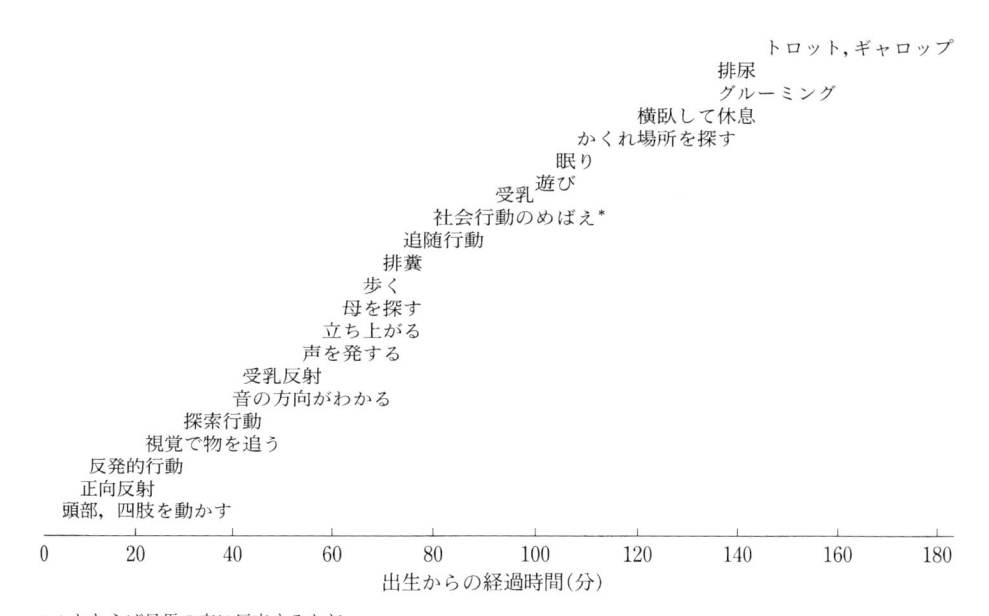

```
                                              トロット,ギャロップ
                                         排尿
                                       グルーミング
                                      横臥して休息
                                    かくれ場所を探す
                                   眠り
                                  遊び
                                受乳
                              社会行動のめばえ*
                            追随行動
                          排糞
                         歩く
                        母を探す
                       立ち上がる
                      声を発する
                     受乳反射
                    音の方向がわかる
                   探索行動
                 視覚で物を追う
                反発的行動
               正向反射
             頭部,四肢を動かす
```

0   20   40   60   80   100   120   140   160   180
出生からの経過時間(分)

＊：たとえば母馬の声に反応するなど。
(Waring GH：Horse Behavior, Noyes Publ., 1983)

図1-45　出生時からの各種行動の標準的な発現時間

る。

第3期は胎盤の排出期で，胎子に続いて通常1時間以内に娩出される。また，母馬は出産した子馬を30分程度なめる。

自然環境下では出産は群れから離れて行われることが多い。出産時に群れから離れようとする傾向は若い雌馬ほど強い。出産を終えた親子は2〜3時間後に分娩場所を立ち去り，群れに合流する。

出生後の子馬の各種行動の標準的な発現時間は，図1-45のとおりである。

生後しばらくの間，子馬は常に母馬に追随して移動する。母子間の平均距離は3週齢で約3m，10週齢で約9mになる。その後，20週齢まではあまり平均母子間距離は変化しないが，子馬が20週齢を越えると再びこの距離は子の成長とともに延長していく。しかし，母子間距離には明らかな個体差が認められる。

授乳回数は3週齢で1時間に約3回であるが，成長とともに減少し，25週齢で1時間に1回程度になる。また，1回あたりの授乳時間はおよそ60秒である。一方，採食時間は16週齢までに4分から15分/時間へと増加する。

母馬は子馬に他馬が近づいたときに威嚇行動を示すが，威嚇の頻度は子馬の成長とともに減少していく。また，子馬同士の遊びはかなり早い時期からみられるが，20週齢を越えると，同性の個体同士で有意に多く遊ぶようになる（図1-46）。

(JRA日高育成牧場)
図1-46　模擬闘争行動(JRA原図)

3. コミュニケーション

❶馬相互間のコミュニケーション

馬は威嚇，服従，警告，欲求などを示す種々のコミュニケーションの様式をもっている。馬によるこれら情報の伝達の手段としては表情，動作，音声，接触，臭いなどがあげられる。

表情は多くの場合，一定の動作を伴って馬の状態を示す。もっとも明瞭なものは威嚇における耳の動きで，いわゆる"耳をしぼる"と称されるものである（図1-42）。

馬は威嚇の際，耳を頭に密着するほど後ろに倒し，威嚇の対象に頚をのばす。体の筋肉は緊張し，頚は弯曲する。馬の威嚇行動は，優位な馬が劣位な馬に対して，食

第1章　馬を知ろう

（木村 李花子氏提供）
図1-47　スナッピング

餌の専有や移動を促すときに頻繁にみられる。また，母馬が子馬に接近してきた他の馬を追い払う際にも示される。野生下においては，ハレム群の種雄馬が群れをまとめる場合も同様の表情をみせる。

一方，服従は耳を外側にやや倒し，口を開閉し，尾を股間に巻き込む行動で示される。若い雄の場合，歯が音をたてるほど口を開閉することもある。この行動はスナッピングとよばれる（図1-47）。

動作によるコミュニケーションでよくみられるものに前掻きがある。この動作は馬が前肢で地面を掻くもので，土を掘る行動の転移行動と考えられており，食物などの欲求や解放の期待などを示している。

馬の発する音声は，日本語では「いななき」と総称されるが，いくつかのタイプがあり，発せられた状況により分類することができる。ワーリング（Waring GH；アメリカの馬の行動学者）の分類によれば，馬のいななきは，長いいななき（nikers），高いいななき（squeals），低いいななき（whinnies）などに分けられる。

長いいななきは，高音で始まり低音で終わるもので，約1.5秒続く。馬同士が呼び合うときに発せられ，パターンには個体差が認められる。

高いいななきは，単一音で0.1〜1.7秒ぐらい続く。激しい攻撃を受けた場合，性行動中の雌が雄に対して反発するときなどに発せられ，他個体に対する警告の意味をもつものと考えられる。

低いいななきは，餌を要求するときや自分の存在を示すときに発せられる他，性的な探索行動中の雄や哺乳中の雌が子馬を気づかう場合などにも聞かれる。その他，声帯を震わせずに鼻から強く呼気を吹き出すことにより

発する音が，警戒時や緊張時に認められる。

臭いによるコミュニケーションは，自然環境下における種雄馬の糞による臭いつけの他，性行動ならびに母性行動において，とくに重要な役割をはたしていると考えられる。発情中の雌馬の尿は，雄馬の性行動を亢進させる。たとえば，偽牝台を用いて精液を採取されたことのない馬の場合，偽牝台に発情中の雌馬の尿を振りかけることにより，比較的容易にマウントさせることができる。また，母馬は分娩後に長時間，子馬をなめ続けるが，この行動は子馬の体を乾かす役割と同時に，子馬の臭いを母馬が学習する過程でもある。

馬のグルーミングは，他の個体の体をなめたり噛んだりする行動で，親和的な意味をもっていると考えられる。一般に2頭が平行に向き合い，相互に行われる。たてがみからき甲部にかけてのグルーミングの頻度がもっとも高く，ついで体幹後部の上面，胸前の順である（図1-48）。とくに，たてがみからき甲部にかけての部位を，馬同士がグルーミングするのと同じようにヒトが刺激してやると，馬の心拍数が低下することが知られている。

❷人と馬とのコミュニケーション

馬は騎乗して利用しようとする場合でも，牽引させるために利用しようとする場合でも，人の命令に素直に従う行動特性を身につけていることが基本となる。このために，「人と馬との信頼関係」を築く必要があるとされ，馬飼養の歴史をもった土地ごとにさまざまな馴致・教育法が，経験を基盤に発展してきている。これらの方法にはおおむね愛撫および懲戒，すなわち報酬と罰が含まれており，学習の観点からも有効な方法と判断される。馬はそうした方法で人と接触する過程で，個体ごとに人に社会化されていく。

動物の個性の形成には，出生の初期における経験が大きな影響を及ぼすことが知られている。実際，複数の生産牧場を調査した成績から，少なくとも1歳における馬の人に対する行動上の個性は，飼養されてきたそれぞれの生産牧場ごとに大きな差異が認められている。ただし，馬が人に社会化し得る時期は犬などに比べ限定的ではなく，成長のどの時点からでも可能であることが経験的に知られている。また，十分に馴致を受け成馬となった後でも，各馬の人に対する行動には個性が認められる。その差異の要因には遺伝がかかわっている。

人と馬とのコミュニケーションのきわみともいえる高等馬術における扶助は，もっぱら皮膚感覚を介して伝達されるものであるが，その多くは学習の観点からの解釈

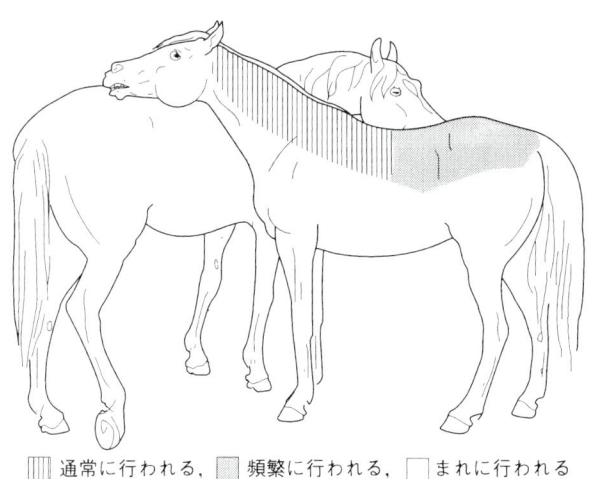

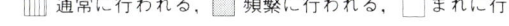

▦ 通常に行われる，▨ 頻繁に行われる，□ まれに行われる

(Waring GH : Horse Behavior, Noyes Publ., 1983) 　　(JRA日高育成牧場，JRA原図)

図1-48 グルーミングがみられる部位（左）と実際のグルーミングの様子（右）

が可能である。また，有名なクレバー・ハンスを筆頭とする一見いわゆる超能力を思わせる馬の行動も同様である（column1）。ただし，人と馬とのコミュニケーションの仕組みや馬の環境認知能力の詳細については不明な部分が多く，今後の研究が待たれるところである。

4. 異常行動とストレス

人為的管理下にある馬には，異常行動が認められる場合がある。これらの異常行動のうち，馬の健康上あるいは管理上，好ましくないと予想されるものは悪癖とされ，矯正の努力が行われる。

馬の定型的な異常行動は，本来の馬の行動型を過度にゆがめるような人為的な環境に由来するもの（欲求不満）と，疼痛や恐怖により引き起こされ固定化したもの（過剰防衛）とに大別される。

人為的管理は大なり小なり馬同士の相互行動の剥奪，運動の拘束，および採食時間の短縮化を伴う。これらを素因として発現すると考えられる異常行動として，さく癖（図1-49），熊癖（ゆうへき），常習的な前掻き，馬房のなかをぐるぐる回る行動，木などを咬み続ける行動などがある。これらのうち，一見無目的に延々と続くさく癖などの異常行動は，常同行動とよばれる。

さく癖とは上顎の門歯を横木や飼い葉桶などに引っ掛け，頸に力を入れて空気を飲み込む行動である。さく癖常習馬は疝痛を発症する確率が高い。この異常行動が学習により形成されるかどうかは明確ではない。矯正のため種々の器具や手術法が考案されている。

熊癖とは前肢を開き，体幹を左右にゆらし続ける行動

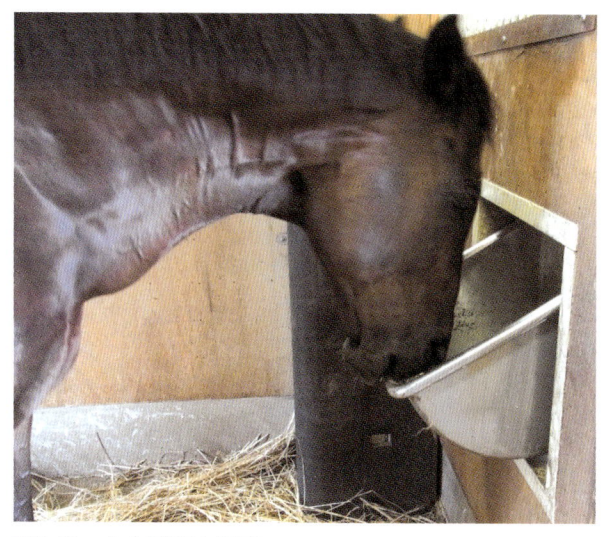

図1-49 さく癖（JRA原図）

で，肢勢，蹄形の異常の原因になるとして嫌われる。この矯正にも器具が用いられることがある。これら人為的管理による行動型のゆがみに起因すると考えられる異常行動を減らす手段として，小型の家畜を馬房に同居させることも試みられる。

一方，咬みつく，蹴るなどの攻撃や防衛の行動を過剰にかつ頻繁に示す馬もいる。これらの異常行動は咬癖，蹴癖などとよばれるが，多くの場合，疼痛や恐怖の経験により誘発され，個体の特性として固定化したものと考えられる。これらの異常行動を矯正する方法としては，懲罰や，異常行動の原因となった経験に対する負の強化が有効な場合もある。また，雄馬に対しては去勢も試みられる。

異常行動は管理のしやすさ，危険性など，もっぱら飼う側のヒトの価値観を基準にして分類され，命名された

ものである。馬は程度の差はあるが，本来の生息環境とは異なる環境のもとで生活している。そこでは，発現しうる行動が大なり小なり抑制されるのは，本項の冒頭で述べたとおりである。そうした，いわばストレスが過剰な防衛行動や常同行動の発生と強い関連があることは確かである。また，いくつかの異常行動は，特定の品種や家系で多く認められることが確かめられている。

ストレスがこのように行動に現れる場合も多いが，生理機能の変調をきたすこともある。一方最近では，異常行動の発現が生理機能の変調を遅らせる，あるいは抑えることが，他種の動物の研究で確かめられている。しかし，馬に関しては詳細は不明で，今後の研究課題となっている。

Column1

クレバー・ハンス

　20世紀初頭，1頭の馬が天才的な能力をもっているということで，ヨーロッパに一大センセーションを巻き起こした。馬の名はハンス。この馬は足し算や引き算はおろか，かなり複雑なことまで正確に答えることができた。

　たとえば「3＋5は？」という質問に対して，ハンスは右前肢で床を8回たたいた後，即座にその肢を引っ込めた。ハンスを調教したのは，フォン・オステンという元中等学校の数学教師だった。しかし，ハンスは彼がその場にいなくても正答を示すことができた。

　ハンスの能力の謎は，オスカル・プフングストという心理学者によって解き明かされた。

　ハンスが正しい答えの手がかりとしていたのは，人が無意識のうちに出す微妙な動きだった。たとえば「3＋5は？」という問いに対して，ハンスは床を打ち始める。人々はすぐに答えの「8」という数を頭に思い描き，じっとハンスを見ながら床を打つ回数を数える。そして，8まできたときに人々はフッと緊張を緩ませる。ハンスは，人のこの緊張の緩みからくる微細な動きを見逃さず，床をたたくのを止めていたのだ。

　周りの人々が緊張の緩みからくる微細な動きを出せない状況，すなわち出題者も周りで見ている人も正解がわからないという状況にハンスを置き，いつもなら楽に答えられる問題をハンスにだけ示すと，彼は前肢でいつまでも床を打ち続けたのである。

IV 馬体の名称と個体鑑別

1. 馬体各部の名称

日本人と馬との交流の歴史は長く,馬体の各部位の名称もそうした歴史を反映して詳しく,しかも独特なものが多い。馬体は頭,頚,胴,前肢,後肢の5部に区分してよばれる。また,帯径(おびみち)より前を前躯,後ろを後躯ともよぶ。普通,前躯には頭部と頚部は含まれない。さらに,馬の体の各部位は図1-50に示した名称でよばれる。

2. 個体の鑑別

馬の外貌は個体を鑑別する際の重要な手がかりとなるが,軽種馬においては外観の個体差はそれほど大きくはなく,一定のルールに従った外貌上の特徴の記載は,個体鑑別において簡便で確実性の高い方法である。

日本では血統登録証明書などの書類に,毛色,頭部および四肢の白斑,旋毛,その他の特徴を記録することが定められている。個体鑑別のために外貌を記載する方法は国によって異なり,上唇裏側の入れ墨や附蝉(ふぜん;夜目)の大きさ,形状などを利用する国もある。

さらに,わが国の競走馬においては,2007年以降に生まれた馬には,マイクロチップが左頚部中央付近の項鞍帯に埋め込まれ,個体鑑別に利用されている。

なお本項では,公益財団法人ジャパン・スタッドブック・インターナショナル(JAIRS)によって規定されている,馬の特徴の記載要領を中心に解説する。

3. 毛色

(1) 毛色の種類

馬の毛色にはさまざまな種類がある。そのうち軽種馬で発現する毛色は限られており,それぞれの毛色はJAIRSにより以下のように規定されている。

(2) 軽種馬の毛色

毛色は栗毛,栃栗毛,鹿毛,黒鹿毛,青鹿毛,青毛,芦毛および白毛の8種とする。

①栗毛(くりげ):被毛は黄褐色で,長毛は被毛より濃いものから淡く白色に近いものまである。

②栃栗毛(とちくりげ):被毛は,黒味がかった黄褐色から黒味の非常に濃いものまであるが,黒色にはならない。長毛は被毛より濃いものから,白色に近いものまである。

③鹿毛(かげ):被毛は,明るい赤褐色から暗い赤褐色までであるが,長毛と四肢の下部は黒色である。栗毛との違いは,長毛と四肢の下部の色で,栗毛は黒くならない。

④黒鹿毛(くろかげ):被毛の色合いが黒味がかった赤褐色で,黒味の程度により相当黒くみえるものまであるが,眼の周辺,腋,膁(ひばら),下腹および内股は褐色で,長毛と四肢の下部の色は被毛の色の濃淡にかかわらず黒色である。

⑤青鹿毛(あおかげ):全身ほとんど黒色で,眼および鼻の周辺,腋,ひばらなどがわずかに褐色である。

⑥青毛(あおげ):被毛,長毛ともに黒色である。この毛色は,季節により毛の先が褐色となり,黒鹿毛や青鹿毛のようにみえることがある。眼の周辺,鼻の周辺をよく観察して判断しなければならない。

⑦芦毛(あしげ):原毛色は栗毛(栃栗毛を含む),鹿毛(黒鹿毛,青鹿毛を含む)または青毛などであるが,被毛全体に白色毛が混生し,年齢が進むにつれて白色の度合いが強くなるが,その進度は個体によりまちまちで,その色合いも純白になるものからほとんど原毛色を残したままのものまである。出生時からしばらくは原毛色にわずかに白色毛を混生する程度(とくに眼の周囲に多い)で,なかにはただちに芦毛と判断しにくい場合もある。

⑧白毛(しろげ):被毛は全体がほとんど白色であり,わずかに有色の斑紋および長毛を有するものもあ

51

る。眼が青色のものもある。皮膚はピンクで，一部に色素を有するものがある。芦毛との著しい違いは，出生時にすでに全体が白色を呈していることである。

(3) その他の毛色

軽種馬以外の馬で認められる毛色には，軽種馬の白毛を除く7種に，以下の粕毛，駁毛，月毛，河原毛，佐目毛，薄墨毛の6種を加えた13種が，JAIRSにおいて定められている。また，海外では斑毛や小斑を加味したさまざまなタイプの毛色がある。

① 粕毛(かすげ)：原毛色は栗毛，鹿毛，青毛などであるが，主に頸，躯幹，四肢の上部に原毛色と白色毛が混在する。芦毛との違いは，白色毛の生じる部位が限定されること，および年齢が進んでも白色毛の度合いが変わらないことである。国内ではブルトンとその系統馬，または北海道和種馬にみられる。

② 駁毛(ぶちげ)：体に大きな白斑のあるもので，原毛色により栗駁毛(くりぶちげ)，鹿駁毛(しかぶちげ)，青駁毛(あおぶちげ)に区分するが，白斑部が原毛色部分より勝るときは駁栗毛，駁鹿毛，駁青毛という。わが国では元来この毛色は非常に少なかったが，輸入したポニー，ペイントホース(ピントホース)などによって増えてきている。

③ 月毛(つきげ)：被毛，長毛はクリーム色から淡い黄白色のものまである。長毛は被毛と同色から白色に近いものまである。国内では北海道和種馬によくみられ，輸入されているパロミノもこの毛色に属する。

④ 河原毛(かわらげ)：被毛は淡い黄褐色から艶のない亜麻色まである。長毛と四肢の下部は黒色で，鰻線(まんせん；背すじに現れる色の濃い線)が現れるものもある。北海道和種馬にこの毛色がみられる。

⑤ 佐目毛(さめげ)：被毛，長毛は象牙色で，眼は魚目

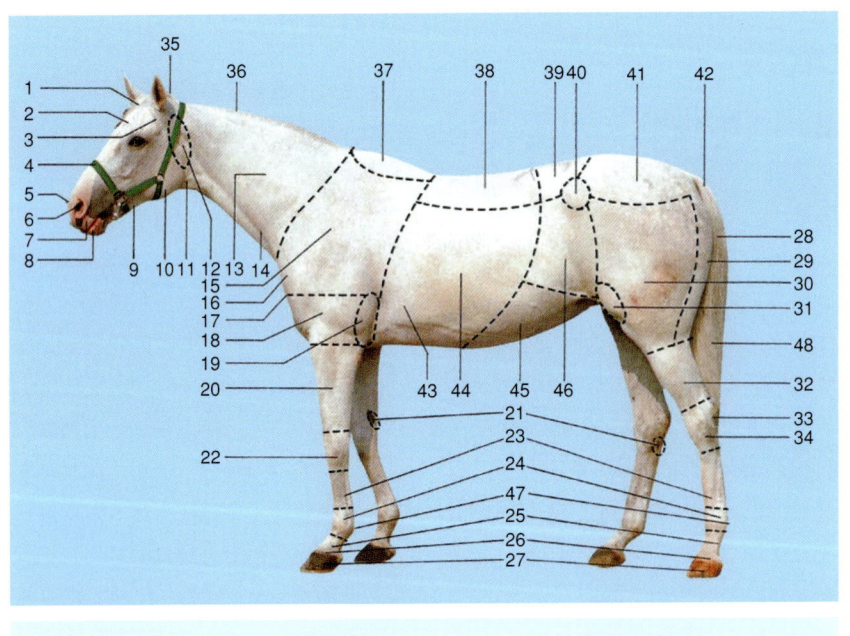

1. 鬣（まえがみ）
2. 額（ひたい，がく）
3. 眼玉（がんう）
4. 鼻梁（びりょう）
5. 鼻端（びたん）
6. 鼻孔（びこう）
7. 上唇（じょうしん）
8. 下唇（かしん）
9. 顎（がく）
10. 頬（ほほ）
11. 咽喉（いんこう）
12. 耳下（じか）
13. 頸（くび）
14. 頸溝（けいこう）
15. 肩（かた）
16. 肩端（けんたん）
17. 胸前（むなまえ）
18. 上膞（じょうはく）
19. 肘（ひじ）
20. 前膊（ぜんばく）
21. 夜目（よめ）
22. 前膝（ぜんしつ）
23. 管（かん）
24. 球節（きゅうせつ）
25. 繋（つなぎ）
26. 蹄冠（ていかん）
27. 蹄（てい）
28. 殿端（でんたん）
29. 殿（でん）
30. 股（こ）
31. 後膝（こうしつ）
32. 脛（けい）
33. 飛端（ひたん）
34. 飛節（ひせつ）
35. 項（うなじ）
36. 鬣（たてがみ）
37. き甲
38. 背（せ）
39. 腰（こし）
40. 腰角（ようかく）
41. 尻（しり）
42. 尾根（びこん）
43. 帯径（おびみち）
44. 肋（ろく）
45. 腹（はり）
46. 膁（ひばら）
47. 距毛（きょもう）
48. 尾（お）

図1-50　馬体各部の名称（ジャパン・スタッドブック・インターナショナル原図）

(さめ；青色)，皮膚はピンクである。この毛色は国内では北海道和種馬にみられるが，頭数は比較的少ない。

⑥薄墨毛(うすずみげ)：被毛は薄墨色で，長毛と四肢の下部は黒色である。アルゼンチンから輸入されたクリオージョなどにみられる。

4．特徴

わが国では個体鑑別のために，先天的に備わっている特徴(白斑，旋毛，異毛など)と，後天的に生じ，終生消えない特徴(損徴，入墨および烙印など)が用いられてきた。

しかし，2007年産駒からJAIRSの特徴記載要領が変更され，軽種馬では先天的な特徴(白斑，旋毛)と後天的に付与されたマイクロチップの番号のみが，登録証明書などに記載されることとなっている。

❶白斑

白斑は軽種馬においては主に頭部と四肢にみられる。

(1) 頭部

額から鼻梁にかけて存在する白斑についてJAIRSでは図1-51のようなよび名を定めている。

①星(ほし)：額にある白斑をいい，こぶし大以上のものを大星(おおぼし)，母指頭大以下のものを小星(こぼし)という。星が2個以上あるときは，その数を記載する。

②曲星(きょくぼし)：曲がった星。

③環星(かんぼし)：輪状の星。

④乱星(らんぼし)：輪郭の甚だしく乱れた星。

⑤流星(りゅうせい)：星が下方に流れたもの。大流星，小流星，曲流星，環流星，乱流星という。

⑥鼻梁白(びりょうはく)：鼻梁にある白斑をいう。鼻骨巾以上の白斑を鼻梁大白(びりょうだいはく)，母指頭巾以下のものを鼻梁小白(びりょうしょうはく)という。

⑦鼻白(びはく)：鼻にある白斑をいう。鼻骨巾以上の白斑を鼻大白(びだいはく)，母指頭巾以下のものを鼻小白(びしょうはく)という。皮膚が白くなくても毛が白くみえるものは鼻白として記載する。また，白斑が複数ある場合にはそれらの巾を合算したものを記載する。

⑧唇白(しんはく)：唇にある白斑をいい，上唇にあるものを上唇白(じょうしんはく)，下唇にあるものを下唇白(かしんはく)という。鼻骨巾以上のものを唇大白(しんだいはく)，母指頭大以下のものを唇小白(しんしょうはく)という。白斑が2個以上あってもその数は記載しない。皮膚の白いもののみを記載する。白斑が複数ある場合には，それらの巾を合算したものを記載する。

⑨作(さく)：額より鼻梁を経て鼻に続いている白斑で，その巾がおおむね一定して鼻骨巾を保ちまっすぐなもの。鼻骨巾以上のものを大作(だいさく)，母指頭巾以下のものを細作(さいさく)という。

⑩白面(はくめん)：額より鼻に至る白斑で，顔面の半分以上にまたがるもの，またはその巾が両眼に及ぶものをいう。

(2) 肢部

四肢の白斑はつぎの6種に分けられる。

①小白：蹄冠部にある白斑で，その巾は蹄冠部の半周に達しないもの。白斑が散在する場合，その数は記載しない。

②半白：肢下部の白斑で，その長さは蹄冠部より管の半ばに達せず，その巾は球節以下において肢の半周以上で全局には達しないもの。

③白：肢下部の白斑で，その長さは蹄冠部より管の半ばに達せず，その巾は，球節以下において肢の全周に及ぶ箇所のあるもの。

④長白：肢下部の白斑で，その長さは蹄冠部より管の半ば以上に達し，その巾は管の中央部および球節以下において肢の全周に及ぶ箇所のあるもの。

⑤細長白：肢下部の白斑で，その長さは蹄冠部より管の半ば以上に達し，その巾は管の中央部においては，肢の全周に及ばないが，球節以下において肢の全周に及ぶ箇所のあるもの。

⑥長半白：肢下部の白斑で，その長さは蹄冠部より管の半ば以上に達し，その巾は肢のいずれの部位においても全周に及ばないもの。

四肢の白斑の記載は，左前，右前，左後，右後の順とする。

また，英語圏では一般的に四肢の白斑は以下のように称される。

①スムーズ(smooth)：白斑のまったくない肢。

②コロネット(coronet)：蹄冠を一周りしている白斑。途中で切れている場合はハーフ・コロネットという。

第1章 馬を知ろう

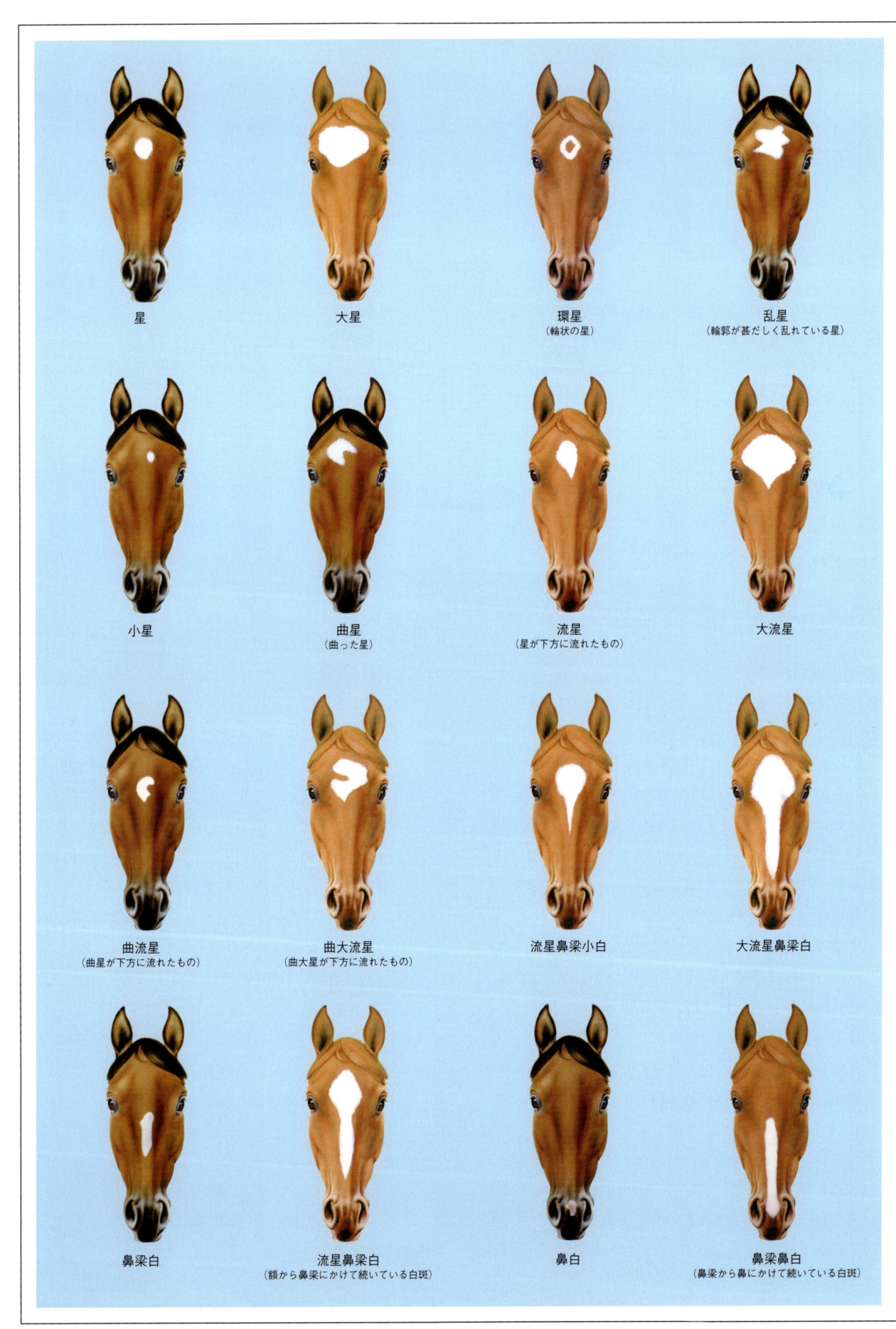

星　　　　　　大星　　　　　　環星　　　　　　乱星
　　　　　　　　　　　　　　（輪状の星）　　（輪郭が甚だしく乱れている星）

小星　　　　　曲星　　　　　　流星　　　　　　大流星
　　　　　　　（曲った星）　　（星が下方に流れたもの）

曲流星　　　　　曲大流星　　　　流星鼻梁小白　　大流星鼻梁白
（曲星が下方に流れたもの）（曲大星が下方に流れたもの）

鼻梁白　　　　流星鼻梁白　　　　鼻白　　　　　鼻梁鼻白
　　　　　（額から鼻梁にかけて続いている白斑）　　（鼻梁から鼻にかけて続いている白斑）

図1-51　頭部の白斑（ジャパン・スタッドブック・インターナショナル原図）

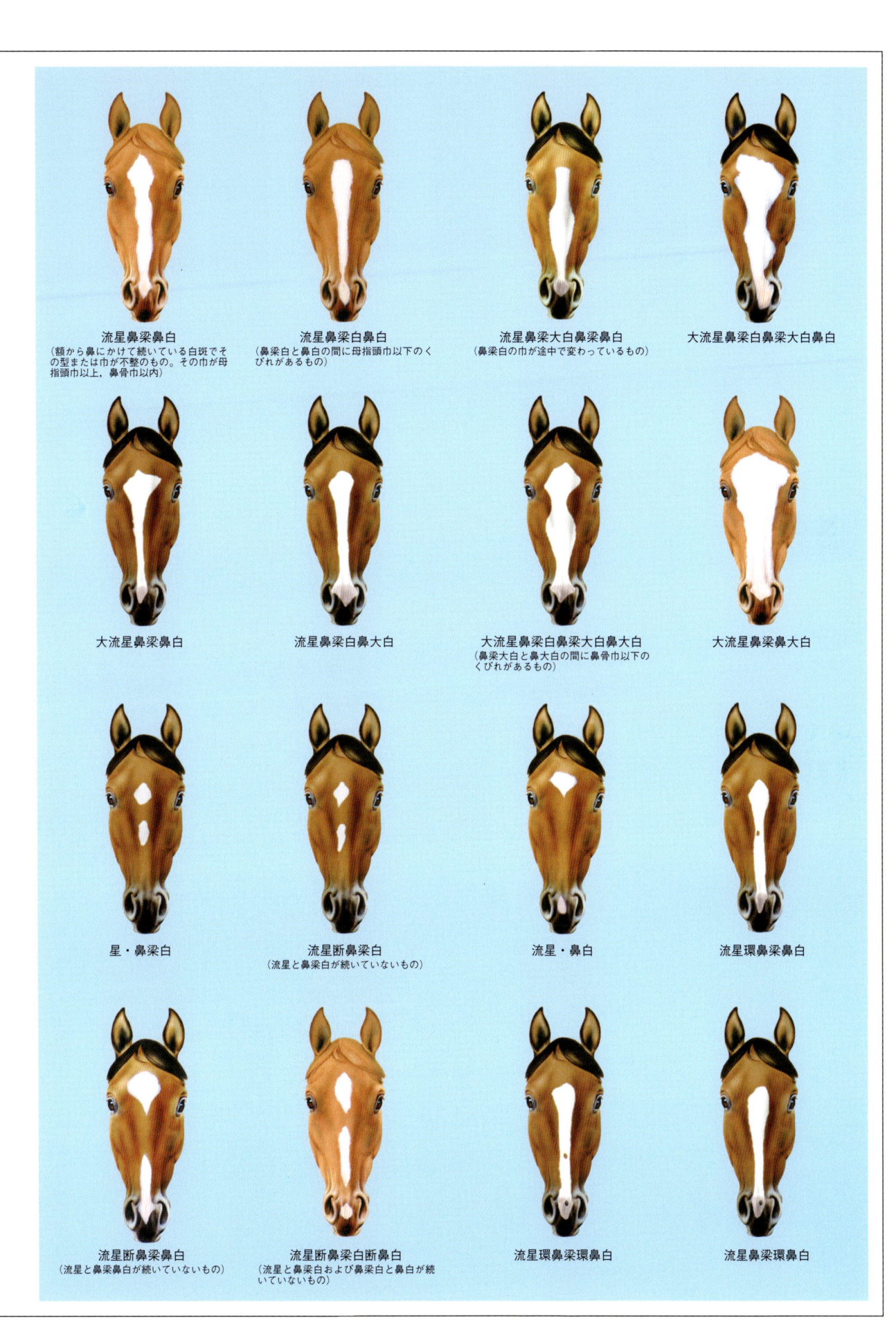

流星鼻梁鼻白 (額から鼻にかけて続いている白斑でその型または巾が不整のもの。その巾が母指頭巾以上，鼻骨巾以内)	流星鼻梁白鼻白 (鼻梁白と鼻白の間に母指頭巾以下のくびれがあるもの)	流星鼻梁大白鼻梁鼻白 (鼻梁白の巾が途中で変わっているもの)	大流星鼻梁白鼻梁大白鼻白
大流星鼻梁鼻白	流星鼻梁白鼻大白	大流星鼻梁白鼻梁大白鼻大白 (鼻梁大白と鼻大白の間に鼻骨巾以下のくびれがあるもの)	大流星鼻梁鼻大白
星・鼻梁白	流星断鼻梁白 (流星と鼻梁白が続いていないもの)	流星・鼻白	流星環鼻梁鼻白
流星断鼻梁鼻白 (流星と鼻梁鼻白が続いていないもの)	流星断鼻梁白断鼻白 (流星と鼻梁白および鼻梁白と鼻白が続いていないもの)	流星環鼻梁鼻白	流星鼻梁環鼻白

Ⅳ 馬体の名称と個体鑑別

第1章　馬を知ろう

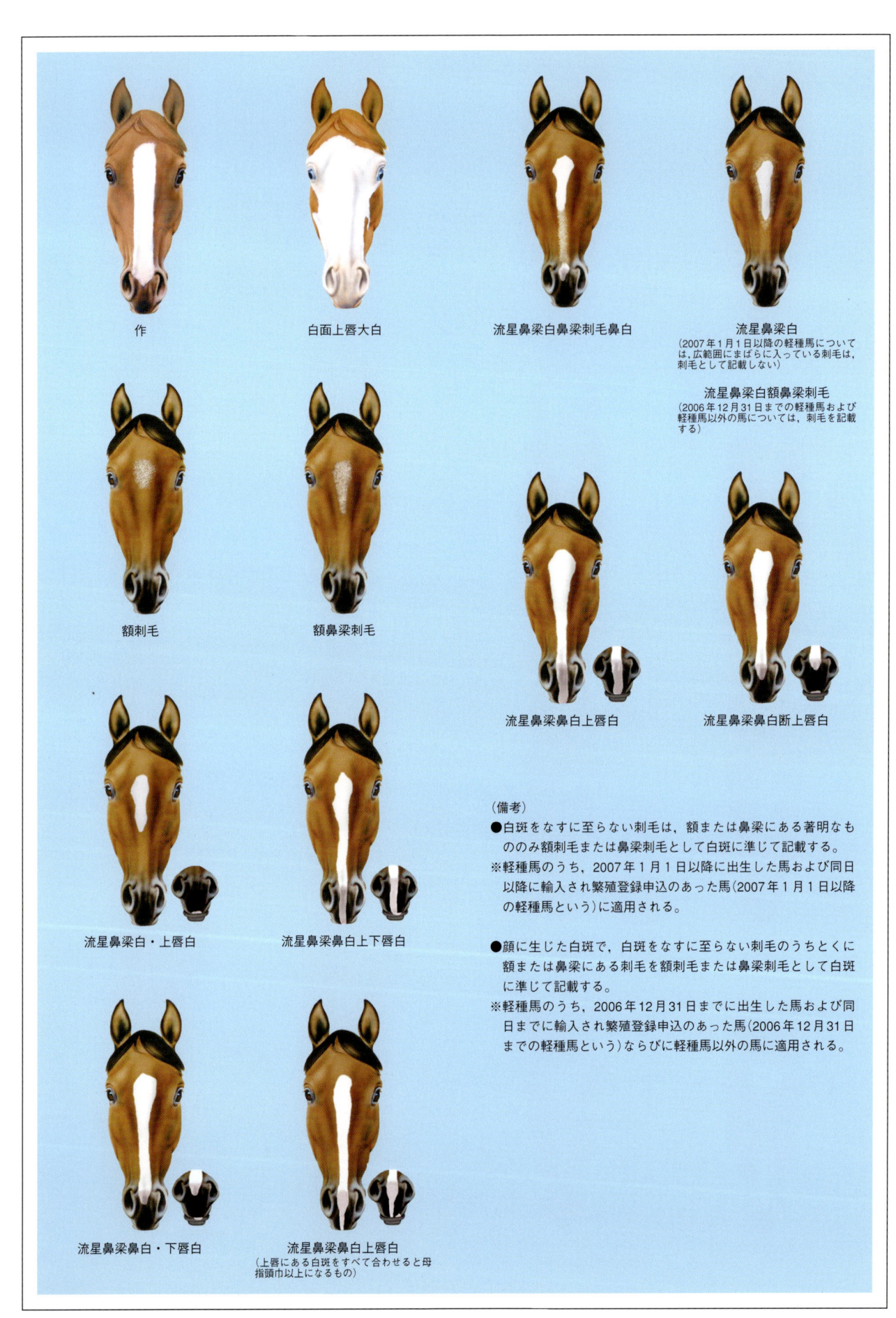

［図1-51続き］

作　　　　　白面上唇大白　　　　流星鼻梁白鼻梁刺毛鼻白　　　流星鼻梁白
（2007年1月1日以降の軽種馬については，広範囲にまばらに入っている刺毛は，刺毛として記載しない）

流星鼻梁白額鼻梁刺毛
（2006年12月31日までの軽種馬および軽種馬以外の馬については，刺毛を記載する）

額刺毛　　　　　額鼻梁刺毛

流星鼻梁鼻白上唇白　　　流星鼻梁鼻白断上唇白

流星鼻梁鼻白・上唇白　　流星鼻梁鼻白上下唇白

（備考）
● 白斑をなすに至らない刺毛は，額または鼻梁にある著明なもののみ額刺毛または鼻梁刺毛として白斑に準じて記載する。
※軽種馬のうち，2007年1月1日以降に出生した馬および同日以降に輸入され繁殖登録申込のあった馬（2007年1月1日以降の軽種馬という）に適用される。

● 顔に生じた白斑で，白斑をなすに至らない刺毛のうちとくに額または鼻梁にある刺毛を額刺毛または鼻梁刺毛として白斑に準じて記載する。
※軽種馬のうち，2006年12月31日までに出生した馬および同日までに輸入され繁殖登録申込のあった馬（2006年12月31日までの軽種馬という）ならびに軽種馬以外の馬に適用される。

流星鼻梁鼻白・下唇白　　流星鼻梁鼻白上唇白
（上唇にある白斑をすべて合わせると母指頭大以上になるもの）

（図1-51続き）

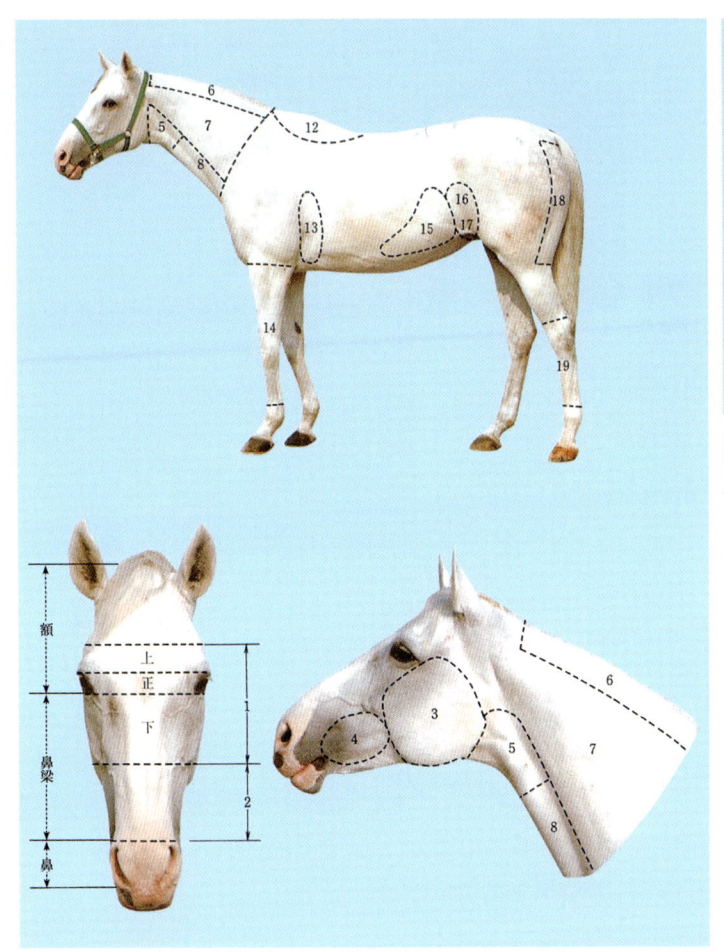

図1-52 旋毛の名称および部位(ジャパン・スタッドブック・インターナショナル原図)

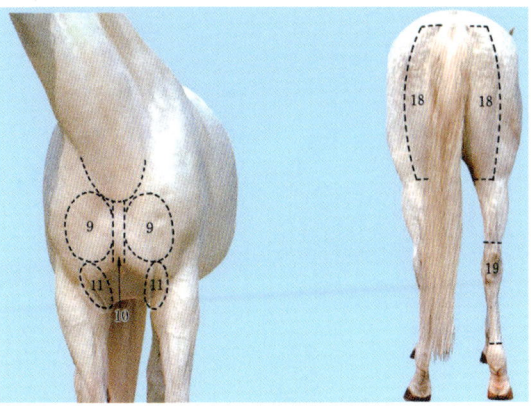

1. 珠目（しゅもく）
2. 華粧（けそう）
3. 頬辻（ほほつじ）
4. 轡搦（くつわがらみ）
5. 吭搦（ふえがらみ）
6. 髪中（かみなか）
7. 頚中（くびなか）
8. 波分（なみわけ）
9. 双門（そうもん）
10. 浪門（ろうもん）
11. 柏生（はくせい）
12. 押（おさえ）
13. 鐙端（あぶみはな）
14. 初地（しょち）
15. 芝引（しばひき）
16. 芭蕉（ばしょう）
17. 骨正（こつせい）
18. 後双門（うしろそうもん）
19. 沙流上（さるのぼり）

（備考）
● 2007年1月1日以降の軽種馬
　①上記の19の旋毛のみ記載し、その他の旋毛は記載しない。
　②波分、初地、後双門、沙流上は中心がなくて寄っているものも記載する。

● 2006年12月31日までの軽種馬および軽種馬以外の馬
　①上記以外の旋毛は、部位を付して……旋毛と記載する。
　②波分、初地、後双門、沙流上は中心がなくて寄っているものも記載する。
　③珠目より上にある旋毛は記載しない。

③ハーフ・パスターン（half-pastern）：繋の半ばまでの白斑。
④パスターン（pastern）：繋全体にかかる白斑。
⑤ブーツ（boots）：蹄冠から球節まで及んだ白斑。
⑥ソックス（socks）：蹄冠から管の半ばまでに及んだ白斑。
⑦ストッキング（stocking）：前肢では膝、後肢では飛節まで届く白斑。

❷旋毛

　旋毛は馬体の表面にみられる毛流、いわゆるつむじを指す。旋毛は出生時にすでに認められ、終生変化しないことから個体鑑別に用いられる。JAIRSでは旋毛は下記のように19種類に分けて登録・記載するように定めている（図1-52）。

①珠目（しゅもく）：両眼盂の上線より鼻梁中央に至る間の旋毛で、眼の上線より上にあるものを珠目上、眼の上線と下線の間にあるものを珠目正、眼の下線より下にあるものを珠目下という。2個以上ある場合はその数を、珠目のないものを珠目欠という。
②華粧（けそう）：鼻梁中央より鼻孔に至る間にある旋毛。
③頬辻（ほほつじ）：頬にある旋毛。
④轡搦（くつわがらみ）：頬の前縁より口角に至る一円にある旋毛。
⑤吭搦（ふえがらみ）：咽喉および頚の下縁（頚溝より下）で、頭礎から下、頚の上約3分の1以内にある旋毛。ただし、咽喉の真下にあって側面からみえないものはとらない。
⑥髪中（かみなか）：たてがみの生えぎわより3cm以内で、耳下より「き甲」前端に至る部位にある旋毛。ただし、耳を倒した部位内にあるものはとらない。

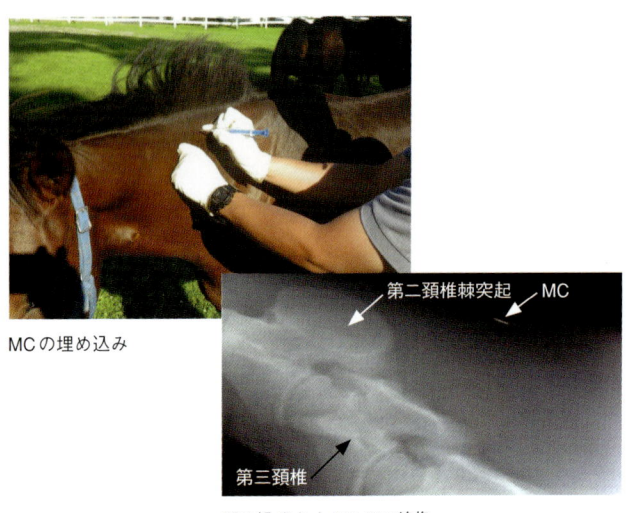

MCの埋め込み

第二頚椎棘突起　MC
第三頚椎
埋め込まれたMCのX線像

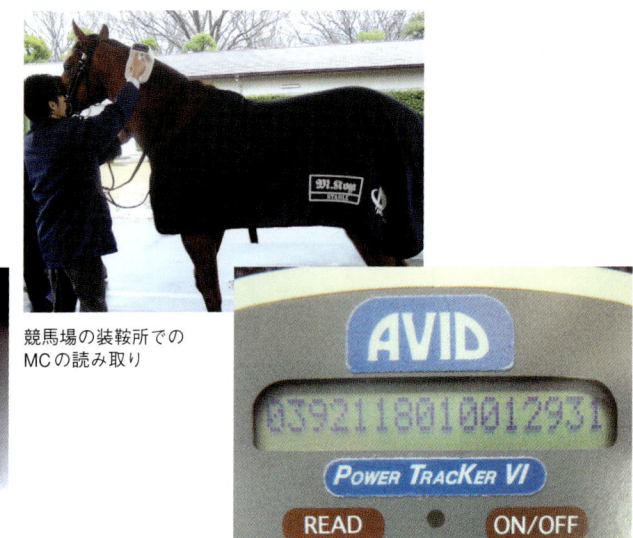

競馬場の装鞍所での
MCの読み取り

読み取られた個体番号

図1-53　マイクロチップ(MC)の埋め込みと個体番号の読み取り(JRA原図)

⑦頚中(くびなか)：頚にある旋毛で，吭搦，髪中，波分を除く部位にあるもの。

⑧波分(なみわけ)：頚の下縁(頚溝より下)で，頚礎から上，頚の下約3分の2以内にある旋毛。長さ10cm以上のものは波分長という。2個以上あるものは数を記載する。

⑨双門(そうもん)：胸前両側上部にある旋毛。

⑩浪門(ろうもん)：胸前中心線上約3cm巾以内にある旋毛。

⑪柏生(はくせい)：胸前両側下部にある旋毛。ただし，柏生がない場合のみ記載する(例：左柏生欠，柏生欠)。

⑫押(おさえ)：き甲部にある旋毛。

⑬鐙端(あぶみはな)：肩の後縁と帯径の間にある旋毛。

⑭初地(しょち)：前膊(ぜんはく)以下球節上縁までにある旋毛。

⑮芝引(しばひき)：肋の後縁より腹に至る部位で，肘と後膝とを結ぶ線より上方にあって側面よりみえる旋毛。

⑯芭蕉(ばしょう)：ひばらにある旋毛。ただし，旋毛の中心が膁下縁より約10cm以上上方にあるもののみ芭蕉上として記載する。

⑰骨正(こつせい)：芭蕉の下方にある旋毛。

⑱後双門(うしろそうもん)：殿にある旋毛。

⑲沙流上(さるのぼり)：飛節上縁より球節上縁までにある旋毛。

上記以外の旋毛は，部位を明記して「左肩端旋毛」などと記載していたが，2007年度産駒以降の軽種馬においては記載しない。また，波分，初地，後双門，沙流上は中心がなくて寄っているものも記載する。珠目より上にある旋毛は記載しない。

❸その他の特徴

その他の特徴で，以下のものは部位を明記して記載する(2006年産駒以前の軽種馬および軽種馬以外の馬)。

①刺毛：刺毛は頭部(額または鼻梁)を除き，著明なものを記載する。

②白斑：母指頭大以下のものを小白斑とする(頭部，肢部で定めたものは除く)。

③異毛斑：白斑以外の斑紋で明瞭なもの。

④岩陥(いわおち)：体表の一部が凹陥を呈するもの。

⑤創傷痕などの損癥：とくに明瞭で特徴となるもの。

⑥入墨または烙印：形状を記載する。

⑦輪眼(白眼の部分がおおむね一周しているもの)または魚目(さめ)も記載する。

❹マイクロチップ

マイクロチップ(MC，図1-53)は簡単で確実かつ迅速に行える個体鑑別方法として，海外の競馬先進国で導入が始まり，フランスなど競馬の出走条件に定められている国も多い。わが国では，2007年産駒からJAIRSの軽種馬登録時にMCの埋め込みが義務付けられ，特徴記載要領において，個体鑑別のための特徴の1つとして，その番号を記載するようになった。

MCは太さ2mm，長さ13.5mmの小さな筒状のもので，すでにMCが注射針のなかにセットされている専用の注射器を用いて，馬の左頸中央の項靱帯またはその付近に埋め込まれる。

MCの番号の読み取りは，専用のMCリーダーを左頸き甲前縁のたてがみの生え際から，ゆっくり下から上に移動させて番号を確認する。なお，複数のMCが埋め込まれている可能性もあるため，再度上から下へリーダーを移動させ，念のために右側も確認する。

リーダーが受信した個体番号は15桁の数字で表示される。最初の3桁が国番号（日本：392），次の2桁が動物番号（馬：11），その後の2桁が輸入発売元の番号（代理店：80），そしてそれに続く8桁がその馬の個体番号となる。ちなみに，わが国の第1号は2006年の凱旋門賞に遠征したディープインパクト号である。

Column2

馬はあなたをわかっている？

人が馬の個体鑑別をする場合，特徴を照合するのが簡便といえる。個々の馬の特徴をすべて照合すれば，かなりの確率で馬個体を特定できる。一方で，馬は人を鑑別しているのだろうか？ もっと端的にいえば，いつも餌をあげている自分（人）のことを，馬は本当にわかっているのだろうか？ …少し心配である。そこで，JRA総研では，馬が人を鑑別する能力があるかどうかを検証する実験を行った。

馬たちを2つのグループに分け，一方はいつもその馬に給餌したり手入れをしたりする担当者に，もう一方はその馬と普段あまり交流のない人に手綱をもってもらい，1頭ずつ，いずれも初めて行く場所に連れて行ってもらった。それぞれの馬には，心拍数を連続的に記録できる機器を装着した。

通常，馬は初めて行く場所では大変緊張し，心拍数は増加する。実際，実験に使ったすべての馬の心拍数は，初めての場所に足を踏み入れたとたん増加した。しかし，その増加の程度は手綱を誰がもっていたかで異なっていた。担当者が手綱をもっているグループは，もう一方のグループに比べて心拍数の増加の程度が明らかに小さかったのである。馬は知っている人がそばにいることで，知らない場所に連れてこられても比較的落ち着きを保っていられたといえる。このことは同時に，馬には人を鑑別する能力があるという証明にもなっている。おそらく，馬はにおいを最大の鍵として人を鑑別していると予想されるが，科学的に明快に証明した人はまだいない。

akiko

第2章　馬体の構造と機能

- I　骨
- II　関節
- III　筋肉と腱
- IV　蹄
- V　血液・循環器系
- VI　呼吸器系
- VII　消化器系
- VIII　泌尿器系
- IX　感覚器系
- X　神経系
- XI　内分泌系
- XII　免疫系
- XIII　生殖器系
- XIV　遺伝と発生

I 骨

馬は自分の力で体を動かす仕組みをもっており，自由に歩いたり，走ったり，草を食べたりすることができる。

運動とは，目にみえる四肢や蹄などの動きと，目にみえない心臓や血管などの内臓の動きをいう。これらの運動はそれぞれの部位や臓器が自分勝手に動くのではなく，体の各所にある感覚器官で集められた情報が，中枢神経系で集約・処理され，ついでその指令が末梢神経系を介して筋肉などに伝えられ，初めて体や四肢をバランスよく動かすことができる。

一方，運動器官という場合は，一般的には骨や筋肉，関節，腱，蹄などのいわゆる運動支持器官を指し，内臓などは含まれない。運動支持器官の主軸をなすのは骨であり，以下の5つの機能がある。

①体の支持として働く。
②関節をつくり，骨格筋の収縮に応じて運動器として働く。
③諸臓器の保護（いくつかの骨が組み合わさって骨の容器をつくり，脳や心臓などの保護）として働く。
④造血機能として働く。
⑤ミネラル恒常化の維持に働く。

1. 骨の種類と役割

骨は高度に分化した結合組織の1つで，支持組織として馬体の骨格を形成している。1頭の馬の骨格は，さまざまな形をした約210個の骨からなっており，弾力のある軟骨や関節の動きを制御する靱帯などと一定の方法で連結し，運動器官としての骨格をつくっている。

馬体の骨格系は頭骨（34個），脊椎（51〜54個），胸骨（1個），肋骨（36個），寛骨（6個），前肢骨（40〜42個），後肢骨（38個）からなっている（図2-1）。その外形により長骨，短骨，扁平骨などに分けられ，長骨は上腕骨や中手骨のように幅に比べて長さの割合が長く，短骨は種子骨や手根骨のようにさまざまな形をしている。また，扁平骨は肩甲骨や肋骨のような平たい骨をいう。

以下，運動ととくに関係の深い骨について記す。

❶脊椎

上下方向に彎曲し，体のバランスをとったり，衝撃の緩和に役立っている。四肢でまかないきれない動きは，脊椎運動によって補助される。

(1) 頚椎

連結が柔軟で運動範囲が広い。頚椎の突起は短いため動きを妨げることが少ない。長い首でも短い首でも哺乳類は，一部の例外を除いて7個の椎骨からなっている。

(2) 胸椎

18個の椎骨からなる。草食動物であることから，重たい腹部を支えるために，椎骨の連結が固く柔軟性には乏しい。とくに，き甲部と十字部の椎骨は他よりも長い突起が上方に突き出ている。これが吊り橋の支柱のような役割をはたしている。さらに，脊椎に沿って走る長い筋や靱帯によって腹部を吊り上げている。

(3) 肋骨，胸骨

胸椎とともに心臓・肺を守り，胸腔を形成する。横隔膜と連動して呼吸運動をつかさどる構造となっている。

(4) 腰椎

6個の椎骨からなり，胸部と骨盤をつないでいる。

(5) 仙椎

5つの椎骨が一体となり寛骨（腸骨，恥骨，坐骨）をしっかり固定している。走る際には，後肢の推進力を受けとめる。

(6) 尾椎

小型の動物の場合は体のバランスに重要な役割をはた

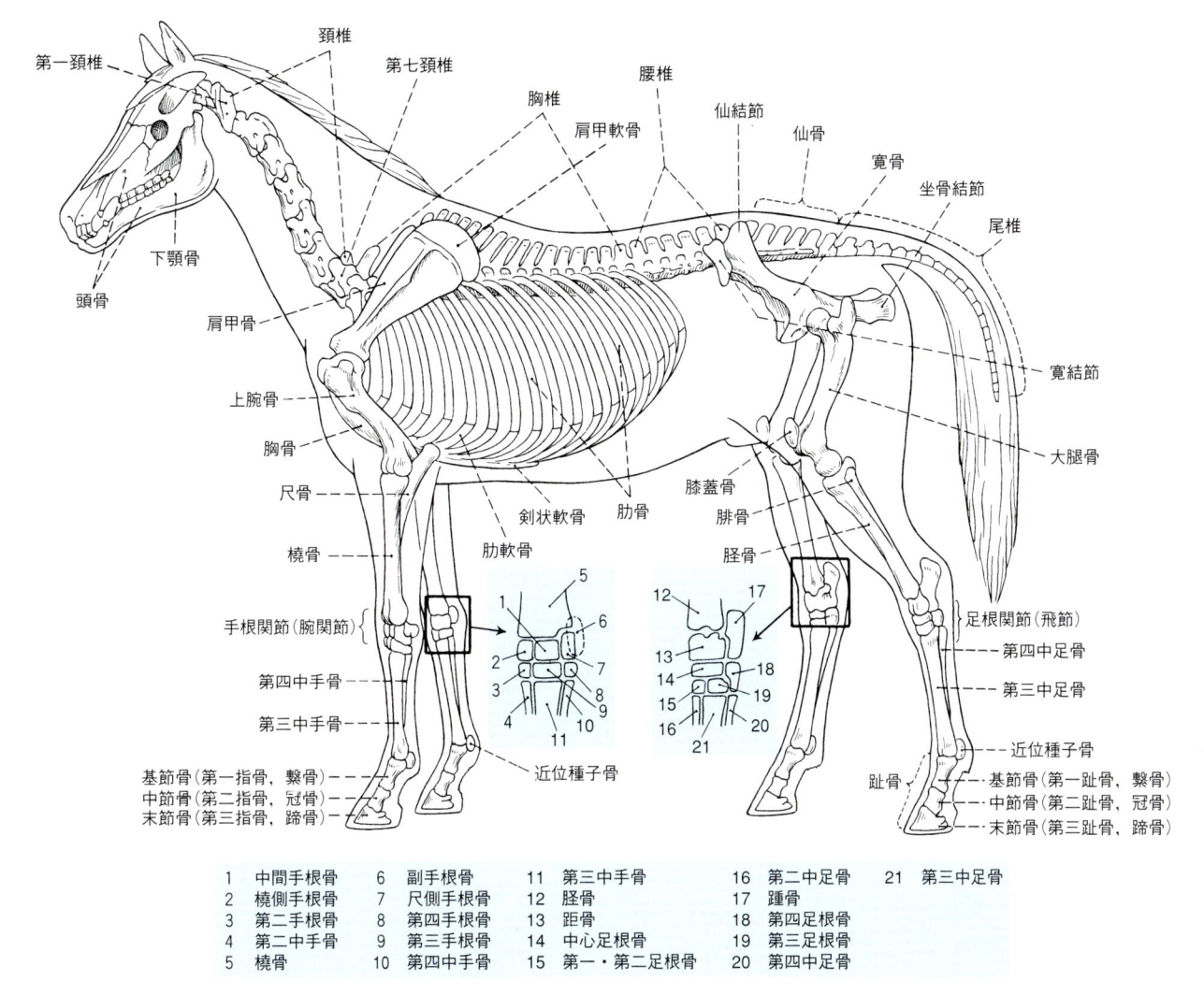

図2-1 ウマの骨格を形成する骨と名称

1	中間手根骨	6	副手根骨	11	第三中手骨	16	第二中足骨	21 第三中足骨
2	橈側手根骨	7	尺側手根骨	12	脛骨	17	踵骨	
3	第二手根骨	8	第四手根骨	13	距骨	18	第四足根骨	
4	第二中手骨	9	第三手根骨	14	中心足根骨	19	第三足根骨	
5	橈骨	10	第四中手骨	15	第一・第二足根骨	20	第四中足骨	

関節の拡大図は右側肢の掌側面(後方→前方)からみた模式図。
(「獣医解剖・組織・発生学用語」2000年, 日本獣医解剖学会編, 学窓社に基づく。なお, 手根骨ではここに掲載されていない第一手根骨をもつ馬がいる)

しているが, 馬ではそれほど重要ではない。椎骨には突起がほとんどなく運動の範囲も大きい。

なお, 尾椎の椎骨の数は15～21個と個体差が大きい。

❷前肢の骨

前肢の骨格の機能は, 大半の体重の負担, 体のバランスをとることによる進行方向の決定, あるいはブレーキの役割がある。

肩甲骨と寛骨の傾斜は逆で, 脊椎をはさんで両側にハの字型となっている。この形は安定性を増し, 体を支えるのに都合がよく形成されている。

(1) 肩甲骨

前肢の骨と躯幹の骨との間で関節をつくらない唯一の骨であるが, 幅が広く扁平で筋肉によって胸部と結合している。これは地面からの衝撃を緩和するのにすぐれている。

(2) 上腕骨

肩甲骨や寛骨, 大腿骨とともに互いに前肢と後肢で傾斜が逆になっており, 脊椎をはさんで対象的に配置されている。この構造は体を支えやすく, 立っているときの安定性を増す構造になっている。また, 馬の上腕骨はヒトと異なり, 体幹に寄り添って位置し, 自由に動かすことができないが, 四肢で体重を支える目的にかなった構造になっている。

(3) 前腕骨格

ヒトでは橈骨と尺骨が平行して走っており, 各々独立しているため, 肘から先を回転させることができる。一

方，馬では肘から下の旋回をそれほど必要としないため，橈骨が発達して太くなり，尺骨は上部だけが発達して橈骨の上部に癒着し，下半分は退化している。したがって，馬の前腕骨の主役は橈骨で，脇役を尺骨が務める。なお，カバ，サイ，バクなどでは逆に，尺骨のほうが太く長くなっている。

(4) 手根関節(腕関節)構成骨

ヒトの手首に相当し，複雑な形をした7～8個の骨が規則正しく2列に並び，関節面の軟骨や関節液により緩衝性を増している。

(5) 中手骨

ヒトは5本あるが，蹄行型歩行の馬は第三中手骨だけ太く長く発達し，第二と第四中手骨は退化している。

(6) 近位種子骨

球節の後面の内外側に2つの小さな種子骨があり，骨の近位には繋靱帯，遠位には種子骨靱帯が付着して，球節が過度に沈下するのを防ぐ支持装置としての重要な役割をはたしている。

(7) 基節骨(第一指骨，繋骨)・中節骨(第二指骨，冠骨)

体動を支え，肢の捻れによる「ひずみ」を防いでいる。

(8) 遠位種子骨(舟状(とうじょう)骨)

蹄関節の後面にあり，深屈腱に対する滑車として働く。末節骨に加わる腱の牽引力の方向を一定にし，さらにその力をテコの原理によって増幅させている。

(9) 末節骨(第三指骨，蹄骨)

体重の負担とバランスの維持に有利な円形をしている。蹄鞘(匣)との結合を強くするために骨膜を欠いている。

❸後肢の骨

主な働きは体を前方へ押し出す推進力を生み出すことである。推進力を無駄なく体へ伝えるため，寛骨が仙腸関節によって脊椎の一部である仙骨と固く結合している。この構造は衝撃を緩和するには不利であるが，肢を伸ばして推進力を得るには都合がよい。

(1) 膝蓋骨

立っているときの膝関節は，ヒトの場合はまっすぐに伸展し，馬の場合は屈曲しており，膝関節は膝蓋靱帯と協力して関節の屈曲状態を支持している。この骨は関節の動く方向をコントロールする作用がある。

(2) 下腿骨

脛骨と腓骨で構成される。肢の動きが単純化したため，前腕骨における尺骨と同様，腓骨は退化している。

(3) 足根関節(飛節)構成骨

ヒトのかかとに相当し，小さな骨が6個集合している。

2. 骨の構造

骨の外形は骨の太さを増すための外骨膜に包まれ，その内側には外形を形づくる緻密質(皮質骨)があり，さらに内側には内骨膜および負荷に対応して走行している海綿質(骨梁)がある。長骨では中心部(骨幹部)が空洞となり，造血作用を営む骨髄となっている。骨端部には軟骨質があり，骨の長さの成長に関係する骨端板(成長帯)と負荷に対応する関節軟骨がある(図2-2)。

❶骨質

(1) 緻密質(皮質骨)

骨質の表層を占め，カルシウムとリンによるハイドロキシアパタイトの結晶が密に詰まり，堅固で緻密な部分である。骨幹中央部でもっとも厚く，骨端で薄い。骨の硬度と剛性を保っている。

(2) 海綿質(海綿骨)

骨質が薄板状に複雑に組み合わさり，海綿状構造をつくる(図2-3)。骨端部に多くみられる。1本1本を骨梁といい，負荷の一極集中化を防いでいる。

❷骨膜

骨の外表面を外骨膜が被い，内骨膜が骨髄腔を内張りする。間葉系細胞を主とする線維性組織で，神経，血管に富み，骨に栄養を供給している。

❸骨髄

造血組織で，骨表面の栄養孔から入る血管を有する柔軟な組織である。若い動物では血液細胞を多く含み，赤色にみえる(赤色骨髄)。しかし，次第に脂肪組織化し(黄色骨髄)，さらに栄養不良になると脂肪も失われ，ゼラチン様になる(膠様骨髄)。

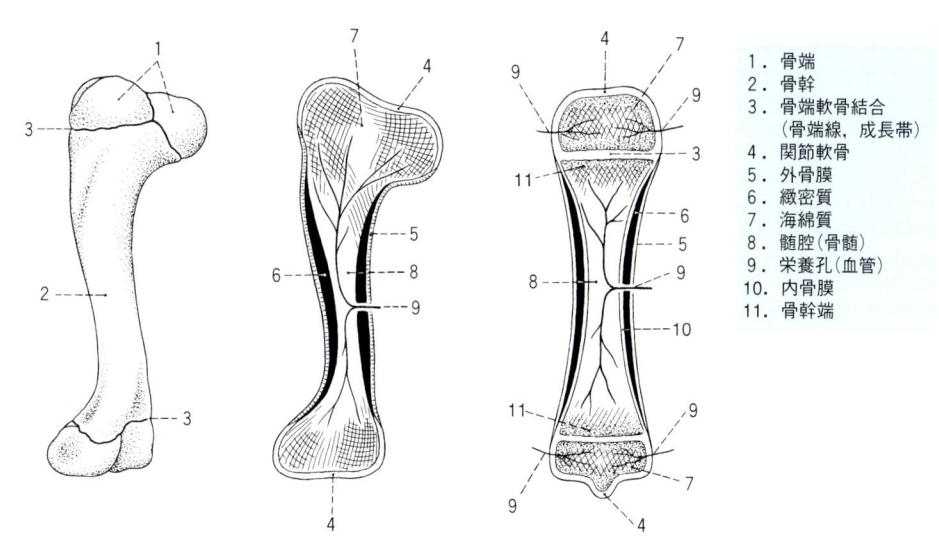

1. 骨端
2. 骨幹
3. 骨端軟骨結合（骨端線，成長帯）
4. 関節軟骨
5. 外骨膜
6. 緻密質
7. 海綿質
8. 髄腔（骨髄）
9. 栄養孔（血管）
10. 内骨膜
11. 骨幹端

図2-2　骨の部位名称（左から表面，成熟骨断面，未成熟骨断面）

図2-3　骨の内部にみられる海綿質（第三中手骨近位部の横断面）（JRA原図）

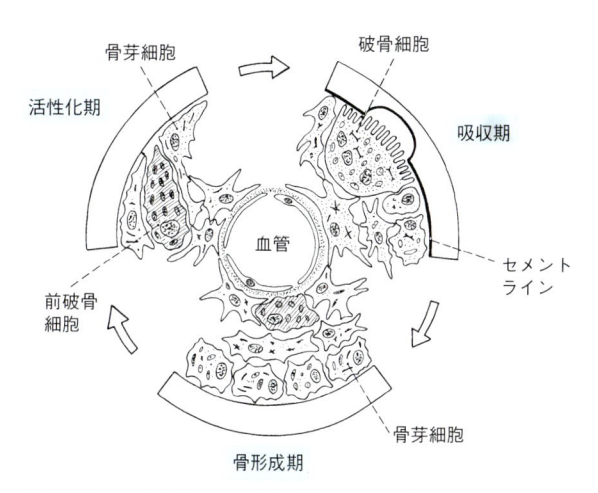

（小沢英治：日本臨牀48，日本臨床社，1990を改変）
図2-4　血管を中心とした骨のリモデリングの連鎖的変化

❹骨の細胞

骨は骨芽細胞による骨新生と破骨細胞による骨破壊や骨吸収の二面性を保ち，活発な代謝が合理的に行われている組織である（図2-4）。

(1) 骨芽細胞

骨形成をつかさどる細胞で，骨基質であるコラーゲンやグリコサミノグリカン（ムコ多糖）を産生分泌する。また，骨芽細胞にはアルカリ性フォスファターゼが豊富に存在することによって，カルシウムやリン酸イオンが沈着し，石灰化しやすいようにする。

(2) 破骨細胞

骨組織の破壊と吸収をつかさどる細胞で，強い酸性のフォスファターゼを分泌し，骨を破壊・吸収して腔をつくる。

幼若時は骨新生が盛んであり，骨は次第に大きくなるが，成熟時は骨新生と吸収が同程度であるため骨の大きさに変わりはない。健康成馬で新旧の骨代謝回転は約95日で，吸収に20日，形成には75日といわれている。高齢な馬ほど吸収が強くなる。

🐎 3. 骨の成分と代謝

骨の主成分としての細胞外基質には有機基質と無機基質がある。

有機基質の大半はコラーゲンで，基質全体の約95％を占める。また，その他にコンドロイチン硫酸，ヒアルロ

第2章　馬体の構造と機能

ン酸などがある。無機基質にはミネラルとしてカルシウム，リン酸，炭酸，クエン酸イオンが主体で，他はナトリウム，マグネシウム，フッ素イオンなどがある。

成馬から老齢馬ではミネラルは多いが骨量は少ない。幼駒から育成期の馬では細胞外基質が多く弾力性がある。

❶カルシウム調節ホルモン

骨のカルシウムを調節しているホルモンは主に副甲状腺ホルモン，甲状腺のカルシトニンそしてビタミンDである。

副甲状腺ホルモン（PTH）はカルシウムが骨から血中へ移行することを促進し，同時に血中から尿中へ排出されるのを抑制する。カルシトニンはPTHと逆の作用を有し，両ホルモンは相互に影響し合って体内のカルシウムを調節している（図2-5）。

ビタミンDはカルシウムの腸での吸収を強力に促進する。

❷カルシウム代謝異常の原因

カルシウム代謝はホルモンによって調節され恒常性を保っているが，それを狂わせる原因は，腎臓，胃腸および卵巣である。とくに老化による影響が大きい。

腎臓は比較的老化しやすく，この老化はビタミンDを腎臓で活性化させる機能の減退を招く。胃腸は老化などにより，胃酸の分泌の低下や十二指腸粘膜の絨毛の減少を起こし，カルシウム吸収が減退する。卵巣は老化などにより，エストロゲン分泌の減少を招き，骨芽細胞の増殖と破骨細胞の抑制機能の減退を起こす（図2-6）。

4．骨の成長

❶発生

骨の発生は膜性骨発生と軟骨性骨発生の2つの様式がある。

膜性骨発生は線維性結合組織から直接骨がつくられる様式で，頭蓋骨のような扁平骨にみられる。一方の軟骨性骨発生はほとんどの骨にみられる様式で，軟骨からなる骨の原形ができ，それが骨に置き換えられるものである。

❷成長

(1) 太さの成長

骨膜からできる骨芽細胞が新しい骨質をつくり，骨を

図2-5　各種ホルモンの骨への作用順序

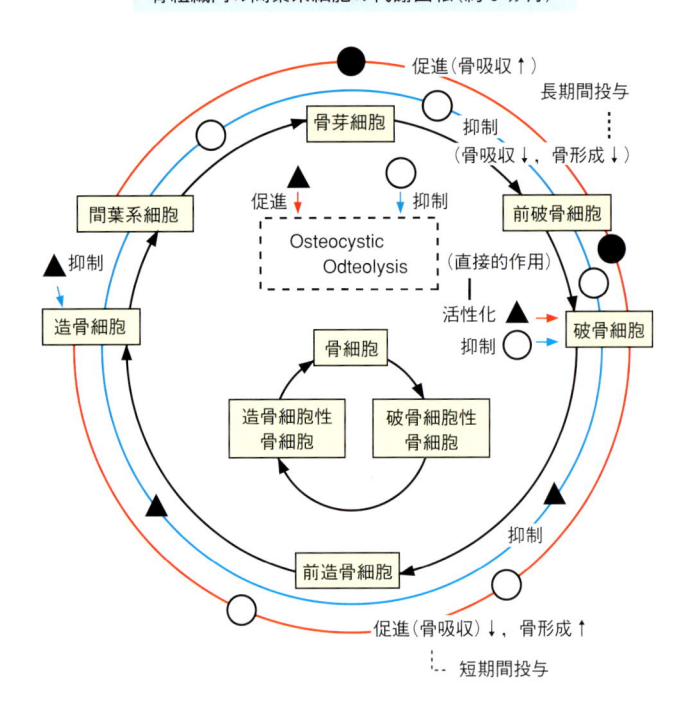

▲ 副甲状腺ホルモン　PTH（パラソルモン）
○ 甲状腺ホルモン　CT（カルシトニン：C-cell）
● 甲状腺ホルモン　T_4，T_3（サイロキシン，トリヨードサイロニン：濾胞上皮：バセドウ病：甲状腺機能亢進症：骨吸収の増加）

マウスの実験によりPTHとCTおよびT_4，T_3の投与実験が骨代謝回転に及ぼす影響を図にした。
なお，Osteocystic Osteolysisとは骨細胞による骨の融解を行う順序をいう。

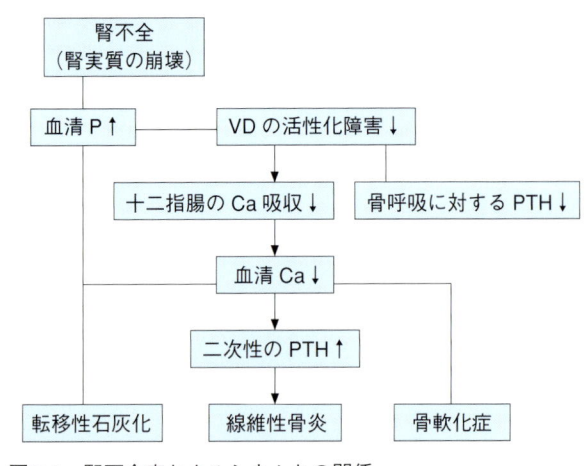

図2-6　腎不全症とカルシウムとの関係

太くする。この成長には成長ホルモンの他にカルシウム，リン，ビタミンDなどが関与する。

表2-1　四肢骨の骨端線の生理学的閉鎖および消失時期

骨	解剖学的閉鎖時期 （Rooney ら）	X線学的閉鎖時期 （Myers と Emmerson） ♂	♀	肉眼および組織学的閉鎖時期 （Myers と Getty）
肩甲骨				
近位	−	−	−	3歳以後
遠位	10ヵ月～1年	不明確	不明確	1歳以前
上腕骨				
近位	約3歳6ヵ月	27ヵ月	26ヵ月半	36ヵ月以上
遠位	15～18ヵ月	14ヵ月	15ヵ月	15～34ヵ月
橈骨				
近位	15～18ヵ月	14ヵ月	14ヵ月	14～25ヵ月
遠位	約3歳6ヵ月	24ヵ月	24ヵ月	22～36ヵ月
尺骨				
近位	約3歳6ヵ月	27ヵ月	30ヵ月	36ヵ月以上
遠位	（茎状突起）	9ヵ月	6ヵ月半	6～12ヵ月
第三中手骨				
近位	−	生後なし	生後なし	生前
遠位	10～12ヵ月	7ヵ月	7ヵ月半	6～15ヵ月
基節骨				
近位	12～15ヵ月	9ヵ月	7ヵ月半	6～15ヵ月
遠位	分娩後1週間	1ヵ月	生前	生前～分娩後1ヵ月間
中節骨				
近位	10～12ヵ月	8ヵ月	7ヵ月半	6～15ヵ月
遠位	分娩後1週間	生後なし	生後なし	生前
末節骨				
近位	妊娠の末期	生後なし	生後なし	生前骨化した軟骨がみられる
大腿骨				
近位	3～3歳半	−	−	36ヵ月あるいはその後
遠位	3歳半	21ヵ月半	22ヵ月	23～36ヵ月
脛骨				
近位	3歳半（Bruni ら）	36ヵ月	38ヵ月	36～44ヵ月
遠位	2歳（Bruni ら）	17ヵ月半	17ヵ月	17～28ヵ月
腓骨				
近位	−	−	−	種々
遠位（外果）	2歳	−	−	3～8ヵ月
距骨				
近位	3歳	19ヵ月半	20ヵ月	22～36ヵ月

（Sisson：1975）

(2) 長さの成長

骨端線の硝子軟骨細胞の増殖とその骨化によって長さを増す。この増殖・成長を促進させるのは，下垂体前葉から分泌される成長ホルモンの作用による。馬はヒトのつま先に相当する末節骨（蹄骨）から（すでに胎子期に完了），順次上方の骨に向け成長し，最終的に骨端線が満5歳時の脊椎骨で成長が終わる（X線学的にはこの事象を骨端線閉鎖という，表2-1，図2-7）。

❸正常発育のための3大必須条件

骨は常に形成と吸収を繰り返し，骨塩の恒常性と骨構築に合目的に作用している。骨を形成する骨芽細胞の働きと破骨細胞による骨破壊は骨組織のなかで行われ，骨を新しいものに置き換えている。この骨形成と吸収が正確にコントロールされるためには，3つの必須条件がある。1つは細胞（骨細胞・骨芽細胞・破骨細胞）の正常な働き，2つ目に栄養（ビタミン・タンパク・酵素など）の補給，3つ目に適当な機械的あるいは物理的刺激である。このうちの1つが欠落しても正常な作用が行われない。

5. 競走馬の骨格形成

❶走るための骨格

馬は四肢だけでなく，骨格全体の構造に特徴がある。たとえば，躯体を支えやすくするために，四肢を躯体の真下に垂直においている。そのため，馬に乗って背中か

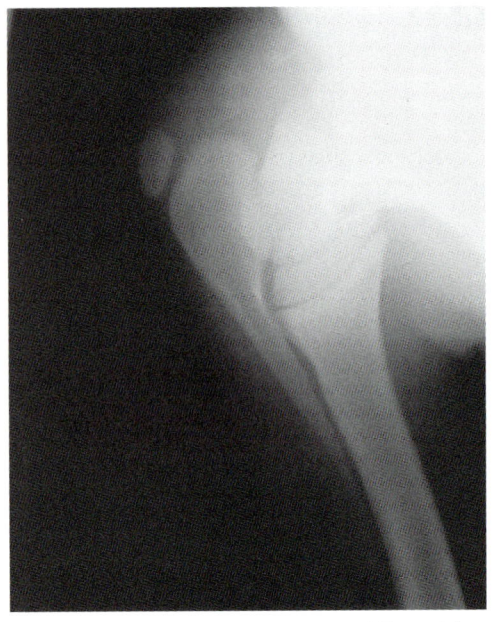

1ヵ月齢：骨端核は輪郭明瞭な楕円形で、骨幹とは完全に離れている。

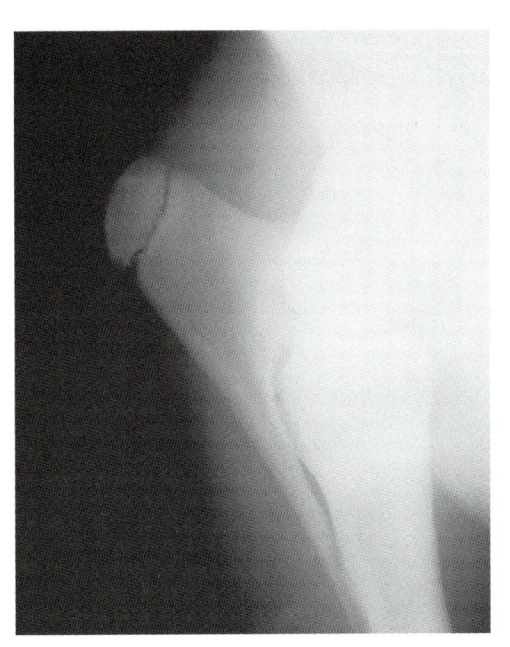

10ヵ月齢：骨端（核）と骨幹端の間隙は狭くなり、中心部で融合が始まる。

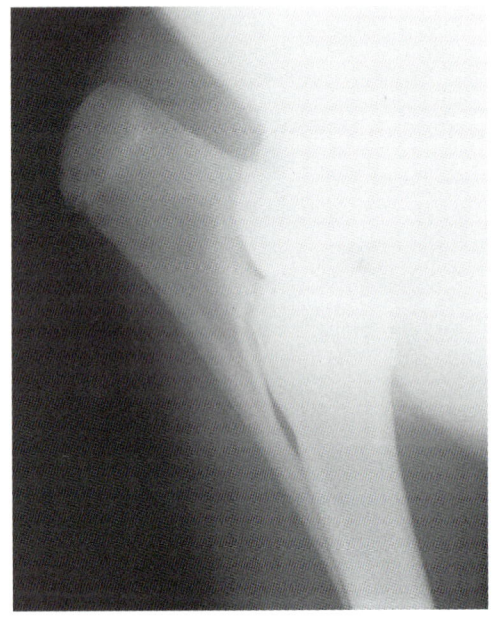

21ヵ月齢：骨端の融合が進むが、骨端線の尾側では間隙が明瞭に残る。

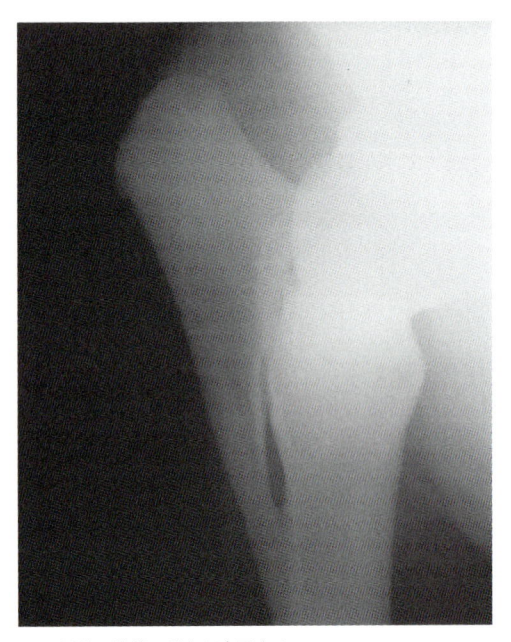

32ヵ月齢：骨端の融合が完了する。

図2-7　成長に伴う尺骨近位の骨端融合（X線像でみる変化の様子）（JRA原図）

ら地面をながめても四肢をみることができない。

　また、両生類やは虫類では、骨の長軸方向の成長は関節軟骨部で行っているが、馬では関節の近くの骨端軟骨（成長帯）で行っている。

　また、走るために重心を前肢の近くに移動させている。両生類やは虫類が長くて太い尾をもっているのに対し、馬の尾は短くて細いため、後駆にあった重心を前へもってきて、頭や頸を使ってより速く走ることができるようになっている。

　速く走るためには、単位時間あたりの歩数（ピッチ）の増加と歩幅（ストライド）を伸ばすことが必須条件であるが、このピッチを上げるために競走馬の四肢、とくに腕関節および飛節以下は骨や腱のみで筋肉がない。ストライドを伸ばすためには、肢の長さを伸ばすこと、すなわち、骨の長軸を伸ばすことと、蹄で立つことである。この馬の肢と蹄は、より速く走るために獲得した進化の1

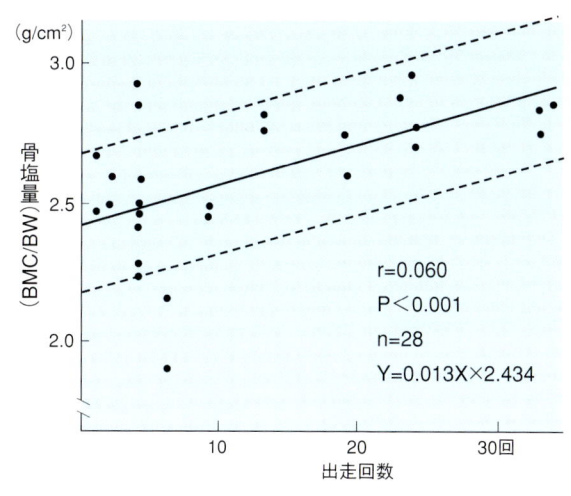

図2-8 出走回数と骨塩量

つの頂点を示す形態である。

❷トレーニングによる骨構造変化：骨と運動負荷

　骨は不動のままでいた場合，骨からカルシウムが消失するとともに骨形成が低下し，その結果，骨萎縮（限局性の骨塩量減少）あるいは骨粗しょう症（骨多孔症；全身性の骨塩量減少）になってしまう。健康なヒトが骨塩量の消耗を防ぐためには，1日4時間の体重負荷運動が必要であるとされている。

　ヒトのアスリートは骨塩量が高い。同じアスリートでも水泳選手は，重量挙げや投てきの選手よりも骨塩量が少なく，正常なヒトに近い。体重圧の加わる部分は海綿質の骨梁が太く多くなる。馬においても運動がまったく行われず馬房内に入れておいた場合は，骨塩量が減少する。また，疾病（たとえば骨折）のために体重負荷を軽減させた肢の骨塩量は，他肢に比べて明らかに低下し，骨萎縮になる傾向がある。

　また，骨のミネラル成分は加齢とともに増加するとの報告もある。競走馬では，57〜68ヵ月で最高値となり，その後一定化する傾向にある。また，骨のなかでも，運動負荷の大きい第三中手骨の最端部（遠位部）では，出走回数や出走期間の増加によりミネラル値が増加することが報告されている（図2-8）。しかし，3ヵ月半の完全休養によって元の値にもどり，さらに休み続けることによって骨萎縮となる。

　一方，運動量の多い競走馬は，力学的ストレスのために顕著な骨梁の増生（骨硬化）が起こる。運動量の減少する老齢馬では骨梁の幅が細くなり，数が減少し，力学的に不要な骨梁は消失する。

II 関節

🐎 1. 働き

❶運動のために骨と骨をつなぐ

関節を構成する骨と骨との間の空間を関節腔とよび、その周囲を包んで連続性をもった構造を関節包という。関節をつくる骨の一方の端の方は凸面(関節頭)で、他方は凹面(関節窩)であり、相対する関節面は弾力性に富む滑らかな軟骨層(関節軟骨)に覆われている。また、関節をつくるお互いの骨は、弾力性のある靭帯で強く結ばれている。これらの構造により、関節は摩擦を和らげながら骨と骨とをつないでいる。骨格筋の収縮によって骨が動くと四肢や体幹の移動が行われるが、関節は骨の運動の方向とその範囲を一定にする働きも有する。

関節の外層は、骨膜から続く関節包という膜で包まれている。関節包の外層は大きな線維層からなり、内層は滑膜といい、豊富な血管網と神経があり、たくさんのひだ(滑膜絨毛)をもっている。内層の滑膜細胞はA、B、Cの3種類の細胞からなり、A細胞は多核で貪食作用をもち、B細胞は線維芽細胞に似て関節液の一部であるヒアルロン酸を分泌し、C細胞は移行型で線維細胞に似ている。

関節液の成分は、血漿の浸出液にヒアルロン酸のムコ多糖体が加わったもので、タンパク質成分は少ない。少数のリンパ球や単球を含み、運動によって生じた残置物の除去にあたっている。

❷滑らかな運動の秘密

関節軟骨の厚さは、数mmである。表面は滑らかで弾性に富み、軟骨膜はなく関節液に直に接し、骨とは石灰化した軟骨層で連続している。

関節軟骨は、血管のない組織でその栄養は関節液や骨組織からの拡散によっている。損傷したときに治りにくいのはそのためである。

関節軟骨は、年齢を増すに従い黄色となり、不透明感を増し、弾力性を欠き厚さも減少してくる。軟骨同士の摩擦はきわめて少ない。その理由は、軟骨の組織にあり、水分約73%、コラーゲンなどの有機物が約24%、残りが無機物で、膠原線維の並び方がアーチ状となっており、関節面にかかる力をスムーズに受ける形態になっている。また、関節軟骨の表面は、無数の微細な凹み(20〜30μm)がある。

この凹みに関節液が入り込み、関節軟骨の表面は常に潤されているため、この関節液が潤滑油としての役割をもっている。しかも、凹みのなかの関節液は、負重がかかることによって関節軟骨のなかへ押し込まれ、栄養分である関節液を拡散することになる。

🐎 2. 仕組み

一般に、関節軟骨は硝子軟骨からできている(その他の軟骨の種類として、耳の弾性軟骨、膝の半月円板の線維軟骨がある)。その厚さは個体の体重に相関するといわれている。成熟したものは、神経、血管、リンパ管などを欠き、その構造は4層からなっている(図2-9)。

表層は扁平な線維芽細胞様の軟骨細胞が、関節表面に平行に並び、2層目は中間層で、やや楕円形の細胞が不規則に配列し、ムコ多糖を基質にもつ。3層目は深層で、円形の軟骨細胞が関節表面に垂直に柱状に配列し、ムコ多糖は細胞周囲に多い。下層は石灰化層からなり、軟骨細胞はまばらで、基質に石灰化がみられる。また、3層と4層の境はタイドマークとよばれる線がある。この線は成長とともに運動負荷や栄養状態により形成される。

関節軟骨の細胞外成分を軟骨基質とよび、主に微細なコラーゲン線維と無構造の基質物質からなる。

🐎 3. 種類

関節はその機能と形状から、いろいろな種類に分けられている。

"球関節"は関節部が球状をしているもので、もっと

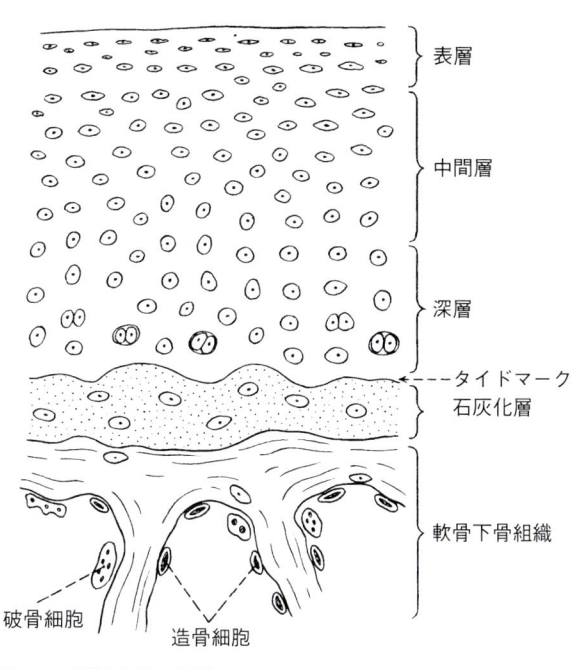

図2-9　関節軟骨の形態

も動く範囲が広く，多軸関節ともいわれる。動物では肢の基部に位置する関節で，ヒトでは肩関節，股関節などがこれにあたる。

この他，関節面が乗馬の鞍の背面のような"鞍関節"（ヒトの指の付け根の関節，馬では遠位指(趾)節間関節)，"蝶番関節"（ヒトでは肘や膝の関節，馬では四肢の大部分の関節でみられるが，とくに肘関節のように関節面が滑車状になっており，運動は屈伸のみで，左右の捻りや曲げができない）などがある。

運動軸の数による分類では一軸性関節（1方向のみ運動ができる），二軸性（2方向に運動ができる），あるいは形状では杵臼関節（三軸性で股関節），楕円関節（二軸性で環椎後頭部関節），螺旋関節（一軸性で足根下腿関節），車軸関節（一軸性で橈尺関節）などがある（図2-10）。

4. 主な四肢関節の働きと関節角度

❶肩関節

肩甲骨と上腕骨で構成される関節である。この関節は，一般に115〜125°の角度を有し，形態的には球関節である。しかし，実際の機能は自由度の少ない蝶番関節として働き，体重支持には外力が加わるとわずかに内外転あるいは旋回が起こるのみである。

❷肘関節

上腕骨と前腕骨の間の関節で，静止時は約145°であるが，屈曲では60°，伸展では160°まで可動する。したがって，運動範囲は約100°である。形態的には蝶番関節である。また，この関節の屈筋の作用を担っている上腕筋は，上腕骨を近位外側かららせん状に走行し，内側に達すると橈骨および尺骨の粗面に付着する（図2-11）。

❸手根関節（腕関節）

7個の小さい手根骨からなる関節である。上段には橈骨と4個の橈側手根骨，中間手根骨，尺側手根骨，副手根骨でつくる前腕手根関節が，中間列には上列の手根骨と第二，第三および第四手根骨とでつくる骨列間関節が，下段には中間列の手根骨と第二，第三および第四中手骨でつくる手根中手関節がある。

上段の関節は，関節面が互いにS字状となり，伸展運動の緩衝装置となっている。しかし，中〜下段の関節面は平坦で，とくに下段は靱帯でほとんど固定されているため，内・外側への動きは抑えられ，前後の伸展と屈曲のみができる。

静止時の角度は180°で，前腕手根関節の屈曲位は50°である。

❹中手指節（中足趾節）関節（球節，繋関節，第一指(趾)関節）

第三中手（足）骨と基節骨，および掌側に2個の近位

第2章　馬体の構造と機能

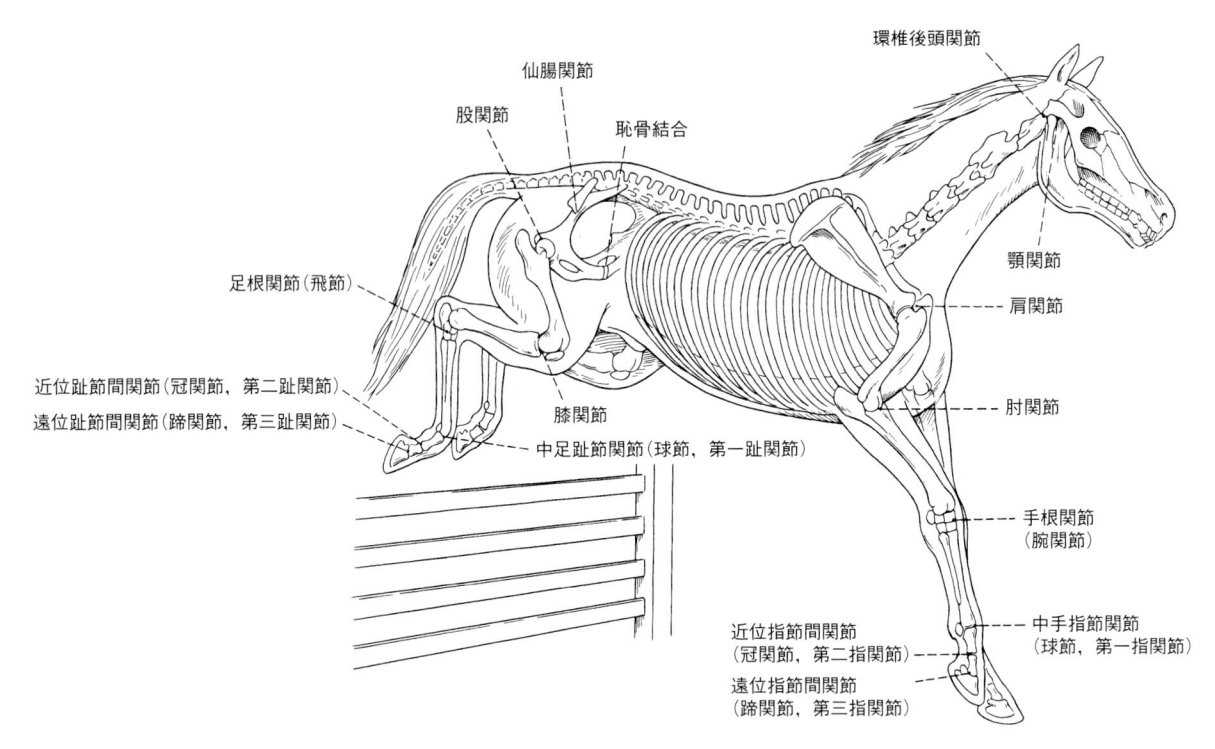

図2-10　全身各所の主な関節名

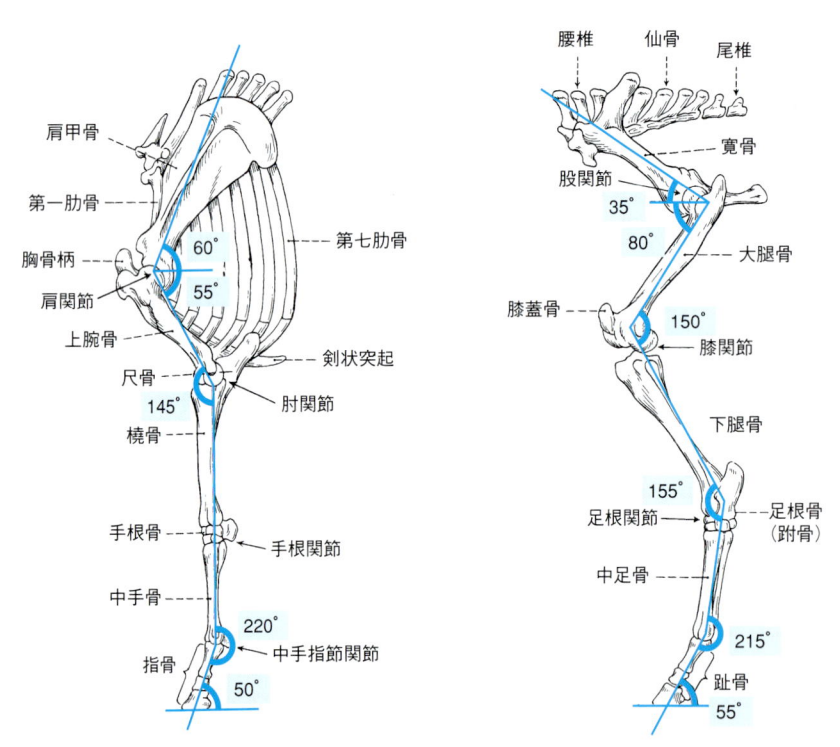

図2-11　静止（駐立）時の関節角度

種子骨を有する蝶番関節である。静止時の角度は前肢で220°，後肢で215°で，運動範囲は120°である。後肢は前肢に比べて伸展で10°小さく，屈曲で25°大きい。構造上，第三中手（足）骨の矢状稜と基節骨の縦溝とは深

くはまり，側方と旋回運動は完全に拘束されている。
　中手指節関節の可動範囲は出生時から24ヵ月齢まで急激に減少し，以後緩やかになり4歳以降安定する。

❺近位指(趾)節間関節(冠関節,第二指(趾)関節)

基節骨と中節骨で構成する関節で,屈曲時に多少の回転と側方への運動が可能である。

❻遠位指(趾)節間関節(蹄関節,第三指(趾)関節)

中節骨と末節骨で構成する関節で,掌側部に1個の遠位種子骨(舟状骨,とうじょうこつ)を有する。蹄が体重を支えて地上に固定されているとき,肢の横への傾きや捻れによるひずみをこの関節で吸収する。

❼股関節(寛関節)

寛骨臼と大腿骨頭がつくる球状の関節で,杵臼関節に分類されているが,前後の振子運動が主体である。老齢のものほど運動方向の拘束が強くなる。正常位では,外方へ25°,内方へ5°の旋回が可能である。

❽膝関節

大腿骨と脛骨でつくる不完全蝶番関節で,関節腔に半月を介在させる。また,大腿骨膝蓋滑車と膝蓋骨でつくる螺旋状関節からなる複関節でもある。旋回を伴う屈伸運動を行う。駐立時には,一般に伸展位をとるが,関節角度は135〜150°である。

❾足根関節(飛節)

以下の3列からなる複関節である。
①足根下腿関節;下腿骨(脛骨)と足根骨近位列(距骨,踵骨)とでつくる螺旋関節。
②足根間関節;足根骨近位列(距骨,踵骨)が中心足根骨となす関節,および中心足根骨と第1+2,第3,および第4足根骨の間の関節。
③足根中足関節;足根骨遠位列と中足骨の間の関節をいう。この関節は,手関節と反対に背面が屈曲面で,掌側面が伸展面となる。

主に足根下腿関節が運動し,骨列間および足根中足関節はほとんど可動しない。もっぱら歩行あるいは走行時に,この関節が捻転歩のように飛節をグラグラさせているようにみえるのは,飛節そのものの動揺ではなく,足根下腿関節の旋回に要因があり,異常ではない。異常にグラグラした場合は飛節を取り巻く靱帯に問題がある。
(本項については,野村晋一:馬の運動器の機構と故障,1953年を参考にした)

5. 歩法(サラブレッド)

競走馬の歩法は,常歩(なみあし),速歩(はやあし),駈歩(かけあし),襲歩(しゅうほ)であり,順に速度が速くなる(図2-12)。

また,常歩および速歩は,左右の肢の動きが対象であるため対称性歩法に分類される。駈歩および襲歩では,左右の肢の動きが非対称であるため非対称性歩法に分類される。

❶常歩

・速度;およそ1.0〜2.0m/秒
・ストライド長;およそ2.0m
・ストライド頻度;およそ1回/秒

二肢または三肢が常に着地している。着地した肢に負重するために頭を動かすので,常歩中の頭の動きを正面から見ると∞のように動く(点頭運動)。この頭の動きを見て跛行診断を行う。

❷速歩

・速度;およそ2.5〜4.0m/秒
・ストライド長;およそ2.0〜2.5m
・ストライド頻度;およそ1.5回/秒

競走馬は,対角線上にある前肢と後肢(右前−左後など)が同時に動く斜対歩をする。二輪馬車を引く繋駕競走のペーサーは,同側の肢が同時に動く側対歩をする。
1完歩(同じ肢が着地してから再び着地するまでの動作,期間)中に,2回の四肢が浮いている期間があり,その間に着地している2肢を入れ替える。

❸駈歩

・速度;およそ4.0〜12.0m/秒
・ストライド長;およそ3.0〜5.0m
・ストライド頻度;およそ2.0回/秒

着地順により2通りの走り方がある。
①左後→(右後,左前ほぼ同時に着地)→右前の着地順序を右手前の駈歩という。
②右後→(左後,右前ほぼ同時に着地)→左前の着地順序を左手前の駈歩という。

三肢が同時に着地している期間があり,1完歩で1回四肢が浮いている期間がある。

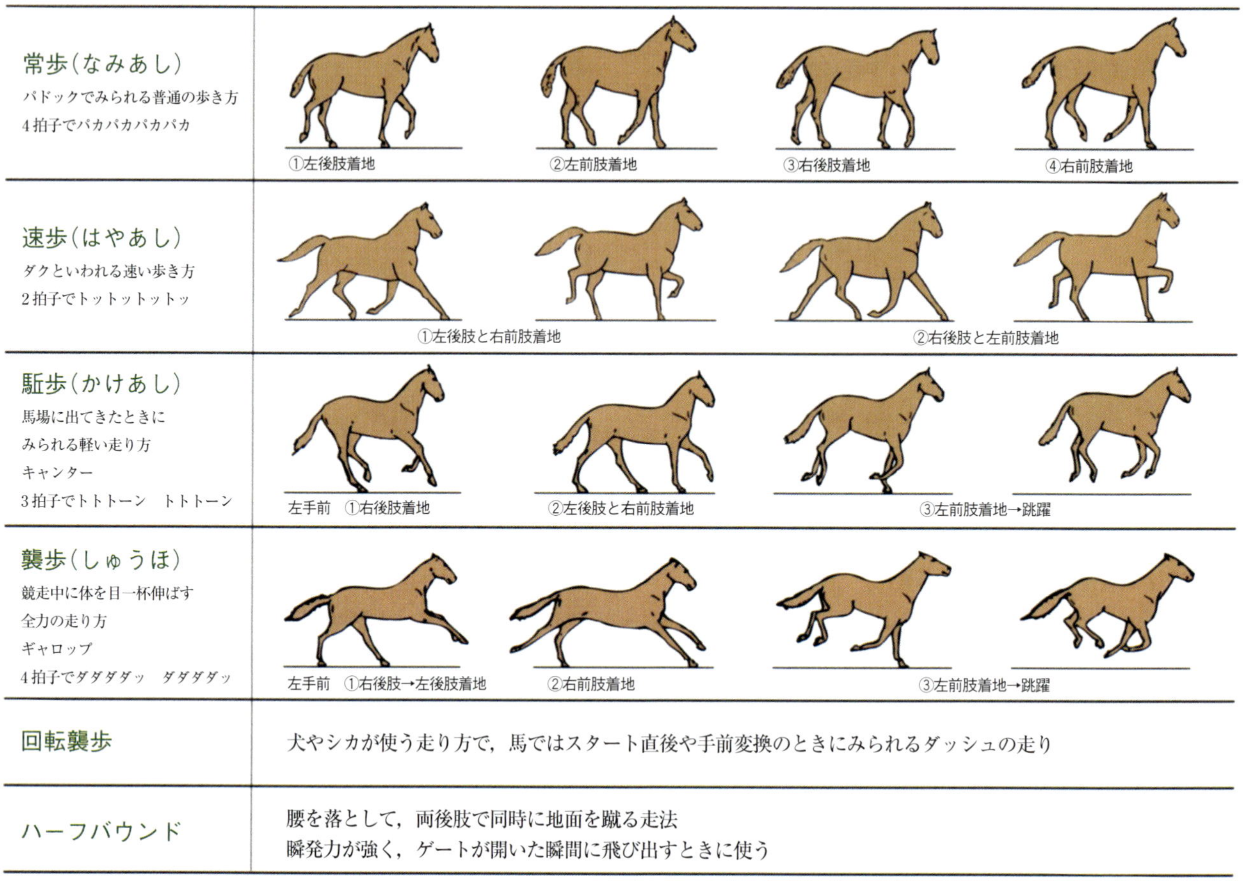

歩法	説明	連続図
常歩（なみあし） パドックでみられる普通の歩き方 4拍子でパカパカパカパカ		①左後肢着地　②左前肢着地　③右後肢着地　④右前肢着地
速歩（はやあし） ダクといわれる速い歩き方 2拍子でトットットットッ		①左後肢と右前肢着地　②右後肢と左前肢着地
駈歩（かけあし） 馬場に出てきたときに みられる軽い走り方 キャンター 3拍子でトトトーン　トトトーン		左手前　①右後肢着地　②左後肢と右前肢着地　③左前肢着地→跳躍
襲歩（しゅうほ） 競走中に体を一杯伸ばす 全力の走り方 ギャロップ 4拍子でダダダダッ　ダダダダッ		左手前　①右後肢→左後肢着地　②右前肢着地　③左前肢着地→跳躍
回転襲歩	犬やシカが使う走り方で，馬ではスタート直後や手前変換のときにみられるダッシュの走り	
ハーフバウンド	腰を落として，両後肢で同時に地面を蹴る走法 瞬発力が強く，ゲートが開いた瞬間に飛び出すときに使う	

（サラブレッド・スピードの秘密，馬事文化財団，2006を改変）

図2-12　馬の走りのメカニズム

前後肢それぞれにおいて，早く着地する肢を反手前肢，遅く着地する肢を手前肢という。

また，非対称性歩法となるため，四肢の役割がそれぞれ異なる。後肢では，主に反手前後肢が推進力を出し，前肢では主に手前前肢が制動をかけ方向を制御すると考えられている。

❹襲歩

- 速度；およそ12.0〜20.0m／秒
- ストライド長；およそ5.0〜8.0m
- ストライド頻度；およそ2.0〜2.5回／秒

着地順により2通りの走り方があり，着地順が交差するため交差襲歩という。

①左後→右後→左前→右前の着地順序を右手前の襲歩という。

②右後→左後→右前→左前の着地順序を左手前の襲歩という。

さらに，スタート時や左右の手前を変える手前変換の際には，回転襲歩を行う。着地順は，以下のとおりである。左後→右後→右前→左前（または，左右が入れ替わる）。

駈歩と異なり三肢が同時に着地している期間はなく，同時着地しているのは二肢のみである。また，四肢の着地タイミングが独立している。1完歩で1回四肢が浮いている期間がある。競馬では，非常に疲労したとき以外，常に襲歩で走行している。

III 筋肉と腱

　馬は森林地帯で若芽や草の実などを食べていた始新世時代から，平原の草をはみ，堅い土地のうえで生活をするようになると，肉食動物から逃げるために，瞬間的なスピードと持続力をもつ馬体構造を備えなければならなくなった。そのため，四肢の上部に大きな筋肉を集めて，肢端には比較的狭い範囲の動きだけを行う軽い小筋を備えることで，四肢を軽くしてスピードを増し，腱靱帯に蓄えた弾性エネルギーを再利用することにより，スタミナを増すように進化してきた。

　ヒトは古くから，ヒトが乗る馬（乗用），荷物を背に乗せて運ぶ馬（駄載用），重い物をひく馬（ばんえい用）というように，人間の用途に合わせて選択交配を行い，馬の外形を変えてきた。ここでは，その外貌の主体を形づくっている筋肉，とくに骨格筋について説明する。

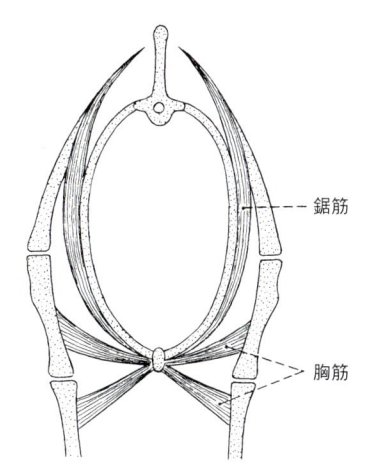

鋸筋と主に胸筋で胸部を支えている。
図2-13　馬体の胸部の横断

1. 筋肉（骨格筋）の働き

❶さまざまな運動にかかわる骨格筋

　筋肉はもっとも柔軟性のある組織の1つである。

　全身の骨格筋は大小200対以上あり，サラブレッドでは体重の約55％を占める。筋肉の収縮時，移動が少ないほうを起始部，多いほうを停止部といい，これらが骨を引っ張っている。そして，神経の支配下で骨と協力して体を支え，体の各部の運動を行っている。また，骨格筋は熱を産生することにより，体温保持にも大切な役割をはたしている。

　もっとも大きい骨格筋は殿部の中殿筋で約10kg，もっとも小さい筋は後肢の深屈腱についている虫様筋である。

　骨格筋は細長い筋細胞（筋線維）が集まった組織で，筋線維の収縮・弛緩によって筋肉全体が動く。筋線維の75％は水で，20％はタンパク質，そのタンパク質の約70％が筋肉の収縮・弛緩に直接関係する収縮性の線維タンパク質で，その50％はミオシンであり，20％はアクチンである。

❷3種類の筋肉

　筋肉は体全体の大半を占める横紋筋と，平滑筋および心筋からなっている。

　平滑筋はもっぱら内臓（主に胃腸），血管，毛などにある筋肉で，自律神経の支配のため意識的に収縮できない不随意筋で，内臓筋ともよばれている。これに対し，横紋筋は意識的に収縮のできる随意筋で，骨格筋ともよばれる。心筋は横紋筋と平滑筋の両方の特徴をもっており，一生活発に動き続ける不随意筋である。

❸筋肉の働きとその種類

　手や足を動かせるのは関節の働きによるものであるが，動かしているのは骨格筋の働きによる。

　関節を曲げるのに働く筋肉（屈筋）と伸ばすのに働く筋肉（伸筋）とが必ず対をなしているが，このように相反する働きをする筋肉を拮抗筋とよんでいる。

　筋肉自体は縮むことはできるが，伸びることができない。この収縮は大脳の運動領から意識的に指令を出せる運動神経の働きによって調節されているため，運動の程度や強さが随意に決められる。1つの運動を行うために

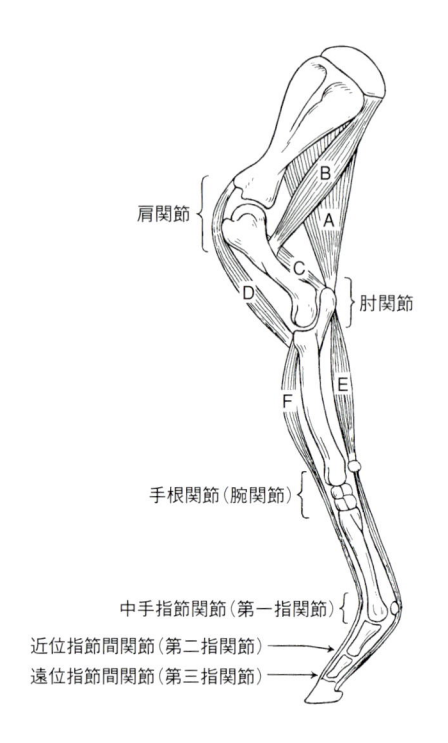

Aの上腕三頭筋とBの大円筋は肩関節の屈筋で，Dの上腕二頭筋は伸筋。AとCの上腕三頭筋は肘関節の伸筋で，Dは屈筋。Eの深指屈筋は指関節の屈筋で，Fの総指伸筋は伸筋。したがって，肩関節の運動にはAとBは協力筋で，Dの拮抗筋となる。

図2-14　前肢の筋肉の種類と働き

は多数の筋肉が同時に働かなければならない。したがって，骨格筋には協力筋（関節の同側にある）と拮抗筋（関節の反対側にある）がある（図2-14）。

❹骨格筋の組織学的構造

筋肉の表面は筋膜という線維性の膜で覆われている。筋膜は筋肉を包む筋上膜に移行する。その内部には多数の筋線維束（筋束）があり，それぞれの筋束は筋周膜で包まれている。筋周膜には血管や神経線維が走行し，神経終末と筋線維の接合部（神経終板）もみられる。

骨格筋の1本の筋線維は直径10〜150μmで，長軸方向に走る数百〜数千の多数の筋原線維（直径1〜3μm）を，筋鞘で包み込んでいる。長さは約1〜12cmある。顕微鏡でみると，筋線維は横に縞模様がみられることから横紋筋ともいわれている。

筋原線維は収縮装置で，この収縮により筋組織全体が収縮する。筋原線維の周囲にはミトコンドリア，滑面小胞体（筋小胞体）や多量のグリコーゲンが含まれている。

1本1本の筋原線維には，光を複屈折し暗くみえるA帯と，単屈折して明るいI帯が交互に規則正しく横縞の横紋を形成している（図2-15）。I帯の中央には暗調な横線のZ線がある。A帯の中央部にはH帯があり，その中央にはM線がみられる。

(1) 遅筋と速筋

筋原線維は運動および代謝特性から3種類に分けられる。1つは遅筋線維（I型）とよばれ，収縮速度は遅いが，酸化系酵素活性が高くて疲労しにくく，筋原線維の直径が小さい。また，グリコーゲン顆粒が少なく，解糖系酵素活性は低い。もう1つは速筋線維（IIX型：ツーエックス型）とよばれ，太くて解糖系酵素活性が高く，収縮速度は速いが疲労しやすい。また，グリコーゲン顆粒が多く，酸化系酵素活性は低い。さらに，速筋線維のなかでも，遅筋線維（I型）と速筋線維（IIX型）の中間の性質をもつ線維があり，IIA型とよばれる。これら3タイプは1つの筋肉のなかに混在してみられる。ヒトでは遅筋は赤く速筋は白くみえるため，それぞれ赤筋，白筋とよばれるが，馬では速筋でも赤くみえるIIA型が多いために赤くみえる。

なお，過去の報告においてIIB型と分類されていた線維は，現在はIIX型に分類され，馬ではヒトのようなIIB型はほとんどない。

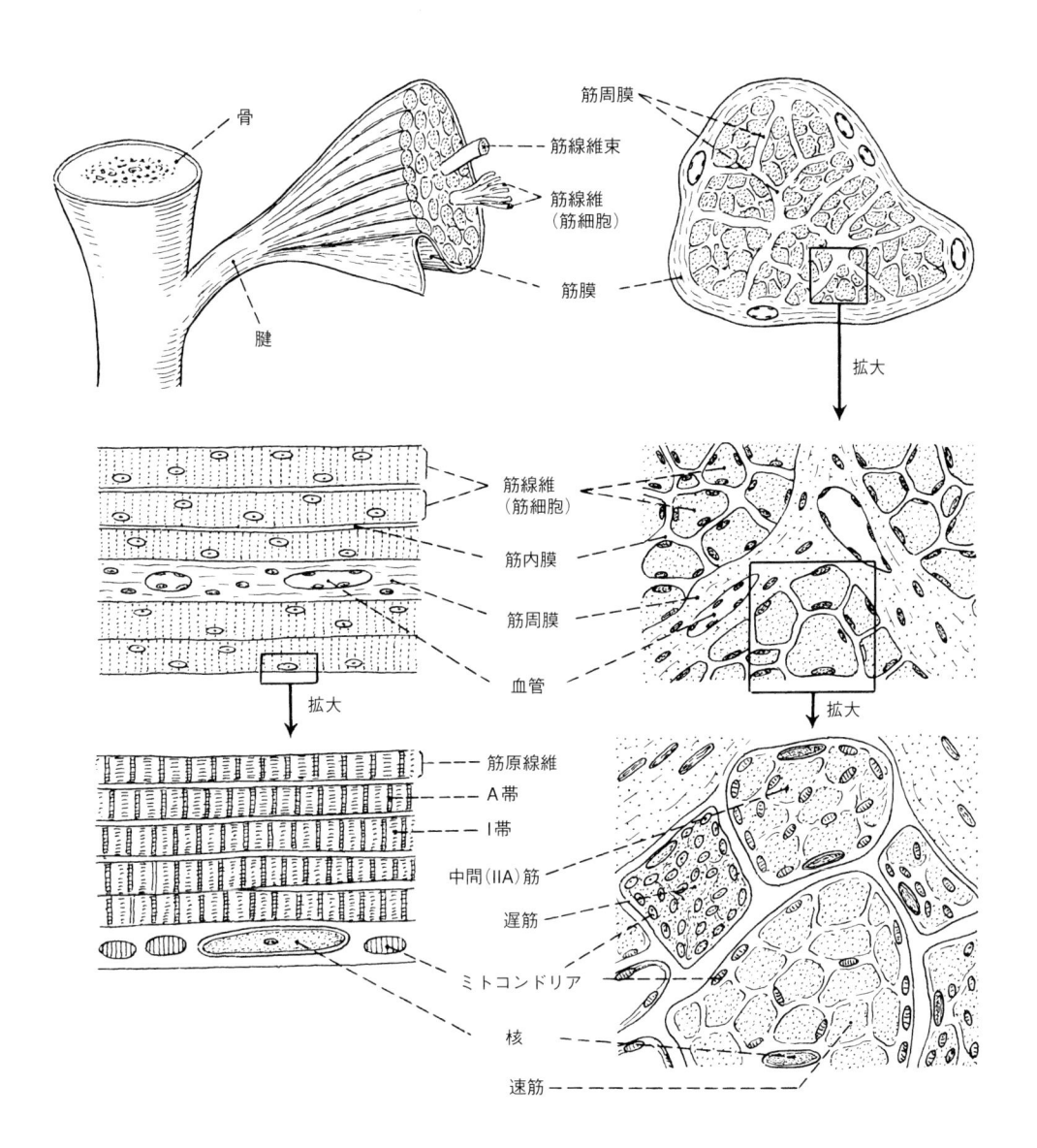

(山田安正：現代の組織学，108，金原出版，1981)

図2-15 骨格筋の縦断(左)と横断(右)の拡大像

　一般に，ヒトでは遅筋と速筋の比率は50％ずつであるが，短距離選手は速筋が多いとされる。一卵性および二卵性双生児を対象とした研究から，遅筋と速筋の比率は遺伝的に決定されることが報告されている。サラブレッドの後肢の最大の筋肉である中殿筋では，速筋が90％程度を占めている。サラブレッドよりも持久的な運動に適しているアラブ，スタンダードブレッドでは遅筋の割合が高い。

　また，遅筋と速筋の比率は，筋肉の担う役割によっても異なり，体を支えるなど持続的な活動が要求される筋肉では，遅筋の割合が高い。さらに，同じ筋肉内でも比率が異なり，姿勢を維持するために使われる深層部では，遅筋や疲労しにくい速筋であるIIA型の割合が高い。

(2) 筋肉の発育と成長

　若い馬の成長に伴う筋肉の変化を2ヵ月齢から24ヵ月齢まで観察すると，I型とIIX型の比率には変化が認められないものの，IIA型の全体に占める割合は増大する。これは，成馬にはほとんど認められないIIA型とIIX型の中間的性状をもつハイブリッド型(IIA/IIX型)が若馬には存在し，成長とともにIIA型へ変化していくためと考えられている。若い馬の筋肉が成馬よりも赤い色が薄くて白みがかったオレンジ色にみえるのは，このような理由で速筋にIIA型が少ないためである。

　全身の筋肉を調べた成績によれば，馬では成長に伴って個々の筋線維の太さが増加する。また，四肢の下部の筋肉から上体へと成長する。

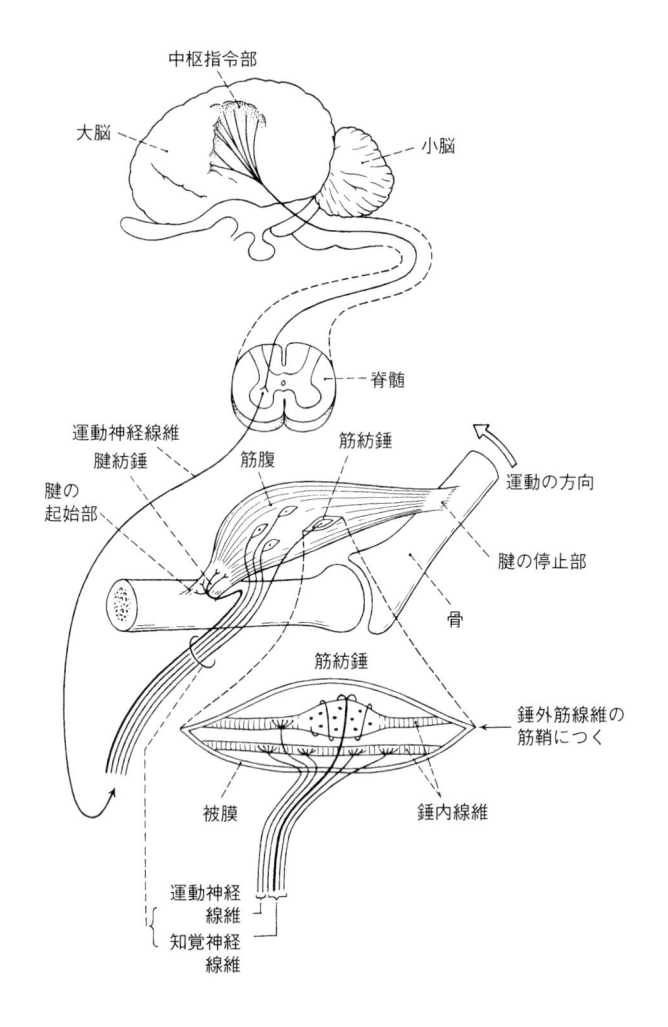

図2-16 筋紡錘と腱紡錘の仕組みと働き

(3) 筋肉が動く仕組み

動物は肢を上げたり下ろしたり，自身の筋肉や腱を傷つけることなく，微妙な力の加減をしながら運動を調節することができる。これは，筋肉の伸展や緊張の度合いをチェックし，調節する筋紡錘と腱紡錘という張力受容器があるためである（図2-16）。

筋紡錘は筋肉のなかにあり，数本〜10数本の細い特殊な筋線維（錘内線維）が被膜に包まれている。その両端は筋線維（錘外筋線維）を包む筋鞘についている。錘内線維には知覚と運動神経線維が共存している。

筋紡錘は周囲の筋線維が伸びると同じ方向に伸び，その伸展状況を中枢に伝える役割をはたしている。中枢はその情報により反射中枢を介して同じ筋肉を収縮させ，筋肉が過度に伸展して損傷するのを防いでいる。

筋肉全体の収縮時には筋紡錘はたるみ，中枢への情報発信を休む。また，錘内線維に分布している運動神経線維（γ線維）は，筋肉が常に適度な収縮状態を保ち，微妙な伸展の変化も感知することができるように，筋紡錘の感度を調節している。一般に，筋紡錘の数は小さい筋肉や微妙な運動をする筋肉などで多い。

筋肉の収縮，とくに腱に加わる緊張の度合いを感知し，腱の適度の伸展や断裂を防ぐ役割をはたすのが腱紡錘（ゴルジ腱器官）である。このなかの知覚神経線維の終末は，筋肉が収縮して腱が伸ばされると興奮し，直接その収縮した筋肉の活動を抑制して腱の伸びすぎや過度の負荷による断裂を防いでいる。

(4) 筋収縮の指令の伝達

中枢からの指令は運動神経線維を通って，電気的あるいは化学的に筋肉へ伝えられる仕組みになっている。すなわち，運動ニューロンがインパルスを発射し，神経終末に伝達されると，神経終末に貯えられている化学的物質のアセチルコリンがカルシウムイオン（Ca^{2+}）の流入により放出され，筋側の運動神経終板にある受容体に結合する。

それによって活動電位が生じ，横行小管系に沿って脱分極が波及して，筋小胞体の終槽からカルシウムイオン（Ca^{2+}）が放出され，トロポニンCと結合して，ミオシンとアクチンの相互作用により筋が収縮する。

(5) 筋力を決める因子

ヒトの筋力はどの筋肉でも，単位断面積あたりほぼ同じ $3 \sim 4 \, kg/cm^2$ であることから，筋力は筋肉の太さと関係している。運動によって鍛えられた筋肉は太くなり，筋力は強くなるが，運動不足などで筋肉を使わないと，細くなり筋力も低下する（不活動性萎縮）。

筋肉の太さの増減は筋線維の太さの増減によるとされているが，馬では線維の太さは変わらないとする報告もある。線維の太さを変えずに筋肉を太くするためには，線維数を増やさなければならない。実験動物では，筋線維が分裂して筋線維数が増加するとの報告もある。

(6) 熱産生の場としての筋肉

馬は恒温動物であるため，体内での熱発生と体外への熱放散がうまく調節され平衡が保たれている。体の組織のなかでもっとも多く熱を産生するのは筋肉である。

等張性収縮の際に発生するエネルギーの一部は，物理的な仕事のために使われるが，残りは体温を保つために利用される。運動時には熱産生が飛躍的に高まり，血管拡張や発汗などで熱放散を促進する。また，寒いときにブルブル震えるのは，筋肉を動かして熱産生を高めようとする体の防御機構の1つである。

⑺ 有酸素性と無酸素性エネルギーの使い方

　競馬における1,000～3,600mの平地競走は，走行時間から考えると，ヒトの陸上競技の中距離（400～1,500m）に相当する。したがって，スプリントといわれる1,000m競走においても，必要とされるエネルギーの約70%は有酸素性に供給される。この比率は距離に比例して増加し，3,000mを超えると有酸素性エネルギーの比率は約90%とされている。

　サラブレッドが最大スピードで走ることのできる距離はおおよそ600～800mであるとされている。1,000mよりも短い距離では，無酸素性エネルギー供給の比率が高まるが，同時に有酸素性エネルギー供給も行われている。短距離運動において有酸素性エネルギー供給の比率が低くなっても，馬もヒトも呼吸をして体内に酸素を取り込んでおり，無呼吸で走っているのではない。

2. 体幹の主な筋肉の役割

　馬の前肢は，走る方向性，体にかかる力の約60%の支持，あるいはブレーキの役目を担っている。前肢には胴体と結ぶ関節がなく，体の前半分を左右の前肢の筋肉や腱で吊るしている。その役目を担っているのが僧帽筋や広背筋と胸前にある胸筋などであり，胴体との連結器となり，しかも扇形の鋸筋が両前肢の間にぶら下がっている胸郭の吊り革の役目をしている（図2-13）。

　馬の体のなかでもっとも大きく長い筋肉は最長筋で，吊り橋のように"き甲"という馬の前肢のもっとも高いところで頚椎と胸椎を，腰の部分で残りの腰椎や仙椎を吊っている（図2-17）。また，背骨自体も動きが少ないように結合されている。そのため，馬は草食動物特有の大きく重い内臓を，脊椎で吊るして速く走ることができ，また乗馬や駄載なども可能となるのである。さらに，尻と股の上部には馬の体を前方へ推進するための強大な殿筋群がある。

❶肩部の筋肉

⑴ 構成

　僧帽筋，広背筋，棘下筋，棘上筋，菱形筋，肩甲下筋，鋸筋などからなっている（図2-18）。

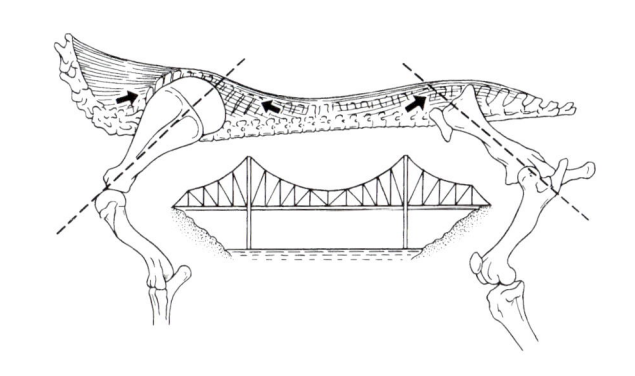

肩甲骨と寛骨はハの字型の組み立てをし，体の安定を保っている。また，最長筋は吊り橋のように，き甲部と腰部で中軸骨格を吊っている。

図2-17　最長筋

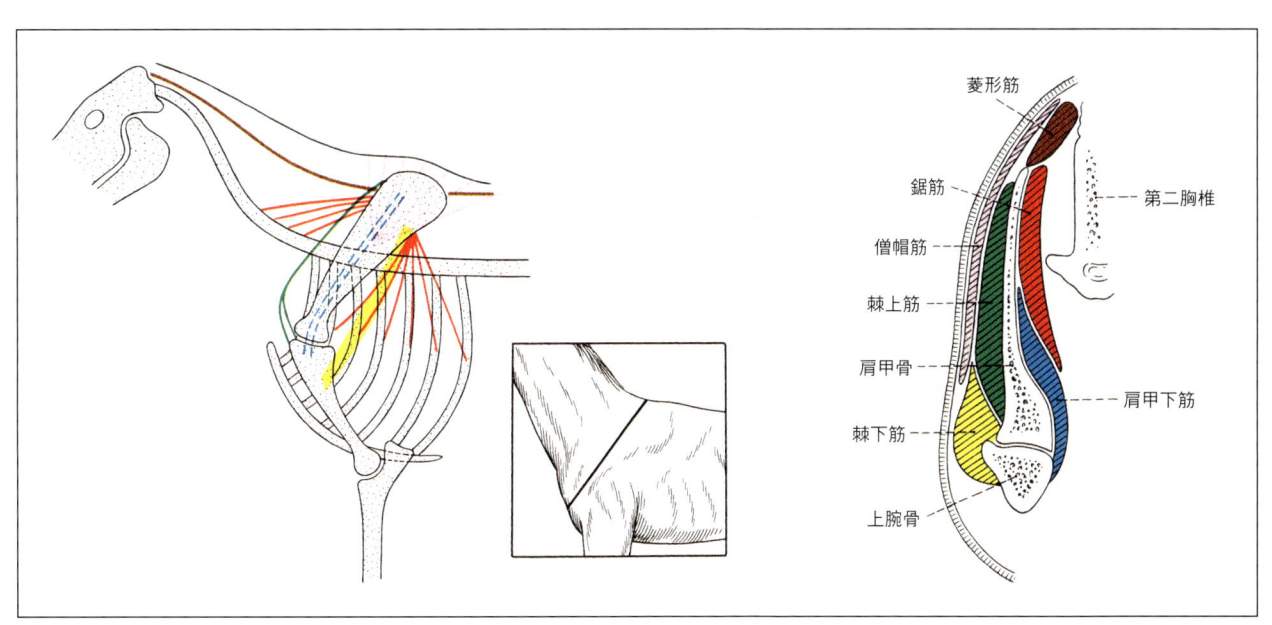

第二胸椎部と肩甲関節中央部との直角断面。

図2-18　四肢の筋肉：肩部

第2章　馬体の構造と機能

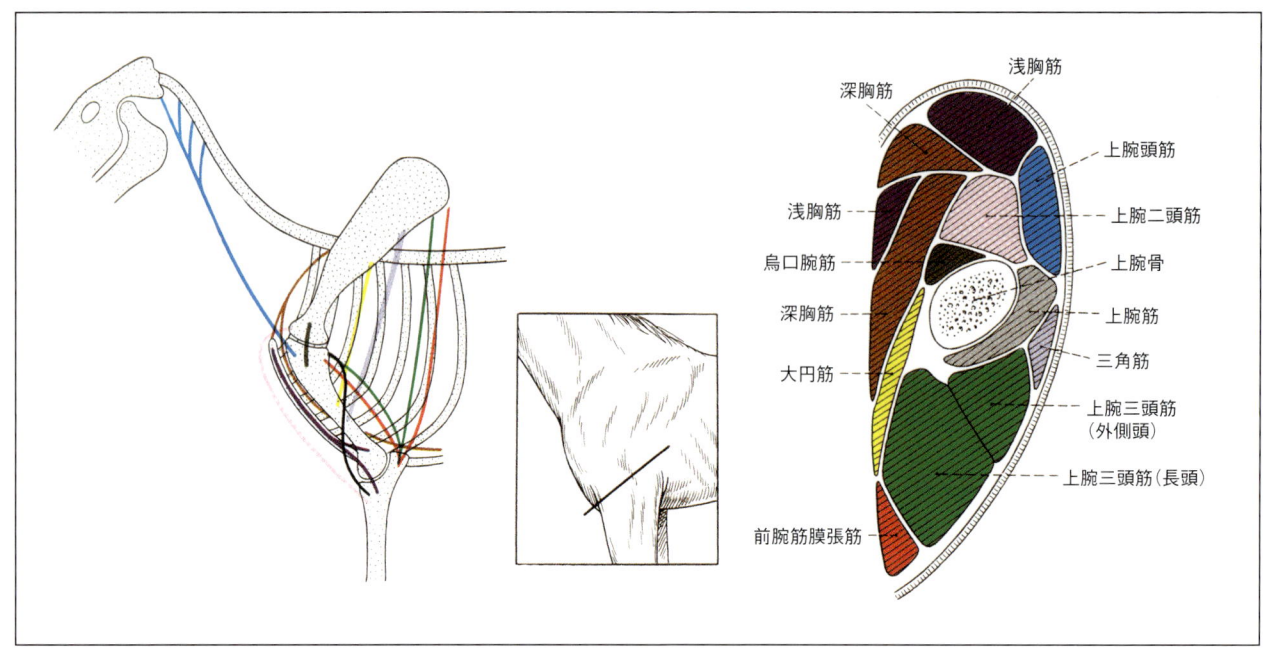

上腕骨の骨幹中央部と長軸に対して直角断面。

図2-19　四肢の筋肉：上腕部

(2) 作用

主に肩甲骨および前肢の動き，肩関節の保定および動きに作用する。

- 肩甲骨を前または後ろに引く（僧帽筋）
- 肩関節を伸ばす（肩甲下筋，棘上筋，棘下筋）
- 肩関節を屈する（棘下筋）
- 前肢を前方に引く，頚部を挙上する（菱形筋，鋸筋）

❷ 上腕部の筋肉

(1) 構成

筋肉は，浅胸筋，深胸筋，鎖骨下筋，上腕頭筋（鎖骨乳突筋，肩甲横突筋，鎖骨上腕筋），上腕二頭筋，三角筋，烏口腕筋，上腕筋，上腕三頭筋，前腕筋膜張筋，大円筋，小円筋などからなっている（図2-19）。

(2) 作用

主に肩関節，肘関節，上腕骨に作用する。

- 前肢を前に引く（浅胸筋，上腕頭筋）
- 前肢を後ろに引く（浅胸筋，深胸筋）
- 肩関節の保定（深胸筋，鎖骨下筋）
- 肩関節を屈する（三角筋，上腕三頭筋長頭，大円筋，小円筋）
- 肩関節を伸ばす（上腕二頭筋，烏口腕筋）
- 肘関節を屈する（上腕二頭筋，上腕筋）
- 肘関節を伸ばす（上腕三頭筋，前腕筋膜張筋）

❸ 前腕部の筋肉

(1) 構成

筋肉は橈側手根伸筋，総指伸筋，外側指伸筋，尺側手根伸筋，深指屈筋，浅指屈筋，橈側手根屈筋，尺側手根屈筋，長第一指外転筋からなっている（図2-20）。

(2) 作用

主に手根関節以下の屈曲あるいは伸展に作用する。

- 肘関節を伸ばす（深指屈筋，浅指屈筋）
- 手根関節を屈する［尺側手根伸筋（伸筋だが屈する），深指屈筋，浅指屈筋，橈側手根屈筋，尺側手根屈筋］
- 手根関節を伸ばす（橈側手根伸筋，総指伸筋，外側指伸筋，長第一指外転筋）
- 指節間関節を屈する（深指屈筋，浅指屈筋）
- 指節間関節を伸ばす［総指伸筋，外側指伸筋（中手指節関節のみ）］

❹ 尻の筋肉

(1) 構成

中殿筋，大腿筋膜張筋，腸腰筋（腸骨筋，大腰筋），浅殿筋，大腿二頭筋，尾筋などからなっている。

(2) 作用

主に股関節および大腿骨に作用している。

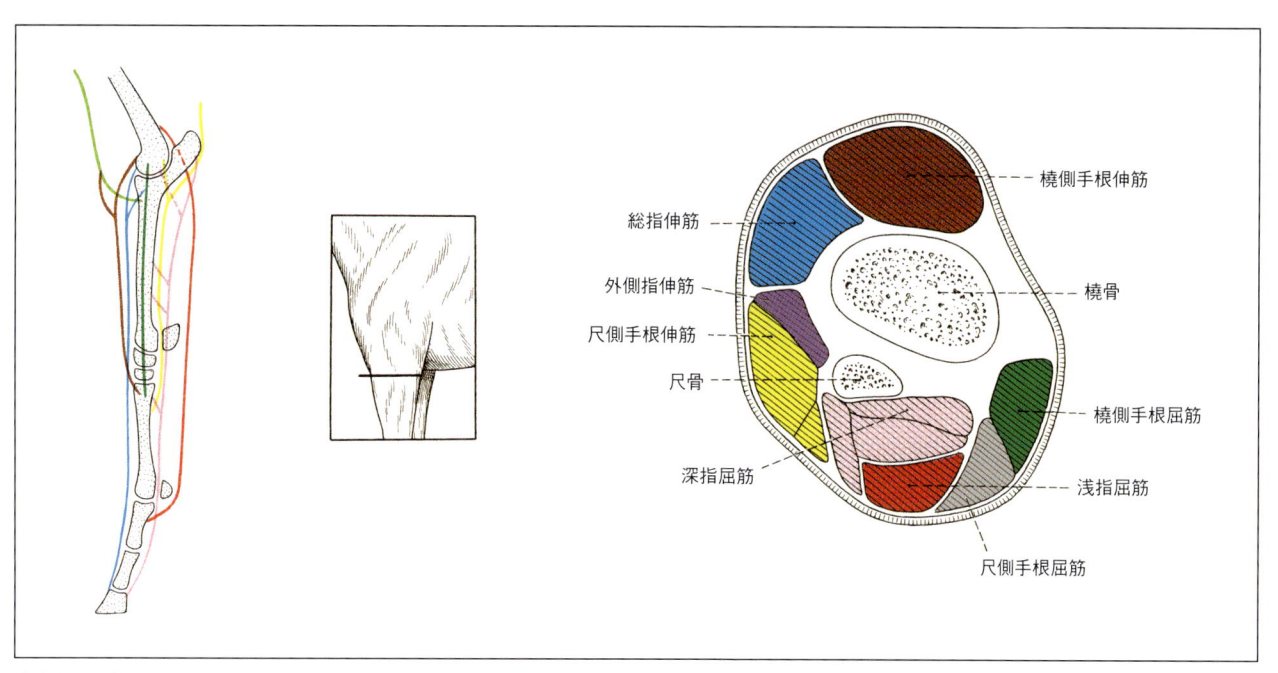

前腕骨の上端1/4部の水平断面。

図2-20　四肢の筋肉：前腕部

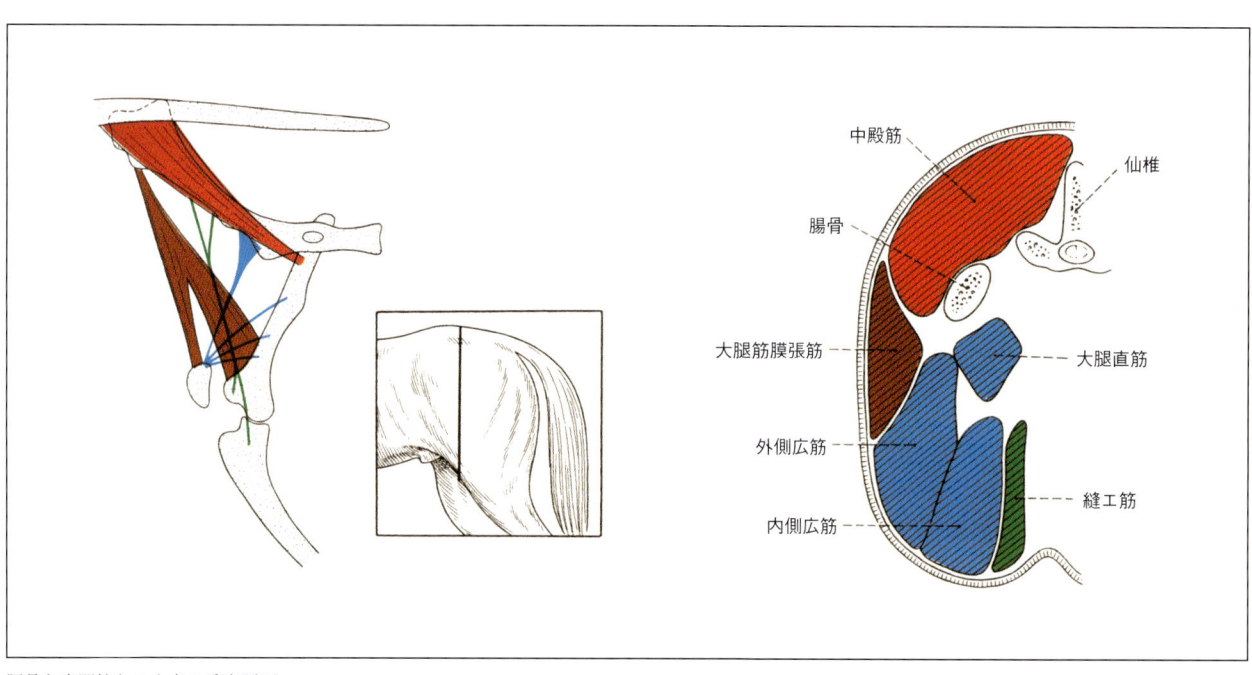

腰骨と寛関節との中点の垂直断面。

図2-21　四肢の筋肉：腰部

❺腰部の筋肉

　浅殿筋，中殿筋，大腿筋膜張筋，大腿四頭筋（大腿直筋，外側広筋，中間広筋，内側広筋），縫工筋などからなっている（図2-21）。

❻股の筋肉

(1) 構成

　浅殿筋，中殿筋，半腱様筋，半膜様筋，大腿二頭筋，大腿筋膜張筋，大腿四頭筋（外側広筋，大腿直筋，内側

Ⅲ 筋肉と腱

81

第2章 馬体の構造と機能

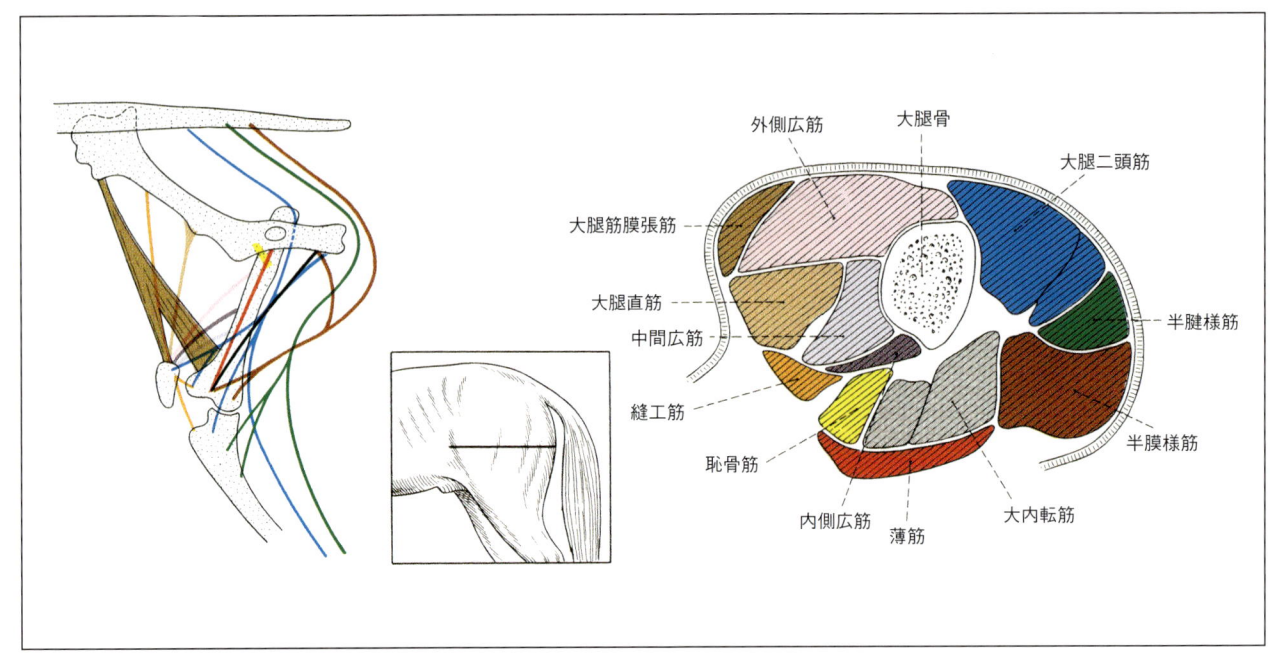

大腿骨の長軸に対し近位端より約1/3部の水平断面。

図2-22 四肢の筋肉：大腿部

広筋，中間広筋），縫工筋，恥骨筋，内転筋（大，小），薄筋などからなっている（図2-22）。

(2) 作用

主に膝関節と大腿部への運動に関与する筋肉で，体の推進のために使われる。

- 股関節を屈する（浅殿筋，大腿筋膜張筋，大腿直筋，縫工筋，恥骨筋）
- 股関節を伸ばす［中殿筋，半腱様筋（負重時），半膜様筋（負重時），大腿二頭筋］
- 膝関節を屈する［半腱様筋（非負重時）］
- 膝関節を伸ばす［半腱様筋（負重時），半膜様筋（負重時），大腿二頭筋，大腿筋膜張筋，大腿四頭筋］
- 後肢を前に引く（縫工筋）
- 後肢を後ろに引く［半膜様筋（非負重時）］
- 後肢の内転（縫工筋，恥骨筋，内転筋，薄筋）
- 後肢の外転（浅殿筋，中殿筋，半膜様筋，大腿二頭筋）
- 飛節を伸ばす［半腱様筋（負重時），大腿二頭筋］

❼下腿部の筋肉

(1) 構成

腓腹筋，ヒラメ筋（小さい），浅趾屈筋，深趾屈筋，前脛骨筋，第三腓骨筋（すべて腱質），長趾伸筋，外側趾伸筋からなっている。

(2) 作用

- 膝関節を屈する（腓腹筋）
- 飛節を屈する（前脛骨筋，長趾伸筋，外側趾伸筋）
- 飛節を伸ばす（腓腹筋，深趾屈筋）
- 趾節間関節を屈する（深趾屈筋）
- 趾節間関節を伸ばす（長趾伸筋，外側趾伸筋）
- 趾節間関節を支える（浅趾屈筋）

3. 競走馬の筋肉の構造変化

❶速く走るための条件

用途に適した馬をみつけるために，古くから相馬学が発達してきた。現在でも，より速く走る馬を求めて，その特徴の抽出が試みられているが，一定の結論は得られていない。以下は，経験をもとにした相馬学において唱えられていた条件である。

①肩部は速力をつけるために長くてよく傾斜した肩が必要である。そのためには，外貌からみてこの部の筋肉がよく発達して滑らかな広い肩がよい。
②上腕部は短くやや前方に張る上腕が必要である。速力を出すためには上腕は水平に近いほうがよい。
③前腕部は長くて幅広い前腕が必要である。その条件として筋肉に富む前腕であること。
④腰部は広く，短く，厚い腰であること。

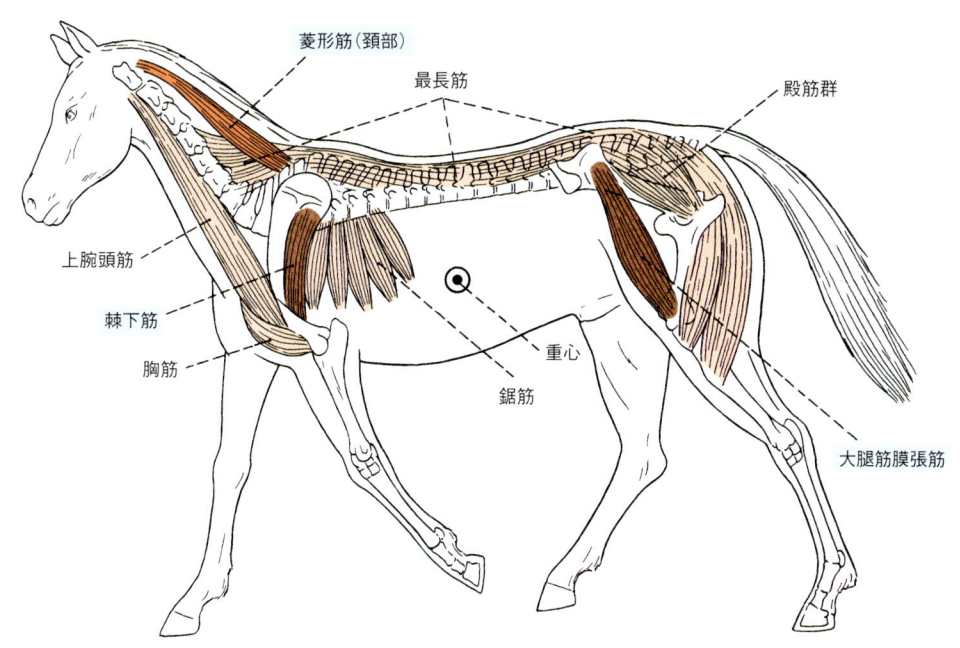

図2-23 馬の外貌からみた主な筋肉
濃い線の筋は調教効果の現れる筋，薄い線の筋は主に馬体の動きに作用する筋。

⑤股部は長く筋肉質でよく開き，幅広い股であること。
⑥尻部は長く，広く，水平に近く，筋肉が充実していること。

❷トレーニングによる筋肉の変化

馬ではエンデュランスおよびスプリントトレーニングによって，速筋のなかでより疲れやすいIIX型線維が減り，速筋であっても酸化系酵素活性が高く，疲れにくいIIA型線維が増える。さらにトレーニングを長期間継続すると遅筋であるI型線維も増加するといわれている。

競走馬では肩の動きに作用する菱形筋，上腕部の動きの棘下筋，そして大腿筋膜張筋の発達が，外貌からみて調教効果を判定する際の目安とされている（図2-23）。

❸筋肉の疲労

骨格筋は何回も繰り返して収縮すると，やがて疲労して収縮できなくなる。これに対して，平滑筋と心筋は，きわめて長時間疲労することなく反復活動を続けることができる。

筋肉の疲労の原因は，乳酸が筋肉内に溜まるためといわれていた。しかし，現在では乳酸は疲労と無関係ではないものの，筋肉疲労には筋へのリン酸の蓄積や温度の上昇，カリウムの筋肉からの漏出，脳の疲労などさまざまなことが関係することが分かっている。運動後の疲れや筋肉痛についても，これまでは乳酸が原因とされていたが，筋肉内の乳酸は運動後1時間もするともとの濃度に戻ることから関係ないといえる。疲労や筋肉痛の原因は，はっきりとわかっていないが，運動により生じた筋肉のさまざまな損傷などが関係しているのではないかと考えられている。

❹代表的な筋の活動タイミング

筋肉が歩行動作のどのタイミングで収縮（活動）するのかをみることで，その筋肉の働きを知ることができる。以下に駈歩中の筋の主な活動タイミングを示す。

(1) 前肢
- 上腕頭筋：前肢のスタンス期（蹄が着地している時間帯）後半からスイング期（蹄が空中にある時間帯）前半まで。
- 浅胸筋（下行胸筋）：前肢のスタンス期後半からスイング期開始直後まで。
- 棘上筋，棘下筋：前肢のスタンス期の開始直後から3／4まで。
- 上腕二頭筋：前肢のスタンス期1／4から3／4まで。
- 上腕三頭筋（長頭）：前肢のスイング期後半からスタンス期開始直後まで。

(2) 後肢
- 中殿筋：後肢のスイング期後半からスタンス期1／4

第2章　馬体の構造と機能

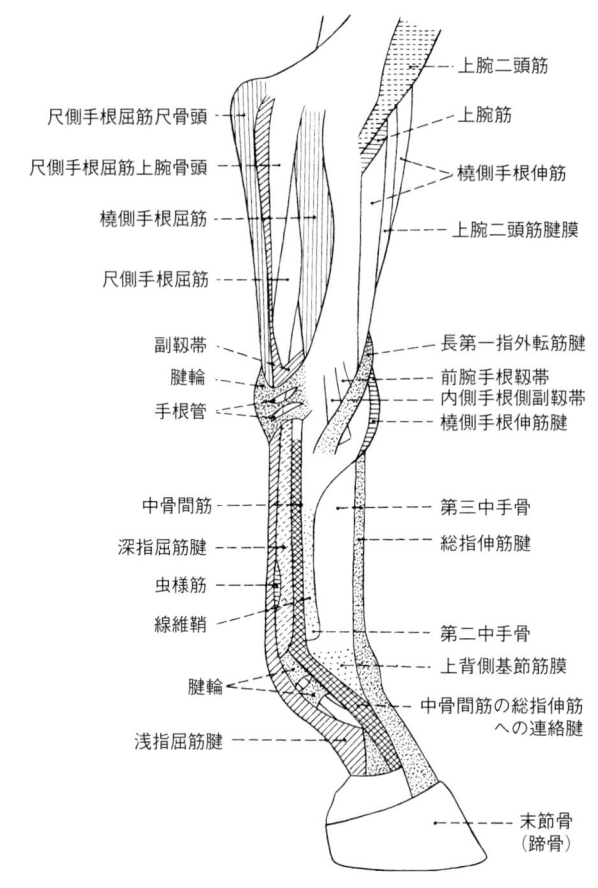

図2-24　下肢部の筋および腱（内側）

まで。
- 大腿二頭筋：後肢のスイング期3/4からスタンス期前半まで。
- 大腿四頭筋(外側広筋)：後肢のスイング期3/4からスタンス期3/4まで。
- 大腿筋膜張筋：後肢のスタンス期1/4からスイング期1/4まで。

走行中の動作と活動タイミングをみると、筋活動が行われると想像する時点よりも前に、実際の筋が活動していることが多い。たとえば、後肢を後方へ蹴り推進力を発生させると考えられている中殿筋や大腿二頭筋は、着地するより前から活動している。これらの筋は、スイング期後半から後肢を後方へ引き戻すために働き、着地後は股関節や膝関節が荷重により屈曲しようとする動きに対抗するために筋力を発揮し、同時にそのエネルギーを筋肉内や他の腱・靱帯に蓄える。

蓄えられたエネルギーは、推進力が主に発揮されるスタンス期後半に伸びた腱・靱帯が縮むことにより放出される。このような仕組みが前肢や他の場所でも働いているため、筋活動は想像よりも前にみられる。

4. 腱の仕組みと働き

筋肉の補助器官としての腱は、走るためにきわめて重要な組織である。一部の腱はバネのように伸縮することによって、筋肉の収縮や体の上下運動により生ずるエネルギーを、弾性エネルギーとして蓄え・放出することで、走行効率を高める機能をもっている。とくに走ることが使命である競走馬においては、もっとも重要な組織である一方、しばしば腱損傷として浅指屈腱炎が認められる。この病気は一度罹患すると完全治癒が難しく、競走馬にとって「不治の病」として恐れられている(図2-24)。

❶筋肉と骨との連結装置

腱は筋肉の力を1点に集約するのに重要な働きをしている。

腱が骨の表面を直接通る部位では、腱と骨の摩擦を防ぐために、腱鞘とよばれる長い鞘で腱が包まれている。この腱鞘のなかには滑液が含まれ、腱の移動がスムーズ

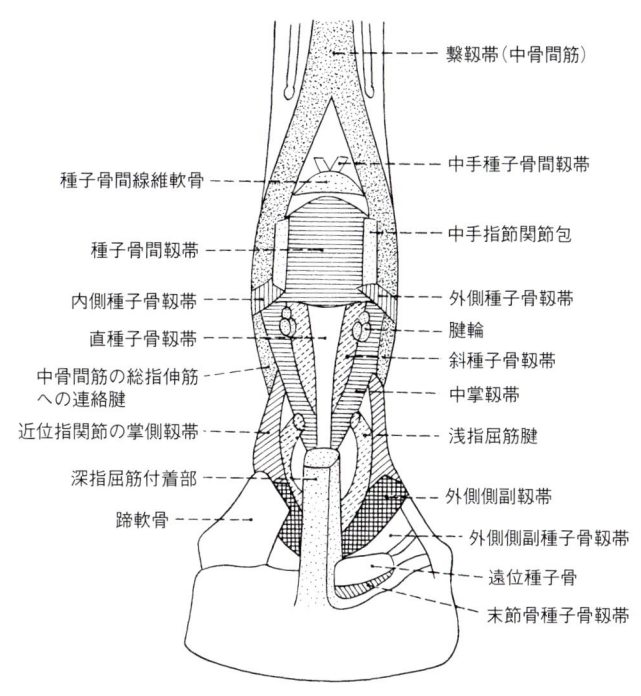

図2-25　指関節の腱と靱帯（掌側面）

に行われる仕組みになっている。

❷腱と靱帯の違い

　腱は筋肉と骨を結びつけている。その構成成分は若干の弾性線維を含むが，ほとんどは膠原線維（コラーゲン）の束からなっている。張力に抗する構造物で，引き伸ばすことのできる割合（伸び率）は各腱によって異なるが，浅指屈腱は走行時に10％以上伸縮すると報告されている。また，断面積 1 cm^3 あたり1,000kg程度の張力に耐える（引っ張り強さ）。

　一方，靱帯は構造的にはほとんど同じだが，線維細胞が腱ほど整然としていない。また，筋肉と結合しておらず，両端は骨に結合し，骨間のお互いの運動の範囲を制限する働きとともに，伸縮の情報を中枢に伝達する働きをしている。

❸繋靱帯（中骨間筋）の作用

　繋靱帯（図2-25）は構造的にも組織学的にも腱とほとんど異なることはないが，発生学上，筋肉に由来することから，中骨間筋の学名がついている。その証拠に，第三中手骨の近位の付着部には，わずかではあるが筋肉が残っている。その主な作用は，中手指節関節（球節）を支え，そのエネルギーを弾性エネルギーとして利用することである。

第2章 馬体の構造と機能

IV 蹄

1. 蹄の定義

蹄とは図2-26でみるように，肢端において蹄冠より先端に位置する構造のすべてを指す用語であり，基本的に，内部に骨（骨部），その周囲を弾性のある結合組織（知覚部），外層を特殊な皮膚の一部が角化した組織で覆われたものをいう。

蹄皮とは蹄がもつ組織のうち皮膚に相当する部分の総称であり，真皮の他，角質の産生母体である未角化な胚芽層，角化途中の角質形成層，および蹄鞘（ていしょう）あるいは蹄匣（ていこう）とよばれる硬い角質層（総称）を備える。蹄の外貌は皮膚（図2-27）や他の皮膚付属器官とは異なり，機能も特殊である。

蹄鞘（匣）は馬が地上を移動する際に重要な器官の1つとして働く。その働きとは，馬体と地面の間に介在することで，馬体がつくりだす走力を緩衝し，肢骨とその周囲の軟部組織を守ることにある。

2. ツメの仕組みとタイプ

❶ 3タイプのツメ

脊椎動物のツメは毛や角と同様，角質でできている。皮膚表層の角質層（図2-27）に相当する部分が特別に厚く発達した構造をしている（図2-28，図2-29，図2-33）。肉眼形態によるタイプ分類では，鉤爪（かぎづめ），扁爪（ひらづめ）および蹄（ひづめ）の3タイプがある。そのいずれもが図2-31のように爪壁（そうへき）と爪底（そうてい）の2つの部分に大きく分けられ，爪底の質は他に比べて柔らかい。

それぞれのツメは運動を行う上で，力学的ストレスに対応した指先の保護，作業器としての硬度の維持などの役割を担っている。とくに，指端の末節骨（蹄骨）を完全に包んでハコ型となっている蹄と鉤爪は，歩行の際に指端を効率的に保護し，強い衝撃に耐えられる形態である。ハコのような蹄の外壁が蹄鞘（匣）であり，なかでも蹄の外壁構造は蹄壁（ていへき），地面を踏んでいる下面は蹄底（ていてい）と蹄叉（ていさ），蹄壁と蹄底の間に存在し，両者に生じる歪みを緩衝する構造は，白帯（はくたい）あるいは白線（はくせん）とよばれる。これら蹄鞘（匣）を裏打ちしている知覚をもつ軟組織は蹄真皮（ていしんぴ）である（図2-30）。

❷ ツメのタイプと歩行

蹠行（せきこう）型歩行は，ヒトやサル，クマ，ネズミなどにみられる歩様で，図2-32-aのように馬でいえば飛節から下すべてを地面につけて歩くタイプである。この

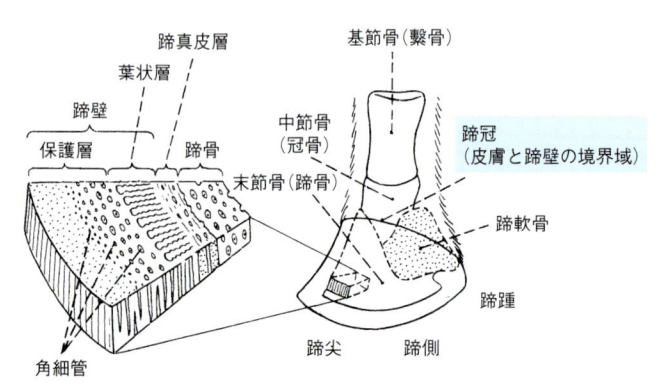

図2-26 蹄の前側の構造模式図

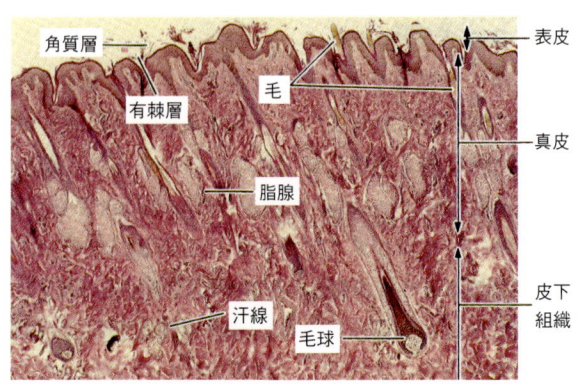

図2-27 皮膚の微細構造（JRA原図）

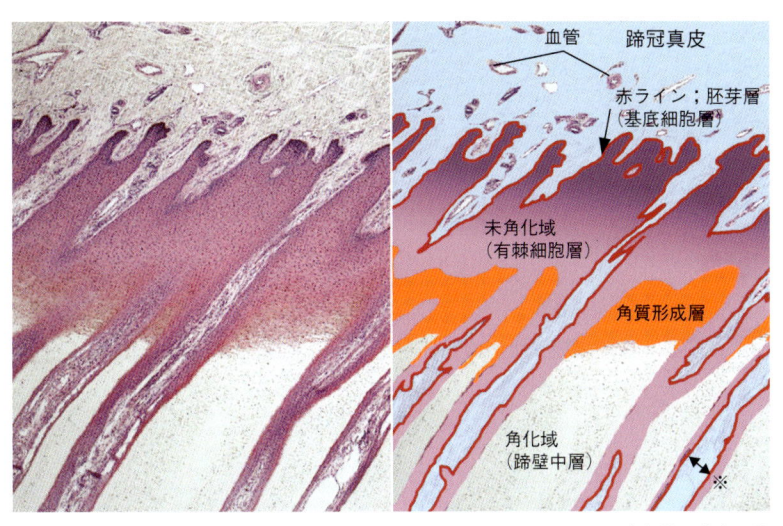

図2-28 蹄冠の微細構造（JRA原図）

※角細管の産生母体

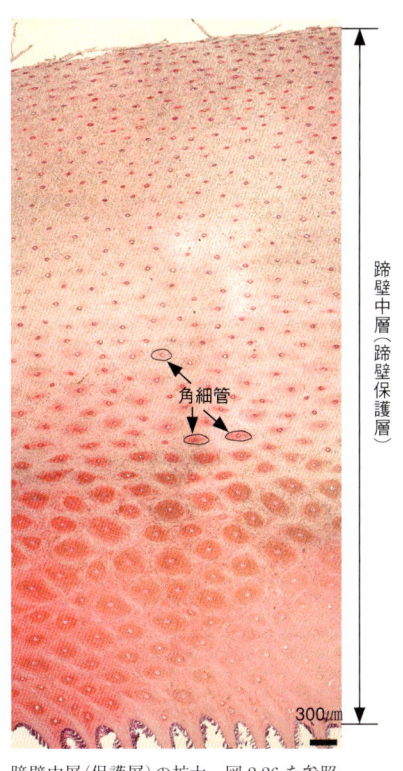

蹄壁中層（保護層）の拡大。図2-26を参照。
図2-29 蹄壁の微細構造（JRA原図）

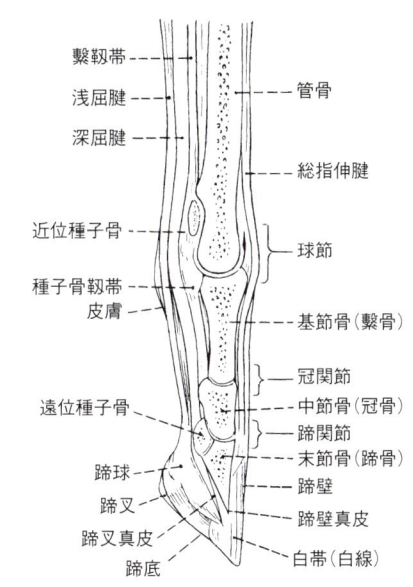

図2-30 肢端の断面
肢端には筋肉がなく、腱、骨および蹄で構成。

歩様で認められるツメとしては扁爪と鉤爪の2タイプがある。長所としては接地面積が広く安定性が高いため、後趾だけでの継続した起立が可能である。

趾行（しこう）型歩行は、犬や猫などの肉食動物で認められ、これらの動物は鉤爪をもっている。図2-32-bのように、馬でいえば球節から下を接地させて歩くタイプである。ツメを使わずに走れるため、ツメを使って獲物を捕る、すばやく木に登る、などに適した形態である。

蹄行（ていこう）型歩行で認められる典型的な蹄は、馬（図2-32-c）や牛で認められる。蹄鞘（匣）とよばれるツメを使いツマ先で走るタイプである。速く長い時間を走るに有利な形態である。

3. 蹄壁の外景

❶性状

(1) 色

蹄壁は皮膚の角層に連続した組織であるため、その産生母体にメラニン細胞を含んでいる。そのため、黒色、褐色、茶色、あるいはこれらが混じったまだら色を呈する。色の違いは、あくまで角質内のメラニン色素の量を反映したものである。したがって、蹄壁の色は、蹄冠上部の皮膚の毛色と似通った色をしていることが多い。

(2) 厚さ

競走馬の蹄壁の平均的な厚さは、成馬の蹄では前面の蹄尖部（ていせんぶ）で約10mmともっとも厚く、蹄側（ていそく）、蹄踵（ていしょう）の厚さの比率が前肢の蹄で4：3：2、後肢で3：2.5：2といわれる。しかし、競走馬では、しばしば前肢の蹄尖部が約7mm、蹄側から蹄踵にかけて約5mmと薄いこともある。薄い蹄壁は、装蹄の際、釘付け領域が少なく装蹄を困難にする。

a) 扁爪
b) 鈎爪
c) 蹄

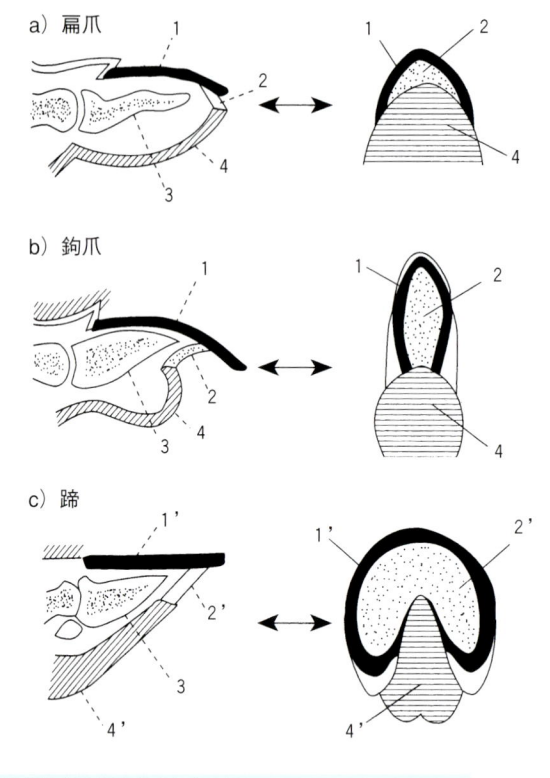

1. 爪壁　1'. 蹄壁　2. 爪底　2'. 蹄底　3. 末節骨
4. 指(趾)の腹　4'. 蹄球

左列は側面，右列は腹面からみる。
(加藤嘉太郎：家畜の体のしくみ，173，全国農業改良普及支援協会，1986)

図2-31　各種爪型

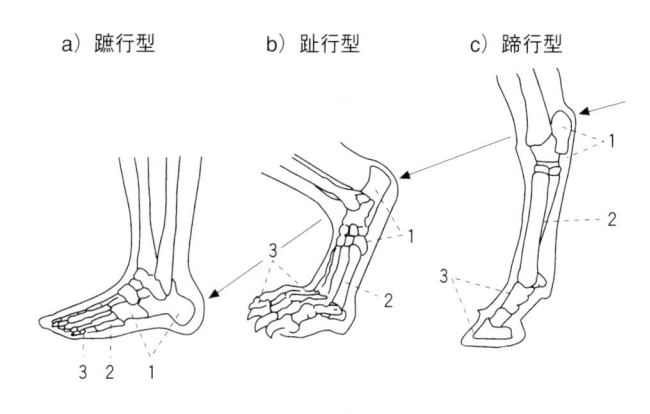

a) 蹠行型　b) 趾行型　c) 蹄行型

1. 足根骨　2. 中足骨　3. 趾骨

踵(かかと)の位置↑印に注意。
(加藤嘉太郎：家畜の体のしくみ，31，全国農業改良普及支援協会，1986に加図)

図2-32　哺乳類の歩様3型

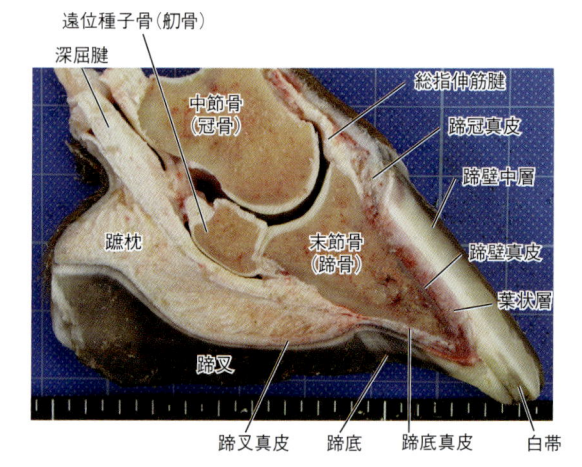

図2-33　蹄の断面(JRA原図)

(3) 高さ

競走馬の一般的な蹄形では，側面からみると前肢では蹄尖：蹄側：蹄踵が3：2：1，後肢で2：1.5：1と前方から後方に向かってしだいに低くなっている。このため，皮膚と蹄壁の境界領域にある蹄冠(ていかん)は，斜め後下方に傾いているようにみえる。

(4) 生長

蹄壁が下方へ伸びていく生長速度は，正常な蹄では蹄尖から蹄踵までほぼ同率か，蹄尖が若干速い。しかし，高さの違いの影響で，蹄冠からつくられて地面に到達するまでの期間は，蹄尖壁がもっとも長くかかる。

(5) 硬さ

基本的に蹄壁，蹄底，蹄叉の順で硬度が低くなっていく。蹄壁では，蹄尖がもっとも硬く，蹄側で中間，蹄踵でやや柔らかく，さらにそれぞれ表層が深層より硬いのが常である。これは，角質内の水分含量と密接に関係している。体重負荷により蹄の尾側が内外に広がって，力学的ストレスを緩衝させる"蹄機"の作用では，この比較的柔らかい蹄踵が役立っている。

❷知覚

蹄鞘(匣)は感覚神経が走っていないため無痛であるが，その内面の柔らかい肉質の部分(図2-33の蹠枕(せきちん)と各真皮)は神経が走っている知覚層で，痛みを感じる。蹄壁と末節骨(蹄骨)間に介在して，両者をつなぎとめている表皮-真皮結合構造は，葉状層(ようじょうそう)とよばれる(図2-34)。

その構造を水平断面で観察すると，2種類の扇子を向

かい合わせにして，両方の扇子の山と谷を交互に組み合わせたような形になっている（図2-35）。このお互いの組み合わさっている部分のうち，表皮成分を角小葉（かくしょうよう）あるいは表皮葉（ひょうひよう），真皮成分を肉小葉（にくしょうよう）あるいは真皮葉（しんぴよう）とよび，その数は一蹄あたりそれぞれ約600枚である。それぞれの外貌は，シイタケのかさの裏側にある雛壁のようである（図2-34）。

蹄を裏返して蹄底をみると，蹄の外べりから8〜10 mm程度内側に入ったところまで平坦域があり，蹄負面（ていふめん）とよばれる。これは，野生馬では路面との摩擦で自然にかたちづくられるが，家畜馬では装蹄作業のなかで人為的に削切されてつくられている。

蹄負面では，蹄底の周囲を1周する幅5 mm程度の黄白色透明調の帯が，蹄壁と蹄底に挟まれてみえる（図2-36）。これが白帯（線）である。運動時，蹄が地面についてから，反回，離地するまでの間，蹄尖壁には床反力とよばれる上向きの力がかかり，一方，蹄底には末節骨に押されて下向きの力がかかる。この上下方向に発生する別々の力は，蹄壁と蹄底の結合域に著しい歪みを起こす。この歪んだ力をうまく緩衝するために，弾力に富む白帯（線）が存在している。装蹄の際，この部分より内側に釘を打ち込むと釘傷（ちょうしょう）となり，強い痛みが生じることが多い。

蹄底はお椀をひっくり返したようにいくらか凹んでいる。このため，平らな路面を走っている限り，地面と衝突する力は蹄負面に比べて小さい。しかし，蹄底が薄い馬では，路面などの硬いものが蹄底に直にあたると，角質内部の知覚組織に挫滅が発生し，著しい疼痛を示すことがある。

❸成長に伴う蹄形の変化

蹄が馬の発育に合わせて増大することを蹄の"成長"という。一方，蹄鞘（匣）がその産生母体から下方に伸びていく現象は，"生長"と書いて区別する。

生まれたばかりの馬の蹄形は丸くて小さいが，成長するにつれて図2-37のように前蹄は幅広の馬蹄形（ばていけい）になる。これは，①走っているとき，前肢が加速度のついた体重を支えるのに後肢よりも負担が大きいこと，②進行方向を変える際に軸となって体を支持すること，③歩行に必要なブレーキ力を生み出すこと，に適応した形態である。

一方，後蹄は重心を前方へ送り出す推進力を逃さないように，地面によく食い込む形として，蹄尖がとがった卵円形に変わっている。

出生時の蹄は全体に柔らかく，とくに蹄底部は蹄餅（ていぺい）とよばれるモチのように弾力がある軟角質で覆われており，母馬の体内にいるとき，胎膜を傷つけ

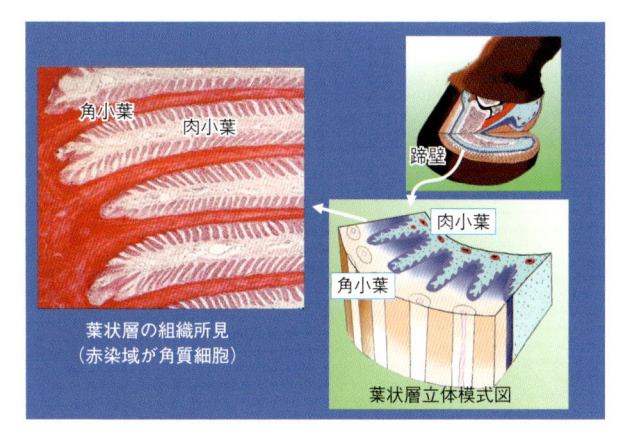

図2-35　蹄壁内面構造の一部拡大（JRA原図）

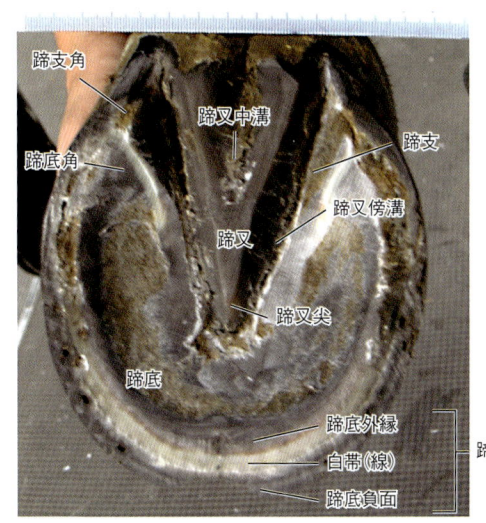

図2-34　蹄壁内面の構造（JRA原図）

図2-36　蹄の蹄底面（JRA原図）

第2章　馬体の構造と機能

ないようにできている（図2-38）。このときの体重は約50kgで，蹄尖部の角度は54〜56°，1年後には350kgと体重は7倍となり，蹄の角度は約50°と傾斜し，蹄面積は約3倍となる。成長に伴って蹄が受けるストレスは急激に増加し，きびしい条件下におかれるようになるため蹄形も変化する。

成馬の蹄が古い部分から完全に新しく代わる生長の期間は，軽種馬では蹄尖部で約10〜12ヵ月，蹄側部で約6〜8ヵ月，蹄踵部で約3〜5ヵ月，蹄底部・蹄叉部で約2〜3ヵ月といわれる。一般に，蹄壁の1ヵ月の生長は約8〜10mmで夏季に大きく，冬季に小さい。ちなみに人では1日0.1〜0.4mmツメが伸び，馬蹄の生長速度はこれと大差はない。

伸びすぎは肢蹄のためにはよくないため，少なくとも20〜30日ごとに伸びた角質を削り取って新しい蹄鉄を付け替えなければならない。伸びるにまかせた蹄は蹄踵が潰れ（弱踵蹄），蹄尖が長くなり（過長蹄），過剰な力を肢蹄に強いることとなる。蹄の生長の度合いを左右するものとして，馬の栄養状態，蹄の健康状態，毎日の運動量，年齢などがある。

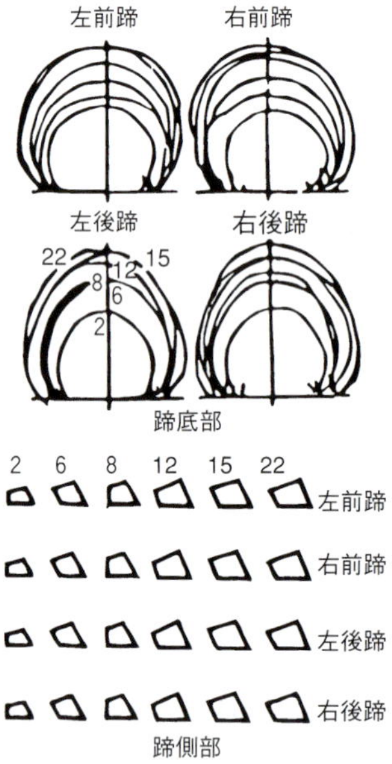

❹蹄輪（ていりん）

蹄壁の表層には横に走る細い溝あるいは隆起が認められるが，これを蹄輪とよんでいる（図2-39）。この蹄輪はさまざまな自然環境や栄養状態に応じて，肢の血液循環に変化が生じ，つくられる蹄壁の生長に差ができたものである。したがって，蹄輪の出現はその馬の生活の過去と深くかかわっている。

蹄病の結果，蹄冠帯との平行が崩れた異常な蹄輪が出現することがある。蹄葉炎では蹄尖域の生長が鈍化するため，蹄尖で狭く，蹄踵で広い不整蹄輪が出現する。一方，正常な蹄でも，季節の変わり目，飼糧の給与量の変化に反応して，ごく浅い蹄輪が蹄冠帯と平行するように蹄全周を巡っているのが観察されることがある。これは生理的蹄輪とよばれるもので異常ではない。蹄輪を注意深く観察し，その変化の意味を推察することは，蹄の状態や過去に起こったできごとを知る上で重要である。

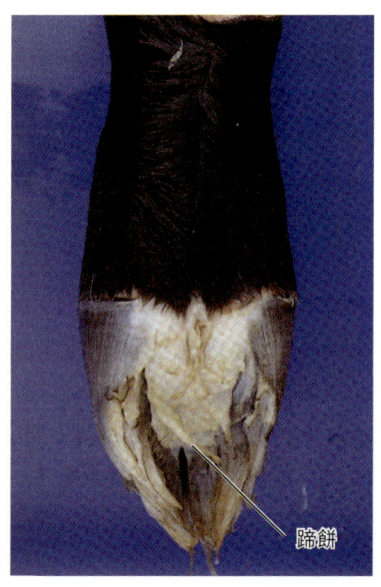

数字は月齢を示す。
（黒瀬利市ら：獣医畜産新報，523，文永堂出版，1970）
図2-37 成長に伴う蹄形の変化

図2-38 生後間もない馬の蹄底部
（JRA原図）

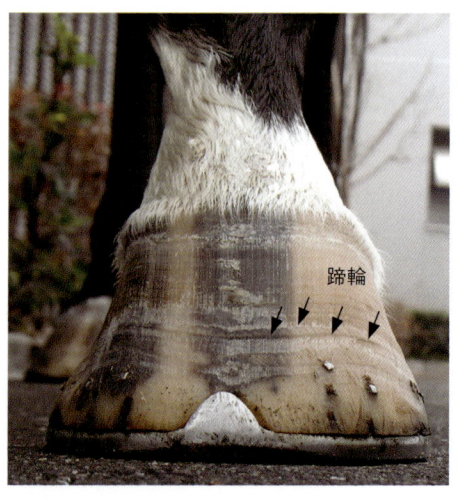

蹄壁の外面に木の年輪のように横に走る細い溝と隆起をいう。
図2-39 蹄輪（JRA原図）

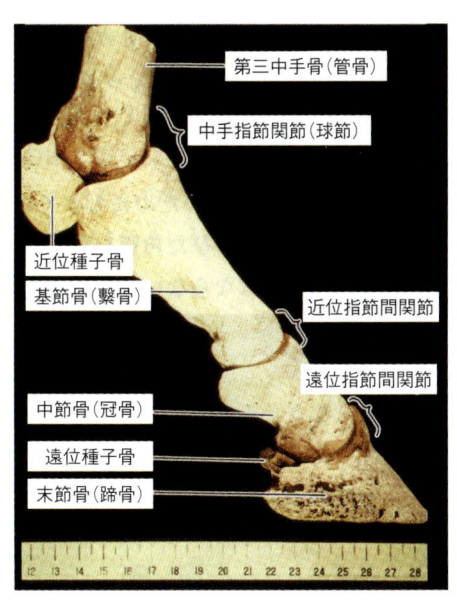

図2-40　指端部の骨（JRA原図）

図2-41　指端部に分布する血管（JRA原図）

❺強靭性

蹄壁の強度には個体差があるといわれる。その違いを演出していると考えられてきた構造に，角細管（かくさいかん）とよばれる特徴的な円柱構造がある（図2-26，図2-29）。これは蹄冠部（ていかんぶ）から蹄底に向かって，多数，縦走しており，竹を水平に横断したときにみえる篩管（ふるいかん）と分布の様相や形態学的特徴が似ている。竹の篩管は水分の通り道であると同時に力学的な補強構造であることが知られているが，同様に，角細管も蹄壁に潤いをもたらすための水の通り道で，蹄壁の強度を増すための力学的単位と考えられてきた。しかし，すべて角質組織で構成される角細管と角細管間角質（角間質）では，水分の浸透性に違いはないという報告もあり，角細管だけが水の通り道とする仮説の真偽は不明である。また，蹄壁の強度と角細管密度との関連性を科学的に証明した報告もない。

角細管とは書くが，中心は空洞ではない。中心には比較的軟質な角質細胞が集合した髄質（ずいしつ）が存在する。そして，その周囲を多数の硬い角質細胞が同心円状に囲んだ皮質（ひしつ）が取り巻いており，全体に充実構造をとる。ただ，蹄負面に近い領域では，乾燥のためか，髄質が収縮して空洞化する傾向がある。よって，削蹄時に得られた角質片を観察すると，中空な角細管がいくつか認められる。蹄壁の深層（蹄壁真皮に近い側）の角細管は太いが，表層へ移行するにつれて細くなる。また，角細管の密度は蹄尖部でもっとも多く，蹄踵部でもっとも少ないが，四肢での差はない。なお，この角細管は扁

爪や鈎爪では肉眼的には認めにくい。

4. 蹄の内部の仕組み

(1) 末節骨（蹄骨，ていこつ）

蹄の内部にある骨，すなわち末節骨（蹄骨，図2-40）は体重の負担のバランスの維持に有利なように半円形をしている。この骨の前面には，総指伸腱といわれる蹄の関節を前方に伸ばす腱が，また後面には深屈腱という蹄の関節を後方に屈する腱が付着している。

(2) 蹄軟骨（ていなんこつ）

末節骨（蹄骨）の内側と外側の両側にはそれぞれ蹄軟骨が厚い貝殻のような形をして，末節骨近位端に付着している。この内・外側の蹄軟骨の間には蹄枕や静脈叢が包含され，蹄踵や蹄球（ていきゅう）の膨らみをつくっている。

(3) 蹠（跖）枕（せきちん）

蹄踵部には，軟骨や弾力性のある結合織のかたまりからできている蹠枕が内含される。蹄にかかる数百kg以上の体重負荷や衝撃は，これが変形することで緩衝され，柔らかく体重を受けとめることができる。

(4) 血管と神経

肢軸に沿って走る内側と外側の2本の太い血管は，蹄の各所の栄養を司っている（図2-41）。これらの血管は

神経とともに末節骨(蹄骨)に入り，骨を通り抜けて真皮組織に達すると多数の血管に別れ，これらが蹄全体に網をかけたように骨を包み込む。血液の供給量が多い方が，蹄壁の生長速度は速くなると考えられている。

5. 蹄機

末節骨(蹄骨)，蹄軟骨および蹄枕はつぎのような仕組みと働きをもっている。

まず，蹄が地面に着いたとき，肢全体にかかる重みが，蹄の内部にある半円形をした末節骨と蹄後半の両側にある蹄軟骨に伝わり，受けとめた重み(負重)により，蹄壁の横幅のもっとも大きなところから後半分を外側に広げる。蹄が地面から離れると元の形にもどる。このような蹄の着地と離地に伴って，自動的に起こる蹄後半部の開閉作用を蹄機という。

この蹄機の作用によって，肢の末端であるがために滞りがちな蹄内の血液を，心臓に押し返すことができる。以前は，蹄機が最大に広がるときに蹄内の血液は心臓側に押し戻されると考えられてきた。しかし近年では，これとは別に，蹄機が広がる際には蹄内の知覚組織は強制的に広げられており，その結果，組織内静水圧はむしろ陰圧で血液は蹄内に流入し，蹄の反回開始から離地までの間に，蹄内血液が押しもどされていくという説が有力視されている。

Column3

蹄壁生長の不思議

馬蹄の生長，すなわち毎日少しずつ生え際(蹄冠)から指先(蹄負面)に向かって伸びていく蹄壁の変化は実に興味深い。毎日，私たちの体にも起こっていることなので，爪や蹄壁の角質が伸びることに疑問をもつヒトはいない。しかし，角質は肉質な知覚組織から離れることがないのに，生え際で細胞分裂後，先へ先へと移動していく。この現象は科学的には不可解である。接着し続けることと移動することとは相反するからである。移動するならそこからいったん離れなくてはいけないうえに，移動後，再度接着し直さなくてはならない。この動作を繰り返すことで初めて角質は体から離れることなく少しずつ伸びていくことができるが，この仕組みが証明されていない。馬蹄では，スライディング・コンセプションとよばれるシステムにより，蹄壁を知覚組織に接着させながら生長させているといわれている。スライディングという名称のとおり，硬い角質は知覚組織の上をうっすらと覆う未角化な表皮細胞層の上を滑って移動するというのである。さて，硬角質は生の営みをほとんど停止してしまった細胞の塊である。それら細胞群がどうやって下層の表皮細胞群と自由に接着，離脱，移動，接着を繰り返すというのか。これらの事象は，見た目以上に細胞の高度な機能を要求され，活発な生の営みを表現している。科学的に蹄壁生長の仕組みを証明した者が1人もいないのは，証明するテクニックが未開発だからである。基礎研究が進み，その生長の仕組みを解明できる新技術が開発されることを世界の蹄研究者が待ち望んでいる。

V 血液・循環器系

細胞や組織に酸素と栄養を与え，炭酸ガスと老廃物を運び去る役目をはたしている血液は，心臓の拍動によって全身に送り出され，動脈系→毛細血管→静脈系を経て再び心臓に戻ってくる。血液成分の一部は毛細血管からしみ出し，リンパ液として細胞や組織の間隙を満たしている。リンパ液は全身にはりめぐらされたリンパ管に流れ込み，静脈系に合流する。

心臓・血管系およびリンパ系を合わせて循環器系という。

1. 血液の成分と働き

馬の血液量は，サラブレッドで体重のおよそ11％，輓馬，乗用馬で6〜8％とされ，470kgのサラブレッドでは約50Lの血液が血管のなかを流れている。血液は液体成分である血漿とそのなかに浮かんでいる血球（赤血球，白血球，血小板）から成り立っている。

❶赤血球

赤血球は全血液の40〜45％を占め，その主な働きは，全身の細胞や組織に酸素を供給することである。酸素を運搬するのは，ヘモグロビンとよばれる鉄を含む赤色の色素タンパクである。

赤血球は中心が凹んだ円盤状の，核をもたない細胞である。馬の赤血球はヒトに比べてサイズ（平均赤血球容積；MCV）が小さく，単位容積あたりの赤血球数も多い（表2-2）。一方，生体には緊急に備えて脾臓や肝臓などに赤血球が備蓄されており，馬では大部分が脾臓に貯蔵されている。この予備赤血球の量が競走馬ではきわめて多い。運動時にはこれらが動員されることにより，血液のなかの血球容積比（PCV）が著しく増加する。競走馬では安静時のPCVは35〜45％であるが，最大強度の運動時には55〜65％に達する。それに関連して，赤血球に含まれるヘモグロビン濃度（Hb）も増加する（表2-3）。

❷白血球

白血球は体に侵入してきたウイルスや細菌などの異物を攻撃して，体を守る働きをしており，顆粒球，リンパ球，単球に分けられる（図2-42）。

運動に伴う白血球系の変動については，あまり知られていないが，従来，競走馬ではコンディション判定の指標の1つとして，好酸球数が測定されたことがある。

表2-2　各種動物の赤血球数と平均赤血球容積

動物種	赤血球数（×10^4/μL）	平均赤血球容積（fL）
サラブレッド	945	43.6
輓馬	750	46.7
牛	600	55.8
羊	1,100	29.9
豚	790	58.4
犬	700	67.4
ヒト	450	82.0〜92.0

表2-3　運動に対する血球容積比（PCV）とヘモグロビン濃度（Hb）の変化

	安静時（rest）	常歩（walk）	速歩（trot）	駈歩（canter）	襲歩（gallop）
血球容積比（%）	42.0±4.1	48.5±4.6	51.6±3.3	55.7±3.6	57.6±3.5
ヘモグロビン濃度（g/dL）	15.3±1.4	17.7±1.5	19.5±1.3	20.9±1.3	21.7±1.2

運動は10％傾斜のトレッドミル上。
常歩は1.8〜2.0 m/秒，速歩は3.0〜3.4 m/秒，駈歩は5.4〜6.0 m/秒，襲歩は9.8〜10.4 m/秒。

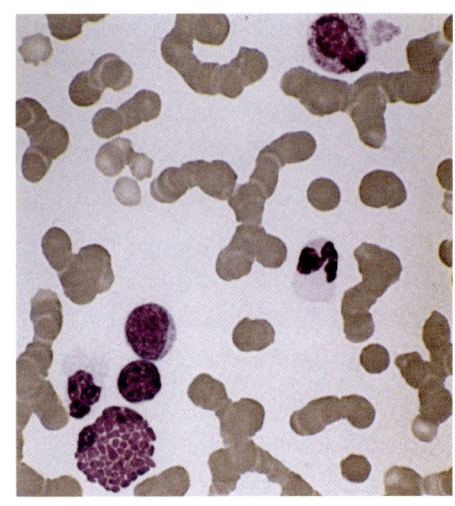

a) 上から好塩基球(細胞質に小顆粒を有す)，好中球，リンパ球(2個)，好中球，好酸球(細胞質に大顆粒を有す)

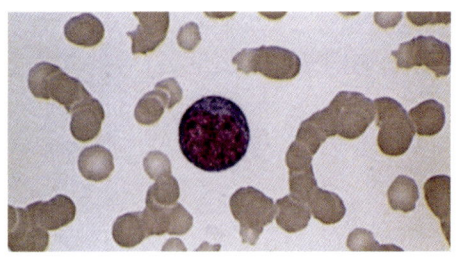

b) 好中球

c) 好塩基球

d) リンパ球(細胞質は青色で，抗体分泌型核のクロマチンは凝集塊をつくる)

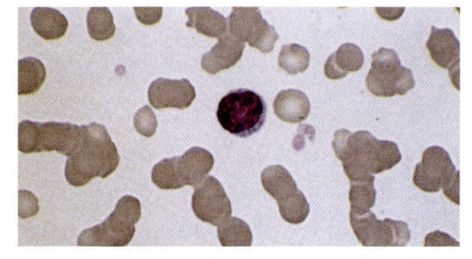

e) リンパ球(小型)

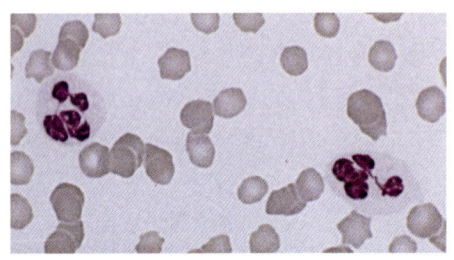

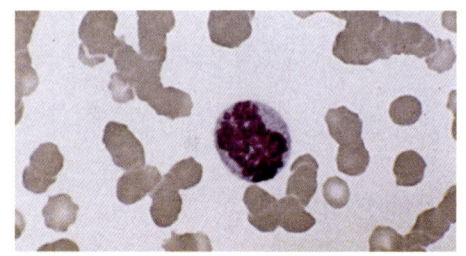

f) リンパ球(分裂中)

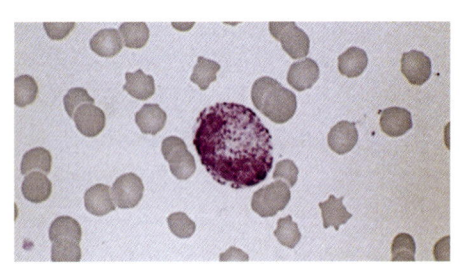

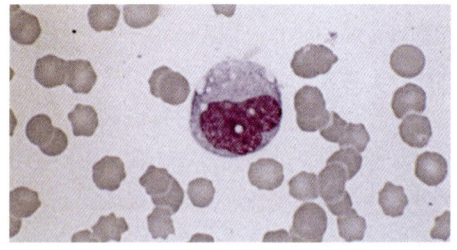

g) 単球(核は不整形でクロマチンは網目状，細胞質は広く，しばしば空胞を認める)

図2-42 馬の白血球

(1) 顆粒球
　①好中球：細菌などが侵入してきたところに遊走し，細菌を食べて消化する(貪食・殺菌)。傷口から出る膿は細菌と戦って死滅した好中球の残骸である。
　②好酸球：アレルギー疾患や寄生虫感染症の際に増加するという特徴がある。また，競走馬では過労により血液中の数が減少する。
　③好塩基球：ヒスタミンやヘパリンを含んでおり，アナフィラキシーショックやじんま疹を引き起こすことがある。

(2) リンパ球
　免疫反応に関係する細胞で，抗体を産生するB細胞，細胞性免疫を担当するT細胞および非特異的キラー活性をもつNK細胞などに分けられる。

(3) 単球
　体に侵入した異物を取り込み消化するとともに，免疫反応を開始するように指令を出す役割を担っている。

❸血小板
出血後の止血と血液凝固に関与している。

❹血漿

血液の液体成分で，無数のイオンや分子を含んでいる。細胞に必要な水分や塩分，カルシウムなどの量を調節したり，臓器の働きを活性化するタンパク質やビタミン・ホルモンなどを運搬したりする。また，止血や血液凝固に関係するフィブリノーゲン，免疫に関与する各種グロブリンなども含まれている。

2．競走馬の血液の特徴

競走馬の使命は，いうまでもなく，その背にヒトを乗せ，一定の距離をより速いスピードで走り抜けることである。

このため，競走能力を高めるように，馬体の構造機能を発達させてきた。さらに，走ることとは直接的に関係のない器官・臓器にも，日々の運動の影響を強く受けた変化が多く認められる。このような発達・変化は血液成分でも起こっており，競走馬の血液は走ることに適応したいくつかの特徴をもっている。以下に，血液を構成する成分について，その特徴を略述する。

❶赤血球

運動時に増加するエネルギー要求を満たすためには，大量の酸素が必要である。酸素は肺で取り込まれ，その大部分が筋肉で消費されるが，両者を結びつけている赤血球にも，当然それなりの役割が要求されることになる。競走馬の赤血球には，以下のような特徴が認められる。

第1には，単位容積あたりの赤血球数が多いことであり，平均945万/μLとヒトのほぼ2倍の値を示している（表2-2）。しかし，安静時のPCVやヘモグロビン量は，赤血球数が多いわりにはそれほど高い値は示さず，他の動物と比較してもほとんど差が認められない。競走馬の赤血球の数は多いが，その1個あたりの容積（大きさ）は小さく，ヒトのほぼ半分になっている。このように，容積が半分になると，その表面積は約25％程度増加することになり，肺あるいは各組織，とくに筋肉における酸素の授受に有利な構造と考えられている。

第2には，予備赤血球の量がきわめて多いことがあげられる。生体には緊急の場合に備えて，脾臓や肝臓などにかなりの量の赤血球が貯蔵されている。馬では，その大部分は濃縮した状態で脾臓に蓄えられている。切除直後の脾臓重量は平均10.3kg（6.1～13.2kg）で，体重に対する脾臓重量比に換算すると平均1.85％になるとの報告もある。また，そのなかに含有される血液の量は，平均4.6kg（2.7～6.3kg）であったという。脾臓の重量は採材条件に左右されるとはいえ，脾臓重量比は，他の動物に比較すると数倍以上になる。

第3の特徴は運動に対する変化である。馬においてはPCVがほぼ運動強度に比例して増加する（表2-3）。安静時のPCVは，年齢による若干の相違はあるものの，成馬で35～45％である。これが速歩程度の低強度の運動においても，45～50％程度に上昇する。さらに，最大酸素摂取量（$\dot{V}_{O_{2max}}$）に達するような最大強度の運動となると，55～65％にも達する。

運動時のこのような顕著な増加は，ヒトでは通常認められず，馬に近い値を示すものは，競走犬（グレーハウンド）のみであり，運動能力の高い動物に特異的なものと考えられている。この運動時の著明なPCVの増加の原因としては，前述の脾臓に貯蔵された血液が動員されること，運動による血圧の上昇により血中の水分が血管外に漏出することなどが指摘されていたが，脾臓摘出を行った馬では，運動負荷によるPCVの増加がわずかであったことから，馬の運動中に起こるPCVの増加には，脾臓に貯蔵された予備血液の関与が大きいと考えられる。

赤血球の主な働きは，酸素を肺から各組織に運搬することであるが，その際に重要な役目を演ずるのが，動脈血の酸素分圧（PaO_2）と酸素飽和度である。安静時のPaO_2は約100mmHgであるが，運動を開始すると徐々に低下する。競走馬においては，$\dot{V}_{O_{2max}}$に達するような激しい運動時には，70～80mmHgまで低下し，著明な運動性低酸素血症を示す（表2-4）。

このような運動性低酸素血症は，ヒトでは通常認められず，一流の運動選手において観察されているにすぎない。馬の運動性低酸素血症の主な原因は，肺胞における酸素の拡散障害であると考えられている。PaO_2の低下したこのような状況下で，馬はPCVの増加によるヘモグロビン濃度の上昇（20～23 g /dL）により，運動時に要求される酸素の量を高いレベルで維持している。

❷白血球

白血球系は運動に関する直接的な影響が少ないため，馬においては運動に関する変化についての研究はあまり行われていない。しかし，人間スポーツ医学の分野では多くの研究が行われており，馬においても最近では興味がもたれている。

白血球変化の比率は，馬が受けたストレスの程度，つまり運動の強さと持続時間に影響を受ける。総白血球数

表2-4 運動に対する動脈血酸素分圧・酸素飽和度・酸素含量の変化

	安静時 (rest)	常歩 (walk)	速歩 (trot)	駈歩 (canter)	襲歩 (gallop)
動脈血酸素分圧(mmHg)	101.8±4.2	100.9±3.3	99.9±4.2	91.1±7.3	80.3±4.4
動脈血酸素飽和(%)	97.7±2.3	97.7±2.3	97.3±2.4	95.6±2.8	84.3±3.4
動脈血酸素含量(mL/100mL)	21.1±2.1	24.3±2.4	26.0±1.9	27.4±1.9	25.4±1.4

運動は10％傾斜のトレッドミル上。
常歩は1.8〜2.0m/秒，速歩は3.0〜3.4m/秒，駈歩は5.4〜6.0m/秒，襲歩は9.8〜10.4m/秒。

は運動により10〜30％程度増加するが，赤血球にみられるような顕著な変化は認められない。軽度の運動では，好中球増加とリンパ球減少を伴う白血球増加が起こる。最大運動時では，軽運動時とは若干異なり，リンパ球増加によるわずかな白血球増加が起こるが，数時間で復帰するといわれている。

　競走馬がもっている全能力をレースで発揮するためには，コンディションがよい状態にあることが必要である。コンディションの判定は非常に難しい問題であるが，これらの判定のための1つの方法として，赤血球系の指標である赤血球沈降速度(赤沈)と体重から求める赤沈・体重法(図2-43)が以前はよく用いられていた。これに加えて白血球の1つである好酸球数を測定する方法が，赤沈・体重法と同様に用いられることがある。

❸血清，血漿酵素

　血清および血漿に含まれる物質の種類は多いが，生理的物質には日内変動があるため，その評価の際には注意が必要である。大部分の成分で日内変動が観察されるが，トレーニングを日常的に行っている馬では，運動による一過性の変化の影響が大きい。以下に運動に起因すると思われる成分の変化について簡単に記載する。

　血清中に含まれる酵素は数多いが，筋肉の障害を示す酵素として，一般的に測定されるのはアスパラギン酸アミノトランスフェラーゼ(AST, GOT)，クレアチンキナーゼ(CK)，乳酸脱水素酵素(LDH)である。激しいトレーニング後には，これらの酵素活性の上昇が認められる。また，耐久走や総合馬術のような軽度で長時間の運動において，著明に増加することが知られている。しかしながら，必ずしも臨床上異常を示すとは限らないため，総合的な判断が必要となる。

❹グルコースおよび脂肪酸

　血清中に含まれる物質のなかで，グリコーゲンが分解されてできるグルコースや脂肪酸や中性脂肪などは，運動時のエネルギー源として重要である。血漿中のグル

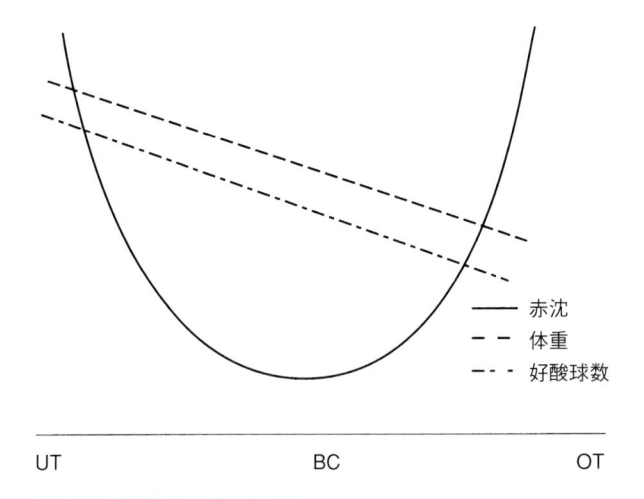

―― 赤沈
--- 体重
-‧- 好酸球数

UT　　　　　BC　　　　　OT

UT：未調教または軽調教
BC：ベストコンディション
OT：過調教または疲労

図2-43　競走馬の調教状態と赤沈，好酸球数および体重の変動

コースは短時間の運動により増加するが，長時間の運動では，肝臓のグリコーゲン量の減少の結果，むしろ減少する。短時間の運動の後でグルコース濃度が増加する程度は運動強度に関連し，運動中の交感神経活性に関連しているものと考えられる。

　非エステル型脂肪酸(NEFA)は，マラソンなどの長時間の運動における主要なエネルギー源であるといわれている。馬においても，耐久走や総合馬術の後に高い値が認められていることから，重要であると考えられている。

❺乳酸

　乳酸は筋肉中ではグリコーゲンの分解(解糖)によって生じる。一定強度の運動を数分間行った後の血中乳酸濃度は，その運動強度が高まるにつれて増加する。

　運動強度の増加に伴う血中乳酸濃度の増加は，心拍数などのように運動強度に対して直線的ではなく，指数関数的に増加することが示されている(図2-44)。一般的に，乳酸は有酸素性のエネルギー供給によっては産生されないため，血中乳酸濃度が急激に増加するあたりの運動強度から，無酸素性のエネルギー供給が開始されたと

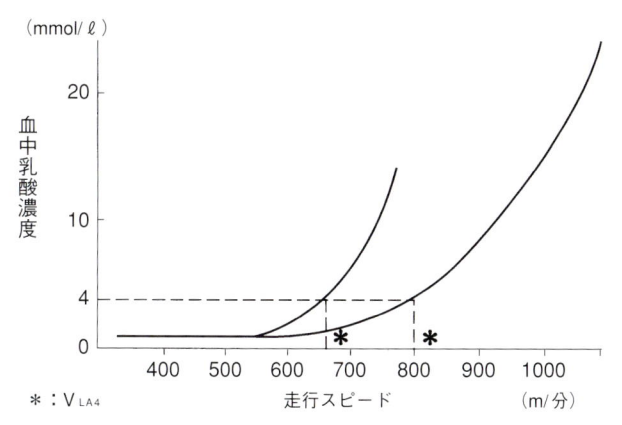

図2-44 血中乳酸濃度と走行スピードとの関係
*：V_{LA4}
トレーニングが進むとV_{LA4}の値は増える。

考えることができる。

漸増運動負荷中の各段階で血液を採取し，血中乳酸濃度を測定すると，およそ4 mmol/Lの血中乳酸濃度が，活動筋における乳酸の蓄積を反映しているといわれている（血中乳酸濃度4 mmol/LをOBLAという）。このOBLAを示す運動強度は，有酸素運動の上限あたりの運動強度と考えられている。競馬のようなほぼ最大と考えられる運動強度では，血中乳酸濃度は20〜30mmol/Lとなる。

前述のOBLAを示す運動強度は，馬のスポーツ医学の分野においても，V_{LA4}（OBLAを示す走行スピード）として用いられている。トレーニングにより有酸素運動能力すなわち持久力が増すと，同一の運動負荷に対して筋肉内で産生される乳酸の量は減少する。したがってV_{LA4}は増加し，より効率的に走ることが可能となる。この指標は，V_{200}（心拍数が200拍/分を示す走行スピード）と同様に，若馬のトレーニング効果判定や，体力の評価に用いられている。

血中乳酸濃度の測定は，従来は非常に煩雑かつ高価であったが，近年は簡易型の測定装置が開発され，ヒトのスポーツ医学の分野では一般的に用いられている。競走馬のトレーニングにおいても，この簡易型の測定器を用いて体力を評価する試みが行われている。

3. 心臓循環系の働き

馬，とくにサラブレッドは非常に高い運動能力を有している。これは馬体を構成している各臓器および各器官が，高い運動特性を有することによる。なかでも，心臓循環系機能はきわめて優秀であると考えられている。本項では運動に対する反応・適性を中心に，馬に認められる特徴を述べる。

❶心臓重量

動物の心臓の重量と体重との関係をみると，体の大きい動物ほどそれに応じた大きな心臓をもっているのが普通である。しかし，この関係を心臓重量比（心臓重量/体重×100）でみると，一般に，動きの少ないゾウや牛などよりも，活動的な犬や馬などのほうが大きく，心臓の大きさは運動能力に密接に関与しているものと思われる（表2-5）。

馬の心臓重量比は，活動的な品種ほど大きく，同じ品種内でもトレーニングの程度により異なるといわれている。重種であるペルシュロンでは心臓重量比は0.61%（心臓重量：4.7kg，体重：771kg）であるが，より活動的と思われる軽種のサラブレッドではトレーニングしていない場合でも約0.94%（心臓重量：4.1±0.6 kg，体重：446±55kg）である。さらに，よくトレーニングされたサラブレッドでは約1.10%（心臓重量：4.8±0.7kg，体重：438±35kg）となる（表2-6）。

Sissonの解剖学書によると，伝説的な名馬であるエクリプスの心臓は6.5kgであったと記載されており，体重を仮に450kgとすると，心臓重量比は1.4%を越えることになる。ヒトの一流スポーツ選手にみられる大きな心臓はスポーツ心臓といわれるが，サラブレッドの心臓もスポーツ心臓の典型といえる。

❷心拍数

(1) 安静時心拍数

馬の安静時の心拍数は一般に30〜40拍/分であるが，心理状態に大きく影響される。興奮などの精神的な情動によって，心拍数は100拍/分まで一過性に上昇することがあり，これは自律神経系の反応に起因するものと考えられている。よくトレーニングされた馬はトレーニングをしていない馬に比べて，安静時心拍数が減少するといわれており，一流の競走馬では25〜30拍/分の心拍

表2-5 哺乳動物の心臓重量と体重の関係

種類	体重(kg)	心臓重量(g)	心臓重量比
馬/サラブレッド	485	4,688	0.97
ペルシュロン	771	4,700	0.61
ヒト	60	250	0.42
グレイハウンド	24	309	1.29
牛	552	1,905	0.35
ゾウ	6,654	26,080	0.39

心臓重量比＝（心臓重量÷体重）×100。

表2-6 心臓重量・心臓重量比とトレーニングの関係

	A	B	C	D	合　計
例数	29	7	12	13	61
年齢（月）	50 ± 11	69 ± 17	36 ± 3	34 ± 6	45 ± 14
体重（kg）	438 ± 35	426 ± 45	429 ± 33	446 ± 55	435 ± 40
トレーニング期間（月）	19.0 ± 11.8	20.7 ± 14.1	2.9 ± 1.3	0	—
休養期間（月）	0	12.6 ± 8.0	0	0	—
心臓重量（g）	4,815 ± 692	4,250 ± 674	4,282 ± 564	4,134 ± 550	4,500 ± 694
心臓重量比（%）	1.10 ± 0.14	0.99 ± 0.10	1.00 ± 0.09	0.94 ± 0.16	1.03 ± 0.15

A：よくトレーニングされたグループ　　B：トレーニング後休養したグループ
C：トレーニング期間の短いグループ　　D：トレーニング経験のないグループ

数も観察されている。これはトレーニングによる迷走神経緊張によるものと考えられている。

(2) 運動時心拍数

最大下運動（最大強度には達しない強度の運動）では，運動の開始とともに心拍数は速やかに増加し，約45秒以内でほぼ最大レベルに達し（オーバーシュート），その後若干減少して，2～3分で定常状態に達する。最大下運動でみられるこのオーバーシュートの原因は，主に脾臓に貯蔵されていた赤血球と血漿の動員がすぐに追いつかないことによるものと考えられている。最大強度の運動では，このオーバーシュートは明らかではなく，45～120秒以内でほぼ定常状態に達する。ヒトでは脾臓の赤血球貯蔵機能が馬と異なるため，最大下運動における心拍数のオーバーシュートは馬ほど顕著ではない。

運動強度の増加に伴って心拍数は増加する。運動強度を増加させる方法としては，①走行スピードを増す，②走路面の傾斜を増す，③騎手の体重，すなわち積載重量を増す，などの方法がある。馬は一般に走行スピードの増加に伴って，歩法（4本の肢が規則的に繰り返す動きのパターンのことをいい，大きく分けて常歩，速歩，駈歩，襲歩の4つがある）を変換する。この歩法の変化に伴って心拍数も変化し，サラブレッドでは，常歩で40～100，速歩で80～150，駈歩で130～200，襲歩で200～240拍/分となる。

最大下運動においては，心拍数と走行スピードとの関係は直線関係を示すことから，その回帰直線を求めることにより，運動強度の把握，馬の体力とくに持久力の評価，トレーニングや脱トレーニングの効果判定などを行うことができる。たとえば，トレーニングにより有酸素運動能力すなわち持久力が増すと，前記の回帰直線から求められるV_{200}は増加する（図2-45）。つまり，同じ心拍数でも，トレーニング前に比較してより速いスピードで走行することができるようになる。逆にいうと，同一強度の運動負荷に対し，より少ない心拍数で走行できるようになる。V_{200}は，若馬のトレーニングによる持久力評価のよい指標として用いられている。

運動強度がさらに強くなると，運動強度と心拍数の直線関係は消失し，心拍数は最大レベルでほぼ横ばいとなる。このとき得られた個々の馬の心拍数の最大値を，最大心拍数という（図2-45）。最大心拍数はかなりの個体差があるといわれているが，サラブレッドではおおむね230～240拍/分の範囲内にある。ヒトでは年齢の増加とともに最大心拍数の低下が認められるが，馬では年齢との関係は明らかにされていない。

従来，運動中の心拍数は，テープ心電計やテレメータ方式により記録された心電図から求めていた。これらの方法は，心電図そのものを記録しているため，心房細動などのような運動中にみられる不整脈の診断には非常に有用である。しかしながら，心拍数の測定だけが目的であれば，心電計の装着や使用する電極の装着が煩雑で

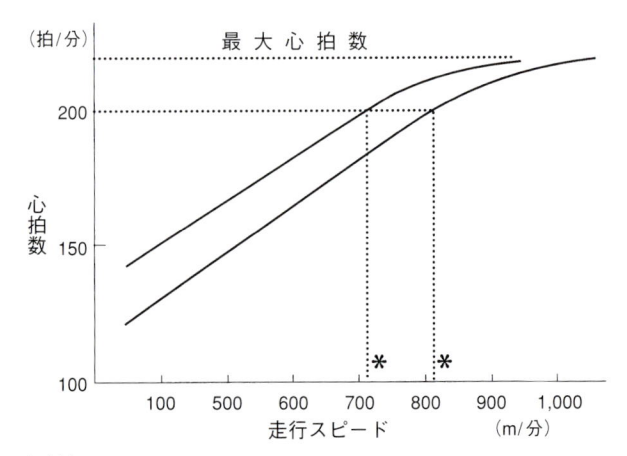

＊：V_{200}

トレーニングが進むとV_{200}値も増える。

図2-45 心拍数と走行スピードとの関係

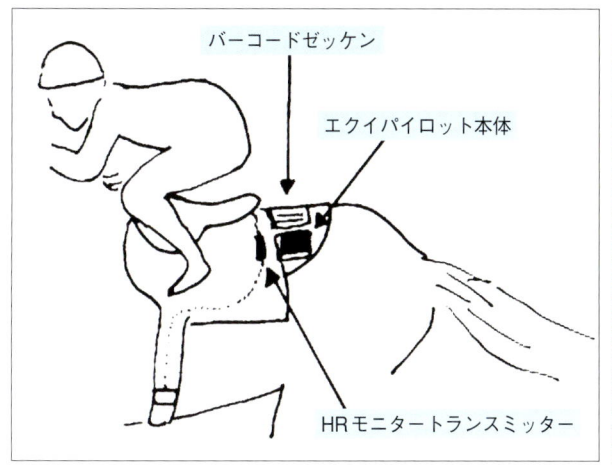

図2-46　調教中の心拍数測定（GPS/HR記録システム）（JRA原図）

表2-7　運動時の呼吸循環系指標の変化

	常歩 （walk）	速歩 （trot）	駈歩 （canter）	襲歩 （gallop）
酸素摂取量（mL/kg/分）	42.2 ± 4.9	67.2 ± 9.3	113.5 ± 14.8	166.2 ± 11.9
分時換気量（L/分）	579.2 ± 131.4	921.7 ± 141.2	1337.6 ± 148.0	1645.7 ± 167.9
1回換気量（L）	7.4 ± 1.5	10.0 ± 1.2	12.2 ± 1.3	14.2 ± 1.4
心拍数（拍/分）	128.1 ± 12.0	141.6 ± 12.5	182.0 ± 16.7	224.0 ± 8.9
心拍出量（L/分）	165.8 ± 23.1	207.8 ± 27.9	263.3 ± 25.7	329.6 ± 23.7
1回拍出量（L）	1.37 ± 0.16	1.48 ± 0.27	1.46 ± 0.17	1.49 ± 0.13

測定は10％傾斜のトレッドミル上。
常歩は1.8〜2.0m/秒，速歩は3.0〜3.4m/秒，駈歩は5.4〜6.0m/秒，襲歩は9.8〜10.4m/秒。

あることや運動中の心拍数をリアルタイムで得ることが困難であるという欠点があった。近年，ヒト用に開発された心拍数計を馬に応用することにより，運動中の心拍数をリアルタイムで測定することが可能になった（図2-46）。日常のトレーニング時の心拍数を測定することにより，トレーニング強度をリアルタイムに調節することやV₂₀₀を用いた若馬の体力判定を行うことが容易となった。

❸心拍出量

　心拍出量とは心臓から駆出される1分あたりの血液量であり，心拍数と1回拍出量の積で表される。1回拍出量とは，それぞれの心室から1回の心臓の拍動によって駆出される血液量である。

　サラブレッドの安静時の1回拍出量は0.8〜0.9L，心拍出量は25〜35L/分である。最大下運動では，1回拍出量は運動により20〜50％増加するといわれているが，他の研究では一定の運動強度から先はあまり変化しなかったと報告されている。

　心拍出量は，運動強度につれて増加し，最大強度の運動時には250〜300L/分となる（表2-7）。この増加は1回拍出量の増加よりも，主に運動による心拍数の増加に依存している。運動による心拍出量の増加は，運動中の酸素摂取量（$\dot{V}_{O_2}$）の増加に起因している。$\dot{V}_{O_2}$は心拍出量と血液中から筋肉に取り込まれる酸素の総量から決まり，以下の式で表される。

　　酸素摂取量（$\dot{V}_{O_2}$）＝心拍出量×動静脈酸素較差
　　　　　　　　　　　　＝心拍数×1回拍出量×動静脈酸素較差

　$\dot{V}_{O_2}$は1分間あたりに体内に取り込むことのできる酸素の量を表し，その個体全体での値（L/分）あるいは体重あたりに換算した値（mL/kg/分）で示される。$\dot{V}_{O_2}$は呼気ガス分析を行うことにより求めることができ，ヒトにおいてはトレッドミルや自転車エルゴメータで運動する際に，マウスピースや呼吸マスクを装着して測定している。馬においては，近年，馬用トレッドミルの普及と呼気ガス測定システムの開発に伴い，その測定は比較的容易となった（図2-47）。

　$\dot{V}_{O_2}$は，運動強度の増加とともに増加するが，ある運

図2-47 馬における酸素摂取量測定（JRA原図）

動強度からはそれ以上増加せず，ほぼ横ばいとなる。このときの値を最大酸素摂取量（$\dot{V}_{O_{2}max}$）とよぶ。各個体におけるこの$\dot{V}_{O_{2}max}$は，持久力のもっともよい指標といわれている。騎乗馴致後のサラブレッドでは，$\dot{V}_{O_{2}max}$は135〜150mL/kg/分程度であるが，よくトレーニングされたサラブレッドでは160〜190mL/kg/分となる。これらの値は，ヒトのマラソンなどの一流選手の値（80〜85mL/kg/分）に比較しても高い値であり，馬は$\dot{V}_{O_{2}max}$がもっとも高い動物の1つである。

❹血圧

　動脈血圧は心臓の収縮期に高く（収縮期血圧），拡張期に低く（拡張期血圧）なり，その両者の差を脈圧という。動脈血圧は心拍出量と総末梢血管抵抗により決まる。この血管抵抗は第1に小動脈の緊張に影響されるが，血液の粘性にも影響を受ける。サラブレッドにおける安静時の値は，収縮期圧100〜130mmHg，拡張期圧60〜80mmHg，平均血圧80〜100mmHgといわれている。

　また，動脈血圧は運動の影響を受ける。軽度のトレッドミル運動では，動脈血圧に及ぼす影響はあまり認められないが，激しい運動では，平均動脈血圧は有意に上昇する。心拍数が平均220拍/分を超えるような激しい運動では，平均動脈血圧は約170〜200mmHgにも達する。

　運動に起因する馬特有の疾病として，運動誘発性肺出血（EIPH）がある。この疾病の発症にはさまざまな要因の関与が示唆されているが，馬では運動中の肺動脈圧が高いことがその一因とされている。平均肺動脈圧は，安静時には25〜30mmHgであるが，激しい運動中には80〜90mmHgまで上昇することが知られている。

VI 呼吸器系

　呼吸器は鼻腔，咽頭，喉頭，気管，気管支，肺，胸膜で構成されている（図2-48）。呼吸器の役割は体に必要な酸素を体内へ取り入れ，細胞生活の終末産物である炭酸ガスを吐き出すことにある。この酸素の通り道を気道とよんでいる。気道は上気道と下気道に分けられ，上気道は鼻腔と咽頭をいい，下気道は喉頭以下の部位をいう。

1. 上気道の仕組みと働き

❶鼻腔

　空気が通るときの塵や埃の除去装置として働くとともに，空気の加温や加湿を行っている。鼻腔は粘膜で覆われ，鼻腺と血管に富んでいる（図2-49）。

❷副鼻腔

　鼻腔の側方と連絡する空間で，周囲は骨に囲まれ，内側は粘膜に覆われている。副鼻腔はもともと鼻腔の憩室として発達したもので，上顎洞や前頭洞など，いくつかの小空間に分かれている。

❸咽頭

　後鼻孔から喉頭に至る気道で，喉頭や食道に続いている。

側壁には喉嚢へ続く耳管の入口である耳管咽頭口があり，上壁，後壁，側壁にはリンパ組織である扁桃がある。食べ物を飲み込むときには耳管が開き，鼓室の換気や中耳腔内の気圧を調節する。

❹扁桃

　扁桃は咽頭に突出したリンパ組織の集合である。扁桃はその場所によって咽頭扁桃，口蓋扁桃などに分けられるが，一般的に扁桃といえば口蓋扁桃のことをいう。この部位は鼻腔や口腔からいろいろなものが入ってくるた

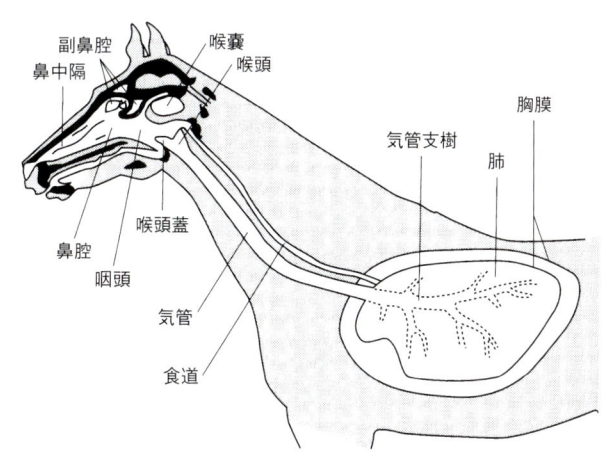

図2-48　馬の呼吸器系

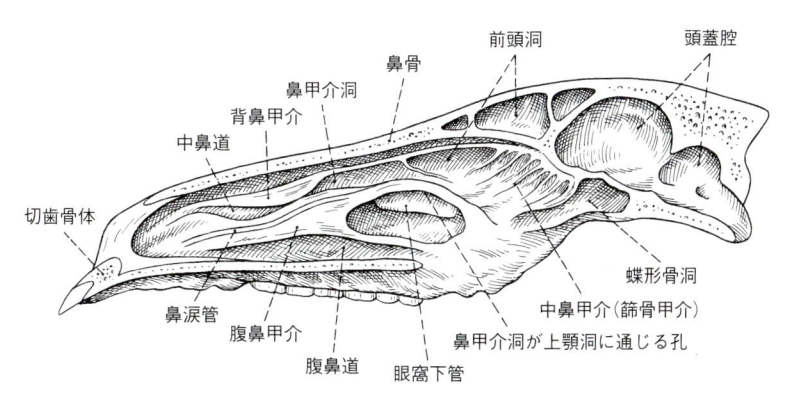

図2-49　馬の鼻腔と副鼻腔
矢状断，鼻中隔および鼻甲介の壁の一部を除く。

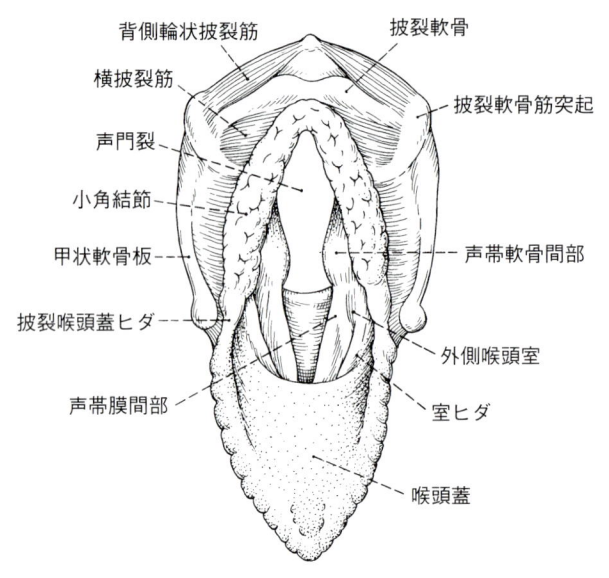

図2-50 馬の喉頭口（背面）

2. 下気道の仕組みと働き

❶喉頭

喉頭（図2-50）は気管への入口で，発声器でもある。鼻腔から気管に向かう呼吸気道と，口腔から食道に通じる消化気道は咽頭腔で交差し，その下部に喉頭が位置することから，気管のほうへ食べ物が入り込まないように，特別の装置（喉頭蓋）がある。このように，多様な機能をもつ喉頭は，軟骨，靱帯，筋肉で構成され，複雑な構造になっている。

喉頭の機能でもう1つ大切なことは，咳を出す役目である。咳は気道内の異物を喀出するために，意識的あるいは無意識的に出るもので，機能的には，まず喉頭を強く閉じて内部の気圧を高め，一気に開放して異物を外へ出している。

❷気管と気管支

気管は喉頭に続く管状の器官で，頚部と胸部に区別できる。胸部で左右の気管支に分かれたあと，肺内に入ってさらに細かく分岐する（図2-51，図2-52）。

内腔表面の粘膜は線毛をもつ上皮細胞からなり，粘液を分泌する杯細胞も混じっている。気管支のなかに吸入された異物は線毛運動によって上方，すなわち外界へと運搬される。また，気管支粘膜は普通の状態でも杯細胞から出る粘液によって適度に湿り気を与えられているが，気管支炎になるとこの粘液分泌が異常に亢進することがある。

❸肺

肺（図2-53）は左右1対の器官で，心臓をはさんでそれぞれ胸腔の両半分を満たし，表面は胸膜に覆われている。

肺の中は気管支が20数回分岐を繰り返しながら気管支樹を形成し，最終的には肺胞という小さな袋になっている（図2-54）。一方，気管支に沿って，肺動脈と肺静脈が走っており，肺胞壁で毛細血管網を形成している（図2-55）。肺胞と肺動静脈の間は，約1,000分の1mmという薄い壁になっており，この壁を通して，肺胞内の酸素と血液中の炭酸ガスの交換が行われる。

肺胞は球形であり内腔には表面張力が存在するため，つぶれやすい状態（虚脱状態）にある。もし肺胞がつぶれてしまうと酸素と炭酸ガスの交換ができなくなるが，この肺胞虚脱を防止するために，肺胞の表面は肺サーファクタント（肺表面活性物質）とよばれる界面活性作用をもつ物質で覆われており，効率的な換気が行われている。肺サーファクタントの量的な減少あるいは質的な劣化は，新生児呼吸窮迫症候群に代表されるような呼吸障害や肺炎の発症に関係している。一方で，血液中に溶出した肺サーファクタントの量を測定することで，肺炎の診断を行う方法も研究されている。

肺胞に吸入された酸素は肺胞壁から毛細血管に取り込まれ，赤血球内のヘモグロビンと結合する。その後，血

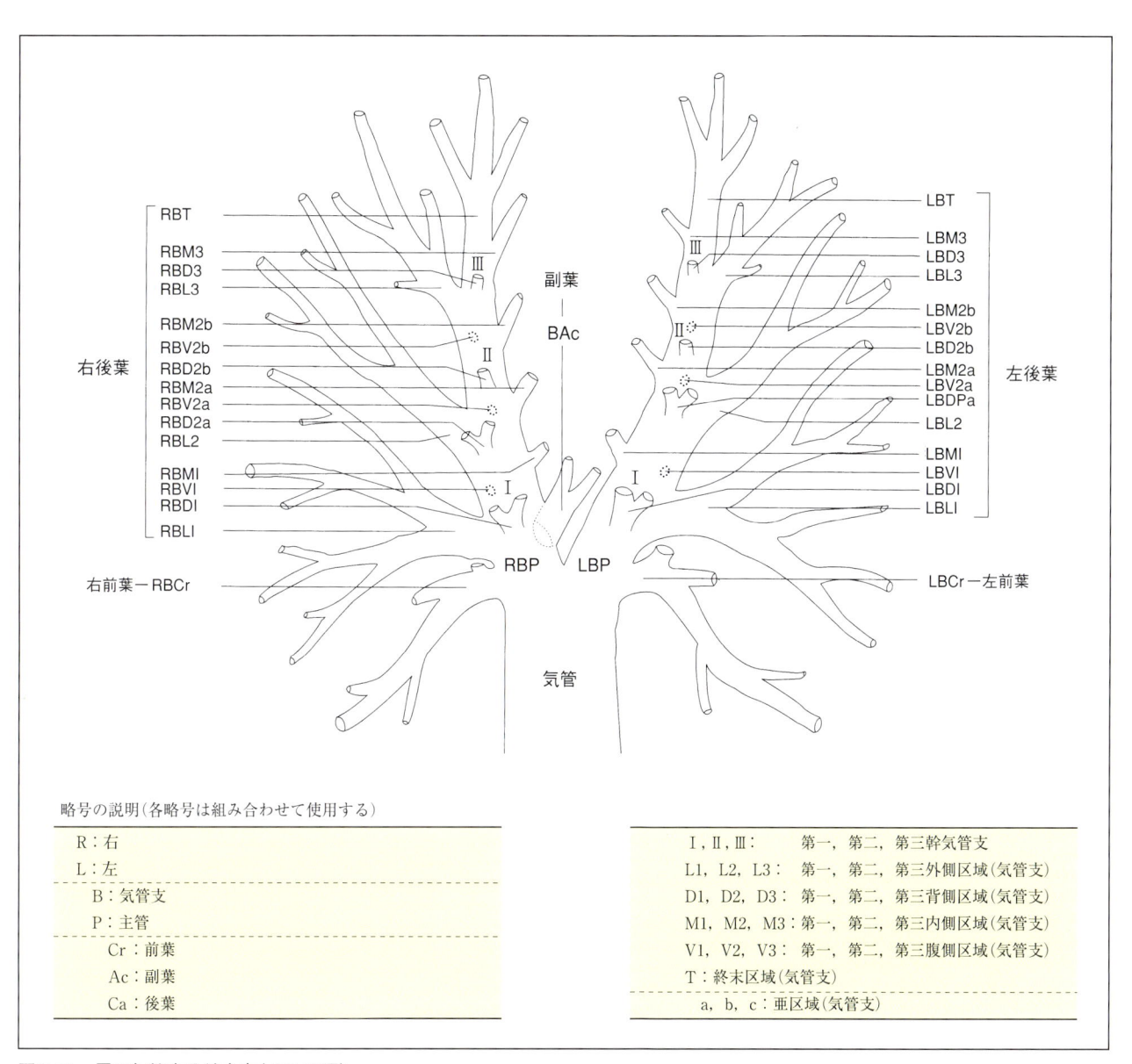

図2-51　馬の気管支分岐命名（JRA原図）

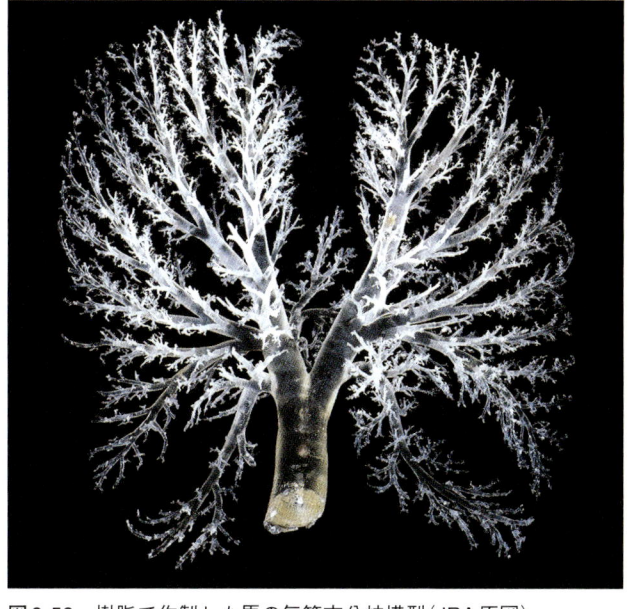

略号の説明（各略号は組み合わせて使用する）

| R：右 |
| L：左 |
| B：気管支 |
| P：主管 |
| 　Cr：前葉 |
| 　Ac：副葉 |
| 　Ca：後葉 |

| Ⅰ，Ⅱ，Ⅲ：　　第一，第二，第三幹気管支 |
| L1, L2, L3：第一，第二，第三外側区域（気管支） |
| D1, D2, D3：第一，第二，第三背側区域（気管支） |
| M1, M2, M3：第一，第二，第三内側区域（気管支） |
| V1, V2, V3：第一，第二，第三腹側区域（気管支） |
| T：終末区域（気管支） |
| 　a，b，c：亜区域（気管支） |

図2-52　樹脂で作製した馬の気管支分岐模型（JRA原図）

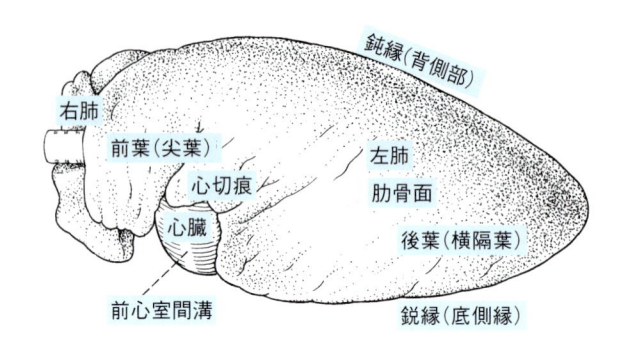

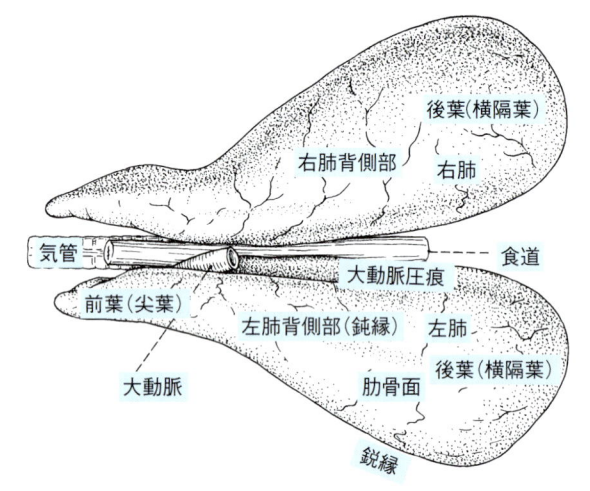

図2-53 馬の肺

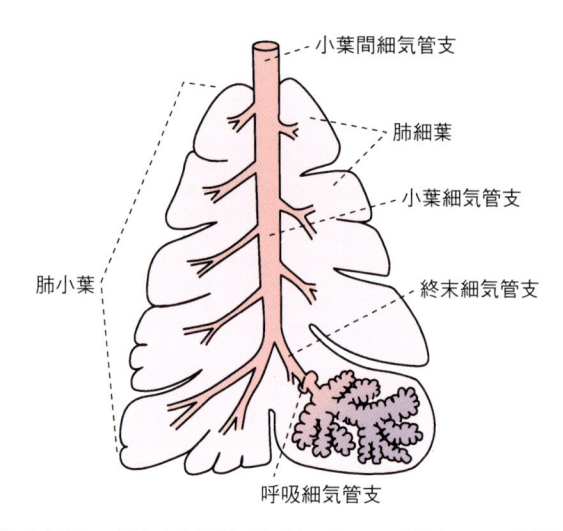

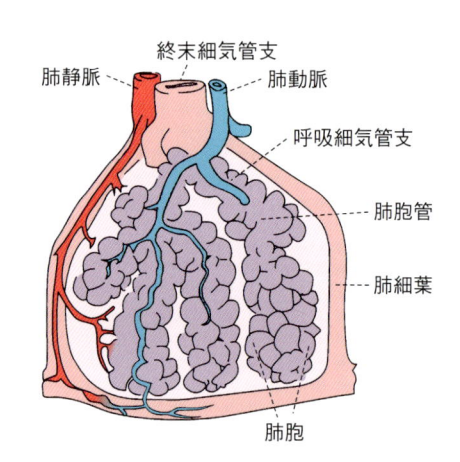

図2-54 肺小葉の模式図
（加藤嘉太郎：新編 家畜比較解剖図説下巻，33，養賢堂，2003を参考に作成）

図2-55 一次肺小葉の模式図
（加藤嘉太郎：新編 家畜比較解剖図説下巻，33，養賢堂，2003を参考に作成）

液は心臓を経て全身の組織へ送られる。血液中の炭酸ガスは拡散によって肺胞内に出て，気管支-気管-鼻腔を経て，呼気となって体外へ吐き出される。

❹胸膜

　胸膜は肺の表面と胸壁を覆っている薄い膜で，肺表面を覆っているものを肺胸膜，胸壁の内面を覆っているものを壁側胸膜という。肺胸膜と壁側胸膜の間には狭い間隙があり，少量の液（胸水）が入っている。

❺横隔膜

　胸腔と腹腔を境する筋性の膜で，呼吸運動に際し，これを前後に動かすことにより胸腔を広げたり狭めたりしている。

VII 消化器系

　一般に，動物の消化管は管腔状の構造をしており，口から肛門までの消化管内腔は外界ともいえる。消化器系は1本の長い消化管と，これに付属する腺組織および付属器官から構成されている。

　馬の消化器系の概略は，口唇，口腔，咽頭，食道，胃，十二指腸，空腸，回腸，盲腸，大結腸，小結腸，直腸および肛門からなっている。そして，消化管の各部位では各種の消化液が分泌され，食物の分解・吸収の助けとなっている。たとえば，口腔内には唾液が，十二指腸には肝臓でつくられる胆汁や膵臓でつくられる膵液が分泌される。

　馬は盲腸および結腸がよく発達しており，それらは同じ草食動物である反芻動物の牛や羊などの第一胃に相当する役割をはたしている。すなわち，馬は巨大な盲腸および結腸において，バクテリアや原虫類の助けを借りて，ヒトには消化できない植物繊維を分解し，吸収している。また，他の消化器官もよく発達しており，植物の消化と吸収に役立っている。なお，本文中に記載した消化管の長さや容量は，一般的な大きさの乗用馬における値である。

1. 口唇

　馬の口唇は他の家畜に比較して，筋肉と神経がよく発達しており，細かい動きをすることができる。たとえば，採食においては多種類の飼料が混在するなかから，口唇を巧みに動かして特定の飼料のみを選別することも可能である。また，上唇を引き上げて反転させ，上唇の内面と切歯およびその歯肉までを露出させて，いかにも笑っているかのような表情を示すことがある。フレーメンとよばれるこのユーモラスで特徴的な表情は，発情期などにみられる（第1章Ⅱ，41頁の図1-38参照）。このような上唇の器用な動きは，他の家畜に比較して左右の上唇挙筋が発達し，それらの腱部が1つに幅広くまとまって上唇の正中部に終止しているため，上唇の挙上や後引が

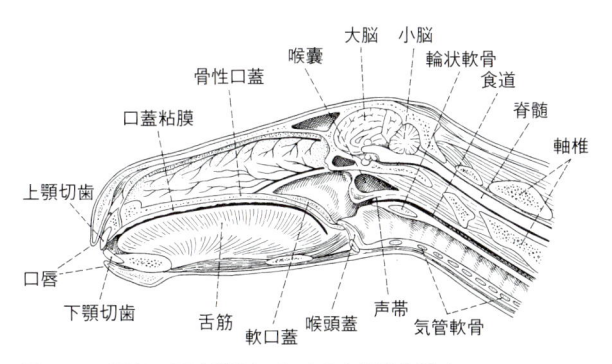

図2-56 頭部の正中断面における上部消化器官

容易にできることによる。

　治療などに際して馬を保定する目的で，鼻捻子とよばれる保定器具による上唇部の絞扼（こうやく，締めつけること）が行われる。この鼻捻子による保定は，一見すると馬に対して非常に大きな苦痛を与えているように思われるが，上唇部の筋肉量は比較的多く，皮下組織もかなり厚いことから，馬はほとんど激痛としては感じていないと考えられる。このことは，鼻捻子の実施が心電図や心拍数に変化を与えない事実からも確認されている。一方，口唇の領域には，洞毛とよばれる触覚機能を有する太めの剛毛が生えており，感覚に富んでいる。上唇や下唇あるいはそれらの境界の口角には，さまざまな形状のハミが当たり，騎乗者の手綱からの指示が効果的に伝わりやすい部分でもある。

2. 口腔

　口唇から咽頭に至る空間をいい，側壁は頬，背側は硬口蓋および軟口蓋，腹側は舌で囲まれる。咽頭との境界は軟口蓋である（図2-56）。

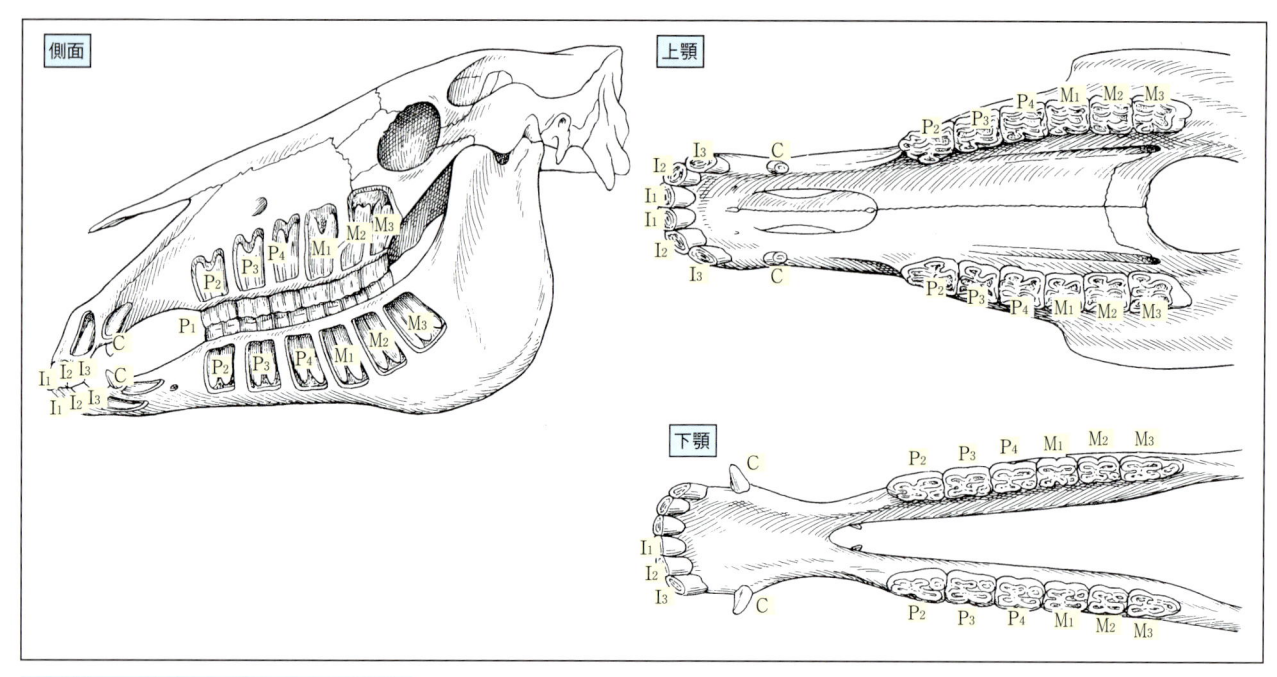

I．切歯，C．犬歯，P．前臼歯，M．後臼歯

図2-57　雄馬の歯列

3．歯の構成と形態

歯は発生学的にみると，角歯（口腔上皮の角化）および真正歯（口腔上皮の歯となる部分の中心が陥凹してエナメル質となり，さらにゾウゲ質が分泌されて角歯と結合する）に区別される。

❶歯の種類

歯の種類は以下の4つである。
① 切　歯（I）：食物を噛み切りやすい構造をしている。
② 犬　歯（C）：食物を噛み裂くために先鋭な構造をしている。
③ 前臼歯（P）：食物を噛み砕きやすい構造をしている。
④ 後臼歯（M）：食物を噛み砕きやすい構造をしている。

❷歯の数（歯式）

I，C，PおよびMのそれぞれの分子は上顎の，分母は下顎の片側の歯の数を示す。

哺乳類（基本数）　$I\frac{3}{3}\quad C\frac{1}{1}\quad P\frac{4}{4}\quad M\frac{3}{3}$　計44

雄馬　$I\frac{3}{3}\quad C\frac{1}{1}\quad P\frac{3\sim4}{3}\quad M\frac{3}{3}$　計40〜42

雌馬　$I\frac{3}{3}\quad C\frac{0}{0}\quad P\frac{3\sim4}{3}\quad M\frac{3}{3}$　計36〜38

馬（乳歯）　$I\frac{3}{3}\quad C\frac{0}{0}\quad P\frac{3}{3}$　計24

ヒト　$\left[I\frac{2}{2}\quad C\frac{1}{1}\quad P\frac{2}{2}\quad M\frac{3}{3}\quad 計32\right]$

雌馬に犬歯は生えない。Pの上顎の3〜4の意味は上顎の前臼歯の最前方にしばしば狼歯（P_1）が生えるためである（図2-57）。

❸歯の構造

馬の歯の構造を図2-58に示す。
① 切歯：他の家畜と異なり，咀しゃく面は一様にエナメル質で覆われておらず，楕円形のエナメルヒダが存在し，基本的にはその外側はセメント質，内側はゾウゲ質で構成される。内側のエナメルヒダで囲まれる窪みは歯ロートとよばれ，食塊が変敗黒変した黒窩（こくか）がみられる。黒窩は咀しゃくに伴う磨滅によって形状が変化するため，概算的な年齢鑑定に利用することができる（図2-59）。
② 犬歯：雄馬にだけみられ，雌馬では生えない。
③ 臼歯：大型の歯で，数個の歯根をもち，広い咀しゃく面を有する。前臼歯（P_1, P_2, P_3, P_4）と後臼歯（M_1, M_2, M_3）に区別される（図2-57）。生後6ヵ月頃，まれに上顎に痕跡的な小歯が出現する。これを狼歯とよび，本来のP_1である。しかし，通常はP_2から数

えている。

❹歯の脱換

馬の場合は，ヒトと同様に最初に乳歯が生え，一定の時期を経て永久歯と入れ替わり，7歳頃まで成長する。永久歯に替わるのは，左右上下顎の切歯と前臼歯各3本ずつの計24本である。脱換の時期は，切歯が1.5～3.5歳，前臼歯が1.5～3歳である。

4．舌

舌は骨格筋により作られており，口腔の大部分を占める。咀しゃく時の食物の撹拌や飲み込み時の輸送機能を有し，また味覚などの受容体が存在する。

5．唾液腺

馬は唾液腺がよく発達しており，ここから分泌される

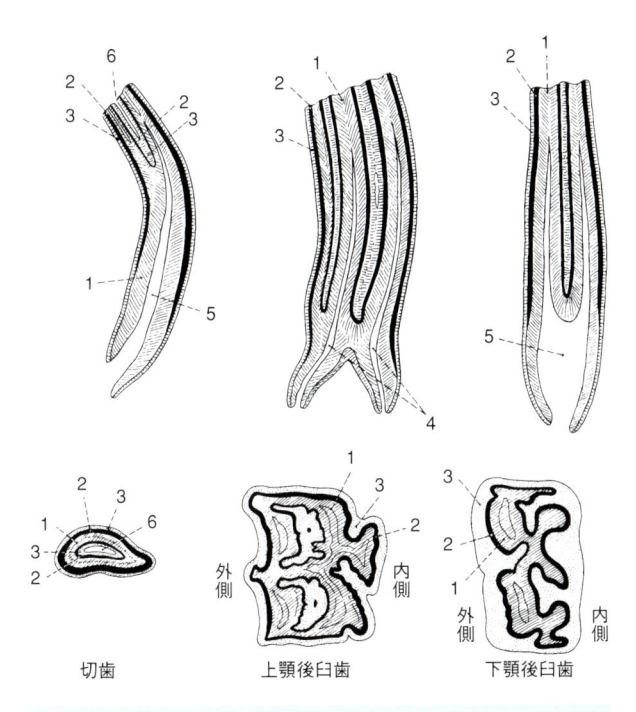

1．ゾウゲ質　2．エナメル質　3．セメント質　4．歯根管
5．歯髄腔　6．歯ロート（黒窩）

図2-58　歯の縦断面と横断面

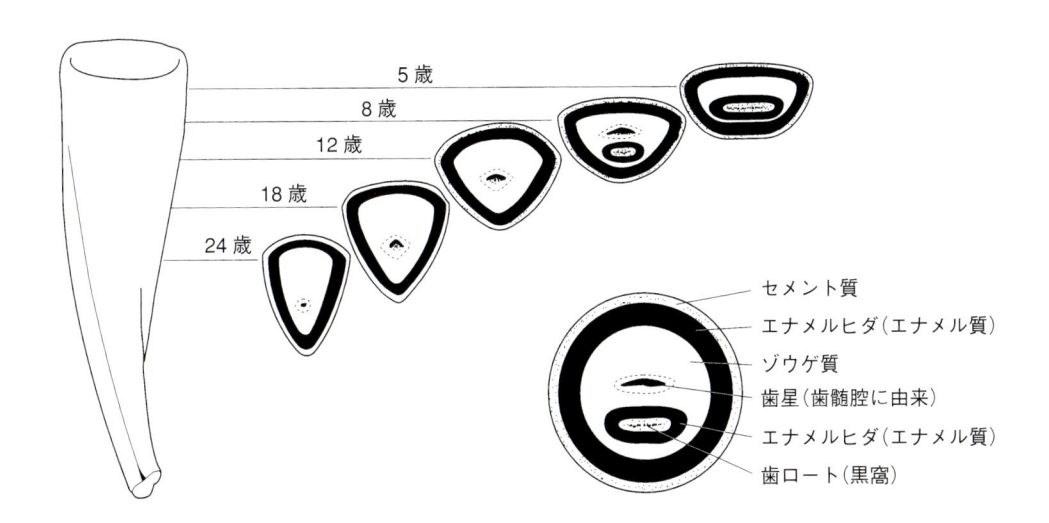

（Sisson & Grossman's : The anatomy of the domestic animals, 464, WB Saunders, 1975）
図2-59　切歯の咀しゃく面における黒窩の形状変化に基づく年齢鑑定

唾液には糖化酵素が含まれ，消化の第1段階を行う。主な唾液腺は耳下腺，下顎腺，舌下腺である（図2-60）。
① 耳下腺：耳介基部から顎間腔に及ぶ。馬の場合は非常によく発達し，唾液腺のなかで最大である。
② 下顎腺：環椎翼腹面と舌骨間に位置する長楕円形の腺で，馬では比較的小さい。
③ 舌下腺：他の動物では大・小舌下腺からなるが，馬は大舌下腺を欠き，小舌下腺しかない。小舌下腺は独立した多数の小舌下腺が疎性結合組織で結合したもので，舌下隆起に1列に並ぶ小乳頭に開口する。

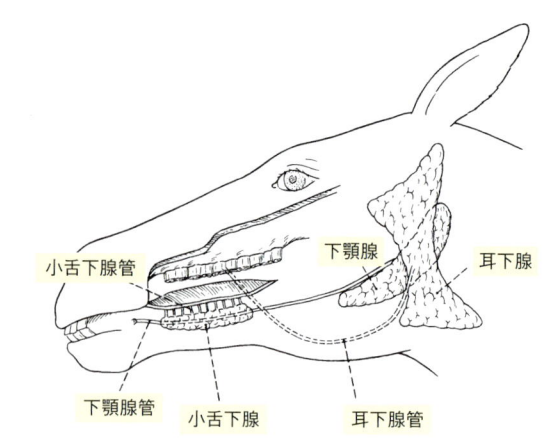

図2-60 口腔腺の模式図

6. 咽頭

咽頭は口腔と食道の間にあり，筋膜性の袋状の構造をしている。消化器と呼吸器系の交差点にあたる。

7. 食道

食道は咽頭と胃を結ぶ筋膜性の長い管で，馬では125～150cmの長さがある。食道は，頚部，胸部，腹部に区分される。頚部の前半部は気管の背面を走るが，後半部は気管の左側に沿って走行する。胸部では再び気管の背面に戻り，気管分岐部の後方で気管から離れ，横隔膜食道裂孔を貫通する。腹部は非常に短く，3cm程度しかない。馬の場合，食道壁の筋層は最初は随意筋である横紋筋からできているが，途中から平滑筋に代わっている。また，胸腔への入口部分と横隔膜の食道裂孔部分で食道の内腔が狭くなっているため，乾草などを口腔で唾液と十分混和・咀しゃくせずに飲み込んだ場合，しばしば途中で停滞する（食道梗塞，のどづまり）。

8. 胃

胃は食物の一時的貯蔵および消化のためにできた消化管の膨大部で，入り口を噴門，U字状に屈曲している内側を小彎，外側を大彎，そして出口を幽門とよぶ。

馬は単胃動物で，胃は比較的小さく，その容量は約10L（8～15L）である。胃粘膜は食道粘膜から連続する白色強靭で胃腺が存在しない前胃部（無腺部）と，これに続き本来の胃腺をもつ腺胃部に区別され，その境界部には鋸歯状の襞状縁（ひだじょうえん）がある（図2-61）。腺胃部はさらに噴門腺部，胃底腺部および幽門腺部に区別され，噴門腺と幽門腺からは胃粘膜を保護する粘液が主に分泌され，胃底腺からは胃液成分のペプシノーゲンや塩酸が分泌される。噴門部の括約筋がよく発達していること，および食道の入り口が斜めになっているために，馬は嘔吐をほとんどしない。

9. 小腸

小腸は十二指腸，空腸および回腸に区別される（図2-64）。馬の十二指腸は約1mの長さを有し，明らかな境界がなく空腸に移行する。空腸は他の家畜に比較して非常に長く，約25mに達する。空腸は長いが食物の通過速度は比較的速く，内容物は粘稠である。また，空腸は扇状に開いた前腸間膜（扇の要のような前腸間膜根部から腸の縁まで約50cmあり，他の動物に比べて長い）によって保持されているため（図2-62），腹腔内で移動しやすく，腸捻転などを起こしやすい。この前腸間膜には，多数の血管（小腸間膜動・静脈），リンパ管および神経が分布する。

回腸は小腸の末端部約1mである。回腸は空腸に比べ筋層が発達しており，腸壁が厚いことから比較的区別しやすい。回腸は空腸と共通した腸間膜で保持される他に，反対側に回盲腸ヒダで盲腸に付着する。回腸が盲腸へ開口する部分を回腸口とよび，回腸側の粘膜面は盲腸の内腔へ回腸乳頭として突出し，同部の括約筋はよく発達している。

10. 大腸

大腸は，盲腸，結腸および直腸に区分される。馬の大腸は微生物の助けを借りて植物繊維を発酵し，消化・吸収するという，草食動物としての重要な役割をもつ。

盲腸はよく発達し長さは約1m，容量は25～30Lで

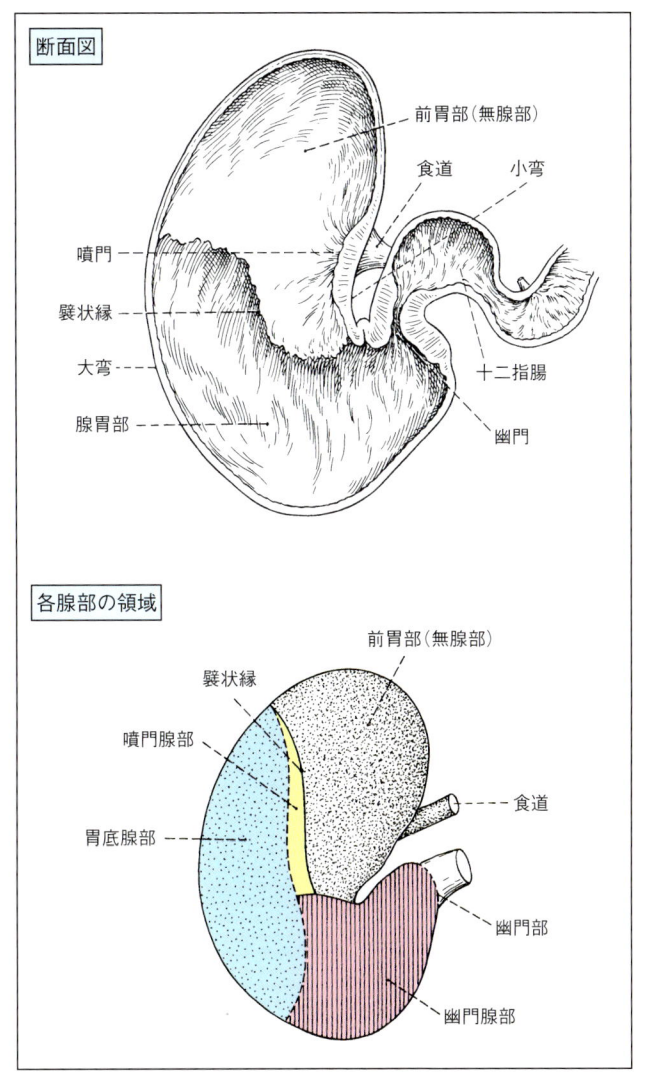

図2-61 胃の構造

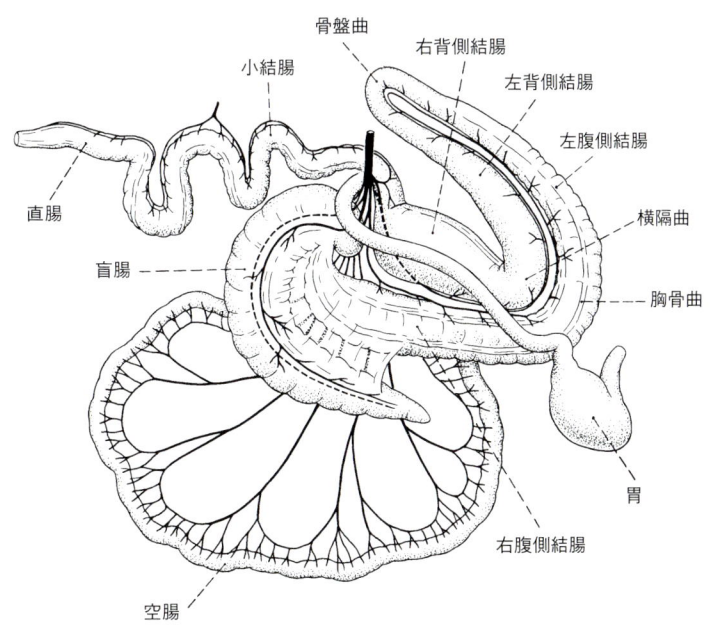

図2-62 消化管

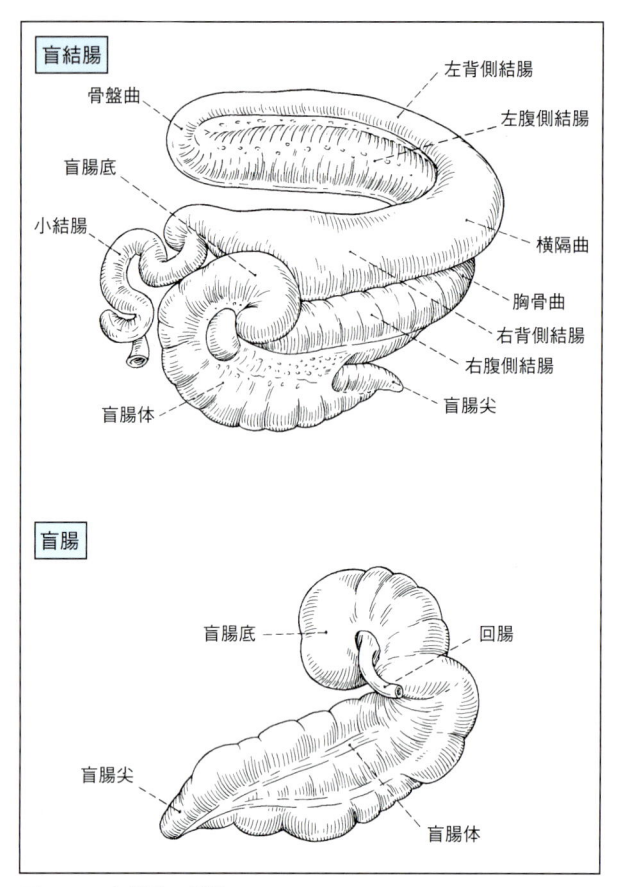

図2-63　盲結腸の外観

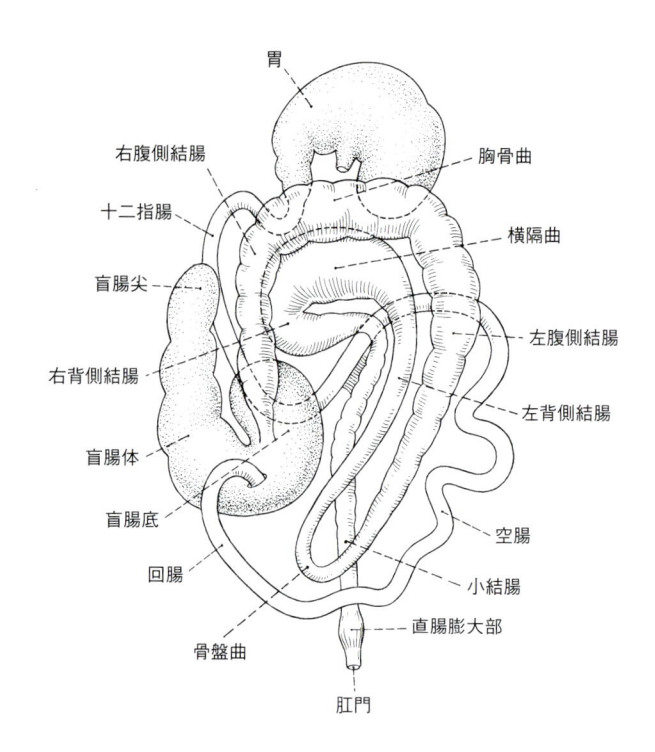

図2-64　消化管の模式図

ある。盲腸の起始部は盲腸底とよばれ，前腹方に弯曲（コンマ状）して紡錘形をなす盲腸体と，盲端として終わる盲腸尖からなる（図2-63）。

結腸は大結腸と小結腸に分かれ，盲腸とともに腹腔の大部分を占めている。大結腸の長さは3～3.7mで，その容量は約60Lである。大結腸は右腹側結腸，胸骨曲（腹側横隔曲），左腹側結腸，骨盤曲，左背側結腸，横隔曲（背側横隔曲），右背側結腸（結腸膨大部）と続き，小結腸に至る（図2-64，図2-65）。

これら結腸には腸管をつめてヒダをつくることで，腸粘膜の表面積を増大させるための腸ヒモとよばれる構造が漿膜面に存在し，各部位により数が変化する。すなわち，左右の腹側結腸では4本，骨盤曲と左背側結腸では1本，背側横隔曲と右背側結腸では3本の結腸ヒモが認められ，この特徴は開腹手術を行う際の部位の特定に役立つ。大腸の内容物は水分含量が多く繊維質に富んでいるが，小結腸では腸の分節運動により小児手拳大の糞塊になっている。小結腸は長さが約2～4m，太さは8～10cmで，下行結腸間膜で吊られている。また，小結腸の末端部では境界なく直腸に移行する。直腸は長さ約30cmで，前部は直腸間膜に吊られて骨盤腔内で遊離す

るが，後部は紡錘形に拡張した直腸膨大部となって肛門に移行する。

11. 肝臓の仕組みと働き

肝臓は物質代謝に関与するばかりでなく，腸内の消化に必要な胆汁を分泌する体内最大の腺組織で，肉食動物のほうが草食動物よりも大きい。

馬の肝臓は重量が約5kgあり，赤褐色ないし暗赤褐色で，直接横隔膜と接している。肝臓の形態は大きく右葉と左葉に区別され，左葉はさらに内側左葉および外側左葉に分けられる。この他，背部に尾状葉，腹部に方形葉があり，全部で5葉からなっている（図2-66）。右葉は若馬で最大の容積をもつが，大結腸の圧迫のため，年とともに萎縮する。肝臓は左右の三角間膜，鎌状間膜および肝円索によって保定されている。肝臓には固有肝動脈，門脈，肝管などが肝門より出入りしている。馬では胆汁を貯蔵する胆嚢はなく，胆管・肝管から連続する総肝管が十二指腸粘膜面の胆膵管膨大部に開口し，胆汁を十二指腸内へ直接分泌している。

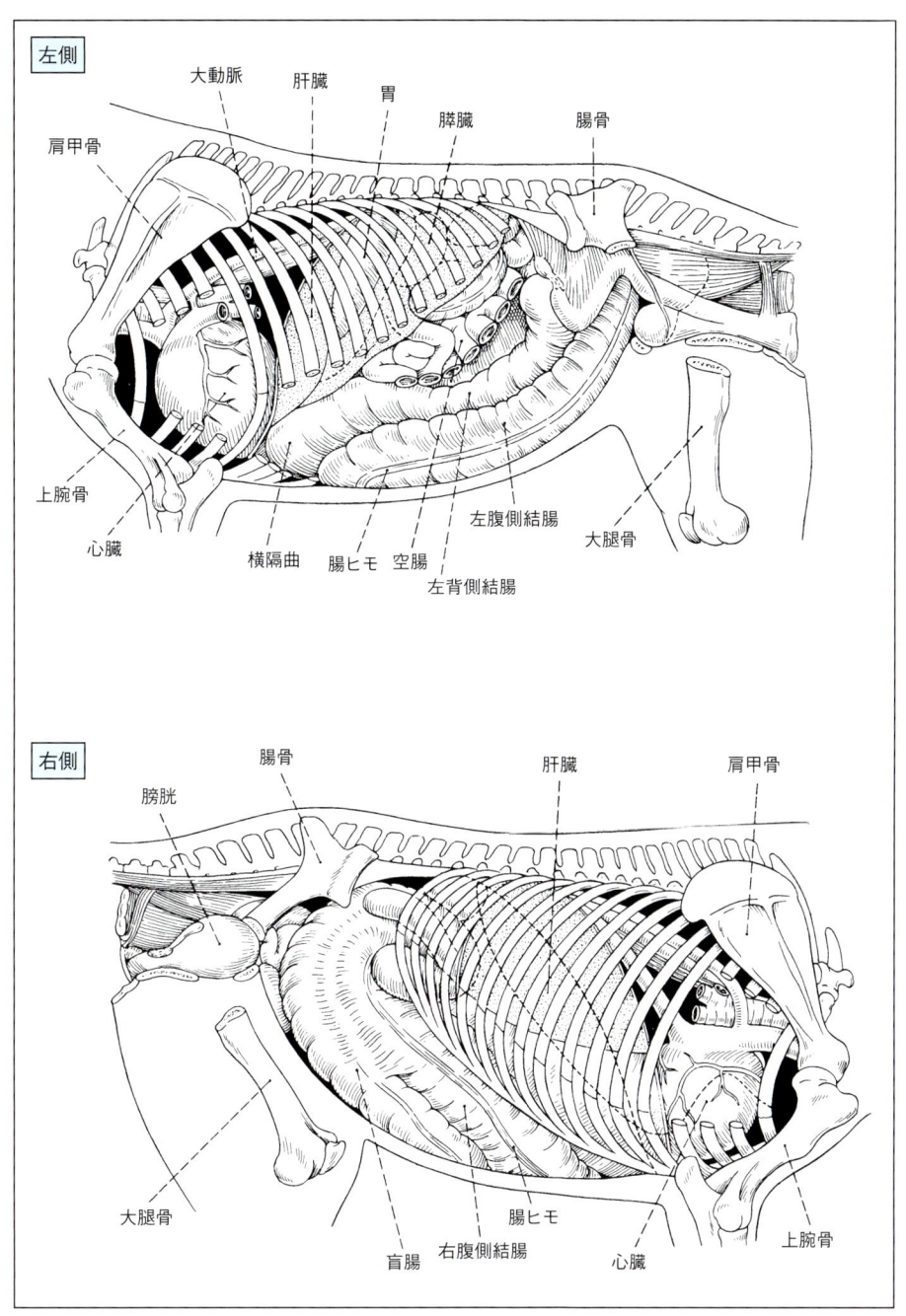

図2-65　腹腔における消化器系の位置

❶肝臓の組織学的構造

　肝臓は結合組織性の被膜（グリソン被膜）に包まれる。この被膜は肝臓実質内に侵入し，これを無数の小葉に分ける。各小葉は6角柱状を示し，その稜にあたる部分を小葉間結合組織といい，ここに肝動脈，門脈，肝管の分岐した小葉間動静脈および小葉間胆管が通る。さらに，小葉の中心には中心静脈が縦走する（図2-67）。肝小葉は連続した肝細胞の列，すなわち肝細胞索と肝洞様血管の網目からなっている。そして，肝細胞はその両側を洞様血管に挟まれ，その間にディッセ腔がある。また，洞様血管の内面には食作用を有するクッパー細胞があり，異物や細菌，老化した赤血球などを活発に取り込んで処理している。一方，隣接する肝細胞間には毛細胆管があり，小葉間胆管につながっている（図2-68）。

❷肝臓の機能

　肝細胞はつぎのような機能をもっている。
　①アミノ酸から血漿タンパク（主に血清アルブミン）をつくり，脂質とタンパクから血漿の脂質タンパクを合成する。また，ブドウ糖をグリコーゲンに替えて貯蔵し，必要に応じてブドウ糖として放出するなど，血中の糖・タンパク・脂質の量を調節している。これら分泌物は直接血中に放出されるため，肝臓は内分泌腺的性格を有している。
　②肝細胞は血液中の有毒物質の分解，抱合などの処理を行い，毒性を軽減し，毛細胆管に放出している。脾臓から運ばれてきたビリルビンは肝細胞に取り込まれ，胆汁色素として毛細胆管に放出される。脂肪の消化と吸収に必要な胆汁酸は，肝細胞で合成されて毛細胆管に出るが，腸で吸収され，肝臓にもどって再利用される。以上のような物質を含む胆汁は十二指腸に放出されるため，肝臓は外分泌腺的性格も有している。

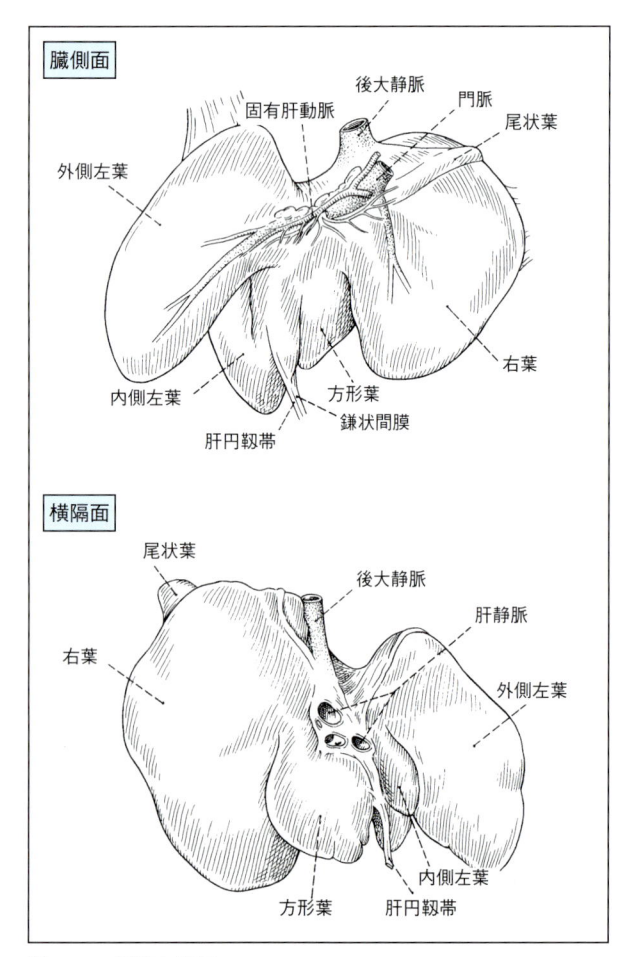

図2-66　肝臓の外観

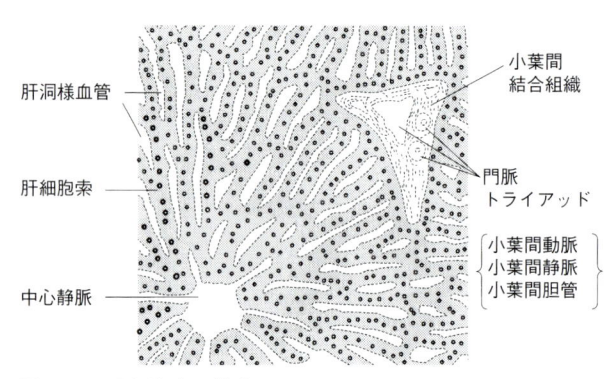

図2-67　肝細胞索の構造

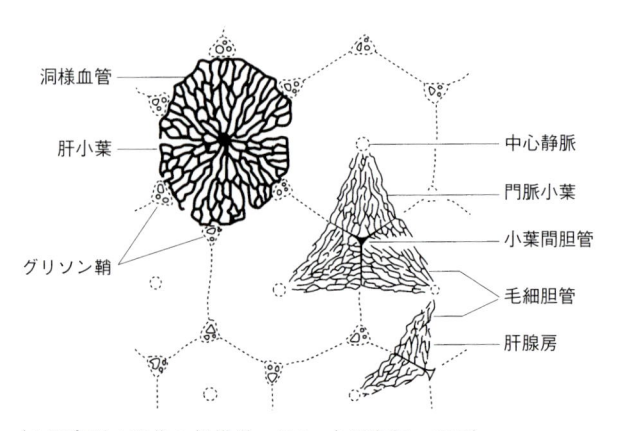

（山田安正：現代の組織学，284，金原出版，1981）

図2-68　肝臓の組織学的区分

12. 膵臓の仕組みと働き

消化腺のなかで肝臓についで大きな腺である。馬の膵臓は扁平で重量は約300g，形は三角形をしており，膵体，膵右葉および膵左葉に区別される。そして，その中央を門脈が貫通している（図2-69）。

❶膵臓の組織学的構造

膵臓の実質は，比較的薄い小葉間結合織によって多数の小葉に分かれる。大部分は外分泌腺のある外分泌部であるが，そのなかに円形の小さな内分泌部（ランゲルハンス島）が存在する（図2-70）。

❷膵臓の機能

外分泌部の細胞は，十二指腸に出てから活性化する各種酵素原（トリプシノーゲン，キモトリプシノーゲン，リパーゼ，アミラーゼなど）を生成する。

内分泌部（ランゲルハンス島）の細胞には，グルカゴン（血糖値を高める）を分泌するA（α）細胞，インスリン（血糖値を下げる）を分泌するB（β）細胞およびソマトスタチン（成長ホルモン，インスリン，グルカゴンなどの分泌抑制，栄養吸収の抑制など）を分泌するD（δ）細胞がある。

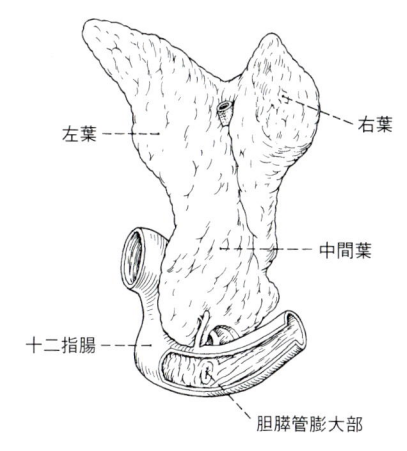

図2-69 膵臓

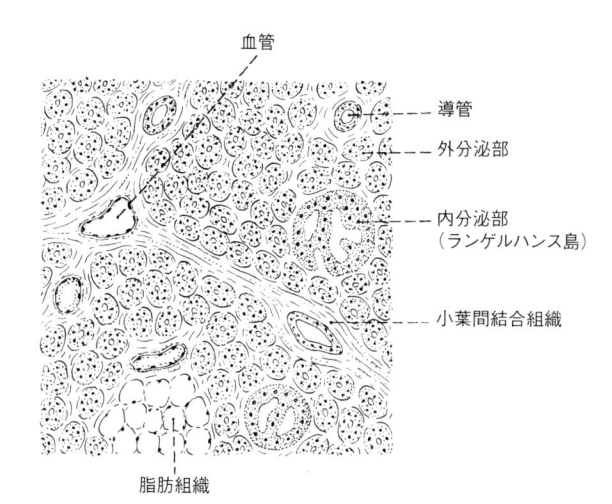

（山田安正：現代の組織学，294，金原出版，1981）

図2-70 膵臓の組織構造

第2章　馬体の構造と機能

VIII 泌尿器系

尿は腎臓でつくられ，いったん膀胱に貯留され，尿道から排出される。これらの器官は泌尿器とよばれ，血液中の老廃物などを体の外に捨てて体内の恒常性を維持するための重要な働きを担っている。

1. 腎臓の仕組みと働き

❶腎臓の位置と構造

腎臓は腹腔腰椎を真中にして左右対側にある。その位置は動物によって多少の差はあるが，一般に右腎臓は左腎臓よりも少し前方に位置している。馬では右腎臓は第16肋骨から第18肋骨部，左腎臓は第18肋骨から第三腰椎部領域の腹位の辺りにあたる。

腎臓は一般に豆形をしているが，馬では左右で形が違うことが他の動物にみられない大きな特徴であり，右側がハート形，左側がそら豆形である（図2-71）。その大きさと重さは，サラブレッドの場合，右側で長さ（頭，尾端長）約15cm，幅（内，外側縁間）約15cm，厚さ（背，腹側面間）約5cm，重さ約630g，左側で長さ約18cm，幅約10〜12cm，厚さ約5〜6cm，重さ約615gで，通常は右腎臓が重いが，逆の場合もある。

腎臓の断面をみると，肉眼的に明らかに皮質と髄質の区別がわかる（図2-72，図2-73）。腎臓皮質は外側に位置し，その内側に髄質がみられる。腎臓の皮質領域には血液から血球成分以外の物質をろ過するための球状の糸球体がある。皮質および髄質の外側には，その糸球体でろ過された物質のうち，老廃物以外の物質を再吸収するための長く屈曲した細い尿細管がみられる。腎臓の血管は，全身の組織から出された老廃物を集めて浄化するため，他の臓器に比べて管径が著しく太く，密に走行している（図2-74）。

❷腎臓の機能

腎臓の機能としては，血液によって運び込まれた老廃物を選択的に分別し，体液と電解質の平衡および血圧を

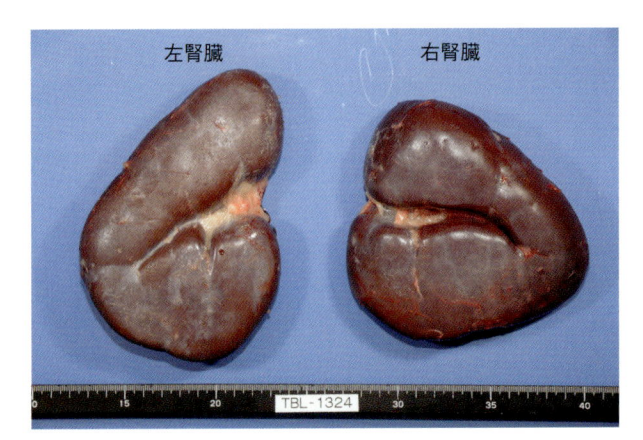

左はそら豆形，右はハート形である。
図2-71　馬の腎臓（JRA原図）

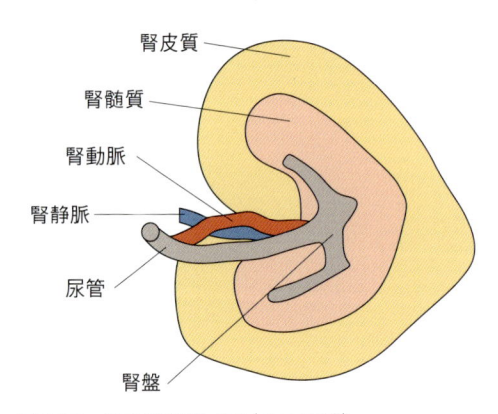

図2-72　馬の腎臓模式図（JRA原図）

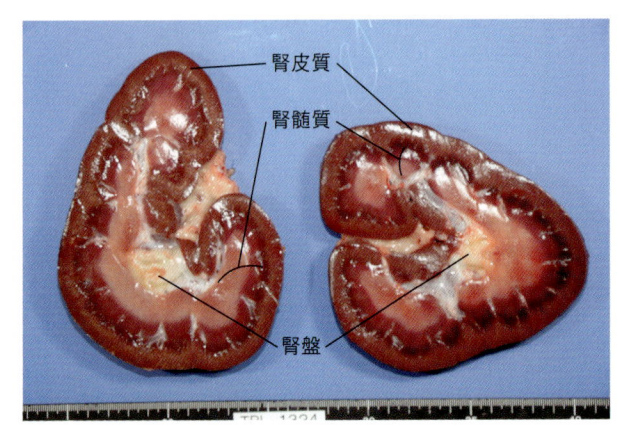

図2-73　馬の腎臓の断面（JRA原図）

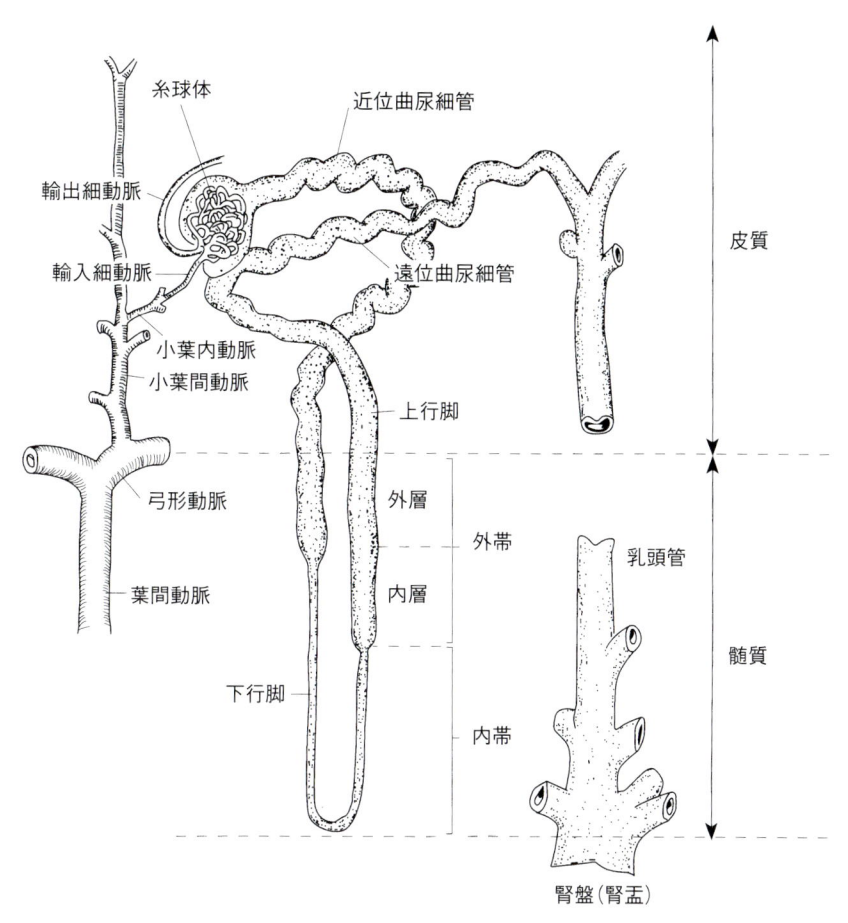

(Dellmann HD, Brown EM : Textbook of Veterinary Histology, 272, Lea & Febiger, 1976)

図2-74　尿細管の経路を示す模式図

調整することが重要な役割である。腎臓のなかで尿が長く曲折した管をあえて通過しなければならないのは，糸球体ろ過液のほとんどすべてを再吸収し，馬体にとって完全に不用となった老廃物だけを尿として排泄するためである。馬の腎臓では，毎日5〜8Lの尿が体外に排泄されている。

糸球体包に排出された尿成分（糸球尿）は，尿細管によって有用な栄養分を選択的に再吸収された後，尿（膀胱尿）として体外に排泄される。ヒトの1日の尿排泄量は約1.5Lであるが，糸球体からろ過される糸球尿は100〜180Lにも及ぶといわれている。したがって，尿細管で再吸収されて血液中にもどる水分量は，糸球尿の99％にも達することになる。

一方，集合細管から乳頭管までは再吸収機能はなく，腎盤（腎盂）への排泄管の役割を担っている。そして，腎乳頭に集められた尿は直接腎盤に開口し，尿管を介して膀胱へ運ばれる。

2. 尿路の仕組みと働き

腎臓で不用となった老廃物は，左右の尿管によって膀胱に貯蔵され，一定量になると尿道を介して体外に排泄される。尿路は大きく尿管，膀胱および尿道の3つに区分される。

❶尿管

尿管は腎盤に集められた尿を膀胱に運搬する管である。腎門を出て，背側の腰筋膜と腹膜の間に沿って後走して骨盤腔に入り，膀胱底に開口する。馬の尿管の全長は約70cmほどである。

❷膀胱

膀胱は空虚になったときは骨盤腔にあり，腹方は恥骨結合付近に位置し，背方は雄では直腸，雌では子宮および膣に接する。しかし，尿が充満すると骨盤腔から腹腔に膀胱尖部の一部がせり出す。馬の膀胱は尿が充満すると楕円球状を呈し，腹腔側に向かう先端が膀胱尖部で鈍

円状を示す。

膀胱尖に続く太い部分で骨盤腔に位置している領域が膀胱体で，膀胱体と内尿道口の間を膀胱底とよび，その内景を膀胱三角という。この膀胱三角部に腎臓からの尿管が開口する。馬の排尿直後の膀胱はヒトの手拳大であるが，尿が満たされると3～4Lの容量となる。

膀胱の内容量が変動可能なのは，伸縮自在になる膀胱粘膜の組織構築に秘密が隠されている。膀胱の粘膜は，移行上皮という細胞によって構築され，その組織構築は排尿直後は5～6層の背の高い細胞からなっているが，尿が満たされると個々の細胞は背を縮めて横長になると同時に，5～6層の細胞層も2～3層となって表面積が確保される。このような上皮は，体のなかでも尿路に特有なものである。

❸尿道

尿道は膀胱に蓄えられた尿を外部に排出する通路であるとともに，雄では精液の射出管でもあり，尿生殖道を構成する。雄の尿道は膀胱頸に続く内尿道口に始まり，骨盤腔内を走行する骨盤部と，陰茎中を走る海綿体部の2つに大きく区分される。

海綿体部は尿道海綿体に囲まれている。骨盤部の尿道には，膀胱三角の延長上にまず精管が開口し，ついで前立腺からの前立腺小管が開口，さらに尿道球腺の排出管（単管）が開口する。海綿体部は骨盤部に続く尿道を陰茎で包み，その終端は外尿道口となり，陰茎先端に開口する。したがって，雄の尿道は雌の尿道に比べると著しく長い。

雌の尿道は膀胱から腟前庭の外尿道口に至る部分で，雄の尿道骨盤部に相当するが，雄よりも短く約5～7cmである。

Column4

お喋りな尿

尿は体にとって不要なものである。であるから，いったん膀胱に貯められた後にまとめて捨てられる。これを排尿またはおしっこをするという。尿はしかし，全身の細胞1つ1つをめぐり行き交う血液からつくられるものであり，その成分は馬の体内をあまねく反映している。

尿を使った検査の1つに，馬術競技や競馬の薬物検査いわゆる"ドーピング検査"がある。これは，興奮剤や鎮静剤といった競技や競走の成績に影響を与える薬物が使われてないかを確かめる検査であり，オリンピックなどと同様に馬のスポーツにも広く取り入れられている。こっそりと興奮剤を飲ませて大障害を跳ばせたとしても，レースに勝てないよう鎮静剤を隠れて与えたとしても，その馬の尿を調べれば何を投与したのかすぐにわかり，不正はたちまち見抜かれることになる。

この薬物検査には，微量な薬物を検出するための分析装置が使われている。今では，LC/MS/MSとよばれるシステムを使うことで，ピコグラム（1gの1兆分の1！）の量でも検出することができるようになった。一方，その検査に使う尿を採取する方法はといえば…。まずは馬が落ち着くように涼しく暗い馬房へ馬を入れ，採尿容器がついた竿を片手に馬の傍らでじっと辛抱強く待ち，気配を察したらさっと竿の先の容器を差し出して出てきたばかりの尿を受ける。

この職人技と科学の粋を結集したハイテク技術の組み合わせにより，尿は馬の体のなかで起こっていたことを包み隠さず私たちに話してくれるのである。

IX 感覚器系

　感覚器は体の内外からくる刺激を感受して，これを脳の感覚中枢に情報として伝える。感覚器にはそれぞれ受容器細胞があり，物理的・化学的刺激を感覚神経の活動電位に変換している。

　感覚器には眼（視覚器），耳（聴覚平衡器），鼻（嗅覚器），舌（味覚器）などの特殊感覚と皮膚感覚がある。

1．眼球と副眼器

　眼は眼球および涙器をはじめとする副眼器から構成されている（図2-75）。

① 眼球壁：外側から強膜，脈絡膜，網膜の3層からなる。強膜は白色の組織で，「白眼」として観察される。
② 脈絡膜：強膜と網膜の間にある層で，網膜に栄養を与えている。
③ 網膜：網膜視部には光の受容体としての視細胞と，その光刺激を脳に伝える層がある。
④ 角膜：眼球前方中央の透明な部分で，周辺は強膜と結膜に移行する。
⑤ 毛様体：脈絡膜に続いて毛様筋，毛様突起，チン小帯があり，水晶体の屈折率を変え，眼球焦点の調節を行っている。
⑥ 虹彩：毛様体から続き，水晶体の前方にある輪状の色素膜で，"絞り"の役目をしている。
⑦ 水晶体：凸レンズ形の透明体。光線を屈折し，網膜上に像を結ばせるレンズの作用をする。
⑧ 硝子体：水晶体と網膜の間を満たすゼラチン様の無色透明物で，水晶体とともに屈折作用をする。
⑨ 視神経：網膜で感受された光刺激は，視神経によって大脳の視覚中枢に伝達される。
⑩ 眼瞼：眼球の保護と光の遮蔽作用を行っている。
⑪ 涙器：涙膜は瞼板腺から分泌される油層，涙腺と第3眼瞼腺からの液層，および結膜の杯細胞に由来するムチン層の3層からなり，眼球表面に栄養と潤いを与え，保護する働きがある。涙液は内眼角付近にある涙点，涙小管を経て鼻涙管（外鼻孔腹側に開口する）から排出される（図2-76）。

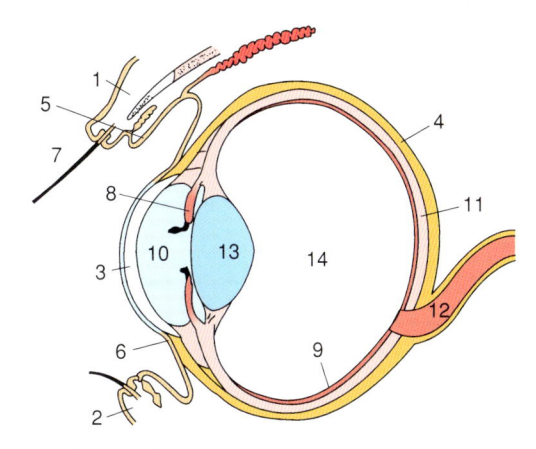

1．上眼瞼　2．下眼瞼　3．角膜　4．強膜　5．眼瞼結膜
6．眼球結膜　7．睫毛　8．虹彩　9．網膜　10．前眼房
11．脈絡膜　12．視神経　13．水晶体　14．硝子体

（加藤嘉太郎：新編 家畜比較解剖図説下巻，299，養賢堂，2003 を参考に作成）

図2-75　馬の眼球の模式図

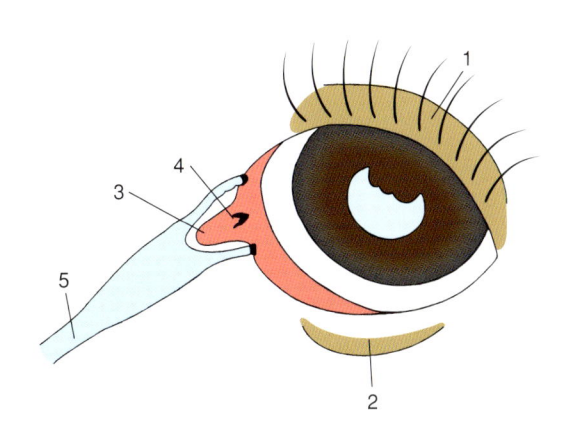

1．上眼瞼　2．下眼瞼　3．内眼角　4．涙丘と涙湖　5．鼻涙管

（加藤嘉太郎：新編 家畜比較解剖図説下巻，299，養賢堂，2003 を参考に作成）

図2-76　馬の涙の排出路

⑫眼の運動：上下，内外の直筋と上下の斜筋が協調して視線を一点に集中する。

2．耳（聴覚平衡器）

耳は音を聞くだけでなく，身体の空間的位置を感じ取る平衡感覚をつかさどっている（図2-77）。

❶外耳

耳介と外耳道からなり，音を中耳との境にある鼓膜まで伝える。耳介は皮膚および軟骨で構成された漏斗状の集音器で，耳介筋によって自由に動かすことができる。外耳道には耳毛が生え，耳道腺と皮脂腺から耳垢が分泌される。

❷鼓膜

外耳道の奥にあり，中耳との境をなす弾性線維膜である。空気の振動を受け，これを内部（耳小骨）に伝達する。

❸中耳

側頭骨中にあり，空気で満たされている。鼓室と耳管からなり，鼓膜の振動を内耳に伝達する。

❹鼓室

側頭骨の間隙にある空洞で，外壁は鼓膜となる。鼓膜が受けた振動を耳小骨を経て内耳に伝える部分をいう。下方は耳管によって咽頭に通じる。

❺耳管

中耳より咽頭側壁に通じる管で，鼓膜内外の気圧を調節している。

❻内耳

耳の最深部，側頭骨の岩様部内にあり，音の受容をつかさどる蝸牛管と，平衡感覚をつかさどる三半規管および前庭を含んでいる。回転運動に対する平衡感覚は主に三半規管がつかさどっている。

3．鼻（嗅覚器）

鼻腔の奥にあり，鼻粘膜の後位を占める。鼻粘膜嗅部に嗅細胞がある。ここからの嗅神経は篩骨の小さい孔を貫いて頭蓋に入り，脳の嗅球から辺縁系につらなる。

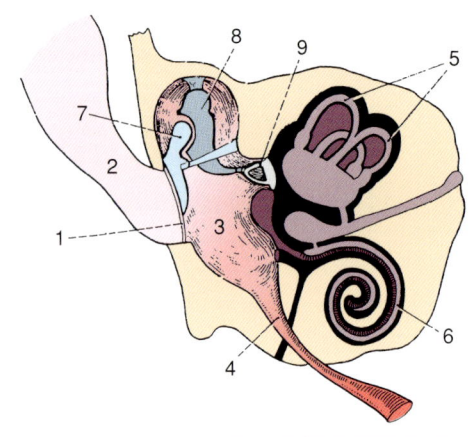

1．鼓膜　2．外耳　3．鼓室（中耳）　4．耳管　5．半規管
6．蝸牛管　7．ツチ骨頭　8．キヌタ骨体　9．アブミ骨

（加藤嘉太郎：新編 家畜比較解剖図説下巻，305，養賢堂，2003を参考に作成）

図2-77　中耳および耳小骨の模式図

4．味覚

味覚の末梢器官は主として舌にあり，味覚細胞とその支持組織は合わせて味蕾とよばれる。味蕾はその大多数が舌乳頭に含まれるが，軟口蓋，喉頭蓋の咽頭面にも存在する。

5．皮膚感覚

皮膚は身体の内部を保護し，個体としての形態を保つ。体温調節，汗の分泌作用などの他，体表面の感覚器として働いている。

❶皮膚の構造

表面から順に，表皮，真皮，皮下組織が層をなしている。毛は表皮から変化したもので，蹄は表皮の角質層が特別に発達して硬い器官となったものである。

皮膚腺としては汗腺，脂腺などがあり，馬では広く体表に分布している。馬の汗腺は鼻孔の外翼，頚側，ひばら，乳房の皮層などで，とくに発達がよい。分泌される汗は黄褐色である。脂腺は皮脂を分泌して毛や皮膚表面を湿らせ，柔らかくして，弾力を与える。

❷表面感覚

皮膚には触覚，痛覚，圧覚，冷覚，温覚それぞれの受容器がある。

X 神経系

動物の体を構成する無数の細胞，さらにその集団から構成される組織を秩序をもって機能させるためには，伝達調整機構が必要である。神経系はこの働きをするため，全身に網の目のように分布している。神経系は体の末端からの刺激を受けると，これに対する反応を末梢に伝えるような構造になっており，すべての神経の中心的役割を担っている中枢神経系（脳と脊髄）と，それらの刺激伝導路である末梢神経系から構成される。

1. 中枢神経系の仕組みと働き

中枢神経系は脳と脊髄の総称である。脳は脊髄の前端が発生の過程で部分的に著しく分化した，複雑な構造の器官である。また，脊髄は細長い円筒形の器官で脊柱内に収まり，神経が四肢に出入りする部分はそれぞれ頚膨大および腰膨大とよばれ，わずかに膨らんでいる。

脳と脊髄は連続した髄膜によって覆われ，これら髄膜と脳および脊髄の間には間隙がある。そこに脳脊髄液が満たされていることによる緩衝作用で，外界からの物理的衝撃から中枢神経は守られている。

❶脳

脳を発生学と比較解剖学的見地からみると，胎生期の中頃までに脳の原基は終脳，間脳，中脳，後脳および髄脳の5部に区別され，発育が進むと終脳からは大脳半球が，間脳からは視床上部，背側視床，腹側視床および視床下部などが，後脳からは小脳と橋，髄脳からは延髄が，それぞれ形成される（表2-8）。

馬の脳の重量は，出生時が約350g で，6ヵ月齢が約500g，12ヵ月齢が約600g，3歳時が650～700gで，その後はほとんど変化しない。

脳の構造をわかりやすく分解すると，左右の大脳半球，間脳（視床脳，視床下部），中脳（大脳脚，中脳蓋），橋，小脳，延髄に分けることができる（図2-78，図2-79）。

表2-8 脳の発生学からみた形態分類

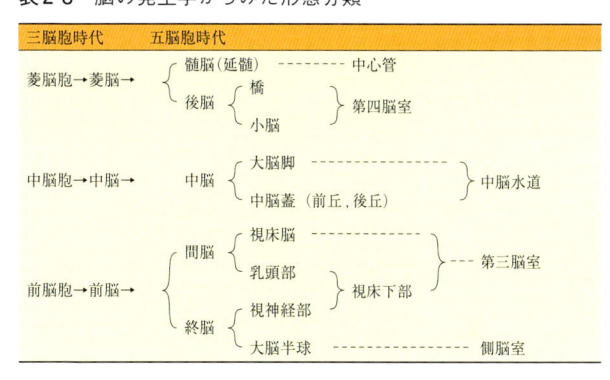

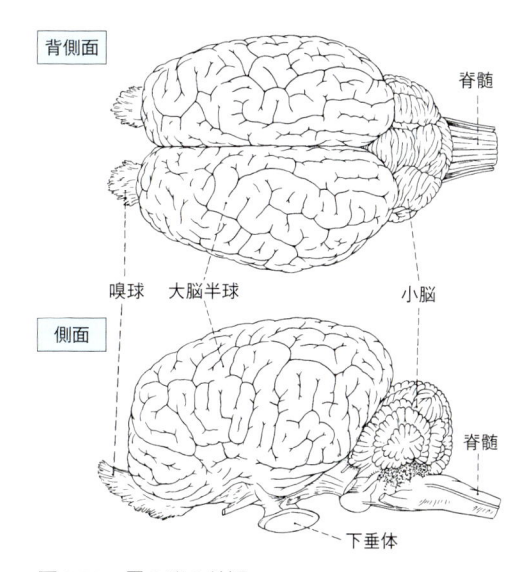

三脳胞時代	五脳胞時代			
菱脳胞→菱脳→	髄脳（延髄）		------	中心管
	後脳	橋		第四脳室
		小脳		
中脳胞→中脳→	中脳	大脳脚	------	中脳水道
		中脳蓋（前丘，後丘）		
前脳胞→前脳→	間脳	視床脳		第三脳室
		乳頭部	視床下部	
		視神経部		
	終脳	大脳半球	------	側脳室

図2-78 馬の脳の外観

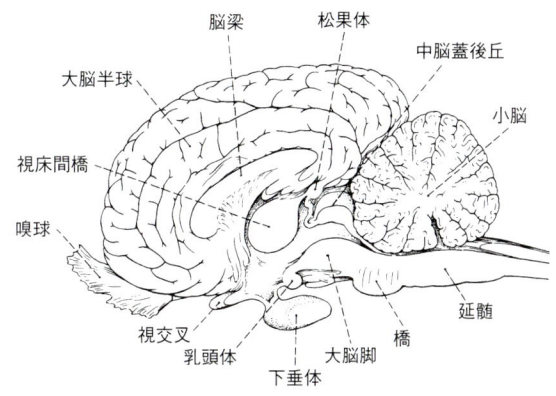

図2-79 馬の脳の正中断面

下等動物では脳幹の形成だけで発生が停止している場合があり，このような脳を旧脳とよんでいる。高等動物では大脳皮質が発達しており，これを新皮質(新脳)とよぶ。脳幹は間脳，中脳，橋および延髄からなり，動物の生命活動の維持に必要な中枢が存在するところである。新皮質は脳幹よりさらに高等な精神活動の行われるところであり，大きく前頭，頭頂，側頭および後頭の4葉に区別される。

大脳(半球)は表面を覆う皮質(灰白質)と内部を占める髄質(白質)からなっている。

間脳は大脳半球に囲まれており，外からはみえない。間脳は大きくは視床脳と視床下部に分けられる。視床脳は体の各部から集まる知覚伝導路が中継される場所であり，視床下部には自律神経の総合中枢，体温調節，下垂体ホルモンの分泌調節，食欲などの重要な機能をつかさどる中枢があり，ここが破壊されると生命活動の維持ができなくなる。

中脳には大脳と脊髄，小脳を結ぶ多数の伝導路があり，中継地として機能している。同時に，眼球運動，瞳孔反射の中枢および姿勢反射の中枢などがある。

小脳は主に全身の筋肉運動や筋肉の緊張の調節，体全体の平衡感覚などをつかさどっている。ここに障害が起こると，四肢をうまく動かすことができなくなる。

延髄には呼吸運動，血管運動，心臓など，生命維持に欠くことのできない中枢が存在している。

馬の脳を病理学的に検査するときの通常の切り出し部位は，前頭葉，頭頂葉，側頭葉および後頭葉，アンモン角領域，線状体，視床，中脳，橋，小脳および延髄である(図2-80)。これら以外の部位に特別な病変があれば，その部分も検査する。

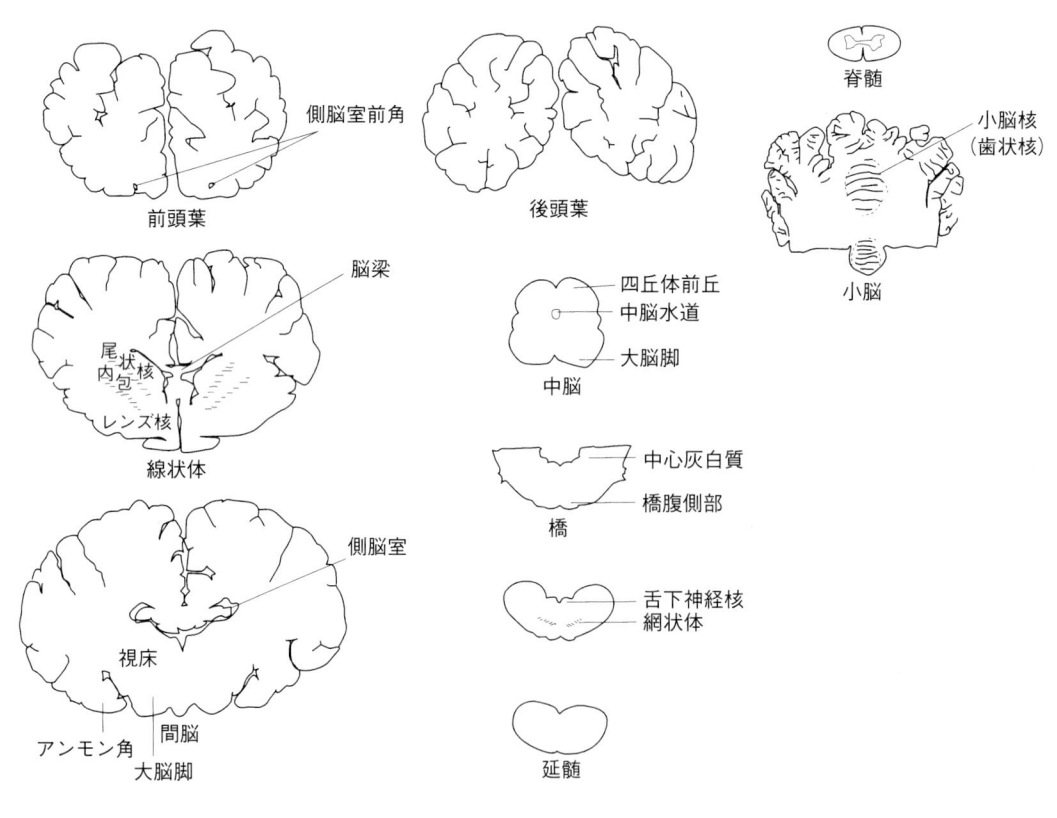

図2-80　馬の脳の検索部位

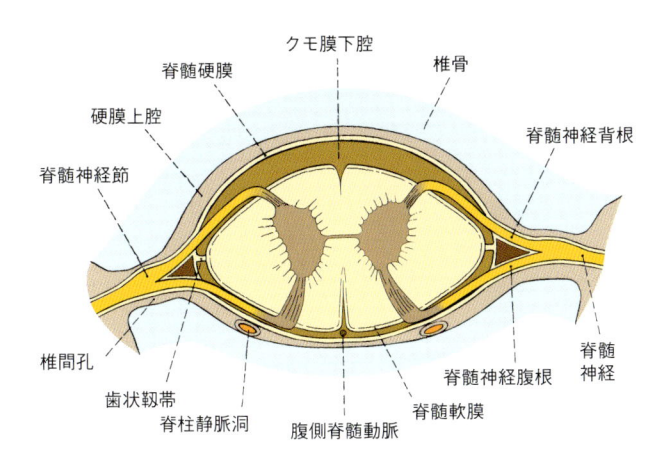

(加藤嘉太郎：新編 家畜比較解剖図説下巻，227，養賢堂，2003 を参考に作成)

図2-81　馬の脊髄の構造

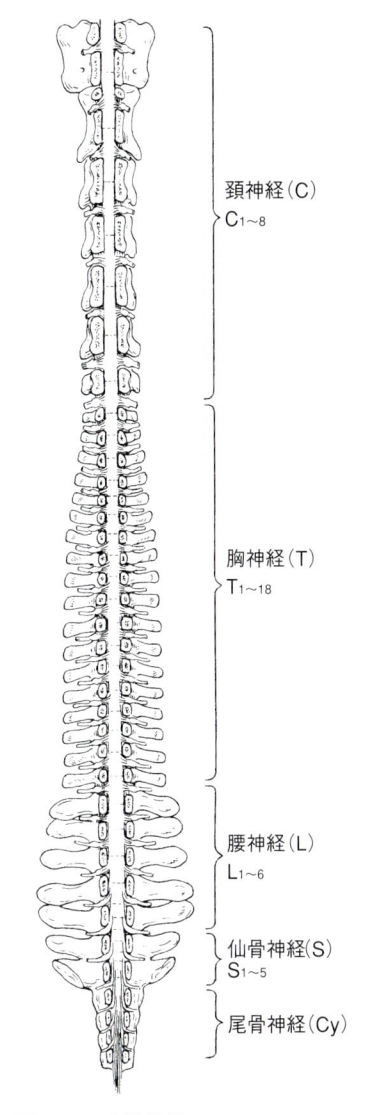

図2-82　脊髄神経

❷脊髄

脊髄は延髄から続く部分であり，長い円筒形で脊椎骨の椎孔を貫くように走行している。脊髄の断面をみると，中央部に灰白色でH型の灰白質があり，その周囲を白質が取り囲んでいる。灰白質は神経細胞が集まっているところで，その側面腹側からは腹根とよばれる運動性神経線維が出ており，側面背側からは背根とよばれる知覚神経線維が出ている（図2-81）。腹根と背根は脊髄のすぐ近くで合流し，脊髄神経としてそれぞれ末梢組織に分布している。

馬の脊髄は各脊椎骨に対応して頚髄（C），胸髄（T），腰髄（L），仙髄（S），尾髄（Cy）とよばれて区分される。それぞれの分節から対をなして出る脊髄神経は，頚神経8対，胸神経18対，腰神経6対，仙骨神経5対および尾骨神経5対（通常）である（図2-82）。

❸髄膜

髄膜は脳および脊髄を連続して覆う硬膜，クモ膜および軟膜から形成される3層の膜の総称で，脳の部分は脳膜，脊髄では脊髄膜とよばれる（図2-83）。

なかでも，軟膜と硬膜の間に存在するクモ膜は網目状の構造で，内部のクモ膜下腔には第三ないし第四脳室の脈絡叢から産生された脳脊髄液が充満して，中枢神経系を保護している。

中枢神経系の疾病を獣医学的に診断する際は，脳脊髄液を用いた検査が有効である。脳脊髄液は，クモ膜下腔が拡張している第1頚椎と頭蓋の間の小脳延髄槽，あるいは腰仙骨槽に注射針を刺入して採取する。

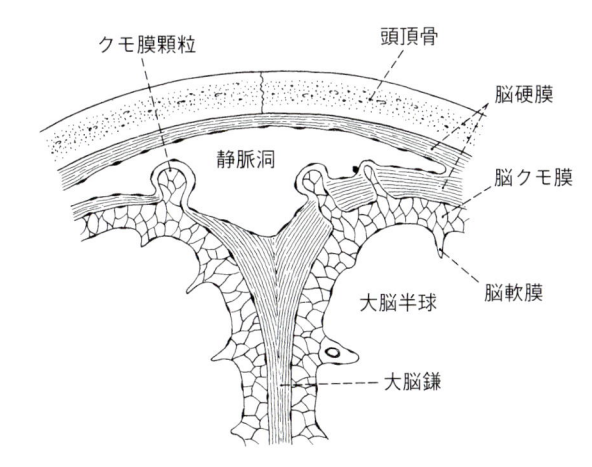

図2-83　脳膜の模式図

第2章 馬体の構造と機能

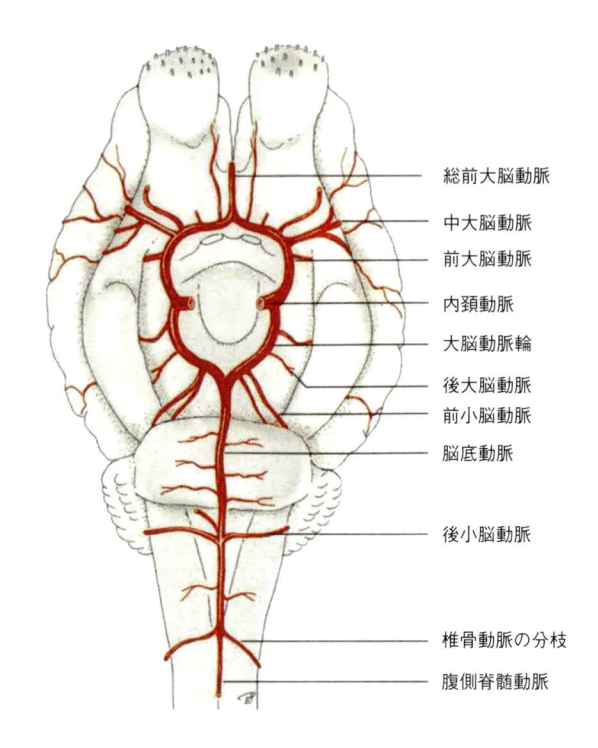

（カラーアトラス獣医解剖学増補改訂版，591，チクサン出版社，2010，Schattauer GmbH の許諾を得て掲載）

図2-84 馬の脳底動脈模式図

❹脳の血管

馬では脳への血液は，主として左右の内頸動脈から供給される。すなわち，総頸動脈は下顎付近で外頸動脈，内頸動脈および後頭動脈に分枝し，内頸動脈は喉嚢（耳管が憩室状に膨らんだ馬特有の器官）の粘膜下を通過して，頭蓋腔の脳底部に進入する（図2-84）。

脳底部へ進入した内頸動脈は大脳動脈輪をつくる。大脳動脈輪と連続する脳底動脈からは，脳へ分布するすべての血管が起始する。これらの動脈は脳の表面を走行して小動脈，細動脈に分枝し，脳実質に進入する。毛細血管内皮細胞とそれを囲むグリア細胞によって，血液脳関門が形成される。

2. 末梢神経系の仕組みと働き

末梢神経系には脳神経，脊髄神経などの体性神経系と，交感神経および副交感神経で構成される自律神経系などがある（表2-9）。

❶体性神経系

体性神経系は自分が意識することによって動かすことができる神経（随意神経）で，主に骨格系や感覚器などに分布している。体性神経は機能的には知覚神経と運動神

表2-9 神経系の分類

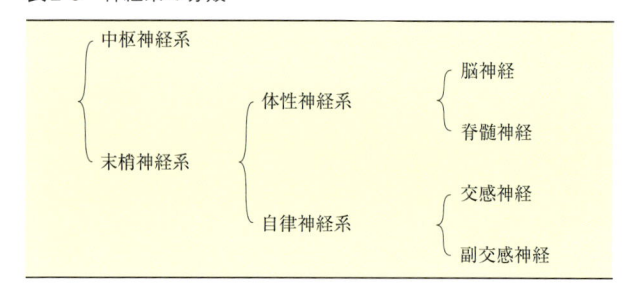

表2-10 脳神経の種類と働き

脳神経	性質	支配
Ⅰ 嗅神経	知覚性	嗅粘膜
Ⅱ 視神経	知覚性	網膜と視索
Ⅲ 動眼神経	運動性	眼筋（上・下眼直筋，内側直筋，下斜筋）
Ⅳ 滑車神経	運動性	上斜筋
Ⅴ 三叉神経	運動性	咀しゃく筋
	知覚性	頭頸部の一般知覚
	知覚性	眼筋
Ⅵ 外転神経	運動性	外側直筋（眼）
		眼球後引筋の外側
Ⅶ 顔面神経	運動性	顔面表情筋
	運動性	唾液の分泌
	知覚性	味覚，内臓の知覚
Ⅷ 内耳神経	知覚性	蝸牛（聴覚）
	知覚性	半視管膨大部，前庭・球形嚢（位置・平衡覚）
Ⅸ 舌咽神経	運動性	唾液分泌（耳下腺）
	運動性	内臓器官
	知覚性	顔面神経の同一部と同じ
	混合	内臓の運動と知覚
Ⅹ 迷走神経	混合	舌咽神経の同部と同じ
	運動性	同　上
	知覚性	顔面神経，舌咽神経の同一部と同じ
Ⅺ 副神経	運動性	舌咽神経と迷走神経の同一部と同じ
	運動性	頸・胸部の浅層筋
Ⅻ 舌下神経	運動性	舌筋

経に区別される。末端で受けた刺激を中枢に伝えるのが知覚神経で，逆に中枢からの指令を末端に伝達するのが運動神経である。

(1) 脳神経

脳神経は脳から直接出る末梢神経群で12対あり，これらの中枢はすべて脳の内部にある。脳神経は運動または知覚を支配するが，両者が混合するもの，あるいは副交感神経が混在するものもある（表2-10）。

迷走神経は胸腹腔内の臓器に分布する自律神経のなかで最長の副交感神経であるが，胸腔で反回（喉頭）神経を分枝し，再び頭側方向に反回走行して，喉頭の背側輪状

披裂筋に分布する(図2-85)。馬の喘鳴症はこの反回(喉頭)神経の障害と背側輪状披裂筋の神経原性筋萎縮に関連している。

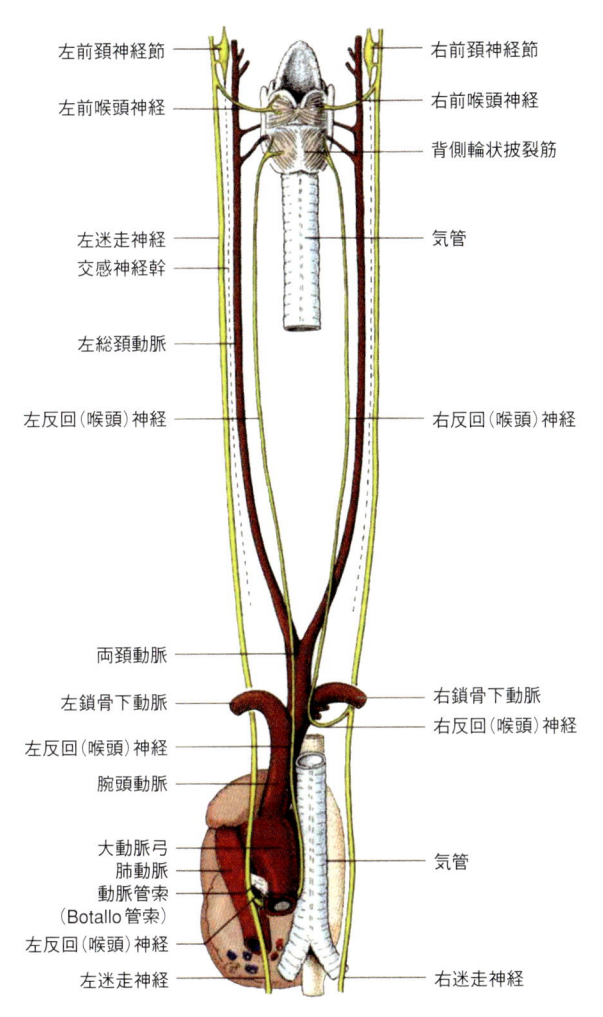

(2) 脊髄神経

脊髄神経は脊髄の各分節から根糸が左右に対をなして出ており，さらに詳細にみると，脊髄の背面から出る背根と腹面から出る腹根とがそれらの先で集束してできた線維束である(図2-86)。背根は知覚，副交感神経性であり，腹根は運動，交感神経性であるため，脊髄神経はこれらの混合線維である。

a) 頸神経

頸椎より1つ多い8対あり，通常$C_{1～8}$と略記する。前肢に分布する神経が含まれる。

b) 胸神経

胸椎の数に一致して18対あり，$T_{1～18}$と略記し，主に胸および腹壁に分布する神経である。$C_{6～8}$および$T_{1～2}$は脊髄の頸膨大部から出る神経で，腕神経叢を形成する(図2-87)。この腕神経叢から分枝する最大の神経である橈骨神経は，前肢の伸筋の多くに分布する。馬では横臥位の全身麻酔手術時において，下側になった前肢が長時間にわたって圧迫された場合などに，橈骨神経麻痺を起こすことがある。また，正中神経は馬の前肢遠位部の掌側の大半の領域に分布しており，跛行診断で実施される神経ブロック検査において重要な神経である。

c) 腰神経

腰椎の数に一致して6対あり，$L_{1～6}$と略記し，主に腹腔，骨盤および後肢前方に分布し，腰神経叢を形成する。

d) 仙骨神経

馬では5対からなり，$S_{1～5}$と略記する。主に殿部，骨盤腔の内外および後肢後方に分布し，太い

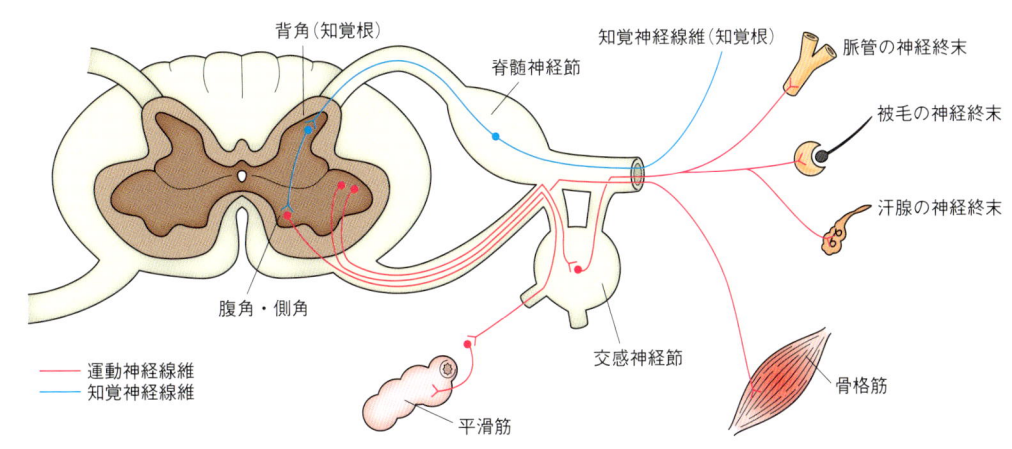

(カラーアトラス獣医解剖学増補改訂版，605，チクサン出版社，2010，Schattauer GmbH の許諾を得て掲載)

図2-85 反回神経模式図

(川田信平ら：図説家畜比較解剖学(下巻)，392，文永堂出版，1974 を参考に作成)

図2-86 脊髄神経の機能の模式図

第 2 章　馬体の構造と機能

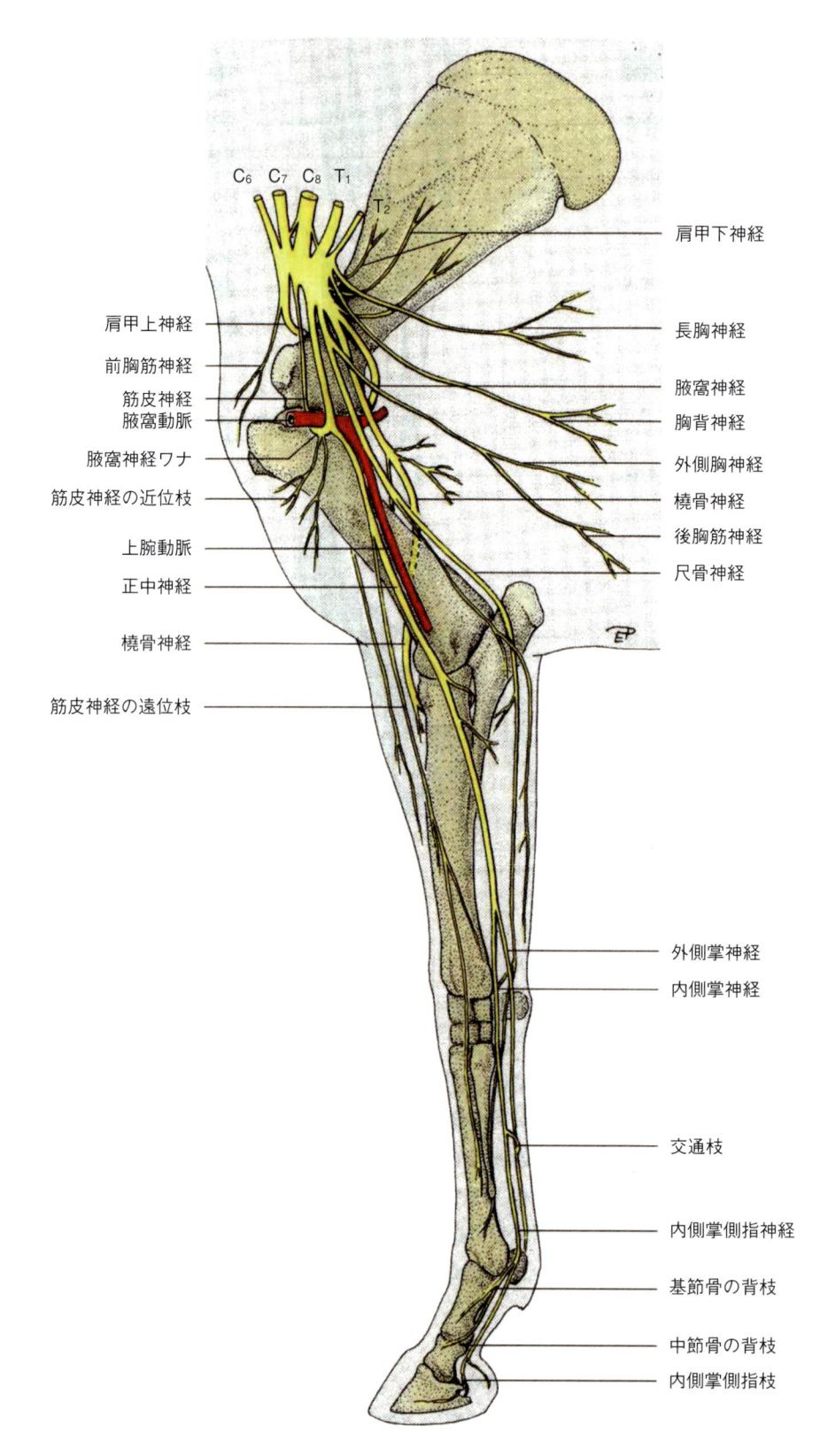

図 2-87　腕神経叢模式図

（カラーアトラス獣医解剖学増補改訂版，615，チクサン出版社，2010，Schattauer GmbH の許諾を得て掲載）

仙骨神経叢を形成する。
　e）尾骨神経
　　　馬では通常5対である。

❷自律神経系

自律神経系は，意識とは無関係に働いている神経（不随意神経）で，主として心臓や血管，内臓，分泌腺などに分布し，これらの調節を自動的に行っている。したがって，この神経によって睡眠中でも心臓が動き，呼吸ができ，食物を摂取すれば自然に消化や吸収ができる。自律神経は交感神経および副交感神経からなっているが，両者は一般に1つの臓器や器官に二重に分布しており，通常は反対の作用をしている。すなわち，一方が亢進作用を有するならば他方は抑制的に機能して，両者の平衡の上に立って各臓器，器官は調節されている（表2-11）。一例として，胃腸ではその働きを活発にするのが副交感神経で，働きを抑制するのが交感神経である。

交感神経幹は脊髄の両側を走行しており，脊髄と連絡

表2-11　自律神経系の機能

交感神経系		臓器	副交感神経系	
神経	機能		機能	神経
頚部交感神経	散大 収縮（散瞳） ――― 弛緩 分泌？ 分泌，粘液性 収縮 収縮，顔面蒼白 分泌 収縮	瞳孔 瞳孔散大筋 瞳孔括約筋 毛様体筋 涙腺 唾液腺 唾液腺血管 顔面血管 顔面汗腺 立毛筋	縮小 収縮（縮瞳） 収縮 分泌 分泌，漿液性 拡張（血管拡張神経＋） 拡張 ――― ―――	頭部副交感神経
胸部交感神経	弛緩 抑制？ 心拍数増加 収縮力と伝導速度の増加 伝導速度の増加 収縮力と伝導速度の増加 拡張 弛緩	気管支平滑筋 気管支の分泌腺 洞房結節 心房 洞房結節と伝導系 心室 冠状動脈 食道筋	収縮 刺激 心拍数減少 収縮力と伝導速度の減少 伝導速度の減少 収縮 収縮	
大内臓神経	弛緩 収縮 抑制 収縮 グリコーゲンの分解 （グリコーゲンの新生） 弛緩 抑制 促進	胃・小腸の平滑筋 胃・小腸の括約筋 胃・小腸・膵臓の分泌腺 脾臓 肝臓，グリコーゲン 胆嚢と輸胆管 腎臓の分泌 副腎髄質の分泌	収縮 弛緩 促進 グリコーゲンの合成？ 収縮 促進 	迷走神経
小内臓神経	弛緩 収縮	大腸 回盲括約筋	収縮 弛緩	
下腹神経叢	弛緩 収縮？ 収縮 射精 収縮 収縮	膀胱排尿筋 内膀胱括約筋 内肛門括約筋 生殖器 子宮 外陰部血管	収縮 弛緩 弛緩 勃起 弛緩 拡張（血管拡張神経＋）	骨盤神経
脊髄神経	収縮 分泌 収縮	体幹，四肢の血管 体幹，四肢の汗腺 体幹，四肢の立毛筋	――― ――― ―――	

表中の「？」は不明確であることを示す。

している。副交感神経は，脳から出ているものと脊髄から出ているものとがある。

馬の全身に分布する主な神経について，その模式図を図2-88に示した。

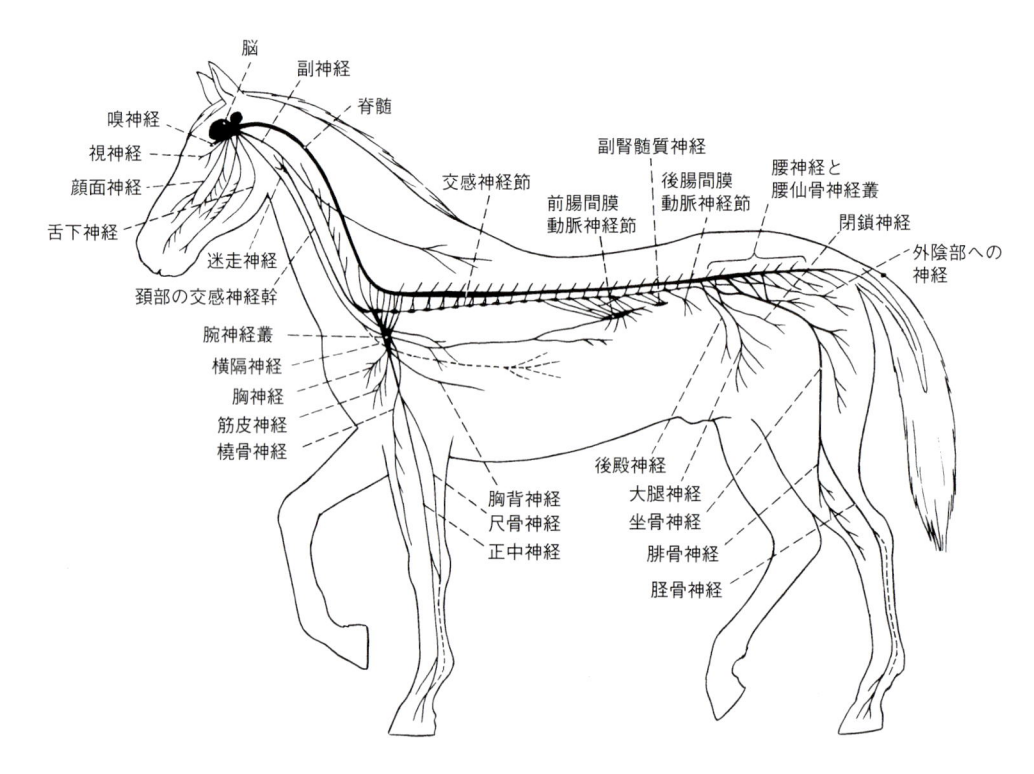

図2-88　馬の全身に分布する主要な神経の模式図

3. 神経の構造と機能

神経は，神経を構成する細胞とその機能に基づいて大きく分けると，神経の本来の機能をもつ神経細胞と，これをさまざまな意味で助けている支持細胞から構成される。支持細胞には中枢神経系にみられる神経膠細胞（グリア細胞），神経節の衛星細胞および末梢神経系のシュワン細胞がある。

❶神経細胞

神経細胞は，細胞体とそこから出る突起からできており，この線維状に長く伸びた突起を軸索（神経突起）とよび，一般的に神経線維といわれている。軸索にはシュワン細胞の細胞膜が層状に取り囲み，髄鞘を形成している。このような神経を有髄神経といい，シュワン細胞がない神経を無髄神経という（図2-89）。

神経の細胞体とそこから出る突起は，構造および機能の面から神経を構成する最小単位と考えられ，ニューロンとよばれている。神経系はこのニューロンがつながり合ってできており，隣接する神経細胞間はシナプスによって連接されている。

普通，われわれが神経とよんでいるものは神経線維の束のことであり，肉眼的にいろいろな太さの神経が観察される。

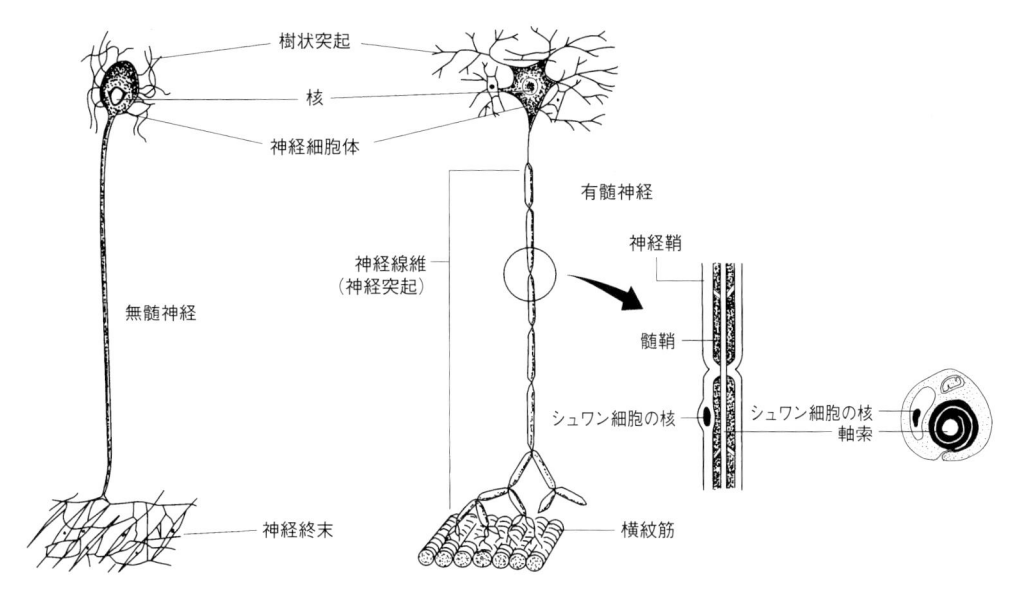

図2-89 神経細胞の模式図

❷神経終末

神経は末梢からの刺激を中枢に伝える求心性神経と，中枢からの情報を末梢に伝える遠心性神経とに大別され，知覚神経は求心性であり，運動神経と大部分の自律神経は遠心性である。そして，これらの末端はその神経の機能に応じて特殊化している。主なものとして，触覚にあずかる神経終末は感覚小体（マイスナー小体）とよばれ，大型の感覚終末としては層板小体（ファーターパチニ小体）が知られている（図2-90）。

❸反射

意識や意思などの大脳皮質の機能とは無関係に行われる反応を，反射という。反射は危険からの防御，睡眠中の運動など日常における生命活動の保持に役立っている。反射のメカニズムは，受けた刺激が知覚神経を通じて脊髄などに分布する反射中枢に至り，そこを経て運動神経の興奮となることで，ただちに反応が起こる。この経路を反射弓といい，反応に要する時間を反射時間とい

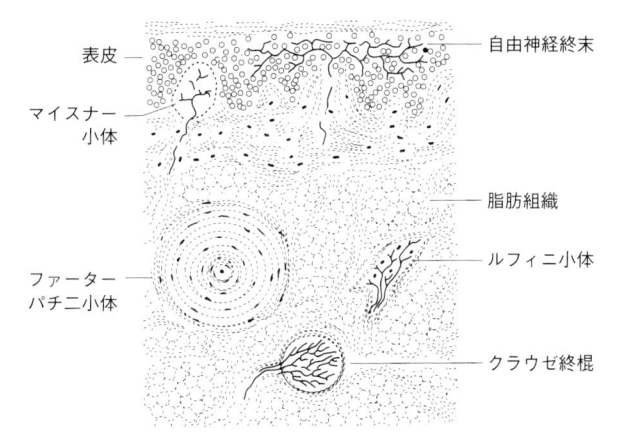

（山田安正：現代の組織学，136，金原出版，1981）
図2-90 主な神経終末の模式図

う。反射は反射中枢の存在レベルによって，脊髄反射（図2-86），延髄反射および中脳反射などに区別される。また，生物学的意義から，防御反射，逃避反射，消化管反射，心臓反射，呼吸反射，排泄反射，生殖反射などにも区別される。

XI 内分泌系

分泌細胞がホルモンなどの化学伝達物質を血管内に放出することを内分泌とよぶ。内分泌は体内のさまざまな器官で認められ、放出された化学伝達物質は血流に乗って離れた場所の別の器官へ到達する。全身の器官は、内分泌系によって動きや働きが調整されており、馬体全体の調和が保たれている。

1. 内分泌腺の種類と働き

❶松果体

(1) 組織と成り立ち

松果体は間脳第三脳室の背側壁が膨隆して生じた器官で、系統発生の過程で光受容器官から内分泌器官に変わったと考えられている。哺乳類の松果体にもSタンパク質などの光受容関連タンパク質が認められるが、神経支配は求心性ではなく、交感神経支配へと変化している。

(2) 松果体のホルモン分泌

松果体はメラトニンを合成・分泌する。メラトニン合成は夜間に交感神経節後線維から分泌されるノルアドレナリンが、松果体細胞のβ受容体に作用し、cAMPを上昇させ、セロトニン-N-アセチル基転移酵素の活性を増大させることによって促進される。したがって、松果体のメラトニン含有量は、夜間に高く昼間には低いという顕著な日周リズムを呈する(図2-91)。松果体細胞にはインドールアミンの他、下垂体後葉ホルモンと同様のペプチドが存在するが、それらの意義は明らかではない。

メラトニンをラットに投与すると、卵巣重量が減少し、膣開口は遅れる。よって、メラトニンは性腺に対して抑制的に働くと考えられるが、これは性腺への直接作用の他に視床下部-下垂体系への関与が考えられる。また、メラトニンは下垂体中葉では、メラニン細胞刺激ホルモン(MSH)の量を減少させる。

馬においてもメラトニンの投与により性腺機能の抑制がみられるなどの報告がある。また、メラトニンは甲状腺でのヨウ素の取り込みに対しても抑制的に作用する。

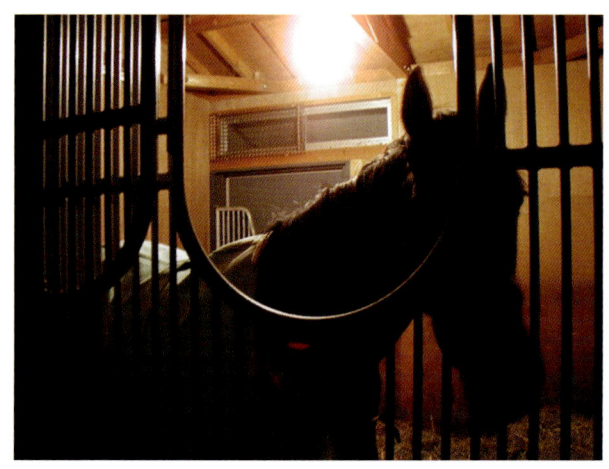

電灯を使って昼間の長さを人工的にコントロールする方法。冬季の日長時間が短い北国では発情を早める目的で使われる。

図2-91　ライトコントロール法(JRA原図)

❷視床下部

(1) 組織と成り立ち

視床下部は間脳において視床の腹側に位置する。前方は視束前野、後方は中脳に続く。また、内側から外側に向かって室周層、内側部、外側部に分けられる。室周層は第三脳室上衣層に接し、室周囲核、視交叉上核、弓状核、視索上核および室旁核がある。室周線維を挟んで室周層に接する内側部は、前視床下部、腹内側核、背内側核、背側視床下部、後視床下部および乳頭核からなる。外側部は脳弓より外側で、外側視床下部という。

内分泌機能に関与する視床下部組織は、下垂体後葉ホルモンを分泌する細胞と、下垂体前葉ホルモンの放出ホルモンあるいは放出抑制ホルモンなどを産生する細胞の2つに大別される。

(2) 視床下部のホルモン分泌

哺乳類の下垂体後葉ホルモンはオキシトシンとバソプレシンであり、これらは抗利尿、末梢血管の収縮、生殖

管や乳腺筋上皮の収縮などに関与する。これらの神経分泌細胞は視床下部に存在し，視床下部－下垂体路を形成して軸索終末を下垂体後葉に送る。分泌物は軸索終末から下垂体後葉中の毛細血管に放出される。

甲状腺刺激ホルモン放出ホルモン(TRH)，性腺刺激ホルモン放出ホルモン(GnRH)，副腎皮質刺激ホルモン放出ホルモン(CRH)，成長ホルモン放出ホルモン(GHRH)，成長ホルモン抑制ホルモン(ソマトスタチン；GIH)，メラニン細胞刺激ホルモン抑制ホルモン(MIH)，プロラクチン抑制ホルモン(ドーパミン；PIH)などは，正中隆起部を覆う毛細血管に分布する軸索終末から放出され，下垂体門脈を通って下垂体前葉に達し，標的細胞の分泌を支配する。

❸下垂体

(1) 組織と成り立ち

下垂体は間脳底に接して存在する小体で，蝶形骨の下垂体窩にあり，下垂体柄と隆起部によって視床下部と結ばれる。馬の下垂体はソラマメ大で扁平な卵円形をしている。下垂体は起源の異なる2つの組織，すなわち間脳の一部が下方に突出した神経下垂体と，胎生期に口窩の上皮が陥凹してできたラトゥケ嚢より生じた腺下垂体からなる。神経下垂体は視床下部との移行部をなす正中隆起，漏斗突起の末端が膨らんでできた後葉，両者を結ぶ細い漏斗柄からなる。腺下垂体はラトゥケ嚢の前壁から生じた前葉，後壁からできた中葉，ラトゥケ嚢の外側突起が背方に伸びて正中隆起を取り囲んだ隆起葉からなる。

(2) 下垂体のホルモン分泌

a) 後葉ホルモン

後葉は視床下部で産生された後葉ホルモンを貯蔵・放出する神経－血管器官である。哺乳類の後葉ホルモンはバソプレシンとオキシトシンで，両者とも8アミノ酸残基からなるペプチドである。バソプレシンは抗利尿ホルモン(ADH)ともよばれ，その分泌量は血液浸透圧および循環血液量の変化に伴って変動する。

オキシトシンは交尾，吸乳などの刺激により分泌される。オキシトシンは分娩時に投与することで子宮筋を収縮させ，陣痛を促すことから，生理的にも分娩時に分泌されると考えられる。

b) 前葉ホルモン

下垂体前葉からは成長ホルモン(GH)，プロラクチン(PRL)，黄体形成ホルモン(LH)，卵胞刺激ホルモン(FSH)，甲状腺刺激ホルモン(TSH)，副腎皮質刺激ホルモン(ACTH)の各ホルモンが分泌される。TSHおよび性腺刺激ホルモンであるLHとFSHは，いずれも糖タンパクホルモンであり，αとβの2つのサブユニットからなる。このうちαサブユニットのアミノ酸配列はこれら3種のホルモンに共通であり，さらに妊娠中に子宮内膜杯から分泌される馬絨毛性性腺刺激ホルモン(eCG)とも共通である。

LHは雄性動物の精巣間質細胞からのアンドロゲン産生を刺激し，雌性動物では排卵を促して黄体化させる。FSHは雄性動物の精巣でセルトリ細胞に作用して，精子形成を促す。雌性動物においては未成熟卵胞を成熟させ，卵胞顆粒膜細胞からのエストロゲン分泌を刺激する。TSHは甲状腺における甲状腺ホルモンの産生・分泌を促進する。LHとFSHの産生・分泌はGnRHにより刺激され，TSHの産生・分泌はTRHにより刺激される。また，FSHの分泌は，卵胞およびセルトリ細胞から分泌されるインヒビンにより抑制される。

ペプチドホルモンであるGHとPRLは構造が類似しており，動物種によって受容体との結合性が異なる。GHはタンパクの同化，骨端の伸長を促進する。GHの産生・分泌は，視床下部から分泌されるソマトスタチンにより抑制され，GHRHによって促進される。PRLは泌乳促進ホルモンとして発見され，授乳中に高濃度に分泌されるが，多くの動物種で卵胞発育を抑制し，排卵周期が停止することから，卵巣機能に対して抑制的なホルモンとされてきた。現在では，PRLは黄体機能の発現と消退，ストレスなどとの関連や妊娠中のインスリンレセプターに対する作用など，新たな機能が注目されている。PRL分泌は視床下部由来のドーパミンにより抑制され，TRHによって促進されるが，TRH以外にも放出因子は存在するとされている。

ACTHはプレプロACTH・β-リポトロピン複合体(big ACTH)が糖鎖付加，切断などを経てできるペプチドホルモンで，副腎皮質の索状層・網状層における糖質コルチコイドの産生・分泌を促進する。big ACTHは下垂体中葉にも存在し，異なるプロセシングを受けるが，中葉がよく発達する馬においてもACTHが前葉からのみ分泌されるかどうかは明らかでない。一般に前葉ではbig

ACTHはγ-MSH，ACTH，γ-リポトロピン，β-エンドルフィンの4つの分子に分かれて分泌される。

ACTH分泌は視床下部のCRHにより刺激されるが，各種ストレスはその誘因になると考えられる。

c) 中葉ホルモン

下垂体中葉からはMSHが分泌される。MSHはbig ACTHがプロセシングを受けてできるホルモンで，馬では13アミノ酸残基からなるα-MSHと，18アミノ酸残基からなるβ-MSHの2種が知られている。それぞれのMSH分子は，ACTHおよびβ-リポトロピンを前駆物質としてつくられる。MSHの放出は，視床下部からのMRHおよびMIHにより調節される。

❹甲状腺

(1) 組織と成り立ち

甲状腺は球状の濾胞の集合体で，左右の甲状腺は気管の腹側で狭部をつくり，結合している。各濾胞は毛細血管網で囲まれる。濾胞は1層の濾胞上皮細胞（A細胞）と，そこから分泌されたコロイドで満たされた濾胞腔からなる。コロイドの主成分は甲状腺ホルモンの前駆体で，ヨード化された糖タンパク質のチログロブリン（分子量約660,000）である。

哺乳類では他の脊椎動物の鰓後腺に相当する傍濾胞細胞（C細胞）が甲状腺内に存在し，カルシトニンを分泌する。C細胞はA細胞と密接するが，腺の内腔には達しない。

(2) 甲状腺のホルモン分泌

a) 甲状腺ホルモン

甲状腺ホルモンであるチロキシン（T_4），トリヨードチロニン（T_3）は，いずれもヨウ素を含むアミノ酸の一種で，チログロブリンの構成成分として濾胞腔に蓄えられている。

チログロブリンは必要に応じて再吸収され，A細胞で加水分解されて甲状腺ホルモンとして分泌される。これらの合成・分泌はTSHにより促進される。甲状腺ホルモンは基礎代謝を維持し，成長分化を促進する。

b) カルシトニン

カルシトニンは32のアミノ酸残基からなり，1～7位にS-S結合がある。C細胞に神経終末はなく，カルシトニン分泌に影響するのは血中カルシウム（Ca）濃度である。カルシトニンは骨吸収を抑制し，腎臓からのリン（P）の排泄を促進することにより，血清中CaおよびP濃度を低下させる。

❺副甲状腺

(1) 組織と成り立ち

副甲状腺（上皮小体）は胚発生期に生じる鰓嚢上皮に由来するが，馬ではヒトや犬と同様，2対存在する。副甲状腺の実質細胞には主細胞と好酸性細胞があり，ホルモンを分泌するのは主細胞である。

(2) 副甲状腺のホルモン分泌

副甲状腺ホルモン（PTH）は牛，豚，ヒトでは84アミノ酸残基からなる直鎖状のポリペプチドで，骨からのCaの溶出と腸からのCa吸収を促進する他，腎臓の近位尿細管におけるPの再吸収を抑制することで，血中のCa濃度を上昇させてP濃度を低下させる。骨形成時には骨-血液間のCa平衡，および骨中Caの代謝調節因子として機能する。また，腎臓の25-ヒドロキシコレカルシフェロール水酸化酵素の活性を高め，活性型ビタミンD（1,25-ジヒドロキシビタミンD_3）の生成を促進する。

❻胃腸膵内分泌系

(1) 組織と成り立ち

胃，腸および膵臓の内分泌細胞は，細胞内の分泌顆粒を開口分泌する。これらは系統発生的，あるいは形態的にも同等であることから，一括して胃腸膵内分泌系として扱われる。膵臓ではランゲルハンス島（膵島）の構成細胞がホルモンの産生を行うが，胃体では胃底腺上皮に，十二指腸では絨毛と陰窩の上皮に，結腸では陰窩の上皮に内分泌細胞が分布する。各内分泌細胞は異なるホルモンを含み，10数種に分類されるが，グルカゴンを含むA細胞とL細胞，ソマトスタチンを含むD細胞などは，消化管と膵臓の両方に共通して存在する。

(2) 胃腸膵内分泌系のホルモン分泌

a) 膵臓

膵島は直径100～500μmで，卵形ないし多角形をしており，膵臓内に散在する。内分泌細胞は主にA，B，D，PP細胞の4種からなる。B細胞はインスリンを分泌し，膵島の細胞の過半を占める。インスリンは細胞内への糖の取り込み，タンパク質の同化を促進して血糖値を低下させる。A細胞が分泌するグルカゴンは，肝臓のグリコーゲン分

解を促進して血糖値を上昇させる。D細胞が分泌するソマトスタチンは，グルカゴンやインスリンの放出を抑制する他，膵外分泌に対しても抑制作用をもつ。膵島の周縁部に分布するPP細胞は，膵液分泌抑制作用を示す膵ポリペプチドを分泌する。

b) 胃

胃底腺の内分泌細胞はD, EC, ECL細胞の3種で，D細胞からはソマトスタチン，EC細胞からはセロトニン，サブスタンスPおよびエンケファリン，ECL細胞からはヒスタミンが分泌される。これら胃底腺の内分泌細胞は，内腔に接しない閉鎖型の細胞であるが，ヒトの幽門部にあるG細胞は内腔に達する突起を有し，内腔のpHが上昇するとガストリンを放出して胃酸分泌を促進する。また，胃体部にはA細胞があり，グルカゴンを分泌する。

グレリンは最近発見されたペプチドホルモンで，人ではX/A-like細胞（P/D1細胞）が分泌するとされる。グレリンは下垂体に作用してGH分泌を促進し，視床下部に対しては食欲増進に働く。オベスタチンはグレリン前駆ペプチドから作られ，グレリンの食欲増進作用に拮抗する。

c) 腸

腸の内分泌細胞は胃の場合と異なり，多くが内腔に接する開放型の基底顆粒細胞である。内腔からの刺激により，基底側から分泌顆粒を開口分泌する。胃にも存在するD, EC細胞は腸にも認められる他，S細胞はセクレチン，M（またはI）細胞はコレシストキニン-パンクレオザイミン，K細胞は胃抑制ペプチド，Mo細胞はモチリン，N細胞はニューロテンシンをそれぞれ分泌する。

❼副腎

(1) 組織と成り立ち

腹腔内背側に位置し，中胚葉由来でステロイドホルモンを産生する皮質と，外胚葉由来でカテコールアミンを産生する髄質からなる。皮質は被膜側から球状層，索状層，網状層に分けられ，被膜と球状層，網状層と髄質の間は結合組織で分けられている。

(2) 副腎のホルモン分泌

a) 糖質コルチコイド

糖質コルチコイドは皮質の索状層，網状層でコレステロールから合成される。主な糖質コルチコイドは馬ではコルチゾルであり，タンパク質，脂質の分解促進，血糖値上昇，抗炎症作用を示す。ストレス刺激などによりCRH，ついでACTHが分泌されることにより，コルチゾルの分泌が促進される。

b) 鉱質コルチコイド

皮質の球状層で合成される鉱質コルチコイドであるアルドステロンは，腎臓に作用してナトリウムイオンの吸収，カリウムイオンの排出，水の再吸収を促す。アルドステロン分泌はレニン-アンギオテンシン系により支配されており，血中ナトリウムイオン濃度の低下などによって，腎臓の傍糸球体細胞からレニンが分泌されることで促進される。

c) カテコールアミン

髄質からのカテコールアミン放出は，交感神経節前線維末端からのアセチルコリン放出により，細胞膜が刺激されることによる。髄質の分泌顆粒にはアドレナリンもしくはノルアドレナリン，エンケファリン，クロモグラニンおよびATPなどが含まれる。ドーパミンをノルアドレナリンに変換するドーパミンβ-水酸化酵素（DBH）は分泌顆粒中に含まれ，ノルアドレナリンをアドレナリンに変換するフェニルエタノールアミン-N-メチル基変換酵素（PNMT）は細胞質中にある。すなわち，ドーパミンは顆粒のなかでノルアドレナリンになり，顆粒から出てアドレナリンに変換されてから再び顆粒に取り込まれる。皮質から流入する血管を介して糖質コルチコイドが供給されると，PNMTの合成が促進され，アドレナリンの生成が増大する。

❽精巣

(1) 組織と成り立ち

精巣は成体では陰嚢のなかにあり，精子形成を行う精細管と疎性結合織からなる。疎性結合織は毛細血管に富み，血管に接して雄性ホルモンを産生する精巣間質細胞（ライディヒ細胞）がある。セルトリ細胞は精細管壁にあり，雄性ホルモン結合タンパク質を産生する。

(2) 精巣のホルモン分泌

a) 雄性ホルモン

主な雄性ホルモンはテストステロンとアンドロステンジオンであり，テストステロンは脳以外の標的組織ではより活性の高いジヒドロテストステ

ロン (DHT) となる。雄性ホルモンは生殖関連器官の機能と二次性徴の発達を刺激し，脳に対して性行動を誘起させる。また，雄性ホルモンは標的細胞のタンパク質合成を促進する同化作用を示す。

　b) インヒビン

　　精巣からのインヒビン分泌は，一般的にはセルトリ細胞が行うとされる。インヒビンはαとβ，2つのサブユニットからなるヘテロダイマーで，糖タンパク性成長因子の1つである形質転換成長因子βファミリーに含まれる。インヒビンのβ-サブユニットは，さらにβAとβBの2種が知られている。セルトリ細胞でのインヒビン分泌は，雄性ホルモンにより刺激されるという。

❾卵巣

(1) 組織と成り立ち

　卵巣は表面上皮，卵胞，黄体，間質などから構成される。馬では卵管采が著しく発達して卵巣全体を取り囲んでいる他，生殖上皮が偏在するために排卵窩を形成するという特異な形態となっている。

　卵胞は卵母細胞とそれを囲む体細胞性の卵胞組織からなる。卵胞組織は基底膜を介して内側の顆粒膜層と外側の莢膜層とに分かれ，莢膜層はさらに内莢膜と外莢膜とに区別される。黄体はLHのサージ状放出により，成熟卵胞が卵母細胞を放出（排卵）した後，顆粒膜細胞および莢膜細胞が大型化することで形成される。

(2) 卵巣のホルモン分泌

　a) 卵胞ホルモン

　　卵胞から分泌されるステロイドホルモンは発情ホルモンであり，主たるものはエストラジオールである。顆粒膜層にはコレステロールから黄体ホルモンを生成する酵素が存在し，黄体ホルモンをもとに莢膜層で雄性ホルモンを合成する。さらに，この雄性ホルモンを顆粒膜層で芳香化し，発情ホルモンを合成するという二細胞説が一般的である。発情ホルモンは卵胞の発達，二次性徴の発現などを促進し，中枢に作用して発情行動を誘起する。

　　卵胞において，インヒビンの産生・分泌を行う細胞はいまだ明らかではないが，顆粒膜細胞の関与が有力視されている。

　b) 黄体ホルモン

　　黄体は大部分が卵胞の顆粒膜細胞由来であるが，莢膜細胞由来の細胞も存在する。黄体から分泌されるステロイドホルモンは，ほとんどがプロゲステロンであり，プロゲステロンは子宮粘膜などに作用して妊娠を維持する。黄体は下垂体からのPRLなどの刺激によって維持されるが，着床が成立しなかった場合には退行する。馬では着床後に子宮内膜杯から分泌されるeCGの刺激によって妊娠維持に重要な副黄体が形成される。

❿その他

(1) 腎臓

　腎臓の輸入細動脈が糸球体の血管極に入る部分で血管平滑筋が特殊化し，傍糸球体細胞となる。傍糸球体細胞は，タンパク質分解酵素の一種であるレニンを分泌するが，レニンは肝臓で合成された血中のアンギオテンシノゲンを分解し，アンギオテンシンⅠ（ANGⅠ）にする。ANGⅠは，さらに血中の酵素によって血圧上昇作用のあるアンギオテンシンⅡ（ANGⅡ）となるが，ANGⅡは副腎のアルドステロン合成を促し，中枢に対しては飲水行動を起こさせる。ANGⅠは10，ANGⅡは8アミノ酸残基からなるペプチドで，ヒト，馬，犬，豚に共通である。レニンの分泌は腎動脈圧，交感神経，アドレナリン，アンギオテンシン，バソプレシンなどにより調節されている他，傍糸球体装置の緻密斑が遠位尿細管のNa濃度をモニタして調節するともいわれている。

(2) 心臓

　心房の心筋細胞には顆粒が存在し，形態的に内分泌顆粒に類似することが指摘されていたが，1980年代になって心房抽出物が利尿作用をもつことが知られるようになり，内分泌器官として意識されるようになった。この利尿作用をもつペプチドは，心房性ナトリウム利尿ペプチド（ANP）とよばれ，左心房よりも右心房に多く含まれており，また心室には少ない。ANPは利尿と尿中へのNa排泄促進作用を示す一方で，平滑筋に強い血管拡張作用を示し，これらの相互作用によって血圧が低下する。ANPは心筋細胞から冠静脈を通って血中に分泌されると考えられている。

XII 免疫系

　馬は古くからヒトの血清療法を目的とした破傷風毒素やヘビ毒などに対する免疫血清の作製に用いられており，免疫グロブリンの構造や機能の研究は，1970年代までは比較的よく進められていた。馬の免疫機構や免疫担当器官は，ヒトやマウスをはじめとする各種哺乳類と基本的には大きな違いはない。

1. 免疫にかかわる器官

❶一次リンパ器官（組織）

　リンパ球が幹細胞から分化・成熟する場として機能する器官であり，中枢リンパ組織ともよばれる。

(1) 骨髄

　すべての血液細胞は多能性造血幹細胞に由来する。造血は初期胚では卵黄嚢，ついで肝臓で行われ，胎子後期および出生後は骨髄が幹細胞の供給源となる。馬を含む多くの哺乳類では骨髄がB細胞の成熟の場である。骨髄は加齢とともに脂肪組織に置き換わる。

(2) 胸腺

　胸腺はT細胞（Tリンパ球）の分化・成熟の場である。結合組織により小葉に分けられ，各小葉は皮質と髄質に区分される。皮質には比較的未熟なリンパ球が密集し，髄質には成熟したリンパ球が存在する。皮質のリンパ球は活発に分裂し，自己抗原と反応する細胞は死滅する。残りの一部の細胞が髄質に移行して成熟したT細胞となり，血液中に放出される。胸腺は生後数ヵ月から1歳程度までがもっとも大きく，その後成長にしたがって徐々に萎縮していく。

❷二次リンパ器官（組織）

　成熟したリンパ球が，体内に侵入した病原体などの異物（抗原）と反応して免疫応答を行う場であり，末梢リンパ組織ともよばれる。

(1) リンパ節

　全身各所に存在し，リンパ管により連結される。存在部位によって皮下リンパ節，内臓リンパ節（深部リンパ節）などと区分される。輸入リンパ管を経て，リンパ液とともにリンパ節に運ばれた病原体などの異物は，ここでマクロファージに取り込まれて除去される。また，粘膜などの感染部位で病原体を取り込んだ樹状細胞もリンパ節に運ばれ，リンパ球を刺激して免疫反応を活性化させる。下顎リンパ節は触診が可能であり，感染症の際に腫脹が認められる場合が多い。

(2) 脾臓

　脾臓はリンパ管がなく，血行性に運ばれた抗原や，損傷や老朽化した赤血球など血液細胞のフィルターとして働く。抗原を取り込んだマクロファージや濾胞樹状細胞により，リンパ球が活性化される。また，脾臓は血液細胞の貯蔵器官としての役割ももつ。

(3) 粘膜関連リンパ組織

　消化管，呼吸器，泌尿生殖器などの粘膜固有層や粘膜下組織には，局所での病原体の排除に重要な粘膜免疫応答を担うリンパ球の集合体が存在し，これらを総称して粘膜関連リンパ組織とよぶ。扁桃，小腸のパイエル板がその代表であり，存在部位によって鼻咽頭関連リンパ組織，気管関連リンパ組織，腸管関連リンパ組織などとよぶ。管腔の上皮細胞の間に存在するM細胞とよばれる細胞は抗原を取り込み，直下の粘膜関連リンパ組織に運ぶことで，マクロファージや樹状細胞を介してリンパ球を活性化する。また，粘膜では分泌型IgAが主要な抗体として病原体の侵入防御に働く。その他，涙腺，乳腺，泌尿生殖器などの粘膜下にもリンパ組織が認められる。

(4) 喉嚢

　耳管憩室ともよばれ，中耳から鼻腔（咽頭側壁）に通じる耳管の一部が拡張した器官である。馬，バクなど一部

の奇蹄目に存在するが，その機能については十分に解明されていない。しかし，喉嚢の粘膜上皮細胞は異物排除能を担うと考えられる線毛を有し，粘膜上皮下にはリンパ小節が発達しているため，局所粘膜免疫機構を担う二次リンパ器官の一部と考えることもできる。

2. 免疫にかかわる細胞

免疫にかかわる細胞は多能性造血幹細胞に由来し，血液中を循環する白血球と，さまざまな組織に存在する同系統の細胞からなる。白血球はその形態から，顆粒球，単球，リンパ球に大別される（第2章V, 93頁参照）。

❶顆粒球

多形核白血球ともよばれ，末梢血白血球の60〜80%を占める。顆粒球は細胞質内顆粒の色素に対する染色性の違いからさらに，好中球，好酸球，好塩基球に分けられる。

(1) 好中球

好中球は顆粒球の90%以上を占め，細菌に対する感染防御の中心の役割を担っている。細菌の感染局所に遊走して細菌を貪食し，殺菌・消化する。

(2) 好酸球

好酸球は寄生虫感染に対する防御の中心的役割を担っている細胞である。また，アレルギー性疾患では炎症局所への浸潤が認められる。

(3) 好塩基球

好塩基球は細胞表面のIgEレセプター（受容体）に抗原抗体複合体が結合すると，ヒスタミンなどを放出して即時型アレルギーを引き起こす。

好塩基球と同様に塩基性色素をもち，骨髄の前駆細胞に由来する細胞に，マスト細胞（肥満細胞）がある。マスト細胞は主に結合組織や粘膜組織内に存在し，好塩基球と同様に即時型アレルギー反応に関与する。

❷単球

単核球ともよばれ，末梢血白血球の数%を占める。血管から組織へ移行してマクロファージとなる。マクロファージは細菌などの抗原を貪食し，消化する。また，損傷や老朽化した細胞の除去なども行う。マクロファージに取り込まれた抗原は，断片化されたペプチドとして細胞表面に提示され，T細胞を活性化する。破骨細胞，肝臓のクッパー細胞，脳のグリア細胞，肺胞マクロファージなどは，それぞれの臓器や組織で働くマクロファージである。

❸リンパ球

形態的にはあまり特徴がない球形の細胞で，末梢血白血球の20〜40%を占める。細胞表面抗原や機能から，いくつかの亜群（サブセット）に区別される。

(1) T細胞（Tリンパ球）

T細胞は骨髄幹細胞から胸腺細胞を経て分化・成熟したリンパ球で，末梢血中および二次リンパ器官に認められる。T細胞の表面にはT細胞抗原レセプターが存在し，樹状細胞やマクロファージといった抗原提示細胞により提示された抗原を特異的に認識する。T細胞は胸腺内での分化・成熟過程で，その表面にさまざまな膜抗原（細胞表面タンパク質）を発現し，それらはT細胞の活性化や免疫応答に深く関与している。CD 4抗原陽性T細胞は，ヘルパーT細胞とよばれ，サイトカインという免疫系の調節に関与するさまざまなタンパク質を放出して，B細胞の抗体産生や細胞傷害性T細胞（キラーT細胞）を活性化する。キラーT細胞はCD 8抗原を有し，ウイルス感染細胞などを破壊する。

(2) B細胞（Bリンパ球）

B細胞は骨髄で分化・成熟したリンパ球で，末梢血中および二次リンパ器官に認められる。細胞膜には免疫グロブリンの一種であるIgMが発現しており，抗原レセプターとして機能する。抗原刺激により形質細胞（プラズマ細胞）へと分化し，抗体を産生する。

(3) ナチュラルキラー細胞（NK細胞）

比較的大型の顆粒を有するリンパ球で，抗原に対する明確な特異性をもたない。ウイルス感染細胞や腫瘍細胞への細胞傷害活性を有し，自然免疫に重要な役割をはたしている。

❹樹状細胞

脳を除く全身の組織に分布し，樹枝状の形態を有する細胞である。表皮のランゲルハンス細胞，リンパ組織の濾胞樹状細胞などがある。マクロファージと同様に抗原を貪食し，リンパ節へ移動してT細胞に抗原を提示して，T細胞を活性化する。マクロファージとB細胞もT細胞

に抗原を提示するが，樹状細胞がもっとも重要な抗原提示細胞である。

3．免疫の仕組み

❶自然免疫

抗原非特異的な防御機構を総称して，自然免疫とよぶ。自然抵抗性，非特異的免疫，先天免疫などともよばれ，感染などが起こってから獲得免疫が成立するまでの数日間の初期免疫に重要である。自然免疫は皮膚や粘膜などの物理的障壁，マクロファージや好中球などの食細胞，NK細胞，さらに液性因子である血清中の補体，さまざまな細胞から分泌されるサイトカインなどが関与している。

皮膚や粘膜は病原体の侵入を防ぐ物理的バリアーとなる。気道や消化管などの粘膜から分泌される粘液は，物理的損傷から粘膜を守り，気道の上皮細胞の繊毛は，粘液とともに異物の排除を行っている。また，粘液に含まれるムチン，デフェンシン，涙や唾液などに含まれるリゾチームは，化学的バリアーとして病原体の侵入や増殖を阻止している。

病原体の刺激を受けた皮膚のケラチノサイトや粘膜上皮細胞はサイトカインを分泌する。これらのサイトカインは炎症反応を誘導し，好中球やマクロファージの炎症局所への遊走，活性化に関与する。マクロファージなどが細菌を貪食する際に，細菌に抗体や補体が結合する（オプソニン化とよばれる）ことにより，貪食が促進される。

炎症部位の上皮細胞や活性化されたマクロファージは，インターフェロンやさまざまなインターロイキンなどのサイトカインを産生し，NK細胞やT細胞などを活性化して自然免疫を増強する。抗原を取り込んだ樹状細胞も，インターフェロンなどのサイトカインを産生し，マクロファージやNK細胞を活性化する。また，樹状細胞はT細胞に抗原を提示するが，産生するサイトカインによってもT細胞を活性化し，獲得免疫応答の引き金を引く。

補体はおよそ30種類のタンパク質からなる血清成分の総称である。通常は不活性の状態であるが，細菌や抗体などに最初の補体因子が結合することによって活性化され，その活性化した補体がさらにつぎの因子を活性化していくといったカスケード反応により機能する。

補体系の主な機能として，オプソニン化によるマクロファージなどの貪食作用の亢進，細胞や細菌などの膜表面への結合によるそれらの溶解作用，炎症部位での好中球などの免疫細胞の遊走および活性化，末梢血管の内壁などに沈着した不溶性の抗原抗体複合体の可溶化による除去などがあげられる。

❷獲得免疫

抗原特異的な免疫は，獲得免疫あるいは適応免疫とよばれる。リンパ球が免疫応答の主体であり，病原体侵入の数日後から免疫応答が検出される。獲得免疫はT細胞が主体となる細胞性免疫と，B細胞が産生する抗体による免疫応答を主体とする液性（体液性）免疫の2つに大別される。しかし，B細胞が活性化して抗体を産生する場合にも，T細胞やマクロファージなどが産生するさまざまなサイトカインが免疫応答に関与している。

(1) 細胞性免疫

獲得免疫は抗原提示細胞がT細胞に抗原を提示することによって開始される。抗原提示細胞に取り込まれた病原体は，細胞内で消化されてペプチドに分解され，MHC分子とともに細胞表面に提示される。MHC分子はヒトではヒト白血球抗原（HLA），馬では馬白血球抗原（ELA）とよばれることもある。クラスⅠとクラスⅡの2種類があり，MHCクラスⅠ抗原は，赤血球を除きすべての有核細胞に発現し，クラスⅡ抗原は，主に樹状細胞，活性化したマクロファージ，B細胞などの抗原提示細胞に発現している。

抗原提示細胞表面のクラスⅡ抗原に結合した抗原ペプチドは，ヘルパーT細胞により認識される。抗原を認識して活性化したヘルパーT細胞は，さまざまなサイトカインを分泌する。これらのサイトカインは，B細胞の増殖と形質細胞への分化と抗体産生を促し，またT細胞や抗原提示細胞自身の活性化にも働く。

ウイルス感染細胞や細胞内寄生細菌が感染した細胞などの場合，細胞内で合成されたウイルス抗原や細菌由来の抗原がペプチドに断片化され，MHCクラスⅠ抗原に結合して細胞表面に提示される。この抗原をキラーT細胞が認識し，感染細胞を破壊する。この反応は細胞性免疫の主体となる重要な反応である。

(2) 液性免疫

B細胞はその表面にある抗原レセプターによって抗原を認識して活性化され，形質細胞へと分化して抗体を産生する。通常この過程には，ヘルパーT細胞から産生されるサイトカインも必要である。抗原刺激により産生される最初の抗体はIgMであるが，その後IgG，IgA，

表2-12 馬の免疫グロブリンの分類と血清および乳中の濃度

現行の分類	IgGa	IgGb		IgGc	IgG(T)		IgA	IgE	IgM	IgD
新分類	IgG1	IgG4	IgG7	IgG6	IgG3	IgG5	IgA	IgE	IgM	IgD
血清	3.4±0.6	19.2±5.2		0.2±0.1	4.0±2.5		0.4±0.3	0.08±0.09	1.1±0.4	―
初乳	82.0±44.0	183.0±38.0		0.3±0.1	44.0±25.0		9.0±3.0	―	1.23±0.32	
常乳	0.08±0.1	0.1±0.06		―	0.06±0.04		0.6±0.2	―	―	

単位は mg/mL。
―：測定データなし。
(Wagner, B., Dev. Comp. immunol. vol. 30 (2006)の報告を改変：IgG2は現行の分類との対応が明確ではないため記載せず)

IgEへと変化する（クラススイッチ）。再び同じ抗原で刺激されると、初回の抗原刺激（一次応答）に比べ、早期にIgGを主体とした強い抗体産生（二次応答）が認められる。IgAは血清中にも存在するが、涙、乳汁、呼吸器や消化管粘膜などでは二量体のIgAが分泌されており、粘膜における感染防御に重要な役割をはたしている。IgEは寄生虫感染やアレルギー反応において主要な抗体である。

抗体は病原体や毒素などの抗原に直接結合し、感染や毒性の発揮を阻止（中和）することによって感染防御に働く。また、抗原に結合した抗体に補体が結合すると、食細胞への抗原の取り込みが促進される。

(3) 抗体（免疫グロブリン）

B細胞が産生する抗体は、2本のH鎖（重鎖）と2本のL鎖（軽鎖）からなるY字型のタンパク質である。馬でも他の哺乳動物と同様に、H鎖の違いによってIgG、IgA、IgM、IgEの4種類のクラスが存在する。ヒト、マウス、犬などで知られているIgDは、馬においても遺伝子は存在するが、タンパク質としては確認されていない。L鎖にはκ（カッパ）とλ（ラムダ）の2種類が存在するが、これはすべてのクラスに共通してみられる。

IgMは五量体で、IgAは分泌液中では二量体として存在する。抗体という用語は、抗原と結合するという免疫グロブリンのもつ機能から名付けられた名称であるが、通常、抗体と免疫グロブリンは区別されずに用いられている。

IgGにはサブクラスが存在する。その分類や名称は混乱があり、過去には10Sγ1、IgG(B)、AIなどとよばれる抗体が報告されているが、現在ではIgGa、IgGb、IgGc、IgG(T)の4種類に区別されている。IgG(T)は古くから知られており、馬特有の抗体として考えられていたが、今日ではIgGのサブクラスの1つとして位置づけられている。Tは破傷風（Tetanus）のTであり、破傷風やジフテリアの毒素を馬に免疫すると、血清中に多量に産生される抗体であることから名付けられた。

近年、遺伝子レベルの解析が進み、馬のIgGは7種類に分類できることが示され、IgG1～IgG7と名付けられている。現行の4種類のサブクラスとの対応を表に示した（表2-12）。今後、新分類による抗体を識別する方法の開発が進展すると考えられる。

(4) 胎子および新生子における免疫

馬では胎齢200日の胎子に抗原刺激を与えると、胎子の血清中に抗体が産生されることが知られている。生後直後の子馬の血清中には、少量のIgMが存在する。馬の胎盤は母体から胎子に抗体が移行しないため、このIgMは胎子が産生した抗体であると考えられるが、その意義は不明である。

出生直後の子馬は、免疫器官の構造がほぼ完成していると考えられている。しかし、ワクチンなどに対する反応性は成馬に比較して低く、生後6ヵ月程度でようやく成馬の免疫応答に匹敵するようになる。新生子における感染防御の主体は、移行抗体とよばれる母乳中に含まれる抗体である。移行抗体は血清と比較してIgG、IgA濃度が高い。抗体の吸収は小腸で行われるが、生後直後が最大で、未熟上皮が成熟上皮に置き換わることにより、24時間後には吸収能がほぼ失われる。（図2-92）。したがって、生後12時間以内に初乳を子馬に十分に与える

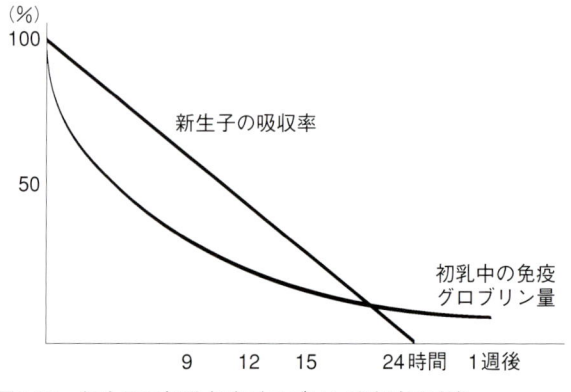

図2-92 新生子の初乳免疫グロブリン吸収率の変化

ことが，子馬の免疫能力を高めるために重要である。さまざまな要因により初乳の吸収が阻害された子馬は，免疫不全となり，各種の感染症に罹りやすくなる（第4章 II「12．免疫系の病気」305頁参照）。移行抗体は，生後3～6ヵ月程度までは検出することができる。

Column5

輸送熱とその予防

　馬は，馬運車とよばれる専用の車で輸送されるが，その際にしばしば発熱する。輸送熱とよばれるこの病気は，そのまま重い肺炎に移行することもまれではなく，馬を輸送する際の大きな課題である。

　馬運車のなかで，馬は狭い空間で同じ姿勢のまま長時間の振動にさらされることになり，大きなストレスを受ける。健康な馬は，気管の線毛運動を中心とした生体防御機構によって気管支や肺などに異物が侵入することを防いでいるが，輸送ストレスによりこの防御機構が十分に機能しなくなると，細菌などの侵入を防ぎきれなくなり，輸送熱を発症すると考えられている。

　最近の研究で，輸送前の馬の健康状態が輸送熱の発症に大きく影響することがわかってきた。たとえば，輸送前に呼吸器の炎症が認められた馬は，その後の輸送中に輸送熱を発症しやすかったという報告がある。一方で，温度や換気など馬運車内の環境を良好に管理し，さらに輸送中に適宜休憩を挟むことで，輸送熱の発症率を下げることができたとの研究もある。

　このような研究成果を基にして馬の輸送環境は少しずつ改善されてきており，今では競走馬をレース当日にトレーニング・センターから競馬場まで安全に輸送するシステムが出来上がっている。しかしながら，生産地から競馬場まで初めて長時間輸送される若馬の輸送熱を完全に防ぐことは困難で，今でも重症の肺炎を発症させてしまうことがある。輸送熱の予防に向けた研究は，これからも続けていかなくてはならない。

XIII 生殖器系

　動物の繁殖形態は，その種類によって異なる。たとえば，豚は1年中繁殖活動が可能な動物(周年繁殖動物とよばれる)で，妊娠期間も比較的短く(平均114日)，産子数も多い(4〜14頭：多胎動物)。一方，馬は繁殖活動がおおむね4月から7月に限定される季節繁殖動物で，成熟雌馬ではこの間に21日周期で発情および排卵を繰り返す。

　馬の妊娠期間は他の家畜と比較して長く(サラブレッドの場合は平均338日，約11ヵ月で分娩する)，産子数は通常1頭である(単胎動物)。また，分娩後最初の発情の出現が早いことも特徴である。このような繁殖特性は，馬が長い進化の歴史のなかで，種の維持のために獲得してきた生殖上の戦略と理解される。

　繁殖活動の時期をみてみると，妊娠にも子育てにも好都合な青草が豊富な季節と一致していることがわかる。また，長い妊娠期間を経て1頭の子馬を分娩するが，この妊娠期間の長さも，出生後すぐ外の環境に適応できるようにするための準備期間と考えられる。しかも，母馬の妊娠子宮内には，出生後の子馬を自立しやすくするために，母子間のガス交換や栄養代謝を営む血管に富んだ胎盤の絨毛が，子宮と密に接している(有胎盤動物)。

　本章では，とくに繁殖雌馬の生理学的機能と解剖学的構造について詳しく述べるが，後段には種雄馬の構造と機能を一括して記述する。

1. 繁殖雌馬の生殖器の仕組みと働き

❶生殖器の構造

　生殖細胞(卵子)の産生，受精，胎子の発育，分娩および交配をつかさどる器官が雌の生殖器である。その構成は卵巣，卵管，子宮，膣，外陰に区別される(図2-93)。このなかで，卵巣は卵子を生産する生殖腺であり，その他は生殖細胞を体内外に運び，維持するための生殖道とよばれる器官に属する。

(1) 卵巣

　卵子を産生する器官で，左右1対あり，骨盤腔においてその外側壁に接している(図2-93)。馬の卵巣は他の動物と異なり，一側が凹型，反対側が凸型で，全体としてみると"そら豆"に似ているという，ユニークな形態を示している。卵巣の大きさは長さが4〜8cm，幅が3〜6cm，厚さが3〜5cmである。

　凹型の部分には，卵子が排卵される排卵窩とよばれる部位がみられる。卵巣は結合組織からなる厚い卵巣白膜で覆われているが，排卵窩だけはこの膜で覆われていない。卵胞が大型化・成熟化(胞状卵胞)した後，卵子はこの排卵窩から卵胞液とともに卵巣外に流出する。この現象を排卵という。胞状卵胞の大きさは通常3〜5cm径であり，他の動物と比べるとかなり大型である。

　排卵後の胞状卵胞は急激に変化する。まず，出血により卵胞腔が血液で満たされ，出血体を形成する。血液が

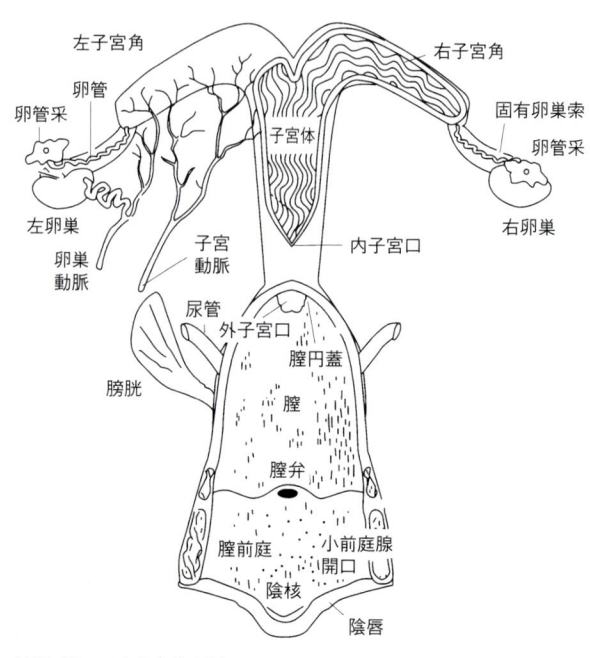

水平に切って上からみた図。

図2-93　雌馬生殖器の構造

吸収されると同時に結合組織性の細胞が急激に増殖し，黄色顆粒をもつ黄体細胞の塊を形成する。これを黄体といい，黄体は黄体ホルモンを分泌する。

受精の有無にかかわらず，黄体は通常2週間その機能が維持される。受精が行われ，母体が妊娠認識を受けると，黄体はその後8〜10週まで維持される。一方，受精しない場合は黄体は2週間で退行する。

(2) 卵管

卵子を子宮に運ぶ管で，両側の子宮角より起こり，迂曲しながらそれぞれ左右の卵巣に接して腹腔に開口する。馬の卵管の長さは伸展すると20〜30cmに及び，管径は1.5〜3.0mmである。

卵管は卵巣側から卵管漏斗，卵管膨大部，卵管峡部に区分される。卵管漏斗は卵巣を抱え込むように位置し，その一部は卵巣に付着する。排卵の結果，腹腔に放出された卵子は，広く開いた卵管漏斗から卵管内に入る。卵管内の粘膜上皮は線毛を有し，線毛の動きと卵管壁の筋層の運動によって，卵子は卵管膨大部へと運ばれる。また，同じく線毛と卵管壁の筋層の働きによって，子宮角より卵管内に侵入した精子は卵巣に近い卵管膨大部へと運ばれ，ここで受精が行われる。

卵管の内部を内張りする粘膜からは，卵子や受精卵の生存・発育を助ける物質が分泌される。馬の卵管は受精卵から分泌されるプロスタグランジンE_2の作用により，受精卵のみを選択的に子宮へ運ぶ能力を有している。そのため，未受精卵は卵管内に長期間存在し，長い時間をかけて変性すると考えられている。

(3) 子宮

子宮は卵管に続く生殖器官であり，卵管から送られてきた受精卵(胚)を受けて子宮粘膜に定着させ，一定の妊娠期間を通して胚を胎子へと発育させる。馬の子宮の形は左右1対の子宮角を有する双角子宮であり，これら子宮角が合流した子宮体と，それに続く子宮頸管からなっている(図2-93)。

豚，兎，犬などの多胎動物は，胚がいくつも着床するための長い子宮角を有するが，馬は単胎動物であるため，子宮角と子宮体から子宮頸管までの長さの比率は，ほぼ1：1となっている。平均すると，サラブレッドでは，子宮角の長さは約15〜20cm，幅は4〜7.5cm，子宮壁の厚さは2〜5cmであるが，これらの数値は年齢や産歴によってかなりの変動がみられる。

子宮壁は粘膜，筋層(平滑筋)およびこれを包む漿膜(子宮外膜)からなっている。筋層はきわめてよく発達し，妊娠時には筋層の筋線維は増殖・肥大する。分娩の際，胎子および胎盤が母体内から娩出されるが，この厚い筋層の収縮力がその原動力となっている。

妊娠期間以外では，子宮の粘膜面には縦状のヒダがよく目立ってみえる。このヒダは妊娠期間中に子宮が十分に拡張することを容易にする。子宮の拡張が十分であれば，胎盤が子宮内で大きく発達することが可能であり，その結果，胎子の発育が促される。

子宮の粘膜は子宮内膜ともよばれる。子宮内膜の上皮は線毛を有する単層円柱上皮で，固有層は円形細胞に富む細胞組織からなる。子宮体では固有層に多数の子宮腺がある。

子宮内膜は卵巣に存在する卵胞の発育に伴い，卵胞ホルモンの影響を受けて周期的(発情周期という)に一定の変化を示す(図2-94)。これは胚の着床のための，そして胚への栄養供給に好都合な環境をつくり出すための準備となる。以下，子宮内膜の発情周期に伴う変化を示す。

発情期になると，子宮内膜の上皮細胞は高い円柱状を呈する。これらの細胞質の上部には，中性あるいは酸性ムコ多糖体が増加し，またアルカリフォスファターゼも多くみられる。

発情間期(発情休止期)には，子宮腺上皮は背の低い円柱状の細胞となる。細胞質上部のムコ多糖体の量は著しく減少し，アルカリフォスファターゼも明らかに減少する。

非発情期には，子宮腺上皮の細胞は立方状で，組織化学的活性は低くなる。発情前期には，子宮腺上皮は直線状を示し，固有層の水腫はもっとも軽度な状態となる。

このように，子宮内膜の組織構造を観察することにより，ある程度は発情周期の時期を判別できる。

(4) 子宮頸管

子宮頸管は腟と子宮を結んでおり，分娩時に胎子が通過する部分として，また精子が侵入する通路として，重要な役割をはたす。子宮頸管は長さが5.0〜7.5cm，内径は2.5〜5.0cmである。頸管の壁では粘膜ヒダが幾重にも重なり合っている。これらのヒダには弾性線維が多く含まれるため，分娩の際には頸管は十分に拡張することができ，胎子の通過を容易にする。妊娠中，発情休止期および非発情期には，逆に頸管のヒダは固く重なり合い，内腔を狭めている。

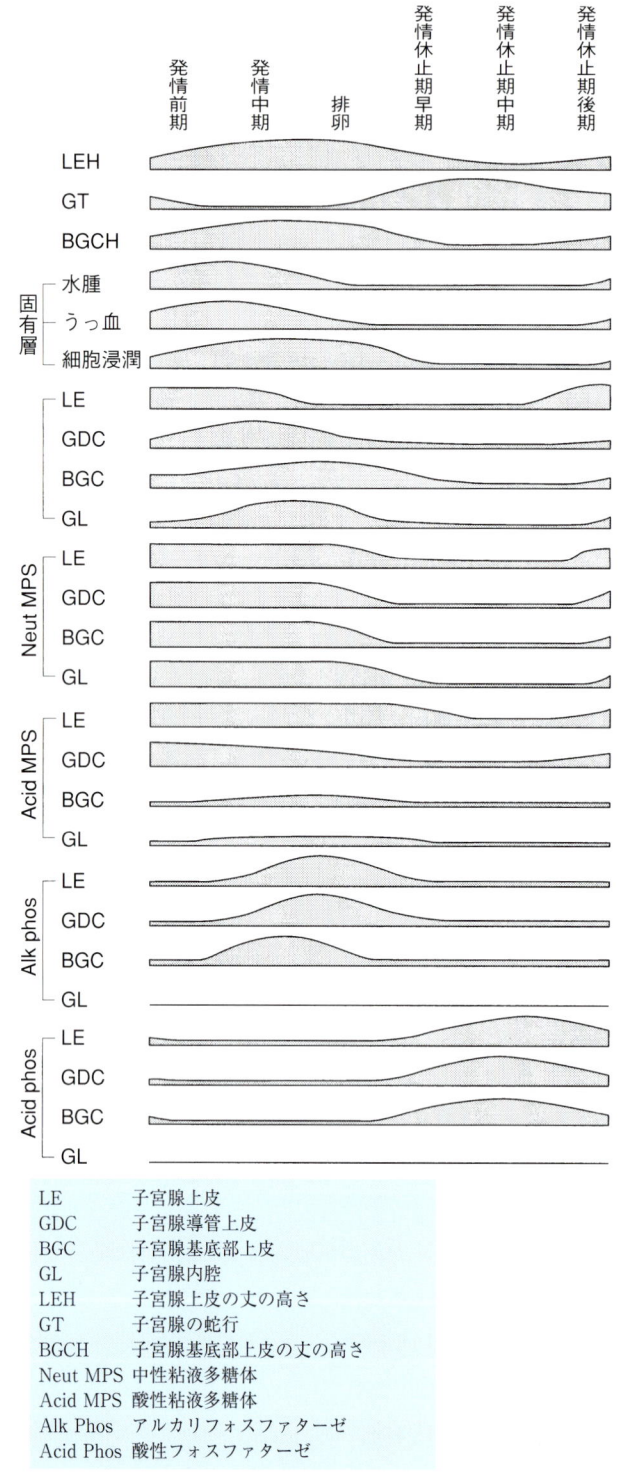

LE	子宮腺上皮
GDC	子宮腺導管上皮
BGC	子宮腺基底部上皮
GL	子宮腺内腔
LEH	子宮腺上皮の丈の高さ
GT	子宮腺の蛇行
BGCH	子宮腺基底部上皮の丈の高さ
Neut MPS	中性粘液多糖体
Acid MPS	酸性粘液多糖体
Alk Phos	アルカリフォスファターゼ
Acid Phos	酸性フォスファターゼ

(Ricketts S：In Practice, 156, 1989)

図2-94　発情周期に伴う子宮内膜の組織化学的変化

(5) 膣

子宮および子宮頚管に続く管状構造物で，外陰部に接して膣前庭となる。膣は長さが18〜28cm，内径が10〜13cmである。膣前庭とともに交尾器でもあり，産道でもある。膣と膣前庭の境界には膣弁があり，膣弁と陰唇の間が膣前庭である。膣前庭には尿道が開口する。

❷繁殖生理

北半球では馬の繁殖期は4〜7月にわたり，5月，6月が最適期である。とくに，日照時間がもっとも長い夏至(6月21日の前後)が繁殖活動のピークとなる。

繁殖期には馬は20〜24日(平均21日)の周期で発情を繰り返す。この周期を発情周期といい，さらに発情前期，発情期，発情後期，発情休止期の各期に区分される。なお，繁殖期以外の時期は非発情期とよばれる。

発情期はおおむね6〜7日間持続するが，4〜10日間と差がみられる。発情休止期は14〜15日ほどである。発情の徴候は，外陰部の皺壁(ヒダ)が下垂して皺が伸び，子宮膣部が弛緩し，膣粘液が粘稠度を増すことで肉眼的に判断できる。排卵は発情の末期(発情終了の24時間前)に行われるため，交配は発情期が終了する頃(理想的には排卵の12時間以内)に行えばもっとも効果的である。

発情のメカニズムには，第一に日長時間，ついで気温や摂食量などが影響する。日長時間の延長は，眼球の網膜を通じて脳に認識され，その結果，松果体からのメラトニン分泌が抑制される。メラトニンの分泌抑制は，視床下部からの性腺刺激ホルモン放出ホルモン(GnRH)の分泌を促す。GnRHは下垂体を刺激し，卵胞刺激ホルモン(FSH)の分泌を促進する。FSHは卵胞の発育を刺激する。

卵胞が発育するにつれ，卵胞の内壁を内張りする細胞が，エストロゲンの一種であるエストラジオールとよばれるホルモンを産生・分泌する。エストロゲンは卵管運動の促進，子宮内膜の増殖・肥厚・充血，子宮筋層の増殖・肥大と自発運動の促進，子宮頚管の弛緩と漿液性分泌の増加などをもたらし，精子や卵子の移動を促して，受精を成立しやすくする。しかし，やがてエストラジオールは，視床下部や下垂体に作用してFSH分泌に抑制的に働き，同時に下垂体からの黄体形成ホルモン(LH)の放出を促進する。

季節性の発現には，脳下垂体から分泌されるプロラクチンが重要な役割を演じている。従来，プロラクチンは泌乳ホルモンとして知られてきたが，免疫機能の増強や季節性の発現に関与することが明らかとなってきた。血中プロラクチン濃度は，春から夏にかけて高く，秋から冬にかけて低くなる。冬にドーパミンの拮抗剤を投与すると，プロラクチン分泌が促進され，性腺機能の活動が活発になるとともに，冬毛の換毛が促進される。

インヒビンという糖タンパクホルモンが卵胞の顆粒膜細胞から分泌され，FSH分泌のみを特異的に抑制することが明らかとなってきた。すなわち，繁殖雌馬が発情を

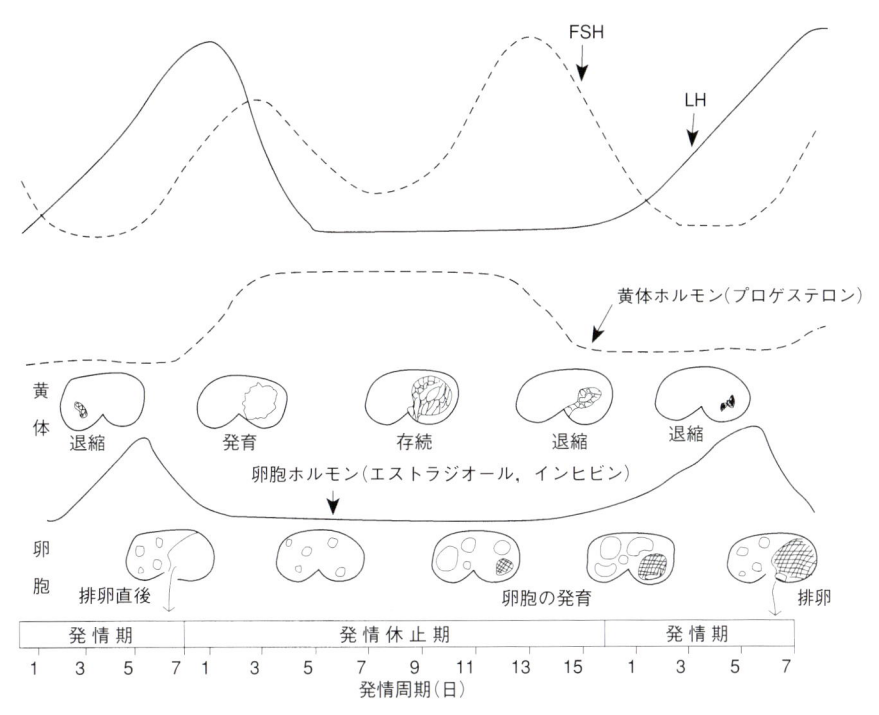

(Ginter OJ：Reproductive Biology of the Mare, 1st ed., 288, Equiservices, 1979)

図2-95 発情周期に伴う卵胞と黄体の変化

示しているときには卵胞が発育し，エストラジオールおよびインヒビンの血中濃度が増加することにより，FSHの血中濃度が低下する。一方で，LHの血中濃度は徐々に増加する。

LHは卵胞の成熟をもたらし，ついで排卵，さらには黄体形成を招来する役割をはたす(図2-95)。とくに，排卵の際には一過性の多量のLH分泌が必要で，これをLHサージという。しかし，馬のLHサージは一過性ではなく，1週間にも及ぶという他の動物にはみられない特有の変化を示す。また，ピーク時の血中LH濃度は，基底レベルの4～5倍程度であり，50～100倍まで上昇する一般的なLHサージとは様式を異にする。

排卵はLHサージの36時間前後に起こる。排卵後に形成される黄体は黄体ホルモン(プロゲステロン)を分泌する。プロゲステロンに反応して，前述した発情期にみられる生殖器の活動は低下し，そして下垂体からのLHの分泌は抑制される。

もし妊娠が成立しなければ，排卵後12～14日には，子宮はプロスタグランジンF_{2a}とよばれるホルモンを放出し，これが卵巣の黄体を退縮させる。黄体が退縮するにつれ，プロゲステロンの分泌は減少する。そして，血中のプロゲステロン濃度の減少が発情の開始をもたらし，かくして発情周期は繰り返される(図2-96)。

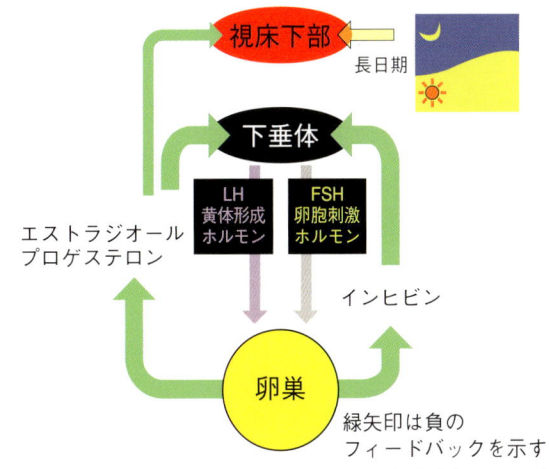

図2-96 発情期における繁殖ホルモンの分泌機構(JRA原図)

❸妊娠

(1) 受精

交配後，約1時間以内に精子は子宮を経て，卵管内へ急速に移動する。繁殖雌馬の生殖器内における精子の生存期間は，種雄馬の精液や雌馬の子宮，および卵管の状態によって異なるが，数時間から6～7日間の幅をもちつつも，おおむね2日間であると考えられる。排卵された卵子は，排卵後6～12時間の間でだけ受精が可能である。したがって，正しく受胎させるためには，排卵の時期をいかに正確に予測するかがもっとも重要である。

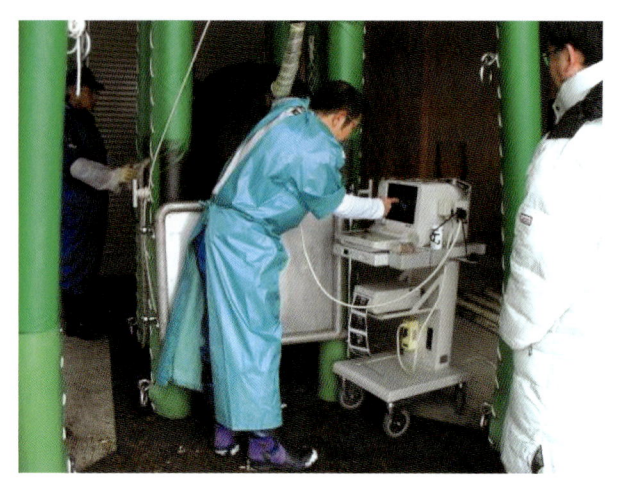

図2-97　超音波診断装置を用いた妊娠鑑定（JRA原図）

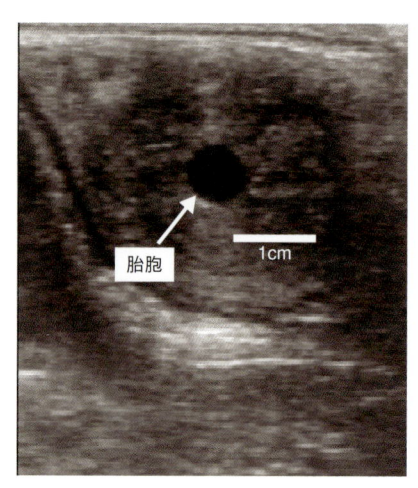

図2-98　超音波診断装置で映し出された受精12日後の胎胞（JRA原図）

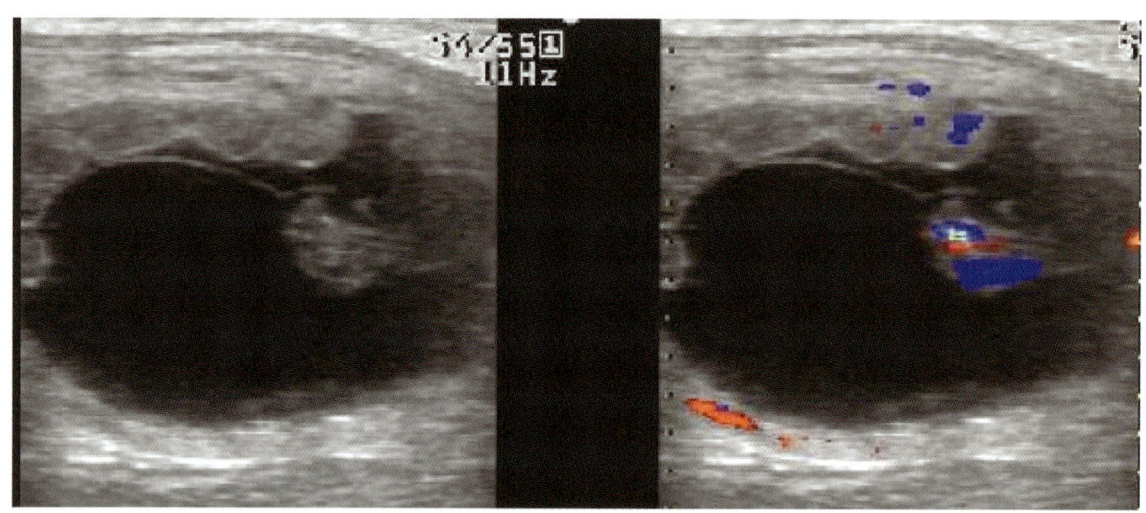

胎子の血流の様子が赤青で示されるフローモードで表現される。
図2-99　カラードプラ超音波診断装置による胎33日胚妊娠鑑定（JRA原図）

　また，精子が卵子と融合（受精）するためには，精子は繁殖雌馬の生殖器内に少なくとも2～4時間は滞在し，その間にいろいろな分泌物の作用を受けて生理学的および生化学的に変化し，卵子に侵入する能力を獲得する必要がある。この変化を受精能獲得とよぶ。受精能を獲得した精子は，卵子に到達すると卵子の細胞壁（透明帯）を突き破って卵細胞質内に侵入し，受精が成立する。

　ひとたび受精が完了すると，透明帯は変化し，他の精子が卵子内に侵入するのを防ぐ。受精卵は細胞分裂を繰り返し，16～32個に分裂した頃から胚とよばれ，球状を示す細胞塊（桑実胚），ついで内部に液を満たした胚盤胞へと発育する。受精後5～6日間で卵管を下降し，子宮に到達する。受精後8日目には直径約1mmの大きさとなる。

　透明帯は受精後8～15日の間にしだいに減少し，そ れに置き換わるように，胚の周囲に非細胞性のカプセルが形成される。このカプセルは，母体の免疫反応から，種雄馬に起因した異種タンパク抗原を有する胚を守るとともに，受精後16日目まで認められる胚の子宮内遊走を容易にする役割をもつとみなされる。現在では馬でも超音波診断装置を用いて，交配後早期に妊娠診断を行うことができる（図2-97，図2-98，図2-99）。

(2) 早期妊娠因子

　妊娠の成立機構には，多くの未解決な部分が残されている。たとえば，①どのようにして子宮は胚を守っているのか，②胚はどのようにして母体の免疫反応から逃れることができるのか，③妊娠の維持が失敗した場合にはどのようなメカニズムが働くのか，などである。

　妊娠の成立に関して早期妊娠因子（EPF）に関する面か

らいくつかの研究が行われている。すなわち，牛や羊，ヒトでは交配後4〜48時間の間に，血中に妊娠に特異的なタンパク質(EPF)が出現することが報告されている。EPFは胚を母体の免疫反応から守るために，リンパ球を抑制する働きをしているのではないかと考えられている。馬におけるEPFの存在は，リンパ球を用いたロゼット抑制反応により証明されている。超音波診断法よりも早期に妊娠を診断する手法として，また胚の生存の有無を確認(早期胚死滅の診断)する方法として，発展することが期待されている。

(3) 母体の妊娠認識

妊娠しない場合には，子宮内膜はプロスタグランジンF_{2a}とよばれるホルモンを，排卵後約14日目に放出し，このホルモンが卵巣の黄体を急激に退行・消失させるため，やがて再び発情期が訪れる。しかし，もし妊娠すれば黄体(妊娠黄体)は消失することなく，妊娠を持続させるためにプロゲステロンを分泌し続ける。

受精後，約5〜6日で胚は子宮に到達し，両側の子宮角，あるいは子宮体へときわめて活発に移動(子宮内遊走)して，やがて受精後16〜17日目には静止(固着)する。胚の子宮内遊走は，母体に胚の存在を知らせるための信号なのではないかと考えられている。

生殖器が妊娠黄体からのプロゲステロンの影響下にあるとき，子宮は独特の触感と形状を示す。よって，妊娠16〜18日目までに直腸検査で子宮を触診することは，妊娠診断の一助となる。超音波診断装置を用いると，排卵後10〜12日頃には胚の存在が確認可能である。ただし受精後37日目まで，胚は子宮内膜に着床しない。したがって，妊娠早期の子宮の独特の触感，すなわち緊張感のある子宮(子宮壁の筋の運動性の亢進による)は，おそらくは胚が子宮内膜と完全に着床するまでの期間，胚が子宮内膜と十分に接触し，子宮内膜から栄養を吸収しやすくするための活動と考えられている。

(4) 子宮内膜杯

馬の絨毛膜の一部は，妊娠約25日頃に輪帯細胞に変化し，妊娠約38日頃には子宮内膜に侵入して馬絨毛性性腺刺激ホルモン(eCG)を分泌する子宮内膜杯細胞へと分化する。これに接する子宮内膜には，子宮内膜杯が形成される(図2-100)。

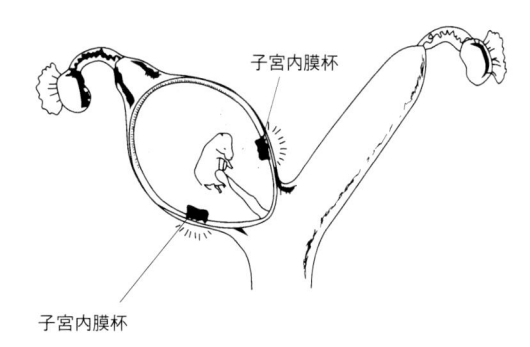

子宮内膜杯は妊娠70日頃に最大の大きさに達する。その後，しだいに変性・消失し，120〜150日目頃には完全に消失する。eCGは妊娠の維持に必要な副黄体の形

図2-100 子宮内膜杯

成に関与すると考えられている。

もし子宮内膜杯の形成前(妊娠約37日目以前)に早期胚死滅が起こると，受精後8〜10週で黄体が退行する。しかし，もし子宮内膜杯が形成された後に(38日目以降)流産が起こると，eCGの産生は持続し，黄体機能が増強され，子宮内膜杯が変性・消失するまで(約3ヵ月間)は発情が起こらない。したがって，この時期にはeCGの検出による妊娠診断はできない。

(5) 副黄体

排卵後形成される1個の妊娠黄体は，やがて退行する。しかし，下垂体から分泌されるFSH，および子宮内膜杯から分泌されるeCGにより，妊娠40日頃から複数の副黄体が形成される。副黄体からはプロゲステロンが分泌され，妊娠の維持にその役割をはたす。

副黄体は妊娠150〜200日頃まで存在する。その後，妊娠100日目頃から産生される胎盤由来のプロゲステロン様ホルモン(5α-プレグナン)が，妊娠維持に主要な役割をはたすようになる。このホルモンの産生は分娩時まで続く。

プロゲステロン様ホルモンは，プロゲステロンとは構造的および生理学的に類似するが，プロゲステロンそのものではない。したがって，馬は妊娠中にプロゲステロンあるいはプロゲステロン様の物質が，黄体→副黄体→胎盤と場所を変えて分泌されるという特徴をもつ。

まれに，副黄体が形成されない例もみられるが，この現象は，妊娠150日以内に起こる流産の主要原因の1つとみなされる。卵巣から胎盤にプロゲステロンの供給が切り替わる時期は，妊娠馬にとって環境要因の影響をもっとも受けやすい時期といわれる。過激な労役，長距離輸送，気候の激変などはストレス因子となり，この時期(120〜150日齢)の流産の原因となりうる。

(6) 妊娠期のエストロゲン

馬の妊娠期には，胚や黄体，胎盤からエストロゲンが分泌されるという興味深い現象が知られている。本来，発情ホルモンであるエストロゲンが，妊娠後半期に非妊娠時の血中濃度の100倍以上になるという現象の役割については不明な部分が多い。

受精後8日の胚には，エストロゲンを合成する酵素が備わっている。馬の胚が活発にエストロゲンを分泌することは，子宮還流液の濃度が高いことからも証明されている。分泌されたエストロゲンは，母体血中には移行せずに，子宮内腔で働き，胚の固着や妊娠認識に関わっているものと推察される。

妊娠35日を過ぎると母体血中に硫酸抱合されたエストロゲン（エストロンサルフェート）が検出され，3 ng/mL程度の濃度で推移する。エストロンサルフェートの血中あるいは尿中濃度を測定することは，馬胎子の生死診断に有用であることが示されている。eCGの刺激により，初期黄体および副黄体がエストロゲンを合成，分泌していると考えられている。硫酸抱合されていないフリーのエストロゲン（エストロン，エストラジオールなど）は，妊娠80〜90日まで母体血中に上昇しない。黄体由来のエストロゲンの生理的意義については不明な点が多いが，着床が開始され，胎盤形成される時期と一致することから，血管新生に関与していることも考えられる。

非常に高濃度のエストロゲンが妊娠馬の尿に存在することは1930年代から知られており，天然型エストロゲンとして獣医領域や医療に用いられてきた。馬の妊娠期のエストロゲンの濃度は，知られているどの動物よりも高い。なぜ馬の妊娠期にこれほど大量のエストロゲンが必要なのかは，現在においても解明されていない現象の1つである。少なくとも，馬のエストロゲンには9種類が存在し，そのうち3種はエストロン，エストラジオール17αおよびβであり，コレステロールから合成，変換されたステロイドホルモンである。一方，コレステロールを介さずに合成されるステロイド骨格のB環不飽和エストロゲンであるエクイリン（equilin），エクイレニン（equilenin）とその代謝産物が馬の尿から1930年代に発見されており，異質なステロイドとして知られているが，その生理的意義については不明である。馬の尿中には，エストロンおよびエクイリンが大量に含まれている。

馬の胎子性腺は活発にステロイドホルモンを合成し，とくにエストロゲンの合成原料となるデハイドロエピアンドロステンジオン（DHEA）を分泌することが知られている。妊娠後半期のエストロゲンは，妊娠220〜250日をピークに減少するが，このホルモン濃度の消長は，馬の胎子の精巣および卵巣重量変化と一致する。胎子の性腺を摘出した研究では，その後の母体エストロゲンが急激に低下することから，馬の妊娠期にみられる大量のエストロゲンは，胎子性腺が関与していることが示唆されている。

馬の妊娠期には，他の動物では考えられないようなステロイドホルモンの合成，分泌が起きている。エストロゲンは子宮胎盤の血管新生などにかかわっていると考えられているが，その生理学的意義や合成経路については不明な部分が多い。馬の妊娠期の内分泌は，牛や豚よりもむしろヒトと共通する部分が多い。馬に特異的な妊娠生理機構を解明することは，馬の生産だけでなく，ヒトの健康にも寄与するものと考えられる。

2．種雄馬の生殖器の仕組みと働き

❶精巣の発生

性腺の発生は最初は雌雄の区別はなく，同一の原基から精巣あるいは卵巣が形成される。性別の決定にはY染色体上の性決定部位が重要な役割をはたす。ひとたび雄であると決定すれば，未分化な性腺は雄としての生殖導管系へ分化誘導され，精巣として発育する。

❷精巣の発達

胎子の性腺は腎臓の尾側に位置し，胎齢220〜250日頃にもっともよく発達する（35〜50 g）。この時期の性腺の大きさは，新生子の性腺の5〜10倍に達する。このような胎生期の性腺の大きさの増加は，間質細胞の増生と肥大に起因する。また，この時期の性腺の活動は内分泌学的にも著しく，エストロゲン（卵胞ホルモン）やアンドロゲン（雄性ホルモン，精巣ホルモン）を分泌する。

馬の精巣の成長と発育の割合は，左右で異なっているようにみえる。1〜54ヵ月齢の雄馬の80％において，左側精巣がやや大きかったことを示す報告がある。

❸性成熟

性成熟期とは，少なくとも10％は運動性を有する精子を5,000万個/mL以上含んだ精液の生産および射精が可能で，雌を妊娠させることが可能になった年齢と定義される。

馬の性成熟のメカニズムはよくわかっていないが，ヒ

トや他の哺乳動物と同様に，脳の性分化に基づいて視床下部が性成熟期に活性化し，その結果，生成・分泌される雄性ホルモンによって，生殖に関する諸機能も活性化すると考えられている。性成熟期に視床下部が活性化すると，GnRHが分泌され，やがて下垂体からLHおよびFSHの分泌が促される（図2-101）。この視床下部の活性化は季節，年齢，血統，栄養状態などに影響されるが，一般的にはテストステロンの上昇が12〜18ヵ月齢に起こり，性成熟は18〜24ヵ月齢で完了する。

❹ 精巣

精巣は精子を産生する器官で，陰嚢内に左右1対存在する。馬の精巣はその長軸が体軸と平行に（水平に）位置している（図2-102，図2-103）。精巣は精子を産生する外分泌腺と，雄性ホルモンを生産する内分泌腺の両者の機能をあわせもつが，これらの機能は効果的な温度調整機構によって維持される。すなわち，精管に複雑に曲がりくねって分布する蔓状静脈叢があり，蔓状静脈叢の血流挙睾筋は，収縮して保温に努め，または弛緩して熱放散を行う。また，陰嚢の汗腺はよく発達している。これらが環境温度の変化に反射的に対応することで，陰嚢内の温度は適切に調整される。

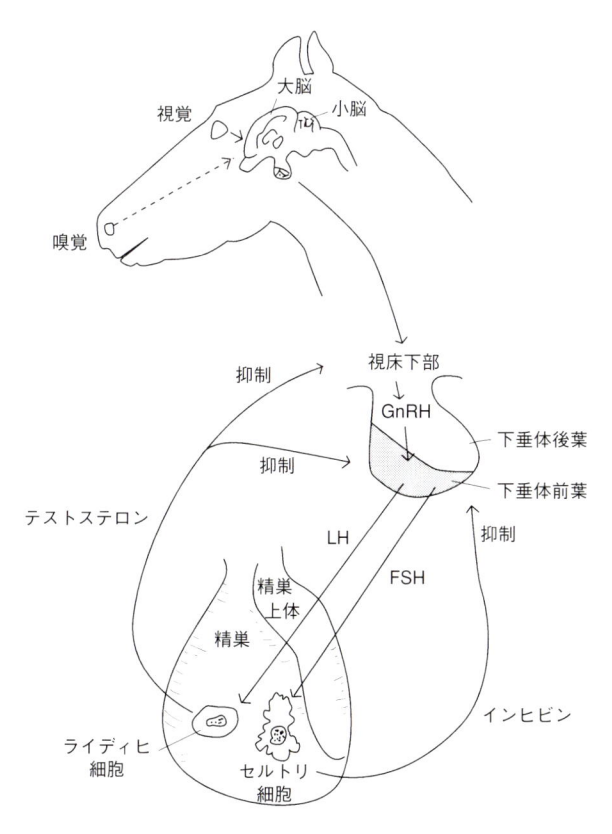

図2-101 種雄馬の視床下部，下垂体，精巣のホルモン分泌機構

精巣は容積の85〜90％が精巣実質からなり，なかでも精細管とよばれる管状構造が70％を占めている。精細管は精祖細胞（生殖細胞）とセルトリ細胞（生殖細胞の支持細胞）によって構成されている（図2-104，図2-105）。ライディヒ細胞（精巣間質細胞）と精細管周囲にある筋様細胞からなる間質が，精巣の15％近くを占める。

(1) セルトリ細胞

セルトリ細胞は生殖細胞の支持細胞として知られ，精子形成過程に重要な役割をはたしている。精細管は間質に近い領域である基底区画と，精細管管腔に近い領域である傍腔区画に区分される（図2-105）。

基底区画は精細管壁に面する領域で，精祖細胞が基底膜に接して存在する。傍腔区画は精細管の管腔側であり，精祖細胞が基底膜を離れて分裂した一次精母細胞から，さらに減数分裂を繰り返して細長く変形した精子細胞まで，種々の過程の細胞がセルトリ細胞の細胞質に支えられて存在する。傍腔区画は，セルトリ細胞の細胞間結合および精細管基底膜によって体内環境から隔離されている。このことが，抗原性が強いと考えられる精子細胞などの細胞を，体内の免疫系の攻撃から守っている。一次精母細胞以下の分化・増殖（精子発生）には，セルトリ細胞の存在が不可欠である。

基底区画に存在する大型球形の精祖細胞が，傍腔区画に存在する細長い精子細胞へと分化するのに要する期間は，約55日と考えられる。これらの分化は，前述したようにセルトリ細胞間で行われ，成熟・分化に要する期間は主に精巣内のセルトリ細胞数に依存している。セルトリ細胞数は生後5年間は増加するが，以後20歳までは安定した値を示す。

セルトリ細胞の機能（一次精母細胞以下の造精機能）は，FSHにより調節され，ライディヒ細胞から分泌されたテストステロン（雄性ホルモンのアンドロゲンの主成分）により維持される。テストステロンは主に視床下部に抑制的に働き，GnRHの生成・分泌を抑制する。また，セルトリ細胞はインヒビンを分泌し，下垂体前葉からのFSHの分泌を抑制すると考えられている（図2-101）。

(2) ライディヒ細胞

ライディヒ細胞（精巣間質細胞）は，精巣間質に存在する大型の細胞で，ステロイドホルモン（テストステロンおよびエストラジオール）の主要な供給源と考えられている。ライディヒ細胞から生成・分泌されたステロイドホルモンは，精巣間質の組織液やライディヒ細胞間の毛

第2章　馬体の構造と機能

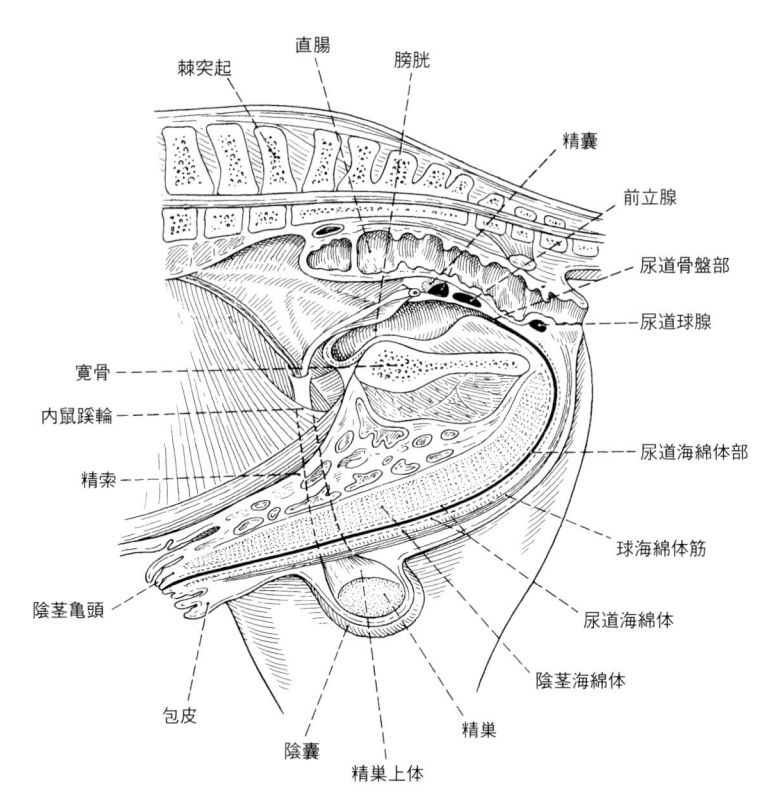

図2-102　種雄馬の生殖器の解剖

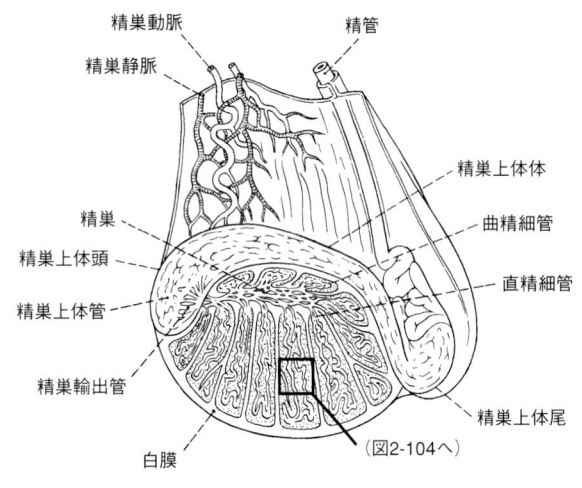

図2-103　精巣および精巣上体

(Little TV, et al.:*Vet. Clin. North. Am. Equine Pract.*, 5, 1992 を改図)

図2-104　精巣の組織構造

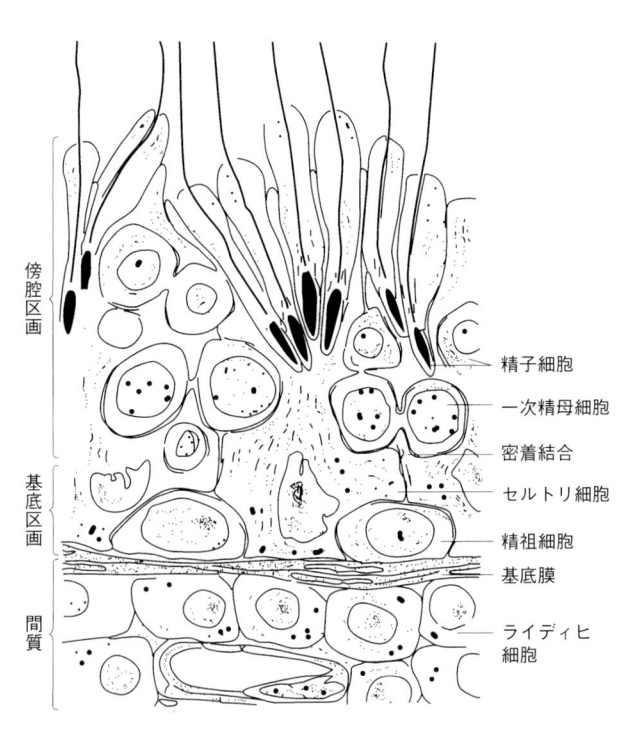

(Little TV, et al.:*Vet. Clin. North. Am. Equine Pract.*, 5, 1992 を改図)

図2-105　精細管の微細構造

146

細血管内へと移行する。精巣内の微小循環血液中のテストステロン濃度は，その他の部位の血中濃度よりも10倍以上の高い値を示すことが知られている。

細胞間に出たテストステロンは，血流を介して全身各所にある雄性ホルモン標的器官に作用し，精細管に至るものは造精機能維持に局所的に働く。ライディヒ細胞によるテストステロンの生合成は，LHにより調節・維持されるため，ライディヒ細胞のLHに対する感受性はきわめて高い。しかし老化に伴い，LHに対する反応性は低下する。また，馬ではライディヒ細胞もインヒビンの主要な産生細胞であることが報告されている。

(3) 季節

繁殖雌馬ほど明瞭ではないが，種雄馬の精巣は冬季に小さくなり，精子数は減少する傾向にある。この理由としては，日照時間が短くなるにつれてLHの分泌が減少するため，ライディヒ細胞への刺激が減じ，その結果，精巣内外のテストステロン濃度が低下し，セルトリ細胞，やがては精子細胞数に影響を与えるためと考えられている。つまり，季節変化に伴うライディヒ細胞の数的な変動があり，それによってテストステロン，エストラジオール，インヒビンの生成・分泌にも変化が生じ，その結果，セルトリ細胞や精子細胞数にも影響が出ると想定される。

11月下旬から12月にかけて，1日のうち，光にあてる時間を16時間，光を消した時間を8時間に人工的に調節したところ，翌年の精子産生量，精巣の大きさ，および血中テストステロン濃度が増加したとの報告がある。一方で，このような長日処理は繁殖季節の生殖活動を低下させたとの報告もあり，一定の見解がない。なお，急激なテストステロン分泌の亢進は逆にネガティブフィードバックによるLH分泌の低下を招くことも考えられている。

(4) 精巣内での精子の移送

ひとたび精子が曲精細管で形成されると，直精細管（両端が精巣網に開いている）を経て，精巣網，精巣輸出管，精巣上体管，精管，射精管，尿道の順で精子は移動し，成熟度を増す（図2-103）。セルトリ細胞から離脱し，曲精細管中に遊離した精子は，運動能力を欠いている。これが精巣上体に向かって移動できる理由として，静水圧，およびオキシトシンに反応して起こる精細管周囲の筋様細胞の収縮などが考えられている。

❺精巣上体

種雄馬の精巣上体は，1本のはなはだしく迂曲・蛇行した精巣上体管からできている。精巣上体の全長は70m以上に及ぶ。精巣から続く精巣輸出管の集合部より端を発し，精管の起始部まで続く。

精巣上体は頭部，体部，尾部に区別され，それぞれ頭，体，尾とよばれる。尾の末端において精管に移行する（図2-103）。精巣網から精巣上体の最初の部分（精巣上体頭）までの区間に存在する精子は，受精能力をもっていない。精巣上体を通過する過程において，運動能の獲得，卵子を受精させる能力の獲得，細胞質滴の精子尾部への移行が起こる。

これらの精子の形態・機能変化は，精巣上体管の頭から尾にかけて起こる。精巣上体管の上皮の形態，および管内の液状物の組成は部位によって異なる。精巣上体管内の液体は徐々に再吸収され，濃度と浸透圧が増加し，pHは変動する。また，雄性ホルモンおよび雄性ホルモン結合タンパク質は，精巣上体の頭では高濃度であるが，体で分解され，尾ではほとんど認められなくなる。

精巣上体内の精子の移動は，主に平滑筋（輪筋層および縦筋層）の収縮による。この他，管の上皮の線毛および分泌液の流出も精子の移動に役立っている。精巣輸出管から精巣上体尾に至るまでの時間は4〜5日間である。この期間は射精に影響を受けない。精巣上体尾は運動能・受精能を獲得した精子の貯蔵部位であり，2日〜数週間はこの部で貯蔵され，射精に際し，同部にある精子が排出される。

❻精管

精巣上体尾の管と精管の間には，明瞭な境界はない。しかし，精管の筋層はより厚い傾向にある。精管は尿道の背側部の精丘に開口し，その長さは約70cmである。

❼副生殖腺

馬の副生殖腺は精囊，前立腺，および尿道球腺からなる。副生殖腺はテストステロンによって支配され，去勢馬では発達しない。種雄馬の副生殖腺の機能はよくわかっていない。

精囊と精管膨大部からの分泌液あるいは膠様液は，射精の最後に放出される。副生殖腺の分泌物は精漿とよばれ，精子の運搬と，精子を被覆するタンパク質（受精前の精子の機能発揮に必要である）を供給するという作用をもっている。また，尿道の洗浄に役立つと考えられている。膠様物質は明らかな作用は有しておらず，この物

第2章　馬体の構造と機能

質を除去しても，妊娠には何ら影響は及ぼさない。

❽陰茎，包皮および尿道

　陰茎は雄の交尾器で，陰茎根，陰茎体および陰茎亀頭に区分される。陰茎は陰茎海綿体と尿道海綿体からなっている。尿道海綿体は尿道を，陰茎海綿体は陰茎全体を取り囲むスポンジ状の構造物で，海綿体内に動脈血を満たすことによって陰茎は勃起する。

　包皮は陰茎を包む皮膚の皺である。尿道は膀胱から出た管で，骨盤部と海綿体部に区分される。前者は筋線維によって囲まれており，後者は陰茎の腹側に沿って走行する。

❾勃起および射精

　勃起は陰茎海綿体への大量の動脈血液の流入と，静脈血のうっ血によって起こる。

　射精は陰茎に知覚刺激が加わることによって起こり，その刺激には，圧覚，温度，摩擦などが含まれる。射精された精液は精子と精漿からなる。種雄馬は5～8回のフラクションを射出する。これらの射出成分は，副生殖腺のそれぞれの寄与により異なっており，最初の2～3回の射出成分は高濃度の精子が含まれているが，後半の精子濃度は低く，精囊からの膠様物で占められる。

　精液の量は20～300mLであり，精子濃度は平均1億～2億個/mL（1,500万～7億個以上/mL）である。精子濃度と精液量は逆相関する傾向にある。精液のpHは7.3～7.7の範囲にあり，繁殖に供用しない期間が長く続くとpHは上昇する傾向にある。

　精漿の機能はよくわかっていないが，精子が移動する際のエネルギー源となっているのではないかと考えられている。また，精漿は精子を被覆するタンパク質として，繁殖雌馬の生殖器内での精子の生存時間を延ばす作用を有すると考えられている。しかしながら，精漿と精子をともに培養すると，精子単独で培養した場合よりも精子の運動能が低下することが知られている。したがって，冷蔵あるいは冷凍による保存精液を作成する際には，精漿成分は遠心分離や希釈により取り除かれる。

　種付けシーズンになると，人気種雄馬の場合，1日2～4回の種付けはまれでない（図2-106）。1時間間隔で5回連続して種付けした際のデータによると，射精回数が増すにつれ，精液量，精子数および精子濃度は減少したが，精子の生存率には変化が認められていない。また，種雄馬の年齢は精液量，pHおよび精子数に影響するが，精子濃度とその生存率には影響がみられないことが報告されている。

図2-106　サラブレッドの交配風景（JRA原図）

XIV 遺伝と発生

　馬は交配により精子と卵子を結合させ(受精)，やがて新たな命を誕生させる。受精卵が細胞分裂を繰り返しながら"馬"になっていくことが"発生"であり，生まれた子馬に父と母の形質が引き継がれることが"遺伝"である。ここでは遺伝と発生の仕組みについて，その基礎となる細胞や遺伝子(DNA)の説明を加えながら記載する。また併せて，妊娠から分娩さらに産褥までの母子の体の生理的変化についても記載する。

1. 細胞の仕組み

　細胞は生物体の構造単位である。馬のような多細胞生物(真核生物)は，生体を構成する細胞(真核細胞)を分化させ，機能を専業化させて，生存や種の保存に必要な生命活動を営んでいる。特定の方向に分化し，同一の機能と形態をもつようになった細胞集団を組織という。生体では種類の異なるいくつかの組織が規則性をもって立体的配置をとり，独立した構造体を形成して特有な機能を営んでいる。これが器官である。
　一般的に馬では受精後およそ11ヵ月を経てこの世に誕生するが，受精卵は個体を形成するために必要なすべての情報を内蔵している。

❶細胞の基本構造とオルガネラ

　図2-107に，典型的な真核細胞の模式図を示した。細胞の大きさは通常，径が10～20μmほどであり，いろいろな形態をしている。たとえば，上皮細胞では扁平状，円柱状，サイコロ状などがあり，線維芽細胞は一般に扁平で細長い。しかし，どの細胞も癌化すると球状に近い形になることが多い。
　細胞の表面は細胞膜(原形質膜)に覆われ，外界と隔離されている。細胞のなかにはそれぞれ機能を異にする構造物があり，これを細胞内小器官(オルガネラ)とよんでいる。細胞のほぼ中央には核が通常1個存在するが，筋細胞のように細胞が分裂しても隔壁ができないために，多核になることもある。核のなかには通常1～数個の核小体が存在し，しばしば核膜に付着している。
　細胞内で核のつぎに大きなオルガネラは，ミトコンドリアとリソソームである。また，細胞全体に網状に張りめぐらされた小腔があり，小胞体とよばれる。
　この他，小胞体がある部分に集まるようにして存在するゴルジ装置(ゴルジ体)や，核の近くに中心体などがみられることがある。特殊な染色(とくに抗体を用いた染色)によって，細胞骨格を形成する種々の線維状の構造を証明することができる。

❷オルガネラの構造と機能

(1) 細胞膜

　細胞の外周を決定する細胞膜は，通常オルガネラには含まれないが，細胞の重要な構造物の1つである。細胞膜は脂質二重層に各種のタンパク質(糖鎖をもつものが多い)が浮かんでいる構造をもち，通常は流動的な状態にあると考えられている。
　細胞膜はいくつかの重要な機能を担っている。第一に，さまざまなイオンや低分子物質に対して方向性のある選択的透過能をもち，細胞内を適正なイオン強度および浸透圧に保つ働きをする。第二に，膜の外側に付着した粒

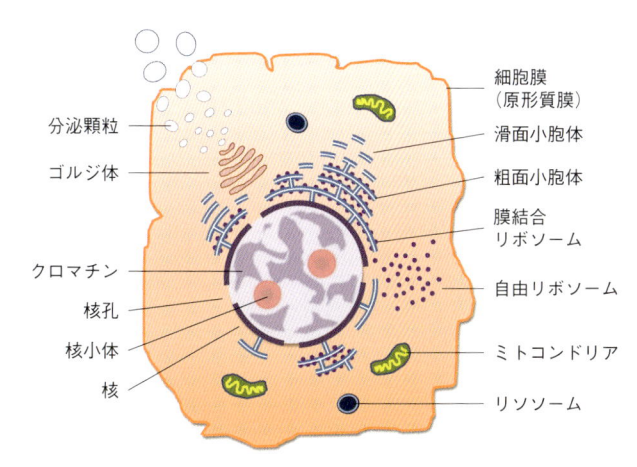

図2-107　細胞の断面の模式図(JRA原図)

子を，細胞膜に包まれた小胞として内側に取り込むエンドサイトーシスや，分泌小胞などの内容物を細胞外に放出するエキソサイトーシスを通じて，細胞内外の物質の交換を行う。第三に，環境や他の細胞との連絡の場となる。これは，各種の受容体やイオンチャネルによるものである。受容体やイオンチャネルは，細胞内に外界の変化を伝えるとともに，内部の恒常性を保つための重要な働きをしている。

(2) 細胞核

核は遺伝物質としてのDNAを含んでいる。核の内部ではDNAの複製や遺伝情報の転写，転写産物(RNA)のプロセッシング，リボソームの組み立てなどの機能が営まれる。DNAはヒストンやその他の核タンパク質と結合し，クロマチンとよばれる複合体を形成している。

核は二重層からなる核膜によって囲まれているが，その内側の膜にはクロマチンや核小体の一部が結合していると思われる。外側の膜は後に述べる小胞体に続いている。核膜には所々に核膜孔が空いており，核内外の物質の出入口と考えられている。

核内には核小体または仁とよばれる小体が1個から数個存在するが，これはリボソームRNA前駆体を合成し，細胞質から運ばれてくるリボソームタンパク質とともに，リボソームを組み立てる場所である。核のなかには塩類溶液に対して非常に溶けにくいタンパク質からなる骨格が存在すると考えられ，核マトリックスとよばれる。この構造はメッセンジャーRNA(mRNA)の転写やプロセッシングないしは輸送とも密接に関係がある。

(3) 小胞体

小胞体は細胞質内に張りめぐらされたトンネル状の小腔の総称であり，原形質膜とよく似た構造をもっている。多くのリボソームが付着したものを粗面小胞体，リボソームの付着していないものを滑面小胞体とよぶ。タンパク質合成のさかんな細胞では，前者がよく発達している。また，小胞体に結合していないリボソームは，自由リボソームとよばれる。

粗面小胞体では多くの分泌タンパク質が合成され，ゴルジ装置に集められて修飾を受けた後，分泌顆粒となって細胞外へ分泌される。この他，小胞体には多くの酵素が存在しており，タンパク質の翻訳後に修飾が行われている。

(4) リボソーム

リボソームは60S(S：沈降定数)と40Sの2つの亜粒子からなる80Sのリボ核タンパク粒子であり，タンパク質の合成工場ともいえる。60Sサブユニットは28S，18S，5.8Sおよび5SのRNAと約50種のリボソームタンパク質からなり，40Sサブユニットは18SのRNAと約30種のリボソームタンパク質からなる。80S粒子はMg^{2+}イオンを除くことによって両サブユニットに解離する。

細胞内には前述したとおり，小胞体に結合したリボソームと細胞内に自由に浮かんでいるリボソームとがあるが，これらは異なる種類のタンパク質を合成していると考えられている。

(5) ミトコンドリア

ミトコンドリアは$0.5 \times 2\mu m$程度の大きさで，二重膜によって囲まれ，内胞は隔壁によって仕切られている。また，ミトコンドリアはエネルギーを産生する細胞内小器官であり，好気呼吸により多量のATP合成を行う。このとき，ミトコンドリアの可溶性部分と内膜の2つのエネルギー産生経路(クエン酸回路，電子伝達系)の協調が必要である。細胞内のミトコンドリアの数や内膜の発達の程度は，細胞種ごとに異なり，多くのエネルギーを必要とする肝臓の細胞では，数も多く内膜も発達している。

ミトコンドリアは独自のゲノムをもっており，細胞の複製と同調して自己複製する。しかし，ミトコンドリアゲノムは非常に小さく，大部分の酵素タンパク質の遺伝情報は核に依存している。

(6) リソソーム

細胞質内にはミトコンドリアと似た大きさの電子密度の高い小体がみられることがある。これはリソソームとよばれ，プロテアーゼ，酸性フォスファターゼなどの分解酵素が多量に貯蔵されている。これらの酵素は細胞が外界から取り込んだものを消化したり，自分自身が死んだときに，自己消化を起こすために使われる。貪食細胞などでは，リソソーム自体が異物を取り込んだ食胞と融合する様子が認められる。

(7) 細胞質

細胞のなかでオルガネラを構成していない可溶性の部分を細胞質とよび，水，タンパク質，イオン，栄養素，ビタミン，溶解性ガス，老廃物などの多くの分子を含む半流動体である。また，必要なときに代謝できる栄養素

の貯蔵庫でもあり，細胞から除去する老廃物の一時的な捨て場所でもある．さらに，小胞体に結合していないリボソームもここに存在し，トランスファーRNA(tRNA)や多くのタンパク質性因子とともに，細胞内で働く各種のタンパク質を合成しているが，細胞分画法では自由リボソームは小胞体分画に沈降してしまう．

❸細胞の機能

細胞は先に述べたようなオルガネラの働きを統合し，1つの調和した生命単位として行動する．この意味で，生命の単位というにふさわしい．したがって，細胞の構造と機能の関係を知ることが，生命を分子レベルで理解する鍵となる．また，多細胞生物においては，分化した細胞群がそれぞれ異なる機能を分担することにより，個体としての存在を可能にしている．

細胞の分化はどのようにして起こるのか，またそれぞれの機能はどのように発現し，調節されているのかは，現代の分子生物学の重要な課題といえる．

2. 遺伝とDNA

生物の際立った特徴は，形態的および機能的な生物学的性質を世代から世代へ，細胞から細胞へと伝達することである．親の形質が子やそれ以降の世代の子孫に現れる現象を通常，遺伝という．

個体の生物学的性質が精子と卵子を介してつぎの世代に伝えられることは，1860年までにわかっていた．そして，1865年にメンデルの遺伝の基本法則が発見された．また，Haeckel(1868年)は精子が主に核から構成され，核が遺伝に重要なかかわりをもっていると提唱した．この頃には染色体も光学顕微鏡下で把握されていた．

しかし，遺伝の単位と染色体との関係が解明されたのは，1915年以降のMorganらの研究による．メンデルの遺伝法則が確立して間もない1869年に，Miescherによって生体から核酸が分離されたが，当時はメンデルの遺伝の単位と核酸との間に重要な関連があるとは考えられていなかった．遺伝子の化学的本体が核酸であることを最初に証明したのは，Averyら(1944年)の肺炎双球菌に関する研究であった．

馬の染色体は31対の常染色体と1組(XXまたはXY)の性染色体からなり，これは両親から半分ずつ引き継いでいる(図2-108)．染色体は遺伝子DNAの担荷体であり，長い二重らせんのDNA分子が，ヒストン・タンパク質および非ヒストン・タンパク質と複合体を形成している．

馬では2007年2月にすべての染色体にある遺伝子情報(ゲノム)の解読が完了した．馬ゲノムは約27億塩基対で，アノテーションにより20,322個のタンパク質をコードする遺伝子を同定でき，そのうち約15,000個は，ヒトとのオーソログ遺伝子として1対1で対応させることができた．

遺伝子の働きとしては自己複製，自らのもっている遺伝情報の発現，生物進化のためにある程度の頻度で起こる突然変異や遺伝子組み換えがある．遺伝情報は原則としてDNAからRNAへ転写され，さらにRNAが翻訳されて，機能をもつタンパク質として発現する．リボソームRNA(rRNA)やtRNA，さらに核内小分子RNA(snRNA)のように，タンパク質に翻訳されるのではなく，RNAのままで機能する情報もある．

❶転写

DNAから読み取られるRNAには，タンパク質のアミノ酸配列を決定するmRNAと，リボソーム(翻訳に際してmRNAからの情報の読み取りを行うのに必要)の骨格を構成するrRNA，そしてリボソーム上にアミノ酸を運ぶtRNA，さらにスプライシングにたずさわるsnRNAとがある．

DNAを鋳型とするこれらRNAの転写は，RNAポリメラーゼによって行われ，5′→3′方向にRNA鎖は伸長される．mRNAへの転写と，その転写された情報の翻訳がうまくいくために，遺伝子が備えなければならない構造としては，大腸菌を用いた研究からつぎのものが知られている．

機能タンパク質のアミノ酸配列を決定している構造遺伝子の上流には，その発現を制御する部位として，プロモータとオペレータがある．これらは短い塩基配列からなり，RNAポリメラーゼはまずプロモータ部位のDNA配列を認識してこれに結合し，オペレータ部位へと移動する．オペレータ部位にリプレッサータンパク質が結合していると転写はされないが，リプレッサーがないときには，RNAの転写はオペレータ部位より始まり構造遺伝子へと進む．構造遺伝子の下流に転写終了を指令するDNA配列がある．1つのオペレータ・プロモータに支配されている転写の単位をオペロンとよぶ(図2-109)．

プロモータ配列はAとTの塩基に富むことがわかっている．RNAポリメラーゼは，Ⅰ，Ⅱ，Ⅲの3種類あり，それぞれrRNA，mRNA，tRNAとsnRNAの合成にたずさわっている．

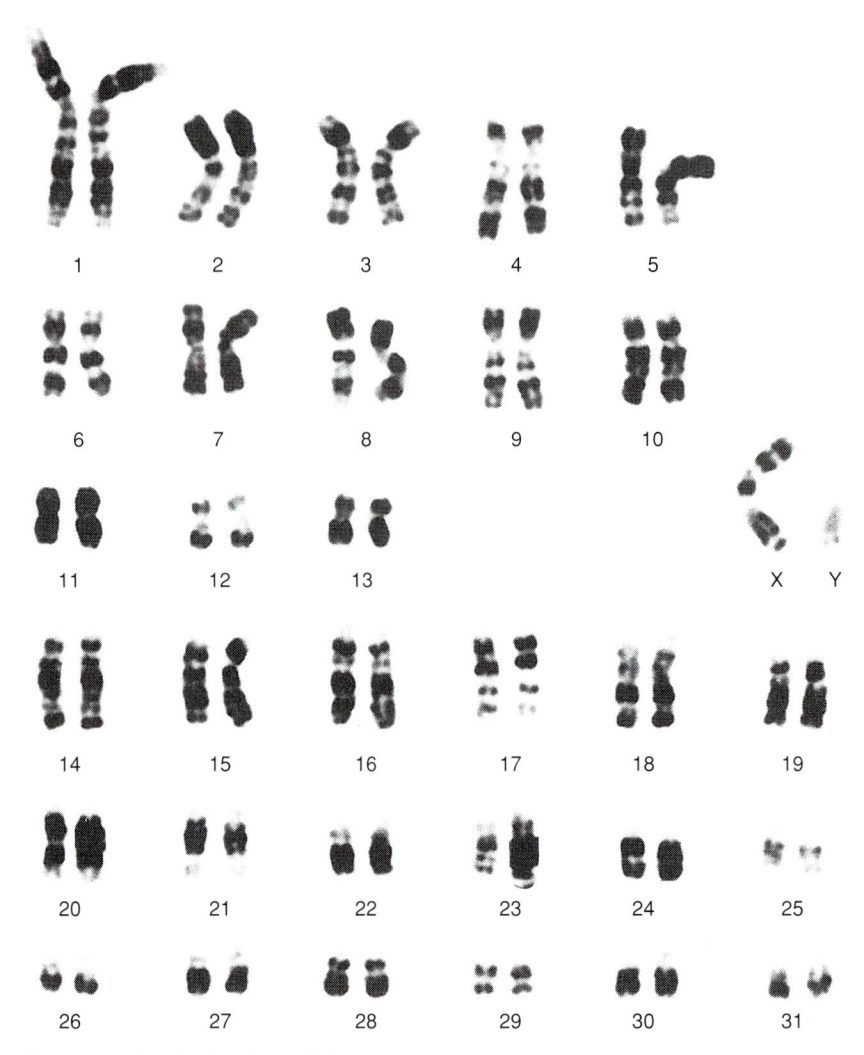

図2-108　馬の染色体
（競走馬理化学研究所，廣田 桂一氏提供）

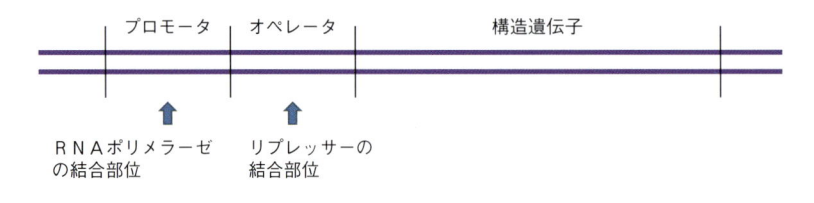

図2-109　オペロンの構造

❷mRNAの転写後の修飾

真核生物での転写は核内で行われ，mRNAは核膜を通って翻訳の場である細胞質へたどりつくまでに，数々の修飾を受ける。その主なものは，①5′端の修飾，②3′端へのpolyadenylic acidの添加（poly A合成），③mRNA上の不必要な部位の切り出しがあり，これらはいずれも核内で起こる。

真核細胞のDNA上で1つの遺伝子の塩基配列を調べると，構造遺伝子のなかにその遺伝子からできるアミノ酸配列に対応しない部分がみつかる。転写に際してはこの部分も読み取られる。そのため，核内でのmRNAの前駆体は本来のmRNAよりも長く，いろいろな大きさのものが見つかっており，これらを総称してヘテロ核RNA（hnRNA）とよんでいる。

タンパク質に対応しないこの不要な部分は核内でスプライシングを受ける。このスプライシングはsnRNAを

介して起こる。切り出される部分をイントロンとよび，実際に情報を担っている部分をエクソンとよぶ。また，1つの遺伝子から，スプライシングに際してのエクソンの組み合わせにより，性質の異なる複数のタンパク質がつくられることがある。

❸翻訳

タンパク質への翻訳はmRNAとリボソーム，それにtRNAにより行われる。転写の方向と翻訳の方向は同じで，タンパク質への情報の読み取りはRNA鎖の5′→3′へと行われる。またこの情報にのっとり，タンパク質の合成はN末端のアミノ酸からC末端へと伸長する。

mRNAからタンパク質のアミノ酸配列への翻訳は，遺伝暗号(コドン)によって行われる。遺伝暗号は3個の塩基配列で1つのアミノ酸を規定する。リボソームはmRNAの5′端にある特殊な配列を認識し，ここに結合した後に3′側へと移動する。いかなるタンパク質の合成に際しても，最初のアミノ酸は開始コドンAUGに対応するメチオニンで開始される。

アンチコドン(RNA鎖上のコドンに対して相補的な塩基配列をしたコドン)をもつtRNAによって運ばれてきたアミノ酸は，次々に重合してポリペプチド鎖が合成される。コドンはアミノ酸に対応するものの他に，ポリペプチド鎖の合成の終了を指令するものがある。これには3種類(UAA，UAG，UGA)あり，対応するアミノ酸をもたないことから"意味のないコドン"とよばれている。また，そのはたす機能から終止コドンともよばれる。mRNA上でこれらの終止コドンに行きあたったリボソームではポリペプチド鎖が離脱し，タンパク質の合成は終了する。

❹転写の調節

真核細胞遺伝子での転写の調節は，調節タンパク質と，それが認識する遺伝子側の調節部位との相互作用で決定される。遺伝子DNAにみられる調節部位には2種類のものが知られている。その1つはいわゆるプロモータであり，転写の開始点から100bp(塩基対)以内にみられる短い配列群よりなり，一般にGC box，CAT box，それにTATA boxなどの特定の配列が，5′側上流から並んでいる。こうした配列がいろいろな遺伝子に共通してみられ，これらには種々の調節タンパク質が作用する。GC boxにはSp 1とよばれるタンパク質が，CAT boxにはCTFとよばれるタンパク質が働いて，転写を促進することが知られている(図2-110)。

エンハンサーは真核細胞のみにみられ，転写の調節をつかさどる配列である。この配列の特徴は，転写開始点から1kbp以上離れている場合でも転写に対して促進効果を示し，また遺伝子の5′側のみならず3′側や，ときには構造遺伝子のなかにも位置する場合が知られている。

エンハンサーは通常数十bpのものが多く，その塩基配列は構造遺伝子により大きく異なっている。しかしながらエンハンサーのなか，あるいは近傍にはしばしばDNAトポイソメラーゼが認識する配列がみられる。また，エンハンサーの近傍には核マトリックスに付着するための配列もみられる。遺伝子の転写に際しては，DNAが負の超らせん構造をとることが必要であるが，エンハンサーはこの負の超らせん構造の導入に重要な働

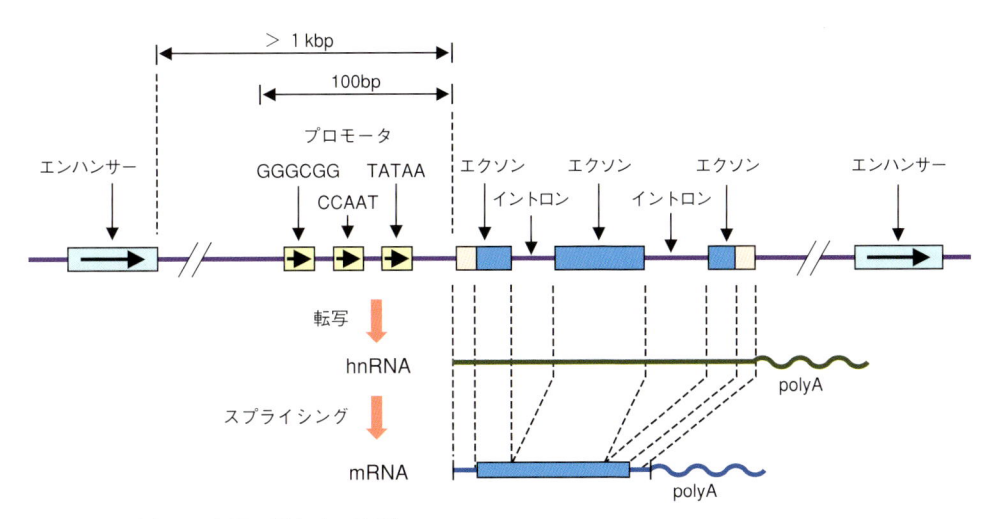

図2-110 遺伝子の転写に関与する配列

きをするものと思われる。プロモータが遺伝子の転写一般に必要な配列であるのに対し、エンハンサーは特異な制御タンパク質と結合することによって、遺伝子発現の組織特異性を制御するのに関与していると思われる。また、エンハンサーは発現の促進のみならず、抑制にも関与している場合が知られている。

❺クロマチンの構造と転写

真核細胞のDNAは直鎖状であり、クロマチン構造のなかでの負の超らせん度は0である。このため、大部分の遺伝子は転写しにくい構造で、転写のためにはその遺伝子の領域に負の超らせんを導入することが必要であるが、直鎖状のDNAの一部にのみ負の超らせんを導入することは不可能である。このため、負の超らせんを導入したい部分を何らかの形で固定することが必要である。核マトリックスは核内にみられるタンパク質によって構成されるものであり、DNAはここに付着することにより、負の超らせんの導入が可能となる。

転写活性の高い遺伝子は、その一部が核マトリックスに付着しており、また、核内でクロマチン構造をとる。転写されている遺伝子は、それ自体が種々のタンパク質と相互作用している他、外から加えたその他の物質とも反応を起こしやすい。実験的に核からクロマチンを温和な条件下で取り出し、DNase Iのような核酸分解酵素で処理すると、転写されている遺伝子はその全長にわたり、転写されていない遺伝子よりも消化されやすい現象がみられる。また、そのような遺伝子のエンハンサーやプロモータに相当する部位はとくに消化されやすく、これをDNase I高感受性部位とよぶ。

転写活性の高い遺伝子はユークロマチン部位にあり、転写されていない遺伝子はヘテロクロマチン部位にある。真核細胞ではプロモータ、オペレータによる制御の他に、その遺伝子のクロマチン構造や染色体上の位置によっても転写活性が左右される。

3. 生殖細胞と受精

生殖には無性生殖と有性生殖がある。無性生殖では子孫は遺伝的に親と同一であるが、動物にみられる有性生殖では、2個体のゲノムが混ざり合い、兄弟、また両親とも遺伝的に異なる子が産まれる。有性生殖には二倍体世代と一倍体世代の周期的な交代がある。二倍体細胞は減数分裂により一倍体細胞をつくる。2個体から生じたこの一倍体細胞（卵子と精子）は、受精という過程を経て融合し、新しい二倍体細胞になる。

この過程でゲノムは混ざり合い、組み換えられて、新しい組み合わせの遺伝子をもつ個体ができる。有性生殖は遺伝子のランダムな再配分により、予測できない環境変化のもとでも生き残ることのできる子孫を生み出す機会を高めるため、進化にとって好都合である。性はまた二倍体を長期間維持するために必要であり、動物の新しい遺伝子が急速に進化する状況をつくり出すのにも役立っている。

❶減数分裂

減数分裂では1回のDNA合成に続く連続した2回の細胞分裂によって、1個の二倍体細胞から4個の一倍体細胞が生じる。動物では卵子と精子の形成が同じ方法で始まるが、どちらの場合にも減数分裂の全期間の90%以上は第一分裂の前期が占めている。この時期には、染色体は2個の固く結合した姉妹染色分体からなっている。染色体の交差は第一分裂前期のパキテン期に起こるが、この時期には対合した相同染色体がシナプトネマ構造によってつながれている。組み換え小節が交差を仲介し、キアズマが形成されると考えられる。キアズマは第一分裂後期まで存続する。第一分裂においては、結合したままの姉妹染色分体からなる対が、それぞれ娘細胞に分配される。引き続いて、DNAの複製を伴わない第二分裂が始まり、各娘染色分体が一倍体細胞へと分離する（図2-111）。

❷配偶子（卵子と精子）

卵子の発生は始原生殖細胞が発生初期に卵巣に移動し、卵原細胞となるところから始まる。体細胞分裂により増えた後、卵原細胞は減数分裂の第一分裂を開始し、一次卵母細胞となる。減数分裂は第一分裂前期で停止する。その間に、一次卵母細胞は成長し、周りを取り囲む付随細胞など他の細胞の協力をえて、リボソーム、mRNA、タンパク質を蓄積する。さらに成長（卵母細胞の成熟）するためには、生殖腺刺激ホルモンが必要である。これは周囲の付随細胞に作用して、一部の一次卵母細胞を成熟させる。

一次卵母細胞は減数分裂の第一分裂を終えると、小さな極体と大きな二次卵母細胞を生じる。さらに、減数分裂の第二分裂まで進むと、もう一度停止する。その後、受精により刺激を受けて減数分裂を完了し、胚発生を始める（図2-112）。

精子は通常小さくコンパクトな細胞で、DNAを卵に

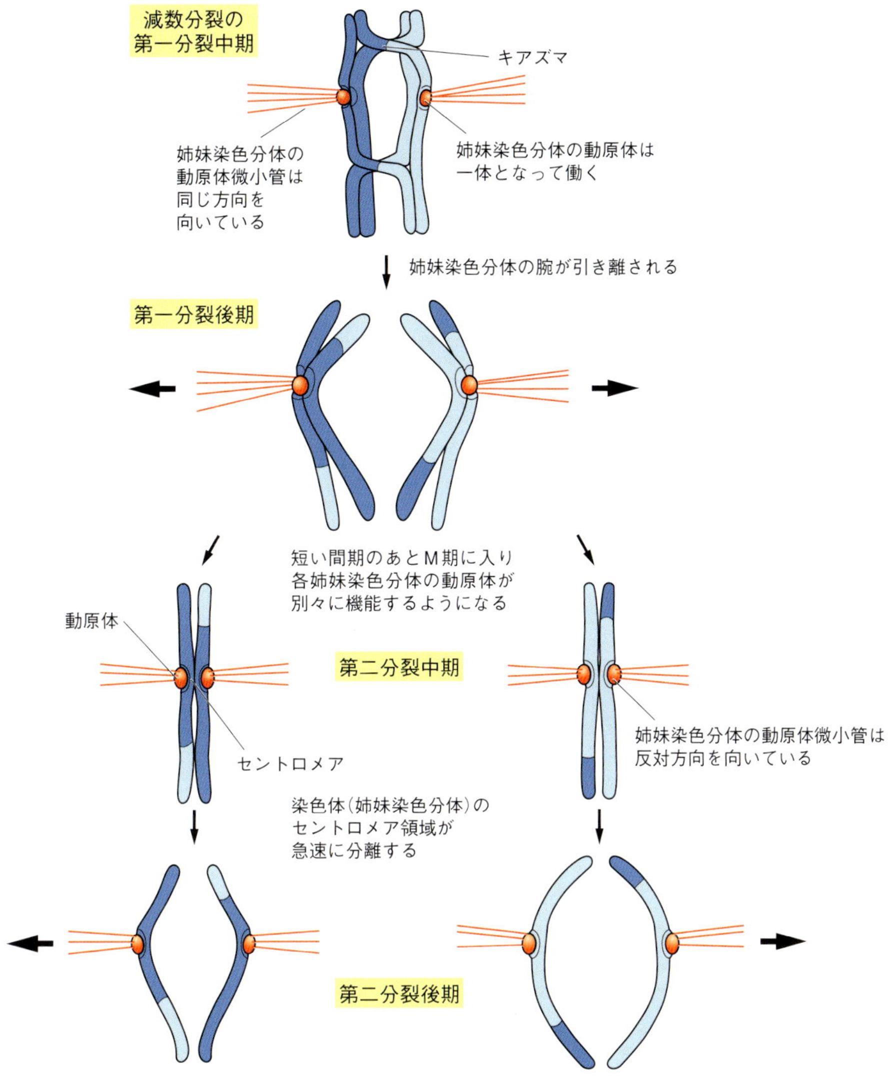

(中村桂子, 松原謙一監訳：細胞の分子生物学, 第4版, 1134, ニュートンプレス, 2004を参考に作成)

図2-111 減数分裂の第一分裂と第二分裂における染色体の整列(中期)と分離(後期)機構の比較

運ぶためだけに特殊化している。多くの生物の雌では卵母細胞がすべて胚形成の初期に生じるのに対して、雄では性成熟すると新たな生殖細胞がたえず減数分裂を始め、1つの精母細胞から4個の成熟した精子が生じる。精子への分化は、減数分裂で核が一倍体になってから後に起こる。しかし、成熟途上の精原細胞や精母細胞は完全には細胞質分裂をしないことから、1個の精原細胞の子孫は巨大な多核細胞となる。つまり、隣の精子と細胞質を共有するので、二倍体ゲノムで生産される物質すべてを受け取れる。Y染色体をもつ精子でも、X染色体上に遺伝子がある必須タンパクを受け取れるのである。したがって、精子の分化は卵子の分化と同様に親の二倍体の染色体の産物によって支配されている(図2-113)。

❸受精

哺乳類の精子は、雌の生殖管のなかの分泌物によって誘導される受精能獲得という過程を経なければ、卵子と受精することができない。受精能獲得には数時間を要し、精子が卵管に到達して初めて完了する。受精能を獲得した精子は、生化学的かつ機能的に大きな変化を遂げ、鞭毛の運動性の大幅な上昇と、先体反応をする能力の獲得という2つのきわめて重要な変化を示す。

受精能を獲得した精子は、卵子に到達すると濾胞細胞からなる殻を通り抜け、透明帯という防御壁に達して、そこで卵子の糖タンパクと特異的に結合する。この糖タンパクが精子を活性化し、先体反応を引き起こすと考えられている。精子は先体反応によって、透明帯を通過す

第2章　馬体の構造と機能

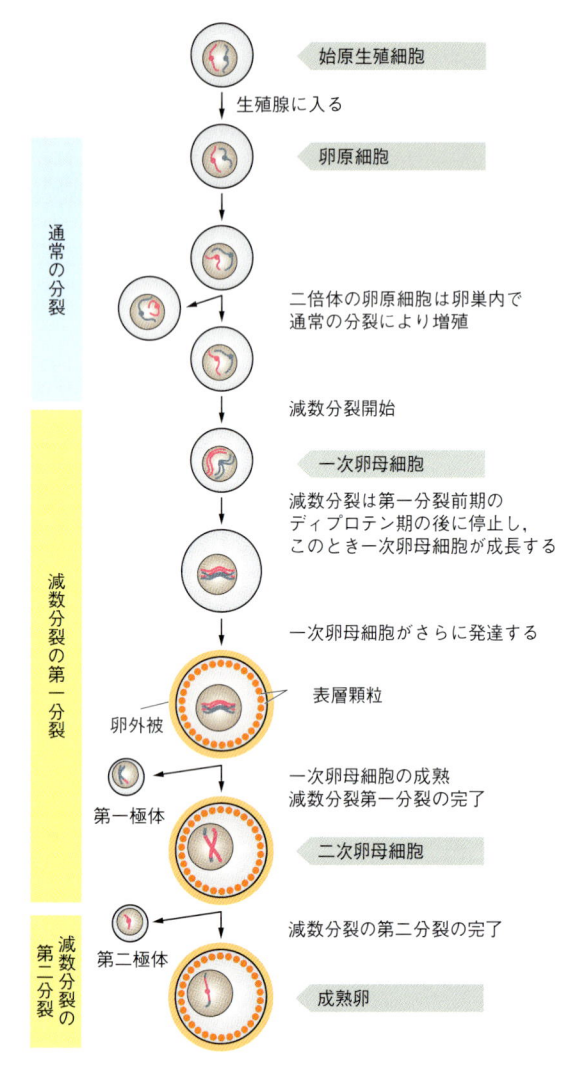

○胚形成の初期に卵巣中に移動してくる始原生殖細胞が，卵原細胞になる。卵原細胞は，体細胞分裂を何回か繰り返した後，減数分裂の第一分裂を開始し，一次卵母細胞とよばれるものになる。
○哺乳類では，一次卵母細胞は非常に早い時期（ヒトでは，出生前妊娠3〜8ヵ月の間）に形成され，個体が性的に成熟するまで長期間第一分裂の前期で停止している。
○個体が成熟した時点で，少数の細胞がホルモンの影響下で周期的に成熟し，第一分裂を完了して二次卵母細胞となり，第二分裂を終えて成熟卵になる。
○卵が卵巣から放出され，受精する段階は種によって異なる。多くの脊椎動物の卵母細胞は減数分裂の第二分裂で停止し，二次卵母細胞は受精するまで第二分裂を完了しない。
○極体は，結局すべて退化するが，哺乳類など多くの動物では卵外被のなかに残る。なお，犬と馬では分裂前期で休止していた一次卵母細胞は排卵され，2回の減数分裂は受精後に起こる。

（中村桂子，松原謙一監訳：細胞の分子生物学，第5版，1289，ニュートンプレス，2009を参考に作成）

図2-112　卵形成の各段階

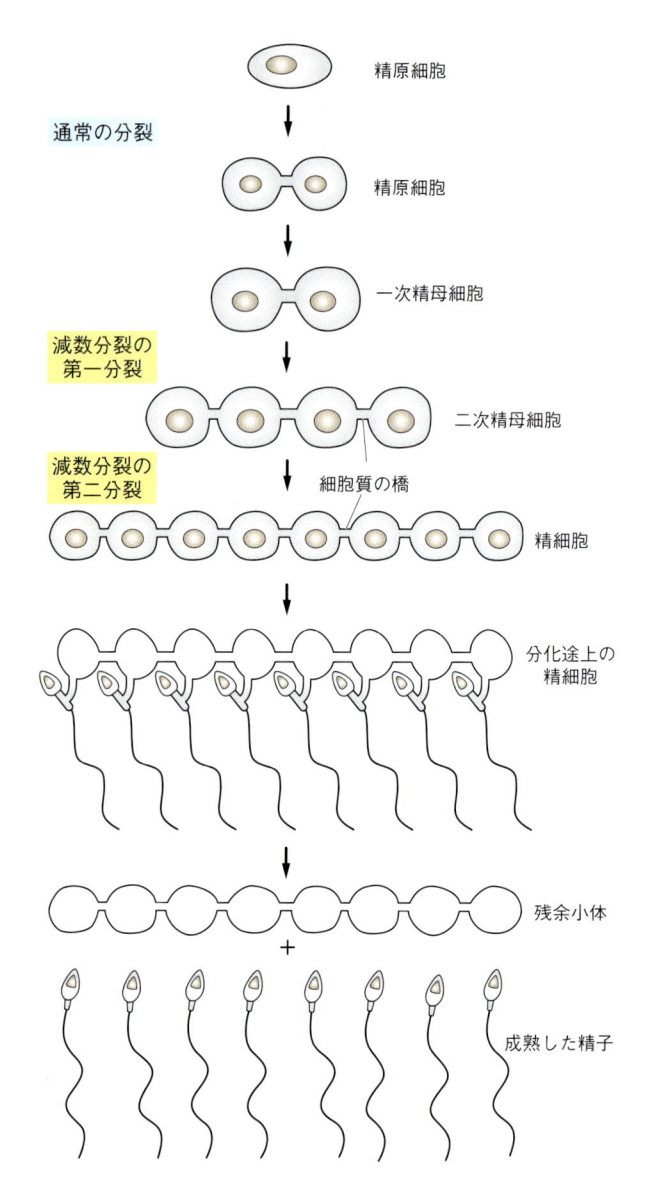

○1個の精原細胞に由来する子孫の細胞は，成熟した精子に分化するまでの全期間，細胞質の橋によってたがいに連結している。
○簡略化のために，連結した2個の精原細胞が減数分裂に入り，連結した8個の一倍体精細胞が生じるところを示してある。実際は，減数分裂を経て同時に分化する連結細胞の数は，ここに示すものよりはるかに多い。
○分化の過程では，精細胞の細胞質の大部分が残余小体（residual body）として捨てられることに注目。この残余小体をセルトリ細胞が食作用で取り込む。

（中村桂子，松原謙一監訳：細胞の分子生物学，第5版，1296，ニュートンプレス，2009を参考に作成）

図2-113　発生途上の精子にみられる細胞質の橋と精子の前駆体

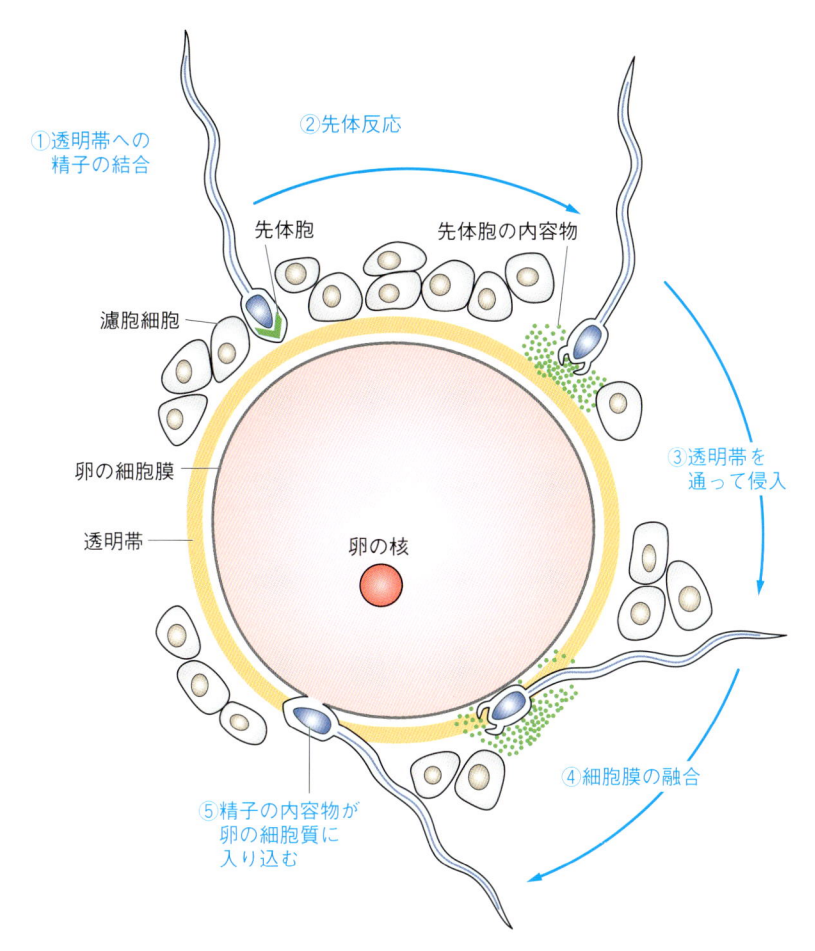

マウスの透明帯は厚さが約6μmあり，精子は1分間に約1μmの速度で突き進む。
（中村桂子，松原謙一監訳：細胞の分子生物学，第5版，1299，ニュートンプレス，2009を参考に作成）

図2-114　哺乳類の受精の際に起こる先体反応

るために必要なプロテアーゼとヒアルロニダーゼを放出し，先体の後部の赤道板部分の膜で卵子と融合する（図2-114）。

　馬を含む哺乳類の受精のもう1つの大きな特徴は，卵子のほうに中心体が含まれており，精子には中心体がない点である。哺乳類の受精卵では，2つの前核は直接には融合することはなく，両者が近づいたとしても，第一卵割の準備に入って前核の膜が消失するまで，染色体は一緒にはならない。

4. 発生の機構

　馬を含めたほとんどの動物は，受精卵という1個の細胞が分裂して発生する。したがって，個体を構成する細胞は原則として遺伝的に同一である。しかし，表現型はさまざまであり，それぞれに筋肉や神経，血球などの細胞へと分化していく。このような特徴はすべて，どの細胞にもあるゲノムDNAの塩基配列によって決定される。

各細胞は同じ遺伝的指令に基づいて働くが，それぞれ時間と環境に応じて指令を解釈し，多細胞という社会のなかで的確な役割をはたしている。

　多細胞生物は概して非常に複雑だが，細胞の働きの種類はそれほど多いわけではない。細胞は成長し，分裂し，そして死んでいく。物理的に接着したり，移動したり，形を変えたりする。

　また，細胞は分化する。つまり，ゲノムの遺伝情報をもとに，特定のタンパク質を生産するスイッチをオンにしたりオフにしたりするのである。細胞は物質を分泌したり細胞表面に露出させたりして，他の細胞の活性に影響を及ぼす。このような細胞の活動が，動物の発生の基盤となっている。

　さて，成熟卵胞が排卵される頃になると，卵管采の先端は卵胞を覆い，排卵のときには，卵胞液と卵子は卵管のなかに排出される。もしそのときの発情で雌馬が交配されたならば，一群の精子は卵管上部で卵子の下降を待つことになる。卵子との融合には，たった1つの精子の

第2章　馬体の構造と機能

核しか必要としないが，受精を成立させるためには少なくとも100万の精子が必要であると推定されている。

受精後は接合体の分割が起こり，卵管の蠕動収縮と線毛運動によって受精卵は子宮のほうへ移行する。馬の受精卵の卵管内輸送には5～6日を要し，他の家畜に比べて長い。さらに，馬では不受精卵は卵管内に数ヵ月残存し，そこでゆっくり変性することが知られている。

受精卵は子宮に達する頃になると，16～32細胞の桑実胚となり，さらに細胞分裂を繰り返し，発生を続け，桑実胚は中空となって胚盤胞となる。この時点ではまだ透明帯を有し，一般に透明帯の剥離が起こるまでは，哺乳動物の胚はもとの大きさの0.14mmからほとんど成長しない。

受精卵(胚)は子宮に到達した後，子宮内に定着するまでに約10日を要する。その間，受精卵(胚)は子宮の内部を右に左に，上に下にと移動し，約2時間で子宮を一周するといわれている(胚の子宮内遊走)。

胚は胎盤が形成されるまで，子宮乳によって栄養供給を受ける。受精9日目以降，胚の卵黄嚢が球形を維持したまま急速に発達し，17～18日齢まで1日に約3 mm径ずつ成長する(図2-115，図2-117)。

胚が子宮内で動くという事実は，超音波画像診断装置によって馬の子宮を観察するようになってから解明された馬に特徴的な現象である。馬の子宮角の一方を糸で縛り，胚が子宮内を遊走できないようにすると，黄体が退行し妊娠は維持されない。

カプセルに包まれた丸い胚が，妊娠7～16日の間に子宮筋の運動により動き回ることによって，胚は妊娠していることを子宮に認識させていると考えられている。胚からどのような妊娠認識物質が分泌されているか，その解明が期待されている(図2-116)。

馬の胎子の場合には，反芻類にみられる胚盤胞-絨毛

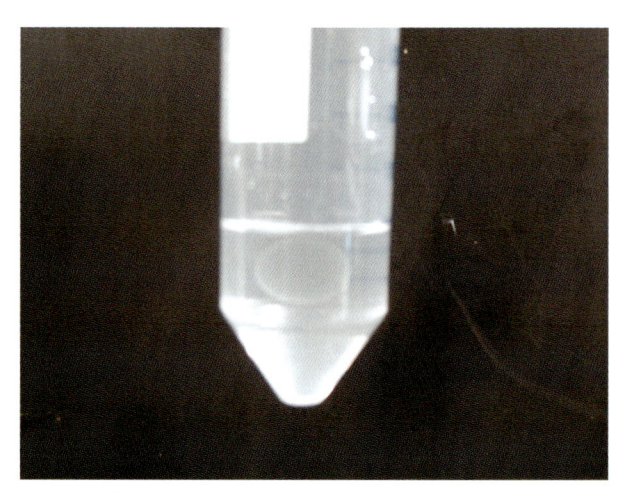

カプセルに包まれ，直径13mm程度の胚が子宮還流により回収された様子。

図2-115　馬の受精後13日目の胚(JRA原図)

膜の初期の急速な発育はない。たとえば，妊娠35日目には馬の絨毛膜は円柱形よりもむしろ卵形であり，尿膜絨毛膜の内側は尿膜水で満たされている。胚の子宮への接着は，馬では40日頃に始まり，動物のなかではもっとも遅い部類に入る。

馬の場合，妊娠初期には牛に比較すると部分的に子宮が膨らむ。これは臨床的な早期妊娠診断の一助となる。胚の後腸の生成物である尿膜は，絨毛膜小嚢内いっぱいに広がり，外側では膨隆した小嚢となって絨毛膜と接着し，血管をもつ尿膜絨毛膜を形成する。また，内側では羊膜と癒合して尿膜羊膜を形成する。

最終的に尿膜絨毛膜は尿膜羊膜を取り囲み，尿膜水によって尿膜羊膜から分離される。尿膜によって絨毛膜の脈管形成が終了したときには，尿膜絨毛膜は胎盤機能をもち始め，馬絨毛性性腺刺激ホルモンを分泌する。この時期までは，胚は羊膜および尿膜を通して，子宮乳からの拡散による栄養供給を受ける。また，馬の妊娠子宮で

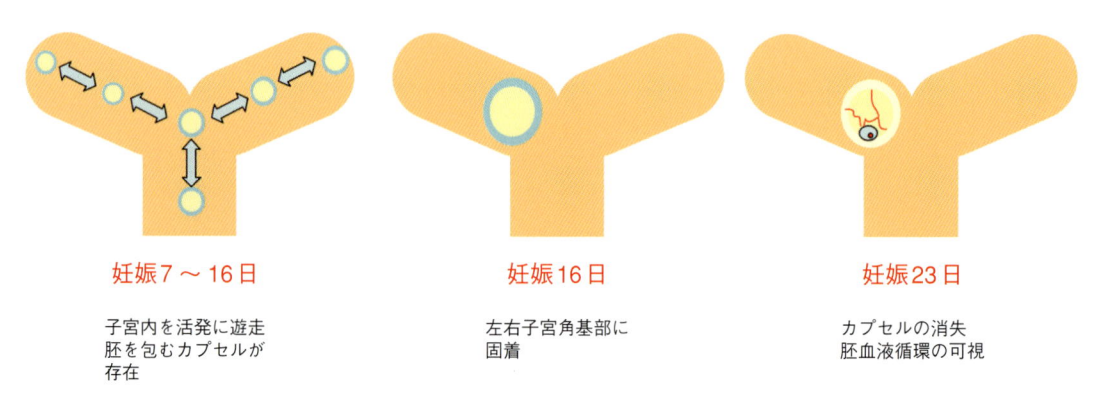

妊娠7～16日	妊娠16日	妊娠23日
子宮内を活発に遊走 胚を包むカプセルが存在	左右子宮角基部に固着	カプセルの消失 胚血液循環の可視

図2-116　馬の胚の子宮内遊走と発達の時期(JRA原図)

158

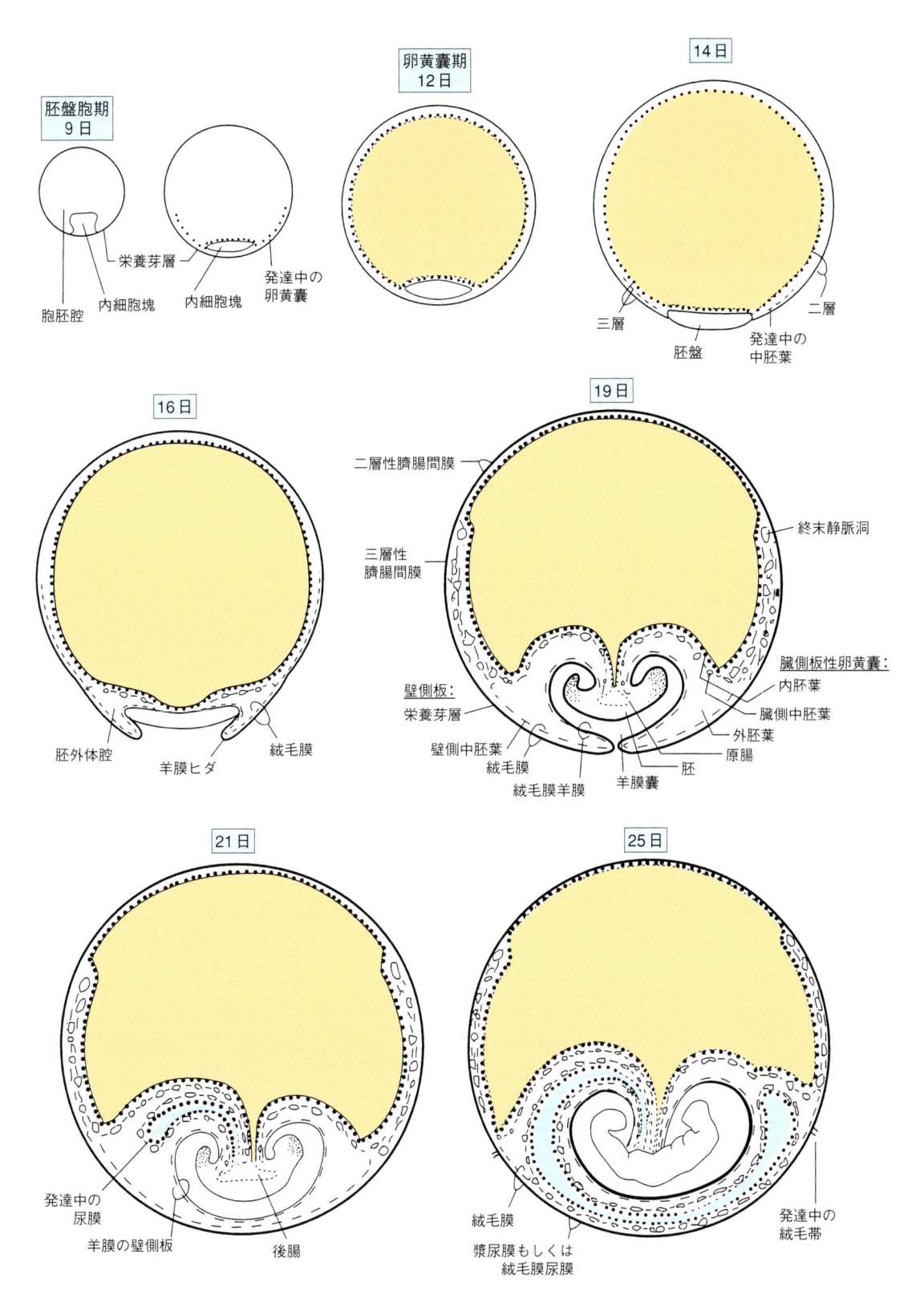

図2-117　妊娠9〜25日における馬の胎盤構成膜の発達

(Ginther OJ：Reproductive Biology of the Mare, 2nd ed., 356, Equiservices, 1992を参考に作成)

は牛のような子宮小丘はできず，絨毛が胎盤領域全体に広がって分布する（図2-118）。

5. 胎子と胎盤

❶馬の胎盤の型

胎盤の分類は一般に，母体と胎子の血液循環の接近の程度によって区分するGrosser（1909年）の分類法が用いられている。この考え方では，栄養膜細胞あるいは絨毛膜上皮の食作用を認めており，これらの上皮が接着すべき組織に侵入する。接着部の組織侵入がもっとも軽度な胎盤の型である上皮絨毛性胎盤は，馬および豚でみられる。絨毛は至るところで子宮内膜と接着し，その部分における母体組織の損失はない。

一方，胎盤は胎子の絨毛膜上の絨毛の分布様式によって分類されることもある。この方法では，馬は絨毛表面に一様に分布する散在性胎盤に分布される。さらに以前は，出生時に母体の組織が，胎子組織と分離するか否かによって胎盤の区分が行われていた。このような区分では馬は無脱落膜型である。

胎盤の血管の緊密度が，それぞれの動物種における"胎盤関門"の基本となっている。胎子と新生子のある種の病気，たとえば子馬の溶血性疾患では，胎子から胎盤を通じて抗原が母体に侵入するが，その抗原に対してできた抗体は，初乳を通じてのみ母体から子馬に移行することができる。ヒトの場合には，同様にしてできた抗体は胎盤を通って移行し，出生前の胎子の抗原抗体反応の原因となる（図2-118）。

❷馬の胎膜の形状とその特色

尿膜絨毛膜の大部分は，妊娠子宮角内と子宮体部に収まっており，非妊娠子宮角に入り込んでいる尿膜絨毛膜の一部分は，胎嚢の主要部分の付属物にすぎない。まれに発生する双角妊娠の場合には，両子宮角に同程度に広がっている。

尿膜水中への突起物は，尿膜絨毛膜の一風変わった陥入によってできる。これは胎子体長がおよそ11cmになったときに最初にみられ，子宮内膜杯と並列にでき，内膜杯の分泌物がそのなかに蓄積する。その大きさは内膜杯の分泌活動と一致しており，胎子体長が15〜20cmのときに最大であり，胎子体長30cm以降では退縮する。分泌物によって膨張したときには，それらは尿膜絨毛膜の小嚢とよばれるようになるが，分娩時には後産の尿膜表面に付着する萎縮した有茎物としてみられる。それらの個数は少なく，通常6個以下であり，しばしばそれを欠いていることもある。

子宮内膜杯は妊娠子宮角の基部に集中して存在する噴火口状の構造物である。妊娠6〜20週にわたって存在し，馬絨毛性性腺刺激ホルモンはそのなかで産生される。内膜杯は胚の栄養膜の部分から子宮内膜に侵入した細胞によって形成される。この細胞の侵入は母体組織による反応を起こさせる原因となるが，妊娠のおよそ140日頃には内膜杯の裂開を導く。

妊娠90日頃から，尿膜水中に胎餅とよばれる褐色の浮遊物がみられ，分娩までに長径約10cmに達する。胎餅は尿膜水中の上皮や残渣が集積したものと考えられている。

❸妊娠中の胎子の動き

すべての動物種において，胎子は羊膜内で縦軸方向にも，横軸方向にも動くことが可能である。縦軸方向の回転は羊膜性臍帯の長さに限りがあって制限され，また横軸方向の回転は胎子の体長が羊膜の幅を越えると難しい。馬の胎子の場合，臍帯の羊膜部分で回転が起こるのは，可逆的で正常なことである。

子宮内の胎子の動きのその他の可能性としては，尿膜絨毛膜内での羊膜嚢（胎子を含む）の可動性がある。牛，豚では尿膜絨毛膜が尿膜羊膜に広範囲に癒合しているため，このような動きが（おそらく分娩直前を除いて）不可能であるが，馬ではこのような動きが起こり，臍帯の尿膜部分のねじれが生じる。馬では6.5ヵ月齢の胎子の40％が，まだ尾位の状態にある。最終的に99％の子馬の胎位が頭位になるが，それは9ヵ月齢の頃である。

馬の妊娠後期に起こるこれらの胎位の変化は，尿膜絨毛膜内での羊膜の動きによるものと考えられる。馬で最終的に頭位が圧倒的に優勢になる理由は不明である。

❹胎子の発育

胎子発育の大要を知っておくことは，流産胎子の胎齢鑑定，妊娠診断などに有用である。妊娠2〜9ヵ月では，おおむね体長(cm) = (n + 1) × n(nは妊娠月数)の式が成立する。表2-13に馬の妊娠月数に伴う胎子体長および発育状況を示す。一方で，胎子の発育は品種によってほぼ一定しているが，母馬の年齢，体格，栄養状態などによっても影響を受ける。

妊娠後半期には，胎子の眼球の直径を測定することが容易となる。胎子眼球の直径は，胎子の発育の指標となることが報告されており，胎子の成長を確認する，ある

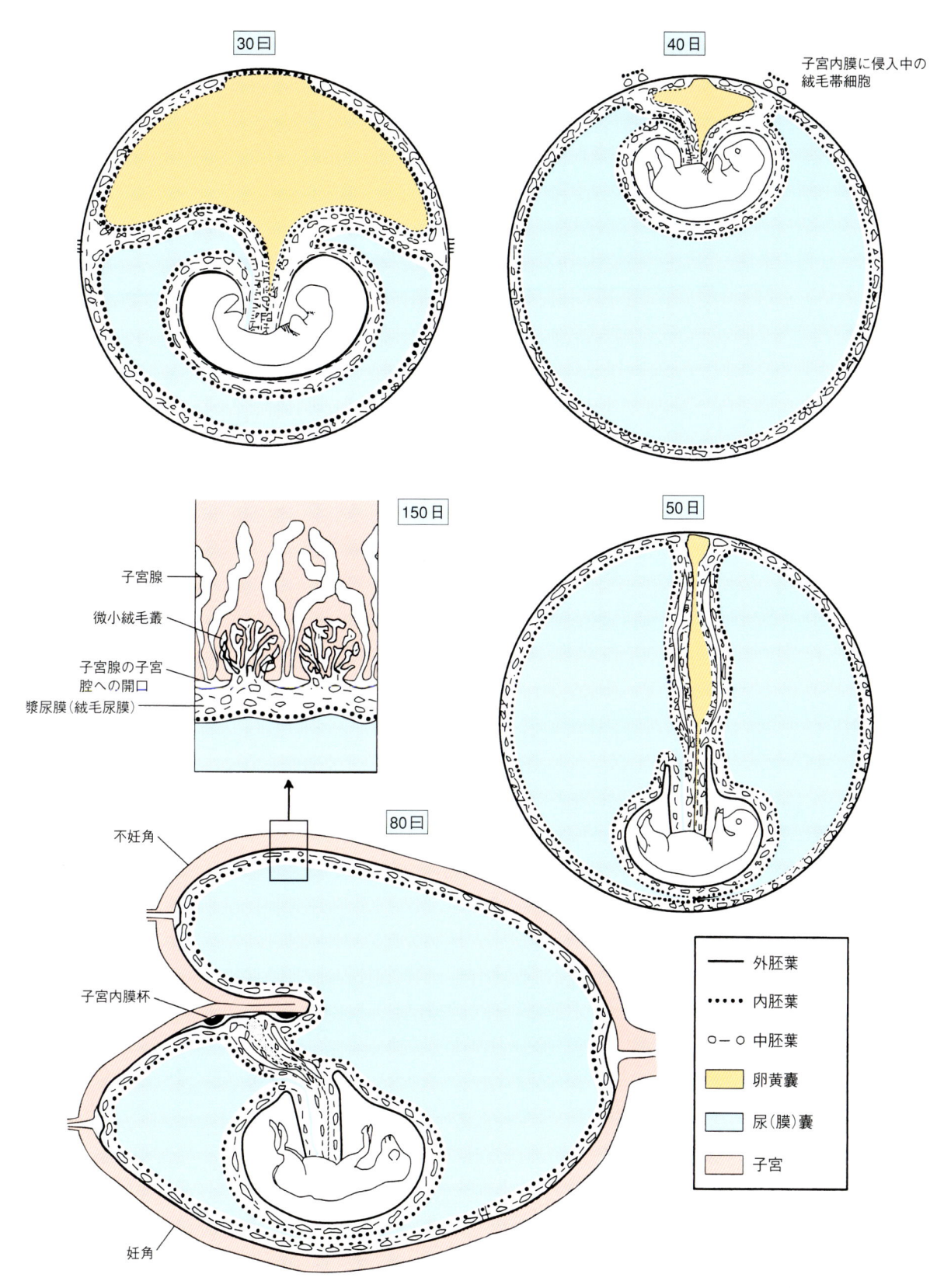

図2-118 妊娠30〜80日における馬の胎盤構成膜の発達と150日齢における小胎盤節の拡大図

（Ginther OJ：Reproductive Biology of the Mare, 2nd ed., 357, Equiservices, 1992 を参考に作成）

表2-13　馬胎子の月別体長と発育状況

妊娠月	体長(cm)*	発育状況
1	1.9	
2	2 × 3 = 6	四肢形成
3	3 × 4 = 12	乳房に乳頭発生。長骨の化骨開始
4	4 × 5 = 20	体重0.9〜1.4kg。外陰部，陰嚢形成，包皮未発達
5	5 × 6 = 30	体重3〜5kg。口唇に触毛発生，月末には眉毛，尾端に発生
6	6 × 7 = 42	体重3〜7kg。品種，個体により体長，体重の差が著明。まつ毛，たてがみ発生
7	7 × 8 = 56	体重4〜8kg。たてがみ，まつ毛，尾毛著明
8	8 × 9 = 72	体重7〜15kg。外耳，背線部，四肢に発毛
9	9 × 10 = 90	体重17〜20kg。下腹部と内股部を除き体部に軟毛発生
10	100	体重25〜45kg。全身に短毛発生。頭蓋骨発達著明。包皮完成
11	110	体重36〜60kg。全身に被毛密生。精巣陰嚢内に下降。乳歯発生

＊：体長は頭骨と仙骨の先端間の直線距離(crown-rump length)。
妊娠2〜9ヵ月では体長＝(n＋1)×nの公式が成立する(nは妊娠月数)。

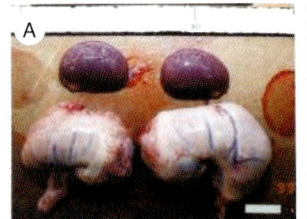

A　胎齢130日雄胎子の胎子精巣(上段)と母馬の卵巣(下段) 
B　胎齢208日雄胎子の胎子精巣(下段)と母馬の卵巣(上段) 
C　胎齢225日雄胎子の胎子精巣(下段)と母馬の卵巣(上段) 
D　胎齢110日雌胎子の胎子卵巣(下段)と母馬の卵巣(上段) 
E　胎齢195日雌胎子の胎子卵巣(下段)と母馬の卵巣(上段) 
F　胎齢268日雌胎子の胎子卵巣(下段)と母馬の卵巣(上段)

図2-119　妊娠各期における胎子性腺(精巣および卵巣)と母馬卵巣の比較(JRA原図)

いは交尾時期の不明な馬の分娩日を予測する指標として有用である。

馬の胎子の腹腔には，まだ精子や卵子が作られていないにもかかわらず，肥大化した精巣・卵巣(性腺)が認められる。これら胎子性腺は妊娠220〜250日頃をピークに肥大化し，母馬の卵巣よりも大きくなる。その後，急激にその容積を減じ，分娩時には最大容積の5〜10分の1程度となる。肥大化した性腺は多数の間質細胞によって構成され，これらの細胞が活発にステロイドホルモンを分泌していることが知られている。現在のところ，妊娠を維持するために必要なステロイドホルモンが，胎盤や子宮ばかりでなく，胎子の性腺からも分泌され，積極的に妊娠の維持にかかわっているものと考えられている。このような胎子性腺の肥大化および退縮は，一般の動物にはみられない現象である(図2-119)。

6. 分娩と産褥

分娩とは胎子および胎子産物が娩出力の作用によって産道を通過し，母体外に排出される現象をいい，産褥とは分娩終了後，妊娠および分娩によって生じた生殖器とその周囲組織の変化が，妊娠前の状態に回復する期間をいう。分娩と産褥がともに正常に行われることが，泌乳と次回の妊娠にとってきわめて重要である。

❶分娩徴候

分娩1〜2週間前になれば，後躯の筋肉，靱帯が弛緩する。腹囲は膨満，下垂し，殿部は陥没する。乳房から腹部にかけて浮腫を生じ，乳房が外傷を受けやすくなる。馬では乳頭口にグリセリン様物(乳ヤニ)が付着し，これにより3日以内に90%が分娩するといわれる(図

馬は通常夜に分娩する。一般に馬の体温は午前より午後の方が高いが，分娩の直前になると同じかあるいは午後の方が低くなることもある。また，乳中のpH，カルシウム濃度，Brix（糖度）値などを測定することで，分娩を推測できるという成績が報告されている（図2-121）。分娩数時間前になると食欲が減退し，落ち着きがなくなり，不安症状を示すことがある。これらは軽度の陣痛が開始されている証拠である。分娩直前になると発汗が著しく，外陰部は潮紅腫大して正常の2倍大となる。

❷娩出力

胎子およびその付属物を娩出させる力を娩出力といい，主として子宮筋の不随意的な収縮，すなわち陣痛と，腹筋および横隔膜の収縮，すなわち腹圧からなる。腹壁および骨盤底の筋肉の収縮もこれを助けている。

陣痛の開始には，胎子側のホルモンが引き金となって起こる母体側のホルモンの分泌が必要となる。

一般には，妊娠末期になると胎子の下垂体から副腎皮質刺激ホルモン（ACTH）の分泌が増し，このため胎子副腎皮質からグルココルチコイド（C）の大量分泌が起こり，このホルモンが胎盤に運ばれてプロゲステロン（P）の分泌を抑制するとともに，エストロゲン（E）とプロスタグランジン$F_{2\alpha}$（$PGF_{2\alpha}$）の合成を促進する。さらに，胎子の肺サーファクタントの分泌や消化管酵素の活性を高める。妊娠後期にも黄体の存在する動物では，Cと$PGF_{2\alpha}$は母体の卵巣に作用して妊娠黄体を退行させる。P濃度の低下により，母体血中のE/Pの比率が高まり，Eは子宮に働いて子宮筋のオキシトシン感受性を高めるとともに，骨盤靱帯や軟部産道の諸組織を弛緩させる。

一方，馬の胎子副腎皮質からのC分泌は，分娩前1～2日に起こり，分娩直前に新生子への成熟が起こると考えられている。馬の分娩開始の機構は，その詳細がわかっていない。

胎子が産道に侵入すると，その圧迫刺激が母体の中枢に神経伝達される。それにより，下垂体後葉からオキシトシンが放出され，子宮は強く収縮して本格的な陣痛が起こる。$PGF_{2\alpha}$自体も子宮収縮作用があり，陣痛を増強する。

❸正常分娩の経過

分娩はまず開口期陣痛によって子宮頸管が開大し，ついで強烈な娩出期陣痛によって胎子が娩出され，その後しばらくして後産が排出されるのが正常の経過である。

（1）開口期

開口期とは陣痛開始から子宮口が全開するまでをいう。開口期陣痛は初期はきわめて軽微で間欠期が長く，発作期が短い。これは不安症状，起臥反復，食欲廃絶などの状態から発見される。

陣痛は子宮先端から子宮口に向かう子宮筋の収縮であり，これによって胎膜の一部が子宮壁より剥離する。陣痛発作に伴い，剥離胎膜は胎水とともに子宮口へ向かって圧出され，しだいに頸管を開大し，膨隆して胎胞を形成する。陣痛が強くなるにつれ，間欠期は短く，発作期が頻繁となり，外部から容易に認識されるようになる。

胎胞はしだいに大きくなり，頸管は開帳される。膣腔に侵入した胎水は子宮内に還流せず，胎胞は持続的に緊張する。緊張した胎胞はついに破裂して尿膜液を流出する（第一次破水）。

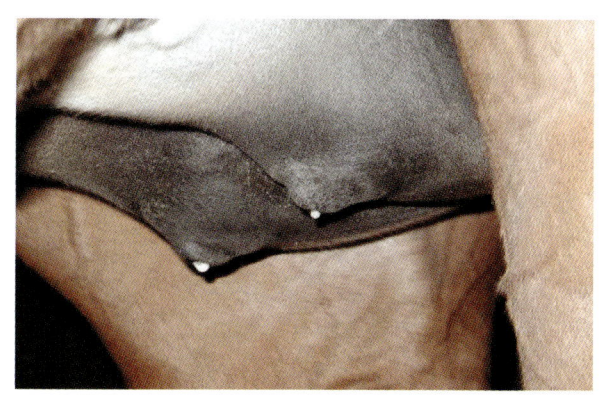

図2-120　分娩間近の妊娠馬にみられる"乳ヤニ"（JRA原図）

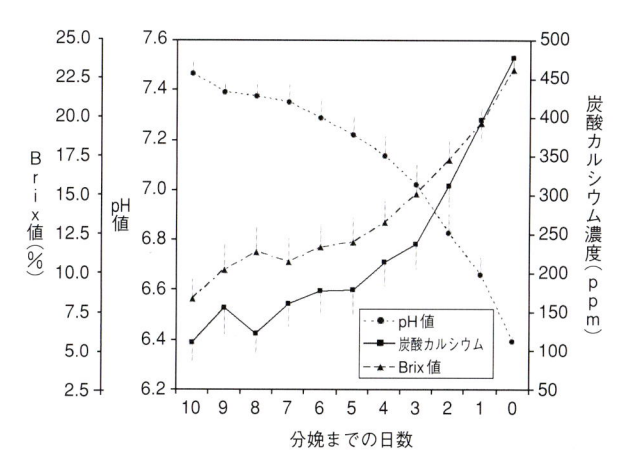

図2-121　馬の分娩までの日数と乳汁成分などの測定値との関係（JRA原図）

ついで，羊膜嚢により形成される第二胎胞が現れ，通常，陰門部で第二次破水が起こり，羊水を流出する。胎水の大部分は体外に流出するが，残りは陣痛のたびに排出されて産道を潤し，胎子の産道通過を容易にする。この間に胎子の姿勢変換が行われ，屈曲していた頭部および前肢を伸長させ，下胎向を上胎向に変化させる。したがって，開口期陣痛は子宮口を開大させるとともに，分娩に都合のよいように胎子の姿勢を変換させるうえで，きわめて重要な意義がある。それゆえ，開口期陣痛の過強，微弱はともに胎子姿勢の変換を妨げ，難産の最大の原因となる。

(2) 娩出期

子宮口の全開より胎子の娩出までをいい，開口期から境界なく移行する。陣痛は開口期よりもいっそう強烈，頻繁となり，強い腹圧（努責）を伴う。胎子先進部が頭位のときは伸長した両前肢に頭部を乗せて，また尾位のときは伸長した両後肢が膣腔に現れ，陣痛発作に伴って一進一退する。頭位では頭部が頸管を通過し終われば間欠期にも後退することはなく，陣痛，努責はますます強烈となり，ついに娩出する。頭部が陰門を通過するとき，努責は最大となる（図2-122）。

(3) 後産期

胎子娩出直後から後産（あとざん）の排出までをいう。胎子を娩出し終われば胎膜の一部は陰門部に懸垂するが，やがて後産期陣痛によって搬出される。この排出される胎膜を後産といい，サラブレッドでは5〜8kgの重量である。

子馬は頭位で娩出されている。

図2-122　自然分娩の様子（JRA原図）

❹産褥

(1) 生殖器の回復

馬では卵巣機能の回復がきわめて早く，雌馬の90%が分娩後5〜12日に初回発情を開始し，分娩後10〜12日頃に排卵する。子宮も分娩後の強い収縮運動により悪露（おろ）の排出を繰り返し，その頃までには子宮はほぼ回復して，交配により受胎が可能となる。馬の妊娠期間は約11ヵ月と比較的長いため，一年一産というサイクルを保持して生産するとなると，分娩後初回発情あるいは2回目の発情時までに交配し，受胎することが望ましい。しかしながら，これまでの多くの研究から，分娩後初回発情での交配による受胎率は，その後の発情での受胎率と比較して低いことが報告されており，その要因は子宮機能の回復の遅れにあることが知られている。

分娩後初回発情における子宮機能の回復には，以下のような知見が得られており，それらに基づく診断が行われている。

a）子宮の大きさ

子宮の重量は分娩直後には7〜9kgであり，最初の2日間の変化は少ないが，3日目には5〜7kg，8日目には2kgにまで減少すると報告されている。超音波診断装置による研究結果から，左右の子宮角が完全に同じ大きさにまで回復したのは23日目であったとの報告，また35日を超えても同じにはならないとする報告がある。

b）子宮の収縮

分娩後の子宮の急激な収縮は，妊娠中の高濃度のステロイドホルモンによる抑制の解除やオキシトシンの作用によって起こるものと推察されている。子宮は分娩後数日間は非常に硬いが，3〜8日で弛緩する。分娩後に触知される子宮の硬さは，妊娠初期の特徴的な硬さとは異なり，浮腫によるものと推察されている。

c）子宮内膜の組織学的変化

子宮内膜は分娩後の5日間において大部分の修復がなされ，15日目には完了すると報告されている。子宮の微細小丘（妊娠時に胎子胎盤分葉の容器としての役割をはたした子宮内膜の小窩）は，分娩当日ははっきりと認められるが，その後急速に消失し，4日目には上皮で覆われ始める。小窩は上皮の下の凝縮した組織となるが，9日目にはリンパ細胞や鉄貪食細胞が出現し，それらは分娩後15日目まで検出できる。馬の分娩後の子宮回復において，悪露の原因は子宮内膜組織が脱落したり，

溶解するものではない。この点は牛や他の哺乳動物とは異なるといわれている。

d）子宮内貯留物の性状と変化

分娩後の子宮内には，分娩後3日目の時点で500mLの粘液様液体が貯留しているといわれる。正常例では6日目には粘液様液体は消失する。膣内の悪露の肉眼的な色調は，赤色からクリーム色，白色と変化し，7〜9日目には透明となる。子宮内の貯留液は，分娩翌日よりも3日目のほうが多い傾向にある。すなわち，貯留液は胎盤の残留物ではなく，子宮修復の結果，子宮壁から子宮腔内に浸出するものであることを示唆している。

子宮腔内の液体が検出される例数は，分娩後5日から減少し，7日目には有意な減少となる。分娩後初回発情の排卵日に，子宮内に液体の貯留が確認された雌馬では，受胎率は低下すると報告されている。

分娩後3日目の正常な子宮内の液体は，顕微鏡学的検査により，いくらかの細胞と白血球を含んでおり，5日目には好中球数が増加する。分娩後の好中球とリンパ球の細胞浸潤は正常な現象である。子宮頚管内スワブの細菌陽性率は分娩後3日目で90％，7日目には30％となることが報告されている。また，9日目に細菌陰性で白血球が少ない雌馬の受胎率が有意に高いことが報告されている。

(2) 初乳

一般に哺乳類では，分娩直前または分娩後には，帯黄白色の乳汁が分泌される。これを初乳といい，新生子が求める栄養に適した，消化しやすい成分を多く含んでいる。また，免疫グロブリン（抗体）を含んでおり，その新生子への免疫性の付与にも関係する。

出生直後の新生子は，自身で抗体を産生することができない。馬の場合，自身で十分量の抗体を産生できるようになるのは約3ヵ月齢である。それまでの期間は，初

図2-123　出生後すぐに立ち上がって初乳を飲む子馬（JRA原図）

乳を介して母親の抗体を体内に取り入れることによって，さまざまな細菌やウイルスの感染から生体を防御する必要がある。この母親からの抗体は移行抗体とよばれる。移行抗体は，ヒトの場合，大部分は妊娠中に胎盤を介して移行するが，馬では，すべて初乳を飲むことによって腸管から吸収される。

出生直後の新生子の腸管は，抗体を効率よく吸収する特殊な機能を有している。母馬から移行した抗体は生後1ヵ月でほぼ半減し，3ヵ月程度で消失する。一方，子馬自身の免疫機能が十分に働きはじめるのは生後3ヵ月以降であるため，生後3ヵ月以内（とくに出生2ヵ月前後）は感染症を発症しやすいので衛生管理を十分に行う必要がある。

初乳は総量で3〜5L産生され，その分泌量，免疫グロブリン濃度ともに生後12時間まで経時的に減少する。したがって，子馬が弱く，自身で初乳を吸引できない場合は，出生後2〜6時間の間に初乳を強制的に与える必要がある。

また，初乳は塩類が多いため，緩下剤の作用を有し，胎子便の排出に好都合に働く（図2-123）。

akiko

第 3 章　飼養管理

EQUINE VETERINARY MEDICINE

Ⅰ　概論

Ⅱ　消化

Ⅲ　必要な栄養素

Ⅳ　飼料

Ⅴ　飼料給与方法

Ⅵ　日常管理

Ⅶ　厩舎と環境

Ⅷ　衛生対策

I 概論

　馬は単胃の草食動物でありながら，その用途は乗用，競走用あるいは農耕用など体力を要求されるものが多いため，牧草などの粗飼料以外にさまざまな栄養素を含んだ飼料を与えられることが多い。それらは，エネルギーを豊富に含んだ穀類やタンパク質含量の高い油粕類であったり，各種の栄養素が含有されたペレット飼料やミネラル，ビタミンの添加飼料であったりする。これらと粗飼料を適度に配合し馬に給与するが，給与量や給与方法については，要求量や栄養素の適正なバランスに基づいた個体管理を原則としなければならない。

　なぜなら，①馬は消化吸収能力に個体差が大きい動物であること，②激しい運動を要求されることが多く，健康で強い体力が求められること，③とくに競走馬は良好なコンディションのもとで競走能力を十分に発揮させる必要があること，などの理由によるからである。

　馬の養分要求量は，そのライフステージによって大きく異なる。子馬の発育速度は速く，それに関連する骨疾患も多いことから，増体量が適正で，かつ発育曲線が滑らかなものとなるように注意するとともに，ミネラルなどのバランスのとれた飼料給与が必要である。

　基礎体力を養成する育成期には，各個体の運動量に見合ったエネルギーや筋肉を合成するためのタンパク質の補給が重要となるが，太りすぎにならないように注意する必要がある。また，放牧を主体とする時期では，自発的な運動が安全にできるよう放牧地を整備することも重要である。

　成熟期には，運動能力を十分発揮できるように必要エネルギーのみならず，ミネラル，ビタミンなどについてもバランスのとれた飼料を給与しなければならない。

　妊娠期には，胎子に十分な栄養が供給されるようにするため，母体の栄養状態を適正に保つよう飼養すべきである。また，泌乳期には授乳量が相当な量に達するため，水分に加え，タンパク質やミネラル，ビタミンなどが不足しないよう飼料を給与しなければならない。

　エネルギー要求量が高く，濃厚飼料摂取量が多い競走馬には，各個体の能力を十分に発揮させるために，厩舎や馬房構造が馬にとって快適なものであるよう留意する必要がある。

　疾病予防のための消毒や予防接種，害虫の防除などの衛生対策も馬の能力を十分に発揮させるうえで重要な飼養管理の１つである。

II 消化

　馬は牛や羊のような反芻胃をもたず，その役割を大腸で行う（後部発酵）草食動物である（表3-1）。馬の消化の仕組みや起こりやすい異常について知ることは，馬の健康を維持するために必要な飼養管理を施すうえで非常に有益である。

　なお，消化管の構造と機能については第2章に，消化管の病気については第4章に，それぞれ詳しく記載されているので参照してほしい。

🐎 1. 消化管

❶口腔

　飼料を口からこぼしたり，始終涎を垂らしている馬は，異常摩滅などのように歯に問題のある場合が多い。このようなときは，そのつど歯にやすりをかけ滑らかにしてやると，ほとんどの馬はすぐに完治するが，定期的な処置を要する馬もいる。いずれにせよ日々の観察が重要となる。治療が不可能な馬には，ひきわりにした穀類や切り草，水に浸したペレット飼料などの咀しゃくしやすい飼料を与える必要がある。

❷食道

　成馬の食道の長さは1m以上にもなる。のどづまりは，食道に飼料などが停滞することによって起こるもので，飼料が原因と考えられる障害としてはもっとも一般的にみられる。乾燥した飼料を丸飲みにした場合に起こりやすいが，これらは飼料の摂取速度を遅くさせたり，飼料の水分含量を高めることで予防することができる。

❸胃

　単胃動物である馬の胃の容積は，体の大きさに比較して小さく，全消化管容積の8〜10%程度である。したがって食塊が胃を通過する速度も速く（1〜3時間），一度に多量の飼料を摂取させることは疝痛や胃破裂の原因となる。とくに穀類の含量が高い飼料を給与する場合には，1日あたり3回以上に分けて給与するのがよい。

　胃潰瘍は競走馬に多発するが，調教などによる強いストレスに加え，空腹時の穀類の多量摂取や粗飼料の摂取不足が発症要因と考えられている。子馬に認められる胃潰瘍も，濃厚飼料を含む母馬の飼料を多量に摂取することに原因の1つがあると考えられている。

❹小腸

　十二指腸，空腸および回腸からなる小腸は，全消化管容積の約30%を占める。太さは比較的一定であり，長さは成馬で20mにも達する。大腸に比べて発生率は低いが，寄生虫，食塊あるいは異物が原因で通過障害を起こすことがある。小腸では膵臓から十二指腸に分泌される膵液や，腸管全体にある分泌腺から分泌される腸液に含まれる各種の消化酵素によって，デンプンなどの炭水化物，脂肪，タンパク質さらには各種ミネラルなどが消化・吸収される。

❺大腸

　大腸は，盲腸，結腸および直腸からなる器官である。盲腸の容積は全消化管の10〜16%を占め，結腸の容積は40〜50%にもなる。これらは太さが一定ではなく，部分的に狭く屈曲している部位には内容物が停滞しやすい。大腸には膨大な数のバクテリアが生息し，それらが繊維成分の分解酵素を産生することから，馬は粗飼料を消化し，そのエネルギーを利用することができる。また，

表3-1　消化管容積の比較

消化管	馬		牛	
胃	18.3 ℓ	(8.5%)	256.7 ℓ	(70.8%)
小腸	64.9	(30.2)	67.1	(18.5)
盲腸	34.1	(15.9)	10.1	(2.8)
大結腸	82.6	(38.4)		
小結腸	15.0	(7.0)	28.5	(7.9)
直腸				
合計	214.9	(100)	362.4	(100)

盲腸では各種ビタミンの合成も行われている。

約5〜10時間，盲腸に滞留した内容物は，結腸でも十数時間滞留し，その間に主に水分の吸収が行われる。直腸を通過して排糞が始まるのは採食後20〜22時間で，36〜40時間で最大量となり，70時間すなわち3日間でほぼ完了する。

2. 栄養素の消化

❶炭水化物の消化

デンプンなどの易消化性炭水化物は主に小腸や盲腸の近位で，グルコース（ブドウ糖）などの単糖類に消化されて吸収される。

繊維成分などの難消化性の炭水化物は，盲腸や結腸においてバクテリアによる消化を受け，酢酸，プロピオン酸，酪酸などの揮発性脂肪酸（VFA）として吸収され，エネルギー源となる。その産生量は結腸よりも，盲腸のほうが多い。しかし，一度に多量のデンプンが小腸へ送り込まれると，小腸での消化・吸収を逃れたデンプンは大腸で微生物の消化を受けるが，この際に生成される乳酸によって大腸内の環境が変化し，微生物叢が影響を受けることとなる。これが原因で消化障害に陥る危険性があり，穀類など多量のデンプンを含有する飼料の過剰給与は避ける必要がある。

良質のアルファルファ乾草では牛と同等の消化率を示すが，繊維含量が高くなるにつれ，消化率は牛に比べ大きく減少する。乳糖は，若馬ではよく消化されるが，成馬では乳糖の消化酵素であるラクターゼの活性が低く消化されにくい。

❷タンパク質の消化

飼料中のタンパク質は小腸でアミノ酸に分解・吸収される。腸内バクテリア由来のタンパク質は盲結腸でアンモニア，アミノ酸，VFAとして吸収される。尿素などの非タンパク態窒素の利用効率は低いが，成馬の尿素に対する耐性は比較的高く，小腸から吸収された後，腎臓を経由して排泄される。

❸脂肪の消化

過去には，馬は胆嚢（脂肪を乳化してその消化・吸収を促す胆汁を出す）をもっていないことから，脂肪を消化することができないと考えられていた。しかし，胆汁は持続的に肝臓から分泌されており，小腸において膵臓リパーゼの作用を受けて脂肪を効率よく消化・吸収し，

また動物性脂肪もよく利用できる。馬は，飼料中に20％添加された植物油を十分に消化し，タンパク質の消化にも影響を与えない。

3. 消化に影響を与える要因

❶飼料の加工，調理

過去にはエンバクや大麦などの穀類は，圧ぺんすることにより消化率が5％程度高くなり，消化管が未発達な子馬や歯の悪い馬などに与える場合は効果的であるとされてきたが，近年の研究成績より，加工による消化率の差はほとんどないと考えられている。穀類に蒸気を通すことも行われているが，消化に及ぼす効果は定かではない。ただし，トウモロコシでは加工による消化率の向上が見込まれる。とくに，細粒化されたトウモロコシは，全粒のものに比較し15％程度消化率が向上するとされている。ペレット化された乾草は，繊維成分が細かくなっているため消化管内の通過速度が速くなり，結果的に消化率が低下する。

❷飼料摂取量

多量の飼料を摂取すると，消化管内の通過速度が速くなり，バクテリアによる消化作用が不十分となる。したがって，1回あたりの飼料摂取量を多くして1日あたりの給与回数を減少させると，飼料の消化率を低下させることになる。

❸運動

一般に軽い運動や適度の運動は，飼料の通過速度を遅らせ消化率を向上させるが，激しい運動は逆に低下させる。ただし，運動強度と消化率との関係には大きな個体差が認められている。

❹水分摂取量

飲水は，飼料の摂取前であっても後であっても，飼料の消化には影響を及ぼさない。しかし，飼料摂取後しか飲水できない場合には，飼料の摂取量が低下する。繊維含量が高く水分含量の低い飼料やミネラル含量の高い飼料の摂取時には，水の要求量は増加する。

4. 消化障害

一般的によくみられる飼養管理が原因とされる消化障害を以下に示す。

❶疝痛

疝痛は，過食，飼料内容や給与量の急変，腐敗および不純物が混入した飼料の給与などによって発症する腹痛である。

その種類としては，風気疝(空気の吸引や腐敗飼料の発酵によって発生するガスが消化管を圧迫することによる)，便秘疝，変位疝(腸が捻れたり，腸の位置が変わったりすることによる)，痙攣疝などがある。

症状は，まず食欲がなくなり，①落ち着きがない，②頭をしきりに腹部のほうに向ける，③前掻き(前肢で床をたたいたり，引っかいたりすること)をする，④横臥，起立を繰り返す，などがあり，しばしば発汗を伴う。

軽度であれば，腹部を圧迫させないように軽い引き運動を行い，浣腸などにより排糞を容易にしてやることで回復するが，変位疝などでは開腹手術が必要になることもある。

❷腸結石

大腸内の結石は通過障害の原因となり，結腸破裂を起こす可能性もある。小さなものからボウリング玉大のものまで認められているが，いずれも中心には金属片，ガラスのかけらなどの核が存在する。結石は，カルシウム，リン，マグネシウムなどで構成されるが，結石ができる機序は明らかではない。飼料(とくにマグネシウムやリン含量の高いフスマ，ライ麦ヌカ)や水質が関係しているとの説もある。

❸蹄葉炎

濃厚飼料の多給や過労，輸送による過度のストレスなどによって発症する。蹄尖部の血行障害に起因し，症状が進むと慢性の跛行となったり致命的となることもある。

❹食道梗塞

乾燥した穀類や飼料を急いで摂取したときに起こりやすい。発症例は老齢馬に多く，ゆっくり食べさせるために，飼槽を広く浅いものにしたり，あるいは大きな石を入れることにより防止をはかる。また，強い運動を行った直後にも起こりやすいので，十分に落ち着かせ飲水させてから飼料を与えるとよい。

III 必要な栄養素

　馬などの動物が生命を維持していくためには，食物から栄養を摂取しなければならない。この栄養は炭水化物・脂肪(この2つをまとめてエネルギーと称する場合もある)・タンパク質・ミネラル・ビタミンの5大栄養素(炭水化物と脂肪をエネルギーとして示す場合は4大栄養素)に分類され，生命および健康維持のためにはどれも欠かせないものである。

　また，各栄養素の必要量はそれぞれ大幅に異なり，動物種によっても個々の栄養素の必要量や適正な摂取割合(摂取バランス)は異なる。したがって，馬ではその生理機能に合わせた栄養供給を行う必要があり，さらには役務(使役，乗馬，競馬など)に応じた量やバランスの調整をすることも大切である。

　栄養素のなかでエネルギーは，生命の維持，運動，発育，産乳，体組織の修復などに必要である。したがって，エネルギーの不足は若馬では発育停滞や性成熟の遅れ，成馬では運動能力の低下や体調不良，繁殖雌馬では発情の遅れや胎子の発育不良などの原因となる。エネルギーは馬の飼料に含まれる炭水化物，脂肪およびタンパク質から供給されるが，炭水化物由来のエネルギーがもっとも利用されやすく，炭水化物が運動時の重要なエネルギー源である。

　なお，本項では文中および表において"体重"と記載している場合は，その段階での馬体重そのものを示しているのに対し，タンパク質および各種ミネラル要求量の計算式において妊娠馬の"成熟時体重"と記載している場合は，胎子などの重量を差し引いた母馬だけの体重(つまりその母馬の妊娠前の体重)を示している。

1. 炭水化物

　デンプン，麦芽糖，ショ糖などの易消化性炭水化物はグルコースなどの単糖類として，またセルロースやヘミセルロースなど難消化性炭水化物は揮発性脂肪酸(VFA)として吸収され，エネルギー源となるが，それらの産生割合は飼料構成によって異なる(表3-2)。すなわち，粗飼料摂取量が多いときはVFA由来のエネルギーが多くなり，穀類摂取量が多いときはグルコース由来のエネルギーが多くなる。

　穀類にはデンプンが50〜70%含有され，とくにトウモロコシには多い。しかし，小腸の消化吸収能力を超える多量のデンプンを一度に摂取すると，余剰のデンプン

表3-2　運動時の馬に利用されるエネルギー源

エネルギー源	デンプン質	脂肪	タンパク質	繊維質
主な飼料	トウモロコシ (70%) 大麦 (66%) エンバク (50%)	植物性油 動物性油	大豆粕 (43%) アルファルファ乾草 (15〜18%)	乾草 ビートパルプ
吸収部位	小腸	大腸	小腸	小腸	大腸
吸収形態	ブドウ糖	乳酸	グリセロール 遊離脂肪酸	アミノ酸	酢酸 プロピオン酸 酪酸
有酸素運動	○	○	○	○
無酸素運動	○	×*	×	×*	×*
貯蔵形態	グリコーゲン 脂肪	脂肪	タンパク質 グリコーゲン 脂肪	グリコーゲン 脂肪

＊：吸収形態としては無酸素的に利用されないが，無酸素エネルギー源としてのブドウ糖の産生に利用される。

が大腸へ移行し，バクテリアによって乳酸発酵される。これによって後部腸管のpHが異常に低下し，疝痛が発症する可能性がある。

運動時には，筋肉中に蓄えたグリコーゲン量が多いほど運動能力を発揮するのに有利とされているが，この蓄積量は炭水化物摂取量に比例して多くなるといわれている。また，グリコーゲン蓄積量はトレーニングメニューにも大きく関与する。ヒトの長距離陸上選手でスタミナを向上させる効果が認められているグリコーゲンローディング法（一度強い運動をして筋肉中のグリコーゲンを枯渇させた後，高濃度の炭水化物を摂取することにより，多くのグリコーゲンを蓄積する方法）について馬でも検討されているが，現在のところ，ヒトでみられるようなグリコーゲンの蓄積効果はないとされている。一方，筋肉中グリコーゲン量がある量を下回ると疲労が始まるともいわれており，血中グルコースの低下も疲労の原因となる。

2. 脂肪

脂肪はあらゆる飼料に含まれているが，その含量は少なく2〜5％程度である。しかし，炭水化物やタンパク質の2.25倍のエネルギー含量をもち，馬にとっては効率のよいエネルギー源といえる。体内の脂肪は遊離脂肪酸（FFA）として動員され，容易に酸化されエネルギーとして利用される。しかし，脂肪の利用効率は，よくコンディショニングされた馬では良好であるが，そうでない馬では劣る。

飼料に脂肪を添加することが馬の運動能力に好結果を与えるという報告は多い。主に運動距離が長くスタミナを要する競技においては，脂肪がエネルギーとして利用されることにより筋肉中グリコーゲンが節約され，結果的に運動後の血中グルコースも高い値で維持される。添加の適量は通常飼料の5〜12％程度であり，多量給与は下痢の原因となる。なお，スタミナ向上においては脂肪と炭水化物との配合割合も重要な条件である。

馬は，植物性と動物性の脂肪を両方とも利用できるが，その消化率は，植物性脂肪が94〜100％，動物性脂肪が75〜80％である。脂肪を構成する脂肪酸中には，リノール酸，リノレン酸，アラキドン酸などの必須脂肪酸が含まれるが，それらの必要量は明らかではない。ただし，リノール酸については少なくとも乾物飼料中に0.5％以上が必要とされている。

3. エネルギー要求量

通常，エネルギー要求量は可消化エネルギー（DE），単位はメガカロリー（Mcal；1,000 kcal）で表示されることが多い。DEを他の家畜で用いられる可消化養分総量（TDN）に換算すると，4.4 Mcal = TDN 1 kgである。一般にエネルギー要求量は，体成分，環境温湿度，体重，騎乗者の体重や技術，馬場状態，疲労度などに影響される。また，個体によっても変動する。

表3-3（a〜c）に，品種や発育ステージなど，さまざまな状況下での馬の養分要求量を示した。

❶維持要求量

体重の増減がなく，運動もしない状態で健康を保持している状態を維持といい，維持に必要な可消化エネルギー量（1日あたり）は以下の式で得られる。

細めの維持：
 DE（Mcal／日）= 0.0303 × 体重（kg）

中程度の維持：
 DE（Mcal／日）= 0.0333 × 体重（kg）

太めの維持：
 DE（Mcal／日）= 0.0363 × 体重（kg）

❷繁殖に要する量

妊娠後期から泌乳期にかけてエネルギー要求量は増加する。すなわち妊娠5，6，7，8，9，10，11ヵ月のエネルギー要求量は1.03，1.05，1.08，1.11，1.15，1.21倍であり，泌乳期は下の式で表される。

分娩後1ヵ月目：
 DE（Mcal／日）= 0.0363 × 体重（kg）+ (0.0326 × 体重（kg）[*1] × 10 × 50) ÷ 600

分娩後2ヵ月目：
 DE（Mcal／日）= 0.0363 × 体重（kg）+ (0.0324 × 体重（kg）[*1] × 10 × 50) ÷ 600

分娩後3ヵ月目：
 DE（Mcal／日）= 0.0363 × 体重（kg）+ (0.0299 × 体重（kg）[*1] × 10 × 50) ÷ 600

第3章 飼養管理

分娩後4ヵ月目：
DE（Mcal／日）＝ 0.0363 × 体重（kg）＋（0.0271 × 体重（kg）$^{※1}$ × 10 × 50）÷ 600

分娩後5ヵ月目：
DE（Mcal／日）＝ 0.0363 × 体重（kg）＋（0.0244 × 体重（kg）$^{※1}$ × 10 × 50）÷ 600

表3-3a　1日あたりの養分要求量（成熟時の体重が200kg程度の馬の場合）

		体重(kg)	日増体重(kg/日)	乳生成量(kg/日)	可消化エネルギー(Mcal)	タンパク質(g)	リジン(g)	カルシウム(g)	リン(g)	マグネシウム(g)	カリウム(g)	ビタミンA KIU
維持時	最小の維持	200			6.1	216	9.3	8.0	5.6	3.0	10.0	6.0
	中等度の維持	200			6.7	252	10.8	8.0	5.6	3.0	10.0	6.0
	最大の維持	200			7.3	288	12.4	8.0	5.6	3.0	10.0	6.0
繁殖雌馬	妊娠4ヵ月目以前	200			6.7	252	10.8	8.0	5.6	3.0	10.0	12.0
妊娠期	妊娠5ヵ月目	201	0.05		6.8	274	11.8	8.0	5.6	3.0	10.0	12.0
	妊娠6ヵ月目	203	0.07		7.0	282	12.1	8.0	5.6	3.0	10.0	12.0
	妊娠7ヵ月目	206	0.10		7.2	291	12.5	11.2	8.0	3.0	10.0	12.0
	妊娠8ヵ月目	209	0.13		7.4	304	13.1	11.2	8.0	3.0	10.0	12.0
	妊娠9ヵ月目	214	0.16		7.7	319	13.7	14.4	10.5	3.1	10.3	12.0
	妊娠10ヵ月目	219	0.21		8.1	336	14.5	14.4	10.5	3.1	10.3	12.0
	妊娠11ヵ月目	226	0.26		8.6	357	15.4	14.4	10.5	3.1	10.3	12.0
泌乳期	分娩1ヵ月目	200		6.52	12.7	614	33.9	23.6	15.3	4.5	19.1	12.0
	分娩2ヵ月目	200		6.48	12.7	612	33.8	23.6	15.2	4.5	19.1	12.0
	分娩3ヵ月目	200		5.98	12.2	587	32.1	22.4	14.4	4.3	18.4	12.0
	分娩4ヵ月目	200		5.42	11.8	559	30.3	16.7	10.5	4.2	14.3	12.0
	分娩5ヵ月目	200		4.88	11.3	532	28.5	15.8	9.9	4.1	13.9	12.0
	分娩6ヵ月目	200		4.36	10.9	506	26.8	15.0	9.3	3.5	13.5	12.0
繁殖種雄馬	非種付け期	200			7.3	288	12.4	8.0	5.6	3.0	10.0	6.0
	種付け期	200			8.7	316	13.6	12.0	7.2	3.8	11.4	9.0
育成若馬	4ヵ月齢	67	0.34		5.3	268	11.5	15.6	8.7	1.4	4.4	3.0
	6ヵ月齢	86	0.29		6.2	270	11.6	15.5	8.6	1.7	5.2	3.9
	12ヵ月齢	128	0.18		7.5	338	14.5	15.1	8.4	2.2	7.0	5.8
	18ヵ月齢	155	0.11		7.7	320	13.7	14.8	8.2	2.5	8.1	7.0
	18ヵ月齢（軽度の運動）	155	0.11		8.8	341	14.7	14.8	8.2	4.6	9.2	7.0
	18ヵ月齢（中等度の運動）	155	0.11		10.0	362	15.6	14.8	8.2	4.6	10.3	7.0
	24ヵ月齢	172	0.07		7.5	308	13.2	14.7	8.1	2.7	8.8	7.7
	24ヵ月齢（軽度の運動）	172	0.07		8.7	332	14.3	14.7	8.1	5.2	10.0	7.7
	24ヵ月齢（中等度の運動）	172	0.07		9.9	355	15.3	14.7	8.1	5.2	11.2	7.7
	24ヵ月齢（強い運動）	172	0.07		11.2	387	16.7	14.7	8.1	5.2	13.6	7.7
	24ヵ月齢（非常に強い運動）	172	0.07		13.0	436	18.8	14.7	8.1	5.2	18.4	7.7
運動期	軽い運動	200			8.0	280	12.0	12.0	7.2	3.8	11.4	9.0
	中等度の運動	200			9.3	307	13.2	14.0	8.4	4.6	12.8	9.0
	強い運動	200			10.7	345	14.8	16.0	11.6	6.0	15.6	9.0
	非常に強い運動	200			13.8	402	17.3	16.0	11.6	6.0	21.2	9.0

（National Research Council：Nutrient Requirements of Horses, 2007）

分娩後 6 ヵ月目：

DE(Mcal／日) = 0.0363 × 体重(kg) + (0.0218 × 体重(kg)[※1] × 10 × 50) ÷ 600

※1：泌乳量を示す

繁殖雌馬の栄養状態は受胎率に影響を与える。受胎期にやせている馬は，体重の増加に伴い受胎率は向上する。一般に，やや太り気味の馬のほうが受胎率は良好であるとされている。

表3-3b　1日あたりの養分要求量（成熟時の体重が500kg程度の馬の場合）

		体重(kg)	日増体重(kg/日)	乳生成量(kg/日)	可消化エネルギー(Mcal)	タンパク質(g)	リジン(g)	カルシウム(g)	リン(g)	マグネシウム(g)	カリウム(g)	ビタミンA KIU
維持時	最小の維持	500			15.2	540	23.2	20.0	14.0	7.5	25.0	15.0
	中等度の維持	500			16.7	630	27.1	20.0	14.0	7.5	25.0	15.0
	最大の維持	500			18.2	720	31.0	20.0	14.0	7.5	25.0	15.0
繁殖雌馬	妊娠4ヵ月目以前	500			16.7	630	27.1	20.0	14.0	7.5	25.0	30.0
妊娠期	妊娠5ヵ月目	504	0.14		17.1	685	29.5	20.0	14.0	7.5	25.0	30.0
	妊娠6ヵ月目	508	0.18		17.4	704	30.3	20.0	14.0	7.5	25.0	30.0
	妊娠7ヵ月目	515	0.24		17.9	729	31.3	28.0	20.0	7.6	25.0	30.0
	妊娠8ヵ月目	523	0.32		18.5	759	32.7	28.0	20.0	7.6	25.0	30.0
	妊娠9ヵ月目	534	0.41		19.2	797	34.3	36.0	26.3	7.7	25.9	30.0
	妊娠10ヵ月目	548	0.52		20.2	841	36.2	36.0	26.3	7.7	25.9	30.0
	妊娠11ヵ月目	566	0.65		21.4	893	38.4	36.0	26.3	7.7	25.9	30.0
泌乳期	分娩1ヵ月目	500		16.30	31.7	1,535	84.8	59.1	38.3	11.2	47.8	30.0
	分娩2ヵ月目	500		16.20	31.7	1,530	84.4	58.9	38.1	11.1	47.7	30.0
	分娩3ヵ月目	500		14.95	30.6	1,468	80.3	55.9	36.0	10.9	45.9	30.0
	分娩4ヵ月目	500		13.55	29.4	1,398	75.7	41.7	26.2	10.5	35.8	30.0
	分娩5ヵ月目	500		12.20	28.3	1,330	71.2	39.5	24.7	10.2	34.8	30.0
	分娩6ヵ月目	500		10.90	27.2	1,265	66.9	37.4	23.2	8.7	33.7	30.0
繁殖種雄馬	非種付け期	500			18.2	720	31.0	20.0	14.0	7.5	25.0	15.0
	種付け期	500			21.8	789	33.9	30.0	18.0	9.5	28.5	22.5
育成若馬	4ヵ月齢	168	0.84		13.3	669	28.8	39.1	21.7	3.6	10.9	7.6
	6ヵ月齢	216	0.72		15.5	676	29.1	38.6	21.5	4.1	13.0	9.7
	12ヵ月齢	321	0.45		18.8	846	36.4	37.7	20.9	5.4	17.4	14.5
	18ヵ月齢	387	0.29		19.2	799	34.4	37.0	20.6	6.2	20.2	17.4
	18ヵ月齢(軽度の運動)	387	0.29		22.1	853	36.7	37.0	20.6	11.6	22.9	17.4
	18ヵ月齢(中等度の運動)	387	0.29		25.0	906	39.0	37.0	20.6	11.6	25.7	17.4
	24ヵ月齢	429	0.18		18.7	770	33.1	36.7	20.4	6.7	22.0	19.3
	24ヵ月齢(軽度の運動)	429	0.18		21.8	829	35.7	36.7	20.4	12.9	25.0	19.3
	24ヵ月齢(中等度の運動)	429	0.18		24.8	888	38.2	36.7	20.4	12.9	28.0	19.3
	24ヵ月齢(強い運動)	429	0.18		27.9	969	41.7	36.7	20.4	12.9	34.0	19.3
	24ヵ月齢(非常に強い運動)	429	0.18		32.5	1,091	46.9	36.7	20.4	12.9	46.0	19.3
運動期	軽い運動	500			20.0	699	30.1	30.0	18.0	9.5	28.5	22.5
	中等度の運動	500			23.3	768	33.0	35.0	21.0	11.5	32.0	22.5
	強い運動	500			26.6	862	37.1	40.0	29.0	15.0	39.0	22.5
	非常に強い運動	500			34.5	1,004	43.2	40.0	29.0	15.0	53.0	22.5

(National Research Council：Nutrient Requirements of Horses, 2007)

第3章　飼養管理

表3-3c　1日あたりの養分要求量（成熟時の体重が900kg程度の馬の場合）

		体重 (kg)	日増体重 (kg/日)	乳生成量 (kg/日)	可消化エネルギー (Mcal)	タンパク質 (g)	リジン (g)	カルシウム (g)	リン (g)	マグネシウム (g)	カリウム (g)	ビタミンA KIU
維持時	最小の維持	900			27.3	972	41.8	36.0	25.2	13.5	45.0	27.0
	中等度の維持	900			30.0	1,134	48.8	36.0	25.2	13.5	45.0	27.0
	最大の維持	900			32.7	1,296	55.7	36.0	25.2	13.5	45.0	27.0
繁殖雌馬	妊娠4ヵ月目以前	900			30.0	1,134	48.8	36.0	25.2	13.5	45.0	54.0
妊娠期	妊娠5ヵ月目	906	0.24		30.8	1,233	53.0	36.0	25.2	13.5	45.0	54.0
	妊娠6ヵ月目	915	0.33		31.4	1,267	54.5	36.0	25.2	13.5	45.0	54.0
	妊娠7ヵ月目	927	0.44		32.2	1,311	56.4	50.4	36.0	13.7	45.0	54.0
	妊娠8ヵ月目	942	0.57		33.3	1,367	58.8	50.4	36.0	13.7	45.0	54.0
	妊娠9ヵ月目	962	0.74		34.6	1,434	61.7	64.8	47.3	13.8	46.5	54.0
	妊娠10ヵ月目	987	0.94		36.4	1,514	65.1	64.8	47.3	13.8	46.5	54.0
	妊娠11ヵ月目	1,019	1.17		38.5	1,607	69.1	64.8	47.3	13.8	46.5	54.0
泌乳期	分娩1ヵ月目	900		29.34	54.4	2,763	152.6	106.4	68.9	20.1	86.1	54.0
	分娩2ヵ月目	900		29.16	54.3	2,754	152.0	106.0	68.6	20.1	85.8	54.0
	分娩3ヵ月目	900		26.91	52.4	2,642	144.5	100.6	64.9	19.6	82.7	54.0
	分娩4ヵ月目	900		24.39	50.3	2,516	136.2	75.0	47.1	19.0	64.5	54.0
	分娩5ヵ月目	900		21.96	48.3	2,394	128.2	71.1	44.4	18.4	62.6	54.0
	分娩6ヵ月目	900		19.62	46.3	2,277	120.5	67.4	41.8	15.7	60.7	54.0
繁殖種雄馬	非種付け期	900			32.7	1,296	55.7	36.0	25.2	13.5	45.0	27.0
	種付け期	900			39.2	1,421	61.1	54.0	32.4	17.1	51.3	40.5
育成若馬	4ヵ月齢	303	1.52		23.9	1,204	51.8	70.3	39.1	6.4	19.7	13.6
	6ヵ月齢	389	1.30		28.0	1,217	52.3	69.5	38.7	7.5	23.3	17.5
	12ヵ月齢	578	0.82		33.8	1,522	65.5	67.8	37.7	9.7	31.4	26.0
	18ヵ月齢	697	0.51		34.6	1,438	61.8	66.7	37.1	11.1	36.4	31.4
	18ヵ月齢(軽度の運動)	697	0.51		39.8	1,535	66.0	66.7	37.1	20.9	41.3	31.4
	18ヵ月齢(中等度の運動)	697	0.51		45.0	1,631	70.1	66.7	37.1	20.9	46.2	31.4
	24ヵ月齢	773	0.32		33.7	1,386	59.6	66.0	36.7	12.0	39.6	34.8
	24ヵ月齢(軽度の運動)	773	0.32		39.2	1,492	64.2	66.0	36.7	23.2	45.0	34.8
	24ヵ月齢(中等度の運動)	773	0.32		44.7	1,599	68.7	66.0	36.7	23.2	50.4	34.8
	24ヵ月齢(強い運動)	773	0.32		50.2	1,744	75.0	66.0	36.7	23.2	61.2	34.8
	24ヵ月齢(非常に強い運動)	773	0.32		58.4	1,964	84.5	66.0	36.7	23.2	82.9	34.8
運動期	軽い運動	900			36.0	1,259	54.1	54.0	32.4	17.1	51.3	40.5
	中等度の運動	900			42.0	1,382	59.4	63.0	37.8	20.7	57.6	40.5
	強い運動	900			48.0	1,551	66.7	72.0	52.2	27.0	70.2	40.5
	非常に強い運動	900			62.1	1,808	77.7	72.0	52.2	27.0	95.4	40.5

(National Research Council：Nutrient Requirements of Horses, 2007)

表3-4に示すボディコンディションスコアによる評価方法では，繁殖期を通して6点程度（最低でも5点）で維持するのがよいとされている。ボディコンディションスコアを上昇させるには，エネルギー要求量を10～15%上回る飼料を給与するとよい。泌乳期における飼料と乳成分に関する情報は少ないが，飼料中の乾草と穀類の比率は乳成分には影響を与えないとされている。乳生産量は泌乳前期（1～12週）では体重の3%，泌乳後期（13～24週）では2%程度である。なお，ポニーではそれぞれ4%と3%である。

表3-4 ボディコンディションスコア（JRA原図）

スコア	馬の状態
1. 削痩	・極度にやせており，脊椎（腰椎，胸椎）の突起や肋骨，股関節結節，座骨結節は顕著に突出している。 ・き甲，肩，頚の骨構造が容易に認められ，脂肪組織はどの部分にも触知できない。
2. 非常にやせている	・やせており，脊椎（腰椎，胸椎）の突起や肋骨，股関節結節，座骨結節などが突出している。 ・き甲，肩，頚の骨構造がわずかに認められる。
3. やせている	・肋骨をわずかな脂肪が覆う。 ・脊椎の突起や肋骨は容易に識別できる。 ・尾根は突出しているが，個々の椎骨は識別できない。 ・股関節結節は丸味を帯びるが容易に見分けられる。 ・座骨結節は見分けられない。 ・き甲，肩，頚の区分が明確である。

(表3-4の続き)

スコア	馬の状態
4. 少しやせている  	・背に沿って脊椎の突起が触知できる。 ・肋骨がかすかに識別できる。 ・尾根の周囲には脂肪が触知できる。 ・股関節結節は見分けられない。
5. 普通  	・背中央は平らで，肋骨は見分けられないが，触れると簡単にわかる。 ・尾根周囲の脂肪はスポンジ状。 ・き甲周囲は丸みを帯びるようにみえる。 ・肩は滑らかに馬体へ移行する。
6. 少し肉付がよい  	・背中央にわずかな凹みがある。 ・肋骨の上の脂肪はスポンジ状。 ・尾根周囲の脂肪は柔軟。 ・き甲の両側，肩周辺や頚筋に脂肪が蓄積しはじめる。

(表3-4の続き)

スコア	馬の状態
7. 肉付がよい  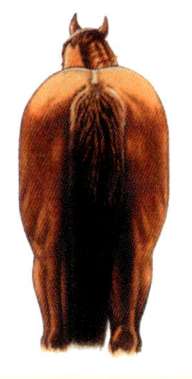	・背中央は凹む。 ・個々の肋骨は触知できるが、肋間は脂肪で占められている。 ・尾根周囲の脂肪は柔軟。 ・き甲周囲、肩後方部や頚筋に脂肪が蓄積する。
8. 肥満  	・背中央は凹む。 ・肋骨の触知は困難。 ・尾根周囲の脂肪は柔軟。 ・き甲周辺は脂肪で充満。 ・肩後方は脂肪が蓄積し平坦。
9. 極度の肥満	・背中央は明瞭に凹む。 ・肋周辺を脂肪が覆う。 ・尾根周辺、き甲、肩後方および頚筋は脂肪で膨らむ。 ・ひばらは隆起し平坦。

❸発育に要する量

エネルギー摂取量は発育に大きく影響を及ぼす。しかし、急速な発育は化骨過程にある肢骨の関節に必要以上の圧迫、負担を与え、発育時期の馬に認められる骨疾患の発症要因となる。したがって、若馬へのエネルギーの過剰な給与は避けなければならない。とくに、易消化性炭水化物の過剰な摂取は、軟骨の成長と密接に関与するサイロキシン、インスリン、トリヨードサイロニンの分泌の恒常性に影響を与えるため、注意を要する。発育期の馬のエネルギー要求量は以下の式で求められる。

24ヵ月齢までで運動なし：

$DE(Mcal/日) = 56.5 × 月齢^{-0.145} × 体重(kg) ÷ 1,000$
$+ (1.99 + 1.21 × 月齢 - 0.021 × 月齢^2) × 日増体重(kg/日)$[※2]

12ヵ月齢以上で軽めの運動：

$DE(Mcal/日) = 56.5 × 月齢^{-0.145} × 体重(kg) ÷ 1,000 × 1.2 + (1.99 + 1.21 × 月齢 - 0.021 × 月齢^2) × 日増体重(kg/日)$[※2]

12ヵ月齢以上で中等度の運動：

$DE(Mcal/日) = 56.5 × 月齢^{-0.145} × 体重(kg) ÷ 1,000 × 1.4 + (1.99 + 1.21 × 月齢 - 0.021 × 月齢^2) × 日増体重(kg/日)$[※2]

第3章　飼養管理

12ヵ月齢以上で強めの運動：

DE(Mcal／日) = 56.5 × 月齢$^{-0.145}$ × 体重(kg) ÷ 1,000 × 1.6 + (1.99 + 1.21×月齢 − 0.021×月齢^2) × 日増体重(kg／日)[※2]

12ヵ月齢以上で非常に強い運動：

DE(Mcal／日) = 56.5 × 月齢$^{-0.145}$ × 体重(kg) ÷ 1,000 × 1.9 + (1.99 + 1.21×月齢 − 0.021×月齢^2) × 日増体重(kg／日)[※2]

[※2]：日増体重(kg／日) = {6.97121 × (1 − e$^{-0.0772 ×月齢}$)} × 成熟時体重(kg) ÷ (100 × 30.4)
eは自然対数の底（約2.7183）

❹運動に要する量

運動時に要するエネルギー量は，馬の体調，トレーニング進度，騎乗者の技術，疲労度，環境温度などによって変化する。強い運動時のエネルギー要求量についてはいまだ明らかではないが，分速350m以下の速度での1時間の運動におけるエネルギー要求量（体重および騎乗者などの合計重量1kgあたり）は以下の式で算出される。

DE(kcal／kg／時) = (e$^{(3.02 + 0.0065Y)}$ − 13.92) × 0.06 ÷ 0.57

ただし，Yは速度(m／分)

一般には，運動量を軽，中，強い，非常に強いとしたとき，運動時のエネルギー要求量は維持要求量のおおむね1.2，1.4，1.6，2.1倍である（表3-5）。

4．タンパク質

❶タンパク質の役割

タンパク質は筋肉，皮膚，被毛，骨，結合組織，蹄，神経組織，酵素，ホルモンなどの構成要素で，発育，繁殖，泌乳，組織の修復などに欠くことのできない栄養素である。また，炭水化物や脂肪の摂取不足時にはエネルギー源となる。

成馬では馬体の約22%がタンパク質である。タンパク質はアミノ酸からなるが，20種類以上存在するアミノ酸のうち，馬に必須とされるアミノ酸は，リジン，メチオニン，トリプトファン，バリン，ヒスチジン，フェニルアラニン，ロイシン，イソロイシン，スレオニンおよびアルギニンの10種類である。これら以外のアミノ酸（アラニン，シスチン，グリシン，チロシンなど）については，馬では他のアミノ酸や栄養素から消化管内で十分な量を合成することができるため，非必須アミノ酸とされている。

馬における必須アミノ酸の必要量はまだ明らかではないが，正常な発育に必要であるリジンはもっとも重要なアミノ酸の1つとされ，若馬の飼料中の必要量は0.55%である。したがって，タンパク質の欠乏は若馬では発育不良を引き起こし，成馬では食欲不振や飼料摂取量の低下，被毛の粗剛や蹄の悪質化につながる。

タンパク質不足が続くと，体組織の分解によってタンパク質が動員される。タンパク質は他の栄養素のようにそのままの形態で体内に貯蔵されないため，長期間にわたる不足は避けなければならない。

一方，過剰なタンパク質の摂取は，その排泄のため水分の要求量を増加させる。また，血中の尿素濃度を上昇させ腸性中毒症の危険性を高めたり，尿中アンモニア濃度の増加が馬房内の大気中のアンモニア濃度を増加させ，これが呼吸器障害を誘発することもある。さらに，極端に過剰なタンパク質を摂取している馬が運動を行った場合，心拍数，呼吸数，発汗量が増加するとともに体内電解質が流失し，馬体の消耗が早くなる。

❷タンパク質要求量

(1) 維持要求量

飼料中のタンパク質量は通常，粗タンパク質（CP，単位は主にg）で示されるが，消化される分は可消化粗タンパク質（DCP）という。粗タンパク質は飼料中の窒素含量に6.25を乗じた値であり，便宜的に分析できるタンパク質の推定値として用いられる。なお，飼料構成によってCPとDCPの関係は以下のようになる。

イネ科乾草
　DCP(%) = 0.74 CP(%) − 2.5

エンバク乾草と濃厚飼料（1：1）
　DCP(%) = 0.80 CP(%) − 3.3

表3-5　各歩法と速度におけるエネルギー消費量

歩　法	速　度 (m／分)	エネルギー消費量 (kcal／kg*／時)
遅い常歩	59	1.7
速い常歩	95	2.5
遅い速歩	200	6.5
普通の速歩	260	9.5
速い速歩／遅い駈歩	300	13.7
普通の駈歩	350	19.5

*：馬体重と騎乗者や鞍などの重量の合計。

アルファルファ乾草と濃厚飼料（1：1）
　　DCP(%) = 0.95 CP(%) − 4.2

馬が1日に要求する粗タンパク質の量は，体重1kgあたりの可消化粗タンパク質がおよそ0.6g，粗タンパク質が1.3gであり，以下のように示される。

細めの維持：
　　タンパク質（g／日）= 1.08 ×体重(kg)

中程度の維持：
　　タンパク質（g／日）= 1.26 ×体重(kg)

太めの維持：
　　タンパク質（g／日）= 1.44 ×体重(kg)

(2) 繁殖に要する量

泌乳していない，あるいは妊娠初期の繁殖雌馬の粗タンパク質の要求量は，維持に要する量と同等である。妊娠後期（分娩前6ヵ月；妊娠期間がおおよそ11ヵ月で妊娠5ヵ月目にあたる）になると，要求量は増加し，以下のように表される。

●妊娠期；
　妊娠4ヵ月まで：
　　タンパク質（g／日）= 1.26 ×成熟時体重(kg)[※3]

　妊娠5ヵ月目以降：
　　タンパク質（g／日）= 1.26 ×成熟時体重(kg)[※3] +（胎子の日増体量(kg／日)[※4] × 1,000 × 2 × 0.2 ÷ 0.79）

[※3]：妊娠前の母馬の体重
[※4]：胎子の日増体量(kg／日) =(0.00000035512 ×（妊娠日齢 {30.4 ×妊娠月齢(月)}）$^{2.5512}$) × 0.01 ×出生体重 {0.097 ×成熟時体重[※3]} + 0.00009 ×成熟時体重[※3]

泌乳期における粗タンパク質の要求量は，乳へのタンパク質移行のため，さらに高くなり，馬のライフステージのなかでは最高となる。とくに，分娩直後の乳に含まれるタンパク質の濃度は高く，このことが泌乳前期の粗タンパク質の要求量を高めている。泌乳期の粗タンパク質の要求量は，分娩後1ヵ月間で体重1kgあたり3.07g，分娩後6ヵ月の離乳時期で体重1kgあたり2.53gである。なお，飼料中のタンパク質含量は，乳の成分には影響を与えないが，産乳量には影響を与えるとされている。

(3) 発育に要する量

エネルギーとともにタンパク質は，発育に大きな影響を及ぼす栄養素である。したがって，発育量の多い若い時期ほど，単位体重あたりの粗タンパク質要求量は高い。発育期の粗タンパク質要求量は以下のように示される。

●発育期（運動なし）；
　0から6.4ヵ月齢まで：
　　タンパク質（g／日）= 1.44 ×体重(kg) +（日増体重(kg／日) × 1,000 × 0.2）÷ 0.50 ÷ 0.79

　6.5から8.4ヵ月齢まで：
　　タンパク質（g／日）= 1.44 ×体重(kg) +（日増体重(kg／日) × 1,000 × 0.2）÷ 0.45 ÷ 0.79

　8.5から10.4ヵ月齢まで：
　　タンパク質（g／日）= 1.44 ×体重(kg) +（日増体重(kg／日) × 1,000 × 0.2）÷ 0.40 ÷ 0.79

　10.5から11.4ヵ月齢まで：
　　タンパク質（g／日）= 1.44 ×体重(kg) +（日増体重(kg／日) × 1,000 × 0.2）÷ 0.35 ÷ 0.79

　11.5ヵ月齢以上：
　　タンパク質（g／日）= 1.44 ×体重(kg) +（日増体重(kg／日) × 1,000 × 0.2）÷ 0.30 ÷ 0.79

●12ヵ月齢以上での運動期；
　軽めの運動：
　　タンパク質（g／日）= 1.44 ×体重(kg) +（日増体重(kg／日) × 1,000 × 0.2）÷ 0.30 ÷ 0.79 +（発汗量(kg)[※5] × 7.8 × 2 ÷ 0.79）+ 0.089 ×体重(kg)

[※5]：発汗量(kg／日) = 0.0025 ×体重(kg)

　中等度の運動：
　　タンパク質（g／日）= 1.44 ×体重(kg) +（日増体重(kg／日) × 1,000 × 0.2）÷ 0.30 ÷ 0.79 +（発汗量(kg)[※6] × 7.8 × 2 ÷ 0.79）+ 0.177 ×体重(kg)

[※6]：発汗量(kg／日) = 0.005 ×体重(kg)

　強めの運動：
　　タンパク質（g／日）= 1.44 ×体重(kg) +（日増体重(kg／日) × 1,000 × 0.2）÷ 0.30 ÷ 0.79 +（発汗量(kg)[※7] × 7.8 × 2 ÷ 0.79）+ 0.266 ×体重(kg)

※7：発汗量(kg／日) = 0.01 × 体重(kg)

非常に強い運動：
タンパク質(g／日) = 1.44 × 体重(kg) + (日増体重(kg／日) × 1,000 × 0.2) ÷ 0.30 ÷ 0.79 + (発汗量(kg)※8 × 7.8 × 2 ÷ 0.79) + 0.354 × 体重(kg)

※8：発汗量(kg／日) = 0.02 × 体重(kg)

(4) 運動に要する量

タンパク質要求量に及ぼす運動の影響は明らかではないが，運動によって筋肉が増加したり，汗からタンパク質が流失(汗1kgあたり窒素として1～1.5 g)するため，タンパク質要求量は運動によって増加するものと考えられる。しかしながら，運動量が増加すればエネルギーの要求量も増え，その分の飼料給与量も増える。この増えた飼料中には運動によって要求量が増した分に相当するタンパク質も含まれている。したがって，運動量の増加に伴ってタンパク質の補給をあらためて考慮する必要はない。

軽めの運動：
タンパク質(g／日) = 1.26 × 体重(kg) + 0.089 × 体重(kg) + (発汗量(kg)※5 × 7.8 × 2 ÷ 0.79)

※5：発汗量(kg／日) = 0.0025 × 体重(kg)

中等度の運動：
タンパク質(g／日) = 1.26 × 体重(kg) + 0.177 × 体重(kg) + (発汗量(kg)※6 × 7.8 × 2 ÷ 0.79)

※6：発汗量(kg／日) = 0.005 × 体重(kg)

強めの運動：
タンパク質(g／日) = 1.26 × 体重(kg) + 0.266 × 体重(kg) + (発汗量(kg)※7 × 7.8 × 2 ÷ 0.79)

※7：発汗量(kg／日) = 0.01 × 体重(kg)

非常に強い運動：
タンパク質(g／日) = 1.26 × 体重(kg) + 0.354 × 体重(kg) + (発汗量(kg)※8 × 7.8 × 2 ÷ 0.79)

※8：発汗量(kg／日) = 0.02 × 体重(kg)

リジンは必須アミノ酸のうち，発育期の馬にとってもっとも重要なアミノ酸(第一制限アミノ酸；優先順位が一番でその要求量が満たされる必要のあるアミノ酸)であり，その必要量が提示されている唯一のアミノ酸である。

泌乳期以外のリジン要求量はタンパク質の要求量に対して4.3％必要であり，すなわち，リジン(g／日) = 0.043 × タンパク質要求量(g)である。

泌乳期については以下に示す。

●泌乳期；
分娩後1ヵ月目：
リジン(g／日) = 0.043 × 1.44 × 体重(kg) + (0.0326 × 体重(kg)) × 3.3

分娩後2ヵ月目：
リジン(g／日) = 0.043 × 1.44 × 体重(kg) + (0.0324 × 体重(kg)) × 3.3

分娩後3ヵ月目：
リジン(g／日) = 0.043 × 1.44 × 体重(kg) + (0.0299 × 体重(kg)) × 3.3

分娩後4ヵ月目：
リジン(g／日) = 0.043 × 1.44 × 体重(kg) + (0.0271 × 体重(kg)) × 3.3

分娩後5ヵ月目：
リジン(g／日) = 0.043 × 1.44 × 体重(kg) + (0.0244 × 体重(kg)) × 3.3

分娩後6ヵ月目：
リジン(g／日) = 0.043 × 1.44 × 体重(kg) + (0.0218 × 体重(kg)) × 3.3

5．ミネラル

❶ミネラルの役割

ミネラルは，骨の主要な構成成分であるとともに体内の各種酵素，ホルモン，ビタミン，アミノ酸の構成成分でもある。馬は，あらゆる飼料からミネラルを摂取するが，飼料中のミネラル含量は，飼料の品種や生育時期，土壌中のミネラル含量や理化学的性状，収穫時期や収穫時の調整方法などに影響を受ける。

現在，馬に必要なミネラルは，カルシウム，リン，カリウム，ナトリウム，塩素，マグネシウム，イオウ(以上7種を多量元素とよぶ)，コバルト，銅，フッ素，ヨウ素，鉄，マンガン，セレン，亜鉛(以上8種を微量元

素とよぶ)とされているが，他のミネラルについても今後必須性が確認されていくものと思われる。

ミネラルは，良質の牧草や配合飼料により供給されるが，不足するものがある場合にはミネラル添加飼料で補給する必要がある。このとき，ある種のミネラルだけが過剰になることがないようにバランスをとることも重要である(表3-6)。

❷カルシウム

骨中のカルシウムは約35%である。体内のカルシウムの98〜99%は骨に存在し，残りの1〜2%は体液中に含まれ，重要な役割を担っている。すなわち，筋肉や心臓の収縮，正常な血液凝固や神経作用，ある種の酵素活性やホルモン分泌に関与している。体内ではこれらの機能を優先させるために，カルシウム欠乏時には骨からカルシウムが動員され，結果的には骨の異常につながる。

カルシウムの吸収は主に小腸で行われる。吸収率は加齢とともに低下するが，一般に飼料中の吸収率は50〜70%である。また，飼料中のカルシウム，リン，シュウ酸およびフィチン含量もカルシウムの吸収に影響を与え，運動，発育，妊娠および泌乳はカルシウムの要求量を増加させる。

発育時期に馬のカルシウムが不足すると，骨の発育や石灰沈着が不良となり，関節部の腫脹，長骨の弯曲などが起こる。カルシウムの要求量の計算式を以下に示す。

表3-6 馬に必要なミネラルとその働き

ミネラル	働き
カルシウム	・筋肉の収縮や血液凝固 ・神経作用，酵素の活性化，ホルモン調整 ・骨造成
リン	・骨造成 ・エネルギー代謝 ・リン脂質，核酸，リンタンパク質の代謝
カリウム	・筋肉活動(とくに心筋)
ナトリウム	・体液の酸度や浸透圧の調整
塩素	・細胞からの余剰物資の放出 ・脂肪，炭水化物の消化に必要な胆汁の構成成分
マグネシウム	・骨，歯を構成 ・酵素活性
イオウ	・体内各部を構成
コバルト	・ビタミンB_{12}を構成
銅	・ヘモグロビン，軟骨，骨，弾性組織，被毛色素の形成 ・鉄代謝
フッ素	・歯，骨の造成 ・歯の腐敗防止
ヨウ素	・甲状腺ホルモンの合成
鉄	・ヘモグロビンを構成
マンガン	・炭水化物と脂肪の代謝 ・軟骨形成に必要なコンドロイチン硫酸の合成 ・骨造成 ・酵素活性
セレン	・過酸化物の解毒酵素を構成 ・ビタミンEの保護 ・アミノ酸(シスチン，メチオニン)を構成
亜鉛	・酵素やホルモンを構成 ・タンパク質，脂肪，炭水化物の代謝 ・免疫機能に関与 ・皮膚と被毛の維持

維持量：
　カルシウム(g/日) = 0.04 × 体重(kg)

●妊娠期；

妊娠6ヵ月目まで：
　カルシウム(g/日) = 0.04 × 成熟時体重(kg)[※3]

妊娠7から8ヵ月目まで：
　カルシウム(g/日) = 0.056 × 成熟時体重(kg)[※3]

妊娠9から11ヵ月目まで：
　カルシウム(g/日) = 0.072 × 成熟時体重(kg)[※3]

　[※3]：妊娠前の母馬の体重

●泌乳期；

分娩後1ヵ月目まで：
　カルシウム(g/日) = 0.04 × 体重(kg) + (0.0326 × 体重(kg) × 1.2) ÷ 0.5

分娩後2ヵ月目まで：
　カルシウム(g/日) = 0.04 × 体重(kg) + (0.0324 × 体重(kg) × 1.2) ÷ 0.5

分娩後3ヵ月目まで：
　カルシウム(g/日) = 0.04 × 体重(kg) + (0.0299 × 体重(kg) × 1.2) ÷ 0.5

分娩後4ヵ月目まで：
　カルシウム(g/日) = 0.04 × 体重(kg) + (0.0271 × 体重(kg) × 0.8) ÷ 0.5

分娩後5ヵ月目まで：
　カルシウム(g/日) = 0.04 × 体重(kg) + (0.0244 × 体重(kg) × 0.8) ÷ 0.5

分娩後6ヵ月目まで：
　カルシウム(g/日) = 0.04 × 体重(kg) + (0.0218 × 体

重(kg)×0.8)÷0.5

●繁殖種馬；

種付け期：

カルシウム（g／日）＝ 0.06 × 体重(kg)

非種付け期：

カルシウム（g／日）＝ 0.04 × 体重(kg)

●運動期；

軽めの運動：

カルシウム（g／日）＝ 0.06 × 体重(kg)

中程度の運動：

カルシウム（g／日）＝ 0.07 × 体重(kg)

強めの運動：

カルシウム（g／日）＝ 0.08 × 体重(kg)

非常に強い運動：

カルシウム（g／日）＝ 0.08 × 体重(kg)

●発育期；

カルシウム（g／日）＝ 0.072 × 体重(kg) + 32 × 日増体重(kg／日)[※2]

[※2]：日増体重(kg／日) = {6.97121 × e$^{(-0.0772×月齢)}$} × 成熟時体重(kg) ÷ (100 × 30.4)

(例) 体重500 kgの繁殖雌馬，分娩1ヵ月後のカルシウム要求量は，

0.04 × 500(kg) + (0.0326 × 500(kg) × 1.2) ÷ 0.5 ≒ 59(g／日)

となる。

(例) 体重320kgの発育期の馬(10ヵ月齢)のカルシウム要求量は，

日増体重(kg／日) = {6.97121 × e$^{(-0.0772×10ヵ月)}$} × 500(kg) ÷ (100 × 30.4) ≒ 0.53(kg／日)

カルシウム（g／日）＝ 0.072 × 320(kg) + 32 × 0.53(kg／日) ≒ 40.0(g／日)

となる。

❸リン

リンは骨中に14〜17％含まれる。また，エネルギー産生に関与するADP，ATPやリン脂質，核酸，リンタンパク質の構成物質でもある。一般に飼料中のリンの吸収率は30〜55％程度であり，馬の年齢や供給源の種類やリン含量に影響を受ける。妊娠後期から泌乳初期にかけては，リンの要求量がもっとも高くなる時期であり，妊娠後期では維持要求量の約2倍，泌乳初期では2.5倍にも達する。

リン要求量の計算式を以下に示す。

維持量：

リン（g／日）＝ 0.028 × 体重(kg)

●妊娠期；

妊娠6ヵ月目まで：

リン（g／日）＝ 0.028 × 成熟時体重(kg)[※3]

妊娠7から8ヵ月目まで：

リン（g／日）＝ 0.04 × 成熟時体重(kg)[※3]

妊娠9から11ヵ月目まで：

リン（g／日）＝ 0.0525 × 成熟時体重(kg)[※3]

[※3]：妊娠前の母馬の体重

●泌乳期；

分娩後1ヵ月目まで：

リン（g／日）＝ 0.01 ÷ 0.45 × 体重(kg) + (0.0326 × 体重(kg) × 0.75) ÷ 0.45

分娩後2ヵ月目まで：

リン（g／日）＝ 0.01 ÷ 0.45 × 体重(kg) + (0.0324 × 体重(kg) × 0.75) ÷ 0.45

分娩後3ヵ月目まで：

リン（g／日）＝ 0.01 ÷ 0.45 × 体重(kg) + (0.0299 × 体重(kg) × 0.75) ÷ 0.45

分娩後4ヵ月目まで：

リン（g／日）＝ 0.01 ÷ 0.45 × 体重(kg) + (0.0271 × 体重(kg) × 0.75) ÷ 0.45

分娩後5ヵ月目まで：

リン（g／日）＝ 0.01 ÷ 0.45 × 体重(kg) + (0.0244 × 体重(kg) × 0.75) ÷ 0.45

分娩後6ヵ月目まで：

リン（g／日）＝ 0.01 ÷ 0.45 × 体重(kg) +（0.0218 × 体重(kg) × 0.75）÷ 0.45

●繁殖種馬；
　種付け期：
　　リン（g／日）＝ 0.036 × 体重(kg)

　非種付け期：
　　リン（g／日）＝ 0.028 × 体重(kg)

●運動期；
　軽めの運動：
　　リン（g／日）＝ 0.036 × 体重(kg)

　中程度の運動：
　　リン（g／日）＝ 0.042 × 体重(kg)

　強めの運動：
　　リン（g／日）＝ 0.058 × 体重(kg)

　非常に強い運動：
　　リン（g／日）＝ 0.058 × 体重(kg)

●発育期；
　リン（g／日）＝ 0.04 × 体重(kg) + 17.8 × 日増体重(kg／日)[※2]

　[※2] 日増体重(kg／日)＝｛6.97121 × e$^{(-0.0772 × 月齢)}$｝× 成熟時体重(kg) ÷（100 × 30.4）

（例）体重500kgの繁殖雌馬，分娩1ヵ月後のリン要求量は，
　0.01 ÷ 0.45 × 500(kg) +（0.0326 × 500(kg) × 0.75）÷ 0.45 ≒ 38（g／日）
　となる。

（例）体重320 kgの発育期の馬（10ヵ月齢）のリン要求量は，
　日増体重(kg／日)＝｛6.97121 × e$^{(-0.0772 × 10ヵ月)}$｝× 500(kg) ÷（100 × 30.4）≒ 0.53(kg／日)
　リン（g／日）＝ 0.04 × 320(kg) + 17.8 × 0.53(kg／日) ≒ 22.2（g／日）
　となる。

❹カルシウムとリンの比率

飼料中のカルシウム，リン含量については，それぞれ

表3-7　各種カルシウム添加物原料中のカルシウム，リン含量

添加物原料	カルシウム(%)	リン(%)
骨粉（蒸製）	30.7	12.9
第二リン酸カルシウム	23.5	17.8
第三リン酸カルシウム	31.8	18.5
カキ殻	38.1	0.1
炭酸カルシウム	38.7	—

（農林水産省農林水産技術会議事務局編：日本標準飼料成分表，204，1995）

表3-8　飼料中のカルシウムとリンの比率

時期	最少	最大	適正値
哺乳期	1：1	1.5：1	1.2：1
離乳期	1：1	3.0：1	1.5：1
育成期	1：1	3.0：1	1.5〜2.0：1
成熟期	1：1	6.0：1	2.0：1

の要求量を満たすと同時に，両者の比率を適正なものとすることが，丈夫な骨づくりや健康にとって重要である（表3-7）。適正比率は馬の年齢によって異なるが，リンが過剰の場合はカルシウムの利用を阻害するため，カルシウムの量がリンの量を下回ってはならない（表3-8）。

栄養性二次的上皮小体機能亢進症は，極度の低カルシウム高リン飼料の給与によって発症する。成馬における特徴的な症状は，頭骨の鼻両側や下顎骨の肥厚（巨頭症ともよばれる）であり，発育時期の馬では関節の腫脹や骨瘤を発症する。カルシウムが過剰の場合はリンの利用に大きな影響を与えないとされている。

❺カリウム

カリウムが欠乏すると，過度の発汗，食欲不振，下痢，無気力などの症状が現れる。しかし，過剰なカリウム摂取は，十分に水が利用でき，尿の排泄が正常であるならばほとんど問題にはならない。一般に，牧草などの粗飼料中には，馬の要求量を満たすのに十分なカリウムが含まれているため，適正な飼養管理のもとで不足することは少ない。しかし，運動時の発汗に伴って多量のカリウムが流失するため，暑熱時の長時間あるいは数日間にわたる耐久競技などでは補給したほうがよい。補給は塩化カリウムで行うことができる。カリウムの要求量は，以下のとおりである。

●維持期；
　カリウム（g／日）＝ 0.05 × 体重(kg)

●妊娠期；

妊娠1から8ヵ月目まで：

カリウム（g／日）= 0.05 × 成熟時体重(kg)※3

妊娠9から11ヵ月目まで：

カリウム（g／日）= 0.0517 × 成熟時体重(kg)※3

※3：妊娠前の母馬の体重

●泌乳期；

分娩後1ヵ月目まで：

カリウム（g／日）= 0.05 × 体重(kg) + (0.0326 × 体重(kg) × 0.7) ÷ 0.5

分娩後2ヵ月目まで：

カリウム（g／日）= 0.05 × 体重(kg) + (0.0324 × 体重(kg) × 0.7) ÷ 0.5

分娩後3ヵ月目まで：

カリウム（g／日）= 0.05 × 体重(kg) + (0.0299 × 体重(kg) × 0.7) ÷ 0.5

分娩後4ヵ月目まで：

カリウム（g／日）= 0.05 × 体重(kg) + (0.0271 × 体重(kg) × 0.4) ÷ 0.5

分娩後5ヵ月目まで：

カリウム（g／日）= 0.05 × 体重(kg) + (0.0244 × 体重(kg) × 0.4) ÷ 0.5

分娩後6ヵ月目まで：

カリウム（g／日）= 0.05 × 体重(kg) + (0.0218 × 体重(kg) × 0.4) ÷ 0.5

●繁殖種馬；

種付け期：

カリウム（g／日）= 0.05 × 体重(kg) + 1.4 ÷ 0.5 × 発汗量(kg／日)※5

※5：発汗量(kg／日) = 0.0025 × 体重(kg)

非種付け期：

カリウム（g／日）= 0.05 × 体重(kg)

●運動期；

カリウム（g／日）= 0.05 × 体重(kg) + 1.4 ÷ 0.5 × 発汗量(kg／日)※9

※9：発汗量

軽めの運動：
発汗量(kg／日) = 0.0025 × 体重(kg)
中等度の運動：
発汗量(kg／日) = 0.005 × 体重(kg)
強めの運動：
発汗量(kg／日) = 0.01 × 体重(kg)
非常に強い運動：
発汗量(kg／日) = 0.02 × 体重(kg)

●発育期；

運動なし：

カリウム（g／日）= 0.05 × 体重(kg) + (3.0 × 日増体重(kg／日))

12ヵ月齢以上で運動あり：

カリウム（g／日）= 0.05 × 体重(kg) + (3.0 × 日増体重(kg／日)) + 1.4 ÷ 0.5 × 発汗量(kg／日)※9

※9：発汗量

軽めの運動：
発汗量(kg／日) = 0.0025 × 体重(kg)
中等度の運動：
発汗量(kg／日) = 0.005 × 体重(kg)
強めの運動：
発汗量(kg／日) = 0.01 × 体重(kg)
非常に強い運動：
発汗量(kg／日) = 0.02 × 体重(kg)

❻ナトリウム，塩素

　ナトリウムおよび塩素は、体液の浸透圧を調整し、塩基的な平衡を維持するために必要である。運動時には汗とともに相当量の塩が流失するため、欠乏しやすい。また、馬は塩に対する耐性が強く、水が自由に飲める状態にさえあれば過剰給与の心配はない。

　日常の飼養管理において、塩塊(鉱塩)を自由になめられるようにしておくか、飼料に1日あたり30～50g添加することで要求量を満足させることができる。

●維持期；

ナトリウム（g／日）= 0.02 × 体重(kg)
塩素（g／日）= 0.08 × 体重(kg)

●妊娠期；

妊娠1から8ヵ月目まで：

ナトリウム（g／日）= 0.02 × 成熟時体重(kg)※3
塩素（g／日）= 0.08 × 成熟時体重(kg)※3

妊娠9から11ヵ月目まで：
ナトリウム（g／日）= 0.022×成熟時体重(kg)[※3]
塩素（g／日）= 0.081×成熟時体重(kg)[※3]

[※3]：妊娠前の母馬の体重

●泌乳期；

分娩後1ヵ月目まで：
ナトリウム（g／日）= 0.02×体重(kg) + (0.0326×体重(kg)×0.17) ÷ 0.5
塩素（g／日）= 0.091×体重(kg)

分娩後2ヵ月目まで：
ナトリウム（g／日）= 0.02×体重(kg) + (0.0324×体重(kg)×0.17) ÷ 0.5
塩素（g／日）= 0.091×体重(kg)

分娩後3ヵ月目まで：
ナトリウム（g／日）= 0.02×体重(kg) + (0.0299×体重(kg)×0.17) ÷ 0.5
塩素（g／日）= 0.091×体重(kg)

分娩後4ヵ月目まで：
ナトリウム（g／日）= 0.02×体重(kg) + (0.0271×体重(kg)×0.14) ÷ 0.5
塩素（g／日）= 0.091×体重(kg)

分娩後5ヵ月目まで：
ナトリウム（g／日）= 0.02×体重(kg) + (0.0244×体重(kg)×0.14) ÷ 0.5
塩素（g／日）= 0.091×体重(kg)

分娩後6ヵ月目まで：
ナトリウム（g／日）= 0.02×体重(kg) + (0.0218×体重(kg)×0.14) ÷ 0.5
塩素（g／日）= 0.091×体重(kg)

●繁殖種馬；

種付け期：
ナトリウム（g／日）= 0.05×体重(kg) + 1.4 ÷ 0.5×発汗量(kg／日)[※5]
塩素（g／日）= 0.08×体重(kg) + (5.3×発汗量(kg／日)[※5])

[※5]：発汗量(kg／日) = 0.0025×体重(kg)

非種付け期：
ナトリウム（g／日）= 0.05×体重(kg)
塩素（g／日）= 0.08×体重(kg)

●運動期；
ナトリウム（g／日）= 0.02×体重(kg) + (3.1×発汗量(kg／日)[※9]
塩素（g／日）= 0.0825×体重(kg) + (5.3×発汗量(kg／日)[※9]

[※9]：発汗量
軽めの運動
　発汗量(kg／日) = 0.0025×体重(kg)
中等度の運動
　発汗量(kg／日) = 0.005×体重(kg)
強めの運動
　発汗量(kg／日) = 0.01×体重(kg)
非常に強い運動
　発汗量(kg／日) = 0.02×体重(kg)

●発育期；

運動なし：

0から6.4ヵ月齢まで：
ナトリウム（g／日）= 0.02×体重(kg) + (1.0×日増体重(kg／日))
塩素（g／日）= 0.093×体重(kg)

6.5から11.4ヵ月齢まで：
ナトリウム（g／日）= 0.02×体重(kg) + (1.0×日増体重(kg／日))
塩素（g／日）= 0.085×体重(kg)

11.5ヵ月齢以上：
ナトリウム（g／日）= 0.02×体重(kg) + (1.0×日増体重(kg／日))
塩素（g／日）= 0.0825×体重(kg)

12ヵ月齢以上で運動あり：
ナトリウム（g／日）= 0.05×体重(kg) + (3.0×日増体重(kg／日)) + 1.4 ÷ 0.5×発汗量(kg／日)[※9]
塩素（g／日）= 0.0825×体重(kg) + (5.3×発汗量(kg)[※9]

[※9]：発汗量
軽めの運動
　発汗量(kg／日) = 0.0025×体重(kg)
中等度の運動
　発汗量(kg／日) = 0.005×体重(kg)
強めの運動
　発汗量(kg／日) = 0.01×体重(kg)
非常に強い運動
　発汗量(kg／日) = 0.02×体重(kg)

❼マグネシウム

マグネシウムは生体構成要素の0.05％を占め，その60％が骨中に存在する。骨と歯の重要な構成要素であると同時に，体内の多くの酵素の活性化に関与している。骨からのマグネシウム動員能力は，若馬で高い。したがって，若い馬ほど丈夫な骨をつくるために飼料中のマグネシウムが不足しないように注意する必要がある。

その他マグネシウムの欠乏により，神経過敏，筋肉組織の損傷，虚脱，呼吸困難などの症状が現れる。一方，マグネシウムの過剰は報告されていないが，飼料中の許容上限は0.3％と考えられている。マグネシウムの要求量は以下に示すとおりである。

●維持期；
　マグネシウム（g／日）＝ 0.015 × 体重(kg)

●妊娠期；
　妊娠1から6ヵ月目まで：
　　マグネシウム（g／日）＝ 0.015 × 成熟時体重(kg)[※3]

　妊娠7から8ヵ月目まで：
　　マグネシウム（g／日）＝ 0.0152 × 成熟時体重(kg)[※3]

　妊娠9から11ヵ月目まで：
　　マグネシウム（g／日）＝ 0.0153 × 成熟時体重(kg)[※3]

　　[※3]：妊娠前の母馬の体重

●泌乳期；
　分娩後1ヵ月目まで：
　　マグネシウム（g／日）＝ 0.015 × 体重(kg) ＋ (0.0326 × 体重(kg) × 0.09) ÷ 0.4

　分娩後2ヵ月目まで：
　　マグネシウム（g／日）＝ 0.015 × 体重(kg) ＋ (0.0324 × 体重(kg) × 0.09) ÷ 0.4

　分娩後3ヵ月目まで：
　　マグネシウム（g／日）＝ 0.015 × 体重(kg) ＋ (0.0299 × 体重(kg) × 0.09) ÷ 0.4

　分娩後4ヵ月目まで：
　　マグネシウム（g／日）＝ 0.015 × 体重(kg) ＋ (0.0271 × 体重(kg) × 0.09) ÷ 0.4

　分娩後5ヵ月目まで：
　　マグネシウム（g／日）＝ 0.015 × 体重(kg) ＋ (0.0244 × 体重(kg) × 0.09) ÷ 0.4

　分娩後6ヵ月目まで：
　　マグネシウム（g／日）＝ 0.015 × 体重(kg) ＋ (0.0218 × 体重(kg) × 0.45) ÷ 0.4

●繁殖種馬；
　種付け期：
　　マグネシウム（g／日）＝ 0.019 × 体重(kg)

　非種付け期：
　　マグネシウム（g／日）＝ 0.015 × 体重(kg)

●運動期；
　軽めの運動：
　　マグネシウム（g／日）＝ 0.019 × 体重(kg)

　中程度の運動：
　　マグネシウム（g／日）＝ 0.023 × 体重(kg)

　強めの運動：
　　マグネシウム（g／日）＝ 0.03 × 体重(kg)

　非常に強い運動：
　　マグネシウム（g／日）＝ 0.03 × 体重(kg)

●発育期；
　運動なし：
　　マグネシウム（g／日）＝ 0.015 × 体重(kg) ＋ 1.25 × 日増体重(kg／日)[※2]

　　[※2]：日増体量(kg／日) ＝ {6.97121 × e$^{(-0.0772 × 月齢)}$} × 成熟時体重(kg) ÷ (100 × 30.4)

　運動あり：
　　マグネシウム（g／日）＝ 0.03 × 体重(kg)

（例）体重500 kgの繁殖雌馬，分娩1ヵ月後のマグネシウム要求量は，
　　0.015 × 500 ＋ (0.0326 × 500 × 0.09) ÷ 0.4 ＝ 10.9（g／日）

（例）体重320 kgの発育期の1歳馬(10ヵ月齢)のマグネシウム要求量は，
　　日増体重(kg／日) ＝ {6.97121 × e$^{(-0.0772 × 10ヵ月)}$} ×

500(kg)÷(100×30.4)≒0.53(kg／日)

マグネシウム（g／日）＝ 0.015 × 320(kg) + 1.25 × 0.53(kg／日) ≒ 5.5(g／日)

となる。

❽イオウ

無機のイオウはあまり利用できず，含硫アミノ酸（メチオニン，シスチン，システインなど）の形で供給される。イオウはこれら含硫アミノ酸の他，ビオチンやチアミン（ビタミンB群），インスリン，コンドロイチン硫酸（軟骨構成要素）に含まれ，それらの総量は体重の0.15％に達する。部位では蹄や被毛に多く分布する。馬の要求量は明らかではないが，少なくとも飼料中に0.15％が必要とされる。通常，適正な飼料が給与されている場合には欠乏したり，あるいは過剰となることはない。

❾微量元素

コバルトはビタミンB_{12}の構成要素であり，盲結腸内のバクテリアによって飼料中のコバルトからビタミンB_{12}が合成される。飼料中0.1 ppm（飼料1 kg中0.1 mg）のコバルトが必要とされている。

銅はヘモグロビン，軟骨，骨，エラスチン（弾性組織を構成するタンパク質），被毛色素の合成過程あるいはその他の鉄の利用に不可欠なミネラルである。発育時期の馬で銅が欠乏すると，骨軟骨症（オステオコンドローシス）などの骨疾患を発症することがある。銅の要求量は，飼料中10 ppmであるが，発育時期の馬では30 ppm程度必要である。

フッ素は，骨や歯の造成に必要である。フッ素を過剰に摂取すると歯の変色や骨異常，跛行となって現れる。馬は比較的フッ素の過剰に耐えられる動物であるが，フッ化物で汚染された土壌で放牧したり，そのような水を飲んだりした場合には異常が発生する危険性が高まる。フッ素の要求量は明らかではないが，飼料中0.1 ppm程度とされている。

ヨウ素は，サイロキシンやトリヨードサイロニンなどの甲状腺ホルモンの構成要素である。欠乏および過剰ともに甲状腺腫を伴う。海草由来の飼料には，ヨウ素が過剰に含まれているので，過剰給与に注意する必要がある。ヨウ素の要求量は，飼料中0.1 ppmである。

鉄は，成馬の体内におよそ30 g存在し，その半分以上が赤血球中のヘモグロビンを形成している。鉄欠乏は貧血の原因となるが，鉄に敏感とされる哺乳期の馬においても鉄欠乏が深刻な問題となることは少ない。また馬では，鉄の補給が酸素運搬能を増加させることも確かめられていない。鉄の要求量は，成馬（運動時を含む）で飼料中40 ppm，発育時期および妊娠，泌乳期の馬で50 ppmである。

マンガンは，炭水化物や脂肪の代謝に関与し，また軟骨を形成するコンドロイチン硫酸の合成や骨形成に必須である。また発育，繁殖に重要な多くの酵素形成にも関与している。体内では，肝臓に多く貯蔵されているが，皮膚，筋肉，骨にも分布している。カルシウムが過剰な場合にはマンガンの吸収が阻害される。妊娠時にマンガンが欠乏すると骨異常の子馬を分娩することがある。過剰症の報告はない。マンガンの要求量は飼料中40 ppmである。

セレンは，抗酸化酵素グルタチオンペルオキシダーゼの構成要素である。子馬にみられる重度のセレン欠乏は，筋肉変性（白筋症）を起こし，硬直，跛行，筋痛を伴い死に至ることが多い。分娩前の母馬および生後すぐの子馬に，セレンとビタミンEを投与することにより予防することができる。海外では，土壌に過剰のセレンが集積している場所でセレン中毒が発生しているが，わが国ではそのような危険性はない。セレンの要求量は，飼料中0.1 ppmである。

亜鉛は，体内の多くの酵素やホルモンの構成要素であり，タンパク質，脂肪，炭水化物の代謝にかかわっている。また，皮膚や被毛の健全化にも重要な役割をはたしている。亜鉛の欠乏により，蹄や被毛，皮膚の損傷が起こり，発育時期の馬では骨疾患の発症が認められている。馬は亜鉛の過剰にもよく耐えるが，亜鉛汚染による過剰摂取が二次的に銅の欠乏を引き起こすこともある。亜鉛の要求量は，飼料中40 ppmである（表3-9）。

6．ビタミン

馬が必要とするビタミンは，ビタミンA，D，E，K（以上脂溶性ビタミン），ビタミンB群（チアミン（B_1），リボフラビン（B_2），ナイアシン，パントテン酸，ピリドキシン（B_6），コリン，ビオチン，葉酸，コバラミン（B_{12}））およびビタミンC（以上水溶性ビタミン）である。いずれも馬の健康維持のために重要であるが，要求量などが不明なビタミンも多い（表3-10，表3-11）。

❶ビタミンA

飼料中にはカロテンとして含まれ，体内でビタミンAに変化し，肝臓や脂肪組織に貯蔵される。生草に多く含

第3章　飼養管理

表3-9　馬のミネラル要求量

ミネラル		成馬維持量	妊娠・泌乳中の馬	発育中の馬	運動中の馬	許容限界
ナトリウム	(％)	0.10	0.10	0.10	0.30	3*
イオウ	(％)	0.15	0.15	0.15	0.15	1.25
鉄	(mg/kg)	40	50	50	40	1,000
マンガン	(mg/kg)	40	40	40	40	1,000
銅	(mg/kg)	10	10	10	10	800
亜鉛	(mg/kg)	40	40	40	40	500
セレン	(mg/kg)	0.1	0.1	0.1	0.1	2.0
ヨウ素	(mg/kg)	0.1	0.1	0.1	0.1	5.0
コバルト	(mg/kg)	0.1	0.1	0.1	0.1	10

値はいずれも飼料中濃度
*：食塩(塩化ナトリウム)として
(National Research Council：Nutrient Requirements of Horses, 1989)

表3-10　ビタミン要求量

ビタミン	成馬(維持量)	妊娠・泌乳時	発育時	運動時
ビタミンA (体重1kgあたりIU*)	30	60	45	45
ビタミンD (飼料乾物1kgあたりIU*)	300	600	800	300
ビタミンE (飼料乾物1kgあたりIU*)	50～80	80～100	80～100	80～100
ビタミンB_1 (飼料乾物1kgあたりmg)	3	3	3	5
ビタミンB_2 (飼料乾物1kgあたりmg)	2	2	2	2

ビタミンK，ナイアシン，パントテン酸，ピリドキシン(B_6)，コリン，葉酸，コバラミン(B_{12})，ビタミンCの要求量については明らかにされていない。
*：国際単位

表3-11　ビタミンとその働き

	ビタミン	働き
脂溶性ビタミン	ビタミンA	・上皮組織，眼の正常機能維持 ・骨発育に関与
	ビタミンD	・カルシウムとリンの正常な吸収，代謝の調整
	ビタミンE	・細胞レベルでの抗酸化作用
	ビタミンK	・正常な血液凝固に関与
水溶性ビタミン	ビタミンB_1 (チアミン)	・炭水化物の代謝に関与 ・神経組織機能を調整 ・疲労回復
	ビタミンB_2 (リボフラビン)	・エネルギー代謝に関与 ・神経組織機能を調整
	ナイアシン(ニコチン酸)	・呼吸，代謝に関与
	パントテン酸	・タンパク質，炭水化物，脂肪の代謝に関与
	ビタミンB_6 (ピリドキシン)	・タンパク質，炭水化物，脂肪の代謝に関与
	コリン	・脂肪の代謝に関与 ・神経伝達に関与
	ビオチン	・タンパク質，炭水化物，脂肪の代謝に関与
	葉酸	・赤血球造成に関与
	ビタミンB_{12} (コバラミン)	・赤血球造成に関与 ・タンパク質，炭水化物，脂肪の代謝に関与
	ビタミンC (アスコルビン酸)	・コラーゲン，リジン，プロリンの形成に関与 ・ストレス軽減

まれるが，不安定なため，乾草として調整する間や貯蔵中に相当量損失する。一般には，緑色度の濃いものほどカロテン含量は高い。欠乏すると夜盲症や涙腺炎，発育停滞，下痢，呼吸器疾患などを発病し，過剰な場合には骨の発育異常や被毛の粗剛化を引き起こす。妊娠，泌乳期には要求量は高くなる。なお，βカロテン1mgはビタミンA 400 IUに相当する。

❷ビタミンD

カルシウムとリンの吸収，運搬，排泄に関与し，骨造成に欠くことのできないビタミンである。D_2(植物体内に存在)およびD_3(紫外線によって動物体内で合成)の形態があり，ともに利用できる。これらは肝臓へ移行した後，腎臓で活性化される。

欠乏症としては発育停滞，骨の脆弱化などがあるが，馬ではまれである。過剰症は，カルシウム代謝異常の結果，腎臓，心臓など軟組織への石灰沈着，機能障害となって現れる。要求量は発育時期の馬で高いが，天日乾燥された乾草を摂取し，放牧など日光浴の機会があれば不足することはない。むしろ，添加物などによる過剰摂取に注意する必要がある。

表3-12　各種飼料中のビタミン含量(mg/kg)

飼料	カロテン	リボフラビン	チアミン	ビタミンE
エンバク[*1]	—	1.5	6.5	16
トウモロコシ[*1]	—	1.3	2.0	25
大麦[*1]	—	1.6	4.5	15
大豆粕[*1]	—	3.0	5.6	3
アマニ粕[*1]	—	2.7	8.0	15
フスマ[*2]	—	3.5	12.1	21
ビール粕[*2]	—	1.6	0.8	27
ビール酵母[*2]	—	37.6	98.6	0
アルファルファ乾草				
早期刈り[*1]	80	13	3.5	120
中期刈り[*1]	30	10	3.0	80
後期刈り[*1]	20	9	2.0	60
チモシー乾草				
出穂期[*2]	2.0	10.5	1.6	63
早期刈り[*1]	30	15	3.0	60
中期刈り[*1]	15	11	1.5	55
後期刈り[*1]	12	7	1.0	30

＊1：乾物90％の飼料として(Hintz HF：Horse Nutrition, 68, 1983)
＊2：乾物として(農林水産省農林水産技術会議事務局編：日本標準飼料成分表, 234, 1995)

❸ビタミンE

トコフェロール(α-トコフェロールの効力がもっとも強い)ともよばれ，発育，筋肉機能，酸素運搬，赤血球の安定化に必須である。各種の飼料に含まれているが，運動あるいは妊娠，泌乳時には要求量が高まり，飼料中のビタミンE含量との差は大きくなる。セレンとともに子馬における筋肉疾患との関与が指摘されている。馬での過剰症の報告はない。

❹ビタミンK

K_1(生草や乾草に多く含まれる)，K_2(盲結腸内バクテリアによって合成される)およびK_3(合成ビタミンであるが，肝臓で容易に活性化される)が存在する。正常な血液凝固に関与し，過度の出血を防ぐ働きをする。要求量は明らかではないが，粗飼料を十分に給与している場合には欠乏することはないと考えられる。なお，クローバー乾草などに発生するカビは，ビタミンK阻害物質を含むものがあり，外傷時や外科手術の際などには注意が必要である。

❺ビタミンB群

B群に含まれる多くのビタミンは補酵素として機能し，炭水化物，タンパク質，脂肪の代謝に関与する。これらはすべて馬の盲結腸内でバクテリアによって合成されるとともに，各種飼料中にも含まれているため，通常の飼養管理下において不足することはないと考えられる。しかし，ある種のシダ類にはチアミン(B_1)を分解する物質が含まれているため，それを採食している場合には，チアミン欠乏を起こす。過激な運動時には一時的にエネルギー産生機能が高まるため，チアミン，リボフラビンなどの要求量が上昇する可能性がある。また，ビオチンは蹄質の保護，改善に効果がある。いずれのビタミンも水溶性のため，体内に蓄積されることはなく，過剰症の心配はない。

❻ビタミンC

アスコルビン酸ともよばれ，軟骨構成成分であるコラーゲンやアミノ酸のリジン，プロリンの形成に不可欠なビタミンである。肝臓において十分な量のビタミンCが合成されているが，発汗量の多いときや輸送，疾病，妊娠などによるストレスが多くかかるときには，ビタミンCの補給が効果的であるという報告もある。過剰なビタミンCは尿中に排泄され，馬での過剰症の報告はない(表3-12)。

IV 飼料

馬の主たる飼料は，粗飼料(野草，牧草，青刈作物など繊維含量の高い飼料)と濃厚飼料(穀類，ヌカ類，油粕類，製造副産物など容積が小さく繊維含量が低い飼料)の他，ミネラルやビタミンの添加飼料および果実，糖蜜などの嗜好性向上を目的とした飼料などである(図3-1)。

1. 粗飼料

生草(青草)，乾草，青刈作物，サイレージ(水分を低く調整したヘイレージを含む)などが馬の粗飼料として利用可能である。

❶野草

野草は，わが国の土壌の特色である火山灰質土壌にもよく生育する。生産力，再生力に乏しいが，ササ，スズメノヒエなどは馬用の粗飼料として利用できる。一般に，栄養価は牧草に比べて劣るが，ミネラルなどはイネ科牧草と同程度のものもある。

しかし，ギシギシやヒエなどのシュウ酸を多量に含有する植物を多量給与すると，カルシウムの吸収が阻害されるので，注意が必要である。

❷牧草

イネ科牧草にはチモシー，オーチャードグラス，イタリアンライグラス，ペレニアルライグラス，ケンタッキーブルーグラス，メドウフェスク，トールフェスクなどの寒地型牧草とバーミューダグラス，バヒアグラス，ローズグラスなどの暖地型牧草がある。またマメ科牧草には，アルファルファ(ルーサン)，赤クローバー，白クローバー，バーズフットトレフォイルなどがある。

これらは，収穫し乾草として利用するのに適した牧草(チモシー，イタリアンライグラス，アルファルファなど)と，踏圧に強い短草型の放牧地に適した牧草(ケンタッキーブルーグラス，白クローバー，バヒアグラスなど)に分けられる。

牧草には良質なタンパク質，ミネラル，ビタミンが豊富に含まれており，それらの栄養素の経済的な供給源である。マメ科牧草は，イネ科牧草に比べ，タンパク質やカルシウムなどのミネラル含量が高い。

しかし，牧草の栄養価は，草地の管理方法や土壌条件，乾草としての収穫時期や乾燥調整条件などによって，同じ草種であっても大きく異なる。

一般には，収穫時期が早く(イネ科牧草では出穂期頃)，茎や穂に比べ葉の割合が高いもので，かつ短時間に乾燥された緑色の濃い牧草は栄養価が高く，嗜好性もよい。また反対に，葉が落ちたものや水分が高く発酵臭がしたり，土砂などの不純物が混入した牧草は不良である。乾草の収穫時期が遅れるほど，繊維含量が高くなり可消化養分量も劣る。また，一番刈り牧草(その年の最初に収穫する牧草)に比べ二番刈り牧草(一番刈り牧草収穫後に再生し，収穫する牧草)のほうが栄養価は高く，柔らかく，かつ消化率も良好とされる。

❸青刈作物

穀実のできる作物を結実前に刈り取り，その茎葉を生のまま，あるいは乾草またはサイレージとして利用する作物をいう。エンバク，トウモロコシ，大麦，大豆などがあり，粗飼料として利用することができる。

❹サイレージ，ヘイレージ

牧草を収穫後にある程度の水分を保持させたままサイロなどで嫌気発酵した粗飼料をサイレージとよぶ。さらに，そのなかでも水分含量を40％程度に調整したものをとくにヘイレージとよぶ。馬に通常給与されるサイレージは，低水分(50〜30％程度)のものでヘイレージに分類される。乾草収穫を目的として刈り取られた牧草の調整時に，雨天などにより乾燥が十分なされなかった場合，ロール状態のままフィルムでラッピングし，そのまま貯蔵するものが一般的である。貯蔵中の嫌気発酵により良

通常の丸粒エンバク　Naked Oats(ハダカエンバク)	
通常のエンバクとハダカエンバク	圧ぺん大麦
フスマ	スイートフィード
チモシー	チモシー乾草
アルファルファ	アルファルファ乾草

図3-1　馬に用いられる主な飼料(次頁に続く)(JRA原図)

第3章 飼養管理

アマニ

圧ぺんトウモロコシ

大豆粕

ビートパルプ

イタリアンライグラス

オーチャードグラス

ペレニアルライグラス

ケンタッキーブルーグラス

（図3-1の続き）

質なヘイレージができあがるが，ラッピングが十分でなかったり，貯蔵中にフィルム破損によって内部が空気に触れたりするとカビが発生しやすくなり，質の低下が起こるので注意が必要である。

2．濃厚飼料

穀類は，穀実のまま（丸粒）与える他，圧ぺん，ひきわりなどの加工を施すことがある。

❶エンバク

エンバクは馬の飼料としてもっとも多く利用されている穀類である。栄養価が高く，他の穀類に比べ繊維含量（10～12％）が高いため，競走馬が多量に摂取しても比較的安全であり，また，嗜好性も良好である。一般に，わが国で生産されるエンバクに比べ，現在流通しているオーストラリア，アメリカ，カナダなどの外国産エンバクのほうが可消化エネルギー含量が高い。良質のエンバクは，粒がそろい，実が充実している。新しい品種である殻のないエンバク（通称ハダカエンバク）が流通しており，そのエネルギー価は通常の丸粒エンバクに比べて高く，少量で多くのエネルギーを供給することができる。

❷トウモロコシ，大麦

トウモロコシは，馬に与えられる穀類のなかでもっとも可消化エネルギー含量の高い飼料である。密度が高く，等しい容積でエンバクと比較した場合，そのエネルギー価はエンバクの約2倍であり，また，ビタミンAも豊富に含まれている。しかし，繊維含量が低いため（約2％），多量に摂取させると胃を膨張させ疝痛などの消化障害の原因となり，危険である。

一方，大麦の可消化エネルギー量および繊維含量は，エンバクとトウモロコシの中間に位置し，嗜好性も良好であり，配合飼料中にもよく使われている。

❸フスマ

フスマの可消化エネルギーは他の穀類ほど高くはないが，良質のタンパク質を多く含み，繊維含量も高い。また，リン含量が高いが，それらのほとんどは利用性の低いフィチン態リン酸である。

フスマがゆ（ブランマッシュ）は，低温時の水分摂取量が低下するときや，激しい運動後の脱水時の水分補給として有効である。また，緩下作用があるため馬の体調不良時や便秘気味のときに与えるとよい。これにアマニやエンバク，塩やミネラル添加物を加えることもある。

❹油粕類

大豆粕，アマニ粕，綿実粕などの油をしぼった粕は，いずれもタンパク質含量が高い。とくに大豆粕のアミノ酸組成は良好であり，発育時期の馬のタンパク質補強飼料としては最適である。

❺市販配合飼料

馬用として各種の飼料が販売されているが，ペレット化したものや穀類配合飼料に糖蜜を混合させたもの（スイートフィード）が主流である。ペレット飼料は製造過程で蒸気や熱を加えるため，ビタミンが破壊されている場合もある。スイートフィードについては，カビが発生しないよう貯蔵に注意を要する。

これらの飼料は，ミネラルやビタミンがすでに補強されていることが多く，他の飼料との間で栄養素の極端な重複がないよう，表示されている栄養成分含量に注意しながら給与量を決定する必要がある。

3．その他の飼料

❶動物性タンパク質飼料

カゼイン，脱脂粉乳，魚粉などの動物性タンパク質飼料も馬に利用できる。とくに，魚粉や乳タンパク質はリジン含量が高く，良質のタンパク質補強飼料となる。

❷ハチミツ，糖蜜

嗜好性の向上，飼料の塵埃防止，ペレット飼料の接着，スイートフィード中の粉体飼料の吸着などの目的で利用される。

エネルギーにもなるが，与える量が少量であるため問題にならない。また，糖蜜にはカリウムが豊富に含まれている。

❸ニンジン，リンゴ

いずれも嗜好性向上を目的として飼料に混合したり，馴致時の報酬として与えたりする。ニンジンは，ビタミンAの補強飼料としても利用できる。その他，ダイコン，ニンニク，バナナ，角砂糖などを与えることもある。

V 飼料給与方法

発育，運動，妊娠，泌乳など，馬の成育段階や状況に応じて，馬が必要とする栄養素を過不足なく与えなければならない。そのための方法はいく通りもあるが，軽種馬の場合はとくに，その能力を引き出すために各個体に適したよりよい方法を見いだそうとする努力が必要である。

1. 給与日量

1日に給与すべき粗飼料と濃厚飼料の合計量は，成馬の非運動時には体重の1.5〜2.0%（90%乾物飼料として）であり，そのなかに含まれる粗飼料は1.5〜2.0%，濃厚飼料は0〜0.5%である。また，重運動時の給与量は，体重の2.0〜3.0%，そのうち粗飼料は0.75〜1.5%，濃厚飼料は1.0〜2.0%と多くなる。たとえば，体重500kgの馬（重運動時）であれば，粗飼料が3.75〜7.5kg，濃厚飼料が5.0〜10kg，その合計日量が10〜15kgの範囲内で設定することになる。しかし，粗飼料は繊維質補給のために必ず給与すべきであり，その量はいつの時期であれ，少なくとも体重の1%以上とすべきである（表3-13）。

2. 飼料の給与回数および給与時間

単胃の草食動物である馬の消化管は，飼料を少量ずつ食べるのに適した構造になっている。とくに濃厚飼料の摂取量が多いときには，1日3〜4回に分けて与えるべきである。飼料摂取量が少ない馬であっても，1日2回の給与は最低限必要である。また，このとき粗飼料は自由摂取が必要条件であり，そうでない場合には，敷料の採食，さく癖，食糞など悪癖の原因となる。飼料給与回数が少ない（1回あたりの給与量が多い）と，胃から小腸への通過速度が速くなり，その結果，消化率が低下したり腸内バクテリア数が減少するなどの悪影響がある。また，一時的に多量の唾液が分泌されることによって起こる体内の水分バランスの変化が血液成分にも変化を及ぼし，そのことが血液の酸素運搬機能にまで影響を与えるとする説もある。

運動をする馬の場合は，運動前に飼料給与を終えていることが望ましい。給与時間の目安としては，軽い運動の場合は30分前，激しい運動では少なくとも1時間前には採食を終えていたほうがよい。なお，飼料の内容や給与量の変更は，ゆっくり時間をかけて（少なくとも2〜3日）行ったほうがよい。

3. 飼料給与における注意点

各馬の要求量にあった飼料を配合するには，まず各飼料に含まれる栄養成分含量を知る必要がある。飼料成分表を参考とするが，成分の変動が大きい粗飼料については，信頼のおける機関の分析値を用いるのが望ましい（表3-14）。

表3-13 飼料摂取量の目安

（体重あたり%）*

	粗飼料	濃厚飼料	合計（日量）
●成馬			
維持	1.5〜2.0	0.0〜0.5	1.5〜2.0
妊娠後期	1.0〜1.5	0.5〜1.0	1.5〜2.0
泌乳前期	1.0〜2.0	1.0〜2.0	2.0〜3.0
泌乳後期	1.0〜2.0	0.5〜1.5	2.0〜2.5
軽運動時	1.0〜2.0	0.5〜1.0	1.5〜2.5
中運動時	1.0〜2.0	0.75〜1.5	1.75〜2.5
重運動時	0.75〜1.5	1.0〜2.0	2.0〜3.0
●発育時期			
6ヵ月齢（離乳時）	0.5〜1.0	1.5〜3.0	2.0〜3.5
12ヵ月齢	1.0〜1.5	1.0〜2.0	2.0〜3.0
18ヵ月齢	1.0〜1.5	1.0〜1.5	2.0〜2.5
24ヵ月齢	1.0〜1.5	1.0〜1.5	1.75〜2.5

*：90%乾物飼料として

表 3-14 飼料成分表

	乾物 (%)	可消化エネルギー (Mcal/kg)	粗タンパク質 (%)	粗繊維 (%)	カルシウム (%)	リン (%)	マグネシウム (%)	カリウム (%)	ナトリウム (%)	イオウ (%)	銅 (mg/kg)	鉄 (mg/kg)	マンガン (mg/kg)	セレニウム (mg/kg)	亜鉛 (mg/kg)	コバルト (mg/kg)
・アルファルファ																
生草	23.2	0.68	5.1	5.6	0.40	0.07	0.08	0.53	0.05	0.08	2.5	26	9			0.04
乾草(早刈)	90.5	2.24	18.0	20.8	1.28	0.19	0.31	2.32	0.14	0.27	11.4	205	33	0.50	27	0.26
乾草(遅刈)	90.9	1.97	15.5	27.3	1.08	0.22	0.25	1.42	0.06	0.25	9.0	141	38		24	0.21
・チモシー																
生草	29.2	0.58	2.7	9.8	0.11	0.09	0.04	0.60	0.06	0.04	3.3	52	56			
乾草(早刈)	88.9	1.77	8.6	30.0	0.43	0.20	0.12	1.61	0.01	0.12	14.2	132	50		38	
乾草(遅刈)	89.4	1.73	7.2	31.5	0.38	0.18	0.08	1.78	0.07	0.12	25.9	125	83		48	
・イタリアンライグラス																
生草	22.6	0.51	4.0	4.7	0.15	0.09	0.08	0.45	0.00	0.02		226				
乾草(遅刈)	85.6	1.57	8.8	20.4	0.53	0.29		1.34				274				
・オーチャードグラス																
生草	27.4	0.55	2.8	9.2	0.06	0.05	0.09	0.57	0.07		13.7	19	37		7	0.03
乾草(遅刈)	90.6	1.72	7.6	33.6	0.24	0.27	0.10	2.42	0.01		18.1	76	151	0.03	34	0.27
・ケンタッキーブルーグラス																
生草	30.8	0.64	5.4	7.8	0.15	0.14	0.05	0.70	0.04	0.05		92				
・エンバク																
丸粒	89.2	2.85	11.8	10.7	0.08	0.34	0.14	0.40	0.05	0.21	6.0	65	36	0.21	35	0.06
圧ぺん	89.6	3.09	15.5	2.5	0.08	0.42	0.11	0.36	0.03	0.20	6.0	71	31	0.45	33	
トウモロコシ	88.0	3.38	9.1	2.2	0.05	0.27	0.11	0.32	0.03	0.11	3.7	31	5	0.12	19	0.13
大麦	88.6	3.26	11.7	4.9	0.05	0.34	0.13	0.44	0.03	0.15	8.2	73	16	0.18	17	0.17
大豆粕	89.1	3.14	44.5	6.2	0.35	0.63	0.27	1.98	0.03	0.41	19.9	165	31	0.45	50	0.11
フスマ	89.0	2.94	15.4	10.0	0.13	1.13	0.56	1.22	0.05	0.21	12.6	145	119	0.51	98	0.07
糖蜜	77.9	2.65	6.6	0.0	0.12	0.02	0.23	4.72	1.16	0.46	16.8	68	4		14	0.36
アマニ	93.6	3.40	21.1	6.2	0.22	0.54	0.40	0.74	0.23			90	61			

注)本表は"National Research Council : Nutrient Requirements of Horses, 1989"から転載したもので、わが国の飼料とは若干の相違があるが参考とされたい。

V 飼料給与方法

❶種雄馬の飼料給与

非繁殖期においては，成馬の維持要求量程度で問題はないと考えられる。ただし，運動が負荷されている場合や寒冷地で管理されている場合は，エネルギー要求量が増加することから，穀類によってその分を補う必要がある。繁殖期に入る3～4週前から若干の体重増加をはかるため，穀類を少しずつ増量させていくが，過肥にならないよう注意が必要である。種雄馬の過肥は，造精組織の機能低下などを引き起こす性欲減退，受胎率の低下，陰嚢部への脂肪沈着の原因となる。繁殖期のエネルギー要求量は，非繁殖期の25％増とされている。

❷妊娠馬の飼料給与

妊娠初期（3～5週）に発生する早期流産の原因の1つとして，この時期における栄養不足が考えられている。母体側が栄養不足であると，母体に吸収されることがある。したがって，受胎後2～3週目頃から徐々に飼料中の栄養価を高める必要がある。

その後は，母体の栄養状態が良好であれば妊娠8ヵ月までは維持量程度でよい。しかし，妊娠期の最後3ヵ月間はエネルギーの他，タンパク質，カルシウム，リン，ビタミンAの要求量が増加する。母体の体重は，妊娠期間中に約15％増加する。最後3ヵ月間における体重増加は胎子の発育によるものであり，この時期の栄養摂取の優先権は胎子にあるため，栄養不足は母体の体調を損ない，分娩後の泌乳や受胎に影響を与えることになる。しかし，胎子が腹腔内を圧迫するため十分量の採食が困難となることもあり，このような場合には，エネルギー価の高い飼料の給与も必要となる。また，この時期の運動不足は難産の原因にもなるため注意が必要である。

妊娠馬が放牧地で，ある種の菌に汚染されたフェスク（イネ科牧草の一種）を採食した場合，フェスク中毒を起こすことがある。この中毒により，妊娠期間が長引いたり，胎盤が肥厚し難産となったり，無乳症を発症したりすることがあるため注意が必要である。

❸泌乳馬の飼料給与

激しい運動時を除くと，泌乳時には，エネルギーをはじめ各栄養素の要求量は馬のライフステージのなかでもっとも高い値となる。とくに泌乳初期における各栄養素の要求量は，維持要求量に比べ，可消化エネルギーで約70％増，タンパク質，カルシウム，リンでは2倍以上にもなる。その他，ビタミンA，Eの要求量も増加する。

このため，ある程度の穀類とアルファルファ乾草のような栄養価の高い良質の粗飼料を給与し，十分な草量をもつ放牧地での放牧が望まれる。泌乳量の最盛期は泌乳初期（分娩後6～12週目）にみられ，その後離乳期まで徐々に低下していく。泌乳量は飼料から摂取するエネルギーとタンパク質の量に影響されるが，乳成分は飼料成分に影響を受けないとされる。一般に馬乳は，牛乳に比べてタンパク質と脂肪の濃度が低く，乳糖が高い（表3-15）。分娩後の体内に十分な脂肪の蓄積があると，泌乳期のエネルギーをそれで補うこともできる。

❹当歳馬の飼料給与

誕生直後の子馬の体重は，軽種では約50kgである。その後急速に発育し，生後1ヵ月で約100kg，生後3ヵ月で約160～170kgに達する（表3-16）。新生子には誕生後24時間以内に必ず初乳を飲ませなければならない。初乳に含まれる免疫グロブリンを摂取することにより，子馬は免疫力を獲得する。その他，初乳中にはエネルギー，ビタミンA，ミネラルなどが豊富に含まれている。分娩前の母馬の乳漏や事故などで初乳が飲めないような子馬のために，他の馬の余剰の初乳をストック（冷凍保存）しておく必要がある。通常，新生子が飲む初乳の量は，0.5～2Lとされている。

授乳が不可能である場合は，代用乳や牛乳などを与える。ただし，牛乳は馬乳に比べ固形分や脂肪含量は高いが，乳糖含量が低いため1Lあたり20g程度のハチミツを加える。離乳は生後6ヵ月ごろに行われるが，それまでの間，母乳由来の栄養だけで充足するわけではなく，哺乳期のうちから濃厚飼料を給与（クリープフィーディング）する。給与開始時期は，子馬の発育状態から慎重に判断する必要があるが，母乳では不足しやすいタンパク質，カルシウム，リン，銅，マンガン，亜鉛などが補強された飼料内容とする。

集団でクリープフィーディングを行う際，子馬間に摂取量の差が生じないよう，1頭ずつ食べられるように工夫する必要がある。離乳後の馬には良質の粗飼料を与えるべきであり，イネ科，マメ科牧草が混合された乾草が理想である。また，この時期の馬に認められる骨疾患群（DOD）は，栄養素のアンバランスや急速な発育が原因とされるため，飼料構成には十分な配慮が必要である。

❺育成馬の飼料給与

本格的な育成調教が開始される前は，十分な面積をもつ放牧地での放牧を主体とした管理となる。植生が良好であれば放牧草の採食量は相当量に達し，濃厚飼料の給

表3-15 馬乳成分

泌乳期	固形分(%)	エネルギー(kcal/100g)	タンパク質(%)	脂肪(%)	乳糖(%)	カルシウム(ppm)	リン(ppm)	マグネシウム(ppm)	カリウム(ppm)	ナトリウム(ppm)	銅(ppm)	亜鉛(ppm)
1〜4週	10.7	58.0	2.7	1.8	6.1	1,200	725	90	700	225	0.45	2.5
5〜8週	10.5	53.0	2.2	1.7	6.4	1,000	600	60	500	190	0.26	2.0
9〜21週	10.0	50.0	1.8	14.0	6.5	800	500	45	400	150	0.20	18.0

(National Research Council：Nutrient Requirements of Horses, 1989)

表3-16 わが国のサラブレッドの発育

日齢	体重(kg) 雄	体重(kg) 雌	体高(cm) 雄	体高(cm) 雌	胸囲(cm) 雄	胸囲(cm) 雌	管囲(cm) 雄	管囲(cm) 雌
30	99.0	97.9						
90	168.4	166.6	123.7	122.8	122.3	122.9	14.9	14.6
150	228.2	225.4	131.6	130.7	135.7	136.0	16.0	15.6
210	277.8	270.2	136.9	135.7	145.7	145.8	16.9	16.6
270	312.5	304.0	140.9	139.7	153.0	153.0	17.6	17.2
330	340.5	333.1	144.3	143.4	158.2	158.4	18.2	17.8
390	369.1	366.5	147.5	146.4	163.2	163.9	19.0	18.4
450	411.7	410.7						

(山本修ら：日本畜産学会報, 64, 491, 1993)

与量も少なくすることができる。しかし，ミネラルなどのバランスをより良好なものとするため，微量元素が含有されたミネラル添加物による補給は継続したほうがよい。調教が始まると，運動量の増加に伴いエネルギー要求量も増加するため，濃厚飼料の増量が必要となる。また，発汗とともに流失するミネラル(電解質)の補給にも留意する。

❻競走馬の飼料給与

多大な運動量とストレスが負荷される競走馬にとって，とくに重要となる栄養素は，エネルギーとビタミン，ミネラルである。特殊な環境下にあり，かつ多様な調教方法がとられている競走馬のエネルギー要求量については未知な部分が多いが，1日あたりおよそ35〜50Mcalは必要と考えられている。これらを主に濃厚飼料(エンバク，フスマ，配合飼料，トウモロコシなど)，および粗飼料(チモシー乾草，アルファルファ乾草など)で供給する。

濃厚飼料と粗飼料の比率はほぼ1：1であるが，穀類の給与量が多いためにカルシウムがリンに比べて少なく，そのためにカルシウム含量の高いアルファルファ乾草を適度に加えたり，カルシウム添加飼料によって矯正する必要がある。また，エネルギー代謝に関与し疲労回復に効果があるビタミンB群，血管や生体膜の酸化防止に効果があるビタミンEなどの補給についても考慮を要すると考えられる。

競走や強い調教の直後は，多量の発汗により水分および電解質が流失しているため，それらの補給も重要である。水は通常自由摂取とするが，エンバクやフスマに水(湯)を加え粥状とした飼料(マッシュ)を給与する方法は，水分補給，嗜好性の向上，寒冷時の体温保持などがすべて期待できる，競走馬に適した給与方法である。

VI 日常管理

1. 日常管理の基本

　馬の体調づくりの基本は，肉体的および精神的に健康を保つことである。それには正しい飼養と衛生管理，適切な運動，そして良好な精神状態をつくり出す環境が必要である。

　肉体的な健康状態を知るための1つの手段として，生理学的基準値を知っておくとよい。特別な機器によらなくても，日常の馬との接触によって異常は見分けられるものである。

❶健康状態のチェックポイント

(1) 外観

　まずは顔や外貌をみて，いつもと変わったところがないかを観察することが第一である。普段からさまざまな視点で馬を注意深くみているかが見分ける際に重要になってくる。目つき，耳の反応，口の動き，息づかい，咳，鼻水，飼い葉や水が減っていない，毛艶や体の汚れ，元気なく頭を垂れている，横臥を好む，肢を浮かせる，外傷がある，腫れている，異常に発汗している，いつもの癖がない，など気がつく点は多いであろう。

(2) 体温

　体温はその時々の健康状態をよく反映するものであり，毎日朝夕の決まった時間に計測するように習慣づけることが大切である（図3-2）。通常は直腸温を計測する。

　馬の安静時の体温は37.6〜37.8℃とされるが，競走馬や当歳馬などの若馬は38.0〜38.3℃と高めであり，繁殖雌馬など放牧地の成馬では37.5℃前後の低めの値を示す。したがって，毎日の測定で個々の正常体温を把握しておくことが重要である。また，日内変動は0.3℃くらいあるのが普通であり，とくに出生直後の子馬は体温調節機能が十分でなく，外の気温に影響されやすいので，1日で1℃以上の差をみることも少なくない。

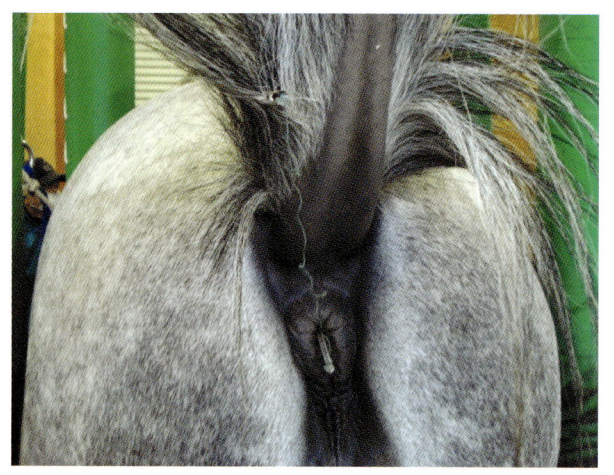

図3-2　直腸温（体温）を測定しているところ（JRA原図）

(3) 心拍数と呼吸数

　心拍数は，安静時で26〜50拍/分とされ，トレーニングが進んだ競走馬では26〜28拍/分を示し，名馬になると22拍/分という数字もみられる。競走中は200拍/分を超え，安静時の6〜8倍となる。馬は神経質であるため，環境の変化やヒトと接触することによっても変動しやすい。

　心拍数の測定は，通常，馬の左側で肘部直後の胸部を聴診して行うが，聴診器がない場合でも顎凹部の外下顎動脈や，前肢球節部掌側の指動脈など，体表から触知できる動脈によっても計測できる。安静時でも60拍/分を超える心拍数のときは，循環障害を伴う体調異常を認める可能性があるため注意する必要がある。

　呼吸数は，安静時で10〜14回/分とされる。測定は鼻翼あるいは腹部の呼吸時の動きを数えるか，鼻孔の近くに掌をよせて馬の息を受けて数える。このとき異常な呼吸音にも注意する。呼吸が浅く速くなり30回/分を超えるときは，体調に異常を認める可能性があるため注意する必要がある。これらの数値は成長した競走馬を対象としたものであり，子馬あるいは重種馬では異なる。

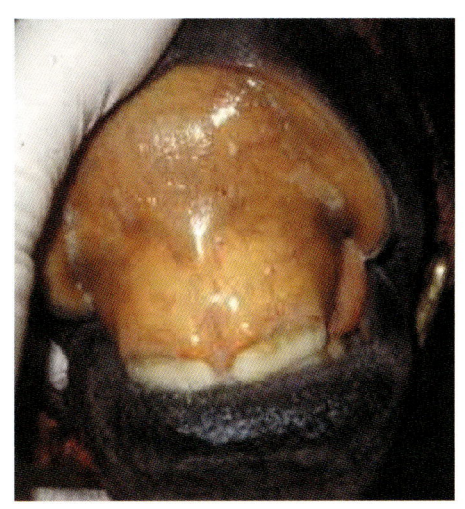

図3-3　口粘膜色調の異常（黄疸）（JRA原図）

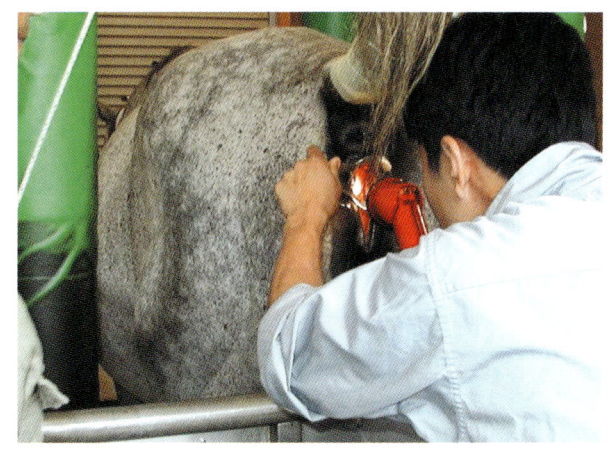

図3-4　膣鏡を使って膣粘膜を観察しているところ（JRA原図）

(4) 可視粘膜の色調

　可視粘膜の色調は体調を知る目安になる。外部から観察できる粘膜は，血液循環の状態を色で示してくれる。観察する部位は，結膜，鼻粘膜，陰唇の内側，膣粘膜，口粘膜で基本色は淡紅色である（図3-3，図3-4）。循環状態が悪化すると暗赤色からやがて蒼白となる。歯茎付近の粘膜を指で圧迫することにより白くなった粘膜が，元の淡紅色に戻るまでの時間を測定するCRT（Capillary refilling time）も，血液の循環状態を知る手段となる。戻るまでに2秒以上かかる場合は異常である。

　また，競走馬などではレース後に角膜を観察することで創傷性角膜炎を早期に発見することができる（図3-5）。

(5) 歯

　歯の異常は，食欲を低下させるだけでなく，消化不良による疝痛の原因となる。採食中に涎を流して噛みこぼしを認める他，両頬に手をあてて歯に沿って指でなでてみると，痛みを感じて触診を嫌うなどの症状で判断できる。

　通常は片手開口器を用いて口内を観察するか，切歯と臼歯の間（歯槽間縁）から舌をつかんで横に引き出し，口を開けて，歯並び，生え変わり，磨耗による臼歯の尖りなど，歯の状態を観察することができる。歯の管理を怠ると，採食に影響して体調に変化を生じやすいので注意が必要である。

(6) 皮膚

　皮膚は柔軟性と伸縮性に富んでおり，被毛には光沢があり，肌に密着するように毛並みが揃うのがよい状態とされる。軽くつまんだときの皮膚の厚さや戻り具合で，

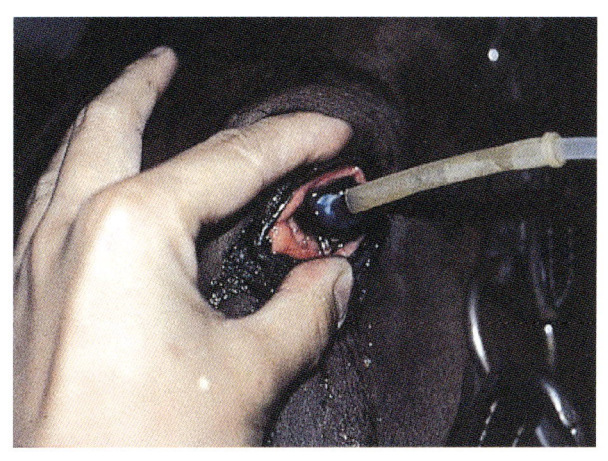

図3-5　洗眼しながら角膜の状態を観察しているところ（JRA原図）

肥満やむくみの程度，あるいは脱水の有無を知ることができる。これらは適度な皮脂や汗の分泌により保たれるが，体調を崩しバランスを失うと毛が硬く艶がなくなってくる。季節変わりには被毛が生え替わるが，馬によって，また手入れの良し悪しによって程度に違いがあるので，良好な健康状態を示すバロメーターとして知っておくことが大切である。

(7) 排泄物

　排泄物は馬の健康状態を知る大切な指標である。健康な馬は1日に3〜18mL/kg体重の尿を排泄し，その色は淡黄色から褐色までさまざまで粘性が高いのが特徴である。また，糞は1日あたり15〜25kg排泄し，その色は黄茶色から暗黄色，暗黄緑色を呈する。

　正常な糞は球状で，硬さの目安は地面に落ちると崩れて半球状になる程度とされるが，飼料や牧草の質や量によって硬さは異なる。下痢，軟便，黒く硬く細かい便を排泄する，寄生虫がいるとき，異臭がするときは異常で

ある。日常の排泄量やその回数，および排泄場所は馬によって特徴があるので，健康状態の指標として知っておくとよい。

(8) 目と耳

目には光沢があり"つぶらな瞳"という形容が，まさに馬の目にふさわしい言葉である。馬は視野が広く，形態変化を伴う動きに敏感に反応し，性格によりその程度に差がある。したがって，個々の反応を日常からつかんでおくことは大切である。動きや反応が鈍く，瞼がしっかり開いていないときや流涙，眼脂など異常を認める場合は注意する必要がある。

耳の動きは馬の感情を知る指標となる部分である。前後外方に180度自由に動かし，優れた聴力をもつといわれている。

動きが鈍く感じて，あまり耳を動かさないときは体調の異常に注意する必要がある。また，体温が上昇しているときは耳の付け根が熱くなる。

(9) 腸

腸は腹部から蠕動音を聴取することによって，その状態を判断する。腸管は平滑筋の収縮によって常に動いているので，健康時の馬の蠕動音を聞いておけば健康管理の指標となる。通常は膁部に聴診器をあてて音を聞くが，直接耳をあてるだけでも十分に聴取できるほどの音量がある。

疝痛の場合には腸の蠕動音が消失することが多く，ガスが貯留しているときは金属を響かせるような音が聞こえる。また，疝痛の種類によっては蠕動が異常に亢進することもある。

腸の蠕動音が正常か否かを判断するには，多分に経験的なものが必要で，とくに疝痛の初期にはこの蠕動音だけで判断をすると誤ることもある。したがって横臥を好む，前掻きをする，発汗するなど，馬の挙動を十分に考慮して総合的に判断することが重要である。

以上(1)～(9)は，すべて日常の馬の飼養管理のなかで異常な馬をいち早く発見するために必要な事柄である。なにが異常でなにが正常かを見きわめるためには，日頃から常に馬を観察しておくことがもっとも大切である。

❷取り扱いと手入れ

臆病で警戒心の強い馬の心理や本性をよく理解して接することは，信頼関係を築く上でもっとも大切なことである。馬は愛情をこめて世話をしてくれるヒトには，おとなしく従順になるものである。一方で危害を加えられると，その体験をなかなか忘れず，反抗して手に負えなくなってしまう。とくに生まれて間もない幼駒の時期からヒトの手を十分にかけることは，もっとも重要といえる。

また，ヒトと馬との間には信頼関係とともに主従関係もつくられなければならない。この関係は馬を威圧し，乱暴にヒトを優位に立たせるやり方では決して築くことはできない。しかし，猫かわいがりでも馬はわがままになるだけであり，このさじ加減は実際にはなかなか難しいところである。

馬の性格は，その馬を取り扱うヒトの性格に似るといわれている。ヒトに噛みついたり蹴ったりして反抗するのは，その馬がかつてヒトにいじめられたり無理強いされたりした結果であり，それが反抗心や防御手段として身についたものである。

馬は，生まれつきヒトや他の動物に対して敵意をもつことはないといわれている。実際に現場で当歳馬を取り扱うと，人懐っこく近づいてきて可愛いものだが，そこで粗暴な取り扱いをすればヒトに対して恐怖心を抱き，やがてヒトを信じなくなる。一方で，馬に接する際には勇気をもって大胆に行動する必要があり，ヒトが馬に対して恐怖心を抱いていると，その態度を即座に見抜かれてしまう。

愛撫と懲戒は適時かつ的確に行う。馬にできるだけ接し，話しかけながら馬の心や気持ちをつかみ，馬の立場で世話をすることが大切である。とくに懲戒は馬がなぜ叱られているのかがわからなければ意味がなく，かえって反抗心を植えつけてしまう場合もある。馬が反抗した場合，その原因がどこにあるのか的確に見きわめて，その時期を逃さずに，短く，適切に懲戒を行うことが重要である。

愛撫と懲戒はいつも一定の基準で行うように心がけなければならない。新しいことを教えるときは根気よく，我慢強く不安を取り除きながら順序よく教える。虫の居所が悪いからといって普段なら何でもないことを急に叱ってみたり，気分がよいからといって馬の悪戯を見すごしたりするようなことは厳に慎まなければならない。

馬の手入れ作業は，単に清潔にするためだけではなく，その馬の癖や異常を早く発見することと同時に，馬とヒトとのよい関係をつくる重要な意味がある。とくに当歳馬にはできるだけ時間をかけて，必ず1日に1回は触れてやることである。

ブラシがけを初めからおとなしくかけさせてくれる馬は少ない。手袋をつけた手でなでてやることから始まり，ついでバスタオルや毛布の類から徐々にブラシに変えてゆく。皮膚の新陳代謝を促し，無駄毛，フケを取り除くだけでなく，ヒトに触れられることが当然と感じる効果も生まれる。

　手入れ法はさまざまであるが，その一例を示すと，まず右手にブラシ，左手に金櫛をもって，馬の左側からブラシをかけ始める。頭の付け根から喉，胸，腋下を経て下肢部に至る。ついで肩，き甲，腰，臁部，腹下へと進める。とくに帯径（おびみち），肘，鞍を置く部位はていねいにブラシをかける。つぎに尻から下肢部，股間と続き，右側も同様に行う。頭部は頭絡を外して，頭，耳，顎凹，頬は柔らかいブラシを用いる。下肢部ではとくにていねいに清拭する。鼻孔，眼の周囲，肛門はタオルまたはスポンジを用いる。ブラシがけが済むと，稲ワラを束ねて柔らかくほぐした"ムダワラ"とよばれる道具で主に運動筋をマッサージする。

　蹄の手入れは，蹄叉や蹄底に詰まった糞，泥を落とし，水洗，蹄油塗りを行う。この一連の作業は，蹄の異常の早期発見にもつながると同時に，ヒトが肢に触れても危害が及ばないことを覚えさせることにもなる（図3-6）。

❸削蹄と装蹄

(1) 蹄の成長

　蹄の成長速度は，品種，性別，年齢などの他，栄養状態や気候条件，土壌の質，運動量あるいは装蹄の有無などによって異なる。サラブレッドの成馬では1ヵ月で8 mm（装蹄馬）〜9 mm（跣蹄馬）程度であり，蹄角質が完全に生え替わるまでの期間は蹄尖で10〜12ヵ月，蹄側壁で6〜8ヵ月，蹄踵壁で3〜5ヵ月とされる。

　当歳馬では，生まれたときは，すでに形成されている胎生角質を備える。胎生角質は生後2ヵ月で蹄壁の1/2，4ヵ月で1/3程度まで下がり，蹄踵部から先にすり減って消失し，蹄尖部が完全になくなるまでは約6ヵ月を要する。

　負重をとくに大きく受ける蹄壁の発育は速く，蹄壁は徐々に立ってくる。また，肢勢，歩様，地形，あるいは誤った削蹄などによって負重のかたよりが生じた場合は，負重の大きな部分の蹄壁が速く成長するため，蹄が変形して蹄病の原因になることもある。

(2) 蹄機作用

　蹄は常に一定の形を保っているわけではない。蹄に体

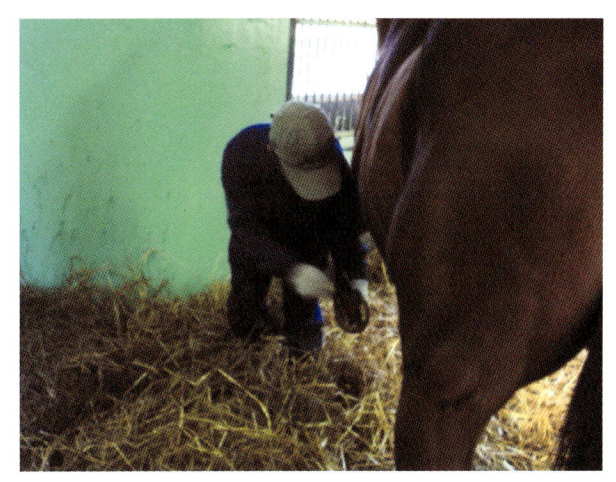

図3-6　蹄の手入れをしているところ（JRA原図）

重がかかると蹄の後半部が広がり，蹄球が沈下して体重を支えるが，体重の負荷がなくなると蹄は原形に復する。このように体重の負荷状態によって蹄の形状が変化することを蹄機作用といい，着地時の衝撃緩和や蹄の血液循環を促進し，角質の成長を助ける働きをする。したがって，蹄の健全な成長を促すには，蹄機作用が円滑に行われるような蹄を維持することが大切で，そのバランスを崩すと蹄にさまざまな障害が起こる。

(3) 削蹄

　本来，自然界における馬では，蹄の成長と運動による磨減は均衡しており，ほぼ良好な蹄が維持できるようになっている。しかし，家畜化した馬ではこのような自然の調節は困難であり，人為的な管理が必要となる。

　幼駒の蹄は柔らかく，成長も速いため，肢勢や歩様，放牧場の地形，環境などによる影響を受けて変形しやすい。日頃から蹄の観察を十分に行い，不正磨減や異常の早期発見に努め，早期に対処することが大切である。

　蹄壁は凹弯（おうわん）しやすいので，軽いうちに鑢削（ろさく）し修正するようにし，常に正しい蹄形を保つことが必要である。これを怠ると凹弯部はさらに進行し，蹄の横径が増し，蹄壁欠損などの原因となる。ヤスリがけは角細管の方向とヤスリの目が一致する方向に行う。

　蹄底は蹄壁に比べて薄く，とくに蹄支角の削りすぎ（過削）は蹄の狭窄化につながるために注意する。しかし，蹄支角が延びすぎると蹄叉の後部の圧迫や蹄機作用の妨害となるため，適度な削除は必要である。

　蹄負面の削切は，挙肢検査を詳細に行い，まず高い部分を削切し，低い部分は削る余裕のある場合のみとする。削りすぎた部分を補う手段はないため，日頃から負面の

第3章　飼養管理

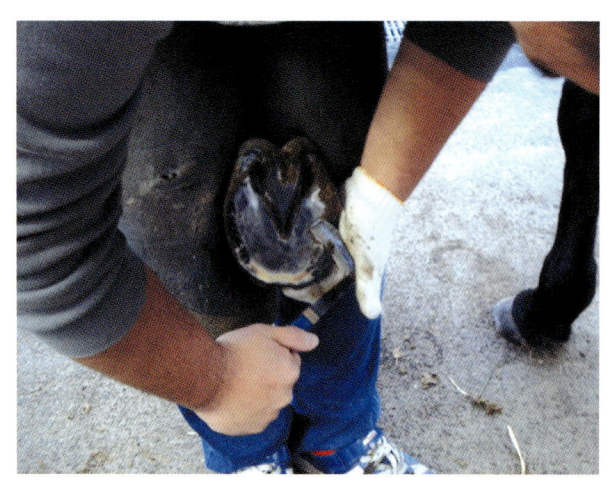

図3-7　削蹄の様子（JRA原図）

図3-8　装蹄の様子（JRA原図）

部分的な磨滅が起こらないように，蹄に均等な負重がかかるような削蹄を行う。

　蹄叉は蹄機作用に関与する重要な部分であり，柔らかいため削りすぎに注意し，蹄負面と同じ高さにすることが大切である。

　削蹄した後の蹄壁の下縁，すなわち蹄負縁は鋭くなっており，蹄壁欠損や裂蹄などを起こしやすいためヤスリがけをする。これを端蹄廻し（はづめまわし）という。

　削蹄の間隔は，蹄角質の成長と運動による磨滅との関係から一律には決められないが，1ヵ月に2回程度は検査し，状態に応じて，蹄刀を用いた削切，あるいはヤスリによる鑢削で矯正などを行う。

(4) 装蹄

　一般に，育成期までは装蹄は行わない。しかし，削蹄のみでは蹄形を矯正できない場合や，過剰に磨滅する場合には，装蹄を行うこともある。通常は調教が進み，蹄の成長よりも速く磨滅するようになって，初めて蹄を保護するために装蹄するのである。

　蹄鉄は字のごとく鉄でできており，鉄製は磨耗に強く，蹄の形状に合わせるための作業性も他の金属に比べて容易であるため，乗用馬をはじめとする使役馬や調教用の蹄鉄として用いられる。一方，競走馬では，調教にも競走にも使用でき，耐磨耗性に優れ，かつ競走用のものと重さがあまり変わらないアルミニウム合金製のいわゆる兼用蹄鉄が用いられている。過去には，アルミニウムなどの軽い金属を用い，競走のたびに打ち替えていたが，現在はほとんど実施されなくなった。

　蹄鉄の打ち替えは蹄の成長と蹄鉄の磨耗に合わせて約3週間の間隔で行い，同時に削蹄も実施する（図3-7, 図3-8）。

(5) 蹄の手入れ

　蹄は不潔になりやすいので，水洗などで常に清潔に保つことが重要である。とくに蹄底，蹄叉側溝および蹄叉中溝に汚物や泥土が付着したまま放置すると，蹄内の水分を吸収し，蹄を乾燥させ蹄質を悪化させる。汚物は裏ほりとよばれる道具で取り除き洗い落とす。蹄壁の表面には，蹄壁の表面を保護し，乾燥や水分の発散を防いでいる薄い膜状の蹄漆（ていしつ）があることから，これをあまり硬いものでこすり落とさないように注意する。また，湯洗いは蹄の角質から脂肪分をとり，水分を蒸発させ，角質を硬くさせるのでなるべく避ける。

　蹄は乾燥しすぎると角質が硬くなり，蹄機作用が妨げられ，蹄踵の狭窄や裂蹄などの原因となる。逆に過度に湿潤すると，蹄質が軟弱となり，蹄形が拡張しやすくなり，蹄壁欠損や蹄叉腐爛などの誘因となる。また，釘持ちが困難になり落鉄しやすくなる。

　乾燥や湿潤を防ぐためには，水洗いで適度に角質内に水分を吸収させた後に，蹄油を塗って水分の発散を防ぐ。この蹄油には大豆油やなたね油などの植物油や動物性の油を用い，鉱物油は使用しない。蹄冠には蹄クリームや単軟膏を擦り込むこともよい。

2. 種雄馬の管理

❶体調づくり

　種雄馬の体調づくりは，個々の種雄馬に適した飼育計画によらねばならない。たとえば，最近まで競走に供していた種雄馬の場合には，まず競走のストレスや興奮し

やすい環境条件を取り除いてやり，安静と休養を与えることが必要であり，繁殖に供用する前に少なくとも数週間はよい放牧草地でゆったりとすごさせる。

若い種雄馬の最初の交配時の行動にはかなり個体差がある。性欲を動作ではっきり表さなかったり，交配にまったく無関心であったり，交配を苦痛に感じているようにみえるものもいる。このようなときは，毎日適当な時間に雌馬がみえるところに種雄馬を放牧しておくのもよい。

また，初めての交配には，発情している経験豊かなおとなしい雌馬をあてがうことも非常に大切である。相手の雌馬が拒絶反応を示し，種雄馬を蹴り，悲鳴をあげるような場合には交配を避けたほうがよい。雌馬のこのような行動は，若い種雄馬に精神的な衝撃を与え，その後の繁殖能力に大きな影響を及ぼす可能性がある。

正常に発情したおとなしい雌馬と初めて会った若い種雄馬は，生殖機能を刺激され，正常な性欲をもつようになるものである。雌馬に乗るようになるまで数日から数週間を要することもある。しかし，最初の交配を支障なく行い，要領を覚えれば，その後は大きなトラブルは生じない。

❷運動

毎日の適切な運動は，馬体の健康状態，受精率および心理状態を良化させるためには欠くことができない。種雄馬の放牧地やパドックは2 haくらいがよい。この程度の広さがあると，馬は自ら運動して体重を自分で調整する。放牧地で全然動こうとしない馬には強制的な運動が必要となる。騎乗ができればそれが最良の方法であり，ヒトとのコミュニケーションをとる目的もはたすことができる。

運動はあくまでも健康管理のために行うものであることから，決して過負荷になってはならない。最近では，どっしりとした体型は腰への負担となるため避けられており，競走馬時代の体重の10%増を目安としている。

❸心理状態

さまざまな精神的刺激は種雄馬の性行動に大きな影響を与える。つまり，過去の経験，気分や習慣の変化などが微妙に影響する。とくに若い種雄馬はこれらの影響を受けやすいことから，種雄馬を絶えず励まし，自信をもたせるように馴致することが大切である。

種雄馬の性格は，毎日の精液の質に決定的な影響を与えるといわれている。馬取り扱い者の接し方や周囲の環境によって種雄馬の性格は変わっていくものである。

表3-17 馬の正常な精液の指標

精液量	30〜200 mL（平均80 mL）
精子数	1億〜6億/mL
pH	6.9〜7.8
白血球数	1,500/mm³以下
赤血球数	500/mm³以下
奇形率	20%以下
生存率	60%以上
活力	40%以上がまっすぐ動く
生命力	室温で3時間後に40〜50%が生存
	室温で8時間後に10%以上が生存

❹定期検査

繁殖シーズンに入る前に，すべての種雄馬について必ず定期検査を行う。また，馬伝染性子宮炎をはじめとする感染症の検査も必ず行っておく必要がある。検査にあたっては，一般生理学的検査，内外生殖器の検査，精液の検査，性欲の強弱および繁殖歴の調査（供用頭数，受胎率，妊娠までの交配回数など）を行う。精液の採取は試験交配馬を使って実施する。表3-17に正常な精液の性状を示した。

精液の色や密度は，精子を送る液を作り出す付属腺（精嚢腺，前立腺，尿道球腺）の活性度と深い関係があり，交配前に試情を多く行ったり，じらしたりすると，それだけでこれらの器官は刺激されて分泌液は増加する。その結果，精液が薄められ単位容積あたりの精子数は少なくなる。しかし，これは全量が増加しただけであり，1回の射精時の総精子数は同じである。

また，精液の検査をするにあたって，検査前の精液の取り扱い方法が悪いと，精子が破壊されて正確な評価ができなくなる。とくに精液を採取してから検査するまでの間に，急激な温度の変化があると，精子の活力は急激に衰え，死滅するので十分注意しなければならない。

精液の顕微鏡検査の成績だけでは，精子の受精能力を評価することはできない。種雄馬において，雌馬の受胎率と精液検査成績との関係を把握しておくことは重要である。

精液検査の結果，精子の数が減少しており，しかも細菌，膿，赤血球などが増えている場合は，精液の微生物学的検査を行い，原因を確かめる必要がある。臨床上馬体に異常がみられない場合であっても，休養させ，その症状に応じた治療を施さなければならない。

種雄馬のなかには形態的あるいは機能的欠陥から生殖能力の劣るものがいる。たとえば陰睾の場合は，精子が

生産できないため種雄馬として失格である。性器の大きさや外性器の位置は遺伝的なもので，雌馬の受胎率に影響を及ぼすといわれている。性ホルモン(テストステロン)の異常も繁殖能力に影響する。

❺供用回数

繁殖雌馬に高い受胎率を望むには，活力の高い精子が必要である。また精液量や精子数は季節，年齢および供用回数によって大きく変動し，種々の環境要因やその時々の精神状態によっても変化するといわれている。このため一般的には，1日に3回以上の交配は避け，2回以上交配するには，1週間に1日程度は交配しない日を設けたほうがよい。

繁殖シーズンにおける種雄馬の供用回数を決めることはなかなか難しい。種雄馬がよく管理され，馬体が健康であり，生殖器官が正常で，異常な性行動がなければ，1シーズンに50～70頭前後がほどよい種付け頭数と考えられる。

3．繁殖雌馬の管理

❶体調づくり

繁殖雌馬は適度なボディーコンディションを維持しなければならない。肥満した馬や栄養不良の雌馬は繁殖成績がよくない。繁殖雌馬の体調づくりの基本は，健康であること，受胎率がよいこと，妊娠・分娩および泌乳が正常でかつ順調なことである。そのためには，よく管理された広くて清潔な放牧草地で飼育し，予防接種や寄生虫の駆除を定期的に実施することが重要である。繁殖雌馬は太りやすく，運動不足に陥りやすいため，受胎率の低下を防ぐためにも適正な運動をさせることも大切である。

また，繁殖雌馬の体調づくりにあたっては，初めて繁殖に供用する未経産馬，経産馬，空胎馬，不妊馬など，それぞれの個体に合わせた取り扱いが必要になる。

(1) 未経産馬について

未経産馬は2つに区分される。1つは競走馬としての調教をされたことのない雌馬であり，もう1つは競走に最近まで供されていた雌馬である。前者は繁殖の軌道に乗せるのが容易で，適応も早い。これに対して，後者は競走に関するさまざまなストレスを受けてきており，しばしば神経質である。このような雌馬には，肉体的および精神的にリラックスさせる休養期間が必要である。そ

の期間は通常1～3ヵ月間で，温和な雌馬といっしょに放牧するのがよい。また闘争心が強くなっているため，他の馬と争いやすい傾向にある雌馬もいる。このような場合は2～3日間舎飼した後，温和な雌馬1～2頭と小さなパドックに入れる。給与飼料は，競走馬のときに与えられていた高エネルギー飼料から段階的にエネルギー量の少ない繁殖用に切り替えていくことが重要である。そうすることによって，繁殖に適した体に無理なく変えることができる。

(2) 性周期

大部分の雌馬は，1年の間につぎの3つの繁殖段階を繰り返している。

① 無発情期：卵巣機能が停止する時期で，季節的には晩夏あるいは初秋から冬にかけてである。短い馬は40日間くらい，長い馬で数ヵ月に及ぶものもいる。
② 調整期：初冬から初春にかけての時期で，期間の短い馬もいるが，長い馬では3ヵ月間くらいある。この時期の発情は不規則で，定期的な排卵がないものが多い。
③ 繁殖適期：初春から初夏にかけての時期であり，性周期はほぼ規則的(平均21日ごと)に，発情期が6～7日間で繰り返される。

(3) 交配時期

調整期に入ると，1週間に2回ほど試情を行う。3月から4月になると性周期が規則的になるため，毎日あるいは隔日に試情を実施する。試情には，放牧地へ試情馬または種雄馬を連れて行き，雌馬の横を通過させ，隣合わせたパドックに入れて観察する。このとき雌馬が蹴られたり，乗りかかられたりしないように，板や柵を設ける。

通常，発情期前の2週間は攻撃的となり，発情期の間はおとなしい。後肢を広げる，尾を挙げる，頻尿，外陰部に粘液を認める，陰核を動かすなどの発情徴候を確認したら獣医師による検査を受けることとなる。繁殖適期の中期になると，短い期間だけ強い発情を示す雌馬がいることから，細かい観察と性周期の記録をとっておく必要がある。

試情は，種付けの適期を定める補助手段であるため，直腸検査や超音波画像診断を並行して行い，子宮や卵巣の状態を把握することにより，効果的な繁殖プログラムをつくることができる。繁殖日誌には，馬名，出産歴，

年齢，試情や検査をした日付と内容および発情の強度などを記入する。

交配の時期は繁殖生理学的には排卵の直前がよい。この時期の膣粘膜は充血し，子宮は頸管が弛緩して精子を受け入れる態勢ができており，精子が子宮内に入りやすい適期でもある。しかし，この時期は外部から病原菌が侵入しやすい時期でもあるため，生殖器の衛生管理には十分注意する必要がある。獣医師は直腸検査を実施し，直腸壁を介して卵巣の触診および超音波画像診断を行い，卵胞の大きさと波動感，および排卵の時期を判断し，排卵予定日1～2日前に交配することとなる。種付け後は最低21日間試情を続け，再び発情がきていないかどうかを確認する。

せっかく受胎した馬であっても，胚が吸収されることがある。このような現象は早期胚死滅というが，受精後25～35日間に起こることが多く，したがって最終的な妊娠判定は，種付け後30～40日間経過しなければ正確には下せない。

妊娠鑑定の方法としては，直腸検査と超音波診断の併用法がもっとも普及している。最近は子宮や卵巣の血流の観察，リアルタイム3D超音波診断による胎子発育の観察などの研究も進んでおり，より正確な診断が可能となりつつある。また，血中のホルモンを測定して妊娠診断に役立てる方法も行われている。

(4) 不妊症馬

a) 栄養

　栄養素の欠乏は不妊の原因となる。通常の飼養管理でエネルギー量が不足することは滅多にないが，タンパク質の不足はときに起こることがある。また，ビタミンやミネラルの欠乏やアンバランスもしばしば見受けられる。カルシウムやリンなどのミネラル類の不足は受胎率の低下につながる。したがって，飼料中の栄養分の過不足やバランスが適正かどうかについては常に注意しなければならない。内部寄生虫の濃厚寄生は結果的に栄養不足をまねくため，ウマバエ幼虫，円虫，条虫，回虫の駆虫は交配前に必ず行っておく。

b) ホルモン

　脳下垂体前葉から分泌される性腺刺激ホルモン（ゴナドトロピン）は，卵巣に働いて卵胞の発育，成熟にかかわっている。また，卵胞が成熟すると卵胞ホルモンが分泌され，卵胞が破裂した後には黄体が形成されて黄体ホルモンが分泌される。したがって，性腺刺激ホルモンが十分に分泌されなかったり，過剰に分泌されたり，また，卵胞ホルモンや黄体ホルモンばかりでなく，他のホルモンの不均衡によっても繁殖機能に異常が起こり，ホルモン性不妊となる。

　たとえば，無発情馬の特徴の1つとして，血液中の黄体ホルモン量は異常に高く，逆に卵胞ホルモン量は著しく低くなっている。ホルモン失調によって発情周期の不順，弱発情，偽妊娠なども起こる。

c) 細菌感染

　飼料，水，放牧地の細菌汚染にも注意を払う。馬房も定期的な消毒と，寝ワラの天日干しや清掃は毎日欠かせない。交配時に種雄馬が細菌性の精巣炎にかかっていたり，ペニスに病原菌が付着したりしていると，子宮内膜炎を起こして不妊の原因となる。また，採尿や妊娠鑑定の際に器具や手指の消毒が不完全で，人為的な細菌感染症を起こすこともあるので注意を要する。

d) 構造的な欠陥

　生殖器の構造あるいは筋肉のつき方が悪いことが原因で，交配中に膣から空気が出入りしているものがある。一般に，外気吸引症，陰門吸引症，ガフなどとよばれており，不妊の原因となる。交配後に陰唇を排尿口を残して縫合する治療法がある。

e) その他

　交配や分娩のときに生殖器に外傷を受けると，それが起因となって不妊症を誘発することがある。

❷妊娠と分娩

(1) 管理要領

妊娠期間は個体によって差があるが，一般に330～345日である。妊娠期間中にも健康保持のための規則正しい運動が必要であるが，ある程度広さのある放牧地に放牧すれば，歩き回り，食草しているだけで十分な運動になる。しかし，舎飼しているところではひき運動が必要である。妊娠後期には，強制運動よりも自由で任意な運動が望ましいが，運動不足気味のときは，ひき運動を行ったりウォーキングマシーンを利用したりする。この時期の適度な運動により，難産になりにくくなるといわれている。若くて興奮しやすい非妊娠馬は，妊娠馬にあまり近づけないようにする。とくに初めて妊娠した馬は，出産が近づくと興奮しやすくなる。

(2) 流産

流産は微生物やウイルスの感染によることも多く，注

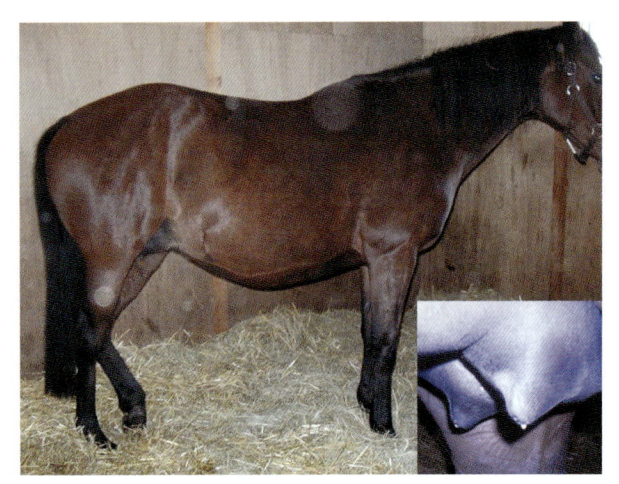

図3-9　分娩徴候(仙坐靱帯,恥骨結合の弛緩,乳ヤニ)(JRA原図)

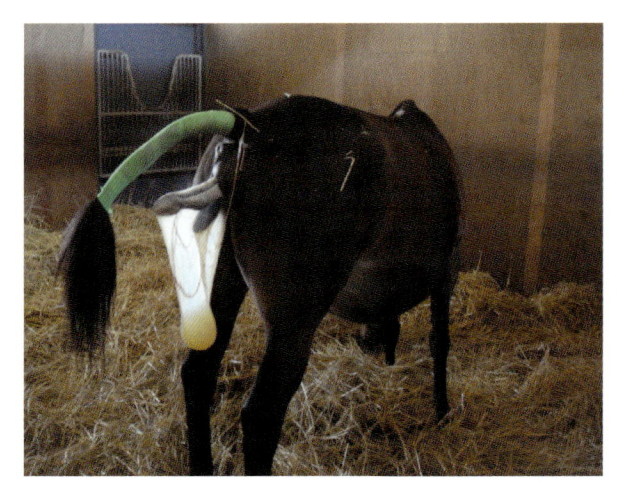

図3-10　足胞の出現(JRA原図)

意しなければならない。流産は妊娠後1～10ヵ月の間に起こるが時期によって初期と後期に区分する。

a) 初期流産

初期には微生物やウイルスによるものは少なく、一般にはホルモン失調、栄養欠乏、その他の原因によることが多い。これらの流産はあまり早い時期では胚が排出されずに子宮内で吸収されることも多く、流産がわからないことがある。したがって受胎後、安定期に入る80日目くらいに妊娠の再検査をする必要がある。

b) 後期流産

感染症、事故などによる転倒、蹴傷、臍帯捻転、双胎などが原因となる。301日齢以降325日までの娩出は、早産あるいは死亡していれば死産といい、325日齢以降の出産を正産という。

(3) 出産

分娩は単に子馬を娩出させる作業ではない。子馬が分娩後に順調に成長すること、母馬が分娩後に順調な種付け準備ができるような安全な出産を目指すことが大切である。

分娩馬房は、消毒され通常の馬房より広いものがよい。寝ワラは多めに敷き、暖かくて清潔で常に乾燥した状態に保つ。また、壁、床などの突出物は除去しておく。敷料は稲ワラあるいは麦ワラがよい。

分娩徴候は、分娩2～3週間前より乳房の膨張、食欲低下、殿部の沈下と腹部の下垂が始まり、1週間前より乳頭が突出して乳汁(乳ヤニ)が漏出し、旋回運動がみられる。当日には外陰部が腫脹突出し、落ち着きがなくなり、発汗、頻尿、横臥と起立を繰り返す(図3-9)。最近

はこれらに加えて、搾った乳汁を使い、pHや糖度あるいはカルシウム濃度の測定を実施することで、出産をより正確に予測する方法が開発されており、労力を要する分娩監視時間が短縮されつつある。

破水すると1時間ほどで分娩となる。清潔な作業着に着替え、様子をみながら包帯などで尾を束ねて汚染を防ぎ、尾が介助の邪魔にならないようにする。子馬の肢を包む羊膜(足胞)がみえたら胎勢(前後にずれた肢の上に鼻先が乗る)を確認し、できるだけ介助せず自然分娩を目指す(図3-10)。分娩中に起立と横臥を繰り返すのは普通のことである。

早期胎盤剥離(前置胎盤:赤い星状膜がみえる)、胎勢の異常、破水から50分以上娩出されない、および羊水が濁るなどの異常があるときは介助するが、必要以上の助産は難産につながるので注意する。

破水から4時間経っても出てこない場合は人為的に引き出さねばならない。

娩出されたら、自力呼吸を確認し、臍帯は拍動がなくなるまでつながっていることが望ましい(図3-11)。自然に切れたら感染を防ぐために臍部の消毒を繰り返し実施する。厳冬季は子馬の体を冷やさないようにタオルで馬体を拭き、母馬にもにおいを嗅がせて自分の子であることを自覚させる。

母馬が起立したら、胎盤停滞を防止するために、出ている胎盤を麻ひもなどで束ねて、床につかないようにする。そして後産が全部排出されたかを確認する。排出されないときは、子宮収縮を促進させる処置をする。産後の疼痛や粘膜の色の変調を認めるようであれば、病気の可能性もあるので、獣医師の診察を受ける。

分娩後は約9日目に初回発情があり、交配が可能であ

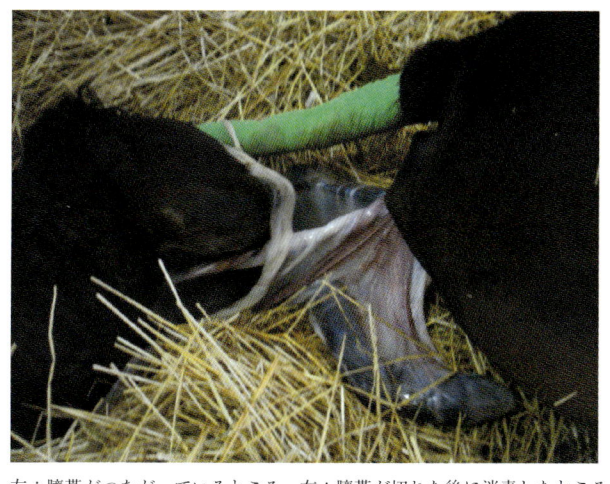

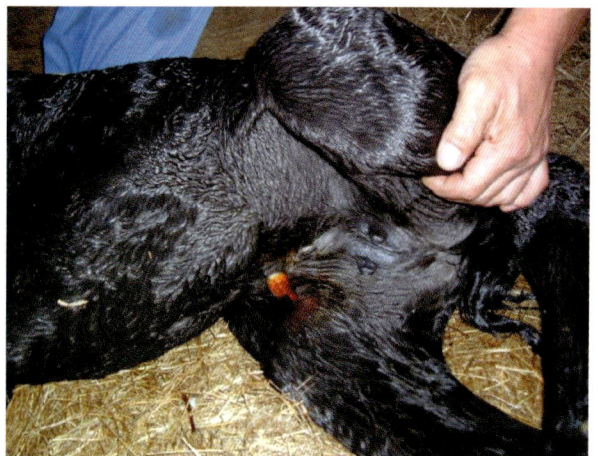

左：臍帯がつながっているところ，右：臍帯が切れた後に消毒したところ。
図3-11　臍帯が切れたら消毒を実施する（JRA原図）

る。場合によっては2ヵ月程度性周期が規則的に表れないことがあるため，この発情時に交配することもある。しかし，繁殖雌馬の体調がまだ回復しておらず，妊娠や出産に伴う組織損傷の可能性もあるため，初回発情での交配は可能な限り見送るべきである。

破水から娩出，臍帯切断，起立などの様子を分娩記録として残すと次回に役立つ。

4．子馬の管理

❶新生子の管理

新生子は通常出生後15分から3時間以内に立ち上がり，哺乳動作をする。自然分娩では介助を行った場合より起立時間が早まる。決して無理に起き上がらせたり，歩かせたりしてはならない。多くは出生後2時間以内に母乳を飲み始める（図3-12）。

初乳は免疫グロブリンを含んでいる他，胎子便を排泄させる通便作用がある。立ち上がった後30分以内に胎便の排泄が認められないときは，浣腸して取り除く。

❷新生子に対する免疫抗体の付与

馬の新生子は，微生物の感染から身を守るために不可欠な免疫グロブリンを，胎盤を通じて母馬からもらい受けていない。免疫グロブリンは母馬の初乳に含まれており，哺乳することによって小腸から吸収され，リンパ循環系を経て子馬の体内に移行する。血中に抗体が移行するまでには2～3時間かかり，母馬のもっている血中免疫グロブリンの濃度と同水準まで達し，微生物に対する感染防御効果を発揮するまでには48時間かかる。

子馬の腸が初乳中の免疫グロブリンを吸収する能力

図3-12　できるだけ早い初乳の摂取が重要（JRA原図）

は，生後24時間を越えるとなくなる。したがって，初乳を何らかの理由で哺乳できない子馬には，生後12時間以内を目安に母馬から搾った初乳，または冷凍保存しておいた他の馬の初乳を自然解凍し，3～4回に分けて，500mLずつ1時間ごとに人為的に与える必要がある。

初乳から免疫グロブリンを十分に摂取できなかった子馬では，血中免疫グロブリン量が100mL中400mg以下のことが多く，200mg以下ではとくに感染症にかかりやすくなる。

初乳を子馬に投与する場合には，溶血性黄疸に注意しなければならない。溶血性黄疸を起こしたら，すぐに哺乳を中止し，輸血をする必要がある。供血馬には，どのような子馬にも輸血可能なユニバーサルドナーを用いることが望ましいが，それが困難な場合は洗浄した赤血球のみを与える方法が用いられる。輸血後に回復し，48時間以上経てば，母馬からの哺乳が可能になるが，免疫グ

第3章　飼養管理

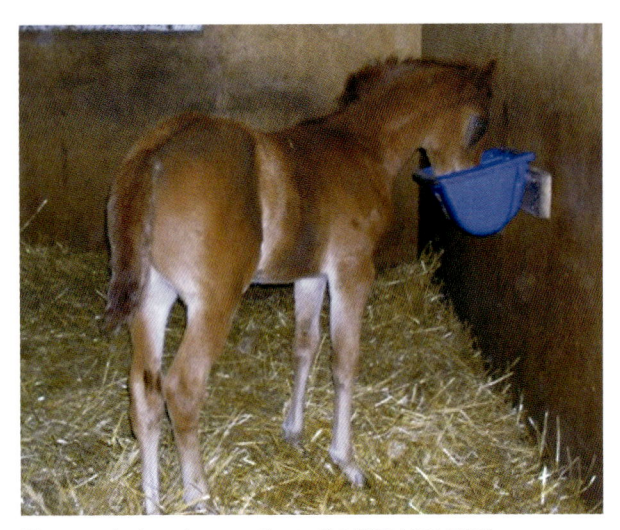

図3-13　クリープフィーディングの様子（JRA原図）

ロブリンが移行していないことが多いので注意する。初乳から得られた移行抗体の有効期間は2～3ヵ月であるが，次第に子馬自身が抗体を産生するようになる。したがって，生後3ヵ月までの子馬の管理においては感染症対策がとくに重要である。

出生から2週間は母乳のみの栄養摂取となり，食糞などにより母馬から腸内微生物を獲得する。次第に牧草を食すようになり，2ヵ月頃からクリープフィーディングを行うようにする（図3-13）。この時期から母乳の摂取量が減少していく。

❸幼駒の成長

春に生まれた子馬は生後6ヵ月頃となる秋には離乳し，年を越して「明け1歳」になる。順調に生育すれば秋には育成の専門牧場や，自場で鞍付け，ハミ吊り受けをはじめとする騎乗馴致を始める。初冬からは競走馬としての調教が開始され，明け2歳になると，早ければ6月には競走に出走することになる。

しかし，子馬の場合は年齢だけでは個体の成長の程度を正確に表すことはできず，飼養管理上の不都合が生じることも多い。たとえば，2月生まれの子馬は翌年の1月には11ヵ月齢になるが，6月生まれの子馬はようやく7ヵ月齢に達したばかりである。これを同等に明け1歳として取り扱うことには無理があり，とくに生後12ヵ月間は成長が早いため，「生後何ヵ月齢」という数え方のほうが適切である。

馬の成長の良否を判断するためには，品評会や資源調査にみられるように全体的な観察によって比較判断する他に，体の各部を測尺して数値的に表す方法がとられている。測尺は一般的に次の部位について行われている（図3-14）。

①体高：馬を正しく立たせ，き甲のいちばん高いところ（頂点）からの垂線を測る。
②胸囲：き甲の頂点に近いところを垂直に輪切りしたように胸隔に巻き尺を巻いて測った値。息を吸ったときと吐いたときの値の中間をとる。
③管囲：左前肢の管骨の中央部に巻き尺を水平に横断するように巻いて測る。計測する部位に傷があるときは右前肢で計測する。
④体重：正確な体重は馬衡器で測る。

この他にも30～40項目の測尺部位と使用する器具があるが，成長過程をみていくにはこの4点を計測すれば十分である。

また，測尺と同時に化骨の度合いも検査する。化骨検査の部位としては，球節，橈骨遠位，尺骨頭，踵骨頭などがあり，それぞれ化骨の時期，度合いが異なる。球節は12ヵ月齢，橈骨遠位は25ヵ月齢，尺骨頭は32ヵ月齢，踵骨頭は24ヵ月齢で化骨が完了する（2章Ⅰ「4．骨の成長」66頁参照）。

子馬の出生直後の体高は100cm内外，胸囲は80～90cmで，これを比率でみると，胸囲：体高＝83：100程度である。その後，胸囲の成長が体高の伸長を上回り，ある時期になるとその値が逆転する。

体高の成長曲線と胸囲の成長曲線が交叉することを"体高，胸囲のクロス"といい，この時期を子馬の成長の度合いを計るうえでの大きな目安としている。体高，胸囲のクロス時期が早すぎるときは，骨や腱との発育のバランスを失う恐れがあり，逆に遅すぎるときは子馬の成長が遅れていることを示している。

子馬の成長の早い遅いは，先天的な遺伝的素質によって影響を受ける。また，二次的な因子として母乳の質と量，離乳前後の飼料の与え方，子馬の健康状態，気象条件など，さまざまな要素が加わり，一概に同一枠にはまるような成長曲線を得ることは難しい。

生後24ヵ月齢になると，よほど大きな欠陥がない限り，どの馬も平均的な大きさまで成長するが，できれば毎月測尺を行って，成長度合いや成長過程について検討を加えることが望ましい。また，その成長のリズムを考え，離乳や給餌などを牧場単位で一斉に行わず，早生まれ，遅生まれの群に分けて行うなどの工夫が必要である。また生後6ヵ月の離乳を迎える時期までは，とくに肢勢

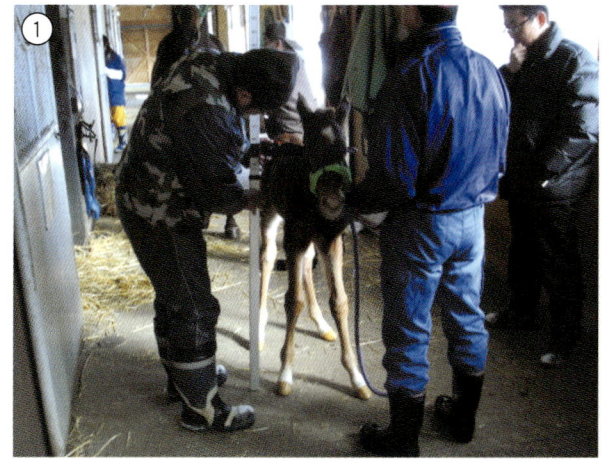

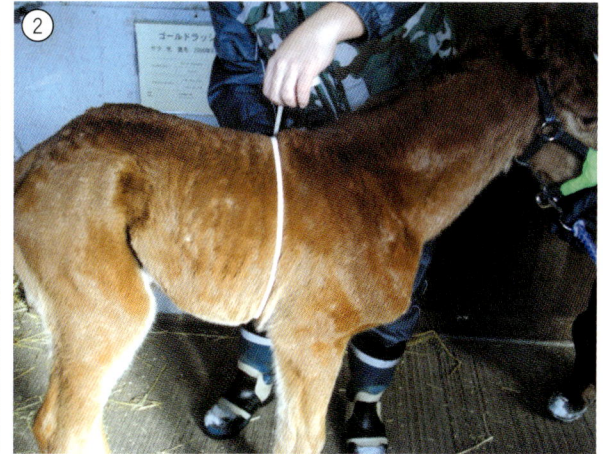

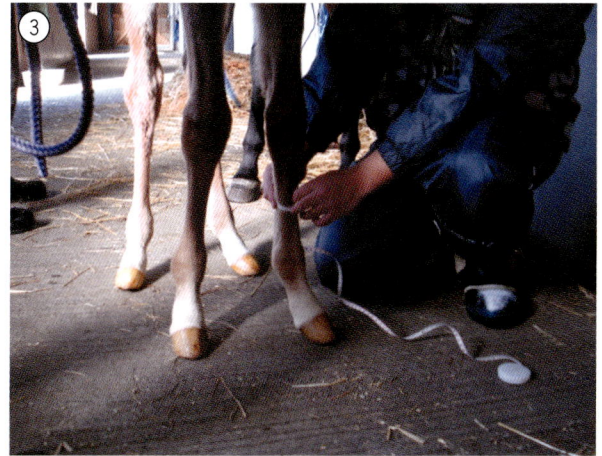

図3-14　測尺の様子（①体高，②胸囲，③管囲，④体重）（JRA原図）

についても注意しておく。歩様，繋軸の立ち具合，内反，クラブフットなど，その予防や治療方法について，獣医師，装蹄師および栄養指導者と相談しながらケアすることが望ましい。

子馬にとっては放牧環境も大事な要素で，広さ，土壌の質，放牧時間，昼夜放牧，休息環境などあらゆる条件が成長に関係してくる。子馬はちょっとしたことがストレスになり，成長に影響を及ぼす。

❹当歳馬の教育

生まれてすぐに，（夜生まれたものは翌朝から）放牧が開始され，このときから当歳馬の教育が始まる。人との信頼関係を築くためには常に人と一緒に歩くことをまず覚えさせる。当歳馬は両側から抱きかかえるように2人，後押しが1人，母馬に1人の計4人がかりでリードする。

馴れてくると右手で常に馬の頸から胸前にかけて抱きかかえ，さらに後ろから1人が後押しをする。歩けるようになれば，無口頭絡を装着し，左手で母馬，右手で当

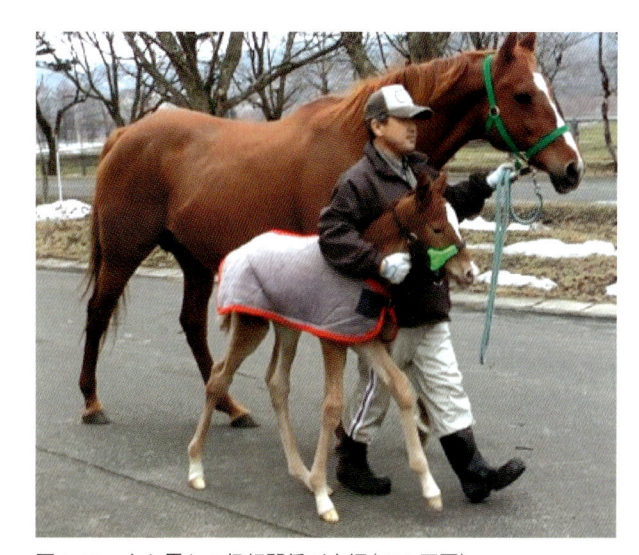

図3-15　人と馬との信頼関係が大切（JRA原図）

歳馬の頭絡をもってリードしていくという基本の形が完成する（図3-15）。このとき，決して左右が逆になってはいけない。

また当歳馬，人，母馬が一直線に並ぶことも併せて教える。悪ふざけをさせないことや，キビキビとした

ペースで歩かなければいけないことも教えていく。小さいうちに基本になることをしっかり教えることが大切である。

競走馬の場合，離乳は5〜6ヵ月が目安となり，体重や栄養状態を考慮して実施する。離乳方法はさまざまなやり方があるが，放牧中に数頭ずつ，1週間程度の間隔を空けて母馬を引き出して実施すると，比較的安全に，ストレスを最小限に抑えることができる。しかしながら離乳直後は母馬も子馬も食欲がなくなり，ストレスをためることが多いので体重の減少や病気に注意する。

5. 競走馬の管理

競走馬の管理といっても基本はいままで述べてきたことと違いがあるわけではない。幼駒の時期に培った環境や教育および牧場での馴致は，競走馬になってからの馬の管理の成否に大きくかかわる。

❶入厩

トレーニング・センターや競馬場に施設外から入厩する場合は，伝染病から馬を守る防疫上の観点から，入厩検疫を受けなければならない。馬名登録に必要な検査や一般状態の検査に始まり，馬インフルエンザなど所定の伝染病に関する予防接種状況の確認や必要な検査が行われる。

❷調教

晴れて入厩をはたした馬は，調教を開始し競走馬としての生活をスタートさせることとなる。調教のなかには発走練習も組み込まれ，試験の合格を目指す。

調教が徐々に激しくなってくると，競走馬の職業病ともいえる運動器疾患との闘いが始まる。また，心肺機能への負担も重なり呼吸器疾患を呈する馬や，ストレスなどにより，疝痛などの消化器疾患を生じる馬も少なくない。

出走することを目的に調教を実施しているため，競馬法で禁止されている薬物の使用に最大限注意しながら，日常の獣医師の診療を受けることになる。この他，定期検査や予防接種なども行われる。

❸輸送と出走

調教が順調に進み，禁止薬物を投与していないことが確認され，出馬投票を行うと出走することとなる。競馬出走へのハードルの1つに輸送がある。馬の輸送は，現在ではトラックあるいは専用の馬運車によって行われている。海外への輸送には航空機（フェリーによる輸送もある）が用いられるが，最終的に目的地へは馬運車が使用される。

馬は経験したことのない場所に移されたり，入れられたりすることに対して警戒心が強い動物であり，成馬になってからいきなりトラックに積み込むと，不安や精神的な著しい緊張のためにいら立ち，全身発汗，狂騒を示す。また，狂騒のため輸送を継続できない場合もある。

しかし，当歳時より馬運車への乗降や輸送のための馴致や教育が施されていればそのようなリスクを回避できる。母馬の種付けやセリのときに同行している子馬は，馬運車の乗降に馴れ，車の発進・停止・走行中の揺れに対応する肢の踏ん張り方を覚え，恐怖心をもたなくなる。久しく馬運車に乗っていない馬では輸送に拒否反応を示すことがあり，この場合には再教育が必要で，おとなしい同僚馬と一緒に練習する必要がある。

馬運車による輸送は，短時間であれば体力の消耗はほとんどないと考えてよい。しかし長時間の場合にはさまざまな問題が発生しやすい。輸送熱はもっとも多くみられる現象である。通常，輸送開始から20時間を超えた時点から輸送熱の発症率が高くなる。輸送熱の発症原因としては次の4項目が強い関連性をもっていることがわかっている。

①呼吸器病変の存在
②馬運車内環境の悪化：時間とともに増加するアンモニアガス量，塵埃量，浮遊細菌数など
③呼吸数および心拍数の増加
④ストレス：物理的，科学的，精神的因子など

これらは単独に作用するばかりではなく，相互に関連して発症することが多いので，少しでも減らす工夫をする必要がある。

輸送の前後は馬体の異常確認や検温を必ず実施する。競馬当日はあらゆる治療行為が禁止されている。馬をリラックスさせ，体調管理に気を配り，出走に備える。出走後はクーリングダウンを十分に行い，鼻出血や跛行の有無，外傷，眼病など馬体のチェックを入念に実施する。また，出走直後の摂食による食道梗塞にも注意する。

VII 厩舎と環境

競走馬は通常1日の大半を厩舎ですごす。この厩舎は馬にとって1日の運動の疲れをいやすための安らぎと休息の場である。厩舎は採光や換気がよく，糞尿処理の点で衛生的であり，構造的に馬やヒトを自然環境から保護し，飼養管理上も効率的であることが望ましい。

ここではJRAのトレーニング・センターで競走馬用に建てられた厩舎を中心に，その構造と機能について記載する。

1．厩舎

❶構造

厩舎は，いつ起こるかわからないきびしい外力，たとえば雪，風，雨，温度の変化，地震などに備えたものであり，建物の耐用年数を通してそれらに耐えられるものでなければならない。

厩舎の備えるべき性能と構造の目標要点は，厩舎を建てる地域性，用途機能を十分満たしていることと同時に，馬文化の形成と発展に整合するものであること(目的性能)が好ましい。安全性に関しては予測される使用条件，荷重条件において十分余裕をもって保たれ，その耐用年数の限度内に起こりうる災害から，馬やヒトの生命・財産を十分保護できるものであること(安全性能)が不可欠である。

建物は現実に施工，建築ができるものでなければならず，具体的な計画による施工が可能であり(実現性)，さらに，設備投資と利益がその時代，その社会に裏づけられていなければならない(経済性)。

通常，どの構造物でも図3-16のような構成をもっている。部材は個々を構成する材料であって，構造要素である建築材料は，

①屋根，床，小梁，大梁，桁など(横架材)
②柱，壁など(支持材)
③基礎，土台，地盤など(下部構造)

に分類される。

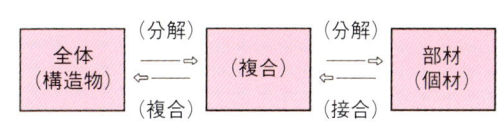

図3-16　構造物

構造物全体の部材構成にかかわりなく，構造方式で区別する場合には，用途・規模・形状別とその構造を形成する材料・工法別がある。材料・工法別のうち，厩舎で用いられるものとしては木質構造，鉄筋コンクリート構造，軽量鉄骨構造，組積構造(レンガ，ブロック)がある。

最近の厩舎では，日々の飼養管理の効率性から通路などに余裕をもたせる傾向にある。その結果，従来の木質系のみでは構造上の安全性に限界があるため，木質と軽量鉄骨構造を組み合わせる場合が多い。

(1) 屋根の型

厩舎の外観をもっとも特徴づけるのは屋根の形状である。とくに，屋根の構造は換気機能向上と外観意匠上，必然的に複雑で目立つ形状となる。

一般的な畜舎の屋根の形状は図3-17のとおりである。このうち馬の厩舎で多くみられるものは切妻型，越屋根型である。

切妻型はもっとも基本的な型で，構造的には建設費が割安となる。棟部に開口部が設けてあり，屋根の勾配が大きければ大きいほど気流の上昇速度が速まることから換気効率がよく，また屋根面の日射負担も屋根の勾配が大きいほど軽減されるため，広く用いられている。

たとえば，牛舎の屋根の勾配(垂直／水平)は1／3〜1／2が推奨されている。ちなみに，滋賀県栗東市にあるJRA栗東トレーニング・センターの厩舎は1／2.9(3.5/10)でやや緩勾配である。

切妻型はJRAの厩舎を代表する構造である。棟部が中心より片寄っている切妻型は，短い屋根を南にとると日射負担が軽減されるが，換気効率ではやや不利とされる。この型の屋根の勾配は1／4(2.5/10)である(図

第3章　飼養管理

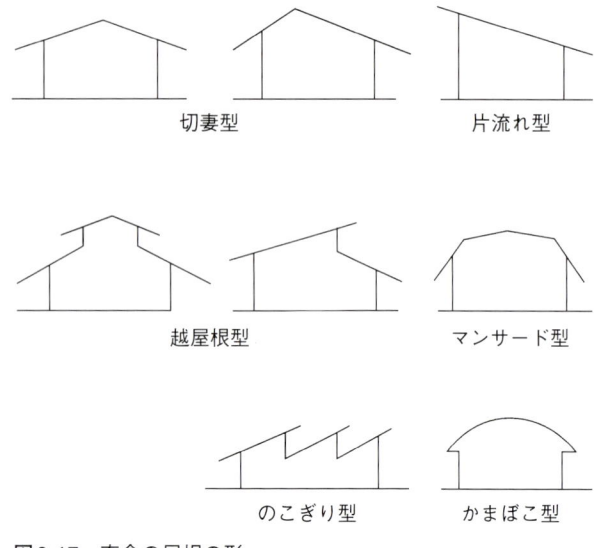

図3-17　畜舎の屋根の形

図3-18　切妻型屋根（JRA栗東トレーニング・センター新型厩舎）
（JRA原図）

表3-18　屋根の熱貫流率

（kcal/㎡・時・℃）

	トレセン旧型	競馬場型	栗東新型
屋根構造・部材	大波スレート葺 t=6.3mm 木毛板 t=25mm	カラーベスト t=6mm アスファルト ルーフィング ラワン合板 t=9mm	カラースレート葺 アスファルト ルーフィング940 複合断熱材 ・T1ベニヤ 　t=12mm ・発泡ポリスチレン 　t=20mm ・化粧ケイカル板 　t=6mm
熱貫流率	2.63	4.0	0.67

t：板厚。

3-18）。

越屋根型は換気のため，屋根の上にさらに小屋根を設けたもので，トレーニング・センターのモデル厩舎で採用された際の屋根の勾配は1/2.9（3.5/10）と従来より急勾配であった。

(2) 屋根の断熱性

馬は発汗性動物であるため，ある程度の暑さには耐えられるとされている。しかし，高温が長時間続くと暑熱により食欲不振に陥る。これは，夏季の健康管理，コンディションづくりでもっとも気をつかうことの1つであろう。そのためにも，屋根の断熱性は厩舎内温度が必要以上に高温とならないように考慮されるべきである。

とくに，日没後の厩舎内温度と外気温との温度差をできるかぎり小さくするために熱伝導率の小さい材料を使用すべきである。つまり，蓄熱した屋根材からの輻射熱の影響を受けにくい材料選定が必要である。熱伝導率は材料により異なり，単層構造よりも多層構造のほうが断熱性にすぐれているが，多層構造では費用がかかるため，地域の気象条件を的確に把握して検討する必要がある。

断熱の評価としては，熱貫流率がある。熱貫流率とは，多層構造の複雑な熱伝導を物体の熱的性質として表したものである。これは，屋外の温度に応じてどの程度の熱量がそれぞれの材料を貫いて流れるかを調べるために用いられる。屋根の熱貫流率は，牛舎では1kcal/㎡・時・℃以下が推奨されている。厩舎についてもこの値を参考としてよいであろう。

開放型の屋根の熱貫流率は，壁のそれよりもできるかぎり小さい値のほうがよいとされている。

表3-18は屋根の違いによる熱貫流率を示したものである。従来のトレセン（トレーニング・センター）旧型，競馬場型の厩舎は，熱貫流率はともに1kcal/㎡・時・℃より大きく，断熱性において劣っていたが，栗東トレーニング・センターの新型厩舎では断熱材を用い0.67程度となっている。

(3) 壁

畜舎，とくに暖地型牛舎は健康管理，作業効率，生産性の向上のため外壁をできるかぎり少なくしている。また，内部の隔壁を取り払った開放型が主流である。これは，通風確保の点でも有利な考えとなっている。

これに対し，馬の厩舎は1頭1馬房であるため，内部の隔壁も多くなり，外壁も牛舎ほど開放的ではない。しかし，最近では通風をよくし，健康管理の向上をはかる

ために，壁の面積に対する開口率を増やすことも必要とされている。壁の開口率を増やした場合，どうしても強度的な構造壁の面積を相対的に減少させることになる。したがって，構造用合板を使用したり，筋交いを多く入れて強度を確保する必要がある。また，暑さに弱いとされている馬のために，馬房には暑さ対策が求められる。そのため，夏季には断熱性および換気量を高めて，熱が入らないあるいは熱が篭らないように対策を講じる必要がある。

断熱性については，外壁に使用する材料，壁内に充填する断熱材，内壁に使用する材料によって確保することができるが，馬房の場合は開口部が多いため外壁の断熱性能にはあまり期待できない。そのため，庇を長く出し直射日光を避けるなどの方策が必要となってくる。また，馬房の天井高さを高く，あるいは天井をなくして棟頂部に換気口を設けるなど，熱せられた空気の排気に配慮すべきである。

(4) 基礎（土台）

基礎は建物の安全に対して重要な役割をはたすもので，建物の規模により異なる。鉄筋コンクリート（RC）では荷重も大きく，耐用年数的にも堅固にする必要がある。建物内部の空間を広くとる場合には柱の間隔も長くなり，構造を支える基礎も必然的に大きくなる。建物を支持できるかどうかの地質調査は，建設にかかわる費用の大小にも影響する。そのため十分な事前調査が必要である。地質調査の結果は，敷地に建設される他の建物の配置計画にも利用される。

基礎の基本型には柱を独立して支える独立基礎と，壁全体に沿って水平方向に連続して設ける布基礎がある。厩舎では，馬房が連続する構造であるため布基礎が多い。基礎の不等沈下（不均一な基礎の沈下）防止のために基礎固めとして砕石，割り栗石基礎を行う。杭基礎を必要とする場所は軟弱な地盤が多く，厩舎に適さないためできるかぎり避ける。

❷配置

配置計画は経済性に影響する重要な要素である。敷地の有効利用計画の良し悪しが，その後の経営に大きく影響するため，厩舎の配置計画のみならず，将来の全体構想についても十分検討しておく必要がある。

配置について考慮すべきことは，さまざまな条件によって異なってくる。牧場とトレーニング・センターではそれぞれの目的に応じた配置がある。いずれもかぎられた敷地の制約があり，画一的な配置とはならない。

しかし，一般的な共通点として，検疫厩舎や隔離厩舎は馬の防疫上，厩舎地区から離れて配置される。それ以外のものについては，それぞれの目的に合わせ，馬場，放牧場，採草地，飼料倉庫，機械・器具倉庫，堆肥置場，管理事務所，宿舎，駐車場をいかに厩舎地区と使い勝手よく配置するかにある。中小規模の牧場では，厩舎地区を１つに集約するほうが作業効率がよく，大規模な牧場では輪牧を考えて，１つの放牧地群に１つの厩舎を配置するほうが望ましい。

いずれも，気候，風土，水などの自然環境をよりよい状態で享受でき，それでいて風水害など自然による破壊を受けにくい立地条件を選定すべきである。また同時に，自然との調和を保ちつつ周辺環境への調和も大切にしてもらいたいものである。

❸設計上の基本

厩舎は馬の生産地では繁殖，生産，育成を目的とする施設である。しかし，生産地以外の大部分では直接的生産施設とはならず，間接的生産施設となる。経済活動を行うことは当然費用の支出を伴い，経済活動を目的とすれば，利益を上げることが必要となる。少なくとも，投資に見合うものを考えた場合には，土地造成を含めた建設費が安価であり，建物は耐久性があって１ヵ所に集約されており，効率よい作業環境で維持管理費の支出が少ない施設を設計すべきである。

(1) 建築基準法など

実施設計に際しては，建築基準法や関連法規などを，また，新たな開発行為が必要な場合には関係する法的規制をそれぞれよく検討し，周辺への環境に配慮した無駄のない実施計画を行う。これらの適用基準は地域や規模により地方公共団体ごとで扱いが異なるため，計画の実現性については関係者と綿密に打ち合わせを行うことが必要である。

(2) 収容頭数

十分な管理をするには，馬の取り扱い，監視，作業性などから直線１棟20馬房が限度であろう。L字型，コの字型，T字型などと組み合わせる方法もあるが，馬房の位置関係で環境が変わるため，立地条件，気象条件を考慮する必要がある。

(3) 厩舎の方位

トレーニング・センターの厩舎はほぼ東西方向に建てられているが，これは，ヒトが馬と同じ棟に同居していることで，ごく自然な建て方である。馬単独の厩舎を建てるときも，厩舎環境上，東西方向がよい。ただし，立地条件によっては，夏季の夕方に厩舎内の気温を下げるために風向を検討し，風の導入を利用した環境設定を考える。参考までに，栗東トレーニング・センターの厩舎はまったくの東西ではなく，東側が16°南に振ってあり，夕方に風を導入しやすい理想的な方位をとっている。

(4) 馬房の位置

ヒトの居室はほとんどが南に位置している。これとは対照的に温暖地の馬房は北向きに位置し，寒冷地では南向きに位置するものが多い。

どちらがよいのか判断することはむずかしく，立地条件，気象条件，さらには作業性の問題もあり，一概には決められない。しかし，温暖地の夏季の極暑時においては，馬房内温度と放射熱（グローブ温度）は南向きの馬房より北向きの馬房のほうがそれぞれ低く，温熱環境にすぐれていることが判明している。これとは反対に，寒冷地では南側馬房が推奨される。

(5) 厩舎の屋根型

温暖地では越屋根型が自然通風，換気の点ですぐれている。屋根の断熱材の熱貫流率は1 kcal/㎡・時・℃以下がよい。

(6) 断熱材

断熱対策は建物の基本である。最近では建設用材料も断熱性を考慮したものが各種出回っており，実際の使用にあたっては設計士と相談し，投資に見合うものを選択する。

❹維持管理

いかに立派な建物を建設しても，それを竣工時のまま維持することはなかなか困難なことである。維持管理の主な内容は，建物の根幹にかかわるものを除けば，ほとんどが日常管理で日々必要となる小規模な修理であるといえる。

維持管理で必要とされている個所は一般的に，水回り，馬房床，馬房板壁，扉などである。厩舎の水回りは，飲水や給飼関係のものを除くと，ほとんどが屋外施設であるため，傷みに伴う修理費は軽微である。

屋根の葺き替え，外壁の塗装などは恒常的に発生しないため必要に応じて適宜管理すればよい。ただし，屋外の鉄骨塗装は4～5年で塗膜が劣化するため，建物の重要な構造部分については4～5年ごとに再塗装することが望ましい。

(1) 馬房床（粘土叩き）

厩舎の維持管理でもっとも手のかかる部分は馬房床である。馬房床は「粘土叩き」ともよばれるように，粘性土が使用されていた。このため馬が馬房内で前掻きをすると，どうしても床面に凹凸が生じる。この凹凸は，排尿が滞留して不衛生であり，湿気で木柱や土台が腐るため，ないほうが好ましい。しかし，この修理はいったん馬を移動させなければならず，人手と日数がかかるため，計画的に行う必要がある。

現在採用されている馬房床はかなり硬く仕上げてあるため，修理範囲にコンクリートカッターによる切断線を入れ，ピックハンマーで掻きほぐす。撤去後，粘性土に消石灰，ニガリまたはセメント系固結材を混合し，コンパクターなどで十分に締め固めて養生する。固結材の添加量はマサ土のシルト含有量によっても異なるが，セメント系では容積比2～6％程度で，実際の使用にあたっては，添加量の配合試験を行い決定する。

JRAでは，厩舎の馬房床の修理を少なくするためにゴムマット敷きなどを行い，馬房内の環境整備をはかっている。

(2) 馬房板壁

馬房床についで修理が多いのは馬房板壁である。馬が馬房内で興奮したり，起き上がるときに，はずみで馬房板壁を蹴ったりすることによって修理の必要性が生じる。馬房の壁はほとんどが板壁であり，破損した板壁や露出したクギによってけがをする危険性があるため，合板を2枚重ねにし，ネジ止めすることが望ましい。

❺防火設備

厩舎の多くは木造建築物であり，そのなかでは，乾燥飼料を収納し可燃性敷料を使用していることから，火災に関する点では非常に無防備な建物である。

建築基準法では一般の木造建築物と同様の取り扱いとなっており，外壁の不燃化は，用途地域や規模によって決定されるが，耐熱材（モルタル仕上げなど）や，2階建て以上で隣棟間隔が10 m以内のときは防火措置として不燃材（サイディングなど）の使用が義務づけられている。

一例として，建築面積が500㎡以上の場合には，防火区画(シャッターなどによる遮断)の設置義務があるが，連続する20馬房の厩舎でさえも500㎡以下の面積となるため，設置する必要はない。

しかし，実際には中央部分に馬糧庫，倉庫類を設置することにより，防火区画的な性格をもたせている。なお，行政指導によって消火器の設置(条件により異なるがおおむね1本／1フロアー)も義務づけられている(図3-19)。

その他，自主防火設備としては，1ヵ所で集中管理のできる煙感知器システムや屋外100mごとの消火栓の設置が望まれる。

馬の出し入れなどの使い勝手や，冬季の日射角度による衛生環境を考慮すれば，隣棟間隔はできるかぎり幅広くとるべきであろう。なお，馬房背面の扉は緊急時に使用できるようになっているが，日常管理に必要な作業用扉(図3-20)としてとらえるべきであろう。いざという場合には，むしろ馬房正面から逃避させるほうが妥当であり，正面扉のほうがやや広く造られている(図3-21)。

❻その他の施設との関係

厩舎に付属する施設としては，洗い場がある。洗い場は厩舎にもっとも近いところに設けられる場合が多い。水を使用するため，床の材質にはコンクリートが使われ，その上にゴムマットを敷いたりウレタン舗装(t＝10〜13mm)をして，馬の蹄を保護している。洗い水は冬季を考慮し，ガスボイラーなどによる温水設備を設けてある。栗東トレーニング・センターの厩舎の例では，6頭の馬を同時に洗うことができるように，80,000kcal×2台(1台あたり3頭洗浄可能)＝160,000kcalを設置し，1台が故障しても大丈夫なように若干余力をもたせた設備となっている。洗い場の構造はコンクリート壁にゴム張りの壁型(図3-22)と鉄柱による開放型がある。屋根は鉄製の大型折板が一般的である。

2．馬房

❶種類と規模

馬房は特殊なものを除けば使用目的がそのまま名称になっており，さらに馬房の名称がそのまま厩舎名となっている。たとえば，繁殖雌馬用馬房といえば「繁殖雌馬用厩舎」を示すことになる。同じ厩舎のなかに目的の違う馬房を複数設けることは少ない。

馬房の規模は国によっても違うが，1971年までに建

図3-19　防火設備(JRA原図)

図3-20　馬房背面扉(JRA原図)

図3-21　馬房正面扉(JRA原図)

第3章　飼養管理

図3-22　洗い場(JRA栗東トレーニング・センター新型)(JRA原図)

設されたイギリス南西部の平均的な馬房を例にみてみると，馬房床の広さは約3×4m(12〜13㎡)，天井の高さは約3m，前扉の高さは約2.2〜2.3m，前扉の幅は約1.05〜1.2mとなっている。

馬房のうち，繁殖用については一般的に以下に示すような事柄を考慮したほうがよいといわれている。

(1) 分娩用

分娩馬房は他の馬房と比べて広く造られている。とくに前扉は車両が出入りできるだけの幅をとるべきであろう。一方，分娩厩舎として考えた場合は，分娩監視室，治療準備室などの付帯施設が備えてあったほうがよい(図3-23)。

(2) 繁殖雌馬用，種雄馬用

種雄馬厩舎は繁殖雌馬厩舎から離して造るのが一般的である。種雄馬厩舎は繁殖雌馬厩舎の風上におき，雌馬から若い雄馬や騸馬(せんば)が遠くにみられる程度の位置がよい。

(3) 哺育用

哺乳期の子馬だけに濃厚飼料や哺乳用飼料を与えるときには，繁殖雌馬用馬房の一部を仕切って哺育馬房が造れるようにしておくと便利である。

表3-19に国内，表3-20に海外の推奨値，表3-21に海外・国内競走用馬房の規模を示す。

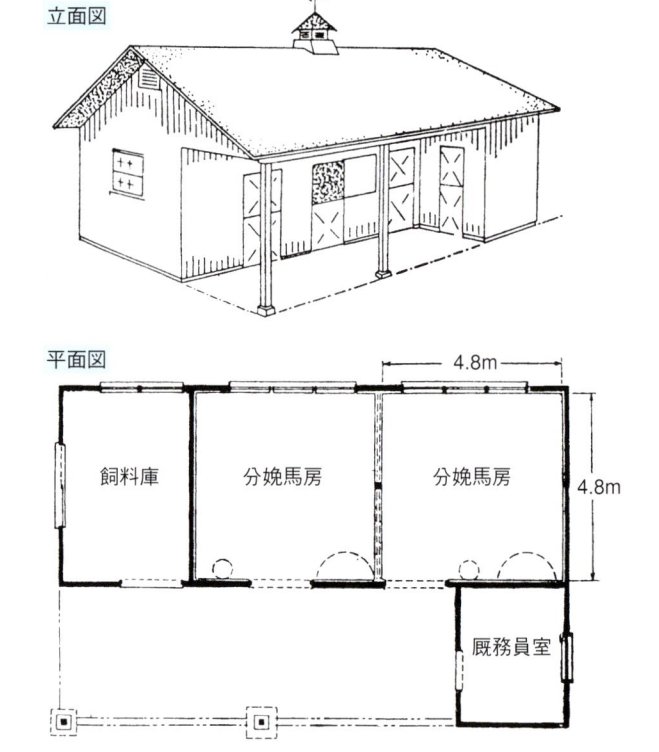

図3-23　繁殖雌馬用および分娩用厩舎の一例

表3-19　馬房の種類と規模(国内)

(単位 m)

種類＼規模	馬房床の広さ	天井の高さ(最低)	前扉の高さ(最低)	前扉の幅(最低)
1．繁殖雌馬	3.6×3.6	2.7	2.4	1.2
2．分娩	4.8×4.8	2.7	2.4	2.4
3．種雄馬	3.6〜4.2×4.2	2.7	2.4	1.2
4．哺育	1.8×2.7	2.7	2.4	1.2
5．若馬	2.7×3.7	2.7	2.4	1.2
6．成馬	3.6×3.6	2.7	2.4	1.2
7．隔離	3.6×3.6	2.7	2.4	1.2

表3-20　馬房の種類と規模(海外推奨値)

(単位 m)

	馬房床の広さ	前扉の高さ	前扉の幅
1．放し飼いポニー	3.0×3.0	2.4	1.2
2．一般	3.6×3.6	2.4	1.2
3．分娩	5.0×5.0	2.4	1.2

表3-21 競走用馬房の規模（海外・国内）

(単位 m)

	種類	構造，馬房床の広さ	壁	天井材高さ
海外	ニューマーケット競馬場	レンガ，片馬房，コンクリート 3.0×4.5	コンクリート	板張り
	スタンレーハウス新厩舎	レンガ，中廊下，コンクリート ＋マット 4.0×4.0	板張り，下部ゴムマット張り	
	オーク厩舎	コンクリートブロック，中廊下 4.15×4.15	コンクリートブロック積み	板張り　3.3
	クリスチャンヘッド新厩舎	レンガ，片，両馬房，コンクリート 3.5×4.0	板張り	板張り　3.3
	フランソワベルモント厩舎	コンクリートブロック，変形片馬房 3.2×4.0	コンクリートブロック積み	陸屋根
	ギイボナバンチュール厩舎	RC，片馬房，中廊下 コンクリート 3.5×3.5	コンクリート	板張り
	ベルモントパーク． （アクェダクトも同じ）	木造，回廊式，板張り 3.05×4.25	板張り	板張り　3.0
国内	JRA トレーニング・センター 旧型厩舎	木造，片馬房，粘土 3.0×4.0	合板張り	合板　3.0
	栗東トレーニング・センター 新型厩舎	木造，片馬房，粘土 3.3×4.0（通路3.4）	合板張り	天井なし
	JRA 競馬場厩舎	木造，片馬房，粘土 2.7×3.6	合板張り	天井なし
	国際厩舎 （東京競馬場）	RC，回廊式，コンクリート＋ ゴムマット 3.5×4.0	コンクリート＋ 下部ゴムマット張り （H＝2.0）	コンクリート　3.2

❷馬房床

馬房の床は，粘土（固化剤入り），コンクリートによるものが大半であるが，板張りもある（表3-21）。海外ではコンクリートが多く見受けられるのに対し，日本では粘土（固化剤入り）による床仕上げが多い。古くから採用されてきた粘土叩きはコンクリートに比較して馬の蹄に対するあたりが柔らかく，日本の気候風土にも適した材料であるが，現在は入手困難である。

馬房床に使用される粘性土は，そのまま叩いて仕上げることもできるが，粘性土は尿の水分で締め固まった状態からもとの柔らかい状態にもどるため，セメント系固結材を加えてコンパクターなどで締め固めるのが一般的である。

締め固めは，土の最大乾燥密度が得られる最適含水比付近で行うのが最良である。またトレーニング・センターの馬房床は，15cmの厚さを2層仕上げとし，改修しやすくしている。

表3-22 粘土叩きの配合例（1 m² あたり）

粘性土，マサ土	消石灰	ニガリ	セメント系
1.21 m³	2.0 袋 （20 kg/袋）	1 式	－
1.21 m³	－	－	2〜6％

注1）粘性土1 m³× 割増率10％× ロス率10％
2）実際の施工にあたっては配合試験の上決定する。
3）ここでいう粘性土は「シルト，粘土」を含有し，粒土試験（JIS A1204）による粒径加積曲線の粒土 0.075 mmPASS が 18％以上のものである。
4）突き固めによる土の締め固め試験（JIS1210）を実施することが望ましい。

粘性土はコンクリートのように馬の前掻きに抗しきれないため，時間の経過とともに馬房床表面は凹凸になる。馬房床表面の凹凸は尿が溜まるために不衛生であり，適当な時期をみて修理することが望ましい。修理については維持管理の項（216頁）を参照されたい。マサ土と固結材の配合の割合の一例を表3-22に示す。

第3章　飼養管理

❸換気

換気は，馬房内の塵埃の排出や，夏季の馬房内温度の上昇を防ぐなど環境維持のためにも重要である。厩舎の換気は自然換気を主体としているため，厩舎内の気温と外気温の差および外の風の強弱に影響されやすく，受動的にならざるを得ない。厩舎は各馬房の壁により仕切られているため，意外と通風が悪い。そのため，温暖地における自然換気の促進法としては，

①越屋根型を採用し，屋根の勾配を大きくとる
②開口率を大きくとる
③天井を設けない
④通路を広く取る
⑤建物内容積を大きくとる

などの工夫がなされており，それによってかなり改善できるものである。機械式換気設備の外気導入方式（図3-24，図3-25）は換気量が安定して好ましいが，設備費が大きくなりやすい欠点をもっている。

馬房内の必要換気量は，体重450kgの馬の場合，夏では2.8㎥/分，冬では1.7㎥/分である。

厩舎内における空気中の炭酸ガス，硫化水素，アンモニア濃度は，通常の管理であればさほど問題とはならない。むしろ，カビ類が付着した敷料を交換するときに，カビ類が塵埃となって空中を浮遊することのほうが問題である（表3-23）。

❹温度

馬は発汗性動物であるから，高温環境下では，体の熱交換の大部分は皮膚や呼吸によって水分が蒸発する体熱放散により行われる。

馬が快適と感じる温度の範囲は7〜23℃で，13℃が最適とされている。寒冷地の冬季における夜間の気温は零下になることもめずらしくないため，何らかの保温対策も必要であろう。

温暖地の極暑期における馬房温度への対処は，換気促進方法や断熱材の使用によってある程度解消できる。この他に，厩舎周辺の植栽も効果があるため，通風を妨げないような形での環境整備をはかることも必要である。

❺湿度

馬が快適と感じる湿度の範囲は50〜75％で，60％が最適とされているが，湿度を人為的にコントロールすることは一般的には行われていない。梅雨期の厩舎内の湿度への対処方法としては，換気による通風速度を速めることで，体感的に緩和することも考えられているが，根

図3-24　機械式換気設備（屋根上）（JRA原図）

図3-25　機械式換気設備（屋根裏側）（JRA原図）

表3-23　冬・夏季における乗馬厩舎内塵埃量（mg/m³）

項目＼場所	厩舎内	厩舎外
冬の平均（4ヵ月）	0.41	0.04
冬の敷料交換時濃度	0.8	—
夏の平均濃度	0.25	—

本的な解決方法ではない。また，いまのところ冬季の乾燥時にもこれといった対処方法がないのが現状である。

❻採光

厩舎内の環境として欠かせないものの1つに採光がある。採光は馬のみならず，厩舎に携わるヒトにとっても重要である。温暖地では極暑期のことを考慮して馬房が

図3-26　厩舎正面(JRA原図)

図3-27　厩舎背面(JRA原図)

図3-28　厩舎通路(JRA原図)

図3-29　厩舎洗い場(JRA原図)

北に位置しており，採光も南側の通路の窓から取り入れるのが一般的である。

　馬房は明るいほうがよいと考えられるが，明確なデータがあるわけではない。馬が本当に快適に休息できる落ち着いた環境づくりを考えた場合，馬にとっての採光のあり方は，今後の重要な課題ともいえる。

❼飲み水

　ヒトも含めて，すべての動物は清潔な水が必要であり，馬も清潔な水を常に飲める環境が必要である。飲水方式としては，作業の省力化のために自動給水器方式が一般的となってきたが，飲水量が確認できる設備になっているほうが望ましい。

　寒冷地では冬季，水の凍結防止のためにも配管の加温を考慮する必要がある。最近ではサイフォン式の給水器も普及している。

　飲水の温度は冬季が5〜7℃，夏季が15〜23℃くらいを目安とする。夏季の運動直後には冷たい水を多量に飲ませると，胃腸障害を起こすこともあるため注意を要する。

　JRA栗東トレーニング・センター新型厩舎を図3-26〜図3-29に示す。

VIII 衛生対策

　近年，わが国の畜産は経営規模が拡大するとともに，家畜の流通量は増大し，広域的となっている。馬においても，大規模牧場などにおける飼養の集団化が進んでいる。また，競走馬においては，トレーニング・センターや競馬場と民間牧場との間の馬の移動が以前と比較してはるかに増加し，セリや展示会をはじめとしたイベント開催も増えている。このように，馬の交流や接触の機会が増している状況において，いったん伝染病が発生すれば，その被害は短時間で広範囲に拡大する。

　さらに最近は，競馬の国際化が進展するとともに，乗用馬や肥育素馬などさまざまな馬が世界各国から輸入されるようになり，馬の伝染病が海外から国内へ侵入する危険性も高まっている。

　したがって，馬の飼養施設においては，各種の効果的な衛生対策を講じ，衛生管理の充実をはかる必要がある。

1. 検疫

❶意義

　海外あるいは他の施設からもち込まれる馬を国内や施設へ入れる前に一定期間隔離し，伝染病に感染していないことを確かめることを検疫という。伝染病の病原体は，しばしば馬の体内に潜んだ状態で馬と一緒に移動し，新たな場所で周囲の馬に感染を広げ，馬の健康とその産業に甚大な被害を及ぼす。検疫は，伝染病による被害の拡大を防ぐうえで大きな意義があり，馬防疫の重要な柱の1つである。

　検疫の際はまず，その馬が以前いた国や場所の伝染病発生状況，そこでの馬の健康状態や予防注射の接種状況などを書類確認する。つぎに，検疫厩舎に入れた馬の状態を入念に観察し，伝染病の検査を行う。一般に，病原体が馬の体内へ侵入してから発症するまでには一定の期間があるが，この間の馬は一見して健康にみえる。潜伏期間とよばれるこの間に移動した馬により，しばしば伝染病が拡大することが知られている。また，微生物や抗体の検出といった検査を行っても，感染から一定の期間は陰性の検査結果が出る。このような期間は伝染病の種類によって大きく異なるばかりでなく馬の個体ごとでも違うので，検疫はある程度の長めの期間を設定して行う必要がある。

　また，より効果的に伝染病の拡大を防止するためには，さまざまな段階で2重3重の検疫あるいは検査を行うことが望ましく，わが国では通常，輸入検疫，着地検査，入厩検疫の3段階で実施される。

❷種類

(1) 輸入検疫

　日本は島国であり，海外で発生している伝染病のなかには国内で未発生のものも多い。海外伝染病とよばれるこのような伝染病の被害を防ぐには，輸入される馬の検疫がもっとも有効である。これは輸入検疫とよばれ，法に基づいて農林水産省の機関である動物検疫所により実施される。

　馬を輸入する場合，輸入90日前までに馬が到着する空港もしくは港を管轄する動物検疫所に届け出を行い，許可を得たうえで輸入検疫を受けることになる。また，輸入される馬は輸出国の政府機関が行う検査に合格し，当該機関が発行した検査証明書が添付されていなければならない。その輸出国における検査項目や検査証明書の記載事項は，輸出国とわが国との間で事前に協議され「家畜衛生条件」として取り決められている。検疫期間は通常10日間であるが，馬の用途によっては長くなることや逆に短くなることもある。この検疫期間中に何らかの異常が見つかった場合は，検疫期間の延長，場合によっては輸入が許可されないこともある。この輸入検疫が，海外から国内への伝染病の侵入を防ぐための重要な第一関門である。

(2) 着地検査

　輸入検疫の結果，異常ないと判断された馬だけが，入

国を許可される。しかし，先にも述べたように，検疫期間中に伝染病が必ず摘発できるとはいい切れない。潜伏期間が長い特殊な伝染病，十分な感度の検査法が確立されていない伝染病，あるいはワクチン接種が普及しているために感染しても臨床的症状が不明瞭で抗体検査での摘発も難しい伝染病などでは，輸入検疫をすり抜けて国内へ侵入する可能性も考えておく必要がある。さらに，人為的ミスや未知の病原体の可能性も完全には否定できない。そのような可能性に対応するため，わが国では検疫が終了して入国を許可された後，さらに3ヵ月間の隔離検査を行うことが定められている。これを着地検査とよび，馬の受け入れ先の施設を管轄する家畜保健衛生所によって行われる。着地検査の期間中は，輸入馬は施設内で他の馬と隔離して飼育し，臨床的な異常を中心とした観察が行われる。また必要に応じては，伝染病の検査が行われることもある。

(3) 入厩検疫

　輸入されて着地検査も終了した馬，あるいは国内で生産された馬が，施設間を移動する際に行われる検疫を，入厩検疫とよぶ。入厩検疫で注意しなければならないのは，海外伝染病に加えて，むしろ国内に存在する伝染病（国内伝染病）である。国内にもさまざまな伝染病があり，施設内に侵入すると急速に拡大するものや，長く定着して清浄化が困難となるものも多いことから，常に警戒を怠らないことが必要である。

　入厩検疫を行う場合，それが市場や乗馬大会などさまざまな場所から多数の馬が一時的に集合する施設なのか，牧場のように一定の集団のなかに外から馬をときおり導入するような施設なのか，さらには競走馬のトレーニング・センターのように大きな母集団の一部がほぼ毎日入れ替わる施設なのかといったそれぞれの状況に応じ，検疫を行う期間やその方法を変える必要がある。さらに，検疫の対象となる馬が新入厩なのか再入厩なのか，雄か雌か，子馬か成馬か，施設が生産地にあるのか非生産地にあるのかなどの違いに併せ，検査する伝染病の種類を取捨選択する工夫も求められる。

　JRAのトレーニング・センターで行われている入厩検疫では，まず健康手帳の内容を獣医師がチェックし，事前に決められた検査や予防接種が行われていることを確認する。競走馬の場合，1頭ごとにそれぞれ「健康手帳」とよばれる冊子が作られ，これに各馬の過去の移動歴や検査歴あるいは予防接種歴が記録されている。そのうえで，検疫厩舎に繋留している間に体温測定を含む健康状

図3-30　入口に消毒槽を備えた検疫施設（JRA原図）

態のチェックを行っている。また，以前はすべての馬を対象に馬伝染性貧血の抗体検査を行っていたが，最近は国内の清浄化が進んでいることを踏まえ，新入厩馬や長く検査を受けていない馬，あるいは臨床的に何らかの異常が認められた馬などに限った検査を行っている（2012年現在）。その一方で，2007年の馬インフルエンザの流行を受け，迅速診断キットを用いた検査を取り入れるなど，伝染病の発生状況や検査技術の発達に合わせた対応をとっている。

　入厩検疫においては，馬の移動をできるだけ妨げないことと，伝染病の侵入をできるだけ防ぐことの，相反する面もある目的の両立をはからなければならない。そのためにはまず，正確で十分な量の情報を絶えず収集しておくことが必要であり，その情報に基づいた合理的な対応方法を柔軟に取り入れる姿勢をもつことが望ましい。

❸入厩検疫実施上の注意

　入厩検疫において重要なことは以下のとおりである。

① 入厩馬は従来からの在厩馬と接触させないように隔離して飼養する。そのため，通常の厩舎から距離を隔てた専用の厩舎（検疫厩舎）に搬入する（図3-30）。
② 馬具，飼い桶などはもち込まないか，あるいは搬入する前に消毒する。検疫期間中の管理者の衣服，馬具ならびに飼い桶などは専用のものを使用する。厩舎の出入りに際しては手指の消毒，踏込み槽による靴の消毒を励行する（図3-31）。入厩馬と従来からの在厩馬の世話は基本的に別の人間が実施すべきであるが，やむを得ず兼務する場合には，入厩馬の厩舎作業は最後に行う。なぜなら，入厩馬の厩舎作業を終えて，引き続いて在厩馬の厩舎作業を行えば，

図3-31 検疫厩舎入口にはシュロマットを敷いた踏み込み消毒槽を設置(JRA原図)

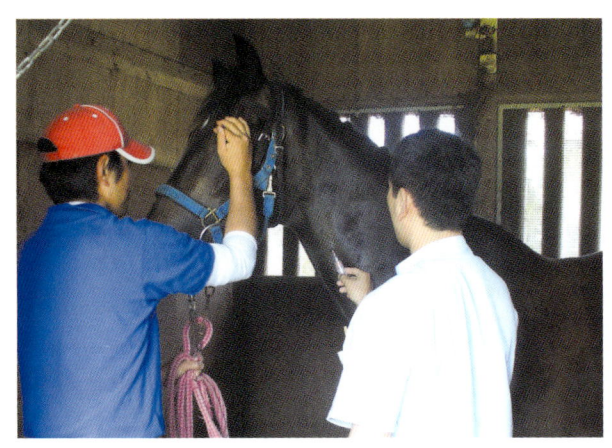

図3-32 入厩検疫馬の採血(JRA原図)

作業者を通じて間接的に入厩馬と従来からの在厩馬が接触することになるからである。
③健康状態を観察するため、検温は欠かせない。朝夕の検温とその記録は、その馬の健康状態を知るうえでもっとも有効な手段である。なお、飼養管理上の常識として、管理者は入厩検疫馬にかぎらず、すべての管理馬に対して常に朝夕の検温を実施するよう心がけるべきである。
④臨床検査の一般的な観察事項としては、発熱、元気・食欲、皮膚、眼結膜、鼻粘膜、呼吸器、消化器、生殖器、心機能、体表リンパ節などの異常の有無が主体となる。また、必要により、血液や粘膜スワブなどを採取して行う微生物検査も実施される(図3-32)。さらに、入厩に先立って過去のワクチン接種歴ならびに検査成績を健康手帳でチェックすることも重要である(書類検査)。この書類検査は検査対象馬の衛生状態を把握するうえで、臨床検査や微生物検査とともに重要な役割をもっている。

入厩検疫においては、感染症のなかでも、とくに馬から馬へ伝播して広がる伝染病の侵入に最大の注意を払う必要がある。なかでも重要なのは馬鼻肺炎、腺疫、馬インフルエンザあるいは馬ウイルス性動脈炎などである。また、生産地では馬伝染性子宮炎や馬パラチフスにも注意を払う必要がある。これらの病気については、その特徴や国内外での発生状況など、あらかじめ情報を入手して十分に理解しておくことが、被害を最小限度に抑える有力な手段となる。

この入厩検疫時に自主的な防疫として、必要なワクチン接種あるいは駆虫処置などをあわせて実施することが望まれる。

2. 予防接種

❶意義

予防接種の意義については馬もヒトと大きな違いはない。一般に、免疫の付与による感染症の予防は2つの方法によって行われる。1つは、生体に不活化した(死んだ)病原体やその毒素、あるいは弱毒化した病原体を接種して抗体を産生させる方法(能動免疫)で、もっとも一般的なものである。このとき接種するものを予防液(ワクチン)という。2つ目は、抗体そのものを馬に直接与える方法(受動免疫)である。受動免疫には破傷風などの抗毒素血清を注射する方法の他、新生子が出生後、母馬の初乳を摂取して免疫力を獲得する方法がある。馬は、胎子期に胎盤を通じて免疫を獲得できないため、初乳摂取の有無は子馬の成長にとって重要な意味をもつ。

ワクチンを接種された馬は、自ら特定の病原体に対する抗体(免疫グロブリン)を産生し、その病原体の体内での増殖を防ぎ、結果として感染あるいは発病を阻止する。馬に用いられるワクチンのうち、日本脳炎、ゲタウイルスおよび破傷風のワクチンは、疾病の発症をほぼ完全に予防できるのに対し、馬インフルエンザや馬鼻肺炎のワクチンによる予防効果にはある程度の限界がある。

しかし、これらのワクチン効果に限界のある疾病においても、ワクチン接種によって一定の血中抗体を獲得していれば、症状の軽減、発病の遅延および回復までの期間の短縮が期待できる。

わが国の過去2度の馬インフルエンザの流行を比較すると、ワクチンがまだ接種されていなかった1971年の流行では、発症率は97.0%、平均治癒期間は5日間と推定され、競馬開催の中止が約2ヵ月間に及んだ。一方、国内のほぼすべての競走馬にワクチンが接種されていた

2007年の流行では，発症率は11.8％，平均治癒期間は1.6日間と推定され，競馬開催の中止はわずか1週間であった。両者は流行時期や飼養形態の違いがあり単純には比較できないものの，馬インフルエンザのワクチン効果を示す一例と考えられる。

ワクチンの接種方法はそれぞれ指示書によって定められている。ワクチンを初めて馬に接種する場合には2週間から1ヵ月の間隔で2回，所定の量と経路で接種し（基礎免疫），その後，年に1回程度の接種（補強接種）を続ける方法が一般的である。

基礎免疫においては，通常，1回の接種では生体が抗原を十分認識することができない。このため，1回目の接種（初回免疫）によって，生体がある程度抗原を認識した時点（2週目から1ヵ月目）で2回目の接種を行うと，基礎免疫としての免疫効果が高まる。

また，この接種間隔は近すぎても，あるいは1ヵ月を超えて長すぎても，効果が減弱するか消失する。所定の間隔に従って，定められた2回のワクチン接種を受けて初めて基礎免疫が終了したことになる。以後は，毎年所定の時期に1回の追加免疫（補強接種）を行う。

一般的に，ワクチンを接種された馬での抗体産生は，ワクチン接種後（基礎免疫の2回目接種後，あるいは補強接種後）1ヵ月目頃がもっとも高く，それ以降，徐々に減少する。ワクチンによって獲得した抗体の持続期間は，ワクチンの種類，接種回数，年齢あるいは個体差によっても異なるが，短いもので1～3ヵ月，長くても6ヵ月～1年程度である。そのため，疾病の流行時期や感染の可能性を考慮してワクチン接種プログラムを作成し，それに合わせて実施すべきである。また，突発的流行があった場合などは，所定の方法にかぎらず，随時追加接種を行うことでリスクの軽減をはかることも検討する（図3-33）。

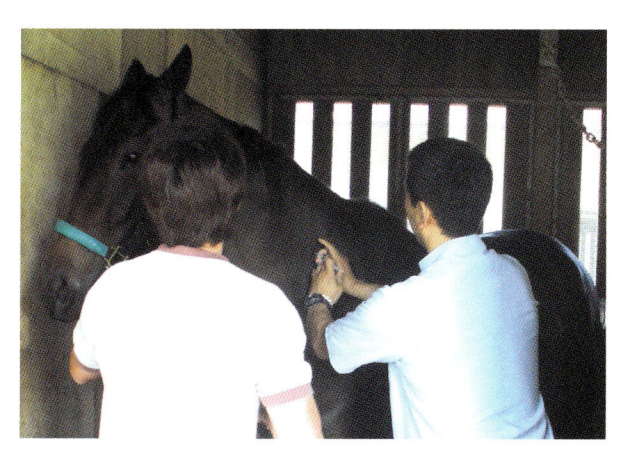

図3-33　予防接種（頸部筋肉内接種）（JRA原図）

❷ワクチンの種類とその使用法

現在，わが国で馬に利用されている主なワクチンは，馬インフルエンザ，日本脳炎，ゲタウイルス感染症および馬鼻肺炎の不活化ワクチンならびに破傷風のトキソイドワクチン（破傷菌の作る毒素を不活化したワクチン）である（図3-34）。

これらのワクチンの利用にあたっては，感染経路，流行時期などその病気の特性をよく理解し，適切な使い方をすることが大切である。また混合ワクチンとして，馬インフルエンザ，日本脳炎および破傷風の3種混合ワクチンと，日本脳炎およびゲタウイルス感染症の2種混合ワクチンが市販されている（ゲタウイルス感染症は2種混合ワクチンのみ市販）。

(1) 馬インフルエンザ不活化ワクチン

馬インフルエンザは，ヒトやその他動物のインフルエンザと同様に急性の気管支炎を主徴とする呼吸器感染症である。わが国の馬インフルエンザ不活化ワクチンは1971年の流行直後に開発され，その後すべての馬がワクチン接種の対象となっている。

インフルエンザウイルスは，抗原変異することがよく知られており，馬インフルエンザウイルスも例外ではない。世界的にみると，十数年おきにウイルスに大きな抗原変異が起こり，そのたびに，世界各地で流行が起こっている。そのため，本症のワクチンはこれら抗原変異に対応できるよう，常に世界で流行する最新のウイルス株がワクチンに取り入れられている。現在，わが国のワクチンには，2007年のわが国の流行で分離された株を含めた3種類のウイルス株が用いられている。

インフルエンザウイルスは高温多湿な環境よりも，低温乾燥の環境を好むことから，一般的には冬季が流行季節とされている。したがって，馬においても，過去のワクチン接種プログラムでは，毎年10月中にいっせいに予防接種を完了する方法が広く普及していた。しかし近年は，世界中で季節に関係なく年間を通じた発生が報告されており，2007年のわが国の馬における流行も夏季に起こった。一方，現行のワクチン接種によって獲得した抗体は，インフルエンザウイルスの感染部位である鼻あるいは気管の粘膜上皮に直接作用し難い欠点があり，十分なワクチン効果を得るためには，血中の抗体レベルをできるだけ高めておく必要がある。また，このワクチンによる抗体の持続期間は比較的短く，2歳馬では，接種後3ヵ月程度しか十分なワクチン効果を維持できないことがわかっている。したがって，わが国の馬関係諸団体

衛生対策

第3章　飼養管理

● 馬インフルエンザ
　使用されるワクチン：不活化ワクチン，筋肉内接種
　馬インフルエンザワクチン（日生研，化血研）
　馬インフル・日脳・破傷風3種混合ワクチン（日生研，化血研）

〔軽種馬防疫協議会の接種要領〕

```
        約4〜5週    半年ごとに追加
         ↑      ↑              ↑
        1mL    1mL            1mL
       基礎免疫              補強接種
```
※予防接種間隔が1年を越えた場合は，再度基礎免疫から実施。

〔JRAの予防接種要領〕

```
        2週〜      7カ月を
        2カ月    越えない間隔で
         ↑   ↑   継続して追加    ↑
        1mL 1mL                 1mL
       基礎免疫              補強接種
```
※予防接種間隔が1年を越えた場合は，再度基礎免疫から実施。

● 日本脳炎
　使用されるワクチン：不活化ワクチン，皮下接種
　動物用日本脳炎ワクチン（日生研，化血研，京都微研）
　馬インフル・日脳・破傷風3種混合ワクチン（日生研，化血研）

〔軽種馬防疫協議会の接種要領〕

```
       約1カ月    1年     約1カ月
              毎年追加
        ↑   ↑       ↑   ↑
       1mL 1mL     1mL 1mL
      基礎免疫           補強接種
```
※軽種馬防疫協議会の接種要領では5〜6月（遅くとも10月末まで）に接種。

〔JRAの予防接種要領〕

```
       2週〜     1年     2週〜
       2カ月   毎年追加   2カ月
        ↑   ↑       ↑   ↑
       1mL 1mL     1mL 1mL
      基礎免疫           補強接種
```
※毎年5月以降に接種。

● 馬ゲタウイルス感染症
　使用されるワクチン：不活化ワクチン，筋肉内接種
　日脳・馬ゲタ混合不活化ワクチン（日生研）

〔JRAの接種要領〕

```
       2週〜     1年
       2カ月   毎年追加
        ↑   ↑       ↑
       3mL 3mL     3mL
      基礎免疫    補強接種
```
※予防接種間隔が1年を越えた場合は，再度基礎免疫から実施。

● 破傷風
　使用されるワクチン：トキソイド，皮下接種
　破傷風トキソイド（日生研）
　馬インフル・日脳・破傷風3種混合ワクチン（日生研，化血研）

〔軽種馬防疫協議会の接種要領〕

```
        約4〜5週      1年
                  毎年追加
         ↑      ↑       ↑
        5mL    5mL     5mL
       基礎免疫      補強接種
```
※前年度の接種歴がない場合は，再度基礎免疫から実施。
※3種混合ワクチンを使用する場合の接種量は1mL，基礎免疫間隔は約4週間。

〔JRAの予防接種要領〕

```
        2週〜       1年
        2カ月    毎年追加
         ↑    ↑       ↑
        3mL  3mL     3mL
       基礎免疫      補強接種
```
※前年度の接種歴がない場合は，再度基礎免疫から実施。

● 馬鼻肺炎
　使用されるワクチン：不活化ワクチン，筋肉内接種
　馬鼻肺炎不活化ワクチン（日生研）

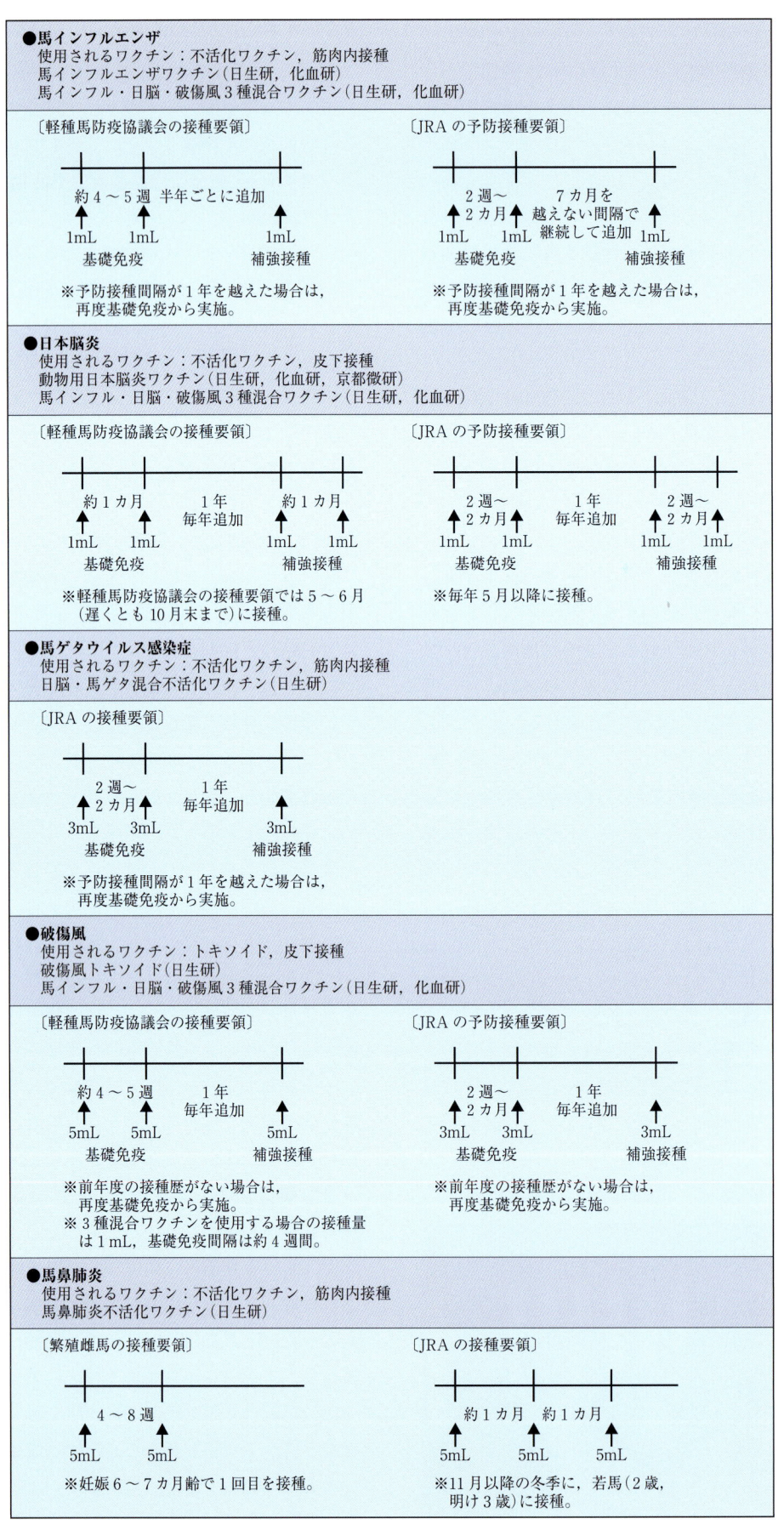

〔繁殖雌馬の接種要領〕

```
         4〜8週
         ↑    ↑
        5mL  5mL
```
※妊娠6〜7カ月齢で1回目を接種。

〔JRAの接種要領〕

```
          約1カ月  約1カ月
           ↑     ↑     ↑
          5mL   5mL   5mL
```
※11月以降の冬季に，若馬（2歳，明け3歳）に接種。

図3-34　わが国で使用されている馬感染症ワクチン（2012年現在）（JRA原図）

で組織されている軽種馬防疫協議会では，半年に1回のワクチン接種を推奨している。

(2) 日本脳炎予防用不活化ワクチン

日本脳炎は法定伝染病であり，ヒト脳炎，豚脳炎と同一のウイルスの感染による蚊の媒介病で，わが国から東南アジアにかけて広域に常在する。わが国における日本脳炎の発生時期は媒介する蚊の発生時期と一致し，通常，初夏から秋季にかけて，沖縄，九州から関東，東北あるいは北海道と北上する。

自然界におけるウイルスの伝播は蚊（わが国では主にコガタアカイエカ）によって行われ，豚がウイルス増幅動物の役割をはたす。ワクチンは，蚊の発生が始まる直前に馬が十分な抗体を獲得するよう，その接種時期を工夫して毎年接種する。

関東地方の場合，5月初旬から中旬に基礎免疫を始めることが推奨されている。また，競走馬では過去のワクチン接種歴にかかわらず，毎年，約1ヵ月の間隔で2回の接種が励行されている。

(3) ゲタウイルス感染症予防用不活化ワクチン

ゲタウイルス感染症は馬に発熱，発疹および下肢部の浮腫を起こす疾病である。このウイルスも日本脳炎と同様，蚊の吸血によって伝播される。媒介蚊は関西以西ではコガタアカイエカ，関東地方ならびにその以北ではキンイロヤブカ，また，北海道ではヤマトヤブカなどが知られている。

ゲタウイルスは日本に常在し，初夏から晩秋にかけてそれぞれの地域で流行期を迎える。自然界では日本脳炎と同様に，豚がこのウイルスの主要な増幅動物となる。したがって，ワクチン接種は日本脳炎と同様，毎年6月までに完了しておく必要がある。その場合，基礎免疫の開始は関東地方では，5月初旬～中旬となる。

日本脳炎ウイルスあるいはゲタウイルスはともに，感染豚を吸血した蚊を介して馬の体内に侵入し，血行性に中枢神経系や全身諸臓器へ広がり，病原性を発揮する。したがって，不活化ワクチンによって獲得した血中抗体は，侵入したウイルスの増殖拡散に直接有効に作用するため，ワクチンによる感染阻止効果はきわめて高い。とくに，馬の飼養施設周辺に養豚場があるところでは，時期によって蚊のウイルス保有率が高いため，感染の機会も多く，これらワクチンの利用が勧められる。日本脳炎とゲタウイルス感染症を同時に予防できる2種混合不活化ワクチンが市販されており，どちらの感染症に対しても優れた予防効果が期待できる（図3-35）。

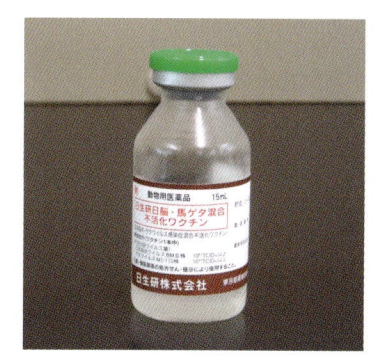

図3-35 日本脳炎とゲタウイルス感染症の混合不活化ワクチン（JRA原図）

(4) 馬鼻肺炎予防不活化ワクチン

馬鼻肺炎は，馬ヘルペスウイルス1型および4型ウイルスの感染によって起こる病気の総称で，症状としては，呼吸器病，神経障害および流産を引き起こす。自然感染においてはいずれも呼吸器の気道粘膜を感染部位とする。また，インフルエンザウイルスと異なり，このウイルスは体内で潜伏感染するのが特徴である。ほとんどの成馬は過去に感染しており，体内にウイルスを潜伏させていることが多い。このため，妊娠，寒冷感作，輸送，環境の変化などがストレスとなって，潜伏していたウイルスが再活性化し，病気が再燃する場合も多い。このような馬に対しては，ワクチンによって免疫力を高め，潜伏しているウイルスの再活性化を防ぐことも重要な予防対策となる。

本ワクチンは呼吸器病予防に用いられる他，主に1型ウイルスによって起こる流産の予防にも用いられている。本病による流産は妊娠後期の8ヵ月以降，とくに，流産のおよそ7割近くが妊娠9～10ヵ月に集中して発生する。また，ウイルスの感染から流産の発症までに10～40日を要する。したがって，流産予防用としてこのワクチンを利用する場合には，妊娠8ヵ月から出産までの期間の免疫力を十分高め，高い抗体価を持続させることが最良の策といえる。本ワクチンは残念ながら接種したすべての馬で流産を防ぐことはできないが，妊娠8ヵ月以降に毎月1回の追加免疫を行うことによって流産のリスクを軽減する効果がある。

なお現在，病原性遺伝子欠損ウイルスを利用した生ワクチンが開発され，2014年から市販が始まり，競走馬の冬季の呼吸器疾患（発熱）の予防に用いられるようになった。

第3章　飼養管理

(5) 破傷風予防液

　破傷風は，細菌感染症の1つで，土壌中に生息する破傷風菌が創傷部位から体内局所へ侵入し，菌の増殖に伴って産生される神経毒（痙攣毒）によって全身の筋肉を硬直させる人獣共通の感染症である。

　本病のワクチンは，この毒素に対する抗体を賦与するためのトキソイドワクチンである。このワクチンを接種した馬では，本病の主な症状である瞬膜の痙攣，咬筋の硬直から開口困難，咀しゃく困難，心拍数と呼吸数の増加，全身硬直（牙関緊急）などが抑えられ，高い予防効果が得られる。ヒトでも同じ効果があるため，馬のみならず牧場や施設で働くヒトもワクチン接種を受けることが推奨される。

　近年，本病の発生率は必ずしも高くはないが，その大きな理由の1つとしては，破傷風菌の汚染地域や競走馬などの馬群において，このワクチンの利用が徹底されていることが関係していると考えられる。

3. 消毒

❶消毒と滅菌

　感染防止あるいは汚染防止のためには，生体（馬）に害を及ぼす真菌（カビ），細菌，ウイルスなどの病原微生物を殺菌・除去することが重要である。一般的には，寄生虫卵や病原体を媒介するハエ，蚊，アブ，ブユおよびダニなどの害虫の駆除も消毒に含まれる。

　なお，消毒はすべての微生物を殺滅しなくても，疾病を起こさない程度までその数を減らすことを目的としているのに対し，滅菌はすべての微生物の活力を完全に殺滅することを意味する。したがって，健康な馬へ用いる器具や厩舎環境に対しては消毒を，手術器具や注射針に対しては滅菌を行うことが多い。また，滅菌も含めて広い意味で消毒という言葉を使うこともある。

❷消毒法の種類

　一般的な微生物の消毒法としては，①加熱消毒法（沸騰水中に沈めて微生物を殺菌する煮沸消毒法と，加熱水蒸気によって殺菌する流通蒸気消毒法の2つの方法がある），②紫外線消毒法（254nm付近の紫外線（殺菌灯）の照射により殺菌する方法），③薬液消毒法（消毒薬による化学的作用を利用した殺菌法），④その他の滅菌法（高圧蒸気滅菌法ならびにガス滅菌法）がある。なかでも薬液消毒法は，飼養管理を行う際にもっとも広く行われている方法である（図3-36）。

❸一般的な消毒薬

　薬液消毒に用いられる一般的な消毒薬の分類を表3-24に示した。通常，単独で使用されるが，用途や対象によってはこれらを組み合わせて使用することもあり，さまざまな製品が市販されている。

❹特殊な消毒薬

　法定伝染病の発生厩舎や厩舎環境の消毒には，①消石灰，②サラシ粉およびサラシ粉水，③石炭酸水，④ホルムアルデヒド，⑤ホルマリン水，⑥クレゾール水，⑦塩酸食塩水，⑧苛性ソーダその他アルカリ水剤，⑨ア

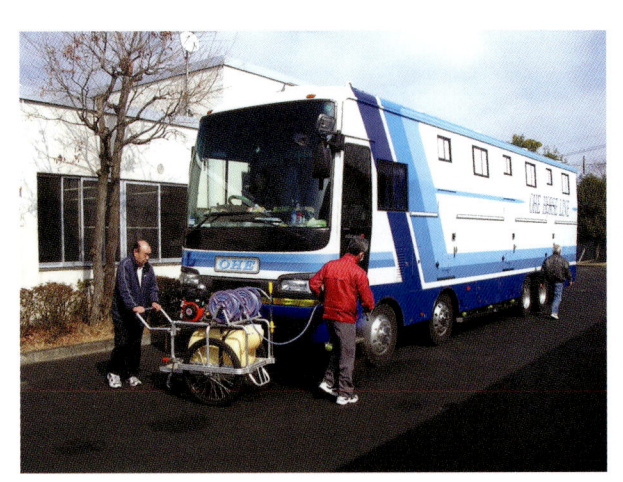

図3-36　薬液消毒法（逆性石鹸噴霧による馬運車の消毒）（JRA原図）

表3-24　一般的消毒薬の分類

分類	消毒薬
アルコール類	消毒用エタノール，イソプロパノール，プロノポール
アルデヒド類	ホルマリン，グルタルアルデヒド
フェノール類	フェノール，クレゾール，クレゾール石鹸
陽イオン界面活性剤（逆性石鹸）	塩化ベンザルコニウム，塩化ベンゼトニウム
両性界面活性剤	塩酸アルキルジアミノエチルグリシン，塩化アルキルポリアミノエチルグリシン
ハロゲン化合物	ヨードホール，ポビドンヨード，次亜塩素酸ナトリウム
ビグアナイド系	グルコン酸クロルヘキシジン

表3-25　消毒薬とその作用機序

作用機序	消毒薬
酸化によるもの	ヨードホール，次亜塩素酸ナトリウムなど
菌のタンパク質凝固を起こすもの	アルコール，ホルマリン，クレゾールなど
必須酵素系を阻害するもの	逆性石鹸，両性界面活性剤，クロルヘキシジン，グルタルアルデヒドなど

表3-26　一般的な消毒薬の各種病原体に対する有効性

消毒薬	一般細菌	抗酸菌	芽胞型菌	真菌	ウイルス
アルコール類	＋	＋	－	＋	＋・－d)
ホルマリン	＋	＋	＋	＋	＋
グルタルアルデヒド	＋	＋	＋	＋	＋
クレゾール	＋	＋	－	－	－
逆性石鹸	＋・－a)	－	－	＋	＋・－d)
両性界面活性剤	＋	＋	－	＋・－b)	＋・－d)
次亜塩素酸ナトリウム	＋	－	＋・－c)	＋	＋
ヨードホール	＋	＋	＋・－c)	＋	＋
クロルヘキシジン	＋	－	－	＋・－b)	＋・－d)

＋：有効，－：無効，a) 緑膿菌の一部が耐性，b) 糸状菌が耐性，c) 50 ppm以下で無効，d) 脂質含有ウイルス（エンベロープに脂質を含むウイルス）が耐性。

表3-27　代表的な消毒薬の用途別使用濃度

消毒薬	手指・器具	厩舎衛生など	汚染厩舎など	糞便・踏込み
クレゾール石鹸(50%)	50～100倍	—	100～200倍	25～50倍
逆性石鹸(10%)（パコマなど）	100～200倍	500～1,000倍	100～200倍	—
両性界面活性剤(10%)	100～200倍	500～1,000倍	100～200倍	—
アルキル化剤	—	1,000～2,000倍	100～500倍	50～100倍
次亜塩素酸ナトリウム(4～6%)	100～500倍	—	200～500倍	50～100倍
複合ヨード剤(10%)	50～100倍	(500～2,000倍)	200～500倍	—
クロルヘキシジン(5%)	50～100倍	—	—	—
複合製剤(ネオクレハゾール)	—	—	—	50～100倍

コール（70％以上），⑩発酵消毒が用いられることとなっている。

また，薬事法の指定に基づく指定消毒薬として，次亜塩素酸ナトリウム溶液や逆性石鹸液および両性石鹸液などがあり，現在よく用いられている。

❺消毒薬の作用機序

消毒薬の化学的作用機序としては，①酸化によって病原体を不活化するもの，②病原体のタンパク質と塩をつくり不活化するもの，③加水分解によるもの，④病原体のタンパク凝固を起こし固定するもの，⑤病原体の酵素系を阻害して発育を阻止するもの，などがある。代表的な消毒薬は，表3-25に示す作用機序に大別される。

❻消毒薬の病原体に対する有効性

各種消毒薬の病原体に対する有効性は，表3-26に示すとおりである。

❼消毒薬の用途別使用濃度

代表的消毒薬の用途別使用濃度は，表3-27に示すとおりである。

❽消毒薬の効果

(1) 消毒薬の濃度

エタノールは60～95％（通常70％で使用）で最大の消毒効果が得られる。

また，創傷の消毒によく使用されるポビドンヨードは，殺菌作用に関与する遊離ヨウ素濃度が，0.1w/v％溶液において最高となるため，理論的にはこの濃度がもっとも殺菌力が強いことになる。しかしながら，遊離ヨウ素は微生物や有機物との接触により大きく不活化することから，遊離ヨウ素の補給を考慮して，臨床においては

10w/v％の製剤が主に用いられている。

その他の一般的な消毒薬は高濃度になるほど消毒効果も高く，一定の濃度以下に薄めるとほとんど効果が期待できないが，一方で濃度が高すぎると馬体や人体に有害となることもあり，指定された濃度を守ることが重要である。

(2) 温度

一般的に，高温であればより効力を発揮し，低温になればなるほどその効力が薄れて消毒に要する時間が延長するとされている。通常，消毒薬の効力試験は20～25℃で行われている。

(3) 作用時間

消毒薬の効果は濃度と作用時間に比例している。両面界面活性剤，逆性石鹸およびホルマリンの効果は持続性があり，低濃度でも作用時間を長くすれば消毒効果が得られる。

一方，次亜塩素酸ナトリウム，ヨードホールも作用時間の延長によって消毒効果の増強が期待できるものの，長時間の持続作用はない。したがって，エタノールを含めてこれらの消毒薬は，即効性を発揮できる十分な濃度で使用する必要がある。

また，希釈した消毒薬は，長時間保管すると蒸発により濃度が変わったり，有機物が混入して微生物汚染が起こったりすることがあるので，一般には，調整後24時間以内に，またヨードホールや次亜塩素酸ナトリウムは8時間以内にそれぞれ使用するように心がける。グルタルアルデヒドは緩衝剤を添加した後，不安定になるため，7日間以内に使用する。

❾厩舎環境の消毒法

(1) 厩舎消毒

馬や環境に悪い影響を与えないような消毒薬と濃度を選択し，毎月1回程度で定期的に行うことが望ましい。また，伝染病の発生があったときはやや濃度を上げて行う（表3-27）。

定期消毒の場合，厩舎周辺の土壌は500～1,000倍程度に希釈した逆性石鹸や両性界面活性剤で噴霧消毒し，馬房の床などは生石灰を散布する。これによって，日和見感染菌などの菌数を一時的に低下させ，感染を起こしにくい程度に菌数を抑えることが期待できる。

伝染病が発生した場合を除き，厩舎消毒にあたっては薬剤の効果を高めるために，事前に寝ワラ，糞などの固

図3-37 逆性石鹸噴霧による馬房内消毒（JRA原図）

形物を取り出し，床面の汚れを十分水で洗浄した後，薬剤を噴霧する（図3-37）。

(2) 寝ワラ消毒

通常，寝ワラは日光消毒しながら再利用できる。馬の健康管理という点では，日光に含まれる赤外線による乾燥と紫外線による殺菌効果が同時に期待できるため，すぐれた方法である。ただし，この方法は寝ワラが病原体に汚染されていた場合，乾燥によってその病原体が拡散する危険性もある。したがって，病原体による汚染が疑われる場合は焼却するか，もしくは残存性の弱い消毒薬を数度散布した後に発酵消毒する。

(3) 発酵消毒による堆肥化

病原体に汚染されていない通常の寝ワラと排泄物は，堆肥場所に積み重ねて発酵消毒する。定期的な水の散布と切り返しによって，堆肥中の温度は70～80℃まで上昇し，熱に弱い細菌から徐々に殺菌される。この方法により，通常の病原性細菌はほとんど死滅するが，芽胞菌（破傷風菌や炭疽菌など）は生き残ることがある。

(4) 芽胞菌の消毒

破傷風菌などの芽胞を形成する菌は，一般的に消毒に対する抵抗性が強い。通常の細菌は5～15分の煮沸で死滅するが，芽胞菌のなかにはこの条件で生存するものもある。そのため，芽胞菌に汚染された器具の消毒には，オートクレーブを用いた高圧蒸気滅菌（121℃，2気圧，15分）がもっとも有効な方法である。消毒薬ではホルマリン，グルタルアルデヒドが効果的で，ヨード剤で2～3時間，次亜塩素酸ナトリウム（市販名ピューラックスの100倍希釈液）で5分間作用させると殺菌できる。

なお，破傷風および炭疽は監視伝染病であり，土壌中に長く生存することがあるため，発生が認められた場合には，獣医師や家畜保健衛生所の指示を受けて消毒などを行う必要がある。

(5) 真菌（カビ）の消毒

真菌には，カンジダやクリプトコッカスなどの酵母菌とアスペルギルスやトリコフィートンなどの糸状菌がある。酵母菌類は一般細菌と同様，通常の消毒薬に対して感受性を示す。

一方，糸状菌は馬の皮膚病や真菌性喉囊炎の原因として知られ，消毒薬に対して，やや抵抗性を示す。通常，次亜塩素酸ナトリウム，グルタルアルデヒド，消毒用アルコールおよびヨードホールが有効で，また逆性石鹸も効果がある。ただし，消毒用アルコールや逆性石鹸は，消毒のために長い接触時間を必要とする場合がある。

❿消毒法の留意点

(1) 煮沸消毒

煮沸消毒は，浸漬して影響のない器具の消毒としてもっとも手軽であり，一般的に用いられている消毒法であるが，芽胞菌，カビに対する効力は比較的弱い。煮沸消毒の場合，沸騰後（100℃）15分以上を条件とするが，この条件でほとんどの細菌は瞬時に殺菌される。しかし，破傷風菌など一部の芽胞菌や真菌（カビ）の胞子のなかには抵抗性を示すものもある。なお，高地では沸点が下がるので，海抜300ｍでは約5分間，高地ではさらに煮沸時間を延長する必要がある。

(2) 紫外線消毒

殺菌灯による紫外線消毒（殺菌）は，滅菌消毒した手術などの器具の保管庫，作業衣の消毒庫，実験室・手術室や厩舎内の塵埃による汚染防止に利用されることが多い。紫外線による殺菌効果はすぐれているが，十分な殺菌効果を期待するためには，殺菌灯の照射面までの距離，照射域，照射時間，およびランプの照射寿命に配慮する必要がある。

すなわち，殺菌灯による紫外線の照射は，一定の距離などの条件下で照射表面にはすぐれた殺菌効果を示すが，埃で覆われたところや隠された部分はまったく殺菌されないという欠点がある。また，気流のあるところでは効果が期待できない。さらに，紫外線ランプの寿命（15Wの製品で165日）や埃によっても殺菌力は著しく低下する。そのため，殺菌灯は空気の出入りのない密閉された

ボックス内での消毒に用いるのが適当であり，主に器具機材や衣服の表面消毒に用いられる。したがって，この方法は通常の馬房内での使用には適していない。

紫外線による殺菌効果は照射面までの距離が1ｍでは，一般細菌で約5分，芽胞菌で約20分，真菌で約2時間である。その殺菌効果は，照射距離の2乗に反比例することから，2ｍの距離では一般細菌は$5分 \times 2^2$で20分，芽胞菌が$20分 \times 2^2$で80分，真菌が$2時間 \times 2^2$で8時間となる。

(3) ホルマリンガス消毒法

ホルマリンガスによる薫蒸消毒滅菌法は廉価で，かつ有効な殺菌効果が期待できる殺菌法である。しかし，ヒトや動物が誤って吸い込んだり触れたりすると，皮膚や呼吸器などの粘膜が侵され，重篤な場合は呼吸困難やタンパク尿症を引き起こすなどの危険がある。このため，人家や動物施設から離れたところにある隔離厩舎や悪性伝染病発生厩舎などでの使用に限定して実施される方法であり，一般には行われない。なお，ホルマリンガスには金属腐食性があり，また多孔質，チューブ，排泄物，汚物などへの浸透性は悪く，殺菌効果は期待できない。さらに，温度が20℃以下，湿度が50％以下の条件下では，殺菌効果が急激に低下する。

隔離厩舎を例にしてホルマリン消毒の実施方法を説明すると，以下のとおりである。

①寝ワラ，糞尿処理後に，床および壁を水でよく洗浄する。

②窓枠，扉の周囲（鍵穴を含む）など外気と通じる箇所，隙間をすべてガムテープで完全に遮断する。

③広めの容器に過マンガン酸カリウム（1㎥あたり20ｇ，すなわち1馬房で約600ｇ）を平坦にして入れ，厩舎床の中央に広げた新聞紙の真ん中に置く。壁で仕切られた場所を同時に消毒する場合は，各場所ごとに過マンガン酸カリウムを入れた容器をそれぞれ置く。

④別に用意したホルマリン希釈液（1㎥あたり20mLのホルマリンに等量の水を加えたもの。すなわち，馬房あたりホルマリン600mLと水600mLを加えたもの）を，退去口と離れた容器から順に素早く注ぎ，作業は呼吸しないよう短時間で終え，ただちに退去する。念のため作業は2人以上が立ち会い，防毒マスク，防護メガネを着用することが望ましい。

⑤施設から退去した後，ただちに扉の周囲，鍵穴まで完全にテープで密閉し，誤ってヒトが立ち入らない

ように，出入口には立ち入り禁止の張り紙を掲示する。

⑥ホルマリンガス薫蒸は通常一晩そのままで放置し，翌日開放し，厩舎内の残存ガス（ホルムアルデヒド）を自然換気によって蒸発させる。施設内で刺激臭や目に痛みを感じるうちは施設内に入らない。厩舎作業が可能になったら，アンモニア水によって中和後よく水洗し，約1週間放置した後に使用するものとする。

4．害虫の防除

❶害虫の種類

害虫の防除とは，害虫の発生の抑制や殺虫をいう。馬に関係のある害虫としてはアブ，ブヨ，蚊，ヌカカ，ノミおよびシラミ（以上，昆虫綱）とダニ（蜘蛛綱）がある。これらの多くは外部寄生虫として馬に被害を与えるが，クヌギカレハガの幼虫などのように，馬に寄生はしないが急性皮膚炎を発症させるものや，コナダニなど飼料を変質させるものなどもある。また，アメリカ合衆国では東部テンマクケムシを経口摂取した馬が流産を起こす疾病（MRLS）が知られている。

このなかで，馬の衛生管理の対象となるものに，馬に吸血するもの，寄生するもの，病原体を媒介するもの，および原虫の中間宿主となるものがある。

これらの害虫の種類，被害および防除法をまとめたものを表3-28に示す。

❷防除方法

(1) 物理的防除

直接捕殺する方法や，光，餌，臭い，羽音，炭酸ガスあるいは性誘引剤などにより集まってくる害虫を捕殺する，害虫の生態・習性を利用したものなどがある。その例として，光を利用したものでは，波長の短いブラックライトを用いたライトトラップや電撃殺虫機が，ハエ，蚊，ガなどの捕殺に広く用いられている。炭酸ガスを利用したものとしてはアブトラップがある。また，ハエ取りリボンやゴキブリの粘着トラップなども一般に用いられている。

さらに，厩舎の窓や扉に網戸を別に設け，ハエ，蚊，アブなどの吸血昆虫の侵入を防止する方法，および発生源となるドブ，用水路，下水側溝の下水道化，浄化槽や汚水槽の地下化などの施設改善によって発生源を減少させる方法がある。

(2) 化学的防除

殺虫剤と殺ダニ剤がある。これらとは別に忌避剤として皮膚に塗って害虫の付着や吸血を防ぐ方法もある。これらの薬剤の効果を高めるための補助剤として性誘引剤，食物誘引剤および産卵誘引剤があり，これらの補助剤は殺虫剤と配合して用いるとその効果が高まる。

(3) 生物学的防除

天敵を利用した方法が知られており，特定の害虫（幼虫）を捕食するものとその害虫に寄生するものがある。貯水池，水路などに魚類や両生類を放し，これによって自然保護とともに害虫の発生を予防する方法があるが，自然発生源が広域にわたるため，実用化は難しいとされている。

❸実施上の留意点

人畜にまったく無害な殺虫剤はなく，いずれの殺虫剤も人体，生物に多少の差はあれ有害であることに留意する必要がある。その毒性による害を中毒といい，薬剤によってその症状は異なる。

まず第1に，薬剤の保管に注意し，表示などによって，薬剤を間違えないように周知徹底することが大切である。散布にあたっては，帽子やマスクならびに保護メガネの着用による粘膜の保護，手袋や長袖シャツの着用による皮膚の露出の最小限化をはかるようにする（図3-38）。作業はできるかぎり短時間で終えるようにし，終了後，うがいや目の水洗を十分に行う。着衣については水でよく洗浄する。また，馬の口に触れる飼い桶，飼料および寝ワラなどへの直接噴霧は避ける。

広域の殺虫剤散布は，風向き，人家や周囲の環境への影響も十分考慮して行う必要がある。子どもや小動物が誤って吸飲した場合は，生命に危険が生じることもあるため，医師による迅速で適切な処置が必要である。

図3-38　殺虫剤散布による害虫の防除（JRA原図）

表3-28 日本に生息している馬の衛生害虫の種類，被害および防除法

区分	名称	被害	防除法
マダニ科	ヤマトチマダニ フタトゲチマダニ オウシマダニ	吸血，皮膚炎， 馬ピロプラズマ病	腐葉除去，焼畑 薬浴，捕殺
コナダニ科	ムギコナダニ ケナガコナダニ チビコナダニ	飼料変質 (下痢，気管支炎)	薫蒸
ササラダニ類	ササラダニ	条虫症	条虫駆虫
ケモノハジラミ科	ウマハジラミ	搔痒	薬浴または薬液清拭
ケモノジラミ科	ウマジラミ	搔痒	毛刈焼却，同上
ヒロズコガ科	コクガ	飼料変質	薫蒸
メイガ科	コメノシロメイガ	同上	同上
ゾウムシ科	コクゾウ ココクゾウ	同上	同上
チョウバエ科	ニッポンサシチョウバエ	吸血，搔痒	殺虫剤噴霧， 忌避剤塗布
カ科	イエカ シナハマダラカ ハマダラカ トウゴウヤブカ ヤマトヤブカ ヒトスジヤブカ オオクロヤブカ キンイロヤブカ コガタアカイエカ	吸血， 糸状虫症 吸血， 日本脳炎 ゲタウイルス感染症	発生源浄化，環境整備 網戸，殺虫剤噴霧 魚類，両生類保護 ライトトラップ 電撃殺虫器 自動噴霧器設置
ヌカカ科	クリコイデス属	吸血 アフリカ馬疫	殺虫剤噴霧
ブユ科	アオブユ キアシオオブユ アシマダラブユ ヒメアシマダラブユ ツメトゲブユ	吸血 搔痒	発生源の環境整備 忌避剤，殺虫剤噴霧
ウマバエ科	ウマバエ アトアカウマバエ ムネアカウマバエ	ウマバエ幼虫症	発生源環境整備 馬の手入れ
シラミバエ科	ウマシラミバエ	不詳	不詳
ハエ科	イエバエ サシバエ	馬胃虫	発生源環境整備 忌避剤馬房塗布 殺虫剤噴霧
アブ科	タイワンシロフアブ 他 約80種(吸血) 20種(非吸血)	吸血 馬伝染性貧血	発生源環境整備 アブトラップ ライトトラップ
カレハガ科	クヌギカレハガ ヤマダカレハガ	幼虫による蹄冠部， その他の急性皮膚炎	殺虫剤噴霧

(秋山綽：牧場管理者の手引(Ⅱ)，20，1985)

5．ネズミの駆除

❶ネズミの種類

わが国では，およそ25種類が知られている。家ネズミの代表種として，体重500 g（成獣時，以下同）の大型でどう猛なドブネズミ，高所居住性の体重180 gのクマネズミ，および体重20 g程度の小型のハツカネズミがある。野ネズミの代表種としては，アカネズミやハタネズミが知られる。

ネズミは一般的に3ヵ月で成獣となり，その平均産子数は6～10匹と繁殖力は旺盛である。繁殖期は本来，春から秋口までであるが，冷暖房設備の整った場所の物陰では，通年で繁殖する。妊娠期間は3週間である。食性は，多くは雑食性であるが，とくに畜舎飼料などの穀

類を好む。そのため，冬季の食料欠乏時にはよく飼料を荒らし，その行動は一般に夜行性である。

❷駆除の意義

ネズミは，多くの病原性細菌およびウイルスを伝播する動物として危険な存在である。また，ネズミに寄生するダニやノミが病原体の感染源となることもある。ハタネズミ，ハツカネズミは他のネズミに比べ，病原体に対する感受性が高く，発病しやすい。発病あるいは保菌ネズミはその糞尿中に多量の病原体を排出する。多量の病原体を含む糞尿によって，飼料，水，乾草が汚染され，病原体は厩舎環境一帯に拡大することがある。

ネズミから伝染する病原体としてもっとも重要なものは，サルモネラの感染症であり，ネズミチフス菌をはじめとする多くの種類が馬（とくに子馬）の腸炎の原因となる。

その他，リステリア菌，レプトスピラおよびトキソプラズマなどもネズミの排泄物が感染源となる。これらの病原体の多くはヒトと動物の共通感染症であり，発病した馬の糞尿，あるいは血液臓器にも多量の病原体を含んでいるため，注意が必要である。

❸防除方法

(1) 環境的防除

環境的防除には，餌となるものの排除，営巣場所の撤去（巣をつくらせない），侵入防止などが含まれる。寝ワラ保管庫や乾草飼料庫は，ともにネズミの保護と保温に最適であり，営巣の好適環境となる。また，侵入防止のためには，ネズミ返しによる侵入通路の遮断，ケーブルや配管孔周囲の隙間の金属ネットによる閉鎖，あるいは換気扇のネットへの咬害防止剤塗布などの方法がある。

(2) 化学的防除

化学的防除には，殺鼠剤と忌避剤を用いた方法がある。また，殺鼠剤には急性毒殺鼠剤および抗凝血性殺鼠剤がある。

急性毒殺鼠剤は，1回の摂取で急性中毒による致死効果が得られ，シリロシド，リン化亜鉛，硫酸タリウム，黄リン，ノルボルマイド，およびアンツーなどがある。ただし，これらは人畜に対する毒性も強く，使用にあたっては十分な注意が必要である。

一方，抗凝血性殺鼠剤は，血液凝固阻止作用によるもので，数回の連続摂取によって効果を示す。ワルファリンやクマテトラリルがあり，人畜に対する毒性が比較的

図3-39 粘着シートを用いたネズミ駆除（JRA原図）

低く，より安全な薬剤である。また，これらはネズミの喫食性もよく，効果もすぐれていることから汎用される。

(3) 物理的防除

物理的防除には生捕り式と粘着シートを用いたトラップがある。生捕り式にはケージトラップとワナ仕掛けのスナップトラップがある。また粘着シートは餌を必要とせず，安全かつダニやノミなどの外部寄生虫の排除を同時に期待できるばかりでなく，捕獲後の処理も清潔にできるため汎用されている（図3-39）。さらに，超音波忌避器（ヒトに聞こえにくく，ネズミに有効な20kHz以上の波長）や化学的忌避剤（カプサイシン，シクロヘキシミドなど）を用いた方法もある。一般に化学的忌避剤は，被害を受けやすいケーブルや配管周囲に工事に合わせて塗布するが，その有効性および持続性には不明な点が多い。

❹実施上の留意点

ネズミは出入孔から建物の壁にそって行動するため，その侵入通路にあわせてワルファリン（0.025％）含有毒餌（固型，粒剤，ペースト剤，粉剤がある）を仕掛けるとともに，粘着シートを設置する方法が一般的である。殺鼠剤による単一駆除法より殺鼠剤と他の駆除法を複合したほうが高い相乗効果が期待できる。また，粘着シートを効果的に使用するためには，ネズミの通り道に隙間なく敷き詰める必要がある。同時に，常に施設改善について考慮し，適切な対応をとることが被害を最小限とするための必要条件ともいえる。殺鼠剤は，幼児や犬，猫などが誤って食べた場合，中毒を起こす危険があるため，取り扱いや保管には十分に注意する必要がある。

駆除は，環境によって異なるが，毎月1回通年定期的に実施するとよい．とくに4～5月および10～11月の繁殖が活性化する時期には駆除回数を増やし，子ネズミが生まれる前に集中して駆除するとより効果的である．ネズミは秋の収穫期を過ぎると餌を求め，また営巣準備のため，いっせいに畜舎内へ移動する．そのため，この時期に徹底的に駆除することは被害を最小限とするうえで大切である．また，格好の営巣の場所となる寝ワラ保管庫や乾草保管室には忌避器を設置し，営巣場所を与えないことが有効である．

なお，実施は広域のいっせい駆除が望ましく，畜舎個別に実施した場合は，単にネズミを別棟に移動させるだけであり，殺滅効果や絶対的減数は期待できない．

6. 家畜伝染病予防法

❶家畜伝染病予防法と家畜防疫対策要綱

家畜伝染病予防法は，家畜の伝染性疾病の発生を予防し，まん延を防止することにより畜産の振興をはかることを目的として制定された法律であり，第一条にはその旨が記載されている．同法ならびに同法に基づく家畜伝染病予防法施行令および家畜伝染病予防法施行規則は，国や都道府県が実施するほとんどすべての防疫行政，とりわけ家畜の伝染性疾病に対する発生予防およびまん延防止の措置などの法的基盤となっており，わが国の畜産の発展にはたしてきた役割は大きい．

なお2011年の4月の家畜伝染病予防法の一部改正に伴い，第12条の3に規定されている「飼養衛生管理基準」が大きく見直され，畜種別の設定となるとともに対象家畜が拡充され，馬が含まれるようになった（それまでは牛，豚，鶏のみ）．

飼養衛生管理基準においては，家畜所有者・管理者の防疫意識の向上，消毒等などを徹底するエリアの設定，毎日の健康観察と異状確認時における早期通報等について，その方策が具体的に定められている．また飼養衛生管理基準の対象となる家畜の所有者は，毎年家畜の飼養状況ならびに飼養衛生管理基準の遵守状況を都道府県知事に報告する必要がある．

一方，家畜防疫対策要綱（1999年4月12日付け11畜A第467号農林水産省畜産局長通知）は，わが国における家畜防疫業務を官民が協力し合って効果的かつ円滑に実施していくうえでの指針を示したものであり，①自衛防疫の実施，②予防事業の実施，③海外悪性伝染病などの防疫の3項目について具体的に記載されている．わが国における馬の防疫対策や衛生対策はすべてこの要綱を基本として行われている．

なお，この要綱のなかでは，畜産経営の安定的な発展をはかるためには，日常の衛生的な飼養管理の徹底，的確な予防接種の実施などの自衛防疫を基本として，伝染性疾病の発生予防措置を講ずることがもっとも重要であると述べられている．

❷馬の法定伝染病と届出伝染病

家畜伝染病予防法の第二条には，この法律で定める28種類の家畜伝染病が掲げられており，馬では流行性脳炎，狂犬病，水胞性口炎，炭疽，馬ピロプラズマ病，鼻疽，馬伝染性貧血，アフリカ馬疫の8種類が指定されている．これらは一般に法定伝染病とよばれ，個別に防疫上必要な措置が法により定められており，家畜の管理者はこれに従わなければならない．

また，同法施行規則の第二条において，法定伝染病以外の伝染性疾病（届出伝染病）として，馬では，類鼻疽，破傷風，トリパノソーマ病，ニパウイルス感染症，馬インフルエンザ，馬ウイルス性動脈炎，馬鼻肺炎，馬モルビリウイルス肺炎，馬痘，野兎病，馬伝染性子宮炎，馬パラチフス，仮性皮疽の13種類が指定されている．馬がこれらの13種類の届出伝染病に罹ったり，また罹っている疑いのある場合には，都道府県知事に届け出る義務がある．法定伝染病と届出伝染病はまとめて監視伝染病とよばれ，家畜防疫対策要綱にはそれぞれの具体的な防疫措置が個別疾病対策として記載されている．

(1) 流行性脳炎

家畜伝染病予防法の第二条に掲げる馬の流行性脳炎とは，日本脳炎，ウエストナイル脳炎，西部馬脳炎，ベネズエラ馬脳炎などの脳炎を起こすアルボウイルスによる感染症をいう．

現在，わが国で発生をみているのは日本脳炎のみであることから，流行性脳炎と日本脳炎が同じ意味に解釈されているが，法でいう流行性脳炎には海外伝染病である上記の他の脳炎も含まれる．

近年，アメリカ合衆国でウエストナイル脳炎が急速に拡大し問題となったことから，わが国でも2003年にウエストナイルウイルス感染症防疫マニュアルが作られている．日本脳炎については，法第十七条の規定において，都道府県知事はまん延を防止するために必要があるときは，患畜を殺すべき旨を命令できる．なお，本病の詳細に関しては，第4章Ⅱ，347頁を参照してほしい．

(2) 馬伝染性貧血

本病については，1993年以降，長年発生がなく，清浄化が進んだと考えられていたが，2011年，宮崎県において御崎馬の馬群から導入された乗用馬2頭が本病陽性馬として摘発された。このことから，都井岬に生息する御崎馬に対する疫学関連調査が実施され，その結果，12頭の陽性馬が確認されて淘汰処分された。一方，乗用馬などの再検査や追跡調査においては，新たな陽性馬の摘発はなかった。その後実施された御崎馬以外の在来馬等を含めた本病の清浄性確認検査においても，陽性馬の摘発はなかった。

なお，1998年の家畜伝染病予防法の改正では，本病の清浄化の進展を背景に，それまで1年に1回と定められていた検査が5年に1回に変更されており，馬の移動に際して必要とされた本病に感染していないことの証明（移動証明書）も不要となった。現在は，同法第五条および施行規則第九条に基づき，少なくとも5年ごとの検査の実施が義務づけられている。

また，家畜防疫対策要綱においては，本病の患畜について，同法第十七条の規定に基づく安楽死処置までの期間は2週間以内とされている。なお，本病の詳細に関しては，第4章Ⅱ，344頁を参照してほしい。

(3) その他の監視伝染病

法定伝染病の狂犬病，水胞性口炎，馬ピロプラズマ病，鼻疽，アフリカ馬疫と届出伝染病の類鼻疽，トリパノソーマ病，ニパウイルス感染症，馬ウイルス性動脈炎，馬モルビリウイルス肺炎，馬痘，仮性皮疽はわが国ではこれまでも発生がなく，海外伝染病として位置づけることができる。このうち，馬ウイルス性動脈炎に関しては，わが国に侵入した場合に大きな被害が想定されることから，ワクチンが製造・備蓄されている。

馬インフルエンザは最近では2007年から翌年にかけて，わが国で発生したが，2008年7月1日以降は発生しておらず，清浄化したことが認められている。競走馬では流行予防のために，おおむね半年ごとにワクチンを接種するよう定められている。

馬伝染性子宮炎は，1980年以降に北海道の生産地で流行していたが，2001年より始まった清浄化プロジェクトにより次第に減少し，2005年に保菌馬1頭が摘発された後は発生していないことから，本病も同様に清浄化したことが認められている。

馬鼻肺炎は毎年，呼吸器病や流産の流行が認められ，予防のためにワクチン接種が行われている。

馬パラチフスは，ときおり流産の集団発生が認められる。また，破傷風も数頭ながら，毎年馬での発生が報告されている。

一方，炭疽および野兎病はわが国では長く馬での発生は報告されていない。ただし，炭疽は2000年に牛で2頭の発生が報告されている。野兎病は，過去にはわが国でもヒトへの感染が多く報告されていたが，1999年以降認められていない。なお，同病は2002年には日本へも輸出しているアメリカの動物卸会社におけるプレーリードッグへの大量感染が問題になった。

なお，馬の伝染病の詳細は第4章を参照してほしい。

7. 主要馬伝染病の鑑別要点

主要な馬の伝染病の検査における要点については，表3-29～表3-31を参照してほしい。

表3-29 主要馬伝染病鑑別要点（ウイルス病）

病名	病原体	感染動物	潜伏期	経過	予後	臨床検査	病理学的検査	血清学的検査	病原学的検査	類症鑑別
狂犬病 (法定伝染病) (海外伝染病)	狂犬病ウイルス	馬、ヒト、犬、猫、牛、水牛、羊、山羊、マウスなど	2〜10週	5日以内のものが多い	発病したものは100%が死亡する	一般につぎの2つの型が認められる。狂躁型：興奮、性欲亢進、狂暴性、流涎（血液、泡が混入）、奇声、嚥下困難、下顎麻痺、瞳孔散大、角膜乾燥、異物摂取、運動失調、起立不能、痙攣、全身麻痺。麻痺型：頚部麻痺、咀しゃく不能、嚥下困難、沈鬱、全身麻痺。	特異的な肉眼的病変はなく、石片、木片などの異物が胃のなかにみられることが多い。組織学的には非化膿性脳炎と神経細胞の細胞質内封入体(ネグリ小体)がみられる。ネグリ小体はアンモン角に多くみられるが、小脳にも見いだされることがある。	補体結合反応	脳乳剤をマウスの脳内に接種してウイルス分離。蛍光抗体法による脳内ウイルス抗原の証明。補助的に唾液腺も用いるRT-PCR法。	流行性脳炎、脳脊髄炎状症など
馬伝染性貧血 (法定伝染病)	馬伝染性貧血ウイルス	馬、ラバ、ロバ	2〜3週	急性または慢性	不定（慢性保毒馬となる）法的に安楽死処置	特有の回帰熱があり、発熱に伴う貧血が出現する。無熱期が長くなるにかけ上健康馬と変わらなくなる。病によって他感染をし、食欲消失、元気不振、浮腫、心機能異常となり、予後不良となる。	一般に肝および脾臓の腫大、リンパ節の髄様腫脹、肝紋理隆起あり、脾臓の割面の顆粒状隆起を示す。組織学的にはリンパ節、副腎皮質のリンパ様細胞、塩基好性円形細胞、組織球の浸潤、肝小葉内小結節形成、脾リンパ節のリンパろ胞の過形成。	寒天ゲル内沈降反応、ELISA法、補助的に補体結合反応、または中和反応、赤血球凝集抑制反応。	発熱期の血漿を馬白血球培養に接種するとウイルスを分離できるが、白血球培養法は困難な点が残っている。未梢白血球や血清のRT-PCRによるウイルス遺伝子検出も可能。	トリパノソーマ病、馬ピロプラズマ病、ポトマック熱、馬ウイルス性動脈炎、内部寄生虫による栄養の低下、中毒、心臓病
日本脳炎または流行性脳炎 (法定伝染病)	日本脳炎は日本脳炎ウイルス。他の流行性脳炎はウエストナイルウイルスなど。	馬、ヒト、牛、水牛、豚、羊、山羊、鶏など	1〜2週	1〜10日	発症したものの斃死率は30〜50%	体温の上昇。予後不良のものでは高熱が稽留し、視覚の鈍麻、沈鬱、麻痺、起立不能、全身振戦、咳筋強直、四肢開張などの神経症状をおびる。呈し、なかには狂暴性状を出すのもある。	肉眼的変化に乏しいが中枢神経の組織学的変化はかなり特異的で、間質性細胞変調、神経細胞の退行変性、膠質細胞の増頻および神経食現象などを示す。	中和・補体結合・ELISA法の凝集抑制・赤血球凝集抑制反応による抗体証明。日本脳炎ウイルスおよびウエストナイルウイルスは血清学的に交差するので、疫学情報や病原学的検査の結果とあわせて判断する必要がある。	急性経過で斃死した馬で死亡胎子の脳の各部を混合して乳剤としてミウスの脳内に接種する。RT-PCR法によるウイルス遺伝子の検出、蛍光抗体法によるウイルス抗原の証明。ウイルスを分離し得ない場合でも本病を否定することはできない。	破傷風、脳脊髄糸状虫症、馬鼻肺炎による神経障害、その他の馬脳脊髄炎、クリア重金属中毒、トロッカ症、駆虫剤などの薬物によるショック
馬インフルエンザ (届出伝染病)	馬インフルエンザウイルス	馬	1〜3日	1〜2週	強毒株および細菌の二次感染により不良	もっとも特徴的な症状は乾性あるいは湿性の咳の頻発で、解熱した後も2〜3週間続くこともがある。毒株の流行により高い死亡率を示す。発熱は一般的に1〜3日間続き、41℃に達するものもあり、2〜3峰性の熱型を示すものが多い。また、水様性鼻漏を出すものも多い。	馬インフルエンザの単独感染により死亡することは少ないが、まれに強い死亡を示すことがある。病変は肺に強く、気管支肺炎、気管支局囲炎などが認められる。	赤血球凝集抑制反応がもっとも一般的である(急性期と回復期の血清について調べる)、中和試験。	発症初期の鼻腔拭い液を発育鶏卵(10〜12日)の羊膜腔内に接種(34〜36℃培養)し、2〜3日ごとに3〜5代まで継代(嘔、モルモット血球に対する凝集素を検出)。RT-PCR法によるウイルス遺伝子の検出。イムノクロマト法を応用した迅速診断キットによるウイルスの検出。その他、感染馬の鼻腔細胞の塗抹標本を蛍光抗体で調べ、ウイルス抗原を検出。	馬鼻肺炎、馬ウイルス性動脈炎、その他のウイルス性呼吸器病、腺疫

第3章　飼養管理

(表3-29の続き)

病名	病原体	感染動物	潜伏期	経過	予後	臨床検査	病理学的検査	血清学的検査	病原学的検査	類症鑑別
馬鼻肺炎（届出伝染病）	馬鼻肺炎ウイルス（成馬の感冒、神経障害、流産を起こす馬ヘルペスウイルス1型と子馬および成馬の呼吸器病を起こす馬ヘルペスウイルス4型の2種類がある）	馬	呼吸器型2〜4日	1〜14日	細菌の二次感染により不良	発熱、咳、食欲不振、鼻汁漏出、下顎リンパ節の腫脹など。子馬では成馬に比べて経過が長く、成馬では不顕性感染が多い。	鼻腔とくに甲介粘膜の腫脹が著しい。その粘膜細胞内に核内封入体が認められる。	急性期、回復期の血清中の抗体価の上昇を調べる。中和・補体結合・赤血球凝集抑制・ゲル内沈降の各反応、gG-ELISA法、EHV-1および4の感染抗体をそれぞれ区別して検出できる。	発病時の鼻汁、バフィーコートを1型では馬腎・RK-13・MDBK・Veroの各細胞に、4型では馬腎細胞に接種。明瞭な細胞変性効果を示す。PCR法による遺伝子検出。	馬インフルエンザ、馬ウイルス性動脈炎、他のウイルス性呼吸器病、腺疫
			流産型2週〜4ヵ月	突然	子馬は生まれてきても不良	流産の場合には前駆症状に乏しい。	胎子は一般に黄疸様で黄色の胸水、腹水が多い。肝臓の巣状壊死、壊死部周辺の肝細胞内に核内封入体が認められる。	流産の診断に血清学的診断は使用できない。しかしながら、流産後に母馬の抗体価が上昇するものもある。	流産胎子の肺、胸腺について蛍光抗体法または補体結合反応法で抗原を検出。胎子の肝・脾・肺・胸腺などを馬腎・RK-13・MDBK・Veroの各細胞に接種。	馬パラチフス流産、馬ウイルス性動脈炎、胸膜炎、ボトマック熱流産
ゲタウイルス感染症	ゲタウイルス	馬、豚	2〜3日	急性2〜10日	良	初夏から晩秋にかけて発生する。一過性の発熱（38.5〜40.0℃）、頸・腹部などの発疹、下肢の浮腫、肩、下顎リンパ節の腫脹。	全身リンパ節の軽度な腫大。	中和・血球凝集抑制・補体結合の各反応。	発熱時の白血球を含む血漿部分をVero, HmLu, RK-13の各培養細胞やマウスの脳内に接種。RT-PCR法による遺伝子検出。	馬ウイルス性動脈炎、日本脳炎、中毒、アレルギー
馬ロタウイルス感染症	馬ロタウイルス	馬	1〜3日	3〜7日	良	4〜8月にかけて発症する子馬の水様性下痢。軽い発熱と食欲不振を伴う。	小腸および大腸粘膜の浮腫と上皮細胞からの組織液の流出、その欠乏が主な所見で、典型的なカタール性腸炎に分類される。	補体結合反応や中和反応ができるが、通常病原学的診断で行う。	ラテックス凝集反応、イムノクロマト法を応用した迅速診断キットによるウイルス検出。RT-PCR法による遺伝子検出。下痢便中のウイルスを電子顕微鏡で観察。	ネズミチフス菌などによるサルモネラ感染症、発酵下痢
馬痘疹	馬ヘルペスウイルス3型	馬	6〜8日	10〜14日	良	雌馬では陰唇部、尿道口、包皮に水疱、潰瘍、痂皮を形成。回復した馬の病変部は脱色され、斑紋となる。	病変部より採取した細胞内には核内封入体がみられる。	中和反応。	水疱、潰瘍などの病変部拭い液を腎細胞に接種し、細胞変性効果、核内封入体の検出。PCR法による遺伝子検出。	鼻疽
アフリカ馬疫（法定伝染病）（海外伝染病）	アフリカ馬疫ウイルス（1〜9型）	馬、ラバ、ロバ、犬、ゾウ、サル	7〜9日	急性または亜急性	死亡率は50〜90％で、亜急性型は大部分が回復	急性型：40.5〜41.0℃の発熱、泡沫鼻汁、咳、呼吸困難、頭と頸を延ばし、耳を垂らす。死ぬまで採食を続ける。亜急性型：頭頸部の浮腫、眼上窩、眼瞼、口唇、頬、舌、顎門部、頸の下部、肩などの腫脹。	急性型：肺水腫、水胸、胸膜下組織、小葉間組織、肋膜下組織、呼吸器官内の泡沫、胃腸膜の出血、肝臓の腫脹。亜急性型：粘膜の腫脹、肝臓下の膠様浸潤、皮下、筋膜下、裂膜下、心内・心外膜の水腫、心外膜の出血。	寒天ゲル内沈降・補体結合・中和の各反応、ELISA法。	馬、モルモット、ラット、マウスへの接種試験、細胞培養によるウイルス分離、PCR法による遺伝子検出。	馬ピロプラズマ病、炭疽、中毒、馬ウイルス性動脈炎、馬伝染性貧血

238

(表3-29の続き)

病名	病原体	感染動物	潜伏期	経過	予後	臨床検査	病理学的検査	血清学的検査	病原学的検査	類症鑑別
水疱性口炎 (法定伝染病) (海外伝染病)	水疱性口炎ウイルス(インディアナ、ニュージャージー株など)	馬、牛、水牛、豚、マウスなど	2～5日	3～9日	良	発熱、沈鬱感、跛行、蹄部、鼻口唇部・舌部の水疱・びらんなど。	皮膚の水疱・びらん。内部臓器には著変なし。	中和反応、補体結合反応、ELISA法。	馬、モルモット、マウスへの接種試験、細胞培養によるウイルス分離、抗原検出 ELISA、RT-PCR法。	各種の皮膚病、湿疹など
馬ウイルス性動脈炎 (届出伝染病) (海外伝染病)	馬動脈炎ウイルス	馬	3～14日	10～14日	一般には良好(雄馬は保菌馬となる)	初めは発熱、白血球減少症、結膜炎を示し、その後眼瞼および四肢下腹部の浮腫、皮膚の発疹など。妊娠馬は40～60%が流産する。常在地では大部分が不顕性だが、処女地では50%以上が発症する。	全身の皮下織および腹腔内脂肪織の膠様浸潤。諸臓器に分布する小動脈中膜の変性壊死と、その結果として起こる浮腫、充出血。	中和反応、補体結合反応、ELISA法。	鼻汁、バフィーコート。雄馬は前記の材料以外に精液を採取して馬腎・RK-13・Veroの各培養細胞に接種。RT-PCRによる遺伝子検出も可能。	馬鼻肺炎、馬インフルエンザ、アフリカ馬疫、ボトマック熱、馬パラチフス流産、馬バラチフス流産
馬モルビリウイルス肺炎 (届出伝染病) (海外伝染病)	馬モルビリウイルス	馬、ヒト、コウモリ、猫、モルモット	数日	1～数週	死亡することがある。	急性の呼吸器症状を示し、食欲不振、発熱(41℃)、泡沫性鼻汁の排出、粘膜のチアノーゼを呈する。運動失調、頭・四肢・包皮の浮腫、軽度黄疸が認められることもある。死亡する場合、末期にはおびただしい量の泡沫を鼻から流出する。	肺の浮腫と充血、肺表面の点状出血、胸水および心嚢水の増量、気管支出血を伴う泡沫化の充満、皮下水腫、肺病巣は急性間質性肺炎を示し、血管内皮に出血、壊死、巨細胞形成。	中和反応、ELISA法、間接蛍光抗体法。	感染馬の肺などを Vero、RK-13、BHK 細胞に接種してウイルス分離。培養細胞は多核巨細胞を形成。ウイルスの確定蛍光抗体法あるいは RT-PCR法により実施。材料からの RT-PCR法も可能。	馬インフルエンザ、馬ウイルス性動脈炎

第3章　飼養管理

表3-30　主要馬伝染病鑑別要点（細菌病）

病名	病原体	感染動物	潜伏期	経過	予後	臨床検査	病理学的検査	血清学的検査	病原学的検査	類症鑑別
鼻疽 （法定伝染病）	鼻疽菌 *Burkholderia mallei*	馬、ロバ、ラバ、ラクダ、ヒト、マウスなど	不定	急性型は5～14日、慢性型は1～6ヵ月	不良	39～40℃の発熱、元気食欲の減退、貧血、黄疸、浮腫、鼻漏、鼻出血。慢性型では衰弱を認めない、鼻腔の鼻疽性結節および潰瘍、体表リンパ節の腫脹などみられる。	肺に各型の鼻疽結節および小葉性結節をみる。また、気管支炎をみる。肺門リンパ節、下顎リンパ節、鼻腔、肝臓、脾臓、腎臓などにも特有の結節がみられる。	凝集反応、補体結合反応、ELISA法。また、免疫学的検査法としてマレイン反応が用いられる。	病変部からの材料をグリセリン寒天あるいは血液寒天培地で分離培養をする。また、病変部材料を乳剤として雄モルモットの腹腔内に接種すると精巣腫脹、化膿がみられる（ストラウス反応）。	類鼻疽、仮性皮疽
炭疽 （法定伝染病）	炭疽菌 *Bacillus anthracis*	馬、牛、水牛、豚、羊、山羊、マウスなど	5日前後	急性	きわめて不良	起立不能、苦悶の状態を示す。瀕死期には体温が常温またはそれ以下になる。多くの場合には急息、急死として報告を受ける。	天然孔から出血することがあり、しばしば血液の凝固が悪い。一般に脾腫がみられる。	寒天ゲル内沈降反応。ELISA法が可能であるが、通常家畜で実施しない。	血液塗抹のカプセル染色、ファージテスト、炭酸ガス培養、パールテスト、マウス、モルモット接種試験、アスコリー反応	クロストリジウム感染症、敗血症
仮性皮疽 または流行性リンパ管炎 （届出伝染病） （海外伝染病）	*Histoplasma farciminosum*	馬、ロバ、ラバなど	3週～3ヵ月	慢性	不良	皮膚の大豆大～ガチョウ卵大の結節、連珠状または索状結節、化膿性膿瘍。まれに、眼・鼻腔・口腔・生殖器などの粘膜、精巣、肺などを侵される。	リンパ管壁の肥厚、索腫、リンパ節の腫大。	実用的な検査法はない。	初期病巣浸出液、膿汁、痂皮などの無染色塗抹標本の鏡検による酵母用真菌の確認、分離培養	鼻疽
馬パラチフス （届出伝染病）	馬流産菌 *Salmonella Abortusequi*	馬、マウス、モルモットなど	10～14日	急性または慢性	生後間もない子馬では不良	成馬：主として妊娠後期に流産を起こす。流産に先立ち一過性の発熱、外陰部の腫脹がみられる。また、多発関節炎、き甲瘻、精巣炎、起きすることがある。子馬：敗血症、関節炎、化膿、慢性下痢など。	胎子：胎液膜の充血、水腫、ジフテリー性病巣を認め、皮膚は不潔、混濁、肝、腎の混濁腫脹、小腸の溶血斑。成馬：肝臓にチフス結節をみることがある。	凝集反応が用いられる。その他、溶血反応、沈降反応もELISA法を利用できる。	胎子の胃液・消化液・骨髄、流産母馬の悪露、成馬では病変部から骨髄液などを培養する。	馬鼻肺炎、馬ウイルス性動脈炎、ボトマック熱など
破傷風 （届出伝染病）	破傷風菌 *Clostridium tetani*	馬、ヒト、犬、牛、水牛、豚、羊、山羊など	4日～3週	急性型：1～2日 亜急性型：1～2週	死亡率は非常に高い	瞬膜の露出、尾の挙上、牙関緊急、鼻翼開張、流涎、開張姿勢、後弓反張、腹帯輪（ふくけしゅく）、歩行不能などの特有の症状を示す。	駆幹筋の変性壊死が認められることがある。	用いられていない。	一般に細菌学的診断が困難である。	
馬伝染性子宮炎 （届出伝染病）	*Taylorella equigenitalis*	馬、ロバ	1～4日	急性（一部保菌馬となる）	良	早期発情を繰り返し、外陰部から大量の灰白色の浸出液の流出がみられる。子宮頸管、膣粘膜の死血、浮腫。通常全身症状を示さない。不顕性感染をするものがある。	病変は子宮内膜に限局し、粘膜上皮の過形成、穀密層の退行変性、上皮細胞下の空胞変性、間質への好中球、リンパ球の浸潤が認められる。	補助診断として補体結合反応や間接血球凝集反応。	雌では子宮浸出液、子宮頸管、陰核、雌ではユーゲンチョコレート寒天培地で培養、陰核窩、尿道洞スワブなどを材料としたPCR法。	他の細菌による子宮炎

240

(表3-30の続き)

病名	病原体	感染動物	潜伏期	経過	予後	臨床検査	病理学的検査	血清学的検査	病原学的検査	類症鑑別
馬のクレブシエラ子宮炎	肺炎桿菌莢膜1型 Klebsiella pneumoniae (K-1)	馬、その他の動物	1〜3日	急性または慢性	一般に良 (慢性型は不良)	繁殖シーズン中に流行。灰白色ないし淡黄色の浸出液の排出。子宮頸粘膜、膣粘膜の充血、浮腫、これらの症状は一般に馬伝染性子宮炎より軽いが、重度のものでは慢性型に移行し、不妊となる。	発情期の感染では、子宮粘膜の充血、浮腫などの急性カタール性子宮内膜炎の像を示すが、非発情期の感染では子宮頸管の癒着など慢性炎症像を示す。	用いられていない。	子宮滲出液、子宮頸管スワブをDHLもしくはマッコンキー寒天培地で分離培養。分離菌の莢膜型を調べる。	馬伝染性子宮炎、その他の細菌性子宮炎
ネズミチフス菌感染症	ネズミチフス菌 Salmonella Typhimurium	馬、ヒト、牛、豚、羊、山羊、鶏、その他の動物	不定	急性	生後間もないものでは不良	生後間もない子馬では39〜40℃の発熱、元気消失、食欲不振、腐敗臭を伴い、血液を混じた下痢便が認められる。また、30%に多発性関節炎の発症がある。生後1年以上になった馬では一過性の発熱・下痢で経過する例が多い。	壊死性大腸炎：充出血、粘膜および固有層の壊死。粘膜下血管の血栓形成。	用いられていない。	糞便もしくは剖検した主要臓器をサルモネラ用関聯培地または分離培地に培養する。	他のサルモネラ感染症、馬ロタウイルス感染症、ポトマック熱、X-大腸炎、その他の出血性大腸炎
腺疫	腺疫菌 Streptococcus equi subsp. equi	馬	4〜5日	2〜4週	一般に良	体温上昇。鼻粘膜および咽頭粘膜の急性カタールを起こす。鼻漏、咳嗽、あるいは嚥下困難を示す。顎凹および咽背リンパ節が腫脹し、化膿する。	顎回、咽喉頭部リンパ節の化膿がみられ、まれに肺炎も認められる。内臓に転移したものでは、リンパ節の膿瘍を形成する。	ELISA法。	鼻漏または膿汁を血液寒天培地に培養する。PCR法による遺伝子検出も可能。	Streptococcus equi subsp. zooepidemicus あるいは他の細菌による化膿性疾患
馬ポトマック熱 (海外伝染病)	Neorickettsia risticii	馬	3〜11日	急性型：5〜8日 亜急性型：8〜20日	やや不良 (死亡率は10〜30%)	39.0〜41.5℃の発熱、沈鬱、仙痛、下痢、蹄葉炎など。	盲腸および結腸粘膜の点状ないし斑状出血が出る。	間接蛍光抗体法。	感染馬の急性期の白血球層からの菌分離 (P338D、培養細胞へ接種)。糞または全血を材料としたPCR法。	サルモネラ感染症、X-大腸炎、馬ピロプラズマなど、栄養障害、中毒

VIII 衛生対策

241

第3章　飼養管理

表3-31　主要馬伝染病鑑別要点（原虫病）

病名	病原体	感染動物	潜伏期	経過	予後	臨床検査	病理学的検査	血清学的検査	病原学的検査	類症鑑別
馬ピロプラズマ病 （法定伝染病） （海外伝染病）	Babesia caballi Theileria equi	馬，ロバ，ラバ	B.c.：6〜10日 T.e.：10〜21日	急性と慢性（原虫は半永久的潜在）	B.c.：5〜10％の死亡率 T.e.：50〜85％の死亡率	間欠熱，黄疸，貧血，血色素尿。	浮腫，黄疸，貧血，出血斑，脾腫，腎腫。組織学的には血鉄素の沈着。	間接蛍光抗体法。ELISA法。補体結合反応。	感染初期のみ流血中赤血球から虫体を証明。馬へ感染馬の血液を接種。18Sリボソーム遺伝子を標的としたPCR法。	馬トリパノソーマ病，馬伝染性貧血，ボトマック熱，栄養障害，中毒
馬トリパノソーマ病（媾疫） （届出伝染病） （海外伝染病）	Trypanosoma equiperdum	馬，ロバ，ラバ	5〜6日	慢性	不良 （50〜70％の死亡率）	交尾感染する。種雄馬の包皮，陰茎および精巣の腫脹。雌馬の外陰部と膣は腫脹し，浸出液が漏出する。急性期を過ぎると皮膚に斑破を伴う丘状発疹（硬貨疹）が発現し，潰瘍に移行した後，痂皮形成ない。し脱毛に至る。色素脱失。その後，慢性的に軽快と再発を繰り返し，最終的には神経症状を発現して死亡する。	虫体は血液中には出現しないので血液塗抹標本は無意味である。	補体結合反応。間接蛍光抗体法。ELISA法。	急性期の腫脹した生殖器からの粘液分泌物中，あるいは硬貨疹を乱切して圧搾することにより，虫体を検出する。血液中の原虫遺伝子を検出するPCR法も有効。	馬鱗疹，馬ウイルス性動脈炎

第4章 病気

EQUINE VETERINARY MEDICINE

Ⅰ 概論

Ⅱ 病気の各論
多くの臓器や器官を同時に侵す全身の病気／骨格系の病気／筋肉系の病気／蹄の病気／血液・循環器系の病気／呼吸器系の病気／消化器系の病気／泌尿器系の病気／感覚器系の病気／神経系の病気／内分泌系の病気／免疫系の病気／生殖器系の病気／寄生虫による病気／ウイルスによる病気／細菌による病気／真菌による病気／原虫による病気／中毒による病気／熱，寒さ，電気による病気

Ⅲ 症状で知る体の異常の見分け方

I 概論

1. 病気とは

　熱が高く，元気がない，あるいは腹痛の症状を示す場合，その馬をわれわれは「病気だ」，「病気のようだ」あるいは「病気かもしれない」などと考える。しかし，この場合の発熱や腹痛はあくまでも「病気の現れ」，「症状」であって，病気そのものではない。病気の本質は症状の下に隠れているのである。高い熱が出ることが病気なのではなく，たとえば肺炎など何らかの病気がそこに存在し，その病気に対する体の反応として，発熱という症状が現れるのである。

　一般に，この症状を詳しく観察することに加えて，さまざまな検査，たとえば血液やX線像の変化などを調べることではじめて，どんな病気なのか特定することができるようになる。この過程を「診断」といい，正確な診断すなわち病気の本質を正しく見抜くことによってはじめて，適切な治療が可能となり，馬を病気から救うことができる。

　病気の原因はさまざまであり，異なる原因の働きかけによってそれぞれ違った病気が成り立つ。その過程は「病理発生」とよばれる。この病気の「原因」と「病理発生」の正しい理解，たとえば感染症の場合であれば，病原体がどのような性質をもち，どのような経路をたどって生体に入り，どのようなメカニズムで病気を起こすのかをよく理解しておくことが，病気の診断や治療，さらには予防にも大変役立つ。

　ここでは，それぞれの病気についての記載（各論）を前に，多くの病気の診断に共通となる診断の概念と方法について総論としてまとめる。

2. 病気の診断

　診断とは，病気が生じている部位における，他の状態との違いを明らかにすることである。一般的には，臨床診断と鑑別診断によって行われる。

(1) 臨床診断

　症状に基づいて行う診断をいう。「症状(symptom)」とは，病的状態が発熱や食欲の減退あるいは安静時呼吸数の増加など，外部からの認識が可能な形で顕在化したものである。多くの症状は，多様な病的状態に共通するが，ある病気に限って特異的に現れるものを，diagnostic（診断に役立つ）あるいはpathognomonic（特徴的）な症状とよぶことがある。

　症状は，いくつかの方法により以下のように分類される。

①客観的症状（獣医師が直接検査を行うことにより見いだされる症状）と，主観的症状（医学では患者の自覚症状を指すが，獣医学では管理者の印象を聞くことになる。したがって，医学に比べると信頼性に劣る）。

②全身症状（体温の上昇や震えのように，身体全体に及ぶもの）と，局所症状（体の一部にみられる症状で，疼痛，腫脹，発赤など）。

③直接的な症状（ある病気そのものが関与して現れるもの）と，間接的な症状（合併症によって生じるもの）。

　また，症状が明瞭で，急速に現れまたは進行し，経過が短い場合，その病気は急性であるといい，その反対を慢性，両者の中間を亜急性という。しかし，急性あるいは亜急性の疾患は，往々にして慢性に移行する。

(2) 鑑別診断

　複数の異なる病気の症状を比較することによって，1つの病気を決定する。これはしばしば，症状に加えて，検査や病理学的検索などの方法により他の病気を否定すること，すなわち消去法で行われる。

3. 診断の要領

　診断を行うためには，患馬の症状や経過に関して所有

者あるいは管理者から得られる情報をすべて収集したうえで，全身を詳細に観察し，必要に応じて臨床，微生物学的あるいは生化学的検査を実施することが求められる．ただし，関係者からの情報は，症状や検査結果と矛盾しないものに限って参考にすべきである．診断は速やかに，可能であれば治療の開始前に確定することが望ましいが，ときとしてこれは不可能であるから，症状の寛解後に，少しの間をおいて再度試みる．

さまざまな要因の関与により，診断は困難さを増すが，とくに症状というものは常に現れるとは限らないこと，ある疾病に特異的な症状はきわめて少ないこと，また，多くの病的状態に合併症が生じ，原発性疾患の症状をしばしば不明瞭にすることには，常に留意する必要がある．

患馬の全身の検索は，系統的に一定の手順で行うべきであり，以下にその一例をあげる．

(1) **個体情報の収集**：品種，年齢，性，用途

(2) **稟告の聴取**：病的な状態が続いている期間，現れた症状（食欲や排泄の変化，咳など），どのような状態・環境で発症したか，飼養管理の状況，既往症，同様の症状が他の馬にもみられたか，治療の有無とその内容など

(1)および(2)の過程で，病気の原因に関する情報が得られることがある．病気の原因は，診断の助けになることも多く，病因学(etiology；疾病の原因を研究する領域)的には，誘因と素因に分けられることがある．
① 誘因：病気の直接の引き金となるもの．
　a）生物（植物，動物，真菌，細菌，ウイルス他）
　b）機械的・力学的な要因（外傷，過度の運動負荷，圧力，摩擦，消化管の閉塞，異物，結石など）
　c）飼料や水の不適切な給与
　d）毒物
　e）温度：火傷，凍傷や熱中症．
　f）電気：感電や雷撃症など．
② 素因：誘因に対する生体あるいは局所の抵抗性を減じる要因を指す．
　a）年齢：腺疫や骨端炎は，罹患馬の大半が若馬である．一方，腸結石や変性性の関節疾患は成馬に多い．
　b）性：てんかんは雌に多い．
　c）気性：鈍重か活発か．
　d）毛色：メラノーマは芦毛，ロッキーマウンテンホースの前眼部形成不全はチョコレートに多い．
　e）品種：蹄葉炎はポニー，扁平上皮癌はアパルーサやハフリンガーに多い．
　f）既往症：ある種の疾患では，罹患後の免疫状態の変化が継続し，発症しやすくなる（例；馬回帰性ブドウ膜炎）．また，多くの病気に他の疾病を併発する．
　g）遺伝
　h）急激な気温の変化：冷え込みにより，呼吸器疾患が発生しやすくなる．
　i）必須栄養素の摂取不足

さらに病気は，体外の要因の作用によって発症する外因性と，いわゆる「衰弱」や臓器の機能不全のように外的要因の関与がないと考えられる内因性のものとに分類できる．

(3) **無保定，興奮していない状態での，馬の姿勢と自発運動の観察**

健康な馬は，横臥していてもヒトが近づけば起き上がり，日中は立っているものである．ただし，胸部の急性疾患，呼吸困難や振戦がある馬は横にはならず，じっと立っていることが多い．また，病馬は活気がなく，頭を下げて立つ，耳の下垂や，足を交互に休めるなどの異常を示すことがある．亜急性の消化器障害では，一般に馬は動きがぎこちなく，おとなしい．また，脳の病気がある場合には，不自然な姿勢がみられる．
① 頭頸部の伸展：食道梗塞，喉の激しい痛み，項腫(poll evil)，破傷風，頸部のリウマチ，頸椎の関節強直．
② 頭頸部の下垂：頸部の筋麻痺，項靱帯の損傷，衰弱，沈鬱状態．
③ ふらつき（蹌踉歩様）：衰弱した馬，脳脊髄の疾患，背部の筋肉や靱帯の損傷．
④ 犬座（犬のお座り）姿勢：胃の閉塞，拡張や破裂，横隔膜破裂，結腸変位．
⑤ 開張歩様：破傷風，高窒素尿症，脊髄不全麻痺，背部や骨盤の骨折，衰弱，硬直．
⑥ 不安あるいはうつろな表情：重度かつ急性の疼痛．

(4) **全身状態の観察**
① 皮膚：皮膚疾患だけでなく，全身性の病気でも表皮，真皮や付属器官に異常が生じる．健康馬の被毛は，滑らかで光沢があるが，病馬では皮下脂肪の減少に

第4章　病気

よって乾燥して艶を欠いたり，毛並みが悪くなったりする。特異的な異常には，外部寄生虫による換毛の遅れ，全身または局所性疾患による脱毛，鱗屑，肥厚，腫脹，潰瘍，水疱，膿疱，膿瘍の形成があげられる。

②発汗：過剰な発汗は，興奮やコンディション不良時の運動後にみられる。
- 疼痛性の疾患や精神的な異常では，発汗が斑状または拡散性に生じるが，これは血流量の増加を伴わず，神経の刺激によってもたらされる，いわゆる「冷や汗」で，皮膚は冷たい。一方，強度の運動や高熱による発汗時には，皮膚温の上昇が伴う。

③呼吸：馬の呼吸は，側腹部または鼻孔の動きで認識できる。吸気時には，これらの部位が外側に広がるので，安静時の呼吸数と様式を観察，記録する。正常な呼吸は，一定間隔で胸式と腹式の両方によって起こる。呼吸数は運動によって著しく増加するが，安静時には毎分8～16回で，他の動物種に比べて安定している。若馬や臥位では増加する。以下に呼吸の異常を例示する。

a）多呼吸：発熱時などにみられる。
b）少呼吸：重度の脳疾患でみられることがある。
c）浅く不規則な呼吸：脳障害や深麻酔時に生じることがある。
d）チェーンストークス呼吸：浅い呼吸から次第に深さや速さが増して，ときには無呼吸となることを繰り返す呼吸。重度の中毒や感染症で，観察されることがある。
e）胸式呼吸と腹式呼吸：急性腹膜炎をはじめとする重度の疼痛を伴う腹腔疾患では，呼吸時の腹部の動きが抑制され，胸部のそれが大きくなる。反対に，急性胸膜炎の初期では，腹部の動きが目立つようになる。
f）呼吸困難：吸気性と呼気性の呼吸困難に分かれる。吸気性呼吸困難は，気道狭窄，気管支炎，肺浮腫や肺炎においてみられ，吸気時間の延長，頭頸部の伸展，鼻孔の拡張や肋骨が目立つ，前肢の開帳と肘の外転をはじめとする所見を伴う。呼気の困難は，慢性気管支炎，肺と胸壁の癒着や膿胸症例にみられる。この場合，呼気時間の延長，腹壁の収縮が特徴的で，怒責による肛門の膨隆がみられることもある。馬ではほとんどの場合，とくに重症の呼吸器疾患では双方

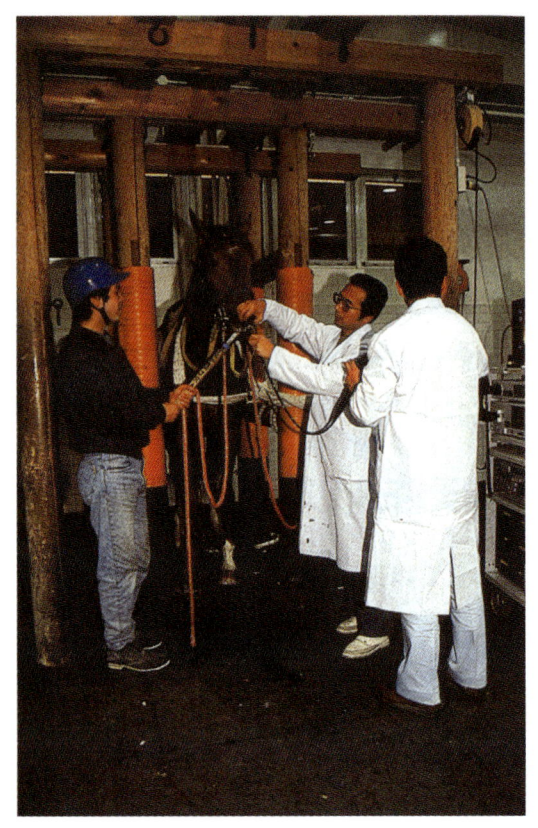

図4-1　内視鏡検査（JRA原図）

が同時にみられる。

g）異常呼吸音：いびき（snoring；咽頭・鼻腔の腫瘍，膿瘍），喘鳴（roaring, whistling；喉頭片麻痺，ときに鼻や咽頭の閉塞に伴い吸気時にみられる）。
h）咳：咳は，急速な肺からの空気の強い圧出である。動物では，炎症，異物，ガスあるいは粘液からの気道粘膜への刺激に対する反射として生じる。健康馬でも発咳はまれに起こるが，これは強く大きな咳で，高調である。咽頭炎の初期でも咳は大きく激しいが，病気の進行に伴い変化する。

- 滲出に伴って，湿った音になる。
- 肺炎では，弱い咳になる。
- 肺気腫では，短く弱い咳がみられる。
- 咽頭炎，喉頭炎などで生じる，連続した咳を発作性の咳という。

これらの結果をもとに，以下にあげる検査のうち，必要なものを実施する。検査方法の詳細についてはそれぞれの専門書を参照されたい。

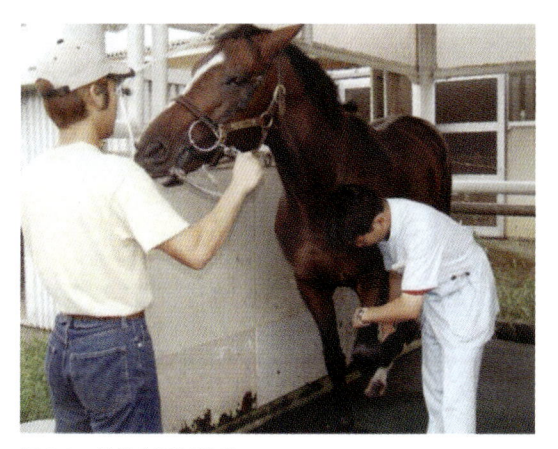

図4-2　触診(JRA原図)

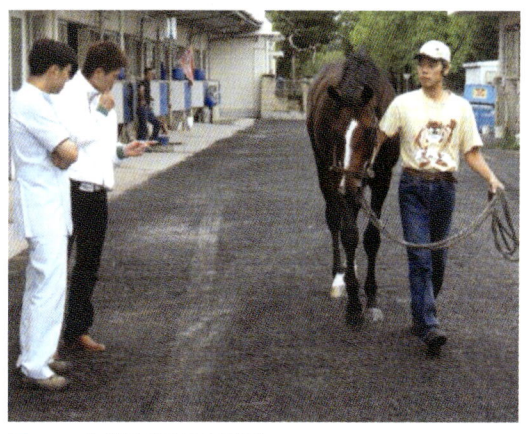

図4-3　歩様検査(JRA原図)

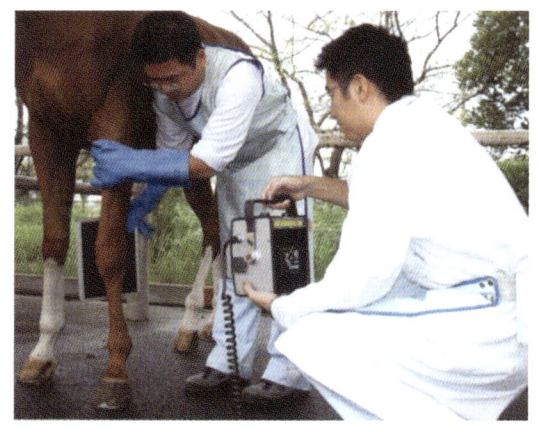

図4-4　ポータブルX線検査(JRA原図)

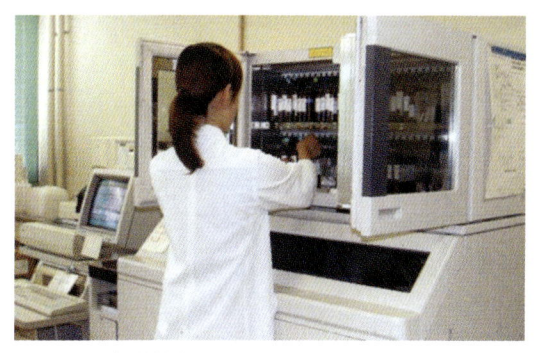

図4-5　生化学検査(JRA原図)

(5) 脈拍

(6) 結膜や粘膜の観察

(7) 体温：直腸温と皮温

(8) 個別の臓器の検査：筋肉・腱・靱帯の触診，心臓・肺の打診や聴診，直腸検査，内視鏡検査など(図4-1，図4-2)

(9) 歩様検査：速歩をさせる，回転，坂道の昇降，後退など(図4-3)

(10) 簡易的検査：血球算定検査(complete blood count：CBC)，角膜の染色，X線検査，虫卵検査など(図4-4)

(11) 血液，膿，尿，分泌物，組織などの微生物学的・生化学的・病理組織学的な精密検査(図4-5)

II 病気の各論

1. 多くの臓器や器官を同時に侵す全身の病気

❶敗血症

▶どのような病気か？

　敗血症とは，病原菌が循環血液中に入り込んで増殖し，全身的に重篤な症状を示す症候群である。移行抗体不全症や虚弱の新生子にしばしば起こる。成馬では，重篤な疾病の末期に認められることが多い。

▶原因は？

　新生子における敗血症の致死率は75%ともいわれ，主にグラム陰性菌（*Escherichia coli*, *Actinobacillus equuli*, *Klebsiella* spp., *Pseudomonas aeruginosa*, *Salmonella* spp., *Pasteurella haemolytica* など）が病原菌となる。これらは馬体の常在菌もしくは馬房などの環境中に生息する細菌であり，免疫不全を背景とした日和見感染が多い。感染門戸は，臍帯がもっとも多く，消化管や呼吸器からも感染する。

　成馬の敗血症は新生子に比べて少ないが，重度の感染症の他，肺炎や腸炎あるいは変位疝から敗血症に至ることがある。また，特定の免疫疾患や伝染病も敗血症の原因となる。

▶症状は？

　発熱，食欲減退，元気消失などを主徴とする。新生子では四肢関節への感染の波及による腫脹，腹痛，昏睡などがみられることもある。また，急性で重度の場合は体温はむしろ低下することがある。

▶どのような検査や治療を行うのか？

　血液検査で白血球の増加もしくは重度の場合には減少が認められ，低血糖もしばしばみられる。血液の細菌培養により菌を検出する。

　抗生物質としてはアミノグリコシド系などのグラム陰性菌に効果の高いものをまず全身投与し，その後は検出された細菌に感受性を示すものに切り替える。この他，ブドウ糖液や電解質も補給する。また，敗血症をもたらした原因の疾病も併せて治療する。

❷ショック

　ショックとは，生体に加えられた強い衝撃により，臓器への血液量が急激に減少して循環不全による機能障害が起こり，生命の維持機構が著しく抑制された重篤な状態をいう。なおショックとは病名ではなく病態を表す言葉であるが，緊急に救命的な治療を行う必要がある病態であり，ここでは項を立てて概説する。

　循環動態の面からみるとショックは"低血流状態"であり，循環を規定する3要素である循環血液量（前負荷），心機能（ポンプ作用），末梢血管抵抗（後負荷）のうち，いずれかの障害，またはその組み合わせによって起こる。また，ショックは初期の状況においてどの要素が主に障害されているかによって，循環血液減少性，心原性，閉塞性，および血液分布異常性に分類できる。馬では循環血液減少性ショックとエンドトキシンショックが主にみられる。

(1) 循環血液減少性ショック

▶どのような病気か？

　多くは出血性ショックであり，外傷，出血性事因，手術および臓器損傷などに基づく血液喪失に起因した循環血液量の減少が原因である。新生子では分娩時の臍帯断裂からの失血が原因となる。500 kgの成馬では12～14Lまでの失血には耐えることができる。

　急性例では，カテコールアミンが増加することによって脾臓から赤血球が放出されるため，失血しているにもかかわらず，赤血球数に著変がない。しかし，24時間以内にヘマトクリット値（PCV）は減少する。循環血液減少性ショックに対する生理的反応は，心拍数増加，脈圧減少，間質および細胞内組織液の循環血液への移動などである。

　しばらくの間は血管収縮によって血圧は維持されるが，そのうち心拍出量が急激に減少して血液循環機構が

正常に働かなくなる。やがて組織に必要な酸素が供給できなくなり，組織の代謝障害が起こる。その結果，さまざまな臓器の機能不全を招くこととなる。

治療の主眼は，循環血液量を補うことにあるが，重度のショック症例では換気および動脈血の酸素分圧が顕著に低下していることがある。その場合は，経鼻またはマスクで酸素を供給する。同時に，等張晶質液（乳酸リンゲルなど）の急速投与（10 〜 40mL/kg/時）により，一時的に循環血液量を回復させる。しかし，これら晶質液は，短時間（30分以内）で間質液コンパートメントに移動するため，コロイド溶液またはコロイド溶液と晶質液の混合輸液剤などを用いた輸液治療が必要となる。6％ヘタスターチを 5 〜 10mL/kg 投与することにより，循環動態は迅速に好転する。また高張食塩水（7％）と6％ヘタスターチの混合液（2 mLの6％ヘタスターチを23.4％食塩水 1 mLに混合）の投与（4 mL/kg）は，さらにその効果が持続すると報告されている。輸液に加えて，強心薬，抗不整脈，抗生物質およびグルココルチコイドの投与が必要な場合もある。

(2) エンドトキシンショック

▶どのような病気か？

重度の敗血症や消化器疾患に随伴して起こる。原因はグラム陰性菌に由来する内毒素（エンドトキシン）で，循環血液減少性ショックと同様な症状を示すが，頻脈，頻回呼吸，発熱または低体温，白血球増多または減少および好中球の左方移動のうち 2 つ以上の症状がとくに顕著となる。

治療の主体は補液とフルニキシンメグルミン（バナミン）およびリドカインの投与である。電解質を含んだ等張液を10 〜 40 mL/kg/時の割合で静脈内投与すると同時に，高張食塩水を 2 〜 4 mL/kg 投与する。バナミンは0.25 〜 1 mg/kgを 6 〜 12時間おきに静脈内投与し，リドカインは1.3mg/kgの 1 回静脈内投与に引き続き，0.05mg/kg/分で持続投与する。新生子の場合には，ショックにより低血糖を引き起こすことがあるため，デキストロースを静脈内投与する。

❸播種性血管内凝固症候群（DIC）

▶どのような病気か？

何らかの原因で血管内で広範囲に血液の凝固が起こり，その結果，全身の細小血管内に血栓が多数できる疾病である。凝固因子が減少するために，出血傾向や血栓による各種臓器の機能不全を起こす。

▶原因は？

通常は，他の重度の全身性疾患によって二次的に生じる。敗血症および炎症性消化器疾患に関連した内毒素（エンドトキシン）症は，馬におけるDICの基礎疾患のなかでもっとも多い。

主な要因としては，腸管の絞扼性閉塞，血栓栓塞性梗塞，重度の疝痛あるいはX-大腸炎などがある。これらの疾患は腸粘膜の崩壊と，エンドトキシンの末梢循環への侵入放出を招く。エンドトキシンは外因性凝固系を活性化するか，あるいは血管内皮にダメージを与え，内因性凝固系を活性化させることで，DICを発症させる。また，播種性の腫瘍やタンパク漏出性の腸炎，腎および肝不全，ウィルス血症，溶血性貧血および蛇毒によるDICも報告されている。

分娩前後の雌馬は生理的に血液凝固亢進状態にあることから，この時期に何らかの病気が発症した場合，DICが起こりやすい。

▶症状は？

通常DICの初期〜中期には基礎疾患の主症状を呈する。毛細血管の血栓形成により，腎臓，消化器および四肢などの主要器官の循環障害と乏血を引き起こす。重度になると腎不全による乏尿，腸閉塞，疝痛，糞の潜血反応および蹄葉炎などがみられる。

▶どのような検査や治療を行うのか？

血小板減少症の継続（＜ 50,000 個/μL）および血液凝固機能の指標であるPT（プロトロンビン時間）またはAPTT（活性化部分トロンボプラスチン時間）の軽度〜中等度の延長が認められる場合に，DICの発症を強く示唆している。馬ではDICの早期には血漿フィブリノーゲンが上昇している。

DICの治療は，初期においては原因となる基礎疾患の積極的な治療を行うことにある。敗血症には，有効な抗生物質を選択して投与する。疝痛の場合は，腸管の虚血部位を外科的に切除し，エンドトキシンの有害な影響に対する治療を行う。補液は循環血液減少性ショックおよび組織還流減少を軽減するのに有効である。フルニキシンメグルミンはエンドトキシンの影響を和らげるために有用である。アスピリンは抗トロンビン作用があり，20 〜 40mg/kgを 1 日おきに静脈内投与する。入手の制限はあるが，新鮮な血漿の投与（15 〜 30mL/kg）はアンチトロンビンⅢの濃度の上昇や失った凝固因子を代替することができ，有効である。しかし，DICにおいて，出血が優勢な段階まで進行した場合には，予後は不良である。

2. 骨格系の病気

❶骨の病気

　馬，とくに競走馬は運動器に疾患を抱えることが多く，骨折はその代表である。競走馬の全運動器疾患に占める骨折の発症割合は，JRAでの10年間(2006～2015年)の統計によると11.6%であった。

　以下，競走馬の例を中心にして骨の病気，なかでも骨折を中心に概説することとする。

(1) 競走馬の骨折の特徴

　競走馬の骨折の多くは，ヒトや馬以外の動物，さらには競走用以外の馬と比べていくつかの特徴を有している。JRAでの10年間(2006～2015年)の統計によると，骨折の99.0%は四肢を構成する骨に起こっており，躯幹骨の骨折は少なかった。また，前肢は後肢の約5.9倍の骨折を発症していた。前肢では腕節から蹄までのいわゆる下脚部の骨で高率に発症し，しかも関節内骨折が大半であった。これは，馬では体の重心が馬体の前部にあることに加え，前肢が走る方向を変えたり，スピードを制限するブレーキ役をはたしたり，また着地する際に衝撃を緩和したりする役割を担っているためと考えられる。

　骨折部位を四肢別にみると，前肢ではわずかに右側肢が多く，後肢では左右でほとんど差がない。右前肢の骨折が多い理由は明らかではないが，JRAでは右回り(コーナーを右手前で走行)の競走が多いことと関係しているのかもしれない。また，蹄で受けた衝撃は上脚部よりも下脚部の球節や腕節の関節面で分散・緩和されることから，前肢ではこれら下脚部の関節内構成骨に大きな負担がかかることが，骨折の要因となっていると考えられる。一方，後肢では骨幹部の骨折が比較的多くみられる。これは後肢は走るための推進力を生み出す巨大な筋肉を有していることから，この筋肉に関連した骨幹部の骨折が多いものと考えられる。

　年齢別では，若馬の骨折発症率が高い。馬の骨の成長は蹄を構成している末節骨から始まり，上脚部に化骨が進み，満5歳の脊椎を最後にようやく終了するといわれている。若馬に骨折が多いのは，形態学的および機能的にも完成されていない若い馬の骨が，競走馬としてのレースやトレーニングに十分対応しきれていないことが背景にあると考えられる。

　一方，骨折の程度でみると，重度の骨折はむしろ出走回数の多い高年齢の競走馬に多い傾向にあった。骨折の発症率が高まる要因としては，年齢の他に競走条件，距離，負担重量，馬場状態(季節，コース)などがあり，実際にはこれらの要因が複合的に関与していると考えられる。

(2) 骨折の発生メカニズム

　競走馬において，骨折した骨を肉眼的に調べてみると，特定の部位で特定の骨折形態を示すことが多い。たとえば，第三中手骨の縦状骨折の80%では，骨折線が遠位関節面の外側滑車から近位外側の緻密質に及んでいる。しかも，ほとんどの症例で骨折の発端部と考えられる外側滑車部には，限局性の軟骨下骨壊死巣とその周囲の海綿質の骨硬化が起こっている。この骨硬化巣は静的圧縮試験からヤング率(縦弾性係数)が高く，壊死巣は逆にヤング率が異常に低い。この骨強度の局所的アンバランスが骨折の要因となっていることが考えられる。

　骨硬化部は，3ヵ月間の休養により，骨塩量が減じて正常値にもどり，骨硬化度が減少することがわかっている。また，骨硬化巣は子馬にはみられないことからも，骨硬化は日常のトレーニングによる力学的負荷によって起こるものと考えられる。一方，骨壊死巣は育成馬，さらには子馬の時期から観察される。これらのことから骨折の発生メカニズムとして，原因不明の疾患とされる骨軟骨症が胎生期あるいは生後に壊死性病巣を形成し，トレーニングの過程でその周囲に過度の骨硬化が起こり，同病巣を力学的脆弱部として骨折が生じると理解されている。

　この骨軟骨症は図4-6のように，成長期に軟骨細胞が骨組織へと軟骨内骨化して成長していく際に，軟骨細胞の分化および成熟過程が障害され，その結果，軟骨の肥厚，離断，限局性遺残が起こり，それに伴い軟骨・骨限局性壊死巣が形成されると考えられている。

　骨軟骨症の原因には，①タンパク質過剰，②カルシウムとリンの不均衡(リンの過剰)，③銅欠乏，④亜鉛過剰，⑤カドミウムが考えられている。

　以上のことから，骨折の予防には，異常を認めた場合の早期診断や定期的な検査に加え，適切な栄養管理やトレーニングと休養のバランスなどが重要といえる。

(3) 肩甲骨骨折

▶どのような病気か？

　馬において肩甲骨の骨折は珍しいが，若い馬にみられ，肩甲骨への外傷が原因となる。もっとも多い発生部位は関節上の結節，肩甲関節窩，そして肩甲棘である。

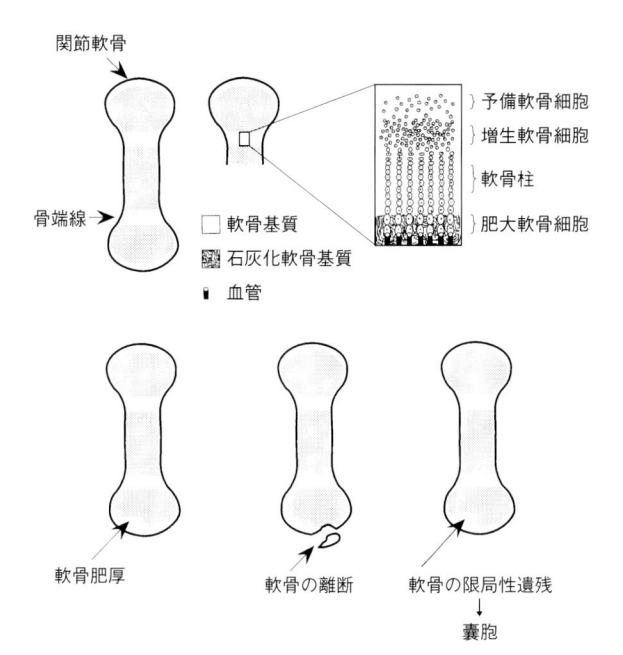

図4-6 骨軟骨症の発生模式図

▶症状は？
　急性例では肩の軟部組織の腫脹を認める。軽症の場合は，前方への展出をきらう肩跛行を示す。重度の骨折では患肢での負重が困難になる。
▶どのような検査や治療を行うのか？
　肩甲棘の骨折では跛行は軽度であるが，関節窩の骨折では重度の跛行を呈し，肩関節周囲の触診痛，肩関節の屈曲痛を示す。肩甲骨骨折に伴う肩甲上神経の損傷はしばしばみられ，棘上筋や棘下筋の萎縮の症状を示す。骨折の確定診断は，X線検査や超音波検査で行う。

(4) 上腕骨骨折
▶どのような病気か？
　競走馬以外ではあまりみられない。それはこの骨が太く短く，また厚い筋肉に保護されているため，骨折するには非常に大きな力を必要とするからである。子馬などでは転倒や他の馬から蹴られることなどが原因となることが多い。骨折の形状は斜骨折か，らせん状骨折となることが大半である。一方，競走馬や障害馬では直接的な外力によって起こる骨折よりも，むしろレースや調教中に発症することが多く，そのほとんどが疲労骨折に関係している。
▶症状は？
　重度のことが多く，しばしば患肢での駐立が困難となり，肘部は落ちて患肢は安定を失う。患肢の他動運動により軋轢音（あつれき音：骨同士の擦れ合う音）を聞くことができる場合があり，また近位を軸に患肢の内外転をすることが容易となる。
　聴診は軋轢音を聞くのに有効である。患肢を動かすことで疼痛を感じる。無理な他動運動は，橈骨神経の損傷をさらに引き起こすことがある。
▶どのような検査や治療を行うのか？
　確定診断はX線検査で行うが，軽度のらせん状骨折では難しいこともある。軽度の骨折では，馬房内の休養だけで骨折が治癒することもある。これは上腕骨が大きな筋肉に支えられており，骨折もらせん状となり，骨の癒合がよいためである。治癒の後，骨折以前の競走能力を保持することは困難であるが，繁殖の目的には十分である。骨折線がずれている場合，予後は不良である。
　子馬では前肢の近位をバンデージで胸部に固定することができるが，発育異常による肢勢の変化は避けられない。

(5) 尺骨骨折
▶どのような病気か？
　転倒や，他馬に蹴られることによって起こる。肘関節に骨折が及んでいなければ，予後は良好である。子馬では尺骨頭の骨端線の骨折が多い。
▶症状は？
　突発的な支跛や免重が一般的な症状である。患肢は肘を落とし，肘を伸ばすことができなくなる。肘関節に骨折が達していれば疼痛はさらに重く，体重を支えるのは困難となる。肘部の触診では通常限局した腫脹と触診痛を示す。症例によっては骨折端の軋轢音を聞く。
▶どのような検査や治療を行うのか？
　X線検査は，患肢を前方へ引っぱり肘関節の内側に向かって，反対肢側から直角に照射するよう撮影する。
　患肢で多少なりとも体重を支えることができるならば，離開していない骨折や関節に達していない骨折の可能性がある。このような場合，2～3ヵ月程度の馬房内休養で普通は治癒する。骨折が離開していたり，関節内に達していたりすれば，内固定が必要である。

(6) 橈骨骨折
▶どのような病気か？
　年齢，品種，性別に関係なく発生する。他馬から蹴られたり交通事故などによる外傷性によるものが多く，橈骨中央の横骨折や近位の斜骨折が多くみられる。一方，競走馬では近位（肘の背側部位）の上腕二頭筋付着部（橈骨粗面）の剥離骨折がしばしばみられる（図4-7）。

第4章　病気

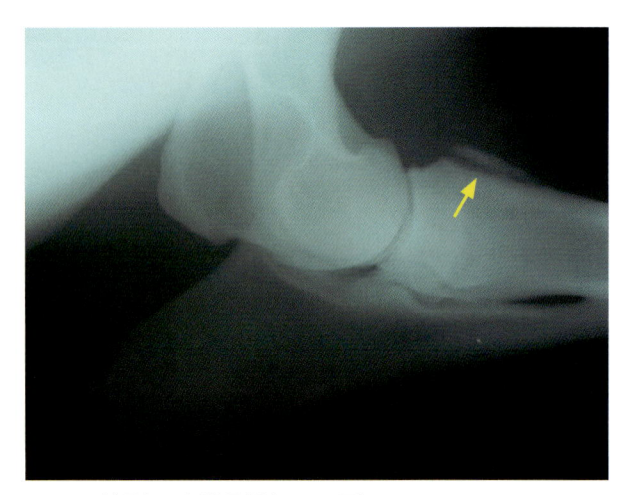

図4-7　橈骨粗面剥離骨折（JRA原図）

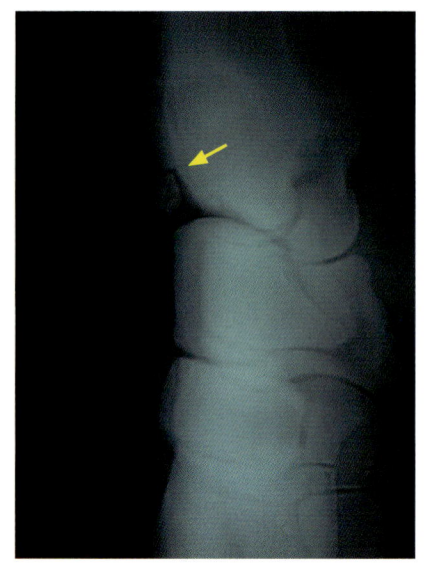

図4-8　橈骨遠位端骨折（典型的な剥離骨折）（JRA原図）

▶症状は？

　完全骨折では，患肢は安定を失い，負重がまったく不可能となる。患肢を動かすことにより軋轢音を感じ，骨折部の特定が可能である。橈骨粗面の剥離骨折の場合は，前肢の伸展の少ない歩様となり，肘関節の強い屈曲をきらい，同部位の指圧痛を認める。

▶どのような検査や治療を行うのか？

　診断にはX線検査が必要である。橈骨骨折の治療には，骨折の形状や馬の大きさが関係するが，成馬の骨折の整復は非常に困難であり，予後はきわめて悪い。ただし，250kg以下の子馬では内固定が可能である。橈骨粗面の剥離骨折は，3〜6ヵ月の休養が必要である。

(7) 腕節部の骨折

▶どのような病気か？

　競走馬に多く発生する。レースや強い調教で前肢の踏着時に非常に大きな力が加わり，腕節が過伸展となることで起こると考えられている。左回りの競馬場では左手根骨の骨折，右回りでは右手根骨の骨折が多いという報告がある。

　腕節のもっとも多い骨折は剥離骨折である。JRA施設内における腕節部の骨折の割合は，橈骨遠位端（約50%），第三手根骨（約25%），橈側手根骨（約20%）が頻度の高い部位であり，中間手根骨，尺側手根骨，副手根骨の骨折は少ない。第二，第四手根骨の骨折はまれである（図4-8〜図4-10）。

▶症状は？

　程度にもよるが，骨折後数時間を経て跛行を示すことが多い。骨折から3〜6時間後に，腕節の部分的な腫脹，帯熱が認められる。

▶どのような検査や治療を行うのか？

　腫脹している部位を注意深く触診することで骨折とその位置を推測することができる。第三手根骨の縦骨折では患肢の負重は困難であり，腕節の屈曲痛が著しいが，触診痛は少ない。X線検査は，正面（前方），横（外→内側），内→外側・外→内側の斜めの4方向を撮影する。第三手根骨の縦骨折などでは上記の撮影では写らず，スカイビュー撮影（腕節を曲げて背腹方向に撮影）が必要であり，骨折片の大きさや形状を確認できる（図4-11，図4-12）。

　剥離骨折では骨片の外科的摘出，とくに関節鏡による摘出が一般的な方法であるが，予後は骨片の大きさ，部位，関節面のダメージの範囲により異なる。粉砕骨折では予後はきわめて悪い（図4-13）。

　骨片が小さく，新鮮であれば，骨片摘出後3〜6ヵ月の休養で調教を再開することができる。症例によっては，X線上では骨片が小さくても，関節軟骨の損傷が広範囲にわたっていることもあり，その場合は，競走馬としての予後はよくない。広範囲の関節軟骨の損傷にはヒアルロン酸の投与を適宜行う。

　第三手根骨の板状骨折で完全に離開している場合，螺子固定術が行われる。関節鏡により骨折部を観察し，4.5mm径の螺子を挿入する。

　副手根骨の骨折は縦骨折であることが多く，馬房内での休養による保存療法が一般的である。螺子固定術は骨が薄く，弯曲しているため難しい。

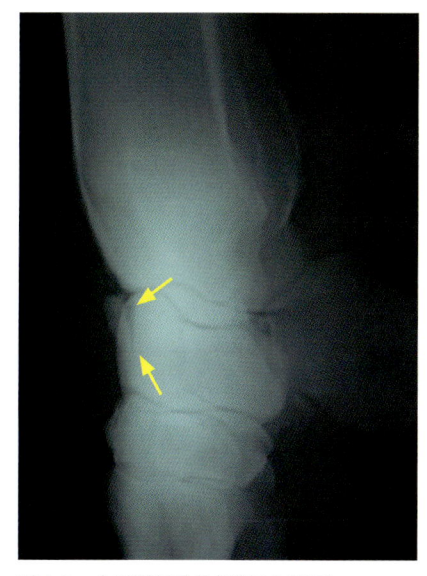

図4-9　中間手根骨骨折（JRA原図）

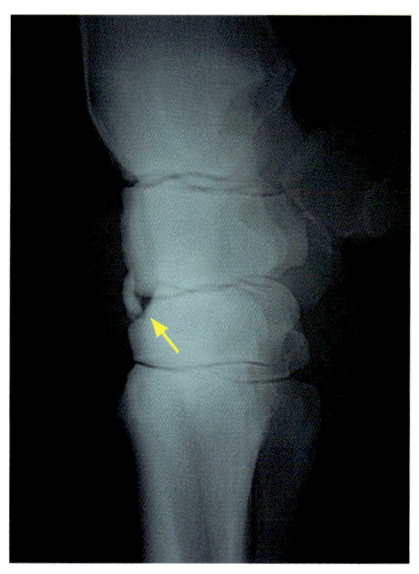

図4-10　第三手根骨骨折（JRA原図）

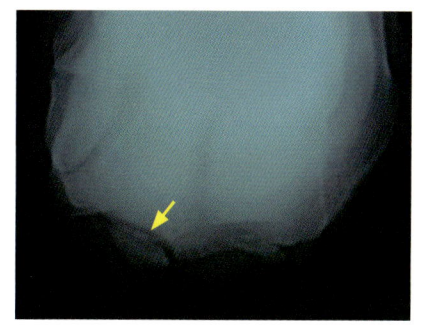

図4-11　橈骨遠位端骨折（スカイビュー撮影）（JRA原図）

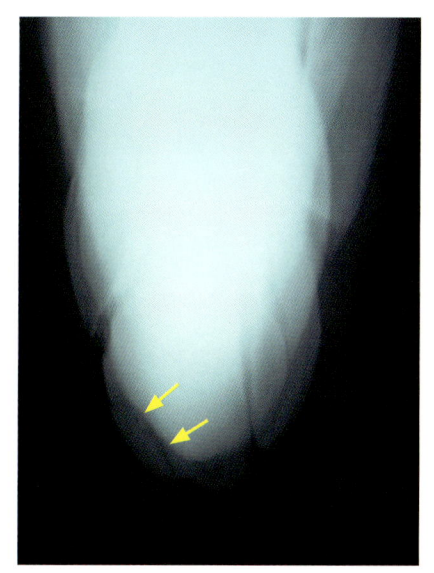

図4-12　第三手根骨板状骨折（スカイビュー撮影）（JRA原図）

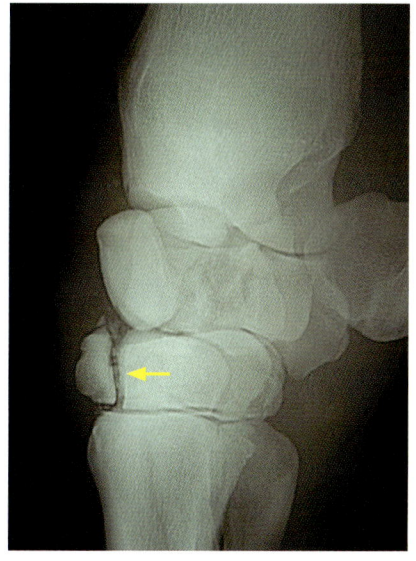

図4-13　手根骨粉砕骨折（JRA原図）

(8) 骨盤骨折

▶どのような病気か？

　4歳以下の馬，とくに雌馬に多く発生し，腸骨翼や腸骨体が好発部位である。

▶症状は？

　骨折の部位や程度により異なる。通常，激しい転倒により片側の後肢の重度の跛行を示すが，競走馬ではレースや強い調教が原因となることもある。腸骨外角の骨折では腰角の下方への転移，腸骨体の骨折では後肢の前方短縮，負重困難となる。軋轢音や周囲の腫脹は認めないが，腰角の打診痛を認める。

▶どのような検査や治療を行うのか？

　診断は超音波診断が有効である。経腹壁もしくは経直腸検査により腸骨々折のほとんどが診断できる。補完的に全身麻酔下による仰臥レントゲン，シンチグラフィーによる診断も有効である。

　馬の骨盤骨折の積極的な治療の報告はない。通常，馬房内の休養と鎮痛剤の投与がもっともよい方法といえる。腸骨翼の骨折は疲労骨折が多く，変位のないものであれば，馬房内休養により6ヵ月以内に復帰できることが多い。

(9) 大腿骨骨折

▶どのような病気か？

　大腿骨の骨折は橈骨や下腿骨の骨折に比べて少ない。他の馬に蹴られるといった直接的な外力が原因となることが多いが，成馬では，麻酔時の倒馬や覚醒時に重度な骨折を起こすことがある。若馬では単純骨折や斜骨折，骨端線からの骨折がまれに起こる。

▶症状は？

　患肢を免重する。完全骨折では，患肢は骨折部の上下の断端の骨が重なることで対側の肢に比べ短くなる。

▶どのような検査や治療を行うのか？

　重度の場合，臨床症状から診断することができる。また，X線検査により診断できるが，ほとんどの場合，手術を実施しても予後は悪く，成馬ではほとんど成功しない。若馬では，プレートによる骨折部の内固定により治

第4章　病気

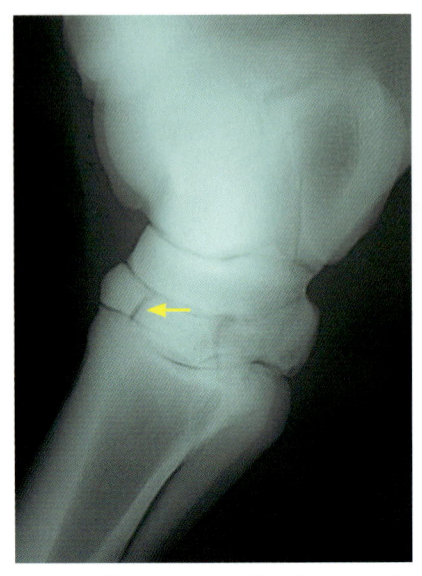

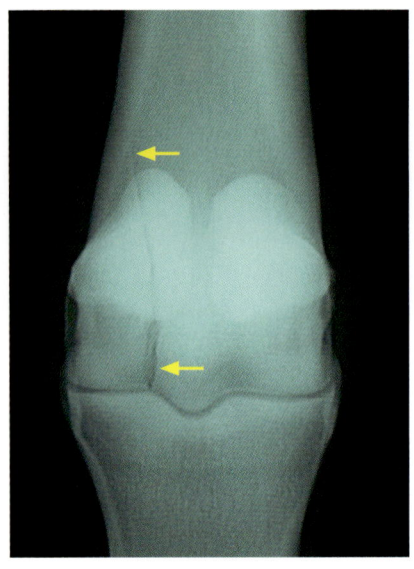

図4-14　第三足根骨の板状骨折（JRA原図）
図4-15　第三中手骨骨折（典型的な顆骨折）（JRA原図）
骨折線は複雑で多くの小さな骨折片を認める。
図4-16　第三中手骨骨折（JRA原図）

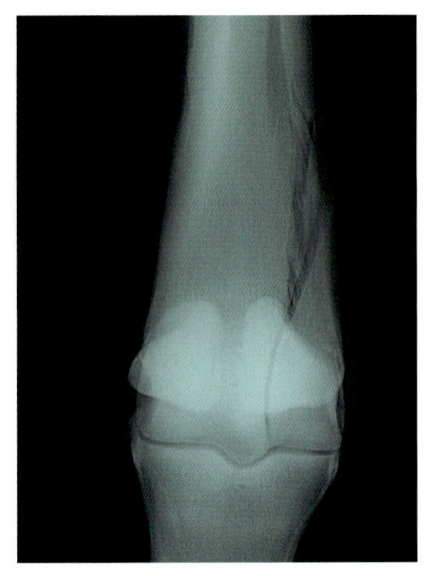

癒する確率が高い。また，骨端線での不完全骨折では馬房内での休養で良化することもある。

⑽ 飛節部の骨折
▶どのような病気か？
　中心足根骨，第三足根骨の板状骨折はスタンダードブレッドにおいて多く報告されている。サラブレッドでは第三足根骨の骨折が多い（図4-14）。
▶症状は？
　跛行と飛節の腫脹がみられ，飛節の前面での触診痛を認める。飛節を一定時間屈曲させた後に速歩をさせると，跛行が顕著となる（屈曲試験）。
▶どのような検査や治療を行うのか？
　X線検査や臨床症状から診断する。病変が微小でX線検査では不明確なときは，関節内診断麻酔を行う。
　骨折が診断された時点ですでに関節炎があれば，予後はよいとはいえず，保存療法の結果は悪い。中心足根骨の骨折では第三足根骨に比べてX線検査で骨折を確認するのは難しい。
　治療は保存療法が主体だが，症例によっては手術が行われることもある。また補助治療としてヒアルロン酸ナトリウムなどの薬物投与，装蹄療法などを行うこともある。

⑾ 第三中手骨骨折
▶どのような病気か？
　子馬では他の馬に蹴られたり母馬に踏まれたりするこ

とで発生する。直接的な外力による場合は複骨折となることが多い。競走馬ではレースにより遠位関節面から近位方向への縦軸方向の斜骨折（顆骨折）となる（図4-15，図4-16）。その他の骨折形状では，第三中手骨中央前面の亀裂骨折や皿状骨折がある。
▶症状は？
　競走馬ではレースや強い調教の直後に跛行を示し，顆骨折を発症する。触診では球節の捻転痛，屈曲痛，管骨前面に骨折線に沿って圧痛を示す。通常は外側顆に発生する。横骨折の診断は，肢が明らかに骨折しているのがわかることから診断は容易であり，複骨折は予後が悪い。
▶どのような検査や治療を行うのか？
　正面からのX線撮影がもっともよく骨折線を写し出すことができる。外，内，斜め方向からのX線検査と併せて骨折線がどこまで伸びているのかを診断することが，予後判定に重要である。亀裂骨折や皿状骨折は，競走馬の管骨の前面に時々みられ，速歩で跛行が顕著となり，管骨前面中央部に圧痛を認める。横方向からのX線検査で管骨中央部前面皮質の細い骨折線や皿状の骨折を確かめるが，確認が難しいことも多い（図4-17）。
　治療は以下により行われる。
①管骨の横骨折の場合
　螺子固定術，プレートによる内固定を行う。子馬では成功例が多い。蹄から肘までのギプス（外固定）で治ることもあるが，治癒は遅く6ヵ月程度の固定を要し，治癒の不良や骨癒合の遅れがしばしば発生する。

254

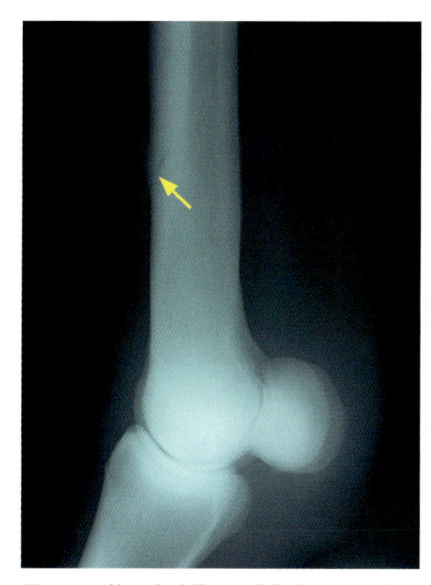

図4-17　第三中手骨皿状骨折（JRA原図）

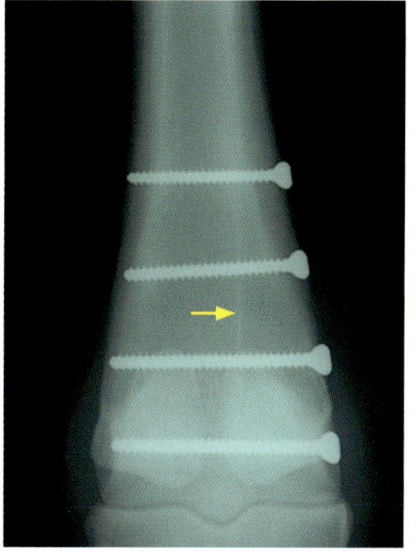

図4-18　第三中手骨骨折（螺子固定術後1年経過）（JRA原図）
骨折線のあった部位はカルシウムの沈着により白くみえる。

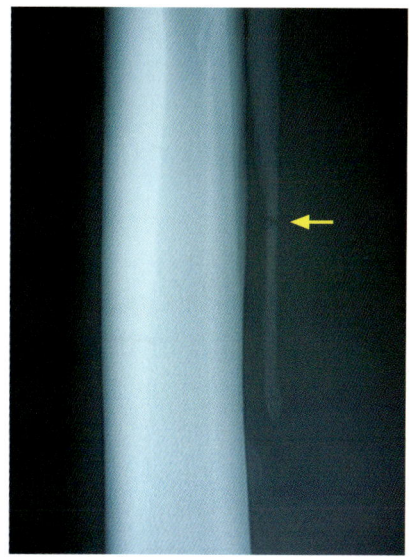

図4-19　第二中手骨骨折（典型的な副管骨骨折）（JRA原図）

②顆骨折の場合

関節面のずれが生じていない骨折は，ギプスによる外固定を行う。しかし，関節面のずれや骨折線の離開がある場合は，螺子による整復術を行わなければ関節炎を生じ，跛行が残る。

外側顆骨折の場合には，2～4本の螺子による骨折片の固定を行う（図4-18）。6ヵ月程度で骨折部は癒合するが，競走馬としてレースに復帰するにはさらに時間がかかることが多い。内側顆骨折の場合は，骨折線がらせん状に骨体近位におよぶ重症の骨折が多く，螺子とプレートを組み合わせた内固定が必要になる。外側顆骨折と同様に長期休養が必要となるが，順調に癒合すれば完全治癒は可能である。競走馬復帰を目指すならば，強い運動により痛みが生じる可能性があるので，プレートは除去する必要がある。

③亀裂・皿状骨折の場合

軽度の場合，休養により治癒する。

⑿ 副管骨骨折

▶どのような病気か？

スタンダードブレッドに多いが，サラブレッドにも認められる。第四中手骨より第二中手骨の骨折が多い。第二中手骨の骨折は，対側肢の接触による直接的な外傷や繋靱帯炎に関係していることが多い。

▶症状は？

跛行は軽度で，局所の腫脹は骨折の程度による。通常中位から遠位2/3の部位に多く生じる（図4-19）。X線検査では斜め前方から撮影する。多くの場合，骨折部はズレが生じており，時間の経過とともに生じる骨折部の贅骨が繋靱帯を圧迫して，繋靱帯炎を引き起こす（図4-20）。

▶どのような検査や治療を行うのか？

最初の2，3日は炎症を抑えるために冷湿布を行う。ほとんどの骨折は3～6ヵ月で自然治癒するが，多くの贅骨が生じることもある。そのため，副管骨の遠位1/2以下の骨折では，手術により骨折部の遠位（下位）の部分を取り除くことが望ましい。手術は，第三中手骨の骨膜をできるかぎり損傷しないことがポイントである。

⒀ 種子骨骨折

▶どのような病気か？

種子骨は，馬が疾走しているときに非常に大きな力がかかる部位であり，競走馬に多い骨折の1つである。骨折の形態は，近位，中間，遠位，斜，複骨折に分類され，前肢に多く発生する。骨折は種子骨が繋靱帯と種子骨靱帯によって上下に引っ張られることにより起こる。球節の後面にある近位種子骨の骨折がほとんどであるが，蹄関節の後面にある遠位種子骨の骨折もまれにみられる（図4-21，図4-22）。

原因はさまざまであるが，近位種子骨の骨折は前肢の負重時に球節の過度の沈下や屈曲により，種子骨に大きな力がかかることで起こると考えられる。体を支えている筋肉の疲労やミスステップなどが要因の1つとされている。

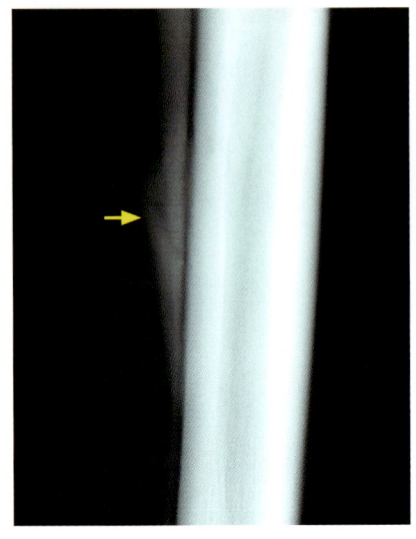

第4章　病気

図4-20　第二中手骨骨折（骨折後数ヵ月経過）（JRA原図）

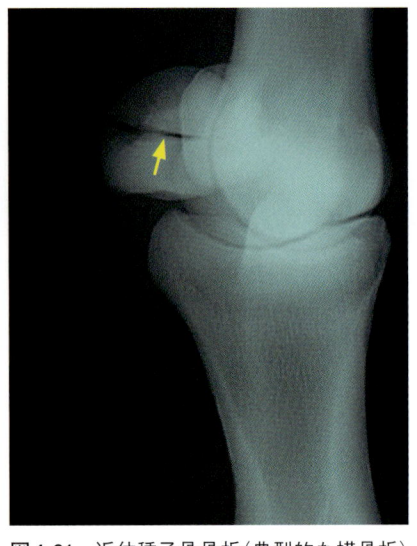

図4-21　近位種子骨骨折（典型的な横骨折）（JRA原図）

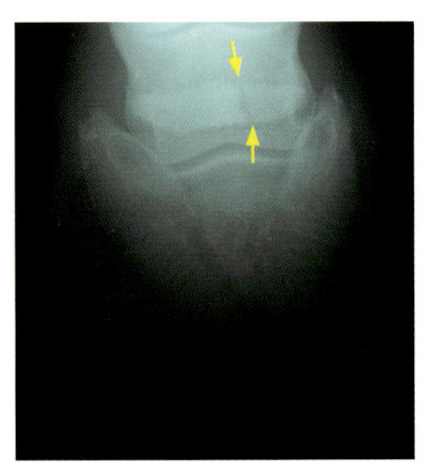

図4-22　遠位種子骨骨折（JRA原図）

▶症状は？
　骨折直後より重度の跛行を示す。種子骨を中心とした球節の腫脹，帯熱を認める。球節の屈曲痛，種子骨局所の触診痛を有する。球節の診断麻酔で跛行は改善される。また，種子骨靱帯炎，繋靱帯炎の併発が多い。
▶どのような検査や治療を行うのか？
　X線検査によって診断される。種子骨骨折の治療は，骨折の部位と馬の使用目的により，ギプスの装着，骨折片の外科的摘出，螺子固定などが行われる。
　競馬や競技に復帰せず繁殖に転用するのであれば手術の必要はなく，バンテージやギプス装着による休養が一般的である。種子骨は骨の癒合が非常に遅いため，ずれのない骨折でも3ヵ月程度の休養が必要である。これは種子骨の血液供給が低く，さらに種子骨が常に上下方向に靱帯で引っ張られるためである。種子骨の癒合力は弱く，相当期間休養した後でも再骨折することがあるため，手術が必要な場合もある。
　種子骨の近位1/3以下の大きさの骨折では，外科的な除去が行われることもある。中間の横骨折では螺子固定やワイヤーリングによる固定があるが，概して予後はよくない。一般的に，繋靱帯の損傷，とくに断裂と同時に起こる種子骨骨折の予後は非常に悪い。

⒁　基節骨（第一指骨）骨折
▶どのような病気か？
　競走馬に多く発生するが，骨折の程度は剥離骨折から複骨折までさまざまである。近位の剥離骨折ではレースや調教後に球節の前面の腫脹を伴う軽度の跛行を示す

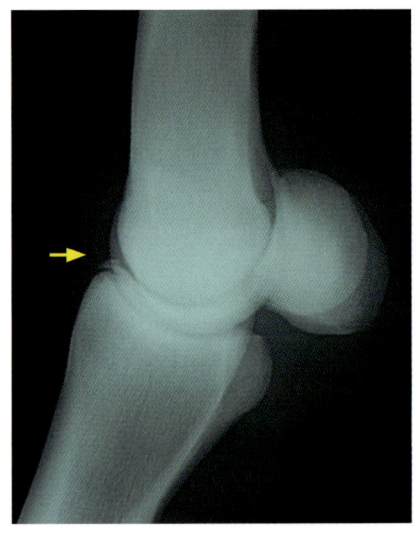

図4-23　基節骨（第一指骨）剥離骨折（JRA原図）

（図4-23，図4-24）。触診では球節の前面の骨折部を押さえることで疼痛を示し，臨床症状は馬房内の数日の休養で緩和する。
　縦骨折（図4-25）では通常，発症の直後から跛行を示すとともに，球節の屈曲や捻転で疼痛を示す。完全骨折では負重はできず，軟部組織の腫脹が明白である。複骨折では球節の捻転により軋轢音を聞く。
▶どのような検査や治療を行うのか？
　診断には正面，横（外→内側），左右斜めの4方向からのX線撮影が必要である。近位関節面からの縦骨折では，指骨の中位から外側または内側の皮質に骨折線が進行していることが多い。また，骨折直後にはX線写真上で線影がみられない場合もあり，関節内診断麻酔や数日

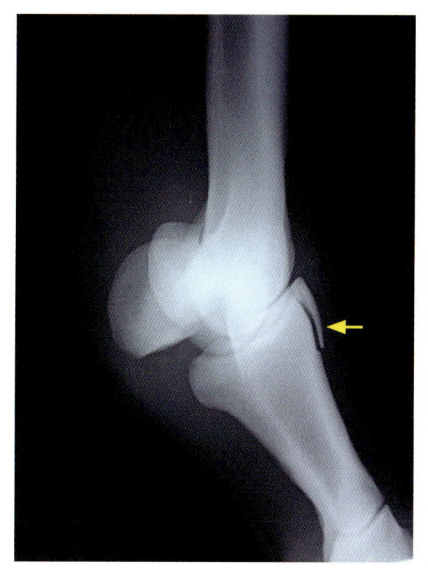

図4-24　基節骨（第一指骨）近位骨折（JRA原図）

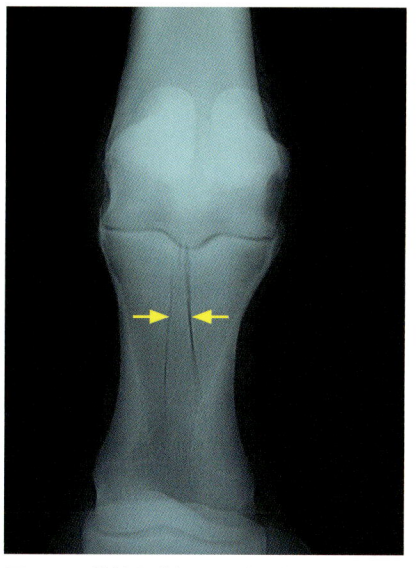

図4-25　基節骨（第一指骨）骨折（JRA原図）

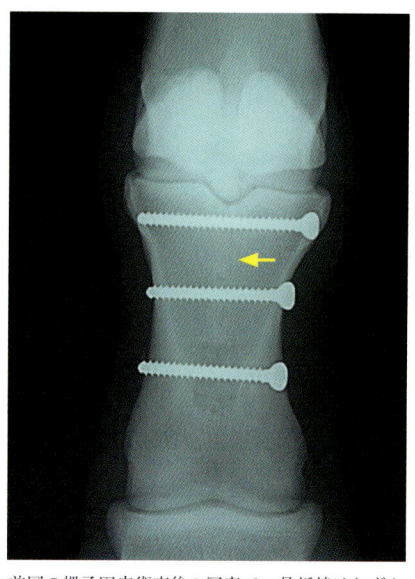

前図の螺子固定術直後の写真で，骨折線はわずかに細くみえる。

図4-26　基節骨（第一指骨）骨折（JRA原図）

後の再診断が必要なこともある。ただし，診断麻酔で痛みを除去することは，患肢で負重することで骨折を著しく悪化させる可能性があることから細心の注意が必要である。

剥離骨折や1cm程度の短い縦骨折では，バンテージなどにより局所の浮腫を抑える程度の圧迫包帯を装着し，馬房内で休養させるだけで治癒することも多い。ただし，負重により骨折線の離開が進行する可能性があるため，軽症でもX線検査による経時的な再診断が必要である。

通常の縦骨折では，管中央から蹄底までのギプス固定や螺子固定が必要である（図4-26）。

基節骨の近位前面の剥離骨折は，競走馬に多く発生し，内外側のどちらか，あるいは両側に同時に発生することもある。この剥離骨折は，レース中に球節の著しい沈下，屈曲により近位指骨背側縁が管骨の遠位背側にあたることにより発生する。通常は休養により良化するが，骨片が癒合することはないので，外科的な除去も行われる。

⑮ 中節骨（第二指骨／趾骨）骨折
▶どのような病気か？
ウエスタンイベントのショーホースやポロ競技馬などに使用される成馬で主に発生し，競走馬ではまれである（図4-27）。急な停止や方向転換によって脚がねじれることが原因とされ，後肢に多くみられる。
▶症状は？
骨折発症直後より患肢の負重が困難となる。繋部は腫脹し，背側の触診痛と関節の捻転痛を示す。複骨折であ

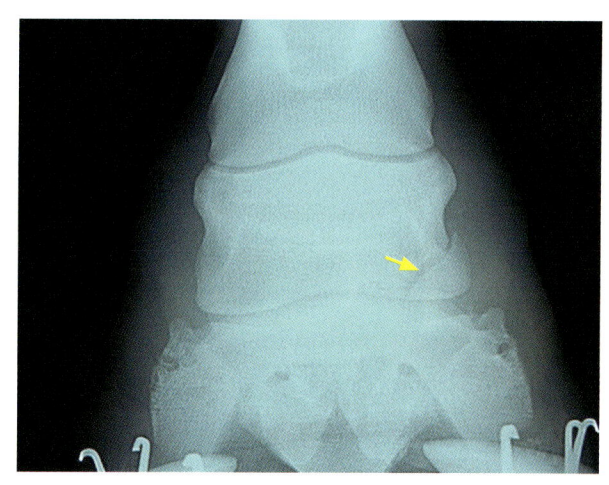

図4-27　中節骨（第二指骨）骨折（JRA原図）

れば，触診により軋轢音を聞くことができる。また，中節骨骨折は一般的に複骨折が多いとされている。
▶どのような検査や治療を行うのか？
診断には正面，横，左右斜めの4方向のX線撮影が必要である。単純な縦骨折で程度が軽ければ，ギプス固定を行うが，程度がより重症であれば螺子固定術を行う。

⑯ 末節骨（第三指骨／趾骨，蹄骨）骨折
▶どのような病気か？
競走馬や競技用馬ではときおり発生し，サラブレッドに比べスタンダードブレッドに多くみられる。

骨折箇所としては，後肢に比べ前肢に多く，原因は疾走中の蹄骨への衝撃や固い壁などを蹴ることによると考

257

第4章 病気

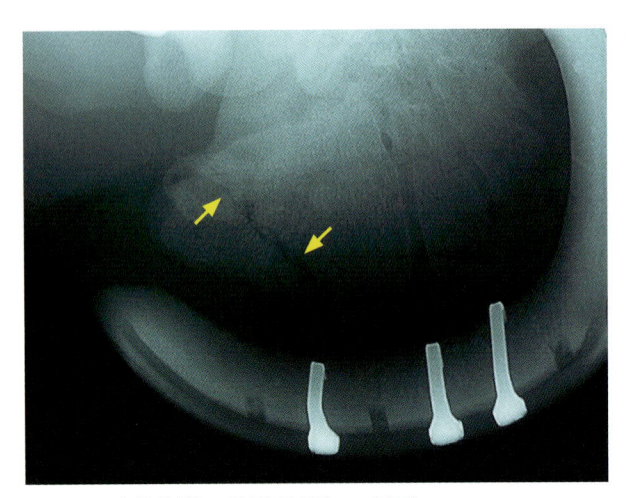

図4-28 末節骨（第三指骨）骨折（JRA原図）

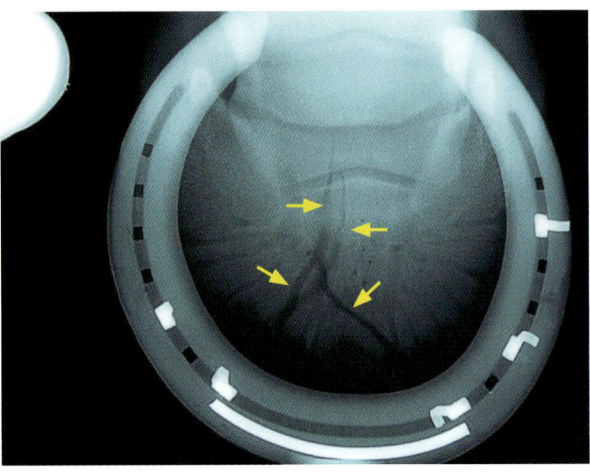

関節面に骨折線が達し複骨折しているため，競走に復帰するのは難しい。
図4-29 末節骨（第三指骨）複骨折（JRA原図）

えられている（図4-28，図4-29）。
▶症状は？
　レースや調教後，患肢での負重が困難となり，骨折が関節面にかかればさらに疼痛が増す。蹄壁が帯熱し，指（趾）動脈の拍動が亢進する。検蹄器（蹄鉗子）により鉗圧痛を認める。
▶どのような検査や治療を行うのか？
　確定診断にはX線検査が必要である。初回のX線検査で確認できない場合でも，1～2週間後に再診することにより，骨折線を確認できることがある。
　関節面まで骨折線が達していない場合は，装蹄療法を治療の基本とし，連尾蹄鉄や側鉄唇つきの蹄鉄を装着させ，負重時の蹄の拡大を予防し，蹄骨の安定をはかる。通常，6ヵ月程度の馬房内での休養が必要である。骨折が関節面に及ぶ場合は，連尾蹄鉄を装着し，9ヵ月以上の休養が必要となる。

(17) **第三中手骨炎（管骨骨膜炎）**
▶どのような病気か？
　管骨骨膜炎は管骨中央前面の骨膜炎を意味する。2歳馬が最初のレースに向けて調教を受けている際にしばしばみられ，競走馬の跛行の主な原因の1つである。基礎調教が不十分な若馬に，急に強い運動を負荷することで，管骨前面に過剰な力がかかることにより起こると考えられている。
▶症状は？
　両前肢に同時に起こることが多く，管骨中央前面は腫脹・熱感を有し，軽い圧迫で著しい疼痛を示す。馬に

よっては良化後に疼痛を伴わない新生骨の膨隆が管骨前面に残ることがある。
　再発したり著しい疼痛を示したりする場合は，皿状骨折や亀裂骨折の可能性があり，X線検査を必要とする。
▶どのような検査や治療を行うのか？
　あらゆる治療のなかで，休養がもっともよい結果をもたらしている。通常は2週間程度の休養で良化するが，無理をして調教を継続した場合は症状のさらなる悪化を招く。また，調教は軽めからしだいに強くしていくことが重要である。
　発症後は，水や冷却剤などで患部の炎症を鎮め，必要に応じて抗炎症剤を投与する。レーザー照射やショックウェーブによる治療の有効性が報告されている。ただし骨折がある場合はなかなか良化しない。
　調教はダートよりウッドチップコースのような衝撃の少ない馬場から再開する方がよい。

(18) **離断性骨軟骨炎（OCD）**
▶どのような病気か？
　軟骨から骨片が剥離する病気で，剥がれた骨片を骨軟骨片とよぶ（図4-30）。局所の血流の障害が軟骨のび爛やその下の骨の発育障害を引き起こし，関節液の増量を伴う関節炎に至る病気である。血流障害の原因はよくわかっていないが，成長と栄養のアンバランス，遺伝的要素が考えられている。
▶症状は？
　成長期の若馬に発生し，関節炎や跛行がみられる。発生部位としては飛節（足根下腿関節），膝関節，肩関節，

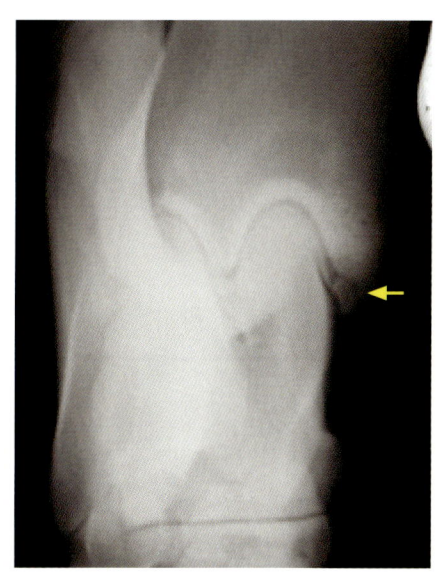

図4-30　離断性骨軟骨炎（飛節）（JRA原図）

指関節，球節，腕関節などあらゆる関節での報告がある。
▶どのような検査や治療を行うのか？
　確定診断にはX線検査を必要とする。また，同時期に両側の関節に発生することがあるため，対側肢の検査も重要である。
　全身麻酔下での関節鏡手術により，骨軟骨片を取り除く場合もある。予防としては，若馬の急激な成長やアンバランスな発育に注意を払う。

❷関節の病気

(1) 球節炎
▶どのような病気か？
　球節の関節炎は，競走馬や競技用馬に一般的な病気である。その初期には，関節液の増量や軟部組織の腫脹が認められ，わずかな関節軟骨のダメージとして始まる。この時期に休養と効果的な治療を実施しなければ，激しい傷害の繰り返しで，やがて関節の退行性変化に発展する。そして関節の間隙が狭まり，関節周囲に骨膜が増生する。
▶症状は？
　初期には球節前面，または掌側の関節が腫脹する。跛行の程度は症状に対応するが，初期段階においても球節の屈曲痛は認められる。また，急性期において疼痛はさらに著しくなり，運動を継続すれば跛行はいっそう悪化する。
　球節の屈曲を1分間程度行った直後に患馬に速歩をさせることで跛行はより明確となる（屈曲試験）。

▶どのような検査や治療を行うのか？
　診断は掌神経のブロックや関節内の診断麻酔により行う。X線検査も併せて行う。
　多くの治療法があるが，重要なことは治療後に6週間程度休養させることである。効果的な治療は，ヒアルロン酸製剤の静脈内あるいは関節内投与である。球節の関節炎の初期では，X線写真上で関節の退行性変化がない場合，ヒアルロン酸ナトリウム投与が非常に効果的なことが知られている。関節炎の後期で，ヒアルロン酸ナトリウムやPSGAGs（多硫酸グルコサミノグリカン）製剤投与がほとんど効果を示さないときは，持続的なコルチコステロイドの関節内投与を考慮する。

(2) 腕節炎
▶どのような病気か？
　手根骨の炎症や骨膜炎と，近位関節（橈骨手根関節）あるいは遠位関節（手根間関節）の関節炎をいう。通常，それらは疾走中の腕節の過伸展が原因で起こり，競走馬に多くみられる。
　腕節炎はすべての競技用馬の跛行の原因となり，障害馬では直接の外傷もしばしば原因となる。もっとも損傷を受ける部位は，橈骨遠位端と同様に第三手根近位背側面，橈側手根骨遠位背側面である。
▶症状は？
　もっとも著明な臨床症状は，腕節の前面の関節の腫脹である。急性期ではほとんどの馬が跛行を示すが，慢性例では限局性の腫脹を有し，跛行はわずかである。
▶どのような検査や治療を行うのか？
　腕節の診断では，手根骨の触診痛と腕節の屈曲痛を認め，跛行がある場合は診断麻酔により近位あるいは遠位の関節を調べる。X線検査は必ず行わなければならないが，手根骨の剥離骨折と臨床症状が似ており，それらの鑑別が重要である。
　X線写真上に異常がなければ局所の炎症を抑えるために水道水をかけて冷やす，あるいは冷却剤をあてるなどの処置を施し圧迫包帯を装着する。必要により抗炎症剤の投与を行い，腫脹を軽減させ，新たな骨膜炎を予防する。
　変形性関節炎が認められる場合は，薬物の関節内投与を実施する。ヒアルロン酸ナトリウムやPSGAGsの長期の関節内投与は，その効果が認められている。また，コルチコステロイドを投与する場合もある。

(3) 肩関節の離断性骨軟骨炎（OCD）
▶どのような病気か？

1～2歳の馬に多く，しばしば重度の跛行を示す。肩関節にある上腕骨の骨頭の後方に発生することが多い。肩関節のOCDは若いサラブレッドの肩跛行の原因の1つと考えられている。

▶症状は？

臨床症状は上腕二頭筋の滑液囊炎と似ているが，滑液囊炎でみられる肩関節の触診痛がないことで鑑別できる。重度の跛行を呈する馬のなかには長骨を骨折しているものが含まれるので注意が必要である。上腕骨の骨頭の後方に病変のある馬では，間欠的な軽度の跛行を呈する場合がある。

▶どのような検査や治療を行うのか？

肩関節の診断麻酔が有効である。X線検査は病変部の範囲と予後を知るうえで必要であり，また関節造影を行えば，関節表面のわずかな病変をみつけることも可能である。病変が軽度のときは，9ヵ月以上の休養により治癒する。病変部が広範囲である場合，重度の関節炎が起こり，跛行は慢性化する。軟骨の損傷がある場合はヒアルロン酸ナトリウムなどの投与が有効とされている。

(4) 飛節の離断性骨軟骨炎（OCD）
▶どのような病気か？

1～2歳のサラブレッドに多くみられる。突発的に発生する飛節の軟腫がこの病気の最初の徴候であり，両側に発生することが多い。

▶症状は？

飛節は関節液の増量により腫脹し，休養することで腫脹が軽減する場合もあるが，調教を再開することにより再発する。跛行の程度はさまざまで，まったく症状を示さない馬もいる。

▶どのような検査や治療を行うのか？

X線検査により病変の部位や大きさ，損傷の範囲がわかる。もっとも多くみられる箇所は脛骨遠位中間稜，距骨の外側，内側滑車稜，脛骨内顆である。

最適な治療方法は関節鏡による骨軟骨片の摘出で，関節の腫脹は術後に急激に軽減する馬が多い。関節内の薬物投与にはヒアルロン酸ナトリウムなどがある。

OCDに関しては，第5章最近の話題／1.発育期整形外科的疾患（DOD）②離断性骨軟骨炎（OCD）の項を参照。

3. 筋肉系の病気

❶筋肉の病気

(1) 筋肉痛

本項目では，毎日の調教運動を課される競走馬や乗馬において日常的に認められる，運動に起因する軽度な筋炎を，筋肉痛と定義した。

筋肉痛は，前肢帯筋では上腕頭筋や浅胸筋，背腰部から後肢帯筋では背最長筋，中殿筋，大腿二頭筋や半腱半膜様筋の一部や広域にわたり，筋の硬結や触診痛を示し，まれに歩様異和の原因となる。

一般的に，休養や軽い運動により筋緊張を緩和することで治療せずとも回復する。予防や治療をかねてビタミンB類の給餌や静脈内投与を実施する。また，触診により疼痛部位が特定される場合は，消炎剤の局所投与，鍼灸治療やマイクロレーダー照射などの物理療法が有用となる。

(2) 横紋筋融解症（麻痺性筋色素尿症，すくみ）

筋肉の疾患は使役馬に多発し，筋の軽い硬直や痙攣から歩行困難や起立不能まで，幅広い症状を呈する症候群である。これらを表現する用語として「麻痺性筋色素尿症」「tying-up（タイイングアップ）」「monday disease（月曜病）」「myoglobinuria（ミオグロビン尿症）」「すくみ」などさまざまなものがある。現在は，病理組織学所見から，「横紋筋融解症」という表現がもっとも病態を正確に表していると考えられている。

とくに運動に起因する労作性横紋筋融解症は，濃厚飼料を多給されている馬や，競走馬では未調教の若馬や休養後に調教が課された場合に多くみられる。これは休養期間中に筋肉内に蓄積されたグリコーゲンが，運動により利用されることで過剰な乳酸が産生されるためと考えられてきた。しかし，今日ではこの説は疑わしく，本疾患の発症メカニズムはいまだ不明である。

重篤な労作性横紋筋融解症の診断は，運動直後から木馬様拘縮歩様，発汗を伴う筋痛，心拍数の上昇，赤褐色から黒色の尿（ミオグロビン尿）の排泄などの臨床症状から可能である。また，臨床症状に関わらず，筋損傷の程度を推しはかるには，血清中のCK, LDH, AST, GOTなどの酵素値を測定することが有用である。

重篤な例やミオグロビン尿症を発症している場合は，静脈内補液により脱水や電解質バランスを是正し，腎毒性物質として作用するミオグロビンの排泄を促す必要がある。また，筋障害の進行を阻害するためのステロイド

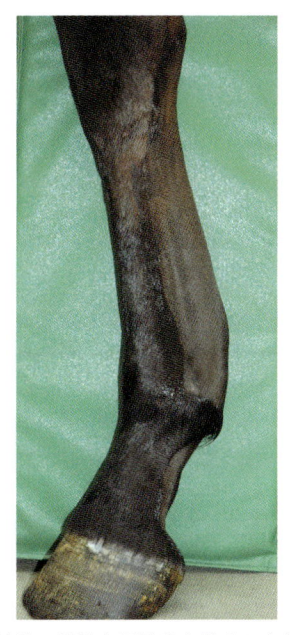

図4-31　左前肢に重篤な屈腱炎を発症した例(JRA原図)

図4-32　屈腱炎の超音波検査所見(JRA原図)

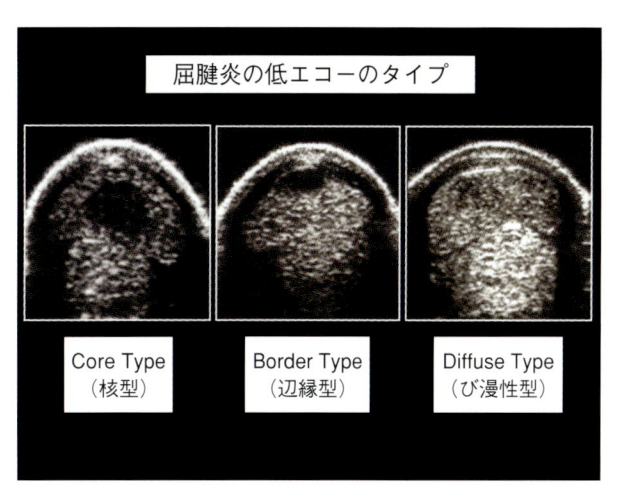

炎症の部位や大きさが確認でき，炎症が腱中心部にあるコア型，辺縁にあるボーダー型，不明瞭であるが全体的に低エコーがあるディフューズ型に分けられる。

の投与や，疼痛を緩和するための非ステロイド性抗炎症薬(NSAIDs)の投与も有用である。

❷腱や靱帯の病気

(1) 屈腱炎

▶どのような病気か？

　主に前肢の浅指屈筋腱の腱中心部に変性，出血，肉芽増生など種々の炎症性反応が起こる疾患で，深指屈筋腱や後肢の屈腱に発症することはまれである。このため通常用いられる「馬の屈腱炎」という用語は浅指屈筋腱炎(浅屈腱炎)を指すことが多い。発症要因は，走行中に腱組織が限界以上に伸展することによる機械的な組織損傷と説明されてきた。しかし，近年ではこれより先に腱組織の退行性変化が先行し，腱の脆弱化が起こっていることが重要な発症機序と考えられている。

▶症状は？

　急性期～亜急性期(発症～3週間)の臨床症状は屈腱の帯熱，腫脹，触診痛の出現であり(図4-31)，重症例では支柱肢跛行を呈する場合もある。この時期には腱組織内に組織液の浸潤，出血，著しい細胞増殖と微小血管の増生を伴う肉芽組織の形成が認められる。これに続く再構築期(リモデリング期：発症3週間後～2ヵ月)では，損傷を受けた腱線維の分解や再合成が行われ，上記の臨床症状は認められなくなる。この時期以降は肉芽組織の線維化が進んでいく。

▶どのような検査や治療を行うのか？

　本症の診断には，触診痛の有無や歩様検査に加え，超音波検査を実施することが一般的である。急性期～亜急性期の超音波検査では病巣のエコー輝度が低下し，黒く映し出されるため，灰白色にみえる健常部と容易に区別できる(図4-32)。

　超音波検査では，屈腱の横断像と縦断像を記録し，屈腱周囲の皮下織の浮腫，屈腱内に存在する出血巣の大きさや形状および腱線維の配列性を観察する。また，発症時期にもっとも損傷の大きな部位(最大傷害部位)の位置，腱横断面積，損傷部の面積などを記録しておくとよい(図4-33)。屈腱炎の発症後から定期的に超音波検査を実施し，検査記録の変化を確認することで損傷腱の修復の様子を把握することができる。

　一方，再構築期以降の超音波検査では，明確な低エコー像は確認できなくなるが，肉芽組織(瘢痕組織)の線維化が進んだ状態であり，本来の腱組織に復してはいない(図4-34)。この時期には，臨床症状がおおむね消失しており，患馬も疼痛を示さない。しかし，運動負荷を強めると容易に再発症するので，患馬の管理には注意が必要である。

　屈腱炎病巣の病態は，急性期～亜急性期と再構築期では異なるため，各病態に応じた適切な治療を実施することが重要である。急性期～亜急性期では急性炎症が消失するまで，馬房内で休養させる。氷や冷水を用いて局所を20～30分間，1日3回ほど冷却する。

　一方，再構築期では腱線維の分解や再合成を補助するヒアルロン酸などのグリコサミノグリカン製剤，BAPN(β-アミノプロプリオニトリル)投与などの内科的治療

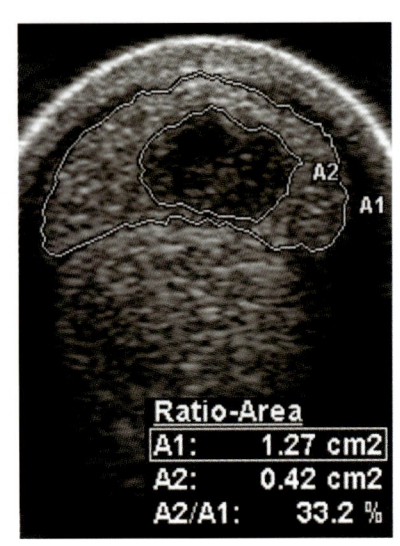

第4章 病気

図4-33 最大傷害部位の横断面積に占める損傷部位の割合を計測したところ33.2％となっている（JRA原図）

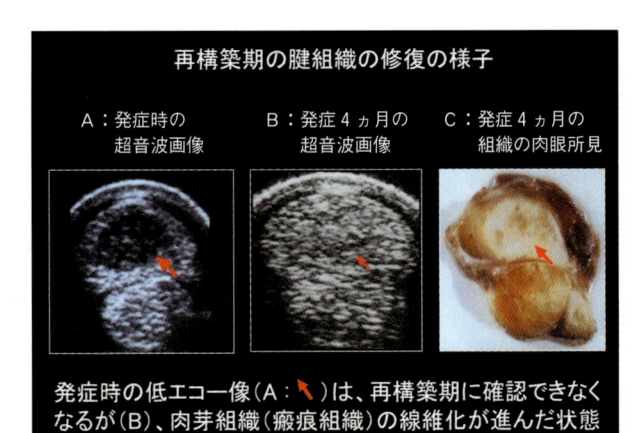

再構築期の腱組織の修復の様子

A：発症時の超音波画像　B：発症4ヵ月の超音波画像　C：発症4ヵ月の組織の肉眼所見

発症時の低エコー像（A：↘）は、再構築期に確認できなくなるが（B）、肉芽組織（瘢痕組織）の線維化が進んだ状態であり、本来の腱組織に復したわけではない（C）。

図4-34 発症時と再構築期（発症後4ヵ月後）の腱組織の超音波所見と組織肉眼所見（JRA原図）

法が，また外科手術法としては腱穿刺術や近位支持靱帯切断術などが紹介されてきた。しかし，それぞれに一長一短があり，決定的な治療法はない。近年では，骨髄液や脂肪組織に含まれる間葉系幹細胞を損傷部に移植する幹細胞移植治療や，血小板から放出される多様なサイトカインを利用する目的で，多血小板血漿（PRP）を損傷部に注入する治療法など，組織再生医療の応用が始まっている（第5章Ⅱ，409頁参照）。

本症に対し，いかなる治療法を選択しようとも，再構築された腱線維の配列性を改善し，瘢痕形成を抑制するためのリハビリテーションは必須である（図4-35）。リハビリテーションのポイントは，屈腱にかかる負荷を修復の程度に合わせて漸増していくことにある。急性炎症の消失後ただちに常歩運動を開始し，約2～3ヵ月かけて騎乗常歩運動，6ヵ月後に騎乗速歩運動，9ヵ月後～1年まで騎乗駈歩運動を目安とする。リハビリテーション期間中は広い放牧地での自由放牧は厳禁とし，2ヵ月に一度は超音波検査を実施し，損傷部の治癒状態を確認する。

腱線維の再合成や規則正しい配列性の再構築には時間が必要であり，リハビリテーションには長期間（半年～1年間）を要する。

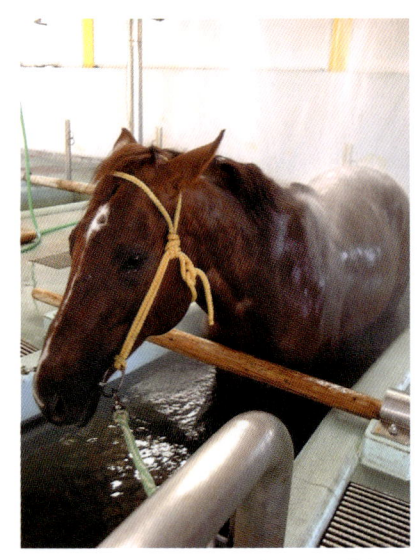

(2) 繋靱帯炎
▶どのような病気か？
　繋靱帯は管骨の近位掌側を起始部とし，球節の上付近で左右に分岐し，内外側の分枝が近位種子骨に付着する。

JRA競走馬総合研究所常磐支所には，温泉を用いた競走馬のリハビリ施設がある。

図4-35 温泉治療を受ける競走馬の様子（JRA原図）

この解剖学的構造から，繋靱帯は近位部（前肢では腕関節の副手根骨から4～12cm下方まで，後肢では足根中足骨関節から2～10cm下方まで），体部，脚部の3部位に区分される。繋靱帯は2～11％のさまざまな割合で筋肉組織を含んでおり，腱組織とは異なる。
▶症状は？
　競走馬では前肢の体部および脚部の繋靱帯炎の発症が多く，後肢での発症はまれである。症状は，患部の腫脹や帯熱が認められ，一般的に跛行は軽度である。
▶どのような検査や治療を行うのか？
　本症の診断には超音波検査が勧められており，損傷部位には低エコー所見が観察される（図4-36～図4-38）。体部の繋靱帯の腫脹では第二・第四中手（足）骨の骨折を

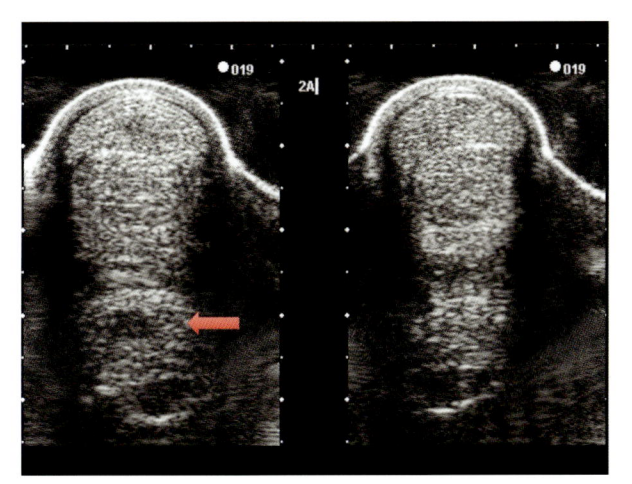

赤矢印が炎症部位。

図4-36　繋靱帯炎(体部)を発症した左前肢(左写真)と健常な右前肢(右写真)との超音波所見の比較(横断像)(JRA原図)

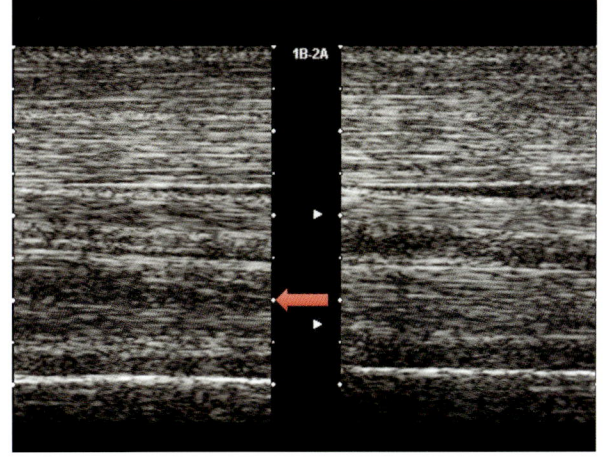

赤矢印が炎症部位。

図4-37　繋靱帯炎(体部)を発症した左前肢(左写真)と健常な右前肢(右写真)との超音波所見の比較(縦断像)(JRA原図)

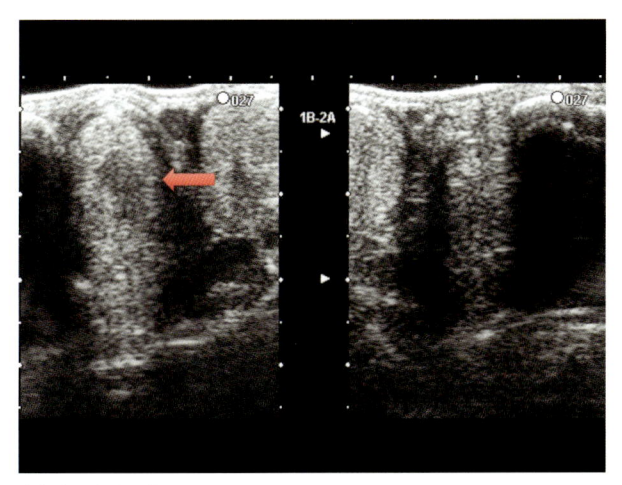

赤矢印が炎症部位。

図4-38　繋靱帯脚炎(左写真：左前内側脚)を発症した左前肢と健常な右前肢(右写真：右前内側脚)との超音波所見の比較(横断像)(JRA原図)

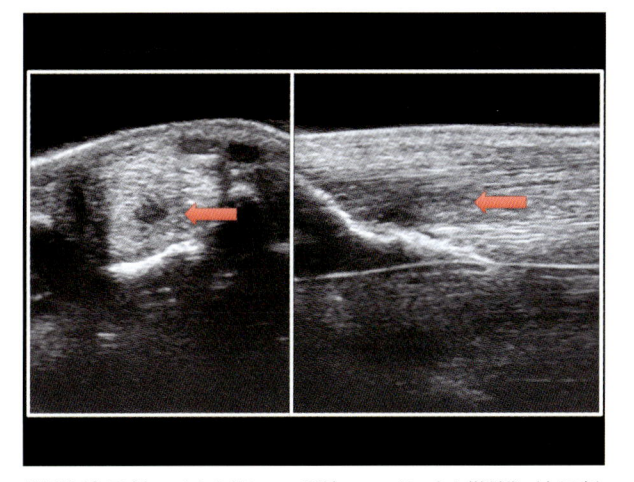

横断像(左写真)では中心部にコア型低エコーが，また縦断像(右写真)では種子骨の付着部粗面から炎症像が波及していることが確認できる。赤矢印が炎症部位。

図4-39　左前繋靱帯脚炎(外側脚)を発症した肢の超音波所見(JRA原図)

併発している場合があるため注意深く診断する必要がある。また繋靱帯脚の腫脹では種子骨の骨折に起因する場合があるため，繋靱帯脚と種子骨の付着部粗面を超音波検査により観察すべきである(図4-39)。

　馬術競技馬では前肢だけではなく後肢の近位部繋靱帯炎が間欠的跛行の原因であることが多い。後肢の近位部繋靱帯炎では第三中足骨掌側の繋靱帯起始部の炎症が原因となり，体部や脚部の繋靱帯炎とは病態が異なると考えられている。近位部繋靱帯炎の診断には診断麻酔が有用とされるが，超音波検査を実施する前に行うと注入した薬液が画像に映し出されて診断の妨げとなるので注意する。

　治療は屈腱炎とおおむね同様であり，急性期には患部の冷却と馬房内休養を指示し，疼痛が大きい場合にはNSAIDsを投与する。近年では，幹細胞移植や多血小板血漿(PRP)注入療法が注目を集めている(第5章Ⅱ，409頁参照)。また，後肢の近位部繋靱帯炎にはショックウェーブ(衝撃波)治療が有用であるとする報告が多い。

4. 蹄の病気

❶踏創

▶どのような病気か？

踏創（とうそう）とは，馬が異物を踏みぬき，その異物が蹄の知覚組織に達して外傷を負った場合をいう。軽度の場合は，蹄の冷湿布と抗生物質，抗炎症剤の投与で症状は緩和するが，創が深く化膿した場合は，跛行を示して患肢での負重が困難となることも少なくない。その場合，原発部の蹄底をドリルなどで穿孔して排膿した後，外科処置，抗生剤の投与に加えて，ホスピタルプレートとよばれる蹄下面全体を覆う一枚板の特殊蹄鉄により蹄下面の保護を実施する。放置すると蹄冠部より排膿し，急に跛行がなくなることもあるが，そのまま治癒するとは限らない。深屈腱やとう嚢に達しているものでは予後は悪い。

❷釘傷

▶どのような病気か？

釘傷（ちょうしょう）とは，装蹄時に誤って蹄釘が知覚組織に達してしまった場合をいい，踏創とは区別する。未熟な装蹄技術によって引き起こされることが多いが，蹄壁が異常に薄い馬や装蹄時に暴れる馬では，熟練した装蹄技術をもってしても起こることがある。

❸蹄冠蹠傷

▶どのような病気か？

蹄冠蹠傷（ていかんせっしょう）とは，馬が蹄冠を自分で踏んで，あるいは他の馬に踏まれた結果生じる外傷である。競走馬ではよく起こる。表層性のものは出血も少なく，一般的な外科処置で治癒することが多いが，傷口から細菌感染を起こして化膿し，蹄熱感と疼痛を伴うこともある。深層性の場合，蹄冠真皮を走る比較的太い血管を損傷することで，著しく出血することがある。

蹄冠は蹄壁中層の発生母体であるため，傷が深いほど蹄壁の新生に与える影響が大きく，蹄冠蹠傷と位置的に一致して膨隆した蹄壁，あるいは歪んだ蹄輪が形成される。また，深層性の場合，細菌の感染を起こしやすいので，外科処置に加えて抗生物質の投与を実施する。

❹挫跖

▶どのような病気か？

挫跖（ざせき）とは，蹄底部の挫傷で，非開放性の傷害である。"ひらづめ"とよばれる蹄底の浅い馬で起こりやすい。血色素が角質に浸潤する結果，下面に蹄底血斑が出現する。不整地やコース上の石など硬い異物を踏むことが一般的原因であるが，硬い馬場における調教，運動中の後肢による前肢蹄下面への追突も原因となる。追突で発生する挫跖は蹄底の踵部（蹄底角）によく起こり，挫踵（ざしょう）とよばれる。

症状が軽度の場合は，内出血を伴う炎症は乾性化し良化するが，挫滅した組織が壊死して感染が起こり，化膿した場合は踏創と同様の経過をたどる。

❺裂蹄

▶どのような病気か？

裂蹄（れってい）は蹄壁の亀裂をいい，主に外力によってつくられる。縦方向に裂けるものと横方向に裂けるものとがある。縦方向に裂けたものは，位置によって蹄冠裂，負縁裂，蹄尖裂，蹄側裂，蹄踵裂，蹄支裂，蹄叉蹄支角間裂などにわけられる。

蹄冠裂は蹄冠から下行する亀裂を，負縁裂は蹄負縁から上行する亀裂を指す。蹄冠から負縁にまで達したものは，どこが亀裂の発端であるかということに従って分類している。なお，蹄冠裂は蹄冠の蹄壁産生部位から発生しているようにみえるが，実際は蹄冠下，蹄壁3分の1近位あたりから始まることが多い。それが上下に進展すると，あたかも蹄冠から割れたようにみえる。また，横裂蹄は蹄冠蹠傷に続いて発生したり，幼駒では胎生期に形成された蹄壁と生後につくられた蹄壁の間に発生する。

裂蹄は，気温が低く馬場が硬い，乾燥性の冬季を中心に発生，再発する傾向があるものの，冬季以外にも発生しうる。

▶症状は？

跛行を示さないことが多いが，蹄の知覚部へ亀裂が進むと出血や化膿が起こり，跛行することもある（図4-40）。その場合，蹄病一般の症状である指（趾）動脈の強拍動，蹄熱感の出現をみる。ただし，馬の気質や状態によっては，裂蹄が知覚部まで達していても跛行がみられないこともある。

▶どのような検査や治療を行うのか？

目視で裂蹄の存在はわかるが，隠れた炎症の有無を評価するには，触診による局所的な蹄熱感の探索，蹄鉗子を用いた圧迫試験を行う。X線検査は，有効な情報をほとんど提供してくれないが，蹄壁深部にある蟻洞が表面の裂蹄の起源である場合には，発生の原因探索に役立つことがある。

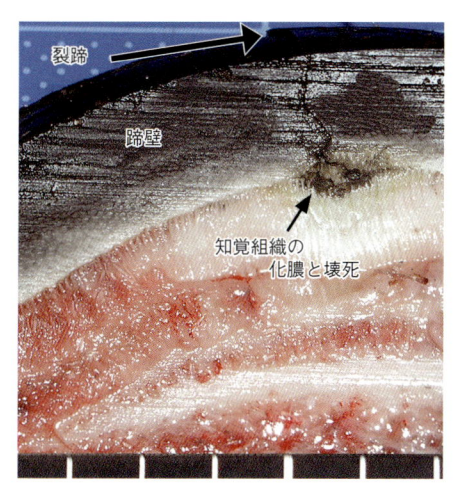

図4-40　裂蹄（JRA原図）

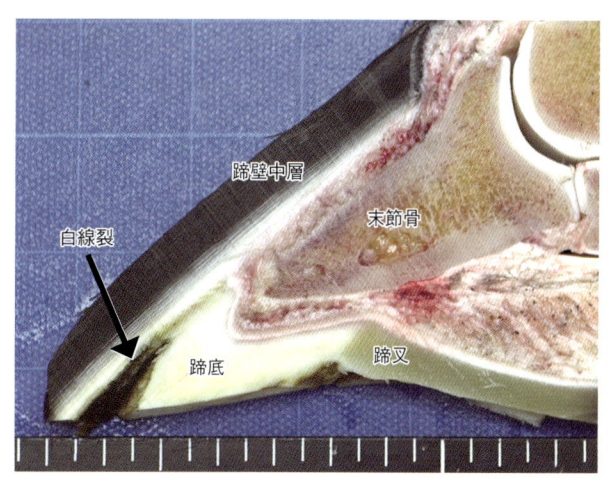

図4-41　白線裂（JRA原図）

　蹄冠裂の場合，蹄に湿気をもたせることで予防と治療をはかる伝統的な治療法がある。これは，蹄冠帯に単軟膏を塗布し，湿気のある包帯で蹄冠帯を巻いておくもので，新しく生長する蹄壁に潤いを与え，乾燥した冬季であっても裂蹄になりにくいといわれる。

　また，近位に伸びつつある負縁裂はその近位端をほぼ直角にヤスリで溝をつけて，さらに，亀裂の下方延長線上にある蹄負面をわずかに薄切することで蹄鉄より浮かせ，負面からの衝撃を他部へ分散することで進行を防止する方法もある。

　競走馬では，軽症の場合，市販のゴム製バンドを接着剤などで裂蹄部に貼り付け，さらにこれを覆うように何周かビニールテープを巻き付けることで裂蹄の進展を止める簡易処置法が用いられる。重度の場合は，電動ヤスリなどで裂部を完全に除去，整形した後，裂部を釘締（くぎじめ）あるいはワイヤーで縫合し，整形域をアクリル樹脂で充填する方法が効果的である。

❻蹄球炎

▶どのような病気か？

　蹄球の炎症を指す。蹄球に挫傷を受けて炎症を発するものだが，蹄叉蹄支角間や蹄支角に裂蹄をつくるものと，裂蹄を発生していないものとがある。蹄踵狭窄，内外どちらかの蹄踵が他側のものより挙上した挙踵（きょしょう，別名；つきあげ）の馬ではよく起こる。化膿があるならば獣医師による治療が必要となるが，通常は装蹄療法のみで対処する。

❼白帯病（白線裂）

▶どのような病気か？

　さまざまな原因で発生した白帯（線）域の損傷を総称したよび名である。なかでも，蹄壁と蹄底を分離するほど大きな亀裂あるいは空洞ができた場合は白線裂という（図4-41）。空洞がさらに進んで上行し，蹄壁中層と葉状層の間を分離するようになると次項に説明する蟻洞に発展する。

▶症状は？

　白線裂に限ってみると，幼駒では後肢の蹄側から蹄踵にかけて発生しやすいが，競走馬や乗馬では前肢の蹄尖部に偏って多く発生する。空洞が知覚部に達しなければ跛行しないが，蹄壁中層にまで角質の崩落が及んだ場合，蹄負面が極度に脆弱になって装蹄困難から十分な調教ができなくなったり，装蹄後容易に落鉄したりするなど問題を生じる。

▶どのような検査や治療を行うのか？

　除鉄しないとその存在を確認できないが，蹄鉄をのぞけば容易に目視で判断できる。いかなる白帯（線）の損傷も見逃さず，病変を早期に括削することが大切である。

❽蟻洞

▶どのような病気か？

　蹄壁中層と葉状層の間，蹄負面では蹄壁中層と白帯の間が分離し，空洞化するものである（図4-42）。前肢の蹄尖部に偏って多く発生する。白線裂が進行して起こるタイプ（白線裂型），蹄葉炎に続発するタイプ（蹄葉炎型），これら基礎疾患とは無関係に単純に空洞が形成されるタイプ（単純型）がある。いずれのタイプでも，体重に加えて，蹄の反回時に発生する蹄尖部への床反力は，本症を

第4章　病気

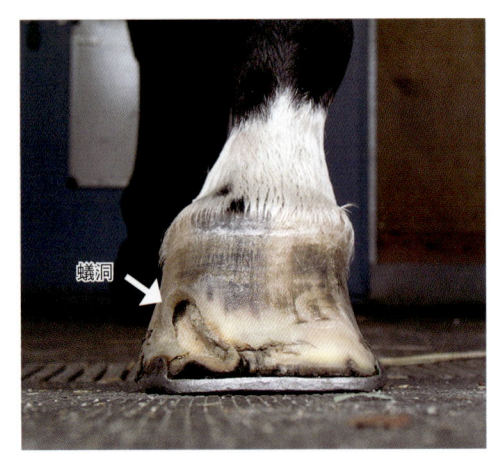

図4-42　蟻洞（JRA原図）

誘発，悪化，再発させる強い要因となる。その他の発生要因として，蹄の湿潤，糞尿汚染による不衛生な敷料，栄養状態の悪化，蹄鉄交換の間隔の延長，そして，近年明らかになってきた角質分解細菌や土壌真菌の関与がある。

▶症状は？

空洞の形状は決まっておらず，蟻の巣のような細長い空洞から蹄壁中層がすっかり分離してしまうほど大きな空洞までさまざまである。

▶どのような検査や治療を行うのか？

病変部を局所的に括削する，病変部を殺菌する（焼烙，消毒，抗菌剤の投与など），蹄の縦径を短くする，蹄尖に上弯を設ける，敷料の衛生を保つ，定期的に蹄鉄を交換する，水を使ったリハビリを中止するなどの対策がとられる。蹄葉炎型蟻洞では，黄色の贅生角質（ぜいせいかくしつ，ラメラーウェッジ）に真菌感染が起こり，蟻洞を悪化させるが，この場合，塩酸テルビナフィンのような抗真菌剤の塗布が有効である。

❾蹄叉腐爛

▶どのような病気か？

蹄叉や蹄底の角質の腐敗を基礎とし，進行して知覚組織に達するまで気づかないことも多い。研究が少なく全貌がわかっていないものの，嫌気性細菌の感染によるという報告がある。しかし，空気暴露の多い領域の腐敗であるため，好気性細菌の関与も否定できない。特徴として，蹄叉の角質が悪臭を放ち，膨潤，軟化し，容易に崩れるようになると，蹄叉の縮小や欠損が起こる。このような進行病変では，蹄叉が負重を受け止められず，蹄機が十分に働かなくなった結果，蹄踵狭窄に発展することがある。多くは休養馬の蹄の手入れ不足が原因である。

治療は，蹄叉の腐爛している部分を可能なかぎり削蹄し，蹄叉の形を整える。腐爛部の消毒と硬度の向上を目的に，イソプロピールアルコール1,000mLに対して酸化亜鉛400ｇ，サリチル酸5ｇ，テレピン油25mL，マーキュロクロム液2〜3mLの割合で混合した蹄叉腐爛薬が有効な場合もある。知覚組織へ感染した場合は消毒薬あるいは抗生剤の投与が必要となる。アメリカ合衆国では，重度かつ難治性の本症に，医療用無菌ウジ虫を使って腐爛組織を食べさせて除去するマゴット・セラピーも実施されている。

予防は日常の蹄の手入れを励行することにあるので，日々の護蹄管理が重要である。

❿蹄皮炎

▶どのような病気か？

蹄皮に起こった炎症のすべてを総括して蹄皮炎とよぶ。蹄皮とは，装蹄の世界で古くから用いられてきた名称で，蹄鞘（ていしょう），その産生母体である未角化な表皮組織，およびそれらを裏打ちする真皮組織までを包括したよび名である。装蹄の教本では，細菌感染があるものを細菌性蹄皮炎あるいは化膿性蹄皮炎，感染がないものを非感染性蹄皮炎と大別し，挫跖や蹄葉炎は後者に位置づけられている。

蹄皮炎は，蹄皮に炎症が認められるものの，この章で取り上げている他の蹄病のいずれかの病名を特定できない場合，疾患名として用いられることが多い。なお，英語では，堅い角質をのぞいた蹄表皮から真皮組織までを総じてpododermとよび，その部の炎症をpododermatitisというが，蹄皮炎はほぼこのpododermatitisに相当する。

⓫蹄葉炎

▶どのような病気か？

古くから知られているにもかかわらず，これほど以前にも増してその病態の理解に混乱をきわめている蹄疾患は他にない。蹄葉炎とは，蹄の葉状層を病態の主座とし，真皮炎，表皮と真皮の剥離性損傷，蹄壁と蹄骨の位置関係の崩壊などといった特徴的な症状を示す蹄病の総括的な臨床疾患名である。本症は病態分類ができていないことが一因となって，その定義は今に至ってもあいまいなままであるが，決まった発病機序を特定できない現状では，あいまいな定義のほうが網羅的に本症を取り扱え，都合のよい面もある。

たとえば，何らかの細菌感染が葉状層から蹄壁真皮に

起こり，よく似た症状を示しても，葉状層の剥離性損傷，蹄壁と蹄骨の位置関係の崩壊など，蹄葉炎に特徴的な病理学的変化が現れない場合は，本症と区別している。しかし，敗血症や他臓器の重度の感染が本症を誘発することはよくあり，本症が感染と無縁というわけではない。さらに，外傷による細菌感染から化膿性蹄皮炎が進行し，ついで蹄葉炎独特の病理学的変化が発生する症例もある。

本症には多くの発病機序が想定されており，そのなかでいくつかが科学的に証明されているにすぎない。結局のところ，本症に特徴的な臨床症状と病理学的所見を満たす共通の病態をもってして1つの蹄疾患に括られている。

想定されている発病機序があまりにも多いので，詳細は省くが，よく知られている蹄葉炎は，①骨折肢をかばって体重を支え続けていた対側肢に起こる負重性蹄葉炎，②過剰な炭水化物の摂取後に発生する食餌性蹄葉炎，③環境変化や長時間輸送などのストレスを受けて発生するストレス性蹄葉炎，④ステロイドの過剰投与により発生する医原性蹄葉炎，⑤ショック，急性腹症あるいは後産停滞など他疾患から移行する続発性蹄葉炎などがある。

日本で古来，本症の原因と考えられていた蹄充血は，現在は，虚血後に起こる血液再還流障害として説明できる。正しくは，虚血が発症の引き金となりうる。これは，正座している足を崩した後に足のしびれがくるのと同じように，虚血域に血液が再還流すると疼痛を伴う血管攣縮が発生することと関連している。この機序は，負重性蹄葉炎で容易に起こると推察されているが，食餌性蹄葉炎でも起こることが確かめられている。そして，血液再還流障害の発生時に，マトリックス・メタロプロテナーゼ(MMP)とよばれるタンパク質分解酵素の活性化が同期的に起こることが知られている。

この活性化した酵素は，葉状層を構成している表皮葉および真皮葉が互いに接着するのに必要な微細構造を壊す。そのため，表皮葉と真皮葉が剥がれるに至り，ついで蹄骨の掌側変位が起こる。剥がれた領域が空洞化し，その部の表皮再生が十分でない場合，蹄葉炎型の蟻洞に発展する。しかし，すべてのタイプの蹄葉炎でMMPの活性化が認められるわけではない点が，多くの議論をよんでいる。MMP活性の有無と本症の病態区分については，今後の研究が待たれる。

ところで，急性腹症などで血中濃度が上昇するエンドトキシンは，循環障害を起こすことで蹄葉炎を発症させるといわれてきた。しかし，エンドトキシンを単独で馬に投与しても蹄葉炎にはなかなかならない。これより，エンドトキシン血症は本症でよく認められる事象の1つであるものの，他の要因との合併症として本症を発生させるか，あるいは発症要因としては関与の度合いが低い可能性がある。

近年，新しい発症機序として，高インスリン血症による葉状層の異常が明らかにされた。血糖値を正常に保ちながら合成インスリンを連続投与し，高インスリン血症を誘導したスタンダードブレッドやポニーでは蹄葉炎が発生する。インスリン血症が葉状層を損傷するメカニズムについては研究途上であり，病態解明に向けて今後の研究が期待されている。

▶症状は？

診断の根拠となる症状は，まず肢勢にみられる。前肢を前方に投げ出すような肢勢(図4-43)，後肢を前方に踏み込むような肢勢，あるいは集合肢勢を見せるが，他に指(趾)動脈の強拍動，蹄熱感，蹄の疼痛，X線検査所見における蹄骨の掌側変位，表皮葉と真皮葉の剥離に起因する葉状層のX線透過領域の出現，蹄負面上の白帯の肥厚，および蟻洞の発生といった症状もある。

蹄葉炎は四肢すべてに発症しうるが，後肢に比べ前肢に多い傾向がある。大量の炭水化物を摂取することで発症する食餌性蹄葉炎が報告されている。それによると，蹄葉炎の発症前に蹄内血液循環が低下する病態形成期がある。

病態形成期では，虚血により蹄壁表面温度が下降するが，馬は疼痛を発しない。1日から数日以内に疼痛と特徴的な臨床症状を示すと，蹄葉炎が発症したと診断され

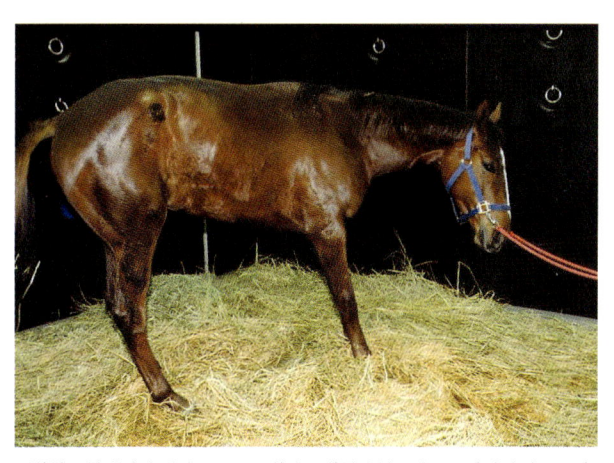

両前蹄に蹄葉炎を発症したため前方に前肢を踏み出して疼痛を少しでも緩和しようと立っている。

図4-43　蹄葉炎肢勢(JRA原図)

る。学術的な解釈だが，発症から数日以内，まだ葉状層の剥離性損傷とこれに続く蹄骨の掌側変位が明瞭になっていない時期を急性期とよぶ。剥離性損傷と蹄骨変位が起これば，いついかなる時期でも慢性期に入ったとされる。また，急性期の後，蹄骨変位がなく，疼痛も一時的に消失しているステージを亜急性期という。亜急性期では，適切な保存療法で完全治癒が見込めるが，油断すると慢性蹄葉炎に移行する。ただし，この病期に関する解釈は，人によってとらえ方に差がある。

患馬は，蹄に違和感を抱くだけの軽症から起立不能といった重症までバリエーションがあり，この症状の程度を分類したオーベル度数（Obel Grade）は，本症の状態を表す指標として用いられている。疼痛の程度をみるために，しばしば検蹄器による圧迫試験が実施されるが，蹄の広い範囲に疼痛を有する蹄葉炎では，圧迫による馬の態度の変化が分かりにくく，検蹄器による圧迫試験はあてにならないことが多い。

病理学的な解析から，蹄骨の掌側変位の発生の仕組みが解明されている。正常な蹄の蹄骨は，葉状層と蹄壁真皮を介して蹄壁中層から吊り下げられた解剖学的構造をとっている。ところが，蹄葉炎により表皮葉と真皮葉が互いに剥離すると，蹄骨にかかる体重および深屈腱が蹄骨を後下方に牽引する力によって，蹄骨は掌側/下方に変位する。障害を受ける葉状層の範囲が蹄尖部に限局していれば，蹄関節を中心に蹄骨は前方に屈曲する（ローテーション，図4-44）。すると，蹄骨の先端が蹄底真皮に刺さって蹄底を膨隆させ，進行すれば骨が蹄底を突き抜ける（蹄底脱）。

内外どちらか一方の葉状層のみが障害を受けた場合，障害を受けた側だけに蹄骨が沈み込む片側性掌側変位（ヘミラテラル・ローテーション）を示す。これは蹄前方から撮影したX線画像所見がないと診断が難しい。

葉状層が全周性に障害を受けた場合，進行が早く，蹄骨は垂直下方に沈み込む（シンカーとよぶ）。この場合，蹄冠真皮や蹄底真皮に著しい挫滅が生じ，これが重度だと，蹄鞘がすっぽり肢端から抜け落ちる脱蹄に発展する。垂直下方性の蹄骨変位は症状が重いのが特徴である。

▶どのような検査や治療を行うのか？

病態形成期に，考えられるすべての要因を除去でき，悪化した蹄内末梢循環を改善し，MMPの活性化を防止できれば，効果的な予防処置となるであろう。しかし，臨床上，病態形成期をとらえることはきわめて難しい。蹄葉炎の予兆を知る手段が開発されていないため，馬の飼養管理者は発症してからでないと気づきようがないの

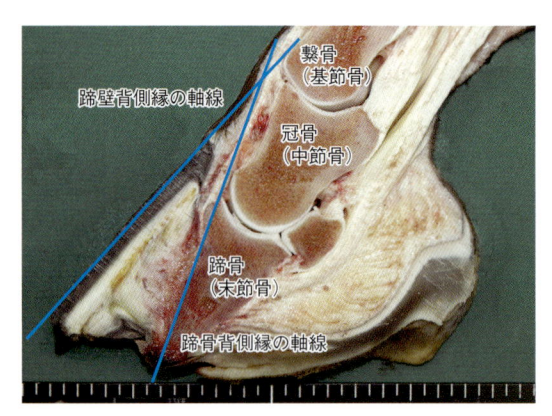

蹄骨背側縁と蹄壁背側縁の各軸線（青線）は，正常な蹄では平行を示す。しかし，ローテーション型の蹄葉炎では，両者の平行関係は崩れる。

図4-44　蹄骨ローテーション（JRA原図）

が現状である。そのため，蹄葉炎はその適切な診断と治療法に多くの焦点が当てられている。

確定診断では，蹄骨の変位を確認できるX線検査が有効である。撮影でもっとも重要なことは，X線発生部の高さと四肢蹄の高さを同じにすることにある。これは，発症肢において蹄鞘に対する蹄骨の位置を正確に撮影するために必要な処置である。

方法としては，①揃った高さの足台を四肢ともに踏ませる，②X線発生位置が地面と同じ高さになるように装置本体が埋まる程度の穴を掘り，そこに馬を誘導して撮影する，などがある。蹄壁表面に金属製のプレートや画鋲の円形部を貼ったり，造影用軟膏を塗布したりすることで目印をつくり，蹄壁と蹄骨の距離の変化を正確に知る手法はおおいに役立つ。また，葉状層を走行する血管の傷害の程度を評価するヴェノグラム（血管造影法）も，本症の診断と予後判定に役立つ。

蹄葉炎の治療で重要なことは，もっとも難しいことではあるが，的確な原因の究明であり，本症の治療に先立ち，それに合わせた対応をすることにある。穀類の過剰摂取が原因となっている場合は，炭水化物の供給量を減らす必要がある。ショックが引き金ならば全身の血液循環を確保するための補液が必要となる。また，肺炎やフレグモーネなど他の疾患に誘発された場合は，その疾患の治療なくしては蹄葉炎の根源を絶つことができず，結局，蹄葉炎は進行してしまう。

蹄葉炎そのものの治療法については，獣医学的療法と装蹄療法を組み合わせた技術が進歩してきた。対処療法である疼痛の管理は，主にプロスタグランジンの合成を抑制し，疼痛を除去するフェニールブタゾンがよく用いられる。一方，カイロプラクティックの要素をもつ装蹄

療法では，深屈腱の蹄骨を牽引する力を弱める目的で，蹄踵を挙上させる厚尾蹄鉄やウェッジ型の装蹄補助具の装着を行う。

また，蹄反回を促進する一文字鉄頭蹄鉄や下狭蹄鉄，側方への反回を補助するレール・シュー，蹄踵での負重を容易にさせる後方張出型蹄鉄（こうほうはりだしがたていてつ）や卵型連尾蹄鉄（エッグバー・シュー）などは，本症の進行を軽減する。

近年，その効果がもっとも期待されているのは，蹄下面に粘弾性のある樹脂製充填材を使用する技術である。これを充填することで，変位した蹄骨の先端が蹄底真皮を圧迫する力を蹄下面全体に分散させ，疼痛を緩和する。しかし，蹄骨全体が蹄底真皮を広く圧迫するようなシンカー型の蹄葉炎では疼痛軽減効果は少ない。一方，本処置は蹄骨の落ち込みを軽減することで表皮葉と真皮葉の解離する距離を少なくし，損傷した葉状層の再生が容易となるメリットがある。充填剤によって疼痛が増すような症例では，蹄形に合わせて切り抜いた発泡スチロールを充填材の代わりに使用することもある。以上の処置によっても，何ら改善が認められない患馬では，最終手段として深屈腱の外科的な切断が必要となる。

運動は蹄の末梢循環を改善するということで，以前は，治療の一環として頻繁に行われていたが，現在では，歩行による力学的な応力がむしろ葉状層の傷害を深刻化させることから，病態が落ち着くまでは実施しないほうがよいとされている。

炭水化物の多給は，本症の誘発要因であることが明らかになっている。そこで，予防的処置，発症後の管理では，炭水化物の給与量を軽減する対策が考えられている。炭水化物といえば，そのまま消化・吸収されてエネルギーになる穀類中のデンプンや糖質ばかりが注目されてきたが，草類に含まれるフラクタンやオリゴフラクトースのような炭水化物も，多給すれば本症を発症させることが実験的に確かめられた。その機序は腸内細菌叢の変化と関連すると推察されている。フラクタンは低温環境下のイネ科牧草に多く含まれるため，春先の一番牧草，秋の最後牧草，標高の高い涼しい土地柄の牧草などでは濃度が高くなる傾向がある。この観点から，蹄葉炎の予防的対策には，気温が低い季節に生える牧草をどのように与えるか，寒くない季節であっても放牧地での牧草の過食をどのように防ぐのかが重要になる。

海外では，イネ科牧草の豊富な放牧地への放牧を制限したり，牧草の丈を短めに刈り込んでおいたりするなどの処置がすでに実施されている。管理しているイネ科牧草の糖質量を計測しておくことは無意味ではない。また，患馬の飼養管理では，穀類を減らした分を，むやみにイネ科牧草で補う処置は取らないほうがよいと考えられるようになってきた。

ポニーでは空腹感を満たすために水に一昼夜浸したイネ科牧草を与える方法も考案されている。デンプン，各種糖質，フラクタンなどは水に可溶性の炭水化物であるため，この処置で牧草中の炭水化物の総量が減らせ，蹄葉炎になりやすいポニーを守る1つの方法と考えられている。

⓬蹄癌

▶どのような病気か？

病名に"癌"がつくが，本症は癌腫ではない。蹄下面とくに蹄叉に発生することが多いが，蹄底や葉状層にも進行する病態で，独特の異臭を伴う軟質な異常角質が特徴的である（図4-45）。必ず発生部位に真皮炎を伴う。角質が腐爛する，外傷によって知覚組織が露出するなどの原発病巣があり，その後本症に移行する。

初期には豆腐粕様からカッテージチーズ様の白色軟角質の，慢性化すると多数の乳嘴状（にゅうしじょう）で軟質な異常角質の増生をみる。組織学的観察により，異常角質内にスピロヘータ様の細菌が存在するのがわかり，その後，牛の肢蹄に発生するよく似た疾患「牛趾皮膚炎」と同様に，*Treponema*属細菌の感染が原因と推察されるようになってきた。

本症は，不潔な敷料のなかで長く繋養している馬に発生するといわれてきたが，清潔な厩舎環境であっても発

比較的表層の異常角質を薄削している。
図4-45　蹄癌（JRA原図）

生することがある。とくに，過去に発症した馬がいる厩舎環境で，数年を経過した後，他の馬に発生することがあるのは，本症の原因と目されているスピロヘータ様細菌が土壌中に長く生息するためである可能性がある。

⑬ 角壁腫

▶どのような病気か？

蹄壁内面に形成された柱状，くさび状あるいは球状の角質の贅生（ぜいせい：正常では不必要な組織の形成）である。贅生角質（ラメラーウェッジ）の形状の違いで柱状角壁腫と球状角壁腫に大別されるが，両者が同じ病態機序で発生するか否かは不明である。つまり，便宜上，柱状のものも球状のものも同じ病名で扱っているが，両者は本質的に異なる可能性もある。

癌腫ではないので浸潤や転移することはないが，体積許容の少ない蹄壁内で増生するため，容易に蹄骨を圧迫かつ浸食する。その結果，X線検査所見では，蹄骨に角壁腫の形状と合致した陰影が観察される。角壁腫がどの程度の割合で知覚組織や蹄骨を圧迫するかで疼痛の程度に差ができる。放置すると少しずつ大きくなり，麻酔下で外科的に全切除しない限り根本的治癒に至らない。

⑭ 蹄軟骨化骨症

▶どのような病気か？

蹄軟骨が骨化することをいい，一般的に老齢馬の前肢に多く発生するが，サラブレッドにはまれである。跛行を示すことは少ないが，骨化した軟骨が骨折した場合や，増生した骨組織が軟部組織を圧迫すると跛行する。通常，蹄軟骨は蹄踵の蹄冠部より触知することができ，骨化している場合は，軟骨の弾性が失われていることがわかる。

正確な診断にはX線検査を行う。跛行がみられない場合は治療の必要はないが，骨折があるときは連尾蹄鉄を装着し，6ヵ月以上の休養が必要となることもある。

🐎 5．血液・循環器系の病気

血液は体内を循環して酸素や栄養素を細胞へ供給するとともに，細胞内で生じた二酸化炭素や老廃産物を腎臓などの排出器官へ運搬する。また，全身組織・細胞の酸塩基平衡の調節をはかるとともに，体外からの侵入異物に対しては白血球による貪食作用や抗体産生による生体防御反応をつかさどる。

このように，血液は全身の臓器や組織をつなぐ重要な役割を担っており，その異常は命に関わる重い病気に結びつくことも多い。一方，血液は多くの生体の変化に関するさまざまな情報を提供してくれるため，血液検査は全身性あるいは局所性疾患の予後判定や治療効果，調教進度などを判断するうえで重要な手がかりとなる。

❶ 血液の病気

(1) 貧血

▶どのような病気か？

血液中の赤血球数および血色素量，あるいは赤血球容積が正常値以下に減少した状態をいう。貧血が起こると全身への酸素供給が滞るため，さまざまな機能の低下が生じる。

▶原因は？

その原因によってつぎのように分けることができる。

a) 出血性（乏血性）貧血

外傷，鼻出血（喉嚢真菌症を含む），肺出血（肺破裂および運動性肺出血を含む），腸捻転後の胃破裂による胃出血や腸出血，分娩時の子宮や膣破裂による出血，膀胱破裂による出血などにより，急性貧血を起こす。重症例や破裂を伴う症例は予後不良である。

b) 溶血性貧血

馬では新生子黄疸（母馬の血清抗体と新生子の赤血球との間の血液型不適合反応による血管内溶血）がもっとも多く，他には中毒や感染症でも起こる。

c) 感染性貧血

ウイルス病の馬伝染性貧血や原虫症の馬ピロプラズマ症，トリパノソーマ病などがある。

d) その他

その他には自己免疫性溶血性貧血，栄養性貧血，寄生虫性貧血，消耗性貧血，中毒性貧血などがあるが，馬ではまれである。

▶症状は？

急性では発汗，可視粘膜の蒼白，呼吸速迫，歩様蹌踉，心機能障害（心悸亢進，徐脈，頻脈，貧血性雑音など）を呈し，重症例では肢端冷感，体温の低下，筋肉振戦あるいは全身の痙攣を起こして死亡する。また，慢性貧血の場合は可視粘膜の不潔蒼白，食欲不振，栄養低下，削痩，四肢の浮腫などがみられる。

▶どのような検査や治療を行うのか？

診断は，可視粘膜の状態を注意深く観察することと，血液検査（赤血球数，ヘモグロビン量，PCVなど）による。さらに，赤血球像を観察することによって住血原虫の有無，造血組織の機能異常などが察知できる。

治療は，まず第1に原因を追究し，基礎疾患に対する

療法を実施することが重要である。さらに貧血の著しい症例では，輸血が最良であると考えられるが，血液代用液としては，リンゲル液，生理食塩水，総合アミノ酸製剤などが用いられる。

(2) 白血病
▶どのような病気か？

白血球系細胞の造血組織における悪性腫瘍である。腫瘍性細胞(白血病細胞)が末梢血に多数みられ，かつ白血球数の増加を伴う場合(白血性白血病)と，白血病細胞が末梢血中にみられないか，あるいはみられても少数の場合(非白血性白血病)とがある。

馬の白血病は，リンパ網状織由来の腫瘍(リンパ肉腫)が主体で，骨髄性(顆粒球性)白血病，単球性白血病，肥満細胞性白血病，形質細胞性白血病などがまれに認められる。これらは一括して白血病症候群とよぶこともある(図4-46)。

▶原因は？

一般に白血病の一部はレトロウイルス(Retrovirus)に属するRNA腫瘍ウイルスの持続感染が原因とされている。しかし，今までのところ，馬での病原体はみつかっておらず，馬の白血病にウイルスが関与しているか否かは不明である。

▶症状は？

リンパ肉腫例では，元気減退，削痩，可視粘膜の蒼白，さらに消化器系が侵されると下痢や疝痛症状(まれに黄疸)などがみられる。また皮膚型では，皮下組織に固い腫瘍性結節や痂皮形成，脱毛などがみられる。

▶どのような検査や治療を行うのか？

診断は，臨床所見の他に血液検査が必要である。赤血球数とPCVは減少し，白血球数は，リンパ肉腫では正常範囲を示す症例もあるが，しばしば増加傾向をみる。さらに白血球塗抹標本の検査では，異常リンパ球の増加(リンパ肉腫)，単球の増加(単球性白血病)，幼若顆粒球の出現(骨髄性白血病)などの特徴がある。また，体表リンパ節や腫瘍性腫瘤のバイオプシーによる腫瘍性細胞の確認も診断には有用である。

❷心臓の病気

心臓の病気のうち，競走馬でしばしば心電図上に異常所見のみられるものを中心に記載する。

競走馬の臨床において心電図による検査法の研究は古くから行われており，心電図上にみられる異常所見と形態学的な異常との関係については解明されてきたことも

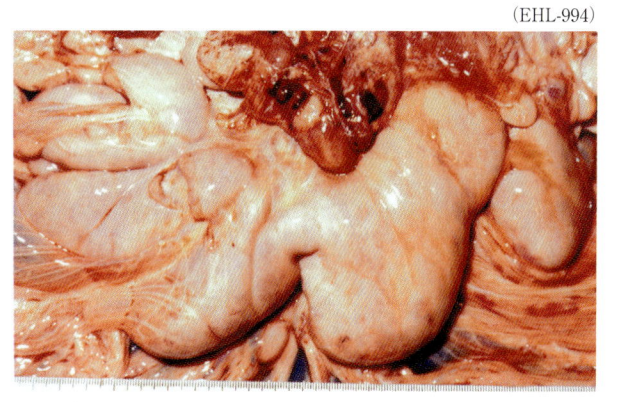

(EHL-994)

前腸間膜リンパ節の著しい腫大。
(図右上のカッコ内は，競走馬総合研究所の病理解剖部門における解剖例の整理番号を示す。以下同様)
図4-46　リンパ肉腫(JRA原図)

多い。心臓機能の異常と関係する異常心電図として問題となるものは不整脈であり，その不整脈についての心電図所見を正確に分析することが心臓疾患の診断には重要である。

(1) 心房細動
▶どのような病気か？

心房内に不規則な興奮，収縮が出現するため心房内の血液を正しく心室に送ることができなくなる疾病である。加えて，房室間の伝導が不規則になることから，心室拍動も不規則となる。心室自体に異常は認めないものの，心臓全体のポンプ機能が低下するため，運動不耐性などの症状が認められる。

▶どのような検査や治療を行うのか？

診断は，心電図検査によって行う。心電図には3つの特徴が認められ，P波の消失，不整なR－R間隔およびf波が出現する(図4-47)。

心房細動には発作性のものと持続性のものがあり，発作性心房細動は発症して24時間以内に自然に正常の洞調律に復帰するものをいう。一方，持続性心房細動は自然に洞調律に復帰することはなく，長期間持続する。持続性心房細動では心房内に血液が停滞して血栓をつくることは，馬においてはまれである。

治療には，発症後の経過時間が重要であり，発症後のできるだけ早い時期に治療を始めたほうが，効果が高いとされる。治療には硫酸キニジンや酢酸フレカイニドが投与されるが，いずれの薬剤も心臓に直接影響することから，専門的な知識をもった獣医師が取り扱う必要がある。

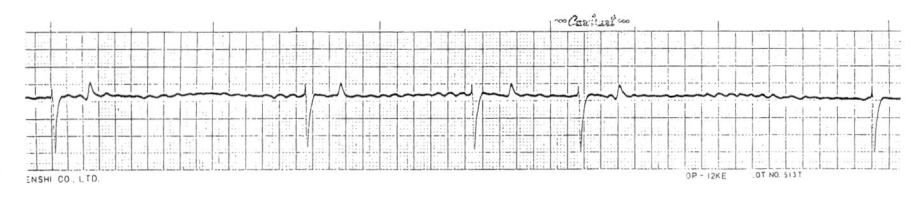

図4-47　心房細動発症馬の心電図（AB誘導）（JRA原図）

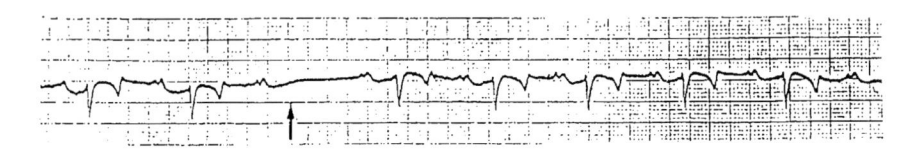

図4-48　第2度房室ブロック発症馬の心電図（AB誘導）（JRA原図）

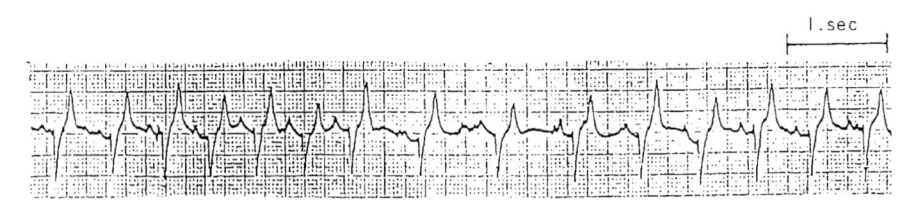

図4-49　洞性不整脈発症馬の心電図（AB誘導）（JRA原図）

(2) 房室ブロック

心房からの刺激に対する心室の反応が時間的に遅れていたり欠けていたりするもので，刺激が房室結節を通過する際に伝導時間が延びたり，伝導が妨げられて通過できなかったりして起こるものである。房室伝導障害の程度によって，つぎのように分類される。

a) 第1度房室ブロック

房室伝導時間が単に延長しただけのもので，心電図ではPQ間隔が異常に延長する。

b) 第2度房室ブロック

房室伝導障害が第1度房室ブロックよりもさらに進展し，心房から心室への興奮がときどき伝わらなくなる場合をいう。心電図では，P波は出現するがその後のQRS－T群が欠如する。第2度房室ブロックのなかにはPQ間隔が徐々に延長し，ついに心室収縮脱落を起こす例が多くみられる（図4-48）。

c) 房室完全ブロック

房室結節において，心房からの興奮がまったく伝わらない場合をいい，そのために心室は自動的な収縮を始める。心電図では，P波とQRS－T群が別々の周期で出現する。

房室ブロックは，馬の不整脈のうちもっとも多く認められるものであり，馬に多い結滞脈はそのほとんどが本症が原因である。臨床上遭遇するのはほとんどが不完全ブロック（第1度もしくは第2度）であり，完全ブロックの出現はまれである。不完全ブロックの大半の症例は運動負荷やアトロピン注射により房室伝導障害が消失することから，その原因は迷走神経の緊張によるものであるといわれている。

(3) 洞性不整脈

心臓の規則正しい拍動は，洞房結節で刺激が発生し，その刺激が心房から心室へと伝導されることによって行われている。洞房結節で発生する刺激生成周期は正常でも多少の不整を示すが，ある限度以上に発生するものを洞性不整脈という。心電図上ではP，QRS，Tの各波形や間隔異常はなく，PP間隔のみが不整になる（図4-49）。

(4) 洞房ブロック

洞房結節で発生する刺激を伝導する心房の反応が欠けたり遅れたりして，心房への伝導障害が起こる疾病である。心電図上ではP，QRS，Tからなる心拍1周期全部が欠ける。したがって，その前後のPP間隔は正常のPP間隔のおよそ2倍になる。

聴診では結滞脈として聞こえる。

(5) 期外収縮

規則正しい調律の間に，予期されず早期に出現する異常収縮をいう。期外収縮は，正常な洞性刺激の場所以外からの刺激(異所刺激)によって起こるもので，この異所刺激の発生する場所(異所性中枢)により，心房性，房室性，心室性に分けられる。

臨床上，期外収縮に遭遇することがあるが，期外収縮が頻発あるいは運動によって増悪しないかぎり，馬の健康や運動能力に影響を及ぼすことはない。しかし，頻発あるいは運動によって増悪する場合は心筋障害の可能性もあり，精密検査が必要である。

(6) 発作性頻脈

期外収縮のような異所性心拍が速い頻度で連続して出現するものである。各種心臓疾患，敗血症，毒血症，重篤な胃腸障害で発生する。発作性頻脈が発現すると，心拍出量は著しく減少し，チアノーゼ，失神，脳貧血などがみられる。

(7) 心内膜炎

▶どのような病気か？

心臓の内膜に炎症のみられる疾病を示す。ただし，内膜のみに炎症が限局してみられることは少なく，各種の細菌感染によって弁膜やその周辺組織が侵される細菌性心内膜炎が主体である。

▶原因は？

馬の細菌性心内膜炎の原因菌としては，ストレプトコッカス(*Streptococcus*)属がもっともしばしば分離されるが，他にもさまざまな細菌が原因となりうる。また，前腸間膜根部に動脈瘤を形成する*Strongylus vulgaris*の幼虫がときどき半月状弁に引っかかり，弁膜障害の原因となることもある。

▶症状は？

聴診上で収縮期雑音が聴取される場合は，右房室弁(三尖弁)に異常が生じたものである。この右房室弁の障害がさらに進行すれば，弁と弁の間が線維性に増殖・癒着して弁口の狭窄をきたすこととなる。

▶どのような検査や治療を行うのか？

心内膜炎は，細菌感染による二次的変化によるものが多いことから，早期の発見は困難である。すでに心内膜炎と診断されたときは，かなり病勢も進行しており，抗菌剤の投与を行っても治療効果はあまり期待できない。

高度のうっ血性心不全に陥ったものでは慢性弁膜症の治療に従って，利尿を主とした肺水腫の治療が必要である。

(8) 心筋炎

心内膜炎と同じようにそのほとんどは細菌，ウイルス，真菌や原虫などの感染によって起こる。細菌感染によって起こる化膿性心筋炎は心内膜，心膜その他の化膿性病変から直接波及して起こる場合と，化膿巣から転移して栓塞性に起こる場合とがある。

(9) 心不全

▶どのような病気か？

心筋の収縮力が減退ないし消失し，心臓の機能不全が原因で全身性の血液循環障害を伴い，心臓に還流する血液が完全に心室内から拍出できないことをいう。

▶症状は？

急性心不全を発症した馬は，呼吸困難，粘膜のチアノーゼ，頻脈，発汗などを認め，しばしば急死する。原因不明のものが多いが，急性熱性伝染病や中毒などの際にもみられる。慢性の心不全は，心臓の肥大・拡張，心弁膜症，心筋炎などに継発して起こる。

症状は急性から慢性に移行するか，徐々に発現して数週あるいは数ヵ月に及ぶとされ，粘膜のチアノーゼ，静脈の怒張，頚静脈拍動，心拍の不整・結滞，異常呼吸などがみられ，さらに栄養障害を惹起する。

▶どのような検査や治療を行うのか？

治療は安静にして，原因に対しての処置を行う。とくに肺にうっ血が著しい場合は瀉血(3～8L)を行う。また，呼吸障害が著しい場合は酸素吸入も有用である。その他症状に応じて強心剤，利尿剤，栄養補液を投与する。

❸ 血管の病気

13歳以上の馬では，一般に胸部大動脈壁において石灰化を伴った内膜肥厚および中膜壊死がみられる。また，原発性の内膜石灰化は，若馬や成馬でもみられる。内膜石灰化の進行した症例では，胸部大動脈内膜表面は，凹凸不整で著しい内膜粗造化像を示す。

(1) 寄生虫性動脈瘤

▶どのような病気か？

本症は寄生虫の感染により動脈瘤ができる病気である。

▶原因は？

第4章　病気

(EHL-1322)

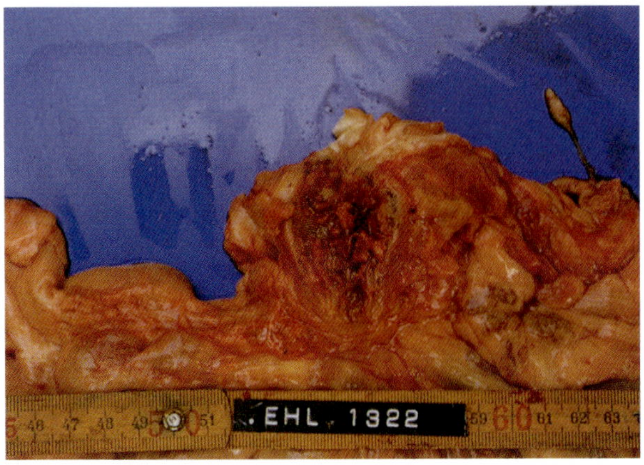

前腸間膜根部における寄生虫性動脈瘤。拡張した動脈壁に普通円虫幼虫が観察される。

図4-50　動脈瘤（JRA原図）

(EHL-379)

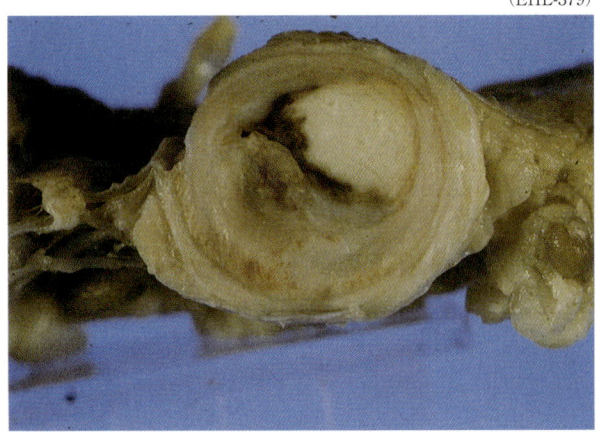

前腸間膜動脈における白色血栓。動脈は内・中膜の著しい肥厚と器質化した血栓により管腔が狭小化する（写真はホルマリン固定後の標本）。

図4-51　血栓（JRA原図）

　一般的には普通円虫（*S. vulgaris*）幼虫の感染により前腸間膜根部に動脈瘤が形成されることが多い（図4-50）。本症では寄生虫の体内移行中に，動脈壁に動脈炎，血栓症，塞栓症などの変化が動脈瘤の形成に併せて認められる。寄生虫性動脈瘤は新生子にはみられないが，生後10～38日齢の幼駒には観察される。

(2) 動脈の血栓および塞栓症
▶どのような病気か？
　血管内に線維素が何らかの原因によって堆積し，漸次増加して血栓を形成する疾病である。
▶原因は？
　血栓はまず最初に，ウイルスや細菌の感染，寄生虫の遊走，腫瘍や膿瘍などによって損傷した血管内皮細胞に血小板が膠着してできる。つぎに，全身性あるいは局所の循環障害による血流の速度低下ないし静止により少しずつ大きくなり，さらに，血液性状の変化によって血液が粘稠性を増し，血管壁への血小板の膠着を容易にして形成される。
　血栓は血小板，線維素，赤血球および白血球からなる血液の構成成分およびその性状によって，つぎのように分類される。①血小板の膠着と白血球の付着が層状にみられ，かつ層状間に線維素や赤血球が混在し，肉眼的に灰白色ないし帯赤黄白色にみえる白色血栓（図4-51）。②線維素の析出と赤血球および白血球が凝集し，肉眼的に暗赤色ないし淡紅色にみえる赤色血栓。③白色血栓と赤色血栓が混在した混合血栓。

(3) 動脈炎
▶どのような病気か？
　動脈の血管に炎症を起こす疾病である。病変形成因子によって，漿液性，線維素性，化膿性，血栓性，壊死性，リンパ組織球性，肉芽腫性に分類される。また，血管壁の侵襲部位によって動脈内膜炎，動脈中膜炎，動脈周囲炎，動脈壁全層に及ぶ汎動脈炎に分類される。
▶原因は？
　馬特有の疾病である喉嚢真菌症では，内頚ないし外頚動脈に真菌（多くは*Emericella nidulans*）を原因とする壊死性肉芽腫性動脈炎があり，しばしば突発性の鼻出血がみられ死亡することがある。臍帯動脈炎は，出生直後の子馬が移行抗体伝達不全の場合に起こりやすく，臍帯からの細菌感染（しばしば*Actinobacillus equuli*が分離される）による化膿性臍帯炎に起因している（図4-52）。重症では，臍帯静脈炎を併発して敗血症により死亡する。

(4) 動脈破裂
　特発性の動脈破裂は，健常な動脈壁に発生することはまれで，多くは動脈破裂の起こる前に前駆病変が動脈壁にみられる。すなわち大動脈や冠状動脈が破裂する場合は，いずれも中膜の変性・壊死が関係し，これらの前駆病変に急激な血圧の上昇が加わったことによって破裂を起こすものである（図4-53）。種雄馬における大動脈破裂は，起始部や大動脈弓部でよくみられる。

(5) 静脈炎
▶どのような病気か？
　静脈の内膜炎と周囲炎を同時に伴って起こす静脈の炎

274

(HED-304)

化膿性臍帯炎を伴った臍帯動脈炎。
図4-52　動脈炎（JRA原図）

(EHL-994)

腹大動脈における破裂。破裂部の動脈壁は中膜領域で壁の解離・粗鬆化，および断裂（写真はホルマリン固定後の標本）。
図4-53　動脈破裂（JRA原図）

症である。
▶原因は？
　静脈周囲の感染組織から波及して起こるものと，血行性，栓塞性に起こり，血栓形成性であるものとがある。前者は子宮炎，細菌性腸炎や肺炎，真菌症などによって特定の臓器にみられ，後者の血行性の静脈内膜炎は，栓子または細菌，寄生虫，ウイルスなどの内膜転移ないし障害によって起こる。
　とくに新生子の臍帯からの細菌感染による静脈炎は，全身性の敗血症に陥ることがあることから十分に注意が必要である。

(6) 静脈破裂
　静脈の破裂は，動脈におけると同様に機械的損傷の直接作用や静脈圧の異常上昇によって起こる原発性非変性性破裂と，静脈瘤性拡張，腫瘍の侵入，腫瘍や外骨腫による壁損傷，寄生虫の侵入，血栓による侵食，隣接動脈瘤の侵入，静脈壁の変性が素因となって起こる二次的破裂がある。
　馬の静脈破裂は，分娩時における中子宮静脈や脊椎の損傷などによって起こる。

🐎 6. 呼吸器系の病気

　呼吸器疾患は，鼻孔から咽喉頭部にかけての上気道疾患と気管から肺にかけての下気道疾患とに，大きく分けられる。

❶ 上気道疾患

(1) 鼻炎
▶どのような病気か？
　鼻漏を特徴とする鼻道の疾患であるが，単独で発症する場合と，他の呼吸器疾患を併発する場合がある。
▶原因は？
　鼻道の感染が主な原因であり，ウイルス，細菌あるいは真菌が感染する場合が多い。単独で発症する場合も多いが，他の呼吸器疾患，とくに咽喉頭炎を併発することがある。
▶症状は？
　炎症の部位，程度あるいは経過によって多様である。一般的に鼻漏を認める。初期は水様性であるが，その後粘液性となり，最終的には膿性へと変化することが多い。このような病態は，初期のウイルス感染に続き，細菌感染が起こることが多いことを示唆している。一方，乾酪物を含む膿性の鼻漏を認める場合には，真菌の感染を疑う必要がある。
▶どのような検査や治療を行うのか？
　検査は，内視鏡検査により行われるが，観察しにくい部位にも感染が存在することがあるので，詳細な観察を心がけることが重要である。また治療は，抗菌薬の局所もしくは全身投与が必要となることが多い。真菌性の鼻炎の場合には，局所の洗浄と抗真菌薬の局所投与が必要となる。

(2) 鼻出血
　一般的に，鼻孔から出血が認められるものを鼻出血と診断するが，馬の場合は，出血が起こる元の部位によっ

て以下の3種類に分けられる。

a）鼻粘膜からの出血

鼻梁部の打撲，鼻炎をはじめとした鼻粘膜のび爛，細菌や真菌の感染，あるいは腫瘍の発生をはじめとした鼻粘膜の損傷が原因となって出血するもので，片方の鼻孔からの出血であることが多い。

治療は，出血量が多ければ止血剤を投与する。外傷性の出血の場合は安静にすることで治癒するが，その他の原因の場合には，その原因を除去することが重要である。とくに感染性の場合は，局所の洗浄や抗菌薬あるいは抗真菌薬の投与が必要となる。また腫瘍の場合は外科的な除去が必要となり，再発することも多い。

b）喉嚢（耳管憩室）からの出血

耳管憩室内の真菌の感染（喉嚢真菌症）により，その粘膜下を走行する血管（とくに内頚動脈）が損傷を受けて出血する。本症は，大量出血を伴うことで致死的経過をたどることも多い（図4-54）。

軽度の出血であれば，内視鏡下での感染部位の洗浄や抗真菌薬の局所投与により治癒することもあるが，感染部位の周辺を走行する血管（動脈）へ侵入・増殖した菌糸により動脈が破綻し，致死的な大量出血を発症することがある。このような場合は，外科的に患部を走行する動脈を結紮したり，プラチナコイルにより血管を閉塞したりする必要がある。

c）運動誘発性肺出血（exercise-induced pulmonary hemorrhage：EIPH）

▶どのような病気か？

上気道の疾患ではなく肺からの出血であるが，ここで紹介する。運動誘発性肺出血は，競走馬をはじめとした多くの競技用馬において，調教，競走，競技といった運動時に発症する疾病である。原発は，肺の後葉背側部であることが多く，気管支，気管，上気道を伝って鼻孔からの出血として観察される。

▶原因は？

原因については諸説あるが，運動時に左心房高血圧に起因する肺高血圧が起こり，肺毛細血管にかかる圧力が増加し，血管が破綻するという説が有力である。また，吸息時の胸腔内の陰圧の増加も，血管にかかる圧力を増加させる要因として考えられている。その他にも，蹄の着地時に発生する振動波が肺において増強されることも原因の1つとする考え方もある。

▶症状は？

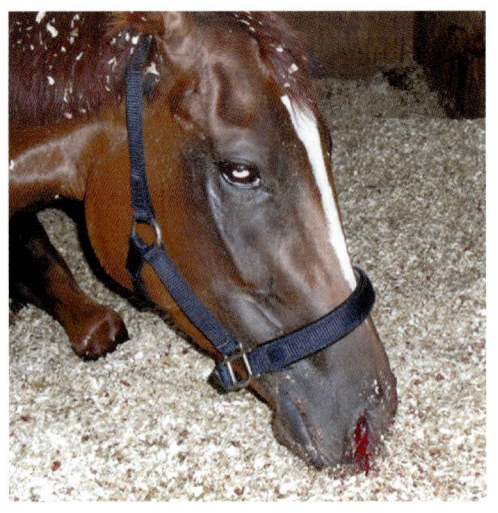

大量の血液が鼻孔から排出される。
図4-54　喉嚢真菌症発症馬の鼻出血（JRA原図）

肺からの出血量が多ければ，運動中や運動後に鼻孔からの出血を認めたり，運動能力が減退したりする可能性はあるが，一般的には運動後の鼻出血として認識される。肺からの出血の程度は軽重さまざまであり，出血量が多ければ両鼻孔からの出血として観察される。しかし，軽度な場合は気管内の内視鏡検査により血液の存在を認める程度である。

▶どのような検査や治療を行うのか？

診断は，鼻孔からの出血の確認により行われるが，鼻道をはじめとした他の部位からの出血である可能性もあることから，確定診断は気管内の内視鏡検査により行う。治療は，出血量が多ければ止血剤の投与を行うが，一般的には安静にすることにより治癒する。

(3) 咽喉頭炎

▶どのような病気か？

咽喉頭部の炎症の総称で，若馬では比較的高率に認められる。

▶原因は？

運動や輸送をはじめとした負荷が呼吸器に加わった際に起こることが多く，ウイルスあるいは細菌の感染が主因であると考えられている。

▶症状は？

炎症の程度や経過によって異なるが，一般的に鼻漏や発咳を認めることが多く，程度が重い場合には体温の上昇もある。また，喉頭部を手で圧迫刺激することにより発咳が誘発される（用手的咳嗽誘発試験，図4-55）場合は，咽喉頭部の炎症の程度が比較的重いと考えられる。

また，下顎リンパ節の腫大や圧痛が認められることもある。

鼻汁は，初期には水様性であるが，その後粘液性となり，最終的に膿性へと変化することが多い。また，咽喉頭部の感染が重度であると，嚥下を嫌がり，食欲が低下する。

▶どのような検査や治療を行うのか？

臨床症状や用手的咳嗽誘発試験により診断可能であるが，部位や程度を正確に把握するためには内視鏡検査が必要となる（図4-56）。なお，咽頭リンパの活性は，正常な免疫応答であるとする考えもあり，必ずしも咽頭リンパの活性のみにより咽喉頭炎を診断することはできないので，咽喉頭部全体の発赤や粘液の付着により診断する。

治療は病態により異なるが，一般的には患部への加湿を目的とした吸入療法が必要となる。患部の感染の程度が軽度であれば，運動の軽減と加湿を目的とした吸入療法で治癒するが，感染が中等度の場合には，抗菌薬を加えた吸入剤の使用が必要となる。また，感染の程度が重度である場合には，抗菌薬の全身投与も考慮する必要がある。

(4) 喘鳴症（ぜんめいしょう）

▶どのような病気か？

異常な呼吸音（喘鳴音）を発する疾病の総称で，その原因は多様である。本症は，軽種馬のみならず乗用馬やばんえい競馬に供される重種馬にも認められる。安静時に喘鳴音が聴取されることは少なく，主に運動中や運動後に乾性（ヒューヒュー）あるいは湿性（ゼロゼロ，ゴロゴロ）の異常呼吸音として認められる。競走馬では，その能力に悪影響を及ぼすため，きわめて重要な呼吸器疾患の1つである。

▶原因は？

原因としては，主に喉頭片麻痺，軟口蓋の背方変位，喉頭蓋エントラップメント，喉頭蓋下嚢胞があげられるが，呼吸時の空気の流れを阻害する疾病のほとんどが本症の原因となる。喉頭片麻痺は，反回神経の片側性麻痺による披裂軟骨小角突起の下垂が原因であり，そのほとんど（99.6％）が左側の喉頭片麻痺である。

軟口蓋の背方変位は，喉頭蓋の弛緩や矮小が主な原因であり，嚥下反射に伴って発症することが多い。喉頭蓋エントラップメントは，喉頭蓋の腹側に存在する粘膜が何らかの原因により喉頭蓋を覆い異常呼吸音を発する疾病であるが，明確な原因は明らかにされていない。また，

喉頭を指先で圧迫して発咳の有無を調べる。
図4-55　用手的咳嗽誘発試験（JRA原図）

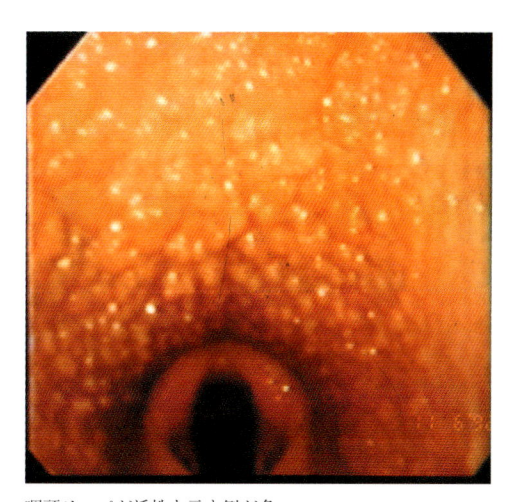

咽頭リンパが活性を示す例が多い。
図4-56　咽喉頭炎発症馬の咽喉頭部（JRA原図）

喉頭蓋下嚢胞は，喉頭蓋の腹側に嚢胞が存在するもので，その大小により異常呼吸音も異なる。

▶症状は？

喘鳴音は，運動量が増して換気量が増えると，吸気時および呼気時に聴取されるが，呼気時の喘鳴音の方が明瞭である。喘鳴症の原因となる疾患の程度が重度な場合，十分な換気量を維持できなくなり，呼吸パターンが不規則になったり，呼吸困難のため運動を続けることができなくなったりする。

また喘鳴音は，原因疾患の種類により異なる。喉頭片麻痺では"ヒューヒュー"という乾性の異常呼吸音であるが，軟口蓋背方変位や喉頭蓋エントラップメントでは，"ゼロゼロ"あるいは"ゴロゴロ"といった湿性の異常呼吸音として聴取される（図4-57，図4-58）。また，喉頭蓋下嚢胞では，嚢胞の大きさにより喘鳴音が異なるが，嚢胞が大きい場合には吸気時に気道の閉塞が起こり，窒

第4章　病気

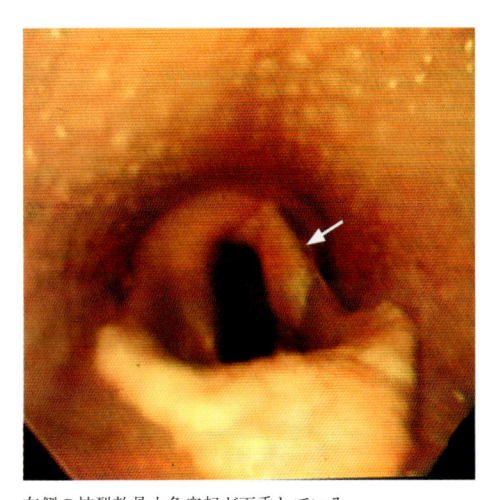

左側の披裂軟骨小角突起が下垂している。
図4-57　喉頭片麻痺の内視鏡所見（JRA原図）

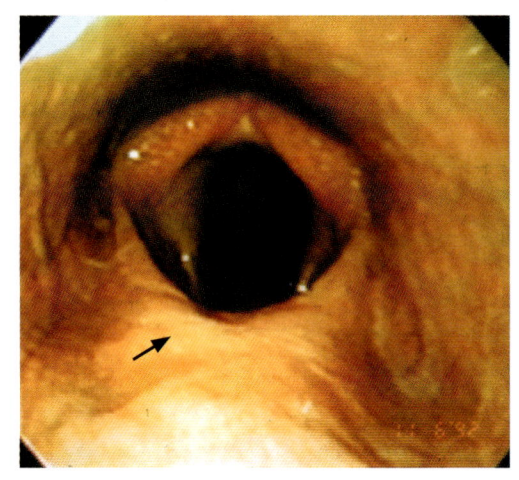

軟口蓋が喉頭蓋の背方（上方）へ変位している。
図4-58　軟口蓋の背方変位の内視鏡所見（JRA原図）

息状態となることもある。
▶どのような検査や治療を行うのか？
　本症は症状により容易に診断できるが，その原因を特定するためには内視鏡検査が必要である。安静時の内視鏡検査では，鼻孔を閉塞したり，嚥下反射を促したりする補助的な検査が必要となる。またトレッドミルやモバイルタイプの内視鏡を用いた走行時の内視鏡検査は，喉頭部の動作をダイナミックに観察できることから，安静時の検査では病態を特定できない場合に実施すべき検査法である。
　治療は，その原因により異なる。喉頭片麻痺では，喉頭形成術がもっとも効果的な治療法であり，一般的に実施されている。また，軟口蓋の背方変位では喉頭蓋の正常化を促す治療法が主となるが，近年では外科的に喉頭蓋を変位しないように前方に固定する手術法も試みられている。しかし，効率的な治療法は確立されていないのが現状である。喉頭蓋エントラップメントに対しては，喉頭蓋を覆った粘膜を切開し，瘢痕収縮させることで治癒する。喉頭蓋下嚢胞に対しては，外科的に嚢胞を除去する必要がある。

(5) 喉嚢（耳管憩室）炎
▶どのような病気か？
　喉嚢（耳管憩室）は，ウマ科動物に特有の器官であり，本症は喉嚢の細菌性あるいは真菌性の炎症性疾患である。
▶原因は？
　原因としては，鼻腔や咽喉頭部の炎症が波及して喉嚢内に炎症が生じたり，単独で炎症が生じたりすることが

考えられる。
▶症状は？
　炎症産物の量により症状は左右される。多量の炎症産物が存在する場合には，鼻孔からの排出も観察されるが，比較的少量の場合には，内視鏡検査により喉嚢の開口部（耳管咽頭口）付近に少量の付着が観察される程度である。また，喉嚢内に多量の炎症産物が貯留すると，外部からも下顎骨後縁の腫脹として確認されることもある。
▶どのような検査や治療を行うのか？
　耳管咽頭口の内視鏡検査によって診断可能な場合もあるが，確定診断には喉嚢内を内視鏡で検査することが必要である。治療は，体温の上昇を伴う場合は，抗菌薬の全身投与が必要であるが，一般的には局所の洗浄や抗菌薬あるいは抗真菌薬の局所投与により行う。
　なお，喉嚢真菌症（図4-54）の場合には，周辺動脈の閉塞手術が必要な場合が多い。

(6) 蓄膿症
　細菌あるいは真菌感染により，副鼻腔（上顎洞や前頭洞）に膿汁が貯留する疾病である。持続的あるいは間欠的に鼻孔からの排膿が認められることもあるが，排膿がうまくいかない場合には，鼻梁の変形が現れる。罹患部位は，多くの場合は片側性であり，同側の下顎リンパ節の腫大を認めることがある。
　本症は上気道の炎症に続発することが多い。また，上顎洞の蓄膿症は歯周炎に継発することもある。膿汁の貯留部位はX線検査や内視鏡検査で確認される。治療は，初期であれば抗菌薬の投与により治癒する場合もあるが，その他の症例では，外科的に排膿を促すとともに，

局所の洗浄や抗菌薬の全身投与を行う。排膿がうまくできない場合や歯牙疾患に継発した症例を除いて、一般的に予後は良好である。

(7) 鼻腔の狭窄ないし閉塞

鼻炎によっても鼻腔が狭窄ないし閉塞されることもあるが，その他に鼻腔内に肉芽腫や腫瘍ができることによって鼻腔が狭窄あるいは閉塞されることがある。発症馬は，呼吸障害を起こしやすく運動に影響が出ることが多い。重症例では，呼吸困難やチアノーゼを呈する。治療としては，感染症が原因である場合には抗菌薬の全身投与を，腫瘍性の場合にはその外科的除去を試みる。

❷下気道疾患

(1) 気管支炎

▶どのような病気か？

咳（せき）を主徴とする疾病で，若馬に多くみられる急性気管支炎と，比較的高齢な馬にみられる慢性気管支炎とがある。

▶原因は？

若馬の急性気管支炎は，気管支へのウイルスあるいは細菌の感染が主な原因である。急性気管支炎の起炎菌を確定することは容易ではないが，細菌の場合は *Streptococcus equi* subsp. *zooepidemicus*（*S. zooepidemicus*）をはじめとした日和見感染菌が原因であることが多い。感染により，気管支内の滲出液が増量し，気管支粘膜に存在する咳受容体が刺激され，咳が発せられるものと考えられている。

一方，慢性気管支炎は，急性気管支炎が完全に治癒せず慢性化する場合と，厩舎環境が悪く，塵埃，カビ，花粉をはじめとしたアレルゲンが多量に存在する状態で飼養されることにより発症する場合とがある。

▶症状は？

気管支炎は，咳を主徴とするが，発熱や鼻漏を認める馬も多い。また，アレルギー性の気管支炎の場合は，塵埃，カビ，花粉をはじめとしたアレルゲンに暴露されたときに，咳を認めることが多い。

▶どのような検査や治療を行うのか？

本症を疑う症例には，血液検査や気管洗浄液の検査が有用である。感染性気管支炎の場合は好中球の増加が，アレルギー性気管支炎の場合には好酸球の増加が認められることが多い。気管洗浄液の検査では，検出された細菌やウイルスが必ずしも原因ではないこともあるので，その解釈は難しい。

感染性気管支炎の場合は，抗菌薬，去痰剤，消炎剤の投与が，アレルギー性気管支炎の場合には，抗アレルギー剤の投与が必要である。また，必要に応じて気管支拡張剤が投与される。

(2) 肺炎

▶どのような病気か？

主に気管支や肺胞にウイルスや細菌が感染し，炎症が誘発された病態であり，その生命をも奪いかねない重篤な疾患である。一般的に肺炎は，幼若齢馬，老齢馬あるいは衰弱した馬が発症することが多く，急性経過の後に死亡したり，慢性化に伴う運動能力の低下がもたらされることも少なくない。

▶原因は？

肺炎を誘発する主な微生物としては，ウイルスでは馬鼻肺炎ウイルス，馬インフルエンザウイルスが，細菌では *S. zooepidemicus*，*Rhodococcus equi*（子馬のみ）があげられる。

S. zooepidemicus による肺炎は，馬の免疫力が低下するような状態（長時間の輸送，強い運動負荷）により誘発されることが多い。これは，扁桃に常在する本菌が，免疫力の低下により気管支-肺胞領域に侵入し感染することが原因であることがわかっている。

長時間輸送後に認められる発熱（輸送熱）は，肺炎が原因となっていることが多いので，注意深く観察し，必要に応じて抗菌薬の投与を行うことが重要である。

▶症状は？

肺炎を発症した馬は，体温上昇，呼吸器症状（咳，呼吸数増加，鼻漏），沈鬱を示すが，急性期では呼吸器症状が不明瞭なこともある。

体温の上昇は，肺炎の程度によって異なるが，中等度以上の肺炎の場合は，39℃以上に至ることが多い。また鼻漏は，急性期から亜急性期では漿液性であるが，慢性期になると膿性となることが多い。咳は，炎症の程度や滲出液の量によって異なるが，重度であるほど，深い咳を発する。また，肺炎が慢性化すると，体力が落ち，削痩も顕著となり，予後不良となることが多い。

重度の肺炎を発症した馬は，胸膜炎を併発していることが多く，胸部の打診痛が認められたり，胸水の増量が認められたりする。

▶どのような検査や治療を行うのか？

多くの症例では，臨床症状から診断できるが，確定診断には気管支鏡検査が必要となる（図4-59）。気管支鏡検査の際，患部を生理食塩水で洗浄（気管支肺胞洗浄）す

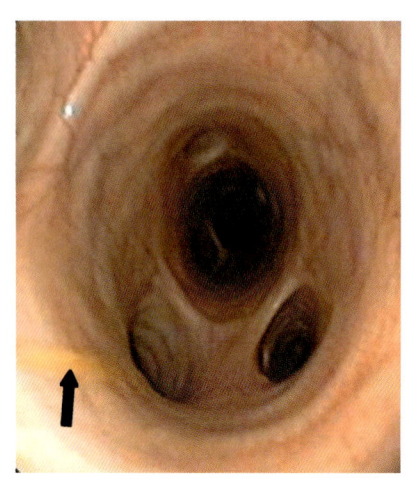

第4章　病気

線状の滲出液が観察される（矢印）。
図4-59　肺炎発症馬の気管支鏡所見（JRA原図）

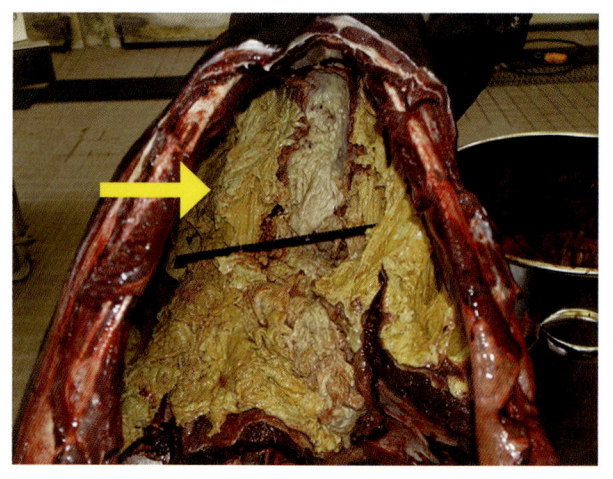

肺の著しい化膿が認められた（矢印）。
図4-60　胸膜肺炎発症馬の病理解剖所見（JRA原図）

ることにより，原因病原体の特定が可能である。また，血液検査では，一般的には白血球数や炎症マーカー（血清アミロイドA）の上昇が認められるが，白血球は病態のステージにより動態が変動するため，有益な情報とならないことも多い。血清アミロイドAは，非特異的な炎症マーカーであるが，病態の推移をダイナミックに反映することから，重要な炎症マーカーといえる。

　肺炎の検査において，胸部のX線検査は有益な情報をもたらすことは少なく，診断価値は低い。一方，胸部の超音波検査により，肺炎患部の特定や病態の把握が可能な場合もある。

　ウイルス性肺炎の場合は，安静と対症療法により治療するが，細菌性の二次感染に注意が必要である。成馬の細菌性肺炎の場合は，主要原因菌である *S. zooepidemicus* に効果を示す抗菌薬（セファロチンナトリウムなど）の静脈内投与が有効であることが多いが，大腸菌や嫌気性菌などが混合感染している可能性もある。その場合は複数の抗菌薬を併用する必要がある。また，対症療法の実施により，体力の改善を促すことも重要である。

　細菌性肺炎の場合，投与した抗菌薬が有効であれば加療開始後3～4日間程度で解熱するが，それ以上の期間にわたって解熱しないようであれば，抗菌薬の追加あるいは変更，胸膜炎の併発を念頭においた加療が必要である。加療終了後も，しばらくの間は安静とし，十分に回復するまでは過度な運動は避ける。

（3）胸膜炎
▶どのような病気か？　原因は？

　胸腔を内張りする胸膜の炎症で，肺炎に併発することが多い。とくに，肺炎の主要原因菌である *S. zooepidemicus* は，胸膜炎を併発しやすいことが知られている。

　一方，原発性の胸膜炎は，外傷による胸壁穿孔や肋骨骨折（ろっこつこっせつ）後に発症することが多い。
▶症状は？

　肺炎を併発していることが多いので，肺炎症状を示すとともに，胸水の増量により浅速呼吸が認められる。また，胸部の打診により疼痛を示すことが多い。

　胸腔内に滲出液が増量すると，聴打診により水平濁音界が明瞭になる。また患馬は，胸部の痛みのために横臥することを嫌い，駐立したままでいることが多く，前胸部や下肢部に浮腫や水腫が認められるようになる。

　急性例では，肺炎の良化に伴って治癒する例もあるが，胸水が増量したり，感染が重症化し化膿性胸膜炎となったりした場合は予後不良となることが多い（図4-60）。
▶どのような検査や治療を行うのか？

　本症は，臨床症状と胸部の打診により診断されることが多いが，確定診断には超音波検査が有効である（図4-61）。胸水の貯留が聴・打診や超音波検査により確認された症例では，胸腔穿刺術が行われる。

　胸腔穿刺術により，貯留した胸水を除去するとともに，感染性胸膜炎の場合には，原因菌に効果を示す抗菌薬を胸腔内に投与することもある。また，抗菌薬の全身投与も同時に行う。

（4）気胸

　本症は，一般的に胸壁の穿孔によって生じるが，肋骨骨折によって肺が損傷し，肺内の空気が胸腔に入ること

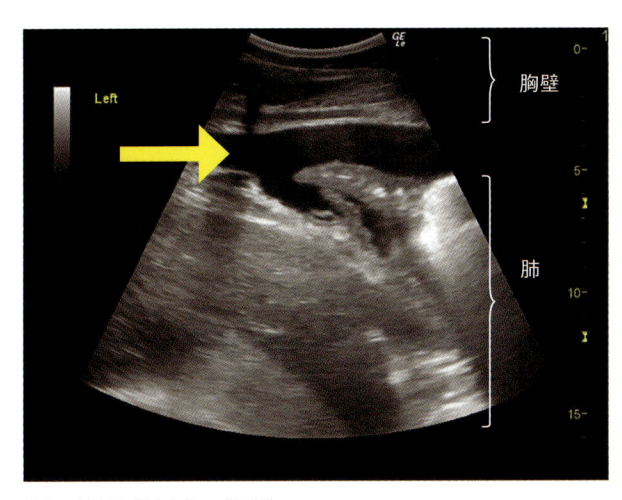

胸水の貯留が観察される（矢印）。
図4-61 胸膜炎発症馬のエコー所見（JRA原図）

により発症することもある。胸壁の穿孔が持続する場合には，呼吸困難を示すこともあるが，穿孔部が塞がり二次感染がなければ自然に治癒する。子馬の場合は，積極的に抜気することにより，予後は良好となる。

(5) 水胸症と血胸症

胸腔内に滲出液や漏出液の貯留したものを水胸症といい，血液の貯留したものを血胸症という。貯留した液体が多ければ，肺が虚脱し呼吸困難が生じる。水胸症の原因としては主にうっ血性心不全，低タンパク血症，長期にわたる肺気腫があげられる。血胸症は一般的に胸壁の外傷によって生じる。罹患馬は呼吸困難を呈するが，感染が成立しなければ発熱は認めないことが多い。治療としては，貯留液の排液を目的とした胸腔穿刺術が行われる。

(6) 慢性肺胞肺気腫

▶どのような病気か？

本症は，古くから「息労」とよばれている慢性呼吸器疾患である。主な症状は呼気性呼吸困難，慢性の咳，鼻漏である。高齢馬に認められる傾向があるが，若馬では慢性の呼吸器感染症に継発することがある。

▶原因は？

本症の原因はよくわかっていない。主な仮説として，気管支炎や肺炎に継発するという説や，塵埃の多い劣悪な飼育環境，長期間にわたる粗悪な飼料給与によるアレルギー説がある。

本症の罹患馬では細気管支の狭窄や痙攣が生じるため，過度の吸気が行われる。この取り込まれた空気は細気管支の硬化や分泌物の存在によって，肺胞内に捕捉される。肺胞内の換気が行われない状況が生じると，ますます強く吸気する必要が生じ，ついには肺胞壁が破壊される。このような部位では限局性の酸素欠乏が生じており，ガス交換の効率は著しく低下している。破壊された肺胞は再生することはなく，気腫巣は次第に拡大する傾向がある。高温，多湿の環境で多発し，質の悪い乾草で飼養されている馬が発症しやすいといわれている。

▶症状は？

発病初期には罹患馬は敏感になり，行動的になるが，食欲は変わらない。その後，急性期には数日間にわたって食欲や飲水欲がなくなり，しばしば朝方に咳を発し，粘液性鼻漏が認められることもある。また，運動に際して呼吸異常が観察される。このような諸症状は，ときには数ヵ月～数年も続く場合があり，回復することはなく次第に増悪する。

症状が進行すると，呼吸困難はよりいっそう明瞭になる。すなわち，罹患馬は吸気時には鼻翼を開張し，胸郭を大きく開いて空気を取り込むように努力性の呼吸，ときには二段呼吸を行ったりする。また呼気時には，腹部の筋肉を動員して呼出し，季肋部後縁には，いわゆる「息労溝」を認めるようになる。

▶どのような検査や治療を行うのか？

本症の診断は，臨床症状と病歴によって行われる。初期の症例では，慢性気管支炎と診断されることもある。また本症では，化学療法剤や抗菌薬が無効であることが多い。血液検査では好酸球増加やPCVの増加が観察されることが多く，白血球数は正常範囲内であることが多い。

有効な治療法はないとされているが，急性期にはコルチコステロイド，去痰薬，気管支拡張剤が投与されることがある。

▶病気に気づいたらどうするか？

本症では呼吸困難の発作を抑えることが重要である。このため，薬物療法よりも，飼養環境や飼料を変えることが望ましい。すなわち，馬房・厩舎の換気をよくしたり，戸外に放牧したりすることが有効である場合がある。ただし，ある種の牧草は，本症を急性増悪させることがあるため，放牧直後は十分な観察を怠ってはならない。本症は進行性疾患であり，慢性に移行することが多い。慢性例に対する有効な治療法は確立されていない。

(7) 炎症性気道疾患（inflammatory airway disease: IAD）

若馬にみられる気道の炎症を主徴とする疾患であり，

第4章 病気

気管内に粘液が貯留していることが多い。同様の病態が壮齢馬に発症すると回帰性気道閉塞(recurrent airway obstruction: RAO)とよばれる。

症状としては、咳や運動能力の減退が主であり、若馬のプアパフォーマンスの原因となることが指摘されている。

診断は、気管吸引液あるいは気管支肺胞洗浄液中の好中球の割合を調べて行う。気管吸引液中では20％以上の、気管支肺胞洗浄液中では5％以上の好中球増加が目安となっている。

内科療法としては、気管支拡張剤やコルチコステロイドの投与が行われる。また、飼養環境の改善をはかるために、埃を減らすとともに、その飛散を防止するために適度の加湿を行う。

7. 消化器系の病気

消化管の基本的な機能は、運動、分泌、消化および吸収の4つに分類できる。これらの機能に異常があると、消化管障害が発生する。

消化管の運動機能は、口から摂取した食物を食道から直腸へ移動させる蠕動運動、摂取した食物の攪拌と混合を行う分節運動および括約筋の調節などである。これらの運動機能に異常が起こると運動性が亢進あるいは低下する。

分泌機能に関係する疾患の発生は馬ではまれであり、消化液の分泌異常や分泌不足によって消化管に障害を起こすことはほとんどない。

消化機能は、運動および分泌機能に依存するが、馬では盲腸と結腸内に生息する微生物の働きに左右されやすい。したがって、抗菌剤やその他の薬物の投与により腸内細菌叢が変化すると、消化異常を起こしたり、消化機能が停止したりすることがある。消化速度は小腸では速いが、盲結腸では緩慢で、多量の液体成分が吸収される結腸後半ではいっそう緩慢となる。

吸収機能は、水分や消化産物の吸収であり、運動機能の亢進や腸粘膜の状態に影響を受ける。

ほとんどの消化器疾患では、これらの機能不全により一般的な疝痛症状がみられるとともに、食欲不振、咀しゃくおよび嚥下障害、便秘ならびに下痢、嘔吐などの症状がみられる。

❶歯の異常

(1) 脱換異常

馬では後臼歯は最初から永久歯として生えるが、切歯、犬歯および前臼歯は乳歯から生え換わる。永久歯に生え換わる時期は、切歯が1.5～3.5歳、犬歯が3～4歳、前臼歯が1.5～3歳、狼歯は5～6ヵ月齢である。通常は自然に生え換わるが、正常な時期に生え換わらない場合は、食欲不振や食べる速さが遅くなるなどの異常が認められ、治療として脱換歯を抜歯する必要がある。

(2) 斜歯

馬では解剖学的に上顎が下顎より大きいため、自然に上顎歯の外側と下顎歯の内側が斜めに尖る。斜歯は採食時間の延長、食事量の減少や流涎などが認められ、さらには口内や舌を傷つけて口内炎の原因になることから、専用の器具を用いて定期的に鑢削する必要がある(図4-62)。

(3) 過剰歯

歯牙が一定数以上発生した場合をいう。上顎最前位の前臼歯のさらに前位にしばしば円錐形の歯が生えるこ

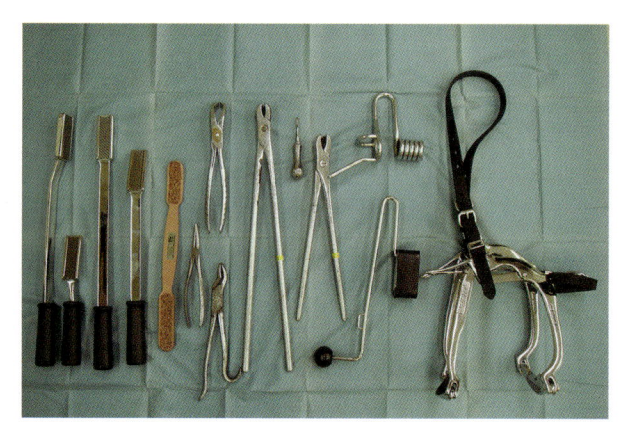

左側は歯を削る歯鑢(しろ)、中央は抜歯鉗子、右側は開口器。
図4-62 歯科用器具(JRA原図)

図4-63 上顎にみられる狼歯(矢印)(JRA原図)

とがあり，これは狼歯（通称やせ歯）とよぶ過剰歯である（図4-63）。この他，第三後臼歯の後方に過剰臼歯がまれにみられることがある。通常は問題ないが，接合不良や騎乗時にハミに触れる場合は抜歯する。

(4) 齲（う）歯（むし歯）

歯質の先天的な脆弱性，裂歯，不良な飼料の給飼などが誘発原因であるが，直接的には口腔内常在菌と食物によって産生された酸によって，歯質が脱灰する現象といわれている。エナメル質形成不全は齲歯になりやすく，成熟した歯牙でも飼料性アシドーシス，腎臓病および妊娠などで齲歯になりやすい。

症状は，咀しゃく困難や流涎などで，進行すれば歯槽骨膜炎を併発し歯瘻に移行することもある。治療は，抜歯，歯垢の除去などを行う。また，歯槽骨膜炎を起こした場合は抗菌剤による治療が必要である。

(5) 歯瘻（しろう）

歯における化膿性炎症性疾患から生じた瘻孔をいう。口腔粘膜面にできたものを内歯瘻（ないしろう），皮膚面に開口した場合を外歯瘻（がいしろう）とよぶ。馬では下顎第三・第四臼歯根部付近に多く発生する。治療は患歯の抜歯や変性壊死組織片を除去するとともに，瘻管の掻爬と洗浄・消毒を十分に行い，必要に応じて抗菌剤の全身投与を行う。

❷下顎骨骨折

▶どのような病気か？

打撲，蹴傷，衝突などの直達外力や介達外力による下顎結合部の骨折をいう。歯槽骨膜炎に続発した歯瘻が原因となることもある。下顎骨骨折の好発部位は骨体部であり，歯槽間縁における骨折が多い。横骨折および縦骨折の両方とも発生し，一側性あるいは両側性に起こる。患部は腫脹し，咀しゃく不能となることが多い。

▶どのような治療や検査を行うのか？

診断にはX線検査を行う。顎部が腫脹する骨腫瘍（図4-64）との鑑別が必要である。治療には下顎骨の固定が不可欠であり，ワイヤー，ネジ固定，プレート，骨髄ピンによる骨接合術がある。

❸咽頭炎

▶どのような病気か？

発咳，嚥下時の疼痛，食欲不振などを示す咽頭の炎症で，重症例では鼻孔から飲食物を逆流し，多量の流涎が

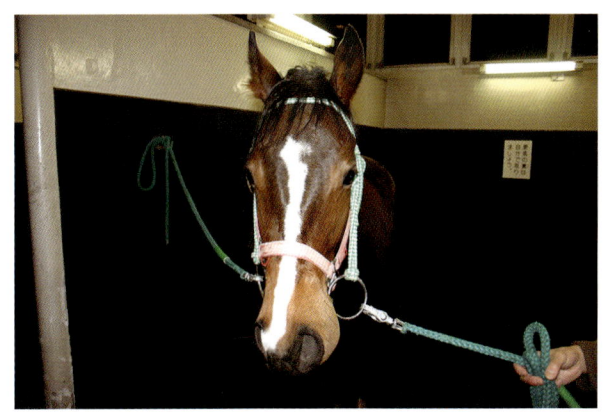

図4-64 骨腫瘍による顎部の膨張（JRA原図）

みられる。本症は腺疫や口内炎を起こす疾患に併発しやすく，また嚥下時の疼痛のために採食や飲水を嫌い食欲不振となることが多い。さらに，粘膜と咽頭壁の腫脹が重度な場合には，咽頭閉塞が起こる場合がある。

▶どのような治療や検査を行うのか？

診断は咽頭粘膜の内視鏡検査によって行われる。治療は患部に抗菌剤の噴霧やヨード剤の塗布を行う。感染によるものであれば抗菌剤を投与する。

❹咽頭麻痺

▶どのような病気か？

疼痛を伴わない嚥下障害，吐きもどしなどが主な症状として現れる。喉嚢炎によって起こる神経障害の結果あるいは喘鳴症に随伴して発症することがある。また，肺への飼料の吸入により誤嚥性肺炎が起こることもある。

❺口内炎

▶どのような病気か？

口腔粘膜の炎症で，舌炎，口蓋炎（ガマ腫），歯齦炎（しぎんえん）を含む。物理的原因（不正咬合，斜歯，異物，固い尖鋭な飼料の採食），化学的原因（薬物の影響）および細菌などの感染によって起こる。口内の疼痛のため咀しゃくが緩慢となり，食欲の減退や廃絶がみられる。正常に嚥下できない場合には大量の流涎がみられ，また唾液に膿や粘膜の剥離上皮をみることがある。原因除去が第一の治療であり，併せてヨード剤による口内炎症部位の消毒や刺激を和らげる工夫をする。

❻舌炎

▶どのような病気か？

舌の先端，辺縁および背部の舌乳頭の発赤がみられ，口腔の灼熱感を示す。ときには小水泡や亀裂が生じる。

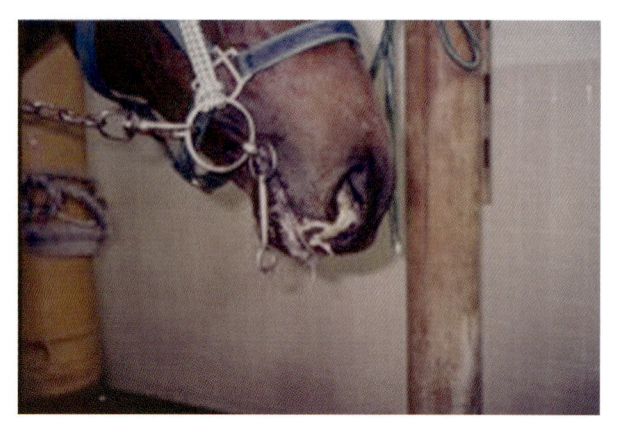

第4章　病気

鼻腔から食塊の一部が逆流。
図4-65　食道梗塞の典型的な症状（JRA原図）

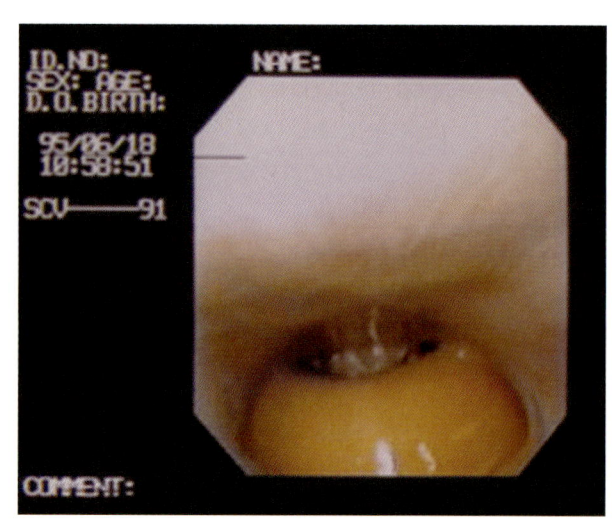

食道に丸呑みしたニンジンが滞留。
図4-66　食道梗塞（内視鏡検査）（JRA原図）

貧血やビタミン欠乏症などで起こりやすい。

❼舌麻痺

▶どのような病気か？

舌下，舌咽神経の麻痺によって中枢性または末梢性に発生する。原因には，各種脳炎，慢性脳水腫，脳腫瘍，脳における寄生虫の迷入など全身的なものと，外傷，下顎骨骨折など局所的なものがある。症状は採食困難，嚥下困難などである。

❽食道梗塞

▶どのような病気か？

馬では比較的よくみられる急性または慢性の疾患で，嚥下不能の症状と飲食物の逆流がみられる（図4-65）。

▶原因は？

急性の食道梗塞は，乾草のような乾燥した飼料，ニンジンや大根などの固形物を咀しゃく不十分で食べたときに起こしやすい（図4-66）。とくに，競走馬で出走直後に十分な飲水をさせず乾草や切り草を与えると起こりやすい。レース直後の口腔内は乾燥しており，食塊と唾液の混和が不良となりやすく，それが頚部食道の基部や噴門部に食物が停滞する原因となる。

馬は食道の筋層が初めは横紋筋からなるが，途中で平滑筋に移行することも本症の一要因である。慢性の梗塞は，食道炎後に起こった食道狭窄，食道周囲の腫瘍や膿瘍による食道の圧迫によって起こる。

▶症状は？

突然採食を中止し，苦悶と不安の症状を示して腸蠕動が止まる。また，泡沫状の流涎と鼻腔から食塊の一部が逆流するのが特徴的である。頚部食道の梗塞では梗塞部位が視診や触診でわかるが，胸部食道では発見しにくい。

また，誤嚥性肺炎や閉塞が持続して脱水に陥った場合，死亡することもある。

▶どのような検査や治療を行うのか？

診断は経鼻カテーテルを食道へ挿入し，その通過具合によって梗塞部位を確認する。X線検査や内視鏡検査で食道の狭窄部位や梗塞物，憩室あるいは拡張部位を知ることができる。

治療は梗塞物を除く必要があるが，急性で苦悶が著しいときには加療前に鎮静剤を投与する。軽度の梗塞の場合は水を口に含ませることで自ら吐き出しあるいは嚥下して治ることもあるが，回復しない場合は経鼻カテーテルを送入し，水を少量含ませて，食道内容物を軟化させながら吸い出し，あるいは押し込んで食道から除去する。梗塞部が頚部で触知できるときには，外部から強く上方に向けて押しつぶして破砕すれば除去の助けとなるが，食道粘膜を損傷しないように慎重に行わなければならない。梗塞物を押し込む場合も同様である。大きな梗塞物が残存していることによって，その局所粘膜の循環を障害し，虚血性壊死を招くおそれがあるときには，食道切開の手術が必要となる。梗塞物の除去はカテーテルを用いた水の通過と腸蠕動の再開で確認し，梗塞物が除去されるまでは水や飼料は与えてはならない。

❾食道炎

▶どのような病気か？

食道にみられる炎症で，最初に痙攣と閉塞症状がみられ，流涎，嚥下時と触診による疼痛および粘液物の逆流がみられる。咽頭炎と口内炎に随伴して起こることが多

284

い。急性期の症状は局所の浮腫と腫脹を伴い，機能的に閉塞をもたらす。食道炎が回復しても狭窄部の上部拡張を起こし，慢性食道狭窄に陥ることがある。

▶どのような検査や治療を行うのか？

治療は飼料を2〜3日間中止し，この間は可能であれば静脈内に高カロリーの栄養剤を投与する。飼料の給与再開時には，当分の間，柔軟な飼料を給仕する。

⑩胃炎

▶どのような病気か？

急性または慢性の炎症で，物理的，化学的，寄生虫性などの諸病因によって起こり，消化不良となる。臨床症状や病変は一定しないが，食欲は減退または不振となり，削痩する。ヒトの場合は嘔吐がみられるが，馬の胃炎では通常みられない。治療は，原発性疾患の治療が第一であり，飼料給与を中止し，水分と電解質の投与を行う。

⑪胃拡張

▶どのような病気か？

急性胃拡張は異物や幽門無弛緩症による幽門の閉塞，大量の過食や過飲が原因で起こる。慢性胃拡張の原因は，瘢痕収縮や腫瘍による幽門部の狭窄，老齢馬や衰弱した馬が消化の悪い飼料を長期にわたり採食したことによる胃壁の弛緩や幽門部の痙攣などである。急性胃拡張では重度の疝痛を起こし，反射性抑制による全身性ショックを引き起こすことがある。

▶症状は？

急性では発汗，脈拍および呼吸数が増加する。脱水症は重度だが，急性経過は2〜3日である。また，潰瘍により胃壁が菲薄化している場合には胃破裂が起こることがある。慢性の場合は，緩慢な疝痛症状がみられ，胃内容物の停滞による消化不良と栄養障害を起こす。慢性症状は数ヵ月にわたり持続することがある。

▶どのような検査や治療を行うのか？

治療は経鼻カテーテルの送入および下剤の投与を実施し，胃内を空虚にするように努める。

⑫胃破裂

▶どのような病気か？

胃の内部に食塊やガスが充満して発症する。急性胃拡張の場合は胃壁に断裂が起こり，破裂する。また，近位の小腸閉塞の続発によるものも多い。馬では大弯部で長軸に沿って起こることが多く，腹膜炎を併発し，予後不良である。

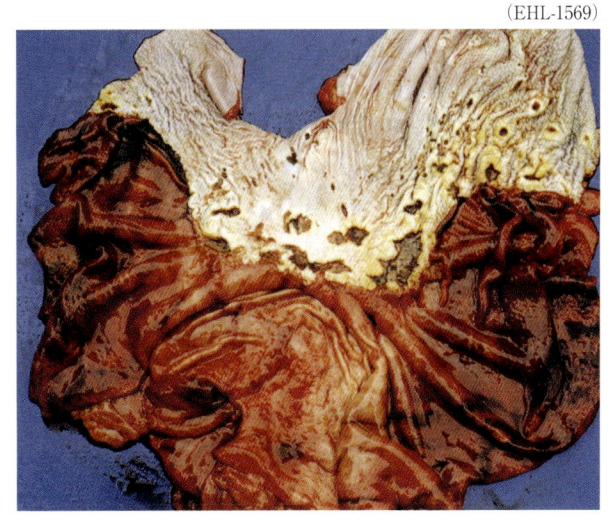

(EHL-1569)

図4-67　前胃部(無腺部)粘膜にみられる胃潰瘍(JRA原図)

⑬胃潰瘍

▶どのような病気か？

過剰な胃酸や消化酵素が原因で胃粘膜が侵され，粘膜下の組織に潰瘍病変が形成される疾病で，馬では無腺部と腺部の境界となるヒダ状縁が好発部位である(図4-67)。競走馬に頻発し，内視鏡検査で競走馬の60〜90％に胃潰瘍を認めたという報告もある。育成馬や子馬にもしばしば発生する。

▶原因は？

さまざまな原因が考えられるが，競走馬が胃潰瘍になりやすい理由としては，以下の代表的な考え方がある。

多くのエネルギーを必要とする競走馬には穀類などの濃厚飼料が与えられるが，それらは乾草などの粗飼料に比べて胃酸の分泌を促進する。また，馬は1日をかけて草を食べるように進化してきた動物であり，ヒトと異なり，食べ物を食べなくても胃酸が分泌され続ける。そのため，調教などで絶食している間も胃酸は分泌され続け，結果的に胃内部に過剰な酸が蓄積する。一方，胃上半分の無腺部は下半分の腺部と異なり，粘液や重炭酸によるバリアーに守られておらず，走行中の馬では腹筋が緊張して胃の内容物が上に押しやられるため，無腺部が酸に曝されることになる。また，腹圧の上昇により小腸上部から胆汁酸の逆流が起こることも，調教が強くて長いほど胃潰瘍が発生しやすくなる理由の1つと考えられる。

一方，哺乳期の子馬の胃潰瘍は60〜90日齢に発生が多く，ロタウイルスの感染と関係のあることが報告されている。この時期は母馬の初乳から受け取った移行抗体が消失し，子馬自身が抗体の産生を始める時期であり，腸炎を起こすロタウイルス感染症に罹りやすい。この腸

第4章　病気

腺部胃潰瘍。　　　　　　　　　　　　　　　無腺部胃潰瘍。

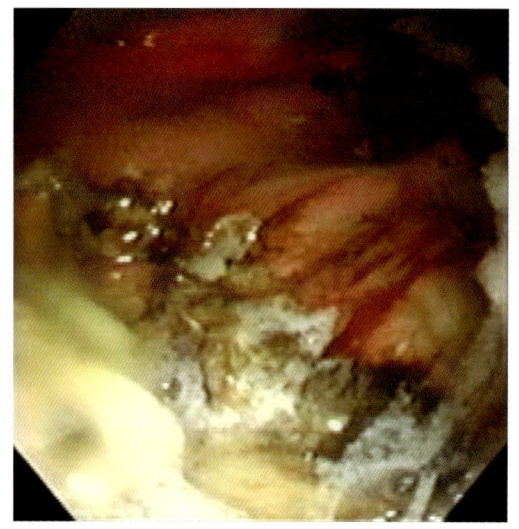

図4-68　胃潰瘍（胃内視鏡検査）（JRA原図）

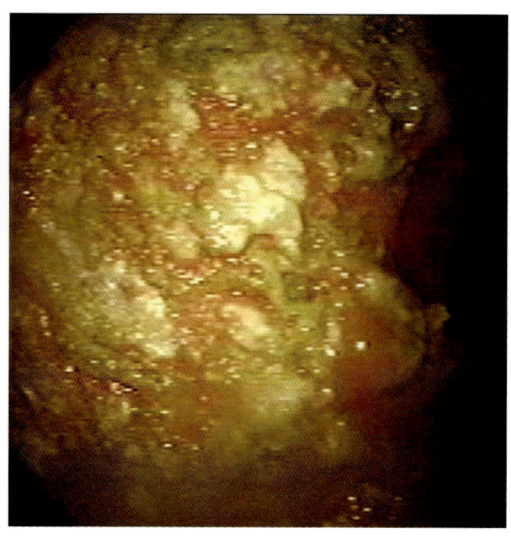

炎の影響で小腸の蠕動異常と腸内容物の停滞が起こり，その結果，胃にとどまった過剰の胃酸や消化酵素が胃潰瘍の原因の1つになると考えられている。また，母馬に濃厚飼料を多給すると子馬についても胃潰瘍の発生率が上がることが報告されているが，これは子馬が母馬の餌を横から食べることによるものと考えられている。

▶症状は？

食欲不振，疝痛，元気の消失，栄養不良，間欠的な下痢，プアパフォーマンス（競走能力の低下）といった症状を示すことが報告されており，EGUS（馬胃潰瘍症候群：equine gastric ulcer syndrome）とよばれている。重症例では回帰性の激しい疝痛症状を示すこともある。哺乳期の子馬ではより重度の症状を示す例も多く，十二指腸潰瘍の併発や胃穿孔により死亡する場合もある。

▶どのような検査や治療を行うのか？

臨床症状からある程度の推測を行い，内視鏡検査を行って確定診断する（図4-68）。治療には，対処療法に加えて抗潰瘍薬（粘膜保護剤，制酸剤，ヒスタミンH2受容体拮抗薬，プロトンポンプインヒビター）の投与が行われるが，なかでもプロトンポンプインヒビターの治療効果は高く，最近ではヒトと同様に胃潰瘍の一般的な治療法になりつつある。

⓮腸炎（腸カタール）

▶どのような病気か？

腸粘膜の炎症により，臨床的に疝痛，下痢などの症状を示した場合にいう。小腸の浮腫がある場合は，栄養吸収不全により削痩，体重の減少が起きる。軽症の場合は絶食や整腸剤の投与により下痢が改善されるが，重度の場合は消炎剤や活性炭の投与が必要なこともある。

⓯疝痛

▶どのような病気か？

馬が腹痛を引き起こした状態を一般に疝痛という。疝痛の種類には，過食疝，便秘疝，痙攣疝，風気疝，変位疝（捻転，嵌頓，絞扼，重積），血栓疝および寄生疝などがあり，それぞれ原因が異なる。

▶原因は？

馬が疝痛を起こしやすい理由は，①胃噴門部の括約筋が発達しているため嘔吐が困難であること，②胃の容量が体のわりに小さいこと，③腸間膜が長く，固着していないこと，④盲腸の回腸口，結腸の骨盤曲および胃状膨大部など消化管の太さが部位により著しく異なり腸管内容物が停滞しやすいこと，⑤腸管に分布する末梢神経が鋭敏であること，⑥円虫の幼虫に起因した寄生虫性動脈瘤が前腸間膜根部に形成されやすいこと，⑦競走馬の場合は激しい調教運動をするため腸が移動して変位を起こしやすいことなどがあげられる。

▶症状は？

一般に，食欲がなくなり腸の蠕動は減少ないし消失する。また，挙動が不穏となり，前掻き（前肢で床を掻くこと），発汗，起臥，後肢の開張や排尿姿勢，仰臥姿勢，犬座姿勢，横臥，体表筋の振戦，七転八倒，苦悶などがみられ，心拍数や呼吸数が増加する（図4-69）。

痙攣疝では，初期に蠕動が亢進し，口腔粘膜は乾燥することが多く，発症には数分から数時間かかる。大腸便

図4-69 重度の疝痛症状(七転八倒)(JRA原図)

秘では疝痛症状が1〜2週間継続することがあり，常習性疝痛もみられる。変位疝では致死率が高い。
▶どのような検査や治療を行うのか？
　早期に疝痛の確認と正確な診断を行うことが必要である。腹部の聴診は必ず行わなければならない。直腸検査は腹腔内の探査に有用である。脈拍は疾病や全身状態と連動し，80回／分以上になると予後が悪い。可視粘膜の検査により循環器系の状況が判断される。暗赤紫色の粘膜色は，非常に高度な脱水症とショックの合併があることを示す。血液検査では血液凝縮(PCV)や腸管の損傷(乳酸)の程度を推測できる。最近では超音波検査も診断に使用される。
　治療は疼痛の種類や程度によって異なるが，鎮痛剤による疼痛の緩和と循環の改善が主となる。疝痛症状が重度の場合には，鎮痛薬の投与が必要なこともあり，高度な血液濃縮と代謝性アシドーシスが認められるため大量補液を行う。変位疝や長期にわたる疝痛の場合には開腹手術が必要である(図4-70)。

⑯ X－大腸炎
▶どのような病気か？
　ショック症状を伴う急性出血性大腸炎で，悪臭のある，血液の混ざった激しい水様性下痢を主徴とし，顕著な血液濃縮と脱水状態を伴う。体温は上昇，甚急性では下降する。急性に虚脱に陥り，死亡することも多い。剖検所見としては，大腸粘膜のうっ血および出血が特徴的で，全身性うっ血(出血)がみられる。
　原因は不明であるが，長時間の手術，輸送や疾病によるストレス，抗菌剤の投与が引き金となって突然発症することが多い。腸内細菌叢のバランスが崩れることが主因と考えられ，細菌の外毒素が腸粘膜の壊死に，内毒素が全身性のショックにそれぞれ関係が深いとされている。特定の細菌が関与する例も報告されている。治療は大量の補液，副腎皮質ホルモン剤の投与など救命的な対処療法が中心で，生菌剤や活性炭，抗エンドトキシン剤の投与をすることもある。

⑰ 腸重積
▶どのような病気か？
　疝痛(変位疝)の一種で腸重畳(症)ともよばれ，腸管の一部がこれに隣接する腸の管腔内に嵌入した状態をいう。腸閉塞の原因となる(図4-71)。腸炎，寄生虫，飼料給与の失宜(しつぎ)などに起因し，好発部位は回盲部である。開腹手術が必要であり，長時間経過すると予後は不良である。

⑱ 腸捻転
▶どのような病気か？
　腸が捻れ通過障害が起こる疾病で，小腸では腸管が腸

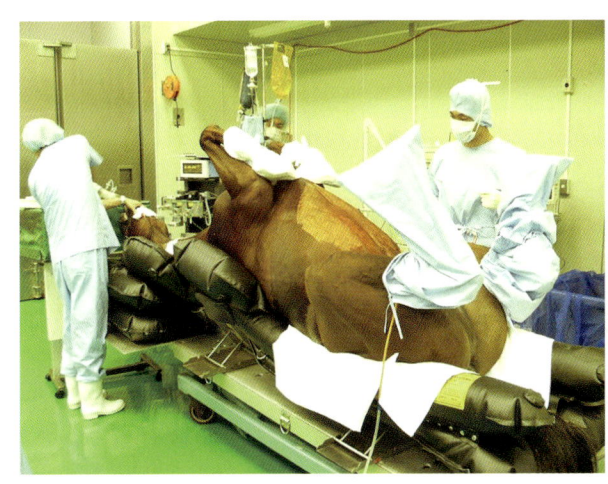

図4-70　開腹手術(JRA原図)

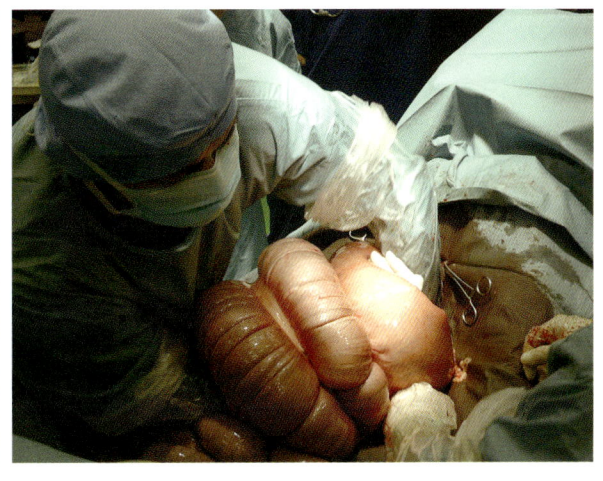

第4章　病気

間膜を軸として回転することによって起こる。大腸では腸管自体の長軸を軸として回転することによっても起こる。疝痛（変位疝）の一種である。

捻転が起こる素因には先天性のものと後天性のものがあり，先天性の場合は腸間膜の過長，腸間膜付着部の狭小，腸管の回転異常などがあり，後天性の場合は腸間膜の瘢痕収縮および癒着，索状物形成，腸管自身の癒着固定，便秘，腸管壁の腫瘍および膿瘍形成ならびに腸重積などがある。

一般に，重度の疝痛症状がみられ，急性腹膜炎，腹腔内出血を伴うことも多い。

診断は聴診および直腸検査を行い，症状の重さや治療に対する反応などを併せて判断する。小腸捻転では発汗，疼痛は著しく，蠕動は廃絶する。腹腔穿刺による腹水の性状検査で，腹膜炎の有無，血液成分の漏出を調べることも予後判断に有用である。超音波検査では膨満した小腸が確認できることが多い（図4-72）。

治療は早期に捻転を確認できれば開腹手術を行う。腸管に壊死がある場合には切除するが，時間が経過した場合は予後が悪いことも多い。

⑲ヘルニア

▶どのような病気か？

腹部臓器が先天的あるいは後天的にできた孔口から脱出した状態をいう。還納性ヘルニア，不還納性ヘルニアおよび嵌頓ヘルニアに区分され，発生の位置や部位により，内ヘルニア，外ヘルニアにも区別される。馬では鼠径ヘルニア，臍ヘルニアが多い。

症状はヘルニアの部位，還納性の有無などにより異なり，診断は触診により行う。

治療は，手術によりヘルニア部分を還納してヘルニア門を閉じる方法がとられる。

⑳腹膜炎

▶どのような病気か？

腹膜の炎症性疾患をいい，経過により急性，慢性に区別され，病変の範囲により汎発性，限局性に分けられる。外傷性のもの，開腹手術後のもの，消化管の穿孔によるものなどがあるが，穿孔性腹膜炎の場合は予後不良である。

㉑腸（結）石

▶どのような病気か？

腸石とは腸管内に形成される結石（図4-73）をいい，馬の結腸や盲腸に形成されることが多い。完治には手術による摘出が必要である。つぎの4種類に分類される。
①真性腸結石：石のように固く重く，断面は年輪状の層

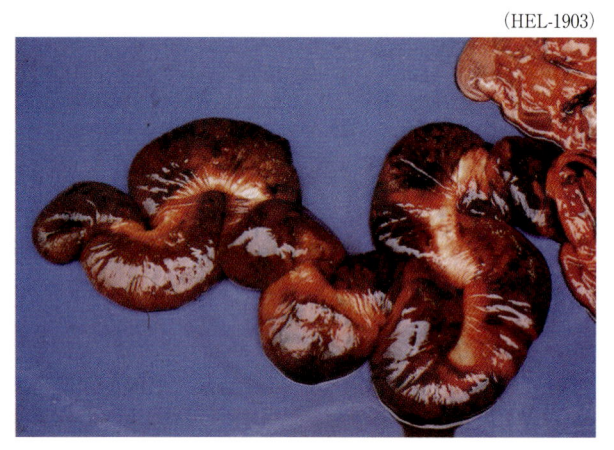

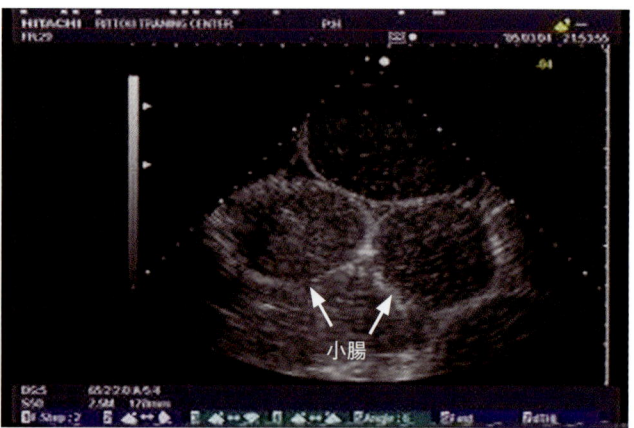

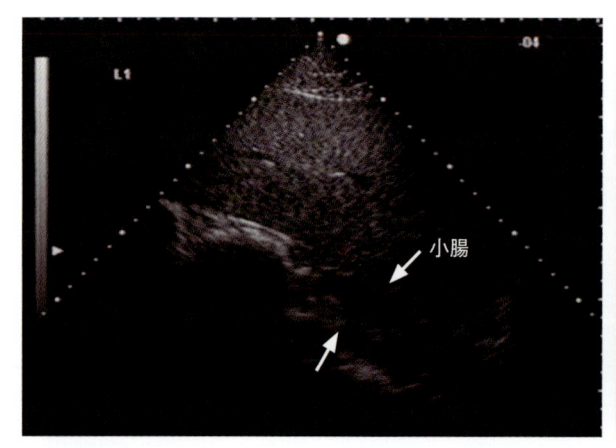

図4-71　空腸の中央部にみられる腸重積（JRA原図）

図4-72　左腹側の正常像（左）と腸閉塞（右）の超音波画像（JRA原図）

小腸は蠕動により常に動き，1〜4cm程度の管として抽出。

小腸は10cm程度の膨満した管の輪切りとして抽出。小腸閉塞では蠕動がみられない（大腸捻転では小腸は膨満しても蠕動が残ることが多い）。

288

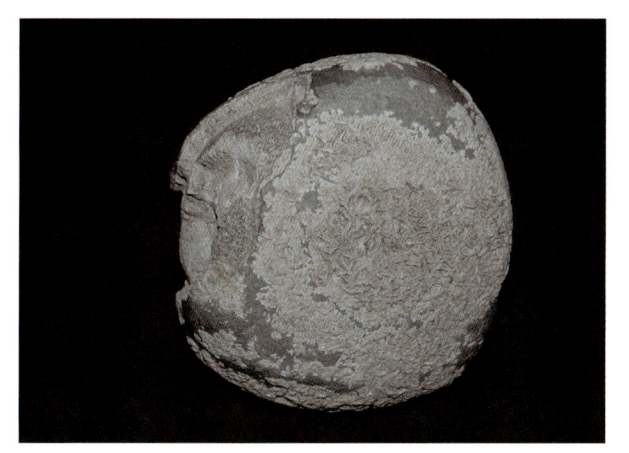

図4-73 結腸内にみられた腸結石(真性腸結石)(JRA原図)

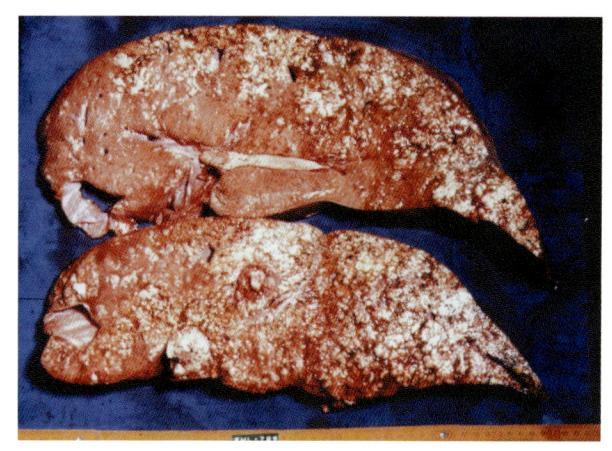

図4-74 肝臓癌により腫大した肝臓(JRA原図)

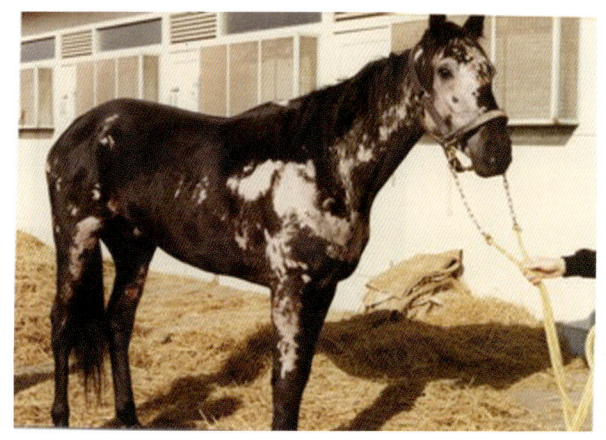

図4-75 肝臓癌の馬にみられた脱毛(JRA原図)

をなし，主成分は無機質である。
②羽毛球：動物の羽毛や植物繊維のような有機質からなり，無機質は少ない。
③仮性腸結石：羽毛球の表面だけが無機質で覆われたもので軽い。
④結糞塊：不消化な飼料が集合しただけで無機質の沈着は少ない。結腸膨大部や盲腸のような広い部位に形成されたときは比較的障害が少ないが，小結腸に移動して腸閉塞を起こすと死因となることがある。

㉒黄疸

▶どのような病気か？

皮膚，粘膜，その他の組織が血中ビリルビンの増加により黄色になる状態をいう。黄疸はビリルビン増加の原因となる場所の違いにより，肝前性黄疸，肝性黄疸，肝後性黄疸の3型に分類される。

肝前性黄疸は溶血性黄疸が代表的であり，新生子で起こることが多い(本章「12.免疫系の病気」305頁参照)。肝性黄疸は肝臓自体の病変に基づく黄疸である。肝後性黄疸は胆汁のうっ滞に基づく黄疸で，閉塞性黄疸あるいは機械的黄疸ともよばれる。

黄疸の起こる仕組みは以下のとおりである。赤血球は寿命がくると壊れるが，その際，血球内のヘモグロビンのヘムは網内系でビリルビンに変化する。このビリルビンは水に溶けにくいため肝臓でグルクロン酸抱合を受け，水に溶けやすい形に処理され，胆汁に混ざって胆管から腸管に出て糞便中に排泄される。

この水に溶けにくいビリルビンを非抱合型といい，水に溶けやすいビリルビンを抱合型という。ところが，溶血により大量に赤血球が破壊され，肝臓の処理能力以上のビリルビンができたり，肝臓病によりビリルビン処理能力が減退したり，胆管からの胆汁の流れが障害されると血液中にビリルビンが増加する。この血液中に異常にビリルビンが増加した状態が黄疸である。

㉓肝臓癌

▶どのような病気か？

肝臓癌は発生母地から原発性と転移性とに区別される。原発性の場合は，①肝細胞癌(図4-74)，②胆管細胞癌，③混合型に分けられる。ただし，馬での発生はきわめてまれである(図4-75)。

8. 泌尿器系の病気

　馬の泌尿器疾患は比較的少ない。一部，他の疾患の続発性あるいは二次性変化として腎臓あるいは尿路系に病変が観察される。尿の性状は，全身性あるいは局所の疾患や健康のバロメータとして重要なデータを提供してくれる。

　尿から得られる情報としては，泌尿器に直接障害があり異常値を示すものと，泌尿器以外の臓器の機能障害に伴って異常値を示すものとがある。したがって，尿検査には泌尿器疾患をはじめとしてそれ以外の臓器の疾患についても診断上意義があると同時に，尿検査を繰り返し継続的に実施することにより，疾病の予後判定や治療の効果判定にも活用することができる。

(HED-43)

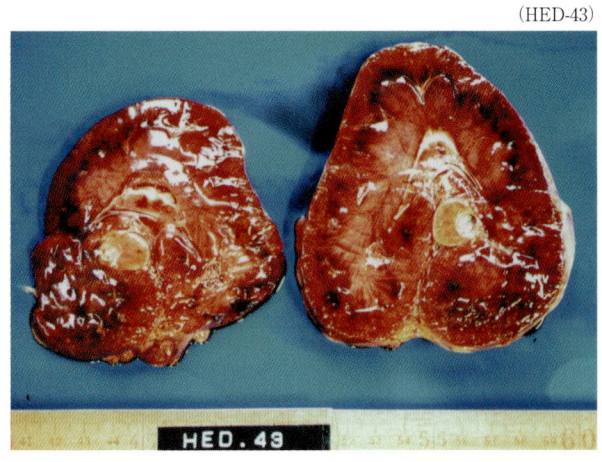

新生子の腎皮質における多発性小壊死巣形成。
図4-76　腎炎（JRA原図）

❶腎炎

(1) 糸球体腎炎

▶どのような病気か？

　腎皮質にある糸球体に炎症が起こる病気であり，ほとんどの場合で左右の腎臓で同時に発症する。また，炎症は糸球体に限局することなく，腎皮質全体に病変が波及する。したがって，糸球体腎炎と尿細管病変を主体としたネフローゼ症候群とを臨床的あるいは病理学的に明らかに区別することはきわめて困難である。

▶原因は？

　血行性あるいは上行性の細菌およびウイルス感染によって起こることが多い。新生子では出生直後の臍帯感染による多発性小壊死巣の形成あるいは化膿性の腎炎が多いが，このような症例はしばしば移行抗体伝達不全を伴っている（図4-76）。

　その他，打撲や創傷などの物理的損傷や薬物による損傷，腎臓の持続性循環障害や長時間の尿路障害などがある。

▶症状は？

　タンパク尿および尿沈渣における赤血球，白血球，尿細管上皮細胞，尿円柱の出現があり，血尿もみられる。化膿性腎炎では，尿は混濁し，沈渣に多数の白血球が認められる。進行すると急性腎不全となり，尿毒症を併発すると予後は不良である。

(2) ネフローゼ症候群

▶どのような病気か？

　病理学的には尿細管の変性・壊死を特徴とし，臨床的に多尿，タンパク尿，低アルブミン血症や浮腫を示す。

▶原因は？

　糸球体腎炎などの原発性腎疾患を原因とする一次性ネフローゼ症候群と，代謝性疾患（アミロイド腎症，糖尿病性腎症など），悪性腫瘍（悪性リンパ腫，骨髄腫など）および薬物・中毒（水銀，ヒ素，シュウ酸塩，サルファ剤，シュウ酸やタンニン酸を多く含む植物：アカザ，ビート，ウルシ，ツタなど）に起因する場合の二次性ネフローゼ症候群とがある。

▶症状は？

　臨床症状は，腎疾患に起因するものと，それを誘発した基礎疾患の症状とが同時に現れるため，その症状は多彩である。急性期には，食欲減退，体温低下，元気消沈，乏尿，タンパク尿や，肢端・下腹部・胸前などに冷性浮腫が認められる。

　また，慢性に経過した症例では多飲・多尿，削痩，下痢などがみられ，末期には著しい削痩，脱水を呈し，腎不全に陥り尿毒症を併発して死亡する。

▶どのような検査や治療を行うのか？

　治療は，原因となる腎疾患への対応が第一である。一次性ネフローゼ症候群では，副腎皮質ステロイド療法による処置が有用である。二次性ネフローゼ症候群では原病への処置を施すとともに，対症療法を併用する。

　病理学的にはネフローゼ症候群に罹患した腎臓は，著しく腫大し，被膜表面は灰白色ないし黄褐色を帯び，かつ顆粒状で凹凸不正，割面実質は混濁し，実質内には点状ないし線状の灰白色あるいは黄褐色の限局性病変がみられる。

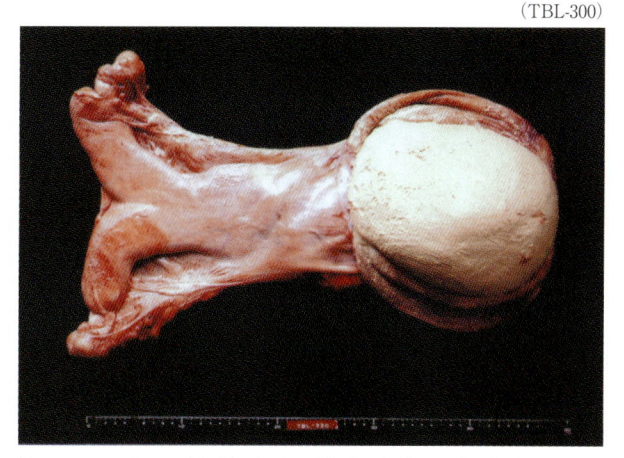

馬ヘルペスウイルス感染馬における膀胱結石を伴った出血性膀胱炎。
図4-77　膀胱（JRA原図）

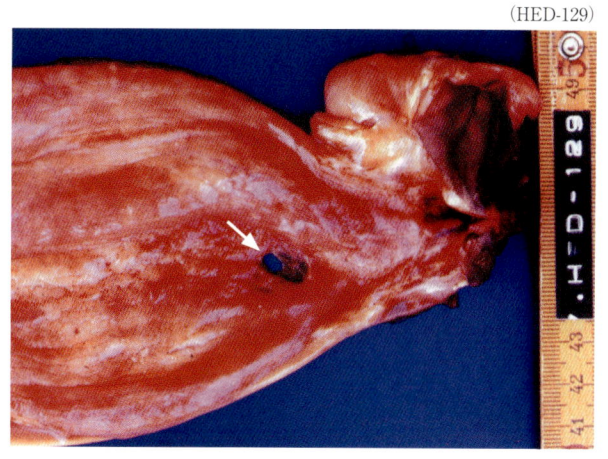

新生子における背側膀胱壁の裂孔形成（矢印）。
図4-78　膀胱破裂（JRA原図）

❷膀胱炎

▶どのような病気か？

膀胱に認められる炎症性の疾患を示し，そのほとんどが細菌感染によるが，まれに刺激物質によることもある。臨床上は有痛性の頻尿，尿もれ，尿中への血液・膀胱上皮細胞・細菌などの混入がみられる。

▶原因は？

感染性の膀胱炎では，尿道から上行性に細菌が侵入して膀胱粘膜に炎症性変化が起こる。主な原因菌は糞便に含まれる大腸菌などの腸内細菌で，尿道炎，子宮炎，膣炎などに継発することが多い。また，尿が膀胱内に長くとどまると発症しやすい。まれにウマヘルペスウイルス感染耐過馬における神経障害による膀胱結石や，カテーテルなどによる機械的刺激でも起こることがある（図4-77）。

▶症状は？

臨床症状は排尿頻回，帯痛性排尿困難，尿もれなどであり，疝痛症状を示す場合もある。尿は混濁し暗色調を帯び，少量のタンパク質を含み，アンモニア臭が強く，膀胱粘膜の落屑上皮細胞，白血球などが混ざる。

▶どのような検査や治療を行うのか？

排尿状況から推察し，直腸検査や尿検査で診断を行う。治療は，原因が細菌性の場合は検出された細菌に対する薬剤感受性試験を実施し，抗菌剤を局所または全身に投与する。

❸膀胱麻痺

▶どのような病気か？

尿閉または不随意的排尿をきたす疾病をいう。

▶原因は？

結石，腫瘍，膿瘍，尿道狭窄などによって尿路の流通が遮断されたときや骨盤骨折，腰仙領域異常などによる神経性の排尿障害によって起こる。ワラビ中毒による馬尾神経の炎症などによってもみられる。

▶症状は？

膀胱麻痺に罹患すると，随意的な排尿や排尿抑制が不可能となる。利尿筋の麻痺では尿閉を起こし，直腸検査で膀胱内に尿が充満し，圧すると排尿する。膀胱括約筋の麻痺では持続的に排尿し，直腸検査で膀胱内は空虚である。いずれの場合も感染性の膀胱炎を発症しやすい。

▶どのような検査や治療を行うのか？

尿が貯留している場合は，膀胱炎の併発を防ぐために強制排尿させ，細菌感染などの予防として抗生物質の投与を行う。また，利尿筋の麻痺には副交感神経刺激剤（塩化ベタネコール）の投与や活性型ビタミンB_1剤の大量投与を行い，利尿筋の収縮を刺激する。

❹膀胱破裂

▶どのような病気か？

膀胱への過度の物理的圧力や異物の刺入，臍帯からの細菌感染による膀胱炎（幼駒），尿道閉塞や膀胱壁平滑筋の萎縮などにより膀胱壁が破裂して，腹腔内に尿や血液が流出する疾病である。放置した場合，尿毒症や腹膜炎を併発して死亡する率が高い（図4-78）。とくに幼駒では雌馬よりも雄馬に多く，尿道の長さに関係がある。

破裂直後は腹部不安や腹部疼痛症状を示すが，しだいに腹囲は膨満し，動作は緩慢となる。幼駒では空気造影によるX線検査も行われる。また，過度の物理的圧力に

よる場合は，一次的原因での症状のみに注目して，膀胱破裂が見落とされる危険があるため注意が必要である。幼駒では開腹手術による治療も行われる。

❺タンパク尿症

▶どのような病気か？

健康な馬の尿中には剥離上皮細胞に由来する微量のタンパクが認められるが，タンパクの量が異常に増加する疾病をタンパク尿症という。タンパク尿にはアルブミンが存在することから，別名「アルブミン尿」ともいわれている。

タンパク尿は腎臓の機能異常に伴って認められる真性または腎性タンパク尿と，尿路または生殖器に起因する偶発性タンパク尿に分けられる。さらに，血液中の構成成分に異常量のタンパクが存在し，糸球体透過量が増加した場合，糸球体に起因した病的変化によりろ過タンパク量が増加した場合，および尿細管上皮からの再吸収に異常が出た場合がある。

❻血尿症

▶どのような病気か？

尿中に赤血球が混ざる病気である。したがって，独立した疾病ではなく，諸病の一症候群である。出血は腎臓か尿路に起因する。

▶原因は？

出血の原因は，腎炎，腎臓の外傷，膀胱炎，膀胱腫瘍などがある。また敗血症などの重い感染症や白血病罹患例でも血尿がみられることがある。

尿は，赤血球の量によって赤みを帯び，しばしば凝血塊を混じる。血尿の場合は，尿を静置すると赤色の沈査を認めるため，血色素尿や筋色素尿とは鑑別ができる。また，尿沈査を顕微鏡で観察すると赤血球が認められる。

❼麻痺性筋色素尿症

本疾患名は，筋肉系の疾患である横紋筋融解症(tying-up シンドローム)が重度に陥り，筋色素尿の排出がみられる泌尿器疾患名として表される。詳細は本章「3. 筋肉系の病気」，横紋筋融解症(260頁)を参照のこと。

❽血色素尿症

▶どのような病気か？

赤血球が大量に破壊されて，血液中に多量の血色素(ヘモグロビン)が遊離し，腎臓での再吸収が十分行われないままに尿中に排泄される状態を血色素尿症という。独立した疾病ではなく，種々の原因が考えられる。

▶原因は？

中毒，馬ピロプラズマ病やトリパノソーマ病などの住血寄生虫病，馬伝染性貧血などの急性伝染病，新生子黄疸などによって起こる。

▶症状は？

一般臨床症状は，元気消沈，沈鬱，貧血が顕著で可視粘膜は蒼白となり，ときに黄疸などがみられる。尿検査では赤血球沈査が認められない。

▶どのような検査や治療を行うのか？

血色素尿症の治療は，血色素の出る原因に対する療法と併せて，貧血への対症療法として輸血，補液，造血剤の投与を行う。

❾臍の疾患

▶どのような病気か？

臍帯は胎子と胎盤とをつなぐ2本の動脈と1本の静脈，さらに膀胱と尿膜腔とをつなぐ尿膜管からなる。出生とともに新生子の動きにより根部で切断されるが，しばしば臍部の炎症や化膿性疾患，尿膜管の閉鎖不全，臍ヘルニアなどが起こる。

▶原因は？

臍帯切断部からの細菌感染が多い。また，出生後の尿膜管の閉鎖不全や憩室形成では，臍部から尿が漏出し，臍部の湿潤が持続するため，感染に陥りやすい。臍ヘルニアは，サラブレッドに多く，臍部腹壁間隙が広いため，腹膜や腸管が皮下の膨らみとなって観察される。

▶症状は？

無尿，頻尿，臍部からの尿漏出，臍部の湿潤・皮膚炎，臍部の腫脹・疼痛，さらには発熱や全身症状がみられる。感染があると臍部の湿潤，腫脹，やがて臍部の疼痛へと続く。初乳からの移行抗体伝達が不十分だと，敗血症などの感染症を起こすことがある。

尿膜管の閉鎖不全では，臍部の湿潤により感染を引き起こしやすいが，感染がなければ疼痛はない。早期に発見すれば，臍部の消毒を繰り返すことによって，尿膜管が自然と閉鎖する。

臍ヘルニアは，臍部の膨らみにより認識され，一般に疼痛は認められないが，ヘルニアリングが閉鎖する際に腹膜や腸管を絞扼して疝痛などの症状を引き起こすことがある。

▶どのような検査や治療を行うのか？

出生初日に新生子の臍部をポビドンヨード剤などで頻繁に消毒するとともに，移行抗体伝達不全が疑われる場

合は必ずその検査と治療を行う。また飼養衛生環境を常に清潔に保つ。出生後から毎日，臍部の状態を観察することも重要である。

臍部の感染が疑われる場合，出生後の履歴を検討し，臍部の触診，臨床検査，血液検査などを行う。また必要により超音波画像診断を実施する。感染を起こす細菌は母馬の体や環境中に生息する種々の細菌が考えられるため，抗菌剤の選択は慎重に，治療は根気強く行う必要がある。

臍ヘルニアはヘルニアリングの大きさが指3本以内の際はゴムバンドの装着，それ以上の場合は外科手術によるヘルニアリングの縫合術を行う。

Column6
伝染病の発生によりアフリカ大陸で遭難した探検家

ある伝染病の総説に「アフリカ馬疫ウイルスが，リビングストンの探検を困難なものとした」との記載がある。デイヴィッド・リビングストンは，イギリス人の探検家で，ナイル河の源流を探すために，1869年にアフリカ大陸の東海岸に上陸した。彼は組み立て式の船など大型の機材を大量にもち込んだが，陸地での輸送手段としてあてにしていた馬を現地で入手することができず，最終的に音信不通となってしまった。そこで，彼の親友であった新聞記者のヘンリー・スタンリーが救助隊をイギリスで仕立て，2年後に大陸中央部で発見し救出を果たした。この話は，友情をもとにした美談として今も伝えられている。

たまたま見つけた絵本の冒険書（『探検（ビジュアル博物館）』ルパート・マシューズ，同朋舎出版）のなかに，リビングストンの探検記があった。そこには，機材類を現地人が担いでいる場面が描かれていた。確かに馬は使われていない。しかも，大陸のどこにも馬が描かれていない。ところが，同書の前頁にあるリチャード・バートンの探検記には，サハラ砂漠に馬が描かれていた。バートンの探検は1857年であるから，アフリカ馬疫が流行してアフリカ大陸からアラビア半島にかけて馬が全滅する前である。なお，リビングストンは，1851年と1856年にもアフリカ探検を行っている。アフリカ馬疫が流行したのは1857年以降であるが，彼は1869年に探検に出た際も当然のように馬をあてにできると考えていたのであろう。

第4章 病気

9. 感覚器系の病気

❶眼の病気

馬の眼病の歴史は古く，紀元前300年代にアレキサンダー大王の愛馬の担当獣医師や，4世紀に古代ローマの軍事学者ウェゲティウスが残した，馬回帰性ブドウ膜炎(ERU)に関する記述がみられる。

ERUは，その後1940年代までの長きにわたり，月の満ち欠けに伴って眼の炎症が再発と軽快を繰り返す病気と信じられていたことから，現在でも月盲(moon blindness)という用語が残っている。

眼疾患は，馬の臨床において頻繁に遭遇する疾病の1つであり，馬に特有のERUに加え，以下にあげるものがある。

(1) 眼窩の疾患

頭部の打撲や他馬に蹴られることによって起こる骨折(図4-79)，眼窩膿瘍，眼窩蜂窩織炎が主要な疾患として知られる。これらは，重症例では眼球の変位と視覚障害を招来することから，早期の治療が必要である。

(2) 眼瞼の疾患

馬は頭部を活発に動かす特性から，眼やその周囲に外傷を負うことが多く，とくに眼瞼の裂傷がしばしば発生する(図4-80)。眼瞼縁の形態異常は，角膜潰瘍の発症要因となることから，縫合処置により整復する。

(3) 瞬膜(第三眼瞼)および結膜の疾患

扁平上皮癌は，馬の眼と副眼器における発症のもっとも多い腫瘍であり，瞬膜，結膜および眼瞼はその好発部位である(図4-81)。品種ではベルジアン，クライズデールに，年齢では11歳前後の馬に発症が多いことが知られている。眼からの転移はまれであるが，再発性が高いことから，外科的切除と併せて凍結療法や放射線療法が応用される。

また，結膜の充血と浮腫を主徴とする結膜炎は，微生物の感染や紫外線の照射などによる原発性の結膜炎と，他の眼疾患に続発する二次性のものとの鑑別診断が重要である。

(4) 角膜の疾患

角膜潰瘍の発症が多く(図4-82〜図4-86)，サラブレッド競走馬では角膜疾患の約9割を占め，その6割以上が競馬への出走が原因である。薬物療法に加え，重症例では角膜移植をはじめとする外科手術も応用されているが，細菌や真菌の感染，およびタンパク分解酵素の作用によって，いわゆる角膜の"融解"から角膜穿孔，失明に至る例も少なくない。また，馬の角膜は瘢痕(はんこん)形成によって透明性が損なわれやすいことから，大きく深い潰瘍や，修復に長期間を要した例では，治癒後も視覚障害が残ることがある。

角膜潰瘍は，馬の臨床上，もっとも重要な眼疾患であり，眼の異常(例；眼瞼痙攣，結膜の充血，過度の流涙や目やになど)を訴えるすべての馬に角膜染色検査(フルオレセイン，ローズベンガル)を行うべきである。診断後は，抗菌薬(抗真菌薬)，消炎鎮痛薬，プロテアーゼ阻害作用を有する物質(例；自家血清，EDTA)による集中的な薬物治療を実施する必要がある。

一方，非潰瘍性角膜症としては，角膜実質膿瘍(図4-87)，非潰瘍性角膜ブドウ膜炎(nonulcerative keratouveitis：NKU，図4-88)，免疫介在性角膜症(図4-89，図4-90)，角膜浮腫をはじめとする多くの疾患が知られている。

(5) 水晶体の疾患

馬の白内障は，先天性，加齢性，およびブドウ膜炎に続発するものが知られている(図4-91，図4-92)。近年馬においても，水晶体破砕法による外科的治療が応用可能になっているが，その適応は，6ヵ月齢以下の先天性白内障および視力障害を伴う成馬の白内障のうち，ブドウ膜炎をはじめとした合併症を伴わない例に限定される。

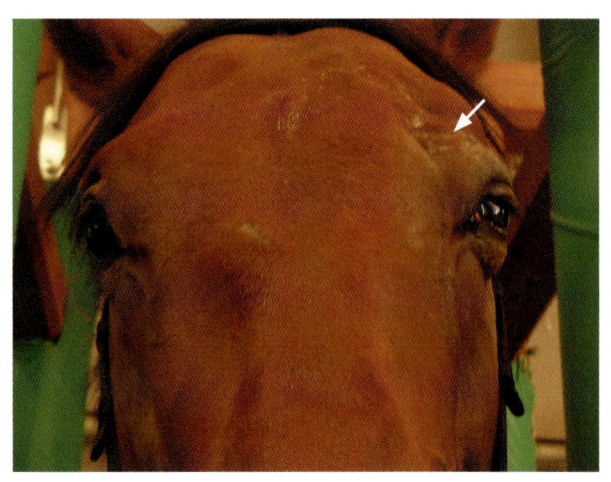

上縁が変形している。
図4-79 左眼窩の骨折(JRA原図)

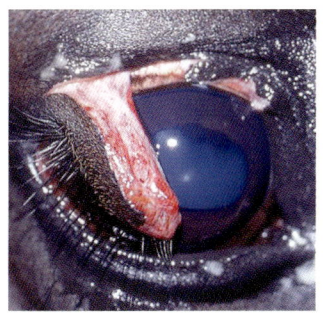

図4-80　眼瞼の裂傷
弁状の皮膚片は，切断することなく慎重に縫合すべきである。

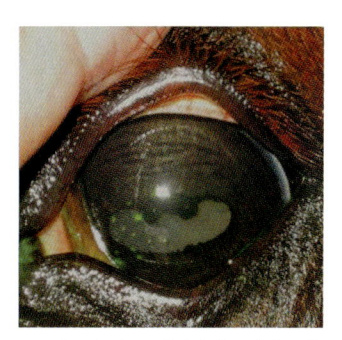

図4-81　扁平上皮癌
下眼瞼の結膜に発生。

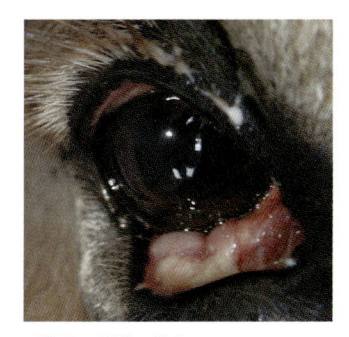

図4-82　出走直後における競走馬の角膜 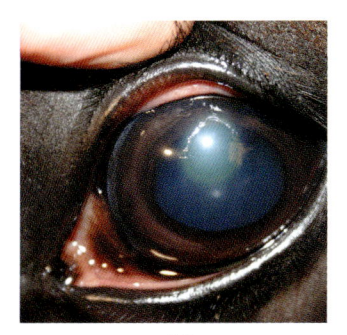
フルオレセインに染色される点状の傷が多数みられる。

図4-83　浅い角膜潰瘍
フルオレセインに染色される。

図4-84　角膜の融解を伴う潰瘍 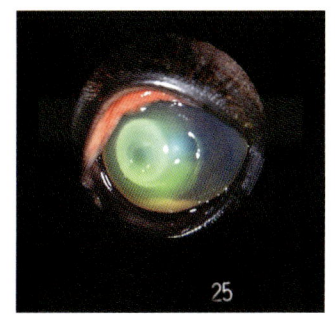
Pseudomonas aeruginosa が分離された。縮瞳，房水フレアに加え，下方には前房蓄膿が観察される。

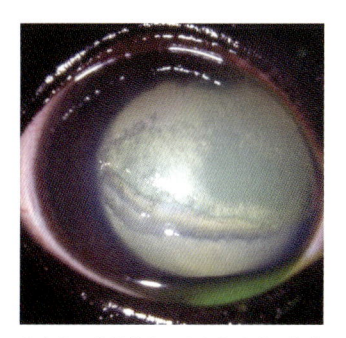

図4-85　角膜真菌症（*Aspergillus flavus*）
中央部の光沢を欠いた大きく浅い潰瘍の下に，深い溝が形成されている。

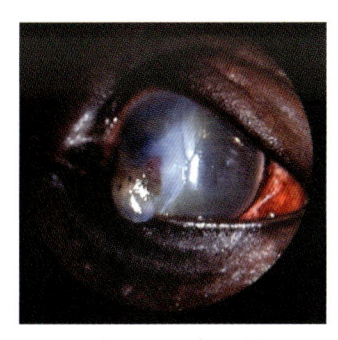

図4-86　角膜穿孔
穿孔した角膜から虹彩が脱出している。

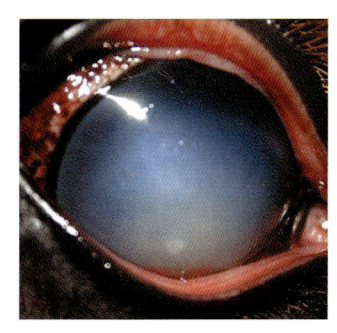

図4-87　角膜実質膿瘍
強い細胞浸潤がみられ，全体に浮腫が形成される。下方から血管新生が認められる。

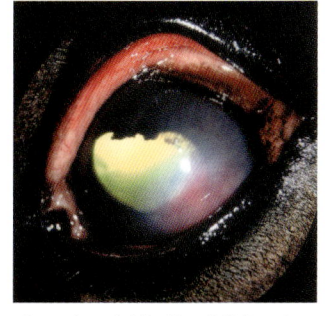

図4-88　非潰瘍性角膜ブドウ膜炎（NKU）
ピンク色の肉様浸潤が特徴的である（アトロピンの点眼とデキサメサゾンの結膜下注射24時間後）。

図4-80〜88（JRA原図）

(6) 前部ブドウ膜の疾患

　馬の前部ブドウ膜炎は，ERUの他に角膜潰瘍の合併症としてみられることが多い（図4-84，図4-86，図4-93，図4-95）。眼瞼痙攣によって表される眼痛の他，縮瞳，房水フレア，線維素の析出，前房蓄膿・出血などの所見がみられる。持続性縮瞳の結果として生じる虹彩の後癒着や白内障は，視覚障害の原因となるため，初期における適切な診断と薬物療法が重要である。

　ERUは免疫介在性の疾患で，古くから関与が指摘されている *Leptospira interrogans* のいくつかの血清型の他，トキソプラズマ，オンコセルカなどの寄生虫，サルモネラ，ブドウ球菌，ロドコッカスをはじめとした細菌や，インフルエンザ，ヘルペスなどのウイルスの感染が発症の引き金として知られる。

第4章 病気

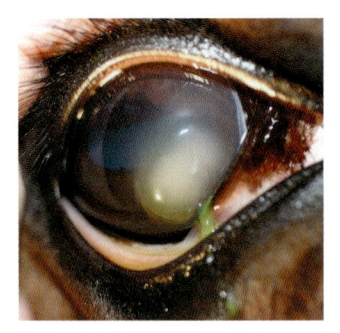

内側に広範な角膜浮腫がみられる。下方は水腫状となり，細胞浸潤と血管新生が観察される。
図4-89　角膜内皮炎

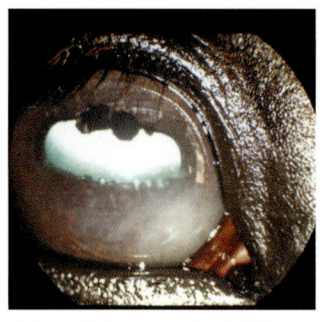

複数の小胞形成を伴う強い混濁と，血管新生がみられる。
図4-90　ヘルペス様の角膜上皮の混濁（中央）に続いて発症した角膜固有層の炎症（内側）

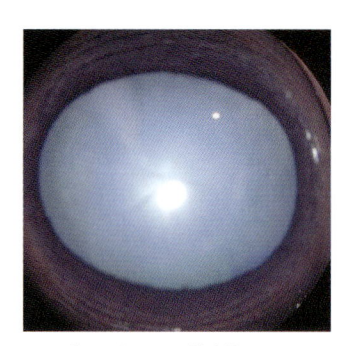

トロピカミドによる散瞳後。
図4-91　2歳馬にみられた全白内障

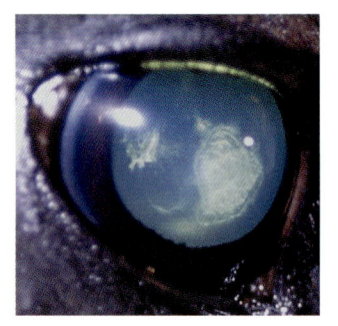

トロピカミドによる散瞳後。
図4-92　前嚢の白内障

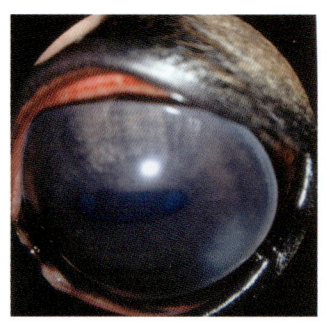

著しい縮瞳。虹彩は腫脹しているようにみえる。
図4-93　図4-88に示した症例の第1病日

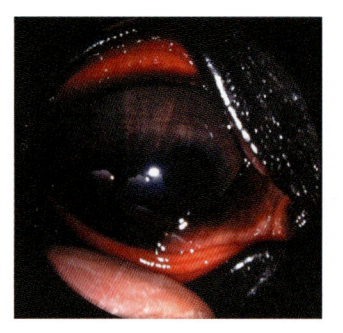

瞳孔の上方内側にみられる。
図4-94　虹彩嚢胞

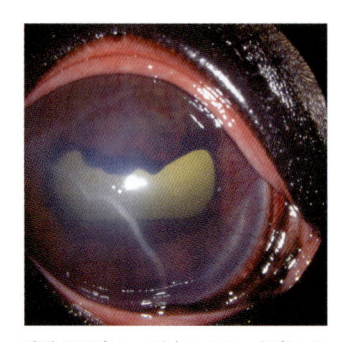

瞳孔は固定し，房水フレア，虹彩の血管新生と出血がみられる。デスメ膜の裂開により，角膜に白い線条が形成される。
図4-95　慢性ブドウ膜炎に継発した緑内障

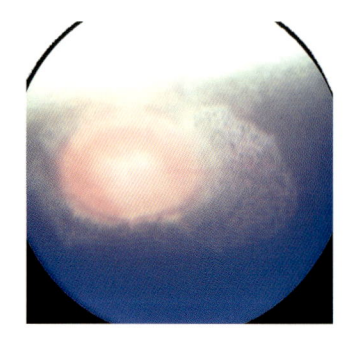

図4-96　視神経乳頭周囲の網脈絡膜症（butterfly lesion）

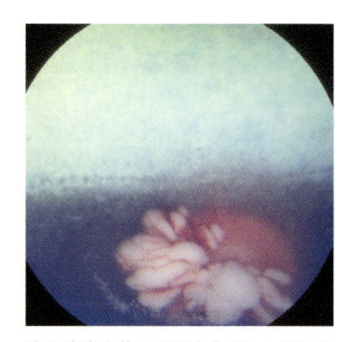

蹄の感染症後に両眼を失明した例にみられた。
図4-97　浸出性視神経炎

図4-89〜97（JRA原図）

　初期には，前部ブドウ膜炎の症状がみられるが，発作を繰り返すにつれ白内障，硝子体の混濁，網膜剥離など多様な所見が現れる。また，ERUの発症率や予後には，遺伝的要因が関与することが知られている。代表的な例はアパルーサで，他の品種と比べて罹患しやすく，失明に至る例も多い。

　前部ブドウ膜の先天性異常として，無虹彩症および虹彩嚢胞（図4-94）が知られるが，臨床的意義は小さい。

(7) 緑内障

　眼房水の産生と排出の変化によって，眼圧が網膜の神経節細胞と視神経の正常な機能を損なう程度にまで上昇する一連の病態と定義される。馬では，ブドウ膜炎症例（図4-95）や老齢馬，およびアパルーサにおける発症リスクが高いことが知られる他，先天性の緑内障も報告されている。高眼圧の継続により神経細胞が障害を受け，失明に至る症例も多い。

　炭酸脱水素酵素阻害薬，β-遮断薬，消炎鎮痛薬をはじめとした薬物療法の他，毛様体に対するレーザー照射の有用性が認められ，眼圧のコントロール法として知られている。

(8) 後眼部の疾患

　視神経乳頭周囲の網脈絡膜症（図4-96）は，眼底検査によって偶然に観察されることの多い所見で，慢性ブドウ膜炎の痕跡とも考えられている。他には，ERUや眼球の貫通性外傷に続発する網膜剥離，急性の両側性失明をもたらす浸出性視神経炎（図4-97），加齢性変化と考えられている増殖性視神経症などが知られている。

❷皮膚の病気

　皮膚疾患は，馬では比較的発症の多い病類で，さまざまな病態と病因により構成される。

(1) 掻痒（そうよう）性皮膚疾患

　痒みのため患部を噛んだり，擦ったりすることにより，被毛の縮れ，擦傷，出血性の痂皮，脱毛，炎症による色素沈着などの臨床症状が現れる。

　シラミ，ダニ（疥癬），ノミ，ハエなどの外部寄生虫が原因の皮膚炎，飼料，薬物および接触によるアレルギー，アレルゲンの吸引によるアトピーが原因として知られている。

(2) 鱗屑（りんせつ）および痂皮を特徴とする皮膚疾患

　皮膚糸状菌症（図4-98），デルマトフィルス症（rain scald），細菌性毛嚢炎，光過敏症に加え，自己免疫性疾患である落葉状天疱瘡などがみられる。また，全身性あるいは局所性の脂漏症，後肢の管前面に角化亢進によるプラーク形成がみられるcannon keratosis，頚や胸部の表皮が線状に過形成となるlinear keratosis，蹄冠部からの浸出，亀裂と口粘膜潰瘍から全身性の鱗屑性皮膚症に至る好酸球性皮膚炎もここに分類される。

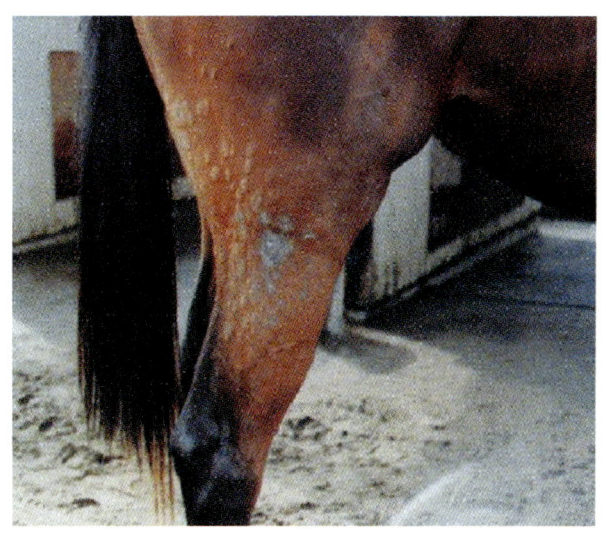

下腿の広範囲に鱗屑と脱毛を伴う丘疹がみられる。
図4-98　皮膚糸状菌症（JRA原図）

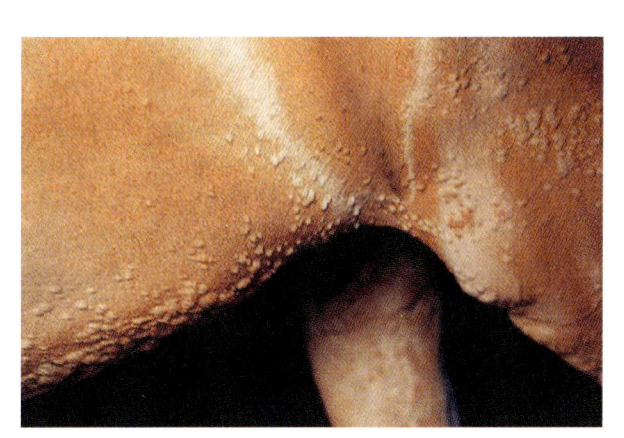

腹部と後肢の丘疹，下腿内側の浮腫がみられる。
図4-99　蕁麻疹（JRA原図）

(3) 結節を特徴とする皮膚疾患

　細菌性肉芽腫（ボトリオミセス症，いわゆる癤（せつ）），膿瘍形成と潰瘍性リンパ管炎を生ずるコリネバクテリウム感染症，菌腫（mycetoma）をはじめとした種々の真菌感染，ハブロネマ子虫の寄生によるものが知られる。

　蕁麻疹（図4-99）は，一般に丘疹，浮腫，ときとして掻痒を伴うⅠ型過敏反応であるが，圧迫，日光，熱，薬物など，免疫以外の原因によっても生じる。治療には原因の除去がもっとも重要であるが，特定困難な場合が多い。治療には，抗アレルギー薬やコルチコステロイドが用いられる。

　好酸球性肉芽腫は特発性の炎症であり，腫瘍性のものにはサルコイド，メラノーマ，肥満細胞腫，リンパ腫，先天性の異常としては，毛嚢や汗腺，皮脂腺を包む類皮嚢腫，鼻憩室のアテロームがあげられる。

第4章　病気

(4) 色素異常

色素の増加は，慢性の炎症や刺激などにより後天的に生じる。一方，色素の減少を示す異常は，オンコセルカ症，ウイルス性皮膚疾患，火傷などから継発する白斑，円板状エリテマトーデス，炎症や外傷後の被毛の脱色，致死性の白子症など多様である。

(5) 水疱性皮膚疾患

馬媾疹（ヘルペス），水胞性口炎（ラブド），馬痘（ポックス）などのウイルス感染症，水疱性類天疱瘡（bullous pemphigoid）に代表される自己免疫性疾患，水銀などの毒物や植物の芒（のぎ：イネ科植物の穂先にある棘状の突起）による口粘膜の水疱が知られる。

(6) 壊死性皮膚疾患

馬具やギプス，あるいは横臥による圧迫から，毛細循環の遮断や減少が生じて起こる褥創性潰瘍がよくみられる。鞍傷に代表されるように，馬具によるものは骨の隆起部に生じやすい。感染を伴うことも多いが，血流の低下により全身投与された抗菌薬の効果は制限される。患部を大量の水で洗うことによって，壊死組織の除去，乾燥の防止と組織循環の促進を図ることが重要である。壊死が広範囲に及ぶ例では，外科手術が必要となる。

他には壊疽，凍傷，セレン中毒，真菌（Stachybotrys atra）毒，ヘビやクモの咬傷によるものが知られている。また，腺疫や馬ウイルス性動脈炎をはじめとする感染症にみられる血管炎からは，広範囲の皮膚に壊死が生じることがある。

(7) 下肢部にみられる皮膚疾患

フレグモーネ（蜂窩織炎，ほうかしきえん）は，好中球の浸潤が，組織内にび漫性に広がった化膿性炎症で，細胞間質の融解と細胞壊死を伴う。黄色ブドウ球菌などによる感染症であるが，傷跡はみられない場合が多い。感染部位は通常，真皮から皮下組織である。馬では四肢，とくに下部に好発し，腫脹（図4-100），発熱，急性の跛行が主な症状である。

炎症は急速に拡大して重篤となりやすいことから，外傷に伴う単純な炎症性腫脹とは明確に区別し，抗菌薬による治療をただちに開始すべきである（必要により非ステロイド性消炎鎮痛薬を併用する）。関節周囲のフレグモーネは，感染性関節炎との鑑別が重要である。

繋輝（けいくん，図4-101）は，繋に生じる浸出性皮膚炎の総称である。細菌の一次感染，あるいは水疱やダニの寄生などの基礎疾患のある皮膚への二次感染によって発症するともいわれている。長い距毛，ぬかるんだ放牧場や刈り株の多い牧草地，あるいは粗い砂の上での運動による微小創の形成後に発症が多い。

急性の病変は通常，蹄踵から始まり，腫脹，痛み，浸出，脱毛がみられる。次第に前面や近位に広がり，被毛のもつれ，潰瘍や痂皮を形成して，明瞭な跛行がみられることもある。繋後面の皮膚は絶えず伸縮することから，

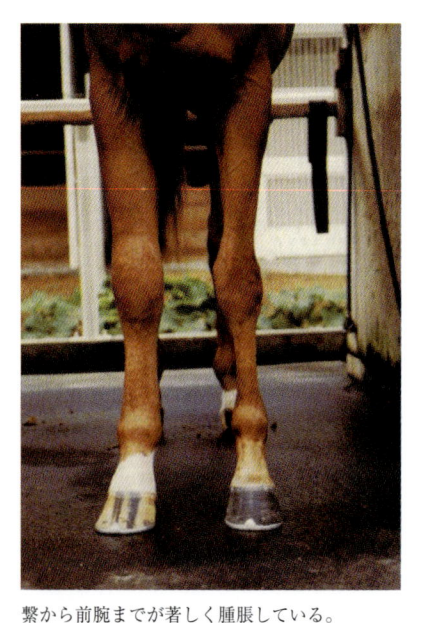

繋から前腕までが著しく腫脹している。
図4-100　右前肢のフレグモーネ（JRA原図）

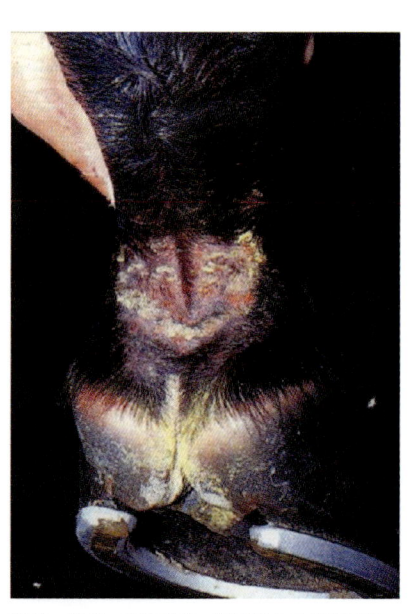

脱毛，発赤，痂皮形成。浸出により患部は湿ってみえる。
図4-101　繋輝（JRA原図）

皮膚に裂溝が生じることも多い。

治療は，原因の除去が第一であるが，いずれの場合にも周囲の毛刈りと2％クロルヘキシジンなどの低刺激スクラブでの洗浄，患部の乾燥を保ち刺激を避けることが有用である。細菌感染が否定される症例では，コルチコステロイドの経口投与が有効とされている。

10. 神経系の病気

馬の神経系疾患は，ウイルス，細菌，原虫，線虫，毒素，栄養障害，外傷，奇形などによって起こる。いずれも脳脊髄のび漫性疾患であることが多く，これらの原因によって引き起こされる神経疾患のそれぞれが臨床的には類似した症状を示すため，鑑別には十分注意する必要がある。

馬の神経学的検査は，馬の体格が大きく体重が重いことや，横臥した場合には操作しにくいことなどから，他の動物で実施されているようには検査できないことが多い。また，神経疾患の診断に有用なX線検査や脊髄造影法も日常的には行われていない。

ここでは，馬の神経系の一般的な疾患について説明するが，馬のこれらの疾患のなかには診断できても治療できない疾患も場合によってはあり，安楽死を選択しなければならないこともある。

❶神経系疾患でみられる主な症状

神経系の機能不全においてみられる主な症状としては，心理状態の異常，不随意運動，姿勢および歩様の異常，麻痺，知覚および括約筋の異常などがある。

(1) 心理状態の異常

興奮状態としては，躁病（狂躁性）および狂暴性がある。狂暴性は狂犬病の狂躁型の初期には顕著である。抑制された状態としては，傾眠，倦怠，昏睡および失神がある。昏睡における意識の消失は緩慢に起こるのに対して，失神における意識の消失は突然に起こる。

(2) 不随意運動

これには痙攣と振戦がある。痙攣は患部あるいは全身性の激しい筋肉の収縮であり，間代性痙攣（筋肉が収縮と弛緩をくり返す）と強直性痙攣とがある。真の強直性痙攣は少なく，破傷風などでみられるにすぎない。中枢性痙攣は，とくに脳の炎症や突発性の頭蓋内圧の上昇を伴う疾患で生じる。振戦は持続的・反復的な骨格筋の攣縮である。

(3) 姿勢および歩様の異常

異常姿勢は，疼痛の場合は間欠的であるが，神経系の疾患の場合は持続的である。頭頚部の斜頚や回転，口唇や眼瞼の下垂，犬座姿勢などがその例である。

体の平衡感覚の維持は前庭管，前庭神経あるいは髄質の前庭核が関与しており，小脳に異常があると，筋肉活動や歩様の協調不能を伴う失調症を発症する。

真の小脳失調症では，広踏姿勢で起立し，歩様蹌踉（ほようそうろう）となり，転倒する。

(4) 麻痺

運動神経が損傷した場合には，麻痺が起こる。麻痺は，目的とする運動を行う力の欠如であり，馬においても他の動物と同様に麻痺のほとんどは弛緩性麻痺である。麻痺はその程度により不全麻痺，全麻痺に区別される。

(5) 感覚の障害

他の動物と比較して，馬は感覚に対する反応が鋭敏である。疼痛刺激を与え，それに対する反応状態をもとに感覚障害の有無を判断する。

(6) 自律神経系疾患の発現

自律神経系の疾患では瞳孔の収縮や流涎などの症状がみられ，消化管や気管の上部における不随意筋の活動の異常などを引き起こす。また自律神経系のアンバランスは馬の疝痛（痙攣疝）の一因ともなる。

❷神経系疾患の検査

(1) 病歴

神経系疾患の正確な診断のためには，詳細な病歴の記録は非常に有用である。症状が発現した時期と期間，発現様式，発病率，致死率，行動や精神状態の変化などを詳しく記録しておくことが大切である。

(2) 一般検査

神経系疾患においては歩様（運動失調，動揺，関節の屈曲不全），姿勢，平衡および知覚の異常（特定方向への転倒，起立不能），筋の緊張力（痙攣性または強直性），筋の削痩（筋原性または神経原性萎縮）などの一般状態についてまず観察する。

第4章　病気

(3) 特殊部位の検査

　脳，脊髄および末梢神経の検査がある。実際の臨床診断のためというよりは，学問的あるいは研究的見地から実施されている。また，脳脊髄液の検査やX線検査なども行われる。

❸ 神経系疾患の治療

(1) 感染症の原因学的治療

　神経系のウイルス感染症では，抗生物質や化学療法剤による治療は効果がない。一方，中枢神経系の細菌感染症は，一般的に敗血症や菌血症のような全身性感染症に伴って起こることが多い。全身性の細菌感染症には抗生物質や化学療法剤は有効であるが，中枢神経系には血液－脳関門が存在するため，中枢神経系の細菌感染症に対して効果のある治療薬は限定される。

(2) 減圧処置

　頭蓋内圧は多くの脳の疾患において上昇する。頭蓋内圧の上昇によって引き起こされる二次的障害を防ぐため，一般的には換気促進，脳脊髄液のドレナージ(排出)，高張輸液，バルビツール系薬剤の投与などの減圧処置やステロイドホルモンの投与が行われる。

(3) 中枢神経刺激剤

　本薬剤は神経性ショック，麻酔時，あるいはチアノーゼのような短期間の可逆的酸欠症の改善に用いられる。

(4) 中枢神経抑制剤

　神経疾患により騒擾状態(異常な興奮状態)となった場合には，外傷などの損傷を未然に防ぐ目的で鎮静剤を用いる。

❹ 脳脊髄の疾患

(1) 脳炎

▶どのような病気か？

　病変が脳の神経組織にあるのか血管にあるのかにかかわらず，脳において炎症性病変を生じる疾患を脳炎という。

▶原因は？

　脳炎はウイルスに起因するものが多く，日本脳炎，ウエストナイルウイルス脳炎，東部馬脳炎，西部馬脳炎，ベネズエラ馬脳炎，狂犬病，ボルナ病，ウマヘルペスウイルス1型感染症神経型などがある。詳細は本章「15. ウイルスによる病気」337頁を参照。

▶症状は？

　臨床的には，一般に脳のニューロンへの影響，炎症に伴う浮腫あるいは神経細胞への直接的作用による影響に起因する症状を呈する。すなわち，病状の初期には興奮や躁病を示し，わずかな刺激に対して過度に反応する。また，発熱，食欲不振，鬱病，心拍数増加などの付随的徴候を併発する。ときには精神活動の低下が観察されることもあり，また，間代性痙攣，眼球震盪(がんきゅうしんとう)，流涎，筋肉の振戦などを示すこともある。多くの脳炎で類似した症状がみられることから，症状だけからの診断は困難である。

▶どのような検査や治療を行うのか？

　ウイルスおよび細菌などの微生物学的検査や抗体検査あるいは血液検査を行うが，生前の正確な診断は困難なことが多い。治療は，正確な診断ができればその疾患に対してもっとも効果的な治療を行うことも可能となるが，急性期には保存療法が主として行われる。また，興奮期には損傷からの保護のため鎮静剤を，沈鬱期には興奮剤を投与することが必要である。

(2) 水頭症

▶どのような病気か？

　頭蓋内の脳脊髄液腔に多量の髄液が貯留し，髄液腔が異常に拡大した状態をいう (図4-102)。先天的と後天的なものがあり，その原因は髄液の循環経路における異常，すなわち分泌過剰，通過障害，あるいは吸収障害によって起こる。脳室系が拡大する内水頭症と，クモ膜下腔が拡大する外水頭症とがある。

　突然の発病では，躁病，頭部下垂，筋の振戦，痙攣などの症状がみられ，圧の上昇が緩慢に進行する場合には鈍麻(どんま)，盲目，筋の脱力などがみられる。馬では，側脳室の脈絡叢におけるコレステロール肉芽腫でしばしば水頭症になる。髄液の内容物や圧の検査は有用であり，髄液性状は正常である。

　先天性水頭症では，頭蓋骨は腫大し，柔らかくなる。脳は髄液圧により膨張し，脳圧の上昇が一定期間継続すれば，周囲の大脳組織は薄くなる。後天性水頭症は，脳炎，脳軟化症などのび漫性脳疾患との鑑別が必要である。

(3) 脳軟化症

▶どのような病気か？

　脳の退行性変化により組織が壊死し，溶けて空洞化する状態をいう(図4-103)。ヒトでは脳血管の狭窄ないし閉鎖による脳梗塞に引き続いて起こる。動物においても

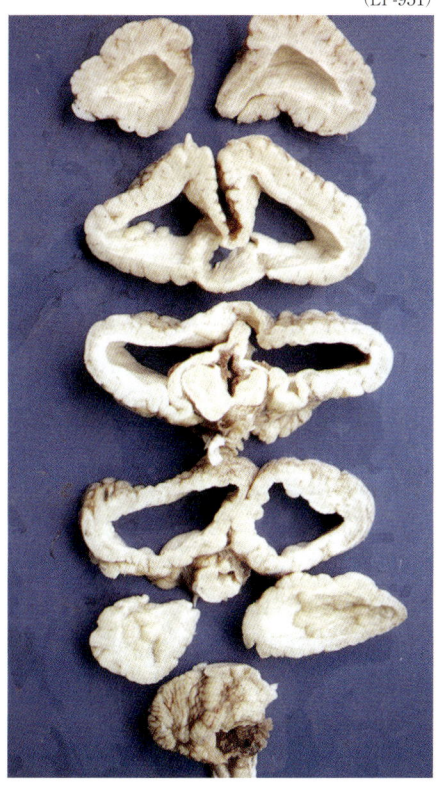

図4-102　子馬の水頭症（JRA原図）

図4-103　左側線条体における脳軟化（JRA原図）

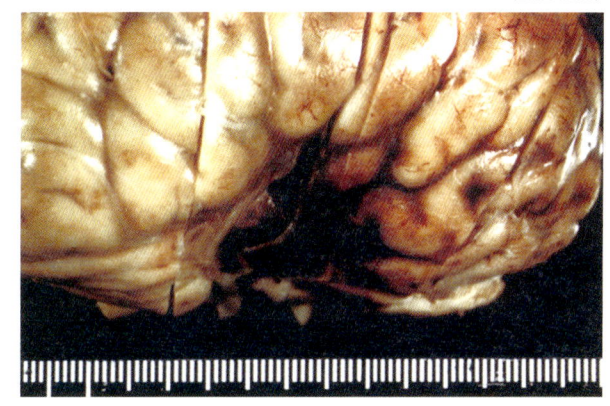

図4-104　脳底部の外傷性出血（JRA原図）

同様の病変は存在するが発生は非常に少なく，馬の脳軟化症の大部分は特定の植物，細菌あるいは真菌などの毒素との関連や，栄養不足が原因で発症する。病変の部位が脳の辺縁部の灰白質であるか深部の白質であるかを問わず，症状の大部分が中枢神経機能の消失である。

症状としては，鈍麻，傾眠，運動失調，盲目，頭部下垂，旋回運動などがみられる。

(4) 脳の外傷性損傷
▶どのような病気か？

馬は，ときとして騒擾することがあり，その際の打撲や転倒により，前頭骨，頭頂骨あるいは脳底部の蝶形骨などの骨折を発症する（図4-104）。このような場合，脳は外傷性に出血，腫脹，変形などが起こって，脳出血や脳炎様の症状を示す。すなわち，対麻痺，片麻痺を示し，歩行や起立が不能となることがある。脳症状，脳震盪を発した場合は安静にし，対症療法を行う。脳が重度の損傷を受けているときは予後不良である。

(5) 小脳性運動失調
▶どのような病気か？

小脳および前庭脊髄路に病変が存在すると，運動時の協調不全，方向の誤認，異常運動がみられる。原因は遺伝性小脳形成不全（小脳アビオトロフィー），麦角アルカロイドによる中毒などである。

(6) 脳の膿瘍
▶どのような病気か？

脳の膿瘍は老齢馬ではほとんどみられないが，若馬においてはまれに認められる。症状は発生部位および大きさにより多種多様であり，その原因となる細菌の種類もさまざまである。

単一の膿瘍では症状は病変の部位により限定されるが、多発性膿瘍の場合には、抑鬱、頭部下垂、盲目などが先行し、一時的に興奮や痙攣がみられる。

(7) 脳腫瘍
▶どのような病気か？
　脳の腫瘍は、良性であっても、その増殖により周囲の組織を圧迫するため、頭蓋内圧の全体的上昇や神経組織の局所的破壊に基づいた種々の神経症状を示す。すなわち、鈍麻、頭部下垂、歩様蹣跚、過度の興奮などがみられる。脳における腫瘍の発生部位、増殖の速度、腫瘍組織の大きさや浸潤度合などにより臨床所見は異なる。
　病状の進行は他の疾患に比べ緩慢である。一般的に、剖検により原発病巣が明らかにされることが多い。

(8) 脊髄灰白質変性症
▶どのような病気か？
　若馬にみられる緩慢な進行性の神経性疾患である。原因は不明であるが、遺伝性あるいは栄養性が疑われている。病変としては、頚髄から腰髄までにわたって脊髄の髄索の左右対称性かつび漫性に脱髄と神経細胞の消失がみられる。
　症状は後肢に強く、運動失調、痙攣および不全麻痺などがみられる。この疾患は、腰痿と臨床的に区別することが困難である。

(9) 腰痿（ようい）
▶どのような病気か？
　脊柱管の狭窄、腰部の打撲、ウイルスなどの微生物や原虫、線虫の幼虫（指状糸状虫、円虫など）の迷入などによる頚・腰部の異常状態（後駆麻痺、後駆蹣跚など）を総称して腰痿（腰ふら、腰麻痺）という。脊柱管の狭窄による脊髄症はウォブラー症候群ともよばれ、第3～7頚椎（とくに第3と第4頚椎に頻発）に起こりやすい（図4-105）。
　主な病変は脱髄であり、診断はX線撮影や脊髄造影法による。馬のセタリア症（指状糸状虫の中枢神経系への迷入）における腰痿の場合は、発生の時期、疫学的調査や臨床症状から生前に推察することはできるが、確定診断法はない。また、臨床的には原因不明で剖検によって初めてセタリア症と診断されることもある。

(EHL-1422)

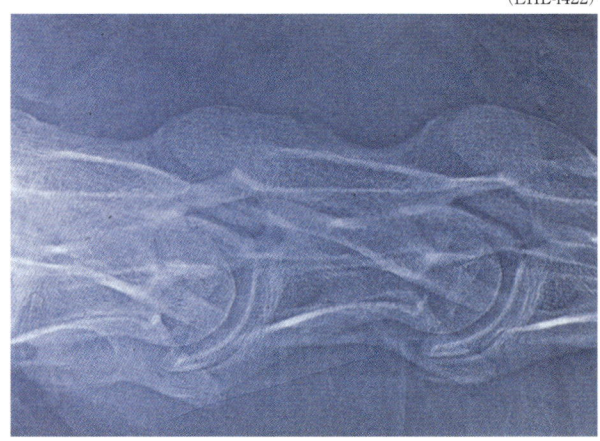

図4-105　脊柱管狭窄（ゼロラジオグラム）（JRA原図）

(10) 脊髄の圧迫
▶どのような病気か？
　脊柱管内に骨軟骨症、脊椎の膿瘍形成、腫瘍、骨腫などの病変が形成され、これらが増生して脊髄を圧迫すると進行性の麻痺を起こす。
　麻痺の出現は増殖する病変の位置によって異なる。病変が頚髄の外側のみを圧迫している場合は片麻痺（一側性、前後肢）が起こる。胸髄や腰髄において病変が、両側性にわたって圧迫している場合は対麻痺（左右後肢）が、片側性のみの場合は単麻痺（1肢のみ）が起こる。

(11) 脊髄炎
▶どのような病気か？
　一般に、ウイルス性脳炎に併発することがほとんどで、脳脊髄炎として取り扱われている。

(12) 環椎後頭骨奇形
　アラブの子馬にみられ、遺伝性疾患であると考えられている。後頭骨は環椎と融合し、軸椎は腹側に変位している。症状は運動失調、不全麻痺などである。診断はX線撮影による。

(13) 馬尾炎
▶どのような病気か？
　成馬における突発性で緩慢な進行性神経根炎である。馬尾における肉芽腫性炎と軸索変性がみられる。原因は特定されていないが、アレルギーや免疫異常が関与していると考えられている。
　特徴的な症状は、糞や尿の失禁、会陰部無痛覚症、尾の麻痺などで、緩慢な運動失調、不全麻痺もみられる。

脳脊髄液はタンパク質が増加し異常値を示す。治療法はなく，予後不良である。

⒁ 寄生虫症
▶どのような病気か？

指状糸状虫や普通円虫の幼虫，Halicephalobus gingivalis（Micronema deletrix），原虫（Sarcocystis neurona）などが脳脊髄へ侵入して髄膜炎や脳脊髄炎を引き起こす。詳細は本章「14. 寄生虫による病気」322頁および「18. 原虫による病気」380頁を参照。

⒂ 中毒・代謝異常
▶どのような病気か？

馬の簗川病（やながわびょう）はワラビ中毒のことである。放牧中にワラビを大量に摂取するとワラビに含まれるアニリナーゼによりビタミンB_1が分解されて，欠乏することで発病する。初期には体を左右に動かし，前肢の交差と後肢の開張，転倒，運動失調を起こす。末期には間代性痙攣と後弓反張がみられる。

⒃ 馬運動ニューロン病
▶どのような病気か？

脊髄や脳幹の運動神経細胞が変性し，脱落ないし消失することによって起こる後天性の神経変性疾患で，ヒトの筋萎縮性側索硬化症に類似している。原因の1つとして，ビタミンEの欠乏による酸化的ストレスの関与が考えられている。急性の場合は筋肉の振戦や攣縮を呈し，慢性の場合は全身性の筋肉の萎縮を呈する。

治療は，急性例ではコルチコステロイドや非ステロイド性抗炎症薬が，慢性例では経口ビタミンEが投与されるが，完治は難しい。

❺髄膜の疾患

⑴ 髄膜炎
▶どのような病気か？

髄膜の炎症は，主因となる疾患の合併症として起こることが多く，通常は急性の軟膜の炎症である。主に細菌やウイルスを原因とし，腺疫（Streptococcus equi subsp. equi），リステリア症，新生子のレンサ球菌および大腸菌による敗血症などによって起こることがある。髄膜の炎症は，局所性の腫脹や脳脊髄への血液供給の障害を引き起こす。急性髄膜炎は，突然発症し，神経症状に加えて発熱，毒血症を併発する。主な症状は知覚過敏，抑鬱，筋の拘縮や振戦で，知覚の消失および麻痺は，髄膜炎を起こしている脊髄の部位から尾側に向かって進行する。

本症は脳炎および急性脳浮腫との鑑別が困難である。無菌的に採取された脳脊髄液中には，タンパク質，炎症性細胞および細菌などが多数含まれる。治療は数日にわたる抗生物質の大量投与が必要である。

⑵ 硬膜下血腫
▶どのような病気か？

脳脊髄の硬膜と軟膜の間に血液ないし血球成分が貯留することで，外傷による硬膜内出血の二次的変化としてみられることが多く，この場合には脳脊髄液に血液が混入している。原因が不明であることも少なくないが，硬膜外出血とともにみられることもある。

❻末梢神経の疾患

⑴ 橈骨神経麻痺
▶どのような病気か？

前肢の表面にある橈骨神経に起こる麻痺で，馬ではしばしば認められる。さまざまな原因で起こるが，前肢の過度の伸張，転倒，蹴傷，手術時の長時間の圧迫などで発症することが多い。橈骨神経の上腕三頭筋枝の損傷によるものが主である。症状は特徴的で，負重の瞬間に肘関節が沈下し，患肢を十分に伸張できないため蹉跌（さてつ）したり転倒したりする。治療法はマッサージ，電気鍼などを行うが，回復には長期間（数ヵ月〜1年）を要する。また症状が軽快せずに予後不良となることもある。

⑵ 肩甲上神経麻痺
▶どのような病気か？

肩甲上神経は，腕神経叢の前側から出て棘上筋と肩甲下筋との間から深部に入り，烏口突起の上縁で外側に出る。主として棘上筋，棘下筋，小円筋などの急激な回転運動によってその神経の激伸や断裂を引き起こし，麻痺が起こる。患肢の負重時に肩関節が外方に開き，支柱肢跛行を示すのが特徴である。治療はマッサージ，電気鍼刺激を行う。

⑶ 鶏跛（けいは）
▶どのような病気か？

あたかも鶏が歩くように，不随意的に過度に飛節を屈曲して後肢を高く上げる異常な歩様で，重度なものでは後肢の球節の背側面が下腹部を叩くような歩様を呈する。2つの型があり，1つはオーストラリア型（地方病型）で，放牧地に自生するタンポポに似たブタナ

第4章 病気

(*Hypochaeris radicata*)の摂取が原因として疑われている。もう1つは北米型（散発型）で，下肢の局所的外傷による筋肉や神経の障害が疑われている。発症があれば，オーストラリア型では放牧地の変更や飼料の変更が，北米型では筋肉切除術や切腱術が行われる。

(4) グラスシックネス

▶どのような病気か？

末梢自律神経節，腸間膜神経叢，心臓神経節や延髄などで退行性病変が観察され，腸管運動の減退を主な症状とする。*Clostridium botulinum*の産生する神経毒素の関与が疑われている。消化管機能不全による疝痛，鼓腸，便秘などをはじめとしてさまざまな症状を呈する。治療は腸管運動の促進や疼痛を緩和する薬剤の投与がなされる。

11. 内分泌系の病気

動物は，体内および体外環境の変化に対し適応行動をとっている。この適応行動すなわち生体制御のメカニズムは，神経性，内分泌性および神経内分泌性の3つに大別される。このなかの，内分泌性および神経内分泌性の制御では，化学物質（ホルモン）の種類や濃度などの情報が血液などにより運ばれて，遠隔の標的器官の機能を亢進または抑制している。

馬を含め，動物の代表的な内分泌器官は，下垂体，甲状腺，副甲状腺，膵臓，副腎，精巣および卵巣などである。それらの部位で産生されるホルモンは，アミノ酸，ペプチド，タンパク質，ステロイドなどさまざまなものがある。

馬の内分泌系疾患はあまり知られていないものの，クッシング症候群，アジソン病，副甲状腺（上皮小体）機能亢進症，インスリン抵抗性などがある。

❶クッシング症候群

▶どのような病気か？

1932年，アメリカのCushingにより報告された疾病で，副腎皮質ホルモンの分泌亢進により起こる疾患である。

▶原因は？

下垂体の機能亢進による副腎皮質刺激ホルモン（ACTH）の分泌亢進，好塩基性腺腫，副腎皮質ホルモン産生腺腫，腺癌によるものがある。高齢馬では，下垂体中間部腺腫をもつ場合，ACTHの合成が盛んになって起こることがある（図4-106）。

▶症状は？

緩慢かつ進行性で，多飲多尿，元気消失，腹部下垂，骨格筋萎縮，集合姿勢，被毛の長毛化（図4-107）などを示す。免疫能の低下により慢性感染症に罹りやすい。

▶どのような検査や治療を行うのか？

血液検査で，血中の好酸球およびリンパ球の減少，血清コレステロール値の上昇がみられ，血中コルチコステロイドは増加する。馬における治療法に関する報告はない。腺癌が原因の場合は予後不良である。

❷アジソン病

▶どのような病気か？

副腎皮質が両側性に侵される慢性退行性疾患で，1855年イギリスのAddisonが初めて報告した。中年雌犬にま

(EHL-1924)

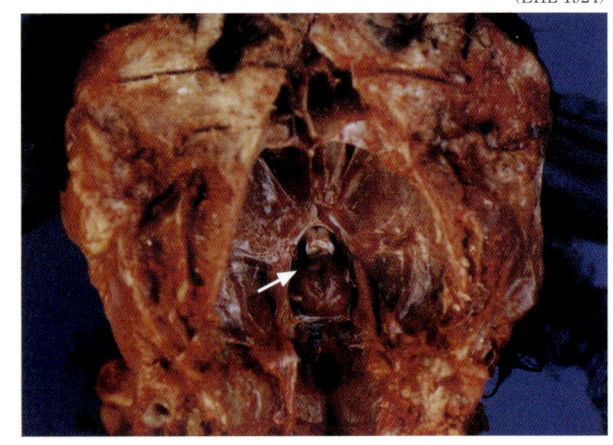

図4-106 クッシング症候群で腫大した老齢馬（24歳）の下垂体（矢印）（JRA原図）

図4-107 クッシング症候群の罹患馬にみられた被毛の長毛化（JRA原図）

れにみられ，馬にもきわめてまれにみられる慢性副腎皮質不全症である。
▶原因は？
　特発性・両側性の副腎皮質の萎縮で，自己免疫の関与が考えられている。
▶症状は？
　無力，抑鬱，元気消失，食欲不振，下痢あるいは便秘，削痩，脱水，筋力低下などを示す。
▶どのような検査や治療を行うのか？
　低血圧，低血糖などがみられ，血液検査で，血中の好酸球およびリンパ球は増加し，血清ナトリウム値，重炭酸塩，水分含量の低下，血清カリウム値の上昇がみられる。これは電解質ステロイドや糖質ステロイドの分泌不足による所見である。血中コルチゾール値の測定，副腎皮質刺激ホルモンACTH刺激試験に，まったく反応しないことによって診断することができる。
　治療法は，副腎皮質ステロイドの対症療法がとられており，予後は悪くはない。

❸副甲状腺機能亢進症

▶どのような病気か？
　副甲状腺ホルモン（PTH）の過剰分泌により起こる代謝性疾患。上皮小体機能亢進症ともよばれる。
▶原因は？
　副甲状腺の異常を原因とする原発性副甲状腺機能亢進症と，カルシウム代謝の破綻を原因とする二次性副甲状腺機能亢進症とに区別される。ヒトでは，副甲状腺の癌または腺腫による原発性副甲状腺機能亢進症がみられる。
　馬では，20世紀初頭にフスマ由来飼料の多給による二次性副甲状腺機能亢進症が知られ，bran diseaseとよばれた。フスマはリンを多量に含むことから，カルシウムに対してリンが過剰となることによって，カルシウム濃度が高いにもかかわらず，PTHの分泌が亢進する。同様なことは米ぬかの多給でも起こりうる。
▶症状は？
　初期の症状は遊走性跛行および関節痛であり，見逃しやすい。脱灰が進行すると動くことを嫌い，強直歩様となる。
▶どのような検査や治療を行うのか？
　血中のカルシウム値およびCa/P比，尿中のカルシウム値の測定を行う。カルシウム値が高いのに骨密度の低下がみられる場合，本症を疑う。食餌性の場合，飼料中のCa/P比を改善する必要がある。

❹インスリン抵抗性

▶どのような病態か？
　食餌などで上昇した血糖値が，膵臓から分泌されたインスリンによって低下しない，あるいは低下しにくい病態である。ヒトでは肥満，糖尿病など生活習慣病の背景とされる。馬ではアラブ，モーガン，ペルビアン・パソなどの乗用品種やポニーにみられる。
▶原因は？
　持続的な高カロリー食の給与などにより，高濃度のインスリン分泌が持続し，筋肉や肝臓などの標的器官における感受性が低下することによる。
▶症状は？
　初期にはとくに症状はないが，脂肪蓄積，多尿，過食などとともに，クッシング症候群や蹄葉炎を併発することがある。
▶どのような検査や治療を行うのか？
　診断には血中インスリン濃度と血糖値の測定が必要である。治療は，基本的に低糖・低カロリー食による食餌療法と運動療法が必要であり，蹄葉炎への注意も怠ってはいけない。

12. 免疫系の病気

　馬は，ヒトなどに比較して免疫学的診断技術が十分に確立されておらず，したがって疾患として知られているものは少ない。
　表4-1に馬の免疫学的疾患としてこれまでに明らかにされている主な疾病を分類した。ここでは，これらの疾病のなかでもっともよくみられる免疫不全症を中心に，他の疾患についても解説する。

❶免疫不全症

　免疫不全症の典型的な疾病としては，ヒトのエイズ（AIDS）があげられる。また，エイズに類似した免疫不全が起こるウイルス性疾患として，猫，牛，サルにおいて同じレンチウイルスに分類されるいくつかの感染症が

表4-1　馬の免疫学的疾患

1．免疫不全症 　　機能的：移行抗体伝達不全 　　遺伝的：複合型免疫不全症など
2．白血病（リンパ肉腫）
3．血液型不適合による新生子黄疸
4．感染症：馬伝染性貧血など

表4-2 主な免疫不全症の類症鑑別

疾病	種	リンパ球数	Bリンパ球数	Tリンパ球機能	IgM	IgG, IgG(T), IgA
移行抗体伝達不全	すべて	正常	正常	正常	正常※	正常※
複合型免疫不全症	アラブ	低い	ゼロ	減退	ゼロ	合成不能
先天性IgM欠損症	すべて	正常	正常	正常	低いか欠如	正常
無免疫グロブリン血症	サラブレッド	正常	ゼロ	正常	ゼロ	合成不能

※移行抗体伝達不全では子馬の免疫グロブリン産生能は正常だが，母馬からの抗体の移行が悪い。

表4-3 免疫不全症馬の発生頻度

疾病名	頭数
移行抗体伝達不全	228
複合型免疫不全症	159
先天性IgM欠損症	19
無免疫グロブリン血症	3
リンパ肉腫	7
計	416

調査頭数 2,092頭
(Perryman LE, et al.：J. Am. Vet. Med. Assoc., 1374, 1980)

表4-4 移行抗体伝達不全の原因

母馬側の原因
　分娩前のストレス，未経産，早産，漏乳，大量出血，育児放棄など
子馬側の原因
　初乳の摂取量不足
　（虚弱，奇形，神経機能麻痺，骨折，筋変性症など）
　吸収不全
　（吸収上皮の発育不全，成熟上皮による早期置換）

表4-5 子馬の細菌感染症例の血清IgG濃度

日齢	症例数	血清IgG濃度(mg/dL)		
		<400	400〜800	>800
0〜7	35	27	7	1
8〜30	15	5	8	2
31〜113	22	12	8	2

(及川正明ら：獣医畜産新報，文永堂出版，1990を一部改変)

知られている。これに対し，馬では，同じレンチウイルスに分類される馬伝染性貧血ウイルスによる感染症があるものの，後述するように，本症の病態は免疫不全とは異なっており，馬ではエイズのようなウイルス性の免疫不全症は知られていない。一方，馬においても非感染性のさまざまな免疫不全症が報告されている。それらの類症鑑別点を表4-2に示した。

(1) 移行抗体伝達不全（FPT）
▶どのような病気か？
　馬は体のなかに免疫グロブリンをもたない状態で生まれてくるが，生まれた直後に母馬の乳を飲むことで，自分で免疫グロブリンを作り出せるようになるまでの間の免疫力を身につけている。この母馬から受け取る免疫グロブリンが不十分な状態を，移行抗体伝達不全とよぶ。
　表4-3に，PerrymanおよびMcGuire（1980年）により調査された馬の免疫不全症の発生頻度を示す。このうち，複合型免疫不全症は，アラブにのみ発生する遺伝病であるために，サラブレッドが主体の日本の馬産業とは若干事情が異なる。この疾患を除くと，わが国で発生する免疫不全症のほとんどがここで解説する移行抗体伝達不全であることがわかる。
　表4-4にその原因をリストアップした。これまでの調査では，血清IgG量が400 mg/dL以下の子馬は，下痢，関節炎，肺炎などの細菌感染症（いわゆる子馬病）になりやすいとされている。その成績を表4-5に示す。

a) 母馬側の要因
　乳房中での免疫グロブリンの産生は，分娩前2週間前後から行われる。通常の乳汁中の免疫グロブリンの主体はIgAであるが，初乳中ではIgGが主体となる。このIgGは，血清から移行したものと考えられており，初乳では血清濃度よりも3倍程度高い。一方，分泌型の免疫グロブリンであるIgAは，乳腺で産生されたものであり，血清よりもやや高濃度である。乳汁中の免疫グロブリンの量が少なくなる原因としては，初産，早産，分娩前のストレス，大量出血などがあげられる。
　また，分娩前から乳汁が乳頭から滴下するほどに漏れる場合がある。これはホルモン異常，あるいは外傷が原因と考えられる。そのような馬では，必然的に初乳が低免疫グロブリンの状態になる。分娩前の日ごろの観察が重要である。
　さらに，母馬から子馬に乳を飲ませようとしない場合もある。

b) 子馬側の要因
　子馬側の原因は，物理的な要因と生理的な要因に

分けられる。

物理的な要因としては，虚弱，奇形，骨折，あるいは神経機能麻痺，筋変性症などの原因で乳を飲む力がない場合があげられる。また，乳を飲む行為そのものが下手な場合もある。

一方，生理的な要因は，初乳の質および量が十分であっても，子馬の免疫グロブリンの吸収能力に原因がある場合もある。日高地方での調査では，病性鑑定で解剖された子馬のなかに，高率に小腸の絨毛の短い例が観察された。また，免疫グロブリンを吸収するのに適した未熟上皮が，生後早い時期に成熟上皮（免疫グロブリンを吸収できない）に置き換わってしまった例も観察されている。さらに，死亡した子馬のなかで，移行抗体伝達不全ではないものの胸腺が異常に小さい例もみられている。

▶どのような検査，治療を行うのか？

母馬側に原因がある場合は，初乳バンクから免疫グロブリン濃度の高い初乳を入手し，生後12時間以内に飲ませる方法が推奨されている。すなわち，余ったり，あるいは子馬に与えられなかったりした初乳を凍結保存しておき，子馬に与えるシステムである。なお，その際はその初乳が，後述する新生子黄疸の原因となる血液型不適合などの弊害を起こす可能性があるかどうか，事前に調べておく必要がある。

また，子馬が母乳を飲めない場合には，母馬からしぼった初乳を人工的に子馬に与える。ただし，生後24時間を経過すると，子馬の小腸の上皮細胞は免疫グロブリンを吸収できない成熟上皮に置き換わるので，初乳あるいは免疫グロブリンを経口投与しても，子馬は吸収できず，効果は期待できないこととなる。

生後24時間以降に血清中のIgGの定量を行うことで本症を診断することができる。その目安は，400 mg/dLである。もし，この検査で移行抗体伝達不全と診断された場合は，血液中への免疫グロブリンの直接投与が有効である。Rumbaughら（1978年）は，輸血による治療を試みている。その成績を表4-6に示す。結果として，血中IgGおよびIgM量は増加したが，その後の臨床経過は明らかにされていない。

一方，400 mg/dL以上でも，肺炎などの呼吸器疾患を生後90日以内に発症することはある。その場合の罹患率と血清IgG濃度の間に相関はないが，罹患する場合にはIgG濃度が低いほど早い時期に発病する傾向にあるとの成績も得られている。

いずれにしても，移行抗体伝達不全の子馬については，

表4-6 移行抗体伝達不全症の輸血による治療

	血清中の濃度(mg/dL)	
	IgG	IgM
ドナーの血清濃度	167.4	103.4
輸血前	193.7	22.8
輸血後	543.1	42.7

（Rumbaughら：J. Am. Vet. Res, 1978を改変）

すみやかに免疫グロブリンの補給をすると同時に，細菌感染症を防ぐために一般的な衛生管理をさらに徹底することが重要である。

すなわち，①分娩直後の臍帯消毒を行い，自分自身で十分な免疫グロブリンが作り出せるようになる生後3ヵ月まで，朝夕に体温を測定するとともに，子馬の状態をよく観察すること，②土壌，馬具，寝ワラなどを清潔にすること，③厩舎や牧場の入り口には人や自動車などに対する消毒槽を設ける，④厩舎や放牧場の定期的な消毒，などが重要である。

(2) 複合型免疫不全症(CID)

▶どのような病気か？

1973年にワシントン州立大学のグループにより同定された疾病である。アラブにのみ認められる遺伝性の疾患で，同大学においてその血統が維持されている。その要約を表4-7に示す。

低免疫グロブリン血症，リンパ球減少症（胚中心の不在），胸腺および脾臓における胸腺依存性リンパ球の欠如が特徴の疾患で，BおよびTリンパ球の形成不全症である。診断基準としては，この他にIgMの欠損，皮膚の遅発性反応不全があげられている。

一般的に生後5ヵ月前後でさまざまな感染症，すなわちカリニ肺炎，アデノウイルス感染症などにより死亡する。もし，母乳からの免疫グロブリンの移行が十分でない場合には，より早い時期に死亡する。本症の日本での症例報告はない。

▶どのような検査，治療を行うのか？

アラブで表4-7に定義された場合に複合型免疫不全症と診断する。

本症はヒトの類似した病気の疾患モデルとして取り上げられていることから，外国では多くの治療成績が報告されている。Perrymanら（1980年）の実験では，肝細胞，胸腺細胞，および末梢リンパ球を移植したところ，5頭は86日以内に死亡したが，残りの2頭はそれぞれ8ヵ月および11ヵ月生存し，いずれも機能的なTおよびB

第4章 病気

表4-7 複合性免疫不全症の臨床

定義	Bリンパ球系不全＝低免疫グロブリン血症，リンパ球減少症(胚中心の不在)
	Tリンパ球系不全＝胸腺欠如，脾臓における胸腺依存リンパ球の欠如
診断基準	リンパ球減少症
	免疫グロブリン合成不全(IgM欠損)
	皮膚の遅発性反応不全
経過	生後5ヵ月前後でさまざまな感染病(カリニ肺炎，アデノウイルス感染など)で死亡

(Perryman LE, et al.：J. Am. Vet. Med. Assoc, 1980)

表4-8 馬における無免疫グロブリン血症

Bリンパ球産生不全(pre Bリンパ球→Bリンパ球の阻害)
IgM, IgA欠損, IgG, IgG(T)微量
Tリンパ球：正常
リンパ組織：胚中心，プラズマ細胞が不在
雄のみに発生：X染色体にリンク
診断：Ig表在リンパ球不在

(Perryman LE, et al.：J. Am. Vet. Med. Assoc., 1374, 1980)

リンパ球を発現した。また，Bueら(1986年)の実験では，生後36日の子馬から得た骨髄細胞を移植したところ，300日以上生存した。

(3) 先天性IgM欠損症

Bリンパ球の欠損による免疫不全症のうち，選択的にIgMのみが欠損している例が馬でも報告されている。牛や鶏での報告もある(Perrymanら，1977年)。

(4) 無免疫グロブリン血症(先天性IgG欠損症)

Deemら(1979年)は，症例報告のなかで，持続的な発熱，多発性の細菌感染症，未熟な好中球の増加が観察されたことを報告している。血清中の免疫グロブリンの濃度は，200 mg/dLで，IgG(T)とIgGは微量，IgMとIgAは検出限界値以下であった。羊赤血球を抗原として抗体産生能力を調べたところ，まったく反応しなかったが，PHAの注射に対する反応は正常であった。解剖所見ではリンパ組織の胚中心が欠損し，プラズマ細胞が不在であったとしている。

また，McGuireら(1976年)やPerrymanら(1986年)の総説によると，このタイプの免疫不全症はBリンパ球のみの欠損が特徴で，Tリンパ球系は正常である。さらに，雄のみに観察されることから，おそらくX染色体に関連した疾患であろう。その特徴を表4-8に示す。

❷白血病

▶どのような病気か？

他の動物に比べて，馬では本症の報告は非常に少ない。その原因として第一にあげられるのは，馬では感染性の白血病がこれまでに確認されていないことが大きい。

症状は，削痩，下肢の浮腫，脱毛，あるいは血沈の亢進などが特徴である。また，血液検査で担鉄細胞が観察されることも多い。馬で認められる白血病の多くは，リンパ肉腫であり，腸間膜リンパ節の腫大が特徴的で，体表リンパ節の腫大を伴うことも多い。

構成細胞は，リンパ球や組織球であることが多いが，詳細についてはリンパ球の表在抗原の同定法が未確定であることから不明である。血球数や塗抹標本で異常が認められないことも多い。また，特定の免疫グロブリンアイソタイプが異常に多い症例もこれまでに認められている。一方で，免疫不全を併発して，日和見感染を起こしている症例も報告されている。

▶どのような検査，治療を行うのか？

削痩，下肢の浮腫，脱毛，あるいは血沈の亢進などの臨床状態が発見のきっかけとなることが多い。担鉄細胞などの血液検査が必須である。治療法はない。

❸新生子黄疸

▶どのような病気か？

本症は，母馬とその子馬の間の血液型不適合性に起因する。父馬から子馬へ受け継がれた赤血球要因(抗原)が母馬に欠如していた場合，母馬はその抗原に対する抗体を産生する可能性がある。

胎子の血液と母馬の血液が混じり合うことはないので，子宮内では子馬への悪影響はない。しかし，これらの抗体は，母馬の初乳に含まれることから，生まれたばかりの子馬が初乳を摂取すると障害が起こる。抗体は，子馬の腸粘膜から血流へ侵入し，さらに子馬の赤血球に付着して，赤血球の破壊を引き起こす。子馬は黄疸になり，死に至ることもある。黄疸以外の症状は，起立困難や昏睡状態などの神経症状である。

母馬が自分の所有していない赤血球抗原になぜ感作されるのかは不明であるが，可能性として，経胎盤性出血，または出産時に子馬の赤血球に暴露されることが考えられている。実際には，母馬の第一子はあまり影響を受け

ないが，第二子以降の子馬が問題の抗原をもっている場合はリスクが高い。

▶どのような検査，治療を行うのか？

分娩前に父馬と母馬の血液型を検査することにより，その発症をある程度の確率で予測することが可能である。しかし，必ずしもその検査結果が発症に結びつかないことから，現在ではあまり行われず，むしろ治療に重点がおかれている。治療方法としては，母馬の血液を遠心分離して赤血球成分のみを生理食塩水と混和し，PCVが約20％になるように調整したものを1～2L輸血するというものがある。しかし，この操作は遠心分離器などが必要であったり，操作が繁雑であることが欠点である。

一方，ユニバーサルドナー（子馬のもつ母馬由来の抗体によって破壊されるもっとも一般的な赤血球抗原（AaおよびQa）がない馬）の全血を輸血する方法がより優れた治療方法として推奨されている。ユニバーサルドナーの生血3Lを輸血した後，2週間で症状が軽減する（図4-108）。

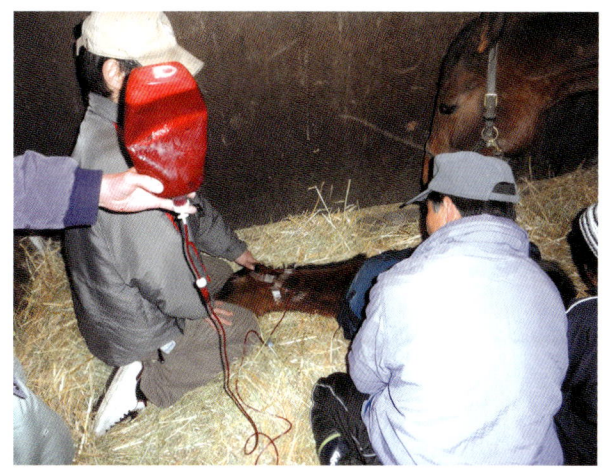

（敷地 光盛氏提供）
図4-108　新生子黄疸を発症した子馬への輸血の様子

❹馬伝染性貧血

▶どのような病気か？

原因ウイルスである馬伝染性貧血ウイルスは，ヒトなどの各種動物の白血病ウイルスや，エイズの原因ウイルスであるヒト後天性免疫不全症ウイルスなどと同じレトロウイルス，レンチウイルス亜科に分類されるウイルスである。

このウイルスに感染すると，感染後14日ほどで40℃以上の発熱が3～4日間持続する。いったん解熱するが，7～10日間ほどで再度発熱する。個体によってはこの発熱を何度も繰り返すことがあり，回帰熱発作とよばれる。その後，数ヵ月して慢性期に移行すると，感染馬はしだいに貧血および高免疫グロブリン血症などの免疫現象が原因となる症状を示す。

貧血のメカニズムは，赤血球表面に結合したウイルスや，ウイルス抗原に対する生体側の直接的な破壊作用，あるいは骨髄における造血機能の減退である。また，高免疫グロブリン血症は，ヒトのエイズでも観察される現象であるが，持続的な抗原刺激に対する生体側の反応と考えられている。感染馬は，一生ウイルスを体内に保持し続け，他の馬への感染源となる。馬伝染性貧血における免疫不全については，さまざまな議論があるが，エイズのように日和見感染などを起こすような免疫不全症はないとされている。

しかしながら，Fujimiyaら（1979年）は，IgG抗体により活性化された抗体依存性細胞障害反応は，IgG(T)抗体により効果的に抑制されることを報告している。また，McGuireら（1976年，1977年）は，外来性の抗原刺激に対する反応としてのIgGの産生は，増加したIgG(T)により抑制されることを示唆している。一方，Newmanら（1984年）は，感染後には，抗原特異的でかつポリクローナルなリンパ球の浸潤が欠落するか減少する形で免疫システムの一時的な抑制が起こっていることを報告している。以上のことから，彼らは，宿主の免疫を抑制する能力について，馬伝染性貧血ウイルスは他のレトロウイルスと同じであると結論づけている。

馬伝染性貧血では，免疫グロブリンの糸球体への沈着による糸球体腎炎や，感染性の抗原抗体複合物（infectious immune complex）の存在など，自己免疫疾患に共通した現象が観察されることから，本病はミンクのアリューシャン病，マウスの乳酸脱水素酵素ウイルス感染症などとともに，自己免疫疾患に分類する考え方もある。

13. 生殖器系の病気

これまでの軽種馬の生産に関する統計調査では，種雄馬と交配した繁殖雌馬の約3割が正常分娩にまで至らず，損耗となることが知られている。損耗の要因は55％が不受胎によるものであるが，流・死産（13％），生後直死（7％）の他，妊娠の早い段階で起こる早期胚死滅や胎子の喪失が2割程度を占めると考えられる。

ここでは，馬の生産の損耗に影響の大きい早期胚死滅と流産に焦点をあてて述べ，併せて種雄馬の繁殖障害や感染症について概説する。なお，早期胚死滅とは受精卵

第4章　病気

(胚)が40日以内に死滅することを，流産とは胎齢約300日以前に胎子が死亡または仮死の状態で娩出されるものをいう。また早産は胎齢301〜320日の間に娩出されるものをいい，死産とは妊娠満期近くに胎子が死亡した状態で娩出されるものをいう。さらに生後直死とは胎子が生きた状態で娩出され，その後何らかの原因で18時間以内に死亡したものをいう。

❶早期胚死滅

▶どのような病気か？

卵子は受精して受精卵となり，細胞分裂を繰り返しながら胚(embryo)として成長するが，この胚が40日以内に死滅することを早期胚死滅という。なお，馬における胚とは受精卵が器官形成を終える妊娠40日までを指し，以後娩出時までの期間は胎子とよばれる。

▶原因は？

胚死滅の原因としては母体側の要因，外的環境要因および胚側の要因があげられる。

(1) 母体側の要因による早期胚死滅

a) 子宮内膜炎

　子宮内膜炎が胚死滅を引き起こすメカニズムとしては，つぎの3つの働きが考えられる。1つ目は子宮内膜の炎症刺激がプロスタグランジンを放出させる結果，黄体が退縮し，胚が死滅するというメカニズムである。2つ目は，子宮の炎症により浸潤してきた炎症性細胞が胚の破壊を起こすというメカニズムである。そして3つ目は，病原体そのものが直接胚を破壊するというメカニズムである。また，子宮内膜炎に罹患しやすい馬は生殖器内の細菌を排出する機能が低く，早期胚死滅を繰り返すことが多い。

b) 慢性退行性子宮内膜炎

　この疾病は，子宮内膜固有層における膠原線維の増生，子宮腺の減数ならびに腺管周囲の線維化を伴った子宮腺の囊状拡張および腺腫性増生，リンパ管囊胞を特徴としている(図4-109)。

　これら病変の程度が増すと，早期胚死滅の発生率が高まる。病変の程度は，母馬の年齢，出産回数，そして過去の子宮内膜炎の罹患率とよく相関する。とくに，17歳以上になると重度な病変が生じる確率が高くなり，受胎率は低下する。早期胚死滅は，子宮腺の減数，子宮腺周囲の線維化により胚の栄養供給が障害された結果と考えられる。

c) 加齢

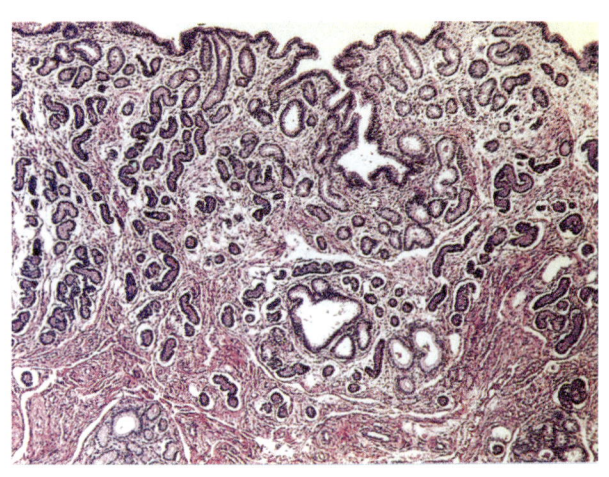

慢性退行性子宮内膜炎の特徴である子宮腺管周囲の線維化を伴った子宮腺の囊状拡張。

図4-109　繁殖雌馬の子宮組織像(JRA原図)

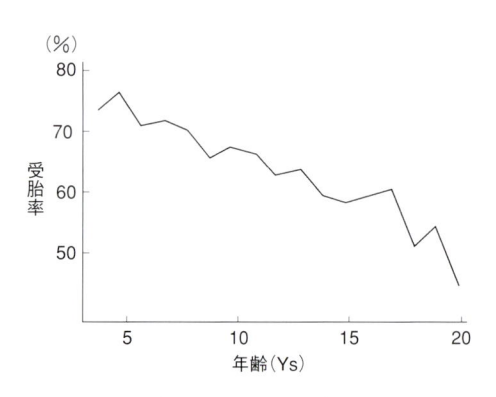

(Jeffcott L.B., et al.：Equine Vet. J., 185, 1982)
図4-110　馬の年齢に伴う受胎率の推移

　加齢により，繁殖雌馬の受胎率は目立って減少していく(図4-110)。加齢に伴い，子宮の抗病性は低下し，また子宮壁の萎縮性変化(子宮腺の減数，子宮筋層平滑筋細胞の萎縮)，増生性変化(子宮腺の腺腫性増生，子宮内膜固有層や筋層間質の膠原線維の増生)，図4-111で示すように脈管系の変化(血管の硬化性変化，リンパ管の囊胞状拡張)など慢性退行性子宮内膜炎(図4-109)が目立ってくる。これらの変化は，子宮腺分泌機能の低下や胎盤形成障害(微小胎盤節形成障害)をもたらし，早期胚死滅を惹起する。

d) プロゲステロン欠乏

　プロゲステロンは妊娠の維持に不可欠なホルモンである。したがって，プロゲステロンが減少すると胚死滅を招く。母体が妊娠を認識する前(受胎後14〜16日以前)には，つぎの3つの機序によってプロゲステロンの減少，ひいては胚死滅が起こりうる。

　第1に，子宮内膜炎のような子宮の炎症が存在した場合，妊娠黄体が退行し，その結果プロゲステロ

310

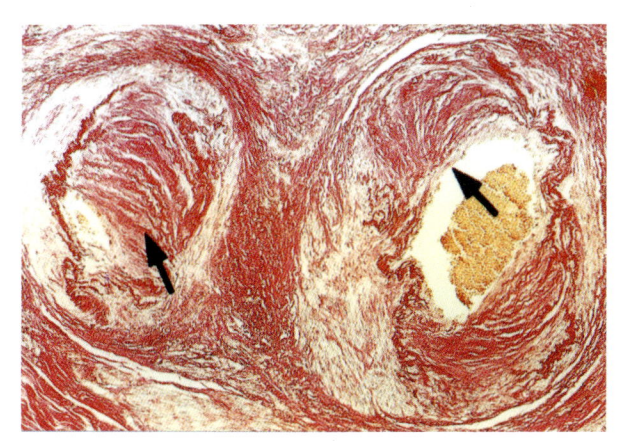

子宮内動脈の内膜から中膜にかけての弾性線維増生（矢印）による動脈硬化。

図4-111　繁殖雌馬にみられた動脈硬化（JRA原図）

ンの欠乏が起こる。

　第2に，黄体の機能が一時的に低下した場合にプロゲステロンの減少が起こる。

　第3に，胚は受精後15〜16日までは子宮に定着せず，子宮内を移動し，母体に妊娠を認識させるための信号を送る。このようにして子宮内膜からのプロスタグランジンの分泌を阻止あるいは低下させ，黄体からのプロゲステロン分泌を維持する。しかし，胚の発育が不良であったり，運動性が低かったりすると母体は妊娠と認知しないため，黄体の維持を中止し，胚は死滅する。

(2) 外的環境要因

a) ストレス

　母体へのストレス（疼痛，感染症，離乳，輸送，栄養欠乏など）は血中のプロゲステロンを減少させ，胚の死滅を招く要因となる。また，菌体内毒素はプロスタグランジンの放出を促し，黄体の退行による胚の死滅を起こす。

b) 栄養

　栄養不良な状態が25〜30日間続くと，胚は死滅する。したがって，交配前から妊娠期にかけては母馬の栄養状態を良好に保っておく必要がある。

c) 気候

　気候が胚に及ぼす影響は不明な点が多い。しかし，牛などの動物では高温な環境下においては胚死滅の割合が高くなるといわれているため，馬においても同様の可能性は考えられる。

d) 種雄馬

　種雄馬が生殖器に病原性を示すウイルスや細菌を保有していると，交配時に生殖器感染し，不受胎や早期胚死滅を起こす。

(3) 胚側の要因

　遺伝子構成の異常な胚は早期に死滅する。しかし，馬の胚における正確な発生率は不明である。老齢な繁殖雌馬は，遺伝子異常を有した胚を多く産出する傾向にある。

❷流産

(1) 流産の疫学

　流産が軽種馬生産に与える経済的影響はきわめて大きい。わが国の軽種馬生産の主体をなす日高地方においても，毎年約200頭以上もの流産が起こっている。流産の発生状況を1年を通じてみてみると10月ごろから徐々に増加し，1月がもっとも発生頭数が多く，2月と3月がそれに続いている（図4-112）。この間の流産の原因は臍帯（さいたい）捻転および不明がもっとも多く（25.4%），ついで双子流産14.3%，細菌性流産（流産胎子の内部臓器より細菌が分離されたもの）10.2%，馬鼻肺炎（ERV）10.0%などに分類される（図4-113）。

　細菌性流産の原因菌としては*Streptococcus* spp.（30.9%），*E. coli*（20%）などが多く，これらの傾向は2012年現在でも大きくは変わっていない。

(2) 流産の原因検索方法

　産歴，種雄馬の状態，交配月日，母馬の移動状況，妊娠中の健康状態（乳漏，外陰部の悪露，疝痛など）についてまず聴取する。流産胎子の剖検の際には，心臓，肝臓，肺，脾臓，胃，胎盤から細菌培養用の採材を行う。ウイルス分離のためには肝臓，肺，胸腺，脾臓および副腎を採材する。

　流産胎子の体重，体長（頭部から尾部までの長さ）を測定し，表4-9と図4-114のサラブレッド胎子の発育曲線と比較し，妊娠中の発育遅延の有無を確認する。胸腺の状態，皮下水腫，膀胱の尿充満（臍帯捻転，尿膜管閉鎖によって起こる），肺の含気量の有無などに注意を払って検索する。さらに，流産の原因解明を確実にするためには胎子の検索同様，胎盤の検索が不可欠である。ここではとくに，胎盤の肉眼的検索法について記す（図4-115）。

　脈絡膜－尿膜を絨毛膜面を外側にして子宮内の形をF字型（図4-115）に再現し，まず破膜部を観察する。正常分娩においては，胎子は産道から娩出される際に，脈絡膜－尿膜の子宮頸部に相当するcervical star（子宮頸部に密着する胎盤領域で，胎子はこの部の胎盤を破って子宮

第4章　病気

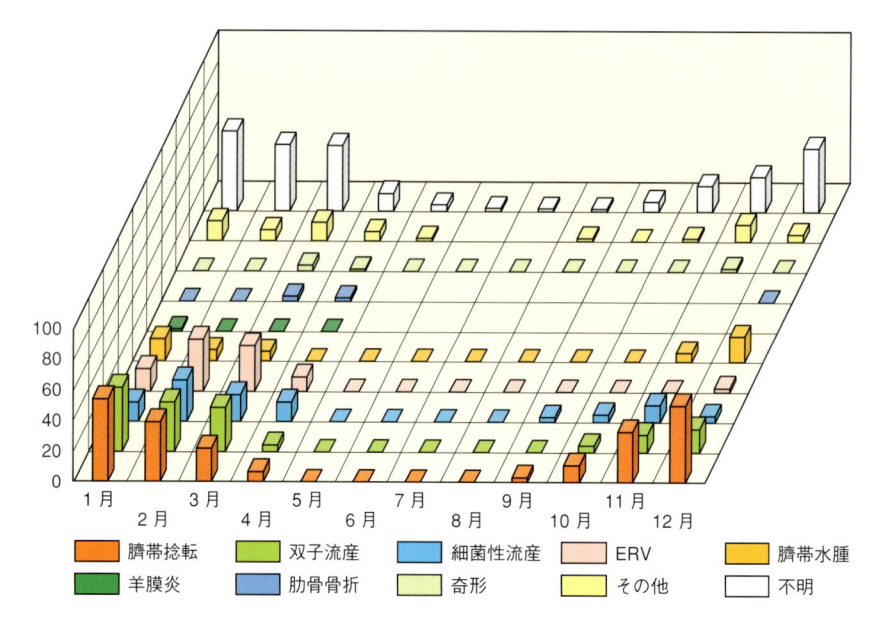

図4-112　日高地方の軽種馬における月別流産原因（1984～1989年データより）

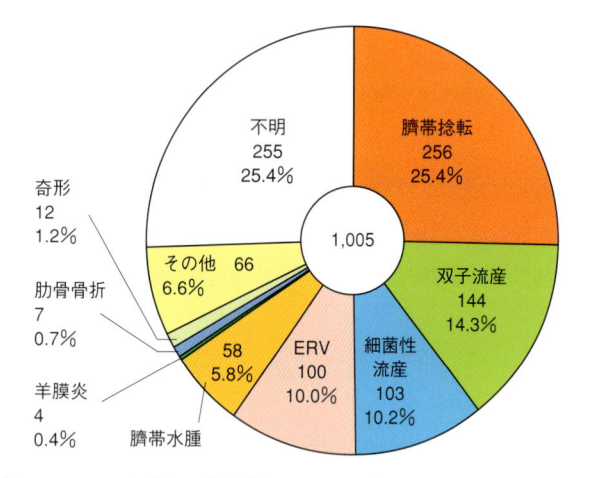

凡例：臍帯捻転、双子流産、細菌性流産、ERV、臍帯水腫、羊膜炎、肋骨骨折、奇形、その他、不明

図4-113　日高地方の軽種馬の原因別流産頭数（1984～1989年データより）

- 臍帯捻転　256　25.4%
- 双子流産　144　14.3%
- 細菌性流産　103　10.2%
- ERV　100　10.0%
- 臍帯水腫　58　5.8%
- その他　66　6.6%
- 羊膜炎　4　0.4%
- 肋骨骨折　7　0.7%
- 奇形　12　1.2%
- 不明　255　25.4%
- 合計　1,005

表4-9　サラブレッド胎子の発育

胎齢（日）	体重（kg）（平均値±標準偏差）	体長（cm）（平均値±標準偏差）
140～159	2.15± 0.79（ 7）	43.14± 4.38（ 7）
160～179	3.76± 2.55（ 7）	46.43± 9.25（ 7）
180～199	6.23± 1.27（12）	59.42± 5.40（12）
200～219	9.25± 1.95（22）	70.10± 5.43（21）
220～239	13.91± 2.86（11）	77.40± 6.36（10）
240～259	20.03± 4.00（20）	89.37± 5.45（19）
260～279	26.85± 4.08（17）	98.88± 4.83（17）
280～299	32.59± 7.97（17）	104.33±10.28（15）
300～319	39.41± 6.52（25）	109.56± 7.63（24）
320～339	50.00± 6.99（26）	117.77± 6.17（26）
340～359	50.82± 6.04（23）	120.00± 5.43（21）

カッコ内数字は測定頭数。

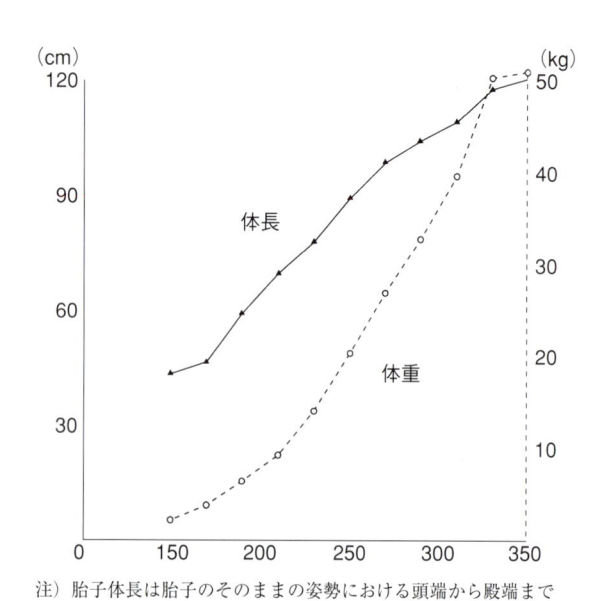

注）胎子体長は胎子のそのままの姿勢における頭端から殿端までの距離をもって示す。

図4-114　サラブレッド胎子の発育
（胎齢150日からの胎子身長および体重）

頚管をとおり，膣→外陰部へと娩出される）を破って出生する。脈絡膜－尿膜面が外側になるように反転して同様に観察する。妊角の脈絡膜－尿膜は非妊角よりも幅が広く，壁が水腫性に肥厚している。

　臍帯の長さ，直径，付着部位，断面などを観察する。サラブレッドの新生子の臍帯長の平均は約65 cm（36～83 cm）で，妊角および非妊角の中間に通常付着する。臍帯は2本の臍動脈が臍静脈および尿膜管を取り囲むようにらせん状に走行している。羊膜の胎子面，母体面を観察する。とくに母体内での胎子のストレス反応とされる胎便排泄の有無を確認する。臍帯，羊膜，脈絡膜－尿膜を切り離し，重量を測定する。

312

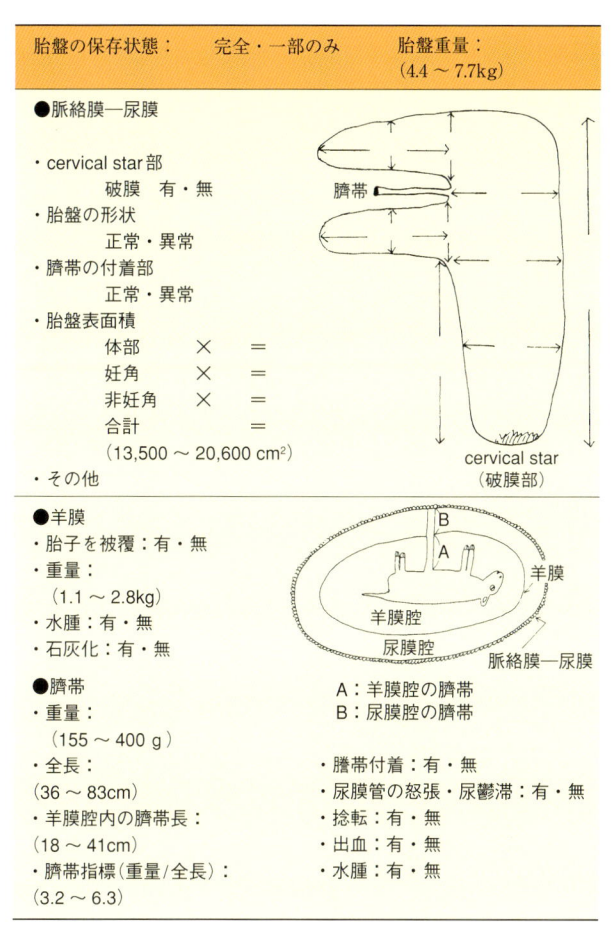

```
胎盤の保存状態：　完全・一部のみ　　胎盤重量：
　　　　　　　　　　　　　　　　　　（4.4～7.7kg）

●脈絡膜—尿膜
・cervical star部
　　破膜　有・無
・胎盤の形状
　　正常・異常
・臍帯の付着部
　　正常・異常
・胎盤表面積
　　体部　　×　　＝
　　妊角　　×　　＝
　　非妊角　×　　＝
　　合計　　　　　＝
　　（13,500～20,600 cm²）
・その他

●羊膜
・胎子を被覆：有・無
・重量：
　（1.1～2.8kg）
・水腫：有・無
・石灰化：有・無

●臍帯
・重量：
　（155～400 g）
・全長：
　（36～83cm）
・羊膜腔内の臍帯長：
　（18～41cm）
・臍帯指標（重量/全長）：
　（3.2～6.3）

A：羊膜腔の臍帯
B：尿膜腔の臍帯

・臍帯付着：有・無
・尿膜管の怒張・尿鬱滞：有・無
・捻転：有・無
・出血：有・無
・水腫：有・無
```

図4-115　胎子・胎盤（脈絡膜—尿膜）の検査項目例

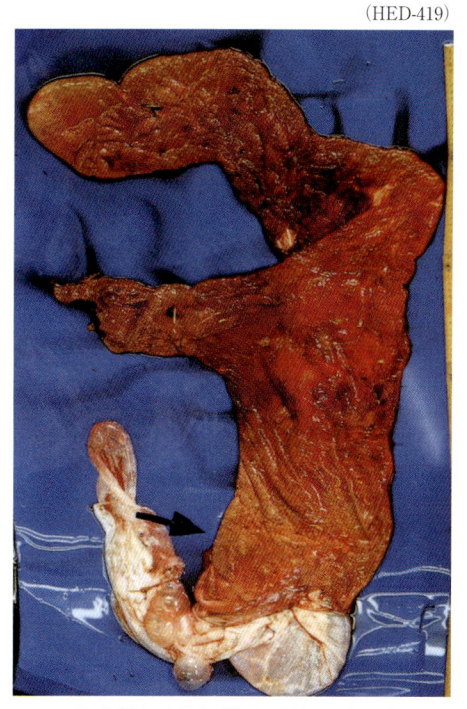

図4-116　子宮頸部破膜部周囲の胎盤の炎症（JRA原図）

(3) 感染性流産

　伝染性の流産には「馬鼻肺炎」「馬ウイルス性動脈炎」「馬パラチフス」などがある。これらの感染症については341, 356, 366頁に詳しく記載する。

　一方，非伝染性の流産を起こす細菌は，*Streptococcus.* spp., *Klebsiella* spp., *Escherichia coli*, *Pseudomonas aeruginosa* などがある。

　これらの細菌は子宮頸管から子宮内に侵入し，また，まれではあるが，血行性に感染して流産を起こす。多くの場合，発情時の子宮頸管の弛緩の際，あるいは陰門吸引症（気膣症）などに継発した膣炎が，これら細菌の子宮内感染の誘因となる。したがって，子宮頸管に相接する胎盤の炎症（図4-116）がみられ，これら胎盤から胎子に感染が波及した結果の敗血症死，あるいは胎盤炎に基づく胎盤機能障害によって流産が起こることが多い。

　真菌感染によっても流産が起こることが知られている。とくに *Aspergillus* によることが多く，これら真菌が子宮頸管を通じて上行性に胎盤炎を起こしたり，胎子に感染して肺肉芽腫や真菌性皮膚炎を起こしたりして流産が生じる。

(4) 双子による流産
▶どのような病気か？

　本来は単胎動物である馬が双子を妊娠すると，胎子の発育に母体から胎子への栄養供給が追いつかなくなり，やがて胎子は死亡し，流産が起こる。双子の妊娠様式は図4-117のように3タイプに分けられる。

　Aタイプは胎齢8～9ヵ月に胎子が死亡し，流産するケース，Bタイプは両者が生きて生まれるものの虚弱なケース，Cタイプは一方の胎子がミイラ化し，もう一方の胎子も標準的な胎子の発育を下回る発育不良となるケースである。しかも，たとえ両方あるいは一方が生きて生まれても，発育不良のために生後間もなくして死亡することが多い。この理由としては，2つの胎盤の融合部は，子宮粘膜と密着しない領域（脈絡膜の絨毛形成がみられない領域）であるために，胎盤としての機能をはたしていないことがあげられる。

　したがって流産は，限られた骨盤腔のスペース内に双子が生じたことにより，胎盤が十分に発育するゆとりがなく，胎子の発育に応じた胎盤機能面積の増加がみられないために，胎子が死亡して起こると考えられる。しかし，双子の流産例では，一方の胎子は体格が小さく死後経過時間が長いのに対し，もう一方の胎子は体格が大きく急性循環障害を主徴として死後間もないという場合がみられる。このことから，死亡胎子からもう一方の生存

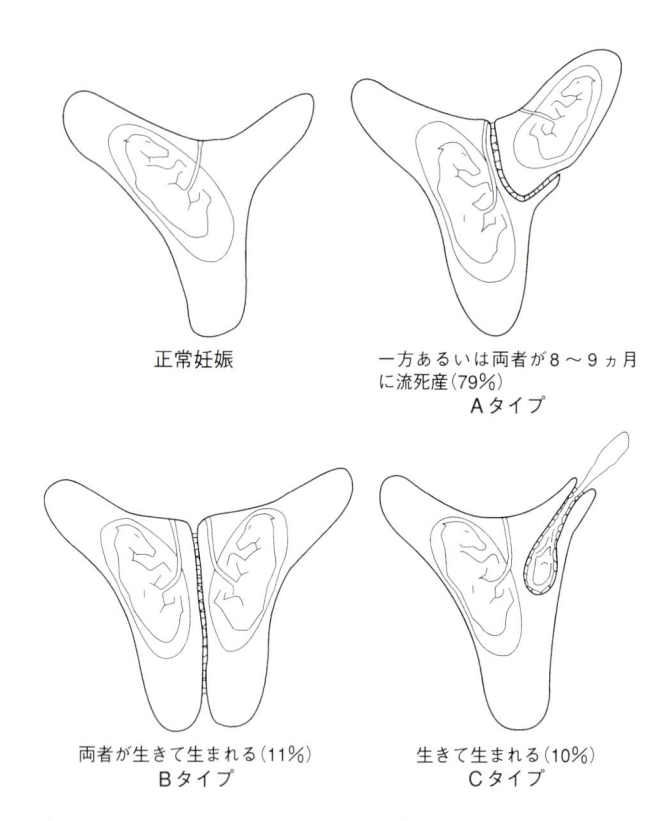

第4章　病気

正常妊娠

一方あるいは両者が8〜9ヵ月に流死産（79%）
Aタイプ

両者が生きて生まれる（11%）
Bタイプ

生きて生まれる（10%）
Cタイプ

（Jeffcott L.B., et al.：J. Comp. Path., 91, 1973）

図4-117　双子のタイプ

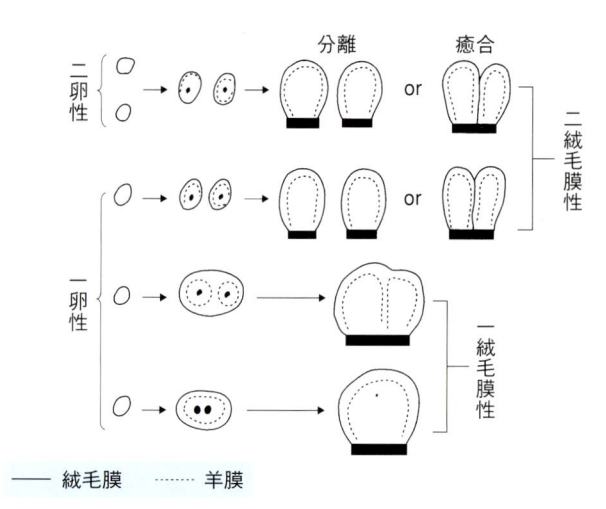

分離　癒合

二卵性

一卵性

二絨毛膜性

一絨毛膜性

―― 絨毛膜　　……　羊膜

図4-118　双胎胎盤型式

している胎子へ，トロンボプラスミン様物質が移行したことによる播種性血管内凝固症候群（DIC），あるいは免疫学的異常による胎子死の可能性も考えられる。

▶原因は？

双子には一卵性と二卵性があるが，馬の双子のほとんどは二絨毛膜性胎盤を有していること，性の異なる双子が多いことから，同時に両側の卵巣から多排卵された結果起こる二卵性双生子である（図4-118）。遺伝的に多排卵しやすい馬や排卵誘発剤を投与された馬に起こると考えられる。

▶症状は？

妊娠中期以降の流産によって気づくことが多い。流産前に外陰部から粘液を確認することがある。妊娠中期の流産では母体に大きな異常をきたすことは少ない。妊娠後半になると，腹部の腫大が著しい。

▶どのような検査や治療を行うのか？

現在では，双子は妊娠早期に超音波診断により確認可能となった。多排卵には，同時に排卵する場合と時間差をおいて排卵する場合があることから，前者においてはつぎの発情周期まで交配を見送ることが，また後者においては最初の排卵が起こった24時間以降に交配することが推奨される。

実際には妊娠を継続維持させず，早期（14〜16日齢）に2個の胚のうちに，より小さいほうの胚1個を直腸を通じて手で握りつぶし，もう一方の胚の生存をはかる方法（用手破砕法）がとられており，その成功率は95%と高い。胎齢29日齢以前にこの処置を行うとある程度成功率は維持されるが，40日齢以降では，もう一方の胎子も死滅することが多い。

▶病気に気づいたらどうするか？

双子に対処するために，交配した日を0日とし，交配後15〜17日（14〜16日齢）に超音波検査を実施することが重要である。16日齢を過ぎると，2つの胚が接触した状態で子宮内に固着することがあり，この場合，用手法による破砕が難しくなることがある。用手破砕法が何らかの理由で実施できず，双子が発見される時期が遅れた場合の方法として，食事制限法，経膣吸引法，経腹穿刺法，胎子頚椎脱臼法など減胎方法が報告されているが，いずれも成功率は低下する。

双子として妊娠維持を希望する場合，プロゲステロン投与を行い，妊娠を維持させる方法がとられるが，この方法は必ずしも有効ではない。

(5) 臍帯捻転による流産

▶どのような病気か？

胎齢6〜8ヵ月ごろに臍帯が捻転し，胎子が血行障害により死亡し，流産を起こす疾病である（図4-119）。

▶原因は？

不明な点は多いが，他の動物種に比べて馬は臍帯が長く捻転しやすいことや，四肢の奇形あるいは臍帯付着部位の異常（臍帯付着偏位：たとえば臍帯は通常両子宮角

314

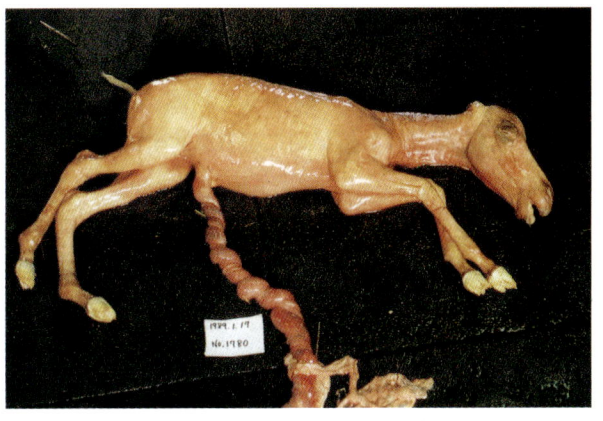

図4-119　臍帯捻転による流産胎子（JRA原図）

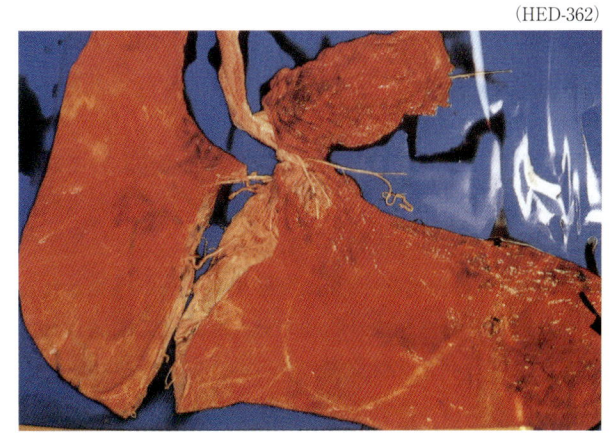

図4-120　胎盤中央部における破膜による早期剥離（JRA原図）

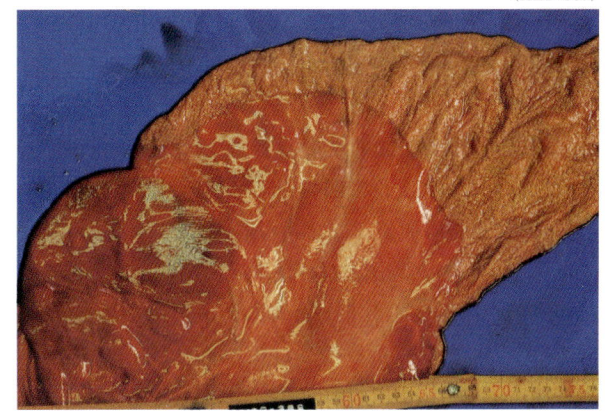

図4-121　胎盤の脈絡膜絨毛の広範囲な低形成（JRA原図）

部に付着しているが，まれに子宮体部に付着する）が捻転を招く誘因と考えられる。とくに，臍帯が長いこと（過長臍帯）が重要視されている。臍帯長は，胎齢，胎子体重，胎子の性，母馬の年齢とは無関係であり，胎盤重量と有意な相関を示す。このことから，大きな胎盤（大きな子宮）が羊水を増量させ，臍帯の長さを増すのではないかと考えられている。ちなみに，正常なサラブレッド新生子では臍帯長の平均は55cmであり，95％が84cm以下であるが，臍帯捻転例のなかには160 cm以上もの長い臍帯を有している例がみられる。

▶症状は？
　流産前に母馬に目立った異常はみられないが，羊水増多を示唆する腹囲膨満を示す例もみられる。流産胎子は臍帯がうっ血，腫大，捻転し，循環障害像を示している。

▶どのような検査や治療を行うのか？
　原因および発病のメカニズムが不明なため，検査方法および治療法は確立していない。近年，カラードプラや3次元超音波診断装置による画像診断法の開発が進められている。

(6) 胎盤早期剥離による流産
▶どのような病気か？
　胎盤早期剥離には，分娩の際，胎盤が cervical star 部位で破れず，子宮体部に相対する胎盤中央で破膜するため，胎子の娩出が遅れ，無酸素状態に陥り，死亡する場合と（図4-120），分娩開始前に胎盤の子宮角部が子宮粘膜から剥離するため，胎子が無酸素状態となり死亡する場合の2型がある。

▶原因は？
　まったく不明のままとなっている。cervical star 部位

での子宮胎盤混合厚が軽度の炎症により厚くなるために起こるという説がある。

(7) 胎盤の脈絡膜絨毛の低形成，萎縮による流産
▶どのような病気か？
　子宮内膜に接する胎盤の脈絡膜面の絨毛が形成不全あるいは萎縮・消失したため，胎盤の機能不全をきたし，胎子死を引き起こし，流産する疾病である（図4-121）。

▶原因は？
　子宮内膜の線維化が起こった結果，胎盤の脈絡膜絨毛と嵌合する子宮腺が消失ないし萎縮するため，脈絡膜絨毛の萎縮ないし低形成が起こると考えられる。子宮内膜の線維化は交配前の子宮内膜の炎症に継発することが多い。

▶症状は？
　とくに目立った症状はみられない。

▶どのような検査や治療を行うのか？
　妊娠中，確実に診断する方法はない。しかし，流産

第4章　病気

後，胎盤に脈絡膜絨毛のみられない領域が認められた場合は，子宮内膜の変性領域の存在を疑い，子宮内の内視鏡検査，子宮内膜の生検を行い，変性の度合いを確認する。現在までさまざまな治療法が試みられているが，有効な治療法はない。

(8) 奇形による流産

流産例のなかには奇形例がしばしばみられるが，奇形そのものが胎子死の原因となる場合と，流産に偶発して奇形胎子がみられる場合とがある。染色体異常は流産よりもむしろ早期胚死滅を招来しやすい。

❸顆粒膜細胞腫

▶どのような病気か？

馬の片側卵巣にしばしばみられる良性腫瘍である。卵巣直径が10〜20cmに腫大し，大きいものでは小児頭大として触診される。「顆粒膜内膜細胞腫」が正式名称であるが，一般的に顆粒膜細胞腫といわれることが多い。

▶原因は？

不明である。2〜20歳のさまざまな年齢の雌馬に発生し，妊娠中に腫瘍化することもある。馬の生殖器に起こる腫瘍の85％を占める。

▶症状は？

エストラジオールやインヒビンを分泌する細胞が腫瘍化し，視床下部−下垂体への負のフィードバック機構が過剰に働くため，性腺刺激ホルモンの分泌が低下し，発情周期が消失する。

臨床症状としては，無発情(31.7％)，持続発情(22.2％)，種雄馬様行動(46.0％)の3つのタイプが報告されている。これらの行動の発現は，腫瘍から分泌されるステロイドホルモンの種類に関係するものと考えられる。顆粒膜細胞腫に罹患した馬の典型的な症状は，発情周期が停止し，もう一方の卵巣が静止する。まれに，腫大した卵巣による疝痛様症状や体重減少もみられる。腫瘍化した卵巣は，ゆっくりと容積を増し，最終的に疝痛などの症状を示す。

▶どのような検査や治療を行うのか？

肉眼的には，典型的な蜂巣様構造シストを形成するタイプが多いが，1つの大型シストを形成するタイプもある。後者は，卵巣血腫との鑑別に注意を要する。卵巣の大きさを触診し，超音波診断による多発性嚢胞様構造を確認することが第一診断となる。また，繁殖期においては発情周期が停止していること（プロゲステロンの周期的変化が認められない）を確認することも有用である。ホルモン検査としては，血中テストステロンとインヒビンの測定が有力とされている。罹患馬の50〜60％にテ

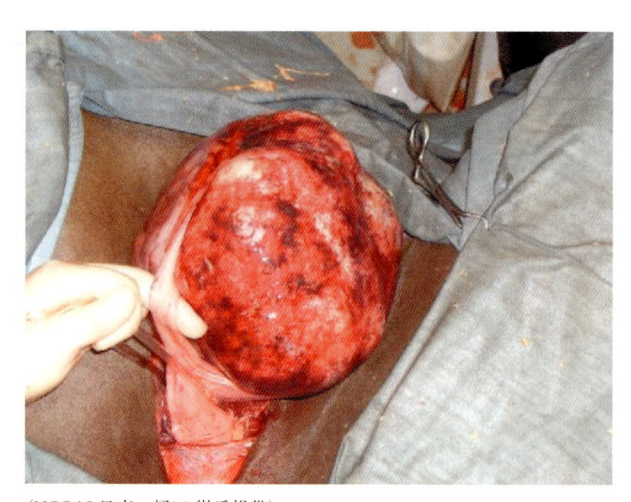

（NOSAI日高，樋口 徹氏提供）
図4-122　摘出直後の腫大した卵巣

ストステロン濃度の上昇が，90％にインヒビン濃度の上昇が認められ，2つのホルモンを測定すると，およそ95％の診断が可能とされている。近年では抗ミューラー管ホルモン測定による診断の有用性が報告されている。

対処としては，腫瘍化した卵巣を外科的に摘出する方法が有効である（図4-122）。腫瘍化した卵巣が大型である際は，摘出時の切開幅や止血を考慮する必要がある。近年では，腹腔鏡を用いた摘出方法が報告されている。摘出後2〜16ヵ月で発情周期が回帰し，摘出した翌年には交配により妊娠することが多い。

❹交配誘導性子宮内膜炎 (breeding-induced endometritis)

▶どのような病気か？

一般に，種雄馬の精子や精漿，あるいは精子希釈液が交配や人工授精後に子宮内に存在すると，それらを排出する生理反応が起こる。これらの生理反応が正常に機能せずに，子宮内に液体の炎症産物が貯留した状態が継続すると，結果的に不受胎となる。これらの病態は近年，交配誘導性子宮内膜炎として定義されている。かつては，細菌感染を子宮内膜炎モデルとして使用していたが，細菌が含まれていない精子や精漿，精子希釈液を使用することにより子宮内膜炎を再現できることから，本病態が明らかとなりつつある。

▶原因は？

馬では交配後4時間には，受精に必要とされる十分量の精子が卵管に遡上し，残りの何億もの精子や精漿が子宮筋の収縮活動によって排出される。それと同時に，子宮内では正常な炎症反応として，多形核好中球が誘導さ

れ，食作用により精子を除去し，子宮頸管より排出されると考えられる。

これらの正常な子宮免疫機能が低下すると，たとえ正常な雄馬の精子であっても，精子，精漿が子宮内で抗原となり，子宮の軽度の炎症を惹起する。さらに，炎症によって生成される炎症産物を子宮外へ排出する機能が低下すると，子宮の自浄作用が低下し，ひいては続発的な炎症病態を引き起こし，子宮内膜炎へと発展する。馬の発情は，排卵後24時間まで継続するため，発情終了までに子宮内の貯留物が排出されなければ，その後の受精や胚の発育は難しくなる。

▶症状は？

不受胎または早期胚死滅に陥ることが多い。交配または人工授精後6〜24時間に，子宮内に精子や炎症産物が貯留している状態は自浄作用の遅延を意味し，その後の受精や胚の発育に悪影響を及ぼし，受胎率は低下するという一定の見解が知られている。

Streptococcus zooepidemicus などの細菌が検出されることも多いが，病態の初期には上述のように非感染性の炎症反応過程として進行する。受精後5〜6日，すなわち受精卵が卵管から子宮へ下降する時期に子宮内に炎症産物が貯留している状態は，胚が子宮内で生存する上で適した環境ではなく，胚死滅に至ると考えられている。

▶どのような検査や治療を行うのか？

子宮内に貯留した精液をできるだけ早期に除去することで，その後の続発的な炎症病態への誘導を防止できるとされている。交配または人工授精後6〜24時間に超音波画像診断装置により子宮を観察し，子宮内に貯留液が認められた場合，それを除去する必要がある。

本病態を繰り返す馬に対しては，交配後6時間以上経過した後に子宮洗浄を行うことがもっとも効果的である。日本で古くから行われてきた「排卵後子宮洗浄」とよばれる繁殖管理法は，この病態に対する予防措置であると理解される。

子宮筋収縮が十分でない場合には，炎症産物の早期の除去を助けるために，交配後6時間におけるオキシトシン（25単位）の筋肉注射が効果的であり，海外では広く普及した治療法である。同時期のプロスタグランジン$F_{2\alpha}$の投与も効果的であるが，妊娠成立に必要な黄体形成に影響を及ぼすという一部の研究報告もある。

また，強力な消炎剤である副腎皮質ホルモンの投与も効果的であるという報告もあるが，妊娠成立に対する副作用も否定できないことから賛否両論があり，調査研究が進められている。

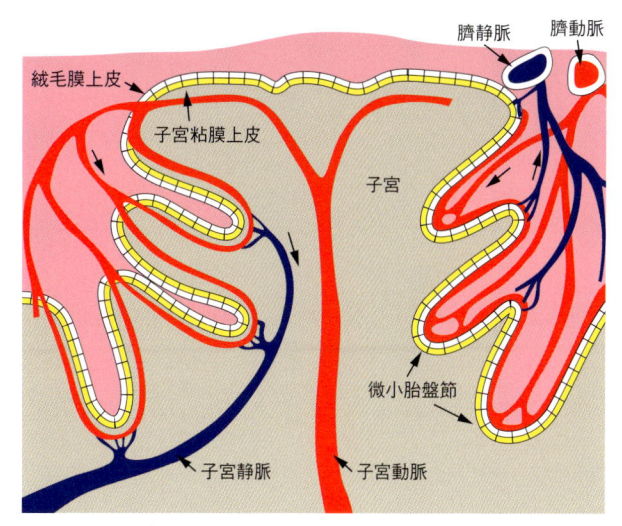

図4-123 子宮・胎盤接合領域における母子血流の関係

❺加齢による低出生体重子

繁殖雌馬の加齢は，子宮や胎盤の循環血量減少（図4-123）ひいては胎盤の機能不全や胎子の発育障害の重要な成因となりうる。このような子宮−胎盤ユニットの病変により，胎子の発育が阻害され，いわゆる未熟子（低出生体重子）が分娩される。

サラブレッドの新生子の平均体重は51.2 ± 6.2 kgであることから，40.8 kg以下のものが低出生体重子とみなされる。低出生体重子と正常な出生体重子のその後の競走能力をみてみると，低出生体重子は調教されなかったか，あるいは調教に適応できずに出走率が低かった（図4-124）。

競走能力の1つの指標であるフリーハンデ（競走成績に基づいて競走馬の格付けを負担重量で示したもの）を使って両群の競走能力を比較してみると，低出生体重子の競走能力は低かった。言い換えると，出生時の発育の遅れは出生時にとどまらず，競走馬の能力に影響を与えることもある（図4-124）。

さらに，産駒の競走成績と産駒の誕生時の母馬の関係をJRA所属の競走馬に限って調べてみると，もっとも優秀な競走成績を示した産駒の誕生時の母馬の年齢は7〜12歳に集中していた（図4-125）。一方，もっとも不振な競走成績を示した産駒の誕生時の母馬の年齢は13歳以上のものが多い傾向にあった。同様の傾向は，欧米のグレードレース勝ち馬の誕生時の母馬の年齢が概して7歳から11歳にかけてもっとも多いという成績とほぼ一致する。このような成績は，上に述べた胎子を育む子宮が，加齢とともにその機能を低下させることに起因すると考えられる。

第4章　病気

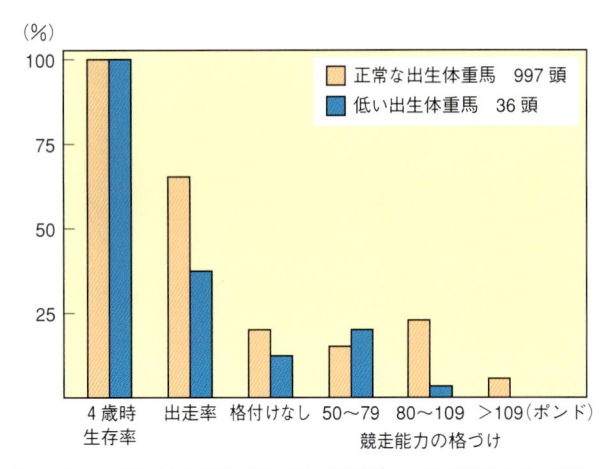

図4-124　新生子の出生時体重と競走能力との関連（JRA原図）

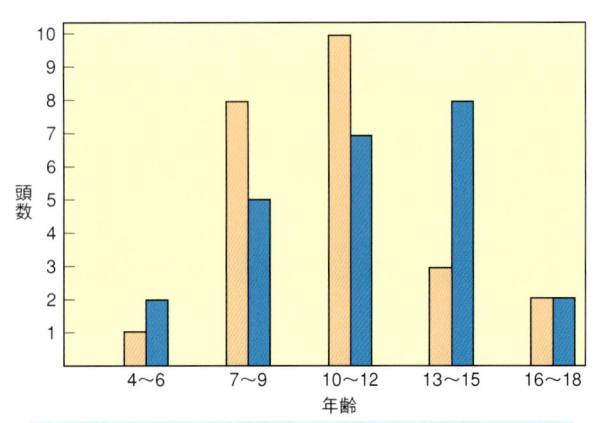

図4-125　産駒の競走成績と産駒の誕生時の母馬の年齢との関係（JRA原図）

注1）1991年に生まれたJRA所属のサラブレッド競走馬48頭とその繁殖雌馬を調査対象とした。
　2）競走成績は標準出走指数（SSI）で比較した。

$$SSI = \frac{ある馬の総収得賞金}{ある馬の総出走回数} \div \frac{ある馬と同世代・同性馬の総収得賞金}{ある馬と同世代・同性馬の総出走回数}$$

❻種雄馬の繁殖障害

(1) 種付けの供用過度（頻回射精）による不受胎

繁殖シーズンの始めあるいは終わりには精子の産生量が低いことから、この時期に頻回に供用した場合、受胎率は低くなる。また、大半の種雄馬は、妊娠に必要な精子数（11億～40億／1回の射精）を保った状態で射精することが可能な回数は1日2回程度であるため、この回数以上の供用は受胎率を低くすることがある。射精終了後、つぎの射精までの時間は少なくとも6～12時間の間隔をおくことが望ましい。なお、サラブレッドの精液の平均的性状は、1回射出精液量が約50～100mL、精子濃度が2億/mL、全精子数が130億、生存精子数が110億である。

(2) 加齢による不受胎

3歳未満の馬は精子の濃度が2,000万/mL程度であるため、種雄馬として供用することはできない。

一般に10歳を超えると種雄馬の受胎率は低下してくるため、11歳以上の種雄馬では日常の精液性状の検査が必要である。

(3) 精液および精子の異常による不受胎

受胎に影響する精液の性状としては、総精液量、精子濃度、精子活力、総精子量である。したがって、精液中に精子がほとんど認められない無精子症および精子活力がなく、死滅している精子死滅症、精液中に炎症細胞が含まれる膿精液症などは不受胎の原因となる。これら精液および精子の異常原因は精巣変性、精巣炎、精巣上体炎、尿道炎などによることが多い。

交尾欲減退あるいは精液性状の異常を示す種雄馬にテストステロン（精巣ホルモン）やタンパク同化ホルモンを治療薬として用いてはならない。なぜなら、これらホルモンは精液量、精子濃度、精子活性および精巣の重量を低下させるためである。とくに、精巣の重量の低下は精細管の変性に起因する。

1頭あたり、ヒト絨毛性性腺刺激ホルモンの1,500～2,000単位、週3回、3週間の投与、妊馬血清性性腺刺激ホルモンの1,000単位、週3回、3週間の投与、卵胞刺激ホルモンの10～50mg、週3回、3週間の投与、性腺刺激ホルモン放出ホルモン（GnRH）の200mg、週2回、3週間の投与は、精巣機能減退馬に良好な治療成績をもたらすこともある。

(4) 血精液症

▶どのような病気か？

精液に血が混じっているものをいう。

▶原因は？

血精液症は、しばしば尿道炎に随伴して起こるが、繁殖雌馬の受胎率を低下させる要因となる。細菌感染や長時間のペニスリング装着が原因となることが多い。

▶どのような治療を行うのか？

種付け供用をしばらく中止し、抗炎症剤、抗生物質投与を行う。

(5) 精巣変性

▶どのような病気か？

種々の原因によって，主として精細管上皮が傷害され，その結果，精祖細胞，精母細胞，精子の産生障害が生じ，繁殖障害をきたす疾患である。

▶原因は？

温熱的影響によって起こることが多い。なぜなら精巣機能の維持は，体温よりも低い温度で行われているため，発熱，外気温の上昇などは精細管に傷害を与える因子となる。

この他，血管に対する傷害（普通円虫幼虫，馬ウイルス性動脈炎，精索捻転，精巣静脈瘤など），栄養障害，加齢，重金属，放射線障害，ステロイドホルモン投与は精巣変性を招来する。

▶症状は？

精巣変性による症状は，雌馬に対する受胎率の低下として現れる。

▶どのような検査や治療を行うのか？

肉眼的には精巣は萎縮し，硬くなる。温熱的影響による傷害の場合，10～40日後に精液性状の変化が生じ，傷害の程度にもよるが54～80日後には正常に回復する。

精液性状の検査，生検による病理組織検査が有力な診断法となる。精子細胞の変性，メデュサ細胞や多核巨細胞が出現する。組織学的には精細管上皮の空胞変性～剥離，精細管の管腔の狭小化，精細胞の核濃縮，線維化あるいは間質細胞増生，基底膜肥厚などがみられる。

精巣変性自体に対する有効な治療薬はないため，精巣変性を惹起する原因をまず除去することに主眼をおく。近年，精巣変性に対してGnRH投与が試みられているが，その治療効果に対して定まった見解はない。

(6) 精囊腺炎

▶どのような病気か？

種雄馬では精囊腺炎はまれな疾患であるが，受胎率を低下させる疾患の1つとみなされ，多くは尿道の上行性細菌感染，膀胱炎からの波及，リンパ行性あるいは血行性感染に併発して起こる。

▶原因は？

馬では*Pseudomonas aeruginosa, Klebsiella pneumoniae, Streptococcus* spp., *Staphylococcus* spp. が精囊腺炎の原因として報告されている。非感染性の精囊腺炎の報告は馬ではみられない。

▶症状は？

排尿時，排糞時においても明瞭な臨床症状を示さないため，精囊炎に罹患していることに気づかない場合が多い。

▶どのような検査や治療を行うのか？

精液性状の検査により，好中球，細菌，血液が認められる。しかし，これらの炎症所見は尿道，精巣，膀胱，陰茎，精巣上体の炎症によっても認められる所見であるため，罹患部位を鑑別する必要がある。この場合，精囊腺を細径の内視鏡で直接観察するか，あるいは精囊腺の開口部から精囊腺にカテーテルを挿入し，分泌物を採材後，細胞診および細菌培養を行うとよい。直腸検査や超音波診断はあまり診断の助けにはならない。

治療は，基本的には全身的な抗生物質投与で行うが，カテーテルを通じて精囊腺内に抗生物質を注入する方法も用いられる。

▶病気に気づいたらどうするのか？

交配を通じて繁殖雌馬に感染させない。精液性状の検査により，炎症が認められなくなるまで交配は中止する。

(7) 精巣炎

▶どのような病気か？

精巣の炎症で，通常精巣上体炎，陰嚢と包皮の炎症を伴っている。

▶原因は？

外傷，細菌あるいはウイルス感染（血行性感染あるいは局所感染），寄生虫，アレルギーなどの結果として起こることが多い。

無歯円虫幼虫が体内移行中，精巣炎を起こすこともある。まれな例としては，外傷によって血液－精巣関門が破綻し，抗精子抗体が産生され自己免疫性の精巣炎が起こることもある。

▶症状は？

急性例では精巣の腫脹，水腫，充血が起こり，慢性例では精巣の線維化や石灰化が起こる。

▶どのような検査や治療を行うのか？

臨床症状，触診，超音波診断によって行う。精液性状の検査および生検も診断の一助となる。精液中には多数の白血球がみられ，精子濃度や精子活力の異常がみられる。

治療の主眼は，精巣変性を防ぐことにおかれる。すなわち精巣の炎症は造精機能を低下させるため，抗炎症剤，および抗生物質を速やかに投与して炎症を抑える。

▶病気に気づいたらどうするのか？

精巣炎の大半の例は，交配時の外傷によることが多い。繁殖雌馬の適切な保定など管理面に十分な注意を払う必

(8) 陰嚢ヘルニア
▶どのような病気か？
　陰嚢内に腸が脱出した状態をいう。この状態が長時間続いた場合，精巣の温度が上昇し，その結果，造精機能を低下させるものである。
▶原因は？
　腹圧が高まった際に腸の一部が陰嚢内に脱出すると考えられている。
▶症状は？
　急性例では疼痛のため歩行困難あるいは疝痛様症状を示す。
▶どのような検査や治療を行うのか？
　直腸検査，触診，超音波診断などにより診断を確定する。外科的に脱出した腸管を腹腔内に還納し，整復する。

(9) 精巣捻転症
▶どのような病気か？
　精索が捻転した状態をいう。
▶症状は？
　疝痛，陰嚢の腫大として認められる。捻転の角度は180〜360°のことが多い。
▶どのような検査や治療を行うのか？
　触診によって確認可能である。捻転により精巣の血管が圧迫され，循環障害を起こすことから，ただちに整復する必要がある。

(10) 陰嚢血腫
　多くは外傷により陰嚢内に血液が浸出した状態をいう。超音波診断により陰嚢内に出血による低〜無エコー域が観察される。この場合は，速やかに冷湿布および抗炎症剤投与を行う。

(11) 精巣静脈瘤
　精巣静脈が増生および肥大した状態で充うっ血が起こるため，精巣の温度が上昇し，造精機能の低下を招く要因となる。触診および超音波診断により診断する。

(12) 陰嚢水腫
　陰嚢内に漿液が貯留し，陰嚢が腫大した状態をいう。原因としては，無歯円虫あるいは外気温の上昇による影響が考えられている。

❼ 生殖器感染症

(1) 馬ウイルス性動脈炎
　馬ウイルス性動脈炎については本章「15．ウイルスによる病気」356頁を参照してほしい。

(2) 馬伝染性子宮炎
　馬伝染性子宮炎については本章「16．細菌による病気」363頁を参照してほしい。

(3) 馬媾疹（ばこうしん）
▶どのような病気か？
　雌馬と雄馬の外部生殖器を侵す伝染病で，交配によって接触感染する生殖器感染症である。
▶原因は？
　馬ヘルペスウイルス群に属する馬媾疹ウイルス（Equine herpesvirus type3：EHV-3）によって起こる。
▶症状は？
　交配後1週間程度の潜伏期で，雄馬には陰茎と包皮，雌馬では陰門と会陰部に1〜1.5cm大の水泡状の病変が生じる。ついで膿疱状となり，やがて潰瘍となる。そして，痂皮を形成して約2週間程度の経過で病変は消失する。本疾患は繁殖には直接障害を及ぼさないが，交配に支障をきたす。
▶どのような検査や治療を行うのか？
　特徴的な臨床症状によりおおむね診断を下すことができるが，さらに水泡〜膿疱の拭い液からのウイルス分離，病変組織における核内封入体の確認，拭い液および病変部における電子顕微鏡を用いたウイルス粒子の確認，感染後14〜21日における血清補体結合反応および中和抗体反応の抗体上昇が診断を確実にする。
　治療法としては，生殖器の病変が細菌の二次感染によって悪化しないように局所的に抗生物質投与を行い，病変の自然治癒を待つ。
▶病気に気づいたらどうするか？
　病巣からのウイルスが付着した馬服，タオルなどによって他馬に感染することを防ぐ。また，発病後3〜5週間は交配を中止する。

(4) *Pseudomonas* および *Klebsiella* 感染症
　種雄馬の生殖器に付着した*P. aeruginosa*あるいは*K. pneumoniae*莢膜型1，2および5が交配を通じて繁殖雌馬の生殖器に感染して子宮炎を起こす。まれに菌が尿道や精漿に感染していることもあり，また他の細菌が原因となることもある。

治療としては，菌が陰茎表面に付着している場合は消毒薬による洗浄（スメグマの除去）と抗菌剤軟膏の塗布を行う。尿道などに感染している場合は抗菌剤の全身投与を行う。いずれの場合も完治するまで交配に供してはいけない。

Column 7

３Ｄ超音波検査

馬の診療現場でしばしば利用される超音波検査は，妊娠鑑定にも使われている。超音波検査で描き出される画像は平面的（２Ｄ）であるのが普通だが，最近は機器の開発が進み「３次元（３Ｄ）超音波装置」が登場している。

この装置は，３Ｄ超音波プローブにより得られた多数の連続断面を，コンピュータを使って再構築することにより，臓器などの表面構造を立体的に描き出すのが特徴である。すでにヒトの医療では胎児診断などに利用されている。

３Ｄ超音波装置の馬胎子検査への応用は，日本のグループが世界に先駆けて研究を進めてきた。その結果，胎子全体の様子はもとより，四肢，鼻，耳，生殖器，尻尾など，部分的な表面構造も描き出せることがわかった。たとえば，これまでの超音波装置では胎子が不安定な妊娠初期の限られた時期にしか性別鑑定検査を実施できなかったが，３Ｄ超音波装置を利用することでより幅広く安定期にも検査を行うことが可能となる。また，検査結果の信頼性も増し，さらには胎子の奇形や双子なども簡単に検査することが可能である。

この装置，今のところは大型でかつ高価なことが欠点であるが，将来的には小型化が進んで価格も下がることが期待できる。ノートブックのような機器を厩舎にもち込み，手軽に３Ｄ検査ができる日も夢ではないかもしれない。

14. 寄生虫による病気

馬に寄生する主な寄生虫は，線虫類（円虫，回虫，糸状虫，蟯虫，胃虫など），条虫類，吸虫類，昆虫類（ハエ幼虫）およびダニ類などがある（表4-10）。過去には吸虫類である住血吸虫がわが国の馬にもみられたが，現在ではまったく認められない。さらに，単細胞の原虫類も広義の寄生虫であるが他の章にゆずる。

❶円虫症

▶原因は？

馬に寄生する円虫としては，円虫科 Strongylidae に属する普通円虫（Strongylus vulgaris），無歯円虫（S. edentatus）および馬円虫（S. equinus）があり，これら3種は大型で病原性も強いことから，他の円虫から区別して大円虫類とよばれる。

普通円虫の体長は，♂14～16mm，♀20～25mmで，わが国では一般的にみられ，その病害は3種のなかでもっとも大きい。また，無歯円虫は，わが国ではもっとも頻繁に観察される寄生虫で，その体長は♂22～28mm，♀32～44mmである。一方，馬円虫（♂25～35mm，♀38～55mm）はわが国での寄生率は低い。

▶どのようにして感染するのか？

円虫卵は数個から10数個の細胞の塊の状態で糞便中に排出され（桑実期），常温の場合は約1週間で感染幼虫（3期幼虫）となり，活発に運動する。感染幼虫は有鞘で，約3ヵ月間生存可能である。放牧地での感染幼虫は，日中は牧草の根元に下降して潜むが，朝夕は牧草を登って葉の先端に集まり，感染の機会を待つ。

馬の体内における発育は円虫の種類によって異なるが，いずれも体内移行を行う。

普通円虫の場合，感染幼虫は馬の小腸で脱鞘し，腸粘膜に侵入して粘膜下の動脈内に入る。そして，細い腸間膜動脈をさかのぼり前腸間膜動脈に達し，動脈内膜下あるいは同部に形成された血栓内に寄生し，そこに3～4ヵ月間とどまる。そこで成長後，腸間膜動脈を下降し，腸壁に寄生虫性結節を形成し，粘膜面が破れて虫体は腸管腔に出て大腸粘膜に寄生する（図4-126）。普通円虫は感染してから虫卵を排出するまで約150～180日を要する。

無歯円虫の場合，感染した幼虫は腸間膜動脈には侵入せず，肝臓，膵臓や腹膜下脂肪組織などを通って，そこ

表4-10 主な馬の寄生虫病

		病名	原因	寄生部位
線虫類	回虫症		馬回虫　Parascaris equorum	小腸
	円虫症	普通円虫	Strongylus vulgaris	盲腸，結腸
		無歯円虫	S. edentatus	
		馬円虫	S. equinus	
	小形腸円虫症	小形腸円虫	（円虫亜科と毛線虫亜科）	盲腸，結腸
	糸状虫症	馬糸状虫	Setaria equina	腹腔（胸腔）
		網状糸状虫	Onchocerca reticulata	腱，靱帯
		頚部糸状虫	O. cervicalis	項靱帯
	脳脊髄糸状虫症	指状糸状虫	Setaria digitata	脳，脊髄
	混睛虫症	指状糸状虫	S. digitata（まれに S. equina）	前眼房
	犬糸状虫症	犬糸状虫	Dirofilaria immitis	心臓（右心室），肺動脈
	蟯虫症	馬蟯虫	Oxyuris equi	結腸，直腸
	胃虫症	ハエ馬胃虫	Habronema muscae	胃（盲・結腸）
		小口馬胃虫	H. majus	
		大口馬胃虫	Drashia megastoma	
	肺虫症	馬肺虫	Dictyocaulus arnfieldi	肺（気管支，細気管支）
	糞線虫症	馬糞線虫	Strongyloides westeri	小腸
	ハリセファロブス症		Halicephalobus gingivalis（Micronema deletrix）	脳，脊髄，腎臓
条虫類	条虫症	葉状条虫	Anoplocephala perfoliata	盲腸，回腸
		大条虫	A. magna	
		乳頭条虫	Paranoplocephala mamillana	
	包虫症	単包虫	Echinococcus granulosus	肝臓，肺
昆虫類	ハエ幼虫症	ウマバエ	Gasterophilus intestinalis	胃，十二指腸
		アトアカウマバエ	G. haemorrhoidalis	
		ムネアカウマバエ	G. nasalis	

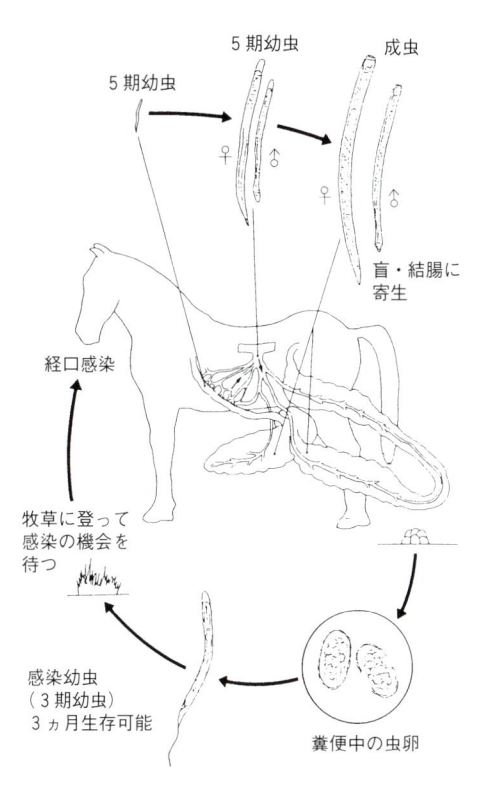

図4-126 普通円虫の生活環（JRA原図）

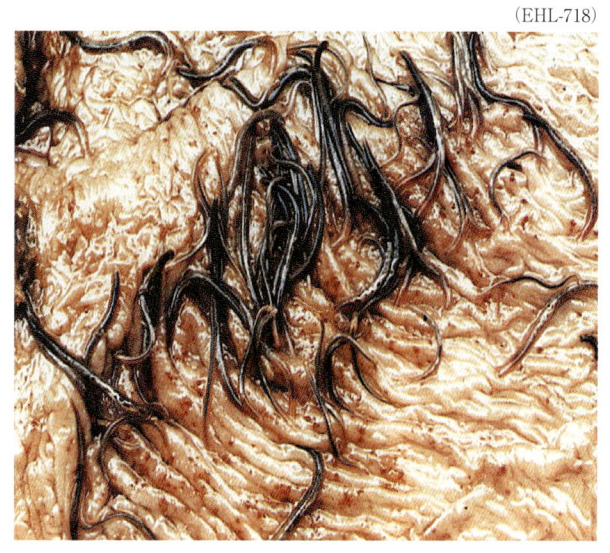

図4-127 大腸粘膜に寄生し吸血する円虫（JRA原図）

図4-128 大円虫類の特徴である大型の口腔に大腸粘膜を取り込んで吸血している（JRA原図）

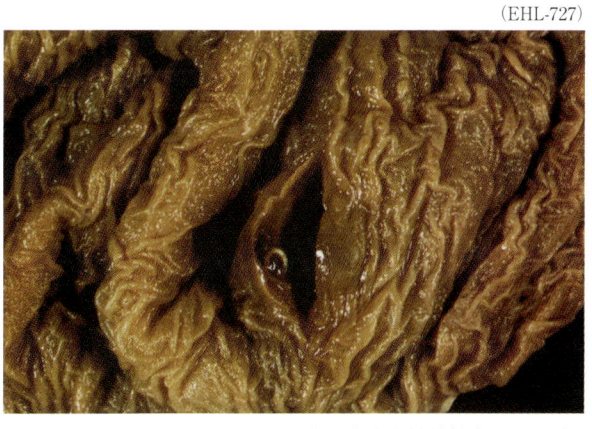

図4-129 大腸粘膜にみられる円虫の寄生虫性結節（JRA原図）

に病巣を形成する。感染してから虫卵を排出するまで約280〜320日を要する。

馬円虫の場合，感染した幼虫は肝臓や腹膜下脂肪組織などに病巣を形成する。感染後，虫卵を排出するまで約260〜270日を要する。

▶症状は？

円虫が馬に感染すると，少数寄生では顕著な症状を示さないが，多数寄生では食欲不振，衰弱，栄養障害，発育不良，貧血，下痢，疝痛などがみられる。とくに，幼駒の場合は症状が激しく，出血性腸炎がみられることがある。

円虫の成虫は，主に右腹側結腸あるいは盲腸に寄生し，寄生部粘膜には発赤や点状出血がみられる（図4-127）。虫体は粘膜の一部を口腔内に取り込んで吸血する（図4-128）。

円虫の幼虫の体内移行により，寄生虫性結節が盲結腸粘膜に頻繁に形成され，その内部には虫体がみられる（図4-129）。

無歯円虫および馬円虫の幼虫の体内移行により，肝臓の表面あるいは実質内に結節形成および石灰化（肝砂粒症）がみられることがある（図4-130）。

Ⅱ 病気の各論

第4章　病気

(EHL-900)

図4-130　円虫の幼虫の体内移行により肝臓に形成された石灰化巣（矢印）（JRA原図）

(EHL-801)

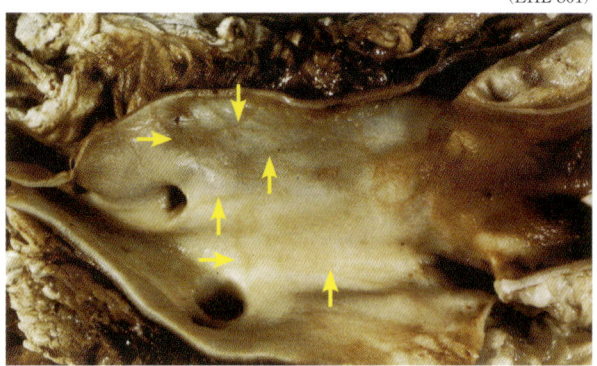

図4-131　普通円虫の幼虫により腹大動脈の内膜面に形成された糸状隆起線（矢印）（JRA原図）

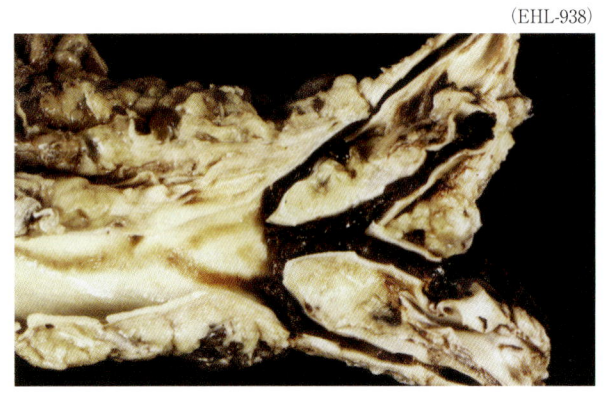

(EHL-938)

図4-132　普通円虫幼虫の体内移行による腹大動脈と腸骨動脈の血栓形成（JRA原図）

(EHL-1127)

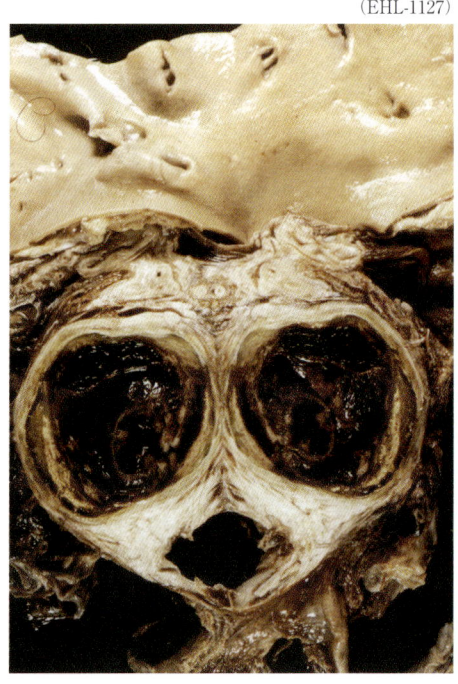

図4-133　普通円虫幼虫の体内移行により前腸間膜動脈に形成された寄生虫性動脈瘤（JRA原図）

普通円虫幼虫の体内移行により，腹大動脈や前腸間膜動脈の内膜に糸状隆起線の形成（図4-131），腹大動脈から腸骨動脈における動脈内膜炎，血栓形成（図4-132），前腸間膜動脈における寄生虫性動脈瘤（図4-133）の形成，肺における出血を伴った寄生虫性結節の形成がみられる。

▶どのような検査や治療を行うのか？

虫卵検査（ろ過浮遊法）を行う。円虫類には多数の種類があり，虫卵の形態から種類を確定することはできない。種類を確かめるには，虫卵培養によって得られる3期幼虫の形態を観察する。

駆虫薬として，古くからピペラジン誘導体が使われていたが，その後チアベンダゾール（50 mg/kg）が使われるようになり，最近では，成虫のみならず体内移行中の幼虫にも駆虫効果のあるイベルメクチン（0.2 mg/kg）がよく使われるようになった。この他，パモ酸ピランテルにも駆虫効果がある。

❷小形腸円虫症

▶原因は？

小形腸円虫とは，円虫亜科の*Oesophagodontus*属，*Triodontophorus*属，*Craterostomum*属と毛線虫亜科の*Cyathostomum*属，*Cylicodontophorus*属，*Cylicocylus*属，*Cylicostephanus*属，*Poteriostomum*属，*Cyalocephalus*属に属する小型の線虫の総称で，小円虫類ともよぶ。

円虫亜科の小形腸円虫の虫体の体長は1〜2 cmであり，毛線虫亜科のそれはさらに小さく，1〜1.5 cmである（図4-134）。

▶どのようにして感染するのか？

馬の体外における幼虫の発育は大円虫類と大差ない

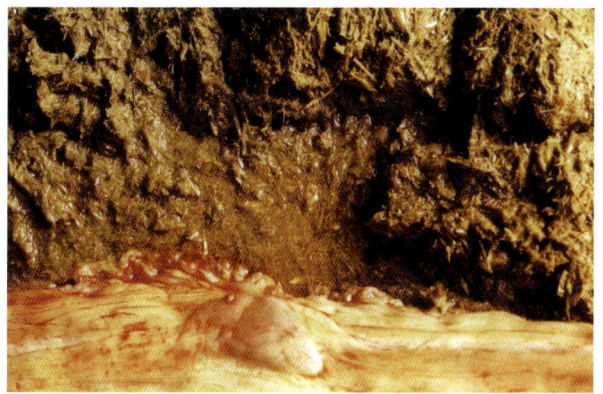

図4-134 大腸の食渣に多数混在して糸くず状にみられる小形腸円虫（JRA原図）

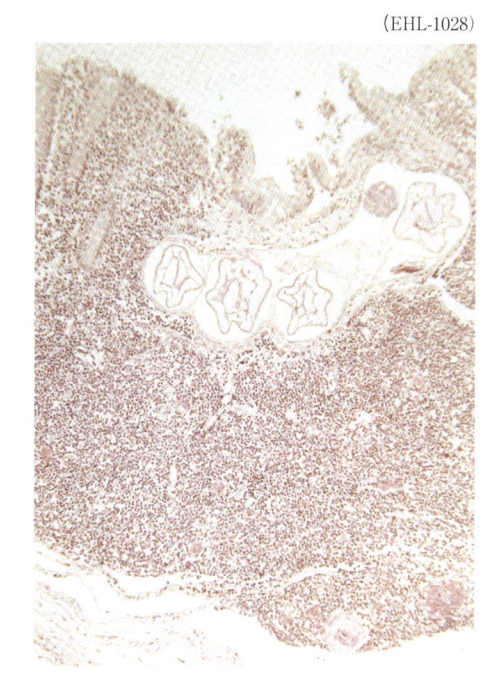

図4-135 大腸粘膜下に寄生する小形腸円虫の断面（JRA原図）

図4-136 小腸における馬回虫の多数寄生（JRA原図）

が，馬の体内では体内移行を行わない．感染幼虫（3期幼虫）は腸内で脱鞘し，結腸の粘膜に侵入する．そこに結節を形成し，成長し続け，脱皮後4期幼虫となって腸管腔に出る．感染後から成熟するまでの期間は種によってさまざまであるが，一般的には6〜12週間である．

▶症状は？

少数寄生では無症状であるが，大腸粘膜に侵入する幼虫が多数（数千匹以上）の場合は，下痢，貧血，浮腫，栄養障害，疝痛などの症状を示し，カタル性・出血性大腸炎を引き起こす．幼駒の場合，血便，貧血，発育障害，下痢および疝痛などの症状が顕著にみられる．

小形腸円虫は，腸粘膜表層に咬着して粘膜を摂取するが，吸血はほとんどしない．大腸粘膜に幼虫が多数侵入した場合，寄生虫性結節の形成（図4-135），潰瘍および出血性大腸炎がみられる．

▶どのような検査や治療を行うのか？

大円虫類と同様に虫卵検査（ろ過浮遊法）を行う．しかし，多数の種類があるため，虫卵の形態から属を確定することは困難である．

駆虫薬として，古くはピペラジン誘導体が使われていたが，その後チアベンダゾール（50 mg/kg）が使われるようになり，最近では，イベルメクチン（0.2 mg/kg）が使われるようになった．諸外国ではベンゾイミダゾール系薬剤に対して耐性を有する小形腸円虫が問題となっている．

❸回虫症

▶原因は？

馬に寄生するのは回虫科（*Ascarididae*）に属す馬回虫（*Parascaris equorum*）である．虫体の体長は，♂15〜28 cm，♀18〜30 cmと大型であり，主に馬の小腸に寄生し，わが国では普通にみられる（図4-136）．

▶どのようにして感染するのか？

馬回虫は糞便に単細胞の虫卵を排出する．虫卵は15〜35℃の温度では4〜35日で幼虫形成卵となる．この虫卵が馬に感染すると，胃あるいは腸でふ化し，卵殻から出た幼虫は小腸粘膜に侵入する．幼虫はそこで門脈を通って肝臓に達する．感染4日以降には血流に運ばれて心臓を経て肺に到達し，血管を破って肺胞に出る．肺胞から気管支さらに気管をさかのぼって咽頭に至り，嚥下されて小腸に寄生する．感染後から成熟までの期間は2〜3ヵ月である（図4-137）．

▶症状は？

幼駒に重度感染した場合，食欲不振，発育不良，下痢，

第4章 病気

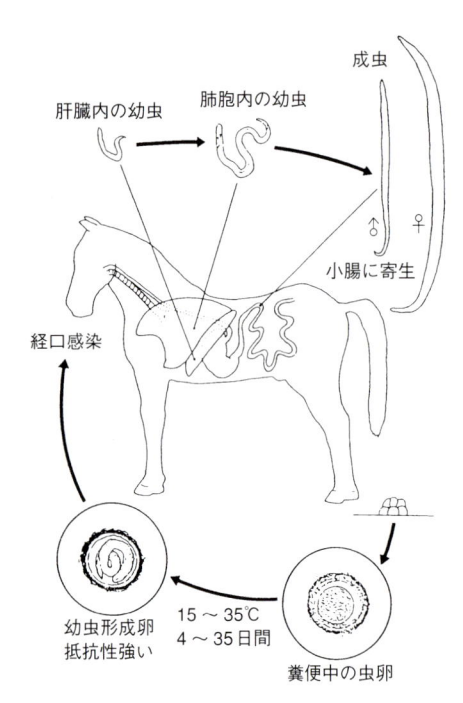

図4-137　馬回虫の生活環（JRA原図）

腸閉塞，疝痛，発咳，他の疾病に対する抵抗力の低下などの症状がみられる。通常，成馬では症状は軽い。

幼虫の体内移行は肝臓を通過するため，間質性肝炎を引き起こす。また重度の感染では，肺の点状出血，出血性肺炎および寄生虫性肉芽腫の形成がみられる。小腸における成虫の寄生では，カタル性腸炎や腸壁の肥厚がみられる。さらに，多数寄生では腸閉塞，腸破裂，腸機能異常による腸重積，腸捻転，虫体の胆管内迷入によるうっ滞性黄疸などがみられることがある。

▶どのような検査や治療を行うのか？

虫卵検査（ろ過浮遊法）を行うことにより容易に診断できる。

駆虫には，古くから各種ピペラジン誘導体が使われてきたが，その後チアベンダゾール（50 mg/kg）が使われるようになった。最近では，駆虫効果の高いイベルメクチン（0.2 mg/kg）がよく使われるようになった。他に，パモ酸ピランテルにも駆虫効果がある。

❹糸状虫症

馬を固有宿主とし，馬の体内で成虫に発育できる糸状虫としては，糸状虫科の*Parafilaria*属，オンコセルカ科の*Setaria*属，*Onchocerca*属および*Elaeophora*属の糸状虫が知られている。このうち，わが国で普通にみられるものは*Setaria*属の馬糸状虫と*Onchocerca*属の頚部糸状虫および網状糸状虫の3種である。

(1) 馬糸状虫（*Setaria equina*）

▶原因は？

成虫の体長は，♂50〜80 mm，♀70〜150 mmで，白色糸状の線虫である。虫体の頭部には紡錘形をした口腔輪があり，その周囲にはクチクラの三角形あるいは半円形の歯状突起を認める。その周囲には亜中線乳頭とさらに外側に副亜中線乳頭および側線上の側乳頭がある。

雄の頭端は角ばっているが，雌はやや丸味を帯びている。雄の尾部はらせん状に巻いており，尾翼がなく，交接刺は鞘に覆われ，大小不同である。尾部の乳頭は肛門前部に4対，正中線上に1個，右側に1個，肛門後部に2対，正中線上に1個存在する。尾端は鈍円で，近くに円錐突起がある。一方，雌の尾部の側面には1対の鉤状の突起があり，尾端に宝珠状の結節がある。ミクロフィラリアは有鞘で，流血中に認められる。

▶どのようにして感染するのか？

馬糸状虫の中間宿主は*Aedes*属，*Anopheles*属および*Culex*属の蚊である。わが国ではトウゴウヤブカ（*Aedes togoi*），シナハマダラカ（*Anopheles sinensis*）が知られている。ミクロフィラリアの末梢血への出現には季節的変化があり，春から出現し，夏にかけて増数するが，秋には減少し，冬にはほとんど認められなくなる。なお，本ミクロフィラリアには定期出現性（媒介する昆虫が活発に活動ないし吸血する時間帯にあわせて宿主の末梢血中に出現する性質）は認められない。

中間宿主である蚊の体内におけるミクロフィラリアの発育は以下のとおりである。吸血時に蚊の中腸内に入ったミクロフィラリアの多くは3〜5時間後に脱鞘し，吸血4日後にはすべて蚊の胸筋に集まる。吸血5〜6日後には，尾端の短い，いわゆるソーセージ状の幼虫となるが，まだ運動性は低い。吸血7日後，1回目の脱皮を行い2期幼虫となり，運動性が高まってくる。吸血10〜11日後には2回目の脱皮を行い，3期幼虫となって活発に運動する。吸血12〜13日後には発育が完了し，胸筋から頭部を経て吻鞘に移行し，感染の機会を待つ。蚊が馬から吸血するとき，蚊の吻鞘から出た感染幼虫は刺傷部位から経皮感染する。感染後の虫体は，馬の皮下織，筋膜下などで発育しながら寄生部位に達し，成熟する。

感染してから90日後，成虫は腹腔にみられる（図4-138）。

▶症状は？

馬，ロバ，ラバ，シマウマの腹腔，まれに胸腔，肺，陰嚢などに寄生する。成虫は腹腔内に寄生するため，ほとんど症状はみられない。しかし，ミクロフィラリアの

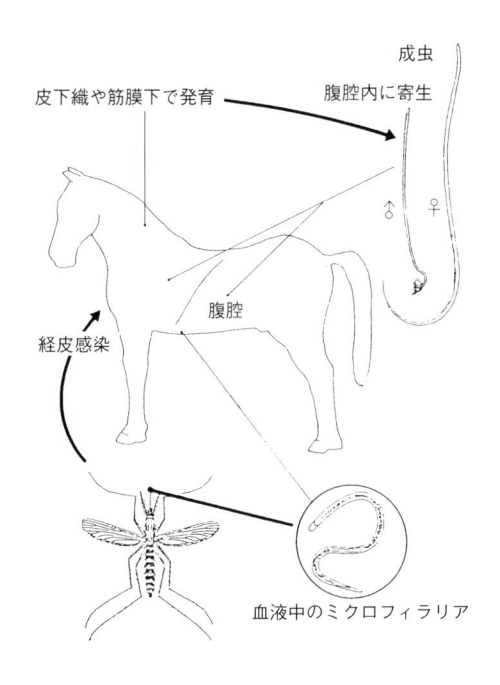

図4-138 馬糸状虫の生活環（JRA原図）

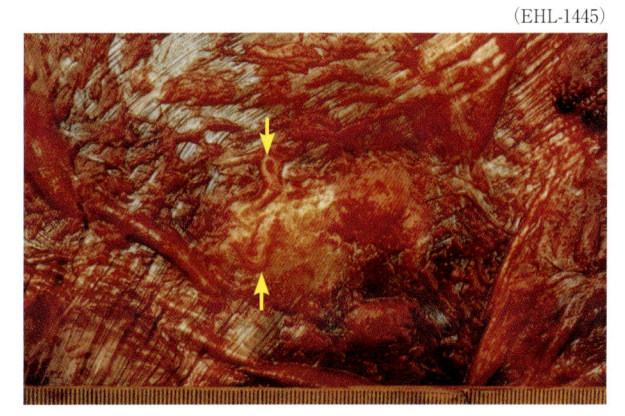

図4-139 横隔膜腹腔面に寄生する馬糸状虫（矢印）と線維素性腹膜炎（JRA原図）

寄生した幼駒で，栄養不良，貧血，削痩などがみられることがある。まれに成虫の陰嚢寄生により水腫を認めることがある。また，幼虫が眼球の前眼房内に迷入すること（混睛虫症）がある。

通常，馬糸状虫成虫の腹腔内寄生による病害はほとんどないと考えられている。しかし，腹膜面に出血あるいは寄生虫性肉芽腫を形成したり，多数寄生した場合には軽度の線維素性腹膜炎が認められる（図4-139）。

▶どのような検査や治療を行うのか？

馬糸状虫の寄生の有無は，血液中のミクロフィラリアを検出することによって行う。主な検査法としては，厚層塗抹染色法，毛細管（微量ヘマトクリット管）法，遠心集虫法，フィルタ集虫法などがある。毛細管法は簡便であるが検出率は低く，集虫法のほうが検出率は高い。

馬糸状虫の成虫に対する有効な駆虫薬はない。

ミクロフィラリアの駆虫には，以前はジエチルカルバマジン（30 mg/kg）の投与がなされていたが，現在ではイベルメクチン（0.2 mg/kg）を1回投与する。

感染を予防するためには，厩舎地区の衛生環境をよくし，馬房に防虫ネットを設置したり，中間宿主となる蚊を駆除するための殺虫剤散布を定期的に行う。

(2) 頚部糸状虫（*Onchocerca cervicalis*）

▶原因は？

虫体の体長は♂6〜7 cm，♀約75 cmである。ミクロフィラリアは皮膚のリンパ管，静脈および皮下織に存在する。

▶どのようにして感染するのか？

中間宿主はセマダラヌカカ，ヌカカなどである。ミクロフィラリアはこれらの蚊に吸引され，約25日間で感染幼虫になる。成虫の馬における固有寄生部位は項靱帯である。ミクロフィラリアは皮膚のリンパ管，静脈内および皮下織にみられる。

▶症状は？

症状は明らかでないが，き甲腫を生じ，瘻管を形成することがある。夏季に北海道や東北の馬で多発した夏癬は，かつては頚部糸状虫あるいは馬糸状虫のミクロフィラリアが原因と考えられていたが，近年は吸血昆虫によるアレルギー性皮膚炎説が有力視されている。

成虫は項靱帯後端付近の結合織や筋肉に寄生するため，その部の線維化，膿瘍形成，石灰変性などがみられる（図4-140）。

▶どのような検査や治療を行うのか？

生検によって得た皮膚組織片からミクロフィラリアを誘出させて検査する。

かつては，ミクロフィラリアの駆除にジエチルカルバマジン（2〜5 mg/kg）が投与されていたが，最近ではイベルメクチンが使用され，0.2〜0.5 mg/kgの1回投与で皮層内のミクロフィラリアに対する高い駆虫効果がある。成虫に対する駆虫薬の報告はない。き甲瘻は外科的に治療する。

第4章 病気

(EHL-653)

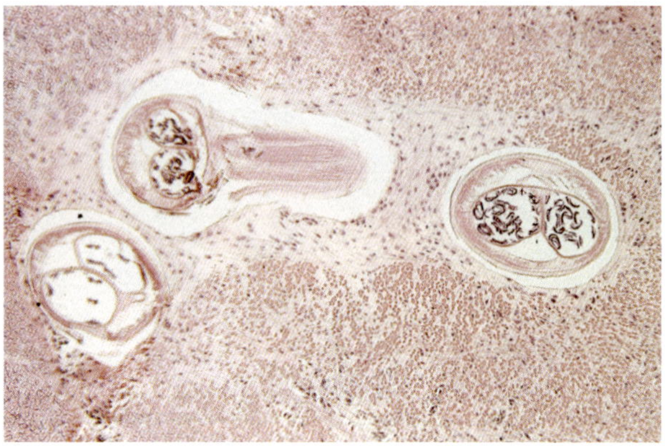

図4-140　項靱帯付近の筋肉内に寄生する頚部糸状虫の断面（JRA原図）

(3) 網状糸状虫（*Onchocerca reticulata*）
▶原因は？
　成虫の体長は♂最長27cm，♀最長約75cmといわれているが，虫体は結合織内に寄生するため完全な虫体を採取することは困難である。ミクロフィラリアは無鞘で長い尾を有する。
▶どのようにして感染するのか？
　網状糸状虫の中間宿主は，頚部糸状虫と同様と考えられているが明確ではない。
▶症状は？
　前肢の腱または中骨間筋に寄生して寄生虫性結節を形成するため，腱や靱帯の肥厚がみられる。わが国の寄生率は非常に低い。
▶どのような検査や治療を行うのか？
　生検により得た組織片を組織学的に調べる。
　治療法として，ミクロフィラリアに対してはイベルメクチン0.2〜0.5mg/kgの1回投与で高い駆虫効果がみられるが，成虫の駆除に関する報告はみられない。

❺脳脊髄糸状虫症（セタリア症）
▶どのような病気か？
　馬の脳脊髄糸状虫症は，牛を固有宿主とする指状糸状虫（*Setaria digitata*）が馬に異種寄生し，寄生した幼虫が中枢神経系組織に迷入することで引き起こされる病気である。神経症状を主徴とし，重度の運動麻痺を起こすことから，腰痿（ようい），腰麻痺，腰ふらなどとよばれている。幼駒に多く発生がみられる。
▶原因は？
　本症が疑われる馬を剖検してみると，その脳脊髄からしばしば幼若な糸状虫が検出され，その大部分は指状糸状虫であったが，まれに馬糸状虫も見いだされた。感染試験が行われ，本症は指状糸状虫の幼虫が脳脊髄に迷入することによって起こることが確認された。指状糸状虫は牛の腹腔に寄生する5〜10cmの糸状虫で，馬は非固有宿主である。蚊が，ミクロフィラリアを含む牛の末梢血を吸血した後，さらに馬も吸血すると感染する。
▶発生状況は？
　わが国での本症の発生は，1939年九州の種子島での初報告以来，1943年ごろには北海道を除き全国的にみられるようになった。とくに東北地方で多発した。腰痿はその後も北海道を除く各地で発生し，1950年代には多数の発生をみている。
　1978〜1990年における競走馬28例（サラブレッド25例，アングロ・アラブ3例）の年齢別の発生状況の調査では，当歳15例，2歳14例，3歳7例，4歳4例，5歳以上2例で，年齢の若い馬で多く発生していた。発生時期は8〜12月で，とくに9月（11例）と10月（9例）に多く発生していた。
▶症状は？
　本症の主な症状は運動麻痺で，後躯（腰〜後肢）に多いが，前肢でも起こる。神経障害を示し，抑鬱，運動失調，斜頚などがみられるが，音や光などの刺激に対しては興奮し騒擾することもある。重度の腰痿症状の場合，犬座姿勢や起立不能となり，強迫運動，間代性痙攣，眼球震盪などの脳症状を示し死亡することもある。
　発生時期は，中間宿主である蚊の活動時期と潜伏期の関係から，8〜10月に多発し，発熱を伴わず突発的に発症するのが本症の特徴の1つである。馬での潜伏期は16〜66日である。
▶病変は？
　本症の病理解剖では，脳脊髄から指状糸状虫の幼虫がしばしば検出される（図4-141）。虫体は脳脊髄に形成された虫道内に認められることがあり，その周囲の組織には破壊，出血，軟化などの病巣がみられる（図4-142）。これら中枢神経における病変の分布は，脳脊髄の白質領域に比較的多くみられ，また脳幹部の脳室の周辺部にも頻繁に観察される。
　組織学的検査により，脳脊髄の出血，脂肪顆粒細胞および色素顆粒細胞などの出現した軟化巣形成，軟化巣近在の神経細胞の変性・脱落や軸索の膨化，グリア細胞の増殖などがみられ，虫体の断面（図4-143）が見いだされることもある。さらに，病巣周辺部にはリンパ球や好酸球を主体とした囲管性細胞浸潤も認める。
▶どのような検査や治療を行うのか？
　脳脊髄糸状虫症の診断は，発病の状況や症状からある

図4-141 大脳の脳膜面にみられた指状糸状虫(JRA原図)

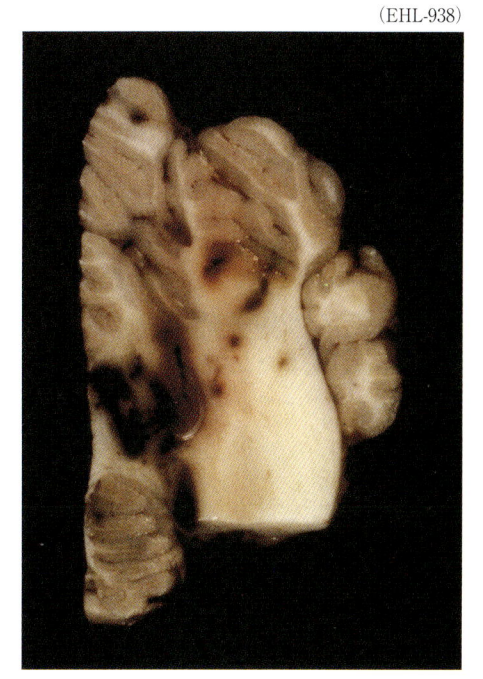

図4-142 小脳髄体の出血病巣内にみられた指状糸状虫(JRA原図)

図4-143 大脳の軟化巣内にみられた指状糸状虫の断面(JRA原図)

程度は推測することが可能である。すなわち，発病の時期が8～10月であること，突発的な運動機能障害を呈すること，発熱や食欲不振をほとんど伴わないこと，そして日本脳炎における神経症状としての興奮がみられないことなどの特徴がその根拠となる。確定診断のためには流行性脳炎に対する血清中の抗体検査の実施，普通円虫の幼虫およびその他の脳脊髄線虫症，馬原虫性脊髄脳炎ならびに脊椎骨折や運動器障害などとの類症鑑別が必要である。

治療には脳脊髄に迷入した指状糸状虫の幼虫を殺滅するため，かつてはジエチルカルバマジン(40mg/kg)や3価・5価のアンチモン剤が用いられたが，現在ではイベルメクチンが用いられる。

予防法としては，①牛における指状糸状虫の成虫およびミクロフィラリアの駆除，②中間宿主となる蚊の駆除および吸血の防止，③馬に感染した幼虫が中枢神経系に侵入する前に幼虫を殺滅することがあげられる。

❻混晴虫症

▶どのような病気か？

糸状虫が前眼房内に侵入して，眼房水中を遊泳する病気で，この幼虫を眼虫または混晴虫(涸晴虫，渾晴虫)とよぶ。馬の混晴虫症の発生時期は，脳脊髄糸状虫症よりやや遅れ，10月末から12月までに多く発生する。罹患馬の性差はなく，年齢的には1～3歳の若い馬に多くみられ，左右の眼球での寄生率に差はない。

虫体の体長は，9～10月の検出例では2.5～2.9cm，11～1月の場合は3.0～3.5cmで，この時期の検出虫体は指状糸状虫の幼虫が多い。一方，春または夏にみられるのは6.8～8.1cmの大型の虫体で，馬糸状虫の幼虫である。

虫体が前眼房内に迷入すると，羞明，眼房水や角膜の混濁を生じ，失明することがある。混晴虫症の治療は，外科的な角膜穿刺法を実施する。表面麻酔薬の点眼によって麻酔し，虫体が前眼房の角膜内面直下に遊出した瞬間に角膜辺縁を穿刺して，眼房水とともに虫体を摘出する。

❼蟯虫症

▶原因は？

馬の蟯虫症は，蟯虫科のOxyuris属の馬蟯虫(Oxyuris equi)が原因である。馬蟯虫の成虫は，体長が♂9～12mm，♀45～150mmで，雌雄の大きさが著しく異な

第4章 病気

り，雄は小型で尾部が短いのに対し，雌は大型で尾端が鞭状に長い。最近のわが国の軽種馬ではほとんど寄生がみられない。

▶どのようにして感染するのか？

馬蟯虫は中間宿主を必要とせず，馬体内においても体内移行を行わない。また，組織内に侵入することもない。肛門周囲に産卵された虫卵は約1週間で幼虫寄生卵になり，経口感染する。感染後雌の成虫が虫卵を排出するまで約50日を要する（図4-144）。

▶症状は？

雌成虫が産卵のために会陰部皮膚を這う不快感や，会陰部に産卵された虫卵を含む分泌液の刺激による搔痒感のため，尾根部を馬房壁や馬栓棒などにこすりつけることによって生じる尾根部被毛の脱落および皮膚炎が症状である。

▶病変は？

馬蟯虫の幼虫は，大腸粘膜に付着して粘膜を摂取するため，多数寄生では大腸粘膜にび爛，小潰瘍や炎症がみられる。しかし，成虫は大腸内に遊離しているため，ほとんど病害はない。

▶どのような検査や治療を行うのか？

透明の粘着テープを肛門周囲の皮膚に押しつけると粘着面に蟯虫卵がつく。これをスライドグラスに貼りつけ鏡検する。馬蟯虫の産卵は明け方に行われるため，検査は朝のうちに行ったほうがよい。

駆虫薬として，イベルメクチン0.2〜0.5mg/kgの1回投与で成虫および幼虫のどちらに対しても高い駆虫効果がある。

❽胃虫症

▶原因は？

*Habronema*属と*Draschia*属に属する体長1〜2cmの小型の線虫である。これら2属は形態的に近似しているが，頭部の微細構造が異なる。大口馬胃虫，小口馬胃虫およびハエ馬胃虫の3種がある。最近，わが国の軽種馬ではほとんどみられなくなった。

▶どのようにして感染するのか？

馬胃虫類はいずれもハエ類を中間宿主とする。これらの幼虫形成卵や馬の胃内の1期幼虫は糞便内に排泄される。これらの幼虫形成卵あるいは幼虫を中間宿主である各種ハエの幼虫が摂取する。

幼虫形成卵はハエの幼虫の消化管内でふ化し，1期幼虫が消化管壁を穿通して体腔に入る。その後，好適部位で発育・脱皮を繰り返し，ハエの蛹が成虫に羽化するころに3期幼虫になり，ハエの体腔にもどり，さらに頭部に移行して口吻に現れる。羽化したハエが馬の口，鼻孔，結膜や皮膚の病変部に止まり分泌物や浸出物を摂取するときに，感染幼虫は口吻から馬体表面に移る。

馬は口唇や皮膚創面などに脱出した3期幼虫を経口的に摂取して感染する。3期幼虫は口腔，食道を経て胃に達し，分泌腺のある部分に寄生し，粘膜内に侵入して発育・成熟する。馬体内で成熟するのに約2ヵ月を要する。

▶症状は？

少数寄生ではほとんど症状はみられない。大口馬胃虫の症状は，幽門部に腫瘤が形成されなければ不明であるが，大腫瘤が形成されると幽門狭窄や胃拡張がみられる。胃穿孔を生じると腹膜炎により発熱，疼痛などの症状が現れる。小口馬胃虫およびハエ馬胃虫では多数寄生をみることがあり，食欲不振，疝痛，栄養障害などの症状をみることがある。

▶病変は？

a）胃馬胃虫症：大口馬胃虫は胃の幽門部粘膜に鳩卵大ないし鶏卵大の円形硬固な肉芽腫性丘状結節を生ずる。小口馬胃虫およびハエ馬胃虫は，胃内に遊離して寄生するが，頭部を粘膜に挿入するため，重度感染では潰瘍の原因になる。

b）皮膚胃虫症：中間宿主のハエから皮膚面に脱出した胃虫幼虫は，創傷局所に炎症を生じ，広範な肉芽組織性病変を形成する。これが顆粒性皮膚炎または夏

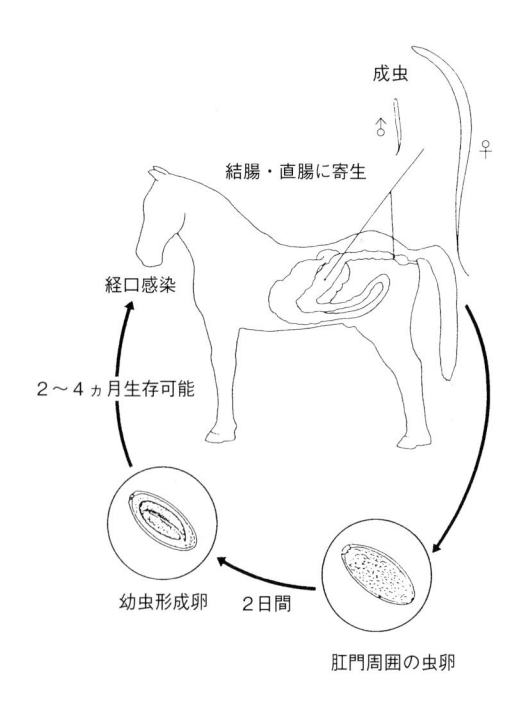

図4-144 馬蟯虫の生活環（JRA原図）

創である。顆粒性皮膚炎は晩春に初発し，夏季に病勢が増し，秋季には軽快し，治癒する。好発部位は四肢，下腹部，頬部，頸部，背側，前胸，肘部などである。かつてわが国の農用馬に発生した火虫と称する皮膚炎は顆粒性皮膚炎に酷似する。

c）結膜馬胃虫症：眼瞼結膜に馬胃虫幼虫が原因で炎症および結節の形成をみるものである。

▶どのような検査や治療を行うのか？

診断は臨床症状と糞便中の虫卵・幼虫の証明によって行う。糞便中の虫卵・幼虫の検出はベールマン法によって行うのがよい。皮膚胃虫症の診断は病変部より馬胃虫幼虫の検出を行う。結膜馬胃虫の診断は，結膜の結節または眼脂を用いて馬胃虫幼虫の検出を行う。

駆虫薬として，イベルメクチン0.2 mg/kgの1回投与が3種の胃虫いずれにも有効である。また，顆粒性皮膚炎に対してもイベルメクチン0.2 mg/kgの1回投与が有効である。

❾条虫症

▶原因は？

馬に寄生する条虫は裸頭部条虫科に属す*Anoplocephala*属の葉状条虫（*A. perfoliata*）および大条虫（*A. magna*）ならびに*Paranoplocephala*属の乳頭条虫（*P. mamillana*）である。わが国で普通にみられるのは葉状条虫である。葉状条虫は体長20〜80 mm，体幅3〜15 mmで，厚さは約2.5 mmである。

▶どのようにして感染するのか？

葉状条虫はササラダニ類の中間宿主を必要とする。条虫の片節内には多数の虫卵を含み，虫卵は片節から出て糞便内にみられる。ササラダニは土壌上で生活する小型のダニで，卵殻を破壊して内部の六鉤幼虫を食べる。幼虫はダニ体内で発育し，2〜5ヵ月後には擬嚢尾虫となり，感染力を有するようになる。馬は牧草とともにこの感染ササラダニを食べて感染する。馬に感染すると1〜2ヵ月間で成虫になる（図4-145）。

▶症状は？

一般に，無症状のことが多いが，多数寄生すると食欲不振，消化器障害，削痩，栄養不良，疝痛などがみられる。

▶病変は？

葉状条虫の寄生部位は回腸口や盲腸粘膜で，虫体は腸粘膜に吸着するため寄生部の粘膜にはびらんや潰瘍を形成する（図4-146）。寄生部の粘膜下織には結合組織が増生し，回腸口の管腔狭窄がみられることがある。まれに，

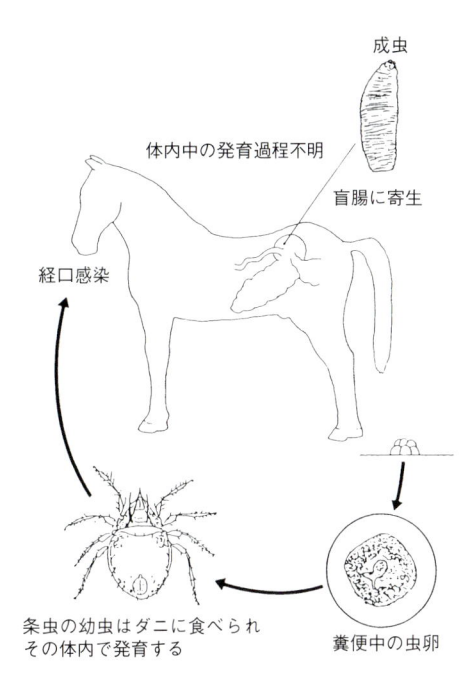

図4-145　葉状条虫の生活環（JRA原図）

図4-146　回腸口周囲の盲腸粘膜に多数寄生した葉状条虫（JRA原図）

回腸穿孔や盲腸破裂の原因となる。

▶どのような検査や治療を行うのか？

診断は糞便中の虫卵を証明することによって行う。虫卵検査は浮遊法が便利である。条虫に効果のある駆虫薬は少ないが，ビチオノール5〜10 mg/kgないしパモ酸ピランテル13.2 mg/kg以上の1回投与による効果が知られている。また，線虫類の駆虫のためのイベルメクチンと条虫類の駆虫のためのプラジクアンテルを配合したペースト製剤が市販されている。

第4章 病気

❿ハエ幼虫症

▶原因は？

通常，馬に寄生するのはウマバエ科に属する*Gasterophirus*属のハエの幼虫で，ウマバエ(*G. intestinalis*)，ムネアカウマバエ(*G. nasalis*)およびアトアカウマバエ(*G. haemorrhoidalis*)の3種がある。わが国ではウマバエがもっとも頻繁にみられる。ウマバエの成虫はミツバチに類似し，体長も12〜18mmでほぼ同等大である。ウマバエ幼虫の体長は15〜20mmである。虫卵は淡褐色で，大きさは約1.3×0.4mmである。

▶どのようにして感染するのか？

ウマバエの雌は，馬の前肢の被毛やたてがみなどに産卵する。虫卵は，馬が被毛やたてがみを咬んだりなめたりしたときの体温上昇が刺激となってふ化し，馬の口腔に入り約1ヵ月間歯肉に寄生する。その後，食道を経て胃の前胃部(無腺部)に移行し，同部粘膜に翌春ないし初夏まで寄生する。ここで成熟した幼虫は，寄生部を離れて排泄物とともに外界に出てハエとなる。ハエはやがて羽化して成虫になり，夏季に馬の被毛に産卵する(図4-147)。

▶症状は？

特徴的な症状はみられず，多数寄生では食欲不振，栄養不良および消化器障害などがみられる。症状の発現は通常冬季から初春である。幼駒では疝痛を発することがある。

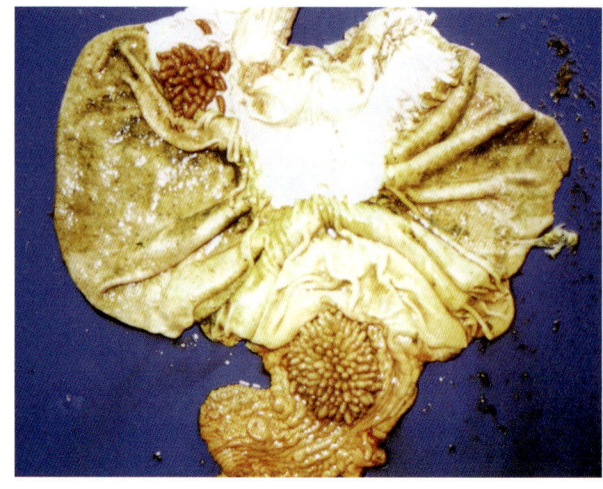

図4-148 胃前胃部粘膜に寄生するウマバエ幼虫と十二指腸前部に寄生するムネアカウマバエ幼虫(JRA原図)

▶病変は？

ウマバエ幼虫は胃前胃部に，ムネアカウマバエ幼虫は胃幽門部と十二指腸前部に，アトアカウマバエ幼虫は胃，舌，咽頭および直腸などの粘膜に寄生する(図4-148)。3種類のウマバエ幼虫は，いずれも頭端にある2本の大きな鉤により粘膜に咬着するため，胃や腸などの粘膜にび爛や潰瘍を形成し，やがて粘膜の肥厚をみる。ときに胃破裂や胃穿孔の原因となる。

▶どのような検査や治療を行うのか？

ウマバエ幼虫症には特異的症状がないため，症状からの確定診断はできない。寄生時期には糞便をよく観察し，ウマバエ幼虫の有無を確認する。

駆虫薬として，イベルメクチン0.2〜0.5mg/kgの1回投与でそれぞれ高い駆虫効果がある。

⓫その他の寄生虫症

(1) 犬糸状虫症

▶どのような病気か？

犬糸状虫(*Dirofilaria immitis*)はイヌ科動物を固有宿主とするが，馬に偶発的に寄生することがある。寄生部位は犬と同様に右心室あるいは肺動脈である(図4-149)。犬糸状虫は*Anopheles*属，*Mansonia*属，*Aedes*属，*Culex*属の63種の蚊が中間宿主となるが，このうちわが国では16種が知られており，トウゴウヤブカが主な蚊である。犬を吸血した蚊の体内でミクロフィラリアは感染幼虫まで発育し，つぎの吸血時にこれが宿主に侵入して感染する。

馬の右心室や肺動脈に寄生しても症状はほとんどみら

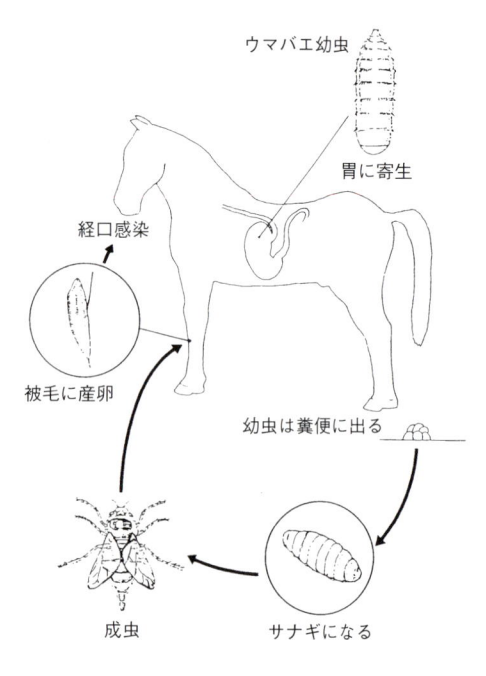

図4-147 ウマバエの生活環(JRA原図)

図4-149 犬糸状虫の寄生により著しく増殖した肺動脈内膜（JRA原図）

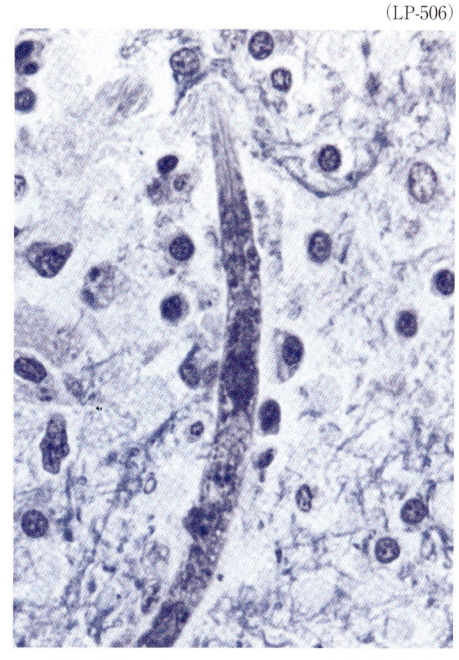

図4-150 大脳に侵入したH.gingivalisの頭部矢状断面（JRA原図）

れず，大部分が剖検時に検出されている。しかし，肺動脈に塞栓症を生じた場合，塞栓周囲部の肺組織に出血がみられ，肺出血の原因となることから競走馬では無視できない寄生虫である。

(2) ハリセファロブス症（マイクロネマ症）
▶どのような病気か？
　Halicephalobus gingivalis（Micronema deletrix）は体長約350μmの非常に小型の線虫で，腐生の自由生活を営むが，偶発的に馬やヒトに寄生することがある。わが国の馬では吉原ら（1985年）による初めての症例以降，数例が報告されている。虫体は，鼻腔や下顎の腫瘤，脳脊髄，腎臓腫瘤から検出される（図4-150）。
　馬の脳脊髄から虫体が検出された例の症状は，中枢神経障害による神経症状であり，運動失調，騒擾，沈鬱，眼球振盪などがみられ，やがて起立不能となって死亡した。虫体は剖検後の組織学的検査で初めて検出されることが多い。

(3) 包虫症
▶どのような病気か？
　単包条虫（Echinococcus granulosus）はエキノコックスといわれる条虫で，成虫は犬，キツネなどの小腸内に寄生しているが，その幼虫は馬の肝臓などに包虫という嚢腫を形成する（図4-151）。固有宿主から糞便とともに体外に出た虫卵は，馬，牛，羊，豚などの中間宿主に経口的に摂取されると小腸でふ化し，六鉤幼虫が腸壁に侵入し，血流あるいはリンパ流によって身体各所に運ばれ，包虫を形成し，内部に原頭節を含む。包虫の好発部位は，馬ではほとんど肝臓であるが，肺にもみられる。包虫の

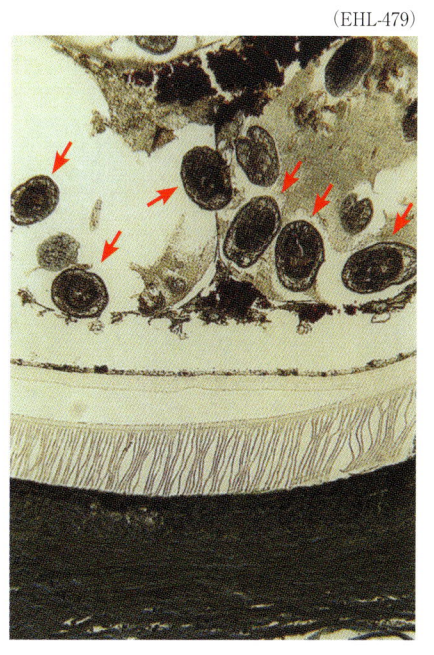

図4-151 単包虫の囊胞内にみられる多数の原頭節（矢印）（JRA原図）

発育は徐々に進行し，数年間で直径5〜7cmに達する。症状は包虫の存在部位，大きさや数によって異なる。通常，剖検時に発見されることが多い。

⑫ 寄生虫検査と診断

(1) 虫卵検査
　馬の寄生虫の多くは，消化器系に寄生し腸管内に産卵する。したがって，内部寄生虫の寄生の有無を診断する

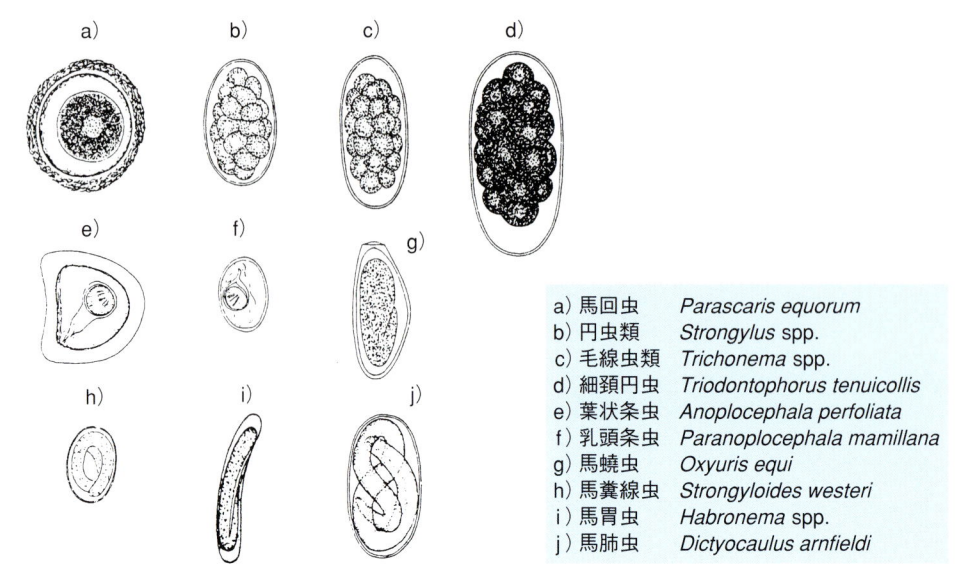

a) 馬回虫	*Parascaris equorum*
b) 円虫類	*Strongylus* spp.
c) 毛線虫類	*Trichonema* spp.
d) 細頸円虫	*Triodontophorus tenuicollis*
e) 葉状条虫	*Anoplocephala perfoliata*
f) 乳頭条虫	*Paranoplocephala mamillana*
g) 馬蟯虫	*Oxyuris equi*
h) 馬糞線虫	*Strongyloides westeri*
i) 馬胃虫	*Habronema* spp.
j) 馬肺虫	*Dictyocaulus arnfieldi*

(Soulsby JEL：Helminths, Anthropods and Protozoa of domesticated animals, 770, Baillierere Tindall, 1982 より一部改変)

図4-152　馬の寄生虫卵

ためにはまず，糞便の虫卵検査を行う．虫卵検査は，寄生虫病の診断におけるもっとも基本的な検査法である．

主な虫卵検査の方法は以下のようなものがあり，本検査で観察される馬の寄生虫卵の様式図を図4-152に示した．

a) 直接塗抹法

糞便をスライドグラス上で蒸留水とともに混和し鏡検する．産卵数の多い寄生虫の検査の簡便法であるが，馬ではほとんど用いられない．

b) 浮遊法

虫卵より比重の重い塩類の飽和液(硝酸ナトリウム，食塩，硫酸マグネシウム)を用い，糞便を混和した後にメッシュにより集卵管にろ過し，静置して浮遊した虫卵を採取して鏡検する．この方法は，馬の虫卵検査でもっともよく用いられる．

c) 沈澱法

虫卵の少ない糞便から卵を集めるときに用いる方法である．

d) セロファンテープ法

粘着性のテープの粘着面を肛門周囲の皮膚に押しつけ，蟯虫卵の有無を検査する方法である．

e) 虫卵・オーシストの計算法

糞便1gあたりの虫卵数(EPG)，オーシスト数(OPG)，幼虫数(LPG)などを算出し，寄生虫の寄生の程度や駆虫効果の判定に用いる．これには浮遊法を応用したマックマスター計算盤法を利用する．

(2) 幼虫の検査法

虫卵の培養は，卵の発育に適した条件を与えて幼虫として検査するもので，通常は虫卵検査よりも検出率が高く，種の同定も可能である．虫卵培養は，主に円虫類に利用される．また，馬糸状虫の寄生の有無は血液中のミクロフィラリアを検査する．

a) 瓦(かわら)培養法

瓦の上に糞便を均一の厚さに盛り，水を入れたシャーレに浸し，適温下で培養する方法である．ふ化して水に移行した幼虫を遠沈して集めて検査する．

b) びん培養法

円虫の培養に適した方法である．糞便とおが屑をほぼ等量に混合し，湿気を加えて適温下で培養すると，円虫は10日前後で感染幼虫となる．そこで，びんに水を注いでいっぱいにし，それをシャーレ上に逆さに立ててその周囲に水を注ぐと，感染幼虫は水に遊出してくる．この水を遠沈して幼虫を集めて検査する．

c) 臓器および土壌中の線虫幼虫の検査法

ベールマン法といい，ガラス製のロートの下端にゴム管をはめ，その末端にピンチコックをつけた装置(図4-153)を用いる．ロートに適合した篩(ふるい)を用意し，その内側に布を敷く．細切りした臓器や土壌をそのなかに置き，微温湯を篩の外側から注ぎ，しばらく検査材料を浸しておいて幼虫を遊出させる．

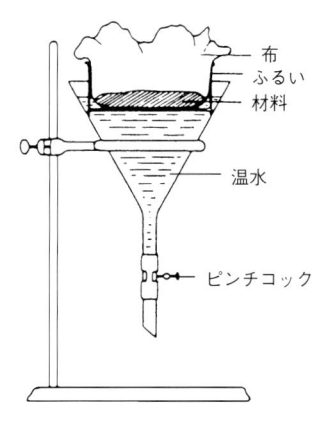

図4-153 ベールマン装置

d) ミクロフィラリア検査法

一般的な方法は，全血を用いる厚層塗抹法，ヘマトクリット管法（毛細管法），集虫法（アセトン集虫法，フィルター集虫法）などがある。皮膚組織内のミクロフィラリアの検査は組織切片の作製か，ベールマン法を応用して遊出する。

(3) その他の診断法

馬では，蠕虫類（ぜんちゅうるい）による寄生虫病の免疫学的診断は臨床的にあまり行われていないが，皮内反応，二重拡散法（Ouchterlony法），免疫電気泳動法，凝集反応，補体結合反応，蛍光抗体法などが応用できる。

⓭ 馬の寄生虫駆除

寄生虫は，それぞれ特有の生活環をもってつぎの世代を形成しており，寄生虫病をなくすためには生活環のどこかのステージで断ち切る必要がある。それには，寄生虫が馬体内に寄生している時期に駆除する方法（駆虫処置）と，馬を離れ外界で生活する時期（自由生活期，中間宿主など）に虫卵や幼虫を駆除する方法（感染防止対策）に分けることができる。

(1) 駆虫処置

寄生虫が馬体内に寄生している時期に駆虫薬を投与することにより，効率よく寄生虫を駆除する方法である。駆虫薬は，駆除が必要な寄生虫に対して有効な薬剤を選択しなければならない。わが国で現在使われている駆虫薬を表4-11に示した。

駆虫する時期は，多数の寄生虫が固有の寄生部位に到達し，病害の発現しない早期に実施するのが効果的である。また，寄生虫はそれぞれ感染の時期が一定でなく，季節によって寄生率が変化する。駆虫の要点については以下のとおりである。

① 当歳馬は寄生率が高いことが多いので，生後2ヵ月目に初回の駆虫を行い，その後1年間程度は約2ヵ月間隔で駆虫する。この時期は発育が盛んであることから，寄生虫病により成長が阻害されると各種疾病の誘因になる。

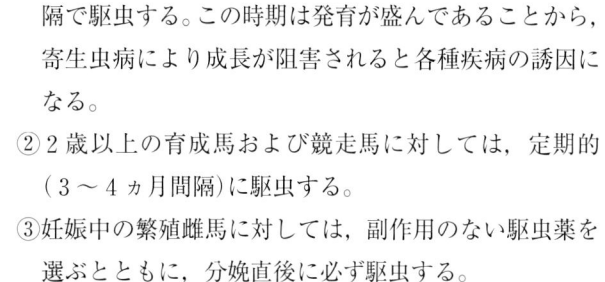

② 2歳以上の育成馬および競走馬に対しては，定期的（3～4ヵ月間隔）に駆虫する。

③ 妊娠中の繁殖雌馬に対しては，副作用のない駆虫薬を選ぶとともに，分娩直後に必ず駆虫する。

④ 同一の駆虫薬を反復投与すると，薬剤耐性をもつ寄生虫が出現する場合があるので，いくつかの種類の駆虫薬を交互に投与する必要がある。

(2) 感染防止対策

寄生虫が馬体を離れ，中間宿主あるいは外界で生活している時期に駆除する方法である。駆虫薬を投与する方法と比べ，手間や経費がかかる反面，感染による馬体への侵襲や駆虫薬の副作用の心配がないため，馬にとってはよい方法である。

① 放牧地の耕作あるいは客土を行うことにより，土地改良ができるとともに，感染幼虫や幼虫形成卵を排除することができる。

② 感染の機会を減らすため，過密な放牧を避ける。

③ 放牧地や馬房などに排泄された馬糞は，散乱しないうちに速やかに除去する。

④ 集積した馬糞は，堆肥としてよく切り返しを行い，十分な発酵・発熱を促し，よく熟成させることで虫卵や感染幼虫を殺滅したものを牧野や採草地に施肥する。

⑤ 感染幼虫の除去のため，放牧地を4ヵ月以上休牧する。

⑥ 中間宿主となる蚊やダニ類を撲滅するため，牧場周囲の環境衛生に注意する。

第4章 病気

表4-11 馬の内部寄生虫駆除剤

薬剤	商品名	製薬会社	馬回虫	大円虫	小円虫	馬蟯虫	条虫	馬バエ幼虫	用量(/kg)
1. ピペラジン系製剤									
アジピン酸ピペラジン	ピペランミタカ末	共立製薬㈱	○	○	○	○			120～360mg
2. チアベンダゾール系製剤									
フルベンダゾール	フルモキサール散5%	藤沢アスドラ㈱及び	○	○	○				10mg
	フルモキサール散50%	住化エンバイロメンタルサイエンス㈱							2～3日間連日
3. その他の内部寄生虫駆除剤									
イベルメクチン	エクイバランペースト	DSファーマアニマルヘルス㈱	○	○	○		○	○	0.2mg
イベルメクチン	エラクエル	㈱ビルバックジャパン	○	○	○		○	○	0.2mg
イベルメクチン	ノロメクチンペースト	共立製薬㈱	○	○	○		○	○	0.2mg
イベルメクチン＋プラジクアンテル	エクイバランゴールド	メリアル・ジャパン㈱	○	○	○		○	○	0.2mg 1.0mg
イベルメクチン＋プラジクアンテル	エクイマックス	㈱ビルバックジャパン		○	○		○	○	0.2mg 1.5mg
パモ酸ピランテル	ソルビー・シロップ	ゾエティス・ジャパン㈱		○	○				6.6mg

農林水産省動物医薬品検査所ホームページ、動物用医薬品等データベース参照。

15. ウイルスによる病気

❶馬インフルエンザ

▶どのような病気か？

　本病は，発熱を伴う急性の呼吸器感染症で，伝播速度が著しく速いことから，ワクチン接種を受けていない集団では，大多数の馬が数日のうちに連続して発症する。しかし，日本国内で飼養されている馬の多くは，ワクチンを接種されており，通常は軽度の発熱にとどまる。

　欧米では，馬インフルエンザの発生はかなり古くから記録されており，現在でも毎年，季節に関係なく世界各地で発生が認められる（表4-12）。わが国では1971年に初めて流行し，競馬の開催に大きな被害をもたらした。その後，長年にわたり発生が確認されていなかったが，2007年に36年振りの流行が起こった。この流行では，競馬開催に与える影響は少なかったものの，感染馬数と流行地域は，前回を上回った。

▶原因は？

　インフルエンザウイルスは，オルソミクソウイルス科に分類され，A，B，C型がある。馬インフルエンザウイルスはA型である。ウイルス粒子は直径80〜120nmで，球形ないしは多形性であるが，糸状を呈するものもある。遺伝子はRNAで，8本の分節に分かれる。

　ウイルス粒子の外側にはエンベロープ（被膜）があり，表面に直径4〜6nm，長さ10〜14nmのヘマグルチニン（HA）とノイラミニダーゼ（NA）が組み込まれている。本ウイルスが属しているインフルエンザAウイルスは，HAとNAの抗原性によりサブタイプ（亜型）に分けられる。HAはH1からH16，NAはN1からN9まであり，これらの組み合わせで亜型が決定される。馬インフルエンザウイルスには，H7N7とH3N8の2つの亜型がある。

表4-12　馬インフルエンザの発生国（2005〜2009年）

	2005 前半	2005 後半	2006 前半	2006 後半	2007 前半	2007 後半	2008 前半	2008 後半	2009 前半	2009 後半
中華人民共和国							+			
インド								+	+	+
日本						+	+			
モンゴル					+					
ロシア						+	+		+	
デンマーク	+	+	+	+	+	+				
フィンランド										
フランス	+	+	+	+	+				+	+
ドイツ		+	+							
アイルランド	+	+	+	+	+				+	+
オランダ	+	+	+							
ノルウェー			+		+					
セルビア・モンテネグロ		+								
スペイン	+	+	+	+						+
スウェーデン			+	+	+		+		+	+
スイス						+			+	+
イギリス						+	+	+	+	+
オーストラリア						+				
イスラエル				+	+					
クウェート										
カナダ	+	+	+	+	+	+	+	+	+	+
アメリカ合衆国	+	+	+	+	+	+	+	+	+	+
ドミニカ共和国	+	+	+	+	+	+	+	+	+	+
ニカラグア									+	
アルゼンチン	+	+	+	+	+	+				
チリ	+		+	+	+	+				
コロンビア										
パラグアイ	+	+	+	+	+					
ウルグアイ	+	+	+	+	+	+	+	+	+	+
アンゴラ	+	+								
エジプト							+			
チュニジア	+									

第4章 病気

▶病気の発生は？

馬から最初に発見されたインフルエンザウイルスは，1956年にチェコのプラハで分離されたH7N7亜型のA/equine/Prague/1/56である。その後，1980年までヨーロッパ，アメリカをはじめとした世界中でH7N7ウイルスによる流行がみられたが，それ以降は確認されていない。一方，1963年にはH3N8亜型のA/equine/Miami/1/63がアメリカのマイアミで競走馬から分離され，現在まで毎年H3N8ウイルスによる流行が世界各国で起こっている。最近は，このH3N8亜型がヨーロッパ大陸とアメリカ大陸で別々に進化しており，2007年に日本で分離されたウイルスは，アメリカ系統のなかのさらにフロリダ亜系統とよばれるものである。

本ウイルスに対する馬の感受性は，過去の感染やワクチン歴の有無により大きな違いがある。また，ヒトのインフルエンザは冬季に多いが(季節性インフルエンザ)，馬の場合には年間を通じて起こる。

a）抗体陰性馬群における発生

代表的な例の1つに，わが国で1971年に起きた流行がある。11月19日にニュージーランドから5頭の馬が輸入され，東京都に2頭，青森県に2頭，福島県に1頭がそれぞれ輸送された。それらすべての馬は輸送先でインフルエンザの症状を示し，周囲の馬に感染が拡大した。その後，青森県，福島県，新潟県，埼玉県，千葉県，東京都，神奈川県，大阪府，広島県の26ヵ所の競馬場あるいは乗馬クラブで，合計6,370頭が発症した(図4-154)。初発は12月4日，最終の発生は翌年の1月11日で，流行期間は39日であった。この間，関東地方では，約2ヵ月半にわたり，JRAの競馬開催が中止された。この流行では，東京競馬場において11日間で在厩馬963頭中957頭(99.4％)が，馬事公苑では6日間で在厩馬171頭中168頭(98.3％)が発病している。この後，わが国ではすべての競走馬にワクチンを接種するようになった。

ワクチンを接種していない国では，今でもいったん侵入を許すと大きな被害となる。1986年には南アフリカ共和国で，1987年にはインドでも初めての発生があり，それぞれ激しい流行と馬の健康被害が認められた。その後，中国の東北部2省で1989年3月から6月に大流行があり，約1万3,000頭の馬が感染し，そのうちの35％が死亡するほどの被害があった。また，同地区の1省では1990年に2回目の流行が認められたが，感染率は初回の流行の1/2に減少し，さらに死亡する例はなかった。しかしながら，1994年の中国北部と西部11省にまたがる流行では137万頭が感染し，1万9,000頭が死亡したと伝えられている。

2007年にはオーストラリアで初めての流行が起きた。8月17日から20日にかけて，ニューサウスウェールズ州のシドニーにある動物検疫所で，3頭の馬に体温上昇と呼吸器症状が認められ，引き続いて，他の馬でも鼻漏と軽度の体温上昇が確認された。

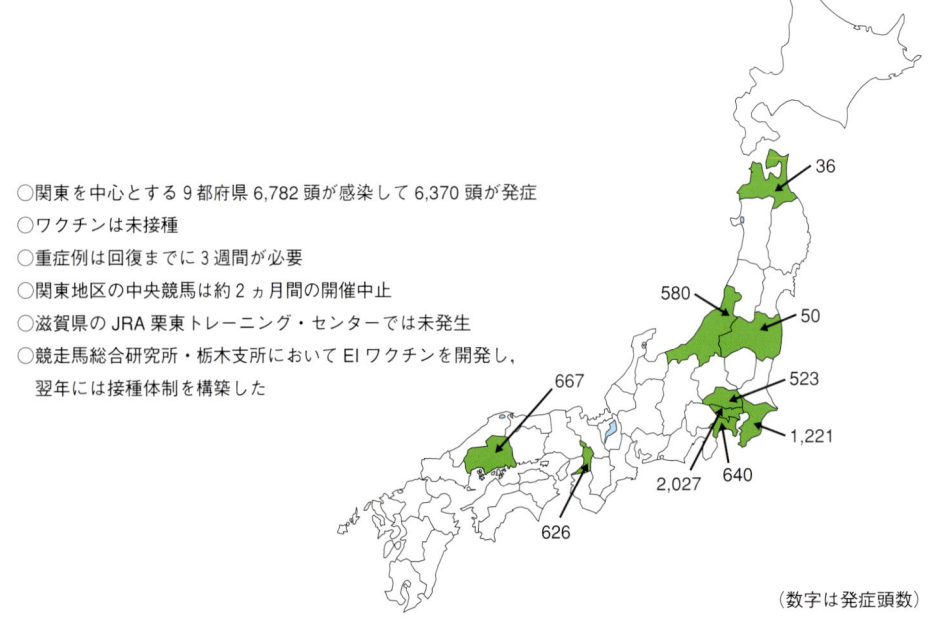

○関東を中心とする9都府県6,782頭が感染して6,370頭が発症
○ワクチンは未接種
○重症例は回復までに3週間が必要
○関東地区の中央競馬は約2ヵ月間の開催中止
○滋賀県のJRA栗東トレーニング・センターでは未発生
○競走馬総合研究所・栃木支所においてEIワクチンを開発し，翌年には接種体制を構築した

36
580
50
667
523
2,027
640
1,221
626

(数字は発症頭数)

図4-154 1971年における馬インフルエンザの発生概況(JRA原図)

図4-155 2007年のJRA施設における新規発熱馬と簡易病原検査陽性馬の推移（JRA原図）

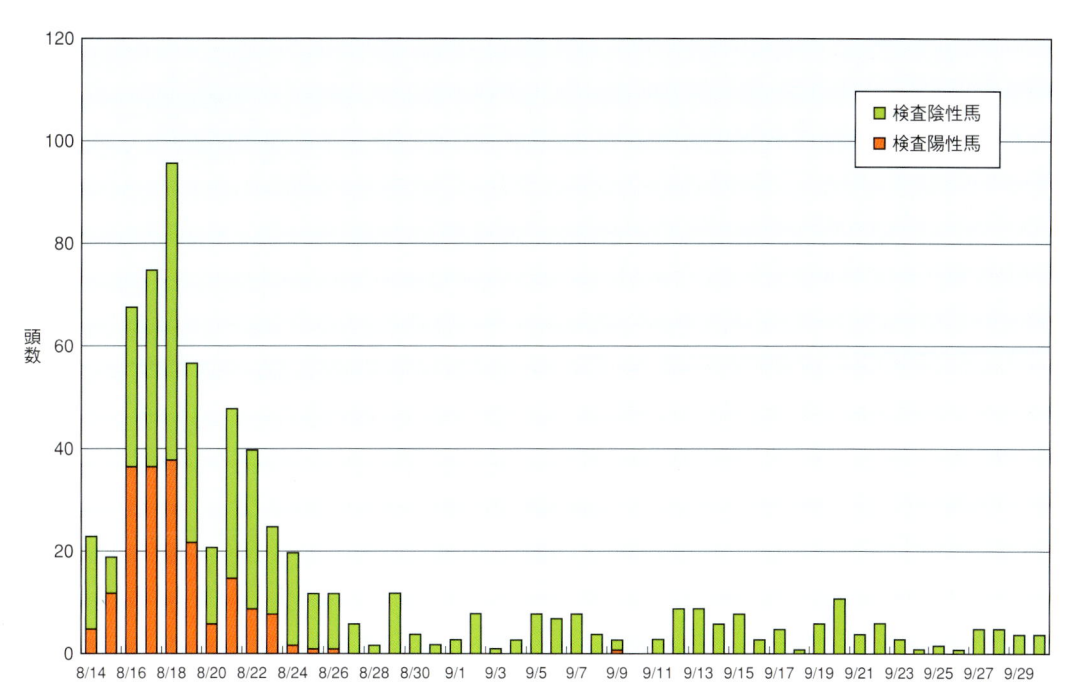

※8月14・15日の検査結果は，あらかじめ採取してあった検体を用いて16日以降に検査した結果を含む。

そこで，検査を行ったところ，A型インフルエンザウイルス陽性と診断された。この検疫所には，これまでに馬インフルエンザの発生が認められているアメリカ，イギリス，アイルランドおよび日本からの輸入馬が繋養されていた。ついで，8月24日には，そこから30km離れた乗馬センターにおいて数頭の馬が呼吸器症状を示した。発生はさらに拡大し，9月11日までにニューサウスウェールズ州で410施設，隣のクイーンズランド州で80施設に拡大した。そこで，政府は10月上旬に初めてのワクチン接種に踏み切った。しかし，発生はおさまらず，10月30日までに合計7,200施設に拡大した。

その後，ようやく流行は沈静化し，最終発生は，ニューサウスウェールズ州で12月9日，クイーンズランド州で12月25日，施設数は両州で8,000にのぼった。

b）抗体保有馬群における発生

ワクチン接種やすでに感染した経歴のある馬群における発生状況は，抗体陰性馬群とは大きく異なる。すなわち，これらの馬は本ウイルスに対する抗体を保有していることから，典型的な症状を示さず，多少の体温の上昇や，軽度の鼻汁漏出などを示すにとどまる。その発生に気がつかないでいると，ワクチン接種歴の少ない馬などに感染が広がってはじめて，その流行に気がつくというパターンをとることが多い。

2007年のわが国における2度目の発生の際には，発熱馬数の増加傾向を受けて，簡易診断キットで調べたところ，本病であることが判明した。8月1日から15日の間に，茨城県のJRA美浦トレーニング・センターの在厩馬1,700頭のうち例年より多い36頭が発熱，発咳，鼻漏の症状を呈していた。このため，15日に簡易病原検査を実施したところ，陽性反応を示した。ただちに，その材料を競走馬総合研究所栃木支所に送付し，遺伝子検査でも陽性であることが判明した。同時に，他の在厩馬やJRA栗東トレーニング・センター，ならびに競馬場においても検査を実施したところ，さらに陽性馬が発見された（図4-155）。

そこでJRAでは，対策委員会を設置するとともに農林水産省へ報告をし，迅速な防疫体制が敷かれた。しかし，さらに発生地域は増加し，8月18日にはピークの96頭に達した。その後，これらの施設における発生は急速に沈静化した。

一方，感染は，JRAの他の施設や地方競馬場，乗馬クラブ，生産牧場など，あるいは秋田県で開催された国体の馬術競技施設にも拡大した。しかし，その発生は徐々に沈静化し，翌2008年7月1日を最後に検査陽性例は確認されなくなり，その1年後の2009年7月1日付けで，農林水産省は国際獣疫事務

第4章　病気

○1971年の発生状況と比較し，全国的に発生を確認
○届出の多くは，不顕性感染

（33都道府県 2,512頭）

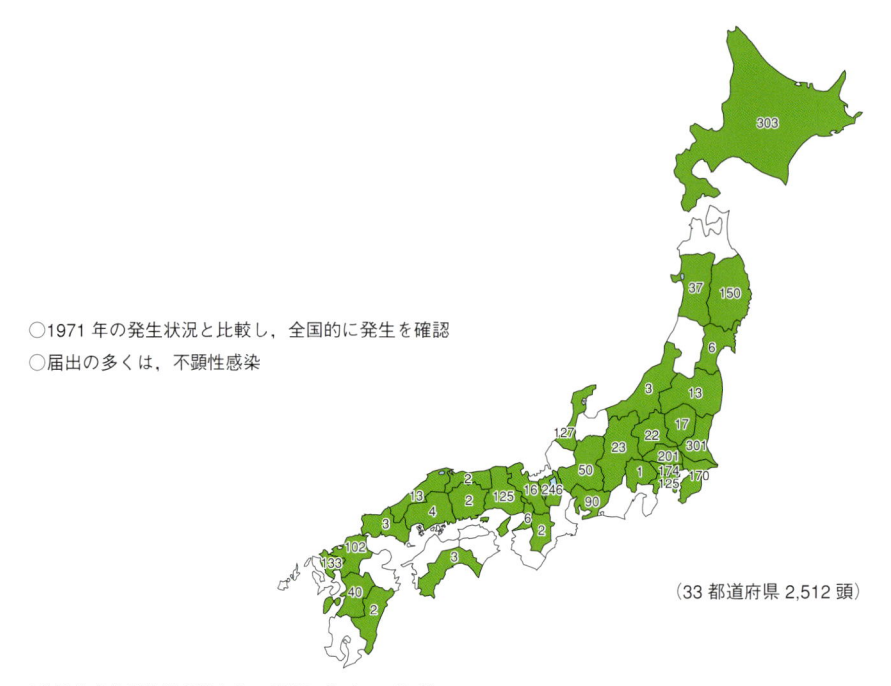

（農林水産省動物衛生課からの情報に基づいて作成）
図4-156　2007〜2008年の馬インフルエンザ発生届出状況（JRA原図）

局（OIE）に対してわが国が清浄化したことを報告した。

　この間，JRAにおいて競馬開催が中止されたのはわずかに2日間であったものの，最終的な発生地域は，33都道府県，2,512頭で，36年前の初めての発生を上回ることとなった（図4-156）。その原因の1つとしては，ワクチン接種を受けていた個体が多かったことから，感染馬が典型的な症状を示さず，検疫網をくぐり抜けた可能性が考えられる。また，症状を示していないものの，簡易診断キットで陽性を示した"不顕性感染"の馬が多数届けられたことも原因と考えられる。なお，この感染源のウイルスが，どのようにして海外から国内に侵入したかは，突き止められていない。

　一方，1979年のスウェーデンにおける流行時に1,303頭の馬群について調査した成績がある。1,011頭の発症馬について，H7N7とH3N8の混合ワクチンを定期的に接種していた例では37％が発病し，病気の経過は平均して4.9日であった。定期的ではないものの，過去にワクチン接種の経験がある例では77％が発病し，その経過は同様に4.9日であった。これに対して，ワクチン接種歴のない例では98％が発病し，経過日数は7日であったと報告されている。1992年の香港のシャテイン競馬場では，在厩馬はすべて定期的にワクチンが接種されていたにもかかわらず流行が起こった。流行は11月20日から12月9日の23日間で，在厩馬958頭のうち402頭（42％）が発病している。

▶どのように感染するか？

　病馬の咳などの飛沫とともに排出されたウイルスが，健康な馬に吸入されることによって感染が成立する。したがって，1頭の病馬から同時に多数の馬が感染を受ける。

　自然界では，本来の宿主ではない動物種への感染例も知られている。中国で1989〜1990年に流行した馬インフルエンザの感染馬から分離されたウイルスが，遺伝学的に鳥類由来のインフルエンザウイルスと近縁であることが示されている。一方，2004年には，アメリカ・フロリダ州のドッグレース場で飼育されていた犬の集団で，急性呼吸器病の流行があり，インフルエンザウイルスの感染によることが明らかとなった。分離ウイルスの遺伝子性状は，フロリダ亜系統の馬インフルエンザウイルスときわめて近縁であり，馬インフルエンザウイルスの異種間伝播と考えられている。ただし，この犬から分離したウイルスは馬インフルエンザウイルスと比較して馬に対する感受性と病原性は低下していることが認められている。

▶症状は？

　感染初期は，元気消失，流涙ならびに眼結膜の紅潮，湿潤などの症状が観察される。およそ48時間以内に体

温は39℃前後に上昇し，人工発咳陽性，食欲不振となるが，鼻汁は目立たない。2〜3日ごろから40〜41℃の高熱を発し，多量の水様性鼻汁を漏出する。熱曲線は2峰性，多峰性の弛張熱を示すものが多い。

発熱後，軽度の貧血と白血球減少症が認められるが，これらは2週間前後で回復する。激しい乾性の咳と，ときどき粘稠性の強い喀痰(かくたん)を排出する。解熱に伴い鼻汁は白濁または膿様となり，湿性の努力性発咳を示す。わずかに下顎リンパ節の腫脹が認められることもある。

解熱後早い時期に運動負荷をかけると症状が悪化する。安静療法を施したものでは，軽症例で約1週間，重症例でも約3週間で回復する。大部分の馬は，約2週間で回復する。

▶よく似た病気との区別は？

激しい乾性の努力性の咳が本症の特徴的な臨床所見である。腺疫，馬鼻肺炎，馬ウイルス性動脈炎では，下顎リンパ節が腫大するが，馬インフルエンザでは軽度か，あるいはほとんど認めない。また，馬に限れば他のいかなる伝染病よりも伝播力が強い。

▶どのように検査するか？

ヒトのインフルエンザ迅速診断キットは，日本では2004年に保険適用が認められたことから，ヒトで広く使われるようになった。2007年の時点では，7種類のキットが市販されていたが，そのうちの4種類が馬インフルエンザウイルスの簡易診断キットとして使えることが確認されており，2007年のわが国における再流行の際にも使用された。この迅速診断キットは，ウイルスを構成しているタンパク質を検出する方法である。より精密な方法として，PCRなどのウイルスの遺伝子を検出する方法があるが，専門の設備と知識を必要とする。さらに，流行ウイルスの変異などを解析するためには，ウイルスを培養して分離する必要がある。

一般的なウイルスの分離法は，鼻腔スワブ材料を発育鶏卵(8〜10日齢)に接種する。ウイルス分離は，材料を尿膜腔内に接種し，33〜36℃で3〜5日間ふ卵器で培養することにより行う。培養後4℃に一晩おいてからしょう尿液か羊膜腔液を採取し，ウイルスの存在を確認するために鶏赤血球を用いた血球凝集反応を行う。ウイルスが増殖していれば，明瞭な血球凝集像が観察される。血球凝集反応が陰性のときは，さらに発育鶏卵で3代まで継代することがある。

分離ウイルスの同定は，馬インフルエンザウイルスに対する特異免疫血清を用いた血球凝集抑制反応，および遺伝子学的検査法によって実施する。

血清診断のために，臨床的にインフルエンザが疑われる症状を示す病馬から採血(急性期血清)し，その2〜3週後に同一馬から再び採血(回復期血清)してそれらの血清について同時に血球凝集抑制反応を行う。診断液は市販されているものを使用する。回復期血清の抗体価が急性期血清の値より4倍以上高いとき，その馬はインフルエンザウイルスに感染していたと判定する。

▶予防と治療法は？

馬インフルエンザウイルスは馬の呼吸器粘膜で増殖し，わずかな潜伏期の後に発症する。したがって，呼吸器粘膜にウイルスが付着しても気道局所に免疫があればウイルス増殖を抑制し，発病を阻止できるが，現時点では局所に作用するようなワクチンは日本では許可されていない。通常，馬に使用されるワクチンはウイルスをホルマリンなどで不活化したものであるが，ウイルス粒子全体を含むもの(ウイルス全粒子ワクチン)と，HAおよびNAのみを含むもの(サブユニットワクチン)があるが，わが国の馬用ワクチンは前者である。

本感染症は，これまでに記してきたように，伝染力と病原性が非常に強く，競馬開催に与える影響が大きいことから，競走用馬については生まれてからのワクチン接種スケジュールが世界各国の競馬開催団体により細かく決められていることが多い。わが国では，2007年の再発生を受けて，さらにワクチンが効果を発揮できるように接種スケジュールが変更された。

さらに，馬インフルエンザウイルスもヒトインフルエンザウイルスと同様にたえず抗原変異を起こしていることから，世界各地の流行状況に即応したワクチン株の選択が必要である。そこで，わが国では，最新流行株をワクチンに取り入れることのできる体制が現在構築されている。

治療法として，ヒトでタミフルなどが常用されており，馬でも一定の効果は認められているものの，価格の問題もあって日常的には使われていない。重症化を防ぐためには細菌による二次感染の予防と対症療法が重要である。

❷馬鼻肺炎

馬に感染するヘルペスウイルスには，1型から9型が知られているが，このうち1型(EHV-1)と4型(EHV-4)による感染症を馬鼻肺炎とよび，若馬の呼吸器症状，流産，神経症状などを起こす。2型(EHV-2)と5型(EHV-5)は，呼吸器症状を示した当歳馬から分離され

第4章 病気

たことから，その原因ウイルスであるとの考え方もあるが，90％以上の馬に持続感染しているウイルスであるため，病原性の有無は確定されていない。3型(EHV-3)は，馬媾疹の原因ウイルスで，交尾感染により，外部生殖器に水胞などを形成する。6型から9型は，遺伝子配列が馬ヘルペスウイルスに類似していることからこのグループに含まれているが，馬以外の動物から分離されたウイルスである。なかでも，9型(EHV-9)は，神経症状で死亡したトムソンガゼルから分離されたウイルスで，猫などに致死性の感染症を起こす。

▶どのような病気か？

馬鼻肺炎は，馬のウイルス性疾患のなかでももっともポピュラーな病気で，世界中に分布し，発生例数も非常に多い。生産地では妊娠馬に流産を起こすことから，その被害は甚大である。また，すべての馬に熱性の呼吸器疾患を起こし，とくに競走馬では調教スケジュールや競馬出走への直接的な影響が問題となる。わが国で初めてEHV-1による流産が発生したのは1967年で，輸入繁殖雌馬に端を発している。そのときには，北海道日高地方で90例，千葉県で6例の流産が発生し，大きな事件として騒がれた。また，最近は，欧米で神経症状を起こしやすいタイプのウイルス(神経病原性変異株)が増加傾向にあり，わが国への侵入が危惧されている。

▶原因は？

ヘルペスウイルス科に属すウイルスは，生物学的性状により，アルファ，ベータおよびガンマヘルペスウイルス亜科に分類される。EHV-1，EHV-3およびEHV-4はアルファヘルペスウイルス亜科に，EHV-2はガンマヘルペスウイルス亜科に分類されている。

ウイルス粒子は直径102〜200nmで球形ないしは準球形をしており，表面に突起を有する脂質に富んだエンベロープに包まれたヘルペスウイルス特有の形態を示す。ウイルス遺伝子は2本鎖DNAである。

▶病気の発生は？

①競走馬における発生：1980年から1990年にかけてJRAの美浦および栗東トレーニング・センターで繋養されていた競走馬のうち発熱を呈した馬について，その原因をウイルス学的に調査した成績がある。発熱の17.8％は馬鼻肺炎で，2.9％が馬ライノウイルス感染症，2.2％が馬ロタウイルス感染症，0.8％が馬アデノウイルス感染症で，残る76.2％は原因が不明であった(図4-157)。

このように，馬鼻肺炎ウイルスが競走馬の発熱の主要な原因ウイルスとなっており，発症馬は冬季に集中

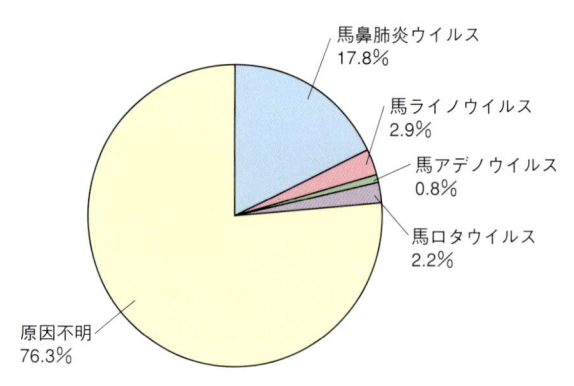

図4-157 JRA美浦および栗東トレーニング・センターの競走馬にみられた発熱馬の原因ウイルス(JRA原図)
- 馬鼻肺炎ウイルス 17.8％
- 馬ライノウイルス 2.9％
- 馬アデノウイルス 0.8％
- 馬ロタウイルス 2.2％
- 原因不明 76.3％

して増えるが，他の時期にも散発的に認められた。さらに詳しく調査したところ，冬季の原因ウイルスはEHV-1であり，他の時期はEHV-4であった。トレーニング・センターにおけるEHV-1による感染馬は，そこで初めての冬を越す2〜3歳の競走馬が主体であるが，多くの競走馬は不顕性感染を示し，EHV-1による全体の発症率は約3％程度と考えられている。

②生産地における発生：各牧場の馬集団で，季節に関係なく当歳馬群および1歳馬群において呼吸器疾患の発生がしばしばみられるが，これらの原因ウイルスはEHV-4である。

JRAの育成牧場に繋養されている1歳および2歳馬もEHV-4による感染を受けており，このように，生産地で生まれてから，競走馬としてトレーニング・センターや競馬場に入厩するまでに何回もEHV-4による感染を受ける。EHV-4により繰り返し感染を受けた結果，EHV-4に対する免疫が強化されるとともに，部分的にEHV-1に対する抵抗力も獲得するようになる。競走馬がトレーニング・センターなどでEHV-1に初めて感染しても，多くの馬が不顕性に耐過するのは，そのためであろうと考えられている。

馬鼻肺炎による流産は，1966年以前はEHV-4が原因でその発生も散発的であったが，1967年にEHV-1による集団流産が発生して以降は，EHV-1が主な原因となって今日まで続いている(表4-13)。これらのことから，若馬群にみられる呼吸器疾患の発生が妊娠馬の流産の流行に直接結びつく可能性はほとんどないものと考えられる。

▶どのように感染するか？

競走馬を集団で飼養する競馬場やトレーニング・センターなどでは，感染馬のくしゃみなどに含まれたウイルスによって感染する飛沫感染と，馬体から馬体へ，ある

表4-13 馬鼻肺炎ウイルスによる流産発生頭数の推移

年＼支部	日高	胆振	十勝	東北	宮城	福島	栃木	千葉	鹿児島
1967	90							6	
1968-70									
1971	26							3	
1972	16		3						
1973	33	8							
1974	13								
1975	32	2				5			
1976	23								
1977	15			4					
1978	18	2	1						
1979	29		1	2					
1980	2	5						3	13
1981	10	5					5	2	
1982	36								
1983	17								
1984	33	1		1					
1985	31	1							
1986	16	4		1					
1987	10	6							
1988	13								
1989	21	1		1				1	
1990	21								
1991	13	1	11						
1992	14			2					
1993	6	2							
1994	7	5	1	1				1	
1995	18	2							
1996	18	2	1	3					
1997	13	2		2					
1998	11		1				1		1
1999	12								
2000	12								
2001	10								
2002	24	1							
2003	12								
2004	12		2	1					
2005	20								
2006	14			6				1	
2007	21	7							
2008	26								
2009	26								
2010	25	7	2	1					

（日本軽種馬協会の資料を元に作成）

いはヒトや馬具などを介した接触感染がある。感染した子馬の鼻汁中へのウイルスの排泄は，8日間ほど認められることから，この間に流行が拡大する。

生産地では，同様に飛沫感染ならびに接触感染があるが，とくに流産の場合には胎盤，羊水および流産胎子などに含まれる大量のウイルスによる接触感染の危険性が高い。

▶症状は？

流産は，妊娠9ヵ月以降に起こりやすく，ほとんど異常を呈さず突然流産することが多い。妊娠後期に感染した場合は，死産となるケースが多く，子馬は生きていたとしてもほとんどが36時間以内に死亡する。

子馬がEHV-1あるいはEHV-4に感染すると，いずれのウイルスでも同様の症状が観察される。すなわち，約36〜48時間の潜伏期を経て，39.0〜40.7℃の2峰性の発熱が認められ，5日程度続く。発熱に伴って水様性の鼻汁を漏出し，その翌日から約3日間粘稠性の強い大量の膿様鼻汁へと変化する。鼻汁は約10日で認められな

第4章 病気

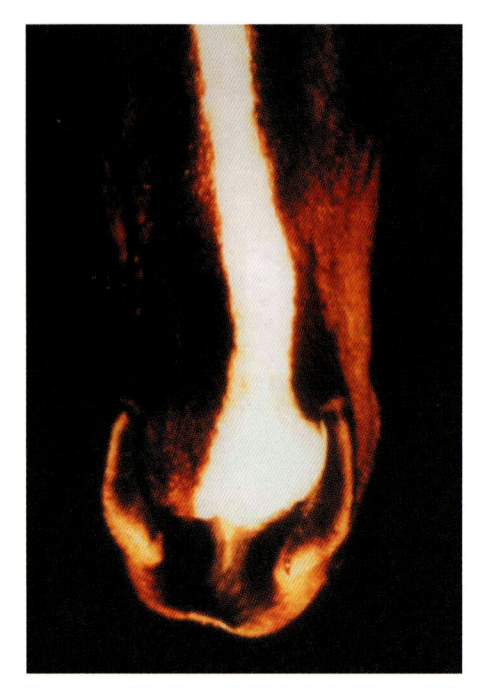

図4-158　鼻肺炎による顔面神経麻痺(JRA原図)

くなるが、下顎リンパ節の腫脹が発熱後2～3日目から現れ、約5日間続く。食欲の減退が発熱初期あるいは高熱時に認められる。しかし、過去に感染既往のある馬の症状は軽く一過性であることが多い。一方、野外では神経症状を伴う場合があり、感染による流産後に繁殖雌馬の神経症状の発生が報告されている。日本国内のある発生例では、妊娠馬17頭を飼養する一厩舎で、繁殖に初供用した馬が流産した。その後2ヵ月弱のうちに同居馬11頭が発熱、起立不能などの神経症状や流産を示した。神経症状馬は、いずれも予後不良と判断され、安楽死となった。また、競走馬における神経症状発生例では、発熱期間が5日以上に及ぶものが多数認められ、発熱馬の7頭が解熱直後から後駆麻痺による歩様異常を呈した。そのうちの2頭は起立不能となり、尿失禁および顔面神経麻痺(図4-158)となった。この2頭は予後不良であったが、歩様異常程度の軽い神経症状を示した例では回復した。

▶よく似た病気との区別は？

馬インフルエンザでは、乾性の努力性の咳が認められるが、馬鼻肺炎では必ずしも認められない。馬インフルエンザ発症馬の下顎リンパ節の変化は通常認められないが、馬鼻肺炎の場合は初感染で腫大する。馬鼻肺炎では妊娠後期の妊娠馬が流産し、それは冬季に集中するが、馬ウイルス性動脈炎では妊娠月齢に関係なく流産はいつでも起こる。

▶どのように検査するのか？

病馬の鼻汁や血液から組織培養を用いてウイルスを分離する。あるいはPCR法などを用いてウイルス遺伝子を検出する。子馬の鼻汁中にはEHV-1感染後、翌日から8日目前後までウイルスが排泄され、血液中には発熱後1～2日目より約2週間は認められる。

EHV-4の場合は、鼻汁からのウイルス排泄期間は同様であるが、血液中のウイルスは発熱後に一過性に認められるだけである。EHV-1は馬、豚、山羊、兎などの腎臓の初代培養細胞、MDBK、PK-15、RK-13、Vero細胞に感受性があるために、これらの細胞を用いてウイルスの分離を試みる。流産の場合には、胎子の主要臓器乳剤が用いられる。分離ウイルスがEHV-1かEHV-4かを識別するために、各型に特異的に反応するモノクローナル抗体を用いた蛍光抗体法がある。また、PCR法でも型の識別は可能である。

血清診断として寒天ゲル内沈降反応、補体結合反応、中和試験、ELISA(エライザ)が用いられる。以前はEHV-1とEHV-4の感染を区別することができる血清反応は中和試験のみであったが、現在は遺伝子発現タンパクを用いたgGおよびgE ELISAでも可能になった。

▶予防と治療法は？

世界的には生ワクチンと不活化ワクチンが開発されているが、わが国では後者が市販されている。このワクチンは、EHV-1をホルマリンで不活化したホールウイルスワクチンで、普通1ヵ月間隔で2回接種する。ワクチンによる抗体の持続期間は短いので、流産予防のためには、流産が多発する時期には1ヵ月おきに補強接種をすることが望ましい。

わが国でみられる流産の発生は地域によって異なるが、1月から4月上旬にかけて多く報告されている。ワクチンはすべて一律に接種するのではなく、個々の妊娠馬の胎齢に合わせて行うべきである。JRAでは、競走馬に対してワクチンを接種し、冬季の競走馬の発熱および呼吸器病を予防している。特別な治療法はないが、子馬が感染を受けると細菌の二次感染を受け、肺炎へ移行しやすいことから病態に合わせて抗生剤による治療が必要である。

JRAでは、遺伝子工学的に病原性遺伝子の一部を欠損させた弱毒生ワクチンを開発し、2012年11月現在、認可申請中である。

❸馬伝染性貧血

▶どのような病気か？

わが国では、年間に1万頭近い馬が本病により犠牲と

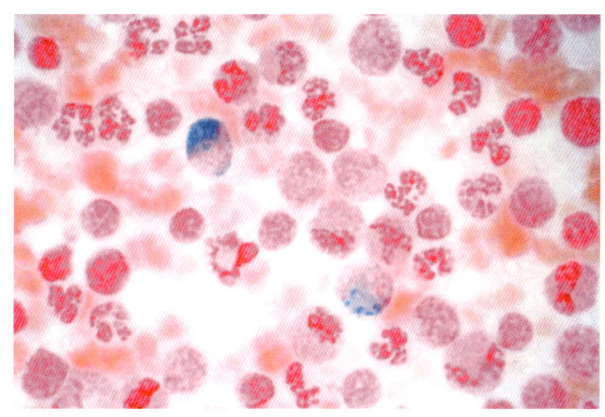

図4-159 末梢白血球塗抹標本中の担鉄細胞（ベルリンブルー染色）（JRA原図）

表4-14 近年のわが国における馬伝染性貧血による摘発馬頭数

暦年	摘発馬頭数	暦年	摘発馬頭数
1955	5,441	1971	175
1956	5,531	1972	127
1957	4,038	1973	270
1958	3,369	1974	89
1959	2,807	1975	232
1960	2,364	1976	54
1961	2,038	1977	29
1962	1,686	1978	104
1963	1,357	1979	198
1964	765	1980	44
1965	560	1981	15
1966	490	1982	5
1967	466	1983	4
1968	347	1984〜1992	0
1969	239	1993	2
1970	194	1994〜2010	0

（農林水産省の家畜衛生統計ならびに家畜衛生週報をもとに作成）

なった歴史があり、「家畜伝染病予防法」のなかで重要な伝染病として家畜伝染病に指定されている。患畜として診断された場合には、都道府県知事による殺処分命令の対象となる。本病に感染すると一生回復することはなく、他の馬への感染源となる。わが国では、本病を駆逐するために、病馬を発見し、ただちに淘汰する方法が取られている。この方法により、わが国は世界でもっとも清浄化が進んでいる。

本病の診断は、過去には血液中の担鉄細胞（図4-159）を証明するという臨床的な方法が取られていたが、1978年に免疫学的診断法としての寒天ゲル内沈降反応が診断に取り入れられた。

▶原因は？

レトロウイルス科、レンチウイルス属に分類されるウイルスである。ウイルス粒子は直径80〜150nmで、内部に40〜60nmのヌクレオチドを保有する。ウイルス粒子の外側は小突起を有するエンベロープで覆われる。ウイルス遺伝子はプラスの1本鎖RNAで、ウイルス粒子がもち合わせている逆転写酵素により、相補性のDNAをつくり、これが細胞DNAに組み込まれてプロウイルスとして持続感染する。

ウイルスはウマ科動物のみに感染するが、感染馬体内には中和試験で区別される変異ウイルスが次々に産生され、それらがそのつど増殖して発熱をくり返す回帰熱の原因になる。感染馬は、急性期に死亡することもあるが、多くは慢性に移行し、一生ウイルスを保持し続け、抗体も陰性になることはない。

▶病気の発生は？

①世界における発生状況：本病は、19世紀中ごろにフランスを中心に流行したのが最初の記録といわれている。その後、世界各国で報告されるようになった。とくに、中央アメリカから南アメリカ大陸では、年間に数千頭の、東欧諸国やロシアでも年間数百頭レベルでの発生が認められる。また、欧米の先進国やアジア諸国では、少数例ではあるが毎年発生している。

②わが国における発生状況：わが国では明治年代に外国から輸入された馬からもち込まれたと推測されている。表4-14に示すように、1955年には5,441頭の感染馬が摘発されていたが、その後、馬の飼養頭数の減少もあって徐々に少なくなった。わが国で飼養される馬のほとんどが競走馬となり、飼養形態が集約的になると、競馬場における集団発生が時々起こるようになった。そのため、感染馬の摘発頭数が増加する年度も見受けられる。一方、1978年に104頭となっているのは、この年に寒天ゲル内沈降反応が新たな診断法として取り入れられたためで、これまでの担鉄細胞による臨床的な診断では摘発できなかった感染馬を免疫学的に検査できるようになったことによる。その後、摘発頭数は急速に減少し、1984年以降は1993年の2頭を除いて、感染馬は発見されていなかった。ところが、2011年に宮崎県の御崎馬で集団感染が見つかった。御崎馬は、天然記念物として限定された地域で保護されてきた馬群であり、法律の網からすり抜けていたことから、これまでにまったく検査がされていなかった。ただし、このような事例を除けば、わが国の清浄化は着実に進んでいると考えられる。

▶どのように感染するか？

本病の自然感染経路は十分にはわかっておらず、今後の解明が待たれる。

①母子感染：担鉄細胞の検出により診断されていた時代の調査では，感染馬として診断された母馬から生まれた子馬の約半数が，その後感染馬として淘汰されていた。一方，競走馬総合研究所栃木支所では，馬伝染性貧血と診断された妊娠馬から出産した子馬をただちに母馬から隔離して，人工哺乳により飼育した。子馬は生後7日目に最初の発熱を呈し，その後発熱を繰り返して99日目に死亡した。寒天ゲル内沈降反応によって経過血清を調べたところ，感染が確認された。

このように，母子間の垂直感染は成立するが，その感染経路が胎内か産道か，また母乳などを介した感染の有無などについては解明されていない。これに対し，母子間の感染が成立しない例も報告されている。

②水平感染：2011年に摘発された御崎馬の集団感染例では，水平感染が疑われた。馬群におけるウイルスの伝播で，これまでもっとも重要視されてきたのが吸血昆虫の媒介である。この主役はサシバエ(*Stomoxys calcitrans*)で，その他に，アブ(*Tabanus fusciostatus*)や蚊(*Anopheles maculi-pennis*)なども媒介すると考えられている。ウイルスがこれらの吸血昆虫の体内で増えることはなく，吸血時に口吻に付着した血液に含まれるウイルスが機械的に他の馬に感染する。吸血後30分以内の短時間であれば，発症中の馬の血液を吸ったアブは，他の健康な馬を100%感染させるといわれている。

一方，病馬の糞や尿に混ざってウイルスが排泄されることはないことから，感染源としての主体は血液と考えられる。過去には病馬の血液で汚染された外科用医療器具や注射針などによる感染も起こっている。

▶症状は？

病勢によって急性，亜急性，慢性の3型に分けられる。急性型は，40〜42℃の急激な発熱と心拍数増加，貧血，白血球減少症，黄疸などを示し，衰弱し起立不能となって死亡するものをいう。

しかし，多くの感染馬は死亡せずに，3〜5日で解熱し，その後，数日から2〜3週間後に再び発熱を示し，数日で解熱する。これを回帰熱発作とよぶ。この回帰熱発作を繰り返している間は，亜急性型とよばれる。

この回帰熱発作は，感染してもまったくみられないこともあるが，多くの場合は1ないし数回繰り返しているうちに徐々に認められなくなる。この状態を慢性型とよぶ。このような馬は外見上は健康馬と変わりなく，血液所見にも著しい変化は認められない。規則正しい検温によって，軽度の発熱が1〜3日認められる程度にとどまる。

しかし，慢性型で経過するもののなかには突然急性型と同様な症状を現すことがあり，これを再燃型とよんで区別している。

▶よく似た病気との区別は？

馬伝染性貧血の特徴的症状である貧血，黄疸，循環器障害，あるいは担鉄細胞などは，馬ピロプラズマ病や馬のトリパノソーマ病などにみられるために，これらとの鑑別が重要である。また，血液所見から馬の白血病やリンパ肉腫，循環器障害を伴うものとしてアフリカ馬疫，馬ウイルス性動脈炎などとの区別も必要である。

▶どのような検査を行うのか？

病馬から組織培養によりウイルスを分離することは，特殊な培養環境が必要なことから，一般的ではない。しかし，本病の感染馬は一生抗体をもち続け，他の馬への感染源になるという特徴から，抗体を検出することにより病馬を確定診断する方法が取られている。すなわち，寒天ゲル内沈降反応，補体結合反応，中和試験，血球凝集抑制反応，間接血球凝集反応，ELISAなどが開発されている。ただし，補体結合反応は，慢性期になると陰性となることから，間接補体結合反応と組み合わせて検査をする必要があり，実用性に乏しい。中和試験と血球凝集抑制反応はウイルス株に特異的な反応であるが，その他はすべての株に共通して反応する試験である。

現在，法律に基づく検査法は寒天ゲル内沈降反応で，診断キットも市販されている。この方法は，すべての感染馬を摘発可能であることから，わが国の馬伝染性貧血の清浄化において大きな役割をはたした(図4-160)。そ

①は陰性，②〜④は陽性。
図4-160 馬伝染性貧血の寒天ゲル内沈降反応(JRA原図)

の一方で，寒天ゲル内沈降反応の欠点の1つに，検査の開始から判定までにおおよそ1日を必要とすることがあげられる。そこで，まれに偽陽性が認められる欠点はあるものの短時間で結果の得られるELISAが開発され，2002年に家畜伝染病予防法の診断法として採用された。この改正により，ELISAで陰性の馬は，馬伝染性貧血に感染していないと診断することができるようになった。

▶予防と治療法は？

ウイルスを馬やロバの白血球培養で長期間継代して弱毒化し，生ワクチンとした報告が中国でなされているが，抗原性が同一の株にしか効果がなく，実用性は乏しい。吸血昆虫の駆除あるいは侵入防止，医療事故を含む不注意による人為的な伝播に気をつけることが最善の予防法である。治療法はない。

❹馬の日本脳炎

馬に脳脊髄炎を起こすウイルスは，表4-15に示すように少なくとも9種類が知られている。そのうちの日本脳炎ウイルス，ウエストナイルウイルス，ベネズエラ脳炎ウイルス，西部馬脳炎ウイルス，東部馬脳炎ウイルスは，家畜伝染病予防法において，家畜伝染病の1つである"流行性脳炎"の原因ウイルスとして指定されている。それぞれの疾病は，馬における重症度や発生頻度が大きく異なることから，ここでは項を分けて解説する。また，吸血昆虫である蚊やダニなどを介して伝播されるウイルスは総称して節足動物媒介性ウイルス，すなわちArthoropod borne（Arbo：アルボ）virusとよばれるが，これらのウイルスもすべてその仲間である。以下にまず，日本脳炎について記述する。

▶どのような病気か？

日本脳炎は馬にもヒトにも感染する，いわゆる人獣共通感染症である。また，豚では死産および早産，または長期在胎や，造精機能の減退，奇形精子の出現などの被害も知られている。わが国における馬の日本脳炎は，太

表4-15 馬の脳脊髄炎

病名	病原体	分布	媒介動物	感受性動物
日本脳炎	RNAウイルス フラビウイルス科 フラビウイルス属	極東ロシア，中国，韓国，日本，東南アジア，インド，オセアニア	蚊(主にコガタアカイエカ)	馬，ヒト，豚
ウエストナイルウイルス感染症	RNAウイルス フラビウイルス科 フラビウイルス属	ヨーロッパ大陸，中近東，アフリカ大陸，アメリカ大陸，極東ロシア，中国	蚊(主にイエカ)	馬，ヒト，豚，羊，鳥，爬虫類
セントルイス脳炎	RNAウイルス フラビウイルス科 フラビウイルス属	アメリカ中西部	蚊	馬，ヒト
ロシア春夏脳炎	RNAウイルス フラビウイルス科 フラビウイルス属	ロシア，チェコ共和国，スロバキア共和国	マダニ	馬，ヒト
ベネズエラ馬脳炎	RNAウイルス トガウイルス科 アルファウイルス属	中央アメリカ，南部北アメリカ，南アメリカ大陸	蚊	馬，ヒト
東部馬脳炎	RNAウイルス トガウイルス科 アルファウイルス属	中央アメリカ，南北アメリカ大陸の東部	蚊	馬，ヒト，鳥
西部馬脳炎	RNAウイルス トガウイルス科 アルファウイルス属	中央アメリカ，南北アメリカ大陸の西部，カナダ	蚊	馬，ヒト，鳥
馬脳症	RNAウイルス レオウイルス科 オルビウイルス属	南アフリカ共和国	ヌカカ	馬
ボルナ病	RNAウイルス モノネガウイルス目 ボルナウイルス科 ボルナウイルス属	ほぼ全世界	不明	馬，猫，羊，牛，犬，マウス，ラット，モルモット

第4章　病気

表4-16　わが国における日本脳炎による摘発馬頭数の推移

暦年	摘発馬頭数*	暦年	摘発馬頭数	暦年	摘発馬頭数
1923	35	1947	1,209	1968	0
1924	18	1948	3,678	1969	1
1925	21	1949	414	1970	0
1926	13	1950	669	1971	0
1927	15	1951	318	1972	0
1928	20	1952	126	1973	0
1929	13	1953	68	1974	0
1930	10	1954	263	1975	0
1931	5	1955	427	1976	0
1932	6	1956	124	1977	0
1933	0	1957	98	1978	1
1934	6	1958	74	1979	0
1935	309	1959	22	1980	0
1936	132	1960	222	1981	0
1937	50	1961	123	1982	0
1938	60	1962	13	1983	5
1939	15	1963	1	1984	1
1940	13	1964	13	1985	3
1941〜1946	太平洋戦争の影響で統計はない	1965	3	1986〜2002	0
		1966	5	2003	1
		1967	10	2004〜2011	0

＊1940年以前は，死亡馬頭数。
（農林水産省の家畜衛生統計ならびに家畜衛生週報などをもとに作成）

平洋戦争の前と直後に全国的な規模の大流行が2回あったが，1948年に開発されたワクチンの使用などによって，その後発生頭数は激減した。最近は定型的な日本脳炎の症状を観察することはむしろ困難である（表4-16）。
▶原因は？
　原因ウイルスはフラビウイルス科，フラビウイルス属に所属している。ウイルス粒子は球形で，直径40〜50nm，遺伝子はプラスの1本鎖RNAである。
▶病気の発生は？
①ウイルスの分布と宿主：ウイルスはロシア極東地区，中国，韓国，日本，東南アジア，インド，ニュージーランドおよびオーストラリア北部まで分布している。自然界におけるウイルスの感受性動物はヒト，馬，豚，牛，山羊などである。また鳥類ではサギやハトのみならず，渡り鳥のなかにも感染するものがいると考えられている。
②わが国における流行の歴史：馬の日本脳炎は，古くからわが国に存在していたと考えられている。1935〜1936年には大規模な流行があり，それはまず九州地方に発生し，順次日本列島を北上して全国的に広まった。1935年の流行では約900頭の発症馬がみつかり，そのうち309頭が死亡した。1947年には四国地方に発生し，関東および東北地方に拡大した。さらに，1948年には関東地方に発生し，東北地方から北海道道南地方まで広がると同時に，若干遅れて近畿，中国，四国，九州の西日本一帯にまん延した。このときの発症馬は3,678頭で，約1,700頭が死亡あるいは安楽死処分された。

　その後，ワクチンの普及とウイルスを増幅する豚の飼育環境が人家から離れたところに移されるという社会構造の変化が影響して，表4-16に示すように本病の発生は急激に減少した。しかし，ワクチン接種率の低い馬群を対象に行われた抗体調査の成績では，毎年感染を疑うレベルの高い抗体価をもった例が認められており，ワクチン接種が本病の予防に重要であることを示している。2003年の発生は，高校で飼育されていた3頭のポニーのうち，ワクチンを接種していない1頭が発症したものである。一方，海外に目を転じると，中国と韓国において，豚の陽性例が観察されているものの，馬の発症例はきわめてまれである。

　わが国における本ウイルスの動向は，厚生労働省の国立感染症研究所により，食肉処理場における豚血清の抗体調査として毎年行われている。その成績は，本ウイルスに対する抗体保有豚は毎年6月下旬に沖縄で初めてみつかり，順次北上し，11月頃にほぼ秋田県まで広がる傾向を示している。また，九州北部で多くの渡り鳥を捕獲して調べたところ，後頭部の羽毛のなかに潜んでいる蚊が各種のウイルスを保有しており，そのなかに日本脳炎ウイルスが含まれていた。さらに，

他の渡り鳥のウイルス保有状況調査でも，渡り鳥が東南アジアから東シナ海沿岸あるいは内陸部を経由して，日本国内に日本脳炎ウイルスをもち込んでいることがわかった。

以上のように，日本国内には，毎年南方から新たなウイルスが飛来しており，ワクチン接種と蚊の防除による予防が重要である。

▶どのように感染するのか？

わが国ではコガタアカイエカ（Culex tritaeniorhynchus）がウイルスの主要な媒介者であるが，他の地域では他の種類からもウイルスが分離されている。実験的にはシマカやヤブカの体内でもウイルスが増殖することが明らかにされていることから，コガタアカイエカ以外の蚊でもウイルスを媒介する可能性がある。ウイルスの伝播は蚊が吸血するときに成立するが，それにはウイルスが蚊の唾液腺で一定の濃度に増殖していなければならない。通常，蚊の生息に適した28〜30℃の気温になると，5〜6日で伝播に必要な量のウイルスを唾液腺に保有するようになるといわれている。

ウイルスの伝播にもっとも都合のよい環境は，コガタアカイエカの発生に適した水田地帯で，その周囲に養豚場などの家畜を多頭数飼養する施設が存在することである。感染した豚は血液中に高濃度のウイルスを保有するために，蚊が大量に発生する夏季には蚊と豚の間でウイルスの増幅と拡散が繰り返し行われ，自然界に大量のウイルスが放出されることになる。そのサイクルのなかに比較的発症しやすい馬やヒトが入り込み，感染を受けた場合に，発病という形で観察される。ただし，ウイルスに感染しても必ずしも発症するとは限らない。

▶症状は？

潜伏期は短くて1週間，通常は2〜3週間であろうと考えられている。まず最初の症状は39〜40℃の発熱で，ついで沈鬱，興奮，麻痺（図4-161）である。食欲が回復して1〜2週間程度で正常に復帰する場合や，発汗や不安の状態を示し，体に触られることを嫌がるが，10〜14日程度で回復する場合もある。これらはいずれも後遺症は残さない。また，高熱が3〜4日繋留し，食欲廃絶，排便排尿停止，顔面神経麻痺，腰痿，昏睡状態となり，犬坐姿勢ならびに横臥して起立不能となる例もある。このような例では回復するまで1〜2ヵ月を要する。

さらに重篤な例では，高熱が数日間続いた後，興奮，痙攣，沈鬱，狂騒状態を繰り返す。狂騒状態では，馬が馬房の壁を駆け上がると表現されることもある。解熱して，食欲が回復するにしたがって3〜4週で軽快する場

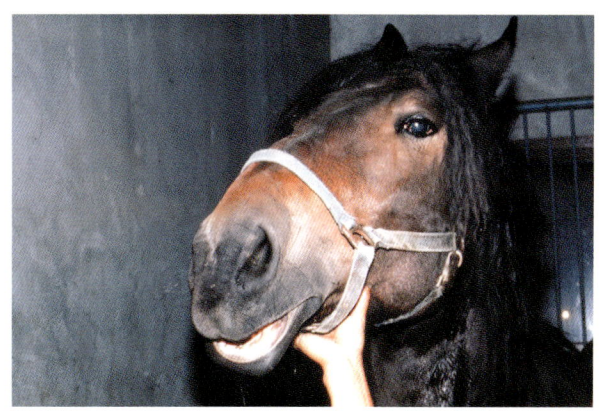

図4-161　日本脳炎における口唇麻痺（JRA原図）

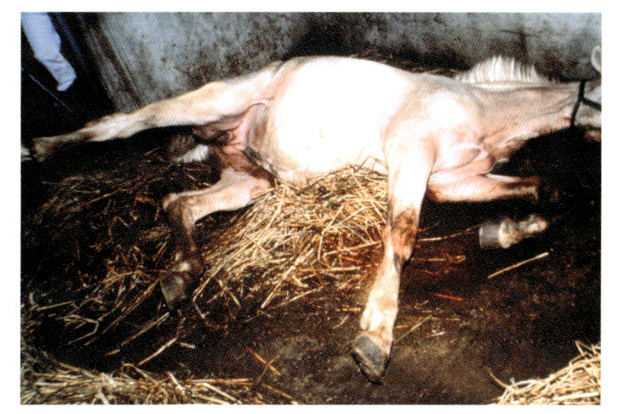

図4-162　日本脳炎発症馬の遊泳運動（JRA原図）

合と，起立不能となって，さらにもがき苦しみ4〜5日の経過で死亡する例もある。このときには，馬は寝たまま四肢を活発に動かし，褥瘡による出血で赤く染まった寝ワラが，馬房内に偏在する。この状態は，遊泳運動と表現される（図4-162）。血液所見として，瀕死期には血液濃縮による赤血球，白血球数の増加が認められる。

▶よく似た病気との区別は？

セタリア幼若虫の中枢神経系への迷入による脳脊髄糸状虫症との鑑別が必要である。また，わが国ではみられないが，ベネズエラ馬脳炎，東部および西部馬脳炎，ウエストナイルウイルス感染症などの流行性脳炎は類似の臨床症状を呈する。

▶どのように検査するのか？

ウイルスの分離材料として脳，脊髄，血液などを採取するが，急性経過で安楽死処置をされた馬や急死した病馬からの材料を用いたとしても，ウイルスの分離は必ずしも容易ではない。通常，哺乳マウス（2〜4日齢）の脳内に接種するが，腹腔内接種にも感受性を示すために，同時に腹腔内にも接種すると分離率がよくなるといわれている。ウイルスの分離の指標となるマウスの異常は，

第4章　病気

1〜2週間程度で観察されるようになる。また、ウイルスが鶏胚、豚腎、ハムスター腎培養細胞などで細胞変性効果を伴って増殖することが知られている。RT-PCRによる遺伝子検査も可能である。

血清診断法として中和試験、補体結合反応、血球凝集抑制反応が使用される。一般的には血球凝集抑制反応で診断され、この診断液は市販されている。感染馬の血清中の補体結合抗体や血球凝集抑制抗体は、感染後数ヵ月で検出されなくなるが、中和抗体は1年以上も存続するといわれていることから、検査の目的によってそれらを使い分ける。

▶予防と治療法は？

初期のワクチンは、ウイルスをマウスの脳内で増殖させ、脳乳剤を部分精製してホルマリンで不活化したものを使用していたが、現在は組織培養で増殖させたものを精製し、不活化して用いている。日本脳炎は蚊の発生時期に一致しており、一定期間に集中して流行するために、その時期を予測してワクチン接種すれば有効な予防効果が期待できる。JRAでは、毎年5月末から6月末までにすべての競走馬におよそ1ヵ月間隔でワクチンを2回接種している。

治療法として特別な方法はないが、瀉血と補液が行われることがある。ワクチン接種と媒介昆虫の防除が、流行を防ぐ最良の方法である。

❺ウエストナイルウイルス感染症

▶どのような病気か？

1999年にアメリカ合衆国で発生するまでは、中近東から地中海沿岸に限局していた、馬、ヒト、鳥類などの脳炎を主徴とした疾患である。その後、南、北、中央アメリカ大陸のみならず、南部、東部、西部ヨーロッパ大陸、西部、東部シベリア、アフリカ大陸まで、発生地域は拡大している。ウエストナイルウイルス熱ともよばれるが、馬の場合には発熱は必ずしも認められない。アメリカ東北部では1999年に初発し、2004年には西部海岸まで広がった。この間、最大の年で約1万5,000頭の馬が発症し、1/3が死亡あるいは安楽死処分、ヒトでは約1万人が発症した。

▶原因は？

フラビウイルス科、フラビウイルス属に属するウイルスである。蚊によって媒介されることから、前述した脳炎ウイルスと一緒にアルボ（節足動物媒介性）ウイルスにも分類される。セントルイス脳炎ウイルス、マレーバレー脳炎ウイルスとともに日本脳炎ウイルスと同じ日本脳炎血清群に分類され、オーストラリアで分離されているKunjin virusは、本ウイルスの亜種とされている。

ウイルス粒子は球形で直径約50nm、ウイルス遺伝子はプラスの1本鎖RNAである。

▶病気の発生は？

名称から推察されるように、1937年にウガンダの西ナイル省で、熱性疾患の患者から分離された。ヒトでの発生は、1951年にイスラエルで123名の患者が報告され、1952年と1957年にも認められている。1974年には南アフリカ共和国で、患者数3,000人、感染者数1万8,000人の発生が起こった。1980年代の報告は少ないが、1990年代に入ると、アルジェリア（1994年）、ルーマニア（1996年）、チェコ共和国（1997年）、チェニジア（1997年）、コンゴ共和国（1998年）、ロシア（1999年）、イスラエル（2000年）などで流行が報告されている。

1996年にはルーマニアで、835人の神経症状を示した患者の抗体を調べたところ、393人が本ウイルスに感染したと報告されている。そのうちの死亡例17人は全員が50歳以上であった。1999年には、ロシア南西部で、826人の急性無菌性髄膜脳炎患者のうち、318人について抗体調査を実施し、183人が陽性であり、感染者数は480人と推計された。2000年のイスラエルでの発生では、417名の患者が報告され、35名が死亡した。

一方、1999年8月にアメリカ合衆国のニューヨークにおいて突然、ヒトと馬で本感染症が発生した。これは、アメリカ大陸における最初の発生である。セントラルパークでは、カラスの死体が累々と並び、それらと馬から本ウイルスが分離された。その後、1999年末までに、ヒトで62名の患者が発生し、7名が死亡した。馬は25頭が発症し、9頭が死亡あるいは安楽死処置をされた。また、カラスのみならず、動物園のフラミンゴなどでも発生が認められた。流行は、冬になれば終息し、年を越すことはないと期待されたが、翌2000年以降さらに拡大し、アラスカ州とハワイ州を除く全米に拡大し、2012年の時点でも発生は収まっていない。さらに発生は、北部を除くアメリカ大陸全土にまで拡大した（図4-163）。これは、渡り鳥により、ウイルスが拡散した影響と考えられている。また、本ウイルスの発生地域は、ユーラシア大陸の東に広がっており、2003年には極東のウラジオストクでもウイルスが分離されている。

▶どのように感染するか？

野鳥でウイルスが増殖し、その血を吸った蚊の体内でさらに増えたウイルスが、野鳥に伝播するというサイクルのなかに、ヒトや馬が巻き込まれて被害が出ると考え

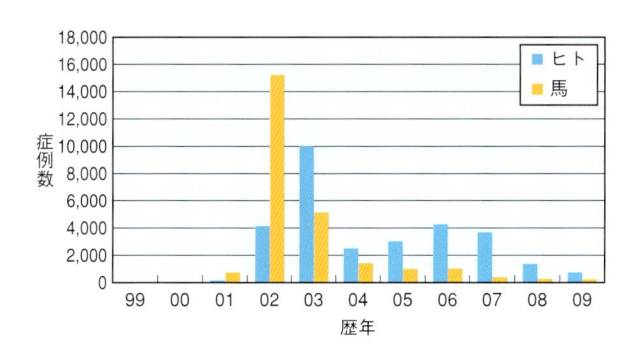

図4-163 アメリカ合衆国におけるヒトおよび馬のウエストナイル感染発症数の推移

られている。ヒトと馬の体内で増えるウイルス量は少なく、また、ウイルス血症の持続時間も短いことから、これらの動物はさらにウイルスを広げることのない終末宿主とされている。

本ウイルスを媒介する蚊は、50種類以上知られているが、アカイエカ（*Culex pipiens*）が、もっともウイルスの分離率が高い。その他にもキンイロヤブカ（*Aedes vexans nipponii*）とコガタアカイエカ（*Culex tritaeniorhynchus*）、ヤマトヤブカ（*Aedes japonicus*）のような日本にも生息する種も含まれており、万が一国内にウイルスが侵入した場合、これらの蚊が媒介する可能性がある。

野鳥でウイルスが増殖する程度は種によって大きく異なる。カラス（*Corvus brachynchos*）、数種のタカおよびフクロウは高い死亡率を示し、他にアオカケス（*Aphelocoma coerulescens*）、イエスズメ（*Passer domesticus*）、ハイイロガン（*Anser anser domesticus*）、カワラバト（ドバト、*Columba livia*）は増幅動物として重要である。鶏は、本ウイルスに感染しても死亡することはないので、アメリカ合衆国では歩哨動物として、疫学監視に使われている。本ウイルスは、鳥以外に、チンパンジー、キツネザル、アカゲザル、犬、ラクダ、水牛、牛、山羊、コウモリ、リスなどの哺乳動物のみならず、カエルやワニなどでも感染が確認され、なかには死亡例も認められる。

▶症状は？

馬でもっとも一般的に観察される臨床症状は、後肢の対称性あるいは非対称性の運動失調ないし不全麻痺である。アメリカ合衆国における報告（2000年）では85％の馬に運動失調が認められた。その他の症状としては、後肢の虚弱（48％）、横臥、起立困難またはその両方（45％）、筋肉の萎縮（40％）、発熱（23％）、口唇麻痺あるいは下垂（18％）、顔面あるいは鼻口部の痙攣（13％）、歯ぎしり（7％）、盲目（5％）などが報告されている。症状の持続期間は2日から2週間程度であるが、完全に回復するまでに1ヵ月以上かかる症例も認められる。脳炎を発症した場合の致死率は比較的高く、およそ20〜40％（安楽死を含む）であり高齢馬ほど高い傾向にある。発症率や症状に、馬の品種による違いは認められない。

馬における自然感染時の発症率は不明であるが、多くは不顕性感染であると考えられている。米国疾病対策センター（CDC）の報告によれば、感染蚊が吸血しても、脳炎症状を呈したのは12頭中1頭だけであった。

通常、肉眼所見は中枢神経系に限局する。硬膜の肥厚や癒着、点状あるいはび漫性の出血を伴う髄膜下の浮腫が認められることがある。中枢神経系に認められる所見は、他のアルボウイルス感染やヘルペスウイルス脳脊髄炎で認められる所見と共通する。散在性の非化膿性脊髄脳炎で、単核球の囲管性細胞浸潤が認められる。多巣性の壊死巣が認められることもある。

▶どのように検査するのか？

本感染症に類似した神経症状を示す伝染病は、他にも多数知られていることから、原因ウイルスを確定することが、診断する上でもっとも重要である。ウイルスの分離を行うには、急性期の血漿あるいは血清、脊髄液、剖検時に採材した中枢神経系組織を用いる。

ウイルスは、乳飲みマウスの脳内接種、あるいはVero、BHK-21細胞や蚊由来のC6/36細胞に材料を接種して分離する。培養細胞を使った場合には、必ずしも特徴的な細胞変性効果が観察されないことから、蛍光抗体法あるいはRT-PCR法による遺伝子検出法で確認するほうが確実である。ただし、血液中にウイルスが存在する期間は短いことから、ウイルスあるいは遺伝子検出は困難な場合がある。

血清学的診断法として、血球凝集抑制反応、補体結合反応、ウイルス中和試験、IgM捕捉ELISAなどが用いられている。このうち前者2つの反応はウイルス特異性が低く、ウイルス特異的抗体の検出には適さない。中和試験およびIgM捕捉ELISAは、比較的ウイルス特異性が高い。中和試験はワクチン抗体と感染抗体の両者を検出する。IgM捕捉ELISAは感染初期抗体の検出に有効であり、ワクチン接種ではIgM抗体は上昇しない。したがって、IgM抗体の存在は感染を強く示唆するが、ヒトのIgM抗体の持続を調査した成績によると、500日以上経過しても陽性と診断される例が報告されている。血清学的診断では、ペア血清を用いて抗体価の変動を確認することが重要である。

日本には日本脳炎ウイルスが存在しており、すべての

第4章 病気

競走馬は不活化ワクチンを接種されている。ウエストナイルウイルスは日本脳炎ウイルスと血清学的に交叉することから，日本脳炎ウイルスに対する抗体価も同時に測定して成績を解釈する必要がある。

▶よく似た病気との区別は？

類症鑑別が必要な疾患としては，表4-15に示すように日本脳炎，神経型の馬ヘルペスウイルス1型感染症，ボルナ病，馬原虫性脊髄脳炎，脳脊髄糸状虫症，破傷風，各種細菌による脳脊髄炎，腫瘍などがある。また，海外病としては東部馬脳炎，西部馬脳炎，ベネズエラ馬脳炎，狂犬病などがあげられる。

また，外傷によっても類似の症状を呈する場合がある。組織病変でも，狂犬病以外のウイルス性脳炎では類似の所見を示すために，臨床症状と組織所見のみでは確定診断は困難である。

▶予防と治療法は？

培養細胞で増殖させたウイルスをホルマリンで不活化したホールウイルスワクチンおよび遺伝子組換え生ワクチンが，アメリカ合衆国では馬用に市販されている。その他に，アルボウイルス全般の予防法としての蚊の防除も有力な方法である。根本的な治療法はない。

❻馬の脳脊髄炎

▶どのような病気か？

馬の脳脊髄炎には，表4-15にすでに示したように，前述の日本脳炎やウエストナイルウイルス感染症をはじめ，種々のウイルス性感染症が含まれる。ここではそのなかから，南北アメリカ大陸でしばしば被害がみられるベネズエラ馬脳炎，東部馬脳炎，西部馬脳炎について記載するが，これらは節足動物介在性のウイルス性疾病で，ヒトにも感染して臨床的に神経症状を起こす人獣共通感染症である。これら3種類の感染症の発生地域を図4-164に示す。

▶原因は？

ベネズエラ馬脳炎，東部馬脳炎，西部馬脳炎の原因ウイルスはいずれもトガウイルス科，アルファウイルス属に属しており，ウイルス学的な性状は同じ属のゲタウイルスに似ている。しかしながら，これらのウイルスは中央アメリカを中心に南北アメリカ大陸に分布しており，わが国には存在しない。

▶病気とその特徴は？

a）ベネズエラ馬脳炎

病名の由来は1936〜1938年にかけてのベネズエラでの流行時に，病馬の脳から初めてウイルスが分離されたことによる。その後，コロンビア，トリニダード，ペルー，ベネズエラ，コスタリカ，ニカラグア，ホンジュラス，エルサルバドル，グアテマラ，メキシコ，アメリカ合衆国のテキサス州などで流行が繰り返し起こっている。大きな流行が1969〜1972年にメキシコの国境を越えてアメリカ合衆国のテキサス州にかけてみられた。1995年にはベネズエラとコロンビアで発生し，ベネズエラでは約500頭の馬が死亡したといわれている。最近は，中央アメリカにおいて年間に数頭のレベルまで発生は減少している。

ウイルスの発生源は，中南米の熱帯雨林および湿地帯と考えられている。すなわち，野生の齧歯類や鳥類が保毒動物となって，イエカ属の蚊（Culex

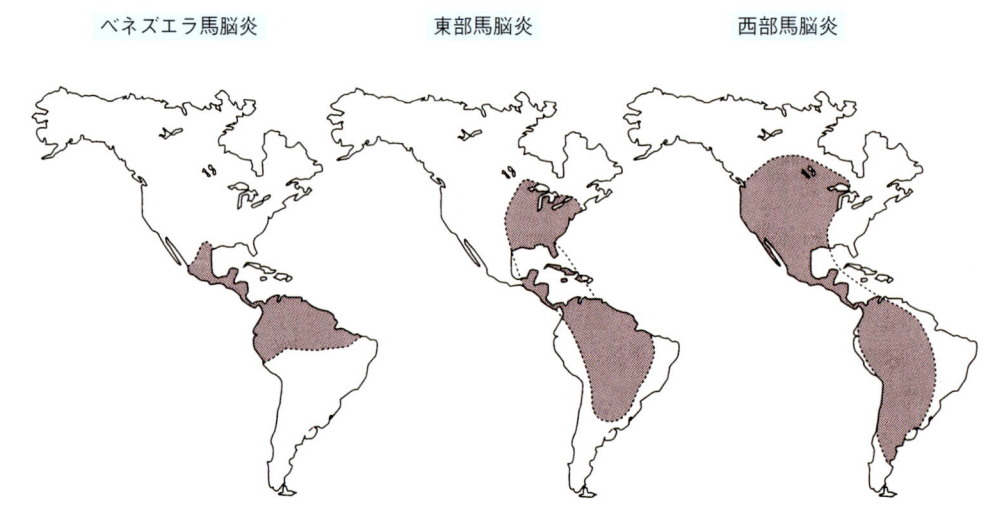

図4-164　ベネズエラ馬脳炎，東部馬脳炎，西部馬脳炎の南北アメリカ大陸における分布（JRA原図）

melanoconium)との間に地方病型の感染環が存在している。このなかに馬が入り込んで感染が成立するが，普通この場合は馬に対する病原性は弱い。しかしながら，ひとたび馬に対して強力な病原性を獲得したウイルスは，馬にウイルス血症を起こし，馬と蚊の間に流行病型の感染環を新たに形成する。この感染環に巻き込まれた馬は急性の脳炎症状を呈する。

これまでの流行時に分離されたウイルスは血清学的に6種類のⅠ～Ⅵ型に大別され，Ⅰ型はさらに5種類の亜型（AB，C，D，E，F）に分類されている。馬とヒトの流行に関係するのは，I-ABとI-C株のみであるが，さらに新しい株も報告されている。

これら強毒ウイルスの潜伏期は短く，24時間以内に発症する。そして40℃前後の発熱があってから3～4日目以降に脳炎症状がみられる。それは沈鬱，口唇の麻痺，嚥下困難，過敏症などでウイルス感染後6～7日目にもっとも重篤となる。呼吸麻痺が断続的に起こり，口から泡沫を出し，痙攣状態になる。致死率は83％といわれている。耐過した場合は約2週間程度で回復する。

b）東部馬脳炎

病名の由来は，本病の主たる発生地域に基づいており，それは南北アメリカ大陸の大西洋沿岸およびメキシコ湾沿岸一帯である（図4-164）。しかし，過去にはエジプト，シリア，イタリア，フィリピンでの発生報告もある。ヤブカ属の*Aedes sollicitans*などの蚊が鳥類から馬などの大動物へのウイルス感染を媒介して感染環が成立していると考えられている。イエカである*Culex*属も媒介する。本病の発生は8～10月にかけてみられる。アメリカ合衆国では，2008年以降増加傾向にあり，馬で毎年100から200件の発生が認められる。ヒトでの発生は，毎年10例以下である。

臨床症状は発熱，元気消失，食欲不振，興奮あるいは沈鬱，頭部下垂，運動失調，麻痺，起立不能などの神経症状がみられる。本病の致死率は90％以上といわれている。

c）西部馬脳炎

本病が初めて認められたのは1912年で，アメリカ合衆国のコロラド，カンザス，ミズーリ，ネブラスカ，オクラホマの各州で合計約2万5,000頭もの馬が被害にあった。ウイルスが初めて分離されたのは1930年で，カリフォルニア州の馬とラバに発生がみられたときである。このようにアメリカ合衆国の西部から中西部地域，カナダ，メキシコおよび南米諸国と比較的広範囲に発生がみられたが（図4-164），近年の発生はきわめて少ない。北アメリカにおける本ウイルスの感染環はイエカ属の蚊（*Culex tarsalis*）と鳥類の間で営まれている。この蚊は鳥類だけでなく大動物からも吸血することから，馬への媒介もはたしていると考えられている。本病の発生は7月から9月にかけてみられる。

臨床症状はベネズエラ馬脳炎や東部馬脳炎と同様に主体は神経症状である。致死率は高くても50％，通常20～30％とこれらのなかではもっとも低い。

▶どのように検査するのか？

いずれも神経症状を呈するので，これら3種類の馬のウイルス性脳脊髄炎を臨床所見で識別することは困難である。しかし，これらの発生には地域特異性があり，過去の疫学情報が参考になる。また，他に種々の原因による脳脊髄炎があるために病原学的および血清学的に検査を行う必要がある。

これらのウイルスは，比較的幅広い細胞感受性をもつが，分離にはVero細胞やBHK-21細胞などがよく使用される。また，哺乳マウスの脳内接種法も有用である。しかしながら，発熱などの症状が認められた時点では血液中のウイルス量は少なく，一般にウイルスの分離は容易ではない。

ウイルスの同定は，補体結合反応，血球凝集抑制反応，プラック減少法，蛍光抗体法で実施されている。変異株の同定は，株特異的モノクローナル抗体を使った間接蛍光抗体法や中和試験で実施される。RT-PCRによる遺伝子検査も有効である。血清診断法として中和試験，補体結合反応，血球凝集抑制反応が使用されている。また，流行株に対するプラック減少中和試験およびIgM捕捉エライザで測定可能である。

▶予防と治療法は？

アメリカ合衆国ではベネズエラ馬脳炎の生ワクチン（血清型I-AB），東部馬脳炎と西部馬脳炎の2種混合不活化ワクチン，東部馬脳炎とベネズエラ馬脳炎の2種混合不活化ワクチン，東部馬脳炎・西部馬脳炎・ベネズエラ馬脳炎の3種混合不活化ワクチンが使われており，他のウイルスとの混合ワクチンも市販されている。

根本的な治療法はなく，対症療法と合併症の予防を行う。そして補液と血圧降下剤，強心剤の投与である。

❼ゲタウイルス感染症

▶どのような病気か？

　ゲタウイルスは1955年にマレー半島に生息するイエカの一種（Culex gelidus）から初めて分離された。ゲタとはゴムの木のことを指すマレー語である。日本においてもキンイロヤブカ（Aedes vexans nipponii）や豚から同様に分離されていたが，動物に対する病原性は不明であった。しかしながら1978年に，群馬県の公営競馬施設である境町トレーニングセンターと茨城県のJRA美浦トレーニング・センターでほぼ同時期に原因不明の発熱性疾患が多頭数の競走馬に発生した。調査の結果，その原因がゲタウイルスによることが明らかにされ，馬の感染症として確立された。

▶原因は？

　トガウイルス科，アルファウイルス属に所属するウイルスである。蚊により媒介されるアルボ（節足動物媒介性）ウイルスである。ウイルス粒子は球形で，直径60〜70nmで，ウイルス遺伝子はプラスの1本鎖RNAである。

▶病気の発生は？

①ウイルスの分布と宿主：本ウイルスはわが国以外では，東南アジア，オセアニア，ロシア極東地区に分布する。抗体調査により，ヒト，牛，羊，山羊，兎，鶏，犬，カンガルー，サギなどの野鳥にも感染することが明らかにされている。自然界におけるウイルス感染環のなかで，豚はウイルスの増幅動物として重要な役割をはたしていると考えられている。感染して発病するのは，馬と豚である。豚では，感染により胎子が死亡することが知られている。

②わが国の競走馬群でみられた流行：図4-165に示すように1978年4月に開場したばかりのJRA美浦トレーニング・センターで，9月30日に118棟の厩舎のうち6棟の各1頭が発熱を呈した。その後，10月2日（23棟・23頭），5日（60棟・105頭），10日（101棟・319頭），15日（117棟・487頭）と流行が拡大し，18日には全棟に発症馬が認められるようになった。流行のピークは10月10日で，1日で103頭の発症馬が観察され，流行の終息は11月11日であった。流行は43日間にわたり，トレーニング・センターに繋養されていた1,903頭のうち722頭が発病し，その発症率は37.9％と高い値を示した。

　これら発症馬の年齢および性別による発症率を調べたところ，3歳馬が33.7％，4歳馬が34.8％であったのに対し，2歳馬は40.7％と平均よりやや高い傾向を示した。性別では雄が36.8％，雌が39.7％で著しい差は認められなかった。その後1979年と1983年にも関東地方で小規模な発生があった。以降長い間発生が認められなかったが，2014年にJRA美浦トレーニング・センターで流行が確認され，33頭が発症した。

▶どのように感染するか？

　ウイルスを媒介する蚊は，わが国ではキンイロヤブカとコガタアカイエカ（Culex tritaeniorhynchus）であるが，主要な蚊は前者と考えられている。東南アジアやオーストラリアではイエカやヤブカ以外に，ハマダラカなどからもウイルスが分離されている。わが国のキンイロヤブカは全国的に分布しているが，北海道にも多数みられるなど，比較的緯度の高い地域を好んで生息しており，これは抗体陽性馬の分布成績とも一致している。しかし，流行を起こす条件の1つには，媒介者とともにウイルスの増幅動物の存在が必要である。その点で，感染後，血液中から多量のウイルスが分離されることから，もっとも重要な動物は豚であろうと考えられている。また，野鳥や野生小動物などの関与も考えられているが，明らかにされていない。

▶症状は？

　流行時に認められる発症馬の臨床症状は，38.5〜39.5℃程度の発熱，発疹，後肢の浮腫が特徴的な所見である。発症馬の大多数の熱型は発熱後，数日で解熱する単峰性であるが，症状が重複する例では，2峰性を示すことがある。その他，わずかに下顎リンパ節の腫脹が認められるが，元気，食欲などには変化なく，また呼吸器症状もみられない。しかし，わずかな水様性の鼻汁を出すものもある。発疹は米粒大から小豆大で，発熱後2〜3日目に頸，肩および肋部から後躯にかけて全身性ある

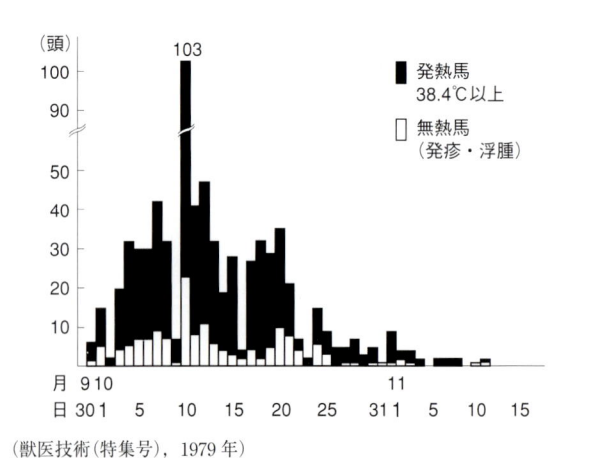

（獣医技術（特集号），1979年）

図4-165　1978年の美浦トレーニング・センターにおけるゲタウイルス感染症の発生状況

図4-166　ゲタウイルス自然感染馬における発疹（JRA原図）

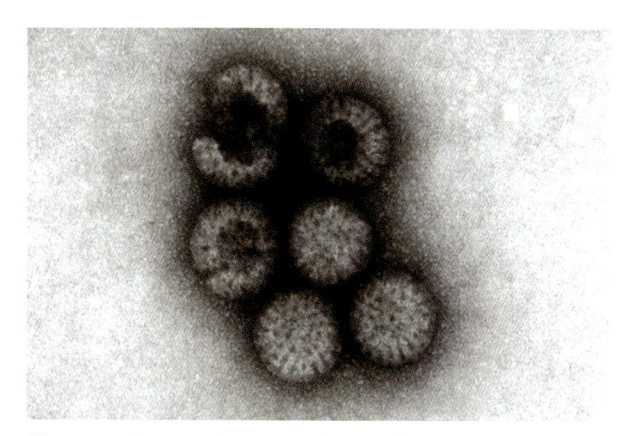

図4-167　ウマロタウイルスの電顕写真（JRA原図）

いは限局的に認められ（図4-166），これは左右対称性である。浮腫の発現部位は四肢下脚部でとくに後肢に多発し，解熱後も残存する傾向がある。

　JRA美浦トレーニング・センターにおける発症馬722頭の臨床症状を3つの主要症状に分類すると，発熱が79.1％，発疹が51.1％，浮腫が42.7％であり，発熱と発疹あるいは浮腫が重なって発現する症例が多かった。

▶よく似た病気との区別は？

　主要な3症状である発熱，発疹，浮腫は，海外伝染病である馬ウイルス性動脈炎にも認められることから，鑑別が必要である。判断する場合には，ワクチン接種歴と季節も考慮に入れる。

▶どのように検査するのか？

　病馬からのウイルス分離材料は，発熱の前後，数日間に採集した鼻汁やヘパリン加血液から白血球層を集めた材料がよいとされる。ウイルスの分離には，哺乳マウス（1～4日齢）の脳内接種法が用いられるが，馬胎子由来の培養細胞やサル腎，兎腎，豚腎，ハムスター腎細胞などでも，細胞変性効果を現してよく増殖する。

　血清診断法として，中和試験，血球凝集抑制反応，補体結合反応が使用される。

▶予防と治療法は？

　培養細胞で増殖させたウイルスをホルマリンで不活化したワクチンが，日本脳炎の不活化ワクチンとの混合ワクチンとして市販されており，高い予防効果を示している。その他に，アルボウイルス全般の予防法としての，蚊の防除も有力な方法である。治療は対処療法を行う。

❽馬ロタウイルス感染症

▶どのような病気か？

　ロタウイルスは，ヒトを含む幼若な哺乳動物に急性の胃腸炎を起こす病原体として知られている。馬のロタウイルス感染症は，1973年にイギリスで哺乳中の子馬が急性の下痢を呈し，その糞便中に電子顕微鏡でウイルス粒子が観察され，初めて存在が確認された。その後，アメリカ，オーストラリアなどで同様のウイルスが発見された。わが国においては，1981年に北海道日高地方で集団的に発生した幼駒の下痢便からウイルスが分離され，その後は毎年発生が確認されている。

▶原因は？

　原因ウイルスはレオウイルス科，ロタウイルス属に分類される。ウイルス粒子は，直径が約70nmの車輪状で（図4-167），ウイルス遺伝子は2本鎖RNAで，11本の分節に分かれている。このうち6本はウイルス構造タンパク質（VP 1, 2, 3, 4, 6および7）をコードし，他は非構造タンパク質（NSP1～NSP5）をコードする。ロタウイルスは内殻タンパクであるVP6の抗原性によりA～G群に分類されるが，馬ロタウイルスはA群に属する。抗原性は外殻タンパクであるVP7とVP4によってそれぞれ，G血清型およびP遺伝子型に分類されている。

　馬から分離されたものとして，現時点でG血清型が6種類，P遺伝子型が5種類知られている。現在，日本を含め，世界中の馬群で流行しているのは，G3 P[12]とG14 P[12]の馬ロタウイルスである。

▶病気の発生は？

　わが国では北海道日高地方の子馬の間で，毎年3月から8月にかけて子馬の下痢症が多発しており，年間の下痢発生頭数のほぼ90％がこの時期に集中している。ロタウイルスが原因となった下痢症子馬の発生頭数は毎年300～400頭にも達すると推定され，これは下痢症子馬の全体の約26％にあたる。ロタウイルスに起因する下痢症は，早いもので生後直後からみられ，遅くとも生後4ヵ月までに起こるが，とくに生後1～3ヵ月の子馬に多発する。

第4章　病気

図4-168　ロタウイルス感染馬の下痢便（JRA原図）

▶どのように感染するか？

　感染は経口的に起こる。感染極期の子馬の下痢便中には1gあたり10^9〜10^{10}個という大量のウイルスが含まれている。いったん発病すると、ウイルスは4〜6日間も排泄されるために、糞便を介して容易に他の子馬にも感染する。牧場間の伝播は、種馬場などに種付けのために移動した繁殖雌馬に伴われてきた子馬同士の接触によっても感染が起こるものと考えられている。

▶症状は？

　哺乳中の子馬がロタウイルスに感染すると、1〜2日後に39〜40℃の一過性の発熱を示し、続いて水様性で褐色あるいは灰白色の下痢が起こる（図4-168）。食欲はなくなり、まったく哺乳しなくなることもある。下痢は軽度なもので2〜3日、重度のもので10日程度続くことがあるが、合併症を伴わない場合は急速に回復し、予後は良好である。一方、下痢が1ヵ月以上続くと発育障害がみられる。また、子馬の胃潰瘍と密接な関係があるとの報告もある。

▶よく似た病気との区別は？

　下痢はロタウイルス感染以外にもいろいろな原因で起こるが、とくに、生後3〜4ヵ月までの子馬の集団に下痢が多発する場合は本症が疑われる。

▶どのように検査するのか？

　糞便中には多量のウイルスが存在し、また特徴のある形態（ロタ＝車輪）を示すことから、電子顕微鏡でウイルス粒子の存在を確かめることが可能である。また、遺伝子診断法として、ウイルス遺伝子の検出と併せてG血清型を区別可能なRT-PCR法や、P［12］遺伝子型を検出するRT-LAMP法がある。さらに、ヒトロタウイルスの診断用に開発されたイムノクロマト法などによる簡易診断キットは、馬ロタウイルスの野外診断に用いることができる。

　ウイルス分離にはサル腎由来のMA-104細胞が使用されるが、分離材料のトリプシン処理、培養液へのトリプシン添加、さらに回転培養の条件が必要である。

　血清学的診断はあまり行われていないが、抗体調査には中和試験、補体結合反応、ELISAなどが使用されている。

▶予防と治療は？

　培養細胞で増殖させたG3型馬ロタウイルスをホルマリンで不活化したホールウイルスワクチンが市販されている。このワクチンは、妊娠中の母馬に接種し、母馬の初乳中に中和抗体を産生させて、生まれた子馬を受動的に免疫するものである。したがって、このワクチンは子馬の免疫が母馬からの移行抗体に依存している期間にとくに効果がある。また、G3型ウイルスの感染には症状を軽減させる効果のあることが認められているが、G14型感染馬への効果は不明である。

　ワクチン以外の予防対策は、発病した子馬の隔離と馬房や厩舎の消毒である。治療は対症療法を中心に行い、下痢による脱水を防ぐための補液や細菌の二次感染防止が重要である。

❾馬ウイルス性動脈炎

▶どのような病気か？

　本症は欧米で古くから存在していたと考えられている。1953年にアメリカ合衆国で初めてウイルスが分離され病気の存在が確認されたが、1964年にはスイスでも同じウイルスが発見されて、ヨーロッパにも同じ病気があることが明らかとなった。主たる感染ルートは生殖器感染で、ウイルスを保有する種雄馬は精液中にウイルスを排泄するために、種付けによって繁殖雌馬に感染する。また、感染して発病した急性期の病馬は、鼻汁中にウイルスを排泄することから、多数の馬が同時に呼吸器感染を受けることもある。病名の由来は、病馬の病理組織学的観察に基づいており、全身に分布する小動脈の変性壊死による（図4-169）。抗体調査により、本症は世界的に分布すると考えられているが、わが国とアイスランドには存在しないことが確かめられている。

　家畜伝染病予防法では、届出伝染病に指定されている。

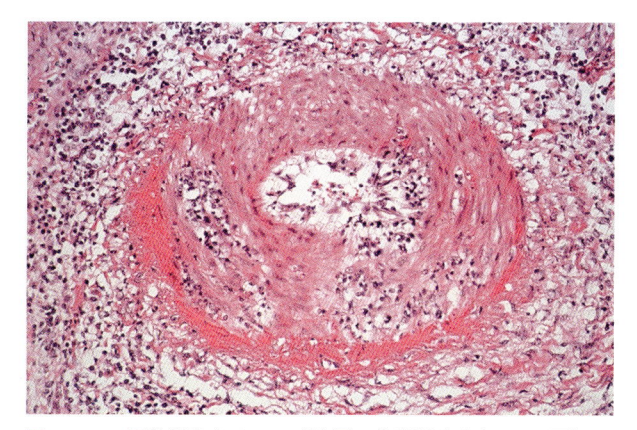

図4-169 馬動脈炎ウイルス感染馬の小動脈病変（JRA原図）

▶原因は？

　原因ウイルスは，アルテリウイルス属に分類されており，豚繁殖・呼吸障害症候群（PRRS）の原因ウイルスなどもこの仲間である。ウイルス粒子は直径60nm，ウイルス遺伝子はプラスの1本鎖RNAである。

▶病気の発生は？

①世界的な発生状況：1953年にアメリカ合衆国で，妊娠馬に流産が多発したが，妊娠馬のみならず他の馬も急性の呼吸器症状などを示し，それまでに知られていた馬鼻肺炎による流産とは異なる状況が観察された。このときに，流産胎子からウイルスが分離され，本症の存在が初めて確認された。1964年になり，ヨーロッパでもスイスの400頭の馬群に馬のジステンパーとよばれる伝染病が発生し，病馬からウイルスが分離され，これがアメリカ合衆国で分離されたものと同一のウイルスであることがわかった。その後，アメリカおよびヨーロッパを中心に散発的に小規模あるいは中規模な発生がみられている。2005年以降に限ってみても，カナダ，アメリカ，キューバ，欧州各国，オーストラリア，ニュージーランド，中近東，モロッコなどで，散発的あるいは集団的に発生している。

②生殖器感染による流行：代表的な例として1984年のアメリカ合衆国のケンタッキー州のサラブレッド生産牧場における流行がある。流行期間は4月末から6月までの9週間にわたり，発生源はある種馬場で繋養されていた17頭の種雄馬で，流行に巻き込まれた37牧場の78％の繁殖雌馬がこれらの種雄馬に直接種付けを受けるか，あるいは間接的に接触していた。また，これらの牧場で観察された発症馬はほとんどが1〜2頭で，5頭以上の発生があったのは14％の牧場にすぎなかった。このような状況から1984年の発生は，主として繁殖供用馬の生殖器感染による流行であったとされている。

　一方，1993年にはイギリスで初めて発生があったが，感染源は前年度に輸入された馬術競技用の雄馬であった。この馬は健康状態に異常は認められなかったために，3月に種付けに供用された後で，繁殖雌馬が発病し異変に気がついた。このとき感染種雄馬の精液が人工授精用に使用されるなど，イギリスにおける発生も生殖器感染によって流行した。2010年には，アルゼンチンで，オランダから輸入された凍結精液に原因する流行が発生し，約100頭の感染があった。

③呼吸器感染による流行：1977年にアメリカ合衆国のケンタッキー州にある2ヵ所のスタンダードブレッド競馬場で比較的大きな流行が起こった。3〜4月にかけて発熱などの症状を呈する病馬が認められたが，同競馬場における競馬開催の閉幕に伴って競走馬の多くが他の競馬場へ移動した。そして，移動先で5〜6月にかけて繋養馬の大部分が発病した。その後，1993年にはシカゴのサラブレッド競馬場で流行し，6〜8月の2ヵ月間に繋養されていた競走馬約2,000頭の約10％が発病した。同競馬場には38厩舎あったが，病馬が認められたのは9厩舎で，そのうちの4厩舎は互いに隣接していた。この流行では，初めての試みとして競走馬に対して生ワクチンが用いられ，約1,700頭がワクチン接種を受けた。

▶症状は？

　潜伏期は，呼吸器感染の場合には，1〜14日であるが，生殖器感染では6〜8日である。発症馬の臨床像は多様で，発熱，元気消失，食欲不振，鼻汁漏出，流涙，結膜炎，眼瞼の浮腫，下顎リンパ節の腫大，四肢とくに後肢下脚部の腫脹，頚部から肩部への発疹，雄馬では陰嚢および包皮の腫脹（図4-170），妊娠馬には流産がみられるが，これらすべてが同一馬に観察されることはない。

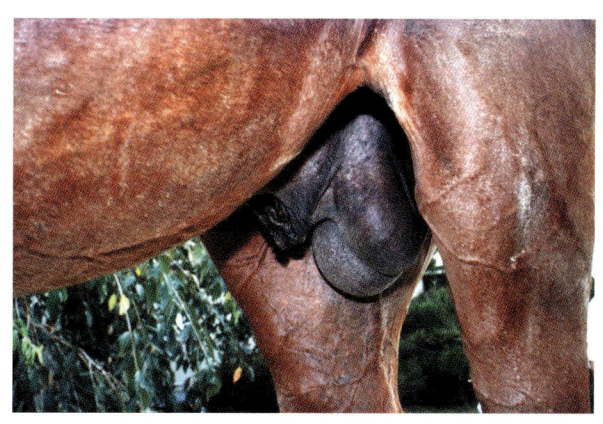

図4-170 馬動脈炎ウイルス感染馬にみられた陰嚢の腫大

妊娠馬群における流産発生率は40〜59%と高く，また，まれに幼駒の死亡例も報告されている。
▶よく似た病気との区別は？
　軽度の症状を示すものはわずかな発熱，発疹，浮腫などが主な症状であり，ゲタウイルス感染症との鑑別が重要である。重症例ではアフリカ馬疫，馬伝染性貧血，馬ピロプラズマ病などと類似点がある。また，流産例では馬鼻肺炎との鑑別が必要である。
▶どのように検査するのか？
　鼻汁中には，ウイルス感染の翌日から1〜2週間，長い例では約20日間ウイルスが排泄される。血液，とくに白血球層からは，2〜3日目から2〜3週間，長い例では111日後にもウイルスが分離される。尿からはウイルス感染後1週目から2週間前後，ウイルスが分離される。もっとも長期間にわたってウイルスが分離されるのは精液で，5年間キャリアとして馬群に潜伏していた種雄馬の存在が明らかにされている。
　流産材料からのウイルス分離は，流産胎子の主要臓器組織と同様に，胎盤も材料として重要である。ウイルスは馬由来の初代培養細胞の他に，兎，サル，ハムスター由来の株化細胞などに感受性を示し，比較的多くの種類の細胞でよく増える。ウイルスの分離以外にウイルス抗原あるいは遺伝子の迅速分離法として，モノクローナル抗体を用いた酵素抗体法やPCR法なども応用されている。
　血清診断法として，現在もっとも一般的に用いられているものは中和試験である。その他，補体結合反応，寒天ゲル内沈降反応，蛍光抗体法，ELISAなども開発されている。
▶予防と治療法は？
　生ワクチンと不活化ワクチンがあり，前者はアメリカ合衆国で，後者はヨーロッパで市販されている。日本では，ホルマリン不活化ワクチンが認可され，定期的に製造され，万が一の緊急事態に備えて備蓄されている。清浄国であるわが国は，ウイルスの侵入を阻止することがもっとも重要であり，万が一侵入しても早期に発見するために日常的にはワクチンを接種していない。
　本症の予防対策として重要なことは，馬群に潜在するウイルスのキャリアである種雄馬の摘発である。特別な治療法はない。

⑩アフリカ馬疫

▶どのような病気か？
　アフリカ大陸で主に発生するきわめて致死率の高い馬の伝染病で，すでに13世紀頃から発生が認められていた。南アフリカ，中央アフリカ大陸を中心に発生しているが，ときに北アフリカにも広がり，さらに中近東からインドにまで流行したこともある。1987年から1990年にかけ，スペインで4年間続けて発生しており，条件が整えばアフリカ大陸以外の場所でも毎年続けて発生しうることが証明された。
　家畜伝染病予防法では，家畜伝染病に指定されており，患畜として診断された場合には，都道府県知事による殺処分命令の対象となる。
▶原因は？
　原因ウイルスはレオウイルス科，オルビウイルス属に分類されているが，オルビウイルスは吸血昆虫の媒介によって感染が成立する特徴を有する。ウイルス粒子は円形で，直径約80nmで，ウイルス遺伝子は2本鎖RNAである。中和試験で区別される9つの血清型が知られているが，血清型と病原性の間には明確な関係はないとされている。
▶病気の発生は？
　アフリカ馬疫の主な発生地はアフリカ大陸で，2005年以降は，西部のセネガル，東部のエリトリアとエチオピア，南部のナミビア，ジンバブエおよび南アフリカ共和国に限定されており，南部アフリカでは風土病として定着している。過去には，他の地域でも発生したことがある。
　たとえば，1930年代には北部アフリカ，1943年には北西部アフリカで流行した。また1959〜1960年にはイラン，イラク，トルコ，シリア，パキスタンからインドにかけて大流行があり，このときの流行で死亡あるいは安楽死処置された馬の数は約30万頭に達し，この地域の馬は全滅したといわれている。1966年にはモロッコ，スペインでも発生が起きた。1987〜1990年にはスペインで再び流行があり，この流行では本病が同国内に定着したかにみえた。
　1987年のスペインでの発生は，南西部アフリカから6月に輸入されたシマウマにその原因があると考えられている。このときには，146頭が死亡あるいは安楽死処置され，3万8,000頭がワクチンを接種された。翌1988年の10月には156頭が被害を受け，1万8,000頭にワクチンが接種された。1989年の7月にはスペイン国内の100ヵ所以上で発生があり，ポルトガルやモロッコでも

発生が報告された。スペインでは110頭が死亡し，900頭以上が安楽死処置された。ワクチン接種による防疫体制がさらに強化された結果，1990年の11月の最終発生をみてスペインでの4年間の流行が終息した。この流行の原因ウイルスの血清型は4型であった。

▶どのように感染するか？

ウイルスの媒介動物として重要なのはヌカカ(*Culicoides* spp., *C. imicola* および *C. bolitinos*)であるが，ネッタイシマカ(*Aedes aegypti*)や，その他のイエカ，ヤブカ，ハマダラカならびにマダニ，ウシカベダニなども媒介すると考えられている。一般に，病馬の血液を吸血したヌカカは動物を感染させるのに十分な量のウイルスを8日ほどで唾液腺に保有するようになる。ヌカカの寿命はふ化後21〜22日であることから，この間に流行が起こる。

ヌカカは季節風などに乗って遠隔地(陸上で150km，水上で700km)に運ばれることがあり，1960年のトルコからキプロス島，1966年のモロッコからスペインへの海を隔てた伝播はこのような方法で広がったものと考えられている。

一方，自然界におけるアフリカ馬疫ウイルスの感染環については不明な点もあり，冬季のウイルスの存続方法，流行期のウイルスの増幅動物の存在などについて調査されている。前者について介卵伝達の可能性が試験されたが，現在この事実を証明する成績は得られていない。後者について家畜や野生動物のウイルスに対する抗体調査が実施され，種々の動物に抗体が証明され，シマウマ，ラクダ，犬などの血液からウイルスが分離されているが，増幅動物は現時点ではシマウマとされている。

▶症状は？

臨床症状は軽度なものから重度なものまでさまざまであるが，表4-17にこれらを4種類の病型にまとめた。肺型は抵抗力のない馬が感染を受けた場合にみられ，突然40〜41℃の発熱と多量の発汗を呈する。鼻翼を広げて呼吸困難の様子を示し，呼吸数は毎分60〜70を数え，聴診によって湿性のラッセル音が聴取される。最後は発作性の咳と鼻孔から泡沫を含む血清様の液体が多量に流出し，起立不能となって死亡する(図4-171)。致死率は95%以上である。肺型と心臓型の混合型は，ラバやロバが感染した場合にしばしばみられ，発熱と同時に肺炎症状と浮腫が合併して認められる。心臓型は病原性の弱いウイルスに感染するか，あるいはわずかながら抗体を保有する馬が感染した場合にみられる。心臓型の特徴である冷性浮腫は解熱とともに現れ，最初は側頭部，眼上窩，眼瞼，さらに口唇，頬，舌，下顎部，喉頭部へ広が

表4-17 アフリカ馬疫の臨床的特徴

臨床的型別	病勢	潜伏期	最高体温	致死率
肺型	甚急性	3〜5日	40〜41℃	95%以上
肺型と心臓型の混合型	急性	5〜7日	39〜41℃	80%
心臓型	亜急性	7〜14日	39〜41℃	50%
発熱型(馬疫型)	一過性	5〜14日	39〜40℃	ほとんど生存

図4-171 アフリカ馬疫肺型に感染して鼻孔から泡沫を出して死亡した馬

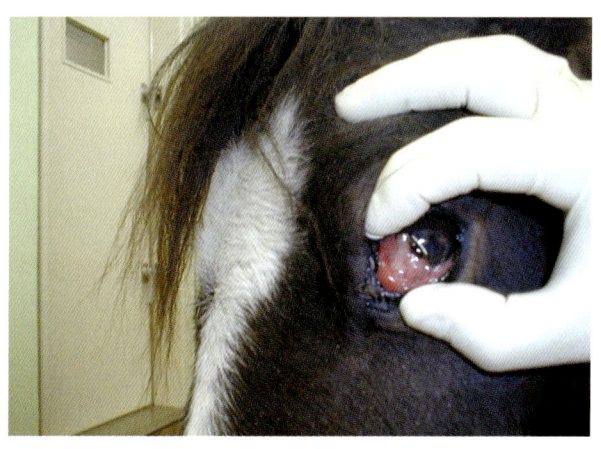

図4-172 アフリカ馬疫感染馬でみられた眼結膜の浮腫と充血

る(図4-172)。その後，頚部，胸部，腹部へと移行するが，四肢の浮腫をみることはない。発熱型は馬疫熱ともよばれ，すでに感染した経験があり，抵抗力のある馬，ロバ，ラバなどが感染した場合で，発熱だけで終わるものが多い。このような例は，本病の常在地でみられる。

▶よく似た病気との区別は？

臨床的には馬ウイルス性動脈炎との鑑別が必要になる。浮腫の特徴として，馬ウイルス性動脈炎は全身性で，とくに四肢に冷性浮腫が認められるが，アフリカ馬疫ではみられない。剖検所見では，馬伝染性貧血，馬のピロ

第4章　病気

プラズマ病などとの識別が必要である。1987年にスペインで流行したときには，最初は飼料に基づく中毒と診断されて，初動防疫に失敗した経緯がある。
▶どのように検査するのか？
　感染馬の血液中には，感染してから早くて2日後，遅くても4日後からウイルスが現れ，約8日後まで続く。長く続く例では18日後までウイルスが分離されるものもいる。また，ロバやシマウマなどでは，最長4週間にわたってウイルスを保有することがある。ウイルスは全身に分布するが，ウイルス量がもっとも多くなる時期は感染5〜6日後である。血液を検査材料とする場合は，ウイルスが赤血球分画に含まれていることに注意する。ウイルスはハムスター，サル，ウサギなどに由来する株化細胞に幅広い感受性を示す。一般的にはBHK-21，Vero細胞が使われる。その他，ふ化鶏卵（10〜12日齢）や哺乳マウス（1〜3日齢）も使用される。ウイルスの分離以外に，モノクローナル抗体を用いた酵素抗体法やRT-PCR法がウイルス学的診断に応用されている。
　血清診断法として寒天ゲル内沈降反応，補体結合反応，蛍光抗体法，血球凝集抑制反応，中和試験，ELISAなどが使用されている。寒天ゲル内沈降反応，補体結合反応，蛍光抗体法はウイルスの血清型1〜9型すべてに共通して反応するので，血清学的にアフリカ馬疫と他の感染症とを区別するために有用である。血球凝集抑制反応，中和試験は流行の原因ウイルスの血清型を特定することができる。
　最近，ウイルス構成タンパクあるいは非構成タンパクをそれぞれ抗原として使用したELISAによって，不活化ワクチン接種馬と感染馬を識別する試みが行われている。
▶予防と治療法は？
　馬に対して病原性の弱い大型のプラックを形成するウイルス株を選択し，培養細胞で増殖させたウイルスが生ワクチンとして使用されている。多価ワクチンとして血清型1〜9型すべてを混合して使用すると，相互の株間で干渉現象が起こり，効力が低下するために，一般的には，血清型1，3，4，5および血清型2，6，7，8をそれぞれ別に混合した2種類のワクチンを準備する。スペインにおける流行では，当初は多価ワクチンが使用されていたが，流行株の血清型が特定されてからは単価ワクチンも使用された。また最近では，不活化ワクチンも一部で使用されている。治療法は対症的なものとして，血液濃縮を防ぐための補液と二次感染防止，同時に吸血昆虫の防除が重要である。

⓫馬の水胞性口炎

▶どのような病気か？
　本病は，南北アメリカ大陸でほぼ毎年認められる馬，牛，豚のウイルス感染症である。ヒトも同じウイルスに感染する。最初の発生が確認されたのは1861〜1865年のアメリカにおける南北戦争のときで，この発生では4,000頭以上の馬が感染したといわれている。1915年にはアメリカからイギリスとフランスに輸送された馬に発生がみられ，フランスではその後，牛にも流行した。その他，1901年に南アフリカ共和国での発生が報告されているが，その由来は不明である。南北アメリカ大陸以外の国における発生は一時的で，その後の発生はない。
　牛や豚が感染すると，症状が口蹄疫によく似ているので類症鑑別が重要である。家畜伝染病予防法では家畜伝染病（いわゆる法定伝染病）に指定されており，患畜として診断された場合には，都道府県知事による殺処分命令の対象となる。
▶原因は？
　ラブドウイルス科，ベシクロウイルス属に所属するウイルスである。ウイルス粒子の形態はピストルの弾丸状あるいは円錐状を呈し，長さ100〜430 nm，直径45〜100 nmである。血清学的にニュージャージー型とインディアナ型の2型があり，インディアナ型はさらにⅠ亜型，Ⅱ亜型（Cocal），Ⅲ亜型（Alagoas）に分類される。
▶病気の発生は？
　現在，水胞性口炎の発生は南北アメリカ大陸に限られている。これまでニュージャージー型はカナダからペルーにかけて広い範囲から分離されている。インディアナ型Ⅰ亜型は南西アメリカ，メキシコ，パナマ，コロンビア，ベネズエラ，エクアドルに分布し，インディアナ型Ⅱ亜型はベネズエラ，アルゼンチン，そしてインディアナ型Ⅲ亜型はブラジルで分離されている（図4-173）。
　流行時に被害を受ける家畜は馬だけではなく，牛や豚なども同時に発病する。1963〜1966年にかけてアメリカ合衆国で大きな流行が続いた。1963年には5州で366頭の家畜が被害を受け，1965年には6州で500頭以上が感染した。その後，1972年に3州で19頭，1973年には2州で5頭の小規模な発生があったが，1982年と1983年には16州で617頭の大きな被害があった。1995年にもニューメキシコ州を中心にアメリカ南西部で大流行が起こり，その被害は数百頭に上ると伝えられている。これまでの調査のなかで比較的詳しくまとめられた1982年の成績によれば，流行に巻き込まれたコロラド州のフロントレインジ地区における抗体保有率は牛で69/102

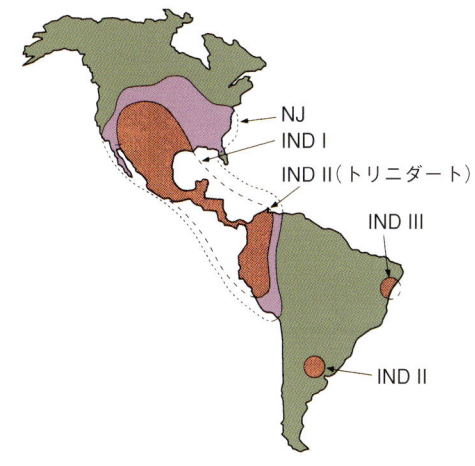

図4-173 南北アメリカ大陸における水疱性口炎ウイルスのニュージャージー型とインディアナI，II，III型の分布

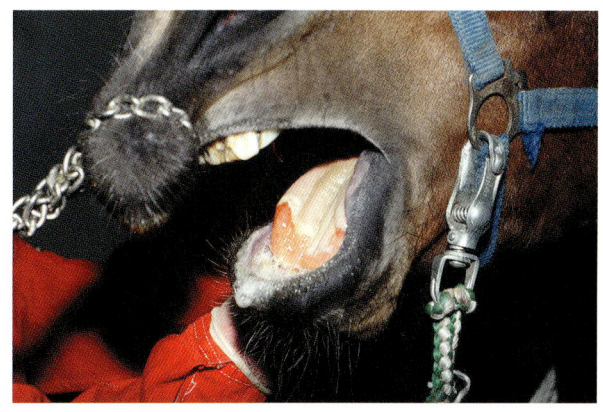

図4-174 水疱性口炎ウイルス感染馬にみられた舌上皮のび爛（JRA原図）

(67.6%)，馬で83/136(61.0%)とほぼ同等であったが，ヒトでは10/68(14.7%)とやや低い傾向にあった。しかし，発病率は牛で60/1341(4.5%)であったのに対し，馬では92/206(44.7%)と約10倍の違いが認められた。またヒトでは5/71(7.6%)と低い値を示し，これらの成績から，馬はこのウイルスに対してとくに高い感受性を有することが示唆されている。

近年は，毎年のように中南米において数百頭の感染が報告されているが，大半が牛における発生で，馬は牛の集団感染に巻き込まれてまれに感染している。一方，アメリカ合衆国では，2005年にユタ州などで合計442件の発生があり，大半が馬における感染であった。その後，2006年には13件の発生があり，2007年と2008年にはなかったものの，2009年には馬のみ5頭が感染し，1頭が死亡している。

▶どのように感染するか？

本病は西半球で古くから野生動物の間で存続していたと考えられており，16世紀になってヨーロッパから北アメリカ大陸に馬，牛，豚などの家畜が導入されてから人目にふれるようになった。しかし，その伝播状況は十分には解明されておらず，不明な点が多い。流行の90%がおおよそ8〜9月，あるいは雨期など特定の季節に発生することや，地形や植生のような自然環境条件に影響を受けることなど，節足動物などのベクターやウイルスの増幅動物の関与を示唆する状況証拠がある。たとえば，インディアナ型が蚊，ダニ，サシバエなどから分離され，サシバエの介卵伝達が実験的に証明されている。一方，ニュージャージー型は節足動物から分離されておらず，その代わりに広範囲の野生動物から抗体が検出され，哺乳類に広い宿主域をもっている。昔から樹木のない高台の牧場あるいは厩舎で飼養すると流行から逃れ安全であるといわれているが，その理由についてはよくわかっていない。

▶症状は？

潜伏期は1〜3日で，このとき40℃の発熱があり，1日で解熱することもあるが，普通3〜5日間続く。始めに認められる症状は激しい流涎であり，水を多く飲むが，食欲は減退する。水疱が口腔粘膜と舌の粘膜にみられ，48時間以内に破裂する。通常，これらの水疱は破れる前に融合し，大きなび爛を形成する（図4-174）。蹄部の病変は蹄冠部の皮膚炎として現れる。まれに水疱を形成することもある。蹄部に炎症を起こした馬は跛行を呈する。

▶よく似た病気との区別は？

牛や豚では口蹄疫，豚においては豚水疱病や豚水疱疹などの類似疾患があるが，馬では類似のウイルス性および細菌性感染症は存在しない。しかし，馬房の壁面や敷料として使われた木材由来の中毒でも，本病と同様の病変が現れることから，診断に際しては聞き取り調査が重要である。

▶どのように診断するか？

ウイルスは豚，牛，モルモット，羊，鶏胎子などの初代培養細胞，そしてハムスター，サル腎由来の株化細胞などに幅広い感受性を示す。感染馬の唾液，水疱の上皮ならびに水疱液を培養細胞に接種すると2〜3日で細胞変性効果が現れる。また，乳飲みマウスおよび成熟マウスの脳内接種や発育鶏卵によるウイルスの分離も可能である。

血清診断法としては中和試験や補体結合反応が用いられる。その他，ELISAも使用できる。

▶予防と治療法は？

第4章　病気

主として牛と豚用に，生ワクチンならびに不活化ワクチンが開発されているが，馬には使用されていなかった。アメリカ合衆国ではニュージャージー型を発育鶏卵に20代以上継代して，弱毒化した生ワクチンが牛用に使用されたことがあり，グアテマラではニュージャージー型とインディアナ型の混合生ワクチンが使われたことがある。1995年のアメリカ合衆国における流行では，流行株と同じニュージャージー型ウイルスを用いた不活化ワクチンが牛用に18,000ドーズ，馬用に6,500ドーズ使用された。治療は対症療法と二次感染の予防で，特別な治療法はない。

⓬馬モルビリウイルス肺炎およびニパウイルス感染症

▶どのような病気か？

　1994年9月に，オーストラリアのクイーンズランド州で，約20頭の馬が急性の呼吸器症状を示し，そのうちの13頭と，厩舎関係者1名が死亡した。このときに分離されたウイルスは，ウマモルビリウイルスと命名されたが，現在ではヘンドラウイルスとよばれている。一方，1998年に，マレーシアで多数の豚が神経症状を示しヒトにも感染した疾病は，当初は日本脳炎が疑われたが，調査の結果，ウマモルビリウイルスに似たウイルスが原因であることがわかった。隣国のシンガポールも含めて最終的に90万頭の豚が安楽死処置され，139名の患者が発生し，49名が死亡した。マレーシアの競馬場では，2頭の競走馬が抗体陽性であったが，外見上は健康であった。

　この発生で分離されたウイルスは，ニパウイルスと命名された。ヘンドラウイルスとニパウイルスは，遺伝子レベルで80%の相同性があることから，両方のウイルスの名前を入れた，ヘニパウイルス属が確立された。これらのウイルスにより引き起される疾病は，非常に致死性が高く，危険なウイルスである。

　家畜伝染病予防法では，届出伝染病の馬モルビリウイルス肺炎とニパウイルス感染症の対象動物として馬が入れられている。

▶原因は？

　パラミクソウイルス科ヘニパウイルス属の新型ウイルスである。パラミクソウイルス科には，犬ジステンパーウイルスや麻疹ウイルスのようなきわめて致死性の高いウイルスが分類されている。

▶病気の発生は？

　ヘンドラウイルス感染症は，オーストラリアに限局して発生しており，その例数は少ないものの，ほぼ毎年ヒトや馬が犠牲となっている。ニパウイルス感染症としては，マレーシアのみならず，バングラディッシュやインドにも広がっており，多くの人的被害を出している。抗体調査では，東南アジアやマダガスカルでも陽性例がみつかっている。これらの地域には，オオコウモリ属が広く分布している。

▶どのように感染するか？

　これらの感染症は，不顕性感染している果食性オオコウモリの尿に含まれているウイルスが感染したものと考えられている。この種類のオオコウモリは，熱帯地帯に広く分布している。国内では沖縄に生息しているが，これまでのところ本感染症の報告はない。

　馬から馬，あるいは馬からヒトへの感染は，主に尿を介して起こっていると考えられている。

▶症状は？

　馬では，出血性肺炎，急性の呼吸困難と突発性の神経症状を示し，致死率は高い。ヒトでは，インフルエンザ様呼吸器症状，出血性肺炎および髄膜炎である。中枢神経症状からいったんは回復した患者が，4年後に再発し死亡した例がある。

▶よく似た病気との区別は？

　呼吸器症状は，インフルエンザに似ているとされている。また，ニパウイルス感染症は，発生当時は日本脳炎と疑われたことから，これらの感染症との類症鑑別が重要である。

▶どのように診断するか？

　ヘニパウイルス属のウイルスは，ヒトに対する致死性がきわめて強いことから，ウイルスの取り扱いは，バイオセーフティレベル4（BSL4）に限定して認められている。その結果，診断や予防法の開発に必要な実験の実施が困難であり，あまり研究は進展していない。ヘンドラウイルスおよびニパウイルス感染症の抗体価測定には，ELISAや中和試験が使用されている。ウイルス学的診断法としては，RT-PCRが確立されている。

▶予防と治療法は？

　特異的な治療法はない。オーストラリアでは，馬のヘンドラウイルス感染症予防用の不活性化ワクチンが使用されている。

⓭馬コロナウイルス感染症

第5章Ⅰ「話題の病気」408頁を参照。

16. 細菌による病気

❶馬伝染性子宮炎

▶どのような病気か？

　馬特有の細菌性生殖器感染症で，繁殖雌馬では子宮内膜炎により，不妊の原因となる。本病の発生は1977年にイギリスとアイルランドで初めて確認され，その後ヨーロッパ，アメリカ合衆国，オーストラリアで続発し，わが国では1980年になって流行した。原因菌はウマ科動物のみに感染し，雌馬に対して病原性を有するが，雄馬への病原性は認められない(ただし，保菌する)。雌馬にみられる症状は，生殖器に限定された局所的なもので，全身症状は認められない。

▶原因は？

　原因菌は*Taylorella equigenitalis*であり，*Taylorella*属は本菌および*Taylorella asinigenitalis*の2菌種で構成されている。炭酸ガス要求性，グラム陰性の微好気性短桿菌で莢膜や線毛を有する(図4-175)。ユーゴンチョコレート寒天培地に発育し，オキシダーゼ，フォスファターゼ，フォスフォアミダーゼを産生する。

▶病気の発生は？

①世界の発生状況：1977年4月にイギリスのニューマーケットで初めて本病の流行がみられ，29ヵ所の牧場において約250頭のサラブレッド繁殖雌馬と25頭の種雄馬が感染した。その後，アイルランドでも同時期に発生していたことが報告され，さらにオーストラリア，アメリカ合衆国，フランス，ベルギー，ドイツ，イタリア，ブラジル，オーストリア，ユーゴスラビア，デンマーク，スウェーデンなどで次々と発生した。

　最近は，ヨーロッパではサラブレッドにおける本病の発生はまれになっているが，その他の品種では毎年のように発生が報告されている。また，アメリカ合衆国では2008〜2009年に，クォーターホースで人工授精用の精液採取施設を介した本病の大きな流行(種雄馬23頭および雌馬5頭)が認められた。

②わが国における発生：1980年5月に北海道日高および胆振地方の軽種馬で初めての流行が確認され，2週間にわたって交配が中止された。この間，繁殖雌馬321頭，種雄馬13頭から原因菌が検出された。その翌年には，繁殖雌馬46頭，種雄馬11頭と激減したが，1985年になって再び繁殖雌馬119頭，種雄馬9頭，そして1986年には繁殖雌馬98頭，種雄馬11頭と増加した。その後，徐々に原因菌が検出される馬の数は減少した(表4-18)。

　日高・胆振以外の地域では，青森県，千葉県の軽種馬群でも一時保菌馬が摘発されたが，その後は認められていない。国内全体でも，2005年6月以降の発生は確認されず，2010年に専門家の評価を経たうえでわが国は本病の清浄化を確認した。

▶どのように感染するか？

　本病は生殖器感染症であるため，感染の機会はおおむね繁殖シーズン中に限られており，①交配によって馬から馬へと直接伝播する場合と，②交配時にヒトの手指や使用する種々の器具，機材，さらには汚染された水などを介して間接的に伝播する場合がある。また，人工授精に用いる精液も感染源となる。

　繁殖雌馬では，回復後に陰核窩や陰核洞に長期間保菌

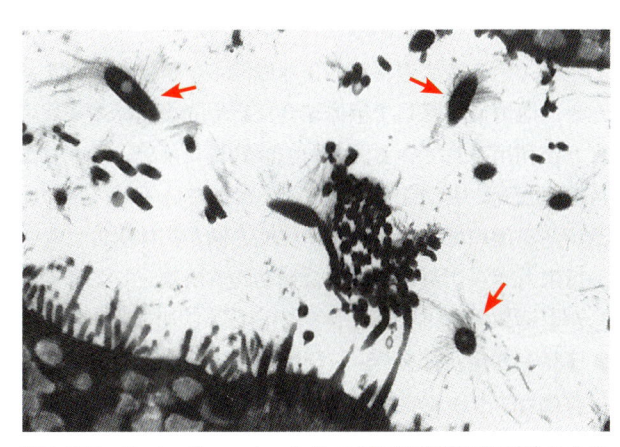

図4-175 *Taylorella equigenitalis*の電子顕微鏡写真(線毛を有する菌が認められる)(JRA原図)

表4-18 軽種馬生産地(北海道の日高・胆振地方)における馬伝染性子宮炎の発生状況の年次的推移

用途	年										
	1994	1995	1996	1997	1998	1999	2000	2001	2002	2003	2004	2005
種雄馬	1				1			1				
繁殖雌馬	10		27	5	7		1	10	3	2	1	1
中間種												
未交配馬					1				1			
合計	11	0	27	5	9	0	1	11	4	2	1	1

※1：合計については，菌分離または遺伝子検索で陽性となった馬の数であり，一部の数は家畜伝染病予防法に基づく届出頭数と異なる。
※2：2006年以降は発生していない。

第4章　病気

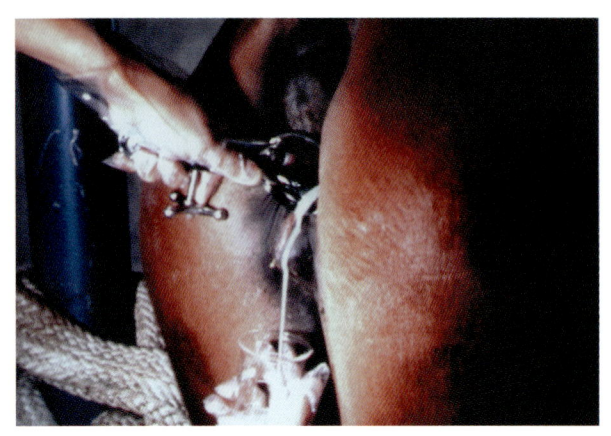

図4-176　馬伝染性子宮炎を発症した馬の外陰部から流出する灰白色の浸出液（JRA原図）

することや，種雄馬では包皮腔や尿道洞などにやはり何年間も保菌することがあり，これらが感染源となって清浄地で大流行を引き起こすことがある。一方，保菌馬から生まれた子馬が産道感染して保菌馬となった例も報告されている。

▶症状は？

雌馬は，1～14日の潜伏期の後に発症して一時的な不妊となる。子宮内膜炎を起こすため，子宮内の浸出液は子宮頸管から膣底へ流出し，貯留した灰白色の粘液が間欠的に陰門部から排泄される（図4-176）。浸出液は発症後1～2週間認められるが，浸出量は2～5日ごろをピークとして徐々に減少し，粘稠性の膿性粘液へと変化し，やがて回復する。浸出液の出現に伴って子宮頸管炎および膣炎が認められ，膣炎は短期間で改善するが，子宮頸管炎は浸出液が消失しても2週間程度は持続する。

非発情馬や再感染馬では発症しても症状は弱く，感染したことを臨床的に知ることが困難な場合も多い。また，発情異常を起こすことがあり，妊娠初期に流産を起こすこともまれにある。

▶よく似た病気との区別は？

Klebsiella pneumoniae や *Pseudomonas aeruginosa* などによる子宮炎も類似の症状を示し，臨床的にこれらの細菌性疾患と区別することは困難である。診断には細菌検査を行う必要がある。

▶どのように検査するか？

病原検索（培養検査または核酸検出）によって行われている。発症時の雌馬の生殖器浸出液の培養検査では，本菌はチョコレート寒天培地上で純培養したような状態で分離されるが，保菌馬の検査などで外陰部の恥垢（スメグマ）などから菌分離を試みる場合は，他の菌の発育を抑制するために選択培地が必要となる。

選択剤としては，近年，OIEがストレプトマイシン感受性株の分離に推奨するトリメトプリム（1 μg/mL），クリンダマイシン（5 μg/mL），アムホテリシンB（5 μg/mL）の併用が主流となっている。また，過去に国内で流行していた株はストレプトマイシン耐性株であったことから，ストレプトマイシン（200～400 μg/mL），アムホテリシンB（5 μg/mL）およびクリスタルバイオレット（1 μg/mL）を添加した培地を用いていたこともある。

採材部位は，雌では陰核窩，陰核洞，子宮頸管，浸出液などであり，雄馬では包皮，尿道洞，尿道口，精残液などである。本菌は馬体を離れると抵抗性が比較的弱いため，採取した材料を菌分離検査に用いる場合はアミューズ輸送培地に入れて保冷輸送し，できる限り早く処置をするように心がける。本菌の分離には時間がかかり，またしばしば検出感度が悪いことから，近年ではより高感度な検査法としてPCR法またはリアルタイムPCR法が分離検査に替わって使用されている。

一方，感染後2週目頃から血清中に抗体が出現するため，血清反応として補体結合反応や受身赤血球凝集反応などが補助手段として利用されることもある。また，試験管凝集反応，ラテックス凝集反応，ELISAなども開発されている。ただし，どの血清反応を用いても感染したすべての例が陽性になるとは限らず，また雄馬は陽性にならない。

▶予防と治療法は？

有効なワクチンは開発されていない。徹底した衛生管理と正確な情報交換，および交配前の検査が最善の予防対策である。交配による伝播を防止するためには，種雄馬および保菌の可能性がある繁殖雌馬を対象に，繁殖シーズン前後における病原学的検査を行うことが有効である。治療は消毒薬と抗菌薬を用いて，局所に定着している菌を殺菌し除去する。本菌はさまざまな薬剤に対して感受性であるが，通常はアンピシリンなどのペニシリン系抗菌剤やゲンタマイシンなどのアミノグリコシド系抗菌剤とクロルヘキシジンやヨードホルムなどの消毒剤が使用されている。

一方，局所的な治療を行った雌馬の約5％が再び細菌検査で摘発されることが報告されており，雌馬の治療では保菌部位である陰核洞の切除術を施術することが推奨されている。これらの治療法が実施された後も一定期間の検査の継続による治療効果の確認が必要である。

❷ロドコッカス・エクイ感染症

▶どのような病気か？

　主に生後1～3ヵ月齢の子馬に認められ，化膿性肺炎，潰瘍性腸炎ならびに付属リンパ節炎を主徴とする細菌感染症である。本病は世界中の馬産国で認められ，その発生は散発的であるが，特定の地域や牧場で多発する傾向がある。子馬は感染初期の症状に乏しいことがあり，死後の病理解剖で初めて本症と診断されることもある。難治性の疾患で，早期に発見できなかった場合や生後3ヵ月未満の子馬では致死率が高い。わが国では，本病による子馬の死亡例が毎年のように確認されており，生産地にとってその対策が重要な疾病である。

▶原因は？

　原因菌は*Rhodococcus equi*で1923年にスウェーデンで初めて分離された菌である。形状は多形性で桿状，こん棒状または球状を呈するグラム陽性好気性桿菌である。病巣や寒天培地上の菌は球状または卵円形を呈するが，液体培養中では桿状になる。好気的条件下のみで発育し，無芽胞性，非運動性である。カタラーゼ陽性で，硝酸塩を還元する。例外もあるが，糖を酸化的に分解する。

　本菌にはマウスに対する毒力が異なる強毒株，中等度毒力株，弱毒株の3種類が存在し，強毒株のみが馬に感染して病原性を示す。中等度毒力株は，豚および免疫不全患者から分離される。なお，強毒株および中等度毒力株は，それぞれの病原性に関与する病原性プラスミドを保有している。

▶病気の発生は？

　強毒株は馬とその飼養環境中，とくに土壌中に広く分布しているが，感染して発病するのは子馬に限られる。子馬における本症の発生は，ほとんどが生後1～3ヵ月までに認められ，その時期は日本では4～8月に相当する。発生状況は散発的で，感染した子馬が直接，他の子馬の感染源になることはない。しかし，強毒株の汚染度の高い特定の牧場や厩舎では多発する傾向にあり，集団発生することもある。

▶どのように感染するか？

　強毒株の汚染牧場では，健康な母馬の糞便中にも本菌が存在し，健康な子馬でも生後間もないころから徐々に分離され始めて糞便中の菌数が10^4～10^5 CFU/gとなってピークに達すると，その数は8～12週目まで維持される。発症子馬では，糞便中の菌数は10^6～10^8 CFU/gまで増加するため，その糞便が飼養環境を強く汚染して重要な感染源となる。本菌は排泄された糞便や土壌中でも容易に増殖し，北日本の馬産地帯では雪解けの始まる3月下旬から5月にかけて土壌中の菌数が増え，1年以上も生存可能であることが明らかにされている。感染経路は経気道，経口，創傷部位などである。

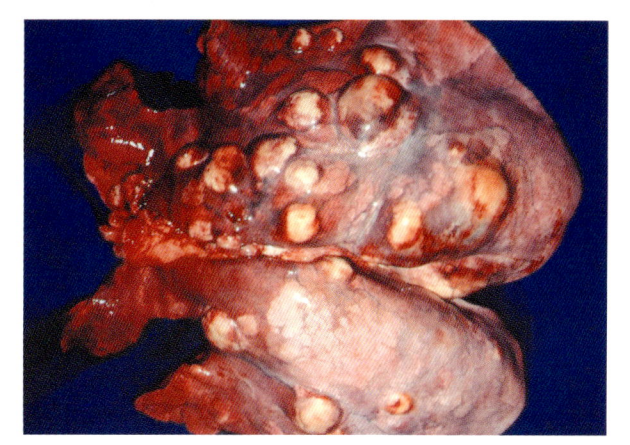

図4-177　ロドコッカス・エクイ感染症で死亡した子馬の肺にみられる多発性膿瘍（NOSAI日高，樋口徹氏提供）

▶症状は？

　病型は肺の化膿性膿瘍（図4-177）が認められる肺炎型，回腸と盲結腸部を中心とした化膿性潰瘍性腸炎と付属リンパ節炎が認められる腸炎型，肺炎と腸炎の複合型，関節炎に分けられる。これら病型の発生率は調査した国，場所，年度によって大きく異なる。

　わが国では北海道日高地方で肺炎型が，青森県で複合型が多いと報告されている。子馬の典型的な症例では，39～40℃の発熱，肺ラッセル音の聴取，水様性から膿性の鼻汁，呼吸促迫，心音の乱れ，下痢，疝痛などが認められる。関節炎により跛行を呈することもある。新生子が感染すると発熱，発咳，肺炎，下痢，疝痛のいずれかを呈した後，多くが敗血症で死亡する。

▶よく似た病気との区別は？

　本病の一般的な臨床症状は，発熱や発咳，白血球数の増加などが認められる程度で，異常に気がついたときには病気が進行して手遅れになっていることも多い。したがって，他の原因による肺炎や腸炎との類症鑑別が必要であり，重症例では，サルモネラ感染症による敗血症および関節炎，*Actinobacillus equuli* などの感染による膿瘍性疾患との鑑別が必要である。

▶どのように検査するか？

　膿瘍や血液など，他の細菌による汚染が少ないと考えられる検体からの菌分離には血液寒天培地を，糞便や土壌など他の雑菌の混入が著しい検体からの分離にはナリジクス酸，ノボビオシン，シクロヘキシミド，亜テルル酸カリウムを加えた選択培地（NANAT培地）を用いる。

第4章　病気

肺炎型では気管洗浄液中の菌検索が早期診断に有効である。強毒株の同定法として，蛍光抗体法，ELISA，PCR法が利用されている。

血清診断法として，現在，従来の寒天ゲル内沈降反応に代わってELISAが使用されている。ただし自然抗体や移行抗体が検出されることから，発症時と2〜3週後に採血したペア血清で検査しなければならない。

▶予防と治療法は？

海外では，初乳を介した子馬への免疫付与を目的とした妊娠馬用ワクチンが市販されているが，わが国では使用されていない。また，高度免疫血清を投与した子馬に発症予防効果がみられたとの報告がある。しかしながら現在のところ，飼養環境の消毒あるいは客土などの方法で強毒株による汚染を少なくする方法以外に有効な予防策はない。

治療法としては，抗生物質による化学療法が一般的である。エリスロマイシン（25 mg/kg・1日3回投与）とリファンピシン（5 mg/kg・1日2回投与）の併用は，安価で効果的な治療法であり海外では広く実施されているが，ときおり致死的な腸炎の副作用を起こす欠点も有している。わが国では，より安全な方法としてゲンタマイシンとセファロチンの併用が広く普及している。また，わが国でリファンピシンを単剤で使用する例があるが，耐性菌の出現しやすい投与法なので避けるべきである。

現在，生産地では早期診断による早期治療を行うため，気管洗浄液から本菌が分離された場合やELISAによって特異抗体の上昇が確認された子馬には，ただちに化学療法を実施することが推奨されている。

❸サルモネラ感染症

▶どのような病気か？

サルモネラ属菌による細菌感染症の総称で，わが国の馬における主要な疾病は *Salmonella* Abortusequiによる馬パラチフスである。また，それ以外にも *S.* Typhimuriumによる子馬の下痢症および敗血症による死亡例が散発的にみられることから，生産地では重要な疾病として考えられている。馬パラチフスによる被害でもっとも重要なものは流産であるが，その他にも子馬や成馬の関節炎，精巣炎，局所の化膿性疾患などの症状もみられる。わが国では1923年に初めて流産馬から *S.* Abortusequiが分離され，その後，馬産地で大流行を引き起こした。ある牧場では妊娠馬の大部分が流産を起こしたり，軍馬の間で関節炎の集団発生が起こるなど大きな被害があった。近年の発生は以前ほどではなくなったが，北海道の道東地域を中心に散発的な発生が認められる（表4-19）。わが国では馬パラチフスは家畜伝染病予防法により届出伝染病に指定されている。

一方，*S.* Typhimuriumによる下痢症は古くから知られていたが，1981年に本菌による発熱を伴った下痢症の流行が確認されており，その後も散発的な発生が認められている。

▶原因は？

①*S.* Abortusequi：腸内細菌科に属するグラム陰性の通性嫌気性桿菌である。本菌は周毛性の鞭毛を有し運動性があるが，非運動性の変異株もある。本菌は，クエン酸塩非利用性，硫化水素非産生という一般的なサルモネラ属菌とは異なる生化学性状をもつ。鞭毛は，単相性で4，12：-：e, n, xの抗原構造をもつ。

②*S.* Typhimurium：わが国の生産地におけるサルモネラ下痢症の主要原因菌であり，本菌は1, 4, 5, 12：i：1, 2の抗原構造をもつ。下痢症の子馬からは，その他にもJava, Infantis, Newportなどが分離されているが，これらの血清型による発生は今のところまれである。

▶病気の発生は？

一般的に馬パラチフスによる流産を経験した繁殖雌馬は，翌年は流産しないといわれている。このように，流行に巻き込まれた馬群は強い免疫を獲得するが，一方で馬群のなかで運よく娩出された子馬のなかにそのまま保菌馬となって成長し，感染を拡大させる馬がいるとされる。また，流産の起こった牧場では，育成馬や雌馬，種

表4-19　最近のわが国における馬パラチフスの発生状況

年	発生頭数(計)	都道府県別発生頭数			
		北海道	青森	岩手	宮崎
1995	14	14			
1996	15	15			
1997	52	52			
1998	80	64			16
1999	5	5			
2000	0				
2001	0				
2002	0				
2003	1			1	
2004	9	9			
2005	11	11			
2006	2	2			
2007	2	2			
2008	10	7		3	
2009	2	2			
2010	0				
2011	0				

表4-20 1981〜1982年の北海道日高地方における*Salmonella* Typhimuriumによる下痢症馬の発生状況

地域	発生(1981年8〜12月) 戸数	頭数(死亡)	発生(1982年1〜6月) 戸数	頭数(死亡)
A	1	1(0)	0	0(0)
B	3	3(1)	2	2(0)
C	16	20(3)	8	24(3)
D	−	−	1	1(1)
E	−	−	1	1(1)
計	20	24(4)	12	28(5)

(加藤秀樹:第10回生産地における軽種馬の疾病に関するシンポジウム議事録, 1982年)

雄馬, 試情馬などに多発性関節炎や精巣炎, 難治性の化膿症などの発症が過去に認められている。

近年, わが国では馬パラチフスによる流産発生例数は激減した。*S.* Typhimuriumによる子馬の下痢症が北海道の軽種馬生産牧場において散発的に発生し, 本菌が流産胎子からも分離されている。表4-20は1981〜1982年の日高地方で流行した *S.* Typhimuriumによる下痢症馬の発生状況である。

▶どのように感染するか？

S. Abortusequiは, 流産胎子, 胎盤, 母馬の悪露, 化膿部位の膿汁などで汚染された飼料や水が感染源となって, これらを経口的に摂取することによって感染が成立する。通常, 悪露中には2週間前後, 乳汁中には1〜10日間の排菌がある。また, 馬同士の接触による感染, 交尾感染ならびに母子感染もみられる。

S. Typhimuriumが2歳以上の馬に感染すると一過性の発熱と軽い下痢で耐過し, このような馬は保菌馬となって糞便中に排菌を続ける。*S.* Abortusequiと同様に, 主に経口感染で伝播する。ネズミは本菌に感受性が高いことから, ネズミが媒介すると汚染地域が急速に拡大する。また, 野生動物を含めた種々の動物に対して広い宿主域をもつため, 一度汚染された地域の清浄化は困難といわれる。

▶症状は？

a) *S.* Abortusequi感染症

①流産:妊娠後半(6〜10ヵ月)の妊娠馬に比較的多くみられ, 経口感染によって通常10〜14日の潜伏期の後に発症する。流産が起こる約1〜2日前に39〜40℃の一過性の発熱, 外陰部および乳房の腫脹が認められることが報告されているが, 一般的に野外例においては流産前の雌馬の症状は乏しく, 突然の流産という形で発見されることが多い。流産胎子や排泄された胎盤は不潔感がある。

流産後は軽度の食欲不振, 発熱, 赤褐色ないし褐色の悪露の漏出がみられる。発熱は一般的に, 日差の大きい39℃前後の弛張熱が数日続き, 10日ほどで平熱となる。その後, 悪露は灰白褐色となり, しだいに乳白色, 透明となる。

②当歳馬:1〜8ヵ月齢の当歳馬では, 数日から2週間の潜伏期を経て39℃前後の発熱を呈する。日差の激しい弛張熱が1週間から1ヵ月ほど続く例では, 敗血症で死亡することがある。このような子馬は哺乳せず, 食欲廃絶, 下痢, あるいは粘膜で覆われた固い糞を排泄する。

死亡せずに耐過した子馬のうち約20〜30%は四肢の関節炎を発症し, その他, き甲腫, 肋骨の骨瘤などがみられる。一方, 胎子が子宮内感染を受け, 敗血症から免れて流産せずに分娩されても, 新生子は虚弱で臍帯炎, 慢性下痢, 関節炎, 局所の化膿症などを伴って起立不能となり, 十分な哺乳ができずにやがて死亡することが多い。

③若馬:感染後, 約1〜5日間発熱があり, 二度目の発熱が20〜30日目ごろに起こり, 当歳馬と類似した程度の軽い症状がみられる。

④成馬:成馬における発熱は日差が大きく, ひどく不定な熱型を示し, 限局性の熱痛を伴う化膿性の腫脹がみられる。この腫脹は転移性のものが多く, 四肢の関節, き甲部, 胸前, 腋窩などにみられる。その後, これらは化膿巣となって瘻管を形成し, 排膿する。その根源部が骨まで及ぶことがある。種雄馬では精巣炎を起こし, 精液中に排菌するものもある。

b) *S.* Typhimurium感染症

生後8ヵ月以下の子馬に感染すると39℃前後の発熱を伴った下痢が認められる。脱水症状が顕著で, 哺乳せず, 食欲不振となって多発性関節炎に移行する例や, 敗血症で死亡する重症例もある。成馬では通常軽い発熱と一過性の下痢で耐過するものが多いが, 死亡例や妊娠馬の流産例も報告されている。

▶よく似た病気との区別は？

馬パラチフスによる流産は, ウイルス性流産との鑑別が必要であるが, ウイルス性の流産胎子に比べると不潔感がある。下痢症については, 他の下痢原性病原体による下痢との鑑別が必要である。新生子の敗血症については, *A. equuli*による感染との鑑別が必要である。

▶どのように検査するか？

馬パラチフスを疑う流産胎子を菌検索の材料とする場

合には，胎子は敗血症を起こしているため，どの臓器材料からも菌分離が可能であるが，とくに胃内容物，肺，骨髄からは多くの S. Abortusequi が検出される。また，流産馬の悪露中にも多量の菌が含まれる。化膿巣のあるものでは膿汁から分離される。これらの材料から直接塗抹標本を作製し鏡検して診断することもあるが，一般には培養して菌を分離する。

S. Typhimurium を原因とした下痢症が疑われ下痢便を材料とする場合は，ハーナテトラチオン酸塩培地などを用いて選択増菌培養を行い，DHL などの選択培地を用いて菌を分離培養する。

血清反応による一般的な診断法は，死菌抗原を用いた凝集反応であるが，その他にも補体結合反応，沈降反応，溶血反応なども考案されている。わが国では，輸入検疫や種畜検査などの公的検査に市販の馬パラチフス血清診断用凝集抗原が使用されている。

▶予防と治療法は？

馬パラチフスによる被害が甚大であった過去には，死菌ワクチンが予防液として一時的に使用されたことがあるが，現在は使用されていない。S. Abortusequi はさまざまな抗菌薬に感受性であり，クロラムフェニコールによる治療が効果的であったことが報告されている。近年ではニューキノロン系抗菌薬の投与も効果的な化学療法として検討されている。しかし，本菌に感染した馬の一部は保菌馬となることが報告されていることから，感染馬はできるだけ淘汰する。

一方，S. Typhimurium は，多剤耐性化が進んでおり，1996年および2004年の発生事例では，多剤耐性株として知られる DT104 というファージ型の株が分離されている。多剤耐性株の治療には，薬剤感受性試験を実施し，適切な抗菌薬を選択することが重要である。本病の予防には，飼養環境の衛生管理と適切な消毒が大切である。

❹腺疫

▶どのような病気か？

馬に特有の細菌性伝染病で，古くから知られている病気の1つである。子馬は感受性が強く，感染すると鼻粘膜，咽喉頭粘膜などの上気道粘膜の急性カタル性の炎症を呈し，その後隣接するリンパ節に腫脹，化膿がみられる。まれに，リンパ管を通じて頸部や体幹にも感染が広がり，内臓付属リンパ節に転移して重篤な全身疾患に陥ることがある。原因菌は1873年に初めて分離され，わが国でも馬産地において毎年被害がみられた。諸外国では古来より続いて多くの発生がみられるにもかかわらず，わが国では一時期認められなくなったことがある。しかしながら，1992年に北海道の重種馬生産牧場で再び流行が起こり，その後は散発的に発生が認められている。

▶原因は？

原因菌は Streptococcus equi subsp. equi（腺疫菌）でグラム陽性の球形ないしは卵円形で，連鎖状を呈し，グルコース発酵を行う通性嫌気性球菌である。芽胞を形成せず，運動性を欠く。血清群としてランスフィールドのC群に属し，血液寒天培養上で明瞭な β 溶血を示す。

▶病気の発生は？

本症は，若馬がかかりやすく，晩秋から冬にかけて気温の変化が激しい時期に馬の移動や集合を行った後にしばしば流行が起こる。全世界的に分布するものと思われ，アメリカ合衆国，カナダ，オーストラリア，ニュージーランド，イギリス，アイルランド，スウェーデン，ノルウェー，デンマーク，オランダ，ドイツ，スイス，イタリアにおいては，ほぼ毎年のように発生している。

わが国では古くから「ナイラ」という病名で本病の存在は知られていたが，飼養馬頭数の減少と飼養環境の衛生状態の改善に伴って発症馬の報告はしばらくの間みられなくなった。しかし，1992年に北海道幕別町およびその周辺の重種馬生産牧場でアメリカ合衆国から輸入した馬がもち込んだ菌により本病の流行が起こった。1993年には競走馬からも腺疫菌が分離され，1995年には日高地方の軽種馬生産牧場に流行がみられた。また，2001年には千葉県の乗馬センターの輸入馬での発生が，2006〜2007年には福島県の肥育牧場で本病の集団発生が報告されている。

▶どのように感染するか？

本菌は全身のリンパ系組織に親和性が高いため，治癒後も各リンパ節にわずかな化膿巣が残り，保菌馬となることがある。また馬に特有の器官である喉嚢（耳管憩室）のなかに長く保菌されることがわかっており，そのような馬は無症状排菌馬として長期間にわたり鼻汁中に菌を排出する。このような馬が導入されることによってその群に新たな流行が起こる。感染は菌を含む膿汁や鼻汁に汚染された飼料や飲水，馬同士の接触などで，経鼻もしくは経口的に起こる。とくに飲水の共有により集団発生が起こることが知られている。

▶症状は？

潜伏期は3〜14日と一定ではない。一般的には39〜41℃の発熱，元気消失，全身違和，食欲・飲水欲の減退を呈し，1〜2日後には乾性の咳，水様性鼻汁（後に膿性鼻汁に変わる）がみられ，やがて本症に特徴的な

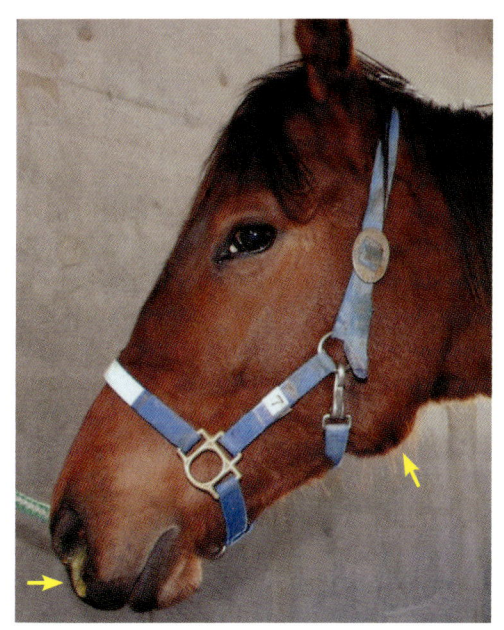

図4-178　腺疫を発症した馬にみられる下顎リンパ節の腫脹および膿様鼻汁（JRA原図）

下顎リンパ節など頭部リンパ節の腫脹が認められる（図4-178）。これらの症状は7～10日で消失し，回復するものもあるが，多くの例では腫脹したリンパ節は硬結し，波動感を呈し，1～2週後には自潰する。リンパ節からの排膿は皮膚を破って直接外部へ，あるいは鼻道へ流出して，膿性鼻汁として認められる。排膿後は一部を除いて数週間で自然治癒する。
▶よく似た病気との区別は？
　他のβ溶血性レンサ球菌感染症との区別がもっとも重要である。また，ウイルス性呼吸器感染症との鑑別も必要である。
▶どのように検査するか？
　病馬の鼻汁や病巣部の膿汁を検査材料として採取し，血液寒天培地または選択剤としてナリジクス酸（15μg/mL）および硫酸コリスチン（10μg/mL）を用いた血液加コロンビアCNA寒天培地に塗布して，β溶血を示すコロニーの出現を確認する。その後，血清群と糖の分解性状を調べる。その他の病原検索法として，近年ではPCR法，リアルタイムPCR法，LAMP法も開発されている。
　血清反応は腺疫菌のM様タンパクを抗原として使用したELISA，寒天ゲル内沈降反応，ラジオイムノアッセイ，オプソニン食菌試験が報告されている。いずれの方法も常在菌である S. equi subsp. zooepidemicus との交差免疫反応があるため特異性に欠ける。腺疫菌のM様タンパク質の1種（SzPse）内に存在する「PEPK（プロリン－グルタミン酸－プロリン－リジン）繰り返し配列」

の合成ペプチドを抗原としたELISAが特異性の高い診断法としてJRAで開発され，野外応用されている。
▶予防と治療法は？
　予防液としてアメリカ合衆国では抽出抗原ワクチンと弱毒生ワクチンが市販されているが，まだ改良の余地が残されているようである。治療には，ペニシリン，セファロチンなどの抗生物質が使用される。しかし，重篤な場合や長期にわたり排菌している場合を除いて，通常は抗菌薬の投与は安易に行わずに発症馬を隔離し，安静に保って自然回復を待つ。本病の感染予防対策としては，飼養環境の衛生管理および感染馬の隔離と消毒がもっとも重要である。

❺ Streptococcus zooepidemicus 感染症

▶どのような病気か？
　本症は，肺炎，子宮内膜炎，皮膚炎，角膜炎のようなさまざまな病態が認められるが，もっとも代表的なものは輸送性肺炎である。わが国でも馬の細菌感染症のなかで頻繁に認められる疾病の1つである。また，犬や猫など他の動物での感染例も認められる。
▶原因は？
　原因菌は，Streptococcus equi subsp. zooepidemicus で，前述の腺疫菌とは亜種同士の関係にあり非常に近縁である。血液寒天培地上では明瞭なβ溶血性を示し，肉眼的には腺疫菌と区別することが難しいが，生化学性状試験において本菌がソルビトールの利用能をもつという点で識別が可能である。
▶病気の発生は？
　本菌による輸送性肺炎は，年間を通じて認められるが，競走馬においては，長距離輸送の回数の増加や暑熱ストレスが加わる夏場に増加する傾向にある。
▶どのように感染するか？
　本菌は馬の扁桃の常在菌であり，健康な個体からも分離される。そのため，本病は発症馬からの水平伝播ではなく，長時間の輸送や夏場の酷暑などのストレスが引き金となって自身の保菌する菌によって感染が起こる自発性感染症である。また，本菌は馬インフルエンザなどの呼吸器ウイルス感染後の二次感染の原因ともなる。一方，生殖器にも存在し，子宮頸管炎などの生殖器感染も起こす。
▶症状は？
　競走馬の長距離輸送後に認められる輸送性肺炎の多くに本菌が関与していると考えられる。急性期の症状は39℃～41℃の発熱，元気消失，食欲減退が認められ，

第4章　病気

発症から数日で発咳や肺領域の聴診音の異常のような呼吸器症状が顕著となる。

治療が遅れた場合には胸膜炎に移行し，死亡する例も認められる。急性期では気管支鏡下で気管支からの血様の浸出物が観察されることが多い。

▶どのように検査するか？

輸送性肺炎の診断には，気管支肺胞洗浄液を検体とした菌分離を行う。血液寒天培地上でβ溶血性を示すコロニーを釣菌し，グラム染色による観察や生化学性状の検査によって菌を同定するが，市販の同定キットのなかには本菌と腺疫菌とを区別できないものがあるので注意が必要である。また，腺疫菌以外にも同定の際に注意を要するβ溶血性レンサ球菌として*S. dysgalactiae* subsp. *equisimilis* があるが，生化学性状試験においてトレハロースの利用能の有無（*S. zooepidemicus* は陰性）によって識別が可能である。なお，輸送性肺炎では嫌気性菌やグラム陰性菌など他の細菌も混合感染していることが多く，併せて検査を行う必要がある。

▶予防と治療法は？

早期発見と適切な抗菌薬の投与が効果的である。本菌は第一世代のセフェム系またはペニシリン系抗菌薬に感受性であり，これらは本病の治療に推奨される。混合感染があれば，それぞれに適した抗菌薬を併用する。

❻破傷風

▶どのような病気か？

本症は，馬だけでなくヒトやその他の家畜にも認められる人獣共通感染症である。創傷部から侵入した菌が創傷部位局所で増殖し，産生する毒素が全身に回ることによって運動中枢神経が侵され，筋肉の強直，痙攣を起こす。原因菌は1884年に発見されたが，その培養は難しく，1889年に初めて成功した。本菌は土壌中から分離されるが，特定の地域に分布する特徴を有する。わが国では家畜の届出伝染病に指定されている。

▶原因は？

原因菌である *Clostridium tetani* は，グラム陽性の偏性嫌気性桿菌で，酸素のないところでしか増殖しない。周毛性鞭毛を有し，活発に運動する。莢膜はない。菌体はまっすぐで芽胞は端在性で球形を示し，菌体より著しく膨隆するために，顕微鏡下では特徴のある太鼓のバチ状の形態を呈する。インドールを産生し，ゼラチンを液化するが，糖分解能は非常に弱い。易熱性のH抗原によって10型に分類されている。

▶病気の発生は？

本菌は自然界に広く分布し，とくに土壌中に常在している。分布は，温帯地方より熱帯地方，原野より耕作地，高地より平野から多く分離されるなど，地域差が認められる。破傷風菌の毒素に対してもっとも感受性が高い動物は馬であり，続いて牛，ヒト，山羊，羊，兎，サル，豚，犬，猫の順に感受性を示す。鳥類は感受性が低く，冷血動物には感受性がない。わが国における最近の馬の発生状況を表4-21に示す。

▶どのように感染するか？

破傷風菌は土壌中に長期間生息するため，本菌で汚染された地域の牧場や厩舎で飼育された馬が感染する例が多い。蹄の傷や，分娩後の胎盤停滞や新生子の臍帯，そして去勢などの手術後の創傷から感染しやすい。

▶症状は？

通常，2〜20日の潜伏期の後に反射作用が亢進し，刺激に対する反応が強くなり，眼瞼や瞬膜の痙攣，尾の挙上などに続いて全身骨格筋の強直性痙攣が起こる。まず，頭部では咬筋痙攣による牙関緊急（がかんきんきゅ

表4-21　最近のわが国における馬の破傷風の発生状況

年	発生頭数(計)	都道府県別発生頭数										
		北海道	青森	秋田	埼玉	千葉	神奈川	鳥取	愛媛	佐賀	宮崎	鹿児島
1998	5	5										
1999	4	3	1									
2000	1		1									
2001	7	4			2					1		
2002	3	3										
2003	4	3									1	
2004	10	8									2	
2005	4	3		1								
2006	5	4					1					
2007	3	3										
2008	3	1							1	1		
2009	7	2		1		1					2	1

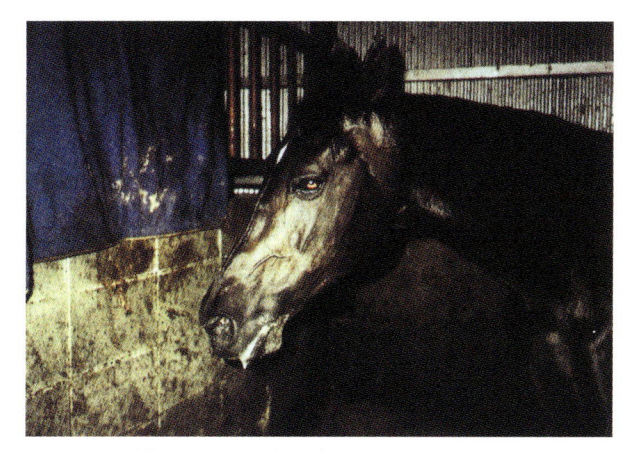

図4-179　破傷風による全身骨格筋の強直と鼻翼開張

う），開口困難および耳筋，動眼筋，鼻筋，嚥下筋の痙攣，眼球震盪（しんとう），瞬膜露出，鼻翼開張など特有の症状を示す（図4-179）。ついで頚部筋肉の強直，全身筋肉の痙攣が起こり，四肢の関節が屈曲不能となり，開張姿勢をとり，いわゆる木馬様姿勢を呈する。病勢が進むと全身の発汗および不安感が強くなり，呼吸困難で死亡する。死の直前に体温は42℃前後に上昇し，死後も持続することがある。

▶よく似た病気との区別は？

臨床症状がきわめて特徴的であるため，他の疾病との区別は比較的容易である。

▶どのように検査するか？

感染部位の創傷をみつけだすことは通常困難であるが，傷口を発見したときは浸出液を採取して嫌気的条件下で培養する。また，材料をマウスやモルモットに接種する診断も行われている。

免疫学的診断法として実用化されている特別な方法はない。

▶予防と治療法は？

予防には1927年にG.Ramonによって開発されたトキソイドワクチンが使用されている。また，抗毒素血清も市販されており，予防や治療に用いられる。JRAでは競走馬に対してこのトキソイドワクチンを初回に1ヵ月間隔で2回接種し，その後毎年1回を追加接種している。本症は定期的なワクチン接種により，十分な予防が可能である。

治療法は感染初期に大量の抗毒素血清を用いることであるが，症状が進んだものでは効果はない。抗生物質や筋肉の緊張を緩和させるために硫酸マグネシウム，さらに鎮静剤などを応用することがある。

❼ Clostridium difficile 感染症

▶どのような病気か？

本症は，下痢を伴う急性腸炎がみられる感染症である。発生は成馬に多い傾向にあり，とくに抗生物質の投与によって発生のリスクが高まる。また，馬のX-大腸炎の原因の1つであることも報告されている。

C. difficileはヒトの抗生物質関連性下痢の主要な原因としてもよく知られている。

▶原因は？

C. difficileは，偏性嫌気性グラム陽性有芽胞桿菌である。血液寒天培地上では，37℃，48時間の培養で直径5〜10 mmの表面が粗造で灰白色の不整形のコロニーを形成する。本菌は，培養時に"馬小屋臭（horse barn-like odor）"といわれる独特の臭気を放つ。顕微鏡下ではグラム陽性に染まった両端鈍円の細長い桿菌が観察される。芽胞は，偏在〜端在性であり，培養48時間以降の菌で形成されることが多い。

C. difficileの病原性には菌自身が産生する毒素が関与しており，トキシンA（エンテロトキシン），トキシンB（サイトトキシン），バイナリートキシンなどさまざまな毒素が知られている。一般的にトキシンAとトキシンBの両方を欠く株は，病原性がないとされている。

▶病気の発生は？

C. difficileの馬からの最初の分離例は1984年であったが，1993年になって抗生物質投与後の大腸炎と本菌との関連が報告された。その後，北米や欧州各国で発生が報告されている。わが国でも最近になって全身麻酔下で行われた外科手術の後に腸炎を発症した馬から本菌が分離されている。本病の発生には，腸内細菌叢の攪乱が関与していると考えられており，その要因として食餌や環境の変化，外科手術による侵襲，輸送のストレスなどがあげられているが，とくに抗生物質の使用により発症リスクが高まることが報告されている。

文献的にはエリスロマイシンや広域スペクトルのβ-ラクタム系薬剤が，発症リスクの高い抗生物質としてあげられている。本病は，成馬での発生が主であるが，新生子での発生も認められる。

▶どのように感染するか？

本菌は芽胞を形成するため，一度，本病の発生した牧場や施設は長期間にわたって本菌に汚染され，それらが感染源となると考えられる。入院設備のある診療施設では，集団発生も報告されている。

▶どのように検査するか？

新鮮糞便，また，死亡後の病理解剖時には結腸または

第4章　病気

盲腸内容を菌分離材料として用いる。本菌は，偏性嫌気性菌であり，空気中では速やかに死滅するため，採材後の検査材料は速やかに嫌気状態にする。すぐに検査を実施できない場合には，検査材料を嫌気状態にしたうえで冷凍保存する。

選択培地としてサイクロセリン－セフォキシチン－フルクトース－卵黄加（CCFE）寒天培地が用いられる。本菌は，馬の腸内で芽胞を形成することがあるため，糞便材料に等量の99.5％エタノールを混合して1時間放置し，芽胞菌のみを選択することで検出率を向上することができる。なお，分離される C. difficile のなかには毒素を産生しない病原性の乏しい株が含まれる可能性があるため，菌の分離後は毒素遺伝子の有無を確認する必要がある。その他の病原検索法として，PCR法，リアルタイムPCR法，LAMP法が開発されている。

また，ヒト用ではあるが本菌の産生する毒素やグルタミンデヒドロゲナーゼを検出するさまざまな簡易診断キットが実用化されている。これらのキットは，前述の方法と比較して検出感度は劣るが，特別な器材を必要とせず，数十分で結果を知ることができ，本病の診断に応用されている。

▶症状は？

抗生物質の治療中または治療後に発生する急性の下痢症が，本病のもっとも多くみられる病態であるが，全身麻酔後に起こることもある。症状は，軟～水様の下痢，脱水，発熱，元気消失，白血球の減少などであるが，他の急性下痢症との区別が困難である。C. difficile を原因とする下痢症は，他の原因のものと比較して致死率が高いことが報告されている。

▶予防と治療法は？

馬においては，現在のところ有効な治療法が確立されていないが，文献的にはメトロニダゾールの投与が推奨されている。発症の要因となった抗生物質の使用をただちに中止し，他の急性下痢症と同様に対症療法を実施する。

本菌の芽胞は，環境中で長期間にわたって生存するため，本病の発症が確認された場合には，患馬の周辺，治療に使用した器具などの徹底した洗浄と消毒が必要である。芽胞は，ほとんどの消毒薬に耐性をもつが，高濃度の次亜塩素酸が有効であるとの報告がある。

❽鼻疽（びそ）

▶どのような病気か？

本病は馬に特有の悪性伝染病として，すでに紀元前5世紀頃から知られていた。17～19世紀にかけてヨーロッパ，アフリカ，中近東およびアジア大陸で大きな被害がみられた。

発症馬の臨床像から，鼻腔に病変のみられるものを鼻腔鼻疽，皮膚に病変をつくるものを皮鼻疽，肺に病変が認められるものを肺鼻疽として3型に分類しているが，前2者は開放性鼻疽馬として防疫上，問題視されている。人畜共通感染症であるとともに，わが国では家畜の法定伝染病に指定されている。

▶原因は？

原因菌は，*Burkholderia mallei* である。グラム陰性の好気性桿菌で，両端はやや丸味をもち，鞭毛を欠き非運動性，莢膜，芽胞を形成しない。わずかな糖分解能があり，インドール産生陰性，硫化水素とカタラーゼをごく少量産生する。宿主体外での生存能は比較的弱く，乾燥にも弱いが湿潤な暗所では1ヵ月以上生存する。

感染は，主に馬，ロバ，ラバなどのウマ科動物にみられ，ヒトにも感染する。まれにライオン，トラ，犬，猫などにおける感染報告もあるが，牛，豚，羊における報告はない。

▶病気の発生は？

20世紀の始めまでは東欧，アフリカ，中近東，アジア，南アメリカに常在し，ヨーロッパ，アメリカ合衆国，日本などでもまれに発生していた。1940年代の満州や内外蒙古は鼻疽常在地としてよく知られており，汚染率はおおよそ15～30％であったといわれている。

症状は常在地と清浄地で，また馬の種類や個体差によってさまざまである。ロバやラバは馬に比べて急性型を呈するものが多い。

わが国における発生は，古くは中国大陸からの帰還軍馬のなかにたびたび認められたことがあるが，他の馬群への伝播は報告されていない。現在では東欧，南米，中東などで発生があり，わが国は清浄国である。2010年にはバーレーンにおいて本病の集団発生が確認され，補体結合反応で抗体陽性となった馬45頭およびロバ4頭が淘汰された。

▶どのように感染するか？

いわゆる開放性鼻疽，すなわち鼻腔鼻疽や皮鼻疽の型をとった病馬の膿様鼻汁あるいは漏出物から直接感染する。ほとんどが経鼻感染で，鼻粘膜や鼻中隔に結節が形成され，後に潰瘍となる。漏出物には多量の菌が含まれており，これが新たな感染源となるが，血行性に全身に広がった菌は体内の各種臓器で結節性の病巣をつくる。

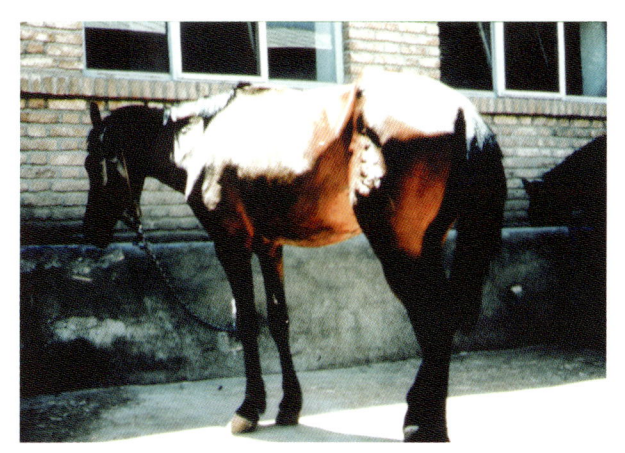

(小澤 義博氏提供)
図4-180　鼻疽による皮下リンパ管の念珠状索腫

(小澤 義博氏提供)
図4-181　鼻疽による鼻中隔に形成された結節

▶症状は？

　非常在地における発症馬にみられる潜伏期は，通常3〜7日程度である。急性型を示す例では体温は41℃以上となり，鼻孔粘膜，気管粘膜，肺，脾臓，肝臓，皮膚などに病巣をつくり，ほとんどの例に血様膿性鼻汁の漏出がみられる。顔面，四肢，肩部，胸部，下腹部のリンパ管に沿って念珠状索腫ができ（図4-180），やがて自潰して潰瘍を形成し，食欲がなくなり，敗血症となって1〜2週間程で死亡する。

　常在地では慢性型のものが多く，顕著な臨床症状を示さないことも多い。また，微熱や削痩程度で数年使役に耐える馬もいる。不規則で間欠的な回帰熱，咳，呼吸困難の様子がときおりみられる。下顎リンパ節は硬結して融通性がないが，疼痛は認められない。

　重症例に移行すると気管，肺門リンパ節，肺，その他内部臓器にも結節や潰瘍が形成され，栄養不良から悪液質に陥って死亡する。

▶よく似た病気との区別は？

　死亡した馬の剖検所見における鼻腔，鼻中隔（図4-181），咽頭，気管粘膜の結節ならびに潰瘍形成など特徴的病変から診断は比較的容易である。しかし，類鼻疽や仮性皮疽との鑑別が必要となる。

▶どのように検査するか？

　新鮮で雑菌の汚染の心配がない結節および潰瘍部から採取した材料は，3％グリセリン寒天平板培地（pH6.0）で菌分離することができる。材料が古く，雑菌を含む心配があるときは，選択培地を用いる。その他にストラウス反応とよばれる方法がある。これは，材料をモルモットの腹腔内へ注射する方法であるが，2〜5日で精巣の腫脹，化膿，自潰がみられ，1〜2週間で死亡する。ま

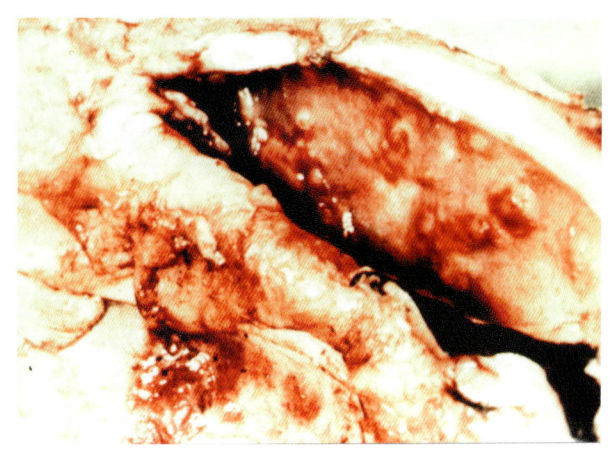

(小澤 義博氏提供)
図4-182　鼻疽に感染した馬で認められるマレイン反応による眼瞼の浮腫と眼ヤニ

たマウスの腹腔内，鼻腔内，皮下に接種する方法もあるが，これは5〜14日で主として脾臓に結節がみられる。兎の皮下接種では接種部位の化膿，隣接リンパ節の腫脹や化膿がみられる。純培養の静脈内接種では脾臓，肝臓，肺に結節を形成し，大腿骨に特徴的な粟粒結節ができる。

　免疫学的診断法としてマレイン反応がある。これにはマレイン（鼻疽菌由来タンパク質）を眼瞼の皮下に接種または眼結膜嚢内へ滴下して，結膜の充血，浮腫膿性眼ヤニの排出の有無によって判定する眼反応（図4-182）と，希釈したマレインを頸部皮下に注射して接種部位の局所反応と体温の上昇の有無によって判定する熱反応がある。実際には前者が多く使用される。血清学的診断法には凝集反応，補体結合反応，イムノブロット法などがあるが，通常は補体結合反応が用いられる。

▶予防と治療法は？

　有効なワクチンや抗血清による予防法や治療法はな

い。汚染地からの馬の輸入にあたり，慎重な検査が必要になる。ハムスターを使用した治療薬の検討では，ペニシリンは無効であったが，スルファジアジンとストレプトマイシンが有効であったとする報告や，モルモットではスルファピリジンとクロルテトラサイクリンが有効であったとする報告もある。ただし，わが国では法定伝染病であり，感染馬は安楽死処置される。

❾類鼻疽

▶どのような病気か？

肺，肝臓，脾臓，腎臓，その他臓器に鼻疽に似た結節性病変をつくり，急性または慢性の経過をとる細菌性伝染病である。馬，豚，山羊，羊，犬，猫，そしてヒトにも感染する人獣共通感染症である。本病は，わが国では届出伝染病に指定されている。

▶原因は？

原因菌は*Burkholderia pseudomallei*である。以前は*Pseudomonas*属に分類されていたが，1993年に新設された*Burkholderia*属に移された。グラム陰性の好気性桿菌で，莢膜や芽胞を欠く。一般性状は鼻疽菌に似ているが，鞭毛を有するため運動性がある点で異なる。

▶病気の発生は？

熱帯ならびに亜熱帯地方の湖沼地や水田などの湿地帯にみられ，土壌や水から菌が分離される。本症の発生は主として東南アジアとオーストラリア北部にみられるが，アフリカで山羊での発生が報告されている。また，フランスにおける発生報告もある。わが国での発生はない。

▶どのように感染するか？

馬における本症の発生は散発的である。土壌中の菌のみならず，不顕性に感染した齧歯類や，他の家畜の排泄物によって汚染された飼料や飲み水を摂取することによって感染する経口感染，皮膚の損傷，虫刺されなどによる創傷感染，呼吸を介して感染する呼吸器感染などがある。本菌はネズミノミのなかで50日間生存したことが知られている。

▶症状は？

一般的に慢性経過をとるが，不顕性感染も多く，急性例はまれである。おおよそ2〜11日の潜伏期の後に発症し，急性例においては発熱とともに食欲を失い，虚脱または神経過敏となって敗血症死する。慢性例では感染部位のフレグモーネ，一過性の発熱，膿様鼻汁の漏出がみられる。馬では内臓の膿瘍，浮腫，敗血症はまれである。

▶よく似た病気との区別は？

臨床的に鼻疽との鑑別が重要である。反芻動物は鼻疽に対する感受性を示さないが，類鼻疽に対しては感受性がある。その他，仮性皮疽，レプトスピラ症，サルモネラ感染症，馬ウイルス性動脈炎，馬伝染性貧血などとの識別が必要である。

▶どのように検査するか？

マッコンキー培地やAshdown培地を選択培地として菌分離を試みる。またハムスター，フェレット，モルモットなどに接種して化膿巣，死亡などを観察して確認する方法もある。

血清学的診断法として補体結合反応，凝集反応，間接血球凝集反応があるが，主として補体結合反応が利用される。またマレインに似たメリオイジンが皮内反応に応用されるが，診断的価値は劣る。

▶予防と治療法は？

有効な予防法および治療法はない。病馬の摘発，淘汰が重要である。厩舎に出入りするネズミなどの齧歯類の駆除も大切である。類鼻疽菌は土壌中に生息するので清浄地で発生した場合は，環境中に菌が残存しないように最大の注意を払う必要がある。治療薬としてサルファ剤，テトラサイクリン，カナマイシン，クロラムフェニコールがある程度有効であるといわれている。

❿レプトスピラ症

▶どのような病気か？

病原性をもつレプトスピラが感染することによって起こる急性または慢性の感染症で，世界中に広く存在する人獣共通感染症である。本来は齧歯類の感染症と考えられているが，馬，牛，羊，山羊，豚，犬など多くの家畜にも種々の型の菌が感染することが明らかにされている。馬は通常，不顕性に感染する例が多いが，症状が激しい例では発熱，食欲不振，黄疸，腎不全，流産，脳膜炎，目のブドウ膜炎などが認められる。

欧米やオーストラリアなどの主要な馬産地では本症による流産の発生がしばしば報告されているが，わが国ではほとんど報告されていない。

▶原因は？

原因菌は*Leptospira*属に分類される大きさ0.1〜0.2×6〜12μmの屈曲したらせん状の桿菌である。鞭毛様のフィラメント（軸糸）をもち，運動性がある。好気性，オキシダーゼ陽性で，発育には不飽和脂肪酸を要求する。

*Leptospira*属は病原性レプトスピラである*Leptospira interrogans sensu lato*と非病原性レプトスピラ *L.*

biflexa sensu lato に大別される。レプトスピラ症の原因菌は前者である。*L. interrogans* は交差凝集反応や凝集素吸収試験によって多数の血清型(serovar)に分けられる。これらのうち，馬への感染が確認されているものには，*L. autumnalis*, *L. hebdomadis*, *L. australis*, *L. icterohaemorrhagiae*, *L. canicola*, *L. pyrogenes*, *L. hardjo*, *L. pomona*, *L. sejroe* などがある。アメリカ合衆国において *L. pomona* が馬のレプトスピラ症による流産の主要原因菌となっていることが報告されている。

▶病気の発生は？

アメリカ合衆国，イギリス，オーストラリア，ニュージーランドなどでは，前述の血清型に対する抗体保有馬が検出されており，これらのレプトスピラは世界的に分布するものと思われる。しかしながら，これらの各血清型に対する抗体保有状況は，国によって，また馬の種類によっても異なる。わが国の馬群では *L. hardjo*, *L. pomona*, *L. sejroe* を除く6種類の血清型に対する抗体が各地の馬から検出されており，抗体保有率は17.1〜45.0％である。

馬のレプトスピラ症の発生報告は，わが国では散発的に認められるのみであるが，欧米諸国ではしばしばみられる。これらの多くは流産に関する報告で，*L. pomona* が主要原因菌として取り上げられている。アメリカ合衆国のケンタッキー州における調査(2005〜2007年)では，65例の流産例についてレプトスピラが原因と診断され，50例は *L. pomona* であったと報告されている。レプトスピラの感染による流産の発生は通常，散発的に認められ，1牧場あたり1頭の発生がほとんどで，2頭以上の発生はわずかである。また，流産の発生時期は11〜1月に集中しており，妊娠180日以降の妊娠馬に多くみられる。

▶どのように感染するか？

馬のレプトスピラ病は，主に放牧中に野生動物や他の家畜と直接あるいは間接的に接触して感染が成立するものと考えられている。皮膚や粘膜の傷口から感染した菌は，血液あるいは肝臓に1週間程度存在し，その間はレプトスピラ血症を呈しているが，抗体の出現とともに腎臓へ移行する。このとき尿中へ排菌され，これが新たな感染源となる。

▶症状は？

レプトスピラに感染すると，一般的に発熱と食欲不振のまま耐過する例が多いが，激しい例では貧血，黄疸，血色素尿，流産，脳膜炎，筋肉の衰弱，粘膜の点状出血，ブドウ膜炎などを伴うことが知られている。潜伏期は数日から3週間と一定せず，急性例では40.0〜40.5℃の発熱，元気消失，食欲減退がみられ，解熱とともに黄疸が出現する。また，歩様異常，下痢，疝痛，減尿症，血色素尿などがみられる。妊娠後期の繁殖雌馬では流産が起こる。

慢性例の症状は，削痩，衰弱，数週間に及ぶ2〜5日間隔の回帰熱であるが，同時に軽度の黄疸，出血および心拍数の増加がみられる。また，成馬に多い回帰性のブドウ膜炎は月盲とよばれ，馬のレプトスピラ症の一症状と考えられている。

▶よく似た病気との区別は？

貧血および黄疸を伴う疾病として馬伝染性貧血や馬ピロプラズマ病との鑑別が必要である。

▶どのように検査するか？

急性期の血液を用いて暗視野鏡検で病原体を検出することができるが，多くの場合，菌数が非常に少ないために容易ではない。急性期には血液および脳脊髄液，それ以降の場合は尿を材料として培養し，分離，同定する。病理解剖を実施した場合には肝臓，腎臓などを採取して，分離材料とする。

また，モルモットやハムスターなどにこれらの材料を接種し，発熱などの症状をみて，実験動物の材料から分離する方法もある。近年では，分離培養に代わる，より高感度な病原検索法として，PCR法が用いられている。

血清診断法としては，一般的に顕微鏡下凝集反応法(MAT)が使用される。この試験は生菌を抗原として用い，感度がよく，特異性も高い方法である。しかしながら，常に血清型の異なる多種類の生きた菌を準備しておかなければならず，限られた施設でしか実施できない。最近では血清型共通抗原を用いたELISA法の研究開発が進められている。

▶予防と治療法は？

ワクチンはない。保菌動物としての齧歯類や他の動物との接触を避けること，汚染環境の消毒を励行することが重要である。治療法は急性期にはペニシリンが有効である。その他にストレプトマイシン，テトラサイクリン，カナマイシンなども有効である。とくに慢性期にはストレプトマイシン，テトラサイクリンを用いる。

⓫馬のポトマック熱

▶どのような病気か？

Neorickettsia(以前は *Ehrlichia* のなかに含まれていた) *risticii* の感染によって起こる馬特有の感染症である。本病は，1979年に馬の急性下痢症候群として初めて報告された比較的新しい疾病である。当初，発生がアメリカ合

衆国東部に流れるポトマック川流域に限られていたためポトマック熱という名前がつけられた。

　感染経路はまだ完全には明らかにされていないが，本菌を保菌した寄生虫が寄生した巻貝や昆虫を馬が偶発的に経口摂取することで感染が成立すると考えられるようになってきた。本病は，北米全体で発生が認められるが，他の地域（南米，南アフリカ，ヨーロッパ）でも感染が確認されている。

▶原因は？

　本病の病原体である N. risticii は1984年に病馬の単球から初めて分離された。本菌は，Anaplasma 科 Neorickettsia 属に分類されている。比較的近縁な種として馬に黄疸と浮腫を起こすエールリヒア症の病原体である Anaplasma phagocytophilum（Ehrlichia equi）が知られている。N. risticii は単球に感染するのに対して A. phagocytophilum は顆粒球に感染する。大きさは0.4〜0.75μm×0.5〜1.2μmで，形態は円形，卵形，ソーセージ様の多形性を示し，莢膜や鞭毛はない。

▶流行は？

　1979年にアメリカ合衆国東部のメリーランド州モントゴメリーで初めて発生が確認された。その後，毎年メリーランド州とヴァージニア州の州境を流れるポトマック川流域に集中して多くの発症馬が認められ，発見当初はポトマック川流域の地方病であろうと考えられていた。発生は5〜11月に認められ，とくに7〜8月に多発する。また，主として大きな河川の流域に広がる原野で発生し，流行形態は散発的である。

　本病による被害の一例として，メリーランド州における1979年から1987年までの成績では，873頭が感染し147頭が死亡したと報告されている。一方，1986年にオハイオ州の一競馬場で1,500頭の在厩馬について抗体調査が実施され，約60%が抗体陽性であることが明らかにされた。さらに調査範囲を広めて検査したところ，アメリカ合衆国の32州とカナダのオンタリオ州でも抗体保有馬が確認された。

　現在は，南米，南アフリカ，欧州などでも発生が報告されており，本病はポトマック川流域の一地方病ではないものと考えられている。わが国では発生していない。

▶どのように感染するか？

　本病の伝播様式については，いまだ不明な部分が多い。発見当初は，ダニなどの節足動物の吸血による伝播が疑われたが，近年になり，流行地域の吸虫類のメタセルカリア内に保菌されていることや，それらの寄生を受けているカタツムリや淡水性の巻貝，あるいはトビケラなど

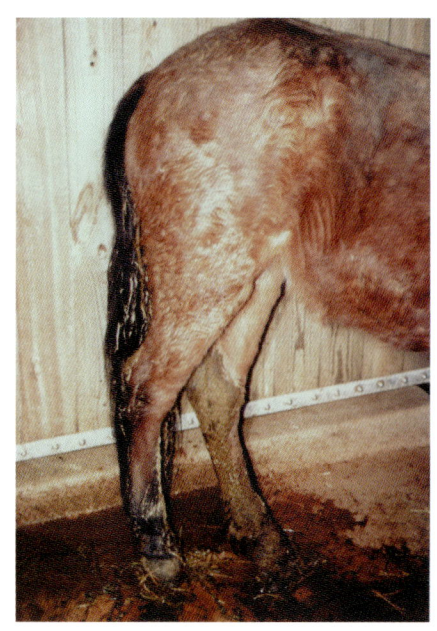

図4-183　ポトマック熱の馬にみられる激しい下痢（JRA原図）

の水生昆虫からも高率に検出されることが報告されていることから，これらの生き物を馬が飼い葉などと一緒に偶発的に摂取することで感染が成立するという考え方が有力である。

▶症状は？

　臨床症状は沈鬱，食欲廃絶，発熱，下痢，疝痛，脱水，蹄葉炎などである。3〜11日の潜伏期の後，沈鬱となり，食欲がなくなる。このとき38.9〜41.6℃の発熱がみられ，3〜8日間続く。これらの初期症状が鎮まってから1〜2日後に下痢が現れ，通常3〜5日，長い例では10日間も持続する。黄土色で水様性の激しい下痢（図4-183）がみられるが，軟便程度のこともあり末期には脱水症となる。また，このとき急性の疝痛がみられることもあり，下痢が起こってから3日以内に蹄葉炎を発症することが多い。一過性の発熱や元気消失程度の例もあるが，発症馬の多くは典型的な症状を示し，適切な処置を施さなければ予後は不良で，致死率は安楽死処置を含めて10〜30%といわれている。

▶よく似た病気との区別は？

　激しい下痢を起こす疾病としてサルモネラ下痢症，X-大腸炎などとの鑑別が必要である。

▶どのように検査するか？

　N. risticii は他のリケッチアと同様に人工培地には発育しない。通常，マウスのマクロファージ系腫瘍細胞由来のP 388 D$_1$細胞，人の組織球系腫瘍細胞由来のU-937細胞，犬の単球培養細胞が分離のために使用される。分

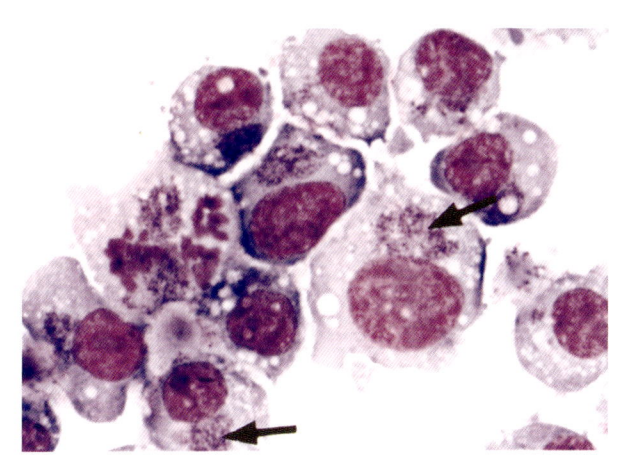

図4-184 P388D₁細胞の細胞質内で増殖する*Neorickettsia risticii*（矢印）（JRA原図）

離には感染発症馬の白血球，とくに単球をP 388 D₁細胞などに加えて培養すると5～10日目に細胞の変形化が認められる。塗抹標本を作製してギムザ染色すると，感染細胞の細胞質に封入体として観察される（図4-184）。

また，感染発症馬の血液または白血球を成熟マウス（CF-1系）の腹腔内に接種し，マウスが昏睡，粗毛，ヤブニラミ，下痢などの臨床的な変化を呈したとき脾臓などを摘出し，乳剤をつくって培養細胞に接種する方法もある。分離培養は，手間と時間を要する方法であるため，その他の病原検索法として，近年ではPCR法による検査も実施されている。

血清診断として間接蛍光抗体法が使用されているが，感染後しばらくの間は抗体が検出できないことや，非特異反応が認められるなどの欠点がある。

▶予防と治療法は？

アメリカ合衆国で不活化ワクチンが使用されており，頚部筋肉内に2～4週間間隔で2回接種する。ただし，このワクチンはあまり効果を期待できないという報告もある。治療にはテトラサイクリン系の抗生物質が劇的な効果を示し，多くの病馬は投薬後2日目には症状が改善されるといわれる。対症療法として補液ならびに消炎剤が使用される。

⑫馬増殖性腸症

第5章Ⅰ「話題の病気」407頁を参照。

17. 真菌による病気

❶皮膚糸状菌症

▶どのような病気か？

皮膚糸状菌とはケラチン化した皮膚の表皮や毛根部，さらに蹄の角質層に好んで感染し，皮膚疾患を起こす真菌の一種である。原因菌にはさまざまな種類があるが，いずれも*Trichophyton*属と*Microsporum*属の真菌である。これらは動物寄生性が強く，ヒトにも感染する。皮膚病巣は一点から始まり，炎症の激しい部分が円を描いて同心円状に広がることから輪癬（りんせん）といわれる。また輪癬は，その外見から白癬（はくせん）ともよばれる。

▶原因は？

馬の皮膚に対して病原性のとくに強い皮膚糸状菌として*T. equinum*，*T. mentagrophytes*，*T. verrucosum*，*M. equinum*，*M. canis*，*M. gypseum*などがある。

▶病気の発生は？

本症は全世界的に分布するものと思われるが，わが国における馬の症例は，ほとんどが*T. equinum*によるものである。この真菌は1930年代から1940年の始めにかけ，軍馬に多くの被害をもたらしたことがある。その後目立った被害は認められなかったが，1972年8月26日から9月16日にかけ588頭の競走馬の集団のなかで100頭（17％）に皮膚糸状菌症の流行がみられた。原因菌はすべて*T. equinum*で，従来わが国でみられたものと同じ種類であった。

発生部位の多くは頚部（19.0％）で，き甲部（18.1％），帯径部（16.9％），腰部（15.2％），ひばら（13.2％），殿部（8.2％），四肢（7.8％），顔面（1.6％）であった。このときの感染率に関して馬の種類，性別に有意な差はみられなかった。

一方，1987年4月から1988年8月にかけJRAのトレーニング・センターで行われた調査では，皮膚糸状菌症29例中26例（90％）から*T. equinum*が分離され，3例（10％）から*M. equinum*が分離された。このときの調査で，わが国においても*M. equinum*が諸外国同様に馬の皮膚糸状菌症の原因菌となることが初めて明らかにされた。

皮膚糸状菌症の発生部位は肩部から背部にかけてもっとも多く，ついで頚部ならびに腰部，そして頭部と下肢部の順で，病巣は1972年の流行とほぼ同様の部位に認められた。その後も散発的な発生が認められている。

▶どのように感染するか？

伝播は馬同士が直接接触することでも起こるが，むしろ装着品あるいはブラシなどの手入れ道具を共用するこ

第4章　病気

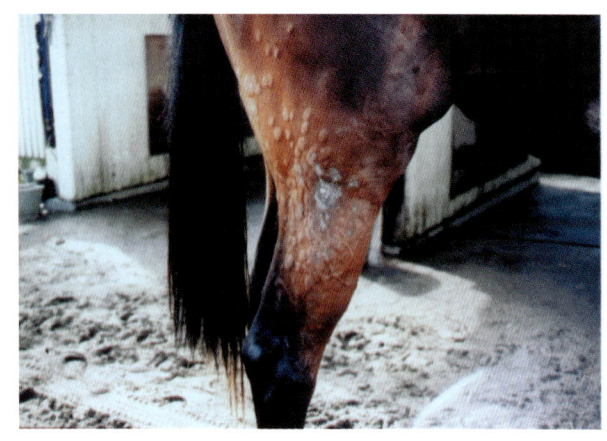

図4-185　皮膚糸状菌症（JRA原図）

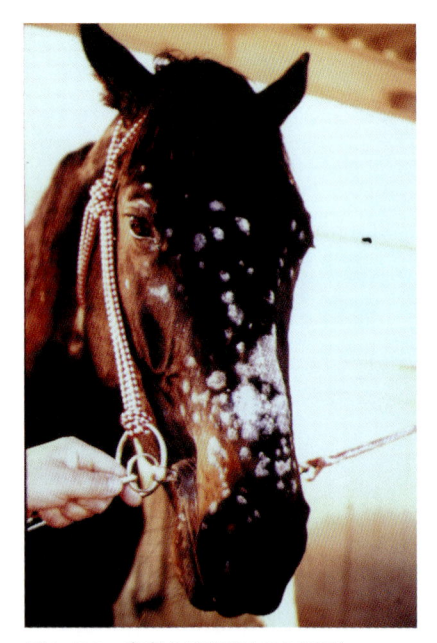

図4-186　皮膚糸状菌症（JRA原図）

とによって起こる間接的な接触感染が多い。T. equinum は乾燥状態で1年以上も生存するといわれている。また Trichophyton 属の菌は齧歯類が媒介動物となると考えられている。
▶病気の特徴は？
　輪癬または白癬は直径約3cmほどの円形の病巣で，被毛の脱落と痂皮の形成を伴って同心円状に大きさを増す（図4-185）。M. gypseum は M. equinum より痂皮形成が起こりやすく，また病巣も大きく周辺の炎症も強い。それらは眼瞼周囲，鼻翼周囲，頚部，胸部，背部に多数出現する。痂皮は厚みを増し，強固に付着する。感染初期の病巣はやや腫脹し，数日のうちに周辺は鱗屑で覆われ，小さな湿疹が現れる。色素のない皮膚ではやや赤みがかってみえる。これらは数週間から数ヵ月の間に，互いに融合して大きくなる（図4-186）。瘙痒を伴った病巣で始終擦られる部位では膿様痂皮となりやすい。
▶どのように検査するか？
　内因性あるいはアレルギー性，また細菌感染による皮膚疾患との鑑別が必要である。原因を特定するには被毛あるいは掻きとった皮膚を直接鏡検し，原因菌の存在を確認するか，分離培養する。ヒト用に皮膚糸状菌検出培地が市販されており，これを利用して比較的容易に診断することも可能である。
▶予防と治療法は？
　予防法は，感染馬との接触を避けることと真菌に汚染された厩舎や器具の消毒である。とくに馬具は十分な消毒を行い，他の馬との共用を避ける。治療法は局所に対する抗真菌剤の塗布やグリセオフルビンの経口投与であるが，効果は限局的もしくは弱い。一方，消毒薬散布や薬浴は有効であるがサラブレッドは皮膚が弱いので皮膚炎などの副作用に注意しなければならない。

❷喉嚢真菌症

▶どのような病気か？
　喉嚢は耳管憩室ともよばれ，馬，サイ，バクなど奇蹄類がもつ特異な器官であり，喉嚢真菌症はこの喉嚢粘膜に真菌が感染することによって起こる疾病である。普通，喉嚢炎とよばれているが，これには喉嚢カタルや喉嚢蓄膿症なども含まれる。喉嚢真菌症では，しばしば喉嚢の近傍を走行する動脈や神経が真菌によって冒され，動脈の破綻による大量出血や神経の障害による嚥下障害などを起こす。本症は馬の上部気道疾患のなかでも重要疾病であるとして1968年にイギリスで初めて報告されてから，その後，各国で報告されている。わが国でも毎年競走馬や乗用馬に発生し，死亡例もみられる。
▶原因は？
　Aspergillus 属，Paecilomyces 属，Scopulariopsis 属，Penicillium 属などが関与しているとされる。なかでも主要な原因真菌は Aspergillus nidulans であり，感染部位でみつかるのは Emericella nidulans とよばれる本菌の完全世代である。Aspergillus 属は自然界のなかでもっとも普遍的に存在する真菌で，世界的に分布するが，とくに温帯，亜熱帯地方の土壌に広くみられる。
▶病気の発生は？
　本症は1950年代までは散発的な発生報告しかみられなかったため，馬の感染症としてとくに問題視されていなかった。しかしながら，その後，イギリス，ドイツ，オーストラリア，アメリカ合衆国，日本などから相次い

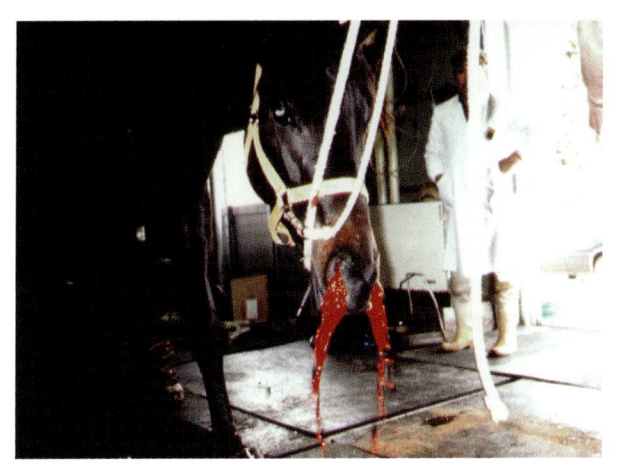

(山口 俊男氏提供)
図4-187　喉嚢真菌症による両側鼻孔からの激しい出血

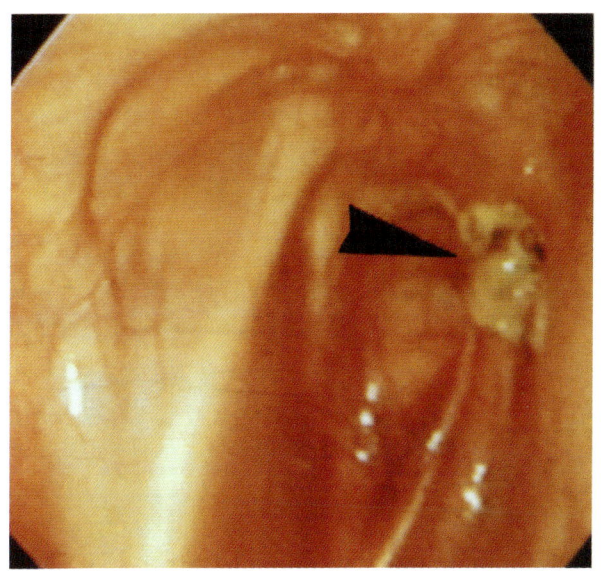

図4-188　内視鏡で観察される病巣(喉嚢に感染して発育する真菌)(JRA原図)

で報告され，本症が重要な感染症とみなされるようになった。発生は厩舎内で飼養される馬に認められ，晩春から夏にかけての温暖な季節に年齢，性別に関係なく散発的に発生する。

▶どのように感染するか？

原因となる真菌は厩舎の敷料，土壌，飼料などにも含まれ，しばしば乾草やワラを材料とする敷料に多数付着している。これらに混在する菌の胞子を馬が呼吸とともに耳管の咽頭開口部(耳管咽頭口)から喉嚢内に吸い込み，感染が起こると考えられている。しかし，健康な馬の喉嚢洗浄液にも原因真菌がしばしば認められることから，喉嚢真菌症が成立するためには他の条件がかかわっている可能性も考えられている。

▶症状は？

もっとも重要な臨床症状は鼻出血である。出血は24時間から数週間の間隔で再発することがある。鼻出血には耳下腺の疼痛，嚥下困難，呼吸時の異常音，斜頸，発汗，振戦，鼻カタル，視覚障害，縮瞳，顔面麻痺，疝痛などを伴うことがある。喉嚢粘膜下の内頚動脈が真菌の感染に侵され破綻することによって起こるが，通常片側性でわずかに滴下するものから激しく流出するものまでさまざまである(図4-187)。

▶よく似た病気との区別は？

鼻出血，嚥下困難，鼻カタル，耳下腺の浮腫などは喉嚢真菌症に限らず種々の疾病で認められるが，喉嚢真菌症は馬房内で安静にしている馬が突然大量の鼻出血を起こすことが多いのが特徴である。鼻出血はその他にも，肺出血，調教あるいは競馬出走後にみられる咽頭および鼻腔内の微小血管の破裂による出血，鼻甲介の壊死，筋骨の血腫，咽頭および喉嚢の腫瘍による出血などさまざまな原因で起こるので，それぞれ識別が必要となる。

▶どのように検査するか？

診断の主体は臨床診断と内視鏡による検査(図4-188)であるが，確定診断には真菌の培養検査や病理組織学的検査も実施する。

血清診断法として実用化された特別な診断法はない。

▶予防と治療法は？

特別な予防法はないが，感染源となる敷料や乾草の品質に注意を払っておくことが大切である。治療には抗真菌薬の投与と感染した喉嚢の洗浄を行う。感染が進行し，真菌による組織への侵襲が動脈に及ぶ場合には，内頚動脈結紮(けっさつ)術，バルーンカテーテルやマイクロコイルを使用した塞栓術を実施する。

❸仮性皮疽

▶どのような病気か？

本病は主に馬，ロバ，ラバなどウマ科動物にみられる真菌性の感染症である。感染によって皮下織のリンパ管ならびに近接のリンパ節に化膿性あるいは潰瘍性の炎症を起こすことから伝染性リンパ管炎ともよばれる。わが国では，戦前の発生が終息して以降，本病の発生は確認されていない。ただし，ヒトや犬などでは国内での感染が推測される症例がいくつか報告されている。なお，本病は家畜の届出伝染病に指定されている。

▶原因は？

原因菌は*Histoplasma capsulatum var. farciminosum*で，1883年に病馬の膿汁中に認められたが，1896年

に初めて培養に成功し，分離当時は*Saccharomyces farciminosum*とよばれていた。膿汁中の無染色標本を鏡検すると，二重の外郭をもつ3〜5×2〜4μmの卵円形の菌が認められる。

▶病気の発生は？

イタリア，北アフリカなど地中海沿岸地方，アフリカ，スーダン，アジア，ロシアなどに分布する。わが国でも明治以前から発生があり，1887〜1895年には北海道，東北，関東，九州で約2万頭もの発生をみたといわれている。その後，しばらく発生はなかったが1940年前後に，帰還軍馬が感染源となって関東，中国，九州地方で再び流行した。また同様に，軍馬が感染源となった流行がイギリス，アイルランド，ミャンマー，インドなどでも発生したといわれている。

現在では先進国のほとんどで発生しておらず，わが国でも近年は国内には存在しないと考えられていたが，渡航歴のないヒトや犬での感染が確認されており，本菌が国内に存在している可能性が指摘されている。

▶どのように感染するか？

感染は病変部位から漏出する膿汁中の菌に接触することによって成立する。病馬の膿汁に直接あるいは間接的に接触して起こる創傷感染症である。また，病変の好発部位がハエ，アブ，蚊などの好刺部位である四肢，頭部，頸部，き甲，鞍部の皮膚，鼻粘膜，眼結膜に一致することから，これらの媒介昆虫が機械的な伝播に寄与しているものと考えられている。

▶症状は？

潜伏期は普通2〜3ヵ月と他の感染症と比べて長く，感染部位には潰瘍あるいは膿瘍ができ，体表のリンパ管に沿って索腫を形成しながら付属リンパ節へ広がる。リンパ節は腫大し，化膿して自潰することがある。胸腔や腹腔のリンパ節が自潰した場合は，重篤な胸膜炎や腹膜炎となり，悪液質に陥って予後不良となる。皮膚病変が重度であるにもかかわらず，一般的に全身症状は軽度か皆無である。体温は細菌の混合感染によって上昇する程度である。

▶よく似た病気との区別は？

鼻疽またはコリネバクテリウムによる潰瘍性リンパ管炎との鑑別が必要である。鼻疽は発熱するが，本症ではまれである。

▶どのように検査するか？

培養による菌分離は，特殊培地による炭酸ガス培養法で10〜15日という多くの日数を必要とし，分離率も低い。迅速に診断する必要がある場合には初期病変の浸出液，膿汁，痂皮などの塗抹標本について無染色で鏡検する。

本病の感染抗体は，臨床症状を呈した馬では出現しているとされており，海外では血清診断法としてELISAや受身赤血球凝集反応，皮内反応が報告されているが，国内で実用化されている特別な方法はない。

▶予防と治療法は？

有効な予防薬はない。対症療法として，病巣部の外科的切除と消毒ならびに適切な内科治療がある。

18. 原虫による病気

❶馬ピロプラズマ病

▶どのような病気か？

本病は，ピロプラズマとよばれる原虫が，ダニなどの節足動物を介して馬に感染し，赤血球内に寄生して貧血などの症状を起こす急性あるいは慢性の感染症である。この疾病は，馬バベシア病，馬胆汁熱，馬ダニ熱あるいは馬マラリアとよばれたこともある。古くからアフリカ大陸で発生がみられ，アフリカ馬疫など種々の疾病と混同されていたが，原虫感染症としての最初の報告は1883年である。わが国には存在しないが，家畜伝染病予防法では家畜伝染病に指定されており，患畜として診断された場合には，都道府県知事命令による殺処分の対象となる。

▶原因は？

1901年に小型の原虫である*Babesia equi*が初めて分離された。この病原体は，現在では，*Theileria equi*とよばれている。一方，その後，大型の*Babesia caballi*が分離されたが，分離当時は*Piroplasma caballi*とよばれていた。これら2種類の原虫が本病の原因であり，いずれもカクマダニ属，イボマダニ属，コイタマダニ属に分類される約10種類のダニによって媒介されるといわれている。

▶病気の発生は？

*B. caballi*は，南ヨーロッパ，アジア，ロシア，中東，アフリカ，アメリカ合衆国南部，中南米，および西インド諸島などに分布している。*T. equi*は南ヨーロッパ，ロシア，中近東，中央アジア，アフリカ，インド，中南米などに分布するが，分布域は*B. caballi*より広いといわれている。

常在地では風土病として散発的に発生することが多いが，清浄地では流行の形態をとることがある。1961年のアメリカ合衆国における*B. caballi*の流行では，初発は

フロリダ州で，ついでジョージア，ニュージャージー，ノースカロライナ，ミシシッピ，アーカンソー，テネシーの各州に広がり，1968年までにアメリカ合衆国全土で182例が発症したと報告されている。

わが国で発生したことはないが，ときおり輸入検疫で陽性馬が摘発されており，今後とも国内への侵入には十分注意が必要な海外伝染病の1つである。

▶どのように感染するか？

B. caballi および T. equi は，いずれも馬，ロバ，ラバ，シマウマなどのウマ科動物に感受性を示す。まず，病馬の血液を吸血したダニの消化管や唾液腺でバベシア原虫が分裂，増殖する。そして，唾液腺に一定の量の原虫を保有するようになったダニが，他の健康な馬を吸血するときに感染が成立する。ダニの寄生は通常，放牧時に起こることが多い。イギリスでは汚染地の南ヨーロッパ，あるいは北アフリカで病馬の血液を吸血したダニが渡り鳥とともに国内に侵入する可能性が指摘されている。

本病の発生時期はこれらダニの活動時期に一致し，春～夏の5～8月にかけてみられる。常在地では，しばしば2種類のピロプラズマが同じ馬に感染していることがある。わが国でもバベシア原虫の媒介ダニであるアミメカクマダニ (Dermacentor reticulatus) およびクリイロコイタマダニ (Rhipicephalus sanguineus) が生息することが知られている。

▶症状は？

T. equi に感染すると10～21日の潜伏期の後に40℃以上の発熱，激しい貧血と黄疸，元気消失，衰弱，出血性下痢，血尿がみられ，急性例では貧血による酸素欠乏症となって死亡する。これが3週間以上経過すれば原虫保有馬となって生存する。この原虫保有馬が，何らかの理由で免疫機能などが衰えた場合，再び症状を示すことがある。

B. caballi に感染すると6～10日の潜伏期の後に，40℃前後の発熱とともに食欲減退，元気消失，下腹部や四肢の浮腫，粘膜の点状出血，疝痛および後躯麻痺がみられる。また，肺，肝臓，腎臓などに広範な炎症が起こり，重症例では死亡する。しかし，B. caballi の馬に対する病原性は T. equi より弱い。

▶よく似た病気との区別は？

馬伝染性貧血，馬ウイルス性動脈炎や馬トリパノソーマ病との鑑別が必要である。

▶どのように検査するか？

臨床症状がみられる急性期の馬から血液を採取し，塗抹標本を作出し，ギムザ染色により赤血球中に生息して

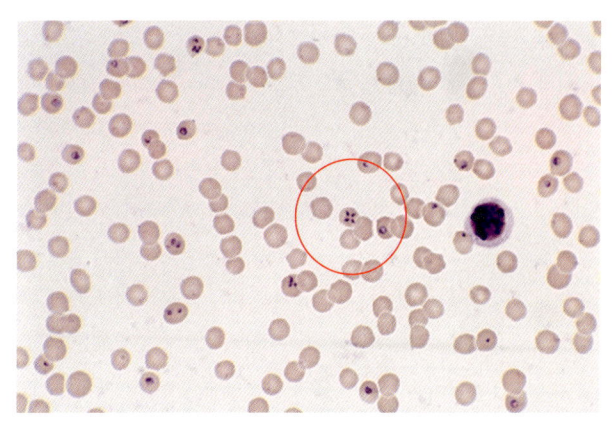

図4-189 馬ピロプラズマ病感染馬の血液塗抹標本（赤血球内にみられる Theileria equi）（JRA原図）

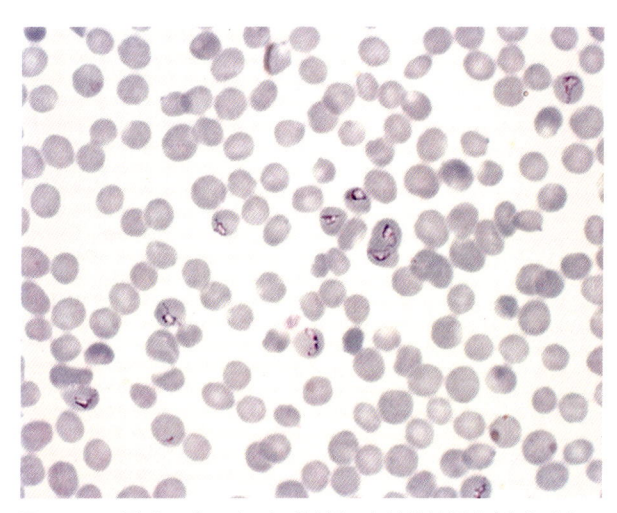

図4-190 馬ピロプラズマ病感染馬の血液塗抹標本（赤血球内にみられる Babesia caballi）（JRA原図）

いる虫体を鏡検する。

T. equi の虫体は小型で長さは普通2μm，細長方形，円形あるいは洋梨形を示し，赤血球中に1～2個，あるいは4個みられるが，4個の虫体が寄生している場合には，十字架に似た配列を示すことからマルタクロスとよばれる特徴的な形態が観察される（図4-189）。

B. caballi の虫体は大型で2～5μm，一端が鋭角で他の端が円形の洋梨形をしており，しばしばこれが特徴のある一対の双梨状として認められる（図4-190）。また，感染が疑われる馬の血液を採取し，これを実験馬に接種して感染を確認することもある。PCR法による診断法も開発されている。

血清診断法として，一般的には補体結合反応が用いられるが，慢性感染馬では陰性となり，診断を誤ることがあるので，注意が必要である。最近では，より信頼度の高い方法として，ELISAや間接蛍光抗体法が開発され，診断に使われている。

▶予防と治療法は？

有効なワクチンは開発されていない。治療には，イミドカルブ－2プロピオン酸塩（imidocarb dipropionate）がもっとも有力であるとされ，馬体から原虫が分離されなくなるまで駆虫できるとされている。しかし，このような馬が完全に治療されて，他の馬への感染源とならなくなる可能性の有無については，まだ結論は得られていない。媒介ダニの駆除ならびに消毒が重要である。

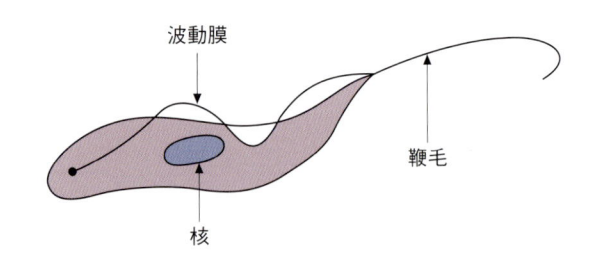

図4-191　トリパノソーマの形態（JRA原図）

❷馬のトリパノソーマ病

▶どのような病気か？

トリパノソーマ病は，鞭毛虫類のトリパノソーマ科に分類されるトリパノソーマ原虫の感染によって起こる急性あるいは慢性の感染病である。トリパノソーマ原虫が病原性をもつことが初めて明らかにされたのは1880年のことで，ズルラに罹った馬の血液から*Trypanosoma evansi*が分離されてからである。その後，その他種々の動物に病原性を示すトリパノソーマ原虫が分離されている。

馬のトリパノソーマ病は，異なる種類のトリパノソーマ原虫の感染による数種類の疾病（媾疫，ズルラ，ナガナ）の総称である。本病は過去には世界的に分布していたが，現在では熱帯から亜熱帯地方に発生する。わが国では発生したことはないが，家畜伝染病予防法では，トリパノソーマ病として届出伝染病に指定されている。

▶原因は？

トリパノソーマ原虫の典型的な形態は図4-191のように1つの核と1本の鞭毛，そして鞭毛につながる波動膜をもつ細長い原虫である。馬に感染するものは，*T. equiperdum*, *T. evansi*, *T. brucei*, *T. equinum*, *T. hippicum*, *T. congolense*, *T. cruzi*, *T. vivax*の8種が知られているが，とくに病原性を有する種類で重要なものは，前3種である。これらは馬に対する病原性が強く，急性症状を起こすが，*T. brucei*は牛，羊，犬，猫にも，*T. evansi*は犬，ラクダ，ゾウにも急性症状を起こす。その他にも広範囲の動物を宿主とするが，その場合は症状を示さない不顕性感染である。

遺伝子配列の研究成果は，*T. equiperdum*と*T. evansi*は，*T. brucei*の亜種であることを示しており，今後分類学的な位置づけが明らかになると期待される。

▶病気の特徴は？

a）媾疫

交疫とも書かれるが，15〜36μmの大きさの*T. equiperdum*の感染によって起こる疾病である。宿主動物はウマ科の動物であるが，犬やラットなども感受性を示す。過去には，南北アメリカ大陸やヨーロッパでも発生したが，近年は中近東，ロシア，モンゴル，ならびに南北アフリカ大陸で毎年発生している。

本症以外のトリパノソーマ病が節足動物介在性であるのに対して，*T. equiperdum*の主たる感染ルートは生殖器感染という特異的な存在である。*T. equiperdum*は生殖器の粘膜浸出液中に認められるのが一般的で，血液中にみられることはまれである。

臨床症状は，病気の進行状況にしたがって3期に分けられる。8〜60日の潜伏期の後に発症し，第1期は，交尾によって生殖器粘膜から原虫が感染し，雄馬の包皮あるいは雌馬の陰門部に炎症が起こり，局部に浮腫，腫脹，潰瘍がみられる。第2期は，間欠的な貧血と削痩，および原虫の産生する毒素によってリンパ節ならびに皮下織に浮腫がみられる。皮膚に蕁麻疹様の丘疹ができ，カタル性の炎症がみられる。第3期は，原虫の産生する毒素によって知覚神経および運動神経の麻痺が起こる。顔面神経，坐骨神経，腓骨神経，頚骨神経，眼窩下神経，肋間神経などがしばしば侵される。病気の経過は早い例で2ヵ月，遅い例で1年にも及ぶことがある。最後は合併症で死亡するが，致死率は50〜75％である。

b）ズルラ

大きさ15〜34μmの*T. evansi*の感染によって起こる疾病である。宿主動物は馬，犬，ラクダ，ゾウ，牛，吸血コウモリ，その他の野生動物である。北アフリカ，アジア，中南米に分布する。

媒介動物はツェツェバエ，サシバエ，アブ，イヌノミ，吸血コウモリである。

馬，ラクダ，犬，ゾウに急性症状を示す。おおよそ2〜15日の潜伏期の後に，四肢および腹部に浮腫が発生する。発熱は回帰熱で，多くの場合慢性に移行する。病気の経過は1〜4ヵ月である。

c) ナガナ

3種類の原虫，T. brucei（大きさ25～35μm），T. congolense（大きさ9～18μm），T. vivax（大きさ20～27μm）の感染を受けて起こる疾病の総称名である。T. congolenseによる疾病はガンビア熱，T. vivaxによる疾病はズーマとよばれることがある。T. bruceiの宿主動物は牛，馬，羊，豚，犬，猫，野生動物，T. congolenseの宿主動物は牛，馬，豚，犬，猫，ラクダ，野生動物，T. vivaxの宿主動物は牛，馬，羊，豚，シカ，カモシカである。前2者はアフリカ，後者はアフリカと中央アメリカに分布する。媒介動物はツェツェバエであるが，T. vivaxはアブ，サシバエも媒介する。

馬に急性症状を示すのはT. bruceiで，症状は弛張熱，頚部，下腹部，陰嚢の浮腫，貧血，流涙，鼻汁漏出などである。食欲が正常なまま衰弱し，最後は麻痺を呈し死亡する。経過は2週間から4ヵ月である。

▶よく似た病気との区別は？

媾疫は，生殖器に病変を起こすことがあるので，馬伝染性子宮炎や馬媾疹との区別が必要である。また，体重減少などの消耗性の臨床症状を示すことも知られており，そのような病態を示す他の病原体の検査が必要である。

▶どのように検査するか？

血液あるいは生殖器粘膜の浸出液を直接鏡検するか，それらの塗抹標本をギムザ染色して原虫を確認する（図4-192）。その他，肝臓，脾臓，骨髄，リンパ節などの穿刺材料あるいは皮膚病変部の乱切，圧搾液などからの確認も試みる。直接原虫が確認できない場合は，これらの材料を犬，兎，ラット，モルモット，マウスなどの実験動物の腹腔内に接種して，それら動物の血液中に出現する原虫を確認する。通常，原虫の量が多いときは接種後2日ごろから観察されるようになり，4～5日で死亡する。変化がなければ2週間観察して最終判定する。

血清診断として，一般的には補体結合反応が用いられているが，蛍光抗体法，ELISA，寒天ゲル内沈降反応なども使用される。

▶予防と治療法は？

有効なワクチンや予防薬は開発されていない。治療薬としては，種々の薬物が試みられたが，有効なものは存在しない。むしろ，いったんは治癒したようにみえても，再発しやすく，他の動物への感染源となる可能性が高い。媒介昆虫の防除とともに，汚染国からの馬の輸入に注意が必要である。

❸馬原虫性脊髄脳炎

▶どのような病気か？

本症は，英語でequine protozoal myeloencephalitisとよばれ，EPMと略称される。病原体は，住肉胞子虫の一種のSarcocystis neuronaである。主な症状は，運動麻痺を中心とする中枢神経障害である。

発生は，北米大陸に集中しており，北米および南米大陸に生息する有袋類のオポッサムがS. neuronaの終宿主である。アメリカ合衆国では，約半数の馬が感染しているが，発症率は0.14%とかなり低い。わが国では，アメリカ合衆国から輸入された競走馬が，数年に1頭程度の頻度で発症している。わが国には，オポッサムが生息しないことから，国内で感染が広がる可能性は低いと考えられているが，宿主が変わる可能性も否定はできず，警戒は必要である。

▶原因は？

病原体は，Sarcocystis neuronaである。本病は，1964年に神経症状を呈した馬において巣状脊髄炎病巣が観察されたのが始まりで，1974年にはこのような病変部に原虫様の病原体が確認された。1991年には，病巣部から原虫の分離培養に成功し，Sarcocystis neuronaと命名された。

本原虫は，まず，オポッサムの小腸の上皮細胞内で有性生殖により増殖し，スポロシスト（胞子，オーシスト）を形成する（図4-193）。これらのスポロシストは，糞便中に排出され，中間宿主であるアルマジロ，スカンク，アライグマなどに経口摂取されて筋肉に感染する。これらの動物の死体などを終宿主であるオポッサムが食べることで生活環が成立する。

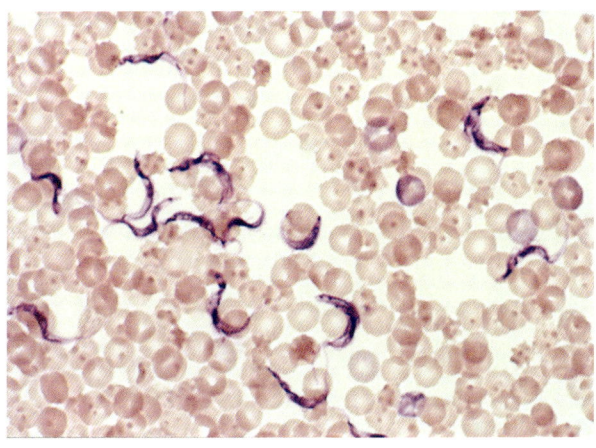

図4-192 トリパノソーマ実験感染馬の血液塗抹標本中の虫体（JRA原図）

第4章 病気

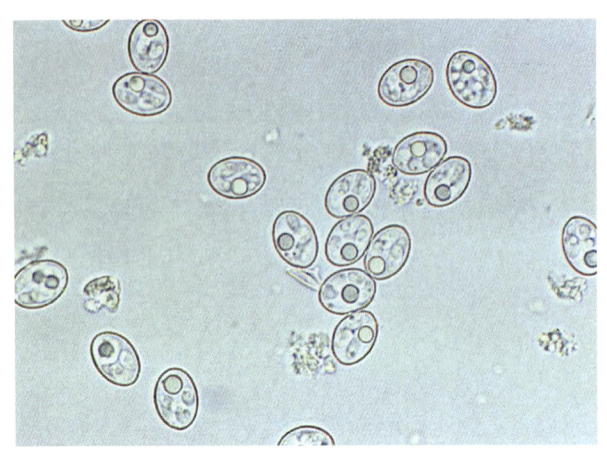

図4-193 *Sarcocystis neurona* のスポロシストの形態（JRA原図）

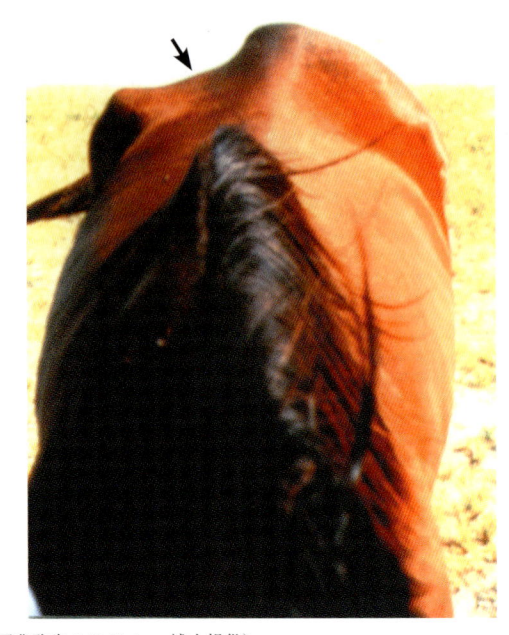

（米国農務省 J. P. Dubey 博士提供）
図4-194 馬原虫性脊髄脳炎自然発症馬の後躯にみられた筋肉の萎縮（矢印）

　馬は，このスポロシストを含むオポッサムの糞便で汚染された飼料や水を摂取することにより偶発的に感染する。原虫が感染した馬の中枢神経系に侵入すると，神経症状を示して本病を発症するが，その機序などは不明である。

▶病気とその特徴は？

　EPM罹患馬の多くは，中枢神経系の障害に起因した神経症状を示す。EPMの神経症状は，原虫による中枢神経の直接的な破壊に起因するものと，原虫に対する生体側の炎症反応によるものとがある。EPM罹患馬の臨床症状とその程度はさまざまである。

　もっとも一般的な症状は，後躯の非対称性の運動失調症である。運動失調の程度はよく観察しないとわからないような軽度な跛行から，蹄を引きずるような重度なものまで認められる。運動失調がひどくなると，起立不能に陥る場合もある。また，体表の変化として，障害された脊髄領域から出る末梢神経が分布する体幹や，四肢の筋肉で萎縮（神経原性筋萎縮）が認められる（図4-194）。このような筋肉の萎縮も非対称性に起こることが多い。

　この他の症状として，口唇の弛緩，耳介の麻痺，眼球の異常な動き，視覚異常，咀嚼・嚥下困難，部分的な発汗，斜頸，痙攣，挙動の変化，運動許容量の減退などが報告されている。頭部の神経麻痺は片側性に観察されることが多い。感染馬の流産も報告されているが，直接に本原虫が原因となっているのかは不明である。

　本病に罹患し，中枢神経障害を示す馬では，病変は脊髄および脳にみられる。肉眼的な病変は，脳や脊髄の断面において，急性例では限局性の出血巣が散在性に，慢性例では限局性の小さな帯黄褐色病巣が認められる。また，脳脊髄液はしばしば混濁し，増量している。肉眼的に萎縮した骨格筋は，ほとんど皮下の結合組織のみを残すだけの顕著な萎縮を示す場合があり，中枢神経系の障害に起因する神経原性筋萎縮である。中枢神経系にみられる病変は，通常の場合，散在性の非化膿性脊髄脳炎で，出血と巨細胞および好酸球を伴った肉芽腫性ないし壊死性脊髄脳炎である。さまざまなステージの原虫がマクロファージ，巨細胞，ときには神経細胞などの細胞質内あるいは細胞外に集合，または単独でみられる。また，神経細胞内でロゼットを形成することもある。壊死巣周辺部では，単核球の囲管性細胞浸潤がみられる。

▶よく似た病気との区別は？

　EPMと似たような症状を引き起こす病気として，中枢神経に影響を与えるような外傷，カビの生えたトウモロコシによる中毒，脳脊髄糸状虫症（セタリア症），狂犬病，細菌・ウイルス性脳脊髄炎（とくに馬ヘルペスウイルス1型），破傷風，ボツリヌス中毒，頸椎の先天異常（wobbler syndroma），腫瘍，多発性筋炎などがあり，これらの病気との類症鑑別が必要である。

▶どのように検査するか？

　臨床的には中枢神経系の障害を原因とするさまざまな神経症状を呈する。しかし，その程度は病原体による脳や脊髄の障害の部位や程度によりさまざまである。さらに，この病気以外でも類似の症状を示す疾病があることから，臨床症状のみからEPMと診断することは困難な場合が多い。

　もっとも一般的な診断法は，脊髄液中の特異抗体を

ウェスタンブロット法で検出する方法である。アメリカ合衆国中西部では約50％の馬がEPMに感染しており，血清中の抗体の存在はその馬の感染歴を示す証拠にしかならない。一方，脳脊髄液中の抗体は原虫が脳脊髄へ侵入したことを示しており，EPMの症状と深い関係にあることが証明されている。したがって，ウェスタンブロット法を用いて脳脊髄液中の抗体を検出する方法は，EPMの診断法として必須である。脳脊髄液の採取は，大きな危険を伴うと考えられがちであるが，手順どおり確実に実施すれば安全に行える。

▶予防と治療法は？

わが国にはオポッサムは生息しておらず，また馬から馬への感染（水平感染）も起こらないことから，わが国でのEPMの発生例は，海外で感染した馬が輸入後に国内で発症したものである。本症が多発するアメリカ合衆国では以下のような予防策が推奨されている。第一の予防策は，終宿主であるオポッサムの糞便に汚染された飼料や飲料水を馬に与えないことである。そのために，オポッサムやS. neuronaの生活環に関連する野生動物は，牧場の厩舎や放牧地に近づけないことが重要である。また，Marquis（Bayer Animal Health）やNavigator（IDEXX）などが治療薬として有効であり，かつ安全であるとされている。前者は，ペースト状の経口薬で，毎日1回ずつ，28日間投与する必要がある。有効なワクチンは開発されていない。

19. 中毒による病気

中毒とは，有毒な化学的物質が生体内に入ってさまざまな病態を示す疾病群である。この地球上にあるすべての物質は，多量に摂取すれば毒となる可能性があるが，一般には少量で有害なものを毒物とよぶ。どの程度の量が安全で，どの程度の量が毒になるかは，毒素の種類，状況によって変わってくる。

毒物のリスクに影響を与える要素には，馬の年齢，併発症，併用毒物あるいは併用薬，生殖状態および曝露経路が含まれる。とくに最近は，種々のヒト用のサプリメントが馬に対しても使われるようになり，なかでも天然系のハーブなどに由来する物質による中毒の拡大が懸念されている。

馬の中毒に関する正確な統計はないが，昨今の馬の飼養環境が多様になっていることを考えると，馬の中毒，とりわけ急性中毒は決してまれなものではないと思われる。ここでは，急性中毒に焦点を絞り，その際の基本的な救急処置と馬の代表的な中毒（急性中毒を主体）について総論的に紹介する。

❶中毒における救急処置の基本

急性中毒の初期治療に際しては，患馬の意識，血圧，脈拍，体温，末梢循環などの循環状態，呼吸，瞳孔の大きさ，対光反射，痙攣や筋攣縮の有無を注意深く観察する。

①呼吸管理

中毒のほとんどの例では，低酸素血症や高炭酸ガス血症を合併していることから，呼吸管理はもっとも重要な処置である。気道狭窄のあるときには気管内挿管を行い，気道を確保する。また，気道分泌物を吸引・除去する。血液ガス分析が可能であれば，そのデータに従って酸素（30〜40％）を投与する。

②循環管理

中毒の重症度に応じて，補液，強心利尿薬を使用して循環動態を保つ。

③痙攣に対する処置

鎮静剤や筋弛緩剤を使用して，痙攣を止める。

④未吸収毒物の排除

経皮的に中毒や酸・アルカリなどの腐食性物質が皮膚についた場合は，流水と石鹸で十分に水洗する。毒物を経口的に摂取した場合には，胃カテーテルを用いて胃洗浄を行い，毒物を除去する。また，毒物の腸管内滞留時間を短くするために大量の浣腸，下剤，吸着剤そして粘滑剤を投与する。

下剤は塩類下剤，吸着剤は炭末，ケイ酸アルミニウム，滑石末などを，また消化管の粘膜面に被膜を形成して毒素の吸収を阻止するためにデンプン，アラビアゴム，牛乳，卵白などを投与する。

⑤既吸収毒物の排泄促進（血液浄化法）

すでに吸収されて血中あるいは組織，臓器に移行し，中毒症状を起こしている毒物をできる限り早く体内から除去し，排泄するために，瀉血，強制利尿（補液と利尿剤の併用），吸着型血液浄化器に直接血液を還流させ，血中の毒物を吸着・除去する直接血液還流法，交換輸血あるいは血漿交換，肝機能促進剤や解毒薬・拮抗薬（表4-22）の投与を行う。

瀉血は単に血中に存在する毒物の排除の目的だけではなく，血圧や脳圧を低下させるためにも有効である。瀉血後には約2倍量の補液を行い，毒物の希釈や利尿をはかる。

解毒剤として酸化剤（毒物を酸化によって無毒化す

第4章　病気

表4-22　中毒と解毒薬・拮抗薬

中毒	解毒薬・拮抗薬
有機リン剤中毒	硫酸アトロピン，PAM
アセトアミノフェン中毒	N-アセチルシステイン
有酸化合物中毒	亜硝酸，チオ硫酸ソーダ
メタノール中毒	エタノール
麻薬中毒	ナロキソン
クマリン系抗凝固薬中毒	ビタミンK
シュウ酸，フッ化水素中毒	グルコン酸カルシウム
鉛中毒	$CaNa_2$-EDTA
水銀・ヒ素・鉛中毒	BAL
鉄中毒	メシル酸デフェロキサミン
一酸化炭素中毒	酸素
カフェイン中毒	クロロホルム，モルヒネ
クロロホルム中毒	ストリキニーネ

る薬剤であり，過マンガン酸カリウム液や過酸化水素水など）や中和剤（酸中毒には重炭酸ナトリウム，酸化マグネシウム，炭酸マグネシウム，石鹸水など，アルカリ中毒には酢酸，クエン酸など）を投与する。

肝機能促進剤としてはブドウ糖，抗脂肪肝物質（メチオニン，コリンは脂肪肝発生を阻止），グルクロン酸（毒物を抱合して，これを排泄する），そしてビタミン剤（ビタミンB_1，B_2およびCは間接的に解毒作用として働く）を投与する。この他，病状に合わせて対症療法を行う。

❷ヒ素中毒

▶どのような病気か？

殺虫剤として使用されるヒ素剤を経口的に摂取して中毒を起こす例が大半である。

▶原因は？

農薬として従来用いられたヒ素剤は，ヒ酸鉛，ヒ酸石灰，ヒ酸亜鉛，亜ヒ酸亜鉛，ヒ酸鉄，ヒ酸マンガン，ヒ酸銅などがある。

▶症状は？

経口的に摂取した場合，まず胃の変状をきたし，ついで末梢および中枢神経系の障害を起こし，麻痺，虚脱，心衰弱，昏睡を起こして重症例では死亡する。

持続的に摂取すると酸化作用を抑制するため，一種の窒息状態を起こし，慢性の虚脱，栄養不良，麻痺（主に知覚），皮膚の剥離（ヒ素は好んで皮膚に集積するため）などがみられ，心臓や肝臓，腎臓の変性をきたして重症例では死亡する。

▶どのような検査や治療を行うのか？

血液，肝臓，腎臓，筋肉内のヒ素をヒ酸反応，マルシュ法などで証明する。チオ硫酸ナトリウムによる解毒が効を奏する。

❸鉛中毒

▶どのような病気か？

主に鉛で汚染された牧草地に放牧された馬が草を摂食して発症する。

▶原因は？

ペンキの乾燥剤としての鉛の酸化物，赤色顔料，メッキ，農薬剤としてのヒ酸鉛が原因となる。

▶症状は？

経口的に吸収されると神経中枢を刺激して横紋筋を麻痺させる。馬は，とくに著しい呼吸困難の症状を呈し，労役に耐えられなくなる。

▶どのような検査や治療を行うのか？

慢性中毒では歯根上に鉛縁が現れる。すなわち，歯根上が瓦様の灰色，暗灰色あるいは帯青黒色を呈する。しかし，化学的に分析する方法がもっとも確実である。

一時的には経口的に乳酸カルシウム，注射用としては2～10％塩化カルシウムを投与し，無害な状態にする。チオ硫酸ナトリウムや$CaNa_2$-EDTA投与によって体内に蓄積した鉛を除く。

❹ヘビ毒

▶どのような病気か？

放牧中にヘビの咬傷により中毒を生じる疾患である。

▶原因は？

本邦全域に分布するマムシの咬傷による中毒が蛇毒中毒の大半である。

▶症状は？

マムシ毒は出血毒であり，血管内皮細胞を破壊し，局所の循環障害を起こす。馬は飛節や球節の付近を咬まれることが多いが，顔面や頭部を咬まれると症状は急激に起こる。咬傷部は激痛を伴う浮腫性出血性腫脹をきたし，しばしば壊疽に陥り，自潰することもある。頻脈，呻吟，痙攣，呼吸困難，血圧低下，起立不能となり，重症例では24～30時間で死亡する。

▶どのような検査や治療を行うのか？

治療の方針としてはヘビ毒の吸収を妨げ，吸収毒素の排泄と分解を促す。すなわち，まず咬傷部より中枢に近いところの出血を促し，あるいは焼烙切除する。創傷内の毒素の分解には3～5％過マンガン酸カリウム溶液，クロール酸カリウム溶液，石炭酸，アンモニア水などで洗浄する。ついで過マンガン酸カリウム溶液を組織内に

注入し，本剤で冷湿布する。全身的には血清療法の効果が顕著であるが，血清のない場合にはカフェイン，ビタカンファー（カンフルの酸化誘導体）などで強心効果をはかり，血液内の毒素を低減する目的でリンゲル液やブドウ糖液で補液する。

❺フェノチアジン中毒

▶どのような病気か？

馬の胃虫，円虫の駆虫剤として内服させたときに起こる。本剤は副作用が比較的少ないが，馬は感受性が高いことから，まれに中毒を招く。

▶原因は？

炎緑色の粉末のフェノチアジンが原因となる。

▶症状は？

個体差はあるが，成馬では60g以上を摂取すると死亡，40～50gでは重度な中毒症状，30g前後では溶血や貧血をみる。また，薬用量であっても中毒を起こすことがある。

▶どのような検査や治療を行うのか？

吸収されたフェノチアジンは体内で酸化されて尿中に排泄されるため，一般的対症療法の他，高張ブドウ糖液，リンゲル液を注射して利尿剤の投与を試みるとよい。

❻四塩化炭素中毒

▶どのような病気か？

四塩化炭素は，ウマバエ幼虫，回虫などの駆除薬として用いられるが，多量に投与された場合には中毒を起こす。

▶原因は？

駆虫剤として使用されるものは四塩化炭素，四塩化エチレンなどで，水に不溶性でアルコール溶性である。

▶症状は？

食欲不振，瞳孔散大，昏睡，痙攣，タンパク尿，血尿が主徴で，投薬後1～2日経過して突発することが多い。

▶どのような検査や治療を行うのか？

強心剤，リンゲル液，ブドウ糖液の注射を反復し，肝機能障害に対する治療を行う。

❼硫酸ナトリウム中毒（芒硝中毒）

馬では健胃剤あるいは緩下剤として多用されるが，過剰摂取すると食塩中毒と同様の症状（消化器粘膜の刺激による炎症と血中に吸収されたナトリウムイオンによる中枢神経の興奮麻痺）を示すことがある。とくに，無水硫酸ナトリウムを用いるときには注意が必要である。

治療法としては，痙攣を抑えるための鎮静剤投与，胃腸炎に対する浣腸や下剤投与，強心剤や利尿剤投与が行われる。

❽硝酸塩中毒

▶どのような病気か？

発生頻度は低いものの，その症状は致死的であることから，その危険性を理解する必要がある。硝酸塩を大量に含む飼料あるいは，肥料で汚染された水から摂取された硝酸塩は，腸内の細菌によって有毒な亜硝酸イオンへ転換される。亜硝酸塩は，消化管から血中に吸収され，赤血球に作用してその酸素運搬機能を阻害する。

▶原因は？

硝酸塩は動物の餌となる植物に含まれており，少量の硝酸塩は馬を含むすべての動物で検出される。

硝酸塩蓄積の危険性を増す要因には，種子を含む植物，施肥の実施，植物性ストレス（干ばつ，霜，雹，除草剤の使用）などがある。硝酸塩は主に植物の茎に多く，葉では少なく，穀物や果実には含まれない。

▶症状は？

大量の硝酸塩の摂取は，消化管刺激症状，疝痛と下痢を引き起こす。この他の臨床症状は，呼吸困難，血管組織の蒼白または土気色の変色，運動失調，発作と速い呼吸である。流産は，最初の臨床症状を耐過した後に起こる。

▶どのような検査や治療を行うのか？

治療は可能であるが，急速に死に至るので，治療のタイミングが重要である。予防がキーポイントであり，馬では以下のことに注意する必要がある。

①肥料は直接管理し，動物から離れた安全な場所に保管すること。また，過度の肥料を牧草地に使用しないこと。

②微生物が硝酸塩を亜硝酸塩に変化させることがあるので，湿気ている干し草は束にはしないこと。また保管中に湿気るような環境におかないこと。

③カビの生えた干し草を与えないこと。

❾有毒植物による中毒

放牧地に自生する有毒植物を馬が直接摂取する場合や，採草地の有毒植物を乾草などに混入させてしまう場合がある。ワラビ，イチイ，アセビなど在来の有毒植物についてはもちろん，帰化植物や輸入飼料，輸入敷料などにはとくに注意する必要がある。また，穀物，乾草などの植物に共生している真菌や細菌（エンドファイト）や

第4章 病気

カビの作る有毒成分による中毒もある。エンドファイトは輸入ストローに高濃度に含まれていることがあるので注意する必要がある。

また、サプリメントに天然物と表示されて添加されているハーブ類にも、多くの有害物が含まれるので、事前の検査が必要である。国内での植物による馬の中毒例として、南米産のニガキ科のカセッターという木を原料とする敷料（ウッドシェービング）による中毒と、ドクゼリの根茎を含む乾草による中毒が報告されている。

(1) カセッター中毒

2000年6月、京都府の乗馬クラブでび爛性の口内炎を発症する原因不明の疾病が集団発生し、2頭の乗馬が死亡した。当初、感染症が疑われたが、疫学調査の結果、2種類の輸入木材の木屑を敷料として導入したこと、同じ敷料を導入した他の乗馬クラブでも同様な疾病が発生していたことから、原因としてこれらの敷料が疑われた。

木屑の投与実験を行った結果、使われていた2種類のうちカセッターを投与された健康な実験馬で投与2日後からび爛性口内炎（図4-195）、口唇および鼻孔周囲の皮膚炎を発病し、同時に食欲減退、沈鬱、不安、全身異和などの症状を示した。

病理所見でも野外例の病変とほぼ一致したことから、原因は敷料を馬が摂取したことによる中毒と結論された。また、馬房の内装材にこれらの植物由来の板が使われることもあるので、建築時の仕様書の事前チェックが重要である。

(2) ドクゼリ中毒

2003年6月、宮城県の観光牧場で飼育されていたファラベラ種27頭中6頭が旋回運動、歩様異常、起立不能、痙攣などの神経症状を呈し、そのうち4頭が死亡した。

病理所見では、凝固不全や肺や脳のうっ血、各種臓器の脆弱化や出血斑が認められた。給与された野草の採取場所にはドクゼリが自生していたが、胃内容物は細かく噛み砕かれ、ドクゼリを摂食したか否かの判別が困難であった。そこで、ガスクロマトグラフ質量分析計（GC-MS）で調べたところ、採取したドクゼリと死亡馬2頭の胃内容物からシクトキシンが検出され、ドクゼリ中毒と結論された。

❿雌馬の胎子喪失症候群（MRLS）

▶どのような病気か？

2001年の4月下旬から5月上旬にかけて、アメリカ合衆国のケンタッキー州中央部の妊娠した雌馬に"新しい"症候群が出現し、馬の産業界全体に大きな衝撃を与えた。この疾病は、翌年にも多発し、ケンタッキー州のサラブレッドの生産は、例年に比べて2001年には5％、2002年には20％が減少したといわれている。その後、毎年数例から数十例が報告されている。

▶原因は？

東部天幕毛虫そのものを直接、あるいは脱皮した脱け殻が混入した飼料とともに摂取すると毛虫の毛が母馬の腸管に刺さり、そこに微小肉芽腫が形成される。ついで、そこから細菌が侵入し、循環血液を介して胎子に感染し、流産が発生する。

▶症状は？

流産は妊娠9ヵ月以降に発生し、ときには無乳および難産を伴うことがある。膣から"赤い袋"と表現される胎膜が出現するのが特徴だが、常にみられるとは限らない。生きて出産された場合でも、その子馬は虚弱で、呼吸器系の疾患に苦しむことがあるために、獣医師による集中的なケアが必要になる場合がある。

▶どのような検査や治療を行うのか？

突然の流産が発生するので、治療は不可能であり、予防のみが推奨されている。アメリカ合衆国では天幕毛虫が発生しやすい桜を伐採すること、あるいは徹底的な消毒が有効であるとされている。この疾病は、オーストラリアでも報告されている。

20. 熱，寒さ，電気による病気

❶熱射病

▶どのような病気か？

夏に多い疾患で、体温の放散が低下もしくは体熱の産

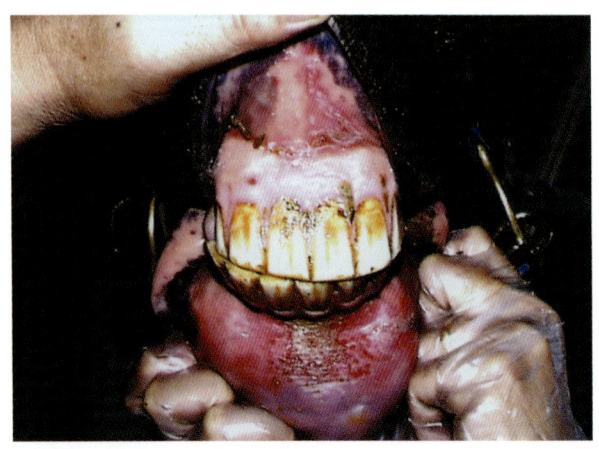

図4-195 カセッター中毒の馬にみられるび爛性口内炎（JRA原図）

生が過剰なことにより体温が上昇する病態をいう。
▶原因は？
　気温・湿度が高く，換気不良な環境で長時間の労役や輸送が行われた場合に多発する。水分摂取不足も誘因となる。
▶症状は？
　呼吸促迫，脱力，沈鬱，食欲廃絶，発汗の減退，皮膚乾燥，呼吸困難，昏睡，虚脱などが主な症状である。体温は41.1〜43.3℃あるいはそれ以上に上昇することもある。この他，頻脈，可視粘膜のうっ血がみられる。競走馬では，暑い日に強い調教や競走を行った後に起こることがある。
▶どのような検査や治療を行うのか？
　臨床症状でおおむね診断は可能であるが，他の原因による発熱や敗血症と鑑別が必要である。まず治療は，体温を下げることに主眼をおく。日陰の通風のよい場所に馬を移し，水を全身にかける。
　併せてリンゲル液や生理食塩水を2〜3L静脈内投与し，1時間および2時間後に同様の措置を施す。馬が水を欲しがる時には飲み水を与える。アイソトニック飲料を与えることができればより好ましい。
▶病気に気づいたらどうするのか？
　上記の治療後，しばらくは休養させ，暑熱環境下での労役は避ける。

❷低体温症

▶どのような病気か？
　体温の放散が過剰な場合，あるいは体温産生が不十分な場合，とくに寒冷な状況などにおいて体温が低下する状態をいう。
▶原因は？
　新生子の場合，体温調節機能が十分発達していないため，寒冷な環境にさらされると体温が低下しやすい。またショック，麻酔中や鎮静処置下では，筋肉の代謝活動は低下するため，低体温症を起こしやすい。
▶どのような治療を行うのか？
　毛布で馬体を覆って体温の放散を防ぐとともに，外界気温を適温に保つ。また，代謝活動を亢進させるため，ブドウ糖液，強心剤・循環改善薬投与など一般的な対症療法を行う。

❸電撃傷

▶どのような病気か？
　電気に誤って触れ，電気が生体内を流れた際に生じた火傷による病気をいう。
▶原因は？
　厩舎あるいは放牧地などで電線を咬んだり，触れたりして受傷する。一般的に低電流より高電流，低電圧より高電圧，直流より交流が重症である。
▶どのような検査や治療を行うのか？
　電撃傷での火傷は通常の火傷とは異なり，深部に及んでいる場合や数日後損傷が明らかとなる場合もあるため，しばらく経過を観察する。治療は火傷の場合と同様，冷湿布，消毒，抗菌剤と抗炎症剤投与などを基本とする。

III 症状で知る体の異常の見分け方

1. 健康状態把握の基本

❶体温

　安静時の成馬の正常体温は37.5～38.4℃までの幅があり，若馬は成馬より若干高く，老齢馬では低くなる。体温は病気以外にも外部の環境変化などに応じてある程度変動する。

　体温の異常は，健康状態の異常を示唆していることが多いため，毎日朝夕2回の検温を励行する。

　体温の測定は直腸体温計を用い，あらかじめ水銀柱の目盛りが35℃以下になるようにしてから，グリセリンや石鹸などで体温計を潤滑にし，肛門から挿入する。

❷脈拍

　馬の脈拍数は安静時でも年齢や性別によって異なる。新生子の脈拍数は80～120回/分であるが，6ヵ月齢から12ヵ月齢では60～80回/分，1歳馬では40～60回/分，成馬では26～50回/分と成長に伴って減少する。また，雌馬は雄馬よりやや多い傾向にある。

　脈拍数は，運動時や興奮したときなどに増加する他，病気に罹患した際にも増加することがある。逆に，加齢や疲労などで減少する。

　脈拍は，聴診器による心臓の聴診によって測定できるが，顔面動脈，外下顎動脈，正中動脈などに指をあてて測定することもできる。また，馬の脈拍は緊張度が高く，大きいのが特徴であるが，変位疝など重度の疾病になると静脈系のうっ血が増し，細弱となることがある。成馬で安静時の脈拍が80～100回/分以上になり，手指に触れないような状態となった場合は，予後不良の徴候といえる。

❸呼吸

　馬の呼吸はいわゆる胸腹式呼吸であり，安静時の健康な成馬では10～14回/分である。呼吸数は環境の変化（暑熱など）や運動の他，発熱あるいは疼痛を伴う疾患によっても増加するため，健康状態把握の有用な方法の1つである。

　呼吸数を測定するには，呼吸時の鼻翼あるいは臁部の動きを数える。

❹可視粘膜

　眼結膜，口粘膜，舌，肛門粘膜，膣粘膜などの可視粘膜は，全身の血液循環状態の指標となり，貧血，ショック，中毒，疝痛などの疾患の程度や予後の診断に重要な手がかりを提供する。循環状態が正常な場合は，ピンク色で適度に湿潤しているが，貧血になれば灰白色，循環障害があれば青紫色～潮紅色，黄疸があれば黄色に変化する。

　粘膜を5～6秒間指で押してから指を離したときの色の変化で血液循環を判定する方法がある。健康なときには指で圧した後，離すと一瞬白くなるものの，1秒程度で元の色にもどる。この元にもどるまでの時間を毛細血管の再充満時間（CRT）という。循環障害（ショック，重度の疝痛など）が生じると，CRTが長くなる。

❺皮膚の被毛

　馬の皮膚は柔軟性と伸縮性に富んでおり，指でつまんで離すと2～3秒後には元の状態にもどるのが正常である。しかし，脱水が著しくなると，元の状態にはもどりにくくなる。

　被毛にはつやがあるのが健常な状態であるが，痂皮や擦過傷，脱毛などがある場合は，何らかの皮膚疾患が考えられる。

　疼痛があると発汗するため，発汗量の増減およびその性状は馬の疼痛の程度を知る1つの目安になる。皮膚が冷たくなり，粘稠な汗がみられる場合は，予後不良の徴候である。

❻尿

　健康な成馬は1日3～8.5L，平均5.3Lの尿を排泄す

る。尿の色は淡黄色から褐色までさまざまであるが，混濁が強かったり，赤色〜暗褐色の場合には，腎臓や膀胱の炎症あるいは血液や筋肉の疾患が疑われる。

また，尿量が少なくなるのは，水分の摂取量にもよるが，脱水あるいは膀胱や尿道に異常がある場合にみられる。排尿動作をしきりに行っているにもかかわらず尿が出ない場合には，便秘疝，尿閉，神経系の異常が疑われる。

また，疝痛の際に，尿中に糖が出現する場合があるが，これは予後不良の徴候の1つである。

❼姿勢

骨折や脱臼などの運動器疾患はもとより，内科的疾患においても，その疾病に特徴的な姿勢を示すことがあり，診断上の一助となる。

たとえば，陰嚢ヘルニアでは，突発的歩行困難および両後肢の開張がみられる（図4-196）。蹄葉炎では，強拘歩様を示す。変位疝では，疼痛側にしきりに横臥を試みる（図4-197）。便秘疝では，排糞や排尿姿勢を好んでとることが多い。

❽糞便

通常黄茶色から黄暗緑色を呈する。馬の排糞量は15〜25 kg/日であり，食べた飼料の質や量によって変動する。

便秘の場合には，糞は小さく硬く，また下痢の場合には軟便〜水様便となる。X-大腸炎ではタンパク質の腐敗臭を伴う特徴的な血様水様性下痢が認められる。

❾腸蠕動音

腸蠕動音は消化管の疾患の種類や病的程度に応じて亢進したり減弱から廃絶したりすることから，診断上有用な臨床徴候である。

腸蠕動音は，生理的に採食，飲水，運動などによって変化するが，通常，小腸部では8〜12回/分の含嗽音（がんそうおん）を聞き，大腸部においては同じく4〜6回/分の砲声音を聴取する。

下痢の場合は腸蠕動音が頻繁によく聞こえ，便秘の場合は減弱ないし聴取不能となる。ガスが貯留している場合は，金属音が聞こえる。

❿目および耳

眼球全体が落ち込んでいる場合は脱水が疑われる。また，瞬膜が突出し，耳が立っている場合は破傷風が疑わ

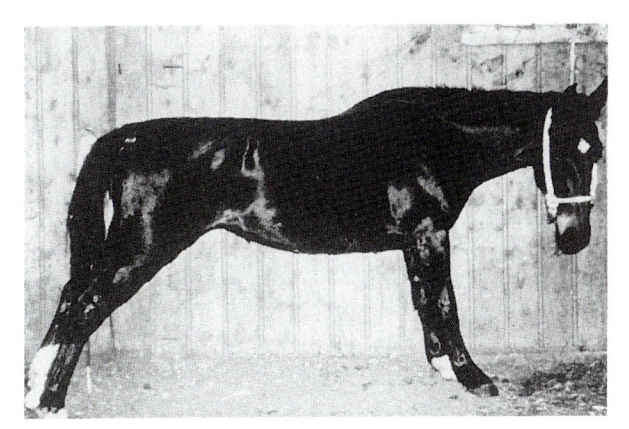

(Knottenbelt DC, et al.: Diseases and disorders of the horse, 44, Wolfe Publ., 1994)

図4-196　両後肢の開張姿勢

(Knottenbelt DC, et al.: Diseases and disorders of the horse, 44, Wolfe Publ., 1994)

図4-197　疝痛による転倒

れる。片側性の流涙は結膜炎，鼻涙管の狭窄，眼瞼内反などが，さらに角膜の白濁は角膜炎（図4-198），濁晴虫症（図4-199）が示唆される。

外見上，眼に異常がなくても，視力に異常がみられることもある。失明が疑われる場合は，反射の確認の他，歩行検査や眼部の超音波検査で診断する。

耳が一方のみ垂れ下がっている場合には，耳の軟骨の骨折，脳障害などが疑われ，耳から浸出物がみられる場合には，細菌感染を疑う。

2．代表的な異常症状

❶発熱

病気による体温上昇を発熱とよび，生理的な体温上昇，たとえば運動時の体温上昇は発熱とはよばない。発熱は体のどこに病変があっても起こる可能性がある。また，あらゆる病気が発熱の原因となる。

第4章　病気

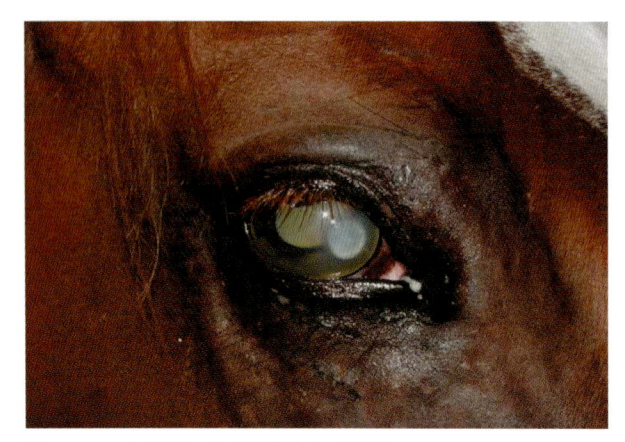

図4-198　角膜炎による白濁（JRA原図）

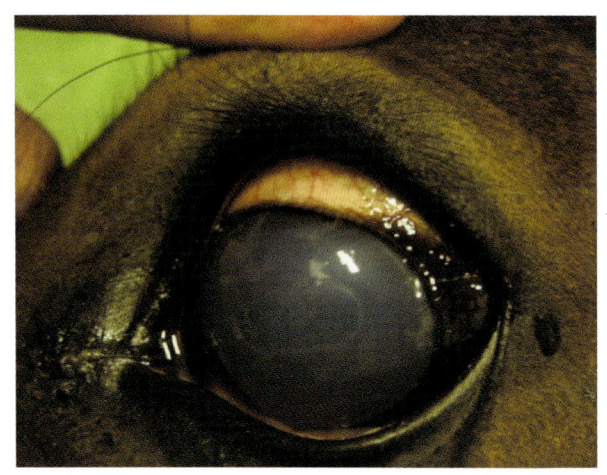

図4-199　涸晴虫症（前眼房内に糸状虫の幼虫が迷入）（JRA原図）

体温は健康時でも1日の間に周期的な変動（日周期リズム）があり，運動，精神的な状態の変化あるいは外気温の変化などによって上下するが，これらは体温調節中枢（視床下部に存在）の生理的範囲内の体温維持活動と考えられる。

一方で発熱は，外因性あるいは内因性の発熱物質が体温調節中枢に働き，その設定温度を正常より上げる現象をいう。外因性発熱物質には，細菌由来の毒素あるいはある種の薬物などがある。内因性発熱物質の主体は体内の白血球の一種であるマクロファージからつくられるインターロイキン-1（IL-1）やTNF-αといったサイトカインと考えられている。IL-1が発熱を起こすには，さらにプロスタグランジンE_2（PGE_2）という物質が合成され，これが視床下部に作用するという過程が考えられる（外因性発熱物質→マクロファージ→IL-1→PGE_2合成→体温調節中枢に作用→発熱）。

馬において発熱の原因となりうる疾病の一部を，①細菌やウイルスなどの感染により起こるもの，②消化器系などの内臓疾患により起こるもの，③その他の順に以下に列挙した。いずれにしても発熱は，さまざまな角度から発熱の原因を探る必要がある。

①感染により起こるもの
　・上部気道ウイルス感染症（インフルエンザなど）
　・腺疫
　・馬コロナウイルス感染症
　・ゲタウイルス感染症
　・馬ロタウイルス感染症
　・炭疽
　・馬伝染性貧血
　・大腸菌症
　・馬ウイルス性動脈炎
　・流行性脳脊髄炎
　・細菌性心内膜炎
　・馬鼻肺炎
　・馬パラチフス，サルモネラ症
　・破傷風
　・ロドコッカス感染症
　・水胞性口炎
　・ポトマック熱
　・馬ピロプラズマ病
　・肺炎
　・敗血症
　・膿瘍
　・フレグモーネ

②消化器系などの内臓疾患により起こるもの
　・疝痛
　・腸炎
　・腹膜炎
　・急性腎不全（腎盂腎炎）
　・肝炎

③その他
　・エンドトキセミア
　・蹄葉炎
　・腫瘍
　・腱鞘炎
　・麻痺性筋色素尿症
　・骨折
　・関節炎
　・日射病
　・熱射病
　・蕁麻疹
　・高脂血症

- ・血栓性静脈炎
- ・異物
- ・薬物
- ・中毒，毒物

❷腹痛

腹痛は腹腔内の諸臓器の疾病により，疼痛症状を呈することが多い。しかし，肺炎，蹄葉炎，血斑病，炭疽，中毒など他の疾病の場合にも，腹部領域の痛みを起こすことがあるため，これらの病気も腹痛の原因として念頭におかねばならない。このなかでも，胃腸に病気があり，疼痛症状を示すものを疝痛とよび，馬では比較的多い疾患といえる。

腹痛（疝痛）が起こるメカニズムは，①腹部臓器自体に基づく痛み，②腹膜刺激による痛み，③臓器の病変により内臓知覚反射の3つに区別されるが，実際にはこれら各種の要因が複雑に絡み合って腹痛として感じられる。

❸腹部の膨満

腹部の膨満とは，腹腔内の内容が異常に多くなり，腹部が膨隆することである。主な原因としては，腸内にガスが異常に貯留した場合と，腹膜炎，肝硬変などで腹腔内に腹水が溜まった場合が考えられる。

風気疝は腸内容の停滞（便秘），腸内容の異常発酵あるいは腸捻転などによって起こるが，重度になると膨満した腸管が横隔膜を圧迫し，呼吸困難を起こすことがある。

腹水の成因としては，①腹膜炎により腹膜の血管の透過性が亢進する場合，②血清アルブミン低下（呼吸障害，慢性肝障害などによる）により血液の浸透圧が減じ，血液成分が腹腔内に漏出した場合，③寄生虫などによる肝硬変が生じて門脈圧が上昇し，腹水が増量する場合，④うっ血性心不全の場合などが考えられる。

以下に，馬で腹痛および腹部が膨れるなどの症状を起こす可能性のある原因の一部を，①消化器系疾患により起こる可能性のあるもの，②消化器以外の内臓疾患によるもの，③その他の順に列挙した。

①消化器系疾患により起こる可能性のあるもの
- ・過食
- ・盲腸拡張
- ・胃拡張
- ・腸蠕動亢進と痙攣
- ・腸内容の停滞と便秘
- ・腸管内異物
- ・腸結石
- ・腸の寄生虫（図4-200）
- ・腸狭窄
- ・腸捻転
- ・腸閉塞を伴う脂肪腫
- ・腸重積
- ・胃破裂，腸破裂
- ・イレウス
- ・腸炎
- ・胃潰瘍
- ・中毒

②消化器以外の内臓疾患によるもの
- ・胎盤停滞
- ・尿閉
- ・膀胱炎
- ・子宮炎
- ・子宮捻転
- ・子宮破裂
- ・精索捻転

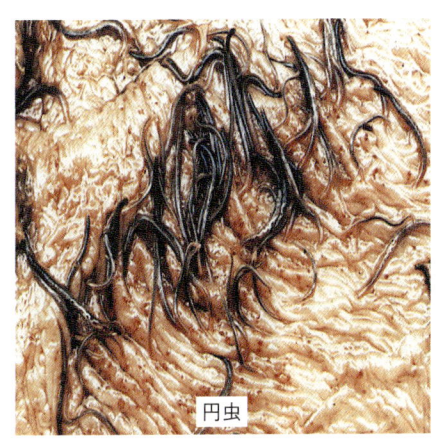

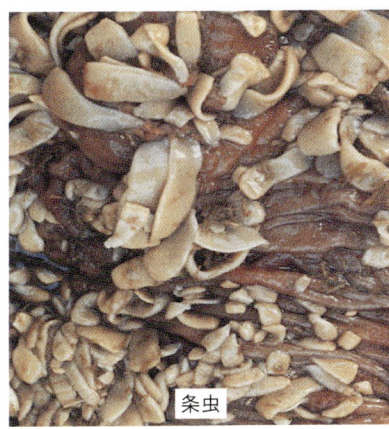

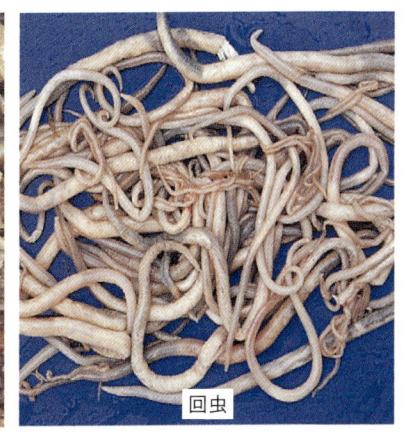

図4-200　代表的な腸の寄生虫（JRA原図）
（円虫／条虫／回虫）

- 尿石
- 膀胱破裂
- 卵巣腫瘍，卵巣膿瘍，卵巣血腫
- 腎炎
- 腎脾間エントラップメント
- 脾炎，脾膿瘍，脾腫

③その他
- 飢餓
- ヘルニア
- 腹膜炎
- 腸間膜膿瘍

❹流産

流産とは胎齢約300日以前に胎子が死亡または仮死の状態で娩出されるものをいう。軽種馬における流産の原因は臍帯捻転，双子，細菌性流産，馬鼻肺炎などが主である。しかし，馬ウイルス性動脈炎，内分泌失調，レプトスピラ症，真菌感染症，機械的障害（輸送中の振動，倒れる，蹴られるなど），中毒，疝痛などでも流産は起こりうる。

以下に，その原因について一部を列挙した。
- 双胎
- 臍帯捻転
- 栄養不良
- 胎盤機能不全
- 早期胎盤剥離
- 先天性奇形
- 染色体異常
- 重度ストレス
- 胎子下痢
- 子宮捻転
- エンドトキセミア
- 馬鼻肺炎
- 馬ウイルス性動脈炎
- 馬パラチフス
- レプトスピラ症
- 真菌感染症
- 薬物投与

図4-201　腰痿による犬座姿勢

❺麻痺，神経症状

麻痺は脳・脊髄から末梢神経に至る運動神経や筋肉が侵されることが原因で，体の動きが円滑にできなくなった状態をいう（図4-201）。

馬が異常に興奮したり，痙攣したり，あるいは異常な歩様や麻痺を示したりする神経症状は，脳脊髄に病変が生じている場合が多い。症状は脳脊髄における病変形成部位および病変の程度に大きく影響される。以下に，馬で麻痺や神経症状を示す可能性のある疾患の一部を列挙した。

- 炭疽
- 破傷風
- ボツリヌス症
- 流行性脳脊髄炎
- ウイルス性脳炎
- ヘルペス性脊髄脳炎
- 髄膜炎
- 脳脊髄糸状虫症
- 寄生虫性脊髄脳炎
- 原虫性脊髄脳炎
- 頚椎奇形
- 頭部脊髄損傷
- 麻痺性筋色素尿症
- 蹄葉炎
- 悪性浮腫
- 低カルシウム血症
- 敗血症
- 中毒

❻突然死

突然死を起こす疾患として，その一部を以下にあげた。

①非感染性
- 心破裂
- 心筋炎
- 動脈炎を伴う心膜炎
- アナフィラキシー
- 動脈破裂(子宮動脈,肺動脈,大動脈,冠動脈など)
- 脾破裂
- 肺破裂
- 急性腹症
- 腸捻転,腸破裂
- 熱射病
- 子宮捻転
- 頭蓋骨骨折
- 横隔膜ヘルニア
- 低カルシウム血症

②感染性
- 炭疽
- 鼻疽
- 破傷風
- ロドコッカス感染症
- 喉嚢真菌症
- X-大腸炎

③代謝性,栄養性,中毒性
- 輸送テタニー
- 白筋症
- 中毒

❼黄疸

黄疸は,粘膜などが黄色味をおびる症状で,血液中のビリルビンが過剰に増加した状態である。その原因としては,①溶血することによってビリルビンの過剰産生が起こった場合,②肝細胞が傷害を受け,肝細胞におけるビリルビンの摂取・抱合・排泄が異常をきたし,ビリルビンが増加した場合,③肝内性および肝外性の胆管が閉塞してビリルビンが増加した場合の3つが考えられている。しかし実際には,これら3つの要因が複合して起こっていることが多い。

馬が黄疸をきたす疾患の一部を列記した。

①溶血性貧血によるもの
- 馬伝染性貧血
- 輸血反応
- 中毒
- 新生子黄疸

②肝疾患などによるもの
- 肝炎
- 肝膿瘍
- 胆管炎
- 胆石
- 中毒

❽むくみ

体に何らかの異常があり,血管やリンパ管からの血液の水分が周囲に浸み出して,組織の間などに水分が溜まった状態を「むくみ」または「浮腫」とよぶ。

通常は四肢下部,陰嚢(図4-202),下腹部によく起こるが,全身的浮腫として現れることもある。

以下に浮腫をきたす疾患の一部を示した。
- 馬伝染性貧血
- 馬ウイルス性動脈炎
- 馬鼻肺炎
- 脈管炎
- 中毒
- 血栓性静脈炎
- 悪性浮腫
- 低タンパク血症
- 衰弱,飢餓
- 立ち腫れ
- 心膜炎
- 心臓病
- 肝臓病
- 腎臓病
- ショック
- アレルギー
- 蕁麻疹

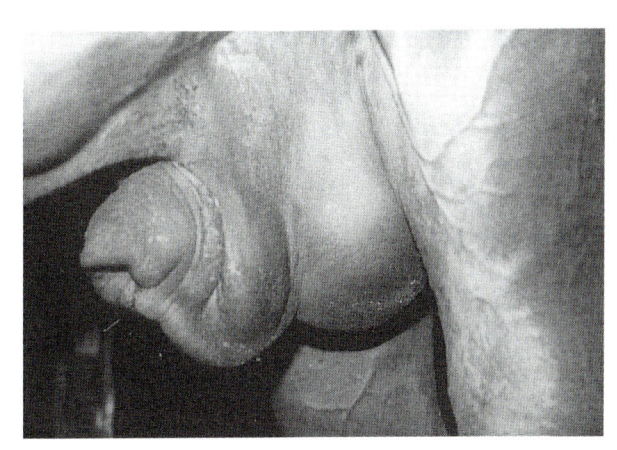

図4-202 陰嚢・包皮の水腫

❾ 鼻漏，鼻出血

鼻腔内のさまざまな病気の結果であることが多いが，細菌やウイルス感染，ストレス，アレルギー，外傷性の原因など，全身性の疾病で起こることもある。以下に鼻漏や鼻出血が認められる主な疾患を列挙した。

- 腺疫（早期は水様性，その後粘性）
- 細菌性鼻炎（粘性）
- 真菌性鼻炎（粘性）
- 鼻甲介壊死（粘性）
- 篩骨血腫（粘性，出血）
- 咽頭炎（早期は水様性，その後粘性）
- 喉頭炎（早期は水様性，その後粘性）
- ウイルス感染後の細菌性二次感染（粘性）
- 馬鼻肺炎
- 馬インフルエンザ
- ゲタウイルス感染症
- 肺炎（早期は水様性，その後粘性）
- 腫瘍，シスト，ポリープ，鼻涙管からの過剰漏出（粘性，出血）
- 膿瘍（咽頭，肺など）（粘性）
- 異物（鼻腔，咽喉頭，気管内など）（粘性，出血）
- 喉嚢炎（真菌性，蓄膿）（粘性，出血）（図4-203）
- 蓄膿症（細菌，真菌）（粘性，出血）
- 打撲
- 外傷（出血）
- 経鼻投薬，内視鏡検査における過失（出血）
- 経口投薬時における過失（刺激物の気管内注入）
- 食道梗塞
- 軟口蓋背方変位
- EIPH（出血）
- 中毒

❿ 下痢

下痢とは糞便中の液体成分が増すことをいい，多くは排糞回数の増加を伴う（図4-204）。

下痢は，病理生理学的には，浸透圧性下痢，分泌性下痢，腸管粘膜障害性下痢，腸管運動異常性下痢に分類することができる。

浸透圧性下痢とは，消化管内に吸収されにくい溶媒が増加すると管腔内の浸透圧が上昇して，水は腸に吸収されずに腔内にとどまり，その結果，糞便中の水分量が増加して下痢が起こるものをいう。塩類下剤を投与した場合や，摂食物が消化あるいは吸収されない場合に起こる。

分泌性下痢とは，腸管壁からの水分分泌が亢進することにより生じる下痢であり，細菌毒素やウイルス感染，ホルモン異常などによって起こる。

腸管粘膜障害性下痢とは，粘膜の障害により吸収能が低下するばかりでなく，障害部位から血液や浸出物が排出され，下痢を生じるものをいう。

腸管運動異常性下痢は，腸管運動の亢進あるいは低下により発生する。

しかし実際には，これらのメカニズムがいくつか重なり合って下痢を起こすことが多い。以下に，馬の下痢症をきたす疾患の一部をあげた。

- 疝痛
- 腸炎
- X-大腸炎
- エンドトキセミア
- 腹膜炎
- 慢性肉芽腫性腸炎
- 腸管リンパ肉腫
- 胃十二指腸潰瘍
- 腸結石

図4-203　喉嚢真菌症（左：耳管咽頭口からの出血，右：喉嚢内の真菌感染病巣）（JRA原図）

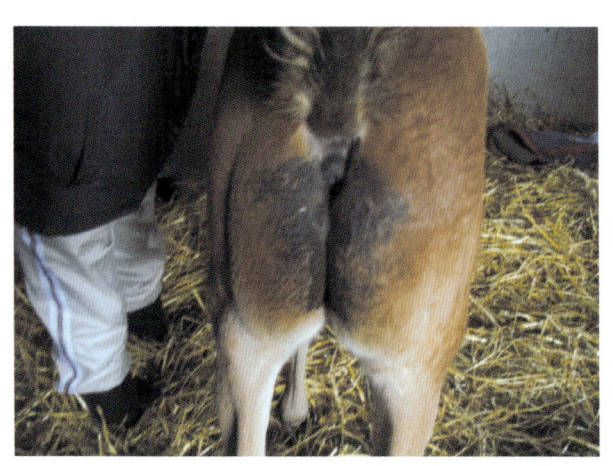

図4-204　子馬の下痢による脱毛（JRA原図）

- 腸重積
- 腸狭窄
- 慢性肝疾患
- ストレスによる誘発
- 真菌または発酵性飼料
- カルシウム欠乏症
- サルモネラ症
- ロドコッカス感染症
- 馬増殖性腸症
- 馬ロタウイルス感染症
- 馬コロナウイルス感染症
- 重度の寄生虫感染症
- 薬物，毒物，鉱物

⑪貧血

貧血とは全身の赤血球およびヘモグロビン量が減った状態であり，その結果，酸素運搬能が低下し，体の組織が低酸素症状を呈する。

貧血には，赤血球の産生低下による場合，赤血球の破壊亢進による場合，出血による場合，白血病・肝疾患・感染症・内分泌疾患などに続発する場合がある。以下に，馬にみられる貧血をきたす疾患の一部を示した。

①出血（外傷性出血，内部出血，鼻出血，手術時）
- 消化管寄生虫（回虫などの内部寄生虫）
- 外部寄生虫，衛生昆虫（ダニなど）
- 胃潰瘍
- 喉嚢真菌症

②溶血性貧血（原発性および続発性溶血，細菌性，化学物質性，植物性の溶血）
- 新生子黄疸
- 馬伝染性貧血
- 自己免疫性溶血性貧血

③赤血球産生不全
- 慢性炎症性疾患
- 腹腔内膿瘍
- 慢性肺炎，胸膜炎
- リンパ肉腫
- 慢性肝疾患
- 鉄欠乏症，銅およびコバルト欠乏症

④その他
- 栄養不良
- 麻痺性筋色素尿症
- カビ毒
- 中毒
- 運動性貧血（激しい調教運動による）

⑫削痩

削痩とは異常にやせることで，摂食量の低下，腸管における吸収障害あるいは消費エネルギーの増加などにより，体内の脂肪量，ひいては筋肉や臓器のタンパク質量が減少する状態である。以下に，その原因となる疾病の一部を示した。

- 寄生虫感染症
- 栄養不良
- 歯，顎の異常
- 慢性感染症
- 肝臓病
- 肺炎
- 肺膿瘍
- ロドコッカス感染症
- 胸膜炎
- 疝痛
- 胃・十二指腸潰瘍
- 腹膜炎
- 腹腔内膿瘍
- 腎臓病

⑬被毛や皮膚の異常

馬の皮膚の異常は感染性，アレルギー性およびその他の3つに大別することができる。

(1) 感染性皮膚疾患

a) 潰瘍性リンパ管炎

　コリネバクテリウムシュードツベルクローシスの感染によって四肢下脚部のリンパ管炎を生じる疾患である。

b) 細菌性毛嚢炎

　細菌感染などにより毛嚢の炎症が生じる病で，鞍装着部に好発する。

c) 乳頭腫

　ウイルスによって小さなイボ状の腫瘤が，とくに鼻孔周囲，口唇に多発する疾患である。

d) 馬媾疹

　ウマヘルペスウイルス3型によって生殖器に水疱～膿疱状の病変を形成する伝染病で，交尾によって伝播する。

e) サルコイド（類肉腫）

　四肢下部，頭頸部，胸・腹壁などに単発ないし多

第4章　病気

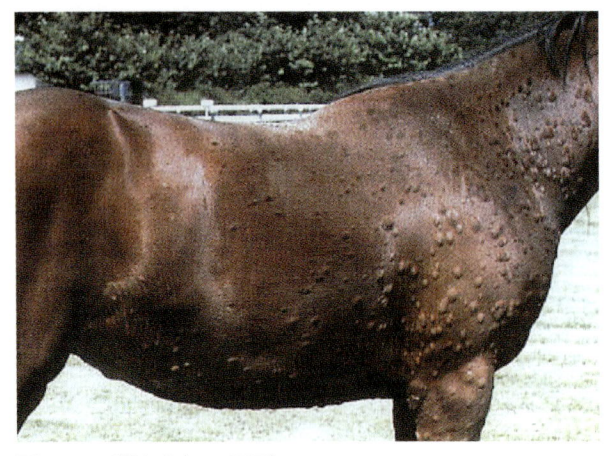

図4-205　蕁麻疹(JRA原図)

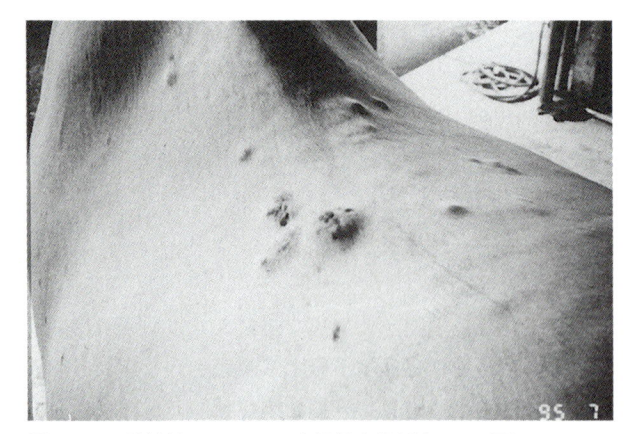

図4-206　結節性コラーゲン分解性肉芽腫(JRA原図)

発性に発現する結合織性(線維芽細胞性)の結節性腫瘍である。
f) 皮膚糸状菌症
g) 皮膚糸状虫症

(2) アレルギー性皮膚疾患
a) 蕁麻疹
　アレルゲンの摂取などにより全身に丘疹が多発する疾患(図4-205)。
b) 結節性コラーゲン分解性肉芽腫
　き甲，背部に好発するコラーゲン線維の変性と好酸球浸潤を伴う結節性の肉芽腫で，乗用馬に多く，春から夏にかけて多発する(図4-206)。
c) 接触性皮膚炎
　洗剤，殺虫スプレー，毛布，羊毛，血清成分，尿成分，下痢便などによって脱毛，丘疹，膿疱形成など多彩な皮膚病変をきたす。

(3) その他
a) 火傷
b) 凍傷
c) 腫瘍
　扁平上皮癌(生殖器，結膜，鼻，唇に好発)，神経線維腫，黒色腫(芦毛の高齢馬に結節性病変として多発，とくに肛門周囲，陰門，包皮，尾根に好発)，リンパ腫(全身に結節性病変)。
d) 中毒
e) ダニ性皮膚炎(疥癬など)

一方，症状から分類するとつぎのようになる。
①痒みを伴う

・感染性疾患
・接触性皮膚炎
・食物，薬物，吸入剤などによる過感作
・外部寄生虫
②囊胞
・細菌感染症
・毛囊虫
・薬疹
③結節，腫瘍，腫脹
・蕁麻疹
・多形成紅斑
・皮膚囊胞
・膿瘍
・感染性疾患
・メラノーマ
・サルコイド
④潰瘍形成，び爛
・結節，腫瘍，囊胞，過感作，接触性皮膚炎に続く二次的な発生
・外傷
⑤丘疹
・寄生虫
・感染性疾患
⑥小胞，水疱
・熱傷
・自己免疫性疾患
⑦痂皮
・白癬
・クッシング症候群
⑧蕁麻疹
・アレルギー

398

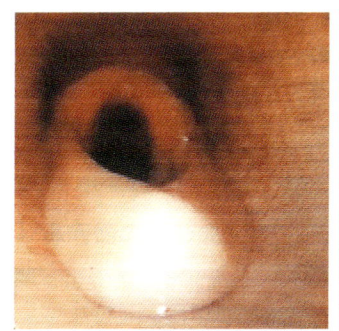

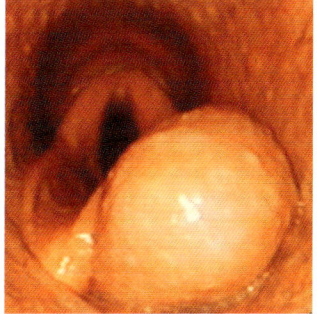

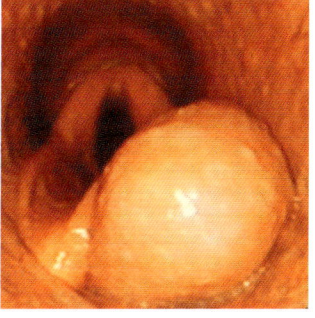

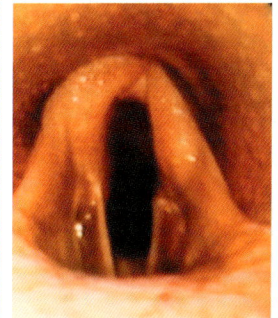

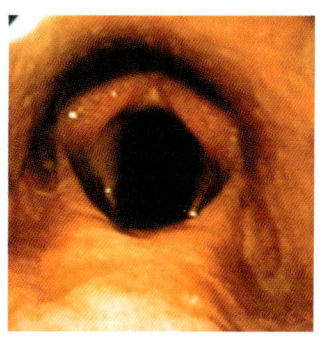

図4-207　喉頭蓋エントラップメント　　図4-208　喉頭蓋下シスト　　図4-209　喉頭片麻痺　　図4-210　軟口蓋背方変位（DDSP）

図4-207〜210（JRA原図）

- ・感染
- ・接触物
- ・薬物
- ・毒物

⑨脱毛
- ・皮膚の損傷
- ・ストレス
- ・皮膚糸状菌症
- ・栄養不良
- ・外部寄生虫

⑭採食に時間がかかる，食べこぼす，嚥下困難

　歯や口腔の骨に異常がある場合が多い。たとえば階状歯，刈り込み歯，波状歯などの歯の摩耗異常による頬粘膜および舌の損傷，あるいは腐臭を伴う場合は虫歯や歯槽の瘻管形成などに注意すべきである。この他，脳脊髄神経系の異常により嚥下障害をきたした場合，子馬の場合では先天的な口蓋裂も原因として疑われる。
　検査はまず，口腔内をよく洗った後，開口器やライトで，舌を口外に引き出してよく調べる。原因の一部を以下に示した。

- ・歯の異常
- ・食道梗塞
- ・咽頭麻痺
- ・腺疫
- ・喉嚢疾患
- ・咽頭部の手術

⑮咳をする

　咳を認める疾病の一部を以下に示した。
- ・馬インフルエンザ
- ・馬ヘルペスウイルス1型および4型感染症
- ・肺炎
- ・咽喉頭炎

まれに以下の原因で咳を認めることがある。
- ・腺疫
- ・咽頭部膿瘍
- ・気管狭窄
- ・披裂軟骨炎
- ・食道梗塞
- ・喉嚢真菌症
- ・喉頭蓋エントラップメント（E.E.）（図4-207）
- ・喉頭蓋下シスト（図4-208），膿瘍
- ・EIPH

⑯喉が鳴る（喘鳴，狭窄音）

　原因の一部を以下に示した。
- ・喉頭蓋エントラップメント（図4-207）
- ・喉頭片麻痺（図4-209）
- ・軟口蓋背方変位（図4-210）
- ・喉頭蓋下シスト，膿瘍
- ・咽喉頭炎
- ・披裂軟骨炎

akiko

第5章　最近の話題

EQUINE VETERINARY MEDICINE

I 話題の病気
発育期整形外科的疾患（DOD）／運動器に疾患をもたらす代謝障害／新興感染症

II 新しい獣医療
再生医療とその応用／核医学／馬ゲノム解析とその応用／遺伝子工学技術を用いたワクチンの開発／シークエンサーの進歩と感染症診断技術の向上／レポジトリー

III スポーツ科学の進展

IV 馬の福祉

I 話題の病気

1. 発育期整形外科的疾患 (DOD)

❶ 発育期整形外科的疾患とは

軽種馬がもっとも成長する時期は，誕生してから離乳するまでの期間である。健康な子馬の出生時における体重は50～60kgであり，一般的に離乳が行われる6ヵ月齢時には約250kgにまで増加する。成馬になったときの体重が仮に500kgとすると，出生時には成馬の体重の約10％であったものが，離乳時には約50％にまで成長することになる。1日あたりの体重増加量は，生後2週齢までは1.5kg以上もあり，その後4ヵ月齢まででも1kg以上ある。

このように，急激な成長を遂げる軽種馬の子馬においては，骨や腱などに成長期特有の疾患を引き起こすことがあり，このような疾患が発育期整形外科的疾患（DOD；developmental orthopaedic disease）として総称されている。

DODは多数の原因が組み合わさって発症することが多い。その発生要因は，まだ十分に特定されていないものが多く，一般的に述べられている原因は，遺伝，急速な成長，アンバランスな給餌（栄養），解剖学的な構造特性，運動不足，硬い放牧地での運動などがあげられる。DODは発育がとくに早い当歳馬や1歳馬に多く認められるとの報告が多いものの，その他の要因との関係は，まだ不明な点が多い。また，本疾病の最初のステップとして，脆弱軟骨の組成，軟骨細胞の分化不全，成長過程の軟骨への血液供給不全，軟骨下骨壊死などがいわれている。

ここでは，DODの代表的な疾患として知られる離断性骨軟骨炎（OCD），骨囊胞，骨端炎（骨端症，骨端軟骨形成不全），肢軸異常，突球，クラブフット，腱拘縮およびウォブラー症候群について，その病態と発生要因，対策（処置・治療）などについて紹介する。

❷ 離断性骨軟骨炎
（OCD；osteochondritis dissecans）

OCDとは骨の発育の課程で関節軟骨に壊死が起こり，骨軟骨が剥離した状態を有する疾患であり，飛節が好発部位である。その他，膝関節や肩甲関節，球節でもみられる（図5-1）。臨床的によくみられる症状は関節の腫脹であるが，跛行を呈することはまれで，一般にヒアルロン酸製剤などの全身投与による保存療法が選択される。保存療法に反応しない重度の症例では，遊離骨片の関節鏡手術による除去が適応され，予後もよい。

❸ 骨囊胞（bone cyst）

骨囊胞（図5-2）は，関節軟骨のやや深い部位に囊胞が生じる疾患で，一般に軟骨下骨囊胞（SBC；subchondral bone cyst）とよばれ，骨軟骨症（OC；osteochondrosis）の一病態と考えられている。大腿骨の骨頭，第三中手骨あるいは中足骨の内側顆，基節骨（第一指骨）遠位部などの関節面が好発部位である。

病因は，①関節軟骨の裂傷部への関節液の侵入とともに，体重負荷に伴う水圧により囊胞が形成されるとする説と，②軟骨下骨組織の損傷部の炎症性物質に起因する破骨細胞の活性化および骨吸収により，囊胞が形成されるとする説があるが，軟骨内骨化障害や原発性骨内線維増殖症などが原因であるという説も提示されている。

骨囊胞による症状は，軽度から中程度の跛行を示すことが多く，囊胞のできた部位によっては，腫脹はあまり顕著でないこともある。診断はX線検査により，囊胞の確認，囊胞周囲の組織像や関節軟骨面を調べる。

治療法は非ステロイド系抗炎症剤やコルチコステロイドの関節内投与であるが，治癒率は低い。関節鏡手術による骨囊胞の掻爬術も行われるが，骨囊胞を掻爬すると内腔が拡大する可能性もあるため，近年は関節鏡下の囊胞内線維状層へのステロイド注入が行われている。ステロイド注入による治療の目的は，線維状層の除去と，層内へのサイトカイン放出に伴う炎症改善の促進である。

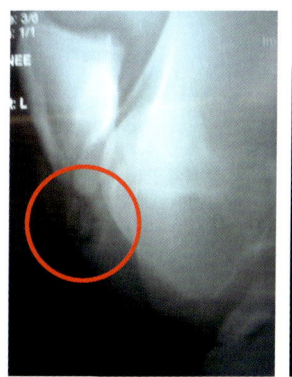

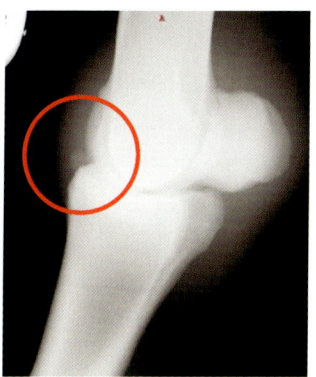

左：大腿骨外側滑車稜，右：第一指骨近位背側。

図5-1　OCD像（JRA原図）

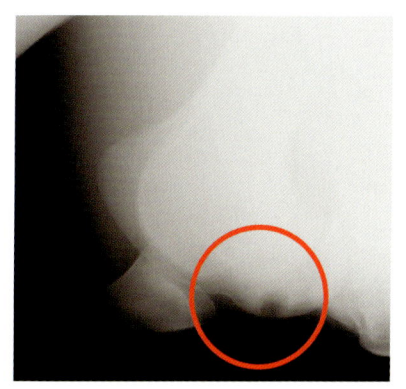

図5-2　大腿骨内側顆に認められた骨嚢胞像（JRA原図）

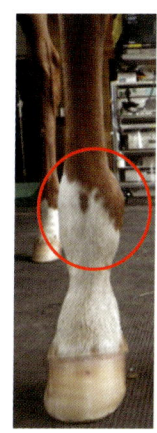

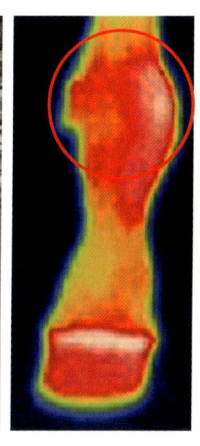

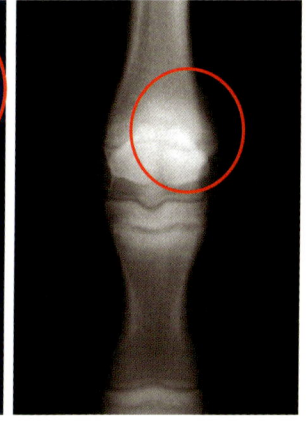

4ヵ月齢の子馬の球節部に発症した骨端炎（第三中手骨遠位骨端線内側部の炎症および骨膜増生像）。
左：右前肢の外貌，中：サーモグラフィー像，右：X線検査像。

図5-3　骨端炎（JRA原図）

❹骨端炎（physitis）

骨端炎は，骨端症（epiphyseopathy）あるいは骨端軟骨形成不全（physeal dysplasia）ともよばれることがあり，長管骨の骨幹端軟骨に起こる病変で，軟骨から骨組織へ置換する際の骨化異常である（図5-3）。症状は関節辺縁部の膨化と熱感を示し，疼痛や跛行を伴う。また，二次的にクラブフットを併発する場合もある。骨化が完了して，最終的に関節や肢軸に変形がなければ予後は良好である。

❺肢軸異常（angular limb deformities），突球（knuckled over），クラブフット（club foot）

肢軸を観察して中心軸がねじれていたり，歪曲したりしている状態を肢軸異常という。肢軸異常にはさまざまなパターンがあるが，主なものは弯膝，繋軸峻立，X状肢勢，外向肢勢などである（図5-4）。

多くの子馬は，生まれた直後はバランスをとるためにX状肢勢をとり，蹄尖部が浮いている状態（浮尖）であることが多いが，8週齢頃までに，体重の増加に伴い腱や靱帯が伸展し肢勢も整う。この時期を過ぎても肢勢の異常が残っている場合は，装蹄療法による肢勢の矯正，運動制限，薬物療法なども試みる必要がある。

腕節や球節部の外反がさらにひどい重症例には，骨端板における長骨の成長を抑えて内外のバランスをとることを目的に，内側の骨端板を挟むようにスクリューを挿入する外科的療法を行う必要がある。成長著しい3ヵ月齢から5ヵ月齢の間には，さまざまな肢軸異常が認められることが多い。日々のチェックを怠らないこと，装蹄師による矯正削蹄をこまめに受けることが重要である。

浅指屈腱の伸展異常により繋部が極度に立ち，重度では逆に屈曲して球節前面が接地する状態の肢を突球（図5-5）とよぶ。また，深指屈腱の伸展異常により，蹄の蹄尖壁角度が急勾配になって峻立した肢をクラブフットという。クラブフットは，3ヵ月齢頃の子馬で発症が多く認められる。特徴的な症状は，対側蹄との蹄角度差，肢軸の前方破折，蹄冠部の膨隆，蹄尖部の凹弯，および蹄

第5章　最近の話題

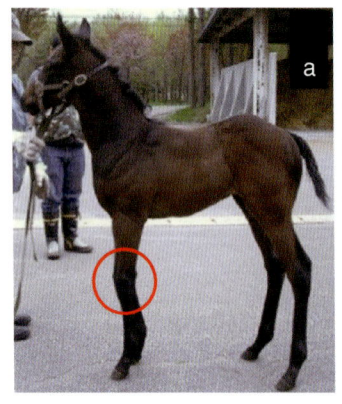

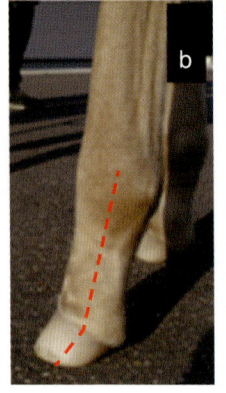

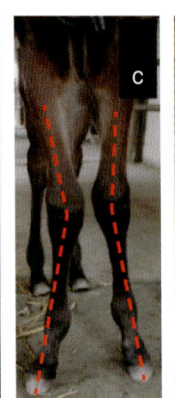

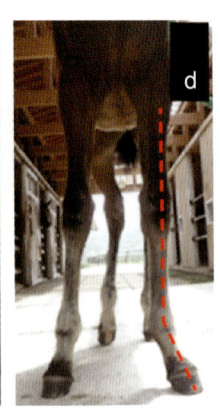

a：弯膝，b：繋軸峻立，c：X状肢勢，d：外向肢勢（左前肢）。
図5-4　子馬に認められる肢軸異常（JRA原図）

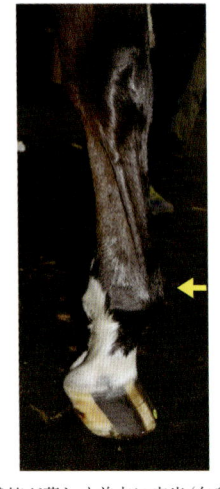

球節が著しく前方に突出（矢印）。
図5-5　突球（JRA原図）

グレード1…蹄角度は正常な対側肢よりも3～5°高い。蹄冠部の特徴的な膨隆は第二指骨と第三指骨間の部分的な脱臼に起因する。
グレード2…蹄角度は正常な対側肢よりも5～8°高い。蹄前部より踵部の幅が広い蹄輪幅を認める。通常の削蹄により蹄踵が接地しなくなる。
グレード3…蹄尖部の凹弯。蹄輪幅は蹄踵部で2倍。X線画像上、第三指骨の骨灰が現れ、辺縁部のリッピングが認められる。
グレード4…蹄壁は重度に凹弯し、蹄角度は80°以上となる。蹄冠の位置は踵や蹄尖と同じとなり、蹄底の膨隆が認められる。X線画像上、第三指骨は石灰化の進行により円形に変形し、ローテーションも起こる。

(The Horse, Free Report (Inside the Club Foot), R. F. Redden)

図5-6　クラブフットのグレード

輪幅の増大である。クラブフットは繋軸の峻立の状況により4段階にグレード分けされている（図5-6）。

原因としては，遺伝，急速な発育，放牧地の表層の性状，さらには栄養の過多やアンバランスなどが考えられている。また，発症には疼痛が大きな要因になっていることが考えられている。子馬は骨や筋肉が未発達であるため，上腕，肩部，球節あるいは蹄などに痛みがあると，痛みを和らげるために筋肉を緊張させる。とくに，球節（骨端炎）や蹄に疼痛を有する場合，負重を避けるために関節を屈曲させ，その結果，深屈腱支持靱帯が弛緩する。この状態が一定期間続くと，深屈腱支持靱帯の伸展機能が低下し，廃用萎縮の状態となり，疼痛が消失しても深屈腱支持靱帯の拘縮が残存し，クラブフットを発症するのではないかと考えられている。

治療は筋弛緩作用のある薬物の投与，運動制限（小パドック放牧）および矯正削蹄などが行われる。クラブフットでもっとも重要なことは，早期の発見および早期の処置・治療である。

❻ウォブラー（wobbler）症候群（腰麻痺，腰痿）

椎骨の形態異常による脊髄の圧迫が原因で起こる神経系の障害であり，脊柱管狭窄症（spinal canal stenosis）ともいわれる。主に，頸椎や腰椎に認められ，椎体あるいは関節突起の骨化異常による変形が原因である。椎骨の形態異常はX線検査で確認することができ，椎孔の狭窄の有無で診断できる（図5-7）。

脊髄の圧迫の程度が大きい場合には，競走能力に影響すると考えられる。育成段階の若馬に認められることが多いが，現役競走馬で発症することもある。

❼まとめ

The Consignors and Commercial Breeders Association発行の「OCDs in sale horses」中のRob Whiteleyのコ

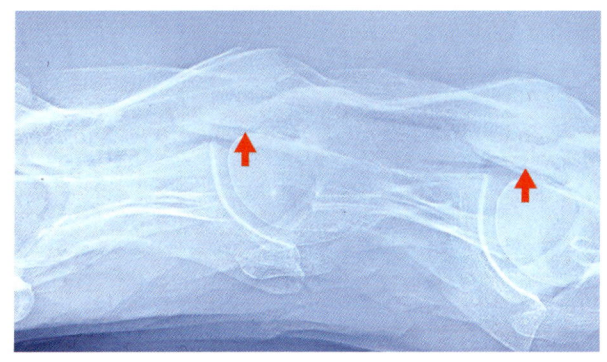

第四および第五頚椎前関節突起が上方に突出し，脊柱管腔が細くなり，脊髄を圧迫（矢印）。

図5-7 ウォブラー症候群における頚椎の脊柱管狭窄症（JRA原図）

2. 運動器に疾患をもたらす代謝障害

❶代謝とは

生命維持に必要な生体の化学反応は代謝とよばれ，化合物をつくりあげる同化と，物質を分解してエネルギーを産生する異化の2つの作用がある。この代謝経路に障害を生じるものが代謝性疾患である。ただし，化学物質の影響によって，代謝経路に異常を及ぼす中毒や薬の副作用とは区別する。

馬獣医学では，発病機序として異常な代謝経路が解明されていなくても，臨床学的傍証により，代謝の異常が強く疑われるものはこれに含まれている。代謝の異常には，先天性のものと後天性のものとがあるが，先天性疾患をもつ馬の多くは将来的に用役に供することはできないため注目度は低く，むしろ後天性のものが問題となる。

運動に障害をもたらす馬の後天性代謝性疾患には，①運動に伴い電解質代謝に異常が起こるもの，②内分泌異常が原因であるもの，③栄養障害性のものが知られている。この項では，以前から知られている内分泌異常については付加的説明にとどめ，近年注目されはじめた疲労性症候群と馬メタボリック症候群について記載する。

❷疲労性症候群

近年になって競技人口の増えた馬術競技の1つであるエンデュランスで，まれに起こる症候群である。エンデュランスとは，80kmから160kmものきわめて長い距離を，途中に休憩を入れながら既定時間内に走破する競技で，競技期間が3日間に及ぶ場合もある（図5-8）。

メントから，OCDに関する基本10条を表5-1に示した。前段は少し楽観的な感もあるが，軽度なOCDはその馬の能力を損なうものではなく，あらかじめ危険因子の1つとして知っておくことが重要だということである。

DODの発生要因は諸説あるが，さまざまな原因が組み合わさっていることが多く，はっきりしないことも多い。生産者は常に疑問や不安を抱えており，牧場単位で症状に合わせた対応を行い，競走馬として仕上げているが，肢勢異常が改善せず競走馬の道を断たれる場合もしばしば認められる。この疑問と不安に応えるため，獣医師，装蹄師，栄養指導者は協力して子馬の肢勢をみる方法を検討し，できるだけ客観的な見方で調査をしていく必要がある。将来的には，そのような調査から公表された成果によって，DODの病態や原因，治療法などの解明が進み，生まれてきた子馬が競走馬としての能力をこれまで以上に活かせるようになることを期待したい。

表5-1 OCDに関する基本10条

	OCDに関する基本10条
1	馬の動きがよく，臨床的な症状を示さなければ，OCDがあるという理由だけで，その馬の購買をあきらめるべきではない。
2	大半の馬は，その成長過程のある時期に1つ，または複数のOCかOCDがあるものだ。
3	多くのOCDは，馬が成長するに従って消失する。
4	OCDの消失は，ヒアルロン酸製剤などのサプリメントによって促進される。
5	消失しないOCDの大部分は競走成績に影響を与えることはない。
6	馬がOCDのために臨床的な症状を示していなければ，その後もトラブルになる可能性は少ない。
7	後に重大な問題になる可能性があるOCDの大部分は，関節鏡手術によって取り除くことができる。
8	OCDの存在部位あるいは大きさが，調教または競走において重大な問題につながる可能性があるかどうか判断する場合，知識が豊富な獣医師からの情報が重要となることがある。
9	特定のOCDおよびその他のさまざまな獣医学的な状況と，後の競走成績との関係についての研究は十分に行われていない。
10	獣医学の世界は，研究結果に基づいてOCDの予後に対する評価を行う必要がある。そして，セリ会社，サラブレッド馬主・生産者協会やコンサイナー・商業生産者協会と協力し，その研究の成果を購買者ならびに業界関係者に伝えていくことが大切である。

（「OCDs in sale horses」：The Consignors and Commercial Breeders Associationからの抜粋）

話題の病気

競技の途中（通常は40kmごと）に設置されたチェックゲート（獣医関門）で，疲労性症候群など馬体の異常の有無をチェックする。

図5-8　エンデュランスにおける獣医師の馬体チェック

　競技中に発症する本症は，気づかれない程度の馬の態度の変化，軽度な苦悶，筋肉痛，歩様の乱れなどから始まる。競技を続けていくうちに重症化し，筋硬直からくる明らかな歩様異常や筋肉痛，横隔膜粗動の発生に由来する呼吸困難などによって，その発生に気づくことが多い。

　特殊な状況下で発症するため，実験的研究は困難であるものの，その発症機序は臨床的知見から次のように推察されている。まず，長時間にわたる運動によって発汗，発熱が続いた結果，水分と電解質の大量喪失，筋肉でのエネルギー産生の枯渇が起こる。

　脱水は組織を流れる体液の減少と血液の濃縮による循環不全を引き起こし，各組織への酸素供給と代謝に必要な基質の輸送に悪影響を与える。その結果，体温調節能，腎機能，骨格筋の収縮能などに障害をきたす。また，大量の発汗により水素イオン，ナトリウムイオン，カリウムイオン，クロールイオンを失うことで，代謝性アルカローシス（体内の酸塩基平衡を塩基側に傾かせようとする状態）が起こる可能性がある。

　この競技が主に比較的温暖な気候のもとで長時間行われることから，発症後も競技を続けた結果，体温調節能が限界を超えて高体温となり，最終的には熱射病・熱中症に起因する中枢神経の異常に発展することもある。

　治療としては，まず競技を中止して馬を休ませ，日陰に移動する，冷風をあてる，水をかけるなどの方法で体温を下げるといった，熱射病・熱中症に対応した処置から始める。電解質を含む水や飼料の供給は重要である。しかし，これらの処置後30分を経過しても改善がみられないときは，迅速な補液療法が必須である。疼痛があるなら非ステロイド系消炎鎮痛剤の適用も考慮する。

❸馬メタボリック症候群

　本症は馬獣医学領域において，2002年に初めて体系的な疾患として報告され，それ以来，栄養学的観点および病態生理学的観点から注目を集めるようになった。研究途上であり，疾患概念の定義も発生機序の解明も十分とはいえないが，現在のところ，肥満，インスリン抵抗性および蹄葉炎を特徴とした症候群と位置づけられており，重種馬，ポニー，アラブ，サドルブレッド，モルガン，パソフィノにおいて発生が報告されている。なお，運動の活発な競走馬では報告がないが，サラブレッドに発生しないとは断言できない。

　さて，ヒトのメタボリック症候群は内臓脂肪症候群ともよばれ，内臓域の脂肪蓄積が顕著であり，高脂血症，高血圧，高血糖などが続く過程で心筋梗塞の発生，あるいは糖尿病への進展をみせる。しかし，馬では内臓よりも項靱帯周囲，尾根部周囲，肩部後方の体幹，陰茎周囲，乳房といった箇所の皮下組織領域での脂肪蓄積が顕著で，なおかつ心筋梗塞の発生などは知られていない。それでも，インスリン抵抗性を示すことは，ヒトのメタボリック症候群あるいは2型糖尿病と類似している。

　インスリン抵抗性とは，上昇した血糖値を下げるはずのインスリンが血中に多く分泌されているにもかかわらず，いつまでも血糖値が下がらない状態，すなわちインスリンが機能していない状態をいう。さらに，馬では蹄葉炎の発生を特徴とする傾向がある。報告されたばかりの頃は，蹄葉炎は本症候群の一病態なのか，それとも偶発的に併発しているだけなのか議論をよんだが，近年，血中インスリン値を高い濃度で維持した高インスリン血症のスタンダードブレッドやポニーでは蹄葉炎が発生することがわかり，両者は関連があると考えられるようになった。

　一般に，インスリンは血管内皮細胞に働きかけ，血管収縮作用を発揮することが知られているが，インスリン抵抗性の馬では，上昇したインスリンが直接的に蹄の末梢循環に影響を与えている可能性が指摘されている。今後は，インスリンが蹄組織に与える影響や，これまで知られている炭水化物多給によって起こる食餌性蹄葉炎との関係などについて研究が深まるであろう。

　近年，脂肪組織は単なるエネルギーの貯蔵のみならず，生理活性物質である複数のアディポカインを分泌する内分泌器官であることがわかってきた。アディポカインにはレプチン，レシチン，アディポネクチン，ビスファチン，アペリンがあり，脂肪細胞由来炎症性サイトカインと同様に，脂肪細胞が直接産生するものである。これら

の生理活性物質の作用が、本症の臨床症状とどのように関係しているかは十分にわかっておらず、今後の研究が期待されるところだが、馬メタボリック症候群で問題となる脂肪組織の増加は、これらアディポカインの分泌異常をきたし、症状の発生に関与するのではないかと推察されている。

ところで、単に局所皮下脂肪の蓄積、インスリン抵抗性の獲得、蹄葉炎の発生が認められるだけでは、脳下垂体中葉の過形成を起源とするクッシング症候群の臨床所見と違いはない。しかし、馬メタボリック症候群は若齢時から発症が認められるのに対して、クッシング症候群は高齢になってから発症する点が異なる。また、クッシング症候群に特徴的な多毛症、体毛のカーリング、多汗、多飲多尿、慢性的な骨格筋萎縮は、馬メタボリック症候群では認められないことからも両疾患は鑑別できる。ただし、両疾患はまったく独立したものではなく、若齢期に発症した馬メタボリック症候群が背景となって、高齢になってからクッシング症候群に発展する可能性や、クッシング症候群を発症している高齢馬がメタボリック症候群を併発している可能性も考えられる。これらはさまざまな症例において、実際に起こっているようにみえる。これらの類症鑑別や因果関係については、今後、十分に検討していく必要がある。

馬メタボリック症候群は治療方法が確立されていないことから、その予防が重要となる。基本的には十分な運動を課し、炭水化物の過給を控え、発症しやすい系統種の馬では体重を低めにコントロールすることや、糖尿病の治療薬（血糖値のコントロール）を用いる方法も知られるようになった。

炭水化物はエネルギー産生の観点から必須であるものの、インスリン抵抗性の馬では糖を十分に利用できず、脂肪として蓄積する傾向がある。ボディ・コンディション・スコア（BCS）を利用して、適度な給与を見極めることが推奨される。そのスコアは馬の用途や品種、場合によっては環境によって微妙に異なるであろう。

本症の予防には、飼料すべてのカロリー総量を考慮しなくてはならない。よく問題となるのは、食した量を計算できない放牧地での牧草の採食量である。馬がどれだけの青草を食べるかをコントロールするのは難しいが、放牧時間と草の刈り込み方を変えることで調整を試みる方法がある。牧草の丈を短く刈り込むことで、放牧時間を変えずに牧草からの炭水化物の摂取量を制限できる場合もあり、検討の価値があるといわれている。

3. 新興感染症

❶馬増殖性腸症

馬増殖性腸症（EPE；equine proliferative enteropathy）は、*Lawsonia intracellularis*によって引き起こされる疾病で、生後3～7ヵ月の子馬に多く発生し、罹患した馬には下痢、削痩、被毛の異常、疝痛などの臨床症状がみられる。本病は、重篤な場合には子馬の発育を阻害し、その取引価格にも悪影響を及ぼすことから、アメリカ合衆国では馬の生産地域を中心に問題となっている。*L. intracellularis*は、1995年にMc Oristらによって新菌種として提唱された菌で、一般には豚の増殖性腸症の原因菌として広く知られているが、最近では実験動物を含めたさまざまな動物に感染することがわかっており、馬もその1つに数えられる。

EPEの最初の症例は、本菌が発見される以前の1982年にすでに報告されているが、原因が特定されたのは1996年以降である。その後、本病の発生は世界各国で報告され、最近では日本でも感染例が多数認められており、新興感染症として注目されている。

*L. intracellularis*は細胞内寄生細菌であり、人工培地では発育しない。本菌が感染している消化管上皮細胞を材料とする培養細胞を用いた菌分離も行われているが、検査材料が腸内細菌によって汚染されるのを防ぐことは難しく、これまでに分離された株は数えるほどしかない。

このように、細菌分離による本病の診断は困難であり、診断の大きな壁となっていたが、近年、PCR法やリアルタイムPCR法が開発され、分子生物学的手法を用いた本病の診断が可能となってきた。また、本病に罹患した馬には多くの場合、低アルブミン血症を原因とする低タンパク血症、経腹壁エコーでの小腸壁の肥厚、腹部の浮腫などが認められ、これらの特徴も本病の診断に重要な所見である。

本病の治療には、細胞質への移行が容易な抗生物質が望ましいとされ、アメリカ合衆国ではエリスロマイシンまたはアジスロマイシンとリファンピシンの併用が推奨されている。しかしながら、これらの抗菌薬は馬の腸内細菌叢に有害な作用を及ぼすことがあるため、使用に際しては腸炎など副作用の発現に十分な注意を払う必要がある。

また、クロルテトラサイクリン、エンロフロキサシン、クロラムフェニコール、アンピシリンも治療効果のある抗菌剤として報告されている。さらに、下痢、浮腫、発熱などの症状が重度の場合には対症療法が必要となる。

本病の予防手段として，豚では弱毒生ワクチンが実用化されているが，馬では基礎的な研究が行われている段階である。

馬増殖性腸症に関する論文は，2011年の時点ではすべてをあげても30編程度であり，その多くが症例報告やローカルな疫学調査であり，なおかつ2006年以降に公表されたものである。そのため，本病の疫学や菌の病原性の解明，診断法や治療法の開発など，いまだ多くの課題が残されている。また，馬に感染する株と豚に感染する株はタイプが異なるという研究結果も報告されており，今後も研究の進んでいる豚での知見を参照しながら，馬での研究を精力的に行っていく必要がある。

❷馬コロナウイルス感染症

コロナウイルスは，ヒト，マウス，猫，犬，牛，豚，兎，鶏などさまざまな動物から分離されている。その病態は呼吸器感染症，腸管感染症が主体であるが，動物種によっては神経疾患，肝炎，腹膜炎など多様な症状がみられる。また，ヒトの重症急性呼吸器症候群(SARS)ウイルスもコロナウイルスに分類される。

馬にコロナウイルスが感染するという報告は古くからある。海外では，下痢を呈した子馬や成馬の糞便中にコロナウイルス様の粒子を電子顕微鏡で観察したという報告がいくつかある。またわが国では，牛コロナウイルスを用いた中和試験により，抗体を保有している馬が認められていた。また，発熱を呈した馬のペア血清で牛コロナウイルスに対する抗体が有意に上昇していたという報告もある。

これらの報告は，牛や豚などの他の動物種と同様に，コロナウイルスが馬の下痢症や呼吸器疾患に関連している可能性を示している。しかし，馬からのコロナウイルス分離は2000年の報告が初めてである。アメリカ合衆国のノースカロライナ州で1999年に下痢を呈した子馬の糞便からコロナウイルスを分離したというものであった。遺伝子解析の結果から，このウイルスは，牛コロナウイルスと類似しているが，それとは異なるウイルスであることが明らかとなり，馬コロナウイルスNC99株と名付けられた。しかし，その病原性や馬における感染の状況などは不明のままであった。

2004年12月，約1ヵ月の間に北海道帯広市のばんえい競馬場の競走馬651頭中178頭(27.3%)に発熱を主徴と

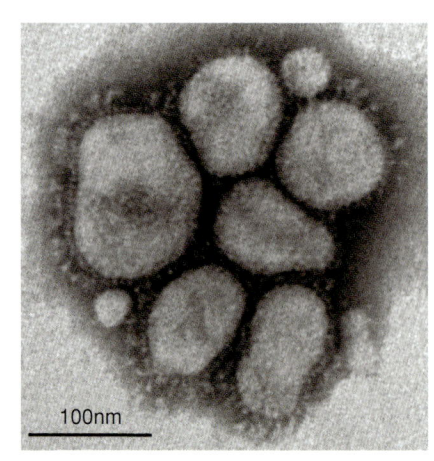

発症馬の糞便をトリプシン処理後に，HRT18G細胞に接種し，継代6代目，継代3日目に撮影(リンタングステン酸染色)，15万倍で撮影。(北海道十勝家畜保健衛生所，尾宇江 康啓氏提供)

図5-9 馬コロナウイルスの透過電子顕微鏡写真

する疾病が集団発生した。ほとんどの馬の症状は軽度で，数日以内に回復した。病性鑑定が実施され，さまざまなウイルスや細菌の関与が調べられたが，既知の馬の病原体の関与は否定された。

しかし，検査した馬の一部のペア血清間で牛コロナウイルスに対する抗体価の有意な上昇が認められた。また，この発熱性疾患の流行との直接的な関係は不明であるが，流行の後期に下痢が認められた馬の糞便から，アメリカ合衆国で報告された馬コロナウイルスとほとんど一致する遺伝子が検出された。この流行の病馬からは馬コロナウイルスの分離はできなかったが，これらの成績は，この流行への馬コロナウイルスの関与を強く示唆するものであった。

その後，同様の疾患は認められなかったが，2009年6月に，同じ競馬場で2004年と同様の発熱性の疾患が流行し，その一部が下痢を呈した。この時，病馬の糞便から馬コロナウイルスがわが国で初めて分離された(図5-9)。世界でも2例目の分離報告であり，Tokachi09株と名付けられた。詳細な遺伝子解析の結果から，このウイルスはアメリカ合衆国で分離されたNC99株とは系統の異なる馬コロナウイルスであることが示された。

しかし，このウイルスが馬にどのように感染し，どのような病気を起こすのか，どのくらいの馬がウイルスに感染しているのかといった詳しいことは不明なままである。今後このウイルスの病原性やわが国の馬群における浸潤状況などの解明が進むことを期待したい。

II 新しい獣医療

🐎 1. 再生医療とその応用

❶再生医療とは

　再生医療とは，事故や病気によって失われた身体の細胞，組織，器官の再生や機能の回復を目的とした医療であり，近年，医学の分野で注目を集めている。

　再生医療の実現には，細胞，足場，成長因子という3本の柱が必要とされる。このことは，農業にたとえると意味を理解しやすい。組織を作る「細胞」は種（たね）であり，その種を育む土となる「足場」，そして種の成長を促す肥料となる「成長因子」，これらが上手く連携されたうえで初めて期待した作物が収穫できる。すなわち，3本柱が相互に機能した結果，組織の再生が導かれるということになる。

　獣医診療における再生医療の現状は，幹細胞の移植治療，つまり「細胞」が中心である。しかし，将来的には「足場」や「成長因子」との連携が必須になるだろう。

　幹細胞とは，特定の細胞に分化する能力をもち，また未分化の状態で長期間にわたって自己複製する能力を備える細胞である。現在，再生医療への応用研究が進められている幹細胞には，胚性幹細胞（ES細胞）や成体幹細胞（組織幹細胞）がある。

　ES細胞は受精後5，6日目の胚盤胞の内部塊細胞から取り出して培養した幹細胞で，体を構成するすべての外・中・内の三胚葉由来の細胞に分化できる多分化能を有する。

　一方，成体幹細胞は比較的未分化な状態で組織中に存在する幹細胞で，ES細胞に比べ分化能は制限される。成体幹細胞は，骨髄や血液，角膜，肝臓，皮膚などでみつかっており，最近では脳や心臓など，従来は幹細胞が存在しないと考えられてきた組織でも確認されている。

　また，骨髄や脂肪組織には成体幹細胞の一種である間葉系幹細胞が存在する（図5-10）。間葉とは胚の発生段階における中胚葉由来の結合組織であり，筋肉や脂肪，骨や結合組織に分化する領域のことをいう。たとえば，骨髄の間葉系幹細胞は，骨細胞，軟骨細胞，筋肉細胞，脂肪細胞，腱・靱帯の細胞などさまざまな間葉系組織の細胞へ分化することが明らかになっている（図5-11）。

図5-10　骨髄液由来間葉系幹細胞の初期コロニー（JRA原図）

図5-11　骨髄由来間葉系幹細胞の分化能（JRA原図）

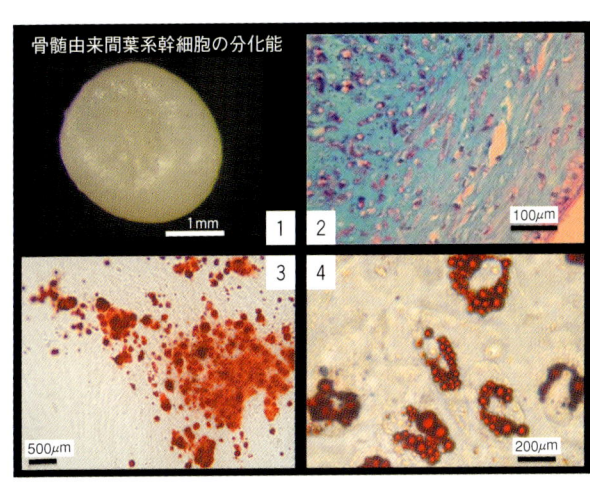

①軟骨分化：軟骨ペレット
②軟骨ペレット組織切片（アルシアンブルー染色）
　球形核を有する軟骨細胞様細胞が存在し，アルシアンブルー陽性所見から酸性ムコ多糖が産生されていることが確認できる。
③骨分化：アリザリン染色で陽性なカルシウムの存在が確認できる。
④脂肪分化：細胞内にオイルレッドO染色陽性な油滴の存在が確認できる。

第5章 最近の話題

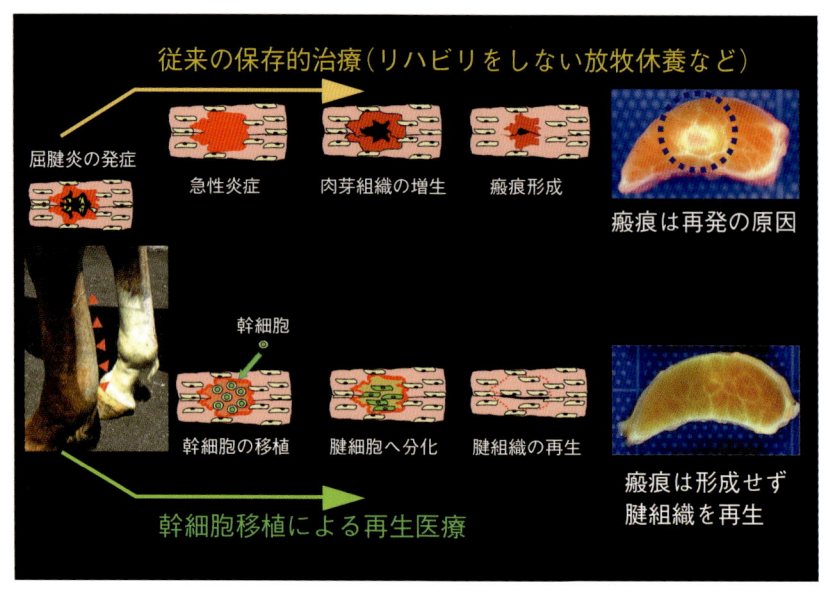

瘢痕形成を極力抑え,本来の腱組織に近い組織として修復されることが望まれる。
図5-12 屈腱炎に再生医療が期待される理由(JRA原図)

❷腱・靱帯の再生医療

馬では,屈腱炎や繋靱帯炎で損傷した腱・靱帯の再生を期待する細胞移植治療が,2000年頃から欧米で積極的に取り組まれてきた。これらの損傷は,治癒までに長期間の休養を余儀なくされるにもかかわらず,運動再開後に再発率が非常に高いという共通した特徴がある。

この理由としては,腱・靱帯などの軟部組織の損傷は,従来の保存的治療を行った場合に瘢痕形成という状態で組織修復が完了し,決して元の組織に復さず,本来の組織強度を取り戻すことができないからである。したがって,瘢痕形成を極力抑え,本来の腱組織に近い組織として修復・再生される再生医療が,屈腱炎や繋靱帯炎の治療に望ましい治療法として注目されてきた(図5-12)。

2001年,アメリカ合衆国で繋靱帯炎を発症した100頭の馬に対して,胸骨の骨髄液を繋靱帯内に移植した結果,治癒が促進されることが報告された。それ以降,この分野の再生医療への関心は高まり,2003年にはイギリスおよびアメリカ合衆国で,獣医診療を対象とした商業ベースの幹細胞分離サービスが開始され,臨床応用が急速に拡大した。

馬の腱・靱帯の再生医療では,自己の骨髄あるいは脂肪組織から分離された間葉系幹細胞が用いられている(図5-13)。骨髄液中に含まれる幹細胞は有核細胞50万〜100万個に1つと,非常に少ないと考えられ,2〜3週間の培養で移植に必要な数まで増殖させる必要がある。一方,脂肪組織は骨髄と比較して100〜1,000倍の幹細胞を含んでいるといわれ,増殖培養を行うことなく,

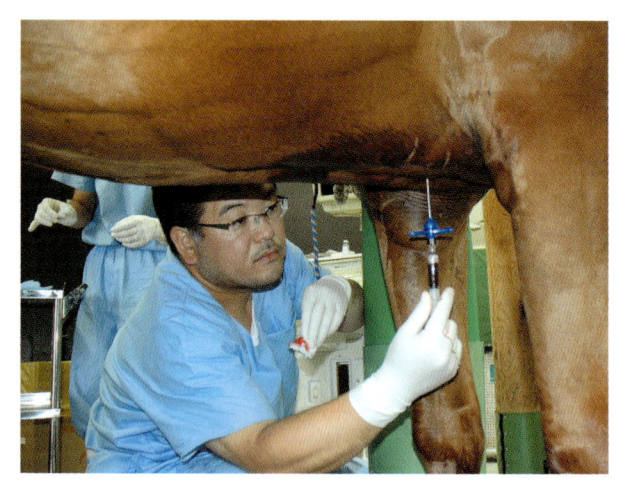

図5-13 胸骨からの骨髄液の採取風景(JRA原図)

分離した幹細胞を直接移植に用いることも可能である。ただし,競走馬のような体脂肪率のきわめて低い馬では,十分な脂肪組織を採取することが困難な場合が多い。

分離・培養した間葉系幹細胞は,超音波診断装置による観察下で損傷部位に正確に移植する(図5-14,図5-15)。移植された幹細胞は腱細胞へ分化し,あるいは幹細胞が腱細胞に分化せずとも,幹細胞からもともと組織中に存在していた細胞へ,修復機転を促すための多様なシグナルが発信されることで,腱組織が再生されることが期待されている。

マウスや兎などの実験用小動物では,損傷部への幹細胞の移植により,腱組織の治癒が促進されることや,組織の強度や物理的特性が本来の腱組織に近づくことが多

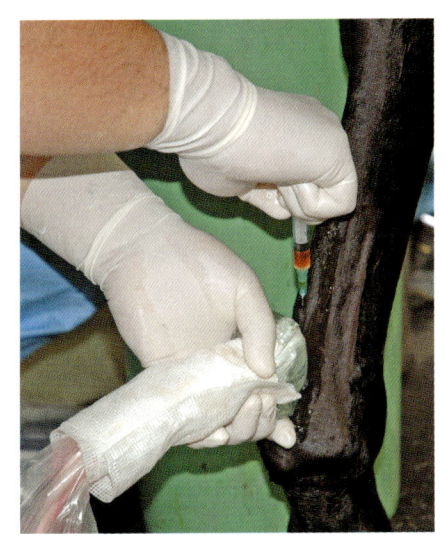

図5-14　腱組織内への幹細胞の移植風景（JRA原図）

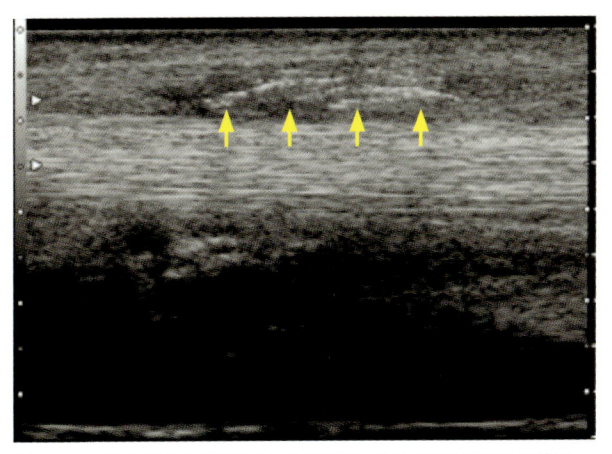

図5-15　炎症部位に移植された高輝度を呈する幹細胞が拡散している様子（JRA原図）

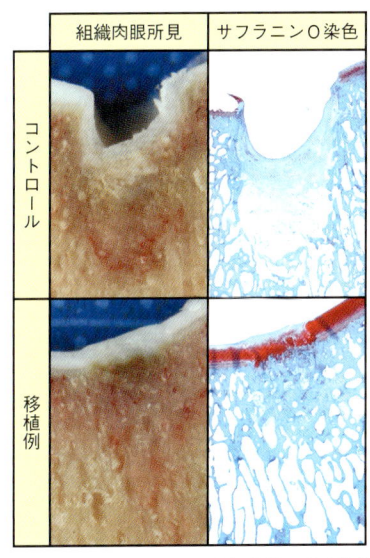

数報告されてきた。

　一方，実際に馬を用いた研究のうち，幹細胞の移植効果を科学的に立証した報告は，残念ながらきわめて少ない。「移植した幹細胞は腱細胞へ分化する」という再生医療の根本となる仮説さえ立証されていないのが現状であるが，欧米では競走馬や乗用馬への臨床応用が進み，臨床治験報告ではその効果を支持する報告が多い。研究的視点では，細胞移植治療の効果について客観的な評価はなされておらず，獣医臨床を支える基礎研究の充実が強く望まれる。

❸骨・軟骨の再生医療

　馬における再生医療は，腱・靱帯にとどまらず，将来的に骨・軟骨，筋肉，蹄葉炎時の末梢血管，皮膚などへの応用が期待されている。骨再生への取り組みは，ヒトの整形外科領域の再生医療のなかでもっとも進んでいる分野であり，獣医診療への応用も円滑に行われるものと考えられる。

　すでに，欠損した副管骨に骨髄から分離した間葉系幹細胞を移植すると，軟骨・骨再生が促進されることが報告されている。さらに，①幹細胞と成長因子として塩基性線維芽細胞増殖因子（bFGF）や骨形成タンパク質（BMP）を併用した方法，②BMPを合成する遺伝子を幹細胞に遺伝子導入して利用する方法，③幹細胞とハイドロキシアパタイトの足場を利用する方法など，細胞・足場・成長因子という3本柱を備えたヒトと同様の再生医療の実現が期待されている（図5-16）。

下段の幹細胞移植例ではサフラニンO染色陽性の硝子軟骨が再生されている。

図5-16　馬の橈骨の骨欠損モデルを用いた幹細胞移植による軟骨再生の様子（JRA原図）

❹幹細胞を用いない再生医療

　馬の再生医療においては，幹細胞を利用した細胞移植治療が中心であるが，幹細胞の分離・増殖培養などの取り扱いには，専門的な設備，高い知識，経験が必要とされるため，すべての臨床獣医師が容易に行うことのできる治療法ではない。そこで，幹細胞を用いずに組織再生を期待する再生医療の1つとして，多血小板血漿（PRP）注入療法が注目を集めている。

　創傷の治癒には，血液中のさまざまな成長因子が重要な役割をはたしていることがわかり，この成長因子を利用した組織再生への試みが取り組まれてきた。とくに，血小板のα顆粒中には，創傷治癒や組織再生に効果的な成長因子（PDGF，TGF-β，VEGF，EGFなど）が多く含

まれていることが知られており，この血小板を濃縮し，局所に移植することによって組織再生をはかることが考えられてきた。血小板の濃縮は，遠心分離や専用フィルターを用いた濾過により簡便に行え，フィルター法を用いれば野外でPRPを作製することも可能となり，馬の診療には都合がよい。現在，PRP注入療法は腱・靱帯の再生医療に加え，一般的な創傷にも治癒促進を期待して利用されている。

❺再生医療の課題

獣医診療における再生医療の応用は，現在，始まったばかりで科学的な裏付けに乏しい治療であることは否めない。ヒトの医療に比較し，法律的な規制が少ない獣医診療においては，知識や経験の少ない獣医師がこの医療技術を安易に用いることは，喜ばしい話ばかりではないと考える。「正しい知識と技術の普及」は，この治療法の信頼性を構築するために急務なのかもしれない。

2．核医学

❶核医学とは

核医学とは，放射線を放出する「放射性同位元素(RI)」を用いて，病気の診断や治療を行うことの総称である。従来の画像診断法にはX線診断，超音波診断，X線CT，MRIなどがあるが，これらは臓器の形や構造を調べるため「形態画像」とよばれている。これに対し，RIを用いた画像診断は，臓器の働きや機能を画像化するため，「機能画像」とよばれている。

ヒトの核医学では，骨，心臓，腎臓などの各種臓器の機能を画像化するシンチグラフィー検査，糖の代謝や脳の機能を画像化するPET検査，これらに形態画像である横断断層像を加えて描出するPET−CT検査など，さまざまな方法が用いられている。とくに近年では，PETを用いた腫瘍の早期診断法が注目されており，活発に臨床応用されている。

一方，獣医学領域においては，馬で骨シンチグラフィー検査法が，犬や猫で各種臓器のシンチグラフィーおよびPETが海外で盛んに実施されている。とくに，馬では約20年以上も前から骨シンチグラフィー検査法がX線検査や超音波検査と同様に，運動器疾患の主要な診断技術となっている。

しかし，これまで日本では獣医師のRI取り扱いに関する法整備がなされていなかったため，本検査法を実施することができなかった。そこで，2009年に獣医療法施行規則が改正され，犬・猫では放射性同位元素^{99m}Tcを用いた各種シンチグラフィー検査と，^{18}F-FDGを用いたPET検査，馬では^{99m}Tcを用いた骨シンチグラフィー検査に限定し，第1種放射線取扱主任者免許をもった獣医師の管理下において実施できるようになった。これらの検査法は，日本の獣医学の診断技術レベルを大きく向上させるものと期待されている。

すでに，小動物医療の分野では，高度医療施設においてPET検査が臨床応用されている。しかし，馬医療の分野においては，放射性管理区域内での繋留期間中に，使用される敷料(低レベル放射性廃棄物)の処理が，現行法令の下では不可能となっている点が課題として残っており，いまだに臨床応用されていないのが現状である。

❷馬の骨シンチグラフィー検査法

本検査法の特徴は，骨の代謝，すなわちリモデリング(再造形)を画像化することにより，X線検査では検出できない骨異常(微細骨折など)や体幅が厚い部位の骨(骨盤や大腿骨)を観察できるところにある。X線写真では，骨に30～50％の脱石灰化像がなければ異常所見として捉えることができないが，骨シンチグラフィー検査法では骨に異常が発生するとただちに異常像として描出されるため，海外では跛行診断法として重要視されている。

骨シンチグラフィー検査法では，放射性同位元素の^{99m}Tc(半減期は6.02時間)に，骨と親和性のあるリン酸化合物を結合させた放射性医薬品^{99m}Tc -methylene diphosphonate(以下，^{99m}Tc -MDP)を主に用いる。^{99m}Tcに結合するMDPは，骨の無機基質であるハイドロキシアパタイト結晶と結合するため，骨との良好な親和性を有している。また，^{99m}Tcからは原子核内のエネルギー不均衡により，電離放射線の一種であるガンマ線が直接放出される。ガンマ線は非常に高い透過力をもつが，^{99m}Tcの半減期は6.02時間と短く，動物(患者)や放射線診療従事者の被爆および環境への影響を最小限度にとどめることができるため，骨をはじめとしたさまざまなシンチグラフィー検査に用いられている。

この薬剤を静脈内投与すると，MDPの特性により骨に集積してガンマ線を放出するため，これをガンマカメラで検出し，解析することで画像を得ることができる(図5-17)。骨が損傷し，リモデリングが盛んな領域では，より多くの放射線医薬品が取り込まれることから，多くのガンマ線が放出されることになる。このような領域をホットスポットとよぶ(図5-18)。

骨シンチグラフィー検査では薬剤の分布状態により，

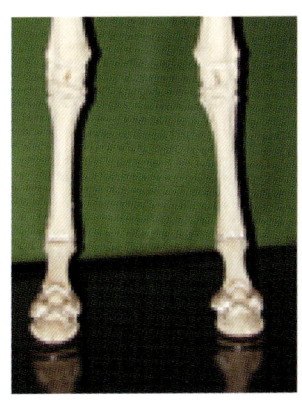

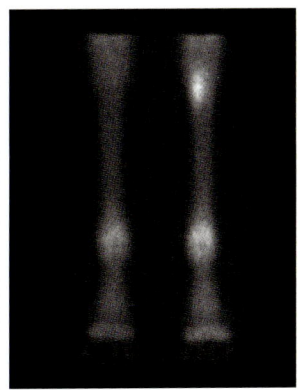

図5-17 馬の前肢の骨標本(左)ならびに骨シンチグラフィー検査像(右)(JRA原図)

血管相，軟部組織相，骨相の3つに分けられる。血管相は，放射性医薬品が血管内または血液プールに分布している状態であり，投与後1〜2分間継続する。その後，細胞外スペース(間質)に放射性医薬品が拡散すると軟部組織相となり，約5〜10分間継続する。骨の無機基質であるハイドロキシアパタイト結晶と結合する骨相は，投与後3〜4時間で得られる。したがって，骨を観察するには，少なくとも撮影の3時間前に放射性薬剤を投与する必要がある。

このように，骨シンチグラフィー検査法は骨異常を高感度で検出し，さらに全身スキャン(whole body scan)が可能となるという利点をもっている。しかし，本検査法はX線検査と比べると分解能が低いため，形態的な変化を把握しなければならない場合は，他の画像診断法を併用する必要がある。

❸ 骨シンチグラフィー検査法の適応例

- 原因部位が特定できない跛行
- 診断麻酔では原因部位を特定できたが，X線検査および超音波検査で異常所見が認められない跛行
- X線検査に異常所見はないが，骨折が疑われる場合
- 肢の近位部に原因がある跛行
- 骨髄炎，感染性関節炎が疑われる場合
- 急性横紋筋融解症が疑われる場合
- 複数の肢が原因と考えられる跛行

❹ 骨シンチグラフィー検査法で診断可能な病態

- 骨折や疲労骨折
- 骨髄炎や化膿性骨疾患
- 骨壊死
- 異所性石灰沈着
- 原発性骨腫瘍の補助診断
- 悪性腫瘍の骨転移の検索

❺ 検査手法

(1) 核医学検査施設

核医学検査ではRIを取り扱うため，獣医療法施行規則第六条や農林水産省からの告示で定められた基準を満たす，以下の施設を備え，獣医療法施行規則第一条に基づき都道府県知事に届け出る必要がある。

① 準備室：放射線医薬品の分注，調剤などを行う。
② 診療室(図5-19)：ガンマカメラを用いて核医学検査の撮影を行う。
③ 収容室(専用馬房)：放射線医薬品を投与し，さらにその馬を収容する。
④ 動物用汚染検査室：馬を退院させる際，RIによる汚染の程度を測定する。
⑤ (ヒト用)汚染検査室：放射線診療従事者が管理区域から退出する場合に汚染を確認する。
⑥ 貯蔵室：放射性医薬品を保管・貯蔵する。

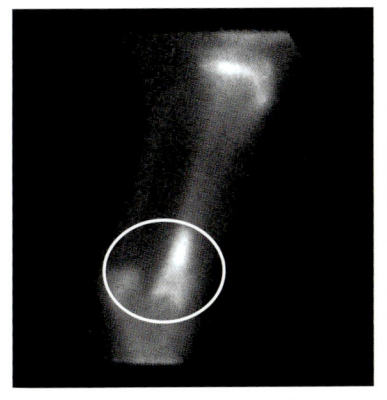

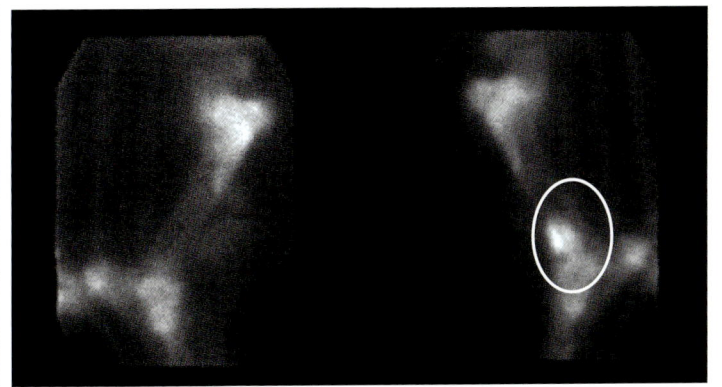

右画像の左側は正常な右上腕骨遠位部。
図5-18 右脛骨遠位部(左)および左上腕骨遠位部(右)におけるホットスポット(JRA原図)

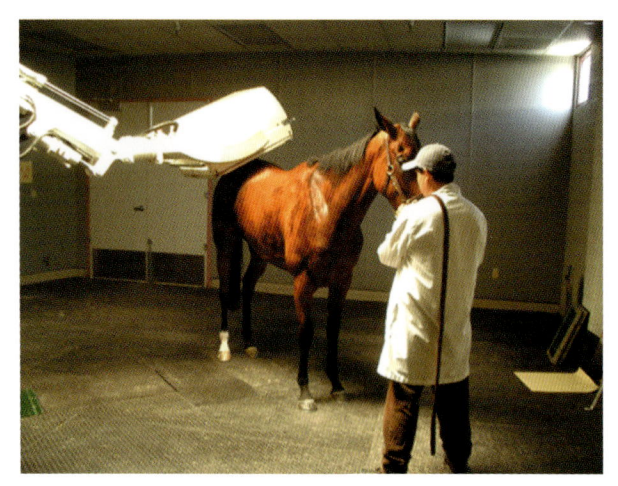

図5-19 核医学診療室(アメリカ合衆国)(JRA原図)

⑦保管廃棄室：固体状の放射性廃棄物を保管して放射線を減衰させる。
⑧シャワー室：放射線診療従事者のRIによる汚染を除去する。
⑨排気および排水設備

これら①〜⑨の施設は放射線管理区域となり、放射線診療従事者以外の立ち入りは制限される。

(2) 馬の準備

馬は放射線管理区域の収容室(専用馬房)に収容し、放射性医薬品を確実に投与するため、静脈内留置を実施する。蹄の描出および検査中の安全性を確保するため蹄鉄を除去し、さらに尿中に排泄されるRIが下肢部や蹄に付着するのを防ぐため、四肢にバンテージと蹄のブーツを装着する。

(3) 放射性医薬品の投与

^{99m}Tc -MDPの投与量は、7〜11MBq/kg(体重500kgの成馬では3.5〜5.5GBq)である。放射性医薬品の開封や調剤などの作業は、放射線管理区域である調剤室で実施する。放射性医薬品には製造業者ですでに調製された^{99m}Tc注射液、または$^{99}Mo-^{99m}Tc$ジェネレーターから溶出される^{99m}Tcと標識調製キットにより作製するものがある。

投与は皮下への漏洩を防止するため、静脈内留置カテーテルを通して実施する。

(4) 利尿剤の投与

^{99m}Tcは腎臓で濾過され尿中に排泄されるが、膀胱内に集積した^{99m}Tcは骨盤のスキャンにおいてアーティファクトとなって診断の妨げになる。また、検査中に排尿をすると、尿中の^{99m}Tcが下肢部の皮膚に付着し、これもアーティファクトになる。そこで利尿剤を撮影の直前に投与し、膀胱内から尿を排出させることもある。

(5) シンチレーションカメラ

シンチレーションカメラは、①明瞭な画像を得るために一定方向のガンマ線のみを通過させるコリメーター、②ガンマ線を光に変えるシンチレーター、③その光をもとに、その位置と強さを電気信号に変える光電子倍増管で構成されている。

コリメーターはX線撮影に使用するグリッドのようなもので、その構造は鉛による格子となっており、描出に必要な方向性をもつガンマ線のみを選択している。核種、感度、捉える視野によりさまざまなタイプが存在しているが、馬の骨シンチグラフィー検査の場合、平行孔コリメーターの低エネルギー型が主に用いられている。

(6) 撮影

放射性医薬品投与後、2〜3時間で撮影を開始する。馬にシンチレーションカメラを接近させ、標準的な60秒の時間設定法(プリセットタイム)、または計数値設定法(四肢遠位で75,000計数値、骨盤と軸骨格で300,000計数値まで)で撮影する。この間、馬が動くと診断価値のある画像が得られないばかりか、状況によっては機械の破損や馬の怪我にもつながるため、十分な鎮静処置を施す必要がある。

体動を起こさない確実な保定は、診断可能な画像を得るために不可欠であり、これにより再撮影回数の減少や検査時間の大幅な短縮が可能となる。したがって、保定技術は本検査を実施する上で非常に重要なファクターである。

撮影は、基本的に側方向と背側方向で実施するが、頭部、椎体および骨盤では斜位方向からも実施する。また、基本的には健常な対側肢との比較により評価するため、対側肢のスキャンは必須である。

(7) 検査後の管理

放射性医薬品を投与した馬は投与後48時間、管理区域から退出できない。その間、馬房への立ち入りは飼養などを除いて原則として制限される。退院後は通常通りの飼育が可能となる。

3. 馬ゲノム解析とその応用

ゲノムとは，遺伝子(gene)の総体(ome)を意味する造語(genome)で，ある生物のもつすべての遺伝情報を表す。すなわち馬ゲノムとは，馬が馬であるために必要な遺伝情報のセットと考えてよい。ゲノムの遺伝情報は，主として細胞内の核DNAとして存在し，一部はミトコンドリアDNAとして存在する。ゲノムにはタンパク質をコードする「遺伝子」が2万余り存在する他，いまだに機能が明らかでない，いわゆるジャンクDNAとよばれる部分がある。馬のゲノムDNAは約27億塩基対であるが，このサイズは犬よりやや大きく，ヒトや牛よりやや小さい(表5-2)。

表5-2 全ゲノム解読を完了した動物間での比較

疾患名	馬	犬	牛
ゲノム全塩基数*	26.7	24.0	28.7
解読塩基数*	24.7	23.3	27.3
多型性**	〜1/2,000	〜1/1,700	〜1/1,700

*：単位は億塩基対，**：一塩基多型がみられる頻度(塩基)

❶馬ゲノム解読

馬のゲノム研究は，1990年に世界中で開始された「DNAによる親子判定法の開発研究」を契機として始まった。具体的方法として，当初は多型性マイクロサテライトDNAの応用が検討されたが，その多くは開発の経緯から染色体上の座位が明らかではなかった。

そこで1995年，これらのマーカーの染色体上における位置を明らかにするため，馬の連鎖地図を作製する国際プロジェクトが発足した。連鎖地図は，マーカーと形質を染色体上の位置関係として関連づけるための基礎となるもので，遺伝性疾患や毛色，能力など，遺伝形質の発現にかかわる責任遺伝子の探索手段として不可欠である。

さらに，国際プロジェクトでは連鎖地図の他，蛍光 in situ hybridization 地図(FISHマップ)，放射線照射雑種細胞地図(RHマップ, radiation hybrid map)，大腸菌人工染色体ライブラリ(BACライブラリ, bacterial artificial chromosome library)など，ゲノム研究に必要なさまざまな手段を整備した。

2005年，プロジェクトに参加する各研究機関，研究者は，馬ゲノム解読コンソーシアムを設立した。翌年，アメリカ国立ヒトゲノム研究所の予算により，馬の全ゲノム解読が開始された(図5-20)。解読作業はサラブレッドの雌馬1頭(図5-21)を解読対象とし，アメリカ合衆国のブロード研究所で行われたが，塩基配列データをつなぎ合わせ，再構築するアセンブル作業の基礎として，それまでに蓄積した各種の地図データおよびBACライブラリの塩基配列データが利用された。解読の完了した馬ゲノム塩基配列は2007年2月に公表された。

(2009年7月，イギリス・ニューマーケットにて)
図5-20 第8回国際馬遺伝子地図作製ワークショップ

(アメリカ合衆国・コーネル大学提供)
図5-21 ゲノム解読に使われたTwilight号

❷距離適性の遺伝子診断

競走能力が遺伝することはサラブレッドの改良の歴史が物語っているが，それを担う遺伝子についてはわかっていない。また，個々の馬の競走能力には，体格，筋力，呼吸循環系や神経系の機能など，多数の遺伝子が関与するとともに，それ以外の環境因子から受ける影響も大きいと考えられることから，効果の大きな遺伝子が解明されたとしても，そこから単純に競走能力を決めつけることはできないと考えられる。

そうした中，アイルランドや日本の研究者は，サラブレッドにおいてミオスタチン遺伝子近傍の複数の一塩基多型が，距離適性に関与していることを見いだした。ミオスタチン遺伝子の第一イントロンに存在する一塩基多型（g.66493737C>T）は，同遺伝子の転写量に影響を与え，最終的にタンパク質の発現量に影響を与えるとされる。ミオスタチンは筋量を負に制御することから，その発現量が多く抑制される遺伝子型であるC/C型では筋量が多くなり短距離向きに，またT/T型では筋量が少なくなり長距離向きに，そして，C/T型はその中間距離向きとなる傾向を示すと解釈されている。これらの特徴を利用しアイルランドのEquinome社は「g.66493737C>T」に関する特許権を取得し，現在，欧米やオーストラリアでサラブレッドの距離適性に関する遺伝子ビジネスを展開している。

❸疾病遺伝子の解明

近年，原因遺伝子が明らかになった馬の病気に，遺伝性局所皮膚無力症（HERDA；hereditary equine regional dermal asthenia）や1型多糖類貯蔵型筋症（PSSM type 1；type 1 polysaccharide storage myopathy），グリコーゲン分枝酵素欠損症（GBED；glycogen branching enzyme deficiency）などがある。また，高カリウム性周期性四肢麻痺（HYPP；hyperkalemic periodic paralysis）や重症複合免疫不全症（SCID；severe combined immunodeficiency）などは，ヒトや実験動物に同様な疾患が存在したことから，早期に原因が突き止められていた。

HERDAは特定血統のクォーター・ホースに起こる劣性の結合組織疾患で，cyclophilin B（PPIB；peptidyl-prolyl isomerase B）遺伝子に生じた変異により，結合組織のコラーゲン細線維合成が正常に行われないため，とくに鞍下の皮膚や関節に症状が現れる。症状の程度および発症時期はさまざまだが，皮膚に発症した馬には騎乗することができない。

PSSMは優性の遺伝病で，筋肉中にグリコーゲンが蓄積する。グリコーゲン合成酵素1（GYS1；glycogen synthase 1）遺伝子の変異によってグリコーゲン合成が高まることにより説明され，クォーター・ホースおよびばんえい競馬に用いられる重種にみられる「すくみ」の遺伝的背景の1つとみられる。

GBEDはクォーター・ホースおよび関連品種にみられる劣性遺伝性疾患であり，グリコーゲン分枝酵素（GBE1；glucan（1,4-alpha-），branching enzyme 1）遺伝子の第1エキソンに生じた一塩基置換によって酵素タンパク質の大部分が欠損し，グリコーゲンを合成できないため，流産あるいは出生しても虚弱で，心筋，脳，骨格筋の機能不全により18週以内に死亡する。

HYPPは特定血統のクォーター・ホースに起こる疾患で，骨格筋電位依存性Na^+チャネル（$Na_v1.4$）αサブユニット遺伝子（SCN4A）の変異により，血中のカリウムイオン濃度が高くなるとともに，周期的に四肢の筋麻痺を繰り返す。

SCIDはアラブおよびその関連品種にみられる劣性遺伝性疾患で，免疫系細胞の多様性誘導に不可欠なDNA依存性プロテインキナーゼの触媒性サブユニット（DNA-PKcs）をコードする遺伝子（DNAPK）に5塩基が欠失する変異があり，酵素活性がないために発症する。通常，生後2～8週で何らかの感染症を発症し，治療しても生後約6ヵ月とされる生存期間を延長することはできない。

以上の疾患遺伝子については，遺伝子検査法が開発され，症状のあるなしにかかわらず，遺伝子保因馬であるかどうかの検査が可能になっている。

❹遺伝子解析手段の進歩

馬の全ゲノム塩基配列が解読され，公表されたことから，従来とは異なる網羅的な遺伝子解析を可能とする新技術が商品化されている。

1つは，ゲノム解読の過程で明らかになった多数の一塩基多型（SNPs）を，数万～数十万個同時に型判定できるSNPチップである（図5-22）。これを使えば，遺伝性疾患や特定の形質にかかわる主要な遺伝子の存在場所を絞り込むという遺伝子解析の最初の段階で，必要な時間を大幅に短縮できる。また，一度に判定するSNPsの数を数千程度に減らし，多数検体を同時に処理する方法や，数十～数百程度に減らすことでコストを抑える方法なども考案されている。

さらに，全ゲノム塩基配列の情報をもとに化学的に合成したプローブを使用することで，網羅的なチップの開発ができるようになった。現在，2万個以上ある馬のほぼすべての遺伝子を網羅するチップが開発されている。今後，これらの新技術は，馬の保健衛生および運動生理に関する研究のみならず，ヒト疾病のモデル動物として馬を活用するためにも重要な手段となる可能性がある。

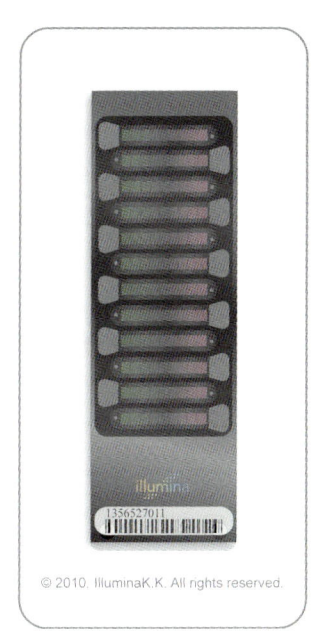

多数の一塩基多型(SNPs)を同時に検出できる。

図5-22　馬用DNAチップ

4. 遺伝子工学技術を用いたワクチンの開発

❶遺伝子組換えワクチン

ワクチンは，大きく生ワクチンと不活化ワクチンに区別される。生ワクチンはウイルスなど病原体の増殖能が保たれた状態であるのに対し，不活化ワクチンは，病原体をホルマリン処理などで不活化(増殖能を失わせる処理)して用いる。現在まで，ワクチンの効果や安全性を高めるために，ウイルス増殖基材の動物から培養細胞への変更，コンポーネントワクチン(後述)の開発，アジュバント(ワクチンによる免疫応答を増強する作用をもつ物質)による免疫の賦活化，接種方法の改良などが続けられている。

近年，遺伝子工学技術がワクチン開発に導入されたことにより，培養が困難な病原体に対するワクチンの開発や，感染防御に関与するタンパク質を大量に発現させることが容易になった。これらのワクチンは遺伝子組換えワクチンとよばれ，現行ワクチンの問題点が解決されることが期待されている。

遺伝子組換えワクチンには，特定の遺伝子を欠損させた変異株を生ワクチンとして用いる遺伝子欠損ワクチンの他，ベクターワクチン，DNAワクチン，コンポーネントワクチンなどがあり，わが国ですでに実用化されているワクチンもある。

❷遺伝子欠損ワクチン

遺伝子欠損ワクチンは，病原体の病原性に関与する遺伝子を欠損させることにより弱毒化するものである。従来は，長期間継代を繰り返すなどして，偶然得られた遺伝子欠損株を見つけだす方法で作製されていたが，現在では，遺伝子組換え技術により，目的とする遺伝子を人為的に欠損させて作製することが可能となった。このワクチンは欠損タンパク質をマーカーとして野外株との識別が可能であり，オーエスキー病ワクチン，サルモネラワクチンなどが実用化されている。JRAで開発した馬ヘルペスウイルス1型の糖タンパク質gEを欠損させた馬鼻肺炎生ワクチンは外来遺伝子を含んでおらず，通常の生ワクチンとして承認される予定である。

❸ベクターワクチン

ベクターワクチンは病原体の感染防御に関わる遺伝子を別のウイルス(ベクターという)に導入して作製する生ワクチンで，ヘルペスウイルス，ポックスウイルス，アデノウイルスなど多くのウイルスをベクターに用いた研究開発が行われている。複数の病原体の遺伝子を1つのベクターウイルスに導入することにより多価ワクチンの作製も可能である。生ワクチンであるために，液性免疫のみならず細胞性免疫を効果的に活性化することができるのも利点の1つである。

欧米では，ワクシニアウイルスをベクターとした狂犬病ワクチンを餌に包埋して空から散布することにより，森林に生息するキツネなどの野生動物における狂犬病の清浄化に効果が認められている。また，鶏痘ウイルスベクターを用いた鳥インフルエンザ，鶏伝染性喉頭気管炎，マイコプラズマ・ガリセプチカムワクチン，七面鳥ヘルペスウイルスベクターによる伝染性ファブリキウス嚢病ワクチンなど多くのベクターワクチンが実用化されている。わが国では，マレック病ウイルスベクターによるニューカッスル病ワクチンが開発されている。

カナリアポックスウイルスベクターを用いた組換えワクチンは，哺乳動物細胞内では増殖できないが，感染して遺伝子を発現することが可能であり，液性免疫とともに細胞性免疫を誘導する。この性質を利用して，猫白血病，狂犬病，ジステンパーなどに対するワクチンが開発されている。猫白血病に対するワクチンはわが国でも開発されている。

馬では，馬インフルエンザおよびウエストナイルウイルス感染症に対するカナリアポックスウイルスベクターワクチンが海外で実用化されているが，わが国では承認

されていない。2007年8月，わが国で36年ぶりに馬インフルエンザが発生したのとほぼ同時期に，オーストラリアで馬インフルエンザが初めて発生した。オーストラリアでは馬インフルエンザワクチンが接種されておらず，急速に発生が拡大した。この流行を阻止するために，オーストラリアでは未承認であったカナリアポックスベクター馬インフルエンザワクチンが緊急輸入され，ワクチン接種が実施された。

キメラワクチンもベクターワクチンの一種であるが，同属のウイルスを用いて感染防御タンパク質遺伝子を組み込んだワクチンである。豚サーコウイルス1型と2型のキメラワクチンの他，馬のウエストナイルウイルス感染症用ワクチンが海外で実用化されている。馬用ワクチンは，同じフラビウイルスに属するヒト用の黄熱ワクチン（弱毒生ウイルス）にウエストナイルウイルスの感染防御タンパク質遺伝子を組み込んだワクチンであるが，現在では使用されていない。

細菌のベクターワクチンとして，サルモネラ，リステリア，BCGなどをベクターとした研究報告があるが，現時点で実用化されたものはない。

❹ DNAワクチン

DNAワクチンは，感染防御タンパク質遺伝子を組み込んだプラスミドそのものである。組換えプラスミドは大腸菌で増殖させた後にプラスミドだけ取り出す。組換えプラスミドの作製や精製が容易であり，接種された宿主細胞内でタンパク質が発現されるために細胞性免疫の誘導が期待される。DNAワクチンは，非常に多くの病原体で研究報告があるが，実用化されたワクチンはほとんどない。馬のウエストナイルウイルス感染症ワクチンがアメリカ合衆国で承認されたが，現在では使用されていない。

❺ コンポーネントワクチン

コンポーネントワクチンはサブユニットワクチンともよばれ，大腸菌や酵母などを用いて病原体の感染防御タンパク質を発現させ，精製して用いる不活化ワクチンの一種である。代表はヒトのB型肝炎ワクチンである。B型肝炎ウイルスは増殖系の培養細胞がなく，感染者の血液から抗原を精製していたため，大量生産が困難で，さらに作業従事者への感染の危険があった。そこで，酵母を用いてB型肝炎ウイルスのHBs抗原を大量に発現させることにより，安全に製造することが可能となった。

わが国では，組換え大腸菌で発現させた鶏の大腸菌症F11線毛抗原，ロイコチトゾーンのシゾント由来抗原，猫白血病ウイルスエンベロープタンパク質などを有効成分としたコンポーネントワクチンが実用化されている。一般に，コンポーネントワクチンは液性免疫の誘導が主体であり，アジュバントが必要である。馬用の遺伝子組換えコンポーネントワクチンはない。

❻ これからの遺伝子工学技術を用いたワクチン

最近では，コメやジャガイモなどに，病原体の感染防御に関わるタンパク質を発現させ，経口摂取により粘膜免疫を主体とした免疫応答を誘導しようとする「食べるワクチン」の研究も進んでいる。

遺伝子工学技術を用いたワクチンは，従来法では開発が困難な病原体に対するワクチン開発に有効な新しい手段を提供した。また，より安全性や効果を高める方法も精力的に研究されている。しかし，組換え生ワクチンの開発は「遺伝子組換え生物等の使用等の規制による生物の多様性の確保に関する法律」（カルタヘナ法）の規制を受けるなど，開発にあたっての制約も存在する。

わが国で遺伝子工学技術を用いたワクチンは，ようやく実用化が始まった段階であり，今後多くの病原体に対するワクチンが安全に利用できるようになることが期待される。

5. シークエンサーの進歩と感染症診断技術の向上

❶ シークエンサーの進歩

DNAおよびRNAは，生物の遺伝情報のほぼすべてを担う分子であり，アデニン（A），グアニン（G），シトシン（C），チミン（T：DNA）もしくはウラシル（U：RNA）とよばれる4種類の核酸の配列として遺伝情報が保存されている。この塩基配列の解析は，"ブレイクスルー"ともいえるジデオキシ法が1977年にGilbertとSangerによって開発され，大きく前進することとなった。その後，1986年にApplide Biosystems社より発売されたジデオキシ法を用いた世界初の自動シークエンサー ABI 370を皮切りに，ジデオキシ法の原理に基づいたさまざまなシークエンサーが開発された（図5-23）。

このような技術の進歩とともに，数多くの遺伝子の配列が解読され，2003年には30億塩基対のヒトゲノムの解析が終了し，公表された。なお，この時期のシークエンサーを第一世代シークエンサーとよぶことがある。

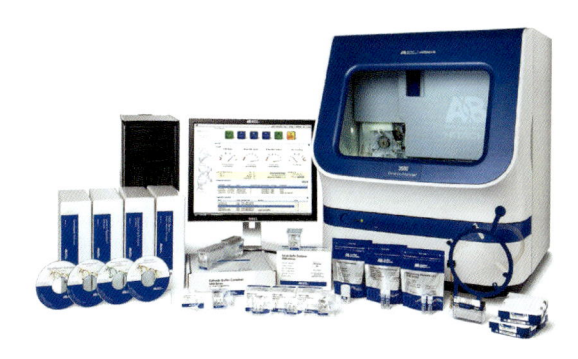

図5-23　ジデオキシ法を使用するシークエンサー
（ABI 3500：Applied Biosystems社）

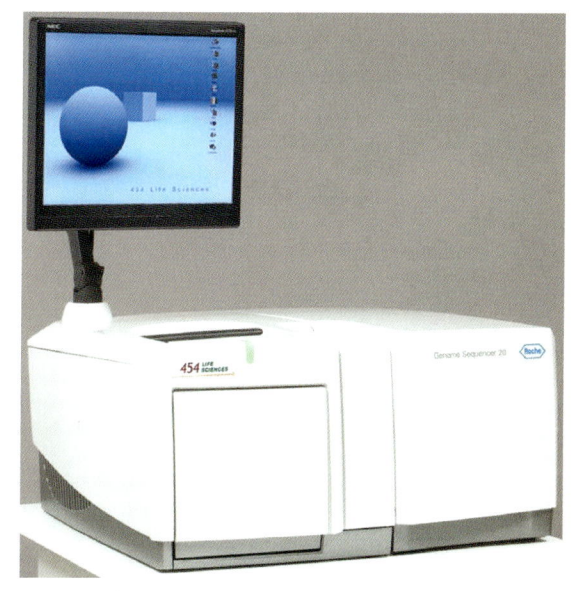

図5-24　次世代シークエンサー
（GS20: 454 Life Sciences社）

2005年になるとマイクロビーズ上で塩基配列を解析する次世代（第2世代）シークエンサー Genome Sequencer System GS20（454 Life Sciences社：図5-24）が発売され，膨大な量（2,000万塩基対）の塩基配列を一度に解析できるようになった。

その後も，さまざまな機種が開発され，第一世代シークエンサーの時代には，プロジェクトの開始から10年以上の時間が必要であったヒトゲノムの解読が数週間でできるまでに高性能となった。なお，2009年に科学雑誌「Science」で発表された馬の全ゲノムDNAの大きさは約27億塩基対である。さらに，最近では一分子シークエンス技術を用いた第3世代ともいえるシークエンサーも開発されており，より迅速に膨大な遺伝子情報を短時間に解読するためのシークエンサーの研究・開発が続けられている。

このような次世代シークエンサーのさらなる進歩によって，大きな研究プロジェクトが必要であったゲノム解析が，ヒトのみならず馬においても一般的な検査項目の1つとして実施される時代が訪れるかもしれない。

❷感染症診断技術の向上

シークエンサーの進歩によって，ヒトゲノムDNAはもとより，感染症を引き起こす病原体においても膨大な遺伝子情報が解読・蓄積されている。現在では，このような遺伝子情報を利用したさまざまな分子生物学的手法がすでに感染症診断の場面に応用されており，新たな技術開発も日夜続けられている。以下に，感染症の診断に用いられている主な分子生物学的手法を紹介する。

(1) PCR法

PCR（polymerase chain reaction）法は，1985年にMullisらによって報告された方法で，分子生物学的手法のなかでは感染症の診断にもっとも広く使用されている。馬においても，馬伝染性子宮炎，馬インフルエンザ，馬鼻肺炎をはじめとした多くの感染症に対してPCRによる検査法が開発され，応用されている。

PCR法は，塩基配列の情報から作成された標的遺伝子に特異的なプライマーと耐熱性のDNA合成酵素を用いることで，その標的部分を短時間で数百万倍に増幅し，病原体の検出や同定が可能となる方法である。近年では，PCR法をさらに発展させ，より迅速かつ高感度で，定量性もあるリアルタイムPCR法が開発されており，輸出入検疫や病性鑑定において徐々に使用される機会が増している。

また，PCR法の特徴として増幅産物の塩基配列を解析することによって分子疫学解析を実施することもできる。PCR法は，開発されてからすでに25年が経過しているが，分子生物学的手法としては比較的簡便な操作やその応用範囲の広さから，今後も感染症診断の場で使われ続ける技術であろう。

(2) LAMP法

LAMP（loop-mediated isothermal amplification）法は，2000年にNotomiらによって報告された新しい遺伝子検出法である。この方法は，6ヵ所を認識する4つのプライマーを使用して，標的となる遺伝子または塩基配列を10億〜100億倍に増幅することができる。また，増幅反応が定温で行えること，増幅産物が目視によって確認できることから，特別な機器を必要としないという特徴もある（図5-25）。

このような点から，近年はさまざまな病原体に対して

第5章　最近の話題

専用の試薬を用いることで試験結果を容易に判定できる。

図5-25　LAMP法における馬鼻肺炎ウイルスの目視による判定（JRA原図）

塩基配列がもっとも類似している基準株の菌種を被検菌の菌種として同定する。

図5-26　16S rRNA遺伝子の塩基配列を用いた同定の実際

LAMP法を用いた病原体の検出法が開発され，PCR法よりもさらに臨床現場に近い新たな迅速診断法として期待されている。

現在，馬では腺疫，馬鼻肺炎，馬ロタウイルス感染症などでLAMP法を用いた検査法の開発が行われており，その他の感染症に対しても検討されている。LAMP法は使用するプライマーの数が多く，PCR法と比較して特異性が高いことが利点である反面，塩基配列によっては標的とする遺伝子を検出するプライマーが設計できないことがある。また，増幅する領域を長くすることができないため，PCR法のように増幅産物を分子疫学解析に利用する手段としては優れていない面もある。しかし，LAMP法は開発されて間もない新しい技術であり，今後，このような点にもさまざまな改良が加えられていくことが期待される。

(3) マイクロアレイ

現在，日和見感染菌や抗酸菌，マイコプラズマなどの特殊な細菌を含めれば病原体の種類は，1,000種類以上に及ぶとされており，従来の古典的な検査法，PCR法，LAMP法のような手段だけでは，これらの病原体のすべてを網羅した検査を実施することが困難である。マイクロアレイは，スライドガラス程度の大きさのシリコンやガラス基盤上に数千〜数十万のDNA断片を配置する技術であり，多数の遺伝子の有無やその発現量を一度に解析できるツールとして1990年代後半から急速に発展を遂げた。

このようなマイクロアレイの特徴は，感染症診断の分野でも注目されており，一般的にさまざまな病原体が原因となり得る敗血症や呼吸器感染症において，病原体の網羅的かつ迅速な検出・同定法への応用が試みられている。近年，先進国では従来からよく知られている強力な病原性をもつ病原体による疾病は減少し，その一方で比較的病原性の弱いさまざまな菌による日和見感染症や新興感染症の原因となる病原体の重要性が増加している。マイクロアレイの実施には高価な機器が必要であり，他の方法による診断が容易な場合などでは必ずしも必要ではないと考えられるが，一方で，感染症が疑われるものの原因が不明な疾病や，さまざまな病原体の感染が考えられる免疫不全状態での感染症では病原体の特定に威力を発揮すると考えられる。

(4) シークエンサーを用いた細菌の同定

細菌の同定は古典的な性状（形態，生化学性状，細胞壁組成，脂肪酸組成など）に基づくものから，塩基配列に基づくものへと変化しつつある。そのなかでも16S rRNA遺伝子の塩基配列による細菌同定法は，近年もっとも利用されている方法の1つといえる。

16S rRNAはリボソームタンパク質とともにリボソームのスモールサブユニットを形成するRNAであり，タンパク合成に必要なことから，すべての細菌が保有している。現在，細菌は6,000菌種以上が知られているが，そのほとんどすべての菌種で基準株（菌種を代表する株）の16S rRNA遺伝子の塩基配列が明らかにされており，検査対象の菌とこれらの塩基配列を比較することで同定を行うことができる（図5-26）。

馬の病原菌は，ヒトとは異なるものが多く，従来から用いられている古典的な方法では同定が困難なものも多い。16S rRNA遺伝子用いた細菌同定法は，このような問題を解決する1つの手段として今後ますます活用されていくであろう。

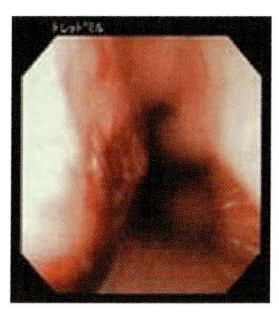

吸気時に咽頭内腔が虚脱し，気道が閉塞する（トレッドミル走行時）。

図5-27 咽頭虚脱

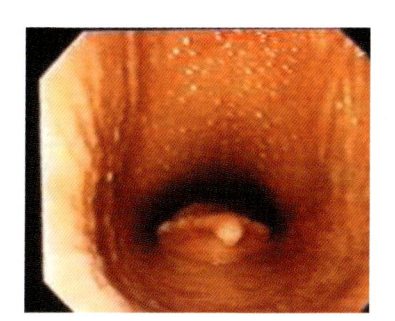

図5-28 喉頭蓋の挙上（ELE）

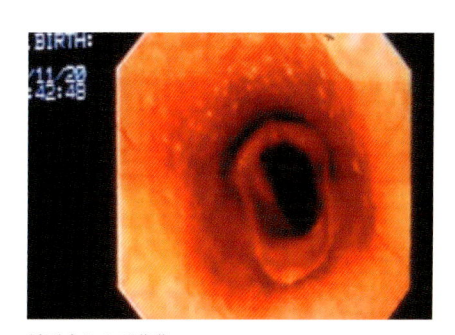

低形成および菲薄。

図5-29 喉頭蓋の異常（AE）

図5-27～29（JRA原図）

6．レポジトリー

❶レポジトリーとは

レポジトリーとは，セリ上場馬の上気道内視鏡像や四肢X線写真などの医療情報を，市場内のレポジトリールーム（情報開示室）において購買者に公開するシステムである。高額な競走馬を売買する1歳市場では不可欠なものになっており，一般に上気道の内視鏡動画，球節，腕節，飛節および後膝関節のX線写真などの医療情報が公開されている。近年は，インターネットでレポジトリーを事前に閲覧することができる市場も増えている。

レポジトリーの公開は，セリ主催者側と購買者側の双方にメリットがある。セリ主催者側にとっては，セリ市場の信頼や安心感を高め，上場者と購買者の双方が納得して売買することに役立つ。また，購買者にとっては，馬体，血統，馬の動きなどに加えて購買の判断材料の1つにすることができる。

一方で，レポジトリールームで閲覧した公表画像の「どこに問題があるか」については，購買者側が判断しなければならない。獣医師の助言を得ることもできるが，購買者自身がレポジトリーに関する知識をもつ必要がある。以下に，レポジトリーを閲覧する際に知っておく必要のある代表的な疾患について紹介する。

❷上気道の内視鏡像

(1) 喉頭片麻痺（LH；laryngeal hemiplegia）

いわゆる喘鳴症（俗称としてノドナリ）では，吸気時に披裂軟骨（気管の入口）が完全に開かず気道が狭くなり，運動中に空気を吸い込む際にヒューヒューという異常呼吸音（喘鳴音）を発する（第4章Ⅱ，278頁，図4-57を参照）。また，被裂軟骨の動きの程度が悪い場合には，競走能力にも影響を及ぼすといわれている。JRAブリーズ

表5-3 喉頭片麻痺グレードの評価基準

グレード	評価
Ⅰ	左右の披裂軟骨の動きが常に同調かつ対称であり，完全外転が獲得・維持される。
Ⅱ	披裂軟骨の動きが非同調で，かつ喉頭が左右不対称な状態を示すこともあるが，披裂軟骨の完全外転は獲得・維持されうる。
Ⅲ	披裂軟骨の動きが非同調で，喉頭が左右不対称である。
Ⅳ	披裂軟骨と声帯ヒダは動かない。

アップセールでは喉頭片麻痺を，グレードⅠ～Ⅳの4段階に分けている（表5-3）。JRA育成馬（サラブレッド・2歳春）を用いた調査では，14％以上がグレードⅠ以上の所見を有していること，およびグレードⅢまでは競走成績に影響を及ぼさないことが明らかになっている。一方，グレードⅣ以上は競走能力に影響することが知られ，喉頭形成術の手術が必要となる。喘鳴症の程度は安静時の検査のみではわからないことがあり，手術適用の確定診断にはトレッドミルなどを用い，走行時の内視鏡診断が不可欠である。

(2) 軟口蓋背方変位（DDSP；dorsal displacement of soft palate）

走行中に軟口蓋が喉頭蓋の上方（背方）に変位し，「ゴロゴロ」とノドが鳴ることで発症に気づくことが多い（第4章Ⅱ，278頁，図4-58を参照）。若馬では喉頭蓋が未発達のため，DDSPを発症することもある。若馬でDDSPを発症する馬は，初出走までの期間が長くなることもあるが，安静時検査におけるグレードの高さと競走パフォーマンスの間には関連性がなく，馬体の成長を待って競馬に出走させる必要がある。しかし，同様の呼吸音を発する咽頭虚脱を伴う症例は予後が悪い（図5-27）。確定診断には，トレッドミルによる内視鏡検査が必要である。

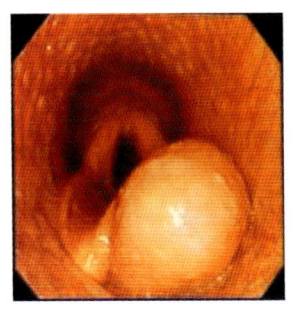

図5-30 喉頭蓋下囊胞(SC)(JRA原図)

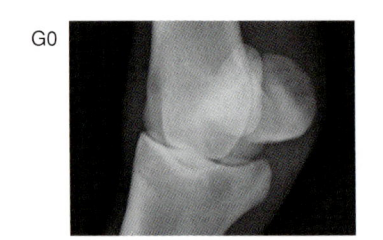

G0 骨に異常形成された線状陰影を有さず、辺縁の輪郭も概ね正常。

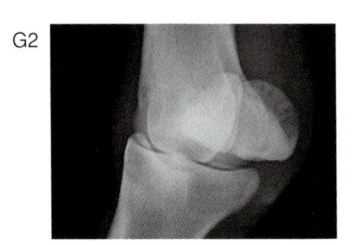

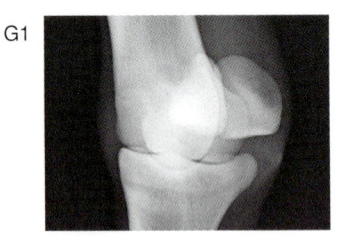

G1 線状陰影を1～2本有する。

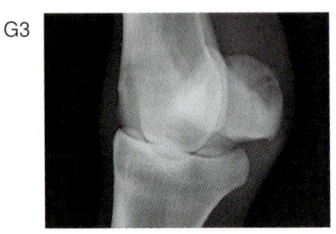

G2 線状陰影を3本以上有する、もしくは辺縁の輪郭が不整。

G3 線状陰影を多数有し、骨の輪郭が不規則もしくは骨囊胞を有する。

グレードが高くなるにつれて線状陰影像が明らかになる。
図5-31 種子骨のグレード評価(JRA原図)

(3) 喉頭蓋の挙上(ELE；elevation of epiglottis)

喉頭蓋が挙上し、気道が狭くなった状態(図5-28)。極端な異常でない限り、競走能力に影響はない。

(4) 喉頭蓋の異常(AE；abnormalities of epiglottis)

喉頭蓋が未発達で、矮小・菲薄な状態(図5-29)。一般に、若馬は成馬と比較して喉頭蓋の形成不全(矮小・弛緩・菲薄・背側中央部の凸面)が多く認められ、咽頭蓋の構造が虚弱であるためにDDSPを起こしやすい。しかし、AEの所見は加齢とともに消失・良化するので、競走能力に影響はない。

(5) 喉頭蓋下囊胞(SC；subepiglottic cyst)

胎子期の発生過程の異常(甲状舌管の遺残)に由来する囊胞が、喉頭蓋下に発症する病気である(図5-30)。摘出手術(内視鏡観察下での高周波スネアによる切除術)によって予後は良好で、早期に治癒する。

(6) 喉頭蓋エントラップメント(EE；epiglottic entrapment)

喉頭蓋をその基部にある皺(披裂喉頭蓋ヒダ)が覆う病気である(第4章Ⅱ、277～278頁参照)。治療は外科的に喉頭蓋を覆った披裂喉頭蓋ヒダをEEカッターなどにより縦切開する。予後も良好で早期に治癒する。

❸ X線画像

(1) 球節のX線所見

球節にある近位種子骨のX線写真によって、いわゆる"スが入っている"といわれる粗鬆症の評価を、程度が軽いものから順にグレード(0～3)分けし、JRA育成馬における、種子骨のグレード別(図5-31)に、①2・3歳時の出走回数および総獲得賞金、②初出走までに要した日数、出走率について調査した。その結果、外見上に腫脹などの臨床症状が認められない場合、競走成績に影響しないことがわかった。しかし、前肢の種子骨のグレードが高い馬は、低い馬に比べて繋靱帯炎を発症するリスクが高いことから、飼養管理や調教に気をつける必要がある。

また、外見上、腫脹などの異常がなくても、約10%の馬に何らかの陳旧性骨病変(剥離骨折やOCD)を有していることも明らかになった。しかし、この陳旧性骨病変は、関節の腫脹などの臨床症状がない場合、競走能力への影響がないこともわかっている。

(2) 飛節のX線所見

離断性骨軟骨炎(OCD：osteochondrosis dissecans)は、発育の過程で関節軟骨に壊死が起こり、骨軟骨片が剥離した状態であり、飛節はOCDの好発部位である(図5-32)。飛節部のOCDは、軟腫や跛行の原因となる場合もあるが、その多くは競走能力には影響がないと考えられている。

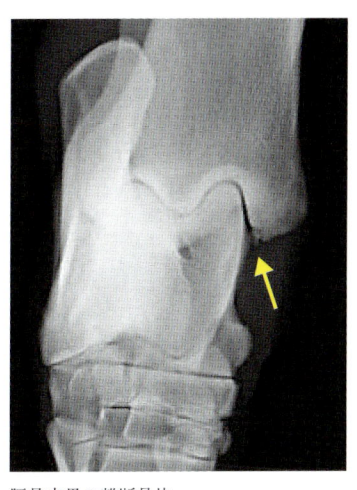

脛骨内果の離断骨片 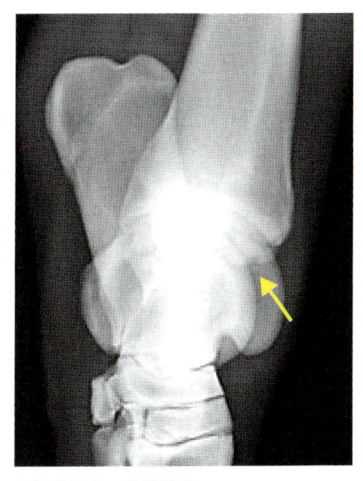　　脛骨中間稜の離断骨片 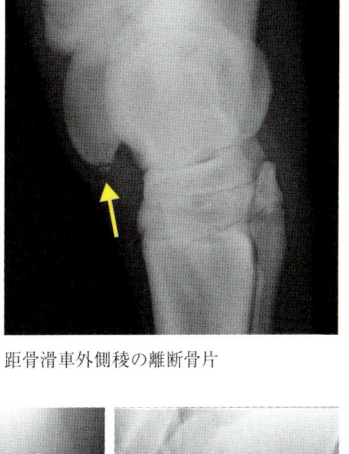　　距骨滑車外側稜の離断骨片

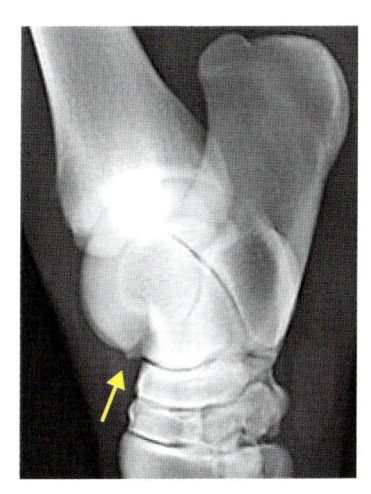

距骨滑車内側稜の隆起
図5-32 飛節に見られるOCD所見（JRA原図）

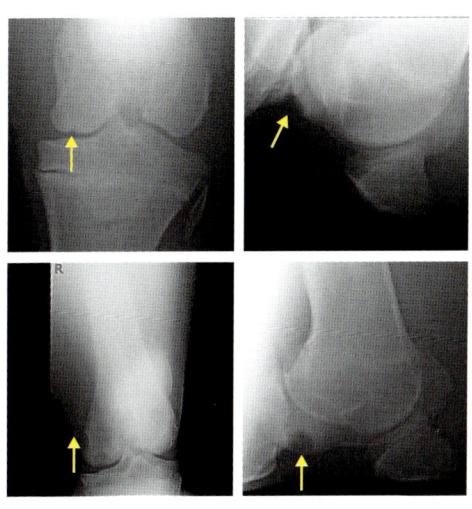

図5-33 大腿骨内側顆に見られる軟骨下骨嚢胞所見（JRA原図）

腫脹や跛行などの臨床症状がない場合の手術の必要性は，まだ明らかにされていないが，多くの症例は手術を実施しなくても競走能力に影響がないと考えられている。なお，関節鏡手術によりOCDは簡単に除去することが可能で，予後もきわめて良好である。

(3) 後膝関節のX線所見

近年，後膝関節のX線写真も任意での提出が認められるようになってきている。後膝関節に多く認められる所見として，大腿骨滑車外側稜の不整所見や大腿骨内側顆の軟骨下骨嚢胞がある。特に大腿骨内側顆は体重が多く加わる部位で，軟骨あるいは軟骨下骨の損傷が原因となり骨嚢胞病変が発生することが知られている。病変は両側性に発生することが多く，調教開始とともに跛行を呈し，X線検査で発見されることが多い（図5-33）。治療はヒアルロン酸やアミノグリカンの関節内あるいは全身投与による保存療法，骨嚢胞内へのステロイド剤注入や関節鏡手術による搔爬術などが行われているが，跛行を繰り返すことも多く，治癒までに時間のかかる厄介な疾患である。近年，嚢胞の螺子による固定術が有効との報告もあり，新たな治療法として期待されている。

❹ まとめ

近年，レポジトリーが普及するにつれ，上気道の内視鏡像や四肢のX線所見において，まったく異常を認めない馬は少ないことがわかってきた。小さな異常の多くは，馬自らが克服することができ，手術等の治療をすれば治るものが多い。一方，レポジトリーで異常がないことを確かめても，その後に疾病を発症することがないわけではない。しかし，競走馬は高価であり，セリで購買する馬のその時点のリスクを回避し，あるいは理解した上で，その後のトレーニングをスムーズに行うために，レポジトリー活用の必要性はますます高まってくるであろう。

III スポーツ科学の進展

1. 運動負荷試験システムの確立と応用

❶野外の運動負荷試験

競走馬が競走でよい成績をあげるためには，優秀な呼吸循環機能をもつことが必要である。競走馬の呼吸循環機能を評価するためには，運動負荷試験が有用であり，野外走路における試験やトレッドミルを用いた試験が行われている。

野外における運動負荷試験では，運動中の心拍数記録と運動後の血中乳酸濃度測定が主に行われる。運動中の心拍数を記録するとともに，スピードを測定することで，心拍数とスピードとの関係を求めることができる。この関係を利用して，馬の体力を評価することが可能である。

運動後の血中乳酸濃度を測定することは，運動の強度や馬の体力を評価する上で大変有用であるが，運動後の採血が必要なこともあり，普及はそれほど進んでいないのが現状である。そこでこの項では，運動中の心拍数記録を利用した運動負荷試験について述べることにする。

(1) 運動中の心拍数とV_{200}およびVHR_{max}

運動中の心拍数は走行スピードが速くなるにつれて増加していき，やがて最大に達し，横ばいになる。心拍数が横ばいになる前のスピードでは，心拍数とスピードは直線関係にある。したがって，心拍数をY軸，スピードをX軸にプロットすると，回帰直線は，$Y = aX + b$の式で表される。この式から，V_{200}（心拍数が200拍/分になるスピード）あるいはVHR_{max}（最大心拍数になるスピード）を求めることができる（図5-33）。

トレーニングを続けると，同じスピードで走ったときの心拍数はトレーニング前よりも低下する。すなわち，同じ心拍数で走ることができるスピードは，トレーニング前よりも速くなるため，V_{200}やVHR_{max}の数値はトレーニングを行うことで増加する（図5-34）。

野外運動負荷試験において，心拍数とスピードとの関係式を求めるためには，心拍数とスピードを同時記録する必要がある。このときには，遅いスピードから速いスピードまでの幅広い範囲で心拍数記録を行うことが望ましい。たとえば，スピードが遅い速歩（はやあし）から駈歩（かけあし），スピードの速い襲歩（しゅうほ）まで，段階の異なるスピードで走行中の心拍数記録を行うとよい。

競走馬で記録する場合を例にあげると，ウォーミングアップ時の記録を行った後，主運動においてスピードが徐々に速くなるように運動をさせた時の心拍数を記録すると，きれいな直線関係を得ることができる。走行中のスピードにアップダウンがあると，そのスピードに対す

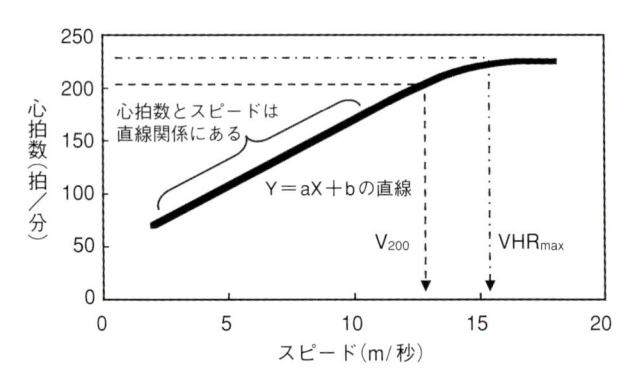

図5-33　心拍数とスピードの関係（JRA原図）

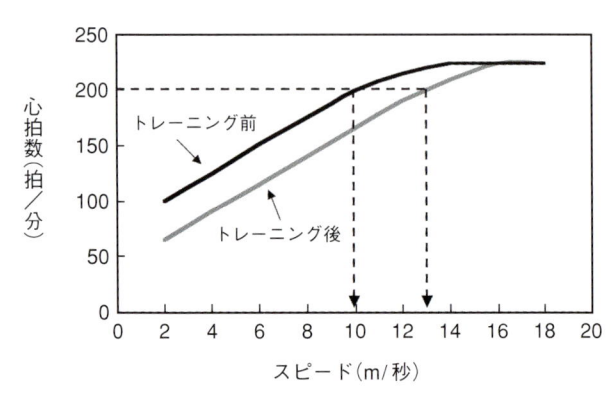

図5-34　V_{200}とトレーニングの関係（JRA原図）

る心拍数が正確に得られないので注意を要する。

スピードを徐々に上げていく際にもっとも望ましいのは，それぞれのスピードで1分程度ずつ走行するような運動形態であるが，馬の体力などを考慮して適した運動方法を設定する必要がある。体力がなく連続した走行が困難な場合には，最初のウォーミングアップを速歩で行い，1本目の駈歩を遅いスピードで，2本目の駈歩を速いスピードで行うなどの方法を用いて，それぞれのスピードの時の心拍数を記録してもよい。いずれにしても，走行時にスピードのアップダウンがないように注意して運動を行うことが重要である。また，常歩(なみあし)や速歩などの場合には，心理的な影響により心拍数が増加することがあるので，解析は慎重に行わなければならない。

スピードは，決められた距離(たとえば200 m)を走るのに要するタイムをストップウォッチで測定して求めることができる。また最近では，スピード測定にGPS (global positioning system：全地球測位システム)が簡便に使えるようになった。

(2) 運動中の心拍数記録

運動中の心拍数記録が可能になった当初は，心拍数記録には，マイクロカセットを用いるテープ心電計が使われていたが，心電図記録から心拍数を算出するのには大変な時間と労力が必要であった。

1990年代になり，ヒト用に開発された心拍数計(ハートレイトモニター)を馬に応用する試みがJRAで行われ，装鞍時に簡単に装着可能なシステムが構築された。このシステムでは，心拍数記録用の電極と送信機を付けた特殊ゼッケンを用いるため，通常の装鞍作業での記録が可能である。騎乗者が腕時計型の受信機をつけて運動した後，受信機をコンピューターにつなげば，心拍数を簡単に得ることができる。このハートレイトモニターの導入により，心拍数記録は簡単になった。

(3) エクイパイロットの導入

ハートレイトモニターを用いることで心拍数の記録は容易になったが，スピードは1頭ごとにストップウォッチでタイムを測定しなければならないので，同時に多頭数の記録を取ることが難しい点や，タイム測定ポイントが遠い場合などに正確に測定することが難しい点など，実用上の問題点があった。

GPSは人工衛星を用いた位置測定システムで，近年カーナビゲーションをはじめとして急速に普及してい

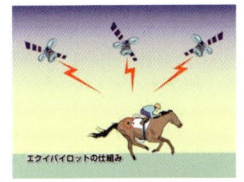

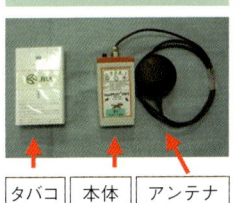

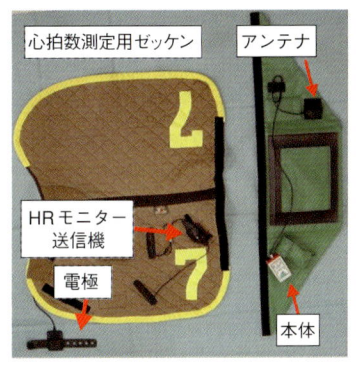

図5-35 エクイパイロットの構成(JRA原図)

る。馬において，ハートレイトモニターによる心拍数記録とGPSによるスピード記録を同時に行うことが可能な機器(エクイパイロット)がヨーロッパで開発され，主にクロスカントリー競技馬用に用いられていた。

JRAでは，エクイパイロットを全力疾走中のサラブレッド競走馬でも利用できるように改良を行った。エクイパイロットのシステムは，①本体である心拍数とスピードの記録装置，②ハートレイトモニター送信機，③解析ソフトから構成されている(図5-35)。ポケット付のバーコードゼッケンに本体を装着し，専用の心拍数測定用ゼッケンを利用してハートレイトモニターを装着すると，競走馬が全力疾走しているときであっても記録が可能である。一度装着してしまえば，タイム測定は必要なく，調教終了時に本体とゼッケンを回収し，エクイパイロット本体をコンピューターに接続すれば，心拍数とスピードのデータを得ることができる。現在では，エクイパイロットと同様の機器が数社から販売されている。

(4) 心拍数記録からわかること

図5-36は，エクイパイロットで記録された競走馬の調教中の心拍数とスピードを示している。この例では，厩舎を出てから35分ほど秒速2 mのスピードで常歩を行い，角馬場でウォーミングアップした後，坂路(はんろ，傾斜のある走路)を2本駈け上がる調教を行っている。

1本目のスピードは秒速12 m(16.7秒/200 m)で，そのときの心拍数は205拍/分，2本目は秒速16 m(12.5秒/200 m)で，そのときの心拍数は223拍/分であったことがわかる。このように，調教での心拍数とスピードの実測値を知ることができ，生体の負担度がどのくらいであったかを具体的に知ることが可能である。

エクイパイロットで記録した心拍数および走行スピー

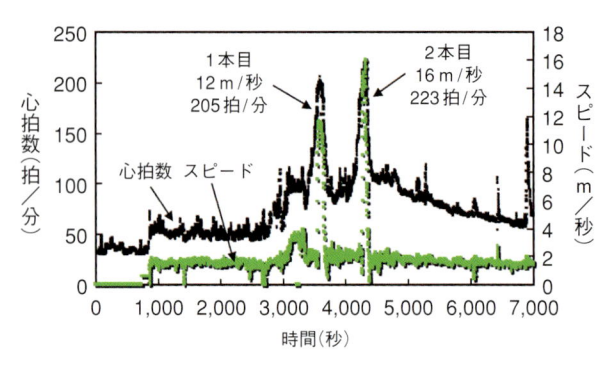

図5-36 エクイパイロットで記録された調教中の心拍数とスピード（JRA原図）

ドから，競走馬123頭のVHR$_{max}$を算出した。そのデータによると，3歳以上のVHR$_{max}$は2歳よりも高く，雄は雌よりも高い傾向にあった。また，競走条件が上がるとVHR$_{max}$は高くなる傾向にあった。

❷ トレッドミル運動負荷試験

従来，サラブレッドの運動時の呼吸循環機能を評価する際には，野外走路における運動負荷試験が行われ，運動中の心拍数や運動後の血中乳酸濃度が測定されていた。しかし，野外走路における運動負荷試験は，運動強度の規定が難しいことや，測定項目が限られることなどの課題があった。そのため，運動強度の規定が容易で，酸素摂取量をはじめとする多くの呼吸循環機能の指標を測定できる「トレッドミル運動負荷試験」の導入が望まれていた。

そこで，JRAでは1992年に，サラブレッドの運動負荷試験に利用できる高性能な馬用高速度トレッドミルを導入し，呼吸循環機能の指標を測定可能なフローシステムを開発した。馬用のトレッドミルは世界で数社が製作・販売しているが，JRAでは，傾斜を－10〜10％まで調整でき，スピードは最高で秒速16mまで負荷可能なトレッドミルを用いている（Mustang社製およびSato社製）。

(1) 馬用呼吸フローシステムの構築

サラブレッドのトレッドミル運動時の呼吸循環機能を評価するために，酸素摂取量，二酸化炭素排泄量，分時換気量，1回換気量および呼吸数を正確に測定できる馬用呼吸フローシステムが開発された（図5-37）。このシステムを用いると，前記の指標を測定できるとともに，心拍数や血中乳酸濃度の測定なども同時に行うことができ，呼吸循環機能の詳細な評価が可能である。しかし，分時換気量や1回換気量を測定するには，空気漏れのな

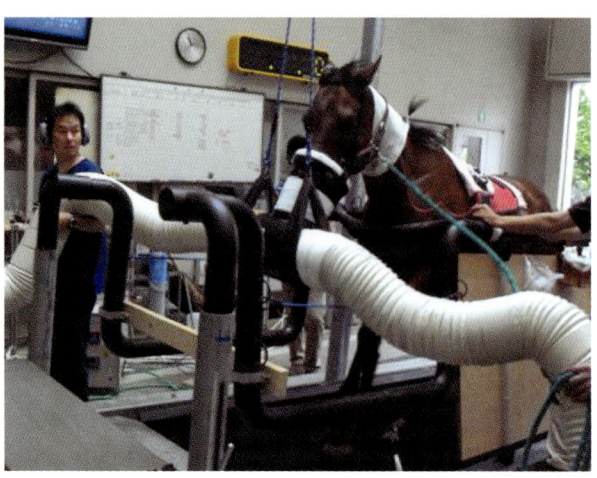

図5-37 酸素摂取量・二酸化炭素排泄量・分時換気量・1回換気量・呼吸数が測定可能なフローシステム（JRA原図）

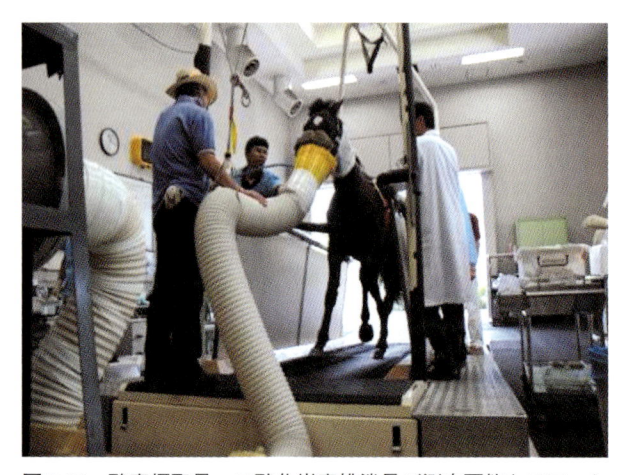

図5-38 酸素摂取量・二酸化炭素排泄量が測定可能なフローシステム（オープンマスク法）（JRA原図）

いマスクを着用しなければならないため，育成期の若馬や競走馬に対する応用には注意が必要である。

育成期の若馬などで運動負荷試験を行う際には，装着が容易で安全性の高いオープンマスク法が用いられている（図5-38）。この方法では，マスクの馴致を十分に行うことで，若馬に対しても安全に運動負荷試験を実施できる。

オープンマスク法では分時換気量や1回換気量は測定できないものの，酸素摂取量と二酸化炭素排泄量は測定できるので，心拍数や血中乳酸濃度の測定を同時に行うことで，馬の詳細な体力評価が可能である。トレッドミルを用いた運動負荷試験は一見大掛かりであるため，応用が難しいのではないかと思われがちだが，トレッドミルやマスクへの馴致が十分行われていれば，それほど難しいものではない。

(2) サラブレッドにおけるトレッドミル運動負荷試験

最大酸素摂取量($\dot{V}_{O_{2max}}$)は，動物の持久力を示すもっともよい指標である。$\dot{V}_{O_{2max}}$はトレーニングにより変化するため，サラブレッドの$\dot{V}_{O_{2max}}$を測定・評価することは，走能力を評価したりトレーニング法を評価したりする際に有用である。通常のトレッドミル運動負荷試験では，$\dot{V}_{O_{2max}}$の測定を主眼にした運動負荷試験が行われる。

そのため，基本的な運動負荷試験の形式は，スピードを徐々に増していきながら，馬がトレッドミルのスピードについていけなくなるまで(この状態を"all-out"とよぶ)走行させる方法がとられる。

JRAでは，傾斜10%のトレッドミル上で，1分間ずつスピードを順に秒速1.8 m→3.5 m→6 m→8 m→9 m→10 m→11 m→12 mと漸増させ，all-outになるまで運動を行わせる方法，あるいは傾斜6%において，秒速3.5mで5分ウォーミングアップした後，2分間ずつ順にスピードを秒速1.8 m→4 m→6 m→8 m→10 m→12 m→13 m→14 mと漸増させていく方法などが用いられている。このような方法で求めた若馬の$\dot{V}_{O_{2max}}$に関するデータを以下に紹介する。

騎乗馴致(ブレーキング)は，ヒトが騎乗してトレーニングできるようにするための基礎訓練であり，1歳の秋頃に行われるのが普通である。鞍付けやハミ馴致とともに，調馬索運動やヒトが騎乗した運動が課される。この騎乗馴致を開始する前の$\dot{V}_{O_{2max}}$は，およそ130 mL/kg/分であり，その後駈歩を含む通常のトレーニングを2歳の春まで継続すると，$\dot{V}_{O_{2max}}$は150～160 mL/kg/分まで増加する。この後，2歳の秋まで強度の高いトレーニングを継続すると，$\dot{V}_{O_{2max}}$は170～180 mL/kg/分まで増加することがわかっている。

現役競走馬の$\dot{V}_{O_{2max}}$に関するデータは揃っていないが，よくトレーニングされた研究用馬での成績から考えてみると，競走馬の$\dot{V}_{O_{2max}}$は200 mL/kg/分に近い(あるいは超える)数値であると考えられる。

トレッドミル運動負荷試験はほとんどの場合，研究のために行われているのが現状である。$\dot{V}_{O_{2max}}$などを測定するには，専用の測定機器や専門知識が必要だが，一方でトレッドミルはスピードの制御を簡単に行うことができ，野外運動負荷試験より心拍数や血中乳酸濃度の測定を容易に行うことが可能である。今後，トレッドミルの導入が進み，トレッドミルの利点を活用した現場での競走馬の体力評価が行われることを期待したい。

2. 運動解析技術の進展と競走馬への応用

❶運動解析の歴史

馬は，家畜化され古くから輸送，移動手段または兵器として利用されてきたため，その動作についても同様に古くから興味がもたれてきた。しかし，高速で走行する馬の動作を肉眼で解析することは困難であった。そのため，近年，写真および映像技術が発達するまで，馬の動作解析はなかなか発展しなかった。

近代的な馬の動作解析方法として最初に使用されたのは写真である。19世紀後半，アメリカの写真家Muybridgeは，走路に沿って並べたカメラのシャッターを馬の進行とともに切ることによって撮影した連続写真を使って，その動作解析を行うことに成功した。その後，映像撮影技術の発達により，フィルムによる高速度撮影が可能となり，1970年頃からスウェーデンをはじめ，欧州や北米において研究が数多く行われるようになった。この方法により，高速で走行する馬の動作が詳細に解析できるようになったが，フィルムの現像やマーカー位置を1コマごとに手入力をする必要があるなど，作業には長い時間がかかった。

撮影機材の改良およびコンピューター画像処理の発達により，現像を必要としないビデオ撮影による方法や，赤外線や光を反射するマーカーなどによるマーカー位置の自動認識システムが開発され，画像解析に必要とされる時間は飛躍的に短縮した。さらに，複数のカメラによる画像からマーカー位置を三次元的に決定することも可能となった。また，初期の光反射式マーカーによる方法では，均一の照明が必要なため，撮影は屋内に限られていたが，最近では改良された光反射マーカーや色識別による画像認識システム，画像を用いない電波・超音波による位置センサーシステムにより，屋外での計測も可能となっている。

このように発達した動作解析によって，馬の走能力や跳躍能力などを予測または評価できるのではないかと考えられるようになり，さまざまな試みがなされてきた。しかし，動作解析により競走馬の能力を評価するにはまだ問題点が山積している。

❷運動解析技術の応用

競走中の動作解析の結果をみると，速く走るためには，ストライド長を伸ばし，ストライド頻度を上げることが重要であると考えられている。しかし，これらの特徴を

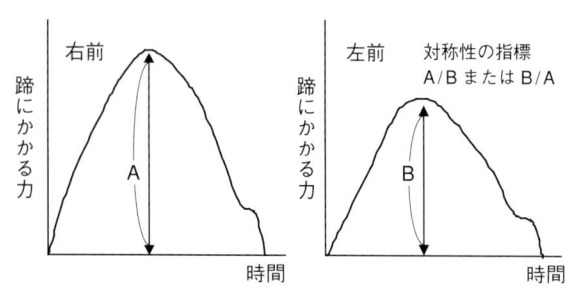

図5-39 速歩において床反力計により測定した蹄にかかる力の一例(A, Bの高さの比により診断する)(JRA原図)

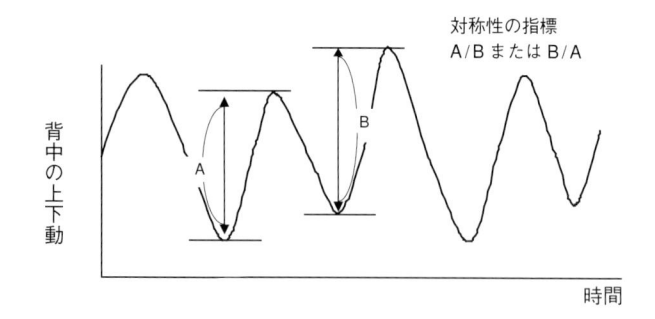

A:右前—左後着地, B:左前—右後着地
図5-40 速歩において慣性センサーにより測定した背中の上下動の一例(A, Bの高さの比により診断する)(JRA原図)

もつ馬は，調教中のタイムや過去の競走成績も優れている可能性が高く，動作解析の結果からこれ以上の情報を提供することはできない可能性がある．また，より詳細な動作解析を行うことで，走能力の評価につながる可能性はあるが，詳細な解析を実施するためには，測定機器をつけた馬を決められた場所で走らせる必要があり，多頭数を対象とした計測は非常に困難である．さらに，走能力との関係を分析するためには，何を走能力の指標と定義するかが問題であり，現状では明確な指標は存在しない．

また，「競走馬として売買，調教される前に，動作解析の結果から将来の走能力を評価したい」との期待はあるが，走能力の定義についての問題点に加えて，成長・調教に伴い体型や動作も変化することから応用はさらに困難である．

正常な馬の動作について研究するのみでなく，跛行診断に動作解析を応用しようとする試みも古くから行われ，実験的には実現可能であることが示されている．しかし，解析時間が大幅に短縮された最新のシステムであっても，複数のカメラの設置やその構成に時間がかかるため，往診による跛行診断を行うのは困難である．あらかじめカメラが設置してある場所で診断を行うことは可能であるが，診断対象馬をその場所まで移動させる必要があるため，肉眼による跛行診断の代わりに，画像による動作解析を臨床応用することは現状では困難といえる．

画像を用いずに馬の運動解析を行う方法としては，動作の結果として生じる蹄にかかる力の変化を，床反力計により解析する方法が考えられている．この方法では，左右の蹄にかかる力の対称性から跛行を診断する(図5-39)．しかし，床反力計では，左右の蹄にかかる力を同時に測定することはできず，また，小さな床反力計(縦90cm×横60cm)に着地して結果を得るまで，繰り返し測定を行う必要があり，時間がかかる．さらに，床反力計は重いために移動することはできず，設置場所へ対象馬を連れてくる必要がある．加えて，個体により，蹄にかかる力の対称性が異なる可能性や，左右の蹄で測定する際の速度が異なる可能性があることから跛行診断が難しい場合があるなど，実際の臨床に応用するには問題点が多い．

画像や蹄にかかる力による動作解析の短所を解消して動作解析を実施する方法として，体や肢へ加速度センサーや慣性センサーを装着する方法が考案されている(図5-40)．この方法では，腰角や四肢など左右の同じ部位，または頭部や体幹中心に装着したセンサーにより測定した動きの対称性をみることで跛行を診断する．この方法で使用する装置は，小型で装着が容易なため，測定場所を自由に設定することができ，解析機器の設置場所や設置に要する時間も問題にならない．しかし，この方法にも欠点はある．正常な個体にもかかわらず，左右肢の動きの対称性が異なる場合がある．また，センサーにより測定された値が異常であっても，その結果が跛行によるものなのか，頭を振るなど通常ではない動作によるものなのかを判断するためには，測定時に跛行診断を行う獣医師か熟練した測定者が対象馬の動作を観察する必要があることが短所としてあげられる．

科学技術の進歩によって可能となった馬の動作解析技術により，馬の能力・状態が一層詳細に把握できるのではないかと期待されていたが，臨床診断や能力評価に用いるためには，今後解決しなくてはならない問題点が多いのは事実である．

Ⅳ 馬の福祉

　近年，世界の多くの国において動物福祉（アニマルウェルフェア）に対する関心が高まっている。とくに，産業動物（主に牛，豚，鶏などの家畜）の福祉（ウェルフェア）について，欧州を中心に積極的に情報が発信されている。

　アニマルウェルフェアの概念は，もともと1960年代の欧州において，過密飼いなどの近代的な畜産のあり方に関する問題点が指摘されたことに由来する。その後，英国で提唱された「5つの自由」[※]を基本としてアニマルウェルフェアに基づく飼養管理の方法などが規定されるようになった。また，国際獣疫事務局（OIE）においてもこれに関する基準（ガイドライン）の検討がはじまり，2005年には輸送やと畜に関するガイドラインが策定され，現在は畜舎や飼養管理に関するガイドラインの検討が進んでいる。

※5つの自由：
イギリス「畜産動物ウェルフェア専門委員会」の提案（1992年）
　① 空腹および渇きからの自由
　② 不快からの自由
　③ 苦痛，損傷，疾病からの自由
　④ 正常行動発現の自由
　⑤ 恐怖および苦悩からの自由

　動物福祉が客観的に満たされているかどうかを判断するため，上記の"5つの自由"が考案された。これは，アニマルウェルフェアの国際的なガイダンスとして世界に広く浸透しており，この5つの自由を満たしていなければ十分な福祉が得られていないと考えられている。

　上記の④以外は，動物への基本的な配慮として理解できる。「④正常行動発現の自由」というのは，たとえば，採食に長時間かけることについては，馬のなかに強い行動欲求があることが知られており，この行動を阻害されることで，さく癖，熊癖などの異常な行動を発現することがある。よって，この項目はアニマルウェルフェアを考える上で重要な要素である。一方で，これらの行動に対応する飼養方式への変更にはコストがかかる場合があることから，産業としてわが国の馬産を考えた場合，どのように位置づけていくべきか，今後，さらに議論や研究が必要である。

　一方，わが国では主にペットへの虐待に対する批判を背景にして，1973年に「動物の愛護及び管理に関する法律」が制定された。その後，1999年に動物の虐待防止なども明確にした改正がなされ，家庭動物（伴侶動物），展示動物，実験動物とともに産業動物についても飼養および保管に関する基準が策定された。さらに，最近では畜産の国際化に対応するため，「アニマルウェルフェアの考え方に対応した家畜の飼養管理指針」が検討され，これまでに乳用牛，豚，採卵鶏およびブロイラーに関する飼養管理指針がインターネット上に公表されている。

　アニマルウェルフェアの考え方に基づく飼養管理法を検討する場合には，動物の種類，用途あるいは役割などを考慮する必要がある。動物をヒトとのかかわりから分類すると，①産業動物（生産物や労働力を得るなど，経済的活動を目的に飼育されている動物。牛，豚，鶏などの家畜），②伴侶動物（犬，猫などの家庭で飼育されている動物。ペット），③展示動物（動物園，水族館などで飼養展示されたり，映画やサーカスなどの興行で使用されたりする動物），④実験動物（マウス，ラット，兎など）に分けられる。産業動物は，さらに細かく肉牛，乳牛，豚，採卵鶏，ブロイラーなどに分類され，各動物の行動特性に配慮しつつ快適な環境で飼育するための指針が示されている。

　馬は用途・役割が多様であるため，そのウェルフェアを一律に論じられないところがある。馬は，かつては軍用あるいは農耕や運搬などの使役目的に飼養されていたが，戦後の社会変化に伴ってその用途も大きく様変わりし，現在では競走用，馬術競技用（乗用を含む），ふれあい用，肉用など，さまざまな目的で飼養されている。競走馬や馬術競技馬は，基本的には産業動物であるが，乗用馬やふれあい用の馬は伴侶動物あるいは展示動物として飼養される。現役を終えた競走馬のなかには乗用馬に用途変更されたり，功労馬として展示されて余生を過ごしたりする馬もいる。その他，わが国には肉用馬も多く，毎年数千頭の馬が輸入されている。

　これらのことから，アニマルウェルフェアの考え方に基づいて馬の飼養管理指針を検討する場合には，それらの用途・役割を考慮する必要がある。このような考え方

に基づいて，競走馬，馬術競技馬およびその他の馬(家畜としての農耕馬，運搬用馬，肥育用馬など)については，それぞれ「競走馬のための福祉の指針」(IGSRV：国際競馬専門獣医師グループ)，「国際馬術連盟(FEI)馬スポーツ憲章」および「アニマルウェルフェアの考え方に対応した馬の飼養管理指針」(日本馬事協会)が策定されている。以下，1.〜3.にそれらの概要を掲載する。

1．競走馬のための福祉の指針

競馬関係者は勝敗や利益よりも馬のウェルフェアを最優先しなければならない。

(1) 競馬に出走するまでの準備期間における馬の取り扱い

▶よきホースマンシップ

厩舎関係者はホースマンシップに則り，競走馬が飼養環境，調教，競走などのいずれの場でも身体的または精神的な苦しみを受けることのないようにする。

▶調教

馬の身体能力や成熟度に見合わない調教プログラムを組まない。恐怖を与えたり，正常な行動を抑制したりする調教方法を用いない。

▶装蹄

蹄鉄は傷害のリスクを最小限にするように考案，装着されるべきである。

▶輸送

馬の輸送では，外傷その他の健康上のリスクに十分な注意を払う。車両は換気を良好にし，定期的な保全と消毒を実施する。

▶休息時間

遠距離輸送は周到な計画のもとに行うべきであり，馬を規則的に休息させ，水が飲めるようにする。

(2) 競馬において，出走が許可されるのは体力が充実した健康な馬に限られる

▶獣医師の審査

病気や跛行など，異常な徴候を示している馬は競馬に出走させない。健康に疑問のある場合は出走に先だって獣医師による審査を要請する。

▶未成熟

馬の成熟する速度は個体ごとに大きく異なっている。筋骨格傷害の危険性を最小にとどめるために，調教や出走の日程を慎重に組むべきである。

▶外科的処置

競馬において馬の福祉や他の人馬の安全を脅かすような外科的処置は容認されない。

▶重篤もしくは再発性の臨床症状

重篤もしくは再発性の臨床症状(たとえば，鼻出血やその前歴)のある馬は，獣医学的助言に基づいて一時的もしくは恒久的に競走から除外する。

▶妊娠した雌馬

妊娠120日目以降の雌馬は競馬に出走させてはならない。

(3) 競馬開催の諸条件は，馬のウェルフェアを侵害しないものとする

▶走路面の状態

走路面は傷害発生の危険因子を低減させるように設計・保全する。

▶障害競走

障害競走は，飛越能力が証明されている馬に限られる。これらの競走では，負担重量，距離，障害の数，大きさ，設計のすべてを慎重に評価する。

▶極端な天候

極端な天候下での競走では良識を働かせること。高温や多湿の気候下では，競走後，馬体をただちに冷やせるような用意をする。寒冷な気候下では，競走後できるだけ早く馬を屋内に移動させる。

▶鞭の誤用

鞭の乱用は許されない。たとえば，疲れ切った馬や反応不能の馬あるいは勝つことが明らかな馬に鞭を使ってはならない。

▶薬物投与

薬物投与を制限する規則の主たる目的は，馬のウェルフェアと騎手の安全を守ることにある。獣医学的治療を行った馬は，競走に使うまでには十分な回復時間をおくべきである。競走能力に影響を及ぼしたり，遺伝に関与したりする薬物は容認されない。

▶競馬場の厩舎

厩舎は，安全で，衛生的で，快適かつ換気良好であるべきである。飲用水は常に新鮮なものが利用できるようにする。

▶発馬機

馬を枠入りの手順に馴らすために十分な準備をする。枠入りの補助は，馬を驚かせたり怯えさせたりすることなく，単に促すだけにとどめる。

(4) 競走後の馬に適切な注意を払い，また競走生活を終了した馬を人道的に取り扱うべきである

▶獣医学的処置

競走中の事故に備え，競馬場には専門獣医師を常に配置しておく。負傷した馬を救急搬送する際は適切な応急処置を施すこと。

▶競走による傷害

競走中および調教中に起こる傷害の発生率を監視すべきである。馬場状態などの危険因子を慎重に検討し，重篤な傷害の発生を最小限にとどめる方法を探るべきである。

▶安楽死

馬が相当な重傷を負った場合には，人道的見地から殺処分しなければならないことがある。苦しみを最小にとどめる目的で，できる限り速やかな安楽死処置を施す。

▶引退

競馬引退後も馬を人道的に取り扱うこと。

(IGSRV：国際競馬専門獣医師グループ，1998年4月)

2. 国際馬術連盟(FEI)馬スポーツ憲章

～馬のウェルフェアのために～(2003年改正)

国際馬術連盟(仏Fédération Equestre Internationale：FEI)は，国際的な馬術スポーツに関わるすべての者が，FEI馬スポーツ憲章を遵守し，いかなる場合にも馬のウェルフェアが最優先され，決して競技の勝敗または商業的な影響を受けてはならないことに同意し，これを受け入れることを求めるものである。

①競技出場への準備段階や競技馬の調教段階のいずれの時点においても，馬のウェルフェアが他のどのような要求よりも優先されなければならない。

a) 質のよい飼養管理

厩舎設備，飼料給与，トレーニングは良好な馬の管理には不可欠であり，ウェルフェアを損なうものであってはならない。

b) トレーニング方法

馬はその身体能力および各種目のための成熟度に応じたトレーニングを受けるべきである。馬に虐待あるいは恐怖を与えるトレーニング，または適正な準備のできていないトレーニングをさせてはいけない。

c) 装蹄および馬装具

フットケアおよび装蹄は高い水準になければならない。馬装具は痛みやケガのリスクを避けるようにデザインされ，つくられていなければならない。

d) 輸送

輸送中は，ケガやその他の健康被害に対して十分な対策がとられていなければならない。車両は安全，良好な換気，高水準の整備，常に清潔な状態で，かつ適格なドライバーが運転しなければならない。馬を正しく扱える者が，常に馬の管理のために準備されていること。

e) 移動

すべての輸送は最新のFEIガイドラインに則って綿密に計画され，定期的に飼料および水を給与するための休憩時間をとらなくてはならない。

②競技馬と選手は競技出場の許可を得る前に，コンディションが良好で競技参加にふさわしい状態にあり，健康状態も良好でなければならない。

a) 競技参加適性

競技への参加は，十分な能力を備えた競技参加適性のある馬および選手に限定されなければならない。

b) 健康状態

何らかの病気，跛行あるいはその他重大な病気の徴候，または臨床的な前駆症状のある馬は，そのウェルフェアをおびやかす可能性のある競技への参加，あるいは参加の継続をしてはならない。その状態に疑義のある場合には獣医師のアドバイスを求めること。

c) ドーピングと薬物

ドーピング物質および薬物の乱用はウェルフェアに関わる深刻な問題であり，認められていない。いかなる獣医学的な治療の後も，競技の前に完全に回復するだけの十分な時間が必要である。

d) 外科的処置

競技馬のウェルフェアまたは他馬あるいは選手の安全をおびやかす，あらゆる外科的処置は認められていない。

e) 妊娠雌馬／出産直後の雌馬

妊娠4ヵ月以降または子馬を伴っている雌馬は競技に参加させてはならない。

f）扶助の誤用
　　馬に対して自然な扶助あるいは人工的な扶助（鞭や拍車など）を過剰に使うことは認められていない。

③競技会によって馬のウェルフェアが損なわれてはならない
　a）競技場
　　馬は適当かつ安全な競技場でのみトレーニングあるいは競技を行うべきである。すべての障害物は馬の安全を考慮してデザインしなければならない。
　b）路面
　　馬が歩き，トレーニングあるいは競技をする競技場の路面はすべて，ケガを引き起こす要因を取り除いてデザイン，維持されなければならない。路面の準備，構造，維持管理はとくに注意を払うべきである。
　c）荒天
　　馬のウェルフェアあるいは安全が確保できない気象条件においては，競技は実施されるべきではない。高温あるいは多湿な環境下では，競技に参加した馬を速やかに冷やすための準備が必要である。
　d）競技会場の厩舎
　　馬房は安全，衛生的，快適，換気がよく，馬の大きさと性質に適応できるだけの十分な広さがなければならない。清潔で良質かつ十分な飼料および敷料，新鮮な飲料水，洗うための水は常に供給されるべきである。
　e）輸送に対する適応
　　競技後には，馬はFEIガイドラインに則り，輸送に適した状態になければならない。

④競技参加後の馬が十分な手入れを受けること，また現役を退いた馬が人道的な扱いを受けるための最大限の努力をしなければならない。
　a）獣医学的治療
　　競技会においては，常に獣医学的な専門知識が提供されるべきである。もし馬が競技中にケガをしたり，疲弊した場合，選手は馬から降りるべきであり，さらに獣医師はその馬を検査しなければならない。
　b）救急センター
　　必要であれば，さらなる検査および治療のために，馬は救急車に収容され，最寄りの治療施設に搬送されなければならない。ケガをした馬には輸送前に最大限の手当てを施すこと。
　c）競技におけるケガ
　　競技中に発生したケガについては原因の調査が行われるべきである。競技場路面の状態，競技の頻度，その他の危険因子について，ケガの発生を最小限に食い止めるために，注意深く調査しなければならない。
　d）安楽死
　　もしケガが重篤なものである場合，その馬は可及的速やかに獣医師によって安楽死処置をする必要がある。安楽死は人道的かつ苦痛を最小限にするものでなければならない。
　e）引退
　　馬が競技から引退したときには，その馬を大切に扱うためのあらゆる努力をしなければならない。

⑤FEIは，馬術スポーツに関わるすべての者が，競技馬のケアおよび管理に関連する各々の専門分野において，可能な限り高いレベルに到達するよう推進する。

　以上でみてきた「馬のスポーツ憲章」は，適宜改正され，その目的は常に受け入れられるものである。研究による新しい発見はとくに注目され，FEIはウェルフェアに関する研究のための投資およびサポートを一層促進している。

3. アニマルウェルフェアの考え方に対応した馬の飼養管理指針（抜粋）

〜農耕，運搬，肥育用馬などの飼養管理〜

❶管理方法

(1) 観察・記録

　馬が快適に飼養されているかどうかを確認するためには，馬の健康状態を常に把握しておくことが重要であり，少なくとも1日に1回は観察を実施する。なお，飼養環境が変化した直後や暑熱・寒冷時期などは，観察の頻度を増加させ，病気やけがの発生予防などに努める。

　観察する際には，馬に健康悪化の徴候がないか，けが

の発生などがみられないかを確認するとともに，飼料および水が十分に行き渡っているかなど，飼養環境が適切かどうかをチェックすることとする。また，採食，休息の状況を日常的に観察するように努めることが望ましい。馬の健康悪化の徴候としては，呼吸の変化，毛づやの変化，食欲不振，糞の形状やにおいの変化，発汗の異常，跛行などがあげられ，そのような徴候がある場合は，速やかに適切な対応をとることとする。けがをしたり，病気にかかったりした馬には適切な処置を行い，馬が死亡した場合は，迅速に処理を行うこととする。

なお，飼養環境が馬にとって快適かどうかを把握するため，毎日記録をつけることが重要である。記録する項目としては，馬の健康状態，病気・事故の発生の有無，飼料および水が適切に給与できているかどうか，などがあげられる。とくに，病気・事故の発生の有無や発生した場合の状況については，詳細に記録することとする。

(2) 馬の取り扱い

馬は，臆病な動物であり，周囲の環境変化に敏感に反応するため，馬の心理や性質をよく心得，不要なストレスを与えたり，けがをさせたりしないよう，手荒な扱いは避け，適切な技術と器具を用いてていねいに取り扱うこととする。また，馬は，交配などの目的で農場間を移動させる機会が多いが，迅速かつ安全に行う必要がある。

馬がストレスを感じないよう，管理者(経営者など)および飼養者(実際に管理に携わる者)は，厩舎内で作業をしたり，馬に近づいたりする際は，突発的な行動を起こさないよう努める。管理者および飼養者が，愛情をもって馬と接し，信頼関係を築くことは，馬に不要なストレスを与えないために有益であり，健康で十分な能力を発揮できる馬の生産につながるものである。

(3) 蹄の管理

蹄は，馬にとって体を支えるための土台となるものであり，重要な部位である。蹄が変形したり蹄病にかかったりした場合は，大きなストレスとなり，さまざまな病気の原因となることから，良好な蹄の状態を保つ必要がある。

蹄の状態を良好に保ち，蹄病を予防するためには，蹄を清潔にし，定期的に削蹄を行うなど，適切に管理する必要がある。また，蹄の状態は，飼養管理方式や床の状態，栄養管理によっても変わることから，管理者および飼養者が専門家(獣医師・装蹄師など)と相談しつつ，蹄に関する正しい知識と基本技術を身につけて，日常的にこまめに蹄を観察し，管理することが必要である。

また，使役に用いる馬においては，過剰な摩耗から蹄を保護するために蹄鉄を装着する場合があるが，この場合においても，定期的な削蹄によって蹄を適切な形に整え，蹄鉄の交換や調節を行う必要がある。

(4) 歯

歯の異常は，食欲低下や消化不良による疝痛の原因となるなど，馬の健康状態に大きな影響を及ぼす。このことから，日常的に採食時の観察を行い，飼料の多くを食べこぼすなどの異常が認められた場合には，必要に応じて獣医師などとも相談し，適切な処置を行うことが必要である。

(5) 分娩

分娩前後は，通常よりもよく観察する必要がある。分娩前は，乳房の張りや漏乳などの分娩徴候に注意し，分娩後の母馬については，胎盤の排出を確認し，発熱などがないか注意する必要がある。子馬については，排便や哺乳の状況について注意深く観察する必要がある。

分娩は自然に問題なく行われるのが一番であるが，難産など，管理者および飼養者の介助を必要とする場合もあり，できる限り立ち会うことが望ましい。分娩は，清潔で十分な広さのある落ち着いた場所で行われ，母馬にストレスを与えないように静かに見守る必要がある。また，緊急時には，獣医師と相談しながら適切に対応する。

(6) 離乳

離乳は，母馬が次の分娩に備えるために行われるが，母子ともに大きなストレスとなるため，離乳後数日間は，両者を注意深く観察することが必要である。

とくに子馬については，母馬との関係の消失や飼料の変化などのさまざまなストレスにより，食欲が減退し，発育の停滞がみられる場合があることから，飼料の内容を急激に変化させないよう注意し，数頭の仲間と一緒に飼養するなどの工夫により，離乳の影響が最小限となるよう十分に配慮する必要がある。離乳の時期については，若齢時における離乳ほど子馬のストレスが大きいとされていることから，人為的に離乳を行う場合は，6ヵ月齢頃に実施することが望ましい。

母馬については，乳の張り具合をよく観察し，乳房炎などに注意する必要がある。

(7) 去勢

去勢は，雄馬の性質が温順になり管理を容易にすること，また，雌馬との群飼を可能とすることなどを目的に行われる。

去勢の実施にあたっては，過剰なストレスの防止や感染症の予防に努めるとともに，実施後は，馬を注意深く観察し，化膿などがみられる場合は，獣医師と相談しながら適切に対応することとする。

(8) 個体鑑別（烙印など）

個体鑑別を行うことは，馬の健康状態を把握し，飼養管理を行う上で重要である。馬においては，毛色，白斑および旋毛の違いなどの馬本来の特徴で識別される場合が多いが，必要に応じて烙印が行われる場合がある。なお，馬の取り違え防止などを目的としてマイクロチップの挿入が行われる場合もある。

烙印などの措置を行うにあたっては，馬への過剰なストレスの防止や感染症の予防に努めつつ，十分な知識をもつ者が行い，実施後は馬を注意深く観察し，化膿などがみられる場合は，獣医師と相談しながら適切に対応することとする。

(9) 病気，事故などの処置

けがや病気については，日常の飼養管理により，未然に発生を防止することがもっとも重要であるが，けがをしたり，病気に罹ったりしているおそれのある馬が確認された場合は，獣医師に相談して迅速に治療を行うこととする。また，病気・事故の記録を残し，発生頻度が高い場合は，獣医師に相談し適切な対応をとることとする。

治療を行っても回復する見込みのない場合は，必要に応じ，獣医師と相談の上，安楽死の処置をとることも検討することとする。安楽死の方法については，「動物の殺処分方法に関する指針（平成7年総理府告示第40号，改正 平成19年環境省告示第105号）」に準じて行うこととする。

(10) 厩舎などの清掃・消毒

馬にとって快適な環境を提供することは，病気・事故の発生予防にもつながることから，建物，器具などの清掃を行い，施設および設備を清潔に保つこととする。また，排泄物の堆積は，悪臭および害虫の発生の原因，病原菌の温床となり，それが馬のストレスにつながり，蹄病などの原因にもなる。排泄物を取り除き，敷料の追加または交換を適切に行うことで，馬にとって快適な環境を提供することができる。

また，馬房を長期間空ける場合には，敷料などを除去し，清掃および消毒を行うこととする。

(11) 有害動物などの防除・駆除の必要性

病原体のまん延防止のため，飼料の汚染や病原体の伝播の原因となるネズミ，ハエ，蚊および鳥などの侵入防止，駆除に努める。ネズミは施設の破損や漏電などによる火災の原因にもなるので，防除・駆除が必要である。また，馬に健康被害をもたらす寄生虫についても，定期的な駆虫を行うことが必要である。

(12) 管理者などのアニマルウェルフェアへの理解の促進

馬の管理者および飼養者は，馬の健康を維持するために，馬をていねいに取り扱うことや，快適な飼養環境を整備することの重要性や必要性について十分理解し，日頃から馬の基本的な行動様式や，馬の快適性を高めるための飼養管理方式，病気の発生予防などに関する知識の習得に努めることとする。それとともに，馬の異常を発見した場合には，専門家にアドバイスを求めるなど速やかに対策を講じるよう努める。このことが，運動機能障害や蹄病の発生の減少などに寄与し，馬を長期間，健康に飼養することにつながるのである。

❷栄養

馬は草食動物であり，馬にとってもっとも重要な飼料は粗飼料である。正常な消化管内環境を維持し，馬の健康を維持するためには，十分な量の粗飼料を給与する必要があり，その質についても十分留意することが必要である。また，粗飼料の他に，馬の飼養目的や環境などに応じて濃厚飼料が給与される場合があるが，一度に大量の濃厚飼料を与えることは，疝痛や蹄葉炎などの障害を引き起こす原因となる場合もあるので注意が必要である。

(1) 必要栄養量・飲水量

馬が健康を維持し，正常な発育や繁殖などの活動を行うためには，馬の発育ステージ，飼養目的や環境などに応じた適切な栄養素を含んだ飼料を給与する必要がある。

必要な栄養素の種類とその量については，National Research Council（NRC）が定める「馬の栄養要求量」または「日本軽種馬飼養標準（JRA競走馬総合研究所編）」を参照して給与することが望ましい。また，飼料を変更

する場合は，急激な変更は避け，計画的かつ段階的に行うよう努める。なお，自給粗飼料については，飼料成分値の変動が大きいことから，専門の分析センターなどを利用し，分析を行うことが望ましい。また，ボディ・コンディション・スコア(BCS)は，栄養コントロールの指標となり，これをチェックすることは，健康状態の把握にもつながる。

必要飲水量は，月齢，体重，飼料，気温，湿度などによって大きく影響されることに留意しなければならない。なお，水分の不足は疝痛などの病気を引き起こしたり，授乳中の馬においては，泌乳量の減少につながることに注意する。また，塩・カルシウムなどのミネラルについても適切に給与する必要がある

(2) 飼料・水の品質の確保

飼料および水は，異物混入や汚染のない安全で清潔なものを給与する必要がある。

飼槽や水桶・給水器は，カビや雑菌などによる汚染を防ぐため，定期的に清掃を行う。また，飼料貯蔵中にカビが発生する場合もあることから，貯蔵状態についても注意する必要がある。さらに，水については，冬季の凍結にも注意する。

また，馬を放牧する際には，汚染された水たまりや有毒植物など，馬に危害を与えるものを除去する必要がある。

(3) 給餌・給水方法

すべての馬が飼料や水を十分に摂取できるよう，馬が採食および飲水しやすい場所に飼槽や水桶・給水器を設置するとともに，群飼の場合は，十分なスペースの確保に努める。

飼料の給与時間および回数は，可能な限り毎日同じとし，粗飼料については，可能な限り不断給餌するが，不断給餌ができない場合は給餌回数を増加するなどの工夫により，馬の採食時間を長くすることが望ましい。また，給水については，常時飲水可能とすることが重要である。

(4) 初乳，子馬の給餌

馬は胎盤由来の免疫がなく，初乳から免疫を得る必要があることから，初乳の摂取は子馬にとって非常に重要である。

初乳には母馬から子馬へ免疫を伝達する役割を果たす免疫グロブリンが多く含まれる。子馬の免疫グロブリン吸収能力は，出生後の時間経過とともに急速に低下するため，出生後可能な限り早く初乳を飲む必要がある。出生後は子馬をよく観察し，自力で吸引ができない場合は，初乳を搾って子馬に飲ませるなどの処置が必要である。また，それ以後も，子馬および母馬の行動をよく観察し，頻繁に乳に吸い付く，寝ている時間が短いなどの様子がみられた場合は，母乳の不足を疑い，人工哺乳などにより，適切に対処するとともに，母馬の健康状態にも留意する。

なお，離乳後の飼養管理に慣れさせるため，生後2〜4週間頃から消化のよい濃厚飼料や乾牧草を給与することが望ましい。

❸飼養方式

厩舎を建設する際には，厩舎の環境が馬にとって快適となるよう十分配慮する必要がある。とくに，暑熱や寒冷などの気象環境の変動によって厩舎内の温度・湿度が大きく変化し，馬の健康に悪影響を及ぼすことのないよう努めるとともに，厩舎および牧柵の破損箇所によるけがが生じないよう留意する。また，野生動物，ネズミ，ハエ，蚊などの有害動物の侵入や発生を抑制するよう設計し，管理するよう努める。さらに，日常の飼養管理や観察が行いやすく，管理に必要な設備などを備えた構造にするとともに，適切な排泄物処理を可能にすることが必要である。

(1) 飼養方式

馬の飼養方式は，舎飼い方式，放牧方式，これらの方式を組み合わせた方式があり，それぞれ特徴をもっている。馬に快適な環境を与えるためには，管理者および飼養者がこれらの飼養方式の特徴を十分に理解していることが重要である。

なお，馬を放牧またはパドックに放して自由に運動させ，牧草を採食させたり，馬同士の交流をもたせたりすることは，馬のストレスを軽減し，馬の健康を維持することにつながることから，立地条件や環境が整う場合には，放牧地やパドックなどを確保し，積極的に活用することが望ましい。

各飼養方式の特徴を以下に記す。

①舎飼い方式

舎飼い方式とは，厩舎およびパドックのなかで給餌などの飼養管理を行う方法で単房式または多頭式があり，次のような特徴がある。
・直射日光，風雨などから回避できる。

- 単房式は，馬の状態に合わせた管理を行いやすく，1頭ごとにきめ細やかな管理ができる。
- 単房式では，馬同士の社会行動が制約され，多頭式では，馬同士の闘争・競合が起きやすい。
- 馬の行動が制約される。

②放牧方式

放牧方式とは，草地などに馬を放して直接採食させる方法であり，次のような特徴がある。
- 馬の行動が制約されず，「正常な行動ができる自由」の条件が満たされやすい。
- 飼料の摂取量などについてのきめ細やかな管理が困難である。
- 直射日光や風雨などの影響を受けやすい。

①および②の方式を組み合わせた飼養方式として，昼間舎飼い夜間放牧，夜間舎飼い昼間放牧方式，夏季放牧冬季舎飼い方式，昼夜放牧方式などがあり，それぞれ，舎飼い方式と放牧方式の特徴を併せもつ。

(2) 飼養スペース

必要な飼養スペースは，飼養される馬の大きさ，厩舎の構造，飼養方式などによって異なるため，適切な水準について一律に言及することは難しいが，重要なのは，管理者および飼養者が馬をよく観察し，飼養スペースが適当であるかどうかを判断することである。スペースが狭い場合は，馬にとってストレスとなり，病気の発生，生産性の低下などの原因となる。

厩舎は，馬が横臥および起立するための十分なスペースを確保するとともに，頭と頸が自由に動ける高さを確保することとする。また，哺乳期の子馬を伴っている母馬や妊娠中の馬については，さらに広いスペースを確保する必要がある。なお，通路については，管理者または飼養者と馬が安全に通ることができるよう，十分なスペースを確保することとする。

(3) 構造

厩舎は，風雨，暑熱・寒冷などを防ぐことができる構造とするとともに，けがの原因となるような突起物などがないよう配慮する。また，有害動物の侵入を抑制でき，簡単に掃除，消毒ができる構造であることが望ましい。

床については，滑りにくく，容易に横臥および起立できる構造で，馬の前掻きなどでできた凸凹を定期的に補修するなど，馬にとって快適な環境となるよう，適切に管理を行う必要がある。

❹厩舎の環境

厩舎は馬にとって長時間過ごす場所となることから，厩舎内の環境を常に快適に保つことが重要である。

(1) 熱環境

馬にとって快適な温度域は，飼養ステージや品種によって差があるが，おおむね7〜23℃が目安となる。ただし，馬の体感温度は，温度だけでなく，湿度，日射，風量，換気方法などの影響も受けるため，馬をよく観察し，快適性の維持に努める。

馬は発汗性動物であり，ある程度の暑さには耐えられるといわれているが，馬にとって暑すぎる場合は，呼吸数の増加，異常な発汗，食欲不振などがみられる。このような行動・現象が観察される場合は，直射日光を防ぎ，換気，屋根への散水，涼しい夜間に給餌するなどの暑熱対策に努める。また，厳寒期においては，敷料を増加する，すきま風を防ぐなどの保温対策に努める。

(2) 換気

厩舎内に常に新鮮な空気を供給するとともに，アンモニアやカビ，ほこり，二酸化炭素や湿気などを舎外に排出し，厩舎内の環境を快適に保つために，換気が重要である。

とくに，換気不良によるアンモニアやカビなどの有害物質の滞留は，病気の原因となるため，アンモニア発生のもととなる排泄物の除去に努めるとともに，敷料交換時にはカビ類などを含んだほこりが浮遊することが多いことから，適切に換気を行う必要がある。

(3) 敷料

厩舎においては，排泄物を吸着し，横臥時の馬体への負担を軽減するなど，清潔で快適な環境を提供することを目的として，敷料が用いられる。敷料は，馬に皮膚炎や呼吸器病などを起こさないよう，清潔で乾燥したものを使用することが望ましく，適切に追加・交換を行い，乾燥している状態を保つ必要がある。

(4) 照明

管理者および飼養者が，馬の状態の観察や管理を十分に行うことのできる明るさを確保するため，厩舎内には適切な照明設備を設置することが望ましい。また，照明設備は，馬のけがを防止するため，馬が届かない位置に

設置することが望ましく，夜間の極端な長時間の点灯は，馬の1日のリズムに影響を与える場合があることから，避ける必要がある。

(5) 騒音

馬は，音に敏感な動物であり，過度な騒音は，摂食量の減少や馬が驚くことによって生じる事故を招くおそれがある。また，馬が不安や恐怖を感じ，休息や睡眠が正常に取れずに，ストレス状態に陥る可能性がある。

そのため，厩舎内の設備などによる騒音は，可能な限り小さくするとともに，絶え間ない騒音や突然の騒音は避けるよう努める。

❺その他

(1) 設備の点検・管理

自動給水器などの自動化機器が設置されている場合，その故障は，馬の健康や飼養環境に悪影響を及ぼすため，適切に維持・管理する必要がある。設備が正常に作動しているかどうかを，少なくとも1日1回は点検することとする。

(2) 緊急時の対応

農場における火災や浸水，道路事情による飼料供給の途絶などの緊急事態に対応し，馬の健康や飼養環境に悪影響を及ぼすことを防止するため，各農場においては，危機管理マニュアルなどを作成し，これについて管理者および飼養者が習熟することが推奨される。

Column8

アニマルセラピー

アニマルウェルフェア（動物福祉）とまちがえられやすい（？）言葉に，アニマルセラピーがある。前者は人間が動物の福祉を講ずる考え方であるのに対し，後者は人間が動物から医療や福祉あるいは教育上の効果を授かろうとするものだ。

たとえば，犬や猫などの愛玩小動物と触れ合うことは，ヒトに心の安定や脳の活性化をもたらす効果があるとされている。馬の場合は，単に触れ合うだけでなく乗って動くことができるため，より治療的な効果が期待されている。古くは，古代ギリシャ時代に戦争で傷ついた兵士を馬に乗せることで治療した記録もあるようだ。

馬を使ったアニマルセラピーには，病気の治療やリハビリテーションとして行う補助的医療を目的とするものから，パラリンピックにつながる本格的馬術競技に取り組む活動まで，大変に幅の広い分野である。また，子どもの教育や高齢者の健康増進にも効果があるといわれており，馬介在療法，ヒポセラピー，乗馬療法，馬介在活動，障害者乗馬などさまざまな呼び方をされながら，わが国でも徐々に広まってきている。

ヒトが生き物である以上，他の生物との関係を無視することはできない。ITが発達し続けている現代社会のなかで，生き物同士の触れ合い上に成り立つこのような活動は，これからも注目が高まっていくだろう。そしてそこでは，そのパートナーである動物に思いを馳せる「動物福祉」の考え方が深まることは，必然なのかもしれない。

索引・略語

【あ】
アイソタイプ　308
悪性腫瘍　271, 290, 413
悪癖　42, 44, 196
アジアノロバ　12, 13, 17
アジソン病　304
アデノウイルス　307, 342, 417
後産（あとざん）　160, 164, 208, 267
アパルーサ　22, 245, 296
鐙（あぶみ）　17
アフリカノロバ　12, 13
アフリカ馬疫　238, 293, 358～360
アラブ　22, 34, 306, 307
アルテリウイルス　357
アルファウイルス　347, 352, 354
アルブミン尿　292
アルボ（節足動物媒介性）ウイルス　235, 347, 350, 354
アレルギー性皮膚疾患　398
鞍関節（あんかんせつ）　71
鞍傷（あんしょう）　298
アンダルシアン　20～23, 27, 29～31

【い】
胃炎　285
威嚇　44, 47
育成期　66, 168, 204
移行抗体伝達不全　290, 306, 307
異嗜（いし）　45
維持要求量　173, 180, 184, 198
異常行動　44, 49, 50
異所性中枢　273
胃底腺（いていせん）　108, 109, 130, 131
犬糸状虫症　322, 332
異毛斑　58
陰茎（いんけい）　116, 146, 148, 319
インターフェロン　135
インターロイキン　135, 392
咽頭炎　246, 277, 283, 396
イントロン　153, 416
陰嚢（いんのう）　145, 146, 198, 320
インヒビン　132, 140, 141, 145
インフルエンザウイルス　225, 227, 337～341

【う】
ウイルス性脳脊髄炎　353, 384
ウォブラー症候群　302, 402, 405
齲歯（うし）　283
後双門（うしろそうもん）　57, 58
うっ血性心不全　273, 281, 393
馬インフルエンザ　224, 225, 337～341
馬ウイルス性動脈炎　236, 313, 320, 356
馬円虫　322, 323

馬回虫　322, 325, 334
馬蟯虫（うまぎょうちゅう）　322, 329, 330, 334
馬糸状虫　322, 326～329, 334
馬伝染性子宮炎　320, 363, 364
馬伝染性貧血　237, 309, 344～347
馬動脈炎ウイルス　239, 357
ウマバエ　233, 322, 332
馬パラチフス　240, 366～368
馬鼻肺炎（うまびはいえん）　224, 227, 236, 341
馬ピロプラズマ病　235, 242, 358, 380
馬ロタウイルス感染症　238, 342, 355, 392
運動負荷　69, 97, 424, 426

【え】
エイズ　305, 306, 309
栄養価　45, 192, 195, 198
液性免疫　135, 417, 418
エキノコックス　333
駅馬（えきば）　18, 38
役用家畜（えきようかちく）　17
エクソン　153
エストラジオール　140, 141, 144, 147
エストロゲン　66, 129, 140, 144
X-大腸炎　249, 287, 391, 396
エナメル質　106, 107, 283
エネルギー要求量　173, 180, 198, 199
ELISA（エライザ）　344, 347, 351, 360
遠位種子骨（えんいしゅしこつ）　64, 73, 255, 256
塩基配列　151～153, 418～420
嚥下障害（えんげしょうがい）　282, 283, 378, 399
遠心性神経　127
延髄　119～121, 127, 304
円虫症　322
エンドトキシン　248, 249, 267, 287
エンハンサー　153, 154

【お】
横臥位（おうがい）　45, 123
横隔膜　62, 104, 108, 163
黄色骨髄　64
黄体形成ホルモン　129, 140, 141
黄体ホルモン　132, 139, 141, 207
黄疸（おうだん）　209, 289, 308, 395
横紋筋　75, 76, 108, 260
オキシトシン　128, 129, 147, 163
押（おさえ）　57, 58
オプソニン　135, 369
オペロン　151, 152
親子判定　415
オルガネラ　149～151

オルビウイルス　347, 358
温血種　19, 26, 31, 35

【か】
回帰熱発作　309, 346
開口期陣痛　163, 164
外耳　40, 118, 162
外歯瘻（がいしろう）　283
外水頭症（がいすいとうしょう）　300
疥癬（かいせん）　297, 398
回虫症　322, 325
回腸　108, 110, 169, 331
灰白質（かいはくしつ）　120, 121, 301, 302
回避行動　44
潰瘍性（かいようせい）リンパ管炎　297, 380, 397
下眼瞼（かがんけん）　295
鉤爪（かぎづめ）　87, 91
角質（かくしつ）　86～92, 203, 264
角質層（かくしつそう）　86, 118, 377
学習能力　40～42
角小葉（かくしょうよう）　89
角膜炎　201, 369, 391
角膜穿刺法（かくまくせんしほう）　329
化骨（かこつ）検査　210
顆骨折（かこっせつ）　254, 255
過削（かさく）　203
可視粘膜　201, 270, 287, 390
火傷（かしょう）　245, 298, 389, 398
可消化エネルギー　173, 195, 198
過剰歯（かじょうし）　282
過食症（かしょくせん）　286
下垂体　128～132, 140, 145
仮性腸結石　289
仮性皮疽（かせいひそ）　235, 236, 379
下腿骨（かたいこつ）　64, 72, 73, 253
肩関節　71, 76, 80, 258, 260
肩跛行（かたはこう）　251, 260
家畜伝染病予防法　235, 345, 347, 357
家畜保健衛生所　223, 231, 408
過長臍帯（かちょうさいたい）　315
滑液（かつえき）　84, 260
カテコールアミン　131, 248
芽胞菌（がほうきん）　230, 231, 372
ガマ腫　283
カルシウム代謝異常　66, 190
カルシトニン　66, 130
管囲（かんい）　199, 210
感覚障害　299
冠関節（かんかんせつ）　72, 73, 87
眼球震盪（がんきゅうしんとう）　300, 328, 371
眼球壁　117
換気量　220, 426

桿菌（かんきん）　363, 365, 371, 374
緩下剤（かんげざい）　165, 387
眼瞼（がんけん）　117, 294, 295, 299
寛骨（かんこつ）　62〜64, 72
肝性黄疸　289
関節炎　254, 255, 258〜260, 367
関節軟骨　70, 252, 259, 402
肝前性黄疸　289
感染性皮膚疾患　397
感染性貧血　270
肝臓癌　289
間代性痙攣　299, 300, 303, 328
眼虫　329
官牧（勅旨牧）　18
顔面神経麻痺　344, 349

【き】

機械的黄疸　289
気管支　101〜104, 279〜282
気胸　280
奇形　299, 302, 307, 316
き甲部　48, 58, 62, 367
騎乗馴致　100, 210, 427
寄生疝　286
寄生虫駆除　335, 336
基節骨　64, 71, 256, 257
季節繁殖動物　138
木曽馬　38, 39
儀装用馬車　24
奇蹄目　12〜14, 134
キニジン　271
偽牝台　48
ギプス　254〜258, 298
嗅覚器　40, 41, 117, 118
球関節　70, 71
吸気性呼吸困難　246
厩舎　213〜224, 228〜232
吸収障害　300, 397
求心性神経　127
球節　52, 53, 71, 256
休息行動　45
胸腔穿刺術　280
狂犬病　235, 237, 299, 417
胸骨　62, 110, 410
胸神経　121, 123, 124, 126
胸腺　133, 134, 307, 311
狂躁（きょうそう）　237, 299
蟯虫症　322, 329
胸椎　62, 63, 79, 123
胸腹式呼吸　390
胸壁穿孔　280
胸膜　101, 102, 104, 280
供用回数　206
鋸筋　75, 79, 80, 83
棘上筋　79, 80, 83, 251
近位種子骨　63, 64, 255, 262
筋色素尿　260, 292, 392, 394
筋収縮　78, 317

近親交配　43
近代競馬　18, 19
菌体内毒素　311
筋紡錘　78

【く】

クアッガ　16
グアニン　418
空腸　108〜111, 169, 288
偶蹄目　12, 13
偶発性タンパク尿　292
クォーター・ホース　20, 21, 416
屈筋　71, 80〜82
屈腱　261〜264, 403, 410
クッシング症候群　304, 305, 407
轡搦（くつわがらみ）　57
頚中（くびなか）　57〜59
組換えワクチン　417
クライズデール　25, 294
クラススイッチ　136
グラム陰性菌　248, 249, 370
クリーブランド・ベイ　24, 29, 32
クリオージョ　25, 26, 30, 53
グリコーゲン　76, 96, 173, 416
グリソン被膜　112
グルーミング　48, 49
グルコース　96, 170, 172, 173
グレビーシマウマ　12, 13
クロス時期　210
クロマチン　94, 149, 150, 154
軍馬　17〜19, 29, 38

【け】

繋輝（けいくん）　298
軽種馬　51〜53, 56〜58
頚神経　121, 123
繋靱帯炎（けいじんたいえん）　255, 256, 262, 263, 410
頚椎　62, 63, 79, 404
競馬法　19, 212
痙攣（けいれん）　286, 299, 370, 385
華粧（けそう）　57
ゲタウイルス感染症　225〜227, 354, 358
血胸症　281
血行性感染　319
血色素尿症　292
血漿酵素　96
血漿タンパク　112
血小板　94, 262, 274, 411
血清アルブミン　112, 393
血精液症　318
結節性コラーゲン分解性肉芽腫　398
結節性腫瘍　398
血栓　249, 274, 275, 324
結滞脈（けったいみゃく）　272
血中抗体　224, 227
血中乳酸濃度　96, 97, 424, 426

血中ビリルビン　289
血統　21, 31〜36, 145
血尿症　292
結糞塊　289
結膜馬胃虫症　331
結膜炎　239, 294, 357, 391
月盲　294, 375
下痢症　355, 366〜368, 372
検疫厩舎　215, 222〜224
嫌気性細菌　266
肩甲下筋　79, 80, 303
犬座姿勢　286, 299, 328, 394
腱鞘（けんしょう）　84, 392
減数分裂　145, 154〜156
原虫病　242
腱紡錘　78

【こ】

嬌疫（こうえき）　238, 242, 382, 383
好塩基球　94, 134
口蓋炎（こうがいえん）　283
後期流産　208
後駆蹠跟（こうくそうろう）　302
後駆麻痺　302
抗原　133〜136, 225, 308
膠原線維（こうげんせんい）　70, 85, 310
抗原変異　225, 341
虹彩　117, 295, 296
好酸球　94, 96, 134, 279
鉱質コルチコイド　131
甲状腺ホルモン　66, 130, 189, 305
好中球　94, 96, 134, 135
後天性水頭症　300
喉頭炎（こうとうえん）　246, 396
行動変容　42
口内炎　282〜284
喉嚢（こうのう）　133, 276, 278, 378
交配時期　206
咬癖（こうへき）　49
高免疫グロブリン血症　309
小形腸円虫症　322, 324
股関節　71〜73, 80, 82
呼気性呼吸困難　281
呼吸器　101, 133, 212, 275
呼吸数　45, 200, 244, 390
黒窩（こくか）　106, 107
黒色腫　398
腰ふら　302, 328
個体鑑別　40, 51, 53, 58
骨塩量　69, 250
骨格筋　62, 75〜77, 83
骨芽細胞　65〜67
骨形成　65〜67, 189, 402
骨硬化　69, 250
骨質　64, 66
骨正（こつせい）　57
骨代謝回転　65, 66
骨端線　65, 67, 251, 254

439

索引・略語

骨膜　64〜66, 258〜260
骨列間関節　71
ゴドルフィン・アラビアン　36
コドン　153
鼓膜　118
コミュニケーション　47〜49, 205
コラーゲン　65, 70, 398, 416
ゴルジ腱器官　78
コレステロール肉芽腫　300
コロネット　53
混合血栓　274
混晴虫症　322, 327, 329
コンポーネントワクチン　417, 418

【さ】
細菌性感染症　361
臍帯長（さいたいちょう）　312, 313, 315
臍帯捻転（さいたいねんてん）　208, 311, 314, 315
サイトカイン　134, 135, 262, 402
細胞性免疫　94, 135, 417, 418
在来馬　18, 22, 30, 38
削蹄　203, 204, 403, 433
さく癖　44, 49, 196, 429
サバンナシマウマ　12, 13, 16
サラブレッド　19, 35, 75, 93, 114
サルコイド　297, 397, 398
沙流上（さるのぼり）　57, 58
サルモネラ症　392, 397
三角筋　80
散在性胎盤　160
産褥（さんじょく）　149, 162, 164
三尖弁（さんせんべん）　273
酸素飽和度　95, 96

【し】
ジェネラル・スタッドブック　18
死角　40
視覚　40, 117, 145, 294
耳下腺　108, 122, 379
耳管　40, 101, 118, 133
子宮筋　129, 140, 158, 163
子宮頸管　139, 140, 313, 364
糸球体腎炎　290, 309
子宮内膜炎　310, 316, 317, 363
子宮内膜杯　129, 132, 143, 160
糸球尿　115
子宮壁　139, 143, 163, 165
歯齦炎（しぎんえん）　283
趾行（しこう）型歩行　87
嗜好性　44, 45, 192, 195
指骨　63, 64, 256〜258
視床下部　119, 128〜131, 145
指状糸状虫　302, 303, 328, 329
糸状虫症　233, 322, 326, 328
試情馬　46, 206, 367
視神経　117, 119, 296, 297
歯槽骨膜炎　283

持続性心房細動　271
膝蓋骨　63, 64, 72, 73
膝関節　64, 72, 73, 82
失血　248
湿疹　239, 242, 378
芝引（しばひき）　57, 58
子馬病（しばびょう）　306
脂肪　170, 172, 173, 198
脂肪酸　96, 170, 172, 173
私牧　18
視野　40, 202, 375, 414
社会構造　12, 43, 44, 348
シャギア・アラブ　34
斜頸　299, 328, 379, 384
射精　46, 147, 148, 318
尺骨　64, 71, 210, 251
周囲炎　237, 274
終止コドン　153
重種　19, 97, 200, 277
収縮期血圧　100
十二指腸　66, 108〜110, 169
蹴癖（しゅうへき）　49
手根関節　63, 64, 71, 80
手根骨　63, 71, 252, 259
受精　138〜144, 154〜158
受精能獲得　142, 155
出血性（乏血性）貧血　270
出血体　138
出産　46, 47, 206〜209
出走回数　69, 250, 318, 422
受動免疫　224
授乳回数　47
種雄馬　43〜45, 198, 204
腫瘍　249, 271, 276, 302
腫瘤　271, 330, 333, 397
シュワン細胞　126, 127
馴致（じゅんち）　42, 48, 212, 426
瞬膜　228, 294, 370, 391
小円筋　80, 303
消化障害　170, 195
松果体　119, 128, 140
小結腸　105, 109, 110, 169
条件刺激　42
小口馬胃虫（しょうこううまいちゅう）　322, 330
上行性細菌感染　319
硝子体　117, 296
硝子軟骨細胞　67
条虫症　233, 322, 331
小腸　108, 133, 169, 170
焦点調節　40
小脳性運動失調　301
乗馬療法　437
上皮絨毛性胎盤　160
上皮小体　130, 185, 304, 305
上部気道　378, 392
小胞体　76, 78, 149〜151
漿膜（しょうまく）　110, 139, 238

静脈炎　274, 275, 393, 395
乗用馬　19, 93, 105, 222
焼烙（しょうらく）　266, 386
上腕筋　71, 80, 84
初回発情　164, 165, 208, 209
初期流産　208
食草行動　44
食道炎　284
食道梗塞　108, 171, 212, 284
食糞　45, 196, 210
初地（しょち）　57, 58
ショック　248, 249, 267, 390
初乳　136, 165, 198, 209
自律神経　75, 122, 125, 299
飼料成分　196〜198, 435
視力障害　294
歯瘻（しろう）　283
白毛　35, 51, 52
腎炎　290, 292, 392, 394
心筋　75, 83, 132, 273
伸筋　75, 80〜82, 123
真菌　231, 273〜276, 377〜379
神経下垂体　129
神経細胞　121, 126, 297, 300
新生子黄疸　270, 292, 307, 308
腎性タンパク尿　292
真性腸結石　288, 289
振戦　270, 286, 299, 300
心臓　97〜100, 132, 271
腎臓　114〜116, 130〜132
靭帯　62, 64, 84, 85
陣痛　46, 129, 163, 164
伸展運動　71
心内膜炎　273, 392
心拍数　97〜100, 200, 424〜427
心不全　273
心房細動　98, 271, 272

【す】
スイートフィード　193, 195
髄液腔　300
水胸症　281
髄質　91, 114, 131, 133
水晶体　40, 117, 294
膵臓　113, 169, 170, 305
水頭症　300, 301
水分摂取量　170, 195
水平感染　346, 385
水胞性口炎　235, 239, 298, 360
髄膜　119, 121, 303, 351
髄膜炎　303, 362, 394
睡眠　45, 125, 127, 437
水様性下痢　238, 287, 391
スクーリング　42
スタミナ　75, 173
スタンダードブレッド　35, 77, 254, 357
ステロイドホルモン　131, 132, 144, 162
ストッキング　57

ストライド　68, 73, 74, 427
ストレス　49, 212, 433〜437
スナッピング　48
スペイン馬　24, 25, 30, 31
ズルラ　382

【せ】
精液検査　205
精原細胞　155, 156
性行動　45, 46, 48, 205
精子死滅症　318
精子数　147, 148, 205, 318
性周期　46, 206, 209, 416
成熟上皮　136, 306, 307
生殖細胞　138, 145, 154〜156
性成熟　43, 144, 145, 172
精巣　131, 144〜147, 318〜320
正中動脈（せいちゅうどうみゃく）　390
成長曲線　210
成長ホルモン　66, 67, 113, 129
精嚢腺炎　319
西部馬脳炎　235, 347, 352, 353
精母細胞　145, 155, 156, 319
蹠行（せきこう）型歩行　86
赤色血栓　274
赤色骨髄　64
脊髄神経　121〜123, 125, 399
脊髄反射　127
蹠枕（せきちん）　88, 91, 92
脊椎　62〜64, 67, 79
セタリア症　302, 328, 384
舌炎　283
舌下腺　108
赤血球　93, 95, 270, 308
切歯　14, 105〜107, 282
摂食　140, 212, 386, 388
舌麻痺　284
セルトリ細胞　129, 131, 145〜147
セレン　182, 189〜191, 298
線維性組織　64
前胃部　108, 109, 285, 332
腺疫　224, 241, 368〜370
腺下垂体　129
腺癌　304
前臼歯　106, 107, 282
浅屈腱炎　261
穿孔性腹膜炎　288
仙骨神経　121, 123, 125, 126
染色体　151, 154, 155, 415
仙椎　62, 79, 81
疝痛　49, 171, 286〜288
蠕動　202, 284, 286, 391
喘鳴症（ぜんめいしょう）　123, 277, 283, 421
旋毛　51, 53, 57, 58
前腕骨　63, 64, 71, 81

【そ】
双角子宮　139
早期妊娠因子　142
早期胚死滅　143, 207, 309〜311
造血組織　64, 270, 271
桑実胚　142, 158
創傷　228, 290, 330, 411
造精機能　145, 147, 319, 320
装蹄　203, 204, 264〜265
爪底（そうてい）　86, 88
躁病　299
爪壁（そうへき）　86
双門（そうもん）　57, 58
走力　86
足根関節　63, 64, 72, 73
塞栓症　274, 333
息労　281
鼠径ヘルニア　288
粗飼料　169, 192, 196, 434
粗タンパク質　180, 181, 197
損徴（そんちょう）　53, 58

【た】
ターパン　15, 16, 27
大円筋　76, 80
体温調節中枢　392
大結腸　105, 110, 169
体高　14, 19, 210
大口馬胃虫（だいこううまいちゅう）　322, 330
胎子　46, 133, 160, 388
胎子死　314〜316
体性神経　122
大腿骨　63, 73, 80, 253
大腸菌　151, 280, 291, 418
大脳　75, 117, 120, 329
胎盤　47, 136, 143, 208
胎便排泄　312
胎膜　89, 160, 164, 388
唾液腺　107, 349, 359, 381
多軸関節　71
脱換異常　282
ダニ性皮膚炎　398
多尿　290, 305
種付け　148, 206, 212, 318
駄馬　20
多発性膿瘍　302, 365
単胃動物　108, 169
胆汁　105, 110, 170, 289
炭水化物　170, 267〜269, 406
炭疽　231, 235, 236
単胎動物　138, 139, 313
タンパク質要求量　180, 182
タンパク尿症　231, 292

【ち】
チアノーゼ　273, 279, 300
蓄膿症　278, 396

膣　46, 115, 140, 388
遅発性反応不全　307
着床　132, 139, 143, 144
着地検査　222, 223
中耳　101, 118, 133
中手骨　62, 64
中枢神経　119, 328, 383, 406
中節骨　64, 73, 257
中殿筋　75, 77, 82, 260
中脳反射　127
中馬（ちゅうま）　18
中葉ホルモン　130
虫卵検査　247, 324〜326, 333
超音波診断　142, 164, 207, 410
聴覚　40, 41
腸カタール　286
調教　17, 42, 169, 212
腸結石　171, 245, 393, 396
腸重積　287, 288, 326, 393
腸蠕動音　391
腸捻転　108, 287, 326, 393
蝶番関節（ちょうばんかんせつ）　71, 72
腸閉塞　249, 287, 326, 393
腸腰筋　80
直精細管　147
直腸　105, 110, 169, 332
直腸体温計　390

【つ】
つむじ　57
ツメ　86, 87, 90

【て】
低アルブミン血症　290, 407
Tリンパ球　133, 134, 307, 308
蹄関節　64, 73, 255, 268
蹄冠部（ていかんぶ）　53, 91, 264, 270
蹄機作用　203, 204
蹄匣（ていこう）　86
蹄行（ていこう）型歩行　64, 87
蹄骨（ていこつ）　64, 67, 91, 268
蹄叉（ていさ）　86, 203, 266, 269
蹄叉腐爛（ていさふらん）　204, 266
低酸素血症　385
低出生体重子　317
蹄鞘（ていしょう）　64, 86, 266, 268
蹄真皮（ていしんぴ）　86
蹄尖部（ていせんぶ）　87, 90, 171, 203
低体温症　389
低タンパク血症　281, 395, 407
蹄鉄　90, 204, 258, 265
蹄軟骨（ていなんこつ）　91, 92, 270
低免疫グロブリン血症　307
蹄油　203, 204
蹄葉炎　90, 171, 245, 266
テストステロン　131, 145, 206, 316
電撃傷　389
伝染性リンパ管炎　379

索引・略語

伝馬（てんま） 18, 38

【と】
当歳馬（とうさいば） 198, 211, 335, 367
糖質コルチコイド 129, 131
凍傷 245, 298, 398
踏創（とうそう） 264
疼痛（とうつう） 49, 244, 251, 256〜261
東部馬脳炎 300, 347, 352, 353
洞房ブロック 272
動脈炎 274, 395
動脈血圧 100
トカラ馬 38
トキソイドワクチン 225, 228, 371
トコフェロール 191
突然死 394
届出伝染病 235, 357, 362, 366
トリパノソーマ病 235, 270, 292, 382
トロンボプラスミン 314

【な】
内耳 118
内歯瘻（ないしろう） 283
内水頭症 300
内分泌腺 112, 128, 145
ナチュラルキラー細胞 134
生ワクチン 227, 344, 353, 417

【に】
肉小葉（にくしょうよう） 89
日本在来馬 38
日本脳炎 224〜227, 235, 347
入厩馬 223
乳酸 83, 96, 260, 287
乳汁 46, 136, 165, 208
乳頭腫 397
乳頭条虫 331, 334
ニューロン 126, 300
尿道炎 291, 318
尿閉 291, 391, 393
尿量 391
妊娠 46, 129, 141, 160

【ね】
熱産生 78
熱射病 388, 392, 395, 406
ネフローゼ症候群 290
寝ワラ消毒 230
年齢 43, 51, 70, 106

【の】
脳炎 300
農耕馬 25, 430
膿汁 278, 367, 379
脳出血 301
脳腫瘍 284, 302
脳脊髄炎 302, 347, 352
能動免疫 224

農用馬 19, 35, 331
野間馬 39

【は】
肺炎 102, 246, 279, 280
肺気腫 246, 281
配偶子 154
敗血症 248, 267, 273, 292
配合飼料 183, 195, 199
背最長筋 260
胚死滅 207, 309〜311, 317
肺出血 270, 333, 379
排泄 45, 115, 201, 245
肺肉芽腫 313
排尿 46, 116, 216, 291
排糞回数 396
肺胞マクロファージ 134
排卵 129, 132, 138, 157
馬運車 137, 212, 228
ハエ馬胃虫 322, 330
ハエ幼虫症 322, 332
白質 120, 121, 301, 328
白色血栓 274
破骨細胞 65〜67, 134, 402
破傷風 136, 224, 228, 370
パスターン 57
バソプレシン 128, 129, 132
発汗 46, 78, 163, 185, 246
白血球 93, 95, 134, 392
白血病 271, 308, 346, 397
発情期 41, 105, 139, 206
発熱 137, 224, 244, 391
馬尾炎 302
馬房 44, 49, 214, 217
ハミ 16, 17, 105, 210
ハリセファロブス症 322, 333
パロミノ 21, 27, 32, 52
ばんえい競馬 23, 277, 408, 416
半血種 19, 22, 26, 37
半腱様筋 81, 82
反射 127, 246
繁殖期 13, 46, 140, 177
繁殖障害 309, 318, 319

【ひ】
B型肝炎 418
Bリンパ球 134, 306, 308
PCR法 344, 358, 364, 419
肥育馬 19
鼻炎 275, 276, 279, 396
鼻腔 41, 101, 133, 279
尾骨神経 121, 125
皮質 91, 114, 120, 131
鼻汁（びじゅう） 277, 343, 368
鼻出血（びしゅっけつ） 212, 270, 275, 379
ヒスタミン 94, 131, 134, 286
飛節 52, 73, 254, 258〜260
鼻疽 235, 372, 374, 380

ビタミン欠乏症 284
尾椎 62, 63, 72
皮内反応 335, 374, 380
泌乳（ひにゅう） 162, 180, 183, 198
非白血性白血病 271
非発情期 139, 140, 241
皮膚 53, 86, 118, 201
被膜 78, 112, 131, 337
被毛 51, 201, 245, 397
病原性プラスミド 365
表面感覚 118
扁爪（ひらづめ） 86〜88
ビリルビン 112, 289, 395
披裂軟骨 102, 277, 421
鼻漏（びろう） 275, 279, 338, 396
広踏姿勢（ひろぶみしせい） 299
頻回射精 318
貧血 189, 270, 292, 397
品種改良 19, 22, 24, 32

【ふ】
風気疝 171, 286, 393
風土病 358, 380
吭搦（ふえがらみ） 57, 58
フェニルアラニン 180
不活化ワクチン 225, 344, 377, 417
副黄体 132, 143, 144
腹臥位（ふくがい） 45
副嗅球（ふくきゅうきゅう） 41
腹腔内出血 288
副甲状腺ホルモン 66, 130, 305
副腎皮質刺激ホルモン 129, 163, 304, 305
腹水 238, 288, 393
副生殖腺 147, 148
副鼻腔 101, 278
腹膜炎 285, 288, 380, 393
浮腫 162, 227, 355, 395
不随意的排尿 291
不整脈 98, 249, 271, 272
普通円虫 274, 303, 322, 324
ブドウ球菌 295, 298
ブドウ膜炎 294〜297, 374, 375
不妊症 207
フラビウイルス 347, 348, 350, 418
ブランビー 12
篩管（ふるいかん） 91
ブルトン 19, 23, 33, 52
フレグモーネ 268, 298, 374, 392
プロゲステロン 132, 141, 143, 310
プロラクチン 129, 140
分泌性下痢 396
糞便 289, 334, 365, 391
分娩 162, 207, 218, 433

【へ】
平滑筋 75, 83, 108, 132
平均在胎日数 46
ペイサー 20, 35

閉塞性黄疸　289
ベシクロウイルス　360
ベネズエラ馬脳炎　235, 300, 349, 352
ペルシュロン　19, 23, 33, 97
ヘルニア　288, 292, 394
ヘルパーT細胞　134, 135
ペレット飼料　168, 169, 195
変位痛　171, 248, 286, 390
娩出　46, 162～164, 310, 394
扁桃　101, 133, 279, 369
便秘痛　171, 286, 391
扁平上皮癌　245, 294, 295, 398
弁別学習　42

【ほ】
縫合　207, 265, 293
膀胱　114～116, 291, 414
房室ブロック　272
胞状卵胞　138
包虫症　322, 333
法定伝染病　227, 235, 360, 374
包皮　148, 319, 357, 382
母子感染　346, 367
歩数(ピッチ)　68
補体結合反応　335, 344, 346, 353
北海道和種馬　38, 52, 53
勃起　45, 46, 125, 148
発作性頻脈　273
ポトマック熱　375, 392
ポニー　19, 52, 177, 269
歩幅(ストライド)　68
歩様蹌踉(ほようそうろう)　270, 299, 302
ボルナウイルス　347

【ま】
マウント(乗駕)　46, 48
前掻き　48, 171, 202, 286
膜抗原　134
膜性骨発生　66
マクロファージ　133～135, 376, 392
麻酔　254, 270, 300, 389
末梢神経　62, 122, 303, 384
末節骨　64, 88, 91, 257
麻痺　299, 349

【み】
味覚　41, 107, 118
ミクロフィラリア検査法　335
御崎馬　39, 235, 345, 346
ミトコンドリア　76, 149, 150, 415
ミネラル　62, 66, 182, 207
脈拍　247, 285, 387, 390
脈絡膜　40, 117, 311～313
宮古馬　38

【む】
むくみ　201, 395
無鉤円虫　319, 320, 322, 323

虫歯　399
無髄神経　126, 127
ムスタング　12, 22, 31
無精子症　318
無性生殖　154
無発情期　206
無免疫グロブリン血症　306, 308

【め】
メッセンジャーRNA　150
メラトニン　128, 140
メラノーマ　245, 297, 398
免疫グロブリン　136, 209, 306～309
免疫電気泳動法　335
免疫不全症　305～309, 416

【も】
モウコウマ(蒙古馬)　31
モウコノウマ　12, 13, 16, 44
盲腸　105, 108～111, 170
網膜　40, 117, 140, 296
毛様体　40, 117, 125, 297
モノクローナル抗体　344, 353, 358, 360

【や】
野生種　12, 16, 27, 43
やせ歯　283
ヤマシマウマ　12, 13

【ゆ】
有髄神経　126, 127
有性生殖　154, 383
雄性ホルモン　131, 132, 145, 147
有胎盤動物　138
有蹄類　12, 41, 46
熊癖(ゆうへき)　49, 429
輸送性肺炎　369, 370

【よ】
腰痿(ようい)　302, 328, 349, 404
溶血性黄疸　209, 289
葉状条虫　322, 331, 334
腰神経　121, 123, 126
与那国馬　38
予防接種　206, 212, 224～226

【ら】
ライディヒ細胞　131, 145～147
烙印　53, 58, 434
卵形成　156
ランゲルハンス島　113, 130
卵原細胞　154, 156
卵巣　132, 138, 143, 316
卵胞刺激ホルモン　129, 140, 141, 318

【り】
リケッチア　376
リステリア症　303

リソソーム　149, 150
リゾチーム　135
離断性骨軟骨炎　258, 260, 402, 422
離乳　198, 210, 212, 433
利尿作用　132
リハビリテーション　262, 437
リピッツァナー　29, 30
リプレッサー　151, 152
リボソーム　149～151, 153, 420
流行性脳炎　235, 237, 329, 347
流産　311～316, 341～344
硫酸キニジン　271
硫酸ナトリウム中毒　387
流涎(りゅうぜん)　282～284, 299, 300
流涙　202, 294, 340, 357
輪筋層　147
リンパ球減少症　307, 308
リンパ肉腫　271, 305, 308, 346

【る】
涙器　117
類肉腫　397
類鼻疽　235, 236, 373, 374

【れ】
冷血種　19, 31
裂蹄　204, 264, 265
レトロウイルス　271, 309, 345
レプトスピラ症　374, 375, 394
レンチウイルス　305, 306, 309, 345

【ろ】
ロイシン　180
瘻孔　283
狼歯　106, 282～283
浪門(ろうもん)　57, 58
老齢馬　66, 171, 270, 390
ろ過浮遊法　324～326
ロタウイルス感染症　238, 285, 342, 355
肋骨　62, 114, 280, 367
ロドコッカス感染症　392, 395, 397
濾胞　130, 133, 134, 155

【わ】
ワクシニアウイルス　417
ワクチン　224～228, 236, 337～341

【略語：A to Z】
ACTH(adrenocorticotropic hormone：副腎皮質刺激ホルモン)　129～131, 163, 304
ADH(antidiuretic hormone：抗利尿ホルモン)　129
ADP(adenosine diphosphate：アデノシンニリン酸)　184
AE(abnormalities of epiglottis：喉頭蓋の異常)　421, 422

443

索引・略語

ANG（angiotensin：アンギオテンシン） 131, 132

ANP（atrial natriuretic peptide：心房性ナトリウム利尿ペプチド） 132

Arbo（arthoropod borne：節足動物媒介性 アルボ） 347, 350〜352

AST（aspartate aminotransferase：アスパラギン酸アミノトランスフェラーゼ） 96, 260

ATP（adenosine triphosphate：アデノシン三リン酸） 131, 150, 184

CK（creatine kinase：クレアチンキナーゼ） 96, 260

CP（crude protein：粗タンパク質） 180, 181

CRH（corticotropin-releasing hormone：副腎皮質刺激ホルモン放出ホルモン） 129, 130, 131

CRT（capillary refilling time：毛細血管の再充満時間） 201, 390

CT（calcitonin：カルシトニン） 66, 130

DBH（dopamine-β-hydroxylase：ドーパミン-β-水酸化酵素） 131

DCP（digestible crude protein：可消化粗タンパク質） 180, 181

DDSP（dorsal displacement of soft palate：軟口蓋背方変位） 399, 421, 422

DE（digestible energy：可消化エネルギー） 173

DHT（dihydrotestosterone：ジヒドロテストステロン） 131, 132

DIC（disseminated intravascular coagulation：播種性血管内凝固症候群） 249, 314

DNA（deoxyribonucleic acid：デオキシリボ核酸） 149〜154, 415〜420

DOD（developmental orthopedic disease：発育期整形外科的疾患） 402, 405

eCG（equine chorionic gonadotropin：馬絨毛性性腺刺激ホルモン） 129, 132, 143, 144

EE（epiglottic entrapment：喉頭蓋エントラップメント） 277, 399, 422

EGUS（equine gastric ulcer syndrome：馬胃潰瘍症候群） 286

EHV（equine herpes virus：馬ヘルペスウイルス） 320, 341〜344

EIPH（exercise-induced pulmonary hemorrhage：運動誘発性肺出血） 100, 276, 396, 399

ELE（elevation of epiglottis：喉頭蓋の挙上） 421

EPE（equine proliferative enteropathy：馬増殖性腸症） 377, 407, 408

EPF（early pregnancy factor：早期妊娠因子） 142, 143

EPG（eggs per gram：糞便1g中の虫卵数） 334

EPM（equine protozoal myeloencephalitis：馬原虫性脊髄脳炎） 383〜385

ERU（equine recurrent uveitis：馬回帰性ブドウ膜炎） 294〜297

FFA（free fatty acid：遊離脂肪酸） 172, 173

FSH（follicle stimulating hormone：卵胞刺激ホルモン） 129, 140, 141, 145

GBE1（glucan（1,4-alpha-）, branching enzyme 1：グリコーゲン分枝酵素1） 416

GBED（glycogen branching enzyme deficiency：グリコーゲン分枝酵素欠損症） 416

GH（growth hormone：成長ホルモン） 67, 129, 131

GHRH（growth hormone releasing hormone：成長ホルモン放出ホルモン） 129

GnRH（gonadotropin releasing hormone：性腺刺激ホルモン放出ホルモン） 129, 140, 145, 318

GOT（glutamic-oxaloacetic transaminase：グルタミン酸オキサロ酢酸トランスアミナーゼ） 96, 260

GPS（global positioning system：全地球測位システム） 99, 425

GYS1（glycogen synthase 1：グリコーゲン合成酵素1） 416

HERDA（hereditary equine regional dermal asthenia：遺伝性局所皮膚無力症） 416

hnRNA（heterogeneous nuclear RNA：ヘテロ核RNA） 152, 153

HYPP（hyperkalemic periodic paralysis：高カリウム性周期性四肢麻痺） 416

IAD（inflammatory airway disease：炎症性気道疾患） 281

IL（interleukin：インターロイキン） 392

JRA（Japan Racing Association：日本中央競馬会） 213, 223, 250, 338〜340

LAMP（loop-mediated isothermal amplification） 356, 372, 419, 420

LDH（lactate dehydrogenase：乳酸脱水素酵素） 96, 260, 309

LH（luteinizing hormone：黄体形成ホルモン） 129, 141, 145, 147

LH（laryngeal hemiplegia：喉頭片麻痺） 277, 399, 421

LPG（larvae per gram：糞便1g中の幼虫数） 334

MRI（magnetic resonance imaging：磁気共鳴画像診断法） 412

mRNA（messenger RNA：メッセンジャーRNA） 150〜154

MSH（melanocyte stimulating hormone：メラニン細胞刺激ホルモン） 128, 130

NEFA（non-esterified fatty acids：非エステル型脂肪酸） 96

NKU（nonulcerative keratouveitis：非潰瘍性角膜ブドウ膜炎） 294, 295

NSP（nonstructural protein：非構造タンパク質） 355

OC（osteochondrosis：骨軟骨症） 402, 405

OCD（osteochondritis dissecans：離断性骨軟骨炎） 258, 260, 402, 422

OPG（oocysts per gram：糞便1g中のオーシスト数） 334

PaO_2（partial pressure of oxygen in arterial blood：動脈血酸素分圧） 95, 96

PCR（polymerase chain reaction：ポリメラーゼ連鎖反応） 341, 344, 358, 419

PCV（packed cell volume：血球容積比） 93, 95, 270, 281

$PGF_{2α}$（prostaglandin $F_{2α}$：プロスタグランジンエフツーアルファ） 141, 143, 163

PIH（prolactin inhibiting hormone：プロラクチン抑制ホルモン） 129

PNMT（phenylethanolamine-N-methyl-transferase：フェニルエタノールアミン-N-メチル基変換酵素） 131

PRL（prolactin：プロラクチン） 129, 132

PSSM（polysaccharide storage myopathy：多糖類貯蔵型筋症） 416

PTH（parathormone：副甲状腺ホルモン） 66, 130, 305

RAO（recurrent airway obstruction：回帰性気道閉塞） 282

RHマップ（radiation hybrid map：放射線照射雑種細胞地図） 415

RNA（ribonucleic acid：リボ核酸） 150〜153, 418, 420

rRNA（ribosomal RNA：リボソームRNA） 150, 151, 420

SBC（subchondral bone cyst：軟骨下骨嚢胞） 402

SC（subepiglottic cyst：喉頭蓋下嚢胞） 277, 278, 422

SCID（severe combined immunodeficiency：重症複合免疫不全症） 416

TDN（total digestible nutrients：可消化養分総量） 173

TRH（thyrotropin releasing hormone：甲状腺刺激ホルモン放出ホルモン） 129

tRNA（transfer RNA：トランスファーRNA） 151, 153

TSH（thyroid stimulating hormone：甲状腺刺激ホルモン） 129, 130

VFA（volatile fatty acid：揮発性脂肪酸） 170, 172

初版／はじめに

　わが国では第2次世界大戦以前は多数の馬が飼養され，馬に関する研究も盛んでした。しかし，戦後馬は激減し，それに伴って獣医学教育のなかでも馬の占める割合は少なくなりました。さらに昭和30年代に入り，馬の主流は軽種馬へと移りました。このような背景のもとで，軽種馬の資源の確保が重要課題として認識され，これに資するための調査・試験研究機関として昭和34年，現在の競走馬総合研究所の前身である競走馬保健研究所が設立されました。その後，常磐および栃木両支所を開設し，研究部門では獣医学，畜産学のみならず馬場施設も加えて競走馬総合研究所となりました。

　競走馬総合研究所は昭和63年4月に日本獣医学会を，平成6年6月には国際馬伝染病会議を主催しました。また，平成7年9月に横浜で開催されたアジア地区で初めての世界獣医学会議において，競走馬総合研究所のメンバーは馬のセッションで多数の講演発表を行い，国際的にも高い評価を得たことは記憶に新しいところです。

　わが国の経済は戦後の目覚ましい成長期を過ぎ，昨今は低迷を脱しきれない状況が続いております。このような経済状態のなかで年々押し寄せる国際化の波は競馬の世界にも及び，いまや国際水準の強い馬づくりが求められています。こういった状況下で競走馬総合研究所では，わが国の軽種馬の保健衛生や資質の向上に寄与すべく，競馬関係者を対象とした馬の獣医・畜産学関係の普及小冊子を多数発刊してきました。競走馬総合研究所は本年末には東京世田谷から宇都宮に移転します。そこで，これを1つの契機として，馬の起源，馬体の構造，飼養管理，病気の他，最近の話題なども取り上げた，わが国では初めての馬全般にわたる総合的な解説書を発刊することにいたしました。

　本書が馬専門の獣医師，牧場関係者，競馬サークル関係者のみならず獣医学生や競馬ファンの方々に広くご活用していただければ幸甚の至りです。

平成8年11月

日本中央競馬会
理事　今原　照之

初版／発刊にあたって

　仕事柄，北海道を訪れる機会が多くあります。苫小牧からのルート235号線沿いを東に向かうと，門別町に入った左側に「学校法人　八紘学園　北海道農業専門校」の看板がみえます。ご承知のとおり，ルート235号は，日本の軽種馬生産の8割強を占める一帯です。しかし，八紘学園の実習農場には馬はいますが軽種馬はいません。過日，ここを訪れた際，馬担当の若い先生の悩みを聞く機会がありました。その先生いわく，「日本語の馬の教科書がない。外国本を参考にしているが訳語がわからず困る」と。

　今日，馬はわが国で13万頭弱飼われており，軽種馬がその7割を占めています。軽種馬が飼われている近辺には，絶えず馬の衛生管理などの相談にのっていただける専門家がいますが，残り3割の馬に対しては必ずしも適切な相談相手がいるとはいえない現状でありましょう。

　今回，私どもが発刊したこの本は，軽種馬関係のホースマンはもとより，それ以外のホースマンに対しても，自分の厩舎の愛馬のちょっとした異常に際して，あたかも私たちの家族の健康に異常が生じたときに開く「家庭医学書」と同じように利用していただくという，不遜にも，このような大きな志をもって，日本中央競馬会競走馬総合研究所のオール・スタッフで取り組んだつもりです。

　「意図や良し」に終わるつもりは毛頭ございません。お気づきの点をご連絡いただき，今後に向けてより信頼される『馬の医学書』を目指す所存でおります。

　本書の発刊にあたり多大のご寄付をいただいた㈶日本中央競馬会弘済会の関係各位に厚く御礼申し上げます。

平成8年11月

日本中央競馬会競走馬総合研究所
所長　田谷　与一

初版／編集委員・執筆者一覧

朝井　洋	日本中央競馬会競走馬総合研究所　運動科学研究室研究役	（第3章Ⅰ〜Ⅴ）
姉崎　亮	日本中央競馬会栗東トレーニング・センター　競走馬診療所防疫課長	（第4章Ⅱ-2〜4）
石田　信繁	日本中央競馬会競走馬総合研究所　生命科学研究室研究役	（第2章ⅩⅣ）
今川　浩	日本中央競馬会競走馬総合研究所栃木支所　分子生物研究室長	（第5章）
*及川　正明	日本中央競馬会競走馬総合研究所　臨床医学研究室首席研究役	（第2章ⅩⅢ，第4章Ⅰ・Ⅱ-1・13・19・20・Ⅲ）
沖　博憲	日本中央競馬会競走馬総合研究所　運動科学研究室長	（第1章）
*兼子　樹広	日本中央競馬会宮崎育成牧場　場長（前競走馬総合研究所企画調整室長）	（第2章Ⅰ〜Ⅳ）
兼丸　卓美	日本中央競馬会競走馬総合研究所栃木支所　管理調整室長	（第2章Ⅷ，第4章Ⅱ-5・8）
*鎌田　正信	日本中央競馬会　馬事部防疫課長（前競走馬総合研究所栃木支所微生物研究室長）	（第5章）
楠瀬　良	日本中央競馬会競走馬総合研究所　運動科学研究室研究役	（第1章Ⅰ〜Ⅳ）
熊埜御堂毅	日本中央競馬会競走馬総合研究所栃木支所　支所長	（第3章Ⅷ-1〜5）
杉浦　健夫	日本中央競馬会競走馬総合研究所栃木支所　分子生物研究室研究役	（第2章ⅩⅡ，第4章Ⅱ-12）
杉田　繁夫	日本中央競馬会競走馬総合研究所栃木支所　分子生物研究室主査	（第5章）
田谷　与一	日本中央競馬会競走馬総合研究所　所長	（第5章）
*中島　英男	元日本中央競馬会　参与	（第3章Ⅷ-6）
長井　祥次	日本中央競馬会競走馬総合研究所　次長	（第3章Ⅶ）
長谷川晃久	日本中央競馬会競走馬総合研究所　生命科学研究室研究役	（第2章Ⅺ）
平賀　敦	日本中央競馬会競走馬総合研究所　運動科学研究室主査	（第2章Ⅴ）
福永　昌夫	日本中央競馬会競走馬総合研究所栃木支所　微生物研究室主任研究役	（第4章Ⅱ-15〜18）
*松本　実	日本中央競馬会競走馬総合研究所　企画調整室長	（第3章Ⅷ-7）
宮原　良高	日本中央競馬会競走馬総合研究所常磐支所　支所長	（第1章Ⅳ）
*向山　明孝	日本中央競馬会競走馬総合研究所　生命科学研究室長	（第5章）
横山　豊昭	日本中央競馬会競走馬総合研究所　企画調整室調査役	（第5章）
吉田　光平	日本中央競馬会競走馬総合研究所　臨床医学研究室主任研究役	（第3章Ⅵ）
*吉原　豊彦	日本中央競馬会競走馬総合研究所　臨床医学研究室長	（第2章Ⅶ・Ⅹ，第4章Ⅱ-7・10・11・14）
和田　隆一	日本中央競馬会競走馬総合研究所栃木支所　微生物研究室長	（第2章Ⅵ・Ⅸ，第4章Ⅱ-6・9）

＊編集委員　　（五十音順）

新 馬の医学書
しんうまいがくしょ

2012年11月20日　第1刷発行
2021年12月20日　第3刷発行ⓒ

編著者	日本中央競馬会競走馬総合研究所
発行者	森田 浩平
発行所	株式会社 緑書房
	〒103-0004
	東京都中央区東日本橋3丁目4番14号
	TEL 03-6833-0560
	https://www.midorishobo.co.jp
デザイン	オカムラ，メルシング
印刷所	カシヨ

ISBN978-4-89531-033-8　Printed in Japan
落丁，乱丁本は弊社送料負担にてお取り替えいたします。

本書の複写にかかる複製，上映，譲渡，公衆送信（送信可能化を含む）の各権利は株式会社緑書房が管理の委託を受けています。

JCOPY〈（一社）出版者著作権管理機構 委託出版物〉
本書を無断で複写複製（電子化を含む）することは，著作権法上での例外を除き，禁じられています。
本書を複写される場合は，そのつど事前に，（一社）出版者著作権管理機構（電話 03-5244-5088，FAX 03-5244-5089，e-mail：info@jcopy.or.jp）の許諾を得てください。
また本書を代行業者等の第三者に依頼してスキャンやデジタル化することは，たとえ個人や家庭内の利用であっても一切認められておりません。